Lecture Notes in Mathematics

Edited by A. Dold and B. Eckmann

Series: Institut de Mathématique, Université de Strasbourg

Adviser: P. A. Meyer

T0184585

649

Séminaire de Probabilités XII

Université de Strasbourg 1976/77

Edité par

C. Dellacherie, P. A. Meyer et M. Weil

Springer-Verlag
Berlin Heidelberg New York 1978

Editors
C. Dellacherie
P. A. Meyer
Départment de Mathématiques
Université Louis Pasteur de Strasbourg
7, rue René Descartes
F-67084 Strasbourg

M. Weil
Départment de Mathématiques
Université de Besançon
F-2500 Besançon

AMS Subject Classifications (1970): 28-XX, 31-XX, 60-XX, 60 G 45, 60 H 05

ISBN 3-540-08761-3 Springer-Verlag Berlin Heidelberg New York
ISBN 0-387-08761-3 Springer-Verlag New York Heidelberg Berlin

Printed in Germany

Printing and binding: Beltz Offsetdruck, Hemsbach/Bergstr.
2141/3140-543210

SEMINAIRE DE PROBABILITES XII

Par suite du départ de l'un de nous, le groupe des probabilistes strasbourgeois qui travaillent sur les martingales et la théorie générale des processus va tomber nettement au dessous de la << masse critique >> et l'activité du séminaire de probabilités, sous sa forme actuelle, cessera en Juin 1978. Un dernier volume rassemblera le travail fait de Janvier à Juin 78 (et les manuscrits en retard !). Peut être un nouveau groupe, comportant suffisamment de membres non strasbourgeois, acceptera t-il de prendre en charge l'organisation des séminaires et la rédaction des volumes d'exposés ? Cette dernière tâche, du moins, est assez légère, puisque tous les auteurs nous sont personnellement connus, et que nous ne relisons pas les exposés avant de les publier.

Nous profitons de cette occasion pour remercier l'Institut de Mathématiques de Strasbourg et la Société Mathématique de France, dont les subventions ont permis au séminaire de vivre, sans problèmes matériels, jusqu'en Juin 1978. Une partie de ces crédits provient indirectement du Centre National de la Recherche Scientifique, qui mérite donc aussi sa part des remerciements . Enfin, nous exprimons notre reconnaissance envers la maison Springer-Verlag, pour la large diffusion qu'elle a assurée à notre travail en l'acceptant dans la collection des << Lecture Notes in Mathematics >> , et pour la compréhension dont elle a fait preuve tout au long de ces onze années.

C. Dellacherie, P.A. Meyer, M. Weil

D'autres numéros du "Séminaire de Probabilités" déjà parus sont: Lecture Notes in Mathematics volumes: 39; 51; 88; 124; 191; 258; 321; 381; 465; 511; 581.

SEMINAIRE DE PROBABILITES XII

TABLE DES MATIERES

PREMIERE PARTIE : MARTINGALES ET INTEGRALES STOCHASTIQUES

DEUXIEME PARTIE

EXPOSES SUPPLEMENTAIRES

UNE VERSION PROBABILISTE D'UN THEOREME D'INTERPOLATION DE G.STAMPACCHIA.

(Par Maurizio PRATELLI).

Dans cet article nous nous proposons de démontrer une version probabiliste du théorème d'interpolation de G.Stampacchia (théor. 4.1 de [8];cf.aussi [1]). Cette version probabiliste constitue, comme nous le montrerons dans le paragraphe 3,une effective généralisation du théorème de Stampacchia.

Quand cet article avait déjà été rédigé,nous avons appris par P.A.Meyer qu'un résultat analogue avait été démontré(par des méthodes complètement différentes)par STROOCK. En effet le théor.1.2 de [9] est une forme légèrement plus faible de notre théorème 2.1. Il faut cependant signaler que les techniques employées par Stroock sont valables pour des martingales à temps discret et qu'elles ne semblent pas susceptibles d'être adaptées au cas continu.

0.NOTATIONS ET CONVENTIONS GENERALES.

Dans toute la suite,$(\Omega, \mathcal{F}, (\mathcal{F}_t), P)$ désigne un espace probabilisé complet,muni d'une filtration satisfaisant aux "conditions habituelles" de [7] .

Pour tout nombre réel $p \geq 1$,on désigne par $M^p(\Omega, \mathcal{F}, P)$,ou simplement par M^p,l'espace constitué par les variables aléatoires X pour lesquelles le nombre

(0.1) $$\|X\|_{M^p} = \sup_{r \in R_+} r \left(P\{|X| > r\} \right)^{\frac{1}{p}}$$

est fini.(*)

Il est bien connu que l'on a $\|X+Y\|_{M^p} \leq 2(\|X\|_{M^p} + \|Y\|_{M^p})$ et $L^p \subset M^p \subset L^{p'}$ pour $1 \leq p' < p < +\infty$.

En outre on vérifie facilement que, pour toute variable aléatoire X appartenant à M^p $(1 < p < \infty)$ et pour tout ensemble mesurable A, on a

(0.2) $$\|X\, I_A\|_1 \leq q\, \|X\|_{M^p} \cdot \|I_A\|_q$$

où q désigne l'exposant conjugué de p.

En effet, en supposant $\|X\|_{M^p} \leq 1$, on trouve

$$E\left[|X|\, I_A\right] = \int_0^{+\infty} P\{|X| > t, A\}\, dt \leq \int_0^{+\infty} (t^{-p} \wedge P(A))\, dt$$

$$= \int_0^{P(A)^{-\frac{1}{p}}} P(A)\, dt + \int_{P(A)^{-\frac{1}{p}}}^{+\infty} t^{-p}\, dt = q\, P(A)^{\frac{1}{q}},$$

ce qui démontre l'assertion.

On complète la définition des espaces M^p en posant $M^\infty = L^\infty$.

Toute martingale M considérée dans la suite sera supposée à

(*) Ici, et dans toute la suite, une variable aléatoire est considérée en réalité comme une classe d'équivalence de variables aléatoires p.s. égales. De même un processus est considéré comme une classe d'équivalence de processus indistinguables.

trajectoires p.s. continues à droite et pourv ues de limites à gauche(avec la convention $M_{0-}=0$):plus précisement,elle sera la projection optionnelle d'un processus (constant par rapport au temps) du type $(t,\omega)\mapsto H(\omega)$,où H est une variable aléatoire intégrable. Cette variable aléatoire,qui coïncide avec la variable aléatoire terminale M_∞ de la martingale,sera parfois confondue avec la martingale elle-même. Ainsi on dira que H appartient à BMO au lieu de dire que M appartient à BMO,et on écrira $\|H\|_{BMO}$ au lieu de $\|M\|_{BMO}$.

On rappelle que BMO est l'espace constitué par les martingales M, de carré intégrable,qui satisfont à une condition du type

$$E\left[(M_\infty - M_{T-})^2 \mid \mathcal{F}_T\right] \leq k^2$$

(pour tout temps d'arrêt T),où k est une constante réelle positive indépendante de T. La plus petite des constantes possédant cette propriété est,par définition,la norme de M dans BMO. De façon équivalente,cette norme peut être aussi définie comme la borne supérieure des nombres de la forme

$$\sqrt{E\left[(M_\infty - M_{T-})^2\right] / P\{T<\infty\}}$$

où T parcourt l'ensemble de tous les temps d'arrêt tels que $P\{T<\infty\}\neq 0$. On a par conséquent,pour un tel temps d'arrêt T,

$$E\left[|M_\infty - M_{T-}|\right] / P\{T<\infty\} \leq \|M\|_{BMO},$$

et donc aussi

(0.3) $$E\left[|M_\infty - M_{T-}| \mid \mathcal{F}_T\right] \leq \|M\|_{BMO}$$

pour tout temps d'arrêt T.

1. INEGALITES PRELIMINAIRES.

Nous commencerons par un lemme purement analytique.

(1.1) LEMME Soit f une fonction décroissante, définie dans R_+, à valeurs dans $[0,1]$, et soient p,q deux éléments de $]1,+\infty[$ tels que $p^{-1}+q^{-1}=1$. Supposons qu'il existe une constante réelle positive k telle que l'on ait

(1.2) $$s\,f(r+s) \leq k\,f(r)^{\frac{1}{q}}$$

pour tout couple r,s d'éléments de R_+. On a alors

$$\sup_{t\in R_+} t^p f(t) \leq (e\,p\,k)^p$$

DEMONSTRATION. Pour tout $t \geq 0$ et pour tout λ tel que $0<\lambda<1$, en appliquant l'inégalité (1.2) au couple $r=\lambda t, s=(1-\lambda)t$, on trouve

$$(1-\lambda)t.f(t) \leq k.f(\lambda t)^{\frac{1}{q}}$$

d'où, en multipliant les deux membres par $(\lambda t)^{p-1}=(\lambda t)^{\frac{p}{q}}$,

$$(1-\lambda)\lambda^{p-1}\,t^p\,f(t) \leq k\,\left[(\lambda t)^p f(\lambda t)\right]^{\frac{1}{q}}.$$

Posons $g(t)=t^p\,f(t)$. L'inégalité précédente s'écrit alors

$$(1-\lambda)\lambda^{p-1}\,g(t) \leq k.g(\lambda t)^{\frac{1}{q}},$$

ou encore

$$g(t) \leq c_\lambda g(\lambda t)^{\frac{1}{q}}, \qquad \text{où} \qquad c_\lambda=k(1-\lambda)^{-1}\lambda^{1-p}.$$

En itérant, on obtient, pour tout entier $n \geq 1$,

$$g(t) \leq g(\lambda^n t)^{\frac{1}{q^n}} \cdot \prod_{j=0}^{n-1} c_\lambda^{\frac{1}{q^j}}.$$

Or, t étant fixé, on a, dès que n est assez grand, $g(\lambda^n t) \leq 1$ et donc

$$g(t) \leq \prod_{j=0}^{n-1} c_\lambda^{\frac{1}{q^j}},$$

$$\log g(t) \leq \sum_{j=0}^{n-1} \frac{1}{q^j} \log c_\lambda \leq (1-\tfrac{1}{q})^{-1} \log c_\lambda = \log c_\lambda^p. \tag{1.3}$$

On vérifie immédiatement que, lorsque λ varie dans $]0,1[$, c_λ atteint son minimum pour $\lambda = \lambda_0 = \frac{1}{q}$. On a en outre

$$c_{\lambda_0} = k\ p\ q^{p-1} = k\ p\ (1+\frac{1}{p-1})^{p-1} \leq k\ p\ e.$$

L'inégalité (1.3) fournit donc, pour $\lambda = \lambda_0$, $g(t) \leq (kpe)^p$, ce qui démontre l'assertion.

Le lemme suivant peut être considéré comme une version probabiliste du Lemme 3 de [5] (qui en est un cas particulier).

(1.4) LEMME. Soit M une martingale, et supposons qu'il existe un nombre réel $p>1$ et une constante réelle positive k, tels que l'on ait

$$\left\| E\left[|M_\infty - M_{T-}| \mid \mathcal{F}_T \right] \right\|_p \leq k \tag{1.5}$$

pour tout temps d'arrêt T. Dans ces conditions, la variable aléatoire $M^* = \sup_t |M_t|$ appartient à M^p, et l'on a

$$\| M^* \|_{M^p} \leq epk.$$

DEMONSTRATION. a) Démontrons d'abord que l'on a

$$(1.6) \qquad \left\| E\left[|M_S - M_{T-}| \mid \mathfrak{F}_T \right] \right\|_p \leq k$$

pour tout couple S,T de temps d'arrêt avec $T \leq S$.

Grâce à l'hypothèse (1.5), il suffit pour cela de démontrer la relation

$$E\left[|M_S - M_{T-}| \mid \mathfrak{F}_T \right] \leq E\left[|M_\infty - M_{T-}| \mid \mathfrak{F}_T \right] \text{ p.s.},$$

ou encore la relation non conditionnelle

$$E\left[|M_S - M_{T-}| \right] \leq E\left[|M_\infty - M_{T-}| \right].$$

Or cette dernière relation est évidente puisque le processus $X_t = M_{S+t} - M_{T-}$ est une martingale par rapport à la filtration $\mathcal{G}_t = \mathfrak{F}_{S+t}$.

b) Etant donnés les nombres réels positifs r,s, considérons maintenant les temps d'arrêt T,S ainsi définis:

$$T = \inf\{t : |M_t| > r\}, \qquad S = \inf\{t : |M_t| > r+s\}.$$

On a alors $|M_{T-}| \leq r$, et par conséquent

$$\{M^* > r+s\} \subset \{|M_S| \geq r+s\} \subset \{|M_S - M_{T-}| \geq s\},$$

d'où

$$s\, I_{\{M^* > r+s\}} \leq |M_S - M_{T-}| \cdot I_{\{M^* > r\}}.$$

Il en résulte, compte tenu du fait que l'ensemble $\{M^* > r\} = \{T < \infty\}$ appartient à $\mathfrak{F}_T$,

$$s.P\{M^* > r+s\} \leq E\left[E\left[|M_S - M_{T-}| \mid \mathfrak{F}_T \right] I_{\{M^* > r\}} \right]$$

$$\leq \left\| E\left[|M_S - M_{T-}| \mid \mathfrak{F}_T \right] \right\|_p \left\| I_{\{M^* > r\}} \right\|_q.$$

La relation (1.6) entraîne donc

$$s.P\{M^*>r+s\} \leq k.P\{M^*>r\}^{\frac{1}{q}} ,$$

ce qui, grâce au lemme (1.1) (appliqué à la fonction $f(r)=P\{M^*>r\}$), démontre l'assertion.

(1.7) REMARQUE. Dans la partie b) de la démonstration, on n'a exploité que la relation (1.6). Le lemme reste donc valable pour un processus (M_t) quelconque (à trajectoires càdlàg) possédant la propriété (1.6).

(1.8) REMARQUE. Le lemme (1.4) permet notamment d'obtenir une démonstration très simple de l'inégalité de JOHN-NIRENBERG. Remarquons à cet effet que, si X est une variable aléatoire positive, on a, pour tout nombre réel positif λ,

$$E\left[e^{\lambda X}\right] = \int_\Omega dP(\omega) \int_{-\infty}^{X(\omega)} \lambda\, e^{\lambda t}\, dt = \int_{-\infty}^{\infty} \lambda\, e^{\lambda t} \quad P\{X>t\}\, dt$$

$$\leq 1+ \lambda \sum_{n=0}^{\infty} e^{\lambda(n+1)} P\{X>n\}.$$

Soit maintenant M une martingale telle que

$$\sup_T \left[E\ |M_\infty - M_{T-}|\ |\ \mathfrak{F}_T\right] \leq k.$$

En appliquant le lemme (1.4), on trouve, pour tout $r\geq 0$ et pour tout $p>1$,

$$r^p.P\{M^*>r\} \leq (epk)^p.$$

En particulier, pour $r=p=n$,

$$P\{M^{*}>n\} \leq (ek)^{n}.$$

Or la série

$$\sum_{n=2}^{\infty} e^{\lambda(n+1)}(ek)^{n} = e^{\lambda} \sum_{n=2}^{\infty} (e^{\lambda+1}k)^{n}$$

converge pour $k<e^{-1}$ et λ assez petit. Si ces conditions sont remplies, on a donc l'inégalité de JOHN-NIRENBERG:

$$E\left[e^{\lambda M}\right] \leq c(\lambda,k)$$

(cf., pour plus de détails, [2], chap. III).

L'inégalité suivante peut être considérée comme l'analogue "faible" de l'inégalité classique de DOOB (cf. [6], p. 27).

(1.9) LEMME. Pour toute martingale M et pour tout nombre réel $p>1$, on a

$$\| M \|_{M^p} \leq q . \| M_\infty \|_{M^p} ,$$

où q désigne l'exposant conjugué de p.

DEMONSTRATION. Etant donné le nombre réel $r\geq 0$, considérons le temps d'arrêt $T=\inf\{t:|M_t|>r\}$, et désignons par A l'ensemble $\{M^{*}>r\}=\{T<\infty\}$. On a alors

$$r.P(A) \leq E\left[|M_T| I_A\right] \leq E\left[|M_\infty| I_A\right] \leq q \| M_\infty \|_{M^p} P(A)^{\frac{1}{q}} \qquad \text{(cf. (0.2))}$$

Il en résulte

$$r.P(A)^{\frac{1}{p}} \leq q \| M_\infty \|_{M^p} ,$$

ce qui démontre l'assertion.

2.LE THEOREME D'INTERPOLATION.

Considérons un opérateur U défini dans l'espace des variables aléatoires étagées sur $(\Omega,\mathfrak{F},P)$,à valeurs dans l'espace $L^1(\Omega,\mathfrak{F},P)$. On dit que U est <u>sous-linéaire</u> s'il vérifie la relation

$$|U(X+Y)| \leq |U(X)|+|U(Y)|$$

pour tout couple X,Y de variables aléatoires étagées.

On dit que U est de <u>type</u>(p,q)<u>faible</u> (p,q étant deux éléments de $[1,\infty]$) si,pour toute variable aléatoire étagée X appartenant à L^p,la transformée U(X) appartient à M^q et vérifie la relation

$$\|U(X)\|_{M^q} \leq k\|X\|_p$$

où k est une constante réelle positive indépendante de X.La plus petite des constantes possédant cette propriété est appelée la norme (p,q)faible de U.

Si l'on remplace,dans la définition précédente,M^q par L^q,on obtient la notion d'opérateur de type(p,q)<u>fort</u>.

Soient p_1,p_2,q_1,q_2 des éléments de $[1,+\infty]$ avec $p_i\leq q_i$ $(i=1,2)$,$q_1<q_2$. Etant donné t avec $0<t<1$,considérons le couple p,q déterminé par

$$\frac{1}{p}=\frac{t}{p_1}+\frac{1-t}{p_2} \qquad \frac{1}{q}=\frac{t}{q_1}+\frac{1-t}{q_2}\ .$$

Le théorème classique d'interpolation de MARCINKIEWICZ (cf.[10], pag.112) affirme que,si U est un opérateur sous-linéaire qui,pour chaque $i=1,2$, est de type (p_i,q_i) faible, avec une norme égale à k_i, alors U est de type (p,q) fort avec une norme k qui dépend seulement de t,k_i,p_i,q_i.

En utilisant ce résultat, ainsi que les inégalités du paragraphe précédent, on peut démontrer le théorème suivant:

(2.1) THEOREME. Soit U un opérateur linéaire défini dans l'espace des variables aléatoires étagées, à valeurs dans L^1. Supposons que l'on ait

(2.2) $$\|U(X)\|_{M^{q_1}} \leq k_1 \quad \|X\|_{p_1}$$

(2.3) $$\|U(X)\|_{BMO} \leq k_2 \quad \|X\|_{p_2}$$

où p_1,q_1,p_2 sont des éléments de $[1,+\infty]$ tels que $p_1 \leq q_1 < +\infty, q_1 > 1$, et où k_1,k_2 sont des constantes positives indépendantes de X.

Dans ces conditions, pour tout élément t de $]0,1[$, l'opérateur U est de type (p,q) fort, où les nombres p,q sont determinés par les relations

$$\frac{1}{p} = \frac{t}{p_1} + \frac{1-t}{p_2}, \qquad \frac{1}{q} = \frac{t}{q_1} .$$

En outre la norme (p,q) forte de U dépend seulement de t,p_i,q_i,k_i

DEMONSTRATION. Pour simplifier l'écriture on supposera $p_1=q_1$ et $p_2=+\infty$. Dans le cas général il suffira de faire des modifications purement formelles.

Soit T un temps d'arrêt.On désignera par $U_{T-}(X)$ (resp.U^*) l'opérateur qui,a toute variable aléatoire X étagée,associe la variable aléatoire M_{T-}(resp.M^*),où M désigne la martingale projection optionnelle du processus $(t,\omega)\mapsto U(X)(\omega)$.

On désignera en outre par $U^T(X)$ l'opérateur (sous-linéaire) ainsi défini:

$$U^T(X)=E\left[|U(X)-U_{T-}(X)|\,|\,\mathcal{F}_T\right] .$$

L'hypothèse (2.3) entraîne alors (cf.(0.3))

$$\|U^T(X)\|_\infty \leq \|U(X)\|_{BMO} \leq k_2 \|X\|_\infty .$$

On a en outre

$$(2.4)\qquad |U^T(X)| \leq E\left[|U(X)|\,|\,\mathcal{F}_T\right] + |U_{T-}(X)|$$

$$\leq E\left[|U(X)|\,|\,\mathcal{F}_T\right] + U^*(X).$$

En appliquant le lemme (1.9),on trouve d'autre part

$$\|U^*(X)\|_{M^{p_1}} \leq p_1(p_1-1)\|U(X)\|_{M^{p_1}},$$

ainsi qu'une inégalité analogue concernant $E\left[|U(X)|\,|\,\mathcal{F}_T\right]$.

Il en résulte

$$\|U^T(X)\|_{M^{p_1}} \leq 4p_1(p_1-1)^{-1}\|U(X)\|_{M^{p_1}} \leq 4k_1p_1(p_1-1)^{-1}\|X\|_{p_1} .$$

Soit maintenant p tel que $p_1<p<\infty$. Puisque l'opérateur U^T est à la fois de type (p_1,p_1)faible et de type (∞,∞)faible,le théorème de Marcinkiewicz entraîne qu'il est de type (2p,2p)-

fort:

$$\| U^T(X) \|_{2p} \leq k \| X \|_{2p},$$

où la constante k ne dépend pas de T.

D'après le lemme (1,4), on a donc

$$\| U(X) \|_{M^{2p}} \leq 2epk \| X \|_{2p},$$

de sorte que U est de type (2p,2p)faible. Une nouvelle application du théorème de Marcinkiewicz fournit alors

$$\| U(X) \|_p \leq k' \| X \|_p.$$

(2.5)REMARQUE.La démonstration précédente ne s'étend pas aux opérateurs sous-linéaires.En effet,si U est un opérateur sous-linéaire,il en est de même de U_{T-}:mais la différence $U-U_{T-}$ n'est pas forcément sous-linéaire.

On remarquera que,dans l'énoncé précédent,l'exposant q_1 est assujetti à la condition $q_1>1$. Pour $q_1=1$,on a un résultat un peu plus faible:

(2,6)THEOREME.Soit U un opérateur linéaire défini dans l'espace des variables aléatoires étagées,à valeurs dans L^1.On suppose que l'on a

$$\| U(X) \|_1 \leq k_1 \| X \|_1,$$
$$\| U(X) \|_{BMO} \leq k_2 \| X \|_{p_2},$$

avec $1<p_2\leq\infty$. Dans ces conditions, pour tout élément t de $]0,1[$, l'opérateur U est de type (p,q)fort, où $\frac{1}{p} = t + \frac{1-t}{p_2}$, $\frac{1}{q} = t$.

DEMONSTRATION. La démonstration est tout à fait analogue à celle du théorème (2.1). Seule la vérification du fait que U^T est de type (1,1)faible exige un argument légèrement différent.

On a encore

$$|U^T(X)| \leq E\left[\, |U(X)| \mid \mathcal{F}_T \right] + U^*(X).$$

Or le premier terme appartient évidemment à L^1.

Pour le deuxième terme, on a, d'après l'inégalité de DOOB (cf. [6], pag. 25)

$$\| U^*(X) \|_{M^1} \leq \| U(X) \|_1 \leq k_1 \| X \|_1 .$$

La conclusion en résulte immédiatement.

3. LE CAS DES MARTINGALES DYADIQUES.

Dans l'espace R^d considérons un cube Q, par exemple unitaire:

$$Q=\{x : 0\leq x_i \leq 1,\ i=1,..,d\ \}.$$

Soit f une fonction intégrable sur Q, et posons

$$f_{Q_0} = \frac{1}{mes(Q_0)} \int_{Q_0} f(x)\ dx$$

pour tout cube Q_0 contenu dans Q.

On dit que la fonction f est <u>à oscillation moyenne bornée</u> au sens de l'Analyse (cf. [5]) si l'on a

(3.1) $$\sup_{Q_\theta} \frac{1}{\operatorname{mes}(Q_\theta)} \int_{Q_\theta} |f(x)-f_{Q_\theta}|dx < +\infty$$

Les fonctions f possédant cette propriété forment un espace vectoriel que l'on désigne par $\mathcal{BMO}$, et que l'on munit de la norme ainsi définie

(3.2) $$\|f\|_{\mathcal{BMO}} = \sup_{Q_\theta} \frac{1}{\operatorname{mes}(Q_\theta)} \int_{Q_\theta} |f(x)-f_{Q_\theta}|dx + \|f\|_{L^1(Q)} .$$

Particularisons maintenant les hypothèses du paragraphe 0. Prenons $\Omega=Q$ et désignons par P la mesure de Lebesgue sur Q; pour tout entier $n\geq 0$, désignons par $\mathcal{F}_n^\circ$ la tribu engendrée sur Q par les cubes dyadiques de la forme

(3.3) $$Q_\theta = \{ x: k_i \leq 2^n x_i < k_i+1,\ i=1,..,d \},$$

où les k_i sont des entiers tels que $0\leq k_i<2^n$. Désignons en outre par $\mathcal{F}_n$ la tribu engendrée par $\mathcal{F}_n^\circ$ et les parties négligeables de Q, et posons

$\mathcal{F}_t = \mathcal{F}_n$ pour $n\leq t<n+1$, $\mathcal{F} = \mathcal{F}_\infty = \bigvee_t \mathcal{F}_t$.

Il est bien connu que, dans le cas particulier envisagé, une martingale M appartient à BMO s'il existe une constante réelle k telle que l'on ait

(3.4) $$E\left[|M_\infty - M_n| \,|\, \mathcal{F}_n\right] \leq k$$

pour tout n. En outre la norme de M dans BMO est équivalente à la somme de la norme de M dans L^1 et de la borne inférieure des constantes k qui vérifient la relation (3.4).

Par conséquent une fonction f intégrable sur Q appartient à BMO si elle vérifie la condition (3.1), où la borne supérieure est prise lorsque Q_θ parcourt l'ensemble des cubes contenus dans Q de la forme particulière (3.3).

L'espace $\mathcal{BMO}$ est donc contenu dans l'espace BMO. On vérifie d'autre part que l'inclusion est stricte:en effet,pour d=1, et $Q=\left[-\frac{1}{2},\frac{1}{2}\right]$ on peut démontrer (cf.[3] ,pag.205) que la fonction f définie par

$$f(t)=\begin{cases} \log t & \text{pour } t>0 \\ 0 & \text{pour } t=0 \\ -\log(-t) & \text{pour } t<0 \end{cases}$$

appartient à BMO mais qu'elle n'appartient pas à $\mathcal{BMO}$.

Notre théorème (2.1) contient donc comme cas particulier le théorème de G.Stampacchia ([1]),dont il constitue une généralisation effective.

4.APPLICATIONS

Revenons maintenant au cas général et considérons une contraction linéaire V sur $L^2(\Omega,\mathfrak{F},P)$. En accord avec la terminologie de [3],on dira que V est un <u>opérateur de contraction sur les martingales</u> si, pour tout temps d'arrêt T,les deux conditions suivantes sont remplies:

(4.1) $E\left[V(H)\mid\mathfrak{F}_T\right]=V(E\left[H\mid\mathfrak{F}_T\right])$ p.s.

(4.2) $I_AV(H)=V(I_AH)$ si $A\in\mathfrak{F}_T$ et si $E\left[H\mid\mathfrak{F}_T\right]=0$ p.s.

Avec les notations du paragraphe 2,l'égalité (4.1) peut s'écrire sous la forme

$$V_T(H)=V(H_T)\quad \text{p.s.}$$

La condition(4.2) entraîne d'autre part,pour tout élément A de $\mathfrak{F}_T$,

$$\int_A (V(H-H_T))^2dP=\int V(I_A(H-H_T))^2\,dP\leq\int_A (H-H_T)^2dP$$

Par conséquent, si V est un tel opérateur, on a

(4.3) $$E\left[(V(H)-V_T(H))^2 \mid \mathcal{F}_T\right] \leq E\left[(H-H_T)^2 \mid \mathcal{F}_T\right].$$

Remarquons d'autre part que, pour toute martingale M de carré intégrable et pour tout temps d'arrêt T, on a

$$E\left[(M_\infty-M_{T-})^2 \mid \mathcal{F}_T\right] = E\left[(M_\infty-M_T)^2 \mid \mathcal{F}_T\right] + (\Delta_T M)^2$$

où $\Delta_T M = M_T - M_{T-}$.

Il en résulte que, si l'opérateur V de contraction sur les martingales vérifie, pour tout temps d'arrêt T, la condition supplémentaire

(4.4) $$\|\Delta_T V(H)\|_\infty \leq \|\Delta_T H\|_\infty ,$$

alors il vérifie aussi l'inégalité

(4.5) $$\|V(H)\|_{BMO} \leq \|H\|_{BMO} ,$$

de sorte qu'il est de type (p,p) fort pour $2 \leq p < +\infty$. (cf. théor. (2.1)).

Si l'on a des conditions qui assurent l'inégalité

(4.6) $$\|V(H)\|_{M_1} \leq c \|H\|_1$$

(par exemple, dans le cas discret, si l'on a $\|V(M_n-M_{n-1})\|_1 \leq \|M_n-M_{n-1}\|_1$ cf. [3] pag. 207) l'opérateur V est (compte tenant du théorème classique de Marcinkiewicz) de type (p,p)-fort pour $1<p\leq 2$.

Dans le cas particulier des martingales dyadiques, on vérifie facilement que les propriétés (4.1) et (4.2) suffisent dejà à assurer les propriétés (4.5) et (4.6). On peut alors conclure que tout opérateur de contraction sur les martingales est du type (p,p)-fort pour $1<p<+\infty$.

Considérons maintenant, dans le cas discret, l'opérateur U ainsi défini: soit e_n une suite de nombres tels que $e_n^2=1$, et soit

$$(4.7) \qquad U(M)= \sum_{n=0}^{\infty} e_n m_n ,$$

où $m_0=M_0$, $m_n=M_n-M_{n-1}$.

Puisque les accroissements de la martingale M sont orthogonales, on reconnaît immédiatement que U est une isométrie de L^2 dans L^2 et de BMO dans BMO. On déduit alors du théorème (2.1) l'inégalité

$$(4.8) \qquad \|U(M)\|_p \leq c_p \|M\|_p$$

pour $2 \leq p < +\infty$. D'autre part l'opérateur U est auto-adjoint dans L^2; on a donc aussi, pour $1<p\leq 2$:

$$(4.9) \qquad \|U(M)\|_p \leq c_q \|M\|_p$$

où q désigne l'exposant conjugué de p.

Appliquons ce résultat aux bases de Haar.

Considérons, sur un espace probabilisé $(\Omega, \mathcal{F}, P)$, une base de Haar (m_n) associée à un système de Haar $(\mathcal{F}_n)$ (voir [11], pag. 51)

On sait que (m_n) est une base orthonormale de $L^2(\Omega, \mathcal{F}, P)$ et que toute fonction f appartenant à $L^p(\Omega, \mathcal{F}, P)$ $(1\leq p<+\infty)$ peut s'écrire sous la forme

$$(4.10) \qquad f = \sum_{n\geq 0} a_n m_n ,$$

où la série converge p.s. et dans L^p.

En appliquant les inégalités (4.8),(4.9) à la martingale

$M_n = \sum_{k\leq n} a_k m_k$,on trouve alors que pour $1<p<+\infty$ la base de Haar (m_n) est une base <u>inconditionnelle</u> de L^p,c'est-à-dire que dans la représentation (4.10) on a convergence dans L^p de la série $\sum_n e_n a_n m_n$ pour tout choix des signes $e_n=\pm 1$.

BIBLIOGRAPHIE.

[1] CAMPANATO S. Su un teorema di G.Stampacchia. Ann.Scuola Norm.Sup.Pisa 20(1966) pag.649-652.

[2] GARSIA A. Martingale inequalities. Seminar notes.Benjamin 1973.

[3] HERZ C. Bounded mean oscillation and regulated martingales. Trans.Amer.Math.Soc.193(1974) pag.199-215

[4] HERZ C. H_p spaces of martingales,0<p<1. Z.Warscheinlichkeitstheorie verw.Geb. 28(1974) pag.189-205.

[5] JOHN H. et NIRENBERG L.On fonctions of bounded mean oscillation. Comm.pure Applied Math. 14 (1961) pag.415-426.

[6] MEYER P.A. Martingales and stochastic integrals I.Lecture Notes in Mathematics 284 (1972) Springer-Verlag.Berlin-Heidelberg-New York.

[7] MEYER P.A. Un cours sur les intégrales stochastiques. Lecture Notes in Math.511. Springer-Verlag. Berlin-Heidelberg-New York.

[8] STAMPACCHIA G. The spaces $L^{p,\lambda}$,$N^{p,\lambda}$ and interpolation. Ann.Scuola Norm. Sup.Pisa 19 (1965) pp.443-462

[9] STROOCK D. Applications of Fefferman-Stein type interpolation to Probability theory and analysis. Comm.Pure Appl.Math. 26 (1973) pag.477-495.

[10] ZYGMUND A. Trigonometric series.Cambridge University Press 1959.

[11] NEVEU J. Martingales à temps discret.Masson et Cie.Paris 1972.

Maurizio Pratelli
Istituto di Matematica.
Via Derna,1.
56100 PISA. Italie.

Université de Strasbourg
Séminaire de Probabilités 1976/77

UNE REMARQUE SUR LES CHANGEMENTS DE TEMPS ET LES MARTINGALES LOCALES

par C. Stricker

Il est bien connu [1] que les changements de temps ne préservent pas la notion de martingale locale. On peut se demander s'il n'existe pas une classe de martingales locales, plus large que celle des martingales, et qui serait préservée par changement de temps. Nous prouvons ici que cette classe est extrêmement restreinte, et se réduit même aux martingales lorsque la tribu $\underline{\underline{F}}_0$ est triviale.

$(\Omega,\underline{\underline{F}},P)$ est un espace probabilisé muni d'une filtration $(\underline{\underline{F}}_t)$ qui satisfait aux conditions habituelles. Nous appelons <u>changement de temps</u> tout processus $(\tau_t)_{t\geq 0}$ continu à droite et croissant tel que, pour tout t, τ_t soit un temps d'arrêt <u>p.s. borné</u> de la famille $(\underline{\underline{F}}_t)$. Si $M = (M_t)_{t\geq 0}$ est un processus continu à droite adapté à la famille $(\underline{\underline{F}}_t)$, nous désignons par $\overline{M}=(\overline{M}_t)_{t\geq 0}$ le processus $(M_{\tau_t})_{t\geq 0}$ adapté à la famille $(\overline{\underline{\underline{F}}}_t) = (\underline{\underline{F}}_{\tau_t})_{t\geq 0}$.

Nous dirons que M est une <u>martingale conditionnelle</u> si l'on a pour tout t $\mathbb{E}[|M_t||\underline{\underline{F}}_0] < +\infty$ p.s. (donc aussi $\mathbb{E}[|M_t||\underline{\underline{F}}_s] < +\infty$ p.s. pour $0\leq s\leq t$) et $\mathbb{E}[M_t|\underline{\underline{F}}_s] = M_s$ p.s. pour tout $s<t$, ces espérances conditionnelles généralisées ayant un sens d'après la condition précédente. Si la tribu $\underline{\underline{F}}_0$ est triviale, une martingale conditionnelle est simplement une martingale. Dans le cas général, M est une martingale locale d'un type très particulier, puisqu'elle peut être réduite par des temps d'arrêt $\underline{\underline{F}}_0$-mesurables. Posons en effet $\mathbb{E}[|M_N||\underline{\underline{F}}_0] = A_N$, puis pour $c>0$

$$T = 0 \text{ si } A_N>c \ , \quad T=N \text{ si } A_N\leq c \ ; \text{ v.a. } \underline{\underline{F}}_0\text{-mesurable} .$$

Alors le processus $M_{t\wedge T}I_{\{T>0\}}$ est une martingale uniformément intégrable. Inversement, il est très facile de voir qu'une martingale locale qui peut être réduite par des temps d'arrêt $\underline{\underline{F}}_0$-mesurables est une martingale conditionnelle.

PROPOSITION. <u>Soit</u> M <u>une martingale locale</u>. <u>Alors les propriétés suivantes sont équivalentes</u>

1) <u>Pour tout changement de temps</u> (τ_t), $\overline{M}$ <u>est une martingale locale par rapport à la filtration</u> $(\overline{\underline{\underline{F}}}_t)$.

2) M <u>est une martingale conditionnelle</u>.

DEMONSTRATION. Soit M une martingale conditionnelle, et soit (τ_t) un changement de temps ; rappelons que τ_t est borné par une constante N , et appliquons le théorème d'arrêt de Doob à la martingale $(M_{t\wedge T}I_{\{T>0\}})$, où T est le temps d'arrêt (1). Nous voyons aussitôt que sur $\{T>0\}$

$$\mathbb{E}[|M_{\tau_t}||\underline{\underline{F}}_0] < \infty \text{ p.s. } , \mathbb{E}[M_{\tau_t}|\underline{\underline{F}}_{\tau_s}] = M_{\tau_s} \text{ p.s.}$$

Faisant tendre c vers +∞, nous voyons que $\overline{M}$ est une martingale locale, et même une martingale conditionnelle.

Pour la réciproque, nous allons utiliser uniquement des changements de temps de la forme suivante, où $0\leq u<v$

(2) $\qquad \tau_t = u$ pour $t<1$, $\tau_t=v$ pour $t\geq 1$.

LEMME. <u>Soit</u> $(\underline{\underline{G}}_t)$ <u>une famille de tribus telle que</u> $\underline{\underline{G}}_t=\underline{\underline{G}}_0$ <u>pour</u> $t<1$, $\underline{\underline{G}}_t=\underline{\underline{G}}_1$ <u>pour</u> $t\geq 1$. <u>Alors un processus continu à droite adapté</u> X <u>est une martingale locale pour</u> $(\underline{\underline{G}}_t)$ <u>si et seulement si</u>

$$X_t = X_0 I_{\{t<1\}}+X_1 I_{\{t\geq 1\}} \ \underline{\text{p.s.}} ; \mathbb{E}[|X_1||\underline{\underline{G}}_0] < \infty \ \underline{\text{p.s.}} ; \mathbb{E}[X_1|\underline{\underline{G}}_0]=X_0 \ \underline{\text{p.s.}}.$$

<u>Démonstration du lemme</u>. Toutes les martingales étant constantes sur $[0,t[$ et sur $[1,\infty[$, il en est de même des martingales locales. Soit (T_n) une suite qui croît vers +∞ et réduit X . Comme $X^{T_n}I_{\{T_n>0\}}$ est une martingale uniformément intégrable, nous avons

$$\mathbb{E}[|X_{T_n\wedge 1}|I_{\{T_n>0\}}] < \infty \quad , \text{ donc } \quad \mathbb{E}[|X_1|I_{\{T_n\geq 1\}}|\underline{\underline{G}}_0] < \infty$$

et comme $\{T_n<1\}\in\underline{\underline{G}}_{1-}=\underline{\underline{G}}_0$, nous voyons que $\mathbb{E}[|X_1||\underline{\underline{G}}_0] < \infty$ p.s.. De même la relation $\mathbb{E}[X_{T_n\wedge 1}I_{\{T_n>0\}}|\underline{\underline{G}}_0] = X_0 I_{\{T_n>0\}}$ nous donne $\mathbb{E}[X_1 I_{\{T_n\geq 1\}}|\underline{\underline{G}}_0] = X_0 I_{\{T_n\geq 1\}}$, et finalement $\mathbb{E}[X_1|\underline{\underline{G}}_0]=X_0$. La réciproque est facile.

Le lemme étant établi, la proposition est évidente. Prenant un changement de temps (2) avec u=0, nous trouvons d'abord que $\mathbb{E}[|M_v||\underline{\underline{F}}_0] < \infty$ p.s. pour tout v . Puis prenant $0\leq u<v$ nous trouvons que $\mathbb{E}[M_v|\underline{\underline{F}}_u]=M_u$ p.s. et la proposition est établie.

REFERENCES

[1]. N. KAZAMAKI. Examples on local martingales. Sem. Proba. Strasbourg VI, Lect. Notes in Math. 258, p.98-99. Springer-Verlag 1972.

PROJECTION PREVISIBLE ET DECOMPOSITION MULTIPLICATIVE D'UNE SEMI-MARTINGALE POSITIVE

Jean JACOD

Soit X un processus défini sur un espace probabilisé filtré $(\Omega,\underline{\underline{F}},(\underline{\underline{F}}_t)_{t\geqslant 0},P)$ vérifiant les conditions habituelles. Nous nous intéressons à la propriété suivante:

$$(*)\begin{cases} X = LD\,, & \text{où } L \text{ est une martingale locale et } D \text{ un processsus continu} \\ & \text{à droite, prévisible, à variation finie sur tout compact, avec } D_0 = 1. \end{cases}$$

Il s'agit d'un sujet sur lequel existent déjà de nombreuses publications (voir la liste de références, qui n'est pas exhaustive), aussi n'est-il pas question ici de faire preuve de beaucoup d'originalité: nous utilisons des méthodes éprouvées et nous restons dans le cadre usuel où X est un processus positif (ce qui signifie ici: non-négatif) et où on cherche des processus L et D eux-mêmes positifs.

Plus précisément on part d'une semi-martingale spéciale positive X (il est aisé de vérifier que tout processus vérifiant (*) est une semi-martingale spéciale; la définition est rappelée plus loin), et on note ${}^pX$ sa projection prévisible. On montre alors qu'il existe une décomposition et une seule du type (*), sur "le plus grand intervalle stochastique sur lequel le processus $1/{}^pX$ est localement borné". On rassemble ainsi les cas extrêmes pour lesquels la décomposition (*) est connue: 1) le cas où X est une surmartingale positive, 2) celui où X et X_- ne s'annulent jamais, auquel cas $1/{}^pX$ est localement borné.

Cet article est décomposé en deux parties: d'abord on étudie la projection prévisible d'une semi-martingale spéciale; cette partie contient l'essentiel des résultats nouveaux. Puis on étudie la décomposition (*) proprement dite.

Auparavant on introduit quelques notations et on fait quelques commentaires (bien classiques !). On note $\underline{\underline{M}}$ l'ensemble des martingales continues à droite, uniformément intégrables, et $\underline{\underline{M}}_{loc}$ l'ensemble des martingales locales (classe obtenue par "localisation" de la classe $\underline{\underline{M}}$ par les temps d'arrêt). On note $\underline{\underline{V}}$ l'ensemble des processus continus à droite, nuls à l'origine, à variation finie sur tout compact, adaptés. Comme d'habitude on convient d'identifier deux éléments de $\underline{\underline{M}}_{loc}$ ou de $\underline{\underline{V}}$ qui sont P-indistinguables. $\underline{\underline{P}}$ désigne la tribu prévisible.

Une semi-martingale est un processus X s'écrivant

(1) $\quad X = X_0 + M + A \; : \quad M \in \underline{\underline{M}}_{loc} \, , \quad M_0 = 0 \, , \quad A \in \underline{\underline{V}} \, .$

Il peut exister plusieurs décompositions (1), mais il en existe au plus une pour laquelle A est prévisible; si tel est le cas on dit que X est une semi-martingale <u>spéciale</u>, et l'unique décomposition (1) pour laquelle $A \in \underline{\underline{P}}$ est appelée <u>décomposition canonique</u>. On note $\underline{\underline{S}}_p$ l'ensemble des semi-martingales spéciales.

Notre référence pour les martingales, semi-martingales, intégrales stochastiques, est le cours de Meyer [4]. Si X est une semi-martingale et H un processus prévisible localement borné, on note $H{\bullet}X$ le "processus intégrale stochastique" de H par rapport à X.

<u>Remarques</u>: 1) Supposons qu'on ait (*). D'après la formule d'intégration par parties de Yoeurp (voir [4,p.315]) on a

(2) $$X = X_0 + D{\bullet}L + L_-{\bullet}D .$$

Comme $D{\bullet}L \in \underline{\underline{M}}_{loc}$ et $L_-{\bullet}D \in \underline{\underline{P}} \cap \underline{\underline{V}}$ on en déduit que $X \in \underline{\underline{S}}_p$.

2) Supposons que $X \in \underline{\underline{S}}_p$ vérifie (*) et que le processus $1/{}^pX$ soit localement borné. La formule $Y = (1/{}^pX){\bullet}X$ définit alors un élément de $\underline{\underline{S}}_p$ nul en 0, dont on note $Y = N + B$ la décomposition canonique. Comme $D \in \underline{\underline{P}}$ et ${}^pL = L_-$ puisque $L \in \underline{\underline{M}}_{loc}$, on a ${}^pX = L_-D$ tandis que (2) entraine

$$Y = \frac{1}{L_-D}{\bullet}(D{\bullet}L + L_-{\bullet}D) = \frac{1}{L_-}{\bullet}L + \frac{1}{D}{\bullet}D .$$

L'unicité de la décomposition canonique de Y entraine $N = (1/L_-){\bullet}L$ et comme $L_0 = X_0$ on a $L = X_0 + L_-{\bullet}N$. Cette équation, étudiée par C. Doléans-Dade [1], admet pour seule solution $L = X_0\mathcal{E}(N)$, où $\mathcal{E}(N)$ désigne "l'exponentielle" de N.

Cette formule $L = X_0 \mathcal{E}(N)$ est très importante:

a) comme N est obtenu directement à partir de $(1/{}^pX)\cdot X$, elle montre en quoi ${}^pX$ joue un rôle essentiel dans l'obtention de (*);

b) elle permet de montrer l'unicité dans (*);

c) elle donne le schéma de la démonstration de l'existence dans (*): on pose $L = X_0 \mathcal{E}(N)$, puis $D = X/L$, et il reste à montrer que D satisfait les propriétés requises...

3) Si L est un élément positif de $\underline{\underline{M}}_{loc}$ et si $R = \inf(t: L_t = 0)$ on sait que $L = 0$ sur l'intervalle stochastique $[\![R,\infty[\![$. Une telle propriété n'étant évidemment pas vraie pour n'importe quel élément positif de $\underline{\underline{S}}_p$, on ne saurait s'attendre en général à ce que la décomposition (*) soit valide partout, mais simplement sur les intervalles où X ne s'annule pas.

Conventions: 1) Nous omettrons systématiquement les termes "P-p.s." et "à un ensemble P-évanescent près".

2) $\frac{0}{0} = 1$; $\frac{a}{0} = +\infty$ si $a \in]0,\infty[$.

1 - ETUDE DE LA PROJECTION PREVISIBLE

§a - Enoncé des résultats. On part d'un élément positif X de $\underline{\underline{S}}_p$, de décomposition canonique $X = X_0 + M + A$. Comme $X \geq 0$ il est clair que ${}^pX \geq 0$. Comme ${}^pM = M_-$ et $A \in \underline{\underline{P}}$ on a aussi

$${}^pX = X_0 + M_- + A = X_- + \Delta A$$

(on note ΔZ le processus des sauts du processus cadlag Z).

Posons:

$$R_n = \inf(t: X_t \leq 1/n), \qquad R = \lim_{(n)}\uparrow R_n$$

$$R'_n = \inf(t: ({}^pX)_t \leq 1/n), \qquad R' = \lim_{(n)}\uparrow R'_n .$$

THEOREME 1 : (a) <u>On a</u> $R=R'$ (rappelons qu'on omet: P-p.s.).

(b) <u>Il existe une suite</u> (S_n) <u>de temps d'arrêt croissant vers</u> R, <u>telle que</u> $X \geq 1/n$ <u>sur</u> $[\![0,S_n[\![$, <u>que</u> $X_- \geq 1/n$ <u>sur</u> $]\!]0,S_n]\!]$ <u>et que</u> ${}^pX \geq 1/n$ <u>sur</u> $[\![0,S_n]\!] \cap [\![0_{\{X_0 \geq 1/n\}},\infty[\![$.

(comme d'habitude, si T est un temps d'arrêt et $B \in \underline{\underline{F}}_T$, on note T_B le temps d'arrêt égal à T sur B, à $+\infty$ sur B^c).

L'ensemble prévisible $C(X) = \bigcup_{(n)} [\![0,S_n]\!]$ est doué de propriétés agréables en ce qui concerne le processus $1/{}^pX$, propriétés que nous allons énoncer dans le cas simple où $X_0 > 0$ identiquement (sinon, comme $({}^pX)_0 = X_0$, ce processus $1/{}^pX$ commence mal en l'instant 0 pour être localement borné).

THEOREME 2 : <u>Supposons que</u> $X_0 > 0$ <u>identiquement. Si</u> T <u>est un temps d'arrêt, le processus arrêté</u> $(1/{}^pX)^T$ <u>est localement borné si et seulement si</u> $[\![0,T]\!] \subset C(X)$ ($C(X)$ est évidemment le plus petit ensemble prévisible jouissant de cette propriété).

Le processus X étant cadlag, on a nécessairement $\min(X_R, X_{R-}) = 0$ si $R<\infty$, si bien que l'ensemble $\{R=\infty\}$ est exactement l'ensemble sur lequel ni X, ni X_-, ne s'annulent jamais. Par suite on a le

COROLLAIRE 1 : <u>Pour que le processus</u> $1/{}^pX$ <u>soit localement borné, il faut et il suffit que</u> X <u>et</u> X_- <u>ne s'annulent jamais</u>.

<u>Remarques</u>: 1) Le théorème 2 suggère que, plus que la suite (S_n), c'est l'ensemble aléatoire $C(X)$ qui joue un rôle important. Nous retrouverons ce fait lors de l'étude de la décomposition multiplicative.

2) Si $X \in \underline{\underline{M}}_{loc}$ on a ${}^pX = X_-$, $R'_n = R_n$ et $R = \inf(t: X_t = 0)$; ces deux théorèmes sont alors bien connus, et $C(X) = \{X_- > 0\}$.

Les comportements des processus prévisibles ${}^pX$ et X_- sont analogues sur l'ensemble $C(X)$. Ils peuvent différer en son extrémité R, comme le montre le corollaire suivant. On pose d'abord $B = \{R \in C(X)\} = \bigcup_{(n)} \{S_n = R < \infty\}$ et $B' = \{R<\infty, R \notin C(X)\} = \bigcap_{(n)} \{S_n < R < \infty\}$, donc $B \cap B' = \emptyset$ et $B \cup B' = \{R<\infty\}$.

COROLLAIRE 2 : (a) <u>Sur</u> B <u>on a</u> $X_{R-} > 0$, $({}^{p}X)_R > 0$ <u>et</u> $X_R = 0$. <u>On a</u> $C(X) \cap \{X = 0\} = [\![R_B]\!]$.

(b) $R_{B'}$ <u>est un temps d'arrêt prévisible. Sur</u> $B' \cap \{X_{R-} > 0\}$ <u>on a</u> $X_R = ({}^{p}X)_R = 0$.

<u>Démonstration</u>: (a) Les inégalités $X_{R-} > 0$ et $({}^{p}X)_R > 0$ sur B découlent immédiatement du théorème 1, et comme $\min(X_R, X_{R-}) = 0$ si $R < \infty$ on a $X_R = 0$ sur B . Enfin $X > 0$ sur $[\![0,R [\![$, d'où la dernière assertion.

(b) Il est aisé de vérifier que $R_{B'}$ est annoncé par la suite de temps d'arrêt $(S_n)_{\{S_n < R\}}$, donc est prévisible. Sur $B'' = B' \cap \{X_{R-} > 0\}$ on a $X_R = 0$, tandis que $B'' \in \underline{\underline{F}}_{(R_{B'})-}$, donc $T = R_{B''}$ est également prévisible. Il vient alors

$$E(1_{B''}({}^{p}X)_R) = E(1_{\{T<\infty\}}({}^{p}X)_T) = E(1_{\{T<\infty\}}X_T) = E(1_{B''}X_R) = 0 . \blacksquare$$

<u>Commentaires</u>: 1) Si X est une surmartingale positive (donc un élément de $\underline{\underline{S}}_p$) le processus A est décroissant, donc ${}^{p}X \leq X_-$. On en déduit que $B = \{R<\infty, ({}^{p}X)_R > 0\}$ et $B' = \{R<\infty, ({}^{p}X)_R = 0\}$, tandis qu'on sait par ailleurs que $X = 0$ sur $[\![R,\infty [\![$ et ${}^{p}X = X_- = 0$ sur $]\!] R,\infty [\![$.

2) Sur B' on peut effectivement avoir $({}^{p}X)_R = 0 < X_{R-}$, ou $X_{R-} = 0 < ({}^{p}X)_R$, comme le montrent les deux exemples suivants.

Soit d'abord $X_t = 2$ si $t < 2$ et $X_t = 0$ si $t \geq 2$: on a ${}^{p}X = X$, $R = 2$, $B' = \Omega$, et $({}^{p}X)_R = 0 < X_{R-} = 2$; par ailleurs on a $C(X) = [\![0,2 [\![$ et l'inclusion $C(X) \subset \bigcup_{(n)} [\![0,R_n]\!]$, qui est toujours vraie, est stricte dans ce cas.

Soit maintenant $X_t = 2 - t$ si $t < 2$ et $X_t = 2$ si $t \geq 2$: on a encore ${}^{p}X = X$, $R = 2$, $B' = \Omega$, et $X_{R-} = 0 < ({}^{p}X)_R = 2$; par ailleurs $C(X) = [\![0,2 [\![$ et l'inclusion $C(X) \subset \bigcup_{(n)} [\![0,R'_n]\!]$, qui est toujours vraie, est stricte dans ce cas.

§<u>b - Démonstration des théorèmes 1 et 2</u>. Nous allons commencer par trois lemmes.

LEMME 1 : <u>Il existe une suite</u> (S_n) <u>de temps d'arrêt croissant vers</u> R' , <u>telle que</u> ${}^{p}X \geq 1/n$ <u>sur</u> $[\![0,S_n]\!] \cap [\![0_{\{X_0 \geq 1/n\}},\infty [\![$ <u>et que</u> $C(X) = \bigcup_{(n)} [\![0,S_n]\!]$

<u>soit égal à</u> $(\bigcup_{(n)} [\![0,R'_n]\!]) \bigcap [\![0,R'_{\{(^pX)_{R'}=0\}}[\![$.

<u>Démonstration</u>: L'ensemble prévisible $]\!]0,R'_n]\!] \bigcap \{^pX<1/n\}$ contient évidemment le graphe de son début V_n, qui est donc un temps d'arrêt prévisible, et qui vérifie clairement $V_n>0$, $V_n \geq R'_n$ et $V_n = R'_n$ si $V_n<\infty$. Il existe donc un temps d'arrêt T_n tel que $T_n<V_n$ et que $P(T_n<\min(n,V_n-1/n)) \leq 1/2^n$, si bien que $\sup_{(n)} T_n = \sup_{(n)} V_n \geq R'$ (on rappelle encore une fois qu'on omet: P-p.s.). La formule $S_n = \sup_{p\leq n} \min(T_p,R'_p)$ définit alors une suite de temps d'arrêt croissant vers R'.

Etant données les définitions de V_n et T_n, on voit que $^pX \geq 1/n$ sur $]\!]0,R'_n]\!] \bigcap]\!]0,T_n]\!]$ pour tout n, et on en déduit que $^pX \geq 1/n$ sur $]\!]0,S_n]\!]$, donc sur $[\![0,S_n]\!] \bigcap [\![0_{\{X_0 \geq 1/n\}},\infty[\![$ puisque $(^pX)_0 = X_0$.

Comme $S_n \leq R'_n$ on a $C(X) \subset \bigcup_{(n)} [\![0,R'_n]\!]$. Supposons que pour n assez grand on ait $R'_n = R'$ (pour un ω donné); si $(^pX)_{R'}=0$ il est clair qu'on doit avoir $S_m<R'$ pour tout m d'après les propriétés de S_m; par contre si $(^pX)_{R'}>0$, on a $V_m=\infty$ pour m assez grand, donc également $T_q>R'$ et $S_q = R'_q = R'$ pour q assez grand: on en déduit que $C(X)$ a la forme donnée dans l'énoncé.■

LEMME 2 : <u>On a</u> $R \leq R'$.

<u>Démonstration</u>: Fixons n. Comme $X_- \geq 1/n$ sur $]\!]0,R_n]\!]$ et comme $^pX = X_- + \Delta A$, on doit avoir $\Delta A \leq -1/n$ sur l'ensemble prévisible $D =]\!]0,R_n]\!] \bigcap \{^pX=0\}$, qui est donc à coupes discrètes. Par suite D contient le graphe de son début T, qui est ainsi un temps d'arrêt prévisible. Mais $X \geq 1/n$ sur $[\![0,R_n[\![$, donc

$$\frac{1}{n} P(T<R_n) \leq E(1_{\{T<\infty\}} X_T) = E(1_{\{T<\infty\}} (^pX)_T) = 0$$

et $P(T<R_n)=0$. Autrement dit $^pX>0$ sur $]\!]0,R_n[\![$. Désignons par T_m le $m^{\text{ième}}$ instant où $\Delta A \leq -1/2n$: on a d'une part $^pX = X_- + \Delta A \geq 1/2n$ en dehors de $\bigcup_{(m)} [\![T_m]\!]$, et d'autre part $\lim_{(m)} \uparrow T_m = \infty$ tandis que $^pX>0$ sur $]\!]0,R_n[\![$: on déduit immédiatement de ces assertions que $R' \geq R_n$ dès que $(^pX)_0 = X_0 > 0$; comme $R'=R=0$ si $X_0=0$ on a alors $R' \geq R_n$ pour tout n, donc $R' \geq R$.■

LEMME 3 : <u>On a</u> $X_- \geq 1/n$ <u>sur</u> $]\!]0,S_n]\!]$.

<u>Démonstration</u>: Fixons $b \in]0,1/n[$ et $c<\infty$. On considère l'ensemble prévisible $D =]\!]0,\min(S_n,c)]\!] \cap \{X_- \leq b\}$. Soit T un temps d'arrêt prévisible annoncé par une suite (T_m), et de graphe contenu dans D. Posons enfin $D_m =]\!]T_m,T[\![\cap]\!]0,\min(S_n,c)]\!]$, $B_m = \{T_m < \min(S_n,c)\}$ et $a_m = E[\min(1,\sup_{T_m \leq t<T} X_t) 1_{\{T<\infty\}}]$.

D'une part $\lim_{(m)} \downarrow \sup_{T_m \leq t<T} X_t = X_{T-} \leq b$ sur l'ensemble $\{T<\infty\}$, donc d'après le théorème de Lebesgue, $\lim_{(m)} \downarrow a_m \leq b\,P(T<\infty)$. D'autre part B_m est la projection sur Ω de l'ensemble prévisible D_m, tandis que les ensembles B_m décroissent vers l'ensemble $\{T<\infty\}$. D'après le théorème de section prévisible appliqué à D_m, il existe un temps d'arrêt prévisible V_m tel que $[\![V_m]\!] \subset D_m$ et $P(B_m) - 1/m \leq P(V_m<\infty) \leq P(B_m)$. Comme $D_m \subset D$ on a $({}^pX)_{V_m} \geq 1/n$ si $V_m<\infty$, donc

$$\frac{1}{n} P(V_m<\infty) \leq E[\min(({}^pX)_{V_m},1) 1_{\{V_m<\infty\}}] = E[{}^p(\min(X,1))_{V_m} 1_{\{V_m<\infty\}}]$$
$$= E[\min(1,X_{V_m}) 1_{\{V_m<\infty\}}] \leq a_m + P(T=\infty, B_m).$$

En passant à la limite en m dans l'expression précédente, et en utilisant les diverses remarques faites plus haut sur a_m, V_m et B_m, on voit que $\frac{1}{n}P(T<\infty) \leq b\,P(T<\infty)$, ce qui n'est possible que si $P(T<\infty)=0$. D'après le théorème de section prévisible on en déduit que D est P-évanescent, donc $X_- > b$ sur $]\!]0,\min(S_n,c)]\!]$; ceci étant vrai pour tous $b \in]0,1/n[$ et $c<\infty$, on a bien le résultat cherché. ∎

<u>Démonstration du théorème 1</u>: Il suffit de recoller ces trois lemmes (en effet le lemme 3 entraine $X \geq 1/n$ sur $[\![0,S_n[\![$, donc $R_{n+1} \geq S_n$). ∎

<u>Démonstration du théorème 2</u>: Soit T un temps d'arrêt et $Y = (1/{}^pX)^T$. Supposons d'abord Y localement borné: d'après la définition même de R' on doit avoir $T \leq R'$, et $T<R'$ sur $\bigcap_{(n)}\{R'_n < R'<\infty\}$; de plus si $T = R'<\infty$ il faut que $({}^pX)_{R'} > 0$: d'après la forme de $C(X)$ donnée au lemme 1, on doit donc avoir $[\![0,T]\!] \subset C(X)$.

Inversement supposons que $[\![0,T]\!] \subset C(X)$. Il est facile de vérifier que la suite $S'_n = (S_n)_{\{S_n<T\}}$ croit vers $+\infty$, et $Y^{S'_n} = Y^{S_n} \leq n$, donc Y est localement borné: cela achève de montrer que $C(X)$ jouit de la propriété annoncée. ∎

2 - ETUDE DE LA DECOMPOSITION MULTIPLICATIVE

§ a - Enoncé des résultats. On part, comme dans la partie 1, d'un élément positif X de $\underline{\underline{S}}_p$, de décomposition canonique $X = X_0 + M + A$. On utilisera les notations S_n, R, $C(X)$ introduite plus haut. Pour éviter des répétitions fastidieuses on notera $\underline{\underline{V}}'$ l'ensemble des processus D tels que $D_0 = 1$ et que $D - 1 \in \underline{\underline{V}}$.

Commençons par énoncer le théorème fondamental, dont nous déduirons ensuite un certain nombre de corollaires couvrant les situations classiques.

THEOREME 3 : Il existe un couple (L,D) de processus tel que

(3) $X = LD$ sur $C(X)$, $L^{S_n} \in \underline{\underline{M}}_{loc}$ et $D^{S_n} \in \underline{\underline{P}} \cap \underline{\underline{V}}'$ pour tout n.

Tout autre couple (L',D') vérifiant (3) satisfait à $L' = L$ et $D' = D$ sur l'ensemble $C(X)$. Enfin on a $D > 0$ sur $C(X)$, $L > 0$ sur $C(X) \cap \{X > 0\}$ et $L = 0$ sur $C(X) \cap \{X = 0\} = [\![R_B]\!]$.

Remarque: On voit bien là encore l'importance de $C(X)$. On pourrait d'ailleurs supprimer toute référence à la suite (S_n) en remplaçant la condition:

$$L^{S_n} \in \underline{\underline{M}}_{loc} \quad \text{et} \quad D^{S_n} \in \underline{\underline{P}} \cap \underline{\underline{V}}' \quad \text{pour tout } n$$

par la condition équivalente:

$$L^T \in \underline{\underline{M}}_{loc} \quad \text{et} \quad D^T \in \underline{\underline{P}} \cap \underline{\underline{V}}' \quad \text{pour tout temps d'arrêt } T \text{ avec } [\![0,T]\!] \subset C(X) .$$

En utilisant le corollaire 1, on arrive au résultat obtenu par Yoeurp et Yor [7]:

COROLLAIRE 3 : Supposons que X et X_- ne s'annulent jamais. Il existe un couple (L,D) et un seul tel que $L \in \underline{\underline{M}}_{loc}$, $D \in \underline{\underline{P}} \cap \underline{\underline{V}}'$ et $X = LD$.

Voici maintenant le cas le plus connu (Ito et Watanabe [2], Meyer [3]):

COROLLAIRE 4 : Soit X une surmartingale positive ne s'annulant jamais. Il existe un couple et un seul (L,D) tel que $L \in \underline{\underline{M}}_{loc}$, $D \in \underline{\underline{P}} \cap \underline{\underline{V}}'$, $X = LD$ et que D soit décroissant.

Démonstration: On sait que X_- ne s'annule jamais non plus, donc on est dans le cadre du corollaire 3 et il suffit de montrer que D est décroissant. Mais on a (*), donc (2), ce qui implique $L_- \cdot D = A$ d'après l'unicité de la décomposition canonique. De plus $L > 0$ partout, donc $L_- > 0$ partout également; comme A est décroissant, il en est donc de même de $D = (1/L_-) \cdot A$. ∎

En appliquant le même raisonnement (si X est une sousmartingale, le processus A est croissant) on obtient (Meyer et Yoeurp [5]):

COROLLAIRE 5 : Soit X une sousmartingale positive, telle que X et X_- ne s'annulent jamais. Il existe un couple et un seul (L,D) tel que $L \in \underline{\underline{M}}_{loc}$, $D \in \underline{\underline{P}} \cap \underline{\underline{V}}'$, $X = LD$ et que D soit croissant.

Dans le théorème 3, les valeurs de L et D en dehors de $C(X)$ importent peu.

On peut évidemment choisir L et D de sorte que la relation $X = LD$ soit valide partout; mais il n'y a alors guère de chances pour que ces processus aient de "bonnes" propriétés, par exemple $L \in \underline{\underline{M}}_{loc}$ ou $D \in \underline{\underline{P}} \cap \underline{\underline{V}}'$.

Au contraire on peut essayer d'étendre L et D en dehors de $C(X)$ de façon à ce que ces processus gardent de bonnes propriétés, mais alors l'égalité $X = LD$ ne sera valide en général que sur $C(X)$. Par exemple posons

$$S'_n = (S_n)_{\{S_n < R\}}$$
$$C'(X) = \bigcup_{(n)} [\![0, S'_n]\!] = C(X) \cup]\!] R_B, \infty [\![.$$

On a alors, ce qui semble être le maximum que l'on puisse faire sans hypothèses particulières sur X :

COROLLAIRE 6 : Il existe un couple (L,D) de processus tel que

(4) $X = LD$ sur $C(X)$, $L^{S'_n} \in \underline{\underline{M}}_{loc}$ et $D^{S'_n} \in \underline{\underline{P}} \cap \underline{\underline{V}}'$ pour tout n .

Si (L',D') est un autre couple vérifiant (4) et $L' \geq 0$, on a $L = L'$ sur $C'(X)$ et $D = D'$ sur $C(X)$.

Démonstration: Soit (L'',D'') un couple vérifiant (3). On pose $L = L''$ et $D = D''$ sur $C(X)$; $L = D = 0$ sur $C'(X)^c$; $L = L''_R = 0$ et $D = D''_R$ sur

$C'(X) \setminus C(X)$. On a $L^{S'_n} = L''^{S_n}$ et $D^{S'_n} = D''^{S_n}$, donc (L,D) vérifie (4). Enfin l'unicité découle immédiatement du théorème 3. ■

De même que dans la remarque suivant le théorème 3, on pourrait remplacer la seconde partie de la condition (4) par:

$L^T \in \underline{\underline{M}}_{loc}$ et $D^T \in \underline{\underline{P}} \cap \underline{\underline{V}}'$ pour tout temps d'arrêt T avec $[\![0,T]\!] \subset C'(X)$.

On a donc:

COROLLAIRE 7: <u>Supposons que</u> $C(X) = [\![0,R]\!]$ (ce qui équivaut à: $[\![R]\!] \subset C(X)$, ou à: $C'(X) = \Omega \times \mathbb{R}_+$). <u>Il existe un couple</u> (L,D) <u>tel que</u> $L \in \underline{\underline{M}}_{loc}$, $D \in \underline{\underline{P}} \cap \underline{\underline{V}}'$ <u>et</u> $X = LD$ <u>sur</u> $C(X)$.

Terminons enfin par un retour aux surmartingales positives, pouvant s'annuler. D'après le commentaire 1) suivant le corollaire 2, on a $C'(X) = [\![0,T[\![$ avec $T = \inf(t\colon t = R$ <u>et</u> $({}^pX)_t = 0)$, tandis que $X = 0$ sur $[\![R,\infty[\![$ pour toute surmartingale positive. En reprenant la démonstration des corollaires 6 et 4 (légèrement modifiée pour ce dernier), et en utilisant le fait qu'un processus décroissant positif D tel que $D_0 = 1$ appartient à $\underline{\underline{V}}'$, on obtient le résultat suivant (donné par Yoeurp dans [6]):

COROLLAIRE 8 : <u>Soit</u> X <u>une surmartingale positive. Il existe un couple</u> (L,D) <u>tel que</u> $L^{S'_n} \in \underline{\underline{M}}_{loc}$ <u>pour chaque</u> n, <u>que</u> $D \in \underline{\underline{P}} \cap \underline{\underline{V}}'$ <u>soit décroissant, et que</u> $X = LD$ <u>partout. Tout autre couple</u> (L',D') <u>vérifiant les mêmes conditions et</u> $L' \geq 0$, <u>satisfait à</u> $L = L'$ <u>sur</u> $C'(X)$ <u>et</u> $D = D'$ <u>sur</u> $C(X)$.

§ <u>b - Démonstration du théorème 3</u>. Nous allons procéder en plusieurs étapes.

(i) Posons $X^n = X^{S_n}$. Comme $1/{}^pX \leq n$ sur $]\!]0,S_n]\!]$ et comme X^n est arrêté en S_n, l'intégrale stochastique $Y^n = (1/{}^pX) \bullet X^n$ existe et définit une semi-martingale spéciale dont on note $Y^n = N^n + B^n$ la décomposition canonique. On a aussi $N^n = (1/{}^pX) \bullet M^n$, si $M^n = M^{S_n}$. De plus ${}^p(\Delta Y^n) = \Delta B^n$, donc il vient

$$(5) \qquad \Delta N^n = \Delta Y^n - \Delta B^n = \frac{1}{{}^pX}(\Delta X^n - {}^p(\Delta X^n)) = \left(\frac{X}{{}^pX} - 1\right) 1_{]\!]0,S_n]\!]}$$

car $^p(X^n) = {}^pX 1_{[\![0,S_n]\!]} + X^n 1_{]\!]S_n,\infty[\![}$. Soit $T_n = (S_n)_{\{S_n<\infty, X_{S_n}=0\}}$: on déduit de (5) que $\Delta N^n > -1$ sur $]\!]0,T_n[\![$ et que $\Delta N^n_{T_n} = -1$ si $0<T_n<\infty$.

Comme $S_n = T_n = 0$ si $X_0 = 0$, il est bien connu que l'exponentielle $L^n = X_0 \mathcal{E}(N^n)$ vérifie:

$$(6) \qquad \begin{cases} L^n > 0 \text{ sur } [\![0,T_n[\![, \quad L^n = 0 \text{ sur } [\![T_n,\infty[\![, \\ L^n_{(T_n)-} > 0 \text{ sur } \{0<T_n<\infty\}. \end{cases}$$

(ii) Soit $\tilde{D}^n = X^n/L^n$: avec la convention $\frac{0}{0} = 1$ ce processus est bien défini car on a $X^n = 0$ sur $[\![T_n,\infty[\![$. <u>Nous allons montrer que</u> $\tilde{D}^n \in \underline{\underline{V}}'$.

D'abord on a $\tilde{D}^n_0 = 1$. Ensuite on a $\tilde{D}^n = F(X^n,L^n)$ si $F(x,y) = x/y$ pour $y \neq 0$ et $F(x,0) = 1$. On peut appliquer la formule d'Ito à F de la manière suivante: soit $R_p = \inf(t: L^n_t \leq 1/p)$; on peut trouver une fonction F_p de classe C^2, coïncidant avec F sur $\{|y| \geq 1/p\}$; on applique la formule d'Ito à F_p, on remarque que $F(X^n,L^n) = F_p(X^n,L^n)$ sur $[\![0,R_p[\![$, et en calculant ce qui se passe à l'instant R_p on voit immédiatement qu'on peut appliquer la formule d'Ito usuelle à $(\tilde{D}^n)^{R_p} = F((X^n)^{R_p},(L^n)^{R_p})$; enfin d'après (6) on a $[\![0,T_n]\!] = \bigcup_{(p)} [\![0,R_p]\!]$, tandis que les processus D^n, X^n et L^n sont arrêtés en T_n : on voit donc qu'on peut appliquer la formule d'Ito à $\tilde{D}^n = F(X^n,L^n)$ comme si F était de classe C^2.

Convenons d'écrire $\tilde{D}^n \sim C$ si C est un processus tel que $\tilde{D}^n - C \in \underline{\underline{V}}'$. En ne conservant que les termes "martingales" dans la formule d'Ito on arrive alors à

$$\tilde{D}^n \sim \frac{1}{L^n_-} \bullet M^n - \frac{X_-}{(L^n_-)^2} \bullet L^n$$

(les termes ci-dessus sont bien définis, car $(1/L^n_-)^{T_n}$ est localement borné, tandis que M^n et L^n sont arrêtés en T_n). Mais $^pX = X_- + \Delta A$, $L^n = X_0 + L^n_- \bullet N^n$ et $N^n = (1/{}^pX) \bullet M^n$, de sorte que

$$\tilde{D}^n \sim \left[\frac{1}{L^n_-}\left(1 - \frac{X_-}{^pX}\right) 1_{]\!]0,S_n]\!]}\right] \bullet M^n = \frac{1}{L^n_-(^pX)} \bullet (\Delta A \bullet M^n) .$$

Or d'après la formule d'intégration par parties de Yoeurp, on a $\Delta A \bullet M^n = [A,M^n] \in \underline{\underline{V}}$. L'expression précédente appartient donc aussi à $\underline{\underline{V}}$ et on en déduit que $\tilde{D}^n \in \underline{\underline{V}}'$.

(iii) Par ailleurs $\Delta\tilde{D}^n = (X^n L^n_- - X^n_- L^n)/L^n_- L^n$ sur $]\!]0,T_n[\![$. Un calcul simple, utilisant (5), montre que si $Z^n = (^pX - X)(1/L^n_-) 1_{[\![0,S_n]\!]}$ on a

$\Delta\tilde{D}^n = Z^n$ sur $]\!]0,S_n]\!]\cap]\!]0,T_n[\![$.

Posons alors $D^n = (\tilde{D}^n_- + Z^n)^{S_n}$, avec la convention $\tilde{D}^n_{0-} = 1$. On a $D^n_0 = 1$, $D^n = \tilde{D}^n$ sur $[\![0,S_n]\!]\cap[\![0,T_n[\![$, et il est clair que D^n est prévisible: on en déduit d'une part que $D^n \in \underline{\underline{P}}\cap\underline{\underline{V}}'$ (puisque $\tilde{D}^n \in \underline{\underline{V}}'$), d'autre part que $X^n = L^n_- D^n$ sur $[\![0,S_n]\!]\cap[\![0,T_n[\![$. Mais $T_n \geq S_n$ et si $T_n = S_n < \infty$ on a $X^n_{S_n} = L^n_{S_n} = 0$ d'après (6). Par suite la relation $X^n = L^n_- D^n$ est valide sur $[\![0,S_n]\!]$, donc partout puisque tous ces processus sont arrêtés en S_n.

(iv) Nous pouvons maintenant passer à la construction du couple (L,D). On remarque que $N^n = (N^{n+1})^{S_n}$, donc $L^n = (L^{n+1})^{S_n}$; de même $D^n = (D^{n+1})^{S_n}$ et $Z^n = Z^{n+1}$ sur $[\![0,S_n]\!]$, donc $D^n = D^{n+1}$ sur $[\![0,S_n]\!]$. On peut donc définir les processus L et D en posant $L = L^n$ et $D = D^n$ sur $[\![0,S_n]\!]$ et (par exemple) $L = D = 0$ sur le complémentaire de $C(X)$. Le couple (L,D) vérifie clairement (3).

On a $L^n > 0$ et $D^n > 0$ par construction sur $[\![0,T_n[\![$, donc $L > 0$ et $D > 0$ sur $C(X)\cap\{X>0\}$. Enfin si $R = S_n < \infty$ on a $X_R = 0$ d'après le corollaire 2, donc $T_n = R$, $L_R = L^n_{T_n} = 0$ et $({}^pX)_R > 0$, donc $D_R = D^n_{T_n} = ({}^pX)_R / L^n_{R-} > 0$: on en déduit que $L = 0$ et $D > 0$ sur l'ensemble $[\![R_B]\!]$.

(v) Il nous reste enfin à montrer l'unicité. Soit (L',D') un couple de processus vérifiant (3). En reprenant le raisonnement fait dans l'introduction on obtient ${}^p(X^n) = L'^{S_n}_- D'^{S_n}$ et

$$X^n = X_0 + D' \cdot L'^{S_n} + L'_- \cdot D'^{S_n}$$
$$Y^n = (1/L'_-) \cdot L'^{S_n} + (1/D') \cdot D'^{S_n}$$

en utilisant la définition de Y^n, ce qui montre en outre que les intégrales stochastiques ci-dessus sont bien définies. D'après l'unicité de la décomposition canonique on doit avoir $N^n = (1/L'_-) \cdot L'^{S_n}$, donc $L'_- \cdot N^n = 1 \cdot L'^{S_n} = L'^{S_n} - X_0$ (puisque $L'_0 = X_0$), donc $L'^{S_n} = X_0 \mathcal{E}(N^n) = L^n$. On en déduit que $L = L'$ sur $C(X)$.

Comme $LD = L'D' = X$ on doit aussi avoir $D = D'$ sur $C(X)\cap\{X>0\}$. Par conséquent $C(X)\cap\{D \neq D'\}$ est le graphe d'un temps d'arrêt prévisible S, qui de plus vérifie $[\![S]\!]\subset[\![R_B]\!]$; donc $X_S = 0$ sur $\{S<\infty\}$ et $E(({}^pX)_S 1_{\{S<\infty\}}) = E(X_S 1_{\{S<\infty\}}) = 0$, donc $({}^pX)_S = 0$ sur $\{S<\infty\}$, ce qui contredit le fait que $({}^pX)_R > 0$ sur B (cf. corollaire 2), sauf si $P(S<\infty) = 0$. On achève ainsi de prouver que $D = D'$ sur $C(X)$. ∎

REFERENCES

1 DOLEANS-DADE C.: Quelques applications de la formule de changement de variables pour les semi-martingales. Z.W. 16, 1970

2 ITO K., WATANABE S.: Transformation of Markov processes by multiplicative functionals. Ann. Inst. Fourier, 15, 1965

3 MEYER P.A.: Multiplicative decompositions of positive supermartingales. Dans: Markoff processes and potential theory, J. Chover Ed., Wiley, 1967

4 MEYER P.A.: Un cours sur les intégrales stochastiques. Sém. Proba. X, Strasbourg. Lect. Notes Math. 1976

5 YOEURP C., MEYER P.A.: Sur la décomposition multiplicative des sousmartingales positives. Sém. Proba. X, Strasbourg. Lect. Notes Math. 1976

6 YOEURP C.: Décompositions des martingales locales et formules exponentielles. Sém. Proba. X, Strasbourg. Lect. Notes Math. 1976

7 YOEURP C., YOR M.: Espace orthogonal à une semi-martingale, applications. A paraitre, 1977

Université de Strasbourg
Séminaire de Probabilités 1977/78

DECOMPOSITIONS MULTIPLICATIVES DE SEMIMARTINGALES EXPONENTIELLES ET APPLICATIONS

Jean MEMIN

Etant donné deux semimartingales X et Y, Yor a montré la formule:

(1): $\mathcal{E}(X)\mathcal{E}(Y) = \mathcal{E}(X+Y+[X,Y])$

où $\mathcal{E}(X)$ désigne la semimartingale exponentielle définie par C.Doléans [2] .

Nous considérons le problème réciproque suivant: étant donné deux semimartingales S^1 et S^2, trouver les semimartingales X telles que:

(2): $\mathcal{E}(X)\mathcal{E}(S^1) = \mathcal{E}(S^2)$.

Nous montrons facilement (prop:I-1) que ce problème a une solution lorsque $\Delta S_t^1 \neq -1$ pour tout $t < \infty$,et cette solution est unique.

La factorisation (2) permet de résoudre des problèmes de décomposition multiplicative intéressants; c'est l'objet des paragraphes II et III, le paragraphe I étant consacré aux notations et rappels, et à l'établissement de (2).

Dans le paragraphe II nous retrouvons dans le cadre particulier des semimartingales exponentielles les résultats de Yoeurp [9] , Meyer et Yoeurp [8], Yoeurp et Yor [10], de décomposition multiplicative canonique des surmartingales positives, des sousmartingales positives, enfin des semimartingales positives. De plus ce cadre nous permet d'obtenir des résultats supplémentaires; ainsi un corollaire immédiat de la proposition I-1 (Remarque II-2) fournit une décomposition multiplicative canonique pour $\mathcal{E}(X)$ dès que X est une sousmartingale quelquonque, ($\mathcal{E}(X)$ n'est pas alors nécessairement positive), ou encore la proposition II-5 donne un résultat de décomposition pour $\mathcal{E}(X)$ lorsque $\mathcal{E}(X) \geq 0$ et non supposée strictement positive comme dans [10].

Dans le paragraphe III en appliquant (2) une nouvelle fois, on montre que pour toute martingale locale M on a la décomposition:

(3) $\mathcal{E}(M) = \mathcal{E}(\tilde{M}^1)\,\mathcal{E}(M^2)$

où $\mathcal{E}(M^2)$ est une martingale locale positive, localement de carré intégrable et $\mathcal{E}(M^2)\,\tilde{M}^1$ est une martingale locale; ce résultat a des rapports avec le théorème de Girsanov et permet d'obtenir un critère d'uniforme intégrabilité de $\mathcal{E}(M)$ (non supposée positive) complétant le théorème II-2 de [5] et généralisant la proposition 5-2 de [4].

I- PRELIMINAIRES ET PROPOSITION FONDAMENTALE

Les notations et définitions que nous utilisons ici sont en général celles du cours sur l'intégrale stochastique de Meyer [6]. Tous les processus utilisés sont définis sur une base stochastique $(\Omega,\mathcal{F},(\mathcal{F}_t),P)$ et à valeurs réelles; la filtration $(\mathcal{F}_t)_{t\in R^+}$ possède les propriétés habituelles: la famille $(\mathcal{F}_t)$ est continue à droite et chaque $\mathcal{F}_t$ contient les ensembles de P-mesure nulle de $\mathcal{F}$.

On note $\underline{\underline{M}}$ l'ensemble des martingales continues à droite, uniformément intégrables, $\underline{\underline{M}}_{loc}$ l'ensemble des martingales locales, $\underline{\underline{M}}_{loc}(P)$ quand on voudra préciser la probabilité de référence ; $\underline{\underline{V}}$ est l'ensemble des processus continus à droite, adaptés, nuls à l'origine, à variation finie sur tout compact.

Une semimartingale est un processus X pouvant être représenté sous la forme:

(1-1) $X = X_0+M+A$ où $M\in\underline{\underline{M}}_{loc}$, $M_0=0$, $A\in\underline{\underline{V}}$

Une semimartingale est spéciale s'il existe une décomposition (1-1) de X pour laquelle le processus A est prévisible; une telle décomposition est alors unique et constitue la décomposition canonique de X. Si X est une semimartingale spéciale $X-X_0$ est localement intégrable.

En général on peut obtenir plusieurs décompositions (1-1) pour une semimartingale quelquonque, mais la partie continue de la martingale M entrant dans une telle décomposition est, elle, unique. On note X^c cette martingale locale continue.

Soit $M \in \underline{\underline{M}}_{loc}$ et localement de carré intégrable, on note $<M,M>$ le processus croissant prévisible (nul en 0) associé à M^2 (c'est à dire tel que $M^2 - <M,M> \in \underline{\underline{M}}_{loc}$)

Soit X une semimartingale, on note $[X,X]$ le processus élément de $\underline{\underline{V}}$ défini par:

$$[X,X]_t = <X^c,X^c>_t + \sum_{0<s\leq t}(\Delta X_s)^2$$

Si $M \in \underline{\underline{M}}_{loc}$ et localement de carré intégrable, $<M,M>$ est le compensateur prévisible de $[M,M]$.

X étant c.a.d.l.a.g, X_- est le processus défini par:

$$(X_-)_t = X_{t-} = \lim_{\substack{s\to t\\ s<t}} X_s \; , \; X_{0-} = 0 .$$

X_∞ désigne $\lim_{t\to\infty} X_t$ lorsque cette limite existe.

Etant donné X une semimartingale, H un processus prévisible localement borné, on peut définir l'intégrale stochastique de H par rapport à X ; nous noterons $H.X$ le processus obtenu : $\quad H.X_t = \int_{]0,t]} H_s dX_s$.

Si T est un temps d'arrêt, X^T désigne la semimartingale arrêtée en T ($X^T_t = X_{t\wedge T}$ pour $t < \infty$).

On note $\mathcal{E}(X)$ la semimartingale solution de l'équation:

$$Z = 1 + Z_-.X$$

Cette solution est unique et donnée explicitement ([2], [6] p.304) par la formule :

$$(1\text{-}2) \qquad \mathcal{E}(X)_t = \exp(X_t - ½<X^c,X^c>_t)\prod_{0<s\leq t}(1+\Delta X_s)\exp(-\Delta X_s)$$

pour $t<\infty$; ΔX_s représentant le saut de X en s .

Soit X et Y des semimartingales, l'expression donnant $\mathcal{E}(X)$ et $\mathcal{E}(Y)$ permet d'obtenir facilement l'égalité (voir: [11]):

$$(1\text{-}3) \qquad \mathcal{E}(X)\,\mathcal{E}(Y) = \mathcal{E}(X+Y+[X,Y]) .$$

Nous pouvons maintenant donner la proposition fondamentale.

I-1 PROPOSITION

Etant donné S^1 et S^2 deux semimartingales nulles en 0 telles que, pour tout t fini $\Delta S^1_t \neq -1$, il existe une semimartingale X nulle en 0 et une seule telle que:

$$(1\text{-}4) \qquad \mathcal{E}(X)\,\mathcal{E}(S^1) = \mathcal{E}(S^2).$$

X est défini par l'égalité:

$$(1\text{-}5) \qquad X_t = (S^2-S^1)_t - \langle (S^2-S^1)^c, (S^1)^c \rangle_t - \sum_{0<u\le t} \frac{\Delta(S^2-S^1)_u \, \Delta S^1_u}{1+\Delta S^1_u}$$

Démonstration:

Si X est solution de l'équation (1-4) on a:

$$X + [S^1, X] = S^2 - S^1 \quad ;$$

ceci implique l'unicité d'un tel X :en effet si X^1 et X^2 sont deux solutions

$$X^1 - X^2 + [S^1, X^1 - X^2] = 0$$

on en déduit $(X^1)^c = (X^2)^c$; d'où:

$$[S^1, X^1 - X^2]_t = \sum_{0<u\le t} \Delta S^1_u \, \Delta(X^1 - X^2)_u$$

X^1-X^2 est alors un processus purement discontinu;l'hypothèse $\Delta S^1_u \neq -1$ P.ps montre que $X^1_u = X^2_u$ pour tout u fini.

Pour l'existence de X on considère (1-5) ;montrons que

$$\sum_{0<u\le \cdot} \frac{\Delta(S^2-S^1)_u \, \Delta S^1_u}{1+\Delta S^1_u} \in \underline{\underline{V}}$$

En effet, $\Delta S^1_u \neq -1$ et il y a un nombre fini de sauts de S^1 pour lesquels $\Delta S^1_u \in]-\frac{3}{2}, -\frac{1}{2}[$ pour $u \in]0,t]$,et donc

$$\sum_{0<u\le t} \left| \frac{\Delta(S^2-S^1)_u \, \Delta S^1_u}{1+\Delta S^1_u} \right| 1_{\{\Delta S^1_u \in]-\frac{3}{2}, -\frac{1}{2}[\}} < \infty \quad \text{pour t fini;}$$

enfin

$$\sum_{0<u\le t} \left| \frac{\Delta(S^2-S^1)_u \, \Delta S^1_u}{1+\Delta S^1_u} \right| 1_{\{\Delta S^1_u \notin]-\frac{3}{2}, -\frac{1}{2}[\}}$$

$$\le 2 \sum_{0<u\le t} |\Delta(S^2-S^1)_u \, \Delta S^1_u| \le 2\,[S^2-S^1, S^1]_t$$

La relation (1-5) définit donc une semimartingale X;il est immédiat de vérifier alors,à partir du second membre de (1-5), que l'on a $X + [S^1, X] = S^2 - S^1$, ce qui donne le résultat.

II- DECOMPOSITIONS MULTIPLICATIVES DE SEMIMARTINGALES.

X étant une semimartingale spéciale, T désignant le temps d'arrêt $T = \inf\{t : \mathcal{E}(X)_t = 0\}$ nous considérons dans ce paragraphe le problème de la décomposition multiplicative canonique de la semimartingale $\mathcal{E}(X)$,c'est à dire de la factorisation :

(2-1) $\mathcal{E}(X) = Z\,V$

où V est élément de $\underline{\underline{V}}$ et prévisible,où Z est une martingale locale sur l'intervalle $[0,T[$ (ce qui désignera ici la propriété suivante: il existe une suite (T_n), avec $T_n \nearrow T$ P.ps et telle que $Z^{T_n} \in \underline{\underline{M}}_{loc}$)

On a aussi $T = \inf\{t : \mathcal{E}(X)_{t-}=0\}$ .Il est facile alors de démontrer qu'une telle décomposition,si elle existe est unique sur l'intervalle $[0,T[$ (voir par ex: [3]).

Comme dans la proposition I-1 ,nous supposerons que les semimartingales S ,dont nous utilisons les exponentielles $\mathcal{E}(S)$ sont nulles en 0 ;ceci ne restreint d'ailleurs pas la généralité des résultats.

II-1 LEMME ([5] Prop II-1)

Soit S une semimartingale spéciale nulle en 0,de décompositioncanonique $S = M+A$,telle que pour tout u fini on ait $\Delta A_u \neq -1$; on a alors la décomposition multiplicative canonique:

(2-2) $\mathcal{E}(S) = \mathcal{E}(\widetilde{M})\mathcal{E}(A)$

$$\text{où } \widetilde{M} = \frac{1}{1+\Delta A}.M$$

Démonstration.

La relation (2-2) est obtenue en appliquant la proposition I-1 à $S^2 = S$ et $S^1 = A$;il suffit alors pour avoir le résultat annoncé de vérifier que $\frac{1}{1+\Delta A}.M$ est défini et égal à $M - \sum_{0<u\leq \cdot} \frac{\Delta M_u \Delta A_u}{1+\Delta A_u}$.

Or le processus $\left(\frac{1}{1+\Delta A_u}\right)_{u\in R^+}$ est localement borné (voir par exemple [6] p.314) ,le processus $V = \left(\frac{\Delta A_u}{1+\Delta A_u}\right)_{u\in R^+}$ aussi;

on peut donc définir $\frac{1}{1+\Delta A}.M$. Maintenant $\sum_{0<u\leq .}\frac{\Delta M_u \Delta A_u}{1+\Delta A_u}$ $= [M,V]$; comme V est prévisible et appartient à $\underline{\underline{V}}$, $[M,V] \in \underline{\underline{M}}_{loc}$ [9] ; il est alors immédiat de vérifier que $\frac{1}{1+\Delta A}.M$ et $M - \sum_{0<u\leq .}\frac{\Delta M_u \Delta A_u}{1+\Delta A_u}$ sont deux martingales locales ayant mêmes sauts et même partie continue.

II-2 REMARQUE

Lorsque X est une sousmartingale de décomposition de Doob-Meyer $X = M+A$, on a $\Delta A_u \geq 0$ pour tout u fini, le lemme précédent peut donc s'appliquer, on a ainsi la décomposition multiplicative canonique de $\mathcal{E}(X)$ alors que $\mathcal{E}(X)$ n'est pas nécessairement positive.

La décomposition obtenue en II-1 et la remarque II-2 sont appliquées dans [5] pour obtenir le théorème suivant que nous utiliserons au paragraphe III.

II-3 THEOREME ([5] théorème II-2)

Soit $M \in \underline{\underline{M}}_{loc}$

a) Si M est de carré intégrable et si $\langle M,M \rangle$ est borné, alors $\mathcal{E}(M)$ est de carré intégrable. De plus si $\Delta M_s > -1$ pour s fini on a $\mathcal{E}(M)_\infty > 0$ P.ps.

b) Si M est à variation intégrable et si le compensateur prévisible de $\sum_s |\Delta M_s|$ est borné, alors $\mathcal{E}(M)$ est à variation intégrable.

On considère maintenant une semimartingale spéciale X (nulle en 0) telle que $\Delta X_s \geq -1$ pour tout s fini, et on définit les temps d'arrêt :

$$U = \inf\{ t: \Delta X_t = -1 \}$$
$$T' = \inf\{ t: \Delta A_t = -1 \}$$

II-4 LEMME

Les temps d'arrêt U , T' définis ci-dessus possèdent les propriétés suivantes:

a) $U = T = \inf\{ t: \mathcal{E}(X)_t = 0\} = \inf\{ t: \mathcal{E}(X)_{t-} = 0\}$

b) T' est prévisible et on a $T' \geq T$ P.ps.

c) Il existe une suite (T_n) de temps d'arrêt avec $T_n \nearrow T$ P.ps et telle que pour tout $t \leq T_n$, $\Delta A_t > -1$.

Démonstration.

Il est clair que $T \leq U$; pour avoir $U \leq T$ il suffit de remarquer que pour P-presque tout ω, pour tout $t < U(\omega)$ on a:

$$\exp(X_t - \tfrac{1}{2} \langle X^c, X^c \rangle_t) \prod_{s \leq t} (1 + \Delta X_s) \exp(-\Delta X_s) > 0.$$

(En effet pour P-presque tout ω, pour tout t fini, il y a un nombre fini de sauts de X tels que $|\Delta X_s| > \tfrac{1}{2}$ avec $0 < s \leq t$; ainsi

$$\prod_{s \leq t < U(\omega)} (1 + \Delta X_s) \exp(-\Delta X_s) \, 1_{\{|\Delta X_s| > \frac{1}{2}\}} > 0$$

D'un autre coté on a les inégalités:

$$\prod_{s \leq t < U(\omega)} (1 + \Delta X_s) \exp(-\Delta X_s) \, 1_{\{|\Delta X_s| \leq \frac{1}{2}\}} \geq \exp\Big[\sum_{s \leq t < U(\omega)} 2(\Delta X_s)^2 1_{\{|\Delta X_s| \leq \frac{1}{2}\}}\Big]$$

$$> 0$$

b) T' est prévisible comme début de l'ensemble $\{(t,\omega): \Delta A_t(\omega) = -1\}$ qui est prévisible et a ses coupes fermées (voir [1]).

Si R est un temps prévisible on a sur l'ensemble $\{R < \infty\}$

$$E[\Delta X_R | \mathcal{F}_{R-}] = \Delta A_R \quad \text{par conséquent:}$$

$$\int_{\{T' < \infty\}} (\Delta X_{T'} + 1) dP = \int_{\{T' < \infty\}} (\Delta A_{T'} + 1) dP = 0$$

donc $\Delta X_{T'} = -1$ sur l'ensemble $\{T' < \infty\}$, d'où $T \leq T'$ P.ps.

c) On considére (S_n) une suite de temps d'arrêt annonçant T', et on pose $T_n = S_n \wedge T$, (T_n) a alors les propriétés indiquées.

II-5 PROPOSITION.

Soit X une semimartingale spéciale de décomposition $X = M + A$ ($X_0 = 0$ et $\Delta X_s \geq -1$ pour s fini).

Alors $\mathcal{E}(X)$ admet la décomposition multiplicative canonique

(2-3) $\quad \mathcal{E}(X) = Z\, \mathcal{E}(A)$

où Z est une martingale locale sur $[0,T[$; (précisément si (T_n) est la suite de temps d'arrêt définie au II-4 c) on a

$$Z^{T_n} = \Big(\frac{1}{1+\Delta A}\Big)^{T_n} . M \Big) \quad \text{et} \quad Z_t = 0 \text{ si } t \geq T .$$

Démonstration.

D'après les propriétés de la suite (T_n), on obtient pour chaque n la décomposition : $\mathcal{E}(X)^{T_n} = \mathcal{E}\Big(\big(\frac{1}{1+\Delta A}\big)^{T_n} . M\Big)\, \mathcal{E}(A)^{T_n}$

d'où le résultat, puisque $T_n \nearrow T$ P.ps et que pour $t \geq T$ $\mathcal{E}(X)_t = 0$.

II-6 REMARQUE

Lorsque l'on a $T' > T$ P.ps sur l'ensemble $\{T' < \infty\}$, le processus Z intervenant dans la relation (2-3) est une martingale locale sur $[0,T]$, autrement dit $Z^T \in \underline{\underline{M}}_{loc}$. C'est notamment le cas lorsque l'on considère la surmartingale positive $\mathcal{E}^\lambda(M)$ où $0<\lambda<1$ et $M \in \underline{\underline{M}}_{loc}$ avec $\Delta M_s \geq -1$ pour s fini; on peut montrer (voir [5]) que $\mathcal{E}^\lambda(M) = \mathcal{E}(X)$ où X est une surmartingale de décomposition canonique $X = N+A$; alors $T = \inf\{t: \Delta X_t = -1\} = \inf\{t: \Delta M_t = -1\}$. Mais $0 = E[\Delta M_{T'} 1_{\{T'<\infty\}}] = E[\Delta M_{T'} 1_{\{T=T'<\infty\}}] + E[\Delta M_{T'} 1_{\{T<T'<\infty\}}]$. La dernière espérance est nulle car $1_{\{T<T'<\infty\}}$ est $\mathcal{F}_{T'-}$ -mesurable, on en déduit que $P[\{T'=T\} \cap \{T'<\infty\}] = 0$ et donc $T' > T$ P.ps sur $\{T'<\infty\}$.

II-7 REMARQUE

Le résultat de la proposition II-5 contient ceux de Yoeurp et Yor [10] pour les semimartingales et de Meyer et Yoeurp [8] pour les sousmartingales, puisque n'importe quelle semimartingale Y telle que $Y > 0$ et $Y_- > 0$ P.ps peut s'écrire $Y = Y_0 \mathcal{E}(X)$; cependant on ne peut déduire de II-5 le résultat de Yoeurp [9] sur les surmartingales positives.

II-8 REMARQUE

La projection prévisible des semimartingales (décomposables multiplicativement) jouant un rôle essentiel dans les résultats d'existence des décompositions de [9], [8], [10], [3], on peut trouver surprenant de ne pas la voir apparaitre ici; en fait (en notant ${}^p\mathcal{E}(X)$ la projection prévisible de $\mathcal{E}(X)$ on a la relation:

$${}^p\mathcal{E}(X) = \mathcal{E}(X)_-(1+\Delta A) \qquad \text{où } X = M+A.$$

Comme $T = \inf\{t: \Delta X_t = -1\} = \inf\{t: \mathcal{E}(X)_{t-} = 0\}$ on a:

$$\inf\{t: {}^p\mathcal{E}(X)_t = 0\} = T \wedge T' = T \text{ si } \Delta X_s > -1 \ (s<\infty).$$

S'il n'y a pas d'hypothèse sur l'amplitude des sauts de X on voit qu'on n'obtiendra de décomposition multiplicative avec notre méthode que sur l'intervalle $[0, T' \wedge T[$, c'est à dire sur le plus grand intervalle stochastique sur lequel ${}^p\mathcal{E}(X)$ est localement borné, ce qui est en accord avec les études générales faites [3] .

III- DECOMPOSITIONS MULTIPLICATIVES DE MARTINGALES LOCALES

On considère $M \in \underline{\underline{M}}_{loc}$. Soit M^1 la martingale locale compensée du processus localement intégrable $\sum_u \Delta M_u 1_{\{|\Delta M_u| \geq 1/2\}}$ et $M^2 = M - M^1$; M^1 est alors une martingale locale à variation localement intégrable, M^2 est une martingale locale, localement de carré intégrable avec $|\Delta M_u^2| < 1$ pour tout u fini; (une adaptation immédiate de la démonstration de [7] montre ce résultat).

III-1 PROPOSITION

Soit $M \in \underline{\underline{M}}_{loc}$ et $M = M^1 + M^2$ la décomposition de M définie ci-dessus ($M_0 = 0$).

a) $\mathcal{E}(M)$ admet la décomposition :

(3-1) $\qquad \mathcal{E}(M) = \mathcal{E}(M^2)\,\mathcal{E}(\tilde{M}^1)$ où

(3-2) $\qquad \tilde{M}_t^1 = M_t^1 - \sum_{0<u\leq t} \dfrac{\Delta M_u^1 \Delta M_u^2}{1+\Delta M_u^2} \qquad t < \infty$.

b) $\mathcal{E}(M^2)\,\tilde{M}^1 \in \underline{\underline{M}}_{loc}$

c) Si $\Delta M_u > -1$ alors $\Delta \tilde{M}_u^1 > -1$ pour tout u fini.

Démonstration.

Le a) est simplement la proposition I-1 appliquée à $S^2 = M$ et $S^1 = M^2$.

Pour le b) appliquons la formule d'intégration par parties:

$$\mathcal{E}(M^2)\,\tilde{M}^1 = \mathcal{E}(M^2)_- . M^1 - \sum_{0<u\leq .} \mathcal{E}(M^2)_{u-} \frac{\Delta M_u^1 \Delta M_u^2}{1+\Delta M_u^2} + \tilde{M}^1_- . \mathcal{E}(M^2) + [\mathcal{E}(M^2), \tilde{M}^1] .$$

Mais $\quad [\mathcal{E}(M^2), \tilde{M}^1] = \sum_{0<u\leq .} \mathcal{E}(M^2)_{u-} \dfrac{\Delta M_u^1 \Delta M_u^2}{1+\Delta M_u^2}$

et on obtient:

$$\mathcal{E}(M^2)\tilde{M}^1 = \mathcal{E}(M^2)_- . M^1 + \tilde{M}^1_- . \mathcal{E}(M^2)$$

d'où le résultat.

Le c) est immédiat en remarquant que $\mathcal{E}(M)_t$ et $\mathcal{E}(M^2)_t$ strictement positifs impliquent $\mathcal{E}(\tilde{M}^1)_t > 0$ et $\Delta\tilde{M}^1_t > -1$.

Le corollaire suivant donne une précision intéressante sur le théorème de Girsanov (version [6] p.377).

III-2 COROLLAIRE

Soit $M \in \underline{\underline{M}}_{loc}$ avec $\Delta M_s > -1$ pour tout s fini, et tel que $\mathcal{E}(M)_\infty$ soit uniformément intégrable. Soit P' la probabilité définie par $\frac{dP'}{dP} = \mathcal{E}(M)_\infty$.

Soit M^1 une martingale locale à variation localement intégrable et notons $\tilde{M}^1$ la P-semimartingale définie par:

$$\tilde{M}^1 = M^1 - \sum_{0<u\leq \cdot} \frac{\Delta M^1_u \, \Delta M_u}{1+\Delta M_u}$$

alors, $\tilde{M}^1$ est une P'-martingale locale, à variation localement intégrable; de plus le P'-compensateur prévisible de $\sum_{0<u\leq \cdot} |\Delta\tilde{M}^1_u|$ est égal au P-compensateur de $\sum_{0<u\leq \cdot} |\Delta M^1_u|$.

Démonstration

En procédant comme dans la proposition III-1, il est clair que $\mathcal{E}(M)\tilde{M}^1 \in \underline{\underline{M}}_{loc}(P)$ donc $\tilde{M}^1 \in \underline{\underline{M}}_{loc}(P')$; il reste à montrer la derniere assertion. Soit Y un processus prévisible positif tel que $E_{P'}\left[\int_0^\infty Y_s dA_s\right] < \infty$, où A désigne le P-compensateur prévisible de $\sum_{0<u\leq \cdot} |\Delta M^1_u|$, et où $E_{P'}$ désigne l'espérance relative à P'.

$$E_{P'}\left[\int_0^\infty Y_s dA_s\right] = E\left[\int_0^\infty \mathcal{E}(M)_\infty Y_s dA_s\right] = E\left[\int_0^\infty Y_s \mathcal{E}(M)_{s-} dA_s\right]$$

$$= E\left[\int_0^\infty Y_s \mathcal{E}(M)_{s-} d\Big(\sum_{0<u\leq \cdot} |\Delta M^1_u|\Big)_s\right] = E\left[\sum_s \mathcal{E}(M)_{s-} Y_s |\Delta\tilde{M}^1_s (1+\Delta M_s)|\right]$$

$$= E\left[\sum_s \mathcal{E}(M)_s Y_s |\Delta\tilde{M}^1_s|\right] = E\left[\mathcal{E}(M)_\infty \Big(\sum_s Y_s |\Delta\tilde{M}^1_s|\Big)\right]$$

$$= E_{P'}\left[\sum_s Y_s |\Delta\tilde{M}^1_s|\right] .$$

Ceci montre en particulier que $\tilde{M}^1$ est à variation P'-localement intégrable puisque $\int_0^\cdot \mathcal{E}(M)_{s-} dA_s$ est P-localement intégrable.

III-3 THEOREME

Soit $M \in \underline{\underline{M}}_{loc}$ et telle que le compensateur prévisible du pro-

cessus : $\langle M^c,M^c\rangle + \sum_{0<u\leq .} |\Delta M^1_u| + \sum_{0<u\leq .} (\Delta M^2_u)^2$
soit borné (M^1 et M^2 constituant la décomposition additive de M avec M^1 compensée du processus $\sum_{0<u\leq .} \Delta M_u 1_{\{|\Delta M_u|\geq 1/2\}}$) alors $\mathcal{E}(M)$ est uniformément intégrable.

Démonstration.

L'hypothèse faite implique que $\langle M^2,M^2\rangle$ est borné;d'après le théorème II-3 a) on en déduit que $\mathcal{E}(M^2)$ est de carré intégrable ;on peut donc définir une probabilité P' par: $\frac{dP'}{dP} = \mathcal{E}(M^2)_\infty$; de plus comme $\mathcal{E}(M^2)_\infty > 0$ P.ps , P' est équivalente à P .

En appliquant le corollaire III-2

$\tilde{M}^1 = M^1 - \sum_{0<u\leq .} \frac{\Delta M^1_u \Delta M^2_u}{1+\Delta M^2_u}$ est une P'-martingale locale à variation localement intégrable.Comme le P-compensateur prévisible de $\sum_{0<u\leq .} |\Delta M^1_u|$ est borné,il en est de même pour le P'-compensateur prévisible de $\sum_{0<u\leq .} |\Delta \tilde{M}^1_u|$,et $\mathcal{E}(\tilde{M}^1)$ est P'-uniformément intégrable d'après II-3 a). $\mathcal{E}(\tilde{M}^1)_\infty$ est alors défini et fini P'.ps donc P.ps ;on peut définir $\mathcal{E}(M)_\infty = \mathcal{E}(M^2)_\infty \mathcal{E}(\tilde{M}^1)_\infty$. $|\mathcal{E}(M)_\infty|$ est P-intégrable puisque $E\left[|\mathcal{E}(M)_\infty|\right] = E_{P'}\left[|\mathcal{E}(\tilde{M}^1)_\infty|\right]$.

Maintenant $E_{P'}\left[\mathcal{E}(\tilde{M}^1)_\infty | \mathcal{F}_t\right] = \frac{E\left[\mathcal{E}(M^2)_\infty \mathcal{E}(\tilde{M}^1)_\infty | \mathcal{F}_t\right]}{E\left[\mathcal{E}(M^2)_\infty | \mathcal{F}_t\right]}$

et donc $\mathcal{E}(M)_t = \mathcal{E}(\tilde{M}^1)_t \mathcal{E}(M^2)_t = E\left[\mathcal{E}(M)_\infty | \mathcal{F}_t\right]$
d'où le résultat.

BIBLIOGRAPHIE

[1] C.DELLACHERIE : Capacités et processus stochastiques
Springer-verlag (1972)

[2] C.DOLEANS-DADE : Quelques applications de la formule de changement de variables pour les semimartingales.
Z.Wahr.. 16 181-214 (1970)

[3] J.JACOD : Projection prévisible et décomposition multiplicative d'une semimartingale positive; à paraitre aux Sem. Proba.XII
Lectures notes in Maths. Springer-Verlag.

[4] J.JACOD J.MEMIN : Caractéristiques locales et conditions de continuité absolue pour les semimartingales.
Z.Wahr.. 35 1-37 (1976)

[5] D.LEPINGLE J.MEMIN: Sur l'intégrabilité uniforme des martingales exponentielles
à paraitre aux Z.Wahr..

[6] P.A.MEYER : Un cours sur les intégrales stochastiques.Sem.Proba.X
Lectures notes in Maths. 511 Springer-Verlag

[7] P.A.MEYER : Notes sur les intégrales stochastiques II-Le théorème fondamental sur les martingales locales. Sem.Proba. XI
Lectures notes in Maths. 581 Springer-Verlag

[8] P.A.MEYER C.YOEURP :Sur la décomposition multiplicative des sousmartingales positives. Sem.Proba. X
Lectures notes in Maths. 511 Springer-Verlag

[9] C.YOEURP :Décompositions de martingales locales et formules exponentielles. Sem.Proba. X
Lectures notes in Maths.511 Springer-Verlag

[10] C.YOEURP M.YOR : Espace orthogonal à une semimartingale et applications . à paraitre aux Z.Wahr..

[11] M.YOR : Sur les intégrales stochastiques optionnelles et une suite remarquable de formules exponentielles. Sem.Proba. X
Lectures notes in Maths. 511 Springer-Verlag

A REMARK ON A PROBLEM OF GIRSANOV

N.KAZAMAKI

We always consider on a complete probability space (Ω, F, P) with a non-decreasing right continuous family (F_t) of sub σ-fields of F such that F_0 contains all null sets. In this note we deal only with continuous local martingales M over (F_t) such that $M_0 = 0$, and let us denote by $\langle M \rangle$ the continuous non-decreasing process such that $M^2 - \langle M \rangle$ is a local martingale. M is said to be a BMO-martingale if $\| M \|^2_{BMO} = \sup_t \operatorname{ess.sup}_\omega E[\langle M \rangle_\infty - \langle M \rangle_t | F_t]$ is finite. If $\| M \|^2_{BMO} < 1$, then we have

$$E[\, e^{(\langle M \rangle_\infty - \langle M \rangle_t)} | F_t] \leq \frac{1}{1 - \| M \|^2_{BMO}} .$$

We call it the John-Nirenberg type inequality.

Our aim is to prove the following :

THEOREM. If M is a BMO-martingale, then the process Z defined by $Z_t = \exp(M_t - \frac{1}{2} \langle M \rangle_t)$, $t \geq 0$, is a uniformly integrable martingale.

The process Z is a positive local martingale and, as is well-known, it is not always a martingale. The problem of finding sufficient conditions for Z to be a martingale, which was proposed by I.V.Girsanov [1], is important in some questions concerning the absolute continuity of measures of diffusion processes.

If M is a BMO-martingale, so is aM for every real number a. Thus we get :

COROLLARY. If M is a BMO-martingale, then for any real number a the process $Z^{(a)}$ defined by $Z_t^{(a)} = \exp(aM_t - \frac{1}{2}a^2\langle M\rangle_t)$, $t \geq 0$, is a uniformly integrable martingale.

Before proving the theorem, we state the following two lemmas.

LEMMA 1. Let δ be a number > 0, and set $r = \frac{(1+2\delta)^2}{1+4\delta} > 1$. Then we have

$$\| Z_t \|_r \leq \left\| e^{(\frac{1}{2}+\delta)M_t} \right\|_1^{\frac{4\delta}{(1+2\delta)^2}} , \quad t \geq 0.$$

PROOF. Set $p = 1+4\delta > 1$. The exponent conjugate to p is $q = \frac{1+4\delta}{4\delta}$. Then, by the Hölder inequality we get

$$E[Z_t^r] = E[\, e^{\sqrt{\frac{r}{p}}\, M_t - \frac{r}{2}\langle M\rangle_t} \, e^{(r-\sqrt{\frac{r}{p}})\, M_t}\,]$$

$$\leq E[\, e^{(\sqrt{pr}\, M_t - \frac{pr}{2}\langle M\rangle_t)}\,]^{\frac{1}{p}}\, E[\, e^{(r-\sqrt{\frac{r}{p}})q\, M_t}\,]^{\frac{1}{q}} .$$

The first term on the right side is bounded by 1, because the process $\{ \exp(\sqrt{pr}\, M_t - \frac{pr}{2}\langle M\rangle_t), F_t \}$ is a positive local martingale. By a simple calculation we have $(r-\sqrt{\frac{r}{p}})q = \frac{1}{2}+\delta$ and $rq = \frac{(1+2\delta)^2}{4\delta}$. Thus the lemma is proved.

Consequently, if there exists a constant $\delta > 0$ such that $\exp((\frac{1}{2}+\delta)M_t) \in L^1$ for every t, then Z is a martingale.

LEMMA 2. If $\|M\|_{BMO} < \sqrt{2}$, then Z is a uniformly integrable martingale.

PROOF. Let c be a number > 0. Then applying the Schwarz inequality

$$E[\, e^{cM_t}\,] = E[\, e^{(cM_t - c^2\langle M\rangle_t)}\, e^{c^2\langle M\rangle_t}\,]$$

$$\leq E[\, e^{(2cM_t - 2c^2\langle M\rangle_t)}\,]^{\frac{1}{2}}\, E[\, e^{2c^2\langle M\rangle_t}\,]^{\frac{1}{2}} .$$

By the supermartingale inequality the first term on the right side is smaller than 1, so that we have $E[\exp(cM_t)] \leq E[\exp(2c^2\langle M\rangle_t)]^{1/2}$.
Now let us take $\delta > 0$ such that $(\frac{1}{2}+\delta+\delta^2)\|M\|^2_{BMO} < 1$. Then by John-Nirenberg type inequality we get

$$E[\, e^{((\frac{1}{2}+\delta)M_t)}\,] \leq E[\, e^{(\frac{1}{2}+\delta+\delta^2)\langle M\rangle_t}\,]^{\frac{1}{2}}$$

$$\leq \frac{1}{(\,1 - (\frac{1}{2}+\delta+\delta^2)\|M\|^2_{BMO}\,)^{1/2}} .$$

Namely, $\sup_t E[\exp((\frac{1}{2}+\delta)M_t)] < \infty$ and so from Lemma 1, Z is a uniformly integrable martingale. This completes the proof.

PROOF OF THEOREM. We may assume that $0 < \|M\|^2_{BMO} < \infty$. Let us choose a number a such that $0 < a < \mathrm{Min}(1, 2/\|M\|^2_{BMO})$. Then, as $\|aM\|^2_{BMO} < 2$, it follows from Lemma 2 that the process $Z^{(a)}$ is a uniformly integrable martingale. Therefore, for any stopping time T

$$1 = E[\, \frac{Z^{(a)}_\infty}{Z^{(a)}_T} \mid F_T]$$

$$= E[\, e^{(\,a(M_\infty - M_T) - \frac{a}{2}(\langle M\rangle_\infty - \langle M\rangle_T)\,)}\, e^{\frac{a}{2}(1-a)(\langle M\rangle_\infty - \langle M\rangle_T)} \mid F_T\,] .$$

Now, applying the Hölder inequality with exponents $\frac{1}{a}$ and $\frac{1}{1-a}$ to the right side we can obtain :

$$1 \leq E[\frac{Z_\infty}{Z_T}|F_T]\, E[e^{\frac{a}{2}(\langle M\rangle_\infty - \langle M\rangle_T)}|F_T]^{\frac{1-a}{a}}.$$

By the John-Nirenberg type inequality the second term on the right side is smaller than

$$\frac{1}{(1-\frac{a}{2}\|M\|^2_{BMO})^{\frac{1-a}{a}}} = \left\{(1-\frac{a}{2}\|M\|^2_{BMO})^{-2/a\|M\|^2_{BMO}}\right\}^{(1-a)\|M\|^2_{BMO}/2},$$

which converges to $\exp(\frac{1}{2}\|M\|^2_{BMO})$ as $a \longrightarrow 0$. Therefore we have

$$Z_T \leq E[Z_\infty|F_T]\, e^{\frac{1}{2}\|M\|^2_{BMO}}.$$

This implies that Z is a uniformly integrable martingale.

In a forthcoming paper [2] we shall give another results on the relation between the processes M and Z.

REFERENCES

[1]. I.V.Girsanov, On transforming a certain class of stochastic processes by absolutely continuous substitution of measures, Teor.Veroyatnost i.Primen 5, 314-330 (1960)

[2]. N.Kazamaki and T.Sekiguchi, A property of BMO-martingales, (in preparation).

Université de Strasbourg
Séminaire de Probabilités 1977/78

UNE MARTINGALE DE SAUT MULTIPLICATIF DONNE

M. GARCIA, P. MAILLARD, Y. PELTRAUT

Considérons un espace probabilisé $(\Omega,\mathcal{F},P)$ muni d'une filtration $(\mathcal{F}_t)$ satisfaisant aux conditions habituelles. Dans [1], Meyer construit une martingale ayant un saut donné en un temps T totalement inaccessible. On va utiliser ce résultat pour construire une martingale de « saut multiplicatif » donné.

THEOREME. <u>Soit</u> T <u>un temps d'arrêt totalement inaccessible</u>, <u>et soit</u> K <u>une constante strictement positive</u>. <u>Il existe alors une martingale</u> (M_t), <u>strictement positive</u>, <u>égale à</u> 1 <u>pour</u> $t=0$, <u>et dont la seule discontinuité est un saut en</u> T (sur $\{T<\infty\}$) <u>vérifiant</u>

$$\frac{M_T}{M_{T-}} = K \quad \underline{\text{p.s. sur}} \ \{T<\infty\} .$$

DEMONSTRATION. Nous désignons par A_t le processus croissant $I_{\{t\geqq T\}}$, par $\tilde{A}_t$ son compensateur prévisible, qui est continu du fait que T est totalement inaccessible. Le processus $Z_t=A_t-\tilde{A}_t$ est une martingale uniformément intégrable, dont les trajectoires sont des fonctions à variation bornée nulles en 0. De plus, le potentiel engendré par (A_t) étant borné par 1, on a pour tout entier $p\geqq 1$ (cf [1], chap. VII, n°59)

$$(1) \qquad E[\tilde{A}_\infty^p] \leqq p!$$

et par conséquent

$$(2) \qquad E[\exp(c\tilde{A}_\infty)] \leqq \frac{1}{1-c} < \infty \quad \text{si } 0\leqq c<1$$

Considérons maintenant la martingale locale exponentielle $M=\mathcal{E}(\lambda Z)$, avec $\lambda\in\mathbb{R}$. Comme Z n'a pas de partie martingale locale continue, nous avons

$$M_t = e^{\lambda Z_t} \prod_{s\leq t} (1+\lambda\Delta Z_s)e^{-\lambda\Delta Z_s} = e^{-\lambda\tilde{A}_t}(1+\lambda I_{\{t\geqq T\}})$$

car A est nul avant T , et Z a un seul saut, qui a lieu à l'instant T (sur $\{T<\infty\}$) et qui est égal à 1. On a

$$M_T/M_{T-} = 1+\lambda \quad \text{sur } \{T<\infty\} .$$

Pour obtenir l'énoncé, nous posons donc $\lambda=K-1$. Nous avons alors $\lambda>-1$, et la martingale locale M est strictement positive. Il est évident que M est bornée si $\lambda\geqq 0$, i.e. si $K\geqq 1$; pour $-1<\lambda<0$, i.e. $0<K<1$, on peut écrire que M est dominée par $\exp(|\lambda|\tilde{A}_\infty)$, qui appartient à L^1 (et même à tout L^p , $1\leq p<\infty$) d'après (2), et M est donc une vraie martingale uniformément intégrable. Le théorème est établi.

Mais on peut encore faire la remarque suivante. Supposons T p.s. fini, et prenons $\lambda=-1$. La martingale locale positive M vaut alors

$$\exp(\tilde{A}_t) \text{ pour } t<T \quad , \quad 0 \text{ pour } t\geq T$$

en particulier, $M_\infty=0$ identiquement, de sorte que M ne peut être uniformément intégrable, et que $\exp(\tilde{A}_\infty)$ ne peut appartenir à L^1. Les inégalités (2) ne peuvent donc être améliorées. Dans un exemple concret, celui où T est le premier saut d'un processus de Poisson de paramètre 1, on a $\tilde{A}_t=t\wedge T$, et on peut constater que M_t est une vraie martingale pour $0\leq t<\infty$.

BIBLIOGRAPHIE

[1] P.A. Meyer. Probabilités et Potentiel, Hermann (1966)

M. Garcia,
P. Maillard,
Y. Peltraut

Département de Mathématiques (E.R.A. du C.N.R.S.)
Faculté des Sciences
F-25030 BESANÇON-CEDEX.

Université de Strasbourg
Séminaire de Probabilités 1976/77

SUR LA LOCALISATION DES INTEGRALES STOCHASTIQUES

par E. Lenglart

Dans le volume X de ce séminaire, p. 307-309 , P.A. Meyer démontre que l'intégrale stochastique possède diverses propriétés locales, comme si elle pouvait se calculer "trajectoire par trajectoire". Le but de cette note est de donner une nouvelle démonstration, beaucoup plus simple, de ces résultats. Nous utiliserons le théorème de Girsanov généralisé (voir [1]). Cette méthode nous permet de plus d'établir une nouvelle propriété locale, relative à la partie martingale continue d'une semimartingale.

1. Rappelons d'abord en quoi consiste le théorème de Girsanov généralisé. Soit $(\Omega,F,P,(\underline{\underline{F}}_t))$ un espace probabilisé filtré satisfaisant aux conditions habituelles, et soit Q une seconde loi de probabilité, absolument continue par rapport à P, mais non nécessairement équivalente à P comme dans le théorème de Girsanov usuel. La famille $(\underline{\underline{F}}_t)$ ne satisfait pas aux conditions habituelles relativement à Q : nous désignons par $\overline{\underline{\underline{F}}}_t$ la tribu engendrée par $\underline{\underline{F}}_t$ et tous les sous-ensembles d'ensembles Q-négligeables . Lorsque nous disons qu'un processus est une Q-semimartingale, par exemple, il est sous-entendu que c'est par rapport à la famille $(\overline{\underline{\underline{F}}}_t)$. Le théorème de Girsanov généralisé comprend les affirmations suivantes :

a) <u>Tout processus</u> X, <u>qui est une</u> P-<u>semimartingale</u>, <u>est aussi une</u> Q-<u>semimartingale</u>.

b) <u>Si</u> H <u>est un processus prévisible localement borné pour</u> $(P,(\underline{\underline{F}}_t))$, <u>il possède la même propriété pour</u> $(Q,(\overline{\underline{\underline{F}}}_t))$, <u>et l'intégrale stochastique</u> $H\cdot X$ <u>calculée pour</u> P <u>est un représentant de l'intégrale stochastique</u> $H\cdot X$ <u>calculée pour</u> Q.

Il faut se rappeler ici qu'une intégrale stochastique pour $(P,(\underline{\underline{F}}_t))$ est en réalité une classe de processus P-indistinguables. La classe $H\cdot X$ pour Q contient donc des processus qui ne sont pas des intégrales stochastiques $H\cdot X$ pour P, mais en sont seulement Q-indistinguables.

Dans certains cas, on peut écrire explicitement une décomposition de la semimartingale X relativement à Q, à partir d'une décomposition X=M+A de X relativement à P (M martingale locale, A processus à variation finie). Introduisons en effet la densité $N_\infty = \frac{dQ}{dP}$ et la martingale $N_t = E_P[N_\infty | \underline{\underline{F}}_t]$. Supposons que le processus $[M,N]$ soit à variation localement intégrable pour P (en fait ce sera toujours le cas dans la suite, car N y sera bornée) ; nous pouvons alors définir son compensateur prévisible $<M,N>$, et nous avons

c) $M_t - \int_{0+}^{t} \frac{d<M,N>_s}{N_{s-}}$ est une Q-martingale locale .

Il faut noter, dans cette expression, que l'intégrale n'a peut être pas de sens pour les ω tels que la fonction $N_{\cdot}(\omega)$ ne soit pas localement bornée inférieurement ; mais ces ω forment toujours un ensemble Q-négligeable (mais non nécessairement P-négligeable) de sorte que le processus c) est bien défini hors d'un ensemble Q-évanescent.

Désignons par X^c la partie martingale continue de la semimartingale X relativement à P , et cherchons à calculer la partie martingale continue de X relativement à Q . Nous notons d'abord la propriété très simple :

d) Si X et Z sont deux P-semimartingales, le crochet [X,Z] calculé pour P est un représentant du crochet [X,Z] calculé pour Q.

Si X est sans partie martingale continue pour P, on a $[X,X]_t = \sum_{s\leq t} \Delta X_s^2$ P-p.s., donc aussi Q-p.s., et X est sans partie martingale continue relativement à Q. Il nous faut donc simplement trouver la partie martingale continue de X^c relativement à Q . Or X^c admet la décomposition

$$X^c = (X_t^c - \int_{0+}^{t} \frac{1}{N_{s-}} d<X^c,N>_s) + \int_{0+}^{t} \frac{1}{N_{s-}} d<X^c,N>_s$$

où la parenthèse est une martingale continue, et le second terme est à variation finie. La parenthèse est donc l'expression cherchée. Nous la transformons en remarquant que

$$<X^c,N> = <X^c,N^c> = [X^c,N^c] = [X,N^c]$$

et on peut encore, pour simplifier, remplacer N_{s-} par N_s . Ainsi :

e) La partie martingale continue de X relativement à Q est

$$X_t^c - \int_0^t \frac{1}{N_s} d[X,N^c]_s \text{ , où } N^c \text{ est la partie martingale continue de } N .$$

2. Nous passons aux résultats de localisation. Nous désignons par A une partie de Ω de mesure $P(A)>0$ (si $P(A)=0$ il n'y a rien à dire) et par Q la loi de probabilité $I_A P/P(A)$, par N_t la martingale $\frac{1}{P(A)} P[A|\underline{\underline{F}}_t]$. Nous disons que deux processus X et Y sont P-indistinguables sur A si les processus $I_A X$ et $I_A Y$ sont P-indistinguables, autrement dit si X et Y sont Q-indistinguables.

PROPOSITION 1. Soient X et Y deux semimartingales P-indistinguables sur A, H et K deux processus prévisibles localement bornés P-indistinguables sur A. Alors $H\cdot X$ et $K\cdot Y$ sont P-indistinguables sur A.

DEMONSTRATION. Notons $\underset{P}{\cdot}$ et $\underset{Q}{\cdot}$ les opérateurs d'intégrale stochastique pour P et Q respectivement. Comme H et K sont Q-indistinguables, X et Y Q-indistinguables, $H\underset{Q}{\cdot}X$ et $K\underset{Q}{\cdot}Y$. D'après b), $H\underset{P}{\cdot}X$ et $K\underset{P}{\cdot}Y$ sont Q-indistinguables, et cela signifie qu'elles sont P-indistinguables sur A.

PROPOSITION 2. Soient X une semimartingale, H un processus prévisible localement borné. Supposons que pour $\omega\in A$ la trajectoire $X_{\cdot}(\omega)$ soit une fonction à variation finie. Soit Y le processus (non adapté à $(\underline{\underline{F}}_t)$) obtenu en remplaçant X par 0 sur A^c. Alors l'intégrale stochastique $H\cdot X$ est P-indistinguable sur A de l'intégrale de Stieltjes $(\int_0^t H_s dY_s)$.

DEMONSTRATION. A appartient à $\underline{\underline{F}}_0$ puisque $Q(A)=1$, donc Y est une Q-semimartingale à variation finie, et $H\underset{Q}{\cdot}Y$ est Q-indistinguable de l'intégrale de Stieltjes $\int_0^t H_s dY_s$ (sém. X, p.299, th. 18 c)). D'autre part, X et Y sont Q-indistinguables, donc $H\underset{Q}{\cdot}X$ et $H\underset{Q}{\cdot}Y$ le sont aussi. Finalement, $H\underset{P}{\cdot}X$ est un représentant de $H\underset{Q}{\cdot}X$ d'après b). Donc $H\underset{P}{\cdot}X$ et $\int_0^t H_s dY_s$ sont Q-indistinguables.

PROPOSITION 3. Soient X et Y deux semimartingales indistinguables sur A. Alors leurs crochets $[X,X]$ et $[Y,Y]$, leurs parties martingales continues X^c et Y^c, sont indistinguables sur A.

DEMONSTRATION. L'affirmation relative aux crochets est une conséquence immédiate de d) plus haut, et du fait que X et Y sont deux Q-semimartingales Q-indistinguables. Leux parties martingales continues pour Q étant alors Q-indistinguables, le calcul e) plus haut nous dit que les processus

$$X_t^c - \int_0^t \frac{1}{N_s} d[X,N^c]_s \quad , \quad Y_t^c - \int_0^t \frac{1}{N_s} d[Y,N^c]_s$$

sont Q-indistinguables. Les crochets $[X,N^c]$ et $[Y,N^c]$ étant P-indistinguables sur A, on a le même résultat pour X^c et Y^c.

On remarquera que la démonstration précédente prouve davantage : le crochet $[X-Y,N^c]$ est nul sur A dès que X-Y est à variation finie sur A. Par conséquent :

Si X-Y est sur A un processus à variation finie, X^c et Y^c sont indistinguables sur A.

Le résultat de la proposition 3 ressemble à ceux des propositions 1 et 2. Cependant, contrairement aux crochets et aux intégrales stochastiques, les parties martingales continues X^c dépendent de la loi P, et le "caractère local" indiqué ne signifie donc pas qu'il existe un procédé explicite permettant de calculer la trajectoire $X^c_{\cdot}(\omega)$ connaissant $X_{\cdot}(\omega)$.

REMARQUE. La propriété d'être une semimartingale est elle même localisable. En effet, disons qu'un processus càdlàg. X est une semimartingale sur $A \subset \Omega$ si X est une semimartingale pour la loi $Q=I_A P/P(A)$. Un théorème de J. Jacod, étendu par P.A.Meyer au cas dénombrable (Séminaire de Probabilités XI, bas de la page 484) nous permet d'affirmer que

Si X est une semimartingale sur tout ensemble d'une suite (A_n), X est aussi une semimartingale sur $\bigcup_n A_n$.

Il existe alors un plus grand ensemble (aux ensembles P-négligeables près) sur lequel X est une semimartingale : la réunion essentielle de tous les ensembles sur lesquels X est une semimartingale.

3. Enfin, une autre application du théorème de Girsanov concerne la théorie des équations différentielles stochastiques, développée récemment par C. Doléans-Dade. Comme il s'agit d'un sujet un peu différent, nous lui consacrerons une note indépendante de celle-ci.

[1]. E. Lenglart. Transformation des martingales locales par changement absolument continu de probabilités. Z. für W-theorie, 39, 1977, p.65-70.

E. Lenglart
Département de Mathématiques
Université de Rouen
F-76130 Mont Saint Aignan

Université de Strasbourg
Séminaire de Probabilités 1976/77

SUR UN THEOREME DE J. JACOD

par P.A. Meyer

1. Considérons un espace mesurable $(\Omega,\underline{\underline{F}}^{\circ},(\underline{\underline{F}}^{\circ}_t))$ filtré par une famille continue à droite, et un processus càdlàg. (X_t) adapté à cette filtration. Jacod a démontré le remarquable théorème suivant : pour abréger, appelons lois de semimartingales les lois P sur Ω pour lesquelles le processus X est une semimartingale par rapport à la famille $(\underline{\underline{F}}^{\circ}_t)$ augmentée de tous les ensembles P-négligeables. Alors

L'ensemble des lois de semimartingales est convexe .

Plus précisément, au moyen d'une technique due à C. Stricker, on peut montrer que cet ensemble est dénombrablement convexe. Voici une application de ce résultat.

Soit P une loi de semimartingale, que nous laisserons fixe dans la suite ; comme nous ne travaillerons que sur des lois absolument continues par rapport à P, nous pouvons supposer que les ensembles P-négligeables ont été adjoints à $\underline{\underline{F}}_0$, et enlever le ° de $\underline{\underline{F}}^{\circ}_t$. Considérons une partition dénombrable $\mathcal{P}$ en ensembles $\underline{\underline{F}}$-mesurables A_i . Pour simplifier le langage, nous supposerons que $P(A_i)>0$ pour tout i (cela exclut le cas des partitions finies, mais celui-ci ne pose évidemment aucun problème nouveau !). Nous désignons alors par $\overline{\underline{\underline{F}}}_t$ la tribu engendrée par $\underline{\underline{F}}_t$ et $\mathcal{P}$, et nous avons

THEOREME 1. X est une semimartingale par rapport à la loi P et à la famille $(\overline{\underline{\underline{F}}}_t)$.

DEMONSTRATION. Nous abrégerons l'expression en énonçant cela sous la forme " X est une semimartingale $/(P,\overline{\underline{\underline{F}}})$" . Notons Q_i la loi conditionnelle $Q_i(B)=P(A_i\cap B)/P(A_i)$. Alors

X est une semimartingale $/(Q_i,\underline{\underline{F}}$) parce que $Q_i<<P$ (théorème de Girsanov amélioré par Lenglart).

Donc X est aussi une semimartingale/Q_i par rapport à la famille $(\underline{\underline{F}}_t)$ augmentée de tous les ensembles Q_i-négligeables. Comme $Q_i(A_j)=0$ ou 1, on voit que

X est une semimartingale $/(Q_i,\overline{\underline{\underline{F}}})$

Mais alors, comme $P=\sum P(A_i).Q_i$, le théorème de Jacod entraîne que X est une semimartingale/$(P,\overline{\underline{\underline{F}}}$).

La signification de ce théorème mérite d'être soulignée : nous sommes en train de mesurer le bouleversement produit, sur un système probabiliste, lorsqu'on va consulter un prophète à l'instant 0 pour savoir lequel des événements A_i va se réaliser. S'il répond "i" , la loi P devra être remplacée par Q_i (à moins que le prophète ne soit jeté dans une citerne!), et à l'instant 0- précédant la consultation, la probabilité de la réponse "i" est $P(A_i)$, de sorte que le système probabiliste tenant compte de la prophétie est $(\Omega, P, (\overline{\underline{\underline{F}}}_t))$.

Un problème voisin, mais plus intéressant peut être, consiste à mesurer le bouleversement produit, sur un système probabiliste, non pas en forçant des connaissances à l'instant 0, mais en les forçant progressivement dans le système. Par exemple, sur un système discret, en remplaçant $\underline{\underline{F}}_0$ par $\overline{\underline{\underline{F}}}_0=\underline{\underline{T}}(\underline{\underline{F}}_0, A_0)$, $\underline{\underline{F}}_1$ par $\overline{\underline{\underline{F}}}_1=\underline{\underline{T}}(\underline{\underline{F}}_0, A_0, A_1)$, etc (ce qui revient à décider que la v.a. $\sum n.I_{A_n}$ est un temps d'arrêt de la nouvelle famille). Je ne sais rien pour l'instant sur ce problème.

2. Nous allons maintenant essayer de chiffrer ce bouleversement de manière précise. Pour cela, nous empruntons au travail " sur un théorème de C.Stricker" (Séminaire XI) la définition de la norme $\underline{\underline{H}}^1$ des semimartingales, et quelques unes de ses propriétés. Nous disons qu'une semimartingale X appartient à $\underline{\underline{H}}^1$ si elle peut s'écrire sous la forme M+A, où la martingale M appartient à $\underline{\underline{H}}^1$, et où A est un processus à variation intégrable ; il existe alors une telle décomposition pour laquelle A est prévisible, et nous supposerons ce choix fait. Dans ces conditions nous avons

$$E[\int |dA_s|] = \mathrm{Var}(X)$$

D'autre part, nous avons X=M+A, M=X-A, donc

$$E[\sqrt{[M,M]_\infty}] \leq E[\sqrt{[X,X]_\infty}]+E[\sqrt{[A,A]_\infty}],\quad E[\sqrt{[X,X]_\infty}] \leq E[\sqrt{[M,M]_\infty}]+E[\sqrt{[A,A]_\infty}]$$

et comme $E[\sqrt{[A,A]_\infty}] = E[(\Sigma\, \Delta A_s^2\,)^{1/2}] \leq E[\Sigma |\Delta A_s|] \leq E[\int |dA_s|]$, on comprend pourquoi l'espace $\underline{\underline{H}}^1$ peut être défini par la norme

$$\|X\|_{\underline{\underline{H}}^1(P)} = E_P[\sqrt{[X,X]_\infty}] + \mathrm{Var}_P(X) \quad (1)$$

La famille de tribus intervient dans la définition de cette norme, non pas dans le premier terme, mais dans le second où interviennent implicitement des conditionnements. C'est pourquoi il faut distinguer soigneusement la norme de X en tant que semimartingale/$(P,(\underline{\underline{F}}_t))$, notée $\|X\|_{H^1(P)}$, et la norme de X en tant que semimartingale/$(P,(\overline{\underline{\underline{F}}}_t))$, qui sera notée par abus de langage $\|X\|_{H^1(\overline{P})}$.

1. Autre norme équivalente : $E_P[X^*]+\mathrm{Var}_P(X)$.

Nous empruntons encore au même travail la remarque suivante : si P est un barycentre $\Sigma\ \lambda_i Q_i$ de lois de semimartingales, nous avons

(*) $\quad \mathrm{Var}_P(X) \leqq \Sigma_i\ \lambda_i \mathrm{Var}_{Q_i}(X)$

En fait, c'est à la "loi $\bar{P}$", c'est à dire à la loi P sur l'espace filtré $(\Omega, (\bar{\underline{\underline{F}}}_t))$, que nous appliquerons cette formule.

Le théorème suivant est vraiment curieux, car c'est la première fois (me semble t'il) que la notion d'entropie apparaît de manière naturelle hors de la théorie ergodique. Malheureusement, c'est un résultat très faible , l'appartenance à $\underline{\underline{BMO}}$ étant une condition par trop restrictive.

THEOREME 2 . Supposons que la partition $\mathcal{P}$ soit d'entropie finie. Alors toute martingale/$(P,(\underline{\underline{F}}_t))$ qui appartient à $\underline{\underline{BMO}}$ appartient à $\underline{\underline{H}}^1$ en tant que semimartingale/$(P,(\bar{\underline{\underline{F}}}_t))$.

DEMONSTRATION. Le terme en $E[\sqrt{[X,X]_\infty}\ ]$ ne dépendant pas de la famille de tribus, c'est $\mathrm{Var}_{\bar{P}}(X)$ qu'il faut estimer. Pour cela, nous estimons $\mathrm{Var}_{Q_i}(X)$ - par rapport à la famille $(\underline{\underline{F}}_t)$ ou $(\bar{\underline{\underline{F}}}_t)$, cela revient au même, puisque les ensembles de la partition ont probabilité 0 ou 1 pour Q_i - et appliquer la formule (*) du haut de la page. Nous omettons temporairement l'indice i en écrivant Q,A au lieu de Q_i,A_i . Soit N la martingale fondamentale donnant la densité de Q par rapport à P, soit

$$N_t = \frac{1}{P(A)}\ P\{A|\underline{\underline{F}}_t\}$$

Par rapport à la loi Q, X admet la décomposition canonique de Girsanov

$$X_t = (\ X_t - \int_0^t \frac{1}{N_{s-}} d\langle X,N\rangle_s\ ) + \int_0^t \frac{1}{N_{s-}} d\langle X,N\rangle_s$$

de sorte que $\mathrm{Var}_Q(X) = E_Q[\int_0^\infty \frac{1}{N_{s-}}|d\langle X,N\rangle_s|] = E_P[\int_0^\infty |d\langle X,N\rangle_s|] \leqq$ $c\|X\|_{\underline{\underline{BMO}}}\ \|N\|_{\underline{\underline{H}}^1(P)}$. Il reste à évaluer cette dernière norme.

Pour cela, nous remplaçons N par $H=P\{A|\underline{\underline{F}}_t\}$. Nous appliquons l'inégalité bien connue de Doob

$$E[\ H^*\ ] \leqq 2(\ 1 + E[H_\infty \log^+ H_\infty\ ])$$

non pas à H elle même, mais à tH $(t\geqq 1)$, ce qui nous donne

$$E[\ H^*\ ] \leqq \frac{2}{t}(\ 1 + t\log tP(A))$$

Prenons $t=1/P(A)$, il vient

$$E[H^*]\ \leqq 2(\ P(A) + P(A)\log \frac{1}{P(A)}\ )$$

Nous avons alors :

$$E[N^*] \leqq 2\left(1 + \log \frac{1}{P(A)} \right)$$

et pour finir (en changeant de constante c)

$$\mathrm{Var}_{\overline{P}}(X) \leqq c \|X\|_{\underline{\underline{BMO}}} \cdot \left(\Sigma_i \; P(A_i) \log \frac{1}{P(A_i)} + 1 \right)$$

Université de Strasbourg
Séminaire de Probabilités 1976/77

GROSSISSEMENT D'UNE FILTRATION ET SEMI-MARTINGALES : THEOREMES GENERAUX

par Marc Yor

1. Soit $(\Omega,\underline{\underline{F}},P)$ un espace probabilisé complet, $(\underline{\underline{F}}_t)_{t\geq 0}$ une filtration croissante de sous-tribus de $\underline{\underline{F}}$, vérifiant les conditions habituelles, et soit $L : \Omega \longrightarrow \mathbb{R}_+^*$ une variable $\underline{\underline{F}}$-mesurable (1).

Récemment, P.A. Meyer a posé la question suivante : <u>si l'on grossit (convenablement) la filtration</u> $(\underline{\underline{F}}_t)$, <u>de façon que</u> L <u>devienne un temps d'arrêt pour la nouvelle filtration</u> $(\underline{\underline{G}}_t)$, <u>est ce que toute semi-martingale</u> X <u>par rapport à</u> $(\underline{\underline{F}}_t)$, <u>est encore une semi-martingale pour</u> $(\underline{\underline{G}}_t)$?

Il suffit évidemment de traiter le cas où X est une martingale pour $(\underline{\underline{F}}_t)$. D'autre part, le problème se décompose en deux, relatifs aux processus $X_t I_{\{t<L\}}$ et $X_t I_{\{t\geq L\}}$. Nous montrerons que pour le premier processus la réponse est toujours affirmative, tandis que pour le second il nous faut faire une hypothèse, par ailleurs tout à fait naturelle : L est supposée être <u>la fin d'un ensemble optionnel</u>.

Connaissant ces résultats, une autre question est de se demander, (X_t) étant une $(\underline{\underline{F}}_t)$ semi-martingale spéciale (par exemple, une $(\underline{\underline{F}}_t)$ martingale locale), quelle est la décomposition canonique de (X_t), considérée maintenant comme $(\underline{\underline{G}}_t)$ semi-martingale spéciale ? Ce second aspect de la question a été traité, sous des hypothèses un peu plus restrictives, par M. Barlow [5].

2. Un grossissement de la filtration $(\underline{\underline{F}}_t)$, "raisonnable" pour l'étude du processus $X_t I_{\{t<L\}}$, est fait explicitement en [1] : on note $\underline{\underline{G}}_\infty$ la tribu engendrée par $\underline{\underline{F}}_\infty$ et L, et pour $t\in\mathbb{R}_+$, on pose

$$\underline{\underline{G}}_t = \{ A\in\underline{\underline{G}}_\infty \mid \exists\, A_t \in \underline{\underline{F}}_t \ ,\ A\cap\{t<L\} = A_t\cap\{t<L\} \}$$

Remarquons que - pour tout t, $\underline{\underline{F}}_t \subset \underline{\underline{G}}_t$
- $(\underline{\underline{G}}_t)$ satisfait aux conditions habituelles
- L est un temps d'arrêt de $(\underline{\underline{G}}_t)$.

De plus, en rapprochant, dans l'article [1], le lemme 1 (p. 187) de son corollaire (p. 188), on obtient aisément que si T est un $(\underline{\underline{F}}_t)$-temps d'arrêt (et donc un $(\underline{\underline{G}}_t)$-temps d'arrêt), on a

(1) $\underline{\underline{G}}_T = \{ A\in\underline{\underline{G}}_\infty \mid \exists\, A_T \in \underline{\underline{F}}_T \ ,\ A\cap\{t<L\} = A_T\cap\{T<L\} \}$

(1) Il faudrait prendre L à valeurs dans $\overline{\mathbb{R}}_+$; nous avons exclu les valeurs 0 et $+\infty$ pour simplifier la discussion.

3. Dans tout ce travail, la surmartingale càdlàg Z_t (pour $(\underline{\underline{F}}_t)$) qui est $(\underline{\underline{F}}_t)$ projection optionnelle de $1_{\{L>t\}}$ joue un rôle fondamental. Si l'on note $R=\inf\{t \mid Z_t=0\}$, on a $P\{L>R|\underline{\underline{F}}_R\}1_{\{R<\infty\}} = Z_R I_{\{R<\infty\}} = 0$, d'où l'on déduit que $L\leq R$ p.s. - mais on peut avoir avec probabilité positive $L=R<\infty$, autrement dit $Z_L=0$, comme le montre le cas où L est un temps d'arrêt. On a cependant en toute généralité

<u>Lemme 0</u> : $P\{Z_{L-}>0\} = 1$.

<u>Démonstration</u> : Considérons le processus 1^Z défini par

$$(1^Z)_t = \frac{1}{Z_t} 1_{\{t<L\}} \text{ .}$$

On déduit aisément de l'expression explicite de la filtration $(\underline{\underline{G}}_t)$ que 1^Z est une $(\underline{\underline{G}}_t)$-surmartingale. Elle est continue à droite par construction. D'autre part, elle est intégrable, car on a

$$E[(1^Z)_t] = E[\frac{1_{\{Z_t\neq 0\}}}{Z_t} 1_{\{t<L\}}] = P\{Z_t\neq 0\} < \infty$$

Donc, elle admet presque sûrement des limites à gauche finies en tout $t\in\mathbb{R}_+$, et en particulier en L, d'où le lemme.

Il est intéressant de rappeler ([1], par exemple) que l'on a $Z_{L-}=1$ si, et seulement si, L est la fin d'un ensemble $(\underline{\underline{F}}_t)$-prévisible.

Nous répondons maintenant à la première question posée :

<u>Théorème 1</u> : <u>Si</u> X <u>est une semi-martingale relative à</u> $(\underline{\underline{F}}_t)$, <u>alors les processus</u> $X_t I_{\{t<L\}}$ <u>et</u> $X_{t\wedge L}$ <u>sont des semi-martingales relatives à</u> $(\underline{\underline{G}}_t)$.

<u>Démonstration</u> :

- Il suffit de se restreindre à étudier $X_t I_{\{t<L\}}$, car $X_{t\wedge L} = X_t I_{\{t<L\}} + X_L I_{\{L\leq t\}}$.

- On peut encore se restreindre à prendre pour X une $(\underline{\underline{F}}_t)$-martingale uniformément intégrable ; celle-ci étant différence de deux martingales uniformément intégrables positives, on peut se ramener au cas où X est positive.

- D'autre part, si X est une surmartingale positive (en particulier, une martingale positive) relative à $(\underline{\underline{F}}_t)$, le processus

$$(X^Z)_t = \frac{X_t}{Z_t} I_{\{t<L\}}$$

est une $(\underline{\underline{G}}_t)$-surmartingale positive (c'est aussi simple que pour 1^Z). De plus, d'après le lemme 0, X^Z est càdlàg sur tout $\mathbb{R}_+$; ainsi X^Z est une $(\underline{\underline{G}}_t)$-semi-martingale.

- Pour montrer que X elle même est une $(\underline{\underline{G}}_t)$-semi-martingale, nous remarquons que XZ est une semi-martingale spéciale pour $(\underline{\underline{F}}_t)$, car $(XZ)^* \leq X^*$, et X^* est localement intégrable ; soit alors $XZ=M+A$ sa décomposition canonique pour $(\underline{\underline{F}}_t)$ ($M\in\underline{\underline{M}}_{loc}$, $A\in\underline{\underline{V}}_p$) . Ecrivons

$$X_t I_{\{t<L\}} = \frac{X_t Z_t}{Z_t} I_{\{t<L\}} = \frac{M_t+A_t}{Z_t} I_{\{t<L\}} = M_t^Z + A_t^Z$$

D'après ce qui précède, M^Z est une $(\underline{\underline{G}}_t)$-semi-martingale. Quant à A^Z, c'est le produit des deux $(\underline{\underline{G}}_t)$-semi-martingales A et 1^Z, et c'est donc encore une $(\underline{\underline{G}}_t)$-semi-martingale.

Nota-Bene : La méthode utilisée est très étroitement inspirée de [2] .

4. Nous allons maintenant donner (entre autres choses) une seconde démonstration du théorème 1.

On a déjà remarqué précédemment qu'il suffisait de démontrer ce théorème en se restreignant aux $(\underline{\underline{F}}_t)$-martingales uniformément intégrables X. Or, une martingale (locale) est la somme d'une martingale localement de carré intégrable, et d'une martingale à variation localement intégrable ([3], pages 294-295). Par localisation, il suffit donc de démontrer le théorème 1 pour X, $(\underline{\underline{F}}_t)$-martingale de carré intégrable.

En fait, on a le résultat plus fort suivant (dont nous ne nous servirons pas immédiatement) :

<u>Proposition</u> : <u>Soient</u> $(\underline{\underline{F}}_t)$ <u>et</u> $(\underline{\underline{G}}_t)$ <u>deux filtrations vérifiant les conditions habituelles</u>, <u>telles que l'on ait</u> $\underline{\underline{F}}_t \subset \underline{\underline{G}}_t$ <u>pour tout</u> t. <u>Alors les assertions suivantes sont équivalentes</u>

1) <u>Toute</u> $(\underline{\underline{F}}_t)$-<u>semi-martingale est une</u> $(\underline{\underline{G}}_t)$-<u>semi-martingale</u>.
2) <u>Toute</u> $(\underline{\underline{F}}_t)$-<u>martingale locale est une</u> $(\underline{\underline{G}}_t)$-<u>semi-martingale</u>.
3) <u>Toute</u> $(\underline{\underline{F}}_t)$-<u>martingale bornée est une</u> $(\underline{\underline{G}}_t)$-<u>semi-martingale</u>.

<u>Démonstration</u> : Il est évident que 1)<=>2)=>3). Il reste à montrer que 3)=>2) , et il suffit évidemment de prouver que toute $(\underline{\underline{F}}_t)$-martingale M appartenant à $\underline{\underline{H}}^1$ est une $(\underline{\underline{G}}_t)$-semi-martingale. Nous pouvons supposer que $M_0=0$. Posons $T_n = \inf\{t \mid |M_t| \geq n\}$; le saut ΔM_{T_n} étant intégrable, nous pouvons considérer le processus à variation intégrable $A_t = \Delta M_{T_n} I_{\{t\geq T_n\}}$, sa projection duale prévisible $\widetilde{A}_t$, et écrire

$$M_t^{T_n} = Z_t^n + (A_t - \widetilde{A}_t) \qquad ;$$

$A_t-\widetilde{A}_t$ est un processus à variation intégrable $(\underline{\underline{F}}_t)$-adapté, donc $(\underline{\underline{G}}_t)$-adapté, c'est donc une $(\underline{\underline{G}}_t)$-semi-martingale. D'autre part, (Z_t^n) est une $(\underline{\underline{F}}_t)$-martingale majorée par $|M_t^{T_n}-A_t|+|\widetilde{A}_t| \leq n+|\widetilde{A}_t|$; $\widetilde{A}$ étant prévisible, est localement borné, donc Z^n est une martingale localement bornée (pour $(\underline{\underline{F}}_t)$), donc une $(\underline{\underline{G}}_t)$-semi-martingale d'après 3). Donc M^{T_n} est une $(\underline{\underline{G}}_t)$-semi-martingale, et lorsque n tend vers $+\infty$ on a le même résultat pour M.

<u>Remarque</u> : Le raisonnement précédent a une portée un peu plus générale :

Z^n est l'intégrale stochastique optionnelle $I_{[0,T_n[}\cdot M$. En oubliant la filtration $(\underline{\underline{G}}_t)$, nous avons montré qu'il existe, pour toute $M\in\underline{\underline{H}}^1$ nulle en 0 (et cette dernière hypothèse est d'ailleurs sans importance) des temps d'arrêt $T_n\uparrow +\infty$ tels que $I_{[0,T_n[}\cdot M$ soit localement bornée. Dans [3], p.294-295, un résultat un peu plus précis est établi : pour toute martingale locale M, il existe des $T_n\uparrow+\infty$ tels que $I_{[0,T_n[}\cdot M$ appartienne à $\underline{\underline{BMO}}$. L'intégrale stochastique optionnelle joue donc un peu, pour les martingales càdlàg, le rôle de l'arrêt pour les martingales continues.

Revenons à notre problème. Voici le renforcement annoncé du théorème 1.

<u>Théorème 2</u> : <u>Si</u> X <u>est une martingale de carré intégrable relative à</u> $(\underline{\underline{F}}_t)$, <u>les processus</u> $Y_t= X_tI_{\{t<L\}}$ <u>et</u> $\overline{Y}_t=X_{t\wedge L}$ <u>sont des quasi-martingales relatives à</u> $(\underline{\underline{G}}_t)$. <u>Plus précisément, la variation moyenne</u> V(Y) <u>de</u> Y <u>par rapport à</u> $(\underline{\underline{G}}_t)$ <u>satisfait à</u>

(2) $$V(Y) \leq 8\|X_\infty\|_2$$

<u>Démonstration</u> : La variation moyenne V(Y) que nous considérons ici est définie comme

$$V(Y) = \sup_\tau \Sigma_{i=0}^{n-1} E[\ |E[Y_{t_{i+1}}-Y_{t_i}|\underline{\underline{G}}_{t_i}]|\ ]$$

τ parcourant l'ensemble des subdivisions $\tau=(t_i)$, $0=t_0<t_1<\ldots<t_n<+\infty$ de $\mathbb{R}_+$. Cette variation est plus petite que celle considérée par Stricker dans [6], qui en diffère par l'addition, dans chaque somme, du terme $E[|Y_{t_n}|]$; mais comme on a $E[|Y_{t_n}|]\leq E[|X_{t_n}|]\leq E[|X_\infty|]\leq\|X_\infty\|_2$, on déduit de (2) une majoration analogue pour la variation moyenne de Stricker.

D'autre part, l'étude de $\overline{Y}$ se ramène immédiatement à celle de Y, car $\overline{Y}$-Y est le processus à variation finie $A_t=X_LI_{\{t\geq L\}}$, et l'on a $E[\int_0^\infty |dA_s|]$ $\leq E[X^*] \leq \|X^*\|_2 \leq 2\|X_\infty\|_2$.

Pour montrer (2), il nous suffit de montrer que pour toute subdivision τ comme ci-dessus, et toute famille de variables a^i (i=0,...,n-1) bornées par 1 et telles que a^i soit $\underline{\underline{G}}_{t_i}$-mesurable pour tout i, on a $E[S] \leq 8\|X_\infty\|_2$, où

$$S = \Sigma_{i=0}^{n-1}\ a^i(Y_{t_{i+1}}-Y_{t_i})$$

Soit a_i une variable $\underline{\underline{F}}_{t_i}$-mesurable bornée par 1, égale à a^i sur $\{t_i<L\}$; comme $Y_{t_{i+1}}-Y_{t_i}$ est nulle sur $\{t_i\geq L\}$, on a aussi

$$S=\Sigma_{i=0}^{n-1} a_i(Y_{t_{i+1}}-Y_{t_i}) = \Sigma_i\ a_i(X_{t_{i+1}}1_{\{t_{i+1}<L\}}-X_{t_i}1_{\{t_i<L\}})$$

et par conséquent

$$E[S] = \Sigma_i \; E[a_i(X_{t_{i+1}} Z_{t_{i+1}} - X_{t_i} Z_{t_i})]$$

Nous partageons cette espérance en trois, dont la dernière est nulle du fait que X est une martingale :

$$E[S] = \Sigma_i \; E[a_i(X_{t_{i+1}} - X_{t_i})(Z_{t_{i+1}} - Z_{t_i})]$$
$$+ \Sigma_i \; E[a_i X_{t_i}(Z_{t_{i+1}} - Z_{t_i})]$$
$$+ \Sigma_i \; E[a_i(X_{t_{i+1}} - X_{t_i})Z_{t_i}] \;=\; E_1 + E_2 + E_3$$

Pour étudier E_2 , on considère la décomposition additive Z=M-A de la surmartingale Z en un processus croissant prévisible A et la martingale $M_t = E[A_\infty | \underline{\underline{F}}_t]$ (Z est un potentiel du fait que $L<\infty$ p.s.). Z étant bornée par 1, on sait que $E[A_\infty^2] \leqq 2$[1]. Comme M est une martingale on a

$$E_2 = E[\; \Sigma_i \; a_i X_{t_i}(A_{t_{i+1}} - A_{t_i})] \leqq E[(\sup_t |X_t|)A_\infty]$$
$$\leqq 2\|X_\infty\|_2 \|A_\infty\|_2 \;.$$

Pour étudier E_1 , nous la majorons d'après l'inégalité de Schwarz

$$E_1 \leqq (E[\Sigma_i(X_{t_{i+1}} - X_{t_i})^2])^{1/2}(E[\Sigma_i(Z_{t_{i+1}} - Z_{t_i})^2])^{1/2}$$

Le premier facteur vaut $\|X_\infty\|_2$. Dans le second, nous majorons $(Z_{t_{i+1}} - Z_{t_i})^2$ par $2[(M_{t_{i+1}} - M_{t_i})^2 + (A_{t_{i+1}} - A_{t_i})^2]$, puis $\Sigma_i(A_{t_{i+1}} - A_{t_i})^2$ par A_∞^2. Le second facteur est donc majoré par

$$(2E[M_\infty^2 + A_\infty^2])^{1/2} = (4E[A_\infty^2])^{1/2} = 2\|A_\infty\|_2$$

Regroupant avec le calcul de E_1, il nous reste

$$E[S] \leqq 4\|X_\infty\|_2 \|A_\infty\|_2 \leqq 8\|X_\infty\|_2 \;.$$

<u>Remarque</u>. La famille $(\underline{\underline{G}}_t)$ n'est pas la plus petite famille de tribus $(\underline{\underline{H}}_t)$ contenant $(\underline{\underline{F}}_t)$, satisfaisant aux conditions habituelles, et telle que L soit un temps d'arrêt pour $(\underline{\underline{H}}_t)$. Cependant, le théorème 2 est vrai pour la famille $(\underline{\underline{H}}_t)$ aussi, car le remplacement de $(\underline{\underline{G}}_t)$ par $(\underline{\underline{H}}_t)$ ne fait que diminuer V(Y) . On en déduit que le théorème 1 est vrai pour $(\underline{\underline{H}}_t)$.

Même si nous n'avions pas établi le théorème 2, la validité du théorème 1 pour $(\underline{\underline{H}}_t)$ résulterait du théorème général de Stricker [6] (dont la démonstration utilise d'ailleurs les quasi-martingales, et le même argument que ci-dessus sur la variation).

<u>Remarque</u> . La démonstration donne un peu mieux qu'une inégalité : la variation moyenne V(Y) pour $(\underline{\underline{G}}_t)$ est <u>égale</u> à la variation V(XZ) pour $(\underline{\underline{F}}_t)$.

1. Voir par ex. Meyer, Probabilités et potentiel, VII.T24.

5. Afin d'aborder la seconde question posée dans le paragraphe 1, concernant le processus $X_t I_{\{L\leq t\}}$, nous voudrions définir une famille de tribus se comportant vis à vis de $(\underline{\underline{F}}_t)$, après L, de la même manière que $(\underline{\underline{G}}_t)$ ci-dessus avant L. Il est naturel d'essayer :

$$\underline{\underline{G}}'_t = \{ A \in \underline{\underline{G}}_\infty \mid \exists\, A'_t \in \underline{\underline{F}}_t ,\ A \cap \{L\leq t\} = A'_t \cap \{L\leq t\} \} .$$

Considérons aussi les tribus utilisées par M. Barlow [5] pour obtenir les formules explicites auxquelles on a fait allusion au paragraphe 1 :

$$\underline{\underline{H}}_t = \{ A \in \underline{\underline{G}}_\infty \mid \exists A_t, A'_t \in \underline{\underline{F}}_t ,\ A = (A_t \cap \{t<L\}) + (A'_t \cap \{L\leq t\}) \}$$

On a $\underline{\underline{H}}_t = \underline{\underline{G}}_t \cap \underline{\underline{G}}'_t$. Si L est une variable quelconque, les familles $(\underline{\underline{G}}'_t)$ et $(\underline{\underline{H}}_t)$ ne sont pas nécessairement croissantes en t ; en ce qui concerne $(\underline{\underline{H}}_t)$, les quatre propriétés suivantes sont équivalentes

(a) La famille de tribus $(\underline{\underline{H}}_t)$ est croissante en t.

(b) Pour tous s<t, il existe un ensemble $F_{st} \in \underline{\underline{F}}_t$ tel que $\{L\leq s\} = F_{st} \cap \{L\leq t\}$.

(c) Pour tout $t\geq 0$, L est égale sur $\{L<t\}$ à une variable $\underline{\underline{F}}_t$-mesurable.

(d) L est la fin d'un ensemble optionnel H (i.e. $L(\omega) = \sup\{s \mid (s,\omega) \in H\}$)

Il est immédiat que (a)<=>(b)<=>(c) ; l'équivalence entre (c) et (d) est annoncée, et en partie établie, dans [4], où les variables L satisfaisant à (c) sont appelées temps honnêtes.

Il est facile de voir que si la famille $(\underline{\underline{G}}'_t)$ est croissante, L est un temps honnête, mais la réciproque ne semble pas vraie. Nous nous intéresserons donc uniquement à $(\underline{\underline{H}}_t)$.

6. On suppose désormais que L est un temps honnête. Remarquons que $(\underline{\underline{H}}_t)$ contient $(\underline{\underline{F}}_t)$, fait de L un temps d'arrêt, et que $(\underline{\underline{H}}_t)$ satisfait aux conditions habituelles. On peut énoncer le :

Théorème 4 : 1) Toute semi-martingale par rapport à $(\underline{\underline{F}}_t)$ est encore une semi-martingale par rapport à $(\underline{\underline{H}}_t)$.

2) Si X est une martingale de carré intégrable relative à $(\underline{\underline{F}}_t)$, les processus $Y_t = X_t I_{\{t<L\}}$, $\overline{Y}_t = X_{t\wedge L}$, $W_t = X_t I_{\{t\geq L\}}$, $X_t = Y_t + W_t$ sont des quasi-martingales par rapport à $(\underline{\underline{H}}_t)$. Plus précisément, la variation moyenne V(Y), V(W) par rapport à $(\underline{\underline{H}}_t)$ satisfait à

(3) $\quad V(Y) \leq 8\|X\|_2 \quad , V(W) \leq 8\|X\|_2 + 2\|\sup_s |X_s|\,\|_1$.

Démonstration : L'inégalité relative à Y est déjà connue (voir le théorème 2 et la remarque qui le suit) ; nous allons démontrer l'inégalité (3) relative à W, qui entraînera par addition que X est une quasi-martingale relativement à $(\underline{\underline{H}}_t)$. Après quoi on déduira 1) par la proposition précédant le théorème 2.

Nous reprenons les notations du théorème 2 : la subdivision $\tau=(t_i)$, les variables a^i bornées par 1, telles que a^i soit $\underline{\underline{H}}_{t_i}$-mesurable pour tout i, la somme

$$S = \Sigma_{i=0}^{n-1} a^i(W_{t_{i+1}}-W_{t_i})$$

et les variables a_i bornées par 1 , telles que pour tout i a_i soit $\underline{\underline{F}}_{t_i}$-mesurable et que $a_i=a^i$ sur $\{t_i \geq L\}$. Nous décomposons S en S^1+S^2 où

$$S^1 = \Sigma_{i=0}^{n-1} a_i(W_{t_{i+1}}-W_{t_i})$$

$$S^2 = \Sigma_{i=0}^{n-1} (a^i-a_i)(W_{t_{i+1}}-W_{t_i})$$

$E[S^1]$ se calcule exactement comme dans le théorème 2 : récrivons le rapidement

$$E[S^1] = E[\Sigma\, a_i(X_{t_{i+1}}1_{\{t_{i+1}\geq L\}}-X_{t_i}1_{\{t_i\geq L\}})]$$

$$= E[\Sigma\, a_i(X_{t_{i+1}}(1-Z_{t_{i+1}})-X_{t_i}(1-Z_{t_i}))]$$

$$= E[\Sigma\, a_i(X_{t_i}Z_{t_i}-X_{t_{i+1}}Z_{t_{i+1}})]$$

que l'on majore par la variation moyenne de XZ relativement à $(\underline{\underline{F}}_t)$, comme dans le théorème 2. D'autre part

$$E[S^2] = E[\Sigma\, (a^i-a_i)X_{t_{i+1}}1_{\{t_i<L\leq t_{i+1}\}}]$$

On majore en valeur absolue a^i-a_i par 2, $X_{t_{i+1}}$ par $X^* = \sup_s|X_s|$, et il vient que $|E[S^2]| \leq 2E[X^*]$.

<u>Remarque</u> : Le calcul précédent n'a pas utilisé le fait que L était honnête. Si L n'est pas honnête, on a donc tout de même majoré la "variation moyenne" de X par rapport à la famille de tribus <u>non croissante</u> $(\underline{\underline{H}}_t)$.

7. <u>Remarque finale</u>. En [7], P.A. Meyer a montré le résultat suivant :

Soit $(\underline{\underline{F}}_t)$ une filtration vérifiant les conditions habituelles, et soit $\mathcal{P}=(A_i)_{i\in\mathbb{N}}$ une partition de Ω en ensembles $\underline{\underline{F}}_\infty$-mesurables. On note $\overline{\underline{\underline{F}}}_t$ la tribu engendrée par $\underline{\underline{F}}_t$ et $\mathcal{P}$ ($(\overline{\underline{\underline{F}}}_t)$ est une filtration vérifiant les conditions habituelles). Alors pour toute $(\underline{\underline{F}}_t)$-martingale M appartenant à BMO, la variation moyenne de M par rapport à $(\overline{\underline{\underline{F}}}_t)$ est finie, et

$$V(M) \leq c\|M\|_{BMO}\,(1+\Sigma_i\, P(A_i)\log\frac{1}{P(A_i)}) .$$

La démonstration de [7] repose sur le théorème de Girsanov. Il est naturel de se demander si notre méthode de majoration (assez rudimentaire) utilisant les filtrations discrètes permet de retrouver ce résultat de manière élémentaire. Nous verrons que ce n'est pas le cas, mais qu'on n'en est pas trop loin tout de même, et que cet exemple illustre bien la supériorité de la méthode "continue" sur la méthode "discrète".

Il nous faut majorer, pour toute subdivision $\tau=(t_i)$, l'espérance

$$I = E[\ \Sigma_i \Sigma_{j\in N}\ a^j_{t_i} 1_{A_j} (M_{t_{i+1}} - M_{t_i})]$$

où les variables $a^j_{t_i}$ sont $\underline{\underline{F}}_{t_i}$-mesurables et bornées par 1 en valeur absolue. Introduisant la martingale $Z^j_t = E[1_{A_j} | \underline{\underline{F}}_t]$, nous pouvons écrire

$$I = E[\ \Sigma_{i,j}\ a^j_{t_i} (Z^j_{t_{i+1}} - Z^j_{t_i})(M_{t_{i+1}} - M_{t_i})]$$

et par conséquent

$$|I| \leqq \Sigma_j\ E[\Sigma_i\ |(Z^j_{t_{i+1}} - Z^j_{t_i})(M_{t_{i+1}} - M_{t_i})|]$$

$$\leqq c\Sigma_j\ \|Z^j\|_{H^1} \|M\|_{BMO} \qquad (c=\sqrt{2}\ )$$

d'après l'inégalité de Fefferman discrète, les normes étant relatives à la filtration discrète $(\underline{\underline{F}}_{t_i})$. Mais s'il est facile, en suivant Meyer [7], de majorer $\Sigma_j \| Z^j \|_{H^1}$ à partir de $(1+\Sigma_i P(A_i) \log \frac{1}{P(A_i)})$ - c'est l'inégalité de Doob pour p=1 - nous ne savons pas majorer la norme BMO discrète à partir de la norme BMO continue : la condition quadratique reste satisfaite, mais la condition que les sauts soient bornés n'est pas nécessairement vérifiée après discrétisation. On ne sait donc conclure que lorsque M est bornée, en vertu de l'inégalité $\|M\|_{BMO} \leqq 2\|M\|_{L^\infty}$. L'article suivant, de Dellacherie et Meyer, permet de remplacer tous les arguments de discrétisation présentés dans cet article-ci par des arguments "continus" donnant de meilleures inégalités, mais il utilise le caractère local de l'intégrale stochastique, c'est à dire en fin de compte le théorème de Girsanov.

<u>Références</u>

[1] <u>P.A. Meyer</u> : Résultats d'Azéma en théorie générale des processus. Séminaire de Probabilités VII, L.Notes in M. 321, Springer 1973.

[2] <u>E. Lenglart</u> : Transformation des martingales locales par changement absolument continu de probabilités. Z. fur Wahr. 39, 65-70 (1977).

[3] <u>P.A. Meyer</u> : Un cours sur les intégrales stochastiques. Séminaire de Probabilités X, L. Notes in M. 511, Springer 1976.

[4] <u>P.A. Meyer, R. Smythe, J. Walsh</u> : Birth and death of Markov processes. Proceedings of the 6-th Berkeley Symposium, vol.3, 1972.

[5] <u>M. Barlow</u> : Martingale representation with respect to expanded σ-fields. A paraître.

[6] C. Stricker : Quasi-martingales, martingales locales et filtrations naturelles. Zeitschrift fur Wahr. 39, 55-63 (1977).

[7] P.A. Meyer : Sur un théorème de Jacod
(dans ce volume)

Marc Yor
Laboratoire de Probabilités
Tour 46, 3e étage
2 Place Jussieu
75230 Paris Cedex 05

Université de Strasbourg
Séminaire de Probabilités 1976/77

A PROPOS DU TRAVAIL DE YOR SUR LE GROSSISSEMENT DES TRIBUS

par C. Dellacherie et P.A. Meyer

Rappelons en quoi consiste le problème du grossissement des tribus. Soit $(\Omega,\underline{\underline{F}},P,(\underline{\underline{F}}_t))$ un espace probabilisé filtré satisfaisant aux conditions habituelles, et soit L une v.a. $\underline{\underline{F}}$-mesurable positive (finie ou non). Soit $(\underline{\underline{G}}_t)$ la plus petite famille croissante de tribus contenant $(\underline{\underline{F}}_t)$, continue à droite, et pour laquelle L est un temps d'arrêt. Il est très facile d'expliciter cette famille :

(1) $\underline{\underline{G}}_t = \underline{\underline{C}}_{t+}$ où $\underline{\underline{C}}_t = \underline{\underline{F}}_t \vee \underline{\underline{T}}(L\wedge t)$

On se demande alors à quelle condition sur L toute semimartingale/$(\underline{\underline{F}}_t)$ est encore une semimartingale/$(\underline{\underline{G}}_t)$. Ce problème s'est posé de manière bien nette au début de l'année 77, à la suite de la découverte du résultat 1 ci-dessous. La réponse partielle fournie par le théorème 2 de cette note a été connue assez rapidement. Indépendamment, Barlow a prouvé des résultats beaucoup plus précis concernant certains processus de Markov, dans une note qui mettait bien en évidence le rôle des v.a. "honnêtes". A la suite de quoi Yor a résolu le problème en toute généralité pour de telles v.a. (théorème 1 ci-dessous), et annonce des résultats explicites de décomposition pour un article à venir.

Dans cet exposé, nous rappelons d'abord l'ensemble des résultats connus sur le problème du grossissement des tribus, puis nous présentons une variante de la démonstration de Yor, qui donne une meilleure inégalité de norme, et qui conduit aussi à quelques sous-produits intéressants sur la localisation des intégrales stochastiques.

RAPPELS DE RESULTATS ANCIENS

Résultat 1. Lorsque la v.a. L est étagée, ou plus généralement lorsque le graphe de L est contenu dans une réunion dénombrable de graphes $[\![T_n]\!]$ de temps d'arrêt[1], la réponse au problème du grossissement est positive. En effet, nous pouvons supposer les graphes $[\![T_n]\!]$ disjoints. Soit $\underline{\underline{H}}_t$ la tribu obtenue en adjoignant à $\underline{\underline{F}}_t$ les ensembles $\{L=T_n<\infty\}=A_n$; il résulte de la note " sur un théorème de J. Jacod" (dans ce volume) que toute semimartingale/$(\underline{\underline{F}}_t)$ est une semimartingale/$(\underline{\underline{H}}_t)$. D'autre part, nous avons $L\wedge t = T_n\wedge t$ sur A_n , $L\wedge t=t$ sur $A_\infty=(\cup_n A_n)^c$, donc $\underline{\underline{C}}_t\subset \underline{\underline{H}}_t$, et finalement $\underline{\underline{G}}_t\subset\underline{\underline{H}}_t$ par continuité à droite ; d'après un théorème de Stricker, toute semimartingale/$(\underline{\underline{H}}_t)$ adaptée à $(\underline{\underline{G}}_t)$ est encore une semimartingale/$(\underline{\underline{G}}_t)$

1. L est une "variable aléatoire arlequine".

et cela nous permet de conclure.

Résultat 2. Dans l'autre sens, montrons qu'on ne peut pas faire n'importe quoi : prenons pour espace de départ la réalisation canonique du mouvement brownien . Soit L une v.a. à valeurs dans [0,1], engendrant la tribu $\underline{\underline{F}}_{\infty}$ aux ensembles négligeables près ($\underline{\underline{F}}_{\infty}$ est la complétée d'une tribu séparable). Alors $\underline{\underline{G}}_1=\underline{\underline{F}}_{\infty}=\underline{\underline{G}}_{\infty}$, toute martingale/$(\underline{\underline{G}}_t)$ est constante sur $[1,\infty[$, donc toute semimartingale/$(\underline{\underline{G}}_t)$ est à variation finie sur $[1,\infty[$, et le mouvement brownien n'est donc plus une semimartingale/$(\underline{\underline{G}}_t)$. Ce raisonnement s'étend à tout espace probabilisé sur lequel existe une semimartingale dont les trajectoires sont à variation infinie.

Résultat 3. Ce résultat est beaucoup plus ancien, et n'est pas souvent rapproché du problème de grossissement des tribus . Supposons que l'on ait pour tout t

$$(2) \qquad P\{L\leq t|\underline{\underline{F}}_{\infty}\} = P\{L\leq t|\underline{\underline{F}}_t\} \quad \text{p.s.}$$

Alors toute martingale continue à droite X par rapport à $(\underline{\underline{F}}_t)$ est encore une martingale/$(\underline{\underline{G}}_t)$, et la réponse au problème du grossissement est trivialement positive. Vérifions cela . Il nous suffit de montrer que pour $s<t$ on a $E[X_t|\underline{\underline{C}}_s] = X_s$, après quoi on passe à $\underline{\underline{G}}_s=\underline{\underline{C}}_{s+}$ par continuité à droite. Soient j $\underline{\underline{F}}_s$-mesurable bornée, et h borélienne bornée sur $\mathbb{R}_+$; il s'agit de prouver que

$$E[j.X_s.h(L\wedge s)] = E[j.X_t.h(L\wedge s)]$$

Nous pouvons encore nous limiter au cas où h est une indicatrice d'intervalle [0,a] . Alors $h(L\wedge s)=1$ si $s\leq a$, et dans ce cas l'égalité est évidente. Si $s>a$, la relation à établir s'écrit

$$(3) \qquad E[j.X_s.I_{\{L\leq a\}}] = E[j.X_t.I_{\{L\leq a\}}]$$

Nous pouvons remplacer dans les deux membres $I_{\{L\leq a\}}$ par $P\{L\leq a|\underline{\underline{F}}_{\infty}\}$, qui d'après (2) est $\underline{\underline{F}}_a$-mesurable, donc $\underline{\underline{F}}_s$-mesurable, et l'égalité (3) se réduit alors à la propriété de martingale de X par rapport à $(\underline{\underline{F}}_t)$.

La propriété (2) est celle qui se trouve réalisée dans la construction des "temps d'arrêt flous" à partir des processus décroissants (ce volume) ; elle est vraie aussi si L est indépendante de $\underline{\underline{F}}_{\infty}$.

On notera que l'idée commune aux résultats 1-2-3 est que la connaissance de $L\wedge t$ ne doit pas apporter "trop d'information" sur $\underline{\underline{F}}_t$. Les progrès futurs sur le problème du grossissement consisteront probablement à préciser cette idée de manière quantitative.

ENONCE DES THEOREMES DE YOR

Nous conviendrons que $\underline{\underline{F}}_{0-}=\underline{\underline{F}}_0$.

Yor établit un résultat principal, concernant les v.a. honnêtes, et un résultat subsidiaire que nous énoncerons ensuite.

Une v.a. L est dite honnête si elle satisfait à la condition suivante

(4) Pour tout t, il existe $L_t^!$ $\underline{\underline{F}}_t$-mesurable telle que $L=L_t^!$ sur $\{L\leq t\}$

Il suffit en fait de supposer une condition un peu plus faible :

(4') Pour tout $t>0$, il existe $\bar{L}_t$ $\underline{\underline{F}}_t$-mes. telle que $L=\bar{L}_t$ sur $\{L<t\}$

En effet, $L_t^! = \liminf_n \bar{L}_{t+1/n}$ satisfait alors à (4). Noter aussi que (4') s'améliore d'elle même : la v.a. $\bar{\bar{L}}_t = \liminf_n \bar{L}_{t-1/n}$ est égale à L sur $\{L<t\}$, et elle est $\underline{\underline{F}}_{t-}$-mesurable.

Par exemple, si L est la fin d'un ensemble progressif A

$$L(\omega) = \sup \{ t : (t,\omega)\in A \}$$

on peut prendre pour $\bar{L}_t$ dans (4') la fin de l'ensemble $A\cap[\![0,t[\![\in \underline{\underline{B}}(\mathbb{R}_+)\times\underline{\underline{F}}_t$, et nous verrons plus loin que, réciproquement, toute v.a. honnête est la fin d'un ensemble optionnel.

Le théorème principal de Yor est alors le suivant :

THEOREME 1. Si L est honnête, toute semimartingale X par rapport à $(\underline{\underline{F}}_t)$ est encore une semimartingale/$(\underline{\underline{G}}_t)$, et l'on a

(5) $$\|X\|_{\underline{\underline{H}}^1(\underline{\underline{G}}_t)} \leq c\|X\|_{\underline{\underline{H}}^1(\underline{\underline{F}}_t)} .$$

Ici et dans toute la suite, c désigne une constante universelle (qui peut changer de place en place). D'autre part, les normes $\underline{\underline{H}}^1$ de semimartingales sont celles introduites par Emery : X appartient à $\underline{\underline{H}}^1$ si $X=M+A$, où M est une martingale de $\underline{\underline{H}}^1$ au sens usuel ($E[[M,M]_\infty^{1/2}]<\infty$) et A est un processus à variation intégrable prévisible nul en 0, et alors $\|X\|_{\underline{\underline{H}}^1}= E[[M,M]_\infty^{1/2}]+E[\int_0^\infty |dA_s|]$.

Le résultat subsidiaire (démontré indépendamment par Azéma-Jeulin, Meyer, Yor[1]) n'exige aucune condition sur L ; il est du même type, mais concerne seulement une moitié du processus.

THEOREME 2. Sans condition sur L, pour toute semimartingale X par rapport à $(\underline{\underline{F}}_t)$, l'arrêtée X^L est une semimartingale/$(\underline{\underline{G}}_t)$ et l'on a

(6) $$\|X^L\|_{\underline{\underline{H}}^1(\underline{\underline{G}}_t)} \leq c\|X\|_{\underline{\underline{H}}^1(\underline{\underline{F}}_t)} .$$

1. Les démonstrations d'Azéma-Jeulin et Meyer utilisaient des arguments du type "mesure de Foellmer". On trouvera dans l'article de Yor (ce volume) plusieurs démonstrations très simples.

Nous passons à la démonstration des deux théorèmes. Nous ne démontrons sur les v.a. honnêtes que les résultats qui nous sont absolument indispensables.

VARIABLES ALEATOIRES HONNETES

Reprenons l'expression (1). Il est clair que $\underline{\underline{C}}_t$ et $\underline{\underline{F}}_t$ induisent la même tribu sur $\{L \geq t\}$. Remplaçant t par t+ε et faisant tendre ε vers 0, nous voyons que (sans restriction sur L)

$$\underline{\underline{G}}_t \text{ et } \underline{\underline{F}}_t \text{ induisent la même tribu sur } \{L>t\} \in \underline{\underline{G}}_t$$

Si L est honnête, il résulte de (4) que $\underline{\underline{G}}_t$ et $\underline{\underline{F}}_t$ induisent la même tribu sur $\{L \leq t\} \in \underline{\underline{G}}_t$ aussi (et cela équivaut d'ailleurs au caractère honnête de L). On en déduit aussitôt que $\underline{\underline{G}}_t$ est engendrée par $\underline{\underline{F}}_t$ et par la partition $(\{L>t\},\{L \leq t\})$, et par conséquent

LEMME 1. <u>Supposons</u> L <u>honnête</u>. <u>Alors une v.a.</u> Y <u>est</u> $\underline{\underline{G}}_t$<u>-mesurable si et seulement si elle admet une écriture</u>

(7) $\qquad Y = UI_{\{t<L\}} + VI_{\{t \geq L\}}$ <u>avec</u> U,V $\underline{\underline{F}}_t$<u>-mesurables</u> .

<u>De même</u> Y <u>est</u> $\underline{\underline{G}}_{t-}$<u>-mesurable si et seulement si elle admet une écriture</u>

(8) $\qquad Y = UI_{\{t \leq L\}} + VI_{\{t>L\}}$ <u>avec</u> U,V $\underline{\underline{F}}_{t-}$<u>-mesurables</u> .

Lorsque L n'est pas honnête, on peut seulement affirmer que, si Y est $\underline{\underline{G}}_{t-}$-mesurable, il existe U $\underline{\underline{F}}_{t-}$-mesurable telle que Y=U sur $\{t \leq L\}$, et de même pour $\underline{\underline{G}}_t, \underline{\underline{F}}_t$.

LEMME 2. <u>Supposons</u> L <u>honnête</u>. <u>Alors un processus</u> Y <u>est prévisible</u>/$(\underline{\underline{G}}_t)$ <u>si et seulement s'il admet une écriture</u>

(9) $\qquad Y = JI_{[\![0,L]\!]} + KI_{]\!] L,\infty [\![}$ <u>avec</u> J,K <u>prévisibles</u>/$(\underline{\underline{F}}_t)$.

Noter que si Y est borné, on peut toujours (par troncation) supposer J et K bornés par la même constante. Si L n'est pas honnête, on peut encore affirmer l'existence de J prévisible/$(\underline{\underline{F}}_t)$ égal à Y sur $[\![0,L]\!]$.

DEMONSTRATION. Notons $\mathcal{P}$ la tribu prévisible/$(\underline{\underline{F}}_t)$, $\overline{\mathcal{P}}$ la tribu engendrée par $\mathcal{P}$ et la partition $([\![0,L]\!] ,]\!] L,\infty [\![)$, qui est contenue dans la tribu prévisible/$(\underline{\underline{G}}_t)$. Pour montrer que ces deux tribus sont en fait égales, il nous suffit de démontrer que $\overline{\mathcal{P}}$ contient les ensembles de la forme $[a,\infty[\times A = H$, où A appartient à $\underline{\underline{G}}_{a-}$.

Nous choisissons B et C appartenant à $\underline{\underline{F}}_{a-}$, tels que B et A aient même intersection avec $\{a \leq L\}$, et de même C et A avec $\{a>L\}$, et nous formons l'ensemble suivant, qui appartient à la tribu $\overline{\mathcal{P}}$

$$H^0 = ([a,\infty[\times B) \cap [\![0,L]\!] \quad \cup \quad ([a,\infty[\times C) \cap]\!] L,\infty [\![$$

Et nous constatons que H et H^0 ont même intersection avec $[\![0,L]\!]$, et avec $([a,\infty[\times\{L<a\})\cap]\!]L,\infty[\![$. La différence symétrique $H\Delta H^0$ est donc contenue dans l'ensemble $\{(t,\omega) : a\leqq L(\omega)<t\}$.

Nous essayons alors d'améliorer l'approximation : la différence symétrique entre $[\![a,a+2^{-n}[\![\cap H$ et $[\![a,a+2^{-n}[\![\cap H^0$ est contenue dans l'ensemble $\{(t,\omega) : a\leqq L(\omega)<t\ ,\ t<a+2^{-n}\}$, donc aussi dans l'intervalle stochastique brut $]\!]L,L+2^{-n}]\!]$. Nous recommençons cette construction sur l'intervalle $[\![a+2^{-n},a+2.2^{-n}[\![$, pour obtenir $H^1\in\overline{\mathcal{P}}$ tel que $[\![a+2^{-n},a+2.2^{-n}[\![\cap H$ et $[\![a+2^{-n},a+2.2^{-n}[\![\cap H^1$ ne diffèrent que d'une partie de $]\!]L,L+2^{-n}]\!]$, et ainsi de suite pour la construction de $H^2,H^3\dots$ Posons alors

$$H_n = \cup_k\ [\![a+k2^{-n},a+(k+1)2^{-n}[\![\cap H^k$$

nous voyons que H_n appartient à $\overline{\mathcal{P}}$, et que $H\Delta H_n\subset]\!]L,L+2^{-n}]\!]$. L'intersection de ces intervalles stochastiques étant vide, on voit que I_{H_n} converge simplement vers I_H , et finalement H appartient à $\overline{\mathcal{P}}$.

DEMONSTRATION DU THEOREME 1

Indiquons d'abord notre plan : nous allons choisir un processus Y prévisible/$(\underline{\underline{G}}_t)$ élémentaire, donc de la forme

$$Y_t(\omega) = I_{\{0\}}(t)H_0(\omega)+I_{]0,t_1]}(t)H_1(\omega)+\ \dots +I_{]t_{n-1},t_n]}(t)H_n(\omega)$$

avec $0=t_0<t_1\dots<t_n<\infty$, H_0 étant bornée par 1 et mesurable pour $\underline{\underline{G}}_{0-}=\underline{\underline{G}}_0$, H_i étant bornée par 1 et $\underline{\underline{G}}_{t_{i-1}}$-mesurable pour $i>0$. Nous allons montrer que pour toute martingale X de la famille $(\underline{\underline{F}}_t)$ on a

(10) $$|E[\int_{[0,\infty[} Y_s dX_s\ ]| \leqq c\|X\|_{\underline{\underline{H}}^1(\underline{\underline{F}}_t)}$$

L'intégrale au premier membre n'est pas une intégrale stochastique - celle-ci n'aurait pas de sens a priori - mais l'intégrale triviale d'une fonction étagée continue à gauche par rapport à une fonction continue à droite, i.e. une somme discrète. Prenant le sup sur tous les Y, nous obtiendrons que <u>si</u> X <u>appartient à</u> $\underline{\underline{H}}^1(\underline{\underline{F}}_t)$, X <u>est une quasimartingale</u>/$(\underline{\underline{G}}_t)$ <u>de variation moyenne au plus égale à</u> $c\|X\|_{\underline{\underline{H}}^1(\underline{\underline{F}}_t)}$.

Mais alors, X sera une semimartingale/$(\underline{\underline{G}}_t)$ admettant une décomposition $X=M+A$, où M est une martingale/$(\underline{\underline{G}}_t)$, A un processus à variation finie prévisible/$(\underline{\underline{G}}_t)$, et la variation moyenne n'est autre que $E[\int|dA_s|]$. Nous aurons alors $E[A^*]\leqq E[\int|dA_s|]\leqq c\|X\|_{\underline{\underline{H}}^1(\underline{\underline{F}}_t)}$, puis $E[M^*]\leqq E[X^*]+E[A^*]$ $\leqq c\|X\|_{\underline{\underline{H}}^1(\underline{\underline{F}}_t)}$, et finalement l'inégalité (5). Le passage aux semimartingales quelconques se fait alors par localisation.

Il suffit donc de démontrer (10). Pour cela, nous écrivons Y à la manière du lemme 2

(11) $$Y = JI_{[\![0,L]\!]} + KI_{]\!]L,\infty[\![}$$

où J et K sont prévisibles/$(\underline{\underline{F}}_t)$ et bornés par 1. Nous introduisons les deux martingales $M=J\cdot X$, $N=K\cdot X$ (il s'agit ici d'intégrales stochastiques véritables, J et K n'étant pas nécessairement étagés). Nous avons

(12) $\int_0^\infty Y_s dX_s = \int_0^\infty J_s I_{[\![0,L]\!]}(s)dX_s + \int_0^\infty K_s I_{]\!]L,\infty[\![}(s)dX_s$

avec des intégrales stochastiques triviales. <u>Admettons pour un instant que ces intégrales aient leurs valeurs " évidentes"</u> : M_L <u>et</u> $N_\infty - N_L$, et achevons la démonstration. Tout est trivial si X n'appartient pas à $\underline{\underline{H}}^1$; supposons donc $X \in \underline{\underline{H}}^1$, de sorte que M et N sont uniformément intégrables. Nous avons la liberté de choisir K nul en 0, et alors $E[N_\infty]=E[N_0]=0$, de sorte que

$$E[\int_0^\infty Y_s dX_s] = E[M_L - N_L]$$

et il nous suffit de démontrer que $|E[M_L]| \leqq c\|X\|_{\underline{\underline{H}}^1}$. Or soit (B_t) la projection duale optionnelle du processus croissant $I_{\{t \geq L\}}$, et soit (Z_t) la martingale $E[B_\infty | \underline{\underline{F}}_t]$; nous avons (voir aussi note à la fin)

$$|E[M_L]| = |E[\int_0^\infty M_s dB_s]| = |E[M_\infty B_\infty]| = |E[M_\infty Z_\infty]| \leqq c\|M\|_{\underline{\underline{H}}^1}\|Z\|_{\underline{\underline{BMO}}}$$

Or nous avons $\|M\|_{\underline{\underline{H}}^1} \leqq \|X\|_{\underline{\underline{H}}^1}$, et il est bien connu que $\|Z\|_{\underline{\underline{BMO}}}$ est bornée par une constante universelle.

Avant de justifier la phrase soulignée, indiquons comment on démontre le théorème 2. Avec les mêmes notations, il s'agit de majorer , non plus $E[\int_0^\infty Y_s dX_s]$, mais $E[\int_0^\infty Y_s dX_s^L]$. D'autre part, Y s'écrit $JI_{[\![0,L]\!]} + KI_{]\!]L,\infty[\![}$, où J est toujours prévisible/$(\underline{\underline{F}}_t)$ borné par 1, mais où l'on ne sait plus rien sur K - cela n'a aucune importance : dans la formule (12), écrite avec X^L au lieu de X , la seconde intégrale est nulle, et l'on retombe donc sur les mêmes majorations.

UN RESULTAT DE LOCALISATION

Nous passons à la justification de la propriété admise, et nous allons la faire sous une forme un peu plus générale.

Dans quel cas, X étant une semimartingale/$(\underline{\underline{F}}_t)$, savons nous définir l'intégrale $\int_0^t Y_s dX_s$ d'un processus Y borné et continu à gauche, mais non adapté ? Il y a bien sûr le cas où Y est étagé, mais plus généralement cela peut se faire dès que $Y_s = Z_{s-}$, Z étant un processus dont les trajectoires sont des fonctions à variation finie. On pose alors

$$\int_0^t Z_{s-} dX_s = Z_t X_t - \int_0^t X_s dZ_s$$

(pour simplifier, on suppose X nulle en 0). Dans ces conditions, on a le lemme suivant, qui entraîne le résultat précédemment utilisé

LEMME 3. Soit X une semimartingale, et soit Z un processus non adapté dont les trajectoires sont des fonctions à variation finie. On suppose que sur un intervalle stochastique $]\!]U,V]\!]$ (U et V ne sont pas nécessairement des temps d'arrêt) Z_- coincide avec un processus prévisible localement borné J, et l'on pose $J\cdot X=M$. On a alors p.s. sur $\{V<\infty\}$

(13) $$\int_{]U,V]} Z_{s-}dX_s = M_V-M_U$$

DEMONSTRATION. En considérant le saut des deux intégrales en V, on se ramène à l'étude de l'intervalle $]\!]U,V[\![$. Tout revient alors à démontrer que pour tout couple de rationnels (u,v), avec $u<v$, on a

$$\int_u^v Z_{s-}dX_s = M_v-M_u \text{ p.s. sur l'ensemble } \{U<u<v<V\}$$

ou encore que, sur l'ensemble $\{U<u<v<V\}=\Omega_{uv}$, on a

$$M_v-M_u = \int_u^v J_s dX_s = Z_vX_v- Z_uX_u-\int_u^v X_s dZ_s$$

Posons $\bar{Z}_t = 0$ pour $t<u$, $\bar{Z}_t=Z_{t\wedge v}$ pour $t\geq u$, et restreignons la loi P à Ω_{uv} . D'après le théorème de Girsanov sous la forme due à Lenglart, on n'a pas changé les intégrales stochastiques en changeant de loi, et pour la nouvelle loi, le processus $\bar{Z}$ est devenu un processus à variation finie adapté , et la relation se réduit à la formule d'intégration par parties pour les intégrales stochastiques :

$$\int_u^v \bar{Z}_{s-}dX_s +\int_u^v X_s d\bar{Z}_s = \bar{Z}_vX_v-\bar{Z}_uX_u .$$

REMARQUE FINALE. Nous avons promis plus haut de montrer que toute v.a. honnête est la fin d'un ensemble optionnel, résultat qui est " connu" mais n'a jamais été écrit. Soit L honnête. Pour t rationnel, soit L'_t $\underline{\underline{F}}_t$-mesurable telle que $L'_t=L$ sur $\{L\leq t\}$; quitte à remplacer L'_t par $L'_t\wedge t$ nous pouvons supposer $L'_t\leq t$. Ensuite, pour t réel, soit $A_t = \sup_{s\in Q, s<t} L'_t$; c'est un processus croissant adapté, il est continu à gauche, on a $A_t\leq t$ pour $t<L$, $A_t=L$ pour $t>L$, et donc $A_{L+}=L$. Il est alors clair que L est la fin de l'ensemble optionnel $\{ t : A_{t+}=t\}$.

UNE GENERALISATION DES RESULTATS CI-DESSUS

Nous allons indiquer maintenant une généralisation simultanée du " résultat 1 " donné au début, et du théorème de Yor. Considérons un processus croissant (N_t) à valeurs entières et finies , continu à droite ; nous conviendrons que $N_{0-}=0$, mais N_0 n'est pas nécessairement nul. Désignons par $\underline{\underline{G}}_t$ la tribu $\underline{\underline{F}}_t\vee\underline{\underline{T}}(N_t)$, de sorte qu'une v.a. Y est $\underline{\underline{G}}_t$-mesurable si et seulement si elle peut s'écrire

$$Y = \sum_k U_k I_{\{N_t=k\}} \quad \text{avec } U_k\ \underline{\underline{F}}_t\text{-mesurable pour tout } k .$$

Il est clair que $\underline{\underline{G}}_t$ contient $\underline{\underline{F}}_t$ (donc aussi les ensembles P-négligeables), et qu'une v.a. qui est $\underline{\underline{G}}_{t+\varepsilon}$-mesurable pour tout $\varepsilon>0$ est $\underline{\underline{G}}_t$-mesurable, mais la famille de tribus $(\underline{\underline{G}}_t)$ n'a pas de raison a priori d'être croissante, et notre hypothèse va consister à supposer qu'elle l'est effectivement, ce qui revient à dire que

<u>pour tout</u> t <u>et tout</u> s<t , N_s <u>est mesurable par rapport à</u> $\underline{\underline{G}}_t$.

Cette hypothèse est satisfaite lorsque $N_t=N_0$ pour tout t (adjonction d'une partition fixe aux $\underline{\underline{F}}_t$) , et elle l'est aussi lorsque N_t ne prend que les valeurs 0 et 1 (alors le processus (N_t) est caractérisé par l' instant L auquel se produit son unique saut, et l'hypothèse ci-dessus signifie que L est honnête). Nous allons montrer que <u>sous cette hypothèse, toute semimartingale</u>/$(\underline{\underline{F}}_t)$ <u>est encore une semimartingale</u>/$(\underline{\underline{G}}_t)$. Mais ce résultat ne paraît pas merveilleusement intéressant, et nous nous bornerons à esquisser la démonstration.

Nous pouvons d'abord travailler sur un intervalle borné [0,a]. Comme N_a est une v.a. entière finie, cela nous permet de nous ramener, par un changement de l'échelle du temps, au cas où N_∞ est une v.a. entière finie. Dans ce cas , il nous suffit de montrer que toute semimartingale X par rapport à $(\underline{\underline{F}}_t)$ est une semimartingale/$(\underline{\underline{G}}_t)$ pour la loi

$$Q_n(A) = P(A\cap\{N_\infty=n\})/P\{N_\infty=n\}$$

et comme X est une semimartingale/$((\underline{\underline{F}}_t),Q_n)$ d'après le théorème de Girsanov, nous pouvons remplacer P par Q_n , i.e. supposer que le nombre total des sauts du processus (N_t) est égal à n . Notons $L_1,L_2,\dots L_n$ les instants successifs de ces sauts. On procède alors exactement comme dans la démonstration de Yor, en montrant que tout processus prévisible/$(\underline{\underline{G}}_t)$ s'écrit

$$Y = J_0 I_{[[0,L_1]]} + J_1 I_{]]L_1,L_2]]} + \dots + J_n I_{]]L_n,\infty[[}$$

où les J_i sont prévisibles/$(\underline{\underline{F}}_t)$. Puis on considère une martingale X par rapport à $(\underline{\underline{F}}_t)$, appartenant à $\underline{\underline{H}}^1(\underline{\underline{F}}_t)$ - il faut prendre garde ici que notre loi de probabilité n'est plus la loi initiale : nous en avons changé de manière à supposer que (N_t) a au plus n sauts. Et l'on montre que

$$\|X\|_{\underline{\underline{H}}^1(\underline{\underline{G}}_t)} \leq 2(n+1)\|X\|_{\underline{\underline{H}}^1(\underline{\underline{F}}_t)}$$

par le même procédé que dans la démonstration de Yor.

NOTE p.6 : si on veut éviter le recours explicite à l'inégalité de Fefferman, écrire simplement $E[|M_L|]\leq E[M^*]\leq c\|M\|_{\underline{\underline{H}}^1}$ (inégalité de Davis) $\leq c\|X\|_{\underline{\underline{H}}^1}$. C'est peut être plus direct, mais rappelons que la meilleure démonstration de l'inégalité de Davis utilise Fefferman.

GROSSISSEMENT D'UNE FILTRATION ET SEMI-MARTINGALES : FORMULES EXPLICITES.

par T. JEULIN et M. YOR

1) Introduction.

Rappelons le cadre d'une partie de l'étude faite en [7] : $(\Omega, \underline{\underline{F}}, P)$ est un espace probabilisé complet, $(\underline{\underline{F}}_t)_{t \geq 0}$ une filtration croissante de sous-tribus de $\underline{\underline{F}}$, vérifiant les conditions habituelles, et $L : \Omega \longrightarrow \mathbb{R}_+^*$ une variable aléatoire que l'on suppose honnête, i.e. L est la fin d'un ensemble $(\underline{\underline{F}}_t)$-optionnel.

On note $\underline{\underline{G}}_\infty$ la tribu engendrée par $\underline{\underline{F}}_\infty$ et L , et pour tout t,

$$\underline{\underline{G}}_t = \left(A \in \underline{\underline{G}}_\infty , \exists A_t , A'_t \in \underline{\underline{F}}_t \text{ et } A = \{A_t \cap (t<L)\} \cup \{A'_t \cap (L \leq t)\} \right)$$

(attention, en [7] , cette filtration était notée $(\underline{\underline{H}}_t)$).

On a montré en [7] que, si X est une $(\underline{\underline{F}}_t)$-semi-martingale, c'est encore une $(\underline{\underline{G}}_t)$-semi-martingale. X étant une $(\underline{\underline{F}}_t)$-martingale locale, on va donner ici la décomposition canonique de la $(\underline{\underline{G}}_t)$-semi-martingale spéciale X, comme somme d'une $(\underline{\underline{G}}_t)$-martingale locale et d'un processus $(\underline{\underline{G}}_t)$-prévisible à variation bornée.

Précisons, de plus, que l'étude faite ici est indépendante de celle faite en [7] , et constitue, en particulier, une nouvelle démonstration du résultat de [7] mentionné ci-dessus.

L'origine du présent travail a été la lecture de l'article [2] de M. BARLOW*, qui construit explicitement, à partir d'une famille de $(\underline{\underline{F}}_t)$-martingales engendrant l'espace des $(\underline{\underline{F}}_t)$-martingales de carré intégrable, une famille de $(\underline{\underline{G}}_t)$-martingales engendrant l'espace des $(\underline{\underline{G}}_t)$-martingales de carré intégrable.

2) Rappels et préliminaires.

On ne fait pour l'instant aucune hypothèse sur L. On note $\tilde{Z}$ (resp. Z) la projection $\underline{\underline{F}}_t$-optionnelle de $1_{[\![0,L]\!]}$ (resp. $1_{[\![0,L[\![}$).

$\tilde{Z}$ est une surmartingale forte régulière; comme en [7], on note $Z = M - A$ la décomposition canonique de la surmartingale continue à droite Z :

A est le processus croissant $(\underline{\underline{F}}_t)$-prévisible intégrable engendrant Z,

$M_t = E\left(A_\infty \mid \underline{\underline{F}}_t\right)$.

Remarquons que $\tilde{Z}_+ = Z$, $\tilde{Z}_- = Z_- = {}^p\tilde{Z}$;

(on note ${}^pH$ la projection $(\underline{\underline{F}}_t)$-prévisible du processus H ; ${}^pZ$ sera notée $\dot{Z}$).

En outre, on a les relations

(1) $Z - \dot{Z} = \Delta M$ (2) $\dot{Z} + \Delta A = Z_-$.

On notera encore $\tilde{L}$ (resp. L^-) la fin de l'ensemble optionnel (resp. prévisible) $(\tilde{Z} = 1)$ (resp. $(Z_- = 1)$), et on dira qu'un ensemble aléatoire $H \subset \Omega \times \mathbb{R}_+$ est à gauche de L si H est inclus dans $[\![0,L]\!]$.

* Voir aussi la remarque 3), en fin du paragraphe 4, pour de nouveaux résultats de M. BARLOW, très voisins de ceux présentés ici.

On a alors la :

<u>Proposition 1 : on a toujours</u> $L^- \leq \tilde{L} \leq L$ <u>et</u>

a) L <u>est la fin d'un ensemble optionnel si, et seulement si,</u> $\tilde{L} = L$ <u>p.s.</u> (<u>ce qui est aussi équivalent à</u> $\tilde{Z}_L = 1$).

b) L <u>est la fin d'un ensemble</u> $(\underline{\underline{F}}_t)$-<u>prévisible si, et seulement si,</u> $L^- = L$ <u>p.s. (ce qui est encore équivalent à</u> $(Z_-)_L = 1$).

<u>Démonstration</u>: l'inégalité $L^- \leq L$ et le point b) ont été démontrés en [1] par AZEMA.

En particulier, l'ensemble $(Z_- = 1)$ est à gauche de L, d'où

$$1_{(Z_- = 1)} \leq \tilde{Z} \quad \text{et} \quad (Z_- = 1) \text{ est inclus dans } (\tilde{Z} = 1) ;$$

On a alors facilement $L^- \leq \tilde{L}$ et $\tilde{Z}_{\tilde{L}} = 1$.

Considérons alors la mesure m sur $\Omega \times \mathbb{R}_+$ définie par

$$m (H) = E ({}^oH_{\tilde{L}}) \qquad ({}^oH : \text{projection } (\underline{\underline{F}}_t)\text{-optionnelle de } H),$$

et le processus croissant $(\underline{\underline{F}}_t)$-adapté B associé. Le support du processus croissant B contient le graphe de $\tilde{L}$, par définition de la mesure m; de plus

$$m ([\![0,L]\!]) = E (\tilde{Z}_{\tilde{L}}) = 1 ;$$

B ne croît donc plus après L , d'où $\tilde{L} \leq L$.

On en déduit alors facilement que $(\tilde{Z} = 1)$ est le plus grand fermé optionnel à gauche de L ; en particulier, $\tilde{Z}_{\tilde{L}}$ vaut 1 , d'où l'équivalence des conditions $\tilde{L} = L$ et $\tilde{Z}_L = 1$, et le point a) .

<u>Remarques</u> :

a) d'après (2), $(\dot{Z}_L = 1)$ est égal à $(Z_{L-} = 1) \cap (\Delta A_L = 0)$.

Or $E(\Delta A_L) = E(\sum_s (\Delta A_s)^2)$.

$P(\dot{Z}_L = 1) = 1$ veut donc dire : L est fin d'un ensemble $(\underline{\underline{F}}_t)$-prévisible et la surmartingale Z est régulière.

b) on a $0 \leqslant \tilde{Z} - Z = {}^o(1_{[\![L]\!]})$ d'où

${}^o(1_{(Z_L = 1)} 1_{[\![L]\!]}) = 1_{(Z = 1)} (\tilde{Z} - Z) = 0$.

En outre, les ensembles $(Z \neq Z_-)$ et $(\tilde{Z} \neq Z)$ étant optionnels minces, $(Z_L = 1)$ est inclus dans $(Z_{L-} = Z_L = \tilde{Z}_L = 1)$.

En particulier, si $P(Z_L = 1) = 1$, L est fin d'un ensemble $(\underline{\underline{F}}_t)$-prévisible et les conclusions du a) s'appliquent.

c) si on ne fait aucune hypothèse sur L, on introduit la filtration $(\underline{\underline{G}}_t^-)$ définie par :

$$\underline{\underline{G}}_t^- = \{ B \in \underline{\underline{G}}_\infty , \exists B_t \in \underline{\underline{F}}_t , B \cap (t < L) = B_t \cap (t < L) \}.$$

__Lemme 1__ : __soit__ H __un processus__ $(\underline{\underline{G}}_t^-)$-__prévisible. Il existe un processus__ $(\underline{\underline{F}}_t)$-__prévisible__ J __tel que__ :

$$H_t 1_{(t \leqslant L)} = J_t 1_{(t \leqslant L)} .$$

__Démonstration__: la tribu $(\underline{\underline{G}}_t^-)$-prévisible est engendrée par $\{0\} \times A$ $(A \in \underline{\underline{G}}_0^- = \underline{\underline{F}}_0)$ et $]t,\infty[\times A$ $(A \in \underline{\underline{G}}_t^-)$ et il suffit d'établir le résultat pour ces générateurs.

Si $A \in \underline{\underline{G}}_t^-$, il existe B dans $\underline{\underline{F}}_t$ tel que $A \cap (t < L) = B \cap (t < L)$.

Si $H = 1_{A \times]t,\infty[}$, il suffit de prendre $J = 1_{B \times]t,\infty[}$.

d) si L est la fin d'un ensemble $(\underline{\underline{F}}_t)$-optionnel, la filtration $(\underline{\underline{G}}_t)$

définie dans l'introduction est croissante et continue à droite. De plus, on a la représentation suivante des processus $(\underline{\underline{G}}_t)$-prévisibles, obtenue par DELLACHERIE et MEYER en [3], avec une démonstration différente:

<u>Lemme 1'</u>: <u>soit</u> H <u>un processus</u> $(\underline{\underline{G}}_t)$-<u>prévisible. Il existe deux processus</u> $(\underline{\underline{F}}_t)$-<u>prévisibles</u> J <u>et</u> K <u>tels que</u> :

$$H_t = J_t 1_{(t \leq L)} + K_t 1_{(L < t)} .$$

<u>Démonstration</u>: comme pour le lemme 1, il suffit de démontrer le résultat pour H de la forme $H = 1_{A \times]t,\infty[}$, avec $A \in \underline{\underline{G}}_t$; il existe B et C dans $\underline{\underline{F}}_t$ tels que :

$$A = \{B \cap (t < L)\} \cup \{C \cap (L \leq t)\} .$$

Notons T_t le $(\underline{\underline{F}}_t)$-temps d'arrêt $T_t = \inf (v > t, \tilde{Z}_v = 1)$ et $\mathcal{L}_s$ le processus $(\underline{\underline{F}}_t)$-prévisible (adapté et continu à gauche) $\mathcal{L}_s = \sup (v < s, \tilde{Z}_v = 1)$.

Il suffit alors de prendre $J = 1_B 1_{]t,\infty[}$ et

$$K = 1_B 1_{]T_t,\infty[} + 1_C 1_{]t,\infty[} 1_{(\mathcal{L}_. \leq t)} .$$

e) de la représentation des ensembles $(\underline{\underline{G}}_t^-)$-prévisibles sur $[\![0,L]\!]$ on déduit facilement que

- pour tout $(\underline{\underline{G}}_t^-)$-temps d'arrêt T, il existe un $(\underline{\underline{F}}_t)$-temps d'arrêt S tel que $T \wedge L = S \wedge L$;

- les processus $(\underline{\underline{G}}_t^-)$-optionnels nuls sur $[\![L,+\infty]\!]$ sont les processus $U 1_{[\![0,L[\![}$ pour U $(\underline{\underline{F}}_t)$-optionnel.

Par suite, on a :

<u>Lemme 2</u> : <u>soit</u> L <u>fin d'un ensemble</u> $(\underline{\underline{F}}_t)$-<u>optionnel</u>;

a) <u>soit</u> X <u>une</u> $(\underline{\underline{G}}_t)$-<u>martingale locale arrêtée en</u> L ; <u>alors</u> X <u>est une</u> $(\underline{\underline{G}}_t^-)$-<u>martingale locale</u>.

b) <u>soit</u> Y <u>une</u> $(\underline{\underline{G}}_t^-)$-<u>martingale locale, arrêtée en</u> L. <u>On suppose que</u> Y_L <u>est</u> $\underline{\underline{G}}_L$-<u>mesurable. Alors</u> Y <u>est une</u> $(\underline{\underline{G}}_t)$-<u>martingale locale</u>.

<u>Démonstration</u>:

a) on peut supposer, par arrêt, que X est une $(\underline{\underline{G}}_t)$-martingale uniformément intégrable. Soient alors $A \in \underline{\underline{G}}_s^-$, $A_s \in F_s$ tels que $A \cap (s < L) = A_s \cap (s < L)$ et soit $t > s$.

$A \cap (s < L)$ est dans $\underline{\underline{G}}_s$, tandis que sur $(L \leq s)$, X_t vaut X_L , d'où

$$\begin{aligned} E(X_t ; A) &= E(X_t ; A \cap (s < L)) + E(X_t ; A \cap (L \leq s)) \\ &= E(X_s ; A) . \end{aligned}$$

b) d'après les remarques précédentes, Y est $(\underline{\underline{G}}_t)$-optionnel. $\underline{\underline{G}}_t$ étant inclus dans $\underline{\underline{G}}_t^-$ pour tout t, le résultat est acquis si Y est uniformément intégrable. Sinon, soit (T_n) une suite de $(\underline{\underline{G}}_t^-)$-temps d'arrêt, croissant vers $+\infty$, et réduisant Y .
Soit T_n' un $(\underline{\underline{F}}_t)$-temps d'arrêt tel que $L \wedge T_n = L \wedge T_n'$ et soit $S_n = T_n'$ sur $(T_n' < L)$, $S_n = +\infty$ sinon .
La suite de $(\underline{\underline{G}}_t)$-temps d'arrêt (S_n) a les mêmes propriétés que la suite (T_n).

Des lemmes 1, 1', et 2, on déduit la

<u>Proposition 2</u> : <u>soit</u> H <u>un processus</u> $(\underline{\underline{G}}_t^-)$-<u>prévisible borné . Alors</u>

$$H_L \, 1_{(L \leq t)} - \int_0^{t \wedge L} \frac{H_s}{Z_{s-}} \, dA_s$$

<u>est une</u> $(\underline{\underline{G}}_t^-)$-<u>martingale (et une</u> $(\underline{\underline{G}}_t)$-<u>martingale si</u> L <u>est fin d'un ensemble</u> $(\underline{\underline{F}}_t)$-<u>optionnel</u>).

<u>Démonstration</u>: il suffit de le démontrer pour $H = 1$. Soit alors θ un processus $(\underline{\underline{G}}_t^-)$-prévisible borné et J $(\underline{\underline{F}}_t)$-prévisible tel que

$$\theta_t \, 1_{(t \leqslant L)} = J_t \, 1_{(t \leqslant L)} .$$

On a vu en [7] , que $P(Z_{L-} = 0) = 0$; $dA_.$ est donc portée par $(Z_- \neq 0)$, ce qui permet d'écrire :

$$E(\theta_L) = E(J_L) = E\left(\int_0^\infty J_s \, dA_s\right) = E\left(\int_0^L \frac{J_s}{Z_{s-}} \, dA_s\right)$$

$$= E\left(\int_0^L \frac{\theta_s}{Z_{s-}} \, dA_s\right)$$

d'où les résultats annoncés.

On notera A' le processus (3) $\displaystyle A'_t = \int_0^{t\wedge L} \frac{1}{Z_{s-}} \, dA_s$;

d'après la proposition 2, A' est la projection duale $(\underline{\underline{G}}_t^-)$-prévisible (et $(\underline{\underline{G}}_t)$-prévisible si L est fin d'optionnel) de $1_{(L \leqslant t)}$ et on peut donner une nouvelle caractérisation des fins d'ensembles $(\underline{\underline{F}}_t)$-prévisibles :

<u>Proposition 3</u> : <u>les assertions suivantes sont équivalentes</u> :

a) L <u>est fin d'un ensemble</u> $(\underline{\underline{F}}_t)$-<u>prévisible</u> ;

b) $Z_{L-} = 1$ <u>p.s.</u> ;

c) $dA_.$ <u>est portée par</u> $(Z_- = 1)$;

d) $A_t = A_{t\wedge L}$;

e) $1_{(L \leqslant t)} - A_t$ <u>est une</u> $(\underline{\underline{G}}_t^-)$-<u>martingale</u> ;

f) $A = A'$.

<u>Remarque</u> : on ne suppose pas, dans l'énoncé de la proposition 3, que L est fin d'un ensemble $(\underline{\underline{F}}_t)$-optionnel. Mais, si l'on fait cette hypothèse, l'assertion

e') $1_{(L \leq t)} - A_t$ est une $(\underline{\underline{G}}_t)$-martingale

équivaut à chacune des assertions a),....,f) .

<u>Démonstration</u>: l'équivalence des points a),b),c) et d) a été établie par AZEMA en [1] . En outre, la formule (3) montre a) ⇒ f) ⇒ d) ; la proposition 2 donne l'équivalence de e) et f).

Nous aurons encore besoin des résultats suivants:

<u>Lemme 3</u> :

1) Z^c <u>désignant la partie martingale locale continue de</u> Z, <u>on a, pour tout</u> x <u>de</u> $\mathbb{R}$:

$$\int_0^{\cdot} 1_{(Z_s = x)} \, dZ_s^c = 0 .$$

2) <u>Les intégrales</u> $\int_0^{\cdot} 1_{(Z_{s-} = 0)} \, dA_s$ <u>et</u> $\int_0^{\cdot} 1_{(Z_{s-} = 0)} \, dZ_s$

<u>sont nulles</u>.

<u>Démonstration</u>:

1) Pour tout t de $\mathbb{R}_+$, on a

$$\int_0^t 1_{(Z_s = x)} \, d\langle Z^c, Z^c \rangle_s = \int_{\{x\}} L_t^a \, da = 0 ,$$

L^a désignant le temps local en a de la semi-martingale Z. Ceci entraine la première assertion.

2) On procède en plusieurs étapes :

a) la semi-martingale $\int_0^{\cdot} 1_{(Z_{s-}=0)} dZ_s$ est continue, car le processus de ses sauts, à savoir $1_{(Z_{t-}=0)} \Delta Z_t$ est identiquement nul, d'après les propriétés de l'annulation d'une surmartingale positive (ici: Z).

b) On a vu dans la démonstration de la Proposition 2 (comme conséquence de [7]), que $dA_{\cdot}$ est portée par $(Z_- \neq 0)$. L'intégrale $\int_0^{\cdot} 1_{(Z_{s-}=0)} dA_s$ est donc nulle .

c) Utilisant la décomposition $Z = M - A$, on sait, d'après b), que $\int_0^{\cdot} 1_{(Z_{s-}=0)} dZ_s$ est une martingale locale, continue d'après a). Elle est donc égale à $\int_0^{\cdot} 1_{(Z_s=0)} dZ_s^c$, qui est nulle d'après 1).

Nous allons maintenant étudier les propriétés du $(\underline{\underline{G}}_t^-)$-temps d'arrêt L :

<u>Proposition 4</u> : a) <u>L est un $(\underline{\underline{G}}_t^-)$-temps d'arrêt prévisible si, et seulement si, L est un $(\underline{\underline{F}}_t)$-temps d'arrêt prévisible</u>.

b) <u>soient</u> $L_1 = L$ <u>sur</u> $(\Delta A_L = 0)$, $L_1 = +\infty$ <u>sur</u> $(\Delta A_L > 0)$

$L_2 = L$ <u>sur</u> $(\Delta A_L > 0)$, $L_2 = +\infty$ <u>sur</u> $(\Delta A_L = 0)$;

L_1 (<u>resp.</u> L_2) <u>est la partie totalement inaccessible</u> (<u>resp. accessible</u>) <u>du</u> $(\underline{\underline{G}}_t^-)$-<u>temps d'arrêt</u> L.

<u>En particulier L est totalement inaccessible si, et seulement si, pour tout $(\underline{\underline{F}}_t)$-temps d'arrêt prévisible</u> T, $P(L = T) = 0$.

c) <u>Si L est fin d'un ensemble $(\underline{\underline{F}}_t)$-optionnel, on peut remplacer la filtration $(\underline{\underline{G}}_t^-)$ par $(\underline{\underline{G}}_t)$ dans les points a) et b)</u>.

Démonstration:

a) Si L est un $(\underline{\underline{G}}_t^-)$-temps d'arrêt prévisible, soit (T_n) une suite de $(\underline{\underline{G}}_t^-)$-temps d'arrêt annonçant L . T_n est en fait un $(\underline{\underline{F}}_t)$-temps d'arrêt.

b) Les sauts de A sont $(\underline{\underline{F}}_t)$-prévisibles; le graphe de L_2 est inclus dans l'ensemble prévisible pour $(\underline{\underline{F}}_t)$, et donc pour $(\underline{\underline{G}}_t^-)$, mince, $(\Delta A > 0)$; L_2 est donc un $(\underline{\underline{G}}_t^-)$-temps d'arrêt accessible.
Par contre, si T est un $(\underline{\underline{G}}_t^-)$-temps d'arrêt prévisible,

$$P(L_1 = T < +\infty) = P(L = T;\ \Delta A_L = 0)$$

$$= E\left(\int_0^L \frac{1}{Z_{u-}} 1_{(u = T)\cap(\Delta A_u = 0)}\, dA_u\right) \qquad (\text{ Proposition 2 })$$

$$= E\left(\frac{1}{Z_{T-}} \Delta A_T \, 1_{(T \leq L)\cap(\Delta A_T = 0)}\right) = 0 .$$

3) Les formules de décomposition avant L.

On ne fait pas ici d'hypothèse sur L (hormis que c'est une variable aléatoire à valeurs dans $]0,+\infty[$), et on travaille donc avec la filtration $(\underline{\underline{G}}_t^-)$. Rappelons que l'on a montré en [7] que, si X est une $(\underline{\underline{F}}_t)$-martingale locale, $X_{t\wedge L}$ est une $(\underline{\underline{G}}_t^-)$-semi-martingale (spéciale); le théorème suivant permet d'expliciter la décomposition de $X_{t\wedge L}$ (relativement à $(\underline{\underline{G}}_t^-)$).

Théorème 1 : soit X une $(\underline{\underline{F}}_t)$-martingale locale. On note B la projection duale $(\underline{\underline{F}}_t)$-prévisible de $\Delta X_L \, 1_{(L \leq t)}$ et $C = \langle X,M\rangle + B$.

Alors les processus :

$$(4) \quad \tilde{X}_t = X_t \, 1_{(t<L)} + \int_0^{t\wedge L} \frac{1}{Z_{s-}} (X_{s-}\, dA_s - d\langle X,M\rangle_s) \quad \text{et}$$

$$(5) \quad \bar{X}^L_t = X_{t\wedge L} - \int_0^{t\wedge L} \frac{1}{Z_{s-}} 1_{(Z_{s-}<1)} dC_s$$

<u>sont deux</u> $(\underline{\underline{G}}^-_t)$-<u>martingales locales</u>.

<u>Il existe, de plus, une constante universelle</u> a, <u>telle que</u>

$$\| \bar{X}^L \|_{H^1(\underline{\underline{G}}^-_.)} \leq a \quad \| X \|_{H^1(\underline{\underline{F}}_.)} \quad .$$

<u>En outre, la décomposition canonique de la</u> $(\underline{\underline{G}}^-_t)$-<u>semi-martingale spéciale</u> X^L <u>est donnée par</u> $\bar{X}^L + (X^L - \bar{X}^L)$, <u>c'est à dire</u>: $\bar{X}^L$ <u>est une</u> $(\underline{\underline{G}}^-_t)$-<u>martingale locale et</u> $(X^L - \bar{X}^L)$ <u>est un processus</u> $(\underline{\underline{G}}^-_t)$-<u>prévisible à variation bornée</u>.

<u>Démonstration</u>:

1) D'après le lemme 3, les intégrales qui figurent dans la formule (4) ont bien un sens. Par localisation, on peut supposer:

X appartient à $H^1(\underline{\underline{F}}_.)$.

Montrons que, pour $H \in \underline{\underline{G}}^-_s$ et $s < t$, on a $E(\tilde{X}_t - \tilde{X}_s ; H) = 0$.

Par définition de $\underline{\underline{G}}^-_s$, il existe $H_s \in \underline{\underline{F}}_s$, tel que

$$H \cap (s < L) = H_s \cap (s < L) .$$

On a :

$$E(\tilde{X}_t - \tilde{X}_s ; H) = E(\hat{X}_t - \tilde{X}_s ; H \cap (s < L))$$
$$= E(\tilde{X}_t - \tilde{X}_s ; H_s) .$$

D'autre part, on a :

$$E(\tilde{X}_t - \tilde{X}_s ; H_s) = E\left(X_t Z_t - X_s Z_s + \int_s^t \frac{1_{(u \leq L)}}{Z_{u-}} dD_u ; H_s\right)$$

avec $D = X_- \cdot A - \langle X, M \rangle$. Soit :

$$E(\tilde{X}_t - \tilde{X}_s ; H_s) = E(X_t Z_t - X_s Z_s + D_t - D_s ; H_s)$$

= 0 , par une simple application de la formule d'Ito .

2) Remarquons maintenant que

$$\bar{X}^L_t = X_t 1_{(t < L)} + X_L 1_{(L \leq t)} - \int_0^{t \wedge L} \frac{1}{Z_{s-}} 1_{(Z_{s-} < 1)} dC_s$$

$$= \tilde{X}_t + (X_{L-} 1_{(L \leq t)} - \int_0^{t \wedge L} \frac{X_{s-}}{Z_{s-}} dA_s)$$

$$+ (\Delta X_L 1_{(L \leq t)} - \int_0^{t \wedge L} \frac{1}{Z_{s-}} (1_{(Z_{s-} < 1)} dB_s - 1_{(Z_{s-}=1)} d\langle X,M\rangle_s))$$

La proposition 2, le lemme 4 ci-dessous et la première partie de la démonstration, montrent que l'on vient de décomposer $\bar{X}^L$ en la somme de trois $(\underline{\underline{G}}^-_t)$-martingales locales.

3) La constante universelle c qui figure ci-dessous varie de place en place.

$$E (\int_0^L \frac{1}{Z_{s-}} 1_{(Z_{s-} < 1)} |dC_s|) = E (\int_0^\infty 1_{(Z_{s-} \leq 1)} |dC_s|)$$

est majoré par $E (\int_0^\infty |d\langle X,M\rangle_s|) + E (|\Delta X_L|)$, donc par

$$E (|\Delta X_L|) + c \|X\|_{H^1(\underline{\underline{F}}.)} \cdot \|M\|_{BMO} \leq c \|X\|_{H^1(\underline{\underline{F}}.)}$$

car on sait que $\|M\|_{BMO}$ est majoré par $2\sqrt{3}$ (cf. [5] p.334).

$(\bar{X}^L)^*$ étant majoré par $X^* + \int_0^L \frac{1}{Z_{s-}} 1_{(Z_{s-} < 1)} |dC_s|$,

le théorème 1 est démontré.

Voici le lemme auxiliaire utilisé:

<u>Lemme 4</u> : a) $\Delta X_L \, 1_{(L \leq t)} - \int_0^{t \wedge L} \frac{1}{Z_{s-}} \, dB_s$

<u>est une $(\underline{\underline{G}}^-_t)$-martingale locale</u>.

b) $1_{(Z_- = 1)} \cdot B = - 1_{(Z_- = 1)} \cdot \langle X, M \rangle$.

<u>Démonstration</u>: par localisation, on peut supposer : $X \in H^1(\underline{\underline{F}}_.)$.

a) On procède comme pour la proposition 2 .

b) Soit (T_n) une suite de $(\underline{\underline{F}}_t)$-temps d'arrêt épuisant les sauts de X . Si H est un processus $(\underline{\underline{F}}_t)$-prévisible borné, on a :

$$E(H_L \, \Delta X_L \; ; Z_{L-} = 1) = \sum_n E(H_{T_n} \, \Delta X_{T_n} \; ; L = T_n, Z_{T_n -} = 1)$$

$$= \sum_n E(H_{T_n} \, \Delta X_{T_n} \; ; Z_{T_n -} = 1, L \leq T_n) \quad (\text{ Proposition 1 })$$

$$= \sum_n E(H_{T_n} \, \Delta X_{T_n} (1 - Z_{T_n}), Z_{T_n -} = 1) \quad ((Z_- = 1) \subset (\tilde{Z} = 1))$$

$$= - E\left(\int_0^\infty H_u \, 1_{(Z_{u-} = 1)} \, d[X,Z]_u\right) .$$

Or, $[X,Z] = [X,M] - [X,A]$; A étant prévisible, $[X,A]$ est une martingale locale (YOEURP) et la projection duale $(\underline{\underline{F}}_t)$-prévisible de $[X,Z]$ est $\langle X,M \rangle$.

<u>Remarque 1</u> : la formule (5) fournit une nouvelle démonstration des inégalités obtenues par DELLACHERIE et MEYER en [3] . En effet, il est montré en [3] qu'il existe une constante universelle d telle que, pour toute $(\underline{\underline{F}}_t)$-semi-martingale X, on ait

$$(*) \qquad \| X^L \|_{H^1(\underline{\underline{G}}^-_.)} \leq d \, \| X \|_{H^1(\underline{\underline{F}}_.)} .$$

On remarque aisément que, pour démontrer (*), il suffit de se restreindre aux martingales X de $H^1(\underline{\underline{F}}_.)$. On a

$$\| X^L \|_{H^1(\underline{\underline{G}}^-_{\cdot})} \leqslant \| \tilde{X}^L \|_{H^1(\underline{\underline{G}}^-_{\cdot})} + \| X^L - \tilde{X}^L \|_{H^1(\underline{\underline{G}}^-_{\cdot})}$$

Or, dans l'énoncé du théorème 1, figure une constante universelle a telle que $\| \tilde{X}^L \|_{H^1(\underline{\underline{G}}^-_{\cdot})} \leqslant a \; \| X \|_{H^1(\underline{\underline{F}}_{\cdot})}$; de plus, dans la démonstration du théorème 1 (partie 3)), on a montré l'existence d'une constante universelle b, telle que $\| X^L - \tilde{X}^L \|_{H^1(\underline{\underline{G}}^-_{\cdot})} \leqslant b \; \| X \|_{H^1(\underline{\underline{F}}_{\cdot})}$

Finalement, on a montré (*).

4) Les formules de décomposition.

On suppose, dans ce paragraphe, que L est fin d'un ensemble $(\underline{\underline{F}}_t)$-optionnel. On conserve les notations du théorème 1 ; on peut alors énoncer le

<u>Théorème 2</u> : <u>soit</u> X <u>une</u> $(\underline{\underline{F}}_t)$-<u>martingale locale. Alors le processus</u>

$$(6) \quad \bar{X}_t = X_t + \int_0^t 1_{(L<s)} \frac{1}{1 - Z_{s-}} dC_s - \int_0^{t \wedge L} \frac{1}{Z_{s-}} 1_{(Z_{s-} \leq 1)} dC_s$$

<u>est une</u> $(\underline{\underline{G}}_t)$-<u>martingale locale. De plus, il existe une constante universelle</u> a <u>telle que</u> :

$$\| \bar{X} \|_{H^1(\underline{\underline{G}}_{\cdot})} \leqslant a \; \| X \|_{H^1(\underline{\underline{F}}_{\cdot})} .$$

<u>En outre, la décomposition canonique de la</u> $(\underline{\underline{G}}_t)$-<u>semi-martingale spéciale</u> X <u>est donnée par</u> $\bar{X} + (X - \bar{X})$, <u>c'est à dire</u>: $\bar{X}$ <u>est une</u> $(\underline{\underline{G}}_t)$-<u>martingale locale et</u> $X - \bar{X}$ <u>un processus</u> $(\underline{\underline{G}}_t)$-<u>prévisible à variation bornée</u>.

<u>Démonstration</u>:

1) Par localisation, on peut supposer: $X \in H^1(\underline{\underline{F}}_{.})$

2) L'intégrale

$$\int_0^t \left(1_{(s \leq L)}\, 1_{(Z_{s-} < 1)} \frac{1}{Z_{s-}} + 1_{(s > L)} \frac{1}{1 - Z_{s-}}\right) |dC_s| = K_t$$

est bien définie: $E(K_\infty) = 2\, E\left(\int_0^\infty 1_{(Z_{s-} < 1)} |dC_s|\right)$

est majoré par $c\, \|X\|_{H^1(\underline{\underline{F}}_{.})}$, où c est une constante universelle (voir la démonstration du théorème 1, point 3)).

Il existe donc une constante universelle a telle que $a\, \|X\|_{H^1(\underline{\underline{F}}_{.})}$ majore $E(\bar{X}^*)$.

Il nous reste donc à démontrer que $\bar{X}$ est une $(\underline{\underline{G}}_t)$-martingale locale.

3) Soient alors $s < t$ et $A \in \underline{\underline{F}}_s$. Calculons $U = E(\bar{X}_t - \bar{X}_s\, ;\, A)$.

$$U = E\left(1_A \int_s^t 1_{(L<u)} \frac{1}{1 - Z_{u-}}\, dC_u\right)$$

$$- E\left(1_A \int_s^t 1_{(Z_{u-} < 1) \cap (u \leq L)} \frac{1}{Z_{u-}}\, dC_u\right) = 0$$

(C commute avec la projection $(\underline{\underline{F}}_t)$-prévisible).

4) Par une nouvelle localisation, on peut supposer que la martingale locale $Z_- \cdot X + X_- \cdot M$ est une martingale uniformément intégrable. Compte tenu de 3), il nous suffit de montrer maintenant que

$V = E(\bar{X}_t - \bar{X}_s\, ;\, A \cap (L \leq s))$ est nul. Or $V = V_1 + V_2$, où

$$V_1 = E(X_t - X_s\, ;\, A \cap (L \leq s)) = - E(X_t - X_s\, ;\, A \cap (s < L))$$

$$V_2 = E\left(1_A \int_s^t 1_{(L<u)} \frac{1}{1 - Z_{u-}}\, dC_u\, ;\, L \leq s\right).$$

Notons $T_s = \inf (v > s, \tilde{Z}_v = 1)$;
sur $(T_s < +\infty)$, $\tilde{Z}_{T_s} = 1$.

Si $u > s$, $(L \leqslant s) = (L < u) \cap (T_s \geqslant u)$ tandis que $(s < L \leqslant t) = (L \leqslant t) \cap (T_s \leqslant t)$; d'où

$$V_2 = E \left(1_A \int_s^{T_s \wedge t} 1_{(L<u)} \frac{1}{1 - Z_{u-}} dC_u \right)$$

$$= E \left(1_A \int_s^{T_s \wedge t} 1_{(Z_{u-} < 1)} dC_u \right)$$

$$= E (C_{T_s \wedge t} - C_s ; A) \quad \text{(d'après le lemme 4)} .$$

Si l'on remarque que $(s < L \leqslant T_s \wedge t) = (L = T_s \leqslant t)$, on peut écrire,

$$V_2 = E (<X,M>_{T_s \wedge t} - <X,M>_s ; A) + E (\Delta X_L ; L = T_s \leqslant t ; A) \quad (7)$$

$$-V_1 = E (X_t ; A \cap (t < L)) - E (X_s ; A \cap (s < L)) + E (X_t ; A ; s < L \leqslant t)$$

$$= E (X_t Z_t - X_s Z_s ; A) + E (X_t (1 - Z_t) ; A \cap (T_s \leqslant t)).$$

La formule d'Ito permet d'écrire :

$$X_t Z_t = X_s Z_s + \int_s^t Z_{u-} dX_u + \int_s^t X_{u-} dM_u - \int_s^t X_{u-} dA_u + [X,Z]_t - [X,Z]_s .$$

On peut donc écrire V_1 sous la forme :

$$V_1 = E \left(1_A \int_s^t X_{u-} dA_u \right) - E (<X,M>_t - <X,M>_s ; A)$$

$$- E (X_{T_s} (1 - Z_{T_s}) ; A \cap (T_s \leqslant t)) - E \left(\int_{T_s}^t X_{u-} dA_u ; A \cap (T_s \leqslant t) \right)$$

$$+ E (<X,M>_t - <X,M>_{T_s} ; A \cap (T_s \leqslant t)) , \quad \text{soit :}$$

$$V_1 = E\left(1_A \int_s^{T_s \wedge t} X_{u-}\, dA_u \right) - E\left(1_A \int_s^{T_s \wedge t} d\langle X,M\rangle_u \right)$$

$$- E\left(X_{T_s}(\tilde{Z}_{T_s} - Z_{T_s}) \; ; \; A \cap (T_s \leq t) \right)$$

$$V_1 = E\left(X_{L-} \; ; \; A \cap (s < L \leq T_s \wedge t)\right) - E\left(X_L \; ; \; A \cap (L = T_s \leq t) \right)$$

$$- E\left(\langle X,M\rangle_{T_s \wedge t} - \langle X,M\rangle_s \; ; \; A \right) . \quad (8)$$

En comparant (7) et (8), on obtient $V = V_1 + V_2 = 0$, ce qui termine la démonstration du théorème 2 .

Remarques

1) si L est fin d'un ensemble $(\underline{\underline{F}}_t)$-prévisible, $Z_{L-} = 1$ p.s. ; $1_{(Z_- < 1)} \cdot B$ est donc nul et on peut remplacer C par $\langle X,M\rangle$ dans la formule (6) .

2) La formule (6) fournit une nouvelle démonstration des inégalités obtenues en [3] par DELLACHERIE et MEYER (voir la remarque 1 du paragraphe 3).

3) Dans son travail ([2]), M. BARLOW suppose, outre le fait que L est fin d'un ensemble $(\underline{\underline{F}}_t)$-optionnel, que

- toute $(\underline{\underline{F}}_t)$-martingale est continue ;
- pour tout $(\underline{\underline{F}}_t)$-temps d'arrêt T, $P(L = T) = 0$.

L est alors en fait fin d'un ensemble $(\underline{\underline{F}}_t)$-prévisible et l'expression de $\bar{X}$ est

$$(6') \quad \bar{X}_t = X_t + \int_0^t \left(1_{(L < s)} \frac{1}{1 - Z_s} - 1_{(s \leq L, Z_s < 1)} \frac{1}{Z_s} \right) d\langle X,M\rangle_s$$

4) Une fois cet article achevé, nous avons reçu un nouveau travail de M. BARLOW, intitulé :

<u>Study of a filtration expanded to include an honest time</u>,
où l'auteur obtient, entre autres résultats, l'analogue de notre théorème 2, pour les $(\underline{\underline{F}}_t)$-<u>martingales de carré intégrable</u>. Ceci est une légère restriction par rapport à notre énoncé, valable pour les martingales locales, mais M. Barlow obtient le résultat supplémentaire :

$$E\left((\bar{X})^2_\infty \right) \leq E\left(X^2_\infty \right) ,$$

montrant ainsi que l'application linéaire : $X \longrightarrow \bar{X}$ est continue de $H^2(\underline{\underline{F}}_.)$ dans $H^2(\underline{\underline{G}}_.)$.

Nous allons tirer de la confrontation de ce résultat et du nôtre, par interpolation, d'autres inégalités :
dans la suite, on identifie une martingale uniformément intégrable à la variable terminale. Notons T l'application :

$$T : \begin{array}{ccc} \mathcal{M}_{loc}(\underline{\underline{F}}_.) & \longrightarrow & \mathcal{M}_{loc}(\underline{\underline{G}}_.) \\ X & \longrightarrow & \bar{X} \end{array}$$

D'après notre théorème 2, il existe une constante universelle a telle pour toute $(\underline{\underline{F}}_t)$-martingale X de $H^1(\underline{\underline{F}}_.)$, on ait

$$\| TX \|_{L^1(\underline{\underline{G}}_\infty)} \leq \| TX \|_{H^1(\underline{\underline{G}}_.)} \leq a \, \| X \|_{H^1(\underline{\underline{F}}_.)}$$

D'après les inégalités de Hölder et de Doob, on a , pour tout $\varepsilon > 0$:

$$\| TX \|_{L^1(\underline{\underline{G}}_\infty)} \leq a_\varepsilon \, \| X \|_{L^{1+\varepsilon}(\underline{\underline{F}}_\infty)} .$$

D'autre part, d'après le résultat de BARLOW, on a

$$\| TX \|_{L^2(\underline{\underline{G}}_\infty)} \leq \| X \|_{L^2(\underline{\underline{F}}_\infty)} .$$

Soit $\theta \in \,]0,1[$, et $\varepsilon > 0$.

Posons $\dfrac{1}{p_\varepsilon(\theta)} = \dfrac{1-\theta}{1+\varepsilon} + \dfrac{\theta}{2}$, et $\dfrac{1}{q(\theta)} = (1-\theta) + \dfrac{\theta}{2}$.

Lorsque θ décrit l'intervalle $]0,1[$, $q(\theta)$ décrit l'intervalle $]1,2[$. Fixons $\theta \in]0,1[$. Lorsque ε décrit $]0,1[$, $p_\varepsilon(\theta)$ décrit l'intervalle $]q(\theta),2[$.

D'après les deux dernières inégalités écrites, et le théorème d'interpolation de RIESZ-THORIN (cf, par exemple, [8] , p.261), on a , pour tout θ de $]0,1[$, et $\varepsilon \in]0,1[$:

$$\|TX\|_{L^{q(\theta)}(\underline{\underline{G}}_\infty)} \leqslant C_{\theta,\varepsilon} \|X\|_{L^{p_\varepsilon(\theta)}(\underline{\underline{F}}_\infty)} ,$$

avec $C_{\theta,\varepsilon}$ constante universelle.

D'après les remarques faites sur les intervalles de variation de $q(\theta)$ et $p_\varepsilon(\theta)$, on a, pour tout couple (p,q) tel que $1 < q < p < 2$:

$$\|TX\|_{L^q(\underline{\underline{G}}_\infty)} \leqslant C'_{p,q} \|X\|_{L^p(\underline{\underline{F}}_\infty)} , \quad \text{ou encore}$$

$$\|TX\|_{H^q(\underline{\underline{G}}_.)} \leqslant C''_{p,q} \|X\|_{H^p(\underline{\underline{F}}_.)}$$

avec $C'_{p,q}$ et $C''_{p,q}$ des constantes universelles.

La question naturelle qui se pose alors est : T est-elle continue de $H^p(\underline{\underline{F}}_.)$ dans $H^p(\underline{\underline{G}}_.)$, pour $1 < p < 2$? En général, nous ne savons pas y répondre.

Références :

[1] AZEMA J. : Quelques applications de la théorie générale des processus, I Inventiones math., Vol.18, 1972.

[2] BARLOW M. : Martingale representation with respect to expanded σ-fields (à paraitre , 1977)

[3] DELLACHERIE C. et MEYER P.A. : A propos du travail de Yor sur le grossissement des tribus (dans ce volume).

[4] MEYER P.A. : Résultats d'Azéma en théorie générale des processus. Séminaire de Probabilités VII, Lecture Notes in Math.321 Springer Verlag 1973 .

[5] MEYER P.A. : Un cours sur les intégrales stochastiques. Séminaire de Probabilités X, Lecture Notes in Math. 511, 1976 .

[6] YOEURP CH. : Décomposition des martingales locales et formules exponentielles. Séminaire de Probabilités X, Lecture Notes in Math. 511, 1976 .

[7] YOR M. : Grossissement d'une filtration et semi-martingales: théorèmes généraux.(dans ce volume).

[8] BOURBAKI N. : Intégration (XIII) Hermann.

T.Jeulin et M.Yor

Laboratoire de Calcul des Probabilités

Tour 46, 3° Etage,

2, Place Jussieu

75230 Paris Cedex 05 .

Université de Strasbourg
Séminaire de Probabilités 1976/77

SUR CERTAINES PROPRIETES DES ESPACES DE BANACH $\underline{\underline{H}}^1$ ET $\underline{\underline{BMO}}$

par C. Dellacherie, P.A. Meyer et M. Yor

Soit $(\Omega,\underline{\underline{F}},P)$ un espace probabilisé muni d'une filtration $(\underline{\underline{F}}_t)$ satisfaisant aux conditions habituelles. Nous nous proposons ici d'étudier diverses propriétés de l'espace de Banach $\underline{\underline{H}}^1$ et de son dual $\underline{\underline{BMO}}$: au paragraphe 1, nous caractérisons les parties faiblement compactes de $\underline{\underline{H}}^1$ par une condition d'intégrabilité uniforme des fonctions maximales, et présentons quelques analogies entre la topologie faible $\sigma(\underline{\underline{H}}^1,\underline{\underline{BMO}})$ et la topologie $\sigma(L^1,L^\infty)$. Au paragraphe 2 nous abandonnons l'aspect <<maximal>> de $\underline{\underline{H}}^1$ et transposons les résultats obtenus en termes de variation quadratique ou d'intégrales stochastiques. Au paragraphe 3 enfin, nous examinons le problème de la densité de L^∞ dans $\underline{\underline{BMO}}$, et présentons un exemple instructif.

Cet article est trop probabiliste pour que nous puissions ajouter au titre le nom d'un quatrième <<auteur>> : G. Mokobodzki. Mais c'est à lui que nous devons la démonstration du principal résultat de l'article, l'implication 2)=>3) du théorème 1. Nous lui adressons nos plus vifs remerciements.

§ 1 . PARTIES FAIBLEMENT COMPACTES DE $\underline{\underline{H}}^1$.

NOTATIONS : DIVERS ESPACES DE PROCESSUS ET DE MESURES

Tous les processus considérés ci-dessous sont indexés par $[0,\infty]$, i.e. sont des fonctions sur $[0,\infty]\times\Omega$, et sont supposés mesurables. Nous identifions deux processus qui diffèrent sur un ensemble évanescent.

Si X est un processus, nous posons $X^*=\sup_t |X_t|$.

Nous identifions systématiquement une v.a. intégrable Y à la martingale $Y_t=E[Y|\underline{\underline{F}}_t]$ correspondante (avec $\underline{\underline{F}}_\infty=\underline{\underline{F}}$), dont on choisit une version continue à droite. Ainsi L^1,L^∞ apparaissent comme des espaces de processus.

Nous désignons par $\underline{\underline{B}}^1$ l'espace de Banach des processus X tels que

(1) $$[\![X]\!] = E[X^*] < \infty \text{ , muni de la norme } [\![\;]\!] \text{ ,}$$

de sorte que le sous-espace de $\underline{\underline{B}}^1$ constitué par les $X\in\underline{\underline{B}}^1$ qui sont des martingales càdlàg. est exactement l'espace $\underline{\underline{H}}^1$ muni de sa norme maximale.

Soit μ une mesure bornée sur $[0,\infty]\times\Omega$, et soit $p(\mu)$ la projection de μ sur Ω ; nous poserons

(2) $$[\![\mu]\!] = \inf\{c>0 : p(|\mu|)\leq cP\}$$

et nous désignerons par $\underline{\underline{M}}^{\infty}$ l'ensemble des μ telles que $[\![\mu]\!]<\infty$, muni de la norme $[\![\;]\!]$. On peut se représenter $\underline{\underline{M}}^{\infty}$ de manière plus concrète : μ est une mesure bornée qui ne charge pas les évanescents (une P-mesure bornée) et admet donc une représentation

$$<\mu,X> = E[\int_{[0,\infty]} X_s dA_s] \qquad (X \text{ mesurable borné })$$

où A est un processus à variation intégrable (brut) pouvant présenter un saut en 0 et un saut à l'infini (on convient que $A_{0-}=0$). Alors

$$[\![\mu]\!] = \| \int_{[0,\infty]} |dA_s| \|_{L^\infty}$$

Pour abréger le langage, nous dirons indifféremment que μ appartient à $\underline{\underline{M}}^{\infty}$, ou que le processus à variation intégrable A associé à μ appartient à $\underline{\underline{M}}^{\infty}$. Voici un exemple d'élément de $\underline{\underline{M}}^{\infty}$: si S est une application[1] de Ω dans $[0,\infty]$, et f un élément de L^∞, la mesure $f\lambda_S$ définie par

(3) $\qquad <f\lambda_S ,X > = E[fX_S]$

appartient à $\underline{\underline{M}}^{\infty}$, avec $[\![f\lambda_S]\!]=\|f\|_{L^\infty}$.

Rappelons que la mesure μ est dite optionnelle si $\mu(X)=\mu(X^{\sigma})$ pour tout processus borné X (cela revient à dire que le processus associé A est optionnel). Le sous-espace de $\underline{\underline{M}}^{\infty}$ formé des mesures optionnelles est noté $\underline{\underline{M}}^{\infty}_{\sigma}$. Notons le lemme évident :

LEMME 1. <u>Si</u> $X\in\underline{\underline{B}}^1$, $\mu\in\underline{\underline{M}}^{\infty}$, $|X|$ <u>est</u> $|\mu|$<u>-intégrable et l'on a</u>

(4) $\qquad |< \mu,X>| \leqq [\![\mu]\!][\![X]\!]$

<u>Plus précisément, si</u> X <u>est un processus quelconque, on a</u>

(5) $\qquad [\![X]\!] = \sup <f\lambda_S,X> \quad (S \text{ quelconque}^2 \; |f|\leqq 1 \;, < |f|\lambda_S,|X|> < \infty)$

<u>et si</u> μ <u>est une P-mesure bornée, on a</u>

(6) $\qquad [\![\mu]\!] = \sup <\mu,X> \quad (X \text{ borné}, E[X^*]\leqq 1)$.

DEMONSTRATION. (4) résulte de $E[\int|X_s||dA_s|]\leq E[X^*\int|dA_s|]$; pour (5), supposons pour simplifier que $X^*<\infty$; alors l'ensemble $\{(t,\omega) :|X_t(\omega)| \geqq X^*(\omega)-\varepsilon \}$ a des coupes non vides, nous en choisissons une section S, et prenons $f= \mathrm{sgn}(X_S)I_{\{|X_S|<n\}}$; lorsque $n\to\infty$ $<f\lambda_S,X >$ tend vers $E[|X_S|]\geqq E[X^*]-\varepsilon$. Enfin , nous laisserons (6) au lecteur, en rappelant simplement que $\underline{\underline{M}}^{\infty}$ est le dual de $\underline{\underline{B}}^1_c$, l'espace des $X\in\underline{\underline{B}}^1$ dont les trajectoires sont continues sur $[0,\infty]$ (voir dans ce volume l'exposé sur les résultats de Baxter-Chacòn).

Nous laissons de côté les considérations générales pour nous intéresser à $\underline{\underline{H}}^1$; nous reviendrons à $\underline{\underline{B}}^1$ dans une digression à la fin du paragraphe.

1. Application signifie application mesurable, ici et dans la suite.
2. On sous entend de même que S est mesurable et positive.

LE THEOREME PRINCIPAL SUR $\underline{\underline{H}}^1$

Rappelons un résultat fondamental (dû indépendamment à C. Herz et D. Lépingle, cf. le séminaire XI, p.465) . Soit $Y \in \underline{\underline{BMO}}$; alors il existe $B \in \underline{\underline{M}}^{\infty}$, avec $[\![B]\!] \leq c\|Y\|_{\underline{\underline{BMO}}}$ tel que[1]

(7) $\quad Y_{\infty}=A_{\infty}$, où A est la projection duale optionnelle de B

et de plus, si X est un élément quelconque de $\underline{\underline{H}}^1$, et (,) désigne la forme bilinéaire mettant en dualité $\underline{\underline{H}}^1$ et $\underline{\underline{BMO}}$, on a

(8) $$(X,Y) = E[\int_{[0,\infty]} X_s dB_s]$$

Inversement, si B appartient à $\underline{\underline{M}}^{\infty}$, et si A est sa projection duale optionnelle, A_{∞} appartient à $\underline{\underline{BMO}}$, avec $\|A_{\infty}\|_{\underline{\underline{BMO}}} \leq c[\![B]\!]$. Autrement dit, la topologie $\sigma(\underline{\underline{H}}^1,\underline{\underline{BMO}})$ est induite sur $\underline{\underline{H}}^1$ par $\sigma(\underline{\underline{B}}^1,\underline{\underline{M}}^{\infty})$.

En particulier, en considérant les mesures $f\lambda_S$, on voit que si des $(X^i)_{i\in I} \in \underline{\underline{H}}^1$ convergent vers $X \in \underline{\underline{H}}^1$, suivant un filtre sur I, pour $\sigma(\underline{\underline{H}}^1,\underline{\underline{BMO}})$, les v.a. X^i_S convergent vers X_S pour $\sigma(L^1,L^{\infty})$.

Voici le résultat principal de l'exposé :

THEOREME 1. Soit K une partie de $\underline{\underline{H}}^1$. Les propriétés suivantes sont équivalentes

1) K est relativement compacte pour $\sigma(\underline{\underline{H}}^1,\underline{\underline{BMO}})$.

2) De toute suite (X^n) d'éléments de K on peut extraire une suite convergente pour $\sigma(\underline{\underline{H}}^1,\underline{\underline{BMO}})$.

3) L'ensemble des v.a. X^*, X parcourant K, est uniformément intégrable.

Nous commençons par l'implication 3)=>1) . Elle procède de la manière suivante : la condition 3) entraîne que les v.a. X_{∞} , où X parcourt K, sont uniformément intégrables. Soit $\bar{K}$ la fermeture de K dans L^1, pour $\sigma(L^1,L^{\infty})$, qui est faiblement compacte dans L^1. Nous montrons successivement

i) $\bar{K}$ est bornée dans $\underline{\underline{H}}^1$

ii) $\bar{K}$ satisfait encore à 3)

iii) Sur $\bar{K}$, $\sigma(L^1,L^{\infty})=\sigma(\underline{\underline{H}}^1,\underline{\underline{BMO}})$

ce qui entraînera la conclusion cherchée. Nous explicitons les résultats ayant un intérêt propre, en commençant par le lemme suivant, qui entraîne évidemment i) :

LEMME 2. L'application $X\mapsto E[X^*]$ est sci sur L^1 muni de $\sigma(L^1,L^{\infty})$.

DEMONSTRATION. Nous allons écrire cette application comme sup d'une famille de formes linéaires continues sur L^1 fort , après quoi l'identité des formes continues sur L^1 fort et faible nous donnera le résultat. Nous

1. Sauf mention du contraire, la norme sur $\underline{\underline{BMO}}$ est la norme $\underline{\underline{BMO}}_2$.

savons d'abord, d'après le lemme 1 , que

$$E[X^*] = \sup_B E[\int_{[0,\infty]} |X_s| dB_s] \quad (B \text{ croissant brut, } B_\infty \leqq 1)$$

Nous pouvons remplacer B par sa projection duale optionnelle A. Nous avons ensuite

$$E[\int_{[0,\infty]} |X_s| dA_s] = \sup_n E[\int_{[0,\infty]} |X_s| dA^n_s]$$

où l'on a posé

$$A^n_s = A_s I_{\{s<T_n\}} + A_{T_n-} I_{\{s \geqq T_n\}} \quad \text{avec } T_n = \inf\{s : A_s > n\}$$

A^n_∞ est borné par n ; utilisant le changement de temps associé à (A^n) on voit que

$$E[\int_{[0,\infty]} |X_s| dA^n_s] = \sup_f E[\int_{[0,\infty]} f_s X_s dA^n_s]$$

f parcourant l'ensemble des processus optionnels tels que $|f| \leqq 1$ (prendre $f_s = \operatorname{sgn}(X_s)$), et que

$$|E[\int_{[0,\infty]} f_s X_s dA^n_s]| \leqq n \|X\|_{L^1} .$$

Nous vérifions ensuite ii). Pour cela, nous remarquons que l'enveloppe convexe de K satisfait encore à 3) ; nous pouvons donc supposer K convexe, et $\bar{K}$ est alors l'adhérence <u>forte</u> de K dans L^1. Enonçons 3) sous la forme

$$\sup_{X \in K} E[X^*] = M < \infty \quad ; \forall \varepsilon > 0 \ \exists \eta > 0 : P(A) \leqq \eta \Rightarrow \sup_{X \in K} \int_A X^* P \leqq \varepsilon$$

et prenons $X \in \bar{K}$; il existe des $X^n \in K$ tels que $\|X - X^n\|_1 \leqq 2^{-n}$, et alors, d'après l'inégalité de Doob, les trajectoires de X^n convergent p.s. uniformément vers les trajectoires de X, donc $X^* \leqq \liminf_n X^{n*}$. Le lemme de Fatou nous donne alors

$$E[X^*] \leqq M , \quad \text{et} \quad \int_A X^* P \leqq \varepsilon \quad \text{si } P(A) \leqq \eta$$

la propriété désirée. Il nous reste enfin iii), qui mérite un énoncé explicite :

LEMME 3. <u>Si des</u> $(X^i)_{i \in I}$ <u>convergent vers</u> X <u>suivant un filtre sur</u> I, <u>pour la topologie</u> $\sigma(L^1, L^\infty)$, <u>et si les</u> X^{i*} <u>sont uniformément intégrables</u>, <u>les</u> X^i <u>convergent vers</u> X <u>pour</u> $\sigma(\underline{H}^1, \underline{BMO})$.

DEMONSTRATION. On se ramène par différence à montrer que

$$E[\int X^i_s dB_s] \to_i E[\int X_s dB_s] \quad \text{pour tout processus \underline{croissant} brut B tel que } B_\infty \text{ soit borné.}$$

Comme dans le lemme 2, nous pouvons remplacer B par sa projection duale optionnelle A, et introduire les A^n. Nous avons pour tout n

$$E[\int X^i_s dA^n_s] \to_i E[\int X_s dA^n_s]$$

et il nous suffit donc de montrer que

$E[\int X^i_s(dA_s-dA^n_s)] \to 0$ lorsque $n\to\infty$ uniformément en i

$E[\int X_s dA^n_s] \to E[\int X_s dA_s]$

Or nous écrivons $E[\int|X^i_s|(dA_s-dA^n_s)] = E[\int_{[T_n,\infty]}|X^i_s|dA_s] = E[\int_{[T_n,\infty]}|X^i_s|dB_s]$ $\leq E[X^{i*}B_\infty I_{\{T_n<\infty\}}]$, qui tend vers 0 uniformément en i puisque B_∞ est borné et les X^{i*} sont uniformément intégrables. De même pour le dernier terme dès que l'on a remarqué que $X^*\in L^1$ (lemme 2).

<u>L'implication 1)=>2)</u> est à peu près évidente : sur une partie K faiblement compacte pour $\sigma(\underline{\underline{H}}^1,\underline{\underline{BMO}})$, les topologies $\sigma(\underline{\underline{H}}^1,\underline{\underline{BMO}})$ et $\sigma(L^1,L^\infty)$ coïncident. Or il est classique que de toute suite (X^n) contenue dans une partie compacte pour $\sigma(L^1,L^\infty)$ on peut extraire une suite convergente pour cette topologie.

Reste la partie la plus intéressante, que nous devons à Mokobodzki : <u>l'implication 2)=>3)</u>. Nous suivons la démonstration de Mokobodzki, en la restreignant à notre situation particulière. Il nous faut d'abord un critère commode d'intégrabilité uniforme, que l'on ne trouve pas partout.

LEMME 4. <u>Soit H un ensemble de variables aléatoires intégrables positives, borné dans L^1. Les propriétés suivantes sont équivalentes</u>

1) <u>H est uniformément intégrable</u>.
2) <u>Pour toute suite décroissante</u> $A_n\downarrow\emptyset$, $\lim_n \sup_{X\in H} \int_{A_n} XP = 0$.
3) <u>Pour toute suite d'ensembles</u> B_n <u>disjoints</u> , $\lim_n \sup_{X\in H} \int_{B_n} XP = 0$.

DEMONSTRATION. Il est bien connu que 1)=>2). Inversement, montrons que (non 1))=> (non 2)) . Si H n'est pas uniformément intégrable, il existe un $\varepsilon>0$ et des B_n tels que $P(B_n)\leq 2^{-n}$, $\sup_{X\in H} \int_{B_n} XP \geq\varepsilon$. Les B_n ne décroissent pas nécessairement, mais il suffit de prendre $A_n=\cup_{k>n} B_k$ pour obtenir une suite contredisant 2).

La propriété 2) est en apparence beaucoup plus forte que 3), car elle entraîne que $\sup_X \int_{A_n} XP \to 0$ avec $A_n = \cup_n^\infty B_i$. En sens inverse, montrons que (non 2))=>(non 3)) : soit une suite $A_n\downarrow\emptyset$ telle que $\sup_X \int_{A_n} XP$ reste $\geq 2a > 0$. Choisissons $X_0\in H$ tel que $\int_{A_0} X_0P > a$, puis m_0 tel que $\int_{A_0-A_{m_0}} X_0P > a$. Puis choisissons $X_1\in H$ tel que $\int_{A_{m_0+1}} X_1P>a$, puis

$m_1 > m_0$ tel que $\int_{A_{m_0+1}\setminus A_{m_1}} X_1 P > a$, etc. Si l'on appelle (B_n) la suite $A_0 \setminus A_{m_0}$, $A_{m_0+1}\setminus A_{m_1}$, $A_{m_1+1}\setminus A_{m_2}$... on a $\sup_{X\in H} \int_{B_n} XP \geqq a$ pour tout n, en contradiction avec 3).

Le lemme suivant a aussi son intérêt propre :

LEMME 5. Soit H un ensemble de processus mesurables, tel que $\sup_{X\in H} E[X^*] < \infty$. Supposons que pour toute v.a. positive S les v.a. X_S $(X\in H)$ soient uniformément intégrables. Alors les v.a. X^* $(X\in H)$ sont uniformément intégrables.

DEMONSTRATION. Supposons que les X^* $(X\in H)$ ne soient pas uniformément intégrables. D'après le critère précédent, il existe des ensembles B_n disjoints et des $X^n \in H$ tels que $\int_{B_n} X^{*n} P \geqq 2a > 0$. D'après un théorème de section, il existe une v.a. positive S_n définie sur B_n telle que $\int_{B_n} |X^n_{S_n}| P \geqq a$. Soit S une v.a. définie sur Ω, égale à S_n sur B_n pour tout n ; nous avons $\int_{B_n} |X^n_S| P \geqq a$, donc $\sup_{X\in H} \int_{B_n} |X_S| P \geqq a$, et les v.a. X_S ne sont pas uniformément intégrables.

Montrons alors que 2)=>3). Il résulte d'abord du théorème de Banach-Steinhaus que K est borné dans $\underline{\underline{H}}^1$. Ensuite, il résulte du critère classique de Dunford-Pettis que, pour toute v.a. positive S, les X_S $(X\in K)$ forment un ensemble relativement compact pour $\sigma(L^1, L^\infty)$, donc uniformément intégrable. On conclut alors par le lemme 5.

Le théorème suivant exprime que $\underline{\underline{H}}^1$ est << séquentiellement complet >>. C'est l'analogue du théorème de Vitali-Hahn-Saks de la théorie de l'intégration.

THEOREME 2. Soit (X^n) une suite d'éléments de $\underline{\underline{H}}^1$, telle que pour tout $Y\in \underline{\underline{BMO}}$ la suite (X^n, Y) admette une limite finie. Alors il existe $X\in\underline{\underline{H}}^1$ tel que $\lim_n X^n = X$ au sens de $\sigma(\underline{\underline{H}}^1, \underline{\underline{BMO}})$.

DEMONSTRATION. D'après le théorème de Banach-Steinhaus, les normes des X^n dans $\underline{\underline{H}}^1$ sont bornées.

La propriété de l'énonce signifie encore que pour toute $\mu\in\underline{\underline{M}}^\infty$, la suite $<\mu, X^n>$ admet une limite finie. Prenant μ de la forme $f\lambda_S$, on voit que les X^n_S convergent pour $\sigma(L^1, L^\infty)$, et sont donc uniformément intégrables.

Appliquant le lemme 5, on voit que la suite (X^n) est faiblement compacte dans $\underline{\underline{H}}^1$; elle a au plus une valeur d'adhérence faible, donc elle converge faiblement.

Il est intéressant aussi de disposer d'un critère de compacité faible dans $\underline{\underline{H}}^1$ du type "ε,η" .

THEOREME 3. Soit K une partie de $\underline{\underline{H}}^1$. Pour que K soit faiblement relativement compacte dans $\underline{\underline{H}}^1$, il faut et il suffit qu'elle soit bornée dans $\underline{\underline{H}}^1$ et que

pour tout $\varepsilon>0$, il existe $\eta>0$ tel que l'on ait

$$\sup_{X\in K} E[\int_{[0,\infty]} |X_s|dA_s] \leq \varepsilon \text{ (ou même simplement } \sup_X |E[\int X_s dA_s]|\leq\varepsilon)$$

pour tout processus croissant adapté A, engendrant un potentiel gauche borné par 1, et tel que $E[A_\infty]\leq\eta$.

DEMONSTRATION. Supposons K faiblement relativement compacte. D'après le théorème de Herz-Lépingle, A est projection duale optionnelle d'un processus croissant brut B tel que $B_\infty \leq c$, et on a $E[B_\infty]=E[A_\infty]$; alors $E[\int|X_s|dA_s]=E[\int|X_s|dB_s] \leq E[X^*B_\infty] \leq nE[B_\infty]+c\int_{\{X^*>n\}} X^*P$, et on utilise l'intégrabilité uniforme des X^* pour $X\in K$.

Inversement, supposons cette condition satisfaite, et soit S une v.a. positive quelconque. Soit U un ensemble tel que $P(U)\leq\eta$. Soit $X\in K$, et soit $V=U\cap\{X\geq 0\}$; prenant pour A la projection duale optionnelle de $B_t=I_V I_{\{t\geq S\}}$, notre condition sous la forme affaiblie entraîne $\int_V X_S^+P \leq \varepsilon$. Prenant de même $W=U\cap\{X\leq 0\}$, on a de même $\int_W X_S^-P \leq \varepsilon$, et enfin $\int_U |X_S|P \leq \varepsilon$. Les v.a. X_S ($X\in K$) sont donc uniformément intégrables, et le lemme 5 entraîne que K est faiblement compacte.

Une autre conséquence intéressante :

THEOREME 4. Soit (X^n) une suite d'éléments de $\underline{\underline{H}}^1$ qui converge vers 0 pour $\sigma(\underline{\underline{H}}^1,\underline{\underline{BMO}})$. Si cette suite converge vers 0 dans L^1 fort, elle converge vers 0 dans $\underline{\underline{H}}^1$ fort.

(Les X^n tendent vers 0 pour $\sigma(L^1,L^\infty)$; rappelons que X^n_∞ tend vers 0 dans L^1 fort dès que $X^n_\infty \to 0$ en mesure, ou dès que $\liminf_n X^n_\infty \leq 0$ p.s.. Ces résultats se transposent donc aussitôt à $\underline{\underline{H}}^1$ fort).

DEMONSTRATION. Si $X^n \to 0$ dans L^1 fort, X^{n*} tend vers 0 en probabilité d'après l'inégalité de Doob. D'après le théorème 1, les v.a. X^{n*} sont uniformément intégrables. Donc $E[X^{*n}]\to 0$.

DIGRESSION. Pour un instant, nous quittons la théorie des martingales, et parlons de processus généraux. Il est recommandé d'omettre cette section !

Rappelons d'abord un théorème qui a été démontré en substance dans le séminaire XI, p.109-119. Il est dû à Mokobodzki et très difficile.

<u>Soit</u> (X^n) <u>une suite de processus optionnels telle que les</u> X^{n*} <u>soient uniformément intégrables, et que pour tout t.a.</u> T <u>les v.a.</u> X^n_T <u>convergent pour</u> $\sigma(L^1,L^\infty)$. <u>Alors il existe</u> X <u>optionnel tel que</u> $X^n \to X$ <u>pour</u> $\sigma(\underline{\underline{B}}^1,\underline{\underline{M}}^\infty)$.

Il n'est pas question ici de sortir du cas des suites. De plus, le lemme 5, déjà énoncé pour des processus quelconques, constitue une sorte de réciproque.

On peut se demander ensuite ce qui correspond, en termes de processus, au critère de Dunford-Pettis lui même. L'espace $\underline{\underline{B}}^1$ est l'extension naturelle de $\underline{\underline{H}}^1$, quelle sera l'extension de L^1 ? On pense à définir, pour tout processus optionnel X

$$\|X\|_1 = \sup_T E[|X_T|] \text{ , T parcourant l'ensemble des t.a. ,}$$

et à définir Λ^1 comme l'espace des processus optionnels X tels que $\|X\|_1 < \infty$, muni de la norme $\|\ \|_1$. On a une sorte d'inégalité de Doob :

$$\lambda P\{X^*>\lambda\} \leqq \|X\|_1$$

et l'on peut mettre en dualité Λ^1 et $\underline{\underline{M}}^\infty_\sigma$. Une démonstration toute analogue à celle du lemme 2 montre que la norme $[\![\ ]\!]$ est s.c.i. pour $\sigma(\Lambda^1,\underline{\underline{M}}^\infty_\sigma)$ [Il faut seulement se garder des arguments de topologie forte : ici on utilisera le fait que $X \mapsto E[\int X_s f_s dA^n_s]$ est déterminée par un élément de M^∞_σ, et donc est faiblement continue]. Il y a donc quelques analogies entre $\sigma(\Lambda^1,\underline{\underline{M}}^\infty_\sigma)$ et $\sigma(L^1,L^\infty)$, mais une grosse différence : une martingale indexée par $[0,\infty]$, non seulement est bornée dans L^1, mais appartient automatiquement à la classe (D), et il est clair qu'on ne peut espérer une sorte de compacité que pour des ensembles de processus qui appartiennent à la classe (D) de manière uniforme (satisfont au critère de La Vallée Poussin avec une même fonction Φ). On ne sait rien là dessus.

§ 2 . AUTRES ASPECTS DE LA COMPACITE FAIBLE

Il existe d'autres normes sur l'ensemble des martingales locales, équivalentes à la norme $\underline{\underline{H}}^1$. La première est la norme quadratique

(9) $$\|X\|_{\underline{\underline{H}}^1} = E[[X,X]^{1/2}_\infty]$$

(rappelons que la norme maximale est notée $[\![X]\!]$), et d'autre part une norme associée aux intégrales stochastiques

(10) $$\|X\|_{is} = \sup_J \|(J\cdot X)_\infty\|_{L^1}$$

J parcourant l'ensemble des processus prévisibles, bornés par 1 en valeur absolue, et nuls hors d'un ensemble $[0,t]\times\Omega$ ($t\in\mathbb{R}_+$; cette précaution est nécessaire afin que $(J\cdot X)_\infty$ ait un sens, X étant a priori une martingale locale). Nous noterons $\underline{\underline{J}}$ dans la suite l'ensemble de ces processus prévisibles. L'équivalence des normes $\|\ \|_{\underline{\underline{H}}^1}$ et $\|\ \|_{is}$ est établie dans le séminaire X, p.372-374 - plus exactement, on montre à cet endroit que

$$c\|X\|_{is} \leq \|X\|_{\underline{\underline{H}}^1} \leq c'\|X\|_{is},$$

où $\|X\|_{is'}$ s'obtient en réduisant $\underline{\underline{J}}$ à l'ensemble $\underline{\underline{J}}'$ des processus de la forme

(11) $J_t = \varepsilon_0 I_{\{0\}} + \varepsilon_1 I_{]0,t_1]} + \varepsilon_2 I_{]t_1,t_2]} + \ldots + \varepsilon_n I_{]t_{n-1},t_n]}$

(processus déterministes !) où chacun des ε_i vaut ± 1 . Ces résultats étant rappelés, nous avons les théorèmes suivants :

THEOREME 5. <u>Soit</u> K <u>une partie de</u> $\underline{\underline{H}}^1$. <u>Pour que</u> K <u>soit faiblement relativement compacte pour</u> $\sigma(\underline{\underline{H}}^1,\underline{\underline{BMO}})$, <u>il faut et il suffit que les v.a.</u> $[X,X]_\infty^{1/2}$, <u>où</u> X <u>parcourt</u> K, <u>soient uniformément intégrables</u>.

DEMONSTRATION. Rappelons le critère d'intégrabilité uniforme de La Vallée Poussin : un ensemble $\underline{\underline{U}}$ de v.a. est uniformément intégrable ssi il existe une fonction de Young Φ - c'est à dire une fonction sur $\mathbb{R}_+$, croissante, nulle en 0 et convexe - telle que $\Phi(t)/t \to \infty$ lorsque $t\to\infty$ et que $\sup_{U\in\underline{\underline{U}}} E[\Phi(|U|)]<\infty$. On peut ajouter à ces conditions que Φ est une fonction <u>à croissance modérée</u>. Dans la suite, lorsque nous parlerons d'une "fonction Φ", elle possédera toutes les propriétés indiquées ci-dessus.

Le théorème 5 est alors une conséquence immédiate du théorème 1 et des inégalités de Burkholder-Davis-Gundy

$$cE[\Phi([X,X]_\infty^{1/2})] \leq E[\Phi(X^*)] \leq \bar{c}E[\Phi([X,X]_\infty^{1/2})]$$

valables pour toute martingale locale X, où c et $\bar{c}$ dépendent uniquement de la fonction Φ utilisée.

THEOREME 6. <u>Avec les mêmes notations</u>, <u>pour que</u> K <u>soit faiblement relativement compacte</u>, <u>il faut et il suffit que les v.a.</u> $(J\cdot X)_\infty$, <u>où</u> J <u>parcourt</u> $\underline{\underline{J}}$ <u>et</u> X <u>parcourt</u> K, <u>soient uniformément intégrables</u>.

<u>De plus</u>, <u>si cette condition est satisfaite</u>, <u>l'ensemble des</u> $J\cdot X$ <u>est lui aussi faiblement relativement compact</u> (autrement dit, non seulement les $(J.X)_\infty$, mais les $(J.X)^*$, sont uniformément intégrables).

DEMONSTRATION. Supposons K faiblement relativement compacte dans $\underline{\underline{H}}^1$, et choisissons une fonction Φ telle que $\sup_{X\in K} E[\Phi([X,X]_\infty^{1/2})]<\infty$. Soit L l'ensemble des $J\cdot X=Y$, X parcourant K et J parcourant $\underline{\underline{J}}$. Si $Y=J.X$ on a $[Y,Y]\leq[X,X]$, donc $\sup_Y E[\Phi([Y,Y]_\infty^{1/2})]<\infty$; L est donc faiblement relavement compacte dans $\underline{\underline{H}}^1$, d'après le théorème 5, les v.a. Y^* sont donc uniformément intégrables, et il en est de même a fortiori des v.a. $Y_\infty = (J\cdot X)_\infty$.

Inversement, supposons que les v.a. $(J\cdot X)_\infty$ soient uniformément intégrables, X parcourant K et J parcourant seulement $\underline{\underline{J}}'$ (11). Soit une fonction Φ telle que

(12) $$\sup_{J\in\underline{\underline{J}}',X\in K} E[\Phi(|(J\cdot X)_\infty|)] \leqq M < \infty$$

Laissons X fixe, et laissons également fixe la subdivision (t_i) de la formule (11), mais prenons $\varepsilon_i = r_i(s)$, où s parcourt l'intervalle $[0,1]$, et $r_0,\dots,r_n$ sont des fonctions de Rademacher (autrement dit, sont les tirages successifs de +1 ou -1 au jeu de pile ou face). Intégrant (12) par rapport à s, et appliquant le lemme de Khintchine

$$c\Phi((\Sigma_0^n a_i^2)^{1/2}) \leqq \int_0^1 \Phi(|\Sigma_0^n r_i(s)a_i|)ds \leqq \bar{c}\Phi((\Sigma_0^n a_i^2)^{1/2})$$

nous obtenons[1]

$$E[\ \Phi(\ (X_0^2 + \Sigma_1^n (X_{t_i} - X_{t_{i-1}})^2)^{1/2}] \leqq M/c < \infty$$

et par convergence en probabilité, lorsque les subdivisions deviennent arbitrairement fines

$$E[\ \Phi([X,X]_\infty^{1/2})\ ] \leqq M/c$$

autrement dit, cette borne étant indépendante de $X\in K$, les v.a. $[X,X]_\infty^{1/2}$ sont uniformément intégrables, et K est relativement compacte pour $\sigma(\underline{\underline{H}}^1,\underline{\underline{BMO}})$ d'après le théorème 5.

Nous utilisons la variation quadratique pour préciser d'une autre manière les résultats du paragraphe 1. Soient des X^n convergeant vers X pour $\sigma(\underline{\underline{H}}^1,\underline{\underline{BMO}})$, et soit $Y\in\underline{\underline{BMO}}$; par définition de la convergence faible, nous avons que $(X^n,Y)=E[[X^n,Y]_\infty]$ converge vers $(X,Y)=E[[X,Y]_\infty]$. On a en fait un bien meilleur résultat (où l'on pourrait d'ailleurs remplacer les suites par des filtres quelconques) :

THEOREME 7. <u>Soient des X^n convergeant vers X pour $\sigma(\underline{\underline{H}}^1,\underline{\underline{BMO}})$, et soit $Y\in\underline{\underline{BMO}}$. Alors les v.a. $[X^n,Y]_\infty$ convergent vers $[X,Y]_\infty$ pour $\sigma(L^1,L^\infty)$.</u>

DEMONSTRATION. Il s'agit de montrer que pour toute martingale bornée H

---

1. Cette forme du lemme de Khintchine n'étant pas entièrement classique, démontrons l'inégalité de gauche - celle dont nous avons besoin. Par convexité

$$\int\Phi(|\Sigma\ r_i(s)a_i|)ds \geqq \Phi(\int|\Sigma r_i(s)a_i|ds)$$

$$\geqq \Phi(\gamma(\Sigma\ a_i^2)^{1/2}) \quad \text{lemme de K. classique et croissance de } \Phi,$$

$$\geqq c\Phi((\Sigma\ a_i^2)^{1/2}) \quad \Phi \text{ à croissance modérée .} \ \square$$

De plus, on a pour tout processus mesurable borné H

$$\lim_n E[\int_0^\infty H_s d[X^n,Y]_s] = E[\int_0^\infty H_s d[X,Y]_s] .$$

DEMONSTRATION. Le premier résultat découle immédiatement du second, en prenant un processus de la forme $H_s(\omega)=Z(\omega)$, où Z appartient à L^∞.

Pour établir le second résultat, nous pouvons (quitte à remplacer H par sa projection optionnelle) supposer H optionnel borné. D'après une remarque de M. Pratelli (Séminaire X, p. 353), l'intégrale stochastique optionnelle H·Y=U appartient à $\underline{\underline{BMO}}$. Si donc nous pouvons écrire

$$E[\int H_s d[X^n,Y]_s] = E[[X^n,U]_\infty] \quad ; \quad E[\int H_s d[X,Y]_s]=E[[X,U]_\infty]$$

le théorème sera établi. Autrement dit, il nous faut prouver

LEMME. Si X appartient à $\underline{\underline{H}}^1$, Y à $\underline{\underline{BMO}}$, et H est optionnel borné

$$E[\int H_s d[X,Y]_s] = E[[X, H\cdot Y]_\infty]$$

DEMONSTRATION. L'égalité est évidente lorsque X est une martingale bornée. En effet, d'après la définition des intégrales optionnelles, $H\cdot[X,Y]=[X,H\cdot Y]$ est alors une martingale locale nulle en 0, et on vérifie aussitôt qu'elle est dominée dans L^1. Ensuite, on utilise le fait que L^∞ est dense dans $\underline{\underline{H}}^1$ (séminaire X, bas de la page 339) pour prolonger l'égalité à $\underline{\underline{H}}^1$ tout entier, les deux côtés étant des formes linéaires continues sur $\underline{\underline{H}}^1$: le côté gauche en vertu de l'inégalité de Fefferman, le côté droit du fait que $H\cdot Y\in\underline{\underline{BMO}}$.

Le théorème 7 mérite un commentaire. Soit $\underline{\underline{B}}^\infty$ l'espace des processus (bruts) bornés, et soit $\underline{\underline{C}}^\infty$ le sous espace constitué par les processus à trajectoires continues. Soit $\underline{\underline{M}}^1$ l'espace des P-mesures sur $[0,\infty]\times\Omega$(1). Une mesure $\mu\in\underline{\underline{M}}^1$ admet la représentation $\mu(H)=E[\int_{[0,\infty]} H_s dA_s]$, où A est un processus à variation intégrable. Le théorème 6 de l'exposé sur les travaux de Baxter-Chacon (dans ce volume) peut s'énoncer ainsi :

Soit L une partie de $\underline{\underline{M}}^1$ telle que les v.a. $\int|dA_s|$, pour $A\in L$, soient uniformément intégrables ; alors L est relativement compacte pour $\sigma(\underline{\underline{M}}^1,\underline{\underline{C}}^\infty)$.

On peut conjecturer que cela caractérise les parties faiblement compactes de $\underline{\underline{M}}^1$ pour la dualité avec $\underline{\underline{C}}^\infty$. Ici, les v.a. $\int|d[X^n,Y]_s|$ seraient

(1) Au § 1 nous avions $\underline{\underline{B}}^1$ et $\underline{\underline{M}}^\infty$, ici $\underline{\underline{B}}^\infty$ et $\underline{\underline{M}}^1$.

elles uniformément intégrables ? On a un résultat beaucoup plus fort.

THEOREME 8. L'ensemble des v.a. $\int_{[0,\infty]} |d[X,Y]_s|$, où X parcourt une partie K faiblement compacte de $\underline{\underline{H}}^1$, Y la boule unité de $\underline{\underline{BMO}}$, est uniformément intégrable .

DEMONSTRATION. Nous prenons une fonction Φ modérée telle que $E[\Phi(X^*)]$ (ou $E[\Phi([X,X]_\infty^{1/2})]$) reste borné pour $X\in K$, et nous désignons par Ψ la fonction de Young conjuguée de Φ (non nécessairement modérée). Comme Ψ est nulle en 0, $\Psi(t)/t$ est une fonction croissante de t admettant une limite finie en 0, et la fonction $\overline{\Psi}(u)= u\int_0^u \frac{\Psi(s)}{s}\,ds$ est une fonction de Young, dont on désignera par $\overline{\Phi}$ la fonction conjuguée. Nous allons montrer que

$$\sup_{X\in K,\ \|Y\|_{\underline{\underline{BMO}}}\leq 1} \|\int|d[X,Y]_s|\|_{L^{\overline{\Phi}}} < \infty$$

et pour cela il suffit de montrer que, pour toute v.a. bornée Z que $\|Z\|_{L^{\overline{\Psi}}} \leq 1$, tout X et tout Y comme ci-dessus, on a

$$E[Z\int_0^\infty |d[X,Y]_s|] \leq M < \infty$$

Introduisons la martingale bornée $Z_s=E[Z|\underline{\underline{F}}_s]$, le processus optionnel (H_s) borné par 1 tel que $|d[X,Y]_s|= H_s d[X,Y]_s$; l'espérance précédente s' écrit $E[[(ZH).X,Y]_\infty]$, et d'après l'inégalité de Fefferman elle est majorée en valeur absolue par $\|(ZH).X\|_{\underline{\underline{H}}^1}\|Y\|_{\underline{\underline{BMO}}}$. La dernière norme étant majorée par 1, il nous reste à majorer (sém.X p.343, (19.4))

$$E[(\int Z_s^2H_s^2\, d[X,X]_s)^{1/2}] \leq E[\ Z^*[X,X]_\infty^{1/2}\ ] \leq 2\|Z^*\|_{L^\Psi}\ \|[X,X]_\infty^{1/2}\|_{L^\Phi}$$

(Neveu, martingales en temps discret, proposition IX.2.2 p. 196). Cette dernière norme est bornée d'après l'hypothèse faite sur Φ , et il nous reste simplement à montrer que $\|Z^*\|_{L^\Psi}$ est borné. Or la démonstration de l'inégalité de Doob telle qu'elle figure dans Meyer, Martingales and stochastic integrals I , p. 29 (formule (10.2)) nous dit que

$$E[\Psi(\frac{Z^*}{2})] \leq E[\ Z\int_0^Z \frac{\Psi(s)}{s}ds\ ] = E[\overline{\Psi}(Z)] \leq 1$$

et cela signifie que $\|Z^*\|_{L^\Psi} \leq 2$.

Nous conclurons ce paragraphe sur un résultat incomplet (voir le commentaire suivant la démonstration).

THEOREME 9. Soit (X^n) une suite d'éléments de $\underline{\underline{H}}^1$. Supposons que pour tout processus prévisible borné J les v.a. $(J.X^n)_\infty$ convergent pour $\sigma(L^1,L^\infty)$. Alors la suite (X^n) est bornée dans $\underline{\underline{H}}^1$, et il existe $X\in\underline{\underline{H}}^1$ tel que

(15) Pour tout J prévisible borné, $(J.X^n)_\infty \to (J.X)_\infty$ pour $\sigma(L^1,L^\infty)$.

DEMONSTRATION. Tout d'abord, il existe $X \in L^1$ tel que $X^n \to X$ pour $\sigma(L^1, L^\infty)$ (prendre $J=1$), et on a

$$(J.X^n)_\infty \to (J.X)_\infty \quad \text{pour tout processus prévisible } \underline{\text{élémentaire}}\ J^{(1)}.$$

Considérons l'espace de Banach $b(\mathcal{P})$ des processus prévisibles bornés, avec la norme uniforme. Pour tout n, soit T_n l'opérateur de $b(\mathcal{P})$ dans L^1

$$T_n(J) = (J.X^n)_\infty$$

La norme de T_n est égale à $\sup_{J \in \underline{\underline{J}}} \|(J.X^n)_\infty\|_{L^1} = \|X^n\|_{is}$ (notations du début du paragraphe 2), elle est équivalente à $\|X^n\|_{\underline{\underline{H}}^1}$. D'autre part, pour tout J fixé, $\|T_n(J)\|_{L^1}$ reste borné ; d'après le théorème de Banach-Steinhaus, $\|T_n\|$ reste borné, et cela signifie que la suite (X^n) est bornée dans $\underline{\underline{H}}^1$. D'après le lemme 2, on a $X \in \underline{\underline{H}}^1$.

Fixons $A \in \underline{\underline{F}}$ et posons

$$\mu_n(J) = \int_A (J.X^n)_\infty P \qquad \mu(J) = \int_A (J.X)_\infty P$$

mesure signée bornée sur la tribu prévisible. Par hypothèse, $\mu_n(J)$ a une limite $\lambda(J)$ lorsque $n \to \infty$; d'après le théorème de Vitali-Hahn-Saks, λ est une mesure. Or on a $\lambda(J)=\mu(J)$ pour tout processus prévisible élémentaire ; il en résulte que $\lambda=\mu$, et (15) est établi.

COMMENTAIRE. Il est tout naturel de se demander si les X^n tendent vers X pour $\sigma(\underline{\underline{H}}^1, \underline{\underline{BMO}})$. Or (15) équivaut à dire que

$$(X^n, Z) \to (X, Z) \text{ pour } Z \in \underline{\underline{Z}} = \{ J.Y \mid J \in \underline{\underline{J}} , \|Y\|_{L^\infty} \leq 1 \}$$

On se retrouve donc en face d'un problème posé dans le séminaire X, p. 394, et faussement résolu dans le séminaire XI, p.476 (voir les errata de ce volume). Si l'on savait que tout élément de la boule unité de $\underline{\underline{BMO}}$ admet une représentation intégrale

$$Y = \int_{\underline{\underline{Z}}} Z \mu(dZ)$$

où μ est une mesure bornée sur $\underline{\underline{Z}}$ (pour la structure mesurable sur $\underline{\underline{Z}}$ associée aux applications $Z \mapsto (Z, U)$, $U \in \underline{\underline{H}}^1$), le théorème de convergence dominée nous permettrait de conclure. La réponse serait positive a fortiori si l'on savait que Y admet une représentation

$$Y = \Sigma_n \lambda_n Z_n \ , \ Z_n \in \underline{\underline{Z}} \ , \ \Sigma_n |\lambda_n| < \infty$$

mais on ne sait rien sur ces questions .

1. J est élémentaire s'il est combinaison linéaire finie de processus de la forme $H(\omega)I_{\{0\}}(t)$ (H $\underline{\underline{F}}_0$-mes. bornée) ou $H(\omega)I_{]u,v]}(t)$ ($u<v<\infty$, H $\underline{\underline{F}}_u$-mesurable bornée).

REMARQUE. Le théorème 9 peut être considéré comme un résultat de convergence de certaines bimesures $\lambda(A,J)$, A parcourant $\underline{\underline{F}}$ et J parcourant la tribu prévisible $\mathcal{P}$ (ou par extension l'espace $b(\mathcal{P})$ des processus prévisibles bornés). A cet égard, on peut noter le théorème suivant, que nous ne démontrerons pas :

Pour qu'une fonction $(A,J) \longmapsto \lambda(A,J)$ soit de la forme $\int_A (J\cdot X)_\infty P$, où X appartient à $\underline{\underline{H}}^1$, il faut et il suffit que

1) Pour A fixé, $\lambda(A,.)$ soit une mesure bornée sur $\mathcal{P}$.
2) Pour J fixé, $\lambda(.,J)$ soit une mesure bornée sur $\underline{\underline{F}}$, absolument continue par rapport à P (il suffit même de supposer cette continuité absolue pour $\lambda(.,1)$ seulement).
3) Pour tout t.a. T , $\lambda(A, [0,T]) = \lambda(E[1_A|\underline{\underline{F}}_T],1)$
4) Pour tout $A \in \underline{\underline{F}}_T$ $\lambda(A,J) = \lambda(A, JI_{[0,T[})$.

§ 3. SUR LA DENSITE DE L^∞ DANS $\underline{\underline{BMO}}$.

Nous commençons par quelques résultats positifs :

LEMME 6. Soit $X \in \underline{\underline{BMO}}$. Pour toute suite de t.a. $T_n \uparrow \infty$, X^{T_n} tend vers X pour la topologie faible $\sigma(\underline{\underline{H}}^1, \underline{\underline{BMO}})$.

DEMONSTRATION. Soit $Y \in \underline{\underline{H}}^1$; alors $(X^{T_n},Y) = (X,Y^{T_n})$, et il suffit de remarquer que Y^{T_n} converge vers Y dans $\underline{\underline{H}}^1$ fort.

COROLLAIRE. Soit β la boule unité de $\underline{\underline{BMO}}$. Alors $\beta \cap L^\infty$ est dense dans β pour $\sigma(\underline{\underline{BMO}}, \underline{\underline{H}}^1)$ [1].

DEMONSTRATION. Si $X \in \beta$, on choisit les $T_n = \inf\{t : |X_t| \geq n\}$; X étant à sauts bornés, X^{T_n} appartient à $\beta \cap L^\infty$, et on applique le lemme 6.

LEMME 7. Soit $X \in L^1$. Alors la norme (non nécessairement finie)

$$[\![X]\!] = \sup_{Y \in \beta \cap L^\infty} E[X_\infty Y_\infty]$$

est équivalente à la norme $\|X\|_{\underline{\underline{H}}^1}$.

DEMONSTRATION. Si $X \in \underline{\underline{H}}^1$, on a d'après le corollaire précédent $[\![X]\!] = \sup_{Y \in \beta} (X,Y)$, et la dualité entre $\underline{\underline{H}}^1$ et $\underline{\underline{BMO}}$ entraîne que $\frac{1}{c}\|X\|_{\underline{\underline{H}}^1} \leq [\![X]\!] \leq c\|X\|_{\underline{\underline{H}}^1}$ pour un c convenable. Il reste à montrer que si $X \notin \underline{\underline{H}}^1$ on a $[\![X]\!] = \infty$. Choisissons des $T_n \uparrow \infty$ tels que $X^{T_n} \in \underline{\underline{H}}^1$; on a $[\![X^{T_n}]\!] \geq \frac{1}{c}\|X^{T_n}\|_{\underline{\underline{H}}^1}$ qui tend vers l'infini. Il ne reste plus qu'à remarquer que la norme $[\![\;]\!]$ est diminuée par arrêt.

COROLLAIRE. Soit $X \in L^1$. La forme linéaire sur L^∞ $Y \longmapsto E[X_\infty Y_\infty]$ admet un prolongement continu à $\underline{\underline{BMO}}$ si et seulement si X appartient à $\underline{\underline{H}}^1$.

(Nous verrons dans un instant que ce prolongement n'est pas unique,

1. Si la norme sur $\underline{\underline{BMO}}$ est diminuée par arrêt (c'est vrai pour $\underline{\underline{BMO}}_2$).

L^∞ n'étant pas fortement dense dans $\underline{\underline{BMO}}$; le prolongement $Y \mapsto (X,Y)$ est caractérisé par le fait d'être continu pour $\sigma(\underline{\underline{BMO}},\underline{\underline{H}}^1)$... c'est une belle trivialité).

Voici les résultats négatifs ; ils sont moins évidents que ceux que l'on vient de donner !

THEOREME 10. Si L^∞ et $\underline{\underline{BMO}}$ sont distincts, L^∞ n'est ni fortement fermé ni fortement dense dans $\underline{\underline{BMO}}$.

DEMONSTRATION. a) Supposons L^∞ fortement dense dans $\underline{\underline{BMO}}$, et montrons que $\underline{\underline{H}}^1=L^1$. $\underline{\underline{H}}^1$ étant dense dans L^1, il nous suffit de montrer que les deux normes sont équivalentes sur $\underline{\underline{H}}^1$, ou encore que toute suite (X^n) d'éléments de $\underline{\underline{H}}^1$ qui converge vers 0 dans L^1 fort converge vers 0 dans $\underline{\underline{H}}^1$. Soit $\overline{X}^n= X^n$ si $\|X^n\|_{\underline{\underline{H}}^1}\leq 1$, $X^n/\|X^n\|_{\underline{\underline{H}}^1}$ si $\|X^n\|_{\underline{\underline{H}}^1}>1$; la suite $(\overline{X}^n)$ est bornée dans $\underline{\underline{H}}^1$ et converge vers 0 dans L^1, et il nous suffit de montrer que $\overline{X}^n\to 0$ dans $\underline{\underline{H}}^1$; autrement dit, il nous suffit de traiter le cas où la suite (X^n) est bornée dans $\underline{\underline{H}}^1$. Mais alors, la suite X^n convergeant vers 0 pour $\sigma(L^1,L^\infty)$ et L^∞ étant fortement dense dans $\underline{\underline{BMO}}$, X^n converge vers 0 pour $\sigma(\underline{\underline{H}}^1,\underline{\underline{BMO}})$, et le théorème 4 nous dit qu'elle converge vers 0 dans $\underline{\underline{H}}^1$.

b) Supposons L^∞ fortement fermé dans $\underline{\underline{BMO}}$. Alors la norme $\underline{\underline{BMO}}$ est équivalente sur L^∞ à la norme L^∞ (th. du graphe fermé), et la norme $\|\!|\;\|\!|$ du lemme 7 est donc équivalente à la norme L^1. D'après le lemme 7 on a $\underline{\underline{H}}^1=L^1$ avec une norme équivalente, et enfin $L^\infty=\underline{\underline{BMO}}$ par dualité.

ETUDE D'UN EXEMPLE SIMPLE

Nous prenons pour $(\Omega,\underline{\underline{F}}^o)$ l'intervalle $]0,1[$ muni de sa tribu borélienne, et pour loi P la mesure de Lebesgue. Sur Ω nous désignons par $(\underline{\underline{F}}^o_t)$ la plus petite famille de tribus continue à droite pour laquelle la v.a.

$$S(w) = 1-w \qquad w\in]0,1[$$

est un temps d'arrêt . Rien n'est plus facile que d'expliciter $\underline{\underline{F}}^o_t$: elle est engendrée par les boréliens de $[1-t,1[$ et par l'atome $]0,1-t[$. On a $\underline{\underline{F}}^o_1=\underline{\underline{F}}^o_{1-}=\underline{\underline{F}}^o$, donc il est inutile de considérer les temps ≥ 1. L'omission du ^{o} signifie que l'on a complété pour la mesure de Lebesgue et adjoint les ensembles négligeables, comme d'habitude.

Soit X une variable aléatoire intégrable sur Ω . Associons lui la v.a. sur Ω $\qquad MX(w) = \frac{1}{w}\int_0^w X(u)du \qquad$ de sorte que $MX(1)=E[X]$

La martingale X_t est alors très facile à expliciter :

(16) $\qquad X_t(w) = MX(1-t)I_{\{t<S(w)\}} + X(w)I_{\{t\geq S(w)\}}$ $\qquad$ noter que $MX=X_{S-}$

d'où quelques calculs

$$(17) \qquad [X,X]_\infty = X_0^2 + \Delta X_S^2 = E[X]^2 + (X-MX)^2$$

$$(18) \qquad X^*(w) = |X(w)| \vee \sup_{t>w} |MX(t)|$$

L'appartenance à $\underline{\underline{H}}^1$ de $X \in L^1$ équivaut d'après (17) à l'intégrabilité de $|X-MX|$, donc de MX (ou encore, de X_{S-}). Il n'est nullement évident que cela entraîne l'intégrabilité de X^*!

L'appartenance de X à $\underline{\underline{BMO}}$ entraîne que le saut de X à l'instant S est borné. Mais inversement cette condition entraîne ici que $[X,X]_\infty$ est borné, donc que X appartient à $\underline{\underline{BMO}}$. Nous avons donc

$$\underline{\underline{BMO}} = \{ X \in L^1 : X-MX \in L^\infty \}$$

avec pour norme $E[|X|]+\|X-MX\|_\infty$. Il est très intéressant de noter que $\underline{\underline{BMO}}$ est ici <u>identique</u> à l'espace $\underline{\underline{H}}^\infty$ des martingales X telles que $[X,X]_\infty$ appartienne à L^∞ ; cet espace peut donc être <u>dense</u> dans $\underline{\underline{BMO}}$ dans des cas non triviaux (au contraire de L^∞), et il est possible qu'il soit <u>toujours</u> dense dans $\underline{\underline{BMO}}$.

La fonction $X(w)=\log w$ appartient à $\underline{\underline{BMO}}$ avec $X-MX=1$. Si elle est approchable dans $\underline{\underline{BMO}}$ par des éléments de L^∞, il existe $Y \in L^\infty$ tel que la fonction Y-MY soit comprise entre $1-\varepsilon$ et $1+\varepsilon$ p.p.. Or la fonction Z= MY est continue, bornée sur $]0,1[$ puisque Y et Y-MY sont bornées p.p., et d'autre part elle est absolument continue avec une dérivée égale p.p. à

$$Z'(w) = \frac{Y(w)-MY(w)}{w} \geq \frac{1-\varepsilon}{w}$$

ce qui lui impose une croissance logarithmique en 0. Le tout est donc absurde, et X n'appartient pas à l'adhérence de L^∞ dans $\underline{\underline{BMO}}$.

SUR UNE CONSTRUCTION DES SOLUTIONS D'EQUATIONS DIFFERENTIELLES STOCHASTIQUES DANS LE CAS NON-LIPSCHITZIEN

par

Toshio YAMADA

Nous consacrons cet article à l'étude du type d'équations que nous avons déjà discuté dans l'article [6]. Dans ce dernier, nous avons démontré que la solution approchée par la méthode des différences finies converge au sens de L^1 vers la solution, sous certaines conditions comprenant la condition höldérienne d'exposant $\frac{1}{2}$.

Dans cet article-ci, nous allons d'abord donner par la méthode des différences finies une construction de la solution sur un espace probabilisé donné, avec un mouvement brownien donné sur ce dernier.

Puis nous allons voir que la solution approchée converge au sens de L^2 vers la solution. La méthode essentielle que nous utiliserons dans les démonstrations est la même que dans l'article [6]. Mais les démonstrations seront simplifiées et une condition qui a été posée dans ce dernier pour des raisons très techniques n'apparaîtra plus. On connaît déjà l'existence de la solution faible d'équations différentielles stochastiques dont les coefficients sont continus par le théorème de Skorohod [3]. On connaît aussi l'existence de la solution stricte dans le cas où il y a unicité trajectorielle (voir par exemple [5]). La construction effectuée dans cet article ne fournit donc rien de nouveau au problème de l'existence des solutions.

Mais elle peut être intéressante si l'on reconnaît sa simplicité par comparaison avec la construction dans le cas général de Skorohod et si l'on remarque qu'elle est faite sur n'importe quel espace probabilisé donné avec un mouvement brownien arbitraire défini sur ce dernier.

Soit $(\Omega,\mathfrak{F},P;\mathfrak{F}_t)$ un espace probabilisé muni d'une famille croissante de tribus $\{\mathfrak{F}_t\}_{t\in[0,\infty)}$ telle que $\mathfrak{F}_s \subset \mathfrak{F}_t$ si $s<t$, $\mathfrak{F}_t \subset \mathfrak{F}$ pour chaque t.

Soient $\sigma(t,x)$ et $b(t,x)$ deux fonctions réelles continues définies sur $[0,\infty)\times R^1$. Supposons que $\sigma(t,x)$ et $b(t,x)$ satisfassent aux conditions suivantes.

(A)[(1)] Il existe une fonction continue $\rho(u)$ définie sur $[0,\infty)$ telle que

$$|\sigma(t,x)-\sigma(t,y)| \le \rho(|x-y|)\ ,\ \forall\ x,y\in R^1\ .$$

On suppose que $\rho(0)=0$, que ρ est croissante et que l'on a

$$(1)\qquad \int_{0+} \rho^{-2}(u)du = \infty\ .$$

(B) Il existe une constante $K_1>0$ telle que

$$|b(t,x)-b(t,y)| \le K_1|x-y|\ ,\ \forall\ x,y\in R^1\ .$$

C'est-à-dire que $b(t,x)$ satisfait la condition lipschitzienne.

(C) Il existe une constante $K_2>0$ telle que

$$|\sigma(t,x)|+|b(t,x)| \le K_2(1+x^2)^{\frac{1}{2}}\ .$$

Nous allons considérer l'équation différentielle stochastique du type d'Ito

$$(2)\qquad x(t) = x(0) + \int_0^t \sigma(s,x(s))dB_s + \int_0^t b(s,x(s))ds\ .$$

DEFINITION. (Solution de (2)). <u>On appelle solution de l'équation (2) un couple</u> $(x(t),B_t)$ <u>tel que</u>

(i) $x(t)$ <u>et</u> B_t <u>sont définis sur</u> $(\Omega,\mathfrak{F},P;\mathfrak{F}_t)$;

(ii) $x(t)$ <u>est un processus continu par rapport à</u> t <u>et</u> $\mathfrak{F}_t$<u>-adapté</u> ;

---

(1) Dans l'article [6], en plus de ces conditions posées sur ρ, on suppose aussi qu'il existe une constante K_0 et un nombre $N>0$ tels que $\rho(u)\le K_0u$, si $u\ge N$.

(iii) B_t <u>est un mouvement brownien par rapport à</u> $\mathfrak{F}_t$, $B_0 \equiv 0$, <u>c'est-à-dire que</u> B_t <u>est une martingale continue par rapport à</u> $\mathfrak{F}_t$, $E((B_t - B_s)^2/\mathfrak{F}_s) = t-s$ $(t \geq s \geq 0)$ <u>et</u> $B_0 \equiv 0$;

(iv) $(x(t),B_t)$ <u>satisfait</u>

$$x(t) = x(0) + \int_0^t \sigma(s,x(s))dB_s + \int_0^t b(s,x(s))ds .$$

<u>Remarque 1</u> : Les fonctions $\rho(u) = u^{\alpha}$ $(1 \geq \alpha \geq \frac{1}{2})$,

$$\rho(u) = u^{\frac{1}{2}}(\log \frac{1}{u})^{\frac{1}{2}} , \quad \rho(u) = u^{\frac{1}{2}}(\log \frac{1}{u})^{\frac{1}{2}}(\log_{(2)}\frac{1}{u}) , \ldots$$

définies dans un voisinage à droite de 0 , satisfont (1).

Maintenant, nous allons définir une solution approchée de l'équation (2) par la méthode des différences finies.

Nous fixons $T>0$. Soit $\Delta: 0 = t_0 < t_1 < \ldots < t_n = T$, une subdivision de l'intervalle $[0,T]$ et soit $\|\Delta\| = \sup_{1 \leq \nu \leq n} |t_\nu - t_{\nu-1}|$.

Nous posons $x_\Delta(0) = \alpha(\omega)$ où $\alpha(\omega)$ est $\mathfrak{F}_0$-mesurable. Pour ν , nous posons

$$x_\Delta(t_\nu) = x_\Delta(t_{\nu-1}) + \sigma(t_{\nu-1},x_\Delta(t_{\nu-1}))(B_{t_\nu} - B_{t_{\nu-1}})$$
$$+ b(t_{\nu-1},x_\Delta(t_{\nu-1}))(t_\nu - t_{\nu-1}) \quad (1 \leq \nu \leq n)$$

et pour t , $t_\mu \leq t < t_{\mu+1}$, $\mu = 0,\ldots,n-1$, nous posons

$$x_\Delta(t) = x_\Delta(t_\mu) + \sigma(t_\mu,x_\Delta(t_\mu))(B_t - B_{t_\mu})$$
$$+ b(t_\mu,x_\Delta(t_\mu))(t - t_\mu) .$$

<u>Remarque 2</u> : Soit $\eta_\Delta(t) = t_\nu$, si $t_\nu \leq t < t_{\nu-1}$, on a alors

$$x_\Delta(t) = \alpha(\omega) + \int_0^t \sigma(\eta_\Delta(s),x_\Delta(\eta_\Delta(s)))dB_s$$

$$+\int_0^t b(\eta_\Delta(s),x_\Delta(\eta_\Delta(s)))ds \ .$$

THEOREME. Supposons que $E(\alpha^4(\omega)) < +\infty$.

(i) Soient $(x_\Delta(t),B_t)$, $(x_{\Delta'}(t),B_t)$ deux solutions approchées construites à partir du même mouvement brownien B_t. Supposons que $x_\Delta(0) = x_{\Delta'}(0) = \alpha(\omega)$, alors, $\lim_{\substack{\|\Delta\|\to 0 \\ \|\Delta'\|\to 0}} E[\sup_{0\le t\le T} |x_\Delta(t) - x_{\Delta'}(t)|^2] = 0$, pour $T < +\infty$.

(ii) On peut construire la solution $(x(t),B_t)$ de l'équation (2), $x(t) = \alpha(\omega) + \int_0^t \sigma(s,x(s))dB_s + \int_0^t b(s,x(s))ds$ où B_t est le même mouvement brownien que dans (i), comme la limite des $x_\Delta(t)$ au sens suivant :

$$\lim_{\|\Delta\|\to 0} E[\sup_{0\le t\le T} |x_\Delta(t) - x(t)|^2] = 0 \ .$$

Pour démontrer le théorème, nous préparons quelques lemmes.

LEMME 1. Sous la condition (C), on a

$$E[x_\Delta^{2p}(t)] \le K_3(1 + E(x_\Delta^{2p}(0))) \ , \ p = 1,2,\dots$$

où $K_3 > 0$ est une constante indépendante de Δ, de $x_\Delta(0)$ et de t (sans supposer satisfaites les conditions (A) et (B)).

On peut voir la démonstration de ce lemme dans [2].

LEMME 2. Soit A la famille des subdivisions de $[0,T]$. Tous les ensembles suivants sont uniformément intégrables, sous les conditions (C) et $E[\alpha^4(\omega)] < +\infty$.

(i) $\{x_\Delta^p(t)\ ,\ \Delta\in A\ ,\ t\in[0,T]\}$; $p = 1,2$;

(ii) $\{b(t,x_\Delta(t)) - b(\eta_\Delta(t),x_\Delta(\eta_\Delta(t))\ ;\ \Delta\in A\ ,\ t\in[0,T]\}$

(iii) $\{\{\sigma(t,x_\Delta(t)) - \sigma(\eta_\Delta(t),x_\Delta(\eta_\Delta(t)))\}^2 ; \Delta\in A\ ,\ t\in[0,T]\}$

(iv) $\{\{b(\eta_\Delta(t),x_\Delta(\eta_\Delta(t))) - b(\eta_{\Delta'}(t),x_{\Delta'}(\eta_{\Delta'}(t)))\}^2\ ;\ \Delta,\Delta'\in A\ ,\ t\in[0,T]\}$

(v) $\{\{\sigma(\eta_\Delta(t),x_\Delta(\eta_\Delta(t))) - \sigma(\eta_{\Delta'}(t),x_{\Delta'}(\eta_{\Delta'}(t)))\}^2\ ;\ \Delta,\Delta'\in A\ ,\ t\in[0,T]\}$.

Démonstration : Nous allons donner la démonstration de (iii). D'après la condition (C) et le lemme 1, on a :

$$E[\{\sigma(t,x_\Delta(t)) - \sigma(\eta_\Delta(t),x_\Delta(\eta_\Delta(t))\}^4]$$

$$\leq 4E[\sigma^4(t,x_\Delta(t))] + 4E[\sigma^4(\eta_\Delta(t),x_\Delta(\eta_\Delta(t)))]$$

$$\leq 4K_2^4\{E[1+2x_\Delta^2(t)+x_\Delta^4(t)] + E[1+2x_\Delta^2(\eta_\Delta(t))+x_\Delta^4(\eta_\Delta(t))]\}$$

$$\leq 8K_2^4\{1+2K_3(1+E[\alpha^2(\omega)]) + K_3'(1+E[\alpha^4(\omega)])\} < +\infty .$$

Puisque le membre de droite ne dépend que de $E[\alpha^2(\omega)]$ et de $E[\alpha^4(\omega)]$, $E[\{\sigma(t,x_\Delta(t)) - \sigma(\eta_\Delta(t),x_\Delta(\eta_\Delta(t)))\}^2]$ est uniformément borné pour $\Delta \in A$ et $t \in [0,T]$. Alors on peut voir d'après le Théorème de La Vallée Poussin (voir par exemple Dellacherie-Meyer [4], p. 38) que l'ensemble des processus $\{\{\sigma(t,x_\Delta(t)) - \sigma(\eta_\Delta(t),x_\Delta(\eta_\Delta(t))\}^2 ; \Delta \in A , t \in [0,T]\}$ est uniformément intégrable.

On peut obtenir les résultats (i), (ii), (iv) et (v) par des méthodes semblables.

LEMME 3. Sous la condition (C), on a

$$E[|x_\Delta(t) - x_\Delta(s)|^2] \leq K_4|t-s| , \quad t,s \in [0,T]$$

où $K_4 > 0$ est une constante indépendante de $\Delta \in A$, et de $t,s \in [0,T]$ (sans supposer satisfaites les conditions (A) et (B)).

Démonstration : Soit $s \leq t$, nous avons

$$E[|x_\Delta(t) - x_\Delta(s)|^2] \leq 2E[(\int_s^t \sigma(\eta_\Delta(u),x_\Delta(\eta_\Delta(u)))dB_u)^2]$$

$$+ 2E[(\int_s^t b(\eta_\Delta(u),x_\Delta(\eta_\Delta(u)))du)^2]$$

$$\leq 2(\int_s^t E[\sigma^2(\eta_\Delta(u),x_\Delta(\eta_\Delta(u)))]du)$$

$$+ 2(t-s)(\int_s^t E[b^2(\eta_\Delta(u),x_\Delta(\eta_\Delta(u)))]du) .$$

D'après la condition (C), on a :

$$\leq 2\left(\int_s^t E[K_2^2(1+x_\Delta^2(\eta_\Delta(u)))]du\right)$$

$$+\ 2(t-s)\left(\int_s^t E[K_2^2(1+x_\Delta^2(\eta_\Delta(u)))]du\right) .$$

D'après le lemme 1, on sait que $E(x_\Delta^2(\eta_\Delta(u))) \leq K_3(1+E[\alpha^2(\omega)])$; alors, on a :

$$\leq 2K_5(t-s) + 2K_5(t-s)^2 \leq K_4(t-s)$$

où

$$K_5 = K_2^2[1+(K_3(1+E[\alpha^2(\omega)]))]$$

et

$$K_4 = 2(K_5 + K_5 T) . \qquad \text{C.Q.F.D.}$$

LEMME 4. Etant donné un $\varepsilon > 0$, il existe $\delta > 0$ tel que

(i) $E[\int_0^T |b(s,x_\Delta(s)) - b(\eta_\Delta(s),x_\Delta(\eta_\Delta(s)))|ds] < \varepsilon$

(ii) $E[\int_0^T \{\sigma(s,x_\Delta(s)) - \sigma(\eta_\Delta(s),x_\Delta(\eta_\Delta(s)))\}^2 ds] < \varepsilon$ où $\|\Delta\| < \delta$.

Démonstration : Nous allons donner seulement la démonstration de (ii). On peut obtenir (i) par la même méthode.

D'abord, nous allons démontrer par l'absurde pour chaque $s \in [0,T]$ que

(3) $$\lim_{\|\Delta\| \to 0} E\{\sigma(s,x_\Delta(s)) - \sigma(\eta_\Delta(s),x_\Delta(\eta_\Delta(s)))\}^2 = 0 .$$

Supposons qu'il y ait une suite de subdivisions Δ_n , $\|\Delta_n\| \to 0$ $(n \to \infty)$, telle que

(4) $$\lim_n E\{\sigma(s,x_{\Delta_n}(s)) - \sigma(\eta_{\Delta_n}(s),x_{\Delta_n}(\eta_{\Delta_n}(s)))\}^2 = c > 0 .$$

Posons

Posons

$$\sigma_{2N}(s,x) = \begin{cases} \sigma(s,x) & \text{si } |x| < 2N \\ \sigma(s,2N) & \text{si } x \geq 2N \\ \sigma(s,-2N) & \text{si } x \leq -2N . \end{cases}$$

D'après le lemme 3, on sait que :

$$E[|x_{\Delta_n}(s) - x_{\Delta_n}(\eta_{\Delta_n}(s))|^2] \leq K_4 \|\Delta_n\| ,$$

alors, on peut choisir $\{\Delta_{n_p}\} \subset \{\Delta_n\}$ tel que :

$$|x_{\Delta_{n_p}}(s) - x_{\Delta_{n_p}}(\eta_{\Delta_{n_p}}(s))|$$

tend vers 0 (p.s.), lorsque n_p tend vers l'infini.

Nous avons

$$E[\sigma(s,x_{\Delta_{n_p}}(s) - \sigma(\eta_{\Delta_{n_p}}(s),x_{\Delta_{n_p}}(\eta_{\Delta_{n_p}}(s)))\}^2]$$

$$\leq E[\{\sigma_{2N}(s,x_{\Delta_{n_p}}(s)) - \sigma_{2N}(\eta_{\Delta_{n_p}}(s),x_{\Delta_{n_p}}(\eta_{\Delta_{n_p}}(s)))\}^2]$$

$$+ E[2\sigma^2(s,x_{\Delta_{n_p}}(s)) : |x_{\Delta_{n_p}}(s)| > N]$$

$$+ E[2\sigma^2(s,x_{\Delta_{n_p}}(s)) : |x_{\Delta_{n_p}}(s)| \leq N , |x_{\Delta_{n_p}}(\eta_{\Delta_{n_p}}(s))| > 2N]$$

$$+ E[2\sigma^2(\eta_{\Delta_{n_p}}(s),x_{\Delta_{n_p}}(\eta_{\Delta_{n_p}}(s))) : |x_{\Delta_{n_p}}(\eta_{\Delta_{n_p}}(s))| > N]$$

$$+ E[2\sigma^2(\eta_{\Delta_{n_p}}(s),x_{\Delta_{n_p}}(\eta_{\Delta_{n_p}}(s))) : |x_{\Delta_{n_p}}(\eta_{\Delta_{n_p}}(s))| \leq N , |x_{\Delta_{n_p}}(s)| > 2N] .$$

D'après le lemme 3, on a :

$$P(|x_{\Delta_{n_p}}(s) - x_{\Delta_{n_p}}(\eta_{\Delta_{n_p}}(s))| > N) \leq \frac{K_4^{\frac{1}{2}}\|\Delta_{n_p}\|^{\frac{1}{2}}}{N} .$$

Alors, d'après la condition (C), on peut obtenir que

$$E[\{\sigma(s,x_{\Delta_{n_p}}(s)) - \sigma(\eta_{\Delta_{n_p}}(s),x_{\Delta_{n_p}}(\eta_{\Delta_{n_p}}(s)))\}^2]$$

$$\leq E[\{\sigma_{2N}(s,x_{\Delta_{n_p}}(s))-\sigma_{2N}(\eta_{\Delta_{n_p}}(s),x_{\Delta_{n_p}}(\eta_{\Delta_{n_p}}(s)))\}^2]$$

$$+ E[2K_2^2(1+x^2_{\Delta_{n_p}}(s)) : |x_{\Delta_{n_p}}(s)| > N]$$

$$+ 2K_2^2(1+N^2)\ \frac{K_4^{\frac{1}{2}}\|\Delta_{n_p}\|^{\frac{1}{2}}}{N}$$

$$+ E[2K_2^2(1+x^2_{\Delta_{n_p}}(\eta_{\Delta_{n_p}}(s))) : |x_{\Delta_{n_p}}(\eta_{\Delta_{n_p}}(s))| > N]$$

$$+ 2K_2^2(1+N^2)\ \frac{K_4^{\frac{1}{2}}\|\Delta_{n_p}\|^{\frac{1}{2}}}{N}$$

$$= E[I_1]+E[I_2]+E[I_3]+4K_2^2(1+N^2)\ \frac{K_4^{\frac{1}{2}}\|\Delta_{n_p}\|^{\frac{1}{2}}}{N}\ .$$

Donnons-nous un $\varepsilon > 0$. Nous savons d'après le lemme 2 que $x_\Delta^2(t)$, $\Delta \in A$, $t \in [0,T]$ sont uniformément intégrables, alors, on peut choisir N tel que $E[I_2]+E[I_3] < \frac{\varepsilon}{3}$.

Pour N fixée, $\sigma_{2N}(s,x)$ est uniformément continu par rapport à $(s,x) \in [0,T] \times R^1$. Par ailleurs $|\eta_{\Delta_{n_p}}(s) - s|$ tend vers 0 $(p \to \infty)$ et $|x_{\Delta_{n_p}}(s) - x_{\Delta_{n_p}}(\eta_{\Delta_{n_p}}(s))|$ tend vers 0, p.s. $(p \to \infty)$. Alors, on peut choisir n_{p_1} tel que $E[I_1] < \frac{\varepsilon}{3}$ pour $n_{p_1} < n_p$.

Enfin, on peut choisir n_{p_2} tel que

$$4K_2^2(1+N^2)\ \frac{K_4^{\frac{1}{2}}\|\Delta_{n_p}\|^{\frac{1}{2}}}{N} < \frac{\varepsilon}{3}\ ,\ \text{pour}\ n_{p_2} < n_p\ .$$

Finalement, on a pour $n_p > \max(n_{p_1}, n_{p_2})$

$$E[\{\sigma(s,x_{\Delta_{n_p}}(s)) - \sigma(\eta_{\Delta_{n_p}}(s),x_{\Delta_{n_p}}(\eta_{\Delta_{n_p}}(s)))\}^2] < \varepsilon\ .$$

Cette inégalité est contradictoire à (4). Alors, on en déduit

$$\lim_{\|\Delta\| \to 0} E[\{\sigma(s,x_\Delta(s)) - \sigma(\eta_\Delta(s),x_\Delta(\eta_\Delta(s)))\}^2] = 0\ .$$

Pour finir la démonstration, remarquons que

$$E[\{\sigma(s,x_\Delta(s)) - \sigma(\eta_\Delta(s),x_\Delta(\eta_\Delta(s)))\}^2] \ , \ s \in [0,T]$$

sont uniformémént intégrables par rapport à ds sur $[0,T]$. (Cela résulte de l'inégalité

$$\int_0^T [E\{\sigma(s,x_\Delta(s)) - \sigma(\eta_\Delta(s),x_\Delta(\eta_\Delta(s)))\}^2]^2 ds$$

$$\leq \int_0^T \{4K_2^2(1+K_3(1+E(\alpha^2(\omega))))\}^2 ds < +\infty .)$$

Alors, on a, d'après (3)

$$\lim_{\|\Delta\|\to 0} E(\int_0^T \{\sigma(s,x_\Delta(s)) - \sigma(\eta_\Delta(s),x_\Delta(\eta_\Delta(s)))\}^2 ds) = 0 .$$

C.Q.F.D.

Nous allons utiliser la fonction $\varphi_m(u)$ que nous avons introduite pour traiter de l'unicité des solutions d'équations différentielles stochastiques (voir [5]) c'est-à-dire, soit $1 = a_0 > a_1 > \ldots > a_m > 0$ une suite telle que

$$\int_{a_1}^{a_0} \rho^{-2}(u)du = 1, \ldots \int_{a_m}^{a_{m-1}} \rho^{-2}(u)du = m \ , \ a_m \to 0 \quad (m \to \infty) .$$

Soit $\varphi_m(u)$, $m = 1,2,\ldots$, une suite de fonctions telle que

(i) $\varphi_m(u)$ est définie sur $[0,\infty)$ et appartient à $C^2([0,\infty))$ et $\varphi_m(0) = 0$

(ii) $\varphi_m'(u) = \begin{cases} 0 & , \ 0 \leq u \leq a_m \\ \text{entre } 0 \text{ et } 1 & , \ a_m < u < a_{m-1} \\ 1 & , \ u \geq a_{m-1} \end{cases}$

(iii) $\varphi_m''(u) = \begin{cases} 0 & , \ 0 \leq u \leq a_m \\ \text{entre } 0 \text{ et } \frac{2}{m}\rho^{-2}(u) & , \ a_m < u < a_{m-1} \\ 0 & , \ u \geq a_{m-1} \end{cases}$

Et puis nous prolongeons $\varphi_m(u)$ sur $(-\infty,\infty)$ symétriquement, c'est-à-dire, $\varphi_m(u) = \varphi_m(|u|)$. Alors, on peut voir que $\varphi_m(u)$ appartient à $C^2[(-\infty,\infty)]$

et $\varphi_m(u) \uparrow |u|$.

On peut obtenir très facilement le lemme suivant.

LEMME 5. $|u| - a_m \leq \varphi_m(u)$.

Enfin, nous pouvons passer à la démonstration du théorème.

<u>1re étape</u> : Démonstration du fait que

$$\lim_{\substack{\|\Delta\|\to 0\\ \|\Delta'\|\to 0}} E|x_\Delta(t) - x_{\Delta'}(t)| = 0 \quad \text{pour chaque} \quad t \in [0,T] .$$

D'après le lemme 5 et la formule d'Ito, nous avons

$$(5) \qquad E|x_\Delta(t) - x_{\Delta'}(t)| - a_m \leq E[\varphi_m(x_\Delta(t) - x_{\Delta'}(t))]$$

$$= E[\varphi_m(x_\Delta(0), x_{\Delta'}(0))]$$

$$+ E[\int_0^t \varphi_m'(x_\Delta(s) - x_{\Delta'}(s))\{\sigma(\eta_\Delta(s), x_\Delta(s)) - \sigma(\eta_{\Delta'}(s), x_{\Delta'}(s))\}dB_s]$$

$$+ E[\int_0^t \varphi_m'(x_\Delta(s) - x_{\Delta'}(s))\{b(\eta_\Delta(s), x_\Delta(s)) - b(\eta_{\Delta'}(s), x_{\Delta'}(s))\}ds]$$

$$+ E[\tfrac{1}{2} \int_0^t \varphi_m''(x_\Delta(s) - x_{\Delta'}(s))\{\sigma(\eta_\Delta(s), x_\Delta(s)) - \sigma(\eta_{\Delta'}(s), x_{\Delta'}(s))\}^2 ds] .$$

Nous savons que $\varphi_m(x_\Delta(0), x_{\Delta'}(0)) = \varphi_m(\alpha(\omega), \alpha(\omega)) = 0$ et que le deuxième terme du membre de gauche de (5) est aussi 0 , et nous rappelons que $|\varphi_m'(u)| \leq 1$. Donc, on a d'après (5)

$$(6) \qquad E|x_\Delta(t) - x_{\Delta'}(t)|$$

$$\leq a_m + E[\int_0^t |b(\eta_\Delta(s), x_\Delta(\eta_\Delta(s))) - b(\eta_{\Delta'}(s), x_{\Delta'}(\eta_{\Delta'}(s)))|ds]$$

$$+ E[\tfrac{1}{2} \int_0^t \varphi_m''(x_\Delta(s) - x_{\Delta'}(s))\{\sigma(\eta_\Delta(s), x_\Delta(\eta_\Delta(s))) - \sigma(\eta_{\Delta'}(s), x_{\Delta'}(\eta_{\Delta'}(s)))\}^2 ds]$$

$$= a_m + E[I^{\Delta,\Delta'}] + E[J^{\Delta,\Delta'}] .$$

Pour $E[I^{\Delta,\Delta'}]$, on a

(7) $$E[I^{\Delta,\Delta'}] \le E[\int_0^t |b(\eta_\Delta(s),x_\Delta(\eta_\Delta(s))) - b(s,x_\Delta(s))|ds]$$

$$+ E[\int_0^t |b(s,x_\Delta(s)) - b(s,x_{\Delta'}(s))|ds]$$

$$+ E[\int_0^t |b(s,x_{\Delta'}(s)) - b(\eta_{\Delta'}(s),x_{\Delta'}(\eta_{\Delta'}(s)))|ds]$$

$$= E[I_1^{\Delta,\Delta'}] + E[I_2^{\Delta,\Delta'}] + E[I_3^{\Delta,\Delta'}] .$$

Pour $E[J^{\Delta,\Delta'}]$, on a

(8) $$E[J^{\Delta,\Delta'}] \le \frac{3}{2} E[\int_0^t \|\varphi_m''\| \{\sigma(\eta_\Delta(s),x_\Delta(\eta_\Delta(s))) - \sigma(s,x_\Delta(s))\}^2 ds]$$

$$+ \frac{3}{2} E[\int_0^t \varphi_m''(x_\Delta(s) - x_{\Delta'}(s))\{\sigma(s,x_\Delta(s)) - \sigma(s,x_{\Delta'}(s))\}^2 ds]$$

$$+ \frac{3}{2} E[\int_0^t \|\varphi_m''\| \{\sigma(\eta_{\Delta'}(s),x_{\Delta'}(\eta_{\Delta'}(s))) - \sigma(s,x_{\Delta'}(s))\}^2 ds]$$

$$= E[J_1^{\Delta,\Delta'}] + E[J_2^{\Delta,\Delta'}] + E[J_3^{\Delta,\Delta'}]$$

où $\|\varphi_m''\| = \sup_u |\varphi_m''(u)|$.

D'après la condition (A) et la définition de φ_m'' , on a

(9) $$E[J_2^{\Delta,\Delta'}]$$

$$\le \frac{3}{2} E[\int_0^t \{\sup_{a_m \le |x_\Delta(s) - x_{\Delta'}(s)| \le a_{m-1}} \frac{2}{m} \rho^{-2}(x_\Delta(s) - x_{\Delta'}(s))\rho^2(x_\Delta(s) - x_{\Delta'}(s))\}ds]$$

$$\le \frac{3T}{m} .$$

Alors, on peut voir que

(10) $$E[J^{\Delta,\Delta'}] \le \frac{3T}{m} + E[J_1^{\Delta,\Delta'}] + E[J_3^{\Delta,\Delta'}] .$$

Etant donné un $\varepsilon > 0$, on peut choisir $m > 0$, tel que

(11) $$0 < a_m < \frac{\varepsilon}{6} , \ \frac{3T}{m} < \frac{\varepsilon}{6} .$$

Puis d'après le lemme 4, il existe $\delta > 0$ tel que

(12)
$$E[I_1^{\Delta,\Delta'}] < \frac{\varepsilon}{6} \ , \ E[I_3^{\Delta,\Delta'}] < \frac{\varepsilon}{6} \ , \ E[J_1^{\Delta,\Delta'}] < \frac{\varepsilon}{6}$$
$$E[J_3^{\Delta,\Delta'}] < \frac{\varepsilon}{6} .$$

Alors, d'après les relations (6) à (12), on a

$$E|x_\Delta(t) - x_{\Delta'}(t)| < \varepsilon + E[I_2^{\Delta,\Delta'}] .$$

D'après la condition (B), on a

$$E|x_\Delta(t) - x_{\Delta'}(t)| < \varepsilon + K_1 \int_0^t E|x_\Delta(s) - x_{\Delta'}(s)| ds .$$

Donc, on en déduit pour $t \in [0,T]$

$$E|x_\Delta(t) - x_{\Delta'}(t)| \leq \varepsilon \sum_{n=0}^{\infty} \frac{K_1^n T^n}{n!} .$$ C.Q.F.D.

<u>2me étape</u> : Nous allons démontrer le fait que

(13)
$$\lim_{\substack{\|\Delta\| \to 0 \\ \|\Delta'\| \to 0}} E[\sup_{0 \leq t \leq T} |x_\Delta(t) - x_{\Delta'}(t)|^2] = 0 .$$

D'abord, nous préparons le lemme suivant.

LEMME 6. <u>Etant donné un</u> $\varepsilon > 0$, <u>il existe</u> $\delta > 0$ <u>tel que</u>

(i) $E[\int_0^T \{\sigma(\eta_\Delta(s), x_\Delta(\eta_\Delta(s))) - \sigma(\eta_{\Delta'}(s), x_{\Delta'}(\eta_{\Delta'}(s)))\}^2 ds] < \varepsilon$

(ii) $E[\int_0^T \{b(\eta_\Delta(s), x_\Delta(\eta_\Delta(s))) - b(\eta_{\Delta'}(s), x_{\Delta'}(\eta_{\Delta'}(s)))\}^2 ds] < \varepsilon$

où $\|\Delta\| < \delta$ et $\|\Delta'\| < \delta$.

<u>Démonstration</u> : Nous allons donner suelement la démonstration de (i).

D'abord nous démontrerons par l'absurde que

(14)
$$\lim_{\substack{\|\Delta\| \to 0 \\ \|\Delta'\| \to 0}} E[\{\sigma(\eta_\Delta(s), x_\Delta(\eta_\Delta(s))) - \sigma(\eta_{\Delta'}(s), x_{\Delta'}(\eta_{\Delta'}(s)))\}^2] = 0 ,$$

pour chaque $s \in [0,T]$.

Supposons qu'il y ait deux suites de subdivisions de $[0,T]$, Δ_n ; Δ'_n $n = 1,2,\ldots$ telles que $\|\Delta_n\| \to 0$, $\|\Delta'_n\| \to 0$ $(n \to \infty)$ et

$$(15) \qquad \lim_{n\to\infty} E[\{\sigma(\eta_{\Delta_n}(s), x_{\Delta_n}(\eta_{\Delta_n}(s))) - \sigma(\eta_{\Delta'_n}(s), x_{\Delta'_n}(\eta_{\Delta'_n}(s)))\}^2] = c > 0 .$$

Puisque

$$E[|x_{\Delta_n}(\eta_{\Delta_n}(s)) - x_{\Delta'_n}(\eta_{\Delta'_n}(s))|]$$

$$\leq E[|x_{\Delta_n}(\eta_{\Delta_n}(s)) - x_{\Delta_n}(s)|] + E[|x_{\Delta_n}(s) - x_{\Delta'_n}(s)|]$$

$$+ E[|x_{\Delta'_n}(s) - x_{\Delta'_n}(\eta_{\Delta'_n}(s))|] ,$$

on a d'après le lemme 3 et le résultat de la 1re étape,

$$\lim_{n\to\infty} E[|x_{\Delta_n}(\eta_{\Delta_n}(s)) - x_{\Delta'_n}(\eta_{\Delta'_n}(s))|] = 0 .$$

Alors, on peut choisir n_p , $p = 1,2,\ldots$ tel que

$$\lim_{p\to\infty} |x_{\Delta_{n_p}}(\eta_{\Delta_{n_p}}(s)) - x_{\Delta'_{n_p}}(\eta_{\Delta'_{n_p}}(s))| = 0 \quad \text{p.s.}$$

Posons

$$\sigma_{2N}(s,x) = \begin{cases} \sigma(s,x) & \text{si } |x| \leq 2N \\ \sigma(s,2N) & \text{si } x > 2N \\ \sigma(s,-2N) & \text{si } x < -2N . \end{cases}$$

Nous avons

$$E[\{\sigma(\eta_{\Delta_{n_p}}(s), x_{\Delta_{n_p}}(\eta_{\Delta_{n_p}}(s))) - \sigma(\eta_{\Delta'_{n_p}}(s), x_{\Delta'_{n_p}}(\eta_{\Delta'_{n_p}}(s)))\}^2]$$

$$\leq E[\{\sigma_{2N}(\eta_{\Delta_{n_p}}(s), x_{\Delta_{n_p}}(\eta_{\Delta_{n_p}}(s))) - \sigma_{2N}(\eta_{\Delta'_{n_p}}(s), x_{\Delta'_{n_p}}(\eta_{\Delta'_{n_p}}(s)))\}^2]$$

$$+ E[2\sigma^2(\eta_{\Delta_{n_p}}(s), x_{\Delta_{n_p}}(\eta_{\Delta_{n_p}}(s))) : |x_{\Delta_{n_p}}(\eta_{\Delta_{n_p}}(s))| \geq N]$$

$$+ E[2\sigma^2(\eta_{\Delta_{n_p}}(s), x_{\Delta_{n_p}}(\eta_{\Delta_{n_p}}(s))) : |x_{\Delta_{n_p}}(\eta_{\Delta_{n_p}}(s))| < N, \ |x_{\Delta'_{n_p}}(\eta_{\Delta'_{n_p}}(s))| > 2N]$$

$$+ E[2\sigma^2(\eta_{\Delta'_{n_p}}(s), x_{\Delta'_{n_p}}(\eta_{\Delta'_{n_p}}(s))) : |x_{\Delta'_{n_p}}(\eta_{\Delta'_{n_p}}(s))| \geq N]$$

$$+ E[2\sigma^2(\eta_{\Delta'_{n_p}}(s), x_{\Delta'_{n_p}}(\eta_{\Delta'_{n_p}}(s))) : |x_{\Delta'_{n_p}}(\eta_{\Delta'_{n_p}}(s))| < N, \ |x_{\Delta'_{n_p}}(\eta_{\Delta_{n_p}}(s))| > 2N] .$$

D'après la condition (C) et d'après le fait que

$$P(|x_{\Delta_{n_p}}(\eta_{\Delta_{n_p}}(s)) - x_{\Delta'_{n_p}}(\eta_{\Delta'_{n_p}}(s))| \geq N)$$

$$\leq \frac{1}{N} E[|x_{\Delta_{n_p}}(\eta_{\Delta_{n_p}}(s)) - x_{\Delta'_{n_p}}(\eta_{\Delta'_{n_p}}(s))|] ,$$

on a

$$E[\{\sigma(\eta_{\Delta_{n_p}}(s), x_{\Delta_{n_p}}(\eta_{\Delta_{n_p}}(s))) - \sigma(\eta_{\Delta'_{n_p}}(s), x_{\Delta'_{n_p}}(\eta_{\Delta'_{n_p}}(s)))\}^2]$$

$$\leq E[\{\sigma_{2N}(\eta_{\Delta_{n_p}}(s), x_{\Delta_{n_p}}(\eta_{\Delta_{n_p}}(s))) - \sigma_{2N}(\eta_{\Delta'_{n_p}}(s), x_{\Delta'_{n_p}}(\eta_{\Delta'_{n_p}}(s)))\}^2]$$

$$+ 2E[K_2^2(1 + x^2_{\Delta_{n_p}}(\eta_{\Delta_{n_p}}(s))) : |x_{\Delta_{n_p}}(\eta_{\Delta_{n_p}}(s))| \geq N]$$

$$+ 2E[K_2^2(1 + x^2_{\Delta'_{n_p}}(\eta_{\Delta'_{n_p}}(s))) : |x_{\Delta'_{n_p}}(\eta_{\Delta'_{n_p}}(s))| \geq N]$$

$$+ 4K_2^2(1 + N^2)\frac{E[|x_{\Delta_{n_p}}(\eta_{\Delta_{n_p}}(s)) - x_{\Delta'_{n_p}}(\eta_{\Delta'_{n_p}}(s))|]}{N}$$

$$= E[J_1] + E[J_2] + E[J_3] + E[J_4] .$$

Fixons un $\varepsilon > 0$. Nous savons d'après le lemme 2 que $x^2_\Delta(t)$, $\Delta \in t$, $t \in [0,T]$ sont uniformément intégrables, alors on peut choisir N , tel que $E[J_2] + E[J_3] < \frac{\varepsilon}{3}$.

Pour N fixé, $\sigma_{2N}(s,x)$ est borné et uniformément continu par rapport à $(s,x) \in [0,T] \times R^1$. D'ailleurs, nous savons que $|\eta_{\Delta_{n_p}}(s) - \eta_{\Delta'_{n_p}}(s)|$ tend vers 0 $(p \to \infty)$ et que $|x_{\Delta_{n_p}}(\eta_{\Delta_{n_p}}(s)) - x_{\Delta_{n_p}}(\eta_{\Delta_{n_p}}(s))|$ tend ^{p} vers 0^p p.s. $(p \to \infty)$.

Alors, on peut choisir n_{p_1} tel que $E[J_1] < \frac{\varepsilon}{3}$ pour $n_p > n_{p_1}$. Enfin, on peut choisir n_{p_2} tel que $E[J_4] < \frac{\varepsilon}{3}$ pour $n_p > n_{p_2}$. Finalement, on a pour $n_p > \max(n_{p_1}, n_{p_2})$

$$E[\{\eta_{\Delta_{n_p}}(s), x_{\Delta_{n_p}}(\eta_{\Delta_{n_p}}(s))) - \sigma(\eta_{\Delta'_{n_p}}(s), x_{\Delta'_{n_p}}(\eta_{\Delta'_{n_p}}(s)))\}^2] < \varepsilon .$$

Cette inégalité est contradictoire à (15). Alors, on en déduit (14).

Pour finir la démonstration, on peut voir facilement d'après la condition (C) et le lemme 1 que

$$E[\{\sigma(\eta_\Delta(s), x_\Delta(\eta_\Delta(s)) - \sigma(\eta_{\Delta'}(s), x_{\Delta'}(\eta_{\Delta'}(s)))\}^2] \ ; \ \Delta, \Delta' \in A$$

sont uniformément intégrable par rapport à ds sur $[0,T]$. Alors, on a d'après (14) :

$$\lim_{\substack{\|\Delta\| \to 0 \\ \|\Delta'\| \to 0}} E[\int_0^T \{\sigma(\eta_\Delta(s), x_\Delta(\eta_\Delta(s))) - \sigma(\eta_{\Delta'}(s), x_{\Delta'}(\eta_{\Delta'}(s)))\}^2 ds] = 0 .$$

Maintenant, nous allons démontrer (13). On a d'abord

$$\begin{aligned} x_\Delta(t) - x_{\Delta'}-t) &= \int_0^t \{\sigma(\eta_\Delta(s), x_\Delta(\eta_\Delta(s))) - \sigma(\eta_{\Delta'}(s), x_{\Delta'}(\eta_{\Delta'}(s)))\} dBs \\ &+ \int_0^t \{b(\eta_\Delta(s), x_\Delta(\eta_\Delta(s))) - b(\eta_{\Delta'}(s), x_{\Delta'}(\eta_{\Delta'}(s)))\} ds \\ &= L_1(t) + L_2(t) . \end{aligned}$$

Alors,

(16) $$|x_\Delta(t) - x_{\Delta'}(t)|^2 \le 2L_1^2(t) + 2L_2^2(t) .$$

Pour $L_1(t)$, d'après l'inégalité de Doob, on a

(17) $$E(\sup_{0 \le t \le T} L_1^2(t)) \le 4.E[L_1^2(T)]$$

$$= 4E[\int_0^T \{\sigma(\eta_\Delta(s), x_\Delta(\eta_\Delta(s))) - \sigma(\eta_{\Delta'}(s), x_{\Delta'}(\eta_{\Delta'}(s)))\}^2 ds] .$$

Pour $L_2(t)$, on a

$$L_2^2(t) \le \left(\int_0^t |b(\eta_\Delta(s),x_\Delta(\eta_\Delta(s))) - b(\eta_{\Delta'}(s),x_{\Delta'}(\eta_{\Delta'}(s)))|ds\right)^2 .$$

D'après l'inégalité de Schwarz, on a

$$L_2^2(t) \le t.\int_0^t |b(\eta_\Delta(s),x_\Delta(\eta_\Delta(s))) - b(\eta_{\Delta'}(s),x_{\Delta'}(\eta_{\Delta'}(s)))|^2 ds .$$

Alors,

$$(18)\quad E[\sup_{0\le t\le T} L^2(t)] \le T.E[\int_0^T |b(\eta_\Delta(s),x_\Delta(\eta_\Delta(s))) - b(\eta_{\Delta'}(s),x_{\Delta'}(\eta_{\Delta'}(s)))|^2 ds] .$$

Enfin, d'après (16), (17), (18) et le lemme 6, on a

$$(13)\qquad \lim_{\substack{\|\Delta\|\to 0\\ \|\Delta'\|\to 0}} E[\sup_{0\le t\le T} |x_\Delta(t) - x_{\Delta'}(t)|^2] = 0 .$$

C.Q.F.D.

<u>3me étape</u> : Construction de la solution.

Choisissons une suite $\varepsilon_i > 0$, $i = 1,2,\ldots$ telle que

$$(19)\qquad \sum_{i=1}^{\infty} 4^i \varepsilon_i < +\infty.$$

D'après le résultat (13), de la 2me étape, on peut trouver une suite de subdivisions Δ_i , $i = 1,2,\ldots$ telle que

(i) $\|\Delta_i\| \to 0$ $(i \to \infty)$ et

(ii) $E[\sup_{0\le t\le T} |x_{\Delta_i}(t) - x_{\Delta_{i+1}}(t)|^2] < \varepsilon_i$: $i = 1,2,\ldots$.

Puisque

$$P\{\sup_{0\le t\le T} |x_{\Delta_i}(t) - x_{\Delta_{i+1}}(t)| > \frac{1}{2^i}\} = P\{\sup_{0\le t\le T} |x_{\Delta_i}(t) - x_{\Delta_{i+1}}(t)|^2 > \frac{1}{4^i}\}$$

$$\le 4^i\, E[\sup_{0\le t\le T} |x_{\Delta_i}(t) - x_{\Delta_{i+1}}(t)|^2] < 4^i \varepsilon_i ,$$

on a d'après (19),

$$\sum_{i=1}^{\infty} P\{\sup_{0\le t\le T} |x_{\Delta_i}(t) - x_{\Delta_{i+1}}(t)| > \frac{1}{2^i}\} < \sum_{i=1}^{\infty} 4^i \varepsilon_i < +\infty .$$

Alors, d'après le lemme de Borel-Cantelli, $x_{\Delta_i}(t)$ converge uniformément sur $[0,T]$ p.s. $(i\to\infty)$. Posons $x(t) = \lim_{i\to\infty} x_{\Delta_i}(t)$, $t\in[0,T]$. On a d'abord

(20) $$\lim_{i\to\infty} E[\sup_{0\le t\le T} |x_{\Delta_i}(t) - x(t)|^2] = 0$$

et on peut voir facilement que $x(t)$ est continu par rapport à $t\in[0,T]$ et que $x(t)$ est $\mathfrak{F}_t$-adapté pour chaque $t\in[0,T]$.

Enfin, nous allons démontrer que $(x(t),B_t)$ est la solution.

Pour cela, on a d'abord,

$$E[\sup_{0\le t\le T} |x(t) - \alpha(\omega) - \int_0^t \sigma(s,x(s))dB_s - \int_0^t b(s,x(s))|^2]$$

$$\le 3E[\sup_{0\le t\le T} |x(t) - x_{\Delta_i}(t)|^2]$$

$$+ 3E[\int_0^T \{\sigma(s,x(s)) - \sigma(\eta_{\Delta_i}(s),x_{\Delta_i}(\eta_{\Delta_i}(s)))\}^2 ds]$$

$$+ 3E[T\int_0^T |b(s,x(s) - b(\eta_{\Delta_i}(s),x_{\Delta_i}(\eta_{\Delta_i}(s)))|^2 ds]$$

$$= E[N_i^{(1)}] + E[N_i^{(2)}] + E[N_i^{(3)}] .$$

En utilisant la même discussion que dans le lemme 6, on peut voir que $E[N_i^{(2)}]$ et $E[N_i^{(3)}]$ convergent vers 0 lorsque $i\to\infty$. Par ailleurs, nous savons que $E[N_i^{(1)}]$ tend vers 0 $(i\to\infty)$.

Alors, on en déduit

$$E[\sup_{0\le t\le T} |x(t) - \alpha(\omega) - \int_0^t \sigma(s,x(s))dB_s - \int_0^t b(s,x(s))ds|^2] = 0 .$$

Alors,

$$x(t) = \alpha(\omega) + \int_0^t \sigma(s,x(s))dB_s + \int_0^t b(s,x(s))ds . \qquad \text{C.Q.F.D.}$$

4me étape : Soit $x_\Delta(t)$ une solution approchée, on a

$$E[\sup_{0\le t\le T} |x_\Delta(t)-x(t)|^2]$$

$$\le 2E[\sup_{0\le t\le T} |x_\Delta(t)-x_{\Delta_i}(t)|^2] + 2E[\sup_{0\le t\le T} |x_{\Delta_i}(t)-x(t)|^2] ,$$

où $x_{\Delta_i}(t)$ est la même solution approchée que celle introduite dans la 3me étape.

Alors, d'après (13) et (20), on a

$$\lim_{\|\Delta\|\to 0} E[\sup_{0\le t\le T} |x_\Delta(t)-x(t)|^2] = 0 .$$

La démonstration du théorème est achevée. L'unicité des solutions de l'équation de ce type est déjà connue (voir par exemple [5]). C.Q.F.D.

REFERENCES

[1] ITO, K. On stochastic differential equations. Mem. Amer. Math. Soc. 4 (1951).

[2] MARUYAMA, G. Continuous markov process and stochastic equations. Rend. Circ. Mat. Palermo, ser. 2, T.4, 48-90 (1955).

[3] SKOROHOD, A.V. Studies in the theory of random processes. Kiev (1961).

[4] DELLACHERIE, C. ; MEYER, P.A. Probabilités et potentiel. Hermann, Paris (1975).

[5] YAMADA, T. ; WATANABE, S. On the uniqueness of solutions of stochastic differential equations. J. Math. Kyoto Univ., Vol. 11, n° 1, 155-167 (1971).

[6] YAMADA, T. Sur l'approximation des solutions d'équations différentielles stochastiques. Z.W. 36, 153-164 (1976).

INSTITUT DE RECHERCHE MATHEMATIQUE AVANCEE
Laboratoire Associé au C.N.R.S. n° 1
Université Louis Pasteur
7, rue René Descartes

67084 STRASBOURG Cédex (France)

Université de Strasbourg
Séminaire de Probabilités 1977/78

EXTENSION AU CAS CONTINU D'UN THEOREME DE L.E. DUBINS

par Ching-Sung CHOU

Très récemment, M. P.A. Meyer m'a envoyé un article de Dubins [1] et m'a indiqué " il me semble que les résultats de cet article n'ont jamais été étendus au cas continu". Nous lui exprimons nos remerciements pour cette suggestion.

Voici l'énoncé du théorème de Dubins :

Soit $(\Omega,\underline{\underline{F}},P,(\underline{\underline{F}}_n)_{n\in N})$ un espace probabilisé filtré, et soit $X=(X_n)$ une surmartingale à valeurs dans $[0,1]$. On associe à X le processus croissant des variances conditionnelles

$$V_n^X = E[(X_1-X_0)^2|\underline{\underline{F}}_0] + \dots + E[(X_n-X_{n-1})^2|\underline{\underline{F}}_{n-1}]$$

Alors on a

(1) $\quad E[V_\infty^X|\underline{\underline{F}}_0] \leqq X_0(2-X_0)$ p.s. .

Cette inégalité est " sharp" : il existe des surmartingales X pour lesquelles la borne est atteinte.

Avant d'étendre cela au cas continu, nous voulons transformer le résultat de Dubins. Tout d'abord, nous remplaçons X par $Y=1-X$, sousmartingale à valeurs dans $[0,1]$. On a $V^X=V^Y$, et (1) s'écrit

(2) $\quad E[V_\infty^Y|\underline{\underline{F}}_0] \leqq 1-Y_0^2$ p.s. .

Ensuite, puisqu'il y a un symbole $E[.|\underline{\underline{F}}_0]$, le conditionnement dans la définition de V_n^Y (qui revient à travailler sur le processus croissant $\langle Y,Y\rangle$) est inutile, et (2) s'écrit simplement, en faisant passer Y_0^2 du côté gauche

(3) $\quad E[[Y,Y]_\infty|\underline{\underline{F}}_0] \leqq 1$ p.s. .

Il suffit de vérifier que $E[[Y,Y]_n|\underline{\underline{F}}_0] \leqq 1$ pour tout n , ou encore (comme Y est à valeurs dans $[0,1]$) que $E[[Y,Y]_n|\underline{\underline{F}}_0] \leqq E[Y_n^2|\underline{\underline{F}}_0]$, et finalement on se trouve ramené à la proposition suivante :

PROPOSITION 1 . Si Y est une sousmartingale positive, avec $Y_n \in L^2$ pour tout n , le processus $Y^2-[Y,Y]$, nul en 0, est une sousmartingale.

Démonstration . $E[Y_{n+1}^2-Y_n^2-(Y_{n+1}-Y_n)^2|\underline{\underline{F}}_n] = 2Y_nE[Y_{n+1}-Y_n|\underline{\underline{F}}_n] \geqq 0$.

Maintenant nous allons passer au cas continu. Soit (X_t) une surmartingale continue à droite sur un espace probabilisé $(\Omega,\underline{\underline{F}},P,(\underline{\underline{F}}_t)_{t\geq 0})$ satisfaisant aux conditions habituelles, à valeurs dans $[0,1]$. Nous voulons établir la formule

(1') $$E[\langle X,X\rangle_\infty | \underline{\underline{F}}_0] \leqq 2X_0 \quad , \quad \text{ou } E[[X,X]_\infty | \underline{\underline{F}}_0] \leqq 2X_0$$

qui correspond à (1), où l'on a ajouté X_0^2 des deux côtés. Pour cela, on écrit cette inégalité pour la surmartingale discrète $X_{k/2^n}$, et on utilise le fait que

$$X_0^2 + \Sigma_k (X_{(k+1)/2^n} - X_{k/2^n})^2 \quad \text{converge en probabilité vers } [X,X]_\infty$$

lorsque $n\to\infty$, et le lemme de Fatou.

Mais il est plus intéressant d'établir dans le cas continu l'analogue de la proposition 1 :

PROPOSITION 2. <u>Si (Y_t) est une sousmartingale positive continue à droite, avec $Y_t \in L^2$ pour tout t, le processus $Y^2-[Y,Y]$ est une sousmartingale.</u>

<u>Démonstration</u>. Nous remarquons d'abord (inégalité de Doob) que $\|Y_t^*\|^2 \leqq 2\|Y_t\|_2$, donc Y appartient à la classe (D) sur tout intervalle $[0,t]$, et admet une décomposition $Y=M+A$, où M est une martingale, A un processus croissant prévisible nul en 0. En appliquant le théorème 52' de [2], p.56, à la surmartingale $E[Y_t|\underline{\underline{F}}_s]-Y_s$ sur l'intervalle $[0,t]$, on voit que $M_t \in L^2$ pour tout t, donc aussi $A_t \in L^2$ pour tout t.

Nous avons $Y_t^2-[Y,Y]_t = 2\int_0^t Y_{s-}dY_s = 2\int_0^t Y_{s-}dA_s + 2\int_0^t Y_{s-}dM_s$. Le processus $\int_0^t Y_{s-}dA_s$ est croissant et intégrable pour t fini

$$E[\int_0^t Y_{s-}dA_s] \leqq E[Y_t^* A_t] \leqq \|Y_t^*\|_2 \|A_t\|_2$$

et la martingale locale $\int_0^t Y_{s-}dM_s]$ est une vraie martingale, car

$$E[(\int_0^t Y_{s-}^2 d[M,M]_s)^{1/2}] \leqq E[Y_t^*[M,M]_t^{1/2}] \leqq \|Y_t^*\|_2 (E[[M,M]_t])^{1/2} < \infty .$$

La proposition est établie.

REFERENCES

[1]. L.E. Dubins. Sharp bounds for the variance of uniformly bounded semimartingales. Ann. Math. Stat. 43, 1972, p.1559-1565.

[2]. P.A. Meyer. Martingales and stochastic integrals. Lecture Notes in mathematics, n° 284 , Springer-Verlag 1972.

Chou Ching Sung
Mathematics Department
National Central University
Chung-Li, Taiwan
Republic of China

Université de Strasbourg
Séminaire de Probabilités 1977/78

UNE INEGALITE DE MARTINGALES

par D.Lepingle

Dans [2], P.A.Meyer utilise et redémontre à cette occasion une intéressante inégalité due à E.Stein [3]: si $(Z_n, n\geq 1)$ est une suite de v.a., si $(\underline{\underline{F}}_n, n\geq 0)$ est une suite croissante de tribus, et si $1<p<\infty$, il existe une constante a_p telle que

$$(I_p) \qquad \|(\Sigma_n E[Z_n|\underline{\underline{F}}_{n-1}]^2)^{1/2}\|_p \leq a_p \|(\Sigma_n Z_n^2)^{1/2}\|_p$$

S'il existait une inégalité I_1, on aurait aussi par dualité une inégalité I_∞. En effet, si $\|(\Sigma_n Z_n^2)^{1/2}\|_\infty<\infty$,

$$\|(\Sigma_n E[Z_n|\underline{\underline{F}}_{n-1}]^2)^{1/2}\|_\infty = \sup \Sigma_n E[E[Z_n|\underline{\underline{F}}_{n-1}]H_n]$$

pour toutes les suites (H_n) vérifiant $E[(\Sigma_n H_n^2)^{1/2}]\leq 1$. Mais

$$E[E[Z_n|\underline{\underline{F}}_{n-1}]H_n] = E[E[H_n|\underline{\underline{F}}_{n-1}]Z_n] \quad ,$$

d'où

$$\|(\Sigma_n E[Z_n|\underline{\underline{F}}_{n-1}]^2)^{1/2}\|_\infty \leq \|(\Sigma_n E[H_n|\underline{\underline{F}}_{n-1}]^2)^{1/2}\|_1 \quad \|(\Sigma_n Z_n^2)^{1/2}\|_\infty$$
$$\leq a_1 \|(\Sigma_n Z_n^2)^{1/2}\|_\infty \quad .$$

On peut vérifier sur l'exemple suivant qu'il n'y a pas d'inégalité I_∞.

<u>Exemple</u>. Prenons

$$\Omega = [0,1[$$

$$Z_n = 1_{[\frac{1}{2^n},\frac{1}{2^{n-1}}[} \qquad n\geq 1$$

$\underline{\underline{F}}_n$ $(n\geq 0)$ tribu sur Ω engendrée par les intervalles $[\frac{k}{2^n},\frac{k+1}{2^n}[$.

Nous avons $\Sigma_n Z_n^2 = 1$, tandis que

$$(\Sigma_n E[Z_n|\underline{\underline{F}}_{n-1}]^2)^{1/2} = \frac{k^{1/2}}{2} \qquad \text{sur } [\frac{1}{2^k},\frac{1}{2^{k-1}}[\quad ,$$

et cette expression n'est pas bornée sur $[0,1[$.

Pourtant, nous allons voir que l'inégalité I_1 existe avec $a_1=2$, à condition d'imposer une condition supplémentaire : les Z_n sont $\underline{\underline{F}}_n$-mesurables (cela ne marche toujours pas pour $p=\infty$ car les Z_n du contre-exemple ci-dessus sont bien $\underline{\underline{F}}_n$-mesurables) . La démonstration est tout à fait différente de celles de Stein et Meyer, elle est en fait intimement liée au théorème de dualité entre $\underline{\underline{H}}^1$ et $\underline{\underline{BMO}}$, et peut en être considérée comme une conséquence. Cependant, on la redonne ci-dessous in extenso, car elle est plutôt plus simple que la preuve de la dualité $\underline{\underline{H}}^1$-$\underline{\underline{BMO}}$.

THEOREME . Soit $(\underline{\underline{F}}_n, n\geq 0)$ une suite croissante de sous-tribus dans $(\Omega,\underline{\underline{F}},P)$, $(Z_n, n\geq 1)$ une suite de v.a. adaptée à (F_n) . Alors

$$E\left[\left(\sum_n E[Z_n|\underline{\underline{F}}_{n-1}]^2\right)^{1/2}\right] \leq 2\, E\left[\left(\sum_n Z_n^2\right)^{1/2} \right] .$$

DEMONSTRATION. Nous supposons le second membre fini et posons

$$z_n = E[Z_n|\underline{\underline{F}}_{n-1}] .$$

Alors

$$E\left[\left(\sum_n z_n^2\right)^{1/2}\right] = \sup E\left[\sum_n z_n H_n \right] ,$$

où la suite (H_n) parcourt la boule unité du dual $L^\infty(\ell^2)$ de $L^1(\ell^2)$. Si

$$h_n = E[H_n|\underline{\underline{F}}_{n-1}] ,$$

alors

$$E[z_n H_n] = E[z_n h_n] = E[Z_n h_n] .$$

Posons

$$X_0 = 0 \qquad X_n = \sum_{k=1}^{n} Z_k^2$$

$$Y_0 = 0 \qquad Y_n = \sum_{k=1}^{n} h_k^2 ,$$

et majorons

$$\sum_n E[|Z_n||h_n|] = E\left[\sum_n \frac{|Z_n|}{X_n^{1/4}} X_n^{1/4} |h_n| \right]$$

$$\leq \left(E\left[\sum_n \frac{Z_n^2}{X_n^{1/2}}\right]\right)^{1/2} \left(E\left[\sum_n X_n^{1/2} h_n^2\right]\right)^{1/2} .$$

Pour le premier terme,

$$E\Big[\sum_n \frac{Z_n^2}{X_n^{1/2}}\Big] = E\Big[\sum_n \frac{X_n-X_{n-1}}{X_n^{1/2}}\Big] \leq 2E\Big[\sum_n (X_n^{1/2}-X_{n-1}^{1/2})\Big] = 2E[X_\infty^{1/2}] .$$

Pour le second terme,

$$E\Big[\sum_n X_n^{1/2}\, h_n^2\Big] = E\Big[\sum_n X_n^{1/2}\,(Y_n-Y_{n-1})\Big] = E\Big[\sum_n (Y_\infty-Y_{n-1})(X_n^{1/2}-X_{n-1}^{1/2})\Big]$$

Comme (Z_n) est adaptée, (X_n) est adaptée et cela montre que le dernier terme est égal à $E\Big[\sum_n (E[Y_\infty-Y_{n-1}|\underline{\underline{F}}_n])(X_n^{1/2}-X_{n-1}^{1/2})\Big]$. Mais

$$E[Y_\infty-Y_{n-1}|\underline{\underline{F}}_n] = h_n^2 + E\Big[\sum_{k>n} h_k^2|\underline{\underline{F}}_n\Big] \leq h_n^2 + E\Big[\sum_{k>n} H_k^2|\underline{\underline{F}}_n\Big] \leq 2 \quad ,$$

d'où

$$E\Big[\sum_n X_n^{1/2}\, h_n^2\Big] \leq 2\, E[X_\infty^{1/2}] .$$

On aura reconnu presque exactement la méthode due à C.Herz de démonstration de la dualité $\underline{\underline{H}}^1$-$\underline{\underline{BMO}}$, cependant nous n'avons pas prononcé du tout le mot "martingale" (sauf dans le titre!) . Nous avons plutôt démontré le résultat suivant:

si la racine carrée de la variation quadratique d'un processus optionnel (discret) est intégrable, c'est vrai aussi pour le compensateur prévisible de ce processus.

Il est facile en reprenant la démonstration d'obtenir également l'inégalité suivante, sous la même condition pour (Z_n) :

$$E\Big[\big(\sum_n (Z_n-E[Z_n|\underline{\underline{F}}_{n-1}])^2\big)^{1/2}\Big] \leq 2\sqrt{2}\, E\,(\sum_n Z_n^2)^{1/2}$$

(la meilleure constante est quelque part entre 2 et $2\sqrt{2}$) . Cette fois-ci, c'est bien un résultat de martingales : si la racine carrée de la variation quadratique d'un processus optionnel A est intégrable, la martingale compensée de A est dans $\underline{\underline{H}}^1$.

Le passage au temps continu ne présente pas de difficulté : si X optionnel est tel que $\{X\neq 0\}$ soit à coupes dénombrables et si $E\big[(\sum_t X_t^2)^{1/2}\big]<\infty$, alors X admet une projection prévisible $\hat{X}$, il existe une unique martingale N dans $\underline{\underline{H}}^1$ somme compensée de sauts telle que $\Delta N=X-\hat{X}$ et

$$E\,[[N,N]_\infty^{1/2}] \leq 2\sqrt{2}\, E\big[(\sum_t X_t^2)^{1/2}\big] .$$

En particulier, si M est une martingale locale, si H est optionnel et si

$$E\Big[\Big(\int_0^\infty H_s^2 \, d[M,M]_s\Big)^{1/2}\Big] < \infty ,$$

alors l'intégrale optionnelle H.M vérifie [1,lemme V.18]

$$E\big[[H.M,H.M]_\infty^{1/2}\big] \leq 2\sqrt{2}\, E\Big[\Big(\int_0^\infty H_s^2 \, d[M,M]_s\Big)^{1/2}\Big] .$$

REFERENCES

[1] P.A. MEYER : Un cours sur les intégrales stochastiques. Séminaire Proba. X, Lecture Notes in Math. 511, Springer, Berlin (1976).

[2] P.A. MEYER : Martingales locales fonctionnelles additives II. (à paraître).

[3] E.M. STEIN : Topics in harmonic analysis . Princeton (1970).

SUR CERTAINS COMMUTATEURS DE LA THEORIE DES MARTINGALES

par D.Lepingle

Les opérateurs d'intégrale stochastique jouent un peu en théorie des martingales le rôle des opérateurs intégraux singuliers en analyse harmonique, et l'étude des commutateurs $J\beta-\beta J$, où J est un opérateur d'intégrale stochastique et β l'opérateur de multiplication par une martingale $\underline{\underline{BMO}}$, en est un bon exemple. Cette étude a été entreprise par P.A.Meyer dans la note [6], et les remarques qui suivent en sont directement inspirées. Elles en étendent le résultat dans deux directions : permettre à β de représenter la multiplication par une martingale $\underline{\underline{bmo}}_2$, ou élargir la classe des opérateurs J . Les démonstrations ci-dessous présentent de ce fait plus que des analogies avec celles de [6], on les donne cependant dans leur intégralité, avec des notations identiques ou voisines.

Sur l'habituel $(\Omega,\underline{\underline{F}},P,(\underline{\underline{F}}_t))$ avec $\underline{\underline{F}}=\underline{\underline{F}}_\infty$ sont définis les espaces de martingales

$\underline{\underline{H}}^1$: $E[\sup_t|M_t|] < \infty$ ou $E[[M,M]_\infty^{1/2}] < \infty$

$\underline{\underline{H}}^1_v$: $E[\int_0^\infty |dM_s|] < \infty$

$\underline{\underline{h}}^1$: $M_0=0$ et $E[(\langle M,M\rangle_\infty)^{1/2}] < \infty$

$\underline{\underline{BMO}}$: il existe une constante c telle que pour tout temps d'arrêt T ,

$$E[(M_\infty-M_{T-})^2|\underline{\underline{F}}_T] \leq c^2$$

$\underline{\underline{bmo}}_2$: $M_0=0$ et il existe une constante c telle que pour tout temps d'arrêt T ,

$$E[(M_\infty-M_T)^2|\underline{\underline{F}}_T] \leq c^2 .$$

Nous conviendrons que $\int_0^t$ signifie $\int_{[0,t]}$ et que pour tout processus X, $X_{0-}=0$. La notation $[M,M]_s^t$ désigne $[M,M]_t-[M,M]_s$, même chose pour $\langle M,M\rangle_s^t$. A toute v.a. Y de L^1 on associe la martingale $Y_t=E[Y|F_t]$, et la notation Y désigne indifféremment cette martingale ou sa v.a. terminale.

On rencontrera dans ce qui suit des inégalités comportant la constante c , qui pourra varier de ligne en ligne, mais ne dépendra (éventuellement) que de p $(1<p<\infty)$.

1 . COMMUTATEURS DE L^2

Soit H un processus prévisible borné par 1 . A toute martingale locale X , on sait associer la martingale locale H.X , intégrale stochastique de X par H . On la notera J(X) ou JX . Restreint à L^2 , J est un opérateur borné dans L^2 , de norme ≤ 1 , car

$$E[(JX)^2] = E[<JX,JX>_\infty] = E[\int_0^\infty H_s^2 d<X,X>s] \leq E[<X,X>_\infty] = E[X^2] .$$

Si B et X sont deux martingales de carré intégrable, si β représente l'opérateur qui à X associe la martingale de v.a. terminale $B_\infty X_\infty$, on définit le commutateur de J et de β comme étant l'application qui à X associe la martingale locale $J\beta(X)-\beta J(X)$. La formule de changement de variable donne pour tout $t<\infty$

$$(1) \qquad B_t X_t = \int_0^t B_{s-} dX_s + \int_0^t X_{s-} dB_s + [B,X]_t \quad .$$

L'inégalité de Kunita-Watanabe montre que le processus $[B,X]$ est à variation intégrable, tandis que les deux intégrales stochastiques définissent des martingales de $\underline{\underline{H}}^1$ par suite de la majoration

$$E[[B_-.X,B_-.X]_\infty^{1/2}] \leq E[(\sup_t|B_t|)[X,X]_\infty^{1/2}] \leq 2 \|B\|_2 \|X\|_2$$

et de la majoration correspondante pour $X_-.B$. Chacun des termes de (1) est donc p.s. convergent quand t tend vers l'infini. Soit N la martingale à variation intégrable compensée de $[B,X]$. Alors,

$$J\beta(X) = \int_0^\infty H_s B_{s-} dX_s + J(\int_0^\infty X_{s-} dB_s) + \int_0^\infty H_s dN_s + J(<B,X>_\infty)$$

$$\beta J(X) = \int_0^\infty B_{s-} d(JX)_s + \int_0^\infty (JX)_{s-} dB_s + [B,JX]_\infty$$

$$= \int_0^\infty B_{s-} H_s dX_s + \int_0^\infty (JX)_{s-} dB_s + \int_0^\infty H_s d[B,X]_s$$

$$= \int_0^\infty H_s B_{s-} dX_s + \int_0^\infty (JX)_{s-} dB_s + \int_0^\infty H_s dN_s + <B,JX>_\infty$$

et enfin

$$(2) \qquad J\beta(X)-\beta J(X) = J(\int_0^\infty X_{s-} dB_s) + J(<B,X>_\infty) - \int_0^\infty (JX)_{s-} dB_s - <B,JX>_\infty \quad .$$

Nous aurons besoin pour traiter cette expression de deux petits lemmes.

LEMME 1 . <u>Si B est dans $\underline{\underline{bmo}}_2$, l'opérateur $X \longmapsto <B,X>_\infty$ est borné dans L^2 avec une norme majorée par $c\|B\|_{\underline{\underline{bmo}}_2}$</u> .

DEMONSTRATION. On décompose <B,X> en différence de deux processus croissants prévisibles A^+ et A^-; l'inégalité de Fefferman adaptée au cadre $\underline{\underline{h}}^1$-$\underline{\underline{bmo}}_2$

[4,p.211 ou 7,p.408] et mise sous forme conditionnelle donne, avec $b=\|B\|_{\underline{\underline{bmo}}_2}$

$$E[A^+_\infty-A^+_T+A^-_\infty-A^-_T|\underline{\underline{F}}_T] = E[\int_{]T,\infty[}|d\langle B,X\rangle_s|\,|\underline{\underline{F}}_T] \leq cb\;E[(\langle X,X\rangle^\infty_T)^{1/2}|\underline{\underline{F}}_T]$$

et d'après le lemme de Garsia [5,p.346],

$$E[(A^+_\infty+A^-_\infty)^2] \leq cb^2\;E[\langle X,X\rangle_\infty] \quad . \blacksquare$$

LEMME 2 . <u>Si</u> B <u>est dans</u> $\underline{\underline{bmo}}_2$, <u>l'opérateur</u> $X \rightsquigarrow \int_0^\infty X_{s-}dB_s$ <u>est borné dans</u> L^2 <u>avec une norme majorée par</u> $c\|B\|_{\underline{\underline{bmo}}_2}$.

DEMONSTRATION. Posons $X^*_0=0$, $X^*_t=\sup_{s<t}|X_s|$, et écrivons

$$E[(\int_0^\infty X_{s-}dB_s)^2] = E[\int_0^\infty (X_{s-})^2 d\langle B,B\rangle_s] \leq E[\int_0^\infty (X^*_s)^2 d\langle B,B\rangle_s] \; .$$

Comme $(X^*)^2$ est croissant, adapté et continu à gauche, nous avons $(X^*)^2=K+L$, où K est croissant adapté continu et $L_t=\Sigma_k Y_k 1_{\{T_k<t\}}$, avec $Y_k\in\underline{\underline{F}}_{T_k}$. En remarquant que la projection optionnelle de $\langle B,B\rangle_\infty-\langle B,B\rangle_t$ est égale à celle de $(B_\infty-B_t)^2$, donc majorée par b^2 , il vient

$$\begin{aligned} E[(\int_0^\infty X_{s-}dB_s)^2] &\leq E[\int_0^\infty K_s d\langle B,B\rangle_s] + \Sigma_k E[\int_0^\infty Y_k 1_{\{T_k<s\}}d\langle B,B\rangle_s] \\ &= E[\int_0^\infty \langle B,B\rangle^\infty_s dK_s] + \Sigma_k E[\langle B,B\rangle^\infty_{T_k} Y_k] \\ &\leq b^2\;E[K_\infty+L_\infty] \\ &\leq 4b^2\;E[X^2] \; . \blacksquare \end{aligned}$$

D'après la relation (2), l'utilisation des lemmes 1 et 2 et de la continuité de J donne immédiatement le

THEOREME 1 . <u>Si</u> B <u>est dans</u> $\underline{\underline{bmo}}_2$, <u>si</u> J <u>est l'opérateur d'intégrale stochastique par un processus prévisible</u> H <u>borné par</u> 1 , <u>le commutateur</u> $J\beta-\beta J$ <u>est un opérateur borné dans</u> L^2 <u>avec une norme majorée par</u> $c\|B\|_{\underline{\underline{bmo}}_2}$.

Nous avons même une réciproque, qui permet de caractériser les éléments de $\underline{\underline{bmo}}_2$.

PROPOSITION 1 . <u>Soit</u> B <u>une martingale de carré intégrable telle que</u>

$$\sup_J \sup_{\|X\|_2\leq 1} \|(J\beta-\beta J)(X)\|_2 < \infty \quad ,$$

<u>où le premier</u> sup <u>porte sur tous les opérateurs d'intégrale stochastique par des processus prévisibles bornés par</u> 1 , <u>et où le second porte sur toutes les</u> v.a. <u>de</u> L^2 <u>de norme</u> ≤ 1 . <u>Alors</u> $B-B_0$ <u>est dans</u> $\underline{\underline{bmo}}_2$.

DEMONSTRATION. Soient T un temps d'arrêt et A un élément de $\underline{\underline{F}}_T$. En posant $H=1_{]\!]0,T]\!]}$ et $X=1_A$, nous avons $J\beta(X)-\beta J(X)=(B_T-B_\infty)1_A$, d'où

$$E[(B_\infty-B_T)^2 1_A] \leq c\ P(A)\ . \blacksquare$$

Par dualité, le théorème 1 nous donne le

COROLLAIRE 1 . Si $U,V\in L^2$ et si J est l'opérateur d'intégrale stochastique par H prévisible, avec $|H|\leq 1$, alors $U(JV)-V(JU)$ est dans $\underline{\underline{h}}^1$ et

$$\|U(JV)-V(JU)\|_{\underline{\underline{h}}^1} \leq c\|U\|_2\|V\|_2 \ .$$

DEMONSTRATION. Supposons d'abord U dans L^∞ et soit B dans $\underline{\underline{bmo}}_2$. Comme J est auto-adjoint dans L^2 ,

$$|E[B(V(JU)-U(JV))]| = |E[V(B(JU)-J(BU))]| \leq c\|V\|_2\|B\|_{\underline{\underline{bmo}}_2}\|U\|_2$$

donc, puisque le dual de $\underline{\underline{h}}^1$ est $\underline{\underline{bmo}}_2$,

$$\|V(JU)-U(JV)\|_{\underline{\underline{h}}^1} \leq c\|U\|_2\|V\|_2 \ .$$

Si maintenant U est dans L^2 et si (U_n) est une suite dans L^∞ telle que $\|U_n-U\|_2\to 0$, alors $W_n=V(JU_n)-U_n(JV)$ converge dans L^1 vers $V(JU)-U(JV)$. Comme (W_n) est une suite de Cauchy dans $\underline{\underline{h}}^1$, que $\underline{\underline{h}}^1$ est complet [7], et que la convergence dans $\underline{\underline{h}}^1$ entraîne la convergence dans L^1 , nous obtenons

$$\|V(JU)-U(JV)\|_{\underline{\underline{h}}^1} \leq c\|U\|_2\|V\|_2 \ . \blacksquare$$

2 . OPERATEURS DE MARTINGALES

Ce paragraphe est consacré à la présentation de familles d'opérateurs plus larges que les opérateurs d'intégrale stochastique par les processus prévisibles bornés. Ce sera juste ce qu'il nous faudra pour étendre dans le dernier paragraphe le théorème 3 de [6].

DEFINITIONS.

-Nous dirons que J est un opérateur de martingales si :

a/J est une application linéaire de l'espace des martingales locales dans lui-même;

b/pour toute martingale locale X et tout temps d'arrêt T , $J(X^T)=(J(X))^T$.

-Nous dirons que J est un opérateur de martingales borné dans L^p $(1<p<\infty)$ si :

a/J est une application linéaire de l'espace des martingales locales, localement dans L^p , dans lui-même;

b/la restriction de J à L^p est bornée dans L^p ;

c/pour toute martingale locale X , localement dans L^p , et tout temps d'arrêt T , $J(X^T)=(J(X))^T$.

En fait, cette propriété de commutation aux espérances conditionnelles par rapport aux tribus $\underline{\underline{F}}_T$ en entraîne une autre, comme l'a remarqué M.Yor pour p=2 [8,lemme 1]. Rappelons que si $t\geq 0$, $A\in\underline{\underline{F}}_t$, t_A désigne le temps d'arrêt égal à t sur A , à $+\infty$ sur A^c .

PROPOSITION 2 . <u>Tout opérateur J borné dans L^p (où $1<p<\infty$), commutant aux espérances conditionnelles par rapport aux tribus $\underline{\underline{F}}_{t_A}$, où $t\geq 0$, $A\in\underline{\underline{F}}_t$, commute également aux opérateurs d'intégrale stochastique par rapport aux processus prévisibles bornés.</u>

DEMONSTRATION. Si H est de la forme $1_{[\![0_A]\!]}$ pour $A\in\underline{\underline{F}}_0$, ou $1_{]\!]s_B,t_B]\!]}$, $s<t$ et $B\in\underline{\underline{F}}_s$, nous avons par hypothèse, pour $X\in L^p$,

$$J(H.X) = H.(JX) \quad .$$

On passe ensuite aux processus prévisibles bornés en remarquant que la tribu prévisible est engendrée par les processus H ci-dessus et en vérifiant que les conditions d'application du théorème des classes monotones [2,p.20] sont bien remplies : si H^n converge uniformément vers H prévisible borné,

$$H^n.X \to H.X \text{ dans } L^p \text{ puisque (Burkholder) } E[(\int_0^\infty (H_s-H_s^n)^2 d[X,X]_s)^{p/2}] \to 0 \ ,$$

donc $J(H^n.X) \to J(H.X)$ dans L^p par continuité de J , tandis que

$$H^n.JX \to H.JX \text{ dans } L^p \text{ puisque } E[(\int_0^\infty (H_s-H_s^n)^2 d[JX,JX]_s)^{p/2}] \to 0 \ ;$$

même chose si H^n converge en croissant vers H . ■

Une conséquence immédiate de cette proposition, obtenue en posant $H=1_{[\![0,T]\!]}$, est que tout opérateur borné dans L^p commutant aux espérances conditionnelles par rapport aux tribus $\underline{\underline{F}}_{t_A}$, commute à toutes les espérances conditionnelles par rapport aux tribus $\underline{\underline{F}}_T$ et peut ainsi se prolonger par localisation et recollement en un opérateur de martingales borné dans L^p .

Remarquons que les opérateurs d'intégrale stochastique par des processus optionnels bornés [5] définissent pour tout $1<p<\infty$ des opérateurs de martingales bornés dans L^p . On peut se demander s'il en existe d'autres. S'il existe une martingale M de carré intégrable telle que toute martingale nulle en zéro soit une intégrale stochastique de M par un processus prévisible, il a été montré dans [8] que la classe des opérateurs de martingales bornés dans L^2 est réduite aux opérateurs d'intégrale stochastique par les processus prévisibles bornés. Cependant, ce n'est pas la situation générale : Yor en donne un exemple [8,p.510], nous en verrons un second un peu plus loin.

Voici une caractérisation commode des opérateurs de martingales bornés dans L^2 .

THEOREME 2 . Soit J un opérateur borné dans L^2 , de norme ≤ 1 , et commutant à l'espérance conditionnelle par rapport à $\underline{\underline{F}}_0$. Les propositions suivantes sont équivalentes :

a/ J commute aux espérances conditionnelles par rapport aux tribus $\underline{\underline{F}}_{t_A}$;

b/ pour toute martingale M de carré intégrable, $<M,M>-<JM,JM>$ est un processus croissant.

DEMONSTRATION. a/ Soit M une martingale de carré intégrable et soit $N=JM$. Pour $s<s'$ et $A\in\underline{\underline{F}}_s$, si $X=M_{s'_A}-M_{s_A}$, alors $JX=N_{s'_A}-N_{s_A}$ et

$$E[(N_{s'}-N_s)^2 1_A] = E[(JX)^2] \leq E[X^2] = E[(M_{s'}-M_s)^2 1_A] .$$

Si τ est la subdivision $(u=t_0<t_1<\ldots<t_n=t)$,

$$\Sigma_i \; E[(N_{t_{i+1}}-N_{t_i})^2|\underline{\underline{F}}_{t_i}] \leq \Sigma_i \; E[(M_{t_{i+1}}-M_{t_i})^2|\underline{\underline{F}}_{t_i}] .$$

Lorsque le pas de τ tend vers 0 , le premier membre tend dans $\sigma(L^1,L^\infty)$ vers $<N,N>_u^t$, le second vers $<M,M>_u^t$ [3], et par conséquent

$$<N,N>_u^t \leq <M,M>_u^t .$$

b/ Si T est un temps d'arrêt et M une martingale de carré intégrable, de $<M^T,M^T>_T^\infty=0$ nous tirons d'après l'hypothèse que $<J(M^T),J(M^T)>_T^\infty=0$, et cela entraîne que $J(M^T)=(J(M^T))^T$. D'autre part, le processus

$$<M-M^T,M-M^T> = <M,M> - <M,M>^T$$

étant nul sur $[\![0,T]\!]$, il en résulte que

$$<J(M-M^T),J(M-M^T)>_0^T = 0 .$$

Comme J commute à l'espérance conditionnelle par rapport à $\underline{\underline{F}}_0$, la martingale $J(M-M^T)$ est nulle en zéro, d'où $(J(M))^T=(J(M^T))^T$, et on a vu que ce dernier terme vaut $J(M^T)$. ■

COROLLAIRE 2 . Si J est un opérateur de martingales borné dans L^2 , sa restriction à $\underline{\underline{h}}^1$ est bornée dans $\underline{\underline{h}}^1$.

DEMONSTRATION. J est bien défini sur $\underline{\underline{h}}^1$ puisque les martingales de $\underline{\underline{h}}^1$ sont localement de carré intégrable. Si $\|J\|$ est la norme de J comme opérateur dans L^2 , d'après le théorème 2 et par localisation,

$$<JM,JM>_\infty \leq \|J\|^2 <M,M>_\infty ,$$

d'où la conclusion. ■

COROLLAIRE 3 . Soient J un opérateur de martingales borné dans L^2 et M une martingale de carré intégrable nulle en zéro.

a/ Si M est somme compensée de sauts prévisibles, il en est de même de JM .

b/ Si M n'a pas de saut prévisible, il en est de même de JM .

DEMONSTRATION. a/ Si T est un temps d'arrêt prévisible >0 , si $U \in L^2(\underline{\underline{F}}_T)$ et $E[U|\underline{\underline{F}}_{T-}]=0$, la martingale U_t est égale à $UI_{\{T\leq t\}}$, d'où $JU=J(U^T)=(JU)^T$, donc la martingale JU est arrêtée en T . Si (T_n) est une suite annonçant T , $U^{T_n}=0$, donc $(JU)^{T_n}=0$, ce qui prouve que JU est nulle avant T . On passe ensuite aisément par linéarité et continuité aux sommes finies puis dénombrables de sauts prévisibles.

b/ On sait que M n'a pas de saut prévisible si et seulement si $\langle M,M\rangle$ est continu. D'après le théorème 2, $\langle JM,JM\rangle$ est nécessairement continu si $\langle M,M\rangle$ l'est. ∎

Cependant, l'image d'une martingale continue n'est pas nécessairement continue et à l'inverse l'image d'une martingale purement discontinue peut être continue et non constante. Considérons un espace sur lequel sont définis un mouvement brownien B et un processus de Poisson compensé P indépendants avec pour $(\underline{\underline{F}}_t)$ la filtration engendrée par B et P . Toute martingale de carré intégrable s'écrit alors

$$M = a + H.B + K.P ,$$

où a est une constante, H et K sont prévisibles et vérifient

$$E\left[\int_0^\infty (H_s^2+K_s^2)\,ds\right] < \infty .$$

Si on définit J par

$$JM = a + K.B + H.P ,$$

J est un opérateur de martingales borné dans L^2 qui permute B et P .

En fait les opérateurs de martingales les plus intéressants sont ceux dont la restriction à chacun des L^p $(1<p<\infty)$ y est bornée; D'après la théorie de Burkholder-Gundy [1], c'est le cas des opérateurs que Herz [4] appelle des <u>contractions de martingales</u> et qui possèdent par définition les trois propriétés suivantes :

- J est un opérateur de martingales ;
- la restriction de J à L^2 est bornée dans L^2 ;
- la restriction de J à $\underline{\underline{H}}^1_v$ est bornée de $\underline{\underline{H}}^1_v$ dans $\underline{\underline{H}}^1$.

Il est aussi possible dans ce cas, grâce à la décomposition de Davis, de démontrer que la restriction de J à $\underline{\underline{H}}^1$ y est bornée, et c'est le point central de la démonstration des inégalités de Davis par Herz [4].

3. COMMUTATEURS DE L^p

Fixons p, où $1<p<\infty$, et désignons par q le conjugué de p $(\frac{1}{p}+\frac{1}{q}=1)$. Considérons un opérateur de martingales J borné dans L^p, de norme $\|J\|$. Si B est maintenant une martingale de $\underline{\underline{BMO}}$ et si $X\in L^p$, l'expression (1) de B_tX_t est encore valable, mais si B n'est pas bornée, l'intégrale stochastique $\int_0^t B_{s-}dX_s$ n'est pas nécessairement convergente à l'infini dans L^p. Cependant, elle converge dans L^r pour tout $r<p$: du fait que $B\in\underline{\underline{BMO}}$, $B_\infty\in L^s$ pour tout $s<\infty$ d'après l'inégalité de John-Nirenberg et par conséquent

$$E[(\int_0^\infty B_{s-}^2 d[X,X]_s)^{r/2}] \leq E[\sup_t|B_t|^r\ [X,X]_\infty^{r/2}]$$

$$\leq (E[\sup_t|B_t|^{\frac{pr}{p-r}}])^{\frac{p-r}{p}}(E[[X,X]_\infty^{p/2}])^{r/p} \quad .$$

Occupons-nous d'abord des autres termes figurant dans le second membre de (1).

LEMME 3 . Si B est dans $\underline{\underline{BMO}}$, l'opérateur $X\leadsto[B,X]_\infty$ est borné dans L^p avec une norme majorée par $c\|B\|_{\underline{\underline{BMO}}}$.

DEMONSTRATION. On décompose $[B,X]$ en différence de deux processus croissants adaptés A^+ et A^- ; l'inégalité de Fefferman sous forme conditionnelle donne avec $b=\|B\|_{\underline{\underline{BMO}}}$

$$E[A_\infty^+-A_{T-}^++A_\infty^--A_{T-}^-|\underline{\underline{F}}_T]= E[\int_{[T,\infty[}|d[B,X]_s||\underline{\underline{F}}_T] \leq cb\ E[([X,X]_{T-}^\infty)^{1/2}|\underline{\underline{F}}_T]$$

et d'après la version optionnelle du lemme de Garsia,

$$E[(A_\infty^++A_\infty^-)^p] \leq cb^p\ E[[X,X]_\infty^{p/2}] \quad . \blacksquare$$

LEMME 4 . Si B est dans $\underline{\underline{BMO}}$, l'opérateur $X\leadsto\int_0^\infty X_{s-}dB_s$ est borné dans L^p avec une norme majorée par $c\|B\|_{\underline{\underline{BMO}}}$.

DEMONSTRATION. Posons $K_t=\sup_{s\leq t}X_s^2$; c'est un processus croissant continu à droite et adapté. Pour tout temps d'arrêt T ,

$$E[\int_{[T,\infty[}X_{s-}^2 d[B,B]_s|\underline{\underline{F}}_T] \leq E[\int_{[T,\infty[}K_s d[B,B]_s|\underline{\underline{F}}_T] = E[\int_{[T,\infty[}[B,B]_{s-}^\infty dK_s|\underline{\underline{F}}_T] \quad .$$

Le processus $[B,B]_\infty-[B,B]_{t-}$ ayant sa projection optionnelle majorée par b^2 , il vient

$$E[\int_{[T,\infty[}X_{s-}^2 d[B,B]_s|\underline{\underline{F}}_T] \leq b^2\ E[K_\infty|\underline{\underline{F}}_T] \quad .$$

Si $p\geq 2$, le lemme de Garsia permet d'affirmer que

$$E[(\int_0^\infty X_{s-}^2 d[B,B]_s)^{p/2}] \leq cb^p\ E[K_\infty^{p/2}] \quad ,$$

et avec les inégalités de Burkholder et de Doob cela donne

$$E[|\int_0^\infty X_{s-}dB_s|^p] \leq cb^p\, E[|X|^p] .$$

Lorsque $1<p<2$, nous allons obtenir le résultat par dualité. Pour $X\in L^p$ et $Y\in L^\infty$, si $W=B_-.X$ et $Z=B_-.Y$, nous avons vu que W converge dans L^r pour tout $r<p$ et on voit de même que Z converge dans L^s pour tout $s<\infty$. On a alors pour tout t

$$E[Y_t \int_0^t B_{s-}dX_s] = E[\int_0^t Y_{s-}dW_s] + E[\int_0^t W_{s-}dY_s] + E[\int_0^t B_{s-}d[X,Y]_s]$$

$$E[X_t \int_0^t B_{s-}dY_s] = E[\int_0^t X_{s-}dZ_s] + E[\int_0^t Z_{s-}dX_s] + E[\int_0^t B_{s-}d[X,Y]_s] \quad ;$$

on vérifie encore sans peine grâce aux inégalités de Burkholder que les intégrales stochastiques des membres de droite sont uniformément intégrables donc d'espérance nulle, d'où

$$\begin{aligned} E[Y_t(B_tX_t)-Y_t\int_0^t B_{s-}dX_s] &= E[X_t(B_tY_t)-X_t\int_0^t B_{s-}dY_s] \\ &\leq \|X\|_p \, \|B_tY_t-\int_0^t B_{s-}dY_s\|_q \\ &= \|X\|_p \, \|\int_0^t Y_{s-}dB_s+[B,Y]_t\|_q \\ &\leq c\, \|B\|_{\underline{\underline{BMO}}} \, \|X\|_p \, \|Y\|_q \end{aligned}$$

puisque $q>2$. Il en résulte que

$$\begin{aligned} \|B_tX_t-\int_0^t B_{s-}dX_s\|_p &= \sup_{Y\in L^\infty, \|Y\|_q\leq 1} E[Y_t(B_tX_t)-Y_t\int_0^t B_{s-}dX_s] \\ &\leq c\, \|X\|_p \, \|B\|_{\underline{\underline{BMO}}} \quad . \end{aligned}$$

Par différence, nous pouvons en conclure que la martingale $\int_0^t X_{s-}dB_s$ converge dans L^p , avec

$$\|\int_0^\infty X_{s-}dB_s\|_p \leq c\|X\|_p\|B\|_{\underline{\underline{BMO}}} \quad . \quad ■$$

Passons à l'expression du commutateur. Posons pour tout $n\geq 1$

$$T_n = \inf\{t:|B_t|>n\} \quad .$$

D'après la proposition 2, pour tout n,

$$(B_-.JX)^{T_n} = B_-1_{[\![0,T_n]\!]}.JX = J(B_-1_{[\![0,T_n]\!]}.X) = J((B_-.X)^{T_n}) = (J(B_-.X))^{T_n}$$

et cela entraîne que les martingales $J(B_-.X)$ et $B_-.JX$ sont identiques. Des expressions

$$J\beta(X) = J(\int_0^\infty B_{s-}dX_s) + J(\int_0^\infty X_{s-}dB_s) + J([B,X]_\infty)$$

$$\beta J(X) = \int_0^\infty B_{s-}d(JX)_s + \int_0^\infty (JX)_{s-}dB_s + [B,JX]_\infty$$

nous tirons

$$J\beta(X) - \beta J(X) = J(\int_0^\infty X_{s-}dB_s) + J([B,X]_\infty) - \int_0^\infty (JX)_{s-}dB_s - [B,JX]_\infty .$$

Les lemmes 3 et 4 nous permettent alors d'établir le

THEOREME 3 . Si B est dans $\underline{\underline{BMO}}$, si J est un opérateur de martingales borné dans L^p , de norme $\|J\|$, le commutateur $J\beta-\beta J$ est un opérateur borné dans L^p avec une norme majorée par $c\|J\|\,\|B\|_{\underline{\underline{BMO}}}$.

Nous en déduisons aisément le

COROLLAIRE 4 . Si $U\in L^p$, $V\in L^q$ $(\frac{1}{p}+\frac{1}{q}=1)$ et si J est l'opérateur d'intégrale stochastique par un processus optionnel H , avec $|H|\leq 1$, alors

$$\|U(JV)-V(JU)\|_{\underline{\underline{H}}^1} \leq c\|U\|_p\|V\|_q .$$

DEMONSTRATION. Si H est optionnel, borné, si $M_t=E[M_\infty|\underline{\underline{F}}_t]$ avec $M_\infty\in L^\infty$ et $N_t=E[N_\infty|\underline{\underline{F}}_t]$ avec $N_\infty\in L^q$, par définition de $H.M$ et de $H.N$,

$$E[N_\infty(H.M)_\infty] = E[\int_0^\infty H_s d[M,N]_s] = E[M_\infty(H.N)_\infty] .$$

Pour B dans $\underline{\underline{BMO}}$, U dans L^∞ et V dans L^q, nous obtenons donc

$$|E[B(U(JV)-V(JU))]| = |E[V(J(BU)-B(JU))]| \leq c\|V\|_q\|B\|_{\underline{\underline{BMO}}}\|U\|_p$$

et on conclut comme dans le corollaire 1 en approchant U dans L^p par une suite (U_n) dans L^∞. ■

Département de Mathématiques
Université d'Orléans

REFERENCES

[1] D.L.BURKHOLDER et R.F.GUNDY. Extrapolation and interpolation of quasi-linear operators on martingales. Acta Math. 124,249-304,1970 .

[2] C.DELLACHERIE et P.A.MEYER. Probabilités et potentiel. Hermann 1975 .

[3] C.DOLEANS. Construction du processus croissant naturel associé à un potentiel de la classe (D). C.R.Acad.Sci.Paris 264,600-602,1967 .

[4] C.HERZ. Bounded mean oscillation and regulated martingales. Trans. Amer.Math.Soc. 193,199-215,1974 .

[5] P.A.MEYER. Un cours sur les intégrales stochastiques. Séminaire Proba.X. Lecture Notes in Math. 511. Springer 1976 .

[6] P.A.MEYER. Caractérisation de BMO par un opérateur maximal. Séminaire Proba. XI. Lecture Notes in Math. 581. Springer 1977 .

[7] M.PRATELLI. Sur certains espaces de martingales localement de carré intégrable. Séminaire Proba.X. Lecture Notes in Math. 511. Springer 1976 .

[8] M.YOR. Remarques sur la représentation des martingales comme intégrales stochastiques. Séminaire Proba. XI. Lecture Notes in Math. 581 Springer 1977 .

SUR LE COMPORTEMENT ASYMPTOTIQUE DES MARTINGALES LOCALES

par D. LEPINGLE

Nous présentons sous ce titre diverses propriétés du comportement à l'infini des trajectoires des martingales locales. Certaines ne sont que la traduction, au prix de quelques difficultés techniques, de résultats bien connus dans le cas discret ou dans le cas des trajectoires continues. D'autres sont des illustrations du principe qui veut que, grâce à la décomposition de B. DAVIS [1], certaines propriétés asymptotiques des martingales locales (ou des processus croissants) à sauts bornés dans L^∞ sont encore vraies lorsqu'ils sont seulement bornés dans L^1. Nous terminons par la partie facile de la loi du logarithme itéré, qui est ici l'occasion d'une longue digression sur une famille de surmartingales exponentielles.

Nous nous plaçons sur un espace de probabilité complet $(\Omega, \mathcal{F}, P)$ muni d'une filtration $(\mathcal{F}_t)_{t \geq 0}$ satisfaisant aux conditions habituelles. La notation M désignera toujours une martingale locale continue à droite, pourvue de limites à gauche (càdlàg) et nulle en zéro. Pour tout processus càdlàg X nul en zéro, et tout temps d'arrêt T, nous poserons

$$\Delta X_T = 0 \qquad \text{sur } \{T = 0\} \cup \{T = \infty\}$$

$$= X_T - X_{T-} \qquad \text{sur } \{0 < T < \infty\}$$

Enfin, si A est un processus croissant, nous poserons

$$A_\infty = \lim_{t \to \infty} A_t .$$

1 - LA LOI FORTE DES GRANDS NOMBRES

Commençons par un résultat bien connu en temps discret [6,8] ou pour des martingales locales continues [4] ; il est établi dans le cas général en [5], avec une autre démonstration.

PROPOSITION 1. Si M est localement de carré intégrable, sur l'ensemble $\{ < M,M >_\infty < \infty \}$, M_t converge p.s. vers une limite finie lorsque t tend vers l'infini.

PREUVE. Soient $a > 0$ et

$$T = \inf \{ t : < M,M >_t \geq a \} .$$

Soit (T_n) une suite annonçant le temps d'arrêt prévisible T. Lorsque n tend vers l'infini,

$$E\left[< M,M >_{T_n} \right] \to E\left[< M,M>_{T-}\right] \leq a .$$

Si $n < m$, en considérant la martingale $M_t^{T_m} - M_t^{T_n}$, nous avons successivement

$$E\left[\sup_t (M_{T_m \wedge t} - M_{T_n \wedge t})^2 \right] \leq 4\, E\left[< M,M >_{T_m} - < M,M >_{T_n} \right]$$

$$E\left[\sup_{T_n \leq u \leq t \leq T_m} (M_t - M_u)^2 \right] \leq 16\, E\left[< M,M >_{T_m} - < M,M >_{T_n} \right]$$

$$E\left[\sup_{T_n \leq u \leq t < T} (M_t - M_u)^2 \right] \leq 16\, E\left[< M,M >_{T-} - < M,M >_{T_n} \right]$$

et en faisant tendre n vers l'infini, nous vérifions que M_t converge p.s. vers une limite finie quand t tend vers l'infini sur l'ensemble $\{T = \infty\}$. Il reste à faire varier a ∎

Nous pouvons préciser le comportement de M sur l'ensemble $\{ < M,M >_\infty = \infty \}$. Comme dans le cas discret [8], la démonstration repose sur un "lemme de Kronecker".

LEMME 1. <u>Soit</u> B <u>un processus croissant prévisible avec</u> $B_0 > 0$ p.s. <u>Si l'intégrale stochastique</u>

$$Z = \frac{1}{B} \cdot M$$

<u>converge</u> p.s. <u>quand</u> t <u>tend vers l'infini vers une limite finie</u>, <u>alors</u>

$$\lim_{t \to \infty} \frac{M_t}{B_t} = 0 \qquad \text{p.s. } \underline{\text{sur l'ensemble}} \ \{ B_\infty = \infty \} .$$

PREUVE. Nous allons intégrer par parties [7, p. 315] :

$$M_t = \int_0^t B_s\, dZ_s = B_t\, Z_t - \int_0^t Z_{s-}\, dB_s = \int_0^t (Z_t - Z_{s-})\, dB_s .$$

Si $0 < u < t < \infty$,

$$\left|\frac{M_t}{B_t}\right| \leq \frac{1}{B_t} \left| \int_0^u (Z_t - Z_{s-}) dB_s \right| + \frac{1}{B_t} (B_t - B_u) \sup_{u < s \leq t} | Z_t - Z_{s-}|$$

La conclusion s'obtient en faisant tendre t, puis u vers l'infini ∎

THEOREME 1. Si M est localement de carré intégrable et si f est une application croissante de $[0, +\infty[$ dans $]0, +\infty[$ telle que

$$\int_0^\infty \frac{dt}{(f(t))^2} < \infty ,$$

alors

$$\frac{M_t}{f(<M,M>_t)} \to 0 \quad \text{p.s.} \quad \text{sur } \{ <M,M>_\infty = \infty \} .$$

PREUVE. Posons $A = <M,M>$, $Z = \frac{1}{f(A)} . M$, $C_s = \inf \{ t : A_t > s \}$.

Comme $A_{C_s} \geqslant s$ pour tout $s < A_\infty$,

$$<Z,Z>_\infty = \int_0^\infty \frac{dA_s}{(f(A_s))^2} = \int_0^{A_\infty} \frac{ds}{(f(A_{C_s}))^2} \leqslant \int_0^\infty \frac{dt}{(f(t))^2}$$

Il en résulte que Z est de carré intégrable et converge p.s. Il reste à appliquer le résultat du lemme 1 à $B = f(A)$ sur l'ensemble $\{ A_\infty = \infty \} = \{ B_\infty = \infty \}$.∎

2 - LE LEMME DE BOREL-CANTELLI

En [2], Dubins et Freedman utilisent le théorème 1, qu'ils démontrent pour $f(t) = 1 + t$, pour obtenir un renforcement du lemme classique de Borel-Cantelli. Nous allons faire de même en élargissant un peu les hypothèses.

THEOREME 2. Soit A un processus adapté nul en zéro vérifiant

$$E \left[\sup_t \Delta A_t \right] < \infty .$$

Si $\tilde{A}$ est le compensateur prévisible de A, alors

$$\{ A_\infty = \infty \} = \{ \tilde{A}_\infty = \infty \} \text{ p.s;} ,$$

et sur cet ensemble

$$\frac{A_t}{\tilde{A}_t} \to 1 \quad \text{p.s. quand } t \text{ tend vers l'infini.}$$

PREUVE. i/ Montrons que $\{ A_\infty < \infty \} = \{ \tilde{A}_\infty < \infty \}$ p.s. (voir [6] en temps discret, [5] en temps continu). Si $a > 0$, soit

$$T = \inf \{ t : \tilde{A}_t \geqslant a \} .$$

Le temps T est prévisible, et si (T_n) annonce T, de

$$E[A_{T_n}] = E[\tilde{A}_{T_n}] < a$$

résulte que $E[A_{T-}] \leq a$, donc $\{A_\infty < \infty\}$ p.s. sur $\{T = \infty\} \supset \{\tilde{A}_\infty < a\}$.

On fait ensuite varier a pour obtenir $\{A_\infty < \infty\} \supset \{\tilde{A}_\infty < \infty\}$ p.s. Inversement, si

$S = \inf\{t : A_t > a\}$,

$E[\tilde{A}_S] = E[A_S] \leq a + E[\sup_t \Delta A_t] < \infty$,

donc $\{\tilde{A}_\infty < \infty\} \supset \{A_\infty < \infty\}$ p.s.

ii/ Supposons qu'il existe une constante $c > 0$ telle que $\Delta A \leq c$. La martingale locale

$$M = A - \tilde{A}$$

n'a pas de partie continue, et comme ses sauts sont bornés par c, elle est localement de carré intégrable. Sur l'ensemble $\{<M,M>_\infty < \infty\}$, d'après la proposition 1, M_t converge p.s. vers une limite finie, donc

$$\frac{M_t}{\tilde{A}_t} \to 0 \quad \text{et} \quad \frac{A_t}{\tilde{A}_t} \to 1 \quad \text{p.s.} \quad \text{sur } \{A_\infty = \infty\} \cap \{<M,M>_\infty < \infty\} .$$

Sur l'ensemble $\{<M,M>_\infty = \infty\} \cap \{A_\infty = \infty\}$, écrivons

$$\frac{M_t}{\tilde{A}_t} = \frac{M_t}{<M,M>_t} \quad \frac{<M,M>_t}{\tilde{A}_t}$$

Le premier rapport de ce produit tend vers zéro d'après le théorème 1 appliqué à $f(t) = 1 + t$. Le second rapport est borné par $2c$, car le compensateur prévisible de $\sum_{s \leq t} \Delta M_s^2$ est majoré par c fois le compensateur prévisible de $\sum_{s \leq t} |\Delta M_s|$, lui-même majoré par $2\tilde{A}_t$: on vérifie cette dernière inégalité en constatant que si T est totalement inaccessible, $\Delta A_T = \Delta M_T$, donc $\Delta A_T 1_{\{T \leq t\}}$ et $\Delta M_T 1_{\{T \leq t\}}$ ont même compensateur prévisible, tandis que si T est prévisible,

$$\begin{aligned} E[\,|\Delta M_T| \mid \mathcal{F}_{T-}] &= E[\,|\Delta A_T - E[\Delta A_T \mid \mathcal{F}_{T-}]| \mid \mathcal{F}_{T-}] \\ &\leq 2\,E[\Delta A_T \mid \mathcal{F}_{T-}] \\ &\leq 2\,\Delta\tilde{A}_T . \end{aligned}$$

iii/ Supposons seulement $E[\sup_t \Delta A_t] < \infty$, et posons

$$S_t = \sup_{s \leq t} \Delta A_s$$

$$K_t = \sum_{s \leq t} \Delta A_s \, 1_{\{\Delta A_s \geq 2 S_{s-}\}}$$

$$L_t = A_t - K_t$$

Sur $\{\Delta A_s \geq 2 S_{s-}\}$, $2 S_{s-} + \Delta K_s \leq 2 \Delta A_s \leq 2 S_s$,

donc $K_\infty \leq 2 S_\infty$ tandis que $\Delta L_t \leq 2 S_{t-}$. Si $\tilde{K}$ $(\tilde{L})$ représente le compensateur prévisible de K (L), nous avons

$$E[K_\infty] = E[\tilde{K}_\infty] < \infty ,$$

$$\tilde{A} = \tilde{K} + \tilde{L} .$$

Si nous posons

$$T_n = \inf\{ t : S_{t-} \geq n \} ,$$

alors ΔL^{T_n} est borné par $2 S_{T_n -} \leq 2n$, d'où

$$\frac{L_t}{\tilde{L}_t} = \frac{L_t^{T_n}}{\tilde{L}_t^{T_n}} \to 1 \text{ p.s. sur } \{L_\infty = \infty\} \cap \{T_n = \infty\} .$$

Pour terminer nous remarquons que $\{A_\infty = \infty\} = \{L_\infty = \infty\}$ p.s. et $\Omega = \bigcup_n \{T_n = \infty\}$ p.s. ∎

3 - UNE FAMILLE DE SURMARTINGALES EXPONENTIELLES

On sait que la démonstration de la loi du logarithme itéré pour le mouvement brownien comme pour les martingales discrètes utilise des inégalités maximales obtenues à partir de surmartingales exponentielles. Nous allons d'abord définir et étudier ces surmartingales.

Rappelons [10] que la mesure de Lévy ν de la martingale locale M est la famille de noyaux $\nu_t(\omega, dx)$ définis sur les boréliens de $\mathbb{R}^* = \mathbb{R} \setminus \{0\}$ telle que si le processus

$$\sum_{s \leq t} |f(\Delta M_s)| \, 1_{\{\Delta M_s \neq 0\}}$$

(où f est une fonction réelle borélienne sur $\mathbb{R}^*$) est localement intégrable, alors le compensateur prévisible du processus

$$\sum_{s \leq t} f(\Delta M_s)\, 1_{\{\Delta M_s \neq 0\}}$$

est donné par

$$\int f(x)\, \nu_t\, (dx)\ .$$

Introduisons alors le processus

$$\alpha(M)_t = \exp\{M_t - \frac{1}{2} < M^c, M^c >_t - \int (e^x - 1 - x)\, \nu_t(dx)\ \}\ .$$

Nous aurons besoin du résultat suivant [10] , qui se démontre en appliquant la formule de changement de variables.

LEMME 2. <u>Si</u> M <u>est quasi-continue à gauche et si</u> $\sum_{s \leq t} (e^{\Delta M_s} - 1 - \Delta M_s)\, 1_{\{\Delta M_s \neq 0\}}$ <u>est localement intégrable,</u> $\alpha(M)$ <u>est une martingale locale.</u>

Que se passe-t-il dans le cas général ?

PROPOSITION 2. <u>Le processus</u> $\alpha(M)$ <u>est une surmartingale positive.</u>

PREUVE. Posons $M = M^p + M^q$, où M^p est la somme compensée des sauts prévisibles de M , et M^q est quasi-continue à gauche. Pour tout $t < \infty$, M^p_t est la limite en probabilité quand $n \to \infty$ de

$$M^{p,n}_t = \sum_{k=1}^{n} \Delta M_{T_k}\, 1_{\{T_k \leq t\}}\ ,$$

où (T_k) est une suite de temps d'arrêt prévisibles de graphes disjoints épuisant les sauts de M^p , et nous avons

$$\alpha(M^{p,n})_t = \exp\{\ M^{p,n}_t - \sum_{k=1}^{n} E\left[e^{\Delta M_{T_k}} - 1 \mid \mathcal{F}_{T_k -} \right] 1_{\{T_k \leq t\}}\}\ .$$

Si T est un temps d'arrêt tel que

$$\sum_{k=1}^{n} E\left[\exp \Delta M_{T_k} \mid \mathcal{F}_{T_{k-}}\right] 1_{\{T_k \leq T\}}$$

soit fini p.s., en posant pour alléger l'écriture

$$U^k_t = \exp\{\ \Delta M_{T_k}\, 1_{\{T_k \leq t \wedge T\}}\}\ ,$$

il vient

$$\alpha(M^{p,n})^T_t = \prod_{k=1}^{n} \frac{U^k_t}{E[U^k_t | \mathcal{F}_{T_{k-}}]} \prod_{k=1}^{n} (E[U^k_t | \mathcal{F}_{T_{k-}}] \exp(1 - E[U^k_t | \mathcal{F}_{T_{k-}}])) .$$

Le premier produit est une martingale (les espérances conditionnelles sont prises au sens généralisé) et le second est un processus décroissant positif en vertu de l'inégalité $x\, e^{1-x} \leq 1$; il en résulte que $\alpha(M^{p,n})^T$ est une surmartingale positive. Mais le temps d'arrêt

$$S^n = \inf \{ t : \sum_{k=1}^{n} E [\exp \Delta M_{T_k} | \mathcal{F}_{T_{k-}}] 1_{\{ T_k \leq t \}} = \infty \}$$

est prévisible, et si $(S^n_m, m > 1)$ est une suite annonçant S^n, il vient que $\alpha(M^{p,n})^{S^n_m}$ est une surmartingale positive.

Passons à M^q. Pour tout $t < \infty$, M^q_t est limite en probabilité de $M^{q,n}_t$ quand n tend vers l'infini, où

$$M^{q,n} = M^q - 1_{\{ |\Delta M| > n \}} \cdot M^q ,$$

où l'intégrale stochastique est optionnelle. Comme

$$\sum_{s \leq t} (e^{\Delta M^{q,n}_s} - 1 - \Delta M^{q,n}_s) 1_{\{\Delta M^{q,n}_s \neq 0\}} = \sum_{s \leq t} (e^{\Delta M^q_s} - 1 - \Delta M^q_s) 1_{\{0 < |\Delta M^q_s| \leq n\}}$$

est localement intégrable, d'après le lemme 2, $\alpha(M^{q,n})$ est une martingale locale.

Posons

$$Y^n = \alpha(M^{p,n} + M^{q,n}) = \alpha(M^{p,n})\, \alpha(M^{q,n}) .$$

Alors $(Y^n)^{S^n_m}$ est le produit de deux martingales locales positives et d'un processus décroissant, c'est donc une surmartingale. Si $s < t$,

$$Y^n_s 1_{\{s < S^n_m\}} \geq E [Y^n_t 1_{\{s < S^n_m\}} | \mathcal{F}_s]$$

$$\geq E [Y^n_t 1_{\{t < S^n_m\}} | \mathcal{F}_s] ,$$

et en passant à la limite en m,

$$Y^n_s \geq E [Y^n_t | \mathcal{F}_s] .$$

Soit (n_j) une sous-suite telle que $Y^{n_j}_t \to \alpha(M)_t$ p.s., $Y^{n_j}_s \to \alpha(M)_s$ p.s.

En appliquant le lemme de Fatou à

$$\frac{Y_t^{n_j}}{Y_s^{n_j}} 1_{\{ Y_s^{n_j} > 0 \}} ,$$

il vient finalement

$$\alpha(M)_s \geq E [\alpha(M)_t \mid \mathcal{F}_s] \quad \blacksquare$$

Soit A le processus à valeurs dans $\overline{R_+}$ défini par

$$A_t = \int (e^x - 1 - x) \quad \nu_t(dx)$$

C'est la limite croissante des processus

$$A_t^n = \int (e^x - 1 - x) 1_{\{|x| \leq n\}} \nu_t(dx)$$

qui sont les compensateurs prévisibles des processus

$$B_t^n = \sum_{s \leq t} (e^{\Delta M_s} - 1 - \Delta M_s) 1_{\{ 0 < |\Delta M_s| \leq n \}} ;$$

ils sont donc finis, croissants, leur limite A est prévisible et le temps d'arrêt

$$S = \inf \{ t : \alpha(M)_t = 0 \} = \inf \{ t : A_t = + \infty \}$$

est prévisible. Si M est quasi-continue à gauche, les processus A^n sont continus, donc A est continu à gauche, et si

$$S_k = \inf \{ t : A_t > k \} ,$$

alors $A_{S_k} \leq k$, et A^{S_k} est le compensateur prévisible de B^{S_k}. Comme S_k tend en croissant vers S, cela montre que A^S est continu. Mais M n'a pas de saut à l'instant prévisible S, donc dans ce cas

$$\alpha(M)_S = \alpha(M)_{S-} \quad .$$

Regardons plus précisément ce qui se passe avant S. Rappelons qu'un processus X est appelé une <u>martingale locale jusqu'à l'instant</u> U s'il existe une suite de temps d'arrêt (U_m) croissant vers U telle que pour tout m, X^{U_m} soit une martingale uniformément intégrable.

PROPOSITION 3. <u>Le processus</u> $\alpha(M)$ <u>est une martingale locale jusqu'à l'instant</u> S

si et seulement si la martingale locale M' *définie par*

$$M'_t = M_{t\wedge S} - \Delta M_S \, 1_{\{S \leq t\}}$$

est quasi-continue à gauche. Si M^S *est quasi-continue à gauche, alors* $\alpha(M)^S$ *est une martingale locale*.

PREUVE. i/ Soit (S_m) une suite croissant vers S, avec $S_m < S$ sur $\{S > 0\}$, telle que $\alpha(M)^{S_m}$ soit uniformément intégrable. Si T est un temps d'arrêt prévisible, soit

$$M^m_t = M^{S_m}_t - \Delta M^{S_m}_T \, 1_{\{T \leq t\}} .$$

Remarquons que $\alpha(M^m)$ est une surmartingale positive et que

$$\alpha(M^m)_{T-} = \alpha(M^m)_T > 0 \quad \text{p.s.}$$

Il en résulte que $\alpha(M^m)_T$ est $\mathcal{F}_{T-}$ mesurable, et

$$1 = E\left[\alpha(M)^{S_m}_T\right]$$

$$= E\left[\alpha(M^m)_T \exp\{\Delta M_T 1_{\{T \leq S_m\}} - E\left[e^{\Delta M_T} - 1 \mid \mathcal{F}_{T-}\right] 1_{\{T \leq S_m\}}\}\right]$$

$$= E\left[\alpha(M^m)_T \, E\left[\exp(\Delta M_T 1_{\{T \leq S_m\}}) \mid \mathcal{F}_{T-}\right] \exp\{1 - E\left[\exp(\Delta M_T 1_{\{T \leq S_m\}}) \mid \mathcal{F}_{T-}\right]\}\right]$$

Comme l'inégalité $x\, e^{1-x} \leq 1$ est stricte pour $x \neq 1$, cela prouve que

$\Delta M_T 1_{\{T \leq S_m\}} = 0$ p.s., donc $\Delta M'_T = 0$ p.s.

ii/ Si M' est quasi-continue à gauche, on peut trouver une suite (S_k) croissante vers S, avec $S_k < S$ sur $\{S > 0\}$, telle que

$$A_{S_k} = \int (e^x - 1 - x)\, \nu_{S_k}(dx) \leq k$$

Il résulte du lemme 2 que $\alpha(M)^{S_k} = \alpha(M')^{S_k}$ est une martingale locale.

iii/ Si M^S est quasi-continue à gauche, soit $(S^m_k, m \geq 1)$ une suite croissant vers l'infini telle que pour tout k, pour tout m, $\alpha(M)^{S_k \wedge S^m_k}$ soit uniformément intégrable. La surmartingale positive $\alpha(M)^S$ admet une décomposition de Doob, elle est donc majorée par une martingale locale positive. Cela entraîne l'existence d'une suite (R_p) de temps d'arrêt croissant vers l'infini telle que pour tout p ,

$$E\left[\sup_{t \leq R_p \wedge S} \alpha(M)_t\right] < \infty$$

Si $s < t$ et $D \in \mathcal{F}_s$,

$$\int_D \alpha(M)_{t\wedge R_p \wedge S_k \wedge S_k^m}\, dP = \int_D \alpha(M)_{s\wedge R_p \wedge S_k \wedge S_k^m}\, dP .$$

Par convergence dominée, on passe à la limite en m , puis en k , et comme $\alpha(M)_S = \alpha(M)_{S-}$, nous vérifions que $\alpha(M)^S$ est une martingale locale∎

En fait, seule la conséquence suivante nous servira dans la dernière partie.

COROLLAIRE. <u>Supposons qu'il existe</u> $c > 0$ <u>tel que</u> $\Delta M \leq c$.
<u>Si</u> $\lambda > 0$ <u>et si</u>

$$\phi_c(\lambda) = \frac{e^{\lambda c} - 1 - \lambda c}{c^2} ,$$

<u>le processus</u>

$$\exp\{ \lambda M_t - \phi_c(\lambda) < M,M >_t \}$$

<u>est une surmartingale positive.</u>

PREUVE. On vérifie aisément que pour tout $\lambda > 0$,

$$\phi_c(\lambda) \geq \frac{\lambda^2}{2}$$

$$e^{\lambda x} - 1 - \lambda x \leq \phi_c(\lambda)\ x^2 \quad \text{pour tout } x \leq c .$$

D'après la proposition 2 , si $s < t$,

$$1 \geq E\left[\exp\{\lambda(M_t-M_s) - \frac{\lambda^2}{2}(<M^c,M^c>_t - <M^c,M^c>_s) - \int(e^{\lambda x}-1-\lambda x)(\nu_t(dx) - \nu_s(dx))\} \mid \mathcal{F}_s\right]$$

donc

$$1 \geq E\left[\exp\{\lambda(M_t-M_s) - \frac{\lambda^2}{2}(<M^c,M^c>_t - <M^c,M^c>_s) - \phi_c(\lambda)\int x^2(\nu_t(dx) - \nu_s(dx))\} \mid \mathcal{F}_s\right]$$

$$\geq E\left[\exp\{ \lambda(M_t-M_s) - \phi_c(\lambda)\ (<M,M>_t - <M,M>_s) \} \mid \mathcal{F}_s\right] ∎$$

4 - LA LOI DU LOGARITHME ITERE

Il est possible pour certaines martingales d'améliorer la connaissance que le théorème 1 nous donne de leur comportement asymptotique. Nous arrivons alors à la célèbre loi du logarithme itéré, établie par Stout [9] pour les martingales discrètes. Nous ne montrerons ci-dessous que le côté facile de cette loi, en introduisant une nouvelle condition sur les sauts qui élargit un peu son domaine de validité.

THEOREME 3. Si M est localement de carré intégrable et vérifie

$$E\left[\sup_t \Delta M_t\right] < \infty ,$$

alors

$$\overline{\lim_{t\to\infty}} \frac{M_t}{h(A_t)} \leq 1 \quad \text{p.s. sur } \{A_\infty = \infty\} ,$$

où

$$A = \langle M,M \rangle$$

$$h(u) = (2\, u \operatorname{Log}\operatorname{Log} u)^{1/2} \quad \text{pour } u \geq e .$$

PREUVE. i/ Commençons par supposer $\Delta M \leq c$. D'après le corollaire et l'inégalité maximale des surmartingales, pour $\lambda > 0$ et $a > 0$,

$$P(\sup_t (\lambda M_t - \phi_c(\lambda)\, A_t) > \lambda a) \leq \exp(-\lambda a) .$$

Soient $\theta > 1$, $\delta > 0$

$$a_k = \frac{1+\delta}{2}\, h(\theta^k) \quad , \quad \lambda_k = \frac{h(\theta^k)}{\theta^k} ,$$

où k varie parmi les entiers tels que $\theta^k \geq e$. Si

$$T_k = \inf\{t : A_t \geq \theta^k\} ,$$

sur l'ensemble $\{T_k \leq t < T_{k+1}\}$,

$$a_k + \frac{\phi_c(\lambda_k)}{\lambda_k} A_t \leq q_k + \frac{\phi_c(\lambda_k)}{\lambda_k} \theta^{k+1} = C_k(\theta,\delta)\, h(\theta^k) \leq C_k(\theta,\delta)\, h(A_t) ,$$

où

$$C_k(\theta,\delta) = \frac{1+\delta}{2} + \theta\, \frac{\phi_c(\lambda_k)}{\lambda_k^2} \to \frac{1+\delta+\theta}{2} \quad \text{lorsque } k \to \infty .$$

Des inégalités

$$P\left(\sup_t \left\{ M_t - \frac{\phi_c(\lambda_k)}{\lambda_k} A_t - a_k \right\} > 0 \right) \leq \left(\frac{1}{k \log \theta}\right)^{1+\delta}$$

nous tirons d'après le lemme de Borel-Cantelli que sur $\{ A_\infty = \infty \}$,

$$\overline{\lim_{t \to \infty}} \frac{M_t}{h(A_t)} \leq \frac{1+\delta+\theta}{2} \text{ p.s. },$$

donc en fait, puisque δ et θ sont arbitraires

$$\overline{\lim_{t \to \infty}} \frac{M_t}{h(A_t)} \leq 1 \text{ p.s.}$$

ii/ Supposons maintenant $E\left[\sup_t \Delta M_t \right] < \infty$ et posons

$$S_t = \sup_{s \leq t} \Delta M_t$$

$$K_t = \sum_{s \leq t} \Delta M_s \, 1_{\{ \Delta M_s \geq 2 S_{s-} \}} .$$

Comme dans la démonstration du théorème 2, $K_\infty \leq 2 S_\infty$. Si $\tilde{K}$ désigne le compensateur prévisible de K, la martingale $N = K - \tilde{K}$ est à variation intégrable, donc converge p.s. vers une limite finie, tandis que si $N' = M - N$, alors $|\Delta N'_t| \leq 4 S_{t-}$ (voir [6], p. 81). Si T est un temps de saut totalement inaccessible de M, $\Delta N_T \, \Delta N'_T = 0$, tandis que si T est un temps de saut prévisible tel que $E[\Delta M_T^2] < \infty$,

$$E[\Delta N_T \, \Delta N'_T \mid \mathcal{F}_{T-}] = E[(\Delta K_T - E[\Delta K_T \mid \mathcal{F}_{T-}])(\Delta M_T - \Delta K_T + E[\Delta K_T \mid \mathcal{F}_{T-}]) \mid \mathcal{F}_{T-}]$$

$$= (E[\Delta K_T \mid \mathcal{F}_{T-}])^2 \geq 0 \;;$$

le processus $< N,N' >$ est donc croissant, d'où $< M,M >_t \geq < N',N' >_t$ pour tout t. Posons encore

$$T_n = \inf \{ t : S_{t-} \geq n \} ;$$

nous obtenons

$$\overline{\lim_{t \to \infty}} \frac{N'_t}{h(<N',N'>_t)} \leq 1 \text{ p.s. sur } \{ < N',N' >_\infty = \infty \} \cap \{ T_n = \infty \}$$

puis

$$\overline{\lim_{t \to \infty}} \frac{M_t}{h(A_t)} \leq \overline{\lim} \frac{N'_t}{h(<N',N'>_t)} \leq 1 \text{ p.s. sur } \{ < N',N' >_\infty = \infty \} \cap \{ A_\infty = \infty \}$$

tandis que sur $\{ < N',N' >_\infty < \infty \}$, N'_t converge p.s. vers une limite finie, donc

$$\overline{\lim_{t \to \infty}} \frac{M_t}{h(A_t)} = 0 \quad \text{p.s. sur } \{ < N',N' >_\infty < \infty \} \cap \{ A_\infty = \infty \}$$

Il reste à établir qu'au moins lorsque $|\Delta M| \leqslant c$,

$$\overline{\lim_{t \to \infty}} \frac{M_t}{h(A_t)} \geqslant 1 \quad \text{p.s. sur } \{ A_\infty = \infty \} .$$

Vu l'extrême technicité de la démonstration de Stout [9] , reprise par Freedman [3] , nous nous contenterons d'affirmer que le passage du temps discret au temps continu s'effectue sans difficulté, et pour terminer nous donnerons, toujours grâce à la décomposition de Davis, une loi du logarithme itéré valable pour des martingales locales éventuellement non localement de carré intégrable.

THEOREME 4. Si $E [\sup_t |\Delta M_t|] < \infty$, alors

$$\overline{\lim_{t \to \infty}} \frac{M_t}{h(B_t)} = 1 \quad \text{p.s. } \underline{\text{sur}} \ \{ B_\infty = \infty \} ,$$

où $B = [M,M]$

$h(u) = (2u \text{ Log Log } u)^{1/2}$ pour $u \geqslant e$.

PREUVE. Le théorème 2 et ce qui précède nous permettent de conclure lorsque $|\Delta M|$ est borné dans L^∞ . Si $E [\sup_t |\Delta M_t|] < \infty$, nous posons

$$S_t = \sup_{s \leqslant t} |\Delta M_s|$$

$$K_t = \sum_{s \leqslant t} \Delta M_s \, 1_{\{ |\Delta M_s| \geqslant 2S_{s-} \}} ;$$

$\tilde{K}$ désigne encore le compensateur prévisible de K , N la martingale $K - \tilde{K}$, et $N' = M - N$. Comme $[N,N]_\infty < \infty$ p.s., les inégalités

$$([N',N']_\infty)^{1/2} - ([N,N]_\infty)^{1/2} \leqslant B_\infty^{1/2} \leqslant ([N',N']_\infty)^{1/2} + ([N,N]_\infty)^{1/2}$$

nous montrent que $\{ [N',N']_\infty = \infty \} = \{ B_\infty = \infty \}$ p.s. En posant à nouveau

$$T_n = \inf \{ t : S_{t-} \geqslant n \} ,$$

nous obtenons

$$\overline{\lim_{t\to\infty}} \frac{M_t}{h(B_t)} = \overline{\lim_{t\to\infty}} \frac{N'_t}{h([N',N']_t)} = 1 \quad \text{p.s.} \quad \text{sur} \quad \{ B_\infty = \infty \} \cap \{ T_n = \infty \} ,$$

donc sur tout l'ensemble $\{ B_\infty = \infty \}$ ∎

BIBLIOGRAPHIE

[1] B. DAVIS. *On the integrability of the martingale square function.* Israël J.M. 8, 187-190 (1970).

[2] L.E. DUBINS et D.A. FREEDMAN. *A sharper form of the Borel-Cantelli lemma and the strong law.* Ann. M. Stat. 36, 800-807 (1965).

[3] D.A. FREEDMAN. *On tail probabilities for martingales.* Ann. Prob. 3, 100-118 (1975).

[4] R.K. GETOOR et M.J. SHARPE. *Conformal martingales.* Invent. Math. 16, 271-308 (1972).

[5] E. LENGLART. *Sur la convergence p.s. des martingales locales.* C.R. Acad. Sci. Paris, 284, 1085-1088 (1977).

[6] P.A. MEYER. *Martingales and stochastic integrals I.* Lecture Notes n° 284, Springer (1972).

[7] P.A. MEYER. *Un cours sur les intégrales stochastiques.* Séminaire de Probabilités X. Lecture Notes n° 511, Springer (1976).

[8] J. NEVEU. *Martingales à temps discret.* Masson (1972).

[9] W.F. STOUT. *A martingale analogue of Kolmogorov's law of the iterated logarithm.* Z. Wahrscheinlichkeitstheorie 15, 279-290 (1970).

[10] M. YOR. *Sur les intégrales stochastiques optionnelles et une suite remarquable de formules exponentielles.* Séminaire de Probabilités X. Lecture Notes n° 511. Springer (1976).

Université de Strasbourg
Séminaire de Probabilités

UNE REPRESENTATION INTEGRALE POUR LES MARTINGALES FORTES

par R. Cairoli

Soit $W = \{W_z, z \in \mathbb{R}_+^2\}$ un processus de Wiener à deux paramètres, défini sur un espace probabilisé complet $(\Omega, \mathcal{F}, P)$ et, pour tout $z \in \mathbb{R}_+^2$, soit $\mathcal{F}_z$ la tribu engendrée par $\{W_\zeta, \zeta \prec z\}$ et par les ensembles négligeables de $\mathcal{F}$. Comme d'habitude, $(s,t) \prec (s',t')$ signifie ici $s \leq s'$ et $t \leq t'$.

Nous dirons qu'un processus est adapté, s'il est adapté à la famille $\{\mathcal{F}_z, z \in \mathbb{R}_+^2\}$. Nous poserons $\mathcal{F}_{s\infty} = \bigvee_{t\in\mathbb{R}_+} \mathcal{F}_{st}$, $\mathcal{F}_{\infty t} = \bigvee_{s\in\mathbb{R}_+} \mathcal{F}_{st}$ et $\mathcal{F}_\infty = \bigvee_{z\in\mathbb{R}_+^2} \mathcal{F}_z$. Nous désignerons en outre par R_{st} le rectangle $[0,s] \times [0,t]$ et par $\mathcal{B}$ la tribu borélienne de $\mathbb{R}$.

Suivant [1], nous dirons qu'un processus $M = \{M_z, z \in \mathbb{R}_+^2\}$ est une martingale forte, s'il est nul sur les axes, adapté, intégrable et si

$$(1) \qquad E\{M_{s't'} - M_{st'} - M_{s't} + M_{st} | \mathcal{F}_{s\infty} \vee \mathcal{F}_{\infty t}\} = 0$$

pour tout $(s,t) \prec (s',t')$.

Il a été démontré dans [1] (théorème 8.1) que toute martingale forte de carré intégrable est représentable sous la forme d'une intégrale stochastique, par rapport à W, d'un processus adapté. Dans le présent article, nous étendons cette représentation aux martingales fortes dont le carré n'est pas intégrable. Comme l'intégrale stochastique d'un processus adapté est continue (cf. [4], [5]), un corollaire du résultat est que les martingales fortes admettent une version continue. Cette conclusion ne paraît pas surprenante, compte tenu du récent résultat dû à J.B. Walsh (cf. [3]), selon lequel toute martingale forte relative à une famille croissante de tribus continue à droite admet une version continue à droite.

L'instrument de base est la représentation intégrale donnée dans [2]. Nous allons d'abord l'étendre aux 2-martingales locales. Par 2-martingale locale nous entendons un processus $M = \{M_z, z \in \mathbb{R}_+^2\}$ nul sur les axes et tel que, pour tout $s \in \mathbb{R}_+$ fixé, $\{M_{st}, t \in \mathbb{R}_+\}$ est une martingale locale ordinaire relative à $\{\mathcal{F}_{\infty t}, t \in \mathbb{R}_+\}$.

<u>Théorème 1</u>. Soit $M = \{M_z, z \in \mathbb{R}_+^2\}$ une 2-martingale locale adaptée et mesurable. Il existe un processus $\alpha = \{\alpha(z;s): z \in \mathbb{R}_+^2, s \in \mathbb{R}_+\}$ tel que

(a) $(z;s;\omega) \longrightarrow \alpha(z;s;\omega)$ est $\mathcal{B}^2 \times \mathcal{B} \times \mathcal{F}$-mesurable,

(b) $\alpha(u,v;s)$ est $\mathcal{F}_{sv}$-mesurable si $u \leq s$ et $= 0$ si $u > s$,

(c) pour tout $(s,t) \in \mathbb{R}_+^2$, $\int_{R_{st}} \alpha^2(\zeta;s)d\zeta < \infty$ p.s.,

et pour lequel on a

(d) $$M_{st} = \int_{R_{st}} \alpha(\zeta;s)dW_\zeta,$$

pour tout $(s,t) \in \mathbb{R}_+^2$.

<u>Démonstration</u>. Les martingales de carré intégrable relatives à $\{\mathcal{F}_{\infty t}, t \in \mathbb{R}_+\}$ admettent une version continue (cf. [2]), donc aussi chacune des martingales locales $\{M_{st}, t \in \mathbb{R}_+\}$, $s \in \mathbb{R}_+$. En posant, pour tout $(s,t) \in \mathbb{R}_+^2$,

$$\tilde{M}_{st} = \begin{cases} \lim\limits_{\substack{v \to t \\ v \in \mathbb{Q}}} M_{sv} & \text{si la limite existe,} \\ 0 & \text{autrement,} \end{cases}$$

nous obtenons donc une version $\tilde{M}$ de M qui est mesurable et telle que, pour s fixé, $t \to \tilde{M}_{st}$ est p.s. continue. Cette version sera encore notée par M. Posons, pour chaque n,

$$T_s^n(\omega) = \begin{cases} \inf\{t : |M_{st}(\omega)| \geq n\} & \text{si } \{\ \} \neq \emptyset, \\ \infty & \text{si } \{\ \} = \emptyset, \end{cases}$$

et, pour chaque m,

$$T_s^{nm}(\omega) = \begin{cases} \frac{j}{2^m} \text{ si } \frac{j-1}{2^m} < T_s^n(\omega) \leq \frac{j}{2^m}, \; j = 0,1,2,\ldots, \\ \infty \text{ si } T_s^n(\omega) = \infty. \end{cases}$$

A noter que T_s^n est un temps d'arrêt relatif à la famille $\{\mathcal{F}_{st}, t \in \mathbb{R}_+\}$ et que $T_s^{nm}(\omega)$ converge en décroissant vers $T_s^n(\omega)$ quand $n \to \infty$. Posons

$$M_{st}^n(\omega) = \begin{cases} \lim\limits_{m \to \infty} M_{s, T_s^{nm}(\omega) \wedge t}(\omega) & \text{si la limite existe,} \\ 0 & \text{autrement.} \end{cases}$$

Le processus M^n ainsi défini est adapté et mesurable. En outre, pour s fixé,

$$t \longrightarrow M^n_{st} \quad \text{est indistinguable de} \quad t \longrightarrow M_{s,T^n_s \wedge t},$$

ce qui implique, en particulier, que M^n est une 2-martingale de carré intégrable. D'après le théorème 1.3 de [2], il existe donc un processus $\alpha_n = \{\alpha_n(z;s)\colon z \in \mathbb{R}^2_+,\ s \in \mathbb{R}_+\}$ vérifiant (a) et (b), tel que $E\{\int_{R_{st}} \alpha^2_n(\zeta;s)d\zeta\} < \infty$ et que

$$M_{s,T^n_s \wedge t} = M^n_{st} = \int_{R_{st}} \alpha_n(\zeta;s)dW_\zeta, \tag{2}$$

pour tout $(s,t) \in \mathbb{R}^2_+$. Nous allons maintenant vérifier que les α_n peuvent être collés ensemble de manière à produire le processus α cherché. A cet effet, remplaçons t par $T^{n-1}_s \wedge t$ dans (2) et faisons ensuite la même substitution dans (2), écrite pour n-1 à la place de n. Du fait que $T^{n-1}_s \leq T^n_s$, les premiers membres des deux relations obtenues coïncident, donc les deux derniers aussi et nous en concluons que, pour s fixé, p.s.

$$\alpha_n(\zeta;s) = \alpha_{n-1}(\zeta;s) \text{ pour p.t.(presque tout) } \zeta \in R_{s,T^{n-1}_s}.$$

Posons alors

$$\begin{aligned} \alpha(u,v;s) &= \alpha_1(u,v;s) && \text{si} \quad v \leq T^1_s, \\ &= \alpha_n(u,v;s) && \text{si} \quad T^{n-1}_s < v \leq T^n_s,\ n \geq 2, \\ &= 0 && \text{autrement.} \end{aligned}$$

Compte tenu du fait que T^n_s converge en croissant p.s. vers l'infini, quand $n \to \infty$, il est facile de voir que le processus α ainsi défini répond aux exigences du théorème.

<u>Théorème 2</u>. Si $M = \{M_z, z \in \mathbb{R}_+^2\}$ est une martingale forte, il existe un processus $\varphi = \{\varphi(z), z \in \mathbb{R}_+^2\}$ adapté et mesurable, tel que $\int_{R_z} \varphi^2(\zeta)d\zeta < \infty$ p.s. pour tout $z \in \mathbb{R}_+^2$ et pour lequel on a

(3) $$M_z = \int_{R_z} \varphi(\zeta)dW_\zeta,$$

pour tout $z \in \mathbb{R}_+^2$.

<u>Démonstration</u>. Les martingales relatives à la famille $\{\mathcal{F}_z, z \in \mathbb{R}_+^2\}$ étant continues en probabilité, elles admettent une version mesurable, d'après le théorème de Doob. Quitte à redéfinir M_{st} comme au début de la démonstration du théorème 1, nous pouvons donc supposer que M est mesurable et que $t \to M_{st}$ est p.s. continue pour s fixé. En particulier, M est alors une 2-martingale locale adaptée et mesurable et il existe, d'après le théorème 1, un processus α vérifiant (a) – (d). Posons, pour $s < s'$ fixés et pour chaque n,

$$T^n = \begin{cases} \inf\{t: \int_{R_{st}} \alpha^2(\zeta;s)d\zeta \vee \int_{R_{s't}} \alpha^2(\zeta;s')d\zeta \geq n\} & \text{si } \{\ \} \neq \emptyset, \\ \infty & \text{si } \{\ \} = \emptyset. \end{cases}$$

Alors T^n est un temps d'arrêt relatif à la famille $\{\mathcal{F}_{\infty t}, t \in \mathbb{R}_+\}$ et, d'après (d), qui est encore valable lorsque t est remplacé par un temps d'arrêt borné relatif à cette famille, si $t < t'$ et r est quelconque,

(4) $$M_{r,T^n\wedge t'} - M_{r,T^n\wedge t} = \int_{R_{r,T^n\wedge t'} - R_{r,T^n\wedge t}} \alpha(\zeta;r)dW_\zeta.$$

D'autre part, toujours pour $s < s'$ fixés, (1) implique que

$\{M_{s't} - M_{st},\ t \in \mathbb{R}_+\}$ est une martingale relative à la famille $\{\mathcal{F}_{s\infty} \vee \mathcal{F}_{\infty t},\ t \in \mathbb{R}_+\}$, donc, d'après le théorème d'arrêt de Doob,

$$(5) \qquad E\{M_{s',T^n \wedge t'} - M_{s,T^n \wedge t'} - M_{s',T^n \wedge t} + M_{s,T^n \wedge t} \mid \mathcal{G}_t\} = 0,$$

où $\mathcal{G}_t$ est la tribu des $F \in \mathcal{F}_\infty$ tels que $F \cap \{T^n \wedge t \leq v\} \in \mathcal{F}_{s\infty} \vee \mathcal{F}_{\infty v}$ pour tout $v \in \mathbb{R}_+$. Par conséquent, en introduisant l'expression du deuxième membre de (4) dans (5), nous obtenons

$$(6) \qquad E\{\int_{R_{s',T^n \wedge t'} - R_{s',T^n \wedge t}} \alpha(\zeta;s')dW_\zeta - \int_{R_{s,T^n \wedge t'} - R_{s,T^n \wedge t}} \alpha(\zeta;s)dW_\zeta \mid \mathcal{G}_t\} = 0.$$

Mais en raison du choix de T^n et des propriétés de l'intégrale stochastique,

$$E\{\int_{R_{s',T^n \wedge t'} - R_{s,T^n \wedge t'} - (R_{s',T^n \wedge t} - R_{s,T^n \wedge t})} \alpha(\zeta;s')dW_\zeta \mid \mathcal{G}_t\} = 0,$$

ce qui fait que (6) s'écrit aussi sous la forme

$$E\{\int_{R_{s,T^n \wedge t'} - R_{s,T^n \wedge t}} (\alpha(\zeta;s') - \alpha(\zeta;s))dW_\zeta \mid \mathcal{G}_t\} = 0,$$

ou encore (cf. lemme 9.6 de [1])

$$\int_{R_{s\infty}} E\{I_{\{T^n \wedge t < v \leq T^n \wedge t'\}}(\alpha(u,v;s') - \alpha(u,v;s)) \mid \mathcal{G}_t\} dW_{uv} = 0.$$

Il s'ensuit que, pour p.t. $(u,v) \in R_{s\infty}$,

$$(7) \qquad E\{I_{\{T^n \wedge t < v \leq T^n \wedge t'\}}(\alpha(u,v;s') - \alpha(u,v;s)) \mid \mathcal{G}_t\} = 0.$$

Considérons un $(u,v) \in R_{s\infty}$ tel que $v > 0$ et que (7) vaille pour tout t et t' appartenant à un ensemble dénombrable dense de $\mathbb{R}_+$

et faisons tendre t en croissant et t' en décroissant, le long de cet ensemble, vers v. Nous obtenons

$$E\{I_{\{v \leq T^n\}}(\alpha(u,v;s') - \alpha(u,v;s)) \mid \mathcal{G}_v\} =$$

$$= I_{\{v \leq T^n\}}(\alpha(u,v;s') - \alpha(u,v;s)) = 0.$$

En faisant tendre alors n vers l'infini, il en résulte que, pour $s < s'$ fixés,

$$\alpha(\zeta;s') = \alpha(\zeta;s) \quad \text{pour p.t. } \zeta \in R_{s\infty},$$

d'où nous concluons que, pour p.t. $(u,v) \in \mathbb{R}_+^2$, $\alpha(u,v;s)$ est une fonction p.s. essentiellement constante de $s > u$. Posons, pour tout $(u,v) \in \mathbb{R}_+^2$

$$\varphi(u,v) = \begin{cases} \lim\limits_{n\to\infty} n \int_u^{u+1/n} \alpha(u,v;r)dr & \text{si l'intégrale et la limite existent,} \\ 0 & \text{autrement.} \end{cases}$$

Le processus φ ainsi défini est adapté et mesurable et nous avons, pour p.t. $(u,v) \in \mathbb{R}_+^2$,

$$(8) \qquad \alpha(u,v;s) = \varphi(u,v) \quad \text{pour p.t. } s > u.$$

Par conséquent, pour p.t. $s \in \mathbb{R}_+$, l'égalité dans (8) a lieu pour p.t. $(u,v) \in R_{s\infty}$ et nous voyons donc que, grâce à la propriété (c) du théorème 1,

$$\int_{R_z} \varphi^2(\zeta)d\zeta < \infty \quad \text{p.s. pour tout } z \in \mathbb{R}_+^2.$$

De plus, si s est hors de l'ensemble exceptionnel, l'égalité p.p.

des intégrants α et φ implique

$$M_{st} = \int_{R_{st}} \alpha(\zeta;s)dW_\zeta = \int_{R_{st}} \varphi(\zeta)dW_\zeta, \tag{9}$$

pour tout $t \in \mathbb{R}_+$. Mais le premier et le dernier membre sont continus en probabilité, donc ils coïncident pour tout $(s,t) \in \mathbb{R}_+^2$ et le théorème est démontré.

BIBLIOGRAPHIE

[1] R. Cairoli et J.B. Walsh : Stochastic integrals in the plane, Acta mathematica, 134, 1975, p. 111-183.

[2] R. Cairoli et J.B. Walsh : Martingale representations and holomorphic processes, Annals of Probability, 5, 1977, p. 511-521.

[3] J.B. Walsh : Right continuity of martingales. A paraître.

[4] E. Wong et M. Zakai : An extension of stochastic integrals in the plane, Annals of Probability, 5, 1977.

[5] E. Wong et M. Zakai : The sample function continuity of stochastic integrals in the plane. A paraître.

Département de mathématiques
Ecole polytechnique fédérale
Avenue de Cour 61
1007 Lausanne, Suisse

Université de Strasbourg
Séminaire de Probabilités

QUELQUES INEGALITES POUR MARTINGALES A PARAMETRE BIDIMENSIONNEL

par C. Métraux

Soient (Ω,F,P) un espace de probabilité et $\{F_{m,n}, m,n\geq 0\}$ une famille croissante de sous-tribus de F telle que $F_{m,n}=\{\phi,\Omega\}$ si $m=0$ ou $n=0$. Nous désignerons, pour tout $m,n\geq 0$, par $F_{m,\infty}$, respectivement $F_{\infty,n}$, les tribus $\bigvee_{n=0}^{\infty} F_{m,n}$ et $\bigvee_{m=0} F_{m,n}$.

Nous dirons qu'un processus $f=\{f_{m,n}, m,n\geq 1\}$ est une martingale si, pour tout $m,n\geq 1$, la variable aléatoire $f_{m,n}$ est $F_{m,n}$-mesurable et intégrable et si, pour tout $n\geq 1$ fixé, $\{f_{m,n}, m\geq 1\}$ est une martingale relative à la famille $\{F_{m,\infty}, m\geq 1\}$ et, pour tout $m\geq 1$ fixé, $\{f_{m,n}, n\geq 1\}$ est une martingale relative à la famille $\{F_{\infty,n}, n\geq 1\}$.

Dans le cas où la famille $\{F_{m,n}, m,n\geq 0\}$ satisfait l'hypothèse d'indépendance conditionnelle (F4) de [4], notre notion de martingale coïncide avec la notion usuelle de martingale relative à la relation d'ordre: $(m,n)\leq(p,q)$ si $m\leq p$ et $n\leq q$.

Dans cet article, nous étendrons au cas des martingales ainsi définies quelques inégalités dues à D.L. Burkholder (cf. [1]).

Si f est une martingale, nous poserons, pour tout $m,n\geq 1$,

$$d_{m,n} = f_{m,n} - f_{m-1,n} - f_{m,n-1} + f_{m-1,n-1} ,$$

avec la convention que $f_{m,n} = o$ si $m = o$ ou $n = o$.

Nous poserons également, pour tout $m,n \geq 1$,

$$S_{m,n}(f) = \Big(\sum_{k=1}^{m} \sum_{\ell=1}^{n} d_{k,\ell}^2\Big)^{\frac{1}{2}} .$$

Théorème 1. Soit f une martingale. Si $p > 1$, il existe deux constantes positives C_p et D_p ne dépendant pas de f telles que, pour tout $m,n \geq 1$,

(1) $$C_p\, E[S_{m,n}(f)^p] \leq E[|f_{m,n}|^p] \leq D_p\, E[S_{m,n}(f)^p]$$

Démonstration. Montrons d'abord que, pour tout $m,n \geq 1$,

(2) $$E[|g_{m,n}|^p] \leq C_p\, E[|f_{m,n}|^p] ,$$

où $g_{m,n} = \sum_{k=1}^{m} \sum_{\ell=1}^{n} u_k v_\ell\, d_{k,\ell}$, $u = \{u_k, k\geq 1\}$ et $v = \{v_\ell, \ell\geq 1\}$ étant deux suites bornées de nombres réels, et où C_p désigne une constante positive non nécessairement la même que celle de l'énoncé.

Nous commençons par remarquer que $\{g_{m,n}, m\geq 1\}$ est la transformée de Burkholder de la martingale ordinaire $\{h_{m,n} = \sum_{k=1}^{m} \sum_{\ell=1}^{n} v_\ell d_{k,\ell}, m\geq 1\}$ par la suite u est que $\{h_{m,n}, n\geq 1\}$ est la transformée de Burkholder de $\{f_{m,n}, n\geq 1\}$ par la suite v. D'où, en appliquant l'inégalité de D.L. Burkholder (cf. démonstration du théorème 9 de [1]) deux fois successivement, nous obtenons, pour tout $m,n \geq 1$,

$$E[|g_{m,n}|^p] \leq M_p \, E[|h_{m,n}|^p] ,$$

ainsi que

$$E[|h_{m,n}|^p] \leq M_p \, E[|f_{m,n}|^p] .$$

L'inégalité (2) s'ensuit.

A partir de cette inégalité, la suite de la démonstration est analogue à celle qu'a donnée D.L. Burkholder (cf. théorème 9 de [1]) et utilise les inégalités de Khintchine (cf.[6] p.257) suivantes: si $\{a_{k,\ell}, k,\ell \geq 1\}$ est une suite de nombres réels et si $r_k(s)$, $r_\ell(t)$, $k,\ell \geq 1$, sont les fonctions de Rademacher sur $[0,1]$, alors nous avons, pour tout $p \geq 0$,

$$(3) \quad A_p\Big(\sum_{k=1}^{\infty}\sum_{\ell=1}^{\infty} a_{k,\ell}^2\Big)^{p/2} \leq \int_0^1\int_0^1 \Big|\sum_{k=1}^{\infty}\sum_{\ell=1}^{\infty} a_{k,\ell}\, r_k(s) r_\ell(t)\Big|^p \, ds\,dt$$
$$\leq B_p \Big(\sum_{k=1}^{\infty}\sum_{\ell=1}^{\infty} a_{k,\ell}^2\Big)^{p/2} ,$$

où A_p et B_p sont deux constantes positives.

Soit f une martingale et $v = \{v_{m,n}, m,n\geq 1\}$ un processus tel que $v_{m,n}$ est $F_{m-1,n-1}$-mesurable pour tout $m,n \geq 1$ et que $\sup_{m,n\geq 1} |v_{m,n}| \leq 1$. Nous appellerons transformée de Burkholder de f par v la martingale $g = \{g_{m,n}, m,n\geq 1\}$ définie, pour tout $m,n \geq 1$, par

$$g_{m,n} = \sum_{k=1}^{m}\sum_{\ell=1}^{n} v_{k,\ell}\, d_{k,\ell} .$$

Théorème 2. Soit f une martingale et g la transformée de Burkholder de f par v. Si $p > 1$, il existe une constante positive C_p ne dépendant pas de f telle que, pour tout $m,n \geq 1$,

$$(4) \qquad E[\sup_{m,n\geq 1} |g_{m,n}|^p] \leq C_p \sup_{m,n\geq 1} E[|f_{m,n}|^p] .$$

Démonstration. En appliquant l'inégalité de Doob (cf.[3]) à la martingale g, nous obtenons

$$E[\sup_{m,n\geq 1} |g_{m,n}|^p] \leq A_p \sup_{m,n\geq 1} E[|g_{m,n}|^p] ,$$

où A_p est une constante positive ne dépendant pas de g.

En remarquant que, suite à l'hypothèse $\sup_{m,n\geq 1} |v_{m,n}| \leq 1$, $S_{m,n}(g) \leq S_{m,n}(f)$ pour tout $m,n \geq 1$, nous obtenons, à l'aide des inégalités (1), pour tout $m,n \geq 1$,

$$E[|g_{m,n}|^p] \leq D_p\, E[S_{m,n}(g)^p] \leq D_p\, E[S_{m,n}(f)^p],$$

ainsi que

$$E[S_{m,n}(f)^p] \leq \frac{1}{C_p} E[|f_{m,n}|^p] .$$

L'inégalité (4) du théorème s'ensuit.

Théorème 3. Soit f une martingale. Il existe deux constantes positives C et D ne dépendant pas de f telles que, pour tout $m,n \geq 1$,

$$(5) \qquad E[S_{m,n}(f)] \leq C\, E[|f_{m,n}| \log_+^2 |f_{m,n}|] + D$$

(6) $$E[|f_{m,n}|] \leq C\ E[S_{m,n}(f)\log_+^2 S_{m,n}(f)] + D$$

Demonstration. En utilisant les mêmes notations et la même technique que dans le début de la démonstration du théorème 1, nous obtenons, pout tout $m,n \geq 1$,

(7) $$E[|g_{m,n}|] \leq C\ E[|f_{m,n}|\log_+^2|f_{m,n}|] + D$$

où C et D désignent deux constantes non nécessairement les mêmes que celles de l'énoncé du théorème.

A partir de cette inégalité, la suite de la démonstration est analogue à celle qu'a donnée D.L. Burkholder (cf. théorème 10 de [1]). Elle utilise l'inégalité (3), avec $p = 1$, pour la démonstration de (5) et l'inégalité suivante pour la démonstration de (6): si $\{a_{k,\ell}\ , k,\ell \geq 1\}$ est une suite de nombres réels et si $r_k(s)$, $r_\ell(t)$, $k,\ell \geq 1$, sont les fonctions de Rademacher sur $[0,1]$, alors nous avons, pour tout $m,n \geq 1$,

(8) $$\int_0^1\int_0^1 [|\sum_{k=1}^m \sum_{\ell=1}^n a_{k,\ell}r_k(s)r_\ell(t)|\log_+^2|\sum_{k=1}^m \sum_{\ell=1}^n a_{k,\ell}r_k(s)r_\ell(t)|]\ dsdt$$
$$\leq A(\sum_{k=1}^m \sum_{\ell=1}^n a_{k,\ell}^2)^{\frac{1}{2}} \log_+^2 (\sum_{k=1}^m \sum_{\ell=1}^n a_{k,\ell}^2)^{\frac{1}{2}} + A\ ,$$

où A est une constante positive.

Les inégalités (5) et (7) sont les meilleures possibles en ce sens que la puissance 2 du $\log_+$ ne peut être abaissée. Les contre-exemples suivants sont inspirés de l'article de D.L. Burkholder.

Sur l'ensemble des entiers positifs muni de la probabilité P définie par

$$P(k) = \frac{1}{k} - \frac{1}{k+1}, \quad k \geq 1,$$

nous considérons la martingale $\{f_n, n\geq 1\}$ définie par

$$f_n(k) = \begin{cases} -1 & \text{si } k \leq n, \\ n & \text{si } k > n, \end{cases} \qquad k,n \geq 1.$$

Cette martingale est bornée dans L^1, car

$$\sup_{n\geq 1} E[|f_n|] \leq \sup_{n\geq 1} \frac{2n}{n+1} = 2,$$

mais elle n'est pas bornée dans $L \log_+ L$, car

$$\sup_{n\geq 1} E[|f_n| \log_+ |f_n|] = \sup_{n\geq 1} (\frac{n}{n+1} \log n) = \infty .$$

Nous noterons $\{g_n, n\geq 1\}$ la transformée de Burkholder de $\{f_n, n\geq 1\}$ par la suite de constantes $\{v_n = (-1)^{n-1}, n \geq 1\}$.

Sur l'ensemble des couples d'entiers positifs muni de la probabilité P définie par

$$P(k,\ell) = (\frac{1}{k} - \frac{1}{k+1})(\frac{1}{\ell} - \frac{1}{\ell+1}), \quad k,\ell \geq 1,$$

considérons maintenant la martingale $f = \{f_{m,n}, m,n \geq 1\}$ définie par

$$f_{m,n}(k,\ell) = f_m(k) f_n(\ell), \quad k,\ell, m,n \geq 1,$$

ainsi que la transformée $g = \{g_{m,n}, m,n \geq 1\}$ de f par $v = \{v_{m,n} = (-1)^{m-1}(-1)^{n-1}, m,n \geq 1\}$.

Nous avons, pour tout $k,\ell, m,n \geq 1$,

$$g_{m,n}(k,\ell) = g_m(k)g_n(\ell) .$$

Calculons successivement $E[|f_{m,n}|\log_+^p|f_{m,n}|]$ pour $p > 2$, $E[S_{m,n}(f)]$ et $E[|g_{m,n}|]$.

Nous avons tout d'abord

$$|f_m(k)f_n(\ell)|\,|\log_+^p|f_m(k)f_n(\ell)| = \begin{cases} o & \text{si } k \leq m, \ell \leq n, \\ n\log_+^p n & \text{si } k \leq m, \ell > n, \\ m\log_+^p m & \text{si } k > m, \ell \leq n, \\ mn\log_+^p(mn) & \text{si } k > m, \ell > n, \end{cases}$$

et

$$E[|f_{m,n}|\log_+^p f_{m,n}|] = \sum_{k=1}^{\infty}\sum_{\ell=1}^{\infty}|f_m(k)f_n(\ell)|\log_+^p|f_m(k)f_n(\ell)|\ P(k,\ell) .$$

La somme sur $k \leq m$ et $\ell \leq n$ nous donne o, celle sur $k \leq m$ et $\ell > n$

$$n\log_+^p n \sum_{k=1}^{m}\sum_{\ell=n+1}^{\infty} P(k,\ell) = \frac{m}{m+1}\left(1-\frac{n}{n+1}\right)n\log_+^p n ,$$

celle sur $k > m$ et $\ell \leq n$

$$m\log_+^p m \sum_{k=m+1}^{\infty}\sum_{\ell=1}^{n} P(k,\ell) = \left(1-\frac{m}{m+1}\right)\frac{n}{n+1}\,m\log_+^p m ,$$

et enfin celle sur $k > m$ et $\ell > n$

$$mn \log_+^p(mn) \sum_{k=m+1}^{\infty} \sum_{\ell=n+1}^{\infty} P(k,\ell) = (1-\frac{m}{m+1})(1-\frac{n}{n+1})\ mn \log_+^p(mn) \ .$$

Nous en déduisons que

$$E[|f_{m,n}|\log_+^p|f_{m,n}|] = \frac{mn}{(m+1)(n+1)} [\log_+^p n + \log_+^p m + \log_+^p mn] \ .$$

Si $m = n$, le 2ème membre est majoré par $(2+2^p)\log^p n$.

Nous avons ensuite

$$E[S_{m,n}(f)] = \left(\sum_{k=1}^{m} \frac{\sqrt{k^2+k-1}}{k^2+k} + \frac{\sqrt{m}}{m+1}\right)\left(\sum_{\ell=1}^{m} \frac{\sqrt{\ell^2+\ell-1}}{\ell^2+\ell} + \frac{\sqrt{n}}{n+1}\right) \ .$$

Le premier terme du produit est minoré par $\sum_{k=1}^{m} \frac{1}{k+1}$; quant au second, il est minoré par $\sum_{\ell=1}^{n} \frac{1}{\ell+1}$.

Par conséquent, si $m = n$, $E[S_{m,n}(f)]$ est minoré par une quantité qui se comporte asymptotiquement comme $\log^2 n$.

Nous avons pour terminer

$$E[|g_{m,n}|] = E[|g_m|]\ E[|g_n|] \ ,$$

avec, lorsque n est pair, $n = 2q$,

$$E[|g_{2q}|] = \sum_{\ell=1}^{q} \frac{1}{2\ell(2\ell+1)} + \sum_{\ell=1}^{2q} \frac{1}{\ell+1}$$

et lorsque n est impair, $n = 2q+1$,

$$E[|g_{2q+1}|] = \sum_{\ell=1}^{q} \frac{1}{2\ell(2\ell+1)} + \sum_{\ell=1}^{2q+1} \frac{1}{\ell+1} + \sum_{\ell=2q+2}^{\infty} \frac{1}{\ell(\ell+1)} \ .$$

Dans les deux cas nous remarquons que $E[|g_n|]$ est minoré par $\sum_{\ell=1}^{n} \frac{1}{\ell+1}$. Par conséquent, si $m = n$, $E[|g_{m,n}|]$ est minoré par une quantité qui se comporte asymptotiquement comme $\log^2 n$. En conclusion, les inégalités (5) et (7) sont en défaut lorsque $p < 2$ et $m = n$ assez grand car les membres de gauche se comportent comme $\log^2 n$ alors que les membres de droite se comportent comme $\log^p n$.

Remarquons pour terminer que le procédé d'itération utilisé dans les démonstrations qui précèdent permet d'obtenir d'autres inégalités, par exemple la suivante, due à D.L. Burkholder, B.J. Davis et R.F. Gundy [2]. La formulation que nous en donnerons est celle qui figure dans le livre de A.M. Garsia [5]. L'hypothèse (F4) est supposée satisfaite.

Théorème 4. Soit $\{a_{m,n}, m,n \geq 1\}$ une suite de variables aléatoires positives et $\Phi(u)$ une fonction convexe sur $[o,\infty[$ telle que

$$p = \sup_{u>o} \frac{u\Phi'(u)}{\Phi(u)} < \infty .$$

Nous avons alors

$$(9)\quad E[\Phi(\sum_{k=1}^{\infty} \sum_{\ell=1}^{\infty} E[a_{k,\ell}|F_{k-1,\ell-1}])] \leq p^{2(p+1)} E[\Phi(\sum_{k=1}^{\infty} \sum_{\ell=1}^{\infty} a_{k,\ell})].$$

Si f est une martingale en posant

$$S(f) = (\sum_{k=1}^{\infty} \sum_{\ell=1}^{\infty} d_{k,\ell}^2)^{\frac{1}{2}} \quad \text{et} \quad \sigma(f) = (\sum_{k=1}^{\infty} \sum_{\ell=1}^{\infty} E[d_{k,\ell}^2|F_{k-1,\ell-1}])^{\frac{1}{2}}$$

et en remplaçant, dans le théorème 4, $a_{k,\ell}$ par $d_{k,\ell}^2$, ainsi que p par p/2, il résulte que

$$(10) \qquad E[\Phi(\sigma(f))] \le \left(\frac{p}{2}\right)^{p+2} E[\Phi(S(f))] .$$

Un cas particulier important est celui où $\Phi(u) = u^p$ pour $p \geq 2$.

BIBLIOGRAPHIE

[1] D.L. Burkholder: Martingale transforms, Ann. Math. Stat.37, 1966, p.1494 - 1504.

[2] D.L. Burkholder, B.J. Davis, R.F. Gundy: Integral inequalities for convex functions of operators on martingales, Proc. of 6th Berkeley Symposium.

[3] R. Cairoli: Une inégalité pour martingale à indices multiples et ses applications, Sém. de Prob. IV, Univ. de Strasbourg, Springer, Berlin 1970, p.1 - 27.

[4] R. Cairoli, J.B. Walsh: Stochastic integrals in the plane, Acta Mathematica 134, 1975, p.111 - 183.

[5] A.M. Garsia: Martingale inequalities, Seminar notes on recent progress, W.A. Benjamin, 1973.

[6] R. Paley: A remarquable serie of orthogonal functions I, Proc. London Math. Soc. 34, 1931, p.241 - 264.

Département de Mathématiques
Ecole Polytechnique Fédérale
Avenue de Cour 61
1007 Lausanne, Suisse

Adresse actuelle:
Ecole d'Ingénieurs
de l'Etat de Vaud
Route de Cheseaux 1
1401 Yverdon, Suisse

CONTROLE DES SYSTEMES LINEAIRES QUADRATIQUES : APPLICATIONS DE L'INTEGRALE STOCHASTIQUE

PAR

JEAN-MICHEL BISMUT

UNIVERSITE PARIS-SUD (ORSAY), F.91405.

L'objet de cet article est d'étendre les résultats que nous avions obtenus dans [2] sur le contrôle linéaire quadratique. Plus précisément nous considérons un système du type :

$$dx = (Ax + Cu + f)dt + (Bx- + Du + g)dw$$
$$x(0) = x_o$$

où w est une martingale de carré intégrable. On veut minimiser en u un critère quadratique en x et u.

On généralise ainsi les résultats de [2] , où on suppose que w est un mouvement brownien.

Dans la résolution du problème, on utilise deux outils essentiels :

. les techniques d'optimisation dans des espaces de Hilbert. Ces techniques ont été utilisées par Lions [6] pour l'étude du contrôle de systèmes gouvernés par des équations aux dérivées partielles. Nous les appliquons ici dans des conditions qui sont formellement identiques, bien que les systèmes contrôlés soient définis par des équations différentielles stochastiques et non par des équations aux dérivées partielles. Il nous paraît cependant indispensable que le lecteur ait lu attentivement les trois premiers chapitres de [6] , ne serait-ce que pour s'accoutumer à la manipulation systématique d'équations adjointes, qu'on obtient plus naturellement dans le cas des systèmes gouvernés par des équations aux dérivées partielles que pour des systèmes gouvernés par des équations différentielles stochastiques.

. les intégrales stochastiques prévisibles ou optionnelles, exposées très complètement par Meyer dans [7]. La résolution du problème de contrôle exige en effet l'utilisation systématique des opérateurs de projection dans des espaces de martingales de carré intégrable.

Il est indispensable que le lecteur ait une connaissance suffisante des deux premiers chapitres de l'exposé de Meyer [7]. Des techniques BMO sont également utilisées, mais on pourra sauter en première lecture les chapitres qui s'y rapportent.

Cet article ayant fait l'objet d'une partie d'un cours de troixième cycle destiné à des probabilistes, nous ne redémontrons aucun résultat classique de probabilités, mais nous n'avons pas hésité à développer les raisonnements d'analyse fonctionnelle, même lorsqu'ils sont élémentaires, ou lorsqu'un renvoi à [6] serait suffisant.

C'est ainsi que dans le chapitre 0, on rappelle les résultats les plus simples sur l'optimisation dans les espaces de Hilbert, en reprenant les techniques de [6].

Dans le chapitre I, on établit divers résultats sur les équations différentielles stochastiques, et sur les équations adjointes, qui sont des équations différentielles stochastiques backward. On reprend et étend les résultats de [2] .

Dans le chapitre II, on résoud le problème de contrôle lorsque les divers coefficients de l'équation différentielles stochastique et du critère et lorsque le contrôle sont prévisibles. On définit alors un opérateur P qui est solution formelle d'une équation différentielle stochastique backward formelle. La fin du chapitre II est consacrée à la résolution de cette équation dans des cas particuliers.

Dans le chapitre III, on reprend rapidement les résultats des chapitres I et II, qu'on adapte au cas où les coefficients et le contrôle peuvent être optionnels. On résoud encore une équation de Riccati formelle dans des cas particuliers.

Nous renvoyons à l'article de Haussman [5] pour une première approche du problème résolu ici. Enfin, sur un problème lié au retournement du temps dans le contrôle des systèmes linéaires, nous renvoyons à [9] .

CHAPITRE 0

ANALYSE FONCTIONNELLE ET FONCTIONS CONVEXES

Dans ce chapitre, nous allons rappeler certains éléments essentiels d'analyse fonctionnelle sur les espaces de Hilbert, que nous utiliserons dans les chapitres suivants.

Soit U un espace de Hilbert.
On rappelle que toute partie bornée non vide de U est faiblement relativement compacte.

J est une fonctionnelle convexe continue sur U. J est alors faiblement s.c.i., car les ensembles $(J \leqslant a)$ sont convexes et fortement fermés, donc faiblement fermés.

K désigne un convexe fermé non vide de U.

On a alors :

<u>PROPOSITION</u> 0.1. Dans les deux cas suivants.

a) Si $\|u\| \to +\infty$, $J(u) \to +\infty$

b) K est borné.

J atteint son minimum sur K.

<u>Preuve</u> : Si K est borné, il est faiblement compact.
J étant faiblement s.c.i atteint son minimum sur K. Dans le cas a), pour trouver le minimum de J, on peut se restreindre au convexe fermé borné $(J \leqslant a)$ pour a assez grand. On est donc ramené au cas b). □

On a aussi le résultat d'unicité suivant.

<u>PROPOSITION</u> 0.2. Si J est strictement convexe, i.e. si $(u,v) \in U \times U$ avec $u \neq v$,

pour $0 < t < 1$

$$(0.1) \qquad J(tu + (1-t)v)) < tJ(u) + (1-t)J(v)$$

alors si J atteint son minimum sur K, elle l'atteint en un point seulement.

Preuve : Soient u et v dans K , avec $u \neq v$, où J atteindrait son minimum.

Alors $\frac{u+v}{2} \in K$, et de plus :

$$(0.2) \qquad J(\frac{u+v}{2}) < \frac{1}{2}(J(u) + J(v)) = J(u)$$

ce qui est impossible. □

On va enfin caractériser simplement les minimums de J au moyen des dérivées généralisées de J .

DEFINITION 0.1. On dit que J est différentiable au sens de Gâteaux si pour tout $u \in U$, il existe $J'(u) \in U$ tel que pour tout $v \in U$, on ait :

$$(0.3) \qquad \lim_{t \downarrow 0} \frac{J(u+tv) - J(u)}{t} = \langle J'(u), v \rangle$$

On a alors le résultat essentiel suivant :

THEOREME 0.1. Si J est différentiable au sens de Gâteaux, pour que u minimise J sur K , il faut et il suffit que pour tout $v \in K$:

$$(0.4) \qquad \langle J'(u), v-u \rangle \geqslant 0$$

Preuve : La démonstration est tirée de [6] - Chapitre 1.

Si u minimise J sur K , pour tout $v \in K$, on a, pour $0 < t \leqslant 1$:

$$(0.5) \qquad J((1-t)u + tv) \geqslant J(u)$$

ou encore

$$(0.6) \qquad \frac{J((1-t)u + tv) - J(u)}{t} \geqslant 0$$

ce qui s'écrit :

$$(0.7) \qquad \frac{J(u + t(v-u)) - J(u)}{t} \geqslant 0$$

En passant à la limite quand $t \downarrow 0$, on a bien (0.4).

Inversement supposons (0.4) vérifiée. Comme J est convexe, on a pour $0 < t \leqslant 1$

$$(0.8) \qquad J(v) - J(u) \geqslant \frac{1}{t}\,(J((1-t)u + tv) - J(u))$$

et en passant à la limite quand $t \downarrow 0$, il vient :

$$(0.9) \qquad J(v) - J(u) \geqslant \langle J'(u), v - u \rangle$$

Si (0.4) est vérifiée, pour $v \in K$, on a bien : $J(v) \geqslant J(u)$. □

CHAPITRE I

EQUATIONS DIFFERENTIELLES STOCHASTIQUES LINEAIRES ET INTEGRALES STOCHASTIQUES

Nous allons établir des résultats de caractère fonctionnel sur les intégrales stochastiques et les équations différentielles stochastiques linéaires, ainsi que divers résultats relatifs à des équations différentielles stochastiques backward. Ces derniers résultats seront essentiels pour l'introduction d'un état dual dans un problème de contrôle stochastique. Ils ont été exposés pour la première fois dans [1] et [2]. Le cas exposé ici est plus général qu'en [2].

Nous renvoyons à [3] pour un exposé de la Théorie Générale des processus et à [7] pour l'intégrale stochastique.

1- Le cadre probabiliste.

(Ω,F,P) désigne un espace de probabilité complet, muni d'une suite croissante et continue à droite de sous-tribus $\{F_t\}_{t\geq 0}$ complètes de F.

w est une martingale m-dimensionnelle de carré intégrable telle qu'au sens de [7], on ait :

$$(1.1) \qquad d < w_i, w_j > = \delta_{ij} dt$$

Si w est à trajectoires continues, w est un mouvement brownien par [7], p286.

$\overline{O}$ et $\overline{P}$ désignent les tribus optionnelle et prévisible sur $\Omega \times [0,+\infty[$.

2- Intégrales stochastiques prévisibles par rapport à w.

T désigne une constante > 0.

L_{22} désigne l'ensemble des classes de processus prévisibles nuls pour $t > T$, tels que :

$$(1.2) \qquad E\int_0^T |H|^2 dt < +\infty$$

L_2^t est l'ensemble des variables aléatoires de carré intégrable et F_t mesurables.

On pose alors la définition suivante.

DEFINITION I.1. On appelle intégrale stochastique de $H \in L_{22}$ par rapport à w_i et on note $\int_0^t H dw_i$ l'intégrale stochastique $\int_0^t \tilde{H}\, dw_i$, où $\tilde{H}$ est un représentant prévisible de H. $\square$

Remarquons que $\int_0^t \tilde{H}\, dw_i$ est bien définie dans [7], p. 270 , puisque

$$E\int_0^T |H|^2 dt < +\infty.$$

De plus cette définition est sans ambiguité. En effet si $\tilde{H}'$ est un autre représentant prévisible de H, on aura :

$$(1.3)\qquad E\left|\int_0^T (\tilde{H}-\tilde{H}')dw_i\right|^2 = E\int_0^T |\tilde{H}-\tilde{H}'|^2 dt = 0.$$

Si H est prévisible et localement borné, on peut aussi définir, par la méthode de [7], p 299, $\int_0^t H dw_i$, qui est alors une martingale locale.

On pose alors la définition suivante.

<u>DEFINITION</u> I.2. On note par W l'espace des martingales M arrêtées en T, de carré intégrable qui s'écrivent :

$$M_t = \int_0^t H_1 dw_1 + \dots + \int_0^t H_m dw_m$$

avec $(H_1,\dots H_m) \in (L_{22})^m$ □

Les $\{w_i\}$ étant mutuellement orthogonales, l'espace W est fermé et stable au sens de [7], p 262.

Soit $W^\perp$ son orthogonal - faible ou fort - au sens de [7], p 262 - dans l'espace $\underline{L}$ des martingales de carré intégrable nulles en 0 et arrêtées en T. On munit $\underline{L}$ de la topologie induite par L_2^T.

Par [7], p 262, Corollaire 6 bis, on sait que si $M \in \underline{L}$, il existe (M_1,M_2) unique dans $W \times W^\perp$ tel que :

$$(1.4)\qquad M = M_1 + M_2$$

A tous les espaces de processus précédents, on associera les espaces locaux correspondants, qu'on indexera par loc. Ainsi si $H \in L_{22_{loc}}$, on peut trouver une suite croissante temps d'arrêt $\{T_n\}$ tendant vers $+\infty$ telle que $1_{t<T_n} H \in L_{22}$.

3- Equations différentielles stochastiques linéaires.

L_{21} est l'espace des classes de processus prévisibles v tels que :

$$(1.5)\qquad E\left(\int_0^T |v_t| dt\right)^2 < +\infty .$$

On munit L_{21} de la norme correspondante à (1.5)

C_2^T est l'espace des processus adaptés cadlag arrêtés en T tels que

$$E(\sup_{0\leqslant t\leqslant T} |x_t|^2) < +\infty \tag{1.6}$$

On munit C_2^T de la norme correspondante à (1.6).

V désigne un espace vectoriel de dimension n . Pour ne pas alourdir les notations, on continuera par désigner par $L_2^t, L_{21}, L_{22}, W, W^{\perp}, \underline{L}$ les espaces de fonctions à valeurs dans V dont les composantes appartiennent à l'espace scalaire défini plus haut.

$A, (B_i)_{i=1\dots m}$ sont une famille de processus prévisibles bornés à valeurs dans $V \otimes V$.

Pour $x_o \in L_2^o$, $u \in L_{21}$, $v = (v_1, \dots, v_m) \in (L_{22})^m$, et $M \in \underline{L}$, on considère l'équation :

$$(1.7) \qquad \begin{aligned} dx &= (Ax + u)dt + (Bx^- + v)dw + dM \\ x(0) &= x_o \end{aligned}$$

i.e. x_t devra vérifier :

$$x_t = x_o + \int_0^t (Ax + u)ds + \sum_{i=1}^m \int_0^t (B_i x^- + v_i)dw_i + M_t \tag{1.8}$$

où $\int_0^t (B_i x^- + v_i)dw_i$ désigne l'intégrale prévisible de $(B_i x^- + v)$ par rapport à w_i définie en 2 : cette intégrale est bien définie quand x est cadlag car x^- est localement borné, et $v \in (L_{22})^m$.

On a alors :

<u>THEOREME</u> I.1. L'équation (1.7) a une solution unique x à trajectoires cadlag. x est alors dans C_2^T .

De plus l'application $(x_o, u, v, M) \to x$ est linéaire continue de $L_2^o \times L_{21} \times (L_{22})^m \times \underline{L}$ dans C_2^T.

Preuve : On utilise un argument classique de point fixe.

Soit Φ l'application qui à $x \in C_2^T$ associe le processus $x' = \Phi(x)$ par :

$$(1.9) \qquad x'_t = x_o + \int_o^t (Ax+u)ds + \int_o^t (Bx^- + v)dw + M_t$$

Alors x' est à trajectoire cadlag. De plus :

$$(1.10) \qquad |x'_t|^2 \leqslant k(|x_o|^2 + |\int_o^t (Ax+u)ds|^2 + |\int_o^t Bx^- + v.dw|^2 + |M_t|^2)$$

Or on a :

$$(1.11) \qquad |\int_o^t (Ax+u)ds|^2 \leqslant 2((\int_o^t |Ax|ds)^2 + (\int_o^t |u|ds)^2)$$

$$\leqslant k'(\int_o^t |x|^2 ds + (\int_o^t |u|ds)^2)$$

Par l'inégalité de Doob sur les martingales de carré intégrable, on a aussi :

$$(1.12) \qquad E(\sup_{o \leqslant t \leqslant T} |\int_o^t (Bx^- + v).dw|^2) \leqslant 4E \int_o^T |Bx+v|^2 ds$$

$$\leqslant k''(E\int_o^T |x|^2 ds + E\int_o^T |v|^2 ds)$$

$$(1.13) \qquad E(\sup_{o \leqslant t \leqslant T} |M_t|^2) \leqslant 4E|M_T|^2$$

De (1.10),(1.11),(1.12),(1.13), on tire :

$$(1.14) \qquad E(\sup_{o \leqslant t \leqslant T} |x'_t|^2) \leqslant \lambda + \lambda' E \int_o^T |x|^2 ds$$

où $\lambda = C(\|x_o\|^2_{L_2^o} + \|u\|^2_{L_{21}} + \|v\|^2_{L_{22}} + \|M\|^2_{\underline{L}})$

et où λ' ne dépend que de A et B .

Par (1.14), $x' \in C_2^T$. De plus de (1.14), on tire que si $(x_1,x_2) \in C_2^T \times C_2^T$, alors :

$$(1.15) \qquad E(\sup_{o \leqslant t \leqslant T} |\Phi(x_1) - \Phi(x_2)|^2_t) \leqslant \lambda' E \int_o^T |x_1 - x_2|^2 dt \leqslant \lambda' T E(\sup_{o \leqslant t \leqslant T} |x_1 - x_2|^2_t)$$

De (1.15), on tire que, pour $s \leqslant T$,

(1.16) $$E|\Phi(x_1)-\Phi(x_2)|_s^2 \leqslant \lambda' s E(\sup_{0\leqslant t\leqslant T}|x_1-x_2|^2)$$

Soit $\Phi^{(2)}$ l'application $\Phi\circ\Phi$. De (1.15) et (1.16) on tire :

(1.17) $$E(\sup_{0\leqslant t\leqslant T}|\Phi^{(2)}(x_1)-\Phi^{(2)}(x_2)|_t^2) \leqslant \lambda'^2\int_0^T s\|x_1-x_2\|^2_{C_2^T}ds = \frac{\lambda'^2T^2}{2}\|x_1-x_2\|^2_{C_2^T}$$

En itérant , on aura :

(1.18) $$\|\Phi^{(n)}(x_2)-\Phi^{(n)}(x_1)\|^2_{C_2^T} \leqslant \frac{(\lambda' T)^n}{n!}\|x_1-x_2\|^2_{C_2^T}$$

Pour n grand, $\frac{(\lambda' T)^n}{n!} < 1$

Par le Théorème du point fixe appliqué à l'espace de Banach C_2^T, Φ a un point fixe unique x dans C_2^T , qui est bien solution de l'équation (1.7).

De plus comme pour x fixé, $\Phi(x)$ dépend continuement de (x_o,u,v,M), comme λ' ne dépend pas de (x_o,u,v,M), le Théorème sur la dépendance continue du point fixe indique bien que $(x_o,u,v,M) \to x$ est une application continue.

Il reste à monter que si x' est une solution à trajectoires cadlag de (1.7), elle coïncide avec x.

Soit T_n le temps d'arrêt :

(1.19) $$T_n = \inf\{t;|x'_t| \geqslant n\}$$

Alors sur $[0,T_n[$ $|x'| \leqslant n$

(1.14) montre alors que $x'_{t\wedge T_n} \in C_2^T$. $x'_{t\wedge T_n}$ est alors solution d'une équation du type (1.7), où $((A,B,u,v),M_t)$ sont remplacés par $(1_{t\leqslant T_n}(A,B,u,v),M_{t\wedge T_n})$.

$x'_{t\wedge T_n}$ est donc déterminé de manière unique dans C_2^T, et coïncide donc avec $x_{t\wedge T_n}$.

En faisant tendre n vers $+\infty$, le Théorème en résulte. □

COROLLAIRE. La norme de l'application $(x_o,u,v,M) \to x$ reste bornée quand A,B,T varient en restant uniformément bornés.

Preuve : Par (1.14), on a :

$$(1.20) \qquad E|x_t|^2 \leqslant \lambda + \lambda' \int_0^t E|x_s|^2 ds$$

Donc, par le lemme de Gronwall , il vient :

$$(1.21) \qquad E|x_t|^2 \leqslant \lambda e^{\lambda' t}$$

Par (1.14), on tire :

$$(1.22) \qquad E(\sup_{o \leqslant t \leqslant T} |x_t|^2) \leqslant \lambda e^{\lambda' T}$$

Comme λ et λ' restent uniformément bornés quand Z_o,u,v,M,A,B restent bornés dans leurs espaces respectifs de variation, le corollaire en résulte. □

4. Calcul stochastique élémentaire.

Soit $(x_o,\dot{x},H,M)$ et $(p_o,\dot{p},H',M')$ deux éléments de $L_2^o \times L_{21} \times (L_{22})^m \times W^{\perp}$, et x_t,p_t les processus :

$$x_t = x_o + \int_0^t \dot{x} ds + \int_0^t H dw + M_t$$

$$p_t = p_o + \int_0^t \dot{p} ds + \int_0^t H' dw + M'_t.$$

Par le Théorème I.1 (par exemple !), x et p sont dans C_2^T.

On a alors :

PROPOSITION I.1. Le processus N_t défini par :

$$(1.23) \qquad N_t = \langle p_t,x_t \rangle - \langle p_o,x_o \rangle - \int_0^t (\langle \dot{p},x \rangle + \langle p,\dot{x} \rangle + \langle H',H \rangle) ds - \langle M'_t,M_t \rangle$$

est une martingale uniformément intégrable nulle en 0 .

Preuve : Remarquons tout d'abord qu'ici les crochets $\langle \; \rangle$ désignent le produit scalaire dans V , et pas une variation quadratique de martingales.

Par [7], p 303, on a :

$$(1.24) \qquad \langle p_t, x_t \rangle = \langle p_o, x_o \rangle + \int_0^t (\langle \dot{p}, x \rangle + \langle p, \dot{x} \rangle) ds + \int_0^t \langle p^-, H dw + dM \rangle$$

$$+ \int_0^t \langle x^-, H' dw + dM' \rangle + \int_0^t d[H' \cdot w + M', H \cdot w + M]$$

où $[H' \cdot w + M', H \cdot w + M]$ est donné par :

$$(1.25) \qquad [H' \cdot w + M', H \cdot w + M] = \sum_{i,j,k} [H'^k_i \cdot w_i + M'_k, H^k_j \quad + M_k]$$

Or comme H et H' sont prévisibles, on a :

$$d[H'^k_i \cdot w_i, H^k_j \cdot w_j] = H'^k_i H^k_j \; d[w_i, w_j]$$

De plus $[w_i, w_j]$ étant associé à $\langle w_i, w_j \rangle$, comme H et H' sont prévisibles, on voit que

$$(1.26) \qquad [H'^k_i \cdot w_i, H^k_j \cdot w_j] - \int_0^t H'^k_i H^k_j \, d\langle w_i, w_j \rangle$$

est une martingale.

De même, $[H'^k_i \cdot w_i, M_k]$, qui est égal à $H'^k_i [w_i, M_k]$ est une martingale puisque $\langle w_i, M_k \rangle = 0$, ainsi que $[M'_k, H^k_i w_j]$.

Enfin $[M', M]$ est associé à $\langle M, M' \rangle$ (où $\langle \; \rangle$ est encore le produit scalaire).

N_t est donc une martingale locale. Il reste à vérifier qu'elle est uniformément intégrable.

Or comme p et x sont dans C_2^T , $\langle p_o,x_o \rangle$ et $\sup_{o\leqslant t\leqslant T} |\langle p_t,x_t \rangle|$ sont dans L_1.

De plus :

$$(1.27)\qquad E\Big(\sup_{o\leqslant t\leqslant T} \Big|\int_o^t (\langle \dot{p},x \rangle + \langle p,\dot{x} \rangle)ds\Big| \leqslant$$

$$E\Big(\sup_{o\leqslant t\leqslant T} |x_t|\int_o^T |\dot{p}|ds + \sup_{o\leqslant t\leqslant T} |p_t|\int_o^T |\dot{x}|ds\Big) \leqslant$$

$$\|x\|_{C_2^T} \|\dot{p}\|_{L_{21}} + \|p\|_{C_2^T} \|\dot{x}\|_{L_{21}}$$

$$(1.28)\qquad E\Big(\sup_{o\leqslant t\leqslant T} \Big|\int_o^t \langle H',H \rangle ds\Big|\Big) \leqslant \Big(E\int_o^T |H|^2 ds\Big)^{1/2} \Big(E\int_o^T |H'|^2 ds\Big)^{1/2}$$

$$= \|H\|_{L_{22}} \|H'\|_{L_{22}}$$

Enfin $\sup_{o\leqslant t\leqslant T} |\langle M_t,M_t' \rangle|$ est dans L_1 , puisque M et M' sont dans C_2^T.

$\sup_{o\leqslant t\leqslant T} |N_t|$ est donc dans L_1 et N est bien une martingale. □

5- Equations adjointes.

Soit Φ l'application linéaire qui à $(x_o,v,M) \in L_2^o \times (L_{22})^m \times W^{\perp}$ associe $x_T \in L_2^T$, où $x \in C_2^T$ est donné par :

$$(1.29)\qquad \begin{cases} dx = Axdt + (v + Bx^-)dw + dM \\ x(0) = x_o \end{cases}$$

Par le Théorème I.1, Φ est une application linéaire continue.

Soit Ψ l'application linéaire qui à $(p_o,H,M') \in L_2^o \times (L_{22})^m \times W^\perp$ associe $p_T \in L_2^T$, où $p \in C_2^T$ est donné par :

$$(1.30) \qquad \begin{aligned} &dp = -(A^* p + B^* H)dt + Hdw + dM' \\ &p(0) = p_o \end{aligned}$$

Par le Théorème I.1, Ψ est encore une application continue.

On va alors vérifier que (1.30) est l'équation "adjointe" de (1.29), ce qui nous permettra, dans le chapitre II, d'introduire un état dual.

On a en effet :

THEOREME I.2. Φ et Ψ sont deux opérateurs continus inversibles d'inverses continus et de plus :

$$\Psi = \Phi^{*-1}$$

Preuve : Appliquons la Proposition I.1 aux processus x et p.

Il vient :

$$(1.31) \qquad E < p_T, x_T > = E < p_o, x_o > + E \int_0^T (< p, Ax > - < A^* p + B^* H, x >$$

$$+ < H, v + Bx >)ds + E < M'_T, M_T >$$

ou encore :

$$(1.32) \qquad E < p_T, x_T > = E < p_o, x_o > + E \int_0^T < H, v > dt + E < M'_T, M_T >$$

De (1.32), on tire que si $x_T = 0$, le membre de droite de (1.32) est identiquement nul pour tout $(p_o,H,M') \in L_2^o \times (L_{22})^m \times W^\perp$ et donc que $(x_o,v,M) = (0,0,0)$.
Φ est donc injective.

Montrons qu'elle est surjective.

Soit $X \in L_2^T$ et $\tilde{x}$ la solution de l'équation différentielle pour $t \leq T$:

$$(1.33) \qquad \begin{aligned} &d\tilde{x} = A\tilde{x}dt \\ &\tilde{x}_T = X_T \end{aligned}$$

Par le Théorème I.1 (par exemple !), on a :

(1.34) $\quad E(\sup_{o \leq t \leq T} |\tilde{x}_t|^2) < +\infty$

$\tilde{x}$ est donc un processus continu de la classe (D) . Soit x sa projection optionnelle (l'opérateur de projection optionnelle est noté ^{1}).

Par [3], $\tilde{x}$ est cadlag. De plus : $|x_s| \leq {}^1(\sup_{o \leq t \leq T} |\tilde{x}_t|)_s$

et grâce à l'inégalité de Doob, il vient : $E(\sup_{o \leq t \leq T} |x_t|^2) \leq 4E(\sup_{o \leq t \leq T} |\tilde{x}_t|^2) < +\infty$

x est donc dans C_2^T. De plus, on a :

(1.34) $\quad x_t = {}^1\tilde{x}_o + {}^1\int_o^t A\tilde{x}ds$

Montrons que

(1.35) $\quad y_t = {}^1\int_o^t A(\tilde{x} - x)ds$

est une martingale cad. y_t est nécessairement cadlag. Il reste donc à vérifier que pour $t' \geq t$, si E est F_t mesurable,

(1.36) $\quad E(1_E y_t) = E(1_E y_{t'})$

Or on a :

(1.37) $\quad E(1_E y_{t'}) = E(1_E y_t) + E(1_E \int_t^{t'} A(\tilde{x} - x)ds$

Or A est prévisible. Donc :

(1.38) $\quad E(1_E \int_t^{t'} A(\tilde{x} - x)ds = E(1_E \int_t^{t'} A(x - x)ds) = 0$

(1.37) et (1.38) impliquent bien (1.36)

Enfin comme on a :

(1.39) $\quad x_t = \int_o^t Axds + y_t + ({}^1\tilde{x}_o)_t$

comme $x_0 \in L_2^0$ et comme $x \in C_2^T, y + {}^1\tilde{x}_0$ est une martingale de carré intégrable.

Décomposons $y + {}^1\tilde{x}_0$ suivant L_2^0, W et $W^\perp$. Il existe $(x_0, v', M) \in L_2^0 \times (L_{22})^m \times W^\perp$ unique tel que :

$$(1.40) \qquad (y + {}^1\tilde{x}_0)_t = x_0 + \int_0^t v' dw + M_t$$

Alors $v = v' - Bx^-$ est dans $(L_{22})^m$, et de plus, on a :

$$(1.41) \qquad dx = Axdt + (v + Bx^-).dw + dM$$

$$x(0) = x_0$$

Enfin

$$(1.42) \qquad x_T = E^{F_T} \tilde{x}_T = X_T$$

On a donc trouvé $(x_0, v, M) \in L_2^0 \times (L_{22})^m \times W^\perp$ tel que :

$$(1.43) \qquad \Phi(x_0, v, M) = X_T$$

Φ est donc une application bijective. Tous les espaces considérés étant des espaces de Banach, par le Théorème de Banach, Φ a un inverse continu Φ^{-1}.

Or (1.32) s'écrit :

$$(1.44) \qquad \langle \Psi(p_0, H, M'), X_T \rangle = \langle (p_0, H, M'), \Phi^{-1}(X_T) \rangle$$

(1.44) montre que $\Psi = \Phi^{*-1}$.

Le Théorème est bien démontré. □

On a enfin le résultat suivant:

<u>THEOREME</u> I.3. Si $(p, H, M') \in C_2^T \times (L_{22})^m_{loc} \times W^\perp_{loc}$ est tel que

$$(1.45) \qquad dp = -(A^* p + B^* H)dt + Hdw + dM'$$

alors $(H, M') \in (L_{22})^m \times W^\perp$.

<u>Preuve</u>: Grâce au Théorème I.2, on peut supposer que $p_T = 0$. Soit $\{T_n\}$ une suite $\uparrow + \infty$ de temps d'arrêt réduisant H et M'. Alors si on pose $T'_n = T_n \wedge T$, $v^n = 1_{t \le T'_n} H$, $M'^n_t = M'_{t \wedge T'_n}$, $(v^n, M'^n) \in (L_{22})^m \times W^\perp$. Soit $x^n = \Phi(p_0, v^n, M'^n)$. Par la Proposition I.1, on a; pour $m \geq n$:

$$(1.46) \qquad E\langle p_{T'_m}, x^n_{T'_m} \rangle = E\langle p_0, p_0 \rangle + E\int_0^{T'_n} |H|^2 dt + E|M'_{T'_n}|^2$$

Comme $(x^n, p) \in C_2^T \times C_2^T$, et comme $T_m \to +\infty$ quand $m \to +\infty$, $\langle p_{T'_m}, x^n_{T'_m} \rangle \to 0$ dans L_1 quand $m \to +\infty$. Donc $v^n = 0$, $M'^n = 0$. En faisant tendre n vers $+\infty$, on en déduit bien $H = 0$, $M' = 0$. □

6- <u>Une formule de résolution de l'équation backward pour le mouvement brownien.</u>

On suppose provisoirement que w est un mouvement brownien. Nous allons alors donner une formule permettant de calculer la solution d'une équation backward.

Cette formule généralise la formule de Girsanov.

THEOREME I.4. Si w est un mouvement brownien, l'équation

$$(1.47)\qquad \begin{aligned} dZ &= ZA^*dt + ZB^*dw \\ Z(0) &= I \end{aligned}$$

a une solution unique à valeurs dans $V \otimes V$. Z est à trajectoires continues, et appartient à C_2^T . Enfin Z est à valeurs inversibles.

Preuve : La première partie résulte du Théorème I.1.

De plus considérons l'équation

$$(1.48)\qquad \begin{aligned} dZ' &= (-A^*Z' + B^{*2}Z')dt - B^*Z'dw \\ Z'(0) &= I \end{aligned}$$

Par le Théorème I.1, (1.48) a une solution unique à valeurs dans C_2^T.

Par [7] p 303 , on sait que

$$(1.49)\qquad Z_t'Z_t = I + \int_0^t Z'ZA^*ds + \int_0^t Z'ZB^*dw + \int_0^t (-A^* + B^{*2})Z'Zds$$

$$- \int B^*Z'Zdw - \int_0^t B^*Z'ZB^*ds.$$

$Z_t'Z_t$ est une solution de

$$(1.50)\qquad \begin{aligned} dU &= (UA^* - A^*U + B^{*2}U - B^*UB^*)ds + (UB^* - B^*U)dw \\ U(0) &= I \end{aligned}$$

Or par le Théorème I.1, (1.30) a une solution unique. On vérifie alors trivialement que $U = I$ est solution de (1.50). Donc $Z_t^{\prime}Z_t = I.Z_t$ est bien inversible. □

On a alors le résultat suivant qui permet de "calculer" les solutions des équations backward, et d'obtenir une forme explicite de ψ^{-1}.

THEOREME I.5. Si w est un mouvement brownien, et si $R_T \in L_2^T$, alors l'équation

$$\text{(1.51)} \qquad \begin{aligned} dp &= -(A^* p + B^* H)dt + Hdw + dM \\ p_T &= R_T \end{aligned}$$

a une solution unique telle que $(p_o,H,M) \in L_2^o \times (L_{22})^m \times W^{\perp}$. De plus si Z est la solution de (1.47), on a :

$$\text{(1.52)} \qquad p_t = Z_t^{-1}\, {}^1(Z_T R_T)$$

Preuve : Par le Théorème I.2, on sait que (1.51) a une solution unique. Par la Proposition I.1., on sait aussi que

$$\text{(1.53)} \qquad Z_t p_t - \int_o^t (ZA^* p - ZA^* p - ZB^* H)ds - \int_o^t ZB^* Hds$$

est une martingale.

On en déduit que $Z_t p_t$ est une martingale.

Comme $p_T = R_T$, et comme Z_t est à valeurs inversibles, on a bien (1.52). □

Remarque I.1. Dans le cas où n=1, on trouve que Z est une densité de Girsanov qui est trivialement >0. Cependant il ne semble pas possible, même dans ce cas simple, de montrer difectement que p est solution de (1.51) avec $(p_o,H,M) \in L_2^o \times (L_{22})^m \times W^{\perp}$. C'est parcequ'on sait à priori que (1.51) a une solution unique avec $(p_o,H,M) \in L_2^o \times (L_{22})^m \times W^{\perp}$ qu'on peut appliquer la Proposition I.1, et obtenir (1.52). □

Remarque I.2. Sans faire l'hypothèse de continuité sur w, si $X_T \in L_2^T$ et si $\tilde{Z}_t$ est la solution unique de

$$\text{(1.54)} \qquad \begin{aligned} d\tilde{Z} &= -\tilde{Z}Adt \\ \tilde{Z}(0) &= I \end{aligned}$$

$x = \Phi^{-1}(X_T)$ est donné par :

$$\text{(1.55)} \qquad x_t = \tilde{Z}_t^{-1}\, {}^1(\tilde{Z}_T X_T).$$ □

7- Une formule de résolution de l'équation backward pour des martingales à saut unité.

On va résoudre l'équation backward (1.51) dans le cas particulier où w est une martingale somme compensée de sauts unités - i.e. une martingale de Poisson.

THEOREME I.6. Si pour tout $i=1,\ldots,m$, w_i est une somme compensée de sauts d'amplitude $+1$, si pour $i\neq j$, $d[w_i,w_j]=0$ et s'il existe k tel que

$$\sup_{i=1\ldots m} \|(I+B_i^*)^{-1}\| \leqslant k \tag{1.56}$$

alors l'équation

$$\begin{aligned} &dZ = ZA^* + Z^-B^*.dw \\ &Z(0)=I \end{aligned} \tag{1.57}$$

a une solution unique à trajectoires cadlag à valeurs dans $R^n \otimes R^n$. Z appartient alors à C_2^T. Enfin Z est à valeurs inversibles.

Preuve : La première partie de l'énoncé résulte du Théorème I.1.

Considérons l'équation

$$\begin{aligned} dZ' &= (-A^*Z' - ((I+B^*)^{-1} - I)B^*Z')dt \\ &\qquad + ((I+B^*)^{-1} - I)Z'^-dw \\ Z'(0) &= I. \end{aligned} \tag{1.58}$$

(1.58) a une solution unique par le Théorème I.1.

Par [7], p 303, on sait que

$$\begin{aligned} Z'_tZ_t = I &+ \int_0^t Z'ZA^*dt + \int_0^t Z'^-Z^-B^*dw + \int_0^t(-A^* - ((I+B^*)^{-1} - I)B^*)Z'Zdt \\ &+ \int_0^t ((I+B^*)^{-1} - I)Z'^-Z^-dw + \int_0^t((I+B^*)^{-1} - I)Z'^-Z^-B^*dt \\ &+ \int_0^t ((I+B^*)^{-1} - I)Z'^-Z^-B^*dw \end{aligned} \tag{1.59}$$

Par le Théorème I.1, $Z'Z$ est solution unique de :

$$\begin{aligned} dU &= (UA^* - A^*U + ((I+B^*)^{-1} - I)(UB^* - B^*U))dt \\ (1.60) \qquad &+ ((I+B^*)^{-1}\bar{U}(I+B^*) - \bar{U})dw \\ U(0) &= I. \end{aligned}$$

On vérifie immédiatement que $U = I$ est solution de (1.60). Donc $Z'_tZ_t = I$, et Z est bien inversible. []

<u>THEOREME</u> I.7. Si pour tout $i = 1....m$ w_i est une somme compensée de sauts d'amplitude $+1$, et si pour tout $i \neq j$ $d[w_i, w_j] = 0$, et s'il existe k tel que :

$$(1.61) \qquad \sup_{i=1...m} \|(I + B_i^*)^{-1}\| \leqslant k$$

alors pour $R_T \in L_2^T$, l'équation

$$(1.62) \qquad \begin{cases} dp = -(A^*p + B^*H)dt + H.dw + dM \\ p_T = R_T \end{cases}$$

a une solution unique telle que $(p_o, H, M) \in L_2^o \times (L_{22})^m \times W^{\perp}$.

De plus, si Z est la solution unique de (1.57), on a :

$$(1.63) \qquad p_t = Z_t^{-1}\,{}^1(Z_T R_T)$$

<u>Preuve</u> : La preuve est la même que pour le Théorème I.5 $\square$.

8- Compléments sur l'intégrale optionnelle

Etant donné une mesure dS sur la tribu optionnelle $\overline{O}$ restreinte à $\Omega \times [0,T]$, on peut considérer l'espérance conditionnelle de tout processus intégrable pour d S relativement à une sous-tribu quelconque de $\overline{O}$.

Nous allons voir rapidement que cette opération apparaît de manière naturelle quand on projette une martingale de carré intégrable sur un sous-espace stable.

Soit en effet M une martingale de carré intégrable, quasi continue à gauche, nulle en 0 et arrêtée en T.

$L_{22}^{[M,M]}$ désigne l'ensemble des classes de processus optionnels tels que :

$$(1.64) \qquad E\int_0^T |H|^2 d[M,M] < +\infty.$$

Soit J une tribu de $\Omega \times [0,T]$ telle que $\overline{P} \subset J \subset \overline{O}$

${}^J L_{22}^{[M,M]}$ désigne l'ensemble des éléments de $L_{22}^{[M,M]}$ possédant un représentant J mesurable (il y a naturellement une difficulté, car les négligeables de $\overline{O}$ et de J ne sont pas les mêmes. On résoud cette difficulté par les méthodes classiques).

Soit alors N une martingale de carré intégrable, quasi continue à gauche, nulle en 0 et arrêtée en T.

Soit $\underline{L}_N^J$ l'ensemble des martingales qui s'écrivent sous la forme : $\int_0^t H'dN$ où $H' \in {}^J L_{22}^{[N,N]}$.

Comme $J \supset \overline{P}$, l'espace $\underline{L}_N^J$ est fermé et stable au sens de [7], p 262.

Etant donné $H \in L_{22}^{[M,M]}$, on va chercher la projection de $\int_0^t H.dM$ sur $\underline{L}_N^J$.

THEOREME 1. 8. Si $H \in L_{22}^{[M,M]}$, la projection de $\int_0^t HdM$ sur $\underline{L}_N^J$ est donnée par $\int_0^t {}^J H\, dN$ où ${}^J H$ est une classe de processus J- mesurables déterminés par l'égalité :

$$(1.65)\qquad E\int_0^T HH''d[M,N] = E\int_0^T {}^J H H''d[N,N].$$

pour tout $H'' \in {}^J L_{22}^{[N,N]}$. ${}^J H$ est l'espérance conditionnelle de $H\,\frac{d[M,N]}{d[N,N]}$ relativement à J pour la mesure $d[N,N]$.

Preuve : Si N' est la projection de $\int_0^t HdM$ sur $\underline{L}_N^J$, on sait que N' est caractérisée par :

$$E\, N'_T N''_T = E((\int_0^T HdM)N''_T) \quad \text{où} \quad N''_T \in \underline{L}_N^J.$$

Or N' et N'' s'écrivent :

$$(1.66)\qquad \begin{aligned} N' &= \int_0^t {}^J H dN \\ N'' &= \int_0^t H'' dN \end{aligned}$$

avec ${}^J H$ et H'' dans ${}^J L_{22}^{[N,N]}$.

De plus comme M et N sont quasi-continues à gauche, on a par [7], p 276 :

$$(1.67)\qquad E((\int_0^T HdM)N''_T) = E\int_0^T HH''d[M,N].$$

$$(1.68)\qquad E(N'_T N''_T) = E\int_0^T {}^J H\, H''d[N,N].$$

L'inégalité de Kunita-Watanabe ([7], p 269)

$$\int_0^T |KK'|\,|d[M,N]| \leqslant (\int_0^T K^2 d[M,M])^{1/2} (\int_0^T K'^2 d[N,N])^{1/2}$$

montre bien que $d[M,N]$ est absolument continu par rapport à $d[N,N]$.

L'égalité de (1.67) et (1.68) entraîne bien le Théorème. □

COROLLAIRE. Si T' est un temps d'arrêt $\leqslant T$, alors :

$$(1.69)\qquad {}^J 1_{t>T'} H = 1_{t>T'}\, {}^J H.$$

Preuve : $1_{t>T'}$ est prévisible. Comme $\overline{P} \subset J$, (1.68) exprime l'une des propriétés de l'espérance conditionnelle □.

Remarque I.3. L'opérateur ^{J} peut être défini par (1.65) sur l'ensemble des processus mesurables (non nécessairement optionnels) vérifiant (1.64). □

CHAPITRE II

LE CONTROLE LINEAIRE QUADRATIQUE

LE CAS PREVISIBLE

Nous allons maintenant appliquer les méthodes développées dans les chapitres 0 et I au contrôle d'une équation différentielle stochastique linéaire avec critère quadratique.

Nous étendons ici les résultats de [2] , où nous ne traitons que le cas où w est un mouvement brownien.

1- Le problème de contrôle.

On reprend les hypothèse de I.1.

V désigne un espace vectoriel de dimension n. H et U sont deux espaces vectoriels de dimension finie.

- $A, (B_i)_{i=1\ldots m}$ sont une famille de processus prévisibles bornés à valeurs dans $V \otimes V$.
- $C, (D_i)_{i=1\ldots m}$ sont une famille de processus prévisibles bornés à valeurs dans $U \otimes V$.
- M est un processus prévisible borné à valeurs dans $V \otimes H$.
- N est un processus prévisible borné, à valeurs dans $U \otimes U$, auto-adjointes définies positives, et tel qu'il existe $\lambda > 0$ pour lequel pour tout u de U, on ait :

$$(2.1) \qquad \langle Nu,u \rangle \geqslant \lambda |u|^2$$

- M_1 est une variable aléatoire défini sur Ω à valeurs dans $V \otimes H$, bornée et F_T-mesurable.
- f est un élément de L_{21}.

- $g = (g_1, \dots g_m)$ est un élément de $(L_{22})^m$
- x_o est un élément de L_2^o .

<u>DEFINITION</u> II.1. L_{22}^U est l'espace des classes de processus prévisibles u à valeurs dans U tels que

$$(2.2) \qquad E\int_0^T |u|^2 dt < +\infty$$

On munit L_{22}^U de la norme associée à (2.2).

On pose alors la définition du problème de contrôle linéaire quadratique :

<u>DEFINITION</u> II.2. Pour $u \in L_{22}^U$, soit $x \in C_2^T$ la solution unique au sens du Théorème I.1 de :

$$(2.3) \qquad \begin{aligned} &dx = (Ax + Cu + f)dt + (B\bar{x} + Du + g).dw \\ &x(0) = x_o \end{aligned}$$

Le problème linéaire quadratique est la recherche de $u_o \in L_{22}^U$ minimisant la fonctionnelle

$$(2.3') \qquad u \longrightarrow J(u) = E(\int_0^T (|Mx|^2 + \langle Nu, u \rangle)dt) + E|M_1 x_T|^2$$

pour $u \in L_{22}^U$.

2- <u>Existence et unicité de la solution.</u>

On a immédiatement par application des résultats des chapitres 0 et I:

<u>THEOREME</u> II.1. Le problème linéaire quadratique a une solution unique.

<u>Preuve</u> : Par le Théorème I.1, $u \longrightarrow x$ est une application affine continue de L_{22}^U dans C_2^T . De plus

$$x \longrightarrow E\int_0^T |Mx|^2 dt + E|M_1 x_T|^2 \quad \text{est une application convexe continue}$$

de C_2^T dans R . Enfin comme N est à valeurs auto-adjointes définies positives

$u \longrightarrow E\int_0^T \langle Nu,u\rangle\,dt$ est une fonction strictement convexe continue de L_{22}^U dans R. J est donc une fonctionnelle continue strictement convexe sur L_{22}^U. De plus grâce à (2.1), $J(u) \longrightarrow +\infty$ si $\|u\|_{L_{22}^U} \longrightarrow +\infty$. L_{22}^U étant un espace de Hilbert, on applique alors les propositions 0.1 et 0.2. Le Théorème en résulte □.

3- Des conditions nécessaires et suffisantes.

On va maintenant écrire des conditions nécessaires et suffisantes pour que u soit optimal, en écrivant que la dérivée de J au sens de Gâteaux est nul en u.

On a en effet:

THEOREME II.2. Pour que u soit solution du problème linéaire quadratique, il faut et il suffit que si p est la solution unique de l'équation

$$(2.4)\quad \begin{aligned} dp &= (M^*Mx - A^*p - B^*H)dt + H.dw + dM \\ p_T &= -M_1^*M_1x_T \end{aligned}$$

avec $(p_o,H,M)\in L_2^o \times (L_{22})^m \times W^\perp$, alors :

$$(2.5)\qquad Nu = C^*p^- + D^*H \qquad dP\otimes dt \quad p.p.$$

Preuve : Grâce au Théorème 0.1, pour que u soit optimal, il faut et il suffit que si $J'(u)$ est la dérivée au sens de Gâteaux de I en u, on ait :

$$\forall\, v\in L_{22}^U \quad \langle J'(u),v-u\rangle \geqslant 0.$$

Soient x_t^u et x_t^v les processus x solutions de (2.3) pour les contrôles u et v. On a alors :

$$(2.6)\qquad \langle J'(u),v-u\rangle = 2E\int_0^T (\langle M^*Mx^u,x^v-x^u\rangle + \langle Nu,v-u\rangle)dt$$
$$+ 2E\,\langle M_1^*M_1x_T^u, x_T^v - x_T^u\rangle$$

Montrons que le système

$$(2.7)\qquad \begin{aligned} dp &= (M^*Mx^u - A^*p - B^*H)dt + Hdw + dM \\ p_T &= -M_1^*M_1x_T^u \end{aligned}$$

avec $(p_o,H,M) \in L_2^o \times (L_{22})^m \times W^\perp$ a une solution unique.

Soit en effet q la solution unique de :

$$dq = (M^*Mx^u - A^*q)dt$$

$$q(0) = 0.$$

Le Théorème I .1 montre que $q_T \in L_2^T$, puisque $x^u \in C_2^T$. Il suffit donc de montrer que le système :

$$(2.8)\qquad \begin{aligned} dq' &= (-A^*q' - B^*H)dt + Hdw + dM \\ q'_T &= -M_1^*M_1x_T^u - q_T \end{aligned}$$

a une solution unique avec $(q'_o,H,M) \in L_2^o \times (L_{22})^m \times W^\perp$. Mais cela résulte du Théorème I .2.

Par la proposition I.1, on a :

$$(2.9)\qquad E < p_T, x_T^v - x_T^u > = E\int_0^T < M^*M_x^u - A^*p - B^*H, x^v - x^u > dt$$

$$+ E\int_0^T < p, A(x^v - x^u) + C(v-u) > dt + E\int_0^T < H, B(x^v - x^u) + D(v-u) > dt$$

ou encore :

$$(2.10)\qquad E < -M_1^*M_1x_T^u, x_T^v - x_T^u > = E\int_0^T < M^*Mx^u, x^v - x^u > dt$$

$$+ E\int_0^T < C^*p + D^*H, v-u > dt$$

De (2.6) et (2.10), on tire :

(2.11) $$< J'(u),v-u> = 2E\int_0^T < Nu - C^*p - D^*H, v-u > dt.$$

On en déduit que pour que u soit optimum, il faut et il suffit que :

(2.12) $$Nu = C^*p^- + D^*H \quad dP\otimes dt \quad p.p.$$

(on écrit p^- au lieu de p, car p^- est prévisible, et $(p^- \neq p)$ est $dP\otimes dt$ négligeable). □

4- Le problème du feedback.

Le cadre fonctionnel que nous avons choisi est le même que celui de n'importe quel problème d'optimisation sur un espace de Hilbert. Il n'est donc pas choquant que nous puissions suivre une démarche formellement similaire à la démarche utilisée par Lions dans [6]-chapitre 3 pour le contrôle des équations aux dérivées partielles.

On va en effet chercher à obtenir p_t sous la forme d'une fonction aléatoire linéaire de x_t.

On a :

PROPOSITION II.1. Pour tout $s \in [0,T]$ et $h \in L_2^s$, le système défini pour $t \in [s,T]$:

$$dx = (Ax + CN^{-1}(C^*p^- + D^*H) + f)dt + (Bx^- + DN^{-1}(C^*p^- + D^*H) + g)dw$$

$$x_s = h$$

(2.13) $$dp = (M^*Mx - A^*p - B^*H)dt + Hdw + dM$$

$$p_T = -M_1^*M_1x_T$$

$$(p_s, H, M) \in L_2^s \times (L_{22})^m \times W^\perp$$

a une solution unique.

Preuve : Il suffit en effet de remarquer que x et p sont respectivement l'état primal et l'état dual le problème de contrôle linéaire quadratique où l'origine des temps a été transportée en s et où l'état primal prend la "valeur" h en s . □

On a alors l'analogue du lemme 4.2 de [6] chapitre 3 :

PROPOSITION II.2. L'application $h \longrightarrow (x,p)$ est continue et affine de L_2^s dans $C_2^T \times C_2^T$.

Preuve : Remarquons que x et p n'étant définis que pour $t \geq s$, on leur donnera arbitrairement la valeur 0 pour $t < s$.

Pour $u \in L_{22}^U$ soit x la solution de :

$$(2.14)\qquad \begin{aligned} &dx = (Ax + Cu + f)dt + (Bx + Du + g)dw \\ &x_s = h. \end{aligned}$$

et $J_s^h(u)$ la fonctionnelle:

$$u \longrightarrow J_s^h(u) = E\int_s^T (|Mx|^2 dt + \langle Nu,u \rangle)dt + E|M_1 x_T|^2$$

Soit alors $h_n \longrightarrow h$ dans L_2^s , v^n le contrôle optimal pour $J_s^{h_n}$ et v le contrôle optimal pour J_s^h , x^n et x les états correspondants donnés par (2.14), p^n et p les états duaux.

Nécessairement :

$$(2.15)\qquad J_s^{h_n}(v_n) \leq J_s^{h_n}(v)$$

Or grâce au Théorème I.1, quand $n \to +\infty$, $J_s^{h_n}(v) \longrightarrow J_s^h(v)$

Donc :

$$(2.16)\qquad \limsup J_s^{h_n}(v_n) \leq J_s^h(v)$$

Or on a :

$$(2.17)\qquad \|v_n\|^2_{L_{22}^U} \leq \frac{1}{\lambda}\, J_s^{h_n}(v_n)$$

(2.17) montre que les v_n restent bornés dans L_{22}^U.

Par le Théorème d'Eberlein, on peut trouver v_{n_k} convergeant faiblement vers v' dans L_{22}^U.

Par le Théorème I.1, x^{n_k} converge faiblement vers $x' \in C_2^T$, qui est la solution de (2.14) pour $u = v'$ (une application affine fortement continue est aussi continue lorqu'on muni les espaces considérés de leur topologie faible).

Donc :

$$J_s^h(v') \leqslant \liminf J_s^{h_{n_k}}(u_{n_k}) \tag{2.18}$$

De (2.16) et (2.18) on tire :

$$J_s^h(v') \leqslant \liminf J_s^{h_n}(v_n) \leqslant \limsup J_s^{h_n}(v_n) \leqslant J_s^h(v) \tag{2.19}$$

Or v est l'optimum unique pour J_s^h, donc $v = v'$.

On vérifie alors immédiatement que la suite v_n toute entière converge faiblement vers v, et que x^n converge faiblement vers x.

p^n est la solution unique de :

$$\begin{aligned} dp^n &= (M^*Mx^n - A^*p^n - B^*H^n)dt + H^n dw + dM^n \\ p_T^n &= -M_1^*M_1x_T^n \end{aligned} \tag{2.20}$$

avec $(p_s^n, H^n, M^n) \in L_2^s \times (L_{22})^m \times W^\perp$

Alors M^*Mx^n tend faiblement vers M^*Mx dans L_{22}. Si q_n est donné par

$$\begin{aligned} dq^n &= (M^*Mx^n - A^*q)dt \\ q^n(s) &= 0 \end{aligned} \tag{2.21}$$

q^n converge faiblement vers q - qui correspond à M^*Mx - dans C_2^T. Alors q_T^n converge faiblement vers q_T dans L_2^T.

Si q'^n est donné par :

$$(2.22)\qquad \begin{aligned} dq'^n &= (-A^* q'^n - B^* H^n)dt + H^n dw + dM^n \\ q'^n_T &= -M_1^* M_1 x_T^n - q_T^n \end{aligned}$$

par le Théorème I.2, q'^n converge faiblement vers q' dans C_2^T .

Alors $p^n = q^n + q'^n$ converge faiblement vers $p = q + q'$ dans C_2^T .

Tous les espaces considérés étant des espaces de Banach, par le Théorème du graphe fermé, on en déduit bien que $h \longrightarrow (x,p)$ est continue . □

<u>COROLLAIRE.</u> $h \longrightarrow p_s$ est continue et affine de L_2^s dans L_2^s .

<u>Preuve</u> : Comme $p \longrightarrow p_s$ est linéaire continue de C_T^2 dans L_2^s , le corollaire résulte de la Proposition II.2. □

On va maintenant établir une forme rudimentaire de feedback pour p .

<u>PROPOSITION</u> II.3. On peut trouver des variables aléatoires F_s-mesurables P_s et r_s à valeurs respectivement dans $V \otimes V$ et V , déterminées de manière unique, telles que P_s est essentiellement borné et r_s dans L_2^s et que :

$$(2.23)\qquad p_s = -(P_s h + r_s) \qquad \text{p.s.}$$

$-P_s h$ est déterminé par la solution de (2.13) avec f et g nuls et $-r_s$ par la solution de (2.13) avec h nul.

<u>Preuve</u> : On vérifie immédiatement que si E est F_s-mesurable et si h et h' sont dans L_2^s , on a :

$$(2.24)\qquad (x,p)(1_A h + 1_{c_A} h') = 1_A (x,p)(h) + 1_{c_A} (x,p)(h')$$

On considère alors deux cas :

a) Supposons f et g nuls.

Soit P_s la matrice $-(p_s(e_1),\dots,p_s(e_n))$

Soit alors h étagée de la forme :

$$h = \sum_1^p 1_{A_i} h_i$$

où $\{A_i\}$ est une partition F_s-mesurable de Ω, et où $\{h_i\}$ sont des vecteurs constants de V.

Alors :

$$(2.25) \qquad p_s(h) = \sum_1^p 1_{A_i} p_s(h_i) = -\sum_1^p 1_{A_i} P_s h_i = -\sum_1^p P_s 1_{A_i} h_i$$

$$= -P_s h$$

$h \longrightarrow p_s(h)$ et $h \longrightarrow -P_s h$ coïncident donc sur les fonctions étagées.

De plus comme $h \longrightarrow p_s(h)$ est continue sur L_2^s, il existe $k \geqslant 0$ tel que si $h \in L_2^s$:

$$(2.26) \qquad E|p_s(h)|^2 \leqslant k^2 E|h|^2$$

Si $h = 1_A e_i$, de (2.26) on tire :

$$(2.27) \qquad E\, 1_A |p_s(e_i)|^2 \leqslant k^2 \int_A dP.$$

De (2.27), on tire immédiatement que $\{\omega; |P_s e_i| > k\}$ est négligeable.

P_s est donc essentiellement borné. $h \longrightarrow -P_s h$ est donc une application continue de L_2^s dans L_2^s. Comme elle coïncide avec $h \longrightarrow p_s(h)$ quand h est étagée, comme les fonctions étagées sont denses dans L_2^s, on a bien :

$$(2.28) \qquad p_s(h) = -P_s h.$$

b) Dans le cas général, $p_s(h) + P_s h$ est un élément de L_2^s qui ne dépend pas de h, et qu'on peut donc noter $-r_s$. □

On a enfin

<u>PROPOSITION</u> II.4. P_s est à valeurs p.s. auto-adjointes et positives. Il existe $C > 0$ tel que pour tout s de $[0,T]$

$$(2.29) \qquad \text{supess}\, |P_s| \leqslant C$$

<u>Preuve</u> : Soient h et h' dans L_2^s, et (x,p) et (x',p') les solutions de (2.13) correspondant à h et h', avec $f=0$ et $g=0$. u et u' sont définis

par

$$u = N^{-1}(C^*p^- + D^*H)$$

$$u' = N^{-1}(C^*p'^- + D^*H')$$

On pose :

$$(2.30) \qquad F_s(h,h') = E(\int_s^T (\langle Mx, Mx' \rangle + \langle Nu, u' \rangle)dt) + E \langle M_1 x_T, M_1 x'_T \rangle$$

F_s est symétrique en h,h' . De plus par la Proposition I.1 on a :

$$(2.31) \qquad E \langle p_T, x'_T \rangle = E \langle p_s, x'_s \rangle + E\int_s^T \langle M^*Mx - A^*p - B^*H, x' \rangle \, dt$$

$$+ E\int_s^T \langle p, Ax' + Cu' \rangle \, dt + E\int_s^T \langle H, Bx' + Du' \rangle \, dt$$

ou encore :

$$(2.32) \qquad E \langle p_T, x'_T \rangle = E \langle p_s, x'_s \rangle + E\int_0^T (\langle Mx, Mx' \rangle + \langle C^*p + D^*H, u' \rangle)dt$$

Comme on a :

$$(2.33) \qquad \begin{aligned} &Nu = C^*p^- + D^*H \\ &p_T = -M_1^*M_1 x_T \\ &p_s = -P_s h \\ &x'_s = h' \end{aligned}$$

de (2.30) et (2.32), on tire :

$$(2.34) \qquad F_s(h,h') = E \langle P_s h, h' \rangle$$

Comme F_s est symétrique en h et h' , on a :

(2.35) $$E < P_s h,h' > = E < P_s h',h >$$

De (2.35), on tire que pour tout E F_s-mesurable, on a :

(2.36) $$E(P_{ij} 1_E) = E(P_{ji} 1_E)$$

et donc :

(2.37) $$P_{ij} = P_{ji} \quad \text{p.s.}$$

P_s est bien p.s. auto-adjoint.

De plus $F_s(h,h) \geq 0$. Donc pour $h \in L_2^s$, on a :

(2.37) $$E < P_s h,h > \geq 0.$$

L'ensemble Γ des ω où $P_s(\omega)$ est positif est mesurable.

En effet Γ s'écrit :

(2.38) $$\Gamma = \bigcap_{q \in Q^N} (< P_s q,q > \geq 0).$$

Si ${}^c\Gamma$ n'était pas négligeable, par le Théorème de section de [4] III,44 , il existerait h à valeurs dans la boule unité de V tel que

- sur Γ, $h = 0$
- sur ${}^c\Gamma$, $< P_s h,h > < 0$.

Alors $h \in L_2^s$ et on aurait

(2.39) $$E < P_s h,h > < 0.$$

ce qui est impossible.

P_s est donc bien à valeurs positives.

Soit alors x^s la solution de :

(2.40) $$\begin{aligned} ds^s &= Ax^s dt + Bx^s dw \\ x_s^s &= h \end{aligned}$$

x^s correspond au contrôle $u = 0$. On a donc :

(2.41) $\quad F_s(h,h) \leqslant E\int_s^T |Mx^s|^2 dt + E|M_1 x_T^s|^2$

Par le corollaire du Théorème I.1, il existe C' ne dépendant pas de s tel que :

(2.42) $\quad \|x^s\|_{C_2^T} \leqslant C' \|h\|_{L_2^s}$

Comme $E < P_s h,h > = F_s(h,h)$, de (2.41) et (2.42), on tire que pour tout $s \in [0,T]$, on a :

(2.43) $\quad E < P_s h,h > \leqslant C \|h\|^2_{L_2^s}$

Or comme P_s est p.s. auto-adjoint, on sait que p.s. :

(2.44) $\quad \|P_s(\omega)\| = \sup_{\|y\| \leqslant 1} |< P_s(\omega)y,y >|$

Par application d'un Théorème de section on en déduit que $\|P_s(\omega)\| \leqslant C$ p.s. □

On a enfin :

<u>THEOREME</u> II.3. Dans le système (2.13), pour tout $s \in [0,T]$, on a :

(2.45) $\quad p_s = -(P_s x_s + r_s)$ p.s.

<u>Preuve</u> : C'est immédiat par les résultats précédents. □

Le lecteur sera peut être tenté d'écrire les démonstrations quand s devient un temps d'arrêt S . Mais rien ne permet à priori de "recoller" entre eux les différents P_s de manière à ce que P_S soit la valeur arrêtée d'un processus. Aussi l'égalité (2.45) n'est-elle pas à priori une égalité entre processus, mais une égalité entre variables aléatoires.

5- L'équation de Riccati formelle.

On va maintenant chercher à trouver une équation différentielle stochastique formellement vérifiée par P . Pour ne pas rendre les calculs inextricables, on fait les hypothèses suivantes sur w :

(2.46) . $d\langle w_i, w_j\rangle = \delta_{ij} dt$

(2.47) . Si $i \neq j$, $d[w_i, w_j] = 0$

Ces hypothèses sont plus fortes que les hypothèses précédentes.

Dans le cas général, si on décompose chaque w_i en $w_i^c + w_i^d$, où w_i^c est la partie continue de w_i , et w_i^d sa partie totalement discontinue, les w_i^c ne sont pas nécessairement mutuellement orthogonaux, et les w_i^d peuvent avoir des sauts communs. On doit alors procéder à une réorthogonalisation des w_i^c pour se ramener – à peu de choses près – au cas précédent, pour les w_i^c .

On ne peut par contre pas se ramener directement au cas précédent pour les w_i^d , sans introduire d'intégrales optionnelles dans l'équation (2.3), ce qui complique le problème (voir le chapitre III).

Naturellement on peut effectuer complètement les calculs dans le cas général – le lecteur est vivement invité à le faire – mais ils deviennent rapidement insupportables à la lecture. La perte de généralité ne sera ici qu'apparente.

Pour $i=1 \ldots m$, p_i est l'opérateur J construit au Théorème I. 8 associé à $M = w_i$, $N = w_i$, $J = \bar{P}$. Comme $d[M,N] = d[w_i, w_i]$ est une mesure $\geqslant 0$, p_i est un véritable opérateur d'espérance conditionnelle.

Pour trouver l'équation formellement vérifiée par P, on va écrire arbitrairement P sous la forme :

$$(2.48) \qquad P_t = P_o + \int_o^t \dot{P} ds + \int_o^t \mathcal{H} . dw + \mathcal{M}_t$$

où $(P_o, \dot{P}, \mathcal{K}, \mathcal{M}) \in L_2^o \times L_{22} \times (L_{22})^m \times W^\perp$

On a alors :

<u>THEOREME</u> II.4. P est formellement solution de l'équation :

$$(2.49)\quad \begin{aligned} & dP + \{PA + A^*P + B^{*P}PB + B^*\mathcal{K} + \mathcal{K}B) \\ & - (B^{*P}PD + PC + \mathcal{K}D)(N + D^{*P}PD)^{-1}(D^{*P}PB + C^*P + D^*\mathcal{K}) \\ & + M^*M\}dt - \mathcal{K}dw - d\mathcal{M} = 0 \\ & P_T = M_1^*M_1 \end{aligned}$$

où $(P_o, \mathcal{K}, \mathcal{M}) \in L_2^o \times (L_{22})^m \times W^\perp$

avec les conventions :

$$(2.50)\quad \begin{aligned} & B^{*P}PB = \sum_1^m B_i^*({}^{P_i}P)B_i \\ & B^*\mathcal{K} = \sum_1^m B_i^*\mathcal{K}_i \\ & B^{*P}PD = \sum_1^m B_i^*({}^{P_i}P)D_i \end{aligned}$$

et les conventions correspondantes pour les autres termes.

<u>Preuve</u> : On va écrire que $p_t = -P_t x_t$ vérifie l'équation (2.4).

Or par la formule de Pratelli-Yoeurp donnée dans [7], p 345,

on a :

$$(2.51)\quad P_t x_t = P_o x_o + \int_o^t P dx + \int_o^t dP x^- + \int_o^t \langle \mathcal{K}, Bx^- + Du \rangle ds$$

ou encore, sachant que x vérifie (2.3) (avec f et g nuls), on a

$$(2.52)\quad P_t x_t = P_o x_o + \int_o^t (\dot{P}x + P(Ax + Cu) + \mathcal{K}(Bx + Du))ds$$

$$\int_o^t \mathcal{K}x^- dw + \int_o^t P(Bx^- + Du)dw + \int_o^t d\mathcal{M}x^-$$

Or on sait par ailleurs que $p_t = -P_t x_t$, et que :

$$(2.53) \qquad \begin{aligned} dp &= (M^*Mx - A^*p - B^*H)dt + H.dw + dM \\ p_T &= -M_1^*M_1 x_T \end{aligned}$$

On en déduit :

$$(2.54) \qquad -\{\dot{P}x + P(Ax + Cu) + \mathcal{K}(Bx + Du)\} = M^*Mx + A^*Px - B^*H \quad dP \otimes dt \quad \text{p.p.}$$

$$(2.55) \qquad -\left(\int_0^t \mathcal{K}x^- dw + \int_0^t P(Bx^- + Du)dw + \int_0^t d\mathcal{M}x^-\right) = \int_0^t Hdw + M_t .$$

Nous allons projeter le membre de gauche de (2.55) sur W et écrire que cette projection sur W est égale à $\int_0^t Hdw$. $\int_0^t d\mathcal{M}\, x^-$ est dans $W^\perp$ puisque $\mathcal{M} \in W^\perp$.

Sa projection sur W est donc nulle.

Pour i=1...m , il faut chercher la projection de $\int_0^t P(B_i x^- + D_i w)dw_i$

sur W . Comme les w_i sont orthogonaux, la jième composante - pour j=1....m - de cette projection coïncide avec la projection de $\int_0^t P(B_i x^- + D_i u)dw_i$ sur $\underline{L}^{\overline{P}}_{w_j}$.

Enfin comme $d[w_i, w_j] = 0$ si $i \neq j$, toutes les composantes sont nulles, sauf la ième , qui par le Théorème I.8 est donnée par :

$$(2.56) \qquad \int_0^t {}^{p_i}P(Bx^- + Du)dw_i$$

On en déduit que pour i = 1...m, - on a :

(2.57) $$H_i = -(\mathcal{K}_i x^- + {}^{p_i}P(B_i x^- + D_i u))$$

De plus on a :

(2.58) $$Nu = C^* p^- + D^* H$$

On en déduit :

(2.59) $$(N + \sum_1^m D_i^* \, {}^{p_i}PD)u = -(\sum_1^m D_i^* \, {}^{p_i}PB_i + C^* P^- + D^* \mathcal{K})x^-$$

En remarquant que p_i est un opérateur d'espérance conditionnelle, si P est auto-adjoint positif, ${}^{p_i}P$ est encore auto-adjoint positif et $(N + D^* \, {}^{p}PD)$ est inversible.

Donc :

(2.60) $$u = -(N + D^* \, {}^{p}PD)^{-1}(D^* \, {}^{p}PB + C^* P^- + D^* \mathcal{K})x^-$$

En remplaçant dans (2.54), il vient :

(2.61) $$(\dot{P} + PA + A^*P + B^* \, {}^{p}PB + B^* \mathcal{K} + \mathcal{K}B) - (B^* \, {}^{p}PD + PC + \mathcal{K}D)$$

$$(N + D^* {}^{p}PD)^{-1}(D^* {}^{p}PB + C^*P + D^* \mathcal{K}) + M^*M)x^- = 0 \quad dP \otimes dt \quad \text{p.p.}$$

En écrivant que (2.61) est "vraie" pour tout x^-, on en déduit bien (2.49).

Enfin, on a :

(2.62) $$-P_T x_T = -M_1^* M_1 x_T$$

et "donc" formellement :

(2.63) $$P_T = M_1^* M_1 . \quad \square$$

On va maintenant opérer de la même manière pour r_t.

On écrit en effet formellement r_t sous la forme :

(2.64) $$r_t = r_o + \int_0^t \dot{r} ds + \int_0^t h dw + M_t'$$

avec $(r_o, h, M') \in L_2^o \times (L_{22})^m \times W^\perp$

On a alors :

<u>THEOREME</u> II.5. r_t est solution formelle de l'équation :

$$(2.65) \qquad dr = \{(PC + B^{*}{}^{P}PD + \mathcal{K} D)(N + D^{*}{}^{P}PD)^{-1}C^{*} - A^{*}\}r\,dt + [\{(PC + B^{*}{}^{P}PD + \mathcal{K} D)(N + D^{*}{}^{P}PD)^{-1}D^{*} - B^{*}\}({}^{P}Pg + h) - Pf - \mathcal{K} g]dt + h\,dw + dM'$$

$$r_T = 0$$

avec $(r_o, h, M') \in L_2^o \times (L_{22})^m \times W^\perp$

<u>Preuve</u> : On doit écrire :

$$(2.66) \qquad p_t = -(P_t x_t + r_t)$$

Il vient alors comme précédemment, en utilisant le fait que f et g sont non nécessairement nuls :

$$(2.67) \qquad -\{\dot{P}x^{-} + P(Ax^{-} + Cu + f) + \mathcal{K}(Bx + Du + g) + \dot{r}\} = M^{*}Mx + A^{*}Px - B^{*}H + A^{*}r.$$

$$(2.68) \qquad H_i = -\{\mathcal{K}_i x^{-} + {}^{P_i}P(B_i x^{-} + D_i u + g_i) + h_i\}$$

Comme on a :

$$(2.69) \qquad Nu = -C^{*}P^{-}x^{-} - C^{*}r^{-} + D^{*}H$$

il vient :

$$(2.70) \qquad u = -(N + D^{*}{}^{P}PD)^{-1}(C^{*}r^{-} + (C^{*}P^{-} + D^{*}{}^{P}PB + D^{*}\mathcal{K})x^{-} + D^{*}({}^{P}Pg + h))$$

De (2.70) on déduit donc :

$$(2.71) \qquad \dot{r} = \{(PC + B^{*p}PD + \mathcal{K}D)(N + D^{*p}PD)^{-1} C^* - A^*\}r$$
$$+ \{(PC + B^{*p}PD + \mathcal{K}D)(N + D^{*p}PD)^{-1}D^* - B^*\}({}^pPg + h) - Pf - \mathcal{K}g.$$

De plus on a $r_T = 0$ car en T, on a :

$$(2.72) \qquad p_T = -M_1^* M_1 x_T \quad \square.$$

COROLLAIRE. Le contrôle optimal u est formellement donné par :

$$(2.73) \qquad u = -(N + D^{*p}PD)^{-1}\{(C^*P^- + D^{*p}PB + D^*\mathcal{K})x^- + C^*r^- + D^*({}^pPg + h)\}$$

Preuve : C' est la formule (2.70)$\square$.

6- Equation de Riccati : existence de la solution.

Nous ne pourrons pas démontrer l'existence de solutions pour l'équation (2.49) dans le cas général.

Nous allons étudier certains cas particuliers importants où l'équation a une solution.

Nous ne referons naturellement pas les démonstrations d'existence et d'unicité dans chaque cas.

a) Un cas "simple" : les coefficients indépendants.

(Ω^1, F^1, P^1) désigne maintenant un espace de probabilité complet muni d'une filtration complète et continue à droite de sous-tribus $\{F_t^1\}$ complètes de F^1.

A, B, C, D, M, N, M_1 sont ici définis sur Ω^1 et possèdent les mêmes propriétés que précédemment relativement à $\{F_t^1\}$. On a alors :

THEOREME II.6. L'équation de Riccati :

$$(2.74) \qquad dP + \{PA + A^*P + B^*PB - (B^*PD + PC)(N + D^*PD)^{-1}(D^*PB + C^*P) + M^*M\}dt - d\mathcal{M} = 0.$$

$P_T = M_1^* M_1$

où $\mathcal{M}$ est une martingale de carré intégrable a une solution unique dans l'espace des processus $\tilde{P}$ adaptés bornés cadlag à valeurs dans $V \otimes V$ tels que

(2.75) $$\sup_{(\omega,t)} \text{ess} \, \| (N + D^*\tilde{P}D)^{-1} \| < +\infty$$

$\mathcal{M}$ est alors une martingale d'opérateurs auto-adjoints, et P est à valeurs auto-adjointes et positives.

Preuve : Nous reprenons la démonstration de [2].

(2.74) peut s'écrire :

(2.76) $$\begin{aligned} dP &= \varphi_t(P)dt + d\mathcal{M} \\ P_T &= M_1^* M_1 \end{aligned}$$

On pose :

(2.77) $$R = \frac{\lambda}{2 \sup_{(\omega,t)} \text{ess} \, \|D\|^2}$$

Soit P' un opérateur auto-adjoint positif.

Si P est un opérateur tel que :

(2.78) $$\|P - P'\| \leqslant R$$

alors $N + D^*PD$ a $dP \otimes dt$ p.s. un inverse, et de plus :

(2.79) $$\| (N + D^*PD)^{-1} \| \leqslant \frac{2}{\lambda}$$

Pour prouver cette assertion, il suffit de montrer que :

(2.80) $$\|D^*(P - P')D\| < \| (N + D^*P'D)^{-1} \|^{-1}$$

Soit S la racine carré auto-adjointe et positive de N

Alors :

(2.81) $$N + D^*P'D = S(I + S^{-1}D^*P'DS^{-1})S$$

et donc :

$$\| (N+D^*P'D)^{-1} \| \leqslant \|S^{-1}\|^2 \, \| (I+S^{-1}D^*P'DS^{-1})^{-1} \| \tag{2.82}$$

Or comme N^{-1} est auto-adjoint, on a :

$$\|N^{-1}\| = \|S^{-1}S^{-1*}\| = \|S^{-1}\|^2 \tag{2.83}$$

De plus comme $S^{-1}D^*P'DS^{-1}$ est auto-adjoint et positif, sa plus petite valeur propre est $\geqslant 0$. La plus grande valeur propre de $(I+S^{-1}D^*P'DS^{-1})^{-1}$ est donc $\leqslant 1$. On en déduit :

$$\| (N+D^*P'D)^{-1} \| \leqslant \|N^{-1}\| \tag{2.84}$$

Donc :

$$\| (N+D^*P'D)^{-1} \|^{-1} \geqslant \|N^{-1}\|^{-1} \geqslant \lambda \tag{2.85}$$

Si P vérifie (2.78), alors :

$$\|D^*(P-P')D\| < \frac{\lambda}{2} \tag{2.86}$$

et comme λ est >0, $\frac{\lambda}{2} < \lambda$.

Alors nécessairement :

$$\| (N+D^*PD)^{-1} \| \leqslant \frac{\| (N+D^*P'D)^{-1} \|}{1-\| (D^*(P-P')D\| \|(N+D^*P'D)^{-1}\|} \tag{2.87}$$

$$\leqslant \frac{2}{\lambda}$$

(2.79) est bien démontré.

Pour $\alpha>0$ et pour $\mathcal{P}$ F_T-mesurable borné, soit $K^{\alpha}_{\mathcal{P}}$ l'ensemble des processus cadlag adaptés sur $[T-\alpha,T]$ à valeurs dans $V\otimes V$ tels que :

$$\|P_t - {}^1\mathcal{P}\| \leqslant R \tag{2.88}$$

avec

$${}^1\mathcal{P}_t = E^{F_t}\mathcal{P} . \tag{2.89}$$

On munit $K^{\alpha}_{\mathcal{P}}$ de la distance :

(2.90) $$d(P,P') = \sup\text{ess} \sup_{T-\alpha\leqslant t\leqslant T} \| P_t - P'_t \|$$

Si $\mathcal{P}$ est à valeurs auto-adjointes et positives, alors (2.78)-(2.79) montre qu'il existe une constante $M(\mathcal{P})$ telle que si $P \in K^{\alpha}_{\mathcal{P}}$, alors :

(2.91) $$\| \varphi_t(P_t) \| \leqslant M(\mathcal{P}) \quad dP \otimes dt \quad \text{p.s.}$$

De plus si C est une constante dont la valeur sera définitivement fixée <u>ultérieurement</u>, telle que $\sup\text{ess} \| M_1^* M_1 \| \leqslant C$; on a :

(2.92) $$\sup_{\substack{\mathcal{P} \text{ autoadjoint } \geqslant 0 \\ \| \mathcal{P} \| \leqslant C}} M(\mathcal{P}) \leqslant M < +\infty$$

De même le calcul immédiat de la dérivée de $\varphi_t(P)$ en P montre qu'il existe $k > 0$ tel que si $\mathcal{P}$ est auto-adjoint et positif et si $\| \mathcal{P} \| \leqslant C$, si P et P' sont dans $K^{\alpha}_{\mathcal{P}}$, alors :

(2.93) $$\| \varphi_t(P_t) - \varphi_t(P'_t) \| \leqslant k \| P_t - P'_t \| \quad dP \otimes dt \quad \text{p.s.}$$

Enfin $K^{\alpha}_{\mathcal{P}}$ est un espace métrisable complet.

Soit alors $\mathcal{P} = M_1^* M_1$. Nécessairement, on a :

(2.94) $$\| M_1^* M_1 \| \leqslant C.$$

On pose :

(2.95) $$\alpha = \frac{R}{M}$$

Soit G l'application qui à $\tilde{P} \in K^{\alpha}_{\mathcal{P}}$ associe $\tilde{Q}$ par :

(2.96) $$\tilde{Q}_t = {}^1(\mathcal{P} - \int_t^T \varphi_s(\tilde{P}_s)ds)$$

$\tilde{Q}$ étant la projection optionnelle d'un processus borné cadlag est borné cadlag par [3]-IV-T 28.

$\tilde{Q}$ est dans $K^{\alpha}_{\mathcal{P}}$. En effet :

(2.97) $$\|(Q - {}^{1}\mathcal{P})\| \leq \frac{R}{M} M(\mathcal{P}) \leq R$$

Pour $\tilde{P}$ et $\tilde{P}'$ dans $K^{\alpha}_{\mathcal{P}}$, on a :

(2.98) $$\|(G(\tilde{P}) - G(\tilde{P}'))_t\| \leq k^1(\int_t^T \|\tilde{P} - \tilde{P}'\| ds)$$

De (2.98), on tire :

(2.99) $$\|(G(\tilde{P}) - G(\tilde{P}'))_t\| \leq k(T - t) d(\tilde{P}, \tilde{P}')$$

En itérant G , il vient :

(2.100) $$\|(G^{(2)}(\tilde{P}) - G^{(2)}(\tilde{P}'))_t\| \leq k^2 d(\tilde{P}, \tilde{P}') \int_t^T (T - s) ds$$

ou encore

(2.101) $$\|(G^{(2)}(\tilde{P}) - G^{(2)}(\tilde{P}'))_t\| \leq k^2 \frac{(T - t)^2}{2\,!} d(\tilde{P}, \tilde{P}')$$

On aura de même :

(2.102) $$\|(G^{(n)}(\tilde{P}) - G^{(n)}(\tilde{P}'))_t\| \leq \frac{k^n (T - t)^n}{n\,!} d(\tilde{P}, \tilde{P}')$$

et donc :

(2.103) $$d(G^{(n)}(\tilde{P}), G^{(n)}(\tilde{P}')) \leq \frac{(k^n \alpha)^n}{n!} d(\tilde{P}, \tilde{P}')$$

Pour n assez grand, $\frac{(k\alpha)^n}{n!}$ est < 1 . $G^{(n)}$ est donc une contraction. G a un point fixe unique dans $K^{\alpha}_{\mathcal{P}}$, noté P qui est bien solution de (2.74).

Soit (Ω^2, F^2, P^2) l'espace des fonctions continues définies sur R^+ à valeurs dans R^m , muni de la mesure brownienne P^2, où F^2 a été complétée pour les négligeables de P^2 . Soit $\{F_t^2\}$ la filtration canonique de Ω^2 , complétée par les négligeables de P^2 .

w désigne l'élément générique de Ω^2 .

Soit (Ω,F,P) l'espace $(\Omega^1 \times \Omega^2,(F^1 \otimes F^2)^*,P^1 \otimes P^2)$

On munit Ω de la filtration

$$F_t = (F_t^1 \otimes F_{t-T+\alpha}^2)^{*+} \quad (t \geqslant T-\alpha)$$

(où le signe $*+$ signifie qu'on a complété et régularisé à droite la filtration considérée).

Soit C_2 la constante définie à la proposition II.4 pour le problème de contrôle posé sur (Ω,F,P) . On prend alors $C = C_2$. Soit P la solution unique de (2.74) dans $K_{\mathcal{P}}^{\alpha}$ (où α dépendait de C).

$$(2.104) \qquad \mathcal{M}_t = {}^1(M_1^* M_1 - \int_{T-\alpha}^{T} \varphi_s(P_s)ds)$$

(où ^{1} est la projection optionnelle relativement à (Ω^1,F_t^1,P^1)) est une martingale cadlag bornée relativement à $\{F_t^1\}$ mais aussi à $\{F_t\}$.

Soit en effet A une partie de $\Omega^1 \in F_t^1$ et B une partie de $\Omega^2 \in F_{t-T+\alpha}^2$

Alors pour $t' \geqslant t$, on a :

$$(2.105) \qquad \int_\Omega 1_A 1_B \mathcal{M}_{t'} d(P^1 \otimes P^2) = \int_{\Omega^1} 1_A \mathcal{M}_{t'} dP^1 \int_{\Omega^2} 1_B dP^2$$
$$= \int_\Omega 1_A 1_B \mathcal{M} dP^1 \otimes dP^2$$

$\mathcal{M}_t$ est donc une martingale relativement à F_t.

Soit alors $t < t'$ et $E \in (F^1_t \otimes F^2_{t-T+\alpha})^{*+}$

Alors pour $t < t'' < t'$, $E \in (F^1_{t''} \otimes F^2_{t''-T+\alpha})^*$ et donc :

$$(2.106) \qquad \int_\Omega 1_E \mathcal{M}_{t'} d(P^1 \otimes P^2) = \int_\Omega 1_E \mathcal{M}_{t''} d(P^1 \otimes P^2)$$

Comme $\mathcal{M}_{t''}$ est cad sur Ω^1 et donc sur Ω, on peut passer à la limite dans (2.106) quand $t'' \downarrow t (t'' > t)$ et il vient :

$$(2.107) \qquad \int_\Omega 1_E \mathcal{M}_{t'} d(P^1 \otimes P^2) = \int_\Omega 1_E \mathcal{M}_t d(P^1 \otimes P^2)$$

$\mathcal{M}_t$ est bien une martingale sur (Ω, F_t, P) (dans [2], on ne se fatiguait pas autant !).

Comme w et $\mathcal{M}_t$ sont des martingales indépendantes, $\mathcal{M}$ est orthogonale à $w_1, \dots w_m$ i.e. $\mathcal{M}_t - \mathcal{M}_{T-\alpha} \in W^\perp$.

On va maintenant vérifier que P_t est précisément l'opérateur défini à la proposition II.3. Pour $s \in [T-\alpha, T]$, et $h \in L^s_2$ (relativement à l'espace Ω), soit x la solution de :

$$(2.108) \qquad \begin{aligned} dx &= A - C(N + D^*PD)^{-1}(C^*P + D^*PB)\}x dt \\ &\quad + \{B - D(N + D^*PD)^{-1}(C^*P^- + D^*P^-B)\}x^- dw \\ x_s &= h \end{aligned}$$

Grâce au Théorème I.1, (2.108) a une solution unique, puisque tous les opérateurs linéaires intervenant dans (2.108) restent bornés.

On va maintenant montrer que $(x, -Px)$ est solution du système (2.13) (avec f et g nuls), ou encore que $-Px$ est solution de (2.4).

Les calculs - qui ne sont plus ici formels - s'effectuent comme au Théorème II.4.

En particulier :

(2.109) $$H = -P^{-}\{B - D(N + D^{*}P^{-}D)^{-1}(D^{*}P^{-}B + C^{*}P^{-})\}x^{-}$$

(2.110) $$M_t = -\int_{T-\alpha}^{t} \langle d\mathcal{M}, x^{-} \rangle$$

(2.111) $$p_{T-\alpha} = -P_{T-\alpha}x_{T-\alpha}$$

Comme $x \in C_2^T$, $H \in (L_{22})^m$ et $p_{T-\alpha} \in L_2^{T-\alpha}$ De plus, on a :

(2.112) $$P_t x_t = P_{T-\alpha}x_{T-\alpha} + \int_{T-\alpha}^{t} (-M^{*}Mx - A^{*}Px + B^{*}H)dt$$

$$-\int_{T-\alpha}^{t} Hdw - M_t$$

Comme $x \in C_2^T$, comme P reste uniformément borné et comme $\int_{T-\alpha}^{t} Hdw \in W$ on vérifie que M_t est une martingale de carré intégrable.

$(x, -Px)$ est bien solution du système (2.13). On applique alors la Proposition II.4 : P est à valeurs $d(P^1 \otimes P^2)$ p.s. autoadjointes $\geqslant 0$ et de plus $\|P_t\| \leqslant C_2$ $d(P^1 \otimes P^2)$ p.s et en particulier :

(2.113) $$\|P_{T-\alpha}\| \leqslant C_2 \quad d(P^1 \otimes P^2) \quad \text{p.s.}$$

On en déduit que dP^1 p.s., P est à valeurs auto-adjointes et positives, et que : (2.114) $\|P_{T-\alpha}\| \leqslant C_2\ dP^1$ p.s.

On peut donc itérer l'opération, et en un nombre fini d'étapes atteindre 0 .

Si P est une autre solution de (2.74), on vérifie que $(x,-Px)$ est encore solution du système (2.13), et donc que le processus P_t coïncide avec le processus défini à la Proposition II.3.

Il y a donc bien unicité.

Enfin P_t est à valeurs auto-adjointes positives.

En effet pour tout t on a :

$$(2.115) \qquad P_t = P_t^*.$$

Comme P_t et P_t^* sont continus à droite on a bien p.s. $P_t = P_t^*$.

De plus pour tout t, pour tout $h \in Q^n$, on a :

$$(2.116) \qquad \langle P_t h, h \rangle \geqslant 0.$$

Comme P_t est continu à droite, on a, p.s., pour tout t et tout $h \in Q^n$

$$\langle P_t h, h \rangle \geqslant 0.$$

P_t est bien à trajectoires positives □.

<u>Remarque</u> II.1: Si P' est une solution cadlag bornée à valeurs auto-adjointes positives, elle coïncide nécessairement avec P, puisqu'alors $(N + D^*PD)^{-1}$ reste uniformément borné. □

b) <u>Un cas "simple" : Applications.</u>

$\Omega^1, F^1, P^1, F_t^1$ gardent la même signification que précédemment.

A,B,C,D,M,N,M_1 sont encore définis sur Ω_1.

(Ω^2, F^2, P^2) est un espace de probabilité complet, muni d'une filtration complète $\{F_t^2\}$ et continue à droite.

$w = (w_1 \dots w_m)$ est une martingale de carré intégrable m-dimensionnelle définie sur (Ω^2, F^2, P^2) , telle que :

(2.117) $$d < w_i, w_j > = \delta_{ij} dt.$$

(Ω, F, P) est l'espace $(\Omega^1 \times \Omega^2, F^1 \otimes F^2, P^1 \otimes P^2)$ muni de la filtration $(F_t^1 \otimes F_t^2)^{*+}$.

(x_o, f, g) est un élément de $L_2^o \times L_{21} \times (L_{22})^m$ (relativement à (Ω, F, P)).

On pose alors le problème de contrôle sur (Ω, F, P).

P_t désigne la solution unique de l'équation donnée par le Théorème II.6.

On a alors simplement :

THEOREME II.7. L'équation

(2.118)
$$\begin{aligned} dr = & \{(PC + B^*PD)(N + D^*PD)^{-1}C^* - A^*\}r dt \\ & + (PC + B^*PD)(N + D^*PD)^{-1}D^* - B^*\}(Pg + h) \\ & - Pf\}dt + h dw + dM' \\ & r_{T=0} \end{aligned}$$

avec $(r_o, h, M') \in L_2^o \times (L_{22})^m \times W^{\perp}$ a une solution unique.

Preuve : Tous les coefficients sont bornés. On procède alors comme au Théorème II.2 □.

On a enfin le résultat fondamental

THEOREME II.8. Le contrôle :

(2.119) $$u = -(N + D^*P^-D)((C^*P^- + D^*P^-B)x^- + C^*r^- + D^*(P\bar{g} + h))$$

est optimal.

Preuve : Il suffit en effet de vérifier que $(x, -Px - r)$ est solution du système (2.13).

On <u>n'a pas</u> ici $i \neq j$, $d[w_i, w_j] = 0$ et une vérification directe s'impose donc.

On montre comme au Théorème II.6 que $\mathcal{M}_t$ est une martingale bornée sur Ω.

Par rapport aux calculs effectués dans (2.55), la seule difficulté va être de montrer que la projection de $\int_0^t P(Bx^- + Du)dw_i$ sur $\overline{L}^P_{w_j}$ est égale à 0 si $i \neq j$ et à $\int_0^t P^-(Bx^- + Du)dw_i$ si $i = j$.

Pour cela il suffit de montrer qu'on a l'égalité :

$$(2.120) \qquad \int_0^t P(Bx^- + Du)dw_i = \int_0^t P^-(Bx^- + Du)dw_i$$

i.e. que l'intégrale est en fait une intégrale prévisible. Pour montrer (2.120), il suffit de montrer que P et w_i n'ont pas de sauts communs, ou encore que $\mathcal{M}$ et w_i n'ont pas de sauts communs.

Or considérons l'espace (Ω, F, P) muni de la filtration $(F^1 \otimes F^2_t)^{*+}$ w_i est alors une martingale quasi continue à gauche, et $\mathcal{M}$ est un processus cadlag prévisible. $(w_i \neq w_i^-)$ est un ensemble mince réunion dénombrable de graphes de temps d'arrêts totalement inaccessibles, et $(\mathcal{M} \neq \mathcal{M}^-)$ est un ensemble mince réunion dénombrable de temps d'arrêts prévisibles. Donc $(\mathcal{M} \neq \mathcal{M}^-) \cap (w_i \neq w_i^-)$ est évanescent.

On a donc bien (2.120).

Les calculs qui ne sont maintenant plus formels se poursuivent comme aux Théorème II.4 et II.6. □.

<u>Remarque</u> II.2 L'utilisation du mouvement brownien, au Théorème II.6, nous a permis de généraliser les résultats à une classe beaucoup plus large de problèmes. □

c) <u>Un cas "difficile" : le cas des martingales à sauts.</u>

Nous allons maintenant résoudre l'équation du Théorème II.4 dans un cas plus général que le cas précédent.

$\Omega^1, F^1_t, P^1, A, B, C, D, M, N, M_1$ gardent leur définition précédente.

m_1 désigne un entier $\leqslant m$.

$(w_1, \dots w_{m_1})$ est une famille de martingales de carré intégrable <u>sommes compensées de sauts</u> telles que :

a) (2.121) $d < w_i, w_i > = dt$.

b) (2.122) Si $i \neq j$ $d[w_i, w_j] = 0$.

c) (2.123) Il existe $\varepsilon > 0$ tel que pour tout i, les sauts de w_i sont en module $> \varepsilon$.

Dans la suite l'opérateur p_i est l'opérateur J associée à $M = w_i$ $N = w_i$, $J = \bar{P}$, pour $i = 1 \dots m_1$ et désigne l'identité pour $i = m_1 + 1 \dots m$ (on justifiera cette convention ultérieurement).

On va alors considérer l'équation (2.49) en modifiant - en apparence - les conventions sur les points suivants

$$\cdot\ \mathcal{H} = (\mathcal{H}_1 \dots \mathcal{H}_{m_1}) \in (L_{22})^{m_1}$$

$$(2.124) \qquad \cdot\ B^* \mathcal{H} = \sum_1^{m_1} B_i^* \mathcal{H}_i$$

$$\cdot\ \int_0^t \mathcal{H} dw = \sum_1^{m_1} \int_0^t \mathcal{H}_i dw_i$$

W_{m_1} désigne ici l'espace stable engendré par les w_i $(i=1 \dots m_1)$, $W_{m_1}^{\perp}$ son orthogonal (pour Ω^1).

La martingale formelle $\int_0^t \mathcal{H} . dw + \mathcal{M}_t$ peut se décomposer en $\mathcal{N}_t^c + \mathcal{N}_t^d$, où $\mathcal{N}^c$ est sa partie continue, et $\mathcal{N}^d$ sa partie totalement discontinue. $\mathcal{N}^d$ et P ont les mêmes sauts. Donc $\mathcal{N}^d$ est la somme compensée des sauts de P. De plus comme les w_i sont totalement discontinues, la projection de $\mathcal{N}^c$ sur W_{m_1} est nulle. On en déduit que $\int_0^t \mathcal{H} dw$ est la projection de $\mathcal{P}^d$ sur W_{m_1}.

De plus $\mathcal{P}_t^d$ peut se décomposer en $\sum_1^{m_1} \mathcal{P}_t^{d_i} + \mathcal{P}_t'$ où $\mathcal{P}_t^{d_i}$ est une somme compensée de sauts inclus dans des sauts de w_i et où $\mathcal{P}_t'$ n'a aucun saut commun avec les w_i : en effet les w_i ont des sauts différents, puisque si $i \neq j$, $d[w_i, w_j] = 0$

Donc $\mathcal{P}_t^{d_i}$ est la somme compensée des sauts de P communs avec w_i. Or par définition de l'intégrale optionnelle, on a :

$$\mathcal{P}_t^{d_i} = \int_0^t \frac{\Delta P}{\Delta w_i} dw_i \tag{2.125}$$

ou $\frac{\Delta P}{\Delta w_i}$ est le processus optionnel égal :

- à $\frac{\Delta P}{\Delta w_i}$ si $|\Delta w_i| > 0$
- à 0 si $\Delta w_i = 0$.

Comme les w_i n'ont pas de sauts communs, par le Théorème I.8, la projection de $\mathcal{P}^{d_i}$ sur W_{m_1} est égale à $\int_0^t {}^{p_i}(\frac{\Delta P}{\Delta w_i}) dw_i$ On en déduit que formellement :

$$\mathcal{H}_i = {}^{p_i}(\frac{\Delta P}{\Delta w_i}) \tag{2.126}$$

Pour résoudre l'équation (2.49), il suffit donc de résoudre l'équation :

$$dP + \{PA + A^*P + B^{*p}PB + B^{*p}\frac{\Delta P}{\Delta w} + {}^{p}\frac{\Delta P}{\Delta w_i}B - (B^{*p}PD + PC + {}^{p}\frac{\Delta P}{\Delta w}D) \tag{2.127}$$

$$(N + D^{*p}PD)^{-1}(D^{*p}PB + C^*P + D^{*p}\frac{\Delta P}{\Delta w}) + M^*M\}dt - d\mathcal{M}' = 0$$

$$P_T = M_1^* M_1$$

avec les conventions :

- $\mathcal{M}'$ est une martingale bornée.

$$B^{*P}PB = \sum_1^m B_i^{*P_i} PB_i$$

$$B^{*P} \frac{\Delta P}{\Delta w} = \sum_1^{m_1} B_i^{*P_i} \frac{\Delta P}{\Delta w_i}$$

$$B^{*P}PD = \sum_1^m B_i^{*P_i} PD_i$$

$$(2.128) \qquad {}^P\frac{\Delta P}{\Delta w} D = \sum_1^{m_1} {}^{P_i}\frac{\Delta P}{\Delta w_i} D_i$$

$$D^{*P}PD = \sum_1^m D_i^{*P}PD_i$$

et les conventions correspondantes pour les autres termes.

On a alors :

<u>THEOREME</u> II.9. L'équation (2.127) a une solution unique dans l'espace des processus bornés adaptés cadlag à valeurs dans $V \otimes V, \tilde{P}$, tels que :

$$(2.129) \qquad \sup \text{ess} \, \| (N + D^{*P}\tilde{P}D)^{-1} \| < +\infty$$

$\mathcal{M}'$ est alors une martingale bornée d'opérateurs auto-adjoints, et P à valeurs autoadjointes et positives.

<u>Preuve</u> : (2.127) peut s'écrire :

$$(2.130) \qquad dP = \varphi_t(P, {}^P P)dt + d\mathcal{M}'$$

Reprenons alors les notations du Théorème II.6.

Si $P \in K^{\alpha}_{\mathcal{P}}$, où $\mathcal{P}$ est auto-adjoint et positif , et tel que $\|\mathcal{P}\| \leq C$ on a :

(2.131) $\qquad \| P_t - {}^1\mathcal{P} \| \leqslant R$

On en déduit :

(2.132) $\qquad \| {}^pP - {}^{p1}\mathcal{P} \| \leqslant {}^p\| P - {}^1\mathcal{P} \| \leqslant R$

et donc comme ${}^{p\,1}\mathcal{P}$ est $dP \otimes dt$ p.s. auto-adjoint et positif, on a, par(2.79):

(2.133) $\qquad \| (N + D^{*p}PD)^{-1} \| \leqslant \frac{2}{\lambda}$

De même on a pour $P \in K^{\alpha}_{\mathcal{P}}$:

(2.134) $\qquad \| {}^p\frac{\Delta P}{\Delta w} \| \leqslant \frac{2(C+R)}{\varepsilon}$.

On en déduit que si $P \in K^{\alpha}_{\mathcal{P}}$, on a (2.91). On aura également la relation (2.92). De plus par la définition de φ_t on a, pour P et $P' \in K^{\alpha}_{\mathcal{P}}$.

(2.135) $\qquad \| \varphi_t(P, {}^pP) - \varphi_t(P', {}^pP') \| \leqslant k(\| P_t - P'_t \| + \sum_1^{m_1} {}^{p_i} \| P_t - P'_t \|)$

On définit alors G comme en (2.96) et on vérifie que G applique $K^{\alpha}_{\mathcal{P}}$ dans lui-même. On a alors :

(2.136) $\qquad \| G(\tilde{P}) - G(\tilde{P}'))_t \| \leqslant k \int_t^{1\,T} (\| \tilde{P} - \tilde{P}' \| + {}^p \| \tilde{P} - \tilde{P}' \|) ds$

Mais par définition $\int_{T-\alpha}^t {}^{p_i} \| \tilde{P} - \tilde{P}' \| ds$ est le compensateur prévisible de $\int_{T-\alpha}^t \| P - P' \| d[w_i, w_i]$

Donc on a :

(2.137) $\qquad \| (G(\check{P}) - G(\tilde{P}'))_t \| \leqslant k^1 \int_t^T \| \check{P} - \tilde{P}' \| (ds + \sum_1^{m_1} d[w_i, w_i])$

De (2.137), on tire :

$$(2.138) \qquad \|(G(\tilde{P}) - G(\tilde{P}'))_t\| \leqslant k\, d(\tilde{P},\tilde{P}')^1 \int_t^T (ds + d[w,w])$$

ou encore :

$$(2.138)' \qquad \|(G(\tilde{P}) - G(\tilde{P}'))_t\| \leqslant k(m_1+1)(T-t)d(\tilde{P},\tilde{P}')$$

En itérant , de (2.137), (2.138)', on tire :

$$(2.139) \qquad \|(G^{(2)}(\tilde{P}) - G^{(2)}(\tilde{P}'))_t\| \leqslant \frac{(k\,(m_1+1)(T-t))^2}{2!}\, d(\tilde{P},\tilde{P}')$$

Plus généralement on montre :

$$(2.140) \qquad \|(G^{(n)}(\tilde{P}) - G^{(n)}(\tilde{P}'))_t\| \leqslant \frac{(k(m_1+1)(T-t))^n}{n!}\, d(\tilde{P},\tilde{P}')$$

et donc :

$$(2.141) \qquad d(G^{(n)}(\tilde{P}),G^{(n)}(\tilde{P}')) \leqslant \frac{(k(m_1+1)\alpha)^n}{n!}\, d(\tilde{P},\tilde{P}').$$

On raisonne alors comme au Théorème II.6 pour trouver une solution unique dans $K^{\alpha}_{\mathcal{F}}$ de (2.127).

On définit alors $(\Omega^2, F^2, F^2_t, P^2)$, qui est l'espace canonique du mouvement brownien $m-m_1$ dimensionnel.

On vérifie alors comme en (2.108), (2.109), (2.110) que l'opérateur P est précisément l'opérateur associé au problème de contrôle sur Ω, avec naturellement $w = (w_1, \ldots w_{m_1}, \ldots w_m)$.

P est donc à valeurs définies positives et $\|P_{T-\alpha}\| \leqslant C_2$.

On peut alors itérer l'opération un nombre fini de fois, et démontrer ainsi l'existence et l'unicité des solutions de (2.127) □.

d) <u>Un cas difficile : applications.</u>

$\Omega^1, P^1, F^1, F^1_t$ gardent la même signification que précédemment. A,B,C,D,M,N, M_1 sont encore définis sur Ω_1 , ainsi que $(w_1 \ldots w_{m_1})$ qui ont les mêmes propriétés qu'en c).

(Ω^2, F^2, P^2) est un espace de probabilité complet, muni d'une suite croissante complète et continue à droite de sous-tribus F_t^2 .

$(w_{m_1+1}, \dots w_m)$ est une famille de martingales de carré intégrable sur (Ω^2, F^2, P^2), telles que :

$$d < w_i, w_j > = \delta_{ij} dt \qquad i,j = m_1+1, \dots m. \tag{2.142}$$

On pose :

$$\Omega = \Omega^1 \times \Omega^2$$

$$F = (F^1 \otimes F^2)^*$$

$$F_t = (F_t^1 \otimes F_t^2)^{*+}$$

(x_o, f, g) est un élément de $L_2^o \times L_{21} \times (L_{22})^m$ (relativement à Ω).

P désigne la solution unique de l'équation (2.127) sur (Ω^1, F^1, P^1).

On a alors :

THEOREME II.10. L'équation (2.65) avec les conventions du Théoréme II.9 et les conventions supplémentaires :

$$i = 1 \dots m_1 \qquad \mathcal{H}_i = p_i (1_{|\Delta w_i| > o} \frac{\Delta P}{\Delta w_i})$$

$$i = m_1 + 1 \dots m \qquad \mathcal{H}_i = 0$$

avec $(r_o, h, M') \in L_2^o \times (L_{22})^m \times W^{\perp}$

a une solution unique .

Preuve : On raisonne comme pour le Théorème II.7. □

On a enfin :

THEOREME II.11. Le contrôle optimal u est donné par la formule (2.73), avec les conventions du Théorème II.10.

Preuve : Il suffit de vérifier que $(x, -(Px+r))$ sont les états primal et dual du problème, quand u est donné par (2.73).

Comme on n'a pas nécessairement

$$(2.143) \qquad d[w_i, w_j] = 0 \quad \text{pour } i > m_1,\ j > m_1,\quad i \neq j$$

on n'est pas sous les conditions du Théorème II.4.

On va cependant vérifier que formellement tout se passe comme au Théorème II.4. Il suffit pour cela de calculer la projection sur W de $N_t^i = \int_0^t P(B_i x^- + D_i u)dw_i$

Les $\underline{w}_i$ sont mutuellement orthogonales. On peut donc projeter successivement sur chaque $\underline{L}^P_{w_j}$.

. Si $i \leqslant m_1$, $j \leqslant m_1$, comme $d[w_i, w_j] = 0$, , la projection de N^i sur $\underline{L}^{\bar{P}}_{w_j}$ est nulle, si $j \neq i$ et égale à $\int_0^t {}^{P_i}P(B_i x^- + D_i u)dw_i$ si $j = i$,

. Si $i \leqslant m_1$, $j > m_1$, on vérifie comme au Théorème II.8 que $d[w_i, w_j] = 0$, et donc que la projection de N^i sur $\underline{L}_{w_j}$ est nulle.

. Comme P et $w_i (i > m_1)$ ne peuvent avoir de sauts communs, on a pour $i > m_1$

$$(2.144) \qquad \int_0^t P(B_i x^- + D_i u)dw_i = \int_0^t P^-(B_i x^- + D_i u)dw$$

L'intégrale est donc dans ce dernier cas une intégrale prévisible.

Comme au Théorème II.8, on est donc formellement ramené aux conditions du Théorème II.4. □.

e) Extensions.

Le lecteur aura remarqué que la difficulté essentielle pour la résolution de l'équation (2.49) provient du terme $\mathcal{H}$, qui y intervient de manière quadratique. Pour résoudre (2.49) on a traité le cas où $\mathcal{H} = 0$ et le cas où $\mathcal{H}$ est une fonction linéaire continue de P.

Nous allons traiter rapidement le cas où seule une fonction linéaire de $\mathcal{H}$ apparaît dans (2.49).

On reprend les hypothèses de II.6.a).

Soit m_1 un entier tel que $0 \leqslant m_1 \leqslant m$.

$w = (w_1, \dots, w_{m_1})$ est une martingale de carré intégrable définie sur Ω_1, telle que

- (2.145) $d < w_i, w_j > = \partial_{ij} dt.$
- (2.146) si $i \neq j$ $d[w_i, w_j] = 0$

Pour $i \leqslant m_1$, p_i est l'opérateur J associé à $M = w_i$, $N = w_i$, $J = \overline{P}$. Pour $i > m_1$, p_i est l'opérateur identité.

On suppose de plus

(2.147) si $i \leqslant m_1$, $D_i = 0$

THEOREME II.12. L'équation :

$$(2.148) \quad dP + \{PA + A^*P + B^{*p}PB + B^*\mathcal{H} + \mathcal{H}B - (B^{*p}PD + PC)(N + D^{*p}PD)^{-1}$$
$$(D^{*p}PB + C^*P) + M^*M\}dt - \mathcal{H}dw - d\mathcal{M} = 0$$
$$P_T = M_1^* M_1.$$

où $\mathcal{M} \in W^{\perp}$ et où $\int_0^t \mathcal{H}\, dw + \mathcal{M}_t$ est une martingale appartenant à BMO a une solution unique dans l'espace des processus adaptés bornés cadlag à valeurs dans $V \otimes V$ tels que :

$$(2.149) \quad \sup_{(\omega,t)} \text{ess} \, \|(N + D^{*p}PD)^{-1}\| < +\infty$$

P est alors à valeurs autoadjointes définies positives.

Preuve : Nous donnons une démonstration rapide, basée essentiellement sur un théorème de point fixe dans ... BMO.

Soit α tel que $0 < \alpha \leq 1$. Soit K'^{α} l'ensemble des classes de processus prévisibles tels que :

$$(2.150) \qquad \|\mathcal{H}\|_{\alpha} = \text{sup ess}\Big(\sup_{T-\alpha \leq t \leq T} {}^{1}\!\int_t^T |\mathcal{H}|^2 dt\Big)^{1/2} < +\infty$$

On munit K'^{α} de la norme (2.150). K'^{α} est alors un espace de Banach.

On choisit alors $\mathcal{P}$ comme dans la preuve du Théorème II.6. $K^{\alpha}_{\mathcal{P}}$ garde le même sens qu'au Théorème II.6, et est munit de la métrique d .

R est défini par (2.77).

(2.148) s'écrit :

$$(2.151) \qquad \begin{cases} dP = \varphi_t(P_t, {}^{p}P_t, \mathcal{H}_t)dt + \mathcal{H}\,dw + d\mathcal{M}. \\ P_T = M_1^* M_1. \end{cases}$$

Il existe $M(\mathcal{P})$ et k tel que si $P \in K^{\alpha}_{\mathcal{P}}$, on a :

$$(2.152) \qquad |\varphi_t(P, {}^{p}P, \mathcal{H})| \leq M(\mathcal{P}) + k|\mathcal{H}|.$$

Si C est une constante > 0, on a de plus :

$$(2.153) \qquad \sup_{\|\mathcal{P}\| \leq C} M(\mathcal{P}) < M < +\infty .$$

De même si $\|\mathcal{P}\| \leq C$, si P et $P' \in K^{\alpha}_{\mathcal{P}}$, on a :

$$(2.154) \qquad |\varphi_t(P, {}^{p}P, \mathcal{H}) - \varphi_t(P', {}^{p}P', \mathcal{H}')| \leq k'(|P-P'| + {}^{p}|P-P'| + |\mathcal{H} - \mathcal{H}'|).$$

Si $\|\mathcal{P}\| \leq C$, soit G'_1 l'application qui à $(\tilde{P}, \tilde{\mathcal{H}}) \in K^{\alpha}_{\mathcal{P}} \times K'^{\alpha}$ associe le processus $\tilde{Q}_t$ par :

$$(2.155) \qquad \tilde{Q}_t = {}^{1}\Big(\mathcal{P} - \int_t^T \varphi(\tilde{P}, {}^{p}\tilde{P}, \tilde{\mathcal{H}})ds\Big) \qquad T-\alpha \leq t \leq T$$

$\tilde{Q}$ est alors un processus cadlag. De plus, par l'inégalité de Cauchy-Schwarz, on a :

$$(2.156) \qquad \|\tilde{Q} - {}^{1}\mathcal{P}_t\| \leq {}^{1}\!\int_t^T |\varphi(P, {}^{p}P, \mathcal{H})|ds \leq M(T-t) + k(T-t)^{1/2}\|\tilde{\mathcal{H}}\|_{\alpha}$$

Par [7], p 334, ${}^{1}\mathcal{P}$ appartient à BMO, et de plus

(2.157) $\| \mathcal{P} \|_{BMO} \leqslant \sqrt{5}\ C$

Par [7], p 334, $M_t = \tilde{Q}_t - \int_{T-\alpha}^{t} \varphi(\tilde{P}, {}^{p}\tilde{P}, \mathcal{K})ds$ est un élément de BMO, et de plus :

(2.158) $\| M \|_{BMO} \leqslant \sqrt{5}\ C + 2\sqrt{3}(M\alpha + k\sqrt{\alpha}\ \| \tilde{\mathcal{K}} \|_{\alpha})$

Il suffit en effet d'exprimer $\int_t^T \varphi(\tilde{P}, {}^{p}\tilde{P}, \tilde{\mathcal{K}})ds$ comme différence de deux potentiels gauches, et d'utiliser la majoration (2.156).

On décompose alors M suivant $L_2^{T-\alpha}$, W et $W^{\perp}$:

(2.159) $M_t = M_{T-\alpha} + \int_{T-\alpha}^{t} \tilde{K} dw + \mathcal{M}_t.$

Par la définition de BMO, on déduit de (2.158) que comme $\mathcal{M} \in W^{\perp}$, on a

(2.160) $\| \tilde{K} \|_{\alpha} \leqslant \| M \|_{BMO}$

ou encore :

(2.161) $\| \tilde{K} \|_{\alpha} \leqslant \sqrt{5}\ C + 2\sqrt{3}(M\alpha + k\sqrt{\alpha}\ \| \tilde{\mathcal{K}} \|_{\alpha}).$

Si $(\tilde{P}', \tilde{\mathcal{K}}') \in K_{\mathcal{S}}^{\alpha} \times K'^{\alpha}$, et si $\tilde{Q}'$ et $\tilde{K}'$ sont les processus construits comme précédemment à partir de $(\tilde{P}', \tilde{\mathcal{K}}')$, on a :

(2.162) $\| \tilde{Q} - \tilde{Q}' \|_t \leqslant k''(\ \alpha d(\tilde{P}, \tilde{P}') + \sqrt{\alpha}\ \| \tilde{\mathcal{K}} - \tilde{\mathcal{K}}' \|_{\alpha})$

(2.163) $\| \tilde{K} - \tilde{K}' \|_{\alpha} \leqslant 2\sqrt{3}\ k''(\ \alpha d(\tilde{P}, \tilde{P}') + \sqrt{\alpha}\ \| \tilde{\mathcal{K}} - \tilde{\mathcal{K}}' \|_{\alpha}).$

On pose

(2.164) $M' = 2(\sqrt{5}\ C + 2\sqrt{3}\, M).$

On peut choisir $\alpha \leqslant 1$ et > 0 assez petit pour que :

$$2\sqrt{3}\ k\sqrt{\alpha} \leqslant \frac{1}{2}$$

(2.165) $$2\sqrt{3}\ k''(2\alpha + 2\sqrt{\alpha}) \leqslant \frac{1}{2}.$$

$$M\alpha + k\sqrt{\alpha}\, M' \leqslant R.$$

Soit $B'^{\alpha}_{M'}$ la boule fermée de rayon M' et de centre 0 dans K'^{α}.

Alors grâce à (2.156) (2.160)-(2.165), on vérifie que l'application

$$(2.166) \qquad (\tilde{P},\tilde{\mathcal{K}}) \longrightarrow (\tilde{Q},\tilde{K})$$

applique $K^{\alpha}_{\mathcal{P}} \times B'^{\alpha}_{M'}$ dans $K^{\alpha}_{\mathcal{P}} \times B'^{\alpha}_{M'}$, et que c'est une contraction. Elle a donc un point fixe. On a donc résolu localement (2.148) (on vérifie incidement que l'itération (2.103) est en fait inutile).

Soit $(w_{m_1+1},\ldots,w_m)$ un mouvement brownien "indépendant" de Ω^1 construit comme au Théorème II.6. On considère alors le problème de contrôle sur un espace de probabilité produit sur l'intervalle $[T-\alpha,T]$. Soit C_1 la constante définie à la proposition II.4.

On prend alors $C=C_1$. Dans ces conditions, il reste à vérifier que sur $[T-\alpha,T]$, $(x,-Px)$ est solution du système (2.13) avec f et g nuls. P résoud formellement l'équation (2.49). Il faut donc vérifier que u donné formellement par (2.73) et H donnée formellement par (2.57) sont dans L^U_{22} et $(L_{22})^m$.

Soit $x_{T-\alpha} \in L^2_{T-\alpha}$. On étudie le problème de contrôle relativement à $x_{T-\alpha}$.

. Or comme $D_1=D_2=\ldots D_{m_1}=0$, le contrôle optimal formel u est donné par (2.73) :

$$(2.167) \qquad u=-(N+D^{*p}PD)^{-1}(D^{*p}PB+C^*P^-)x^-.$$

Comme P est borné, grâce au Théorème I.1 on vérifie que $u\in L^U_{22}$.

Par (2.57), on a :

$$(2.168) \qquad H_i=-(\mathcal{K}_i x^- + {}^{p_i}P(B_i x^- + D_i u)).$$

Comme x^- est localement borné, on vérifie immédiatement que $H\in (L_{22})^m_{loc}$. De même $\int_{T-\alpha}^t d\mathcal{M}\, x^-$ est dans $W^{\perp}_{loc}$. De (2.55), on déduit que M est dans $W^{\perp}_{loc}$, puisque P est un processus borné. Or comme $p=-Px$, $p\in C^T_2$. Enfin p est solution de l'équation (2.4), sans toutefois qu'on sache a priori si $(H,M)\in (L_{22})^m\times W^{\perp}$. Or par le Théorème I.3, on sait que cette dernière condition est vérifiée. Le processus P est donc bien le processus défini à la Proposition II.3 sur l'intervalle $[T-\alpha,T]$.

Par la Proposition II.4, $P_{T-\alpha}$ est autoadjoint ≥ 0 et $\|P_{T-\alpha}\| \leq C_1$.

On peut donc itérer l'opération et atteindre 0 en un nombre fini d'étapes. L'unicité de la solution de (2.148) se démontre comme pour le Théorème II.6. □

Pour résoudre un problème de contrôle général à partir du Théorème II.12, on procède comme précedemment. Donnons-nous en effet un deuxième espace probabilisé filtré Ω^2, sur lequel est définie une martingale de carré intégrable $(w_{m_1+1},\ldots,w_m)$ telle que

(2.169) $d\langle w_i, w_j\rangle = \delta_{ij}dt$

On se place alors sur l'espace produit $\Omega^1\times\Omega^2$. On peut alors résoudre le problème de contrôle en utilisant P quand f et g sont nuls.

Si f et g sont non nuls, supposons les bornés. L'équation (2.65) a une solution unique par le Théorème I.2. Par (2.68), on vérifie alors que $H\in(L_{22})^m_{loc}$. On vérifiera de même que $M\in W^{\perp}_{loc}$. Comme $p = -(Px + r)$ est dans C_2^T, en réutilisant le Théorème I.3, on voit que $(H,M)\in(L_{22})^m \times W^{\perp}$. Le problème de contrôle est bien résolu.

CHAPITRE III

LE CONTROLE LINEAIRE QUADRATIQUE : LE CAS GENERAL

Nous allons examiner le cas où dans l'équation linéaire qui est contrôlée apparaissent des intégrales optionnelles, et où le contrôle n'est plus nécessairement prévisible. Les résultats donnés ici englobent presque tous les résultats de la section II.

On reprend les hypothèses du chapitre I.1 et on fait l'hypothèse supplémentaire :

(3.1) $\qquad$ si $i \neq j$, $d[w_i, w_j] = 0$.

1- Une équation différentielle stochastique optionnelle.

V est un espace vectoriel de dimension finie.

$A, (B_i)_{i=1\ldots m}$ sont une famille de processus optionnels bornés à valeurs dans $V \otimes V$.

Pour $x_0 \in L^0_2$, $u \in L_{21}$, $v = (v_1 \ldots v_m) \in L_{22}^{[w_1,w_1]} \times \ldots \times L_{22}^{[w_m,w_m]}$ et $M \in \underline{L}$, on considère l'équation :

$$(3.2) \qquad \begin{cases} dx = (Ax+u)dt + (Bx^- + v)dw + dM \\ x(0) = x_0 \end{cases}$$

i.e x doit vérifier :

$$(3.3) \qquad x_t = x_0 + \int_0^t (Ax+u)dt + \sum_{i=1}^m \int_0^t (B_i x^- + v)dw_i + M_t.$$

Notons qu'ici les intégrales stochastiques dans (3. 3) sont <u>optionnelles</u>.

On a alors :

<u>THEOREME</u> III.1. L'équation (3.2) a une solution unique à trajectoires cadlag. De plus l'application $(x_0, u, v, M) \longrightarrow x$ est linéaire continue de

$L_2^o \times L_{21} \times L_{22}^{[w_1,w_1]} \dots \times L_{22}^{[w_m,w_m]} \times \underline{L}$ dans C_T^2. La norme de cette application reste uniformément bornée quand A,B,T restent uniformément bornés.

Preuve : On raisonne comme pour le Théorème I.1.

Les majorations (1.11) et (1.13) sont conservés.

La majoration (1.12) devient :

$$(3.4) \qquad E\big(\sup_{0\leq t\leq T} \big|\int_0^t (Bx^- + v).dw\big|^2\big) \leq 4E\int_0^T |Bx^- + v|^2 d[w,w]$$

$$\leq k''\big(E\int_0^T |x^-|^2 ds + E\int_0^T |v|^2 d[w,w]\big)$$

On peut alors continuer le raisonnement comme au Théorème I.1. □.

2- Calcul stochastique élémentaire

On va montrer l'analogue de la Proposition I.1.

Remarquons que les w_i sont quasi-continues à gauche puisque

$$(3.5) \qquad d < w_i, w_i > = dt.$$

On pose alors la définition suivante :

DEFINITION III.1. $\overset{o}{W}$ est l'espace des martingales M de carré intégrable arrêtées en T qui s'écrivent :

$$(3.6) \qquad M_t = \int_0^t H_1 dw_1 + \dots \int_0^t H_m . dw_m$$

avec $(H_1 \dots H_m) \in L_{22}^{[w_1,w_1]} \times \dots L_{22}^{[w_m,w_m]}$.

Comme les w_i sont quasi continues à gauche, et comme $d[w_i,w_j] = 0$ si $i \neq j$, on a par [7], p 275:

$$(3.7) \qquad E|M_T|^2 = E\int_0^T |H|^2 d[w,w].$$

On en déduit immédiatement que $\overset{\circ}{W}$ est fermé et stable au sens de [7], p 262.

Soit $\overset{\circ}{W}^{\perp}$ son orthogonal - faible ou fort - au sens de [7] p 261 dans $\underline{L}$.

On a immédiatement :

<u>PROPOSITION</u> III.1. Pour que $M \in \overset{\circ}{W}^{\perp}$, il faut et il suffit que :

$$[M,w_1] = [M,w_2] = \dots = [M,w_m] = 0. \tag{3.8}$$

<u>Preuve</u> : Pour que $M \in \overset{\circ}{W}^{\perp}$, il faut et il suffit que pour tout $(H_1 \dots H_m) \in L_{22}^{[w_1,w_1]} \dots \times L_{22}^{[w_m,w_m]}$, $[M,H.w]$ soit une martingale. On en déduit que pour tout $i = 1 \dots m$, $\langle M,w_i \rangle = 0$.

De plus $\int_0^t Hd[M,w]$ est une martingale. Si $\Delta M \Delta w_i$ n'est pas le processus nul sur $[0,T]$, soit S un temps d'arrêt tel que $P(S \leqslant T) > 0$ et que $(\Delta M \Delta w_i)_S \neq 0$.

On pose $T' = S \wedge T$. Soit H_i le processus optionnel $1_{t=T'} \operatorname{Sgn}(\Delta M \Delta w_i)_{T'}$. On a :

$$\int_0^T H_i d[M,w_i] = (\Delta M \Delta w_i)^2_{T'}, \tag{3.9}$$

et donc $\int_0^T H_i d[M,w_i] \geqslant 0$ et est non nul. Il y a contradiction. □

Soit $(x_o,\dot{x},H,M)$ et $(p_o,\dot{p},H',M')$ deux éléments de $L_2^o \times L_{21} \times L_{22}^{[w_1,w_1]} \times \dots L_{22}^{[w_m,w_m]} \times \overset{\circ}{W}^{\perp}$.

On pose :

$$\left\{\begin{aligned} x_t &= x_o + \int_0^t \dot{x} ds + \int_0^t H\, dw + M_t \\ p_t &= p_o + \int_0^t \dot{p} ds + \int_0^t H' dw + M'_t . \end{aligned}\right. \tag{3.10}$$

On a alors l'équivalent de la Proposition I.1.

PROPOSITION III.2. Le processus N_T défini par

$$(3.11) \qquad N_t = \langle p_t, x_t \rangle - \langle p_o, x_o \rangle - \int_o^t (\langle \dot{p}, x_s \rangle + \langle p, \dot{x} \rangle) ds$$

$$- \int_o^t HH' d[w,w] - \langle M_t, M_t' \rangle$$

est une martingale uniformément intégrable nulle en 0.

Preuve : Les formules (1.24) et (1.25) restent vraies.

De plus comme les w_i sont quasi continues à gauche, on a par [7], p 276 :

$$(3.12) \qquad [H_i^k . w_i , H_j'^k . w_j] = \int_o^t H_i^k H_j'^k d[w_i, w_j]$$

La proposition en résulte. □.

3- Equations adjointes.

Soit $\overset{o}{\Phi}$ l'application linéaire qui à $(x_o, v, M) \in L_2^o \times L_{22}^{[w_1,w_1]} \times \ldots \times L_{22}^{[w_m,w_m]} \times \overset{o\perp}{W}$ associe $x_T \in L_2^T$ où x est donné par le système (3.2), avec $u = 0$

p_i désigne l'opérateur d'espérance conditionnelle pour la mesure $d[w_i, w_i]$ par rapport à la tribu prévisible $\bar{P}$.

Soit $\overset{o}{\Psi}$ l'application linéaire qui à $(p_o, v', M') \in L_2^o \times L_{22}^{[w_1,w_1]} \ldots \times L_{22}^{[w_m,w_m]} \times \overset{o\perp}{W}$ associe $p_T \in L_2^T$ où $p \in C_2^T$ est donné par :

$$(3.13) \qquad \begin{cases} dp = -(A^* p + {}^pB^* v') dt + v' . dw + dM' . \\ p(0) = p_o . \end{cases}$$

(Rappelons que

$$(3.14) \qquad {}^pB^* v' = \sum_{i=1}^m {}^{p_i}B_i^* v_i').$$

On a alors l'équivalent du Théorème I.2.

THEOREME III.2. $\overset{\circ}{\Phi}$ et $\overset{\circ}{\Psi}$ sont deux opérateurs continus inversibles d'inverses continus et de plus :

(3.15) $$\overset{\circ}{\Psi} = (\overset{\circ}{\Phi}{}^{*})^{-1}$$

Preuve : Appliquons la Proposition III.2 à x_t et p_t.

On a :

(3.16) $$E < p_T,x_T > = E < p_o,x_o > + E\int_o^T (< p,Ax > - < A^* p + {}^pB^* v',x^- >)dt$$
$$+ E\int_o^T < v',v+Bx^- > d[w,w] + E < M'_T,M_T >$$

Or par hypothèse, on a :

(3.17) $$E\int_o^T < {}^pB^* v',x^- > dt = E\int_o^T < B^* v',x^- > d[w,w].$$

On en déduit :

(3.18) $$E < p_T,x_T > = E < p_o,x_o > + E\int_o^T < v,v' > d[w,w] + E < M'_T,M_T > .$$

On en déduit comme pour le Théorème II.2 que $\overset{\circ}{\Phi}$ est injective.

Pour démontrer la surjectivité de $\overset{\circ}{\Phi}$, il suffit de décomposer $y + {}^1\overset{*}{x}_o$ dans (1.40) suivant $L_2^o,\overset{\circ}{W}$ et $\overset{\circ}{W}{}^{\perp}$ au lieu de le décomposer suivant L_2^o,W et $W^{\perp}$.

Enfin de (3.18), on déduit bien (3.15). □

On a enfin l'analogue du Théorème I.3 :

THEOREME III.3. Si $(p,v',M') \in C_2^T \times L_{22_{loc}}^{[w_1,w_1]} \ldots \times L_{22_{loc}}^{[w_m,w_m]} \times \overset{\circ}{W}{}^{\perp}_{loc}$ est solution de (3.13), alors $(v',M') \in L_{22}^{[w_1,w_1]} \times \ldots \times L_{22}^{[w_m,w_m]} \times \overset{\circ}{W}{}^{\perp}$.

Preuve : Grâce au Théorème III.2, la preuve est la même qu'au Théorème I.3. □

4 - Une formule de résolution de l'équation backward pour des martingales à sauts unité.

On va donner l'analogue des Théorèmes I.6 et I.7 (le cas où $w_1 \ldots w_m$ sont continues est identique au cas traité au Théorème I.5).

THEOREME III.4. Si pour tout $i=1 \ldots M$, w_i est une martingale somme compensée de sauts d'amplitude $+1$, et s'il existe M tel que :

$$(3.19) \quad \sup_{i=1\ldots m} \| (I+B_i^*)^{-1} \| \leq M$$

alors l'équation

$$(3.20) \quad \begin{aligned} dZ &= ZA^* dt + Z^- B^* . dw \\ Z(0) &= I \end{aligned}$$

a une solution unique à valeurs dans $V \otimes V$.

Z est à trajectoires cadlag et appartient à C_2^T.

Enfin Z est à valeurs inversibles.

Preuve : Remarquons tout d'abord que dans (3.20), l'intégrale stochastique est optionnelle. L'existence et l'unicité résultent alors du Théorème III.1.

On considère alors l'équation :

$$(3.21) \quad \begin{cases} dZ' = \{-A^* - {}^p((I+B^*)^{-1} - I)B^*\} Z' dt + ((I+B^*)^{-1} - I) Z'^- dw \\ Z'(0) = I \end{cases}$$

Par [7], p 303, on a :

$$(3.22) \quad Z'_t Z_t = I + \int_0^t Z' Z A^* dt + \int_0^t \overline{Z'} Z^- B^* dw + \int_0^t (-A^* - {}^p((I+B^*)^{-1} - I)B^*) Z' Z dt$$
$$+ \int_0^t ((I+B^*)^{-1} - I) Z'^- Z^- dw + \sum_{\Delta w_i \neq 0} ((I+B_i^*)^{-1} - I) Z'^- Z^- B_i^*$$

Or $\int_0^t ((I+B^*)^{-1} - I) Z'^- Z^- B^* . dw$ est la somme compensée des sauts apparaîssant dans la somme Σ du membre de droite de (3.22).

De plus par définition, on sait que $\int_0^t {}^p((I+B^*)^{-1} - I) Z_t'^- Z_t^- B_t^*) dt$ est le compensateur prévisible de la somme Σ (la vérification est immédiate par la propriété caractéristique du projecteur ^{p}).

On en déduit qu'en posant $U = Z'Z$, on a :

$$(3.23)\qquad dU = (UA^* - A^*U)dt + {}^p[((I+B^*)^{-1} - I)(U^- B^* - B^* U^-)]dt + ((I+B^*)^{-1} U^- (I+B^*) - U^-)dw$$

On vérifie que $U = I$ est solution unique de (3.23).

Z est donc inversible. □

On en déduit immédiatement:

<u>THEOREME</u> III.5. Si pour tout $i = 1 \dots m$, w_i est une martingale somme compensée de sauts d'amplitude $+1$, et s'il existe k tel que :

$$(3.24)\qquad \sup_{i=1\dots m} \| (I + B_i^*)^{-1} \| \leqslant k$$

alors si $R_T \in L_2^T$, l'équation

$$(3.25)\qquad \begin{aligned} dp &= -(A'p + {}^pB^* v')dt + v'.dw + M'_t \\ p_T &= R_T. \end{aligned}$$

a une solution unique telle que $(p_o, v', M) \in L_2^o \times L_{22}^{[w_1,w_1]} \times \dots \times L_{22}^{[w_m,w_m]} \times \overset{o\perp}{W}$.

De plus si Z_t est la solution de (3.20), on a :

$$(3.26)\qquad p_t = Z_t^{-1}\ {}^1 Z_T R_T.$$

<u>Preuve</u> : L'existence et l'unicité de la solution de (3.25) résulte du Théorème III.1.

Par la Proposition III.2, on sait que

$$(3.27)\qquad Z_t p_t - \int_0^t (ZA^*p - Z(A^*p + {}^pB^*v'))dt - \int_0^t Z^- B^* v' d[w,w]$$

est une martingale.

De plus on sait que

$$(3.28)\qquad \int_0^t Z^- B^* v' dw = \int_0^t Z^- B^* v' d[w,w] - \int_0^t Z^{-\,p} B^* v' dt.$$

$Z_t p_t$ est donc une martingale locale. Comme elle est uniformément intégrable, c'est une martingale. Le Théorème en résulte. □

5- Le problème de contrôle.

H et U sont des espaces vectoriels de dimension finie.

- $(C_i)_{i=1..m}$ $(D_i)_{i=1...m}$ sont une famille de processus optionnels bornés à valeurs dans $U \otimes V$.

- M est un processus optionnel borné à valeurs dans $V \otimes H$.

- N est un processus optionnel borné à valeurs autoadjointes de $U \otimes U$, tel qu'il existe $\lambda > 0$ pour lequel pour tout $u \in U$, on ait :

(3.29) $\qquad \langle Nu,u \rangle \geq \lambda |u|^2.$

- M_1 est une variable aléatoire définie sur Ω à valeurs dans $V \otimes H$ et F_T-mesurable.

- f est un élément de L_{21}
- $g=(g_1 \ldots g_m)$ est un élément de $L_{22}^{[w_1,w_1]} \times \ldots \times L_{22}^{[w_m,w_m]}$
- x_o est un élément de L_2^o.

On pose la définition suivante :

DEFINITION III.2 dS est la mesure :

(3.30) $\qquad dS = \frac{1}{m+1}(dt + \sum_{i=1}^{m} d[w_i,w_i])$

d_o est la densité optionnelle $\frac{dt}{dS}$

Pour $i=1...m$, d_i est la densité optionnelle $\frac{d[w_i,w_i]}{dS}$.

L_{22}^U est l'ensemble des classes de processus optionnels u à valeurs dans U tel que :

(3.31) $\qquad E\int_o^T |u|^2 dS < +\infty .$

J désigne une tribu de $\Omega \times [0,+\infty[$ telle que $\overline{P} \subset J \subset \overline{O}$.

${}^J L_{22}^U$ est l'ensemble des éléments de L_{22}^U possédant un représentant J-mesurable.

j_S désigne l'opérateur d'espérance conditionnelle relativement à la tribu J pour la mesure dS.

Pour i=1...m (resp i=0) j_i est l'opérateur d'espérance conditionnelle relativement à la tribu J pour la mesure $d[w_i,w_i]$ (resp dt).

Par [4]-IV- T66, on sait que pour tout processus optionnel, on peut trouver un processus prévisible qui coïncide avec ce processus sauf sur une famille dénombrable de temps d'arrêts. Pour $u \in L_{22}^U$, ${}^{j_o}u$ est donc la classe d'équivalence dans L_{22} de U.

De plus pour i = 1...m, on a :

$$ {}^{j_i}H = \frac{{}^{j_S}{}_{d_i}H}{{}^{j_S}{}_{d_i}} \tag{3.32} $$

En particulier

$$ {}^{p_i}H = {}^{p_S}{}_{d_i}H. \tag{3.33} $$

On pose alors la définition suivante :

<u>DEFINITION</u> III.3. Pour $u \in L_{22}^U$, soit $x \in C_2^T$ la solution unique au sens du Théorème III.1 de

$$ \begin{aligned} &dx = (Ax + {}^{p_S}(Cu) + f)dt + (Bx^- + Du + g)dw \\ &x(0) = x_o \end{aligned} \tag{3.34} $$

Le problème linéaire quadratique (J) est la recherche de $u \in {}^J L_{22}^U$ minimisant:

$$ u \longrightarrow \overset{o}{I}(u) = E\int_0^T |Mx|^2 dt + E\int_0^T < Nu,u > dS + E|M_1 x_T|^2. \tag{3.35} $$

La forme du système (3.34),(3.35) doit être justifiée. Remarquons tout d'abord qu' un contrôle optionnel permet de donner des impulsions aux systèmes aux instants de sauts des martingales.

En prenant en compte ces impulsions dans $\overset{o}{I}$, nous nous garantissons que la taille et le nombre des impulsions ne sera pas démesuré.

L'introduction de ${}^{p_S}Cu$ peut paraître plus étonnante. Sa justification est en fait essentiellement de caractère fonctionnel. De plus si $C = Cd_o$, ${}^{p_S}Cu$ est alors la classe de Cu dans L_{22} ; dans ce cas, la dérive de x ne dépend pas des valeurs de u sur les sauts des w_i, ce que le lecteur pourrait trouver plus "intuitif".

Malheureusement même dans ce dernier cas le problème dual au sens de [1] de ce problème - qui sera le thème d'un autre article - fait apparaître le projecteur p_S dans la dérivée et pas sa forme trivialisée ${}^{p_S}d_o$.

Enfin J peut être choisi parmi les grandes - et les petites - tribus de la théorie générale des processus.

Généralement on prendra $J = \bar{O}$ ou $J = \bar{P}$.

La tribu des accessibles ne présente guère d'intérêt ici : en effet en modifiant un processus u accessible sur une famille dénombrable de temps accessibles, on obtient un processus u' prévisible. Comme les w_i sont quasi continues à gauche, les temps de sauts sont totalement inaccessibles. $(u \neq u')$ est donc négligeable pour dS.

Une tribu J plus intéressante est la tribu engendrée par les processus optionnels tels que pour une famille d'arrêts $\mathcal{C}$ pour tout $T \in \mathcal{C}$, u_T est $\mathfrak{F}_T$-mesurable. Ainsi on peut prendre pour J la tribu des optionnels stricts de Le Jan.

Si tous les coefficients $A, B, \ldots, M, N, f, g$ sont prévisibles et si u est prévisible, l'équation (3.34) coïncide avec l'équation (2.1), et de plus $\overset{o}{I}(u)$ coïncide avec $J(u)$.

6- Existence d'une solution.

THEOREME III.6. Le problème linéaire quadratique (J) a une solution unique.

Preuve : On procède comme au Théorème II.1 en utilisant les résultats de continuité du Théorème III.1. □

7- Des conditions nécessaires et suffisantes.

On va maintenant écrire des conditions nécessaires et suffisantes d'optimalité.

On a alors :

THEOREME III.7. Pour que $u \in {}^{J}L_{22}^{U}$ soit solution du problème linéaire quadratique (J), il faut et il suffit que si p est la solution unique de :

$$(3.36) \qquad dp = (M^*Mx - A^*p - {}^{p}B^*H)dt + H.dw + dM$$
$$p_T = -M_1^*M_1 x_T$$

avec $(p_o,H,M) \in L_2^o \times L_{22}^{[w_1,w_1]} \times \ldots \times L_{22}^{[w_m,w_m]} \times \overset{o}{W}^{\perp}$

alors

$$(3.37) \qquad ({}^{j}S_N)u = ({}^{j}S_{C^*})p^- + {}^{j}S(dD^*H) \quad dS \ p.p.$$

Preuve : On va encore calculer : $\langle \overset{o}{I}'(u),v-u \rangle$.

Soient x_t^u et x_t^v les processus solutions de (3.34) pour les contrôles u et v.

On a :

$$(3.38) \qquad \langle \overset{o}{I}'(u),v-u \rangle = 2E\int_0^T \langle M^*Mx^u,x^v-x^u \rangle \,dt + 2E\int_0^T \langle Nu,v-u \rangle \,dS$$
$$+ 2E \langle M_1^* M_1 x_T^u, x_T^v - x_T^u \rangle.$$

Comme en (2.7), et grâce au Théorème III.2, on vérifie immédiatement que le système :

$$(3.39) \qquad dp = (M^*Mx^u - A^*p - {}^{p}B^*H)dt + Hdw + dM$$
$$p_T = -M_1^* M_1 x_T^u$$

avec $(p_o,H,M) \in L_2^o \times L_{22}^{[w_1,w_1]} \times \ldots \times L_{22}^{[w_m,w_m]} \times \overset{o}{W}^{\perp}$

a une solution unique.

Grâce à la Proposition III.2, on a :

(3.40) $$E < p_T, x_T^v - x_T^u > = E\int_0^T < M^*M_x^u - A^*p - {}^pB^*H, x^{v-} - x^{u-} > dt$$
$$+ E\int_0^T < p_t^-, A(x^v - x^u) + {}^{p_S}C(v-u) > dt + E\int_0^T < H, B(x^{v-} - x^{u-})$$
$$+ D(v-u) > d[w,w].$$

Or par définition on a :

(3.41) $$E\int_0^T < {}^p\dot{B}^*H, x^{v-} - x^{u-} > dt = E\int_0^T < B^*H, x^{v-} - x^{u-} > d[w,w]$$

(3.42) $$E\int_0^T < p^-, {}^{p_S}C(v-u) > dt = E\int_0^T < p^-, C(v-u) > dS$$

En remplaçant $d[w_i, w_i]$ par $d_i dS$, il vient :

(3.43) $$< \overset{o}{I}'(u), v-u > = 2E\int_0^T < Nu - C^*p^- - dD^*H, v-u > dS$$

Par le Théorème 0.1, on en déduit que pour que u soit solution du problème (J) il faut et il suffit que (3.36) soit vérifié □.

Remarque III.1. Si tous les coefficients de l'équation (3.34) et du critère (3.35) sont J-mesurables, (3.37) s'écrit :

(3.44) $$Nu = C^*p^- + ({}^jS_d)D^{*\,j}H$$

Or par le Théorème I.8 $\int_0^t {}^JH dw$ est la projection sur $\overset{J}{W}$ de $\int_0^t H.dw + M_t$ où $\overset{J}{W}$ est l'ensemble des éléments de $\overset{o}{W}$ qui s'écrivent sous la forme $\int_0^t H' dw$ avec H' J-mesurable.

Le système (3.36)-(3.37) peut donc s'écrire :

(3.45) $$dp = (M^*Mx - A^*p - {}^pB^*H')dt + H'dw + dM$$
$$p_T = 0$$

avec $(p_o,H',M') \in L_2^o \times {}^J L_{22}^{[w_1,w_1]} \times \ldots \times {}^J L_{22}^{[w_m,w_m]} \times \overset{J\perp}{W}$ et de plus

$$(3.45') \qquad Nu = C^* p^- + ({}^{j_S} d) D^* H'$$

On retrouve ainsi un système formellement identique au système (2.2),(2.3). []

8- Le problème de feedback.

Une propriété essentielle des opérateurs ${}^{j_i}, {}^{j_S}$ que nous avons vue dans (1.69) et que si T' est un temps d'arrêt, on a :

$$(3.46) \qquad {}^{j_i}1_{t>T'} = 1_{t>T'}{}^{j_i}$$

$${}^{j_S}1_{t>T'} = 1_{t>T'}{}^{j_S}$$

ceci essentiellement parce que $\overline{P} \subset J$.

On peut alors procéder comme à la section II.4 et considérer le système à partir d'un temps constant $t \leqslant T$ ou d'un temps d'arrêt $T' \leqslant T$.

On construit alors comme à la Proposition II.3 un opérateur P_t et une v.a. de carré intégrable r_t.

Les relations (3.46) montrent alors que en tout $t \in [0,T]$, on a :

$$(3.47) \qquad p_t = -(P_t x_t + r_t)$$

On voit donc bien pourquoi il est essentiel que J contienne $\overline{P}$ pour que le problème du feedback ait un sens.

On établit alors sur P et r des résultats formellement identiques aux résultats de la section II.4. [].

9- Les équations de Riccati formelles.

Comme en II.5, on écrit formellement

$$(3.48) \qquad P_t = P_o + \int_o^t \dot{P} ds + \int_o^t \mathcal{K}\, dw + \mathcal{M}_t$$

avec $(P_o, \dot{P}, \mathcal{K}, \mathcal{M}) \in L_2^o \times L_{21} \times L_{22}^{[w_1,w_1]} \times \ldots \times L_{22}^{[w_m,w_m]} \times \overset{o\perp}{W}$.

$$(3.49) \qquad r_t = r_o + \int_o^t \dot{r}ds + \int_o^T hdw + M'_t$$

avec $(r_o, \dot{r}, h, M) \in L_2^o \times L_{22} \times L_{22}^{[w_1,w_1]} \times .. L_{22}^{[w_m,w_m]} \times W^{o\perp}$

On a alors :

<u>THEOREME</u> III.8. P est solution formelle de l'équation :

$$(3.50) \qquad dP + \{PA + A^*P + {}^p(B^*PB + B^*\mathcal{K} + \mathcal{K}B) - {}^{p_S}[{}^{j_S}(P^-C + d(B^*PD + \mathcal{K}D))({}^{j_S}(N + dD^*PD))^{-1} \, {}^{j_S}(C^*P^- + d(D^*PB + D^*\mathcal{K}))] + M^*M\}dt - \mathcal{K}dw - d\mathcal{M} = 0.$$

$$P_T = M_1^*M_1$$

<u>THEOREME</u> III.9 r est solution formelle de l'équation :

$$(3.51) \qquad dr = \{{}^{p_S}[(P^-C + d(B^*PD + \mathcal{K}D))({}^{j_S}(N + dD^*PD))^{-1} \, {}^{j_S}C^*] - A^*\}rdt + \{{}^{p_S}[(P^-C + d(B^*PD + \mathcal{K}D))({}^{j_S}(N + dD^*PD))^{-1} \, {}^{j_S}(dD^*(Pg + h)] - Pf - {}^p(\mathcal{K}g + B^*(Pg + h))\}dt + hdw + dM'$$

$$r_T = 0.$$

<u>COROLLAIRE</u> : Le contrôle optimal u est donné par :

$$(3.52) \qquad u = -({}^{j_S}(N + dD^*PD))^{-1} \, {}^{j_S}\{(C^*P^- + dD^*(\mathcal{K} + PB))x^- + C^*r^- + dD^*(Pg + h)\}$$

<u>Preuve</u> : Par la formule de Pratelli-Yoeurp donnée dans [7] p 345, on a :

$$(3.53) \qquad P_t x_t = P_o x_o + \int_o^t Pdx + \int_o^t dPx^- + \int_o^t d < \mathcal{K}.w, (Bx^- + Du + g).w > .$$

Or par la définition des projecteurs ^{p}, on vérifie que :

$$(3.54) \qquad \int_o^t d < \mathcal{K}.w, (Bx^- + Du + g).w > = \int_o^t {}^p\mathcal{K}(Bx^- + Du + g)dt.$$

On doit donc avoir grâce à (3.36) :

$$(3.55) \qquad \dot{P}x + P(Ax + {}^{p_S}(Cu) + f) + {}^{p}(\mathcal{K}(Bx^- + Du + g)) + \dot{r} = -M^*Mx - A^*Px$$
$$- A^*r + {}^{p}B^*H.$$

$$(3.56) \qquad \mathcal{K}x^- + P(Bx^- + Du + g) + h = - H.$$

$$(3.57) \qquad ({}^{j_S}N)u = - {}^{j_S}(C^*(\bar{P}x^- + r^-)) + {}^{j_S}dD^*H.$$

En remplaçant H donné par (3.56) dans (3.57), on obtient u par la formule (3.52).

En annulant dans (3.55) le coefficient de x^-, qu'on peut ici identifier à x puisque $x^- = x \; dP \otimes dt$ p.p. , et le coefficient constant, on obtient l'équation (3.51) pour r et l'équation :

$$(3.58) \qquad \dot{P} + PA + A^*P + {}^{p}(B^*PB + B^*\mathcal{K} + \mathcal{K}B) - (P^{\,p_S}C + {}^{p}(B^*PD + \mathcal{K}D))$$
$$({}^{j_S}(N + dD^*PD))^{-1}\, {}^{j_S}(C^*P^- + d(D^*PB + D^*\mathcal{K})) + M^*M = 0$$

ou les opérateurs p et p_S agissent sur tout ce qui est à leur droite.
Pour symétriser l'expression (3.58) – P est autoadjoint – on remarque que

$$(3.59) \qquad P^{\,p_S}C = {}^{p_S}P^-C \qquad dP \otimes dt \quad \text{p.p.}$$

De plus par (3.33), on a :

$$(3.60) \qquad {}^{p_i}X = {}^{p_S}d_iX.$$

Enfin comme $\bar{P} \subset J$, et comme ce qui est à droite de $P^{\,p_S}C + {}^{p}(B^*PD + \mathcal{K}D)$ est J-mesurable, on peut ajouter l'opérateur j_S devant ce terme. □

10- <u>Résolution de l'équation de Riccati.</u>

On va chercher à résoudre les équations (3.50),(3.51) lorsque $J = \bar{O}$ ou $J = \bar{P}$.

a) Le contrôle prévisible à coefficients indépendants.

On se place ici sous les hypothèses de II.6 b) en acceptant toutefois que A,B...N soient des processus optionnels définis sur Ω^1 et que g soit optionnel sur $\Omega^1 \times \Omega^2$

On suppose de plus que $J = \overline{P}$.

P est alors solution de l'équation (2.74) (ce qui montre que le fait que A,B..N soient optionnels au lieu d'être prévisibles n'a aucune importance puisqu'on peut les remplacer par leurs projections prévisibles sur Ω^1).

En effet si P est la solution unique de (2.74) sur Ω^1 il est a fortiori solution de (3.50) sur $\Omega^1 \times \Omega^2$, avec $\mathcal{H} = 0$. En effet soit X est un processus optionnel borné défini sur Ω^1.
Alors on a sur $\Omega^1 \times \Omega^2$:

$$(3.61) \qquad {}^{p_S}X = X \quad d(P_1 \otimes P_2) \otimes dt \quad p.p.$$

En effet si ^{3} est l'opérateur de projection prévisible sur Ω^1, $({}^3X \neq X)$ est à coupes dénombrables. Comme w est une martingale quasi continue à gauche sur $(\Omega^1 \times \Omega^2, (F^1 \otimes F_t^2)_+^*, P^1 \otimes P^2)$, $({}^3X \neq X)$ est négligeable pour la mesure dS sur $(\Omega^1 \times \Omega^2) \times [0,T]$, puisqu'il est négligeable pour dS_{ω_1} (i.e. en fixant ω_1).
Alors ${}^{p_S}X = {}^{p_S}\,{}^3X$, et comme ${}^{p_S}\,{}^3X = {}^3X$ on a bien (3.61), (2.74) est donc bien une forme de (3.50).

On vérifie alors que P et x n'ont pas de sauts communs, et on termine le raisonnement comme au Théorème II.8. □

On résoud alors (3.51) grâce au Théorème III.2, (en y supposant $\mathcal{H} = 0$, $d_i = 1$ pour $i = 1 \ldots m$, en supprimant partout les opérateurs p_S, j_S et p_i chaque fois qu'ils n'opèrent pas directement sur g ou h. On obtient en fait une équation du type (2.118), où g est remplacé par ${}^p g$. Le contrôle est alors donné par (2.119) en remplaçant encore g par ${}^p g$.

b) Le contrôle prévisible dans le cas des martingales à sauts.

On peut aussi résoudre l'équation de Riccati associée au problème $(\overline{P})$ dans le cas analogue du cas étudié en II.6.c) et d). La seule différence réside dans le fait que nous avons ici des intégrales optionnelles au lieu d'intégrales prévisibles.

Nous laissons le soin au lecteur d'écrire complètement les équations.

c) <u>Le contrôle optionnel : le cas des martingales à sauts.</u>

Il est important de remarquer que dans le cas où $J=\overline{0}$, il n'y a pas de "séparation" dans l'équation (3.50) donnant P même quand les coefficients sont indépendants de w, ce qui rend la résolution de l'équation beaucoup plus difficile.

On va la résoudre dans un cas particulier. On fait toutes les hypothèses de II.6.c), en acceptant toutefois que les processus $A, B\ldots$ soient optionnels sur Ω_1.

<u>THEOREME</u> III. 10. Sur Ω^1, sur l'équation :

$$dP + \{PA + A^*P + \sum_{i=1}^{m_1} p_i \left(B_i^* P B_i + B^*\left(\frac{\Delta P}{\Delta w_i}\right) + \left(\frac{\Delta P}{\Delta w_i}\right)B\right) + \sum_{m_1+1}^{m} B_i^* P B_i$$

$$- \frac{1}{(m+1)} \sum_{1}^{m_1} p_i \Big[\left(P^- C + (m+1)\left(B_i^* P D_i + \left(\frac{\Delta P}{\Delta w_i}\right) D_i\right)\right)$$

$$(3.62) \qquad \left(N + (m+1) D_i^* P D_i\right)^{-1} \left(C^* P^- + (m+1)\left(D_i^* P B_i + D_i^* \frac{\Delta P}{\Delta w_i}\right)\right)\Big]$$

$$- \left(\frac{m+1-m_1}{m+1}\right)\left(P\,C + \frac{m+1}{m+1-m_1} \sum_{m_1+1}^{m} B_i^* P D_i\right)\right)\left(N + \left(\frac{m+1}{m+1-m_1} \sum_{m_1+1}^{m}\right.\right.$$

$$\left.D_j^* P D_j\right)^{-1}\left(C^* P + \frac{m+1}{m+1-m_1} \sum_{m_1+1}^{m} D_k^* P B_k\right) + M^* M\} dt - d\mathcal{M} = 0$$

$$P_T = M_1^* M_1$$

où $\mathcal{M}$ est une martingale de carré intégrable a une solution unique dans l'espace des processus bornés adaptés cadlag P' tels que le coefficient de dt appliqué à P' dans (3.62) soit $dP \otimes dt$ essentiellement borné. P est alors à valeurs autoadjointes positives, et $\mathcal{M}$ est une martingale bornée d'opérateurs autoadjoints.

<u>Preuve</u> : Comme dans la preuve des Théorèmes II.6 et II.9, on considère l'espace canonique Ω^2 du mouvement brownien $m-m_1$ dimensionnel noté $(w_{m_1+1}\ldots w_m)$ et on forme l'espace produit $\Omega = \Omega^1 \times \Omega^2$.

Montrons tout d'abord que formellement, (3.62) est l'équation (3.50), en admettant que P ne dépend que de ω_1.

Nous avons vu en II.6. c) que dans (3.50), si $i=1\ldots m_1$, on a $\mathcal{V}_i = \frac{\Delta P}{\Delta w_i}$. De plus pour $i \geqslant m_1+1$, ${}^{p_i}X$ est la classe d'équivalence de X dans L_{22}. Les premiers termes de (3.62) sont donc bien justifiés.

On a de plus :

$$(3.63) \qquad dS = \frac{\sum_1^{m_1} d[w_i,w_i]}{m+1} + \left(\frac{m+1-m_1}{m+1}\right)dt.$$

Enfin, on a grâce à (3.33) :

$$(3.64) \qquad {}^pS = \frac{1}{m+1}\left(\sum_1^m {}^{p_i} + {}^{p}S_{do}\right)$$

où ${}^pS_{do}$ est l'opérateur qui à X borné associe sa classe d'équivalence dans L_{22}.

Comme pour $i \geqslant m_1+1$, $p_i = {}^pS_{do}$, il vient :

$$(3.65) \qquad {}^pS = \frac{1}{m+1}\left(\sum_1^{m_1} {}^{p_i} + (m+1-m_1)\,{}^pS_{do}\right)$$

L'opérateur $\frac{m+1-m_1}{m+1}\,{}^pS_{do}$ n'opère pas sur d_i $(1 \leqslant i \leqslant m_1)$ puisque $d[w_i,w_i]$ et dt sont des mesures singulières.

De plus pour $i = m_1+1\ldots m$, on a : $d_i = \frac{m+1}{m+1-m_1}$ dt p.p.

Enfin, pour $i=1\ldots m_1$, $d_i = m+1$, $d[w_i,w_i]$ p.p. et de plus les mesures $d[w_i,w_i]$ et $d[w_j,w_j]$ sont singulières pour $i \leqslant m_1$ et $j \neq i$.

On a donc bien identifié formellement (3.62) et (3.50).

On montre alors l'existence et l'unicité de la solution de (3.62) comme aux Théorèmes II.6 et II.9, en vérifiant que P correspond bien à un problème de contrôle optionnel sur $\Omega^1 \times \Omega^2$. $\square$

On se place maintenant sous les hypothèses de II.6 . d), qu'on modifie de la manière suivante :

- A,B,... N peuvent être pris optionnels sur Ω^1.

- g peut être pris optionnel sur $\Omega = \Omega^1 \times \Omega^2$.

- $(w_{m_1+1} \dots w_m)$ est une martingale continue sur (Ω^2, F^2, P^2) telle que $d < w_i, w_j > = \partial_{ij} dt$ (i.e. un mouvement brownien).

La continuité de cette dernière martingale joue ici un rôle essentiel. Réécrivons le système (3.34)-(3.35) dans la forme particulière traitée ici. Grâce à (3.65), on a :

$$\text{(3.66)}\qquad \begin{aligned} dx &= [Ax + \frac{1}{m+1}(\sum_1^{m_1} p_i Cu + (m+1-m_1)Cu + f]dt + \sum_1^m (B_i x^- + D_i u + g_i) dw_i \\ x(0) &= x_o . \end{aligned}$$

Grâce à (3.63), $\overset{\circ}{I}(u)$ s'écrit :

$$\text{(3.67)}\qquad \overset{\circ}{I}(u) = E\int_0^T |Mx|^2 dt + \frac{1}{m+1}\Big(\sum_1^{m_1} E\int_0^T < Nu,u > d[w_i, w_i] + (m+1-m_1)\, E\int_0^T < Nu,u > dt\Big) + E|M_1 x_T|^2 .$$

<u>THEOREME</u> III. 11. Sur $\Omega^1 \times \Omega^2$, l'équation :

$$\text{(3.68)}\qquad \begin{aligned} dr = \{ & \frac{1}{(m+1)} \sum_1^{m_1} p_i [(P^- C + (m+1)(B_i^* P D_i + \frac{\Delta P}{\Delta w_i} D_i)(N + (m+1) D_i^* P D_i)^{-1} \\ & (C^* r^- + (m+1) D_i^* (P g_i + h_i))] + \frac{m+1-m_1}{m+1} \sum_{m_1+1}^{m} (PC + \frac{m+1}{m+1-m_1} \sum_{m_1+1}^{m} B_i^* P D_i) \\ & (N + \frac{m+1}{m+1-m_1} \sum_{m_1+1}^{m} D_j^* P D_j)^{-1} (C^* r + \frac{m+1}{m+1-m_1} \sum_{m_1+1}^{m} D_k^* (P g_k + h_k)) \\ & - A^* r - Pf - \sum_1^{m_1} p_\ell (\frac{\Delta P}{\Delta w_\ell} g_\ell + B_\ell^* (P g_\ell + h_\ell)) - \sum_{m_1+1}^{m} B_n^* (P g_n + h_n) \} dt \\ & + h dw + dM' \\ r_T = 0 & \end{aligned}$$

avec $(r_o, h, M') \in L_2^o \times L_{22}^{[w_1,w_1]} \times \ldots L_{22}^{[w_{m_1},w_{m_1}]} \times (L_{22})^{m-m_1} \times W^{o\perp}$

a une solution unique.

Preuve : L'équation est l'équation (3.51) écrite dans le cas particulier traité ici. On utilise alors le Théorème III.2 □

COROLLAIRE. Le contrôle optimal est donné par :

(3.69) a) Pour $i=1\ldots m_1$, si $\Delta w_i \neq 0$ $u = -(N+(m+1)D_i^*PD_i)^{-1}$

$$((C^*P^- + (m+1)D_i^*(\frac{\Delta P}{\Delta w_i} + PB_i))x^- + C^*r^- + (m+1)D^*(Pg_i + h_i))$$

(3.70) b) sur $\bigcap_1^{m_1}(\Delta w_{i_t} = 0)$ $u = -(N + \frac{m+1}{m+1-m_1} \sum_{m_1+1}^{m} D_i^*PD_i)^{-1}$

$$(C^*P^- + \frac{m+1}{m+1-m_1} \sum_{m_1+1}^{m} D_j^*PB_j)x^- + C^*r^- + \frac{m+1}{m+1-m_1} \sum_{m_1+1}^{m} D_k^*(Pg_k+h_k))$$

Preuve : Cette formule résulte du Corollaire des Théorèmes III.8 et III. 9 □.

c) Extensions.

On peut résoudre (3.50) dans un cas formellement identique au cas traité au Théorème II.12.

On suppose en effet $(w_1 \ldots w_{m_1})$ donnés comme en II.6. e), et vérifient les mêmes hypothèses qu'en II.6. e).

Ω^2 est l'espace canonique du mouvement brownien $m-m_1$ dimensionnel. On forme encore un espace produit $\Omega^1 \times \Omega^2$.

On peut alors former les d_i sur $\Omega^1 \times \Omega^2$ qui sont ici des processus optionnels sur Ω^1.

A,B,C,D... sont naturellement encore définis sur Ω^1.

On suppose enfin que pour $i \leqslant m_1$, $D_i = 0$.

Alors si $J = \overline{0}$ en supposant que P ne dépend que de ω_1, (3.50) s'écrit :

(3.71) $dP + \{PA + A^*P + {}^p(B^*PB + B^*\mathcal{K} + \mathcal{K}B) - {}^{p_S}(P^-C + d\,B^*PD)(N + dD^*PD)^{-1}$

$(C^*P^- + dD^*PB) + M^*M\}dt - \mathcal{H}dw - d\mathcal{M} = 0.$

$$P_T = M_1^* M_1 .$$

où l'operateur p_S est maintenant restreint aux fonctions qui ne dépendent que de ω_1.

Au lieu de (2.150), on posera pour $\mathcal{H} = (\mathcal{H}_1 \dots \mathcal{H}_m)$:

$$(3.72) \qquad \|\mathcal{H}\|_\alpha = \underset{T-\alpha \leqslant t \leqslant T}{\text{supess}} \left(\int_t^T \|\mathcal{H}\|^2 \, d[w,w] \right)^{1/2} = \text{supess} \sup_{T-\alpha \leqslant t \leqslant T} \left(\int_t^T {}^p\|\mathcal{H}\|^2 \, ds. \right)^{1/2}$$

Alors on a :

$$(3.73) \qquad E\int_{T-\alpha}^T {}^p|\mathcal{H}|\,ds \leqslant \sqrt{\alpha}\left(E\int_{T-\alpha}^T ({}^p|\mathcal{H}|)^2 ds\right)^{1/2} \leqslant \sqrt{\alpha}\left(E\int_{T-\alpha}^T |\mathcal{H}|^2 d[w,w]\right)^{1/2}$$

ou encore :

$$(3.74) \qquad E\int_{T-\alpha}^T {}^p|\mathcal{H}|\,ds \leqslant \sqrt{\alpha}\, \|\mathcal{H}\|_\alpha .$$

On pourra ainsi démontrer les inégalités correspondant à (2.156), (2.158), (2.161).

On peut donc utiliser un théorème de point fixe pour démontrer que (3.71) a une solution unique sur intervalle $[T-\alpha, \bar{T}]$. En utilisant le Théorème III.3 et (3.56), on poursuit comme au Théorème II.12.

Comme à la section II.6 e), on peut résoudre le problème de contrôle sur un espace produit plus général, en imposant toutefois que $(w_{m_1}+1 \dots w_m)$ soit un mouvement brownien, pour que les densités d_i soient optionnelles sur Ω^1. On peut aussi résoudre le problème avec les termes affines f et g quand ils sont bornés.

BIBLIOGRAPHIE

[1] BISMUT J.M. Conjugate convex functions in optimal stochastic control. J. Math. Anal. Appl. 44 (1973), p 384-404.

[2] BISMUT J.M. Linear quadratic optimal stochastic control with random coefficients. SIAM J. Control 14 (1976), p 419-444.

[3] DELLACHERIE C. Capacités et processus stochastiques. Ergebnisse der Mathematik und ihrer Grenzgebiete , Band 67. Berlin-Heidelberg-New-York : Springer 1972

[4] DELLACHERIE C., MEYER P.A. Probabilités et Potentiels 2ème édition. Paris:Hermann 1975.

[5] HAUSSMAN U.G. Optimal stationary control with state and control dependent noise, SIAM J. of control, p 184-198 (1971).

[6] LIONS J.L. Contrôle optimal des systèmes gouvernés par des équations aux dérivées partielles. Paris:Dunod 1968. Traduction Anglaise, Berlin-Heidelberg-New-York : Springer 1971.

[7] MEYER P.A. Cours sur les Intégrales stochastiques. Séminaire de Probabilités n° 10, p 245-400, Lecture Notes in Mathematics n° 511, Berlin-Heidelberg-New-York : Springer (1976).

[8] WONHAM W.M. On a matrix Riccati equation of stochastic control. SIAM J. of control, 6, p. 312-326 (1968).

[9] BISMUT J.M. On optimal control of linear stochastic equations with a linear-quadratic criterion. SIAM J. Control, 15, (1977), p1-4.

Université de Strasbourg
Séminaire de Probabilités 1976/77

SOUS-ESPACES DENSES DANS L^1 OU H^1 ET REPRESENTATION DES MARTINGALES

par Marc Yor
(avec J. de Sam Lazaro pour l'appendice)

Introduction. Les martingales relatives à un espace probabilisé filtré $\Lambda = (\Omega,\underline{\underline{F}},(\underline{\underline{F}}_t),P)$ jouent un rôle fondamental, tant pour le calcul stochastique sur Λ que pour l'étude de certaines propriétés de Λ.

Ceci a conduit de nombreux auteurs à représenter les martingales de carré intégrable (par exemple) sur Λ comme intégrales stochastiques par rapport à certaines martingales fondamentales, principalement dans le cadre des processus de Markov (Kunita-Watanabe [1] ; voir aussi [2] et [3]) et en particulier des processus à accroissements indépendants ([4],[5],[6],[7]), ainsi que pour les processus ponctuels ([8],[9],[10], [11] ; voir [12] pour une revue des résultats connus).

En [14], Jacod et Yor ont adopté un point de vue dual : étant donné un espace filtré sans probabilité $(\Omega,\underline{\underline{F}}^\circ, (\underline{\underline{F}}^\circ_t)_{t\geq 0})$, et un ensemble $\underline{\underline{N}}$ de processus càdlàg et $\underline{\underline{F}}^\circ_t$-adaptés, ils ont caractérisé les probabilités P sur $(\Omega,\underline{\underline{F}}^\circ)$ faisant de tout processus $N\in\underline{\underline{N}}$ une P-martingale locale, et telles que $\underline{\underline{N}}$ engendre l'ensemble des $(P,\underline{\underline{F}}^\circ_t)$-martingales locales au sens des espaces stables de martingales (cf. [1] pour les martingales de carré intégrable, et [14] pour les martingales locales).

L'origine du présent travail se trouve dans une remarque de Mokobodzki, qui nous a signalé la similitude qui lui semblait exister entre le théorème principal de [14], et un théorème de R.G. Douglas ([20]) sur la caractérisation des points extrémaux de certains ensembles de mesures sur un espace mesurable abstrait $(X,\underline{\underline{X}})$. Le lien étroit qui existe entre les deux théorèmes permet d'unifier les différents problèmes de représentation des martingales, et de les rapprocher de certains problèmes d'analyse fonctionnelle.

Le paragraphe 1 est consacré à l'exposé du théorème de Douglas, et de plusieurs de ses applications.

Le paragraphe 2 contient les nouveaux résultats obtenus pour les différents problèmes de représentation des martingales.

Le paragraphe 3 est consacré à l'étude des conditions d'extrémalité dans le problème des martingales, tel qu'il a été formulé par Stroock et Varadhan.

Enfin l'appendice, rédigé avec J. de Sam Lazaro, peut être lu indépendamment du reste de l'exposé.

Nous terminons l'introduction en remerciant vivement G. Mokobodzki, dont la remarque citée plus haut joue un rôle important dans cet article.

Quelques notations et rappels.

$(\Omega, \underline{\underline{F}}^{o}, (\underline{\underline{F}}^{o}_{t})_{t \geq 0})$ désigne un espace mesurable, muni d'une filtration croissante.

Si P est une probabilité sur $(\Omega, \underline{\underline{F}}^{o})$, on note $\underline{\underline{F}}(P)$ la tribu $\underline{\underline{F}}^{o}$ P-complétée, et $(\underline{\underline{F}}(P)_t)$ la filtration $(\underline{\underline{F}}^{o}_{t})$ rendue $\underline{\underline{F}}(P)$-complète et continue à droite. $\underline{\underline{O}}$ (resp. $\underline{\underline{P}}$) désigne la tribu optionnelle (resp. prévisible) sur $\Omega \times \mathbb{R}_+$, associée à $(\underline{\underline{F}}(P)_t)$.

On écrit souvent t.a. au lieu de $\underline{\underline{F}}(P)_t$-temps d'arrêt.

$\underline{\underline{M}}_{loc}(P)$, resp. $\underline{\underline{M}}^{2}(P)$, est l'ensemble des $\underline{\underline{F}}(P)_t$-martingales locales, resp. martingales de carré intégrable, pour P. On utilise également les notations classiques $\underline{\underline{M}}^{c}_{loc}(P)$ et $\underline{\underline{M}}^{d}_{loc}(P)$.

$H^1(P)$ est l'espace de Banach des P-martingales $(X_t)_{t \geq 0}$ telles que $\|X\|_{H^1} = E[\sup_{t \geq 0} |X_t|] < \infty$. L'importance de cet espace réside - au moins pour nous - dans le résultat suivant (cf. [23]) : toute martingale locale M appartient localement à $H^1(P)$, c'est à dire[1] qu'il existe une suite de t.a. T_n qui croissent P-p.s. vers $+\infty$, et tels que $M^{T_n} \in H^1(P)$ pour tout $n \in \mathbb{N}$. Voici une démonstration très simple de ce résultat : il suffit de démontrer que toute martingale uniformément intégrable M appartient localement à $H^1(P)$. Or si $T_n = \inf\{t \mid |M_t| \geq n\}$, les t.a. T_n croissent P-p.s. vers $+\infty$, et la martingale M^{T_n} appartient à $H^1(P)$. En effet, $\sup_t |M^{T_n}_t| \leq n + |M_{T_n}| 1_{\{T_n < \infty\}}$, et l'expression de droite est intégrable.

Nous utilisons encore l'identification du dual de $H^1(P)$ à l'espace BMO(P), mais nous ne nous servons que de la propriété : si $M \in BMO(P)$, M est localement bornée (en effet, les sauts de M sont alors bornés ; avec les mêmes t.a. T_n , on a donc $\sup_t |M_{t \wedge T_n}| \in L^{\infty}(P)$).

1. Un théorème d'analyse fonctionnelle et quelques applications

1.1. Nous énonçons tout d'abord le théorème de Douglas [20], et nous donnons sa démonstration, essentiellement telle qu'elle figure en [20], ce qui nous permettra en particulier de la comparer à la démonstration du théorème 2.7, relatif à un problème de martingales.

---

1. Du moins si M_0 est intégrable. Sinon, il faut remplacer M^{T_n} par $M^{T_n} I_{\{T_n > 0\}}$.

Théorème 1.1 . Soient $(X,\underline{\underline{X}},\mu)$ un espace de probabilité, et F un ensemble de fonctions réelles, $\underline{\underline{X}}$-mesurables et μ-intégrables, contenant la fonction 1. Notons

$$\underline{\underline{M}}_\mu = \underline{\underline{M}}_\mu(F) = \{ \nu \in \underline{\underline{M}}^1_+(X,\underline{\underline{X}}) \mid \forall f \in F ,\ \int |f| d\nu < \infty \text{ et } \int f d\nu = \int f d\mu \}$$

Les deux assertions suivantes sont équivalentes

1) μ est un point extrémal de $\underline{\underline{M}}_\mu$.
2) F est total dans $L^1(\mu)$.

Remarques 1.2 . L'assertion 1) est clairement équivalente à

1') μ est un point extrémal de $\underline{\underline{M}}'_\mu = \{ \nu \in \underline{\underline{M}}_\mu \mid \nu \ll \mu \}$

On peut donc remplacer, dans l'énoncé du théorème 1.1., l'ensemble F de fonctions par un ensemble F de classes (pour l'égalité μ-p.s.) de fonctions $\underline{\underline{X}}$-mesurables et μ-intégrables.

Si l'on ne faisait pas, a priori, appartenir la fonction 1 à F, on aurait $\underline{\underline{M}}_\mu(F) = \underline{\underline{M}}_\mu(F\cup\{1\})$ puisque $\underline{\underline{M}}_\mu(F)$ est composé de lois de probabilité, mais la condition 1) entraînerait seulement que $F\cup\{1\}$ est total dans L^1.

Pour démontrer le théorème 1.1, nous aurons besoin du

Lemme 1.3 . μ est un point extrémal de $\underline{\underline{M}}_\mu$ si, et seulement si, la seule classe de fonctions $g \in L^\infty(\underline{\underline{X}},\mu)$ telle que : $\forall f \in F$, $\int f g d\mu = 0$, est la classe nulle.

Démonstration : 1) Supposons que μ soit point extrémal de $\underline{\underline{M}}_\mu$. Soit $g \in L^\infty(\underline{\underline{X}},\mu)$, essentiellement bornée par la constante $k \in]0,\infty[$, telle que : $\forall f \in F$, $\int f g d\mu = 0$. Les mesures $\mu_1 = (1+\frac{g}{2k})\mu$ et $\mu_2 = (1-\frac{g}{2k})\mu$ sont des probabilités (on utilise ici le fait que $1 \in F$) et appartiennent à $\underline{\underline{M}}_\mu$. Comme on a $\mu = \frac{1}{2}(\mu_1+\mu_2)$, et que μ est point extrémal de $\underline{\underline{M}}_\mu$, on a $\mu_1 = \mu_2 = \mu$, d'où $g=0$ μ-p.s..

2) Inversement, supposons la seconde propriété vérifiée. Si μ admet la décomposition $\mu = \alpha\mu_1 + (1-\alpha)\mu_2$ ($\alpha \in]0,1[$, $\mu_i \in \underline{\underline{M}}_\mu$), alors $\mu_1 \leq \frac{1}{\alpha}\mu$, et donc il existe $g \in L^\infty(\underline{\underline{X}},\mu)$, $g \leq \frac{1}{\alpha}$ μ-p.s., telle que $d\mu_1 = g d\mu$; μ_1 appartenant à $\underline{\underline{M}}_\mu$, on a $\forall f \in F$ $\int f g d\mu = \int f d\mu$, ou encore $\int f(g-1) d\mu = 0$. Cela entraîne, d'après l'hypothèse, $g-1=0$ μ-p.s., et donc $\mu_1 = \mu_2 = \mu$. μ est donc un point extrémal de $\underline{\underline{M}}_\mu$.

Démonstration du théorème 1.1 .

D'après le théorème de Hahn-Banach, F est total dans $L^1(\mu)$ si, et seulement si, la seule forme linéaire continue ℓ sur $L^1(\mu)$, nulle sur F, est la forme nulle. Or une telle forme ℓ se représente par

$$\forall f \in L^1(\mu) \qquad \ell(f) = \int f g d\mu \quad \text{avec } g \in L^\infty(\mu)$$

et la condition de nullité sur F s'écrit $\forall f\in F$, $\int fg\,d\mu=0$. Donc, d'après le lemme 1.3 , F est total dans $L^1(\mu)$ si et seulement si μ est un point extrémal de $\underline{\underline{M}}_\mu$.

1.2 . Nous donnons maintenant des compléments, exemples et applications du théorème 1.1.

Le théorème 1.1 s'applique à la caractérisation des points extrémaux de sous-ensembles $\underline{\underline{M}}$ de $\underline{\underline{M}}_+^1(X,\underline{\underline{X}})$ définis de la façon suivante : soit F un ensemble de fonctions $\underline{\underline{X}}$-mesurables réelles, contenant la fonction 1, et soit $(c_f)_{f\in F}$ une famille de nombres réels. Notons

$$\underline{\underline{M}} = \{ \mu\in\underline{\underline{M}}_+^1(X,\underline{\underline{X}}) \mid \forall f\in F \text{ , } \int|f|d\mu < \infty \text{ et } \int f d\mu = c_f \}$$

Alors on a, avec les notations du théorème 1.1, $\underline{\underline{M}}=\underline{\underline{M}}_\mu(F)$ pour tout $\mu\in\underline{\underline{M}}$, et donc μ est un point extrémal de $\underline{\underline{M}}$ si, et seulement si, F est total dans $L^1(\mu)$.

Remarquons que, si $X=\mathbb{R}$ et si F est la famille des applications $x\mapsto x^n$ ($n\in\mathbb{N}$), cette question est liée au problème classique des moments (cf. [19] par exemple).

Rappelons maintenant l'application du théorème de Douglas faite dans le livre de Alfsen [17]. Ceci constitue notre <u>premier exemple</u>.

K est un ensemble convexe compact, A(K) désigne l'ensemble des fonctions affines continues sur K. Si $\mu\in\underline{\underline{M}}_+^1(K)$, on note x_μ le barycentre de μ, caractérisé par

$$\forall a\in A(K) \text{ , } a(x_\mu) = \int a(x)d\mu(x)$$

$\underline{\underline{M}}_x$ est l'ensemble des mesures positives sur K, admettant pour barycentre x . Si μ est un point extrémal de $\underline{\underline{M}}_{x_\mu}$, μ est dite <u>simpliciale</u> . D'après le théorème 1.1, μ est simpliciale si, et seulement si, A(K) est dense dans $L^1(\mu)$.

Dans le cas particulier où K est un ensemble convexe compact de $\mathbb{R}^n$, un théorème de Carathéodory donne une autre caractérisation des mesures de probabilité simpliciales : $\mu\in\underline{\underline{M}}_+^1(K)$ est simpliciale si, et seulement si, son support est un ensemble fini formé de points affinement indépendants (et comporte donc au plus $n+1$ points). Voir par exemple [17], proposition I.6.11 . Remarquons que dans ce cas particulier, si μ est simpliciale, alors A(K) s'identifie à $L^1(\mu)$ tout entier, et même à $L^p(\mu)$ pour $1\leq p\leq\infty$.

D'une façon générale on peut se poser le problème de savoir (avec les notations du théorème 1.1) si, lorsque μ est un point extrémal de $\underline{\underline{M}}_\mu$, et lorsque F est inclus dans $\underline{\underline{L}}^p(\mu)$ pour un p fixé , $p\in]1,\infty[$ [1],

1. Pour le cas $p=\infty$, voir la dernière partie de l'appendice.

alors F est total dans $L^p(\mu)$. Dans son article, Douglas fournit un contre-exemple à cette assertion, ainsi que des conditions suffisantes pour qu'elle soit vérifiée. Dans le cadre de l'étude d'Alfsen, M. Capon a montré qu'il n'en était pas toujours ainsi [18]. Nous donnons ci-dessous une proposition générale due à M. Capon, avec une démonstration différente.

<u>Proposition 1.4</u> . <u>Soient</u> $p \in]1,\infty[$, <u>et</u> p' <u>l'exposant conjugué de</u> p. <u>Soit</u> $F \subset L^p(\mu)$. <u>Les deux assertions suivantes sont équivalentes</u> :

1) F <u>est total dans</u> $L^p(\mu)$.

2) <u>Pour toute classe</u> $g \in L^{p'}(\mu)$ <u>vérifiant</u> $g \geq 0$ <u>et</u> $\int g d\mu = 1$, <u>la probabilité</u> $\nu = g.\mu$ <u>est un point extrémal de</u> $\underline{\underline{M}}_\nu$.

<u>Démonstration</u> : 1) => 2). Soit donc $g \in L^{p'}(\mu)$, telle que $\nu = g.\mu$ soit une probabilité. D'après le théorème 1.1, $\nu = g.\mu$ est un point extrémal de $\underline{\underline{M}}_\nu$ si, et seulement si, F est total dans $L^1(\underline{\underline{X}},\nu)$. Il suffit donc de montrer que si $h \in L^\infty(\underline{\underline{X}},\nu)$ vérifie

$$\forall f \in F \ , \int fh d\nu = 0 \quad , \quad \text{on a} \quad h=0 \ \nu\text{-ps.}$$

Or $\int fh d\nu = \int f(gh) d\nu$. D'après 1), comme $gh \in L^{p'}(\mu)$, on a $gh=0$ μ-ps, et donc $h=0$ ν-ps.

2) => 1). Il suffit ici de montrer que si $h \in L^{p'}(\mu)$ vérifie :

$$\forall f \in F \ , \int fh d\mu = 0 \quad , \quad \text{alors } h=0 \ \mu\text{-ps.}$$

Supposons que h ne soit pas nulle μ-ps. Alors, quitte à diviser h par $\int |h| d\mu$, on peut supposer que $\nu = |h|.\mu$ est une probabilité. Or si on note h^+ (resp. h^-) la partie positive (resp. négative) de h, on a

$$\forall f \in F \ , \int fh^+ d\mu = \int fh^- d\mu \quad , \text{ donc } \nu = |h|.\mu = \tfrac{1}{2}((2h)^+.\mu + (2h^-).\mu)$$

ν est donc la demi-somme de deux probabilités de $\underline{\underline{M}}_\nu$, ce qui entraîne, d'après l'extrémalité de ν dans $\underline{\underline{M}}_\nu$, que $|h| = 2h^+ = 2h^-$ μ-ps, donc $h=0$ μ-ps contrairement à notre hypothèse.

Notre <u>second exemple</u> est relatif aux images de probabilités ou, ce qui revient au même, aux restrictions de probabilités à des sous-tribus.

Soient $(X,\underline{\underline{X}})$, $(Y_i,\underline{\underline{Y}}_i)_{i \in I}$ des espaces mesurables, et pour tout i, soient $\nu_i \in \underline{\underline{M}}_+^1(Y_i,\underline{\underline{Y}}_i)$, $h_i : X \longrightarrow Y_i$ des lois et des applications $\underline{\underline{X}}|\underline{\underline{Y}}_i$-mesurables. Notons

$$\underline{\underline{M}}^{(h_i,\nu_i,i \in I)} = \{\mu \in \underline{\underline{M}}_+^1(X,\underline{\underline{X}}) \mid \forall i \in I \ , \ h_i(\mu) = \nu_i \}$$

Proposition 1.5. Soit $\mu\in\underline{\underline{M}}^{(h_i,\nu_i,i\in I)}$. μ est un point extrémal de $\underline{\underline{M}}^{(h_i,\nu_i,i\in I)}$ si, et seulement si, les fonctions de la forme $\sum_{j\in J}\varphi_j\circ h_j$, où J est une partie finie de I et $\varphi_j\in b(\underline{\underline{Y}}_j)$ pour tout j, sont denses dans $L^1(\mu)$.

Démonstration. Posons $F=\{\varphi_i\circ h_i \mid \varphi_i\in b(\underline{\underline{Y}}_i),\ i\in I\}$. La propriété $h_i(\mu)=$ $=\nu_i$ est équivalente à

$$\forall\ \varphi_i\in b(\underline{\underline{Y}}_i)\ ,\quad \int\varphi_i\circ h_i d\mu=\int\varphi_i d\nu_i$$

Avec les notations du théorème 1.1, on a donc $\underline{\underline{M}}^{(h_i,\nu_i,i\in I)}=\underline{\underline{M}}_\mu$. D'après ce théorème, μ est extrémale dans $\underline{\underline{M}}^{(h_i,\nu_i,i\in I)}$ si, et seulement si, F est total dans $L^1(\mu)$. ▯

Cette proposition s'applique de façon évidente lorsque l'on considère des probabilités sur un espace produit $\prod_{t\in T}(E_t,\underline{\underline{E}}_t)$, dont les marginales sur des produits partiels $\prod_{t\in S_i}(E_t,\underline{\underline{E}}_t)$, pour une famille $(S_i,i\in I)$ de sous-ensembles de T, sont fixées.

Le cas où l'ensemble d'indices I est réduit à un élément est particulièrement important. Soit $(Y,\underline{\underline{Y}},\nu)$ un espace de probabilité, et soit $h: X\rightarrow Y$ une fonction $\underline{\underline{X}}|\underline{\underline{Y}}$-mesurable. Notons

$$\underline{\underline{M}}^{h,\nu}=\{\mu\in\underline{\underline{M}}_+^1(X,\underline{\underline{X}})\mid h(\mu)=\nu\}$$

et $\underline{\underline{H}}$ la tribu engendrée par h. On note $\underline{\underline{X}}^\mu$ la tribu complétée de $\underline{\underline{X}}$ pour μ, et $\underline{\underline{H}}^\mu$ la tribu obtenue en ajoutant à $\underline{\underline{H}}$ les ensembles μ-négligeables.

Proposition 1.6. Soit $\mu\in\underline{\underline{M}}^{h,\nu}$. Alors μ est un point extrémal de $\underline{\underline{M}}^{h,\nu}$ si, et seulement si, $\underline{\underline{X}}^\mu=\underline{\underline{H}}^\mu$.

Démonstration. Posons $F=\{\varphi\circ h \mid \varphi\in b(\underline{\underline{Y}})\}$. D'après la proposition 1.5, μ est extrémale si, et seulement si, F (qui est un espace vectoriel) est dense dans $L^1(\mu)$. Or, si F y est dense, on a $\underline{\underline{X}}^\mu\subset\underline{\underline{H}}^\mu$, donc $\underline{\underline{X}}^\mu=\underline{\underline{H}}^\mu$.

Inversement, rappelons que toute fonction réelle $\underline{\underline{H}}$-mesurable f s'écrit sous la forme $f=\varphi\circ h$, où $\varphi: Y\rightarrow\mathbb{R}$ est une fonction $\underline{\underline{Y}}$-mesurable. Donc, si $\underline{\underline{X}}^\mu=\underline{\underline{H}}^\mu$, F est dense dans $L^1(\mu)$. ▯

Remarques. Supposons en particulier que l'on ait $X=\mathbb{R}\times Y$, h étant la projection de $\mathbb{R}\times Y$ sur Y, et $\underline{\underline{X}}$ la tribu produit. Soit p la projection sur $\mathbb{R}$. On a $\underline{\underline{X}}^\mu=\underline{\underline{H}}^\mu$ si, et seulement si, p est égale μ-ps à une fonction $\underline{\underline{H}}$-mesurable, autrement dit s'il existe une fonction réelle g sur Y telle que $x=p(x,y)=g(h(x,y))=g(y)$ pour μ-presque tout (x,y). Cela exprime que μ est portée par le graphe de g.

Les résultats précédents, et cette dernière remarque, retrouvent sous une forme plus générale les conclusions d'un travail de Mokobodzki [21]

(avec une démonstration différente, car ce travail est antérieur à l'article [20] de Douglas[1]). Généralisons la remarque précédente :

Corollaire 1.7 (cf. [21], corollaire 2). Soit μ point extrémal de $\underline{\underline{M}}^{h,\nu}$, et soit $f : X \to \mathbb{R}$ une fonction $\underline{\underline{X}}$-mesurable.

Il existe $A \in \underline{\underline{X}}$, de μ-mesure pleine, tel que

$$\forall\, x,y \in A \;,\quad h(x)=h(y) \Rightarrow f(x)=f(y) \;.$$

Démonstration. D'après la proposition 1.6, il existe une fonction $\underline{\underline{Y}}$-mesurable $\varphi : Y \to \mathbb{R}$, telle que $f=\varphi \circ h$ μ-ps. Il suffit alors de poser $A = \{ x \mid f(x)=\varphi(h(x))\}$ pour en déduire le corollaire. ▯

Dans le cas particulier où $X=Y$, $\underline{\underline{Y}}$ étant une sous-tribu de $\underline{\underline{X}}$ et h l'application identique de X, qui est $\underline{\underline{X}}|\underline{\underline{Y}}$-mesurable, on note

$$\underline{\underline{M}}^{\underline{\underline{Y}},\nu} = \{ \mu \in \underline{\underline{M}}_+^1(X,\underline{\underline{X}}) \mid \mu|_{\underline{\underline{Y}}}=\nu\}$$

et l'on déduit de la proposition 1.6 le :

Corollaire 1.8 . Soit $\mu \in \underline{\underline{M}}^{\underline{\underline{Y}},\nu}$. Alors μ est point extrémal de $\underline{\underline{M}}^{\underline{\underline{Y}},\nu}$ si, et seulement si, $\underline{\underline{X}}^{\mu}=\underline{\underline{Y}}^{\mu}$.

Notre troisième exemple, dont l'intérêt est essentiellement pédagogique, est relatif aux systèmes dynamiques. On y voit en particulier comment varie l'ensemble des points extrémaux de $\underline{\underline{M}}_{\mu}$ (théorème 1.1) lorsque F varie.

Soient $(X,\underline{\underline{X}})$ un espace mesurable et T une bijection bimesurable de $(X,\underline{\underline{X}})$. Notons $\underline{\underline{M}}^T$ l'ensemble des probabilités sur $(X,\underline{\underline{X}})$ invariantes par T, et $\underline{\underline{I}}=\{A \in \underline{\underline{X}} \mid TA=A\}$ la tribu des ensembles T-invariants.

Proposition 1.9. Soit $\mu \in \underline{\underline{M}}^T$. μ est un point extrémal de $\underline{\underline{M}}^T$ si, et seulement si, l'ensemble $F_0 \cup \{1\}$ est total dans $L^1(\mu)$, où

$$F_0 = \{ f \circ T - f \mid f \in b(\underline{\underline{X}})\} \;.$$

Démonstration. Il suffit de remarquer que $\underline{\underline{M}}^T=\{\nu \in \underline{\underline{M}}_+^1(X,\underline{\underline{X}}) \mid \forall\, \varphi \in F_0,\ \int \varphi d\nu=0\}$ $=\{\nu \in \underline{\underline{M}}_+^1(X,\underline{\underline{X}}) \mid \forall \varphi \in F_0,\ \int \varphi d\nu=\int \varphi d\mu\}$. On applique alors le théorème 1.1, avec $F=F_0 \cup \{1\}$. ▯

On peut retrouver, à partir de ce résultat, l'équivalence bien connue

$$\mu \in \underline{\underline{M}}^T \text{, point extrémal de } \underline{\underline{M}}^T \iff \underline{\underline{I}} \text{ est } \mu\text{-triviale}$$

en remarquant que l'orthogonal de F_0 dans la dualité (L^1,L^{∞}) est $L^{\infty}(X,\underline{\underline{I}}^{\mu},\mu)$.

1. Voir aussi M.M. ERŠOV. The Choquet theorem and stochastic equations. Analysis Mathematica 1, 1975, p.259-271.

Considérons maintenant $\mu\in\underline{\underline{M}}^T$ (non nécessairement extrémale). Posons $\nu=\mu|_{\underline{\underline{I}}}$, et notons $\underline{\underline{M}}^{T,\nu}=\{\lambda\in\underline{\underline{M}}^T|\ \lambda|_{\underline{\underline{I}}}=\nu\}$. On montre aisément que $\underline{\underline{M}}^{T,\nu}$ est constitué de la seule mesure de probabilité μ (qui y est donc extrémale). Remarquons alors que, d'après le théorème 1.1, l'ensemble des fonctions $g\in b(\underline{\underline{I}})$ et $f\circ T-f$, $f\in b(\underline{\underline{X}})$ est total dans $L^1(\mu)$, d'où l'on déduit facilement le théorème ergodique «dans L^1» :

$$\forall f\in L^1(\mu)\ ,\quad \frac{1}{n}(f+f\circ T+\ldots+f\circ T^n) \xrightarrow[n\to\infty]{} \mu(f|\underline{\underline{I}}) \text{ dans } L^1 .$$

1.3 Nous terminons ce paragraphe par un dernier <u>complément</u> au théorème de Douglas : lorsqu'on poursuit l'étude de l'extrémalité de μ dans $\underline{\underline{M}}_\mu$, il est naturel de se poser la

<u>Question</u> 1 : <u>Quand a t'on</u> $\underline{\underline{M}}_\mu=\{\mu\}$?

En fait, on ne répondra ici qu'à la

<u>Question</u> 1' : <u>Quand a t'on</u> $\underline{\underline{M}}'_\mu=\{\mu\}$?

$\underline{\underline{M}}'_\mu$ étant (cf. remarques 1.2) l'ensemble des éléments de $\underline{\underline{M}}_\mu$ absolument continus par rapport à μ . Si $\underline{\underline{M}}'_\mu=\{\mu\}$, on dit que μ est <u>infimale</u>, terme emprunté à un article à paraître de V. Beneš (relatif au second exemple ci-dessus, et à ses applications à certains problèmes de martingales). Avant de continuer, faisons quelques remarques :

- Si μ est infimale, alors μ est extrémale dans $\underline{\underline{M}}_\mu$.
- Si l'on note $\underline{\underline{M}}''_\mu=\{\ \nu\in\underline{\underline{M}}_\mu\ |\ \nu\simeq\mu\ \}$, on a $\frac{1}{2}\{\underline{\underline{M}}'_\mu+\mu\}\subset\underline{\underline{M}}''_\mu$, et toute probabilité μ telle que $\underline{\underline{M}}''_\mu=\{\mu\}$ est donc infimale. Une telle probabilité est appelée <u>standard</u> par Yen et Yoeurp en [32].

  Autrement dit : (μ standard) <=> (μ infimale) .
- En conséquence, chaque fois que l'on parvient à caractériser les mesures μ extrémales dans $\underline{\underline{M}}_\mu$ par une condition ne faisant intervenir que la classe d'équivalence de μ - c'est le cas de la proposition 1.6 (condition $\underline{\underline{X}}^\mu=\underline{\underline{H}}^\mu$) et de la proposition 1.9 (condition de μ-trivialité de $\underline{\underline{I}}$) - on a l'équivalence

  (μ extrémale dans $\underline{\underline{M}}_\mu$) <=> (μ infimale)

En effet, l'implication <= a été vue plus haut. Inversement, si μ est extrémale dans $\underline{\underline{M}}_\mu$, tous les points de l'ensemble convexe $\underline{\underline{M}}''_\mu$ sont extrémaux, ce qui n'est possible que si $\underline{\underline{M}}''_\mu=\{\mu\}$, et μ est standard, donc infimale.

Voici maintenant une caractérisation des probabilités infimales

<u>Proposition 1.10</u> . <u>Soit</u> $F\subset L^\infty(\mu)$. <u>Les deux assertions suivantes sont équivalentes</u> :

1) μ <u>est infimale</u>.

2) <u>La seule fonction</u> $g\in L^1(\mu)$, <u>bornée inférieurement</u> (<u>ou</u> : <u>supérieurement</u>) <u>telle que</u> : $\forall f\in F$, $\int fg d\mu = 0$, <u>est la fonction nulle</u>[1].

En particulier, si F est faiblement dense dans $L^\infty(\mu)$, μ est infimale (mais ce résultat était évident a priori).

<u>Démonstration</u> : 1)=>2) . Soit g une fonction bornée inférieurement, telle que $\int gd\mu=0$ pour toute $f\in F$. Il existe une constante c>0 telle que $g \geq -c$, et la fonction $h=1+\frac{g}{c}$ est positive, d'intégrale 1 puisque $1\in F$. La loi $\nu=h.\mu$ appartient à $\underline{\underline{M}}'_\mu$, donc $\nu=\mu$ d'après l'hypothèse, ce qui entraîne g=0 μ-ps.

2)=>1) . Soit $\nu=g.\mu \in \underline{\underline{M}}'_\mu$. Alors $h=g-1 \geq -1$ vérifie $\int fhd\mu=0$ pour toute $f\in F$. D'après 2) on a g=1 μ-ps, et donc μ est infimale.

<u>Remarque</u> : Signalons encore, indépendamment du caractère infimal de μ, l'équivalence des assertions suivantes (en supposant toujours $F\subset L^\infty(\mu)$)

a) La seule fonction $g\in L^1(\mu)$, orthogonale à F, est g=0 (autrement dit, F est faiblement dense dans $L^\infty(\mu)$).

b) Pour toute $g\in L^1_+(\mu)$ d'intégrale 1, la probabilité $\nu=g.\mu$ est extrémale dans $\underline{\underline{M}}_\nu$.

Cette équivalence se démontre en suivant pas à pas la démonstration de la proposition 1.4.

<u>2. Applications à des problèmes de martingales.</u>

<u>2.1. Un problème général.</u>

Soit $(\Omega, \underline{\underline{F}}^\circ, (\underline{\underline{F}}^\circ_t)_{t\geq 0})$ un espace filtré, dont la filtration $(\underline{\underline{F}}^\circ_t)$ est continue à droite. On suppose fixé, dans ce paragraphe, un processus réel $(X_t, t\geq 0)$, qui n'est pas nécessairement $\underline{\underline{F}}^\circ_t$-adapté .

ν désigne une fonction d'ensembles, à valeurs dans $\mathbb{R}$, définie sur les ensembles $A\times]s,t] \subset \Omega\times\mathbb{R}^*_+$, où $A\in\underline{\underline{F}}^\circ_{s-}$ et $0<s<t$. On note

$$\underline{\underline{M}}_\nu = \underline{\underline{M}}_\nu(X)=\{ P \text{ probabilités sur } (\Omega,\underline{\underline{F}}^\circ) \mid \forall t ,\ E_P[|X_t|]<\infty$$
$$\forall s<t ,\ \forall A\in\underline{\underline{F}}^\circ_{s-} ,\ \int_A (X_s-X_t)dP = \nu(A\times]s,t]) \}$$

1. Nous commettons l'abus de langage habituel, consistant à parler de fonctions alors qu'il s'agit de classes pour l'égalité μ-p.s..

Supposons que ν soit prolongeable en une mesure bornée $\bar{\nu}$ sur la tribu prévisible de $\Omega\times]0,\infty[$; les réunions d'ensembles disjoints de la forme $A\times]s,t]$ ci-dessus formant une algèbre de Boole qui engendre la tribu prévisible, le prolongement $\bar{\nu}$, s'il existe, est unique. Soit P une loi de probabilité ; supposons que X soit continu à droite et $\underline{\underline{F}}(P)_t$-adapté. Alors la condition $P\in\underline{\underline{M}}_\nu$ est équivalente à l'ensemble des conditions a) et b) que voici

a) X est une $(P,\underline{\underline{F}}(P)_t)$-quasimartingale, autrement dit

$$\sup_\tau \{ (\sum_{i=0}^{n-1} E[|X_{t_i} - E[X_{t_{i+1}}|F(P)_{t_i}]|] + E[|X_{t_n}|] \} < \infty$$

où $\sup_\tau$ désigne le suprémum sur les subdivisions finies de $\mathbb{R}_+$

$$\tau = (0=t_0<t_1 \ldots. < t_n < \infty)$$

b) La quasi-martingale X admet une mesure de Föllmer sur la tribu prévisible de $\Omega\times]0,\infty[$, qui est égale à $\bar{\nu}$.

(Rappelons que si l'espace filtré $(\Omega,\underline{\underline{F}}^\circ,(\underline{\underline{F}}^\circ_t))$ est suffisamment "régulier" , toute $\underline{\underline{F}}(P)_t$-quasimartingale admet une mesure de Föllmer sur $\Omega\times[0,\infty]$: cf. Föllmer [22]). En particulier, si $\nu=0$ et X est $\underline{\underline{F}}(P)_t$-adapté, $P\in\underline{\underline{M}}_\nu$ signifie que X est une $(P,\underline{\underline{F}}(P)_t)$-martingale.

Nous notons $\mathcal{E}_\nu$ l'ensemble des points extrémaux de $\underline{\underline{M}}_\nu$. On déduit immédiatement du théorème 1.1 une caractérisation générale des éléments de $\mathcal{E}_\nu$ (nous ne l'énonçons pour un seul couple (X,ν) que pour des raisons de simplicité : le théorème 1.1 s'appliquerait aussi bien à la détermination des points extrémaux de $\underline{\underline{M}}=\bigcap_i \underline{\underline{M}}_{\nu_i}(X_i)$ pour une famille quelconque $(X_i,\nu_i)_{i\in I}$ de tels couples)

Théorème 2.1 . Soit $P\in\underline{\underline{M}}_\nu$. Il y a équivalence entre

1) $P\in\mathcal{E}_\nu$.
2) Les variables 1 et $1_A(X_t-X_s)$ $(s<t,\ A\in\underline{\underline{F}}^\circ_{s-})$ sont totales dans $L^1(\Omega,\underline{\underline{F}}^\circ,P)$.

2.2. Densité dans L^1 et dans H^1.

La loi P restant désormais fixée la plupart du temps, nous ne ferons apparaître P dans les notations que lorsque ce sera indispensable pour la clarté : nous écrirons donc L^1, H^1, BMO, $\underline{\underline{F}}_t$ ... pour $L^1(P),\ldots,\underline{\underline{F}}(P)_t$. On suppose dans tout ce paragraphe que la tribu $\underline{\underline{F}}_0$ est P-triviale : cette condition permet de simplifier l'exposé, et elle n'est pas difficile à lever. On suppose en outre que $\underline{\underline{F}}=\bigvee_t \underline{\underline{F}}_t$.

Il est naturel d'associer à toute $f\in L^1$ la martingale uniformément intégrable $\tilde{f}_t=E[f|\underline{\underline{F}}_t]$ (supposée cadlag comme toutes les martingales ou martingales locales que l'on rencontrera par la suite). L'identification de f à $\tilde{f}$ nous permet d'identifier l'espace L^1 à l'espace de toutes les martingales uniformément intégrables M , muni de la norme $\|M\|_1=E[|M_\infty|]$. Lorsque nous considérerons ainsi L^1 comme un espace de martingales, nous le noterons $\mathfrak{L}^1$ ($\mathfrak{L}^1(P)$ si nécessaire). Grâce à cette identification des fonctions intégrables à des martingales, nous allons donner une version du théorème de Douglas en termes de densité dans un espace de martingales, qui sera l'espace H^1.

Si $\underline{\underline{N}}$ est un ensemble de P-martingales locales, on définit $\mathcal{L}^1(\underline{\underline{N}})$ (ou $\mathcal{L}^1(\underline{\underline{N}},P)$ s'il y a risque de confusion) comme le plus petit sous-espace vectoriel fermé de H^1, stable par arrêt (i.e. $M\in\mathcal{L}^1(\underline{\underline{N}})$ et T t.a. => $M^T\in\mathcal{L}^1(\underline{\underline{N}})$) contenant les martingales N^T ($N\in\underline{\underline{N}}$, T t.a.) qui appartiennent à H^1 (+).

Lorsque $\underline{\underline{N}}$ est réduit à une seule martingale locale X, nous écrirons simplement $\mathcal{L}^1(X)$. Nous recopions la proposition 1 de [15], qui permet de caractériser $\mathcal{L}^1(X)$:

<u>Lemme 2.2.</u>. <u>Si</u> X <u>est une martingale locale</u>, <u>on a</u>

$$\mathcal{L}^1(X) = \{ \int_{[0}^{\cdot]} H_s dX_s \mid H \text{ prévisible, } E[(\int_{[0,\infty[} H_s^2 d[X,X]_s)^{1/2}]<\infty \}$$

Démonstration rapide : l'ensemble de droite est un espace vectoriel V qui contient toutes les arrêtées $X^T\in H^1$. Il est stable par arrêt. Pour montrer qu'il est fermé, on considère l'espace Γ^1 des processus prévisibles H tels que $[\![H]\!] = E[(\int_{[0,\infty[} H_s^2 d[X,X]_s)^{1/2}]<\infty$, et on vérifie qu'il est complet pour la norme $[\![\;]\!]$, après quoi on remarque que $H\mapsto\int_{[0}^{\cdot} H_s dX_s$ est une isométrie de l'espace Γ^1 dans H^1, dont l'image est V ; celui-ci est donc fermé. Soit (T_n) une suite de t.a. telle que $T_n\uparrow+\infty$ et $X^{T_n}\in H^1$. On vérifie que les processus de la forme $H1_{[0,T_n]}$ ($n\in\mathbb{N}$, $H=1_{A\times\{0\}}$, $A\in\underline{\underline{F}}_0$ ou bien $H=1_{A\times]s,t]}$, avec $s<t$, $A\in\underline{\underline{F}}_s$) forment un ensemble total dans Γ^1, et il en résulte sans peine que V est le plus petit espace vectoriel fermé dans H^1 , stable par arrêt et contenant les X^{T_n} .

<u>Remarque</u> . $\underline{\underline{F}}_0$ étant P-triviale, on peut distinguer deux cas : si $X_0=0$, $\mathcal{L}^1(X) = \{ \int_0^{\cdot} H_s dX_s|\ldots\}$, ces intégrales stochastiques étant nulles en 0, relatives à l'intervalle $]0,.]$. Si $X_0\neq 0$, $\mathcal{L}^1(X)=\{c+\int_0^{\cdot} H_s dX_s \mid c\in\mathbb{R},\ldots\}$, avec des intégrales stochastiques du même type.

(+) Si $\underline{\underline{F}}_0$ n'est pas triviale, il faut ajouter que $\mathcal{L}^1(\underline{\underline{N}})$ doit être stable par multiplication par 1_A , pour tout $A\in\underline{\underline{F}}_0$.

Si $\underline{\underline{N}}$ est un ensemble quelconque de martingales locales, l'espace $\mathcal{L}^1(\underline{\underline{N}})$ est caractérisé par le lemme suivant :

<u>Lemme 2.3.</u> $\mathcal{L}^1(\underline{\underline{N}})$ <u>est le sous-espace vectoriel fermé dans</u> H^1 <u>engendré par</u> $\cup_{X\in\underline{\underline{N}}} \mathcal{L}^1(X)$.

<u>Démonstration</u> . Soit $\underline{\underline{K}}$ le sous-espace vectoriel engendré par $\cup_X \mathcal{L}^1(X)$. Il est clair que $\underline{\underline{K}}$ est stable par arrêt, et il en est de même de sa fermeture $\overline{\underline{\underline{K}}}$, car l'opération d'arrêt est une contraction de H^1. $\overline{\underline{\underline{K}}}$ possède donc toutes les propriétés exigées par la définition de $\mathcal{L}^1(\underline{\underline{N}})$, et tout sous-espace vectoriel fermé de H^1 vérifiant ces propriétés contient $\overline{\underline{\underline{K}}}$. D'où : $\overline{\underline{\underline{K}}} = \mathcal{L}^1(\underline{\underline{N}})$.

<u>Remarque</u> . Cette théorie des espaces stables dans H^1 est bien entendu calquée, mutatis mutandis, sur la théorie classique des espaces stables dans $\underline{\underline{M}}^2$, due à Kunita-Watanabe [1]. Celle-ci sera utilisée plus loin[1]. De même que nous avons défini $\mathcal{L}^1(\underline{\underline{N}})$, le sous-espace stable engendré dans H^1 par une famille de martingales locales, nous pouvons définir $\mathcal{L}^2(\underline{\underline{N}})$ comme le sous-espace stable engendré dans $\underline{\underline{M}}^2$ par une famille de martingales localement de carré intégrable : c'est le sous-espace stable (au sens de Kunita-Watanabe) engendré par les N^T ($N\in\underline{\underline{N}}$, T t.a. tel que $N^T\in\underline{\underline{M}}^2$) (auxquelles on doit ajouter les martingales $1_A N_0$, $A\in\underline{\underline{F}}_0$,$N\in\underline{\underline{N}}$, $\int_A N_0^2 dP<\infty$ si $\underline{\underline{F}}_0$ n'est pas P-triviale).

Rappelons que, si l'on identifie une martingale uniformément intégrable X à sa variable aléatoire terminale X_∞ , on a pour $1<p<\infty$

$$\|X_\infty\|^p_{L^p} = E[|X_\infty|^p] \leqq \|X\|^p_{H^p} = E[\sup_t |X_t|^p] \leqq (\frac{p}{p-1})^p E[|X_\infty|^p]$$

où la dernière relation est l'inégalité de Doob, de sorte que $\tilde{L}^p$ (i.e. L^p considéré comme espace de martingales) s'identifie à H^p avec une norme équivalente. Si p=1, on a seulement $H^1 \subset \tilde{L}^1$, avec $\|X_\infty\|_{L^1} \leqq \|X\|_{H^1} \leqq +\infty$ pour toute martingale uniformément intégrable X.

Le théorème suivant remédie partiellement à cela. Je remercie J.M. Bismut, pour une remarque qui m'a permis d'améliorer une version antérieure de ce théorème.

Fixons d'abord les notations. Soit A un ensemble de martingales uniformément intégrables . Nous désignons par Φ le sous ensemble de H^1

$$\Phi = \Phi(A) = \{ Y^T \mid Y\in A \text{ , T t.a. tel que } Y^T\in H^1 \}$$

(autrement dit, Φ est l'intersection de H^1 et du stabilisé de l'ensemble A

1. Dans la seconde partie de l'appendice.

pour l'arrêt). Nous désignons par Ψ l'enveloppe convexe de Φ , par $\overline{\Phi}$ la fermeture faible de Φ dans H^1 (autrement dit, pour la topologie $\sigma(H^1,BMO)$), et par $\overline{\Psi}$ la fermeture de Ψ dans H^1 : comme Ψ est convexe, il est inutile de spécifier s'il s'agit de la fermeture faible ou forte, en vertu du théorème de Hahn-Banach. Noter que $\overline{\Phi}$ et $\overline{\Psi}$ sont stables par arrêt. La trivialité de $\underline{\underline{F}}_0$ n'est pas utilisée dans l'énoncé suivant.

Théorème 2.4. Soit Y une martingale uniformément intégrable. Supposons que des martingales $Y^n \in A$[1] convergent vers Y dans $\tilde{L}^1$, ou même seulement pour la topologie faible $\sigma(\tilde{L}^1,\tilde{L}^\infty)$.

Alors, pour tout t.a. T tel que $Y^T \in H^1$, on a $Y^T \in \overline{\Phi}$.

Corollaire 2.5.1. Pour tout t.a. T tel que $Y^T \in H^1$, Y^T appartient à l'adhérence forte de l'enveloppe convexe Ψ de Φ [2].

Démonstration. Le corollaire résulte immédiatement du théorème, et des remarques précédant l'énoncé.

Pour établir le théorème, nous pouvons nous ramener au cas où Y appartient à H^1, avec $T=\infty$: admettons le résultat sous ces hypothèses, et étendons le à la situation de l'énoncé. Les opérateurs d'espérance conditionnelle étant continus dans L^1, nous pouvons appliquer le théorème aux martingales arrêtées $(Y^n)^T$, Y^T , les variables terminales $(Y^n)^T_\infty = E[Y^n_\infty \mid \underline{\underline{F}}_T]$ convergeant (faiblement dans L^1) vers $E[Y_\infty \mid \underline{\underline{F}}_T]=Y^T_\infty$. Comme $Y^T \in H^1$ par hypothèse, le cas particulier du théorème que nous avons admis nous dit que Y^T appartient à la fermeture faible de l'ensemble Φ relatif à la suite $(Y^n)^T$, qui est plus petit que l'ensemble Φ initial.

Nous pouvons aussi nous ramener au cas où les Y^n appartiennent à H^1, de la manière suivante : pour tout n, il existe une suite de t.a. $S^n_k \uparrow \infty$ telle que $(Y^n)^{S^n_k} \in H^1$. Posons $(Y^n)^{S^n_k} = Z^n$, en choisissant $k=k_n$ assez grand pour que $\|Y^n_\infty - Z^n_\infty\|_{L^1} = \|Y^n_\infty - E[Y^n_\infty \mid \underline{\underline{F}}_{S^n_k}]\|_{L^1} \leq 1/n$ (la possibilité d'un tel choix résulte du théorème de convergence des martingales) Alors nous avons $Z^n \in H^1$ pour tout n , Z^n_∞ converge faiblement dans L^1 vers Y_∞ , car on a pour $g \in L^\infty$

$$\left| \int Z^n_\infty g\, dP - \int Y_\infty g\, dP \right| \leq \|Z^n_\infty - Y^n_\infty\|_{L^1} \|g\|_{L^\infty} + \left| \int Y^n_\infty g\, dP - \int Y_\infty g\, dP \right|$$

et enfin, l'ensemble Φ relatif à la suite (Z^n) est contenu dans l'ensemble Φ initial.

1. On identifie comme d'habitude les martingales Y^n,Y à leurs variables terminales Y^n_∞ , Y_∞ ; cette hypothèse signifie simplement que Y appartient à l'adhérence forte (faible) de A dans L^1. 2. Une application de ce résultat à un problème de contrôle sera publiée ailleurs.

Ces réductions étant faites, que signifie l'énoncé ? Nous mettons H^1 et BMO en dualité par la forme bilinéaire $(L,M) \mapsto E[[L,M]_\infty]$, et il nous faut montrer :

Pour toute suite finie $U^1,\dots,U^d$ d'éléments de BMO, et tout $\varepsilon>0$ il existe un $n\in\mathbb{N}$ et un temps d'arrêt T tels que

$$\forall\ i=1,\dots,d \quad |E[[(Y^n)^T,U^i]_\infty] - E[[Y,U^i]_\infty]| < \varepsilon .$$

Nous prenons pour T un temps d'arrêt de la forme

$$T = \inf\{ t : |U_t^1|+\dots+|U_t^d| \geqq k \}$$

où k est choisi assez grand pour que l'on ait pour $i=1,\dots,d$

$$E[\int_{]T,\infty]} |d[Y,U^i]_s|] < \varepsilon/2$$

C'est possible, car le processus $[Y,U^i]$ est à variation intégrable, Y appartenant à H^1 et U^i à BMO (inégalité de Fefferman). Ce choix étant fait, nous pouvons remplacer à $\varepsilon/2$ près $E[[Y,U^i]_\infty]$ par $E[[Y,U^i]_T]$ $= E[[Y,(U^i)^T]_\infty]$, et il nous suffit de prouver que (T restant fixé)

$$\text{lorsque } n\to\infty \quad E[[(Y^n)^T,U^i]_\infty] = E[[Y^n,(U^i)^T]_\infty] \longrightarrow E[[Y,(U^i)^T]_\infty]$$

pour $i=1,\dots,d$. Or la martingale U^i appartient à BMO , et ses sauts (y compris le " saut en 0" U_0^i) sont donc bornés. Comme elle est bornée sur $[0,T[$, elle l'est aussi sur $[0,T]$, et la martingale $(U^i)^T$ est bornée. La martingale locale $[Y^n,(U^i)^T] - Y^n(U^i)^T$ appartient donc à la classe (D) - elle appartient en fait à H^1 - et nous avons

$$E[[Y^n,(U^i)^T]_\infty] = E[Y^n_\infty U^i_T] \text{ , et de même } E[[Y,(U^i)^T]_\infty] = E[Y_\infty U^i_T]$$

Finalement, U^i_T appartenant à L^∞, on se trouve ramené à l'hypothèse : Y^n_∞ converge vers Y_∞ pour $\sigma(L^1,L^\infty)$. ▯

Voici des conséquences importantes du théorème 2.4 :

Corollaire 2.5.2. Soit M une martingale locale. Soient $(Y^n_t),(Y_t)$ des martingales uniformément intégrables telles que Y^n_∞ converge vers Y_∞ faiblement dans L^1. Si les Y^n admettent des représentations comme intégrales stochastiques prévisibles par rapport à M

$$Y^n_t = \int_0^t \varphi^n_s \, dM_s$$

il existe un processus prévisible φ tel que $Y_t = \int_0^t \varphi_s \, dM_s$.

Autrement dit : $\tilde{L}^1 \cap \mathcal{L}^1_{loc}(M)$ est fermé dans $\tilde{L}^1$

Démonstration : Avec les notations du théorème 2.4, tout élément de $\mathcal{Y}$ admet une représentation comme i.s. prévisible par rapport à M, autrement dit appartient à $\mathcal{L}^1(M)$. D'après le lemme 2.2, il en est de même de tout élément de $\overline{Y}$. D'après le théorème 2.4, Y appartient localement à $\overline{Y}$, et le corollaire en résulte immédiatement.

Une démonstration presque identique donne le résultat suivant, qui s'énoncerait, pour des martingales localement de carré intégrable, en termes de continuité absolue de crochets obliques $\langle Y,Y\rangle$ par rapport à A.

Corollaire 2.5.3. Les notations Y^n,Y ayant le même sens que dans le corollaire précédent, soit A un processus croissant prévisible, et supposons que, pour tout n, Y^n possède la propriété suivante :

pour tout processus prévisible $\varphi \geq 0$ tel que $\int_0^{\cdot} \varphi_s dA_s = 0$, on a $\int_0^{\cdot} \varphi_s dY^n_s = 0$.

Alors, Y possède la même propriété.

Démonstration. Il suffit de vérifier cela lorsque φ est borné. La propriété passe alors aussitôt des Y^n à $\mathcal{Y}$, puis à $\overline{Y}$, puis à Y par le théorème 2.4. Le caractère prévisible de A intervient dans les applications, mais n'a pas été utilisé.

On compare maintenant les ensembles totaux dans $\widetilde{L}^1$ et dans H^1:

Théorème 2.6. 1) Soit U un ensemble de martingales uniformément intégrables, stable par arrêt. Alors les propriétés suivantes sont équivalentes

a) U est total dans $\widetilde{L}^1$.

b) $U \cap H^1$ est total dans H^1.

c) $\mathcal{L}^1(U) = H^1$.

2) Soit $U \subset \widetilde{L}^1$ tel que $\mathcal{L}^1(U) = H^1$ (U n'est pas nécessairement stable par arrêt). Alors l'ensemble des variables de la forme $1_A X_0$ ($A \in \underline{\underline{F}}_0$, $X \in U$) et $1_A(X_t - X_s)$ ($0<s<t$, $A \in \underline{\underline{F}}_{s-}$, $X \in U$) est total dans L^1.

Démonstration. Il est évident que b)=>a), puisque H^1 est dense dans $\widetilde{L}^1$, et que b)=>c), puisque $\mathcal{L}^1(U)$ est fermé et contient $U \cap H^1$. Pour voir que a)=>b), nous remarquons d'abord que $U \cap H^1$ est dense dans U pour la topologie de $\widetilde{L}^1$ (c'est immédiat par arrêt), de sorte que nous pouvons supposer $U \subset H^1$ sans perdre de généralité. Soit V le sous-espace engendré par U. D'après a), pour toute martingale $Y \in H^1$ il existe des martingales $Y^n \in V$ convergeant vers Y dans $\widetilde{L}^1$. D'après le corollaire 2.5.1, il existe des martingales Z^n, combinaisons convexes d'arrêtées des Y^n, qui convergent vers Y dans H^1. On conclut en remarquant que les Z^n appartiennent encore à V. Nous rejetons à la fin l'implication c)=>a), pour laquelle la trivialité de $\underline{\underline{F}}_0$ est nécessaire.

Passons au 2), <u>en supposant d'abord</u> $U \subset H^1$. Nous identifions systématiquement ici les martingales uniformément intégrables et leurs variables terminales. D'après les lemmes 2.3 et 2.2, les variables de la forme

(*) $\int_{[0,\infty[} \varphi_s dX_s$ où X parcourt U
φ l'espace $\Gamma(X)$ des processus prévisibles tels que $E[(\int_{[0,\infty[} \varphi_s^2 d[X,X]_s)^{1/2}] < \infty$

forment un ensemble total dans H^1. D'autre part, les processus du type

$$\varphi = 1_{A\times\{0\}} \ (A\in \underline{\underline{F}}_0) \qquad \text{et} \qquad \varphi = 1_{A\times]s,t]} \ (s<t,\ A\in\underline{\underline{F}}_{s-})$$

forment un ensemble dense dans $\Gamma(X)$, d'où la possibilité de considérer seulement des variables (*) associées à de tels processus, et un ensemble total dans H^1 formé des variables

$$1_A X_0 \ (A\in\underline{\underline{F}}_0, X\in U) \qquad \text{et} \qquad 1_A(X_t - X_s) \ (0\le s<t,\ A\in\underline{\underline{F}}_{s-},\ X\in U) .$$

(Mais $\underline{\underline{F}}_0$ est P-triviale : les variables du premier type sont simplement les constantes) . On conclut en remarquant que H^1 est dense dans L^1 (immédiat par arrêt).

Passons au cas où $U\subset L^1$. Soit V l'ensemble des arrêtées X^T (X∈U, T t.a.) qui appartiennent à H^1. On a $\mathcal{L}^1(V)=\mathcal{L}^1(U)=H^1$, et le résultat précédent nous donne un ensemble total dans L^1, formé de variables

$$1_A X_0 \ (A\in\underline{\underline{F}}_0,\ X\in U) \qquad \text{et} \qquad 1_A(X_t^T - X_s^T) \ (s<t,\ A\in\underline{\underline{F}}_{s-},\ X\in U,\ T \text{ t.a.})$$

Nous obtenons encore un ensemble total en restreignant T à être <u>borné</u> (remplacer T par $T\wedge n$, et faire tendre n vers l'infini). Nous pouvons aussi remplacer T par $T\vee s$. Finalement, soit T_n la n-ième approximation dyadique de T ; lorsque $n\to\infty$ $1_A(X_t^{T_n} - X_s^{T_n})$ converge dans L^1 vers $1_A(X_t^T - X_s^T)$, et l'on vérifie sans peine que $1_A(X_t^{T_n} - X_s^{T_n})$ est combinaison linéaire finie de variables $1_B(X_v - X_u)$ $(u<v,\ B\in\underline{\underline{F}}_u)$.

Reste l'implication c)=>a) du 1). Nous continuons à identifier les martingales à leurs variables terminales. La stabilité de U par arrêt s'interprète alors comme stabilité par les opérateurs $E[\,|\underline{\underline{F}}_T]$. En particulier, prenant pour T un t.a. de la forme $1_A.s + 1_{A^c}.\infty$ $(A\in\underline{\underline{F}}_s)$, nous voyons que

$$X\in U \Rightarrow 1_A X_s + 1_{A^c} X \in U \quad \text{pour } A\in\underline{\underline{F}}_{s-}$$

Remplaçant s par t>s sans changer A, et prenant une différence, nous voyons que

$$X\in U \Rightarrow 1_A(X_t - X_s) \in U$$

D'autre part, si $\mathcal{L}^1(U)=H^1$, il existe au moins un X∈U tel que $X_0\neq 0$, donc par arrêt à 0, $\underline{\underline{F}}_0$ étant P-triviale, nous voyons que U contient une constante non nulle. Finalement, compte tenu de la partie 2), nous voyons que U contient un ensemble total dans L^1, et l'on a bien que c)=>a). ▯

Remarque. Si $\underline{\underline{F}}_0$ n'était pas triviale, il faudrait dans la partie 1) ajouter la stabilité de U par la multiplication par 1_A ($A \in \underline{\underline{F}}_0$), seulement pour l'implication c)=>a). La partie 2) est rédigée de manière à s'étendre sans modification.

On peut noter d'autre part que la conclusion de la partie 2) est vraie dès que U est un ensemble de vraies martingales (non nécessairement uniformément intégrables) : il suffit d'appliquer la partie 2) à l'ensemble des martingales arrêtées X^n ($X \in U$, $n \in \mathbb{N}$).

2.3. La propriété de représentation prévisible.

Revenons à l'énoncé du théorème 2.1, en supposant que X est adapté à $(\underline{\underline{F}}_t^o)$, que $\nu=0$ (donc que X est une vraie martingale), et que P est extrémale. On vérifie immédiatement que $\underline{\underline{F}}_0^o$ est P-triviale. La condition 2) du théorème 2.1 entraîne que $\mathcal{L}^1(1,X)$ est dense dans $\tilde{L}^1$; comme il est stable par arrêt, le théorème 2.6 nous dit que $\mathcal{L}^1(1,X)=H^1$, et ceci revient à une propriété de représentation prévisible : tout élément de H^1 peut s'écrire sous la forme $c+\int_0^{\cdot} \varphi_s dX_s$, avec φ prévisible tel que $E[(\int_0^{\infty} \varphi_s^2 d[X,X]_s)^{1/2}]<\infty$. Ainsi, grâce au théorème de Douglas et au théorème 2.4 ou 2.6, nous avons déduit de l'extrémalité de P une propriété de représentation prévisible. Nous allons développer cette remarque.

Soit $\underline{\underline{N}}$ un ensemble de processus cadlag adaptés à $(\underline{\underline{F}}_t^o)$. On note

- $\underline{\underline{M}}_{\underline{\underline{N}}}$ l'ensemble des probabilités P sur $(\Omega,\underline{\underline{F}}^o)$, telles que tout $X \in \underline{\underline{N}}$ soit une $(\underline{\underline{F}}(P)_t,P)$-martingale locale ,
- $\mathcal{E}_{\underline{\underline{N}}}$ l'ensemble des points extrémaux de l'ensemble $\underline{\underline{M}}_{\underline{\underline{N}}}$.

Quelques remarques évidentes : d'abord , $\underline{\underline{M}}_{\underline{\underline{N}}}$ n'est pas nécessairement convexe, mais cela n'interdit pas de parler de ses points extrémaux. On ne change pas $\underline{\underline{M}}_{\underline{\underline{N}}}$ si l'on stabilise $\underline{\underline{N}}$ pour l'arrêt, et pour la multiplication par 1_A ($A \in \underline{\underline{F}}_0$). Enfin, la tribu $\underline{\underline{F}}_0$ est P-triviale pour tout $P \in \mathcal{E}_{\underline{\underline{N}}}$.

Le théorème suivant complète le théorème 1.5 de [14], où figure l'équivalence 1) <=> 2).

Théorème 2.7. Soit $P \in \underline{\underline{M}}_{\underline{\underline{N}}}$. Les assertions suivantes sont équivalentes

1) $P \in \mathcal{E}_{\underline{\underline{N}}}$.
2) $\underline{\underline{F}}_0$ est P-triviale, et $\mathcal{L}^1(\underline{\underline{N}} \cup \{1\},P)=H^1(P)$.

Si en outre tout élément de $\underline{\underline{N}}$ est une vraie martingale pour P, ces

<u>assertions sont aussi équivalentes à</u>

3) <u>Les variables</u> 1 <u>et</u> $1_A(X_t-X_s)$ ($\alpha<s<t$, $A\in\underline{\underline{F}}^o_{s-}$, $X\in\underline{\underline{N}}$) <u>sont totales dans</u> $L^1(\underline{\underline{F}}^o,P)$.

<u>Remarque</u>. Soit $\hat{\underline{\underline{N}}}$ le stabilisé de $\underline{\underline{N}}\cup\{1\}$ pour l'arrêt aux t.a. bornés de la famille $(\underline{\underline{F}}^o_t)$. Nous verrons aussi que 1) est équivalente à

4) $\underline{\underline{F}}_0$ <u>est</u> P-<u>triviale, et</u> $\hat{\underline{\underline{N}}}\cap\tilde{L}^1(P)$ <u>est total dans</u> $\tilde{L}^1(P)$.

<u>Démonstration</u>. Compte tenu des résultats obtenus plus haut, nous n'avons pas besoin de nous référer à [14]. Nous pouvons supposer que $1\in\underline{\underline{N}}$.

Il résulte de la remarque qui suit le théorème 2.6 que 2)=>3), si $\underline{\underline{N}}$ se compose de vraies P-martingales. Dans tous les cas, 2) entraîne que $\hat{\underline{\underline{N}}}\cap H^1(P)$ est total dans $H^1(P)$, donc a fortiori dans $\tilde{\mathfrak{L}}^1(P)$ (th. 2.6, b)) et a fortiori 4) , et il est clair aussi que 3)=>4) si $\underline{\underline{N}}$ se compose de vraies martingales. Enfin, 4)=>2) : c'est l'implication a)=>c) de 2.6.

Pour examiner l'équivalence avec 1), nous allons remplacer $\underline{\underline{N}}$ par un autre ensemble $\underline{\underline{L}}$: à toute martingale locale $X\in\underline{\underline{N}}$, nous associons une suite croissante (T_k) de temps d'arrêt de la famille $(\underline{\underline{F}}^o_t)$, telle que

$T_k\uparrow+\infty$ P-p.s., et que $X^{T_k}1_{\{T_k>0\}}$ soit une vraie martingale pour P

(si X est déjà une vraie martingale pour P, nous prenons $T_k=+\infty$). Alors $\underline{\underline{L}}$ est l'ensemble des processus X^{T_k} ainsi construits. Posons

$$\underline{\underline{M}}^!_{\underline{\underline{L}}} = \{ Q \text{ probabilités sur } (\Omega,\underline{\underline{F}}^o) \mid \forall X\in\underline{\underline{L}} , X \text{ est une } Q\text{-martingale}\}$$

On a $P\in\underline{\underline{M}}^!_{\underline{\underline{L}}}$ par construction. D'autre part, d'après le théorème 2.1 avec $\nu=0$, étendu (sans aucune difficulté) au cas où X est remplacé par un ensemble $\underline{\underline{L}}$ de processus, nous avons

$$(P \text{ extrémal dans } \underline{\underline{M}}^!_{\underline{\underline{L}}}) \iff (\text{les v.a. } 1 \text{ et } 1_A(X_t-X_s) , A\in\underline{\underline{F}}_s, s<t, X\in\underline{\underline{L}} \text{ forment un ensemble total dans } L^1(P))$$

qui est la condition 3) pour $\underline{\underline{L}}$, et équivaut à 2) d'après la première partie, car $\mathfrak{L}^1(\underline{\underline{N}},P)=\mathfrak{L}^1(\underline{\underline{L}},P)$. Il nous reste seulement à vérifier (cf [15])

(P non extrémal dans $\underline{\underline{M}}^!_{\underline{\underline{L}}}$) $\iff$ (P non extrémal dans $\underline{\underline{M}}_{\underline{\underline{N}}}$)

1) Supposons que P admette une représentation $rQ+(1-r)Q'$, avec $0<r<1$, $Q\in\underline{\underline{M}}^!_{\underline{\underline{L}}}$, $Q'\in\underline{\underline{M}}^!_{\underline{\underline{L}}}$, $Q\neq Q'$. Pour $X\in\underline{\underline{N}}$, les temps d'arrêt T_k associés plus haut à X tendent vers $+\infty$ P-p.s., donc p.s. pour Q et Q', donc X est une martingale locale pour Q et Q', ces mesures appartiennent à $\underline{\underline{M}}_{\underline{\underline{N}}}$, et P n'est pas extrémal dans $\underline{\underline{M}}_{\underline{\underline{N}}}$. C'est l'implication => .

2) Inversement , supposons que $P=rQ+(1-r)Q'$, $Q\in\underline{\underline{M}}_{\underline{\underline{N}}}$,$Q'\in\underline{\underline{M}}_{\underline{\underline{N}}}$, $Q\neq Q'$. Toute $X\in\underline{\underline{L}}$ est une martingale locale pour Q et Q'. Le processus $(X_s)_{s\leq t}$ appartient à la classe (D) pour t fini relativement à P, donc aussi

relativement à Q et Q'. Donc X est une vraie martingale pour Q et Q', et P est non extrémale dans $\underline{\underline{M}}^{!}_{\underline{\underline{L}}}$. C'est l'implication <= . ▯

Remarques . a) En [14], il est montré que si $\underline{\underline{N}}$ est constitué d'un nombre fini de processus, il y a identité entre points extrémaux et points infimaux dans $\underline{\underline{M}}_{\underline{\underline{N}}}$. Cette question reste ouverte lorsque $\underline{\underline{N}}$ est infini.

b) Le théorème 2.7 est en fait une extension du théorème de Douglas (th. 1.1.). En effet, avec les notations du théorème 1.1, introduisons la filtration

$$\underline{\underline{F}}^o_t = \{X,\emptyset\} \text{ pour } 0\leqq t<1 \quad , \quad \underline{\underline{F}}^o_t=\underline{\underline{X}} \text{ pour } t\geqq 1$$

et associons à toute v.a. $f\in L^1(X,\underline{\underline{X}},\mu)$ le processus adapté

$$\tilde{f}_t = \int f d\mu \text{ si } 0\leqq t<1 \ , \ \tilde{f}_t = f \text{ si } t\geqq 1$$

Le processus $(\tilde{f}_t)$ est une λ-martingale (ou même simplement une λ-martingale locale) si et seulement si f est λ-intégrable et $\int f d\lambda=\int f d\mu$. D'autre part, le sous-espace engendré par les variables 1 et $1_{A_s}(\tilde{f}_t-\tilde{f}_s)$ est le même que le sous-espace engendré par 1 et f. Il suffit donc d'appliquer le théorème 2.7 en prenant $\underline{\underline{N}}=\{\tilde{f},\ f\in F\}$.

Quant aux démonstrations des deux théorèmes, elles reposent toutes deux sur le théorème de Hahn-Banach et la connaissance explicite d'un dual : $(L^1)'=L^\infty$ pour le théorème 1.1, $(H^1)'$=BMO pour le théorème 2.7.

Nous nous restreignons maintenant au cas où $\underline{\underline{N}}$ est réduit à un processus réel X . D'après le lemme 2.2, si $P\in\underline{\underline{M}}_{\{X\}}$, P est point extrémal de $\underline{\underline{M}}_{\{X\}}$ si et seulement si

(1) toute martingale locale M peut s'écrire $M_t=c+\int_0^t H_s dX_s$, avec $c\in\mathbb{R}$, H prévisible tel que $(\int_0^{\cdot} H_s^2 d[X,X]_s)^{1/2}$ soit localement intégrable.

Si X vérifie cette propriété, on dit que X a la propriété de représentation prévisible (en abrégé : (RP)) par rapport à la filtration $(\underline{\underline{F}}_t)=(\underline{\underline{F}}(P)_t)$.

On déduit aisément de cette caractérisation des résultats de densité dans L^p pour $1\leqq p<\infty$, résolvant ici par l'affirmative la question générale qui précède la proposition 1.4.

Proposition 2.8. Soit $1\leqq p<\infty$. Soient X un processus cadlag réel $\underline{\underline{F}}^o_t$-adapté, et $P\in\underline{\underline{M}}_{\{X\}}$ tel que : $\forall\ t\geqq 0$, $E[|X_t|^p]<\infty$. Les deux propriétés suivantes sont équivalentes

1) $P\in\mathcal{E}_{\{X\}}$.
2) Les variables 1 et $1_A(X_t-X_s)$ (s<t, $A\in\underline{\underline{F}}^o_s$) sont totales dans L^p.

Démonstration. Le résultat est déjà connu pour p=1 (théorème 2.1 avec $\nu=0$, ou théorème 2.7). Supposons donc p>1 .

2)=>1). L^p est dense dans L^1, donc les variables de l'énoncé sont totales dans L^1, et on est ramené à la situation connue.

1)=>2) . Soit $Y\in L^p$. D'après (1), la martingale $\tilde{Y}_t=E[Y|\underline{\underline{F}}(P)_t]$ admet une représentation prévisible

$$\tilde{Y}_t = c + \int_0^t \varphi_s dX_s$$

D'après l'inégalité de Doob, cette martingale appartient à H^p. L'inégalité de Burkholder-Davis-Gundy entraîne alors que φ appartient à l'espace $\Gamma^p(X)$ des processus prévisibles H tels que

$$\|H\|_p = E[(\int_0^\infty H_s^2 d[X,X])^{p/2}]^{1/p} < \infty$$

Les processus prévisibles étagés $H = \Sigma_1^n \lambda_i 1_{A_i\times]s_i,s_{i+1}]}$ ($s_i<s_{i+1}$, $\lambda_i\in\mathbb{R}$, $A_i\in\underline{\underline{F}}^o_{s_i}$) étant denses dans $\Gamma^p(X)$, choisissons une suite φ^n de tels processus qui converge vers φ , et posons $Y_t^n = c+\int_0^t \varphi_s^n dX_s$. Les martingales (Y_t^n) convergent dans H^p vers $(\tilde{Y}_t)$, donc leurs variables terminales convergent dans L^p vers $\tilde{Y}_\infty=Y$. Il reste seulement à remarquer que Y_∞^n appartient à l'espace vectoriel engendré par les variables du 2).

La suite du paragraphe est consacrée à l'étude de la propriété de représentation prévisible (RP). Nous supposons dans tout ce paragraphe que la filtration $\underline{\underline{F}}_t=\underline{\underline{F}}(P)_t$ est quasi-continue à gauche. En fait, nous commençons par réduire le problème, en remarquant que pour la propriété (RP), les parties martingale continue et somme compensée de sauts de X jouent des rôles très différents, ainsi d'ailleurs que les espaces $\underline{\underline{M}}^c_{loc}$ et $\underline{\underline{M}}^d_{loc}$.

Nous cherchons d'abord à représenter les martingales purement discontinues comme intégrales stochastiques (en abrégé : i.s.) par rapport à une martingale locale fondamentale $M\in\underline{\underline{M}}^d_{loc}$ (on appliquera cela à $M=X^d$ si la propriété (RP) est réalisée). Cette question est étudiée dans les deux propositions suivantes , la première concernant des i.s. optionnelles, la seconde des i.s. prévisibles.

Proposition 2.9. Soit $M\in\underline{\underline{M}}^d_{loc}$. Les trois assertions suivantes sont équivalentes (sous l'hypothèse de trivialité de $\underline{\underline{F}}_0$).

1) Toute martingale locale $L\in\underline{\underline{M}}^d_{loc}$ peut se représenter comme intégrale stochastique optionnelle

$$L_t = c + \int_0^t H_s dM_s \qquad (c\in\mathbb{R},\ H\in\underline{\underline{O}})$$

où le processus $(\int_0^t H_s^2 d[M,M]_s)^{1/2}$ est localement intégrable.

1') Même énoncé en remplaçant martingale locale par martingale bornée

2) Le graphe de tout t.a. totalement inaccessible est contenu, à un ensemble évanescent près, dans l'ensemble $I=\{(s,\omega) \mid \Delta M_s(\omega)\neq 0\}$.[1]

Remarque. La martingale locale M étant quasi-continue à gauche, l'ensemble $I=\{\Delta M\neq 0\}$[1] est toujours (indépendamment de tout théorème de représentation) une réunion dénombrable de graphes de t.a. totalement inaccessibles.

Démonstration. Il est clair que 1)=>1'). Pour vérifier que 1')=>1), nous remarquons a) que les martingales bornées forment un ensemble dense dans H^1, donc (l'application $N\mapsto N^d$ étant une contraction de H^1) que les martingales bornées sommes compensées de sauts forment un ensemble dense dans H^{1d}. b) Que l'ensemble des martingales $L\in H^1$ admettant la représentation de l'énoncé est fermé dans H^1 (cf. démonstration du lemme 2.2 , en remplaçant "prévisible" par "optionnel" ; la propriété d'isométrie est préservée pour les processus optionnels, parce que la famille $(\underline{\underline{F}}_t)$ est quasi-continue à gauche). Cet ensemble est donc H^{1d} tout entier. c) Que l'on passe immédiatement de H^{1d} à $\underline{\underline{M}}^d_{loc}$ par arrêt.

Montrons que 1)=>2). Soit (A_t) le processus croissant $I_{\{T\leq t\}}$ associé à T, t.a. totalement inaccessible, et soit (B_t) sa projection duale prévisible. La martingale uniformément intégrable C=A-B vérifie $\{\Delta C\neq 0\}=[\![T]\!]$. Or par hypothèse il existe un processus optionnel H tel que

$$C_t = \int_0^t H_s dM_s \qquad \text{(sans addition de constante, car } C_0=0)$$

D'où $1=\Delta C_T=H_T\Delta M_T$ sur $\{T<\infty\}$, et finalement $[\![T]\!]\subset I$.

Enfin, montrons que 2)=>1). Soit $L\in\underline{\underline{M}}^d_{loc}$. D'après l'hypothèse, on sait que $\{\Delta M=0\}\subset\{\Delta L=0\}$ à un ensemble évanescent près. On peut donc écrire

$$\Delta L = H\Delta M \quad \text{, où H est le processus optionnel } \frac{\Delta L}{\Delta M}1_{\{\Delta M\neq 0\}}$$

Le processus $(\int_0^t H_s^2 d[M,M]_s)^{1/2} = (\sum_{s\leq t}(\Delta L_s)^2)^{1/2}$ étant localement intégrable, la martingale locale $K_t=\int_0^t H_s dM_s$ est bien définie. Comme $\underline{\underline{F}}_0$ est P-triviale, L_0 est p.s. égale à une constante c, et les martingales locales L et c+K sont des sommes compensées de sauts ayant même valeur initiale et mêmes sauts, et sont donc indistinguables. □

1. Contrairement à l'habitude, nous ne tenons pas compte ici du "saut en 0" $\Delta M_0=M_0$, qui n'est évidemment pas totalement inaccessible. Si $\underline{\underline{F}}_0$ n'était pas triviale, c devrait être remplacée par une variable $\underline{\underline{F}}_0$-mesurable quelconque.

Proposition 2.9'. On utilise les notations de la proposition 2.9. Les trois assertions suivantes sont équivalentes

1)
1') mêmes énoncés respectifs qu'en 2.9, en remplaçant optionnel par prévisible.

2) Le graphe de tout t.a. totalement inaccessible est contenu dans I, et de plus $\underline{\underline{O}}=\underline{\underline{P}}\vee\sigma(I)$.

De plus, si ces propriétés sont vérifiées on a, pour tout t.a. T, l'égalité $\underline{\underline{F}}_{T-}=\underline{\underline{F}}_T$.

Remarque. Le dernier résultat de cette proposition affirme que les tribus $\underline{\underline{F}}_{T-}$ sont aussi grandes que possible (i.e. égales à $\underline{\underline{F}}_T$) ; ceci est encore clairement une propriété d'extrémalité à rapprocher de la proposition 1.6.

Démonstration. L'équivalence 1)<=>1') figure explicitement en [14] (proposition 1.2, p. 87). Par ailleurs, la démonstration donnée plus haut s'étend sans autre changement que le remplacement de "optionnel" par "prévisible".

Montrons que 1)=>2). La première partie de 2) provient de la proposition précédente. D'autre part, considérons le processus croissant $Q_t^n = \sum_{s\leq t} (\Delta M_s^2)1_{\{|\Delta M_s|\leq n\}}$; il est à valeurs finies, et à sauts bornés par n^2, donc il est localement intégrable, et admet une projection duale prévisible que l'on note A^n. D'après l'hypothèse il existe f^n prévisible tel que

$$Q_t^n - A_t^n = \int_0^t f_s^n dM_s$$

et donc

$$\Delta M^2 1_{\{|\Delta M|\leq n\}} = f^n\Delta M \quad \text{ou} \quad \Delta M\, 1_{\{|\Delta M|\leq n\}} = f^n 1_{\{\Delta M\neq 0\}} .$$

Posons $f = \underline{\lim}\, f^n$ si cette limite inférieure est finie, et 0 sinon ; f est prévisible, et nous avons $\Delta M = f\, 1_{\{\Delta M\neq 0\}}$.

Soit ensuite L une martingale de carré intégrable ; la partie somme compensée de sauts de L admettant une représentation de la forme $\int_0^{\cdot} g_s dM_s$ avec un processus prévisible g, on a $\Delta L = g\Delta M = gf\, 1_{\{\Delta M\neq 0\}} = gf.1_I$.

La tribu $\underline{\underline{O}}$ est engendrée, aux processus évanescents près, par les projections optionnelles des processus mesurables de la forme $X_t(\omega)= a(t)b(\omega)$ (a borélienne sur $\mathbb{R}$, $b\in L^2$), autrement dit par les processus de la forme $a(t)L_t(\omega)$, où L est une martingale de carré intégrable. Les processus de la forme a(t), ou $L_{t-}(\omega)$, et les processus évanescents, étant prévisibles, on voit que $\underline{\underline{O}}$ est engendrée par $\underline{\underline{P}}$ et par les processus ΔL , où L est une martingale de carré intégrable. La relation $\Delta L= gf1_I$ vue plus haut montre que $\underline{\underline{O}}$ est engendrée par $\underline{\underline{P}}$ et 1_I .

Montrons que 2)=>1). D'après la première partie de 2) et la proposition 2.9, toute martingale locale $L\in\underline{\underline{M}}^d_{\underline{\underline{loc}}}$ admet une représentation comme intégrale optionnelle

$$L_t = c + \int_0^t H_s dM_s$$

Puisque $\underline{\underline{O}}$ est engendrée par $\underline{\underline{P}}$ et 1_I , il existe un processus prévisible K tel que K=H sur $I=\{\Delta M\neq 0\}$; M étant une somme compensée de sauts, on a alors $\int_0^\cdot H_s dM_s = \int_0^\cdot K_s dM_s$, car ces deux martingales locales sont des sommes compensées de sauts ayant les mêmes sauts, et nulles en 0. D'où la représentation $L_t = c+\int_0^t K_s dM_s$ de L comme i.s. prévisible.

Enfin, soit T un temps d'arrêt. D'après [27], chap. III, T41, il existe un élément A de $\underline{\underline{F}}_{T-}$, contenu dans $\{T<\infty\}$, tel que T_A soit totalement inaccessible et T_{A^c} accessible (donc prévisible, puisque la filtration est quasi-continue à gauche). Le graphe de T_A passe alors dans I, celui de T_{A^c} dans I^c.

La tribu $\underline{\underline{F}}_T$ (resp. $\underline{\underline{F}}_{T-}$) est engendrée, rappelons le, par les variables H_T , où $(H_t)_{0\leq t\leq\infty}$ est un processus optionnel (resp. prévisible). Si l'on a $\underline{\underline{O}}=\underline{\underline{P}}\vee\sigma(I)$, il existe pour tout processus optionnel H deux processus prévisibles K et L tels que $H=K1_I + L1_{I^c}$; ici nous aurons donc

$$H_T = 1_A K_T + 1_{A^c} L_T$$

donc H_T est $\underline{\underline{F}}_{T-}$-mesurable, et $\underline{\underline{F}}_T=\underline{\underline{F}}_{T-}$. □

Revenons à la propriété (RP) par rapport à X , et décomposons X en sa partie continue X^c , et sa partie somme compensée de sauts $M=X^d$.Toute martingale locale somme compensée de sauts se représente comme intégrale stochastique prévisible par rapport à M, et l'on peut donc appliquer à M la proposition 2.9'. De même, toute martingale locale continue peut être représentée comme i.s. par rapport à X^c. Mais on ne possède pas dans le cas général (c'est à dire, lorsque X^c est distincte de X) de résultats intéressants découlant de cette dernière propriété (là encore, les parties martingale continue, et somme compensée de sauts, jouent des rôles très différents).

Nous terminons ce paragraphe par quelques remarques sur les démonstrations traditionnelles de la propriété (RP) pour le mouvement brownien, que nous allons présenter sous une forme un peu plus générale. Donnons nous comme plus haut $(\Omega,\underline{\underline{F}}^o_t,\ldots)$ et <u>deux</u> processus continus X et A adaptés à $(\underline{\underline{F}}^o_t)$, tous deux nuls en 0 pour fixer les idées, le second étant croissant. Désignons par $\underline{\underline{N}}$ la famille des processus

$$Y^\lambda_t = \exp(\lambda X_t - \frac{\lambda^2}{2}A_t) \qquad (\lambda\in\mathbb{R})$$

Soit P une loi sur Ω. Rappelons que les deux propriétés suivantes sont équivalentes

i) $\forall\ \lambda\in\mathbb{R}$, Y^λ est une P-martingale locale (autrement dit, $P\in\underline{\underline{M}}_N$)

ii) X est une P-martingale locale et $A=\langle X,X\rangle$ (autrement dit, A et X étant continus, $P\in\underline{\underline{M}}_{(X,X^2-A)}$)

Autre remarque : soit $P\in\underline{\underline{M}}_X$, et soit $Q\in\underline{\underline{M}}_X$ tel que $Q\ll P$. Comme X est continu, il n'y a pas lieu de distinguer $\langle X,X\rangle$ et $[X,X]$, donc la propriété ($A=\langle X,X\rangle$ sous P), qui signifie que certaines sommes de carrés convergent en probabilité vers A, entraîne ($A=\langle X,X\rangle$ sous Q). Autrement dit, avec les notations introduites en 1.2,

Si $P\in\underline{\underline{M}}_{(X,X^2-A)}$, on a $\underline{\underline{M}}^!_X = \{Q\in\underline{\underline{M}}_X \mid Q\ll P\} \subset \underline{\underline{M}}_{(X,X^2-A)}$

Dans ces conditions, on a les équivalences suivantes

<u>Proposition 2.10</u> . <u>Avec les notations ci-dessus</u>, <u>soit</u> $P\in\underline{\underline{M}}_{(X,X^2-A)}$. <u>Les propriétés suivantes sont équivalentes</u>

1) X <u>possède la propriété</u> (RP) <u>sous</u> P .

2) P <u>est point extrémal de</u> $\underline{\underline{M}}_X$.

3) P <u>est point extrémal de</u> $\underline{\underline{M}}_{(X,X^2-A)}=\underline{\underline{M}}_N$.

<u>Démonstration</u> . Nous savons que 1)<=>2) (th. 2.7 et lemme 2.2). Il est évident que 2)=>3), car $\underline{\underline{M}}_{(X,X^2-A)}\subset \underline{\underline{M}}_X$. Inversement, on a $\underline{\underline{M}}^!_X \subset \underline{\underline{M}}_{(X,X^2-A)}$, donc 3) entraîne que P est extrémal dans $\underline{\underline{M}}^!_X$, donc dans $\underline{\underline{M}}_X$ (remarque 1.2). ▯

Dans le cas du mouvement brownien, où $A_t\equiv t$, on sait que la loi brownienne est <u>le seul</u> élément de $\underline{\underline{M}}_{(X,X^2-A)}$ (lorsque Ω est l'espace de toutes les applications continues avec sa filtration naturelle). Alors 3) est satisfaite et la propriété (RP) du mouvement brownien en découle.

Une autre méthode pour prouver la propriété (RP) pour le mouvement brownien X est de montrer (c'est facile !) que les variables

$$U^{\lambda,\sigma}= \exp(\Sigma_{i=1}^n \lambda_i(X_{s_{i+1}}-X_{s_i}) - \frac{1}{2} \Sigma_{i=1}^n \lambda_i^2(s_{i+1}-s_i))$$

($n\in\mathbb{N}$,$\lambda_i\in\mathbb{R}$,$\sigma=(s_1,\dots,s_{n+1})$ avec $s_1<s_2..<s_{n+1}$) sont totales dans L^2 (ou seulement dans L^1 d'après le corollaire 2. .2) et peuvent s'écrire comme intégrales stochastiques par rapport à X. De façon générale, pour établir la propriété (RP) de X sous une loi $P\in\underline{\underline{M}}_{(X,X^2-A)}$, telle que les Y^λ soient de vraies martingales, une méthode générale (aussi voisine que possible de la méthode précédente pour le mouvement brownien) consiste à prouver 3) en cherchant un ensemble total dans $L^1(\underline{\underline{F}}^o_\infty,P)$ formé de variables de la forme 1 et $H_s(Y^\lambda_t-Y^\lambda_s)$ ($\lambda\in\mathbb{R}$, $s<t$, H_s $\underline{\underline{F}}^o_s$-mesurable). On établit alors 3) par le théorème 2.7, et 1) en résulte comme ci-dessus.

3. Le cas markovien et le problème des martingales[1]

3.1 Avant d'aborder les questions de représentation de martingales qui se posent dans le cadre markovien, faisons quelques rappels et préliminaires.

En [1], Kunita et Watanabe ont établi le résultat très important suivant, concernant les martingales relatives à la filtration naturelle d'un processus de Markov.

Soit $(\Omega, \underline{\underline{F}}, (\underline{\underline{F}}_t), X_t, (P_x)_{x\in E})$ un processus de Markov droit à valeurs dans un espace l.c.d. E, $(\underline{\underline{F}}_t)$ désignant la filtration naturelle de X convenablement complétée et rendue continue à droite. Soit $(R_p)_{p>0}$ la résolvante correspondante. Pour toute fonction univ. mesurable bornée g, la fonction $h=R_pg$ appartient au domaine du générateur infinitésimal L du processus, et on a $Lh=ph-g$. D'où les martingales suivantes

$$K_t^{p,g} = E[\int_0^\infty e^{-ps}g(X_s)ds\,|\,\underline{\underline{F}}_t] = e^{-pt}h(X_t) + \int_0^t e^{-ps}g(X_s)ds$$

$$C_t^h = \int_0^t e^{ps}dK_t^{p,g} = h(X_t)-h(X_0)-\int_0^t (ph-g)(X_s)ds$$

Les $K^{p,g}$ sont de carré intégrable, et les C^h de carré intégrable sur tout intervalle compact. Le résultat de Kunita-Watanabe affirme que les C^h engendrent $\underline{\underline{M}}_0^2(P_\mu)$ au sens des martingales de carré intégrable, pour toute loi initiale μ : toute martingale de $\underline{\underline{M}}^2(P_\mu)$, nulle en 0 et orthogonale aux martingales C^h, est nulle.

En fait, l'ensemble des $h=R_pg$ (g universellement mesurable bornée) ne dépend pas de $p>0$: on peut donc se borner à un $p>0$ fixé. Puis, pour chaque loi initiale μ, on voit qu'on peut se limiter aux g boréliennes. Enfin, un argument de classes monotones montre qu'on engendre le même sous-espace stable en faisant parcourir à g un ensemble G de fonctions boréliennes bornées, stable par produit, et engendrant la tribu borélienne.

On dit que le processus de Markov admet un <u>opérateur carré du champ</u> si, pour toute martingale C^h, le crochet oblique $\langle C^h,C^h\rangle_t$ est absolument continu par rapport à la mesure dt (et on peut alors écrire, d'après le théorème de Motoo $\langle C^h,C^h\rangle_t = \int_0^t f(X_s)ds$, où f est une fonction[2] positive sur E ; l'application qui à h associe f est une forme quadratique sur le domaine du générateur, que l'on appelle carré du champ). D'après le résultat de Kunita-Watanabe rappelé ci-dessus, pour toute loi P_μ et toute martingale M de carré intégrable nulle en 0, le crochet $\langle M,M\rangle$ satisfait alors à $d\langle M,M\rangle_t \ll dt$.

1. Ce paragraphe a été modifié après des discussions avec P.A.Meyer.
2. f est définie à un ensemble de potentiel nul près.

Le problème se pose donc de calculer le crochet $<C^h,C^h>$. Plutôt que de reprendre cette question dans le cadre des processus de Markov, nous en présentons une version relative à un espace $(\Omega,\underline{\underline{F}},(\underline{\underline{F}}_t),P)$ général (voir aussi [26], où le même point de vue est adopté).

De quoi s'agit-il ? Soit Φ un processus croissant prévisible, nul en 0, à valeurs finies. On considère l'ensemble S_Φ des semi-martingales Z localement bornées (donc spéciales), admettant une décomposition canonique $Z=Z_0+M+A$ ($M\in\underline{\underline{M}}_{loc}$ nulle en 0, $A\in\underline{\underline{V}}_p$ nul en 0) telle que $dA_t<<d\Phi_t$. Z étant localement bornée ainsi que A (car $A\in\underline{\underline{V}}_p$), M l'est aussi, et en particulier $<M,M>$ existe.

<u>Lemme 3.1</u> . 1) <u>Soit</u> $Z\in S_\Phi$. <u>Alors</u> $Z^2\in S_\Phi$ <u>si et seulement si</u> (avec les notations ci-dessus) <u>on a</u> $d<M,M>_t << d\Phi_t$.

2) S_Φ <u>est une algèbre si et seulement si, pour toute martingale locale nulle en 0</u> $M\in M^2_{loc}$ <u>on a</u> $d<M,M>_t << d\Phi_t$.

<u>Démonstration</u>. 1) Notons $X\equiv Y$ la relation d'équivalence "X-Y est une martingale locale nulle en 0". On se ramène aussitôt au cas où $Z_0=0$, et on écrit Z=M+A comme ci-dessus. Alors

$$Z^2 = (M+A)^2 \equiv <M,M> + 2MA + A^2$$

Or on a $A^2=\int_0^{\cdot}(A+A_-)dA$, et $MA\equiv\int_0^{\cdot}M_-dA$ d'après un lemme dû à Ch. Yoeurp (voir [23]). Mais alors $Z^2 \equiv <M,M> + \int_0^{\cdot}(2M_-+A+A_-)dA$, qui est absolument continu par rapport à Φ si et seulement si $d<M,M>_t << d\Phi_t$.

2) Soit M une martingale bornée nulle en 0 ; on a $M\in S_\Phi$, donc $M^2\in S_\Phi$ si S_Φ est une algèbre, donc $d<M,M>_t << d\Phi_t$. On passe de là par densité aux martingales de carré intégrable, puis aux martingales locales localement de carré intégrable par localisation.

Dans le cas des processus de Markov, on applique ainsi ce lemme : soit h appartenant au domaine du générateur L du processus. Prenons $\Phi_t=t$. Alors la semi-martingale $h(X_t) = h(X_0) + C^h_t + \int_0^t Lh(X_s)ds$ appartient à S_Φ, et elle est bornée. On a donc $d<C^h,C^h>_t <<d\Phi_t$ si et seulement si la semi-martingale $h^2(X_t)$ appartient à S_Φ . Il est évident que cette condition est satisfaite si h^2 appartient au domaine de L, et cela nous suffira pour la suite.

<u>Remarques</u>. Revenons à la situation générale. Il est peut être intéressant de mettre ces résultats sous une forme où les crochets obliques n'interviennent pas.

i) Disons qu'un processus prévisible H est Φ-<u>négligeable</u> si $\int_0^\infty|H_s|d\Phi_s = 0$ p.s.. Disons qu'une semi-martingale Z est Φ-a.c.p. (absolument continue sur les prévisibles) si l'intégrale stochastique $H\cdot Z = \int_0^{\cdot} H_s dZ_s$ (0 est exclu du domaine d'intégration) est nulle pour tout processus prévisible borné Φ-négligeable H. Cela ne dit rien sur Z_0.

Lemme 3.2. Les propriétés suivantes sont équivalentes

0) S_Φ est une algèbre.

1) Pour toute martingale bornée M, nulle en 0, on a $d\langle M,M\rangle_t \ll d\Phi_t$.

2) Pour toute martingale M de carré intégrable nulle en 0, $d\langle M,M\rangle_t \ll d\Phi_t$.

3) Toute martingale de carré intégrable est Φ-a.c.p..

4) Toute martingale locale est Φ-a.c.p..

5) Pour toute martingale locale M, $[M,M]$ est Φ-a.c.p..

Démonstration. Nous savons que 0)<=>2) (lemme 3.1). Il est clair que 4)=>3)=>2)=>1). Supposons 1) satisfaite. et soit H prévisible borné Φ-négligeable. L'ensemble des martingales locales M telles que $H\cdot M=0$ contient les martingales bornées, puis par densité tout H^1, puis toutes les martingales locales par localisation, Enfin 4)<=>5), car $(\int_0^{\cdot} H_s dM_s=0)$ <=> $(\int_0^{\cdot} H_s^2 d[M,M]_s=0)$.

La définition de S_Φ est aussi encombrée de restrictions que l'on peut lever. Désignons par $\hat{S}_\Phi$ l'ensemble des semi-martingales Z telles que

pour tout processus prévisible borné Φ-négligeable H,
$H\cdot Z$ soit une martingale locale.

Alors une semi-martingale spéciale $Z=Z_0+M+A$ ($M\in\underline{\underline{M}}_{loc}$, $A\in\underline{\underline{V}}_p$) appartient à $\hat{S}_\Phi$ si et seulement si $dA_t \ll d\Phi_t$. De plus

Lemme 3.3. Les conditions équivalentes 0-5 sont encore équivalentes à

6) $\hat{S}_\Phi$ est une algèbre.

7) Pour toute $Z\in\hat{S}_\Phi$, le processus $[Z,Z]$ est Φ-a.c.p..

8) Toute $Z\in\hat{S}_\Phi$ est Φ-a.c.p..

Démonstration : 5) => 6). En effet, soit $Z\in\hat{S}_\Phi$ et soit H prévisible borné Φ-négligeable. Le processus $I=1_{\{H\neq 0\}}$ est prévisible borné Φ-négligeable, donc $I.Z$ est une martingale locale, donc $[I\cdot Z,I\cdot Z]$ est Φ-a.c.p. d'après 5), et $H\cdot[Z,Z] = H\cdot[I.Z,I\cdot Z]=0$. Puis on écrit $Z^2=2Z_-\cdot Z+[Z,Z]$, donc $H\cdot Z^2= 2H\cdot(Z_-\cdot Z)=2Z_-\cdot(H\cdot Z)$, qui est une martingale locale, et on a $Z^2\in\hat{S}_\Phi$.

6)=>7) : Soit $Z\in\hat{S}_\Phi$, et soit H prévisible borné positif et Φ-négligeable. Comme $Z^2\in\hat{S}_\Phi$, $H\cdot Z^2= 2H\cdot(Z_-\cdot Z)+H\cdot[Z,Z]$ est une martingale locale. Il en est de même pour $H\cdot(Z_-\cdot Z)=Z_-\cdot(H\cdot Z)$, et, par différence , de $H\cdot[Z,Z]$. Par conséquent, $H\cdot[Z,Z]$ est constant sur $[0,\infty[$, et $[Z,Z]$ est Φ-a.c.p..

7)=>8) : Soit $Z\in\hat{S}_\Phi$ et soit H prévisible borné Φ-négligeable. Comme $[Z,Z]$ est croissant, $|H|\cdot[Z,Z]$ ne peut être une martingale locale que si $|H|\cdot[Z,Z]=0$, et alors aussi $H^2\cdot[Z,Z]=0$. La martingale locale $H\cdot Z$ satisfait alors à $[H\cdot Z,H\cdot Z]=0$, elle est donc nulle, et Z est Φ-a.c.p..

Enfin, 8) entraîne évidemment 4), car les martingales locales appartiennent à $\hat{S}_\Phi$.

Remarques - Il y a encore une dernière propriété équivalente que l'on peut noter

9) Toute $Z \in S_\Phi$ est Φ-a.c.p..

En effet, si $Z=Z_0+M+A$ (décomposition canonique) appartient à S_Φ , A est Φ-a.c.p. par définition, et on voit que 4)=>9). Inversement, 9)=>1), car les martingales bornées appartiennent à S_Φ .

- Il est peut être intéressant de noter que l'ensemble des semi-martingales Φ-a.c.p. est toujours une algèbre . En effet, si Z est Φ-a.c.p., on a pour tout processus H prévisible borné Φ-négligeable

$$H.Z=0, \text{ donc } [H.Z,H.Z]=0, \text{ donc } H^2\cdot[Z,Z]=0, \text{ donc } |H|\cdot[Z,Z]=0$$

et finalement $H.[Z,Z]=0$. On écrit alors comme plus haut $H\cdot Z^2= 2Z_-\cdot(H\cdot Z) +H\cdot[Z,Z]$, donc $H\cdot Z^2=0$, et Z^2 est Φ-a.c.p. .

ii) Montrons que les propriétés équivalentes 0)-9) sont préservées par changement de mesure. Soient P et Q deux lois de probabilité équivalentes ; la propriété Φ-a.c.p. a alors le même sens sous P et sous Q. Supposons que les propriétés 0)-9) aient lieu sous Q, et soit Z une P-martingale bornée. Soit N la P-martingale fondamentale, cadlag et telle que $N_t = \frac{dQ}{dP}|\underline{\underline{F}}_t$ pour tout t ; d'après le théorème de Girsanov, $Z' = Z - \frac{1}{N_-}\cdot \langle Z,N\rangle$ est une Q-martingale locale. Z' est alors Φ-a.c.p. d'après la propriété 4). Mais alors, si H est prévisible borné Φ-négligeable, la décomposition canonique (sous P) de $H\cdot Z'$ doit être nulle, et comme cette décomposition s'écrit $H\cdot Z' = H\cdot Z - \frac{H}{N_-}\cdot\langle Z,N\rangle$, on a $H\cdot Z=0$. Cela signifie que Z est Φ-a.c.p. .

3.2 Nous revenons maintenant au point de vue adopté dans le paragraphe 2, en étudiant les solutions extrémales du "problème des martingales" sur $\mathbb{R}^n$. Nous désignons par Ω (ou Ω_d, Ω_c si la précision est nécessaire) l'ensemble des fonctions continues à droite et limitées à gauche (continues dans le cas de Ω_c) de $\mathbb{R}_+$ dans $\mathbb{R}^n$, par X le processus canonique défini sur Ω, et par $\underline{\underline{F}}^o_t$ la famille de tribus naturelle de X, rendue continue à droite. Soit L un opérateur linéaire de $\underline{\underline{C}}^\infty_c(\mathbb{R}^n)$ dans $\underline{\underline{C}}_b(\mathbb{R}^n)$. On note $\underline{\underline{S}}_x(L)$ l'ensemble des lois P sur $(\Omega,\underline{\underline{F}}^o_\infty)$ telles que $P\{X_0=x\}=1$ et que

$$\forall f\in\underline{\underline{C}}^\infty_c \quad , \quad C^f_t = f(X_t)-f(X_0) - \int_0^t Lf(X_s)ds \text{ soit une P-martingale.}$$

$\underline{\underline{S}}_x(L)$ est un ensemble convexe, et nous désignerons par $\mathcal{E}_x(L)$ l'ensemble de ses points extrémaux. Le théorème 2.7 nous donne le critère suivant :

<u>Théorème 3.4 . Soit</u> $P \in \underline{\underline{S}}_x(L)$. <u>Alors</u> $P\in \mathcal{E}_x(L)$ <u>si et seulement si</u> $\underline{\underline{F}}_0$ <u>est P-triviale, et si les variables</u> 1 <u>et</u> $1_A(C^f_t - C^f_s)$ $(A \in \underline{\underline{F}}^o_{s-}, f\in \underline{\underline{C}}^\infty_c, s<t)$ <u>sont totales dans</u> $L^1(\underline{\underline{F}}^o_\infty, P)$.

Maintenant, nous remarquons que $\underline{\underline{C}}^\infty_c$ est une algèbre . Par conséquent pour toute loi $P\in\underline{\underline{S}}_x(L)$, et toute $f\in\underline{\underline{C}}^\infty_c$, $<C^f,C^f>$ est absolument continue par rapport à $\Phi_t=t$, et nous pouvons même reprendre le calcul fait plus haut, et obtenir

$$<C^f,C^f>_t = \int_0^t \Gamma(f,f)(X_s)ds \quad \text{en posant } \Gamma(f,g)=L(fg)-fLg-gLf \ (f,g\in\underline{\underline{C}}^\infty_c)$$

Cela nous montre tout de suite que l'opérateur L ne peut être arbitraire : si $\underline{\underline{S}}_x(L)$ est non vide, la fonction continue $\Gamma(f,f)$ doit être positive en x. Donc si $\underline{\underline{S}}_x(L)$ est non vide pour tout x, L doit satisfaire à la condition de "type positif"

$$\text{pour tout } f\in\underline{\underline{C}}^\infty_c,\ \Gamma(f,f)= L(f^2)-2fLf \geq 0$$

Supposons maintenant que P soit extrémale . Soit $M=1_A(C^f_t-C^f_s)$ $(s<t, A\in\underline{\underline{F}}^o_{s-})$. La martingale $E[M|\underline{\underline{F}}_u]= M_u$ vaut $1_A(C^f_{t\wedge u}-C^f_s)1_{\{s\leq u\}}$, d'où l'on tire $d<M,M>_u = 1_A d<C^f,C^f>_u 1_{\{s\leq u\leq t\}} \ll du$. Appliquant alors le corollaire 2.5.3 et le caractère total dans L^1 des variables considérées, on voit que les conditions équivalentes 0-5 du lemme 3.2 sont satisfaites. Ainsi

<u>Corollaire 3.5.1. Si</u> $P\in\mathcal{E}_x(L)$, <u>et si</u> M <u>est une</u> P-<u>martingale de carré intégrable, on a</u> $d<M,M>_t \ll dt$.

3.3. Nous considérons maintenant un processus de Markov, solution du problème des martingales : c'est à dire une famille de mesures $(P_x)_{x\in\mathbb{R}^n}$ telle que $P_x\in\underline{\underline{S}}_x(L)$ pour tout x, et que $(\Omega, \underline{\underline{F}}^o_t, X_t, (P_x))$ soit un processus de Markov droit. Nous désignons par (P_t), (R_p) le semi-groupe et la résolvante correspondants, par $(\underline{\underline{F}}_t)$ la famille de tribus complétée pour toutes les lois P_μ , usuelle en théorie des processus de Markov.

Soit $f\in\underline{\underline{C}}^\infty_c$; comme C^f est une martingale pour toute loi P_x , nous avons

$$E_x[C^f_t]=E_x[C^f_0]=0 \quad , \text{ soit } \quad P_tf(x)-f(x) = \int_0^t P_sLf(x)ds$$

et comme $Lf\in\underline{\underline{C}}_b$, cela signifie que le domaine du générateur infinitésimal (faible) du processus contient $\underline{\underline{C}}^\infty_c$, et que le générateur coïncide avec L sur $\underline{\underline{C}}^\infty_c$.

Notons la conséquence suivante du corollaire 3.5.1 :

<u>Corollaire 3.5.2 . Si</u> $P_x\in\mathcal{E}_x(L)$ <u>pour tout</u> x (<u>en particulier s'il y a unicité du problème des martingales</u> : $\underline{\underline{S}}_x(L)=\{P_x\}$ <u>pour tout</u> x), <u>le processus admet un opérateur carré du champ</u>.

D'autre part, toutes les solutions du problème des martingales possèdent la propriété suivante :

Lemme 3.6.1 . Soit $P \in \underline{\underline{S}}_x(L)$, et soit T un t.a. prévisible. On a

$$P\{0<T<\infty \, , \; X_T \neq X_{T-}\} = 0$$

Autrement dit, les sauts de X sont totalement inaccessibles.

Démonstration . Le "autrement dit" est un résultat bien connu de théorie générale des processus. Quitte à remplacer T par $(T\wedge n)\vee 1/n$, on peut supposer T strictement positif et borné. Soit $f \in \underline{\underline{C}}_c^{\infty}$; la semi-martingale $f\circ X_t$ s'écrit $f\circ X_0 + C_t^f + \int_0^t Lf(X_s)ds$; C^f étant une martingale, et le dernier processus étant continu, on voit que $E[f(X_T)|\underline{\underline{F}}_{T-}] = (f(X))_{T-} = f(X_{T-})$ puisque f est continue. D'où pour toute fonction g $E[g(X_{T-})f(X_T)] = E[g(X_{T-})f(X_{T-})]$, et cela entraîne que la loi du couple (X_{T-}, X_T) est portée par la diagonale.

On en déduit, pour les processus de Markov, solutions du problème de martingales, les propriétés :

Lemme 3.6.2 . 1) La famille de tribus $(\underline{\underline{F}}_t)$ est quasi-continue à gauche.
2) Pour tout x et toute $g \in \underline{\underline{C}}_c^{\infty}(\mathbb{R}^n \setminus \{x\})$ posons $\Lambda(x,g)=Lg(x)$. Alors $\Lambda(x,.)$ est une mesure de Radon positive sur $\mathbb{R}^n \setminus \{x\}$ (que nous considérerons souvent comme une mesure positive, non de Radon, sur $\mathbb{R}^n$, ne chargeant pas $\{x\}$). L'application $x \longmapsto \Lambda(x,.)$ est un noyau (noyau de Lévy). Si f est une fonction positive borélienne sur $\mathbb{R}^n \times \mathbb{R}^n$, nulle sur la diagonale, la projection duale prévisible de la mesure aléatoire $\Sigma_{s>0} f(X_{s-}, X_s)\varepsilon_s$ est la mesure aléatoire $\Lambda(X_s, f)ds$, où $\Lambda(x,f)=\int \Lambda(x,dy)f(x,y)$.

Signalons tout de suite un piège : nous n'avons pas affirmé que les seuls temps d'arrêt totalement inaccessibles étaient les temps de sauts de X, de sorte que le système de Lévy ci-dessus ne nous permet pas de compenser toutes les mesures aléatoires ponctuelles à sauts totalement inaccessibles.

Démonstration . 1) Il s'agit de montrer que pour tout temps prévisible T, que l'on peut supposer borné comme ci-dessus, on a $\underline{\underline{F}}_{T-} = \underline{\underline{F}}_T$. Or $X_T = X_{T-}$ p.s. est $\underline{\underline{F}}_{T-}$-mesurable, en vertu du lemme précédent. La propriété de Markov forte entraîne alors que $E[U|\underline{\underline{F}}_T] = E[U|\underline{\underline{F}}_{T-}]$ p.s. pour toute variable U, donc $\underline{\underline{F}}_{T-} = \underline{\underline{F}}_T$ aux ensembles négligeables près.

2) est essentiellement un résultat classique d'Ikeda-S.Watanabe (cf. J.M. Kyoto, 1962 [(1)]). Si $g \in \underline{\underline{C}}_c^{\infty}(\mathbb{R}^n \setminus \{x\})$, on a $Lg(x) = \lim_{t \to 0} \frac{1}{t} P_t g(x) \geq 0$, d'où l'existence de la mesure positive $\Lambda(x,.)$. Pour montrer que Λ est un

1. Voir aussi le séminaire de Strasbourg I, p. 160.

noyau, on considère des fonctions $g_n(x,y)$ de classe $\underline{\underline{C}}^\infty$ sur $\mathbb{R}^n \times \mathbb{R}^n$, nulles au voisinage de la diagonale, et croissant vers 1 hors de la diagonale. Alors si $f \in \underline{\underline{C}}_c^\infty$ est positive, on a pour tout x

$$\Lambda(x,f) = \lim_n \int \Lambda(x,dy) g_n(x,y) f(y) = \lim_n L(fg_n(x,.))$$

qui est bien borélienne (en fait, on peut montrer que $\Lambda(.,f)$ est s.c.i. si f est continue positive). Nous ne donnerons pas le reste de la démonstration, qui est trop long .

Remarque. Si $f \in \underline{\underline{C}}_c^\infty$ est positive et nulle en x, il existe des $f_n \in \underline{\underline{C}}_c^\infty$ nuls au voisinage de x et positifs, croissant vers f. On a alors $Lf(x) \geq Lf_n(x) = \Lambda(x,f_n)$, donc $Lf(x) \geq \Lambda(x,f)$. En particulier

$$\int \Lambda(x,dy)(g(y)-g(x))^2 < \infty \text{ pour toute } g \in \underline{\underline{C}}_c^\infty$$

On peut pousser cette discussion beaucoup plus loin : J.P. Roth [30] a montré que les opérateurs $L : \underline{\underline{C}}_c^\infty(\mathbb{R}^n) \hookrightarrow \underline{\underline{C}}_b(\mathbb{R}^n)$ tels que $L1=0$ et que $\underline{\underline{S}}_x(L) \neq \emptyset$ pour tout $x \in \mathbb{R}^n$ sont nécessairement de la forme

$$Lf(x) = \frac{1}{2}\Sigma_{i,j}\, a_{ij}(x) \frac{\partial^2 f}{\partial x_i \partial x_j}(x) + \Sigma_i\, b_i(x) \frac{\partial f}{\partial x_i}(x)$$

$$+ \int \Lambda(x,dy)\left(f(y)-f(x)-\Sigma_i h^i(y-x)\frac{\partial f}{\partial x_i}(x)\right)$$

où $h^i \in \underline{\underline{C}}_c^\infty$ coïncide avec la coordonnée x^i au voisinage de 0. On retrouve donc à peu de chose près les opérateurs considérés par Jacod-Yor en [14].

Le lemme suivant est analogue au précédent, mais concerne les solutions extrémales du problème de martingales au lieu des solutions markoviennes.

<u>Lemme 3.6.3.</u> <u>Soit</u> $P \in \mathcal{E}_x(L)$, <u>et soit</u> $(\underline{\underline{F}}_t)$ <u>la filtration</u> $(\underline{\underline{F}}_t^\circ)$ <u>rendue</u> $(\underline{\underline{F}}_\infty^\circ, P)$-<u>complète</u>.

1) <u>Pour tout t.a.</u> T, <u>on a</u> $\underline{\underline{F}}_T = \underline{\underline{F}}_{T-} \vee \sigma(X_T 1_{\{T<\infty\}})$.
2) <u>Les seuls t.a. totalement inaccessibles sont les temps de saut de</u> X.
3) <u>La tribu</u> $\underline{\underline{F}}_0$ <u>est</u> P-<u>triviale</u>.
4) <u>La filtration</u> $(\underline{\underline{F}}_t)$ <u>est quasi-continue à gauche</u>.
5) <u>Si</u> T <u>est un t.a., on a l'équivalence</u>

$$P\{X_T \neq X_{T-}, 0<T<\infty\}=0 \iff T \text{ est prévisible} .$$

<u>Démonstration</u> . D'après le théorème 2.7, la loi P étant extrémale, les propriétés suivantes sont satisfaites :

a) Les variables 1 et $1_A(C_v^f - C_u^f)$ ($A \in \underline{\underline{F}}_{u-}^\circ$, $u<v$, $f \in \underline{\underline{C}}_c^\infty$) sont totales dans L^1 (assertion 3) du théorème 2.7). Noter que $1_A(C_v^f-C_u^f)=U$ s'écrit aussi $\int_0^\infty H_s dC_s^f$, où H est le processus prévisible $1_A 1_{]u,v]}$; la martingale associée $U_t = E[U|\underline{\underline{F}}_t]$ vaut donc $\int_0^t H_s dC_s^f$.

b) $\underline{\underline{F}}_0$ est P-triviale (assertion 4) de 2.7), ce qui règle ici le 3).

Démontrons alors 1) : il suffit de prouver que pour des variables U formant un ensemble total dans $L^1(P)$, on a

$$E[U|\underline{\underline{F}}_T] \text{ est p.s. mesurable par rapport à } \underline{\underline{F}}_{T-}\vee\sigma(X_T 1_{\{T<\infty\}})$$

C'est trivial pour U=1. Lorsque U est de la forme ci-dessus, $U=\int_0^\infty H_s dC_s^f$, on a avec les mêmes notations

$$E[U|\underline{\underline{F}}_T] = U_T = U_{T-} + H_T((f(X_T)-f(X_{T-}))$$

H étant prévisible, H_T est $\underline{\underline{F}}_{T-}$-mesurable, et l'énoncé en découle.

Démontrons 5) : nous savons que si T est prévisible, $X_T=X_{T-}$ p.s. sur $\{0<T<\infty\}$. Inversement, si T possède cette propriété, toutes les martingales $U_t=E[U|\underline{\underline{F}}_t]$, où U=1 ou bien U est de la forme ci-dessus, sont continues à l'instant T. Comme ces variables U forment un ensemble total dans L^1, toutes les martingales uniformément intégrables sont continues à l'instant T. On montre alors en théorie générale des processus que T est prévisible, et que $\underline{\underline{F}}_T=\underline{\underline{F}}_{T-}$.

En particulier, cela entraîne que $\underline{\underline{F}}_T=\underline{\underline{F}}_{T-}$ pour tout temps prévisible, ce qui équivaut à 4).

Enfin, soit T un t.a. totalement inaccessible ; le t.a. $T_{\{X_T=X_{T-}, T<\infty\}}$ est totalement inaccessible, et prévisible d'après 5), donc il est p.s. égal à $+\infty$, et $P\{X_T=X_{T-}, T<\infty\}=0$. Donc T est un temps de saut de X et 2) est établie.

3.4 Dans quels cas peut on affirmer que la loi P_x appartient à $\mathcal{E}_x(L)$?

Sans pouvoir apporter de réponse, nous voudrions faire quelques remarques à ce sujet. Soit U l'ensemble des martingales C_t^f , avec $f\in\underline{\underline{C}}_c^\infty$, et soit V l'ensemble des martingales

$$C_t^h = h(X_t)- h(X_0)- \int_0^t (ph-g)(X_s)ds \quad , \ h=R_p g \ , \ g\in\underline{\underline{C}}_c^\infty .$$

D'après le théorème 2.11 et le théorème 2.7, on a $P_x\in\mathcal{E}_x(L)$ si et seulement si $\mathcal{L}^1(1,U)=H^1(P_x)$. D'après le résultat de Kunita-Watanabe rappelé en 3.1, on a toujours $\mathcal{L}^1(1,V)=H^1(P_x)$. En définitive, tout revient à prouver que $\mathcal{L}^1(V)\subset\mathcal{L}^1(U)$. Voici alors les remarques :

<u>Remarque 1.</u> <u>Les propriétés suivantes sont équivalentes</u>

i) <u>Tout temps totalement inaccessible est un temps de saut de</u> X.

ii) <u>Toute somme compensée de sauts appartient localement à</u> $\mathcal{L}^1(U)$.

<u>Cette condition est satisfaite en particulier si</u> $R_p(\underline{\underline{C}}_c^\infty)\subset\underline{\underline{C}}_b(\mathbb{R}^n)$.

Il nous suffit de démontrer que pour toute $h=R_p g$ ($g\in\underline{\underline{C}}_c^\infty$), la martingale $(C^h)^d$ appartient localement à $\mathcal{L}^1(U)$. Cette martingale étant de carré intégrable sur tout intervalle fini, nous la décomposons suivant le sous-espace stable (au sens de Kunita-Watanabe) engendré par U, et une martingale (M_t), nulle en 0, de carré intégrable sur tout intervalle fini, orthogonale aux C^g ($g\in\underline{\underline{C}}_c^\infty$). D'après Kunita-Watanabe[1], (M_t) est une fonctionnelle additive, et il existe une fonction borélienne m sur $\mathbb{R}^n\times\mathbb{R}^n$, nulle sur la diagonale, telle que $\Delta M_t = m(X_{t-},X_t)$ - c'est ici qu'intervient l'absence de sauts de M autres que les sauts de X. En particulier, M étant de carré intégrable sur $[0,t]$ pour tout t fini, on a $E[\ \Sigma_0^t m^2(X_{s-},X_s)] < \infty$. Soient $g\in\underline{\underline{C}}_c^\infty$, k borélienne bornée sur $\mathbb{R}^n$, écrivons que M est orthogonale à l'intégrale stochastique $\int_0^\cdot k(X_{s-})dC_s^g$; il vient que

α) $E[\Sigma_0^t\ |k(X_{s-})m(X_{s-},X_s)(g(X_s)-g(X_{s-}))|] < \infty$

β) $E[\Sigma_0^t\ k(X_{s-})m(X_{s-},X_s)(g(X_s)-g(X_{s-}))] = 0$

Prenons $j\in\underline{\underline{C}}_c^\infty$, et appliquons ces formules avec gj au lieu de g. Il vient en développant

$$E[\ \Sigma_0^t\ k(X_{s-})m(X_{s-},X_s)(g(X_s)-g(X_{s-}))j(X_s) + \\ + \Sigma_0^t\ k(X_{s-})m(X_{s-},X_s)(j(X_s)-j(X_{s-}))g(X_{s-})] = 0$$

Le dernier terme a une espérance nulle d'après β). Il reste donc

γ) $E[\Sigma_0^t\ k(X_{s-})j(X_s)m(X_{s-},X_s)(g(X_s)-g(X_{s-}))]=0$

un raisonnement de classes monotones justifié par α) avec k=1 nous permet de remplacer $k(X_{s-})j(X_s)$ par $u(X_{s-},X_s)$, où u est borélienne bornée sur $\mathbb{R}^n\times\mathbb{R}^n$. Prenant $u(x,y) = \mathrm{sgn}(m(x,y)(g(x)-g(y)))$, il est immédiat de démontrer que m est nulle, et M aussi.

La démonstration de ii)=>i) est semblable à celle de l'assertion 2) du lemme 3.6.3 : si T est un t.a. totalement inaccessible, le t.a. $S=T_{\{X_T=X_{T-},T<\infty\}}$ est aussi totalement inaccessible, et il existe donc une martingale uniformément intégrable M qui est une somme compensée de sauts, et qui admet un saut unité à l'instant S. D'après ii), M appartient à $\mathcal{L}^1(U)$, donc M est continue à l'instant S puisque $X_S=X_{S-}$. Donc $S=+\infty$ p.s., et T est un temps de saut de X.

Enfin, si $h=R_pg$ est continue pour $g\in\underline{\underline{C}}_c^\infty$, les martingales C^h ne sautent qu'aux instants de saut de X, et d'après le résultat de Kunita-Watanabe, il en est de même de toutes les martingales. D'où la dernière assertion.

La remarque suivante est malheureusement d'une généralité insuffisante.

<u>Remarque 2</u> . <u>Supposons que</u> $R_p(\underline{\underline{C}}_c^\infty)\subset\underline{\underline{C}}^2(\mathbb{R}^n)$. <u>Alors</u> $P_x\in\mathcal{E}_x(L)$.

1. Plus exactement, d'après [31], car Kunita-Watanabe utilisaient l'hypothèse (L). Notre démonstration revient à un passage des représentations optionnelles $W*(\mu-\nu)$ aux représentations prévisibles (th. 1.7 de [14], p.92), mais avec plus de généralité (on a séparé le cas purement discontinu).

Le processus $(g\circ X_t)$ étant une semi-martingale pour tout $g\in\underline{\underline{C}}_c^\infty$, le processus X lui-même est une semi-martingale vectorielle. Mais alors la formule d'Ito entraîne que $(h\circ X_t)$ est une semi-martingale pour toute fonction de classe C^2, avec une décomposition

$$h\circ X_t = \Sigma_i \int_0^t \frac{\partial h}{\partial x_i}(X_{s-})dX_s^i + \text{termes à variation finie}$$

D'où la partie martingale continue de la semi-martingale $(h\circ X_t)$:

$$(h\circ X)_t^c = \Sigma_i \int_0^t \frac{\partial h}{\partial x_i}(X_{s-})d(X^i)_s^c$$

Si la résolvante applique $\underline{\underline{C}}_c^\infty$ dans $\underline{\underline{C}}^2$, nous pouvons appliquer cela avec $h=R_pg$ ($g\in\underline{\underline{C}}_c^\infty$) ; les semi-martingales h(X) et C^h ayant même partie martingale continue, nous voyons que $(C^h)^c$ est une somme d'intégrales stochastiques par rapport aux X^{ic}.

Or nous savons d'après la remarque précédente que toute martingale locale purement discontinue appartient localement à $\mathcal{L}^1(U)$. Soit $g\in\underline{\underline{C}}_c^\infty$; la martingale C^g appartient à U, la martingale $(C^g)^d$ appartient localement à $\mathcal{L}^1(U)$, donc $(C^g)^c$ appartient localement à $\mathcal{L}^1(U)$. Par localisation, on voit que $(X^i)^c$ appartient localement à $\mathcal{L}^1(U)$. D'après ce qui précède on a le même résultat pour $(C^h)^c$, puis après addition de $(C^h)^d$, pour C^h. Mais alors avec les notations du début on a $\mathcal{L}^1(V)\subset\mathcal{L}^1(U)$ et c'est terminé.

Notre troisième remarque consiste à montrer que si l'on n'a pas pour tout x $P_x\in\mathcal{E}_x(L)$, alors il y a non-unicité du problème des martingales en un sens terriblement fort : il existe une infinité de processus de Markov distincts, solutions du problème de martingales pour tout x. On peut rapprocher cela de la proposition 4.4 de [14], où l'on exhibe un opérateur L et une infinité de semi-groupes de Feller distincts vérifiant tous $P_x\in\mathcal{E}_x(L)$ pour tout x .

Supposons donc que $P_x\notin\mathcal{E}_x(L)$, et choisissons $h=R_pg$ ($g\in\underline{\underline{C}}_c^\infty$) telle que C^h n'appartienne pas localement à $\mathcal{L}^1(U)$ pour P_x . Distinguons deux cas.

1) $(C^h)^d$ n'appartient pas localement à $\mathcal{L}^1(U)$. Alors (remarque 1) il existe un temps terminal totalement inaccessible de la forme

$$T = \inf\{\, t>0 : |(h\circ X_t)_- - h\circ X_t|>\varepsilon\ ,\ X_t=X_{t-}\}$$

fini avec probabilité positive pour P_x. Soit (T_n) la suite des itérés de T, soit p_t la fonctionnelle additive qui compte les $T_n\leq t$; on a $\varepsilon^2p_t \leq [C^h,C^h]_t$, et la fonction $E_\cdot[(C_t^h)^2]$ est bornée, donc $E_\cdot[p_t]$ est bornée, et la fonctionnelle additive M_t compensée de p_t est telle que $E_\cdot[\exp(\lambda|M_1|)]$ soit bornée pour λ assez petit, d'après l'inégalité de John-Nirenberg. On sait qu'alors la fonctionnelle multiplicative $\mathcal{E}(\lambda M)$, qui est positive si $0<\lambda<1$, est une vraie martingale d'espérance 1 sur

$[0,1]$ pour λ assez petit, mais encore >0. Par multiplicativité, on voit que c'est une vraie martingale d'espérance 1 sur $[0,\infty[$, et comme M est une somme compensée de sauts qui ne saute pas en même temps que X, M (donc $\mathcal{E}(\lambda M)$) est orthogonale aux C^g , $g\in\underline{\underline{C}}_c^\infty$. Mais alors les mesures Q_x telles que $\frac{dQx}{dP_x}|_{\underline{\underline{F}}_t^o} = \mathcal{E}(\lambda M)_t$ sont toutes des solutions du problème de martingales, et correspondent à des processus de Markov distincts.

2) Toute $(C^h)^d$ appartient localement à $\mathcal{L}^1(U)$. Alors on est dans le cas de la remarque 1, et il existe h telle que $(C^h)^c$ n'appartienne pas localement à $\mathcal{L}^1(U)$. Soit M la martingale fonctionnelle additive continue obtenue en retranchant à $(C^h)^c$ sa projection sur le sous-espace stable (au sens de Kunita-Watanabe) engendré par U . On a $E_.[M_t^2]\leq E_.[(C^h)_t^{c2}]$ qui est bornée, et on raisonne comme plus haut, sur $\mathcal{E}(\lambda M)$.

3.5 Nous terminons ce paragraphe en dégageant une autre connexion entre la propriété (RP) et la propriété de Markov.

Soit $(X_t)_{t\geq 0}$ un processus à valeurs dans un espace mesurable $(E,\underline{\underline{E}})$, défini sur un espace $(\Omega,\underline{\underline{F}},P)$; on désigne par $(\underline{\underline{F}}_t)$ la filtration naturelle de (X_t), rendue continue à droite et complétée, et on suppose que $\underline{\underline{F}}=\underline{\underline{F}}_\infty$, et que (X_t) vérifie la propriété de Markov simple par rapport à $(\underline{\underline{F}}_t)$, non nécessairement homogène dans le temps.

Rappelons tout d'abord la notion d'<u>ensemble plein</u> de fonctions, introduite par P.A. Meyer en [24].

<u>Définition</u>. Un ensemble F de fonctions réelles bornées $\underline{\underline{E}}$-mesurables est dit <u>plein</u> si la seule mesure bornée λ telle que

$$\forall\, f\in F\ ,\ \int f d\nu = 0$$

est la mesure nulle.

<u>Lemme 3.7 . Si</u> F <u>est plein, et si</u> μ <u>est une probabilité sur</u> $(E,\underline{\underline{E}})$, <u>alors</u>

1) F <u>est total dans</u> $L^p(\underline{\underline{E}},\mu)$ <u>pour tout</u> p, $1\leq p<\infty$.

2) <u>On a</u> $\sigma(F)=\underline{\underline{E}}$ <u>aux ensembles</u> μ<u>-négligeables près</u>.

<u>Démonstration</u>. La seconde assertion découle classiquement de la première. Pour montrer la première, il suffit de remarquer que si p' est l'exposant conjugué de p, l'orthogonal de F dans $L^{p'}$ est réduit à 0.

On peut maintenant énoncer le :

<u>Théorème 3.8 . Soient</u> F <u>un ensemble plein de fonctions</u>, M <u>une martingale locale sur</u> Ω, <u>nulle en</u> 0. <u>Les propriétés suivantes sont équivalentes</u>

1) $\forall\ t\geq 0$, $\forall f\in F$, $f(X_t) = E[f(X_t)] + \int_0^\infty H_s^f dM_s$, <u>où</u> H^f <u>est un processus prévisible tel que</u> $E[\int_0^\infty (H_s^f)^2 d[M,M]_s] < \infty$

2) <u>Même énoncé en remplaçant</u> F <u>par</u> $b(\underline{\underline{E}})$.

3) M <u>vérifie la propriété</u> (RP) <u>relativement à</u> $(\underline{\underline{F}}_t)$.

<u>Démonstration</u> . 1)=>2). Soit $g\in b(\underline{\underline{E}})$. Si t=0, et si $\mu_0=X_0(P)$, nous avons $f=\int f d\mu_0$ μ-p.s. pour les $f\in F$, qui forment un ensemble total dans L^1, et $\underline{\underline{E}}$ est donc μ_0-dégénérée. Soient t>0, et μ_t la loi image $X_t(P)$. D'après le lemme 3.7 toute $f\in b(\underline{\underline{E}})$ est limite dans $L^2(\mu_t)$ d'une suite d'éléments f_n de l'espace vectoriel engendré par F, admettant donc des représentations

$$f_n(X_t) = E[f_n(X_t)] + \int_0^t H_s^n dM_s$$

Les variables $f_n(X_t)$ convergent vers $f(X_t)$ dans $L^2(P)$, et on vérifie comme dans le lemme 2.2 que les H^n forment une suite de Cauchy dans l'espace $\Gamma^2(M)$ des processus prévisibles H tels que $\|H\|=E[\int_0^\infty H_s^2 d[M,M]_s]^{1/2}$ $<\infty$, d'où existence d'une représentation pour $f(X_t)$.

2)=>3). Il suffit de montrer que toute variable Y (bornée, $\underline{\underline{F}}$-mesurable) peut s'écrire sous la forme $Y=E[Y]+\int_0^\infty H_s dM_s$, où H est prévisible et vérifie $E[\int_0^\infty H_s^2 d[M,M]_s] < \infty$. Or les variables qui peuvent se représenter ainsi forment un espace vectoriel qui contient les constantes, stable par limite dans L^2, donc par limite simple bornée. Par application du théorème des classes monotones, il suffit donc de traiter le cas des variables $Y_n = \prod_{1\leq i\leq n} f_i(X_{t_i})$, $f_i\in b(\underline{\underline{E}})$, $t_1<t_2\dots<t_n$. Nous procédons par récurrence sur n . La variable $f_n(X_{t_n})$ admet une représentation $c+\int_0^\infty K_s dM_s$; on peut alors écrire

$$f_n(X_{t_n}) = E[f_n(X_{t_n})|\underline{\underline{F}}_{t_n}] = c+\int_0^{t_n} K_s dM_s$$

$$E[f_n(X_{t_n})|\underline{\underline{F}}_{t_{n-1}}] = c+\int_0^{t_{n-1}} K_s dM_s$$

D'après la propriété de Markov (noter que l'homogénéité dans le temps n'est pas nécessaire) cette dernière variable s'écrit $g(X_{t_{n-1}})$, avec $g\in b(\underline{\underline{E}})$. Par différence, nous avons donc

$$f_n(X_{t_n}) = g(X_{t_{n-1}}) + \int_{t_{n-1}}^{t_n} K_s dM_s$$

Portons cette valeur dans l'expression de Y_n . Nous avons en notant Y_{n-1} le produit étendu jusqu'à n-1

$$Y_n = Y_{n-1} g(X_{t_{n-1}}) + \int_0^\infty K'_s dM_s$$

où $K'_s = Y_{n-1} K_s 1_{\{t_{n-1}<s\leq t_n\}}$ est prévisible, puisque Y_{n-1} est $\underline{\underline{F}}_{t_{n-1}}$-mesurable. Quant au premier terme, il est du même type que Y_n, mais ne fait intervenir que les instants $t_1,\dots,t_{n-1}$, et l'hypothèse de récurrence permet de conclure.

Une variante du théorème 3.8 consiste à remplacer M par une famille $\underline{\underline{N}}$ de martingales locales, l'hypothèse étant

pour tout $f\in\underline{\underline{F}}$, tout $t\geq 0$, la martingale $E[f(X_t)|\underline{\underline{F}}_s]$ appartient à $\mathcal{L}^1(\underline{\underline{N}})$

et la conclusion

$$H^1((\underline{\underline{F}}_t),P) = \mathcal{L}^1(\underline{\underline{N}}).$$

Les modifications à apporter dans la démonstration précédente sont élémentaires.

Illustrons ce théorème en reprenant le problème des martingales étudié plus haut en 3.4. Notons (P_t) le semi-groupe du processus de Markov de lois $(P_x)_{x\in\mathbb{R}^n}$, et prenons comme ensemble plein $F=\underline{\underline{C}}_c^\infty$. Pour toute $f\in\underline{\underline{C}}_c^\infty$, la martingale $E[f(X_t)|\underline{\underline{F}}_s]$ vaut

$$M_s^{t,f} = P_{t-s}f(X_s) \text{ si } 0\leq s<t \;,\quad f(X_t) \text{ si } s\geq t$$

Prenons pour $\underline{\underline{N}}$ l'ensemble des martingales C^g ($g\in\underline{\underline{C}}_c^\infty$). L'extrémalité de P_x dans $\underline{\underline{S}}_x(L)$ équivaut à la condition $H^1(P_x) = \mathcal{L}^1(\underline{\underline{N}},1)$; d'après le théorème 3.8, cela équivaut encore à l'appartenance des martingales $M^{t,f}$ à $\mathcal{L}^1(\underline{\underline{N}},1)$, pour $f\in\underline{\underline{C}}_c^\infty$.

Lorsque h est une fonction sur $\mathbb{R}_+^*\times\mathbb{R}^n$ de classe $C^{1,2}$, le processus $h(s,X_s)$ est une semi-martingale d'après la formule d'Ito, et la formule d'Ito nous permet même (lorsque h est bornée, par exemple, de sorte que la semi-martingale est spéciale) d'en écrire la décomposition canonique. Explicitons en la partie martingale, qui vaut

$$\Sigma_i \int_0^s \frac{\partial}{\partial x_i} h(u,X_u)d(X^i)_u^c + W*(\mu-\nu)$$

avec les notations de [14] : μ est la mesure aléatoire sur $\mathbb{R}_+\times\mathbb{R}^n$

$$\mu(\omega\;;\;dt\times dx\;) = \Sigma_{s>0}\; \varepsilon_{(s,\Delta X_s(\omega))}(dt\times dx)1_{\{\Delta X_s(\omega)\neq 0\}}$$

et ν sa compensatrice prévisible, donnée par le système de Lévy Λ : $\nu(\omega\;;\;dt\times dx) = dt\Lambda(X_t(\omega),dx)$. D'autre part, $W(\omega,s,x)$ est la fonction mesurable sur $(\Omega\times\mathbb{R}_+^*)\times\mathbb{R}^n$, $\underline{\underline{P}}\times\underline{\underline{B}}(\mathbb{R}^n))$

$$W(\omega,s,x) = h(s,x+X_{s-}(\omega))-h(s,X_{s-}(\omega))$$

Supposons maintenant que $(t,x)\longmapsto P_tf(x)$ soit de classe $C^{1,2}$ pour $f\in\underline{\underline{C}}_c^\infty$. Appliquant cela à $h(s,x) = P_{t-s}f(x)$ pour $s\in[0,t[$, nous arrivons à écrire explicitement les martingales $M^{t,f}$. Malheureusement, les représentations que l'on écrit ainsi sont des représentations optionnelles, non prévisibles, et il reste encore un peu de travail à faire pour en déduire, à la manière de [14], l'extrémalité de P. Celle-ci se déduit plus simplement de la méthode des remarques 1-2 du 3.4 .

APPENDICE

(M. Yor et J. de Sam Lazaro)

1. Martingales homogènes et propriété (RP)

Soit $(M_t)_{t\geq 0}$ une martingale nulle en 0 (cadlag) sur un espace de probabilité filtré $(\Omega,\underline{\underline{F}},\underline{\underline{F}}_t,P)$. On dit que (M_t) est homogène si, pour tout $h\geq 0$, les processus $(M_t)_{t\geq 0}$ et $(M_t^h)=(M_{t+h}-M_h)$ ont même loi. Soulignons l'importance des martingales homogènes en théorie des flots. On se propose de déterminer toutes les martingales homogènes qui possèdent la propriété (RP) relativement à leur famille de tribus naturelle.

On peut évidemment se transporter sur l'espace Ω des applications cadlag de $\mathbb{R}_+$ dans $\mathbb{R}$, muni de ses applications coordonnées (X_t) , de sa filtration naturelle $(\underline{\underline{F}}_t^o)$ - on pose $\underline{\underline{F}}^o=\underline{\underline{F}}_\infty^o$ - et d'une loi P pour laquelle le processus X est une martingale. L'homogénéité de la martingale X signifie alors que la loi P est invariante par θ_h pour tout $h\geq 0$, où θ_h est l'application de Ω dans lui même définie par

$\forall\ \omega\in\Omega$, $X_t(\theta_h\omega) = X_{t+h}(\omega)-X_h(\omega)$

Enonçons le résultat :

Théorème 1. Supposons que, sous P, X soit une martingale homogène possédant la propriété (RP). Alors X est un mouvement brownien, ou la martingale compensée d'un processus de Poisson.

Démonstration. Il est bien connu que le mouvement brownien (de paramètre quelconque σ^2) et le processus de Poisson compensé (d'intensité λ quelconque) possèdent la propriété (RP). Par ailleurs, ce sont les seuls processus à accroissements indépendants, réels et centrés, pour lesquels la propriété (RP) est vérifiée. Voir à ce sujet l'appendice de [9] . Ce résultat peut également être retrouvé à partir de la représentation des martingales des processus à accroissements indépendants comme intégrales stochastiques optionnelles (cf. par exemple le paragraphe 3 de [16]). Le théorème 1 sera donc prouvé si nous montrons que X est un processus à accroissements indépendants.

Nous désignerons par $\underline{\underline{F}}_t^h$ la tribu engendrée par les variables $X_{s+h}-X_h$, $0\leq s\leq t$.

X ayant la propriété (RP), toute variable $Z\in L^2(\underline{\underline{F}}_\infty^o,P)$ admet une représentation

$$Z = E[Z] + \int_0^\infty \varphi_s dX_s \ , \text{ où } \varphi \text{ est prévisible, et } E[\int_0^\infty \varphi_s^2 d[X,X]_s] < \infty .$$

Appliquons l'opérateur θ_h . Il est très facile de vérifier que le processus φ_s^h défini par $\varphi_s^h(\omega)=\varphi_{s-h}(\theta_h\omega)1_{\{s>h\}}$ est prévisible, et que l'on a

$$(\int_0^\infty \varphi_s dX_s)\circ\theta_h = \int_0^\infty \varphi_s^h dX_s$$

En effet, ces propriétés sont immédiates si $\varphi_t = 1_A 1_{]u,v]}(t)$ ($u<v$, $A \in \underline{\underline{F}}^o_u$), et on passe des processus prévisibles élémentaires aux processus prévisibles φ tels que $E[\int_0^\infty \varphi_s^2 d[X,X]_s] < \infty$ par le procédé habituel, en utilisant l'invariance de P sous θ_h. On a donc finalement, le processus φ^h étant nul sur $[0,h[$

$$E[(\int_0^\infty \varphi_s dX_s)\circ\theta_h | \underline{\underline{F}}_h] = 0$$

ou encore

$$E[Z\circ\theta_h | \underline{\underline{F}}_h] = E[Z]$$

Faisant parcourir à Z une algèbre de fonctions bornées engendrant $\underline{\underline{F}}^o_\infty$, $Z\circ\theta_h$ parcourt une algèbre engendrant $\underline{\underline{F}}^h_\infty$, et par conséquent

$$\underline{\underline{F}}^h_\infty \text{ et } \underline{\underline{F}}_h \text{ sont indépendantes pour tout } h>0$$

ce qui entraîne en particulier que (X_t) est à accroissements indépendants.

<u>Remarque</u>. Nous n'avons pas résolu ici le problème qui se rencontre réellement en théorie des flots : celui-ci concerne en effet l'espace Ω des applications cadlag de $\mathbb{R}$ <u>tout entier</u> dans $\mathbb{R}$, nulles en 0, avec le même processus canonique (X_t), et la filtration $\underline{\underline{F}}^o_t$ définie pour $t\in\mathbb{R}$ par $\underline{\underline{F}}^o_t = \sigma(X_u - X_v,\ u\leq t,\ v\leq t)$. P étant une loi sur Ω, on dit que X est une <u>martingale</u> si $E[|X_t|] < \infty$ pour tout $t\in\mathbb{R}$, et si pour tout u et tout $t>u$ on a $E[X_t - X_u | \underline{\underline{F}}^o_u] = 0$. La martingale est dite <u>homogène</u> si P est invariante par les opérateurs θ_h comme ci-dessus, mais la propriété (RP) s'écrit

$$\left|\begin{array}{l} \forall\ Z\in L^2(\underline{\underline{F}}^o_\infty) \text{ il existe } (\varphi_t)_{t\in\mathbb{R}} \text{ prévisible tel que } E[\int_{-\infty}^{+\infty} \varphi_s^2 d[X,X]_s] < \infty \\ \text{et que } Z = E[Z] + \int_{-\infty}^{+\infty} \varphi_s dX_s \end{array}\right.$$

ou encore, si l'on préfère travailler sur $[0,\infty[$

$$\left|\begin{array}{l} \forall\ Z\in L^2(\underline{\underline{F}}^o_\infty) \text{ il existe } (\varphi_t)_{t\geq 0} \text{ prévisible tel que } E[\int_0^\infty \varphi_s^2 d[X,X]_s] < \infty \\ \text{et que } Z = E[Z|\underline{\underline{F}}^o_0] + \int_0^\infty \varphi_s dX_s \end{array}\right.$$

2. <u>Existence d'une martingale totalisatrice</u>

Soit $(\Omega, \underline{\underline{F}}, \underline{\underline{F}}_t, P)$ un espace de probabilité filtré vérifiant les conditions habituelles, et de plus les trois conditions suivantes

α) $\underline{\underline{F}} = \bigvee_t \underline{\underline{F}}_t$

β) $L^2(\Omega, \underline{\underline{F}}, P)$ est séparable

γ) $\underline{\underline{F}}_0$ est P-triviale.

On se pose la question de savoir s'il existe une martingale $Z\in\underline{\underline{M}}^2$ qui ait la propriété (RP) par rapport à $(\underline{\underline{F}}_t)$. Une telle martingale, si elle existe, est dite <u>totalisatrice</u>, à cause de la terminologie analogue employée dans la théorie des algèbres de Von Neumann, et des liens étroits existant entre cette théorie et celle des intégrales stochastiques (voir à ce sujet Dellacherie et Stricker [29]). A l'aide des résultats de [29], l'un de nous a indiqué en [16] une condition nécessaire et suffisante pour qu'il existe une martingale totalisatrice (cf. [16], théorèmes 4 et 5). Nous allons donner ci-dessous une autre condition nécessaire et suffisante.

A toute martingale $M \in \underline{\underline{M}}^2$, on associe la mesure positive bornée sur la tribu prévisible

$$p_M(ds \times d\omega) = d\langle M,M\rangle_s(\omega)dP(\omega)$$

Si M et N sont deux éléments de $\underline{\underline{M}}^2$, on a $p_M \ll p_N$ si et seulement si, pour presque tout ω, on a $d\langle M,M\rangle_t(\omega) \ll d\langle N,N\rangle_t(\omega)$; de même les mesures p_M et p_N sont étrangères si et seulement si $d\langle M,M\rangle_t(\omega)$ et $d\langle N,N\rangle_t(\omega)$ sont étrangères sur $\mathbb{R}_+$ pour presque tout ω.

Voici nos résultats :

<u>Proposition 2. Soient</u> M <u>et</u> N $\in \underline{\underline{M}}^2$, <u>nulles en 0 et non nulles. Les propriétés suivantes sont équivalentes</u>

a) p_M <u>et</u> p_N <u>sont étrangères</u>

b) <u>Les martingales</u> M <u>et</u> N <u>sont orthogonales et</u> $\mathcal{L}^2(M,N)=\mathcal{L}^2(M+N)$.

<u>Théorème 3. Sous les hypothèses</u> α, β, γ <u>les propriétés suivantes sont équivalentes</u> :

1) <u>Il existe une martingale totalisatrice.</u>

2) <u>Pour tout couple</u> (M,N) <u>de martingales orthogonales de</u> $\underline{\underline{M}}^2$, <u>les mesures</u> p_M <u>et</u> p_N <u>sont étrangères.</u>

<u>Remarque</u>. D'après la proposition 2), on peut remplacer 2) par

2') M et N sont orthogonales si et seulement si p_M et p_N sont étrangères.

<u>Démonstration de la proposition.</u>

On utilise la notation usuelle $H \cdot M$ pour l'intégrale stochastique $\int_0^{\cdot} H_s dM_s$.

a)=> b). p_M et p_N étant étrangères, il existe un ensemble prévisible A portant p_M un ensemble prévisible B portant p_N, tels que $A \cap B = \emptyset$. On a alors $M = 1_A \cdot M$, $N = 1_B \cdot N$, donc $\langle M,N\rangle = 1_A 1_B \langle M,N\rangle = 0$, et M et N sont orthogonales. Alors $\mathcal{L}^2(M,N)$ est constitué des martingales de carré intégrable de la forme $H \cdot M + K \cdot N$ avec H,K prévisibles, et on a

$$H \cdot M = H1_A(M+N) \ , \ K \cdot N = K1_B(M+N) \ , \text{ d'où b).}$$

b)=>a). D'après b), il existe H et K prévisibles tels que $M = H \cdot X$, $N = K \cdot X$ en posant $X = M+N$. Comme $\langle M,N\rangle = 0$, on a $0 = (HK) \cdot \langle X,X\rangle$, donc $HK = 0$ p_X-p.p.. Alors l'ensemble $A = \{H \neq 0\}$ porte p_M , et A^c porte p_N .

Démonstration du théorème.

1)=>2) , d'après la démonstration précédente de b)=>a), en prenant ici pour X une martingale totalisatrice.

2)=>1) . D'après l'hypothèse β , il existe une suite (finie ou infinie) de martingales de carré intégrables X^n nulles en 0, non nulles, deux à deux orthogonales, telles que $\underline{\underline{M}}_0^2$ soit égal à $\mathcal{L}^2(X^n, n\in\mathbb{N})$. Quitte à remplacer X^n par $\lambda_n X^n$, avec des $\lambda_n \neq 0$ convenables, on peut supposer que la série $\Sigma_n X^n$ converge dans $\underline{\underline{M}}^2$ vers une martingale X. Pour montrer que X est totalisatrice, il suffit de montrer que toute martingale Y orthogonale à X est nulle. Or d'après 2), p_Y est étrangère à $p_X = \Sigma_n \, p_{X^n}$. Donc elle est étrangère à chaque p_{X^n} , Y est orthogonale à X^n pour tout n, et finalement Y est nulle.

3. Densité dans $L^\infty(\mu)$ pour le problème de Douglas.

3.1. Rappels

Si $(X,\underline{\underline{X}})$ est un espace mesurable, on note, en suivant Dunford et Schwartz [33] , $ba(X,\underline{\underline{X}})$ - ou simplement ba - l'espace des mesures additives bornées sur $\underline{\underline{X}}$: il est constitué des applications $\lambda : \underline{\underline{X}} \longrightarrow \mathbb{R}$, simplement additives sur $\underline{\underline{X}}$, pour lesquelles $\|\lambda\| = \sup_\tau \Sigma_{i\in I_\tau} |\lambda(A_i)| < \infty$, τ parcourant l'ensemble des partitions finies $\underline{\underline{X}}$-mesurables $\tau = (A_i)_{i\in I_\tau}$ de X .

Toute fonction f, $\underline{\underline{X}}$-mesurable bornée (on note : $f\in b(\underline{\underline{X}})$) étant limite uniforme de fonctions étagées, on définit $\lambda(f)$ pour $\lambda\in ba$ et $f\in b(\underline{\underline{X}})$ par linéarité et continuité, après avoir posé $\lambda(1_A)=\lambda(A)$ pour $A\in\underline{\underline{X}}$. On a bien sûr $|\lambda(f)| \leq \|f\|_\infty |\lambda|$.

Si μ est une probabilité sur $(X,\underline{\underline{X}})$, l'espace

$$ba(\mu) = \{ \lambda\in ba \mid \forall A\in\underline{\underline{X}} , (\mu(A)=0) \Rightarrow (\lambda(A)=0) \}$$

s'identifie comme suit au dual de $L^\infty(\mu)$ ([33], p.296): si $f\in L^\infty(\mu)$, on pose $\lambda(f)=\lambda(f')$ pour toute $f'\in b(\underline{\underline{X}})$ appartenant à la classe f. Alors l'application $(\lambda,f)\mapsto\lambda(f)$, bien définie sur $ba(\mu)\times L^\infty(\mu)$, est la forme bilinéaire qui met ces deux espaces en dualité.

Enfin on a ([33], pages 98-99) , avec des notations évidentes

$$ba = (ba)^+ - (ba)^+ \quad ; \quad ba(\mu) = (ba(\mu))^+ - (ba(\mu))^+ .$$

3.2 Revenons maintenant au problème de Douglas (voir le paragraphe 1).

Soit F un ensemble de fonctions $\underline{\underline{X}}$-mesurables bornées (nous laissons au lecteur le cas où F est un ensemble de classes pour l'égalité μ-p.s.). Nous posons comme au paragraphe 1

$$\underline{\underline{M}}_\mu = \{ \nu \text{ probabilités sur } (X,\underline{\underline{X}}) \mid \forall f\in F \int f d\nu = \int f d\mu \}$$

Alors, il est immédiat que μ est extrémale dans $\underline{\underline{M}}_{\mu}$ si, et seulement si, elle l'est dans

$$\hat{\underline{\underline{M}}}_{\mu} = \{ \lambda \in ba^{+} \mid \forall f \in F , \lambda(f)=\mu(f) \}$$

La proposition suivante est l'analogue de la proposition 1.4 :

<u>Proposition.</u> <u>Avec les notations ci-dessus, les deux assertions suivantes sont équivalentes</u>

1) F <u>est dense dans</u> $L^{\infty}(\mu)$.

2) <u>Toute mesure additive</u> $\lambda \in (ba)^{+}(\mu)$ <u>est extrémale dans</u>

$$\hat{\underline{\underline{M}}}_{\lambda} = \{ \nu \in ba^{+} \mid \forall f \in F , \nu(f)=\lambda(f) \} .$$

<u>Démonstration</u> . 1)=>2) . Soit $\lambda \in ba^{+}(\mu)$, de la forme $\lambda=\alpha\lambda^{1}+(1-\alpha)\lambda^{2}$, avec $\lambda^{1},\lambda^{2} \in \hat{\underline{\underline{M}}}_{\lambda}$, $\alpha \in]0,1[$. Noter que λ^{1} est majorée par λ/α, donc appartient à $ba^{+}(\mu)$, et alors, d'après 1), λ et λ^{1} induisent la même forme linéaire sur $L^{\infty}(\mu)$. En particulier, $\lambda(A)=\lambda^{1}(A)$ pour tout $A \in \underline{\underline{X}}$, donc $\lambda=\lambda^{1}=\lambda^{2}$, et λ est point extrémal de $\hat{\underline{\underline{M}}}_{\lambda}$.

2)=>1). Comme $(L^{\infty}(\mu))'=ba(\mu)$, il suffit de montrer que la seule $\lambda \in ba(\mu)$ telle que : $\forall f \in F$, $\lambda(f)=0$, est la mesure nulle. Soit λ une telle mesure additive, et soit $\lambda=\lambda^{+}-\lambda^{-}$ la décomposition de Jordan de λ ([33], pages 98-99). On a alors $|\lambda|=\lambda^{+}+\lambda^{-} \in (ba)^{+}(\mu)$ et

$$|\lambda| = \frac{2\lambda^{+}+2\lambda^{-}}{2} \quad ; \; 2\lambda^{+},\ 2\lambda^{-} \in \hat{\underline{\underline{M}}}_{|\lambda|}$$

D'après l'hypothèse, on a donc : $2\lambda^{+}=2\lambda^{-}=|\lambda|$, donc $\lambda=\lambda^{+}-\lambda^{-}=0$.

BIBLIOGRAPHIE

Sur la représentation des martingales comme intégrales stochastiques

a) Processus de Markov

[1] H. Kunita, S. Watanabe : On square integrable martingales. Nagoya Math. Journal, Vol. 30, 1967, pp. 209-245.

[2] M. Motoo, S. Watanabe : On a class of additive functionals of Markov processes. J. Math. Kyoto. Univ. 4, 1965, pp. 429-469.

[3] S. Watanabe : On discontinuous additive functionals and Lévy measures of a Markov process. Japanese J. Math. 36, 1964, pp. 53-70.

b) Processus à accroissements indépendants.

Les articles sur ce sujet sont innombrables, et nous ne donnons qu'une liste restreinte. De nombreuses références figurent dans la bibliographie de [5].

[4] C. Dellacherie : Intégrales stochastiques par rapport aux processus de Wiener et de Poisson. Séminaire de probabilités VIII. Lect. Notes in Math. 381, Springer-Verlag 1974.

[5] L. Galtchouk : Représentation des martingales engendrées par un processus à accroissements indépendants (cas des martingales de carré intégrable). Ann. I.H.P. vol. XII, 1976, pp. 199-211.

[6] K. Ito : Multiple Wiener integral. J. Math. Soc. Japan, vol.2, 1951, pp. 157-169.

[7] K. Ito : Spectral type of the shift transformation of differential processes with stationary increments. T.A.M.S. 1956, pp. 253-263.

(ces deux articles contiennent en particulier la décomposition en chaos de Wiener (intégrales stochastiques multiples), qui entraîne les théorèmes de représentation des martingales comme intégrales stochastiques usuelles).

c) Processus ponctuels

[8] R. Boel, P. Varaiya, E. Wong : Martingales on jump processes. Part I, representation results. Part II, applications. SIAM J. Control 13, 5, pp. 999-1061.

[9] C.S. Chou, P.A. Meyer : sur la représentation des martingales comme intégrales stochastiques dans les processus ponctuels. Séminaire de Probabilités IX , Springer-Verlag 1974.

[10] M.H.A. Davis : The representation of martingales of jump processes SIAM J. of control, 14 , 1976.

[11] J. Jacod : Multivariate point processes : predictable projection, Radon-Nikodym derivatives, representation of martingales. Z.W. 31, 1975, pp. 235-253.

De façon générale, on peut consulter sur ce sujet, la revue

[12] P. Brémaud, J. Jacod : Processus ponctuels et martingales. A paraître dans : Adv. in Appl. Prob., 1977.

d) En relation avec les problèmes de martingales.

[13] J. Jacod : A general theorem of representation for martingales. A.M.S. Meeting (à paraître en 1977).

[14] J. Jacod, M. Yor : Etude des solutions extrémales et représentation intégrale des solutions pour certains problèmes de martingales. Z.W. 38, 1977, pp. 83-125.

[15] M. Yor : Représentation intégrale des martingales, étude des distributions extrémales. Thèse, Université P. et M. Curie, Paris 1976.

[16] M. Yor : Remarques sur la représentation des martingales comme intégrales stochastiques. Séminaire de Probabilités XI. Lecture Notes in M. n°581, Springer-Verlag 1977.

e) Sur le théorème de Douglas et les questions connexes.

[17] E.M. Alfsen : Compact convex sets and boundary integrals. Ergebn. der M. 57, Springer-Verlag, 1971.

[18] M. Capon : Densité des fonctions affines continues sur un convexe compact dans un espace L^p... Sém. Choquet (Init.An.) 1970-71.

[19] G. Choquet : Le problème des moments. Séminaire Choquet (Initiation à l'analyse), Université de Paris, 1e année, 1961-62.

[20] R.G. Douglas : On extremal measures and subspace density. Michigan Math. J. 11, 1964, pp. 644-652.

[21] G. Mokobodzki : sur des mesures qui définissent des graphes d'applications. Séminaire Brelot-Choquet-Deny , 6e année, 1962.

f) Autres références .

[22] H. Föllmer : On the representation of semi-martingales. Ann. Prob. 1, 1973, pp. 580-589.

[23] P.A. Meyer : Un cours sur les intégrales stochastiques. Séminaire de Probabilités X. Lecture Notes in M. 511, 1976.

[24] P.A. Meyer : Démonstration probabiliste de certaines inégalités de Littlewood-Paley , exposé II (l'opérateur carré du champ). Séminaire de Probabilités X, Lecture Notes in M. 511, Springer 1976.

[25] P.A. Meyer : Notes sur les intégrales stochastiques : Intégrales Hilbertiennes. Séminaire de Probabilités XI. Lecture Notes in M. 581, Springer 1977.

[26] M. Yor : Une remarque sur les formes de Dirichlet et les semi-martingales. Séminaire de Théorie du Potentiel, n°2. Lecture Notes in M. 569, 1976.

[27] C. Dellacherie : Capacités et processus stochastiques. Ergebn. der Math. 67, Springer-Verlag 1972.

[28] J. Neveu : Notes sur l'intégrale stochastique. Cours de 3e Cycle 1972. Laboratoire de Probabilités, Université P. et M. Curie, Paris.

[29] C. Dellacherie et C. Stricker : Changements de temps et intégrales stochastiques. Séminaire de Probabilités XI, Lecture Notes in M. 581, Springer-Verlag 1977.

[30] J.P. Roth : Opérateurs dissipatifs et semi-groupes dans les espaces de fonctions continues. Ann. Inst. Fourier 26-4, 1976, pp. 1-97.

[31] A. Benveniste : Application de deux théorèmes de Mokobodzki à l'étude du noyau de Lévy d'un processus de Hunt sans hypothèse (L). Séminaire de Probabilités VII, Lecture Notes in M. 321, Springer-Verlag 1973 [voir aussi les commentaires sur le travail de Benveniste, dans le même volume, exposé suivant].

[32] K.A. Yen et Ch. Yoeurp : Représentation des martingales comme intégrales stochastiques de processus optionnels. Séminaire de Probabilités X, Lecture Notes in M. 511, Springer-Verlag 1976.

[33] N. Dunford et J. Schwartz : Linear Operators, Part I. Interscience Publ. New York 1958.

J. de Sam Lazaro
UER des Sciences et Techniques
Université de Rouen
76130 Mont Saint-Aignan

Marc Yor
Laboratoire de Probabilités
Université de Paris VI
2 Place Jussieu - Tour 46
75230 Paris Cedex 05

THE Q-MATRIX PROBLEM 3: THE LEVY-KERNEL PROBLEM FOR CHAINS

by

David Williams

Part 1 Introduction (including a 'correction' to [QMP2])

(1a) Experts on Markov process theory will probably find this paper, [QMP3], more interesting than either of its predecessors, [QMP1] = [6] and [QMP2] = [7]. Indeed, since chain theory will soon become far too difficult for me, this is a deliberate attempt to persuade process-theory experts to take a more active interest in chains.

This paper is largely independent of its predecessors. Martingale-problem techniques will underlie much of our work, so that we begin a serious effort to tie in the probabilistic side of the theory with the analysis of infinitesimal generators. At the very least, this paper looks more like (say) spin-flip theory than chain theory has tended to do in the past. In particular, we strive to work with strong FELLER, stochastically continuous transition functions on compact metric spaces.

That said, it is perhaps as well to emphasise right away (even before discussing the LEVY kernel problem) some of the rather peculiar features of chains. Let I be a countable set, and let $\{P(t)\}$ be a transition function on I. That $\{P(t)\}$ is "standard" in CHUNG's sense:

$$\lim_{t \downarrow 0} p_{ii}(t) = 1 \qquad (\forall i),$$

is taken to be part of the definition of transition function. Further, we shall deal only with transition functions $\{P(t)\}$ which are honest in the sense that

$$P(t)1 = 1, \ \forall t > 0.$$

(1b) VIA RAY TO FELLER

When it comes to proving that a certain special $\{P(t)\}$ has a strong FELLER, stochastically continuous extension to a given compactification E of I, I find myself unable to do this directly. I first show that the resolvent $\{R(\lambda)\} = \{R_\lambda\}$

of $\{P(t)\}$ acts as a RAY resolvent on E and then show that E has no branch-points. (Because we use the RAY property only as a stepping-stone, we need very little RAY theory here. The very brief Chapters 1 - 3 of GETOOR [2] provide all that we need.)

(1c) 'NATURAL' INFINITESIMAL GENERATOR

A closely related 'difficulty' must also be clarified now. The space $Z = R(\lambda)B(I)$, where $B(I)$ denotes the space of bounded functions on I, is independent of λ, and the closure $\overline{Z}$ of Z is exactly the domain of strong continuity (at $t = 0$) of $\{P(t)\}$ acting on $B(I)$. The <u>strong infinitesimal generator</u> A of $\{P(t)\}$ has domain $R(\lambda)\overline{Z}$ (independently of λ) and, of course

$$(\lambda - A)R(\lambda)f = f, \quad \forall f \in \overline{Z}.$$

If we are to use the martingale-problem method effectively, we must abandon A and instead work with the <u>'natural' infinitesimal generator</u> N defined unambiguously on $\mathcal{D}(N) = Z$ via the equation

$$(\lambda - N)R(\lambda)f = f, \quad \forall f \in B(I).$$

(The reader can easily check from the resolvent equation and the fact that

$$\lim_{\mu \to \infty} \mu R(\mu)f(i) = f(i) \qquad (\forall i),$$

that the map $R(\lambda) : B(I) \to Z$ is injective for every λ; etc. .)

It is important that <u>if</u> $f \in \mathcal{D}(N)$ <u>and</u> X <u>is a (nice) chain with transition function</u> $\{P(t)\}$, <u>then</u>

$$f \circ X(t) - \int_0^t Nf \circ X(s)ds$$

<u>is a martingale</u> (for every initial law). See Exposé II of MEYER [4].

(1d) NEVEU's LEMMA

Let us recall one particularly good feature of honest chains. Suppose that E is some given metrizable compactification of I. Then the two properties:

$$P(t) : B(I) \to C(E) \quad (\forall t > 0); \quad R(\lambda) : B(I) \to C(E) \quad (\forall \lambda > 0)$$

are <u>equivalent</u>. This is an immediate consequence of Proposition 2 of NEVEU [5]. It will henceforth be used without further comment.

(1e) KOLMOGOROV BACKWARD EQUATIONS

Let Q be an $I \times I$ matrix satisfying

(DK): $$0 \le q_{ij} < \infty \qquad (\forall i,j : i \neq j)$$

(TIΣ): $$\sum_{k \neq i} q_{ik} = \infty = -q_{ii} \qquad (\forall i).$$

Set

$$(\mathfrak{Q}f)_i \equiv \sum_{k \neq i} q_{ik}(f_k - f_i),$$

with $\mathcal{D}(\mathfrak{Q})$ consisting of those f in $B(I)$ such that

(i) for each i, the series defining $(\mathfrak{Q}f)_i$ converges absolutely,

(ii) $\mathfrak{Q}f \in B(I)$.

We know from [QMP1,2] that $Q = P'(0)$ for some $\{P(t)\}$ if and only if the condition

(N): $$\sum_{j \notin \{a,b\}} q_{aj} \wedge q_{bj} < \infty$$

holds. The main result of [QMP2] is the following:

THEOREM 1 ([QMP2]) <u>When</u> (DK), (TIΣ) <u>and</u> (N) <u>hold, we can choose</u> $\{P(t)\}$ <u>with natural infinitesimal generator</u> $\mathcal{N}$ <u>satisfying</u> $\mathcal{N} \subset \mathfrak{Q}$.

Theorem 1 is the result actually <u>proved</u> in [QMP2] though the result <u>stated</u> in [QMP2] is the <u>apparently</u> weaker result with $\mathcal{A}$ replacing $\mathcal{N}$.

Let us put [QMP2] right. Introduce the three conditions:

$(\mathrm{KBE})_1$: $$\mathcal{A} \subset \mathfrak{Q};$$

$(\mathrm{KBE})_2$: $$(\lambda - \mathfrak{Q})R(\lambda)f = f, \quad \forall f \in B(I);$$

$(\mathrm{KBE})_3$: $$\mathcal{N} \subset \mathfrak{Q}.$$

The fact is that <u>these three conditions are equivalent</u>. What is obvious is that

$$(\mathrm{KBE})_2 \Leftrightarrow (\mathrm{KBE})_3 \Rightarrow (\mathrm{KBE})_1 .$$

The proof that $(\mathrm{KBE})_1 \Rightarrow (I \overset{Q}{\rightarrow})$ beginning at the bottom of page 508 in [QMP2] is fallacious but easily corrected. ⟦It is <u>always</u> true that

$$\sum_{i \neq b} q_{bi}[1 - \hat{f}_{ib}(\mu)] \le \mu \hat{g}_b(\mu).$$

Thus

$$\sum_{i \neq b} q_{bi}[\hat{p}_{bb}(\mu) - \hat{p}_{ib}(\mu)] \leq \mu\hat{g}_b(\mu)\hat{p}_{bb}(\mu) \leq 1 - \mu\hat{p}_{bb}(\mu).$$

This estimate allows us to replace $u = \chi_{\{b\}}$ (which is not necessarily in $\overline{Z}$ - and certainly not in $\overline{Z}$ under hypothesis $(TI\Sigma)'$) by $\mu R(\mu)u$ (which is in Z) and then let $\mu \to \infty$.] The proof that $(I \overset{Q}{\to}) \Rightarrow (KBE)_2$ in [QMP2] is correct.

The equivalence of $(KBE)_1$, $(KBE)_2$ and $(KBE)_3$ is now established. We simply write (KBE) and say that X (or $\{P(t)\}$) satisfies the KOLMOGOROV backward equation if (KBE) holds.

The probabilistic significance of (KBE) is that when (KBE) holds, each excursion from a point i of I will begin at a point of $I \setminus \{i\}$. Thus (KBE) rules out both continuous exiting from i and jumping from i to a fictitious state.

(1f) THE LEVY-KERNEL PROBLEM

We assume from now on that Q satisfies (DK), $(TI\Sigma)$ and (N). In [QMP2], we proved Theorem 1 by explicit construction of a chain X satisfying (KBE). What makes Theorem 1 and its proof in [QMP2] unsatisfactory is that, however we choose the parameters, the chain X of [QMP2] will make jumps from fictitious states; such jumps are not controlled by Q. For example, topological considerations show that that chain can jump from the bottom of the tree to the top.

What we would like to be able to say is that a chain X can be chosen to satisfy (KBE) and also have the property that

(FLK): Q is the full LEVY kernel of X

in the sense that, almost surely,

$$\forall t, (X_{t-}(\omega) \neq X_t(\omega)) \Rightarrow (X_{t-}(\omega) \in I, X_t(\omega) \in I).$$

The jumps of such a chain will be entirely controlled by Q in the sense of LEVY kernel theory. (Of course, we are light-years away from a situation where the transition function of X is uniquely specified by Q.)

(1g) THE MAIN RESULT

The purpose of this paper is to construct such a chain X and further arrange that its transition function has certain very desirable smoothness properties.

THEOREM 2 We can choose $\{P(t)\}$ satisfying (KBE) such that for some metrizable compactification E of I,

(i) $P(t) : B(I) \to C(E)$, $\forall t > 0$;

(ii) $\{P(t)\}$ is strongly continuous on $C(E)$;

(iii) any (E-valued, HUNT) chain X with transition function $\{P(t)\}$ satisfies (FLK).

Conditions (i) and (ii) imply that the domain $\overline{Z}$ of strong continuity of $\{P(t)\}$ on $B(I)$ is exactly $C(E)$. More significantly, they imply that the strong generator A of $\{P(t)\}$ is exactly DYNKIN's characteristic operator on $C(E)$. (See Theorem 5.5 of DYNKIN [1]). Property (FLK) therefore corresponds to the fact that A is local at points of $E\setminus I$. (See (4ℓ).) The problem of contracting $\mathcal{Q}$ to a generator by imposing appropriate boundary and/or lateral conditions is of course the exact analogue of the problem considered by FELLER under the assumption that all states are stable. Provided that we always remember that "the process is the thing", FELLER's ideas act as valuable guides in the present situation.

(1h) The experts on process theory to whom this paper is chiefly addressed will, in the first instance, wish to see general principles rather than merely another complicated construction, even though the construction requires much more cunning this time.

Parts 2 and 3 collect together some 'theoretical' lemmas which outline our basic strategy. On the analytic side, we need the 'perturbation' Lemma 3 which guarantees that, under certain conditions, we can extend the LEVY kernel without destroying the strong FELLER property.

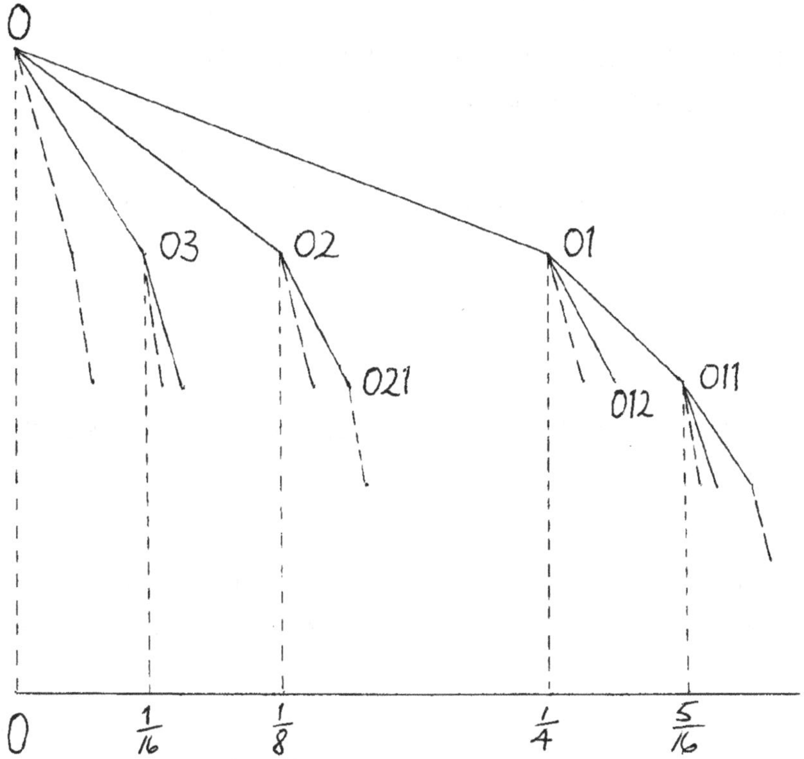

Figure O

I had anticipated that it would be technically difficult to prove rigorously that a chain constructed by a limiting operation has property (FLK). It therefore surprised me that Lemma 1 provides all that is required.

This paper adds weight to the idea expressed in [8] that chains are essentially one-dimensional because I provides a dense set of points each of which is regular (for itself).

Part 2 A crucial lemma

(2a) TREE-LABELLING

I is said to be tree-labelled if I is labelled as the set of vertices

$$I = \{0\} \cup I_1 \cup I_2 \cup \dots \quad (\text{where } I_n = \{0i_1i_2 \dots i_n : i_1, i_2, \dots, i_n \in \mathbb{N}\})$$

of the tree shown in Figure O. Figure O also illustrates a certain identification (described in a moment) of I with a certain subset of $[0,1]$.

In Theorem 2, it is always possible to label I as this tree and to take for E the 'compactified' tree $E = I \cup I_\infty$, where

$$I_\infty = \{0 i_1 i_2 \ldots : i_1, i_2, \ldots \in \mathbb{N}\}.$$

Topology of E. For $i \in I$, take $K(i)$ to be the 'compactified' sub-tree $(K(i) \subset E)$ with vertex i in the obvious way. We obtain the topology on E (as in KENDALL [3]) by making the sets $K(i)$ and their complements a sub-base for open sets. Then each $K(i)$ is truly compact (and open).

For us, it is best to think of this compactification in a more down-to-earth way. We shall regard the vertices of the tree as identified with a subset of $[0,1]$ via the identification

$$(1) \qquad 0 i_1 i_2 \ldots i_n \quad \longleftrightarrow \quad \sum_{1 \le k \le n} 2^{-(i_1+i_2+\ldots+i_k+k)}$$

which preserves (reverses?!) lexicographic order. Then E is the compact completion of I under the Euclidean metric ρ. The identification (1) transfers ρ to the tree.

Throughout Parts 2 and 3, we shall assume that I is already tree-labelled as described. The symbols E, ρ, $K(i)$ have the significance described above and we write $D(i)$ for the 'finite' subtree with vertex $i : D(i) \equiv I \cap K(i)$. Note that $i \subset D(i)$.

Note. The problem of how to label I is difficult. SEYMOUR's labelling is no longer suitable, though SEYMOUR's lemma (Lemma 4 below) is essential as a first step. The required perturbation of SEYMOUR's labelling is very complicated, and it is just as well that, for the time being, the manner in which I is labelled does not concern us.

(2b) A USE OF RAY RESOLVENTS

We now come to the "crucial" lemma. We write χ_F for the characteristic (indicator) function of a set F.

LEMMA 1 *Suppose that* $\{P(t)\}$ *is an honest transition function on* I *with resolvent* $\{R(\lambda)\}$ *satisfying*

(2) $$R(\lambda) : B(I) \to C(E)$$

Suppose also that for each i, *we can find a function* f^i *in* $B(I)$ *such that*

(3.i) $$R(1)f^i = \chi_{K(i)},$$

(3.ii) $$f^i = 1 \text{ on } D(i)\setminus\{i\}.$$

Then

(I) $\{R(\lambda)\}$ *is a RAY resolvent on* E;

(II) E *has no branch points, so that* $\{P(t)\}$ *is strongly continuous on* $C(E)$;

(III) *if* X *is any (E-valued, HUNT) process with transition function* $\{P(t)\}$, *then, almost surely*,

$$\forall i, \forall t, (X_{t-}(\omega) \in K(i), X_t(\omega) \in E\setminus K(i)) \Rightarrow (X_{t-}(\omega) = i).$$

Proof (I) Let $f^i = f^i_+ - f^i_-$ be the decomposition of f^i into its positive and negative parts. From (3.i) we see that the family

$$\{R(1)f^i_+, R(1)f^i_- : i \in I\}$$

of *continuous* 1-super-median functions separates points of E. This fact (together with (2)) implies that $\{R(\lambda)\}$ is a RAY resolvent on E.

(II) Let $\{P^*_t\}$ be the RAY transition function on E associated with $\{R(\lambda)\}$ as described in Theorem (3.6) of GETOOR [2]. Since $P^*_0 R(1) = R(1)$, it follows from (3.i) that

(4) $$P^*_0\chi_{K(i)} = \chi_{K(i)} \quad (\forall i).$$

It is an immediate consequence of (4) that P^*_0 is the identity operator. Hence E is free from branch points, and for $f \in C(E)$,

$$\lambda R(\lambda)f \to f \quad (\lambda \uparrow \infty)$$

both in the pointwise sense and, by a well-known argument, in the norm of $C(E)$. The classical HILLE-YOSIDA theorem now implies that

$$P^*_t : C(E) \to C(E)$$

and that $\{P^*_t\}$ is strongly continuous on $C(E)$. Since $P(t) : B(I) \to C(E)$ for

$t > 0$, we can now conclude that $\{P_t^*\} = \{P(t)\}$ in the obvious sense and that (therefore) $\{P(t)\}$ is strongly continuous on $C(E)$.

(III) Let X be an (E-valued, HUNT) chain with transition function $\{P(t)\}$. Let $\xi \in K(i)\setminus\{i\}$, and set

$$U \equiv \inf\{t > 0 : X(t) \in i \cup (E\setminus K(i))\}.$$

By DYNKIN's formula,

$$\begin{aligned} 1 &= \chi_{K(i)}(\xi) = R(1)f^i(\xi) \\ &= E^\xi \int_0^U e^{-t} f^i \circ X(t)dt + E^\xi [e^{-U}; R(1)f^i \circ X(U)] \\ &= E^\xi [1 - e^{-U}] + E^\xi [e^{-U}; \chi_{K(i)} \circ X(U)], \end{aligned}$$

from (3). It is therefore obvious that

$$P^\xi [U < \infty, X(U) \neq i] = 0.$$

It is now straightforward to finish the proof of (III).

<u>Part 3</u> <u>Establishing the strong FELLER property</u>.

(3a) A 'PRACTICABLE' SUFFICIENT CONDITION

In Part 3, we concentrate on I and E as subsets of $[0,1]$. Statements like "$i > j$" refer to the natural order of $[0,1]$.

If $\{P(t)\}$ is a transition function on I, we write $\{R(\lambda)\}$ or $\{R_\lambda\}$ for the resolvent of $\{P(t)\}$. We write X for an associated chain and T_j $(j \in I)$ for the hitting time of j by X. (Technically, it is best to choose X to be a RAY chain, but as we are interested only in behaviour on I, we can, if we wish, choose X to be (say) a right-lower-semicontinuous chain of the type found in CHUNG's book.)

LEMMA 2 <u>Let</u> $\{P(t)\}$ <u>be a transition function on</u> I <u>such that</u>

(5) $$E^i T_j \le \rho(i,j) \qquad (\forall i,j \in I : i > j).$$

<u>Then</u>

$$R_\lambda : B(I) \to C(E).$$

<u>Proof</u> For $f \in B(I)$, DYNKIN's formula gives

(6) $$R_\lambda f(i) - R_\lambda f(j) = E^i \int_0^{T_j} e^{-\lambda t} f \circ X(t)dt - [1 - E^i e^{-T_j}] R_\lambda f(j),$$

so that

$$|R_\lambda f(i) - R_\lambda f(j)| \le 2\lambda^{-1}[1 - E^i e^{-\lambda T_j}] \|f\| \le 2\|f\| E^i(T_j).$$

Hence, by (5), $R_\lambda f(\cdot)$ is uniformly continuous on I and so extends to a continuous function on E.

(3b) A PERTURBATION RESULT

LEMMA 3 Let Q be an $I \times I$ matrix satisfying (DK), ($TI\Sigma$) and (N). Assume that the conclusion of Theorem 2 is valid for Q with E the given compactification of I, and let $\{P(t)\}$ and X be appropriate entities satisfying this conclusion.

Let $V = (v_{ij})$ be an $I \times I$ matrix satisfying the conditions:

$$0 \le v_{ij} < \infty \qquad (\forall i,j : i \neq j),$$

$$v(i) \equiv -v_{ii} = \sum_{j \neq i} v_{ij} < \infty \qquad (\forall i).$$

Assume that

(7) $$R_\lambda v(0) < \infty \qquad (\forall \lambda > 0)$$

(recall that $0 \in I$) and that

(8) $$E^i \int_0^{T_j} v(X_s)ds \le \rho(i,j) \qquad (\forall i,j : i > j).$$

Then the conclusion of Theorem 2 (with the same E and with appropriate $\{\tilde{P}(t)\}$ and $\tilde{X}$) is valid for $\tilde{Q}$.

Proof We construct $\tilde{X}$ by extending the LEVY kernel of X by V in the usual way. Expand the sample space so that in particular it carries a variable σ_1 (the first 'new' jump time) such that

(9.i) $$P[\sigma_1 > t \mid X] = \exp[-\int_0^t v \circ X(s)ds].$$

Let $\tilde{X}$ agree with X up to time σ_1, and arrange that

(9.ii) $$P[\tilde{X}(\sigma_1) = j \mid \tilde{X}(\sigma_1 -) = i] = v(i)^{-1} v_{ij} \qquad (j \neq i);$$

and so on. That the right-hand-side of (9.i) makes proper sense is easily checked from (7) and (8), as is implicit in the analysis below. The analysis also implies that the 'new' jump times $\sigma_1, \sigma_2, \ldots$ of $\tilde{X}$ satisfy $\sigma_\infty \equiv \lim \sigma_n = \infty$ (almost surely).

It is clear that we must make precise sense of the formal equation

(10) $$\tilde{A} = A + V.$$

The operator V on $B(I)$ induced by the matrix V is generally unbounded. However, hypotheses (7) and (8) imply that $R_\lambda V$ extends to a <u>bounded</u> operator on $B(I)$ and that

(11) $$\|R_\lambda V\| \to 0 \quad \text{as} \quad \lambda \to \infty.$$

To begin the proof of (11), look at the matrix $R_\lambda V$ and estimate (the notation is self-explanatory)

$$|(R_\lambda V)_{i\ell}| = |\sum_k r_{ik}(\lambda) v_{k\ell}| \leq \sum_k r_{ik}(\lambda) |v_{k\ell}|,$$

whence

(12) $$\sum_\ell |(R_\lambda V)_{i\ell}| \leq 2\sum_k r_{ik}(\lambda) v_k = 2R_\lambda v(i).$$

From (6) (with $f = v \geq 0$) and (8), we see that

(13) $$R_\lambda v(i) \leq R_\lambda v(j) + \rho(i,j) \qquad (\forall i,j : i > j).$$

It now follows from (7), (12), (13) and the well-known DUNFORD-PETTIS result

$$\|R_\lambda V\| = \sup_i \sum_\ell |(R_\lambda V)_{i\ell}|$$

that

(14) $$\|R_\lambda V\| \leq 2 \sup_i R_\lambda v(i) \leq 2R_\lambda v(0) + 2 < \infty$$

By monotone convergence, $R_\lambda v(i) \downarrow 0$ as $\lambda \uparrow \infty$, for each i. There is obviously enough 'equi-uniform-continuity' in property (13) to allow us to deduce that

$$\sup_i R_\lambda v(i) \downarrow 0 \qquad (\lambda \uparrow \infty).$$

Because of (14), <u>property</u> (11) <u>is therefore proved</u>.

Set

$$R_\lambda^{-v} f(i) \equiv \int_0^\infty E^i[\exp\{-\lambda t - \int_0^t v \circ X(s)ds\} f \circ X(t)]\, dt$$

and let $\{\tilde{R}_\lambda\}$ be the resolvent of $\tilde{X}$. If we regard v both as a function on I and as the operation of multiplication by that function, then the FEYNMAN-KAC formula gives (see, for example, Theorem 9.5 of DYNKIN [1])

(15) $$R_\lambda^{-V} f = R_\lambda f - R_\lambda v R_\lambda^{-V} f .$$

By (14) and FUBINI's theorem, interpretation of $R_\lambda v R_\lambda^{-V} f$ is unambiguous. Next, there is an obvious probabilistic interpretation of the formula

(16) $$\tilde{R}_\lambda f = R_\lambda^{-V} f + R_\lambda^{-V} V^+ \tilde{R}_\lambda f$$

where V^+ denotes the positive off-diagonal part of V. Again, (14) makes interpretation unambiguous. From (15) and (16),

$$[I + R_\lambda v]\tilde{R}_\lambda = R_\lambda + R_\lambda V^+ \tilde{R}_\lambda ,$$

or equivalently,

(17) $$\tilde{R}_\lambda - R_\lambda = R_\lambda V \tilde{R}_\lambda ,$$

which is the precise interpretation of the formal equation (10). If λ is so large that $\|R_\lambda V\| < 1$ (see (11)), then equation (17) has the unique solution

$$\tilde{R}_\lambda = R_\lambda + R_\lambda V R_\lambda + R_\lambda V R_\lambda V R_\lambda + \dots .$$

As a minor consequence, we see that (for large λ) $\lambda \tilde{R}_\lambda 1 = 1$, so that $\sigma_\infty = \infty$ almost surely.

A more significant consequence of (11) and (17) is that

$$\|\lambda \tilde{R}_\lambda - \lambda R_\lambda\| \le \|R_\lambda V\| \to 0 \qquad (\lambda \to \infty) .$$

Hence, for $f \in B(I)$, the statements

(18.i) $$\lambda R_\lambda f \to f \qquad (\lambda \to \infty)$$

(18.ii) $$\lambda \tilde{R}_\lambda f \to f \qquad (\lambda \to \infty)$$

are equivalent. However, since $\{P(t)\}$ is assumed to satisfy the conclusions (i) and (ii) of Theorem 2, property (18.i) is equivalent to the statement

(18.iii) $$f \in C(E) .$$

Hence $C(E)$ is the closure of $\tilde{R}_\lambda B(I)$ for each λ, and it is now clear that $\{\tilde{P}(t)\}$ satisfies conclusions (i) and (ii) of Theorem 2.

That $\tilde{X}$ inherits the FLK property from X is obvious.

Part 4 Proof of Theorem 2

(4a) SEYMOUR's LEMMA

We wish to reduce the problem of proving Theorem 2 for a general matrix $\tilde{Q}$ satisfying (DK), (TIΣ) and (N) to that of proving a somewhat stronger result for a special type of matrix Q 'near' to $\tilde{Q}$. The 'strengthening' of Theorem 2 for Q is of course exactly that needed to allow us to transfer Theorem 2 from Q to $\tilde{Q}$ via (a slight extension of) Lemma 3.

LEMMA 4 (P.D. SEYMOUR, [QMP1]). Suppose that $\tilde{Q}$ is an $I \times I$ matrix satisfying (DK), (TIΣ) and (N). Then I may be tree-labelled in such a way that

$$\tilde{Q} = Q + V,$$

where

$$0 \leq v_{ij} < \infty \qquad (\forall i,j: i \neq j),$$

$$v(i) \equiv -v_{ii} = \sum_{j \neq i} v_{ij} < \infty \qquad (\forall i),$$

and Q satisfies (DK), (TIΣ), (N) and

$(Q \in S\downarrow)$: $\qquad q_{ij} > 0 \Rightarrow j \in S(i)$

where $S(i)$ denotes the set of immediate successors of i in the tree.

(4b) BASIC STRATEGY

We may now consider that our basic 'data' are represented by the following set-up:

(i) a fixed tree-labelling of I for which $S(i)$ denotes the set of immediate successors of i;

(ii) a matrix Q satisfying (DK), (TIΣ), (N) and

$(Q \in S\downarrow)$: $\qquad q_{ij} > 0 \Rightarrow j \in S(i)$;

(iii) a function $v: I \to [0,\infty)$.

The point is that the perturbation $Q \to \tilde{Q} = Q + V$ will be justified by criteria which depend on V only via the function v. See Lemma 3.

We must construct a chain X which will settle Theorem 2 for Q and also allow the $Q \to \tilde{Q}$ perturbation. As in [QMP2] we shall obtain the desired chain X as a time-projective limit of chains $X_{[n]}$, $X_{[n]}$ being a chain on

$$I_{[n]} \equiv \{0\} \cup I_1 \cup I_2 \cup \ldots \cup I_n \cup I_{n+1}$$

for which states in $I_{[n-1]}$ are instantaneous and states in I_{n+1} are stable.

The time-projective property of the sequence $\{X_{[n]} : n = 0,1,2,\ldots\}$ is the following: $X_{[n]}$ represents "$X_{[n+1]}$ observed only while $X_{[n+1]}$ is in $I_{[n]}$". The martingale-problem method explains why this property translates neatly into the language of infinitesimal generators.

(4c) DIFFICULTIES

We have carefully prepared the topology of I and E, and also the 'combinatorics' of labelling via SEYMOUR's lemma. However, a moment's thought about the totally disconnected character of E will convince the reader that if I is compactified to E via the given labelling for which $(Q \in S\downarrow)$ holds, then no right-continuous E-valued chain with $\mathcal{A} \subset \mathfrak{A}$ can satisfy (FLK).

We are forced to relabel I, and this will involve us in some heavy notation. The new labelling will be obtained by making a very slight perturbation of the old labelling. For the time being, we shall use 'stars' to differentiate between the labellings, but when the new labelling is firmly established the stars will be dropped.

From now on, you should from time to time glance at Figure 1. The labelling in Figure 1 is the new labelling. You can see that certain old successors of the new 01 have become new successors of the new 02. (It is obvious from the last sentence that we have to give some thought to problems of notation. I hope that what follows is reasonably clear.)

(4d) (TEMPORARY) NOTATION FOR THE RELABELLING

We shall use i^* to denote the new label for the point originally labelled as i. We shall write $^*i$ for the old label of the point which is labelled as i in the new labelling. (Thus $^*(i^*) = (^*i)^* = i$.) When a function is 'starred', it is to be understood that its argument is to be interpreted in the new labelling.

Let Q^* and v^* be the descriptions of Q and v in the new labelling so that

$$Q^*(i,j) = Q(^*i,{}^*j),\ v^*(i) = v(^*i).$$

We must be careful however because sensible usage leads to

$$\rho^*(i,j) = \rho(i,j);$$

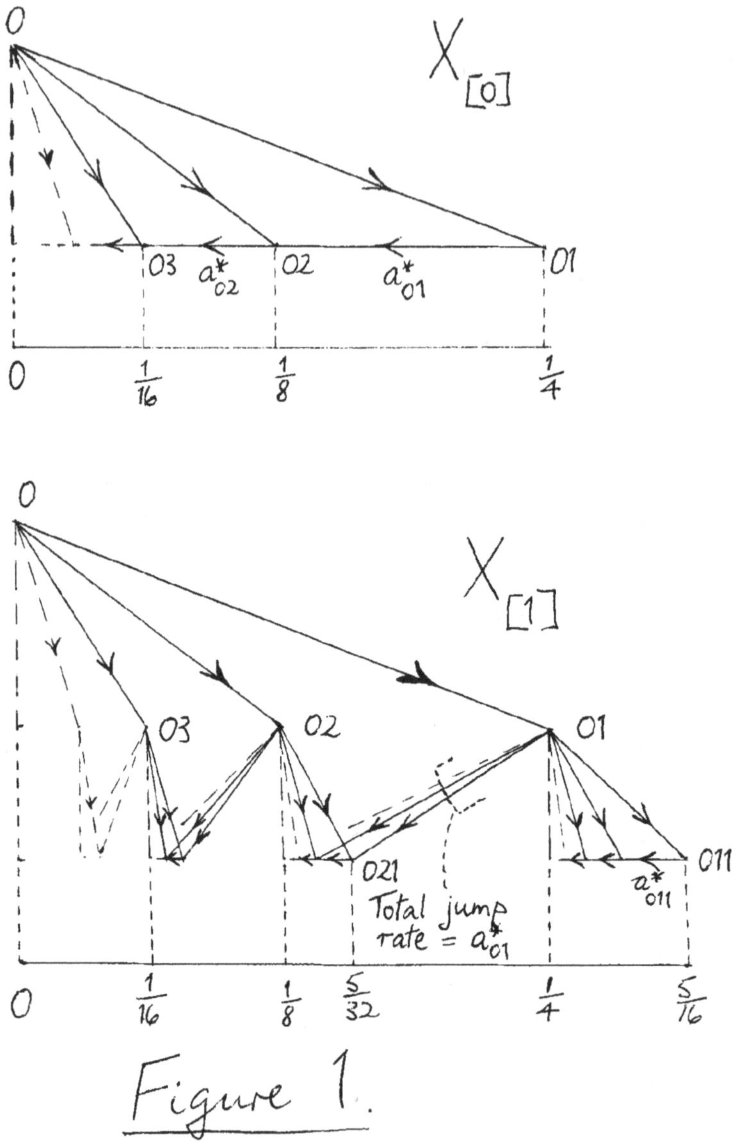

Figure 1.

an equation $\rho^*(i,j) = \rho(^*i, ^*j)$ would be absurd.

Let $S^*(i)$ denote the set of immediate successors in the new labelling of the point with new label i. Since we are going to change the successor relation, it will <u>not</u> be true in general that $S^*(i) = [S(^*i)]^*$.

The new labelling will preserve 0 and will also 'preserve but permute' each level I_n.

(4e) THE MECHANICS OF RELABELLING

The kindest thing to do is to present the reader with the complete new labelling as a fait accompli and explain the motivation afterwards. Figure 1 is a helpful guide to the $(H^* : 4)$ conditions.

It will be convenient (and it will cause no problems of 'circular' arguments) if we introduce the function γ^* on the newly-labelled I as follows:

$$\gamma^*(i) \equiv 1 + v^*(i) = 1 + v({}^*i) .$$

We now proceed via a rather involved inductive method.

Take $0^* = 0$.

$S(0)$ (= the old I_1) is already labelled as $\{01,02,03,\ldots\}$. Let I_1 become $S^*(0)$ and hence be relabelled as $\{01,02,03,\ldots\}$. The only constraint on the new labelling is that

$(H_0^* : 1)$ $$Q^*(0,01) > 0 .$$

Pick a function a^* on $S^*(0)$ such that

$(H_0^* : 2)$ $$(a^*_{0n})^{-1}\gamma^*_{0n} < \rho^*(0n,\overline{0n+1}) ,$$

$(H_0^* : 3)$ $$(a^*_{0n})^{-1}\gamma^*_{0n} \sum_{k \le n} Q^*(0,0k) < 2^{-(n+2)}$$

and also such that there exists a finite subset $W({}^*0n)$ of $S({}^*0n)$ such that

$(H_0^* : 4)$ $$a^*_{0n} = \sum_{j \in W({}^*0n)} Q({}^*0n,j) .$$

Now define

$$S^*(01) \equiv S({}^*01)\setminus W({}^*01)$$

and for $m \ge 2$, define

$$S^*(0m) \equiv W^*(\overline{0m-1}) \cup [S({}^*0m)\setminus W({}^*0m)] .$$

For each $m \in \mathbb{N}$, perform the following operations: choose a labelling of $S^*(0m)$ as $\{0m1,0m2,\ldots\}$ subject to the sole restraint:

$(H_{0m}^* : 1)$ $$Q^*(0m,0m1) > 0 ;$$

pick a function a^* on $S^*(0m)$ so that

$(H^*_{Om}:2)$ $$(a^*_{Omn})^{-1}\gamma^*_{Omn} < \rho^*(Omn, Om\overline{n+1}),$$

$(H^*_{Om}:3)$ $$(a^*_{Omn})^{-1}\gamma^*_{Omn} \sum_{k\le n} Q^*(Om, Omk) < 2^{-(n+2)},$$

and such that there exists a finite subset $W(^*Omn)$ of $S(^*Omn)$ such that

$(H^*_{Om}:4)$ $$a^*_{Omn} = \sum_{j\in W(^*Omn)} Q(^*Omn, j).$$

Proceed inductively in the obvious way.

(4f) DROPPING THE STARS

Let us now forget that the old labelling ever existed, drop the stars (including those in Figure 1), and summarise things as they stand in the new notation.

We have the following properties:

$(H_O:1)$ $$Q(0,01) > 0;$$

$(H_O:2)$ $$a^{-1}_{On}\gamma_{On} < \rho(On, O\overline{n+1});$$

$(H_O:3)$ $$a^{-1}_{On}\gamma_{On} \sum_{k\le n} Q(0,0k) < 2^{-(n+2)};$$

$(H_O:4)$ $$a_{On} = \sum_{j\in S(\overline{On+1})} Q(On,j);$$

and the condition which replaces the old $(Q \in S\downarrow)$:

$(H_O:5)$ $$Q(On,j) > 0 \Rightarrow j \in S(On) \cup S(\overline{On+1}).$$

The general form of $(H_i : k)$ $(i \in I; 1 \le k \le 5)$ is (I hope!) now obvious.

(4g) THE CHAINS $X_{[n]}$.

(E,ρ) is the compactification of I derived from the new labelling. Let

$$I_{[n]} = \{0\} \cup I_1 \cup I_2 \cup \ldots \cup I_n \cup I_{n+1}$$

("in the new labelling" is now understood). Then $I_{[n]}$ is a compact subset of E. Figure 1 suggests that we choose for $X_{[n]}$ a strong FELLER, stochastically continuous chain on $I_{[n]}$ with natural generator $\mathcal{N}_{[n]}$ defined as follows:

(19.i) $$\mathcal{N}_{[n]}f(i) \equiv \sum_{j\neq i} q_{ij}[f(j)-f(i)], \quad i \in I_{[n-1]}$$

(19.ii) $$\mathcal{N}_{[n]}f(i) \equiv a_i[f(0i_1i_2\ldots i_n\overline{i_{n+1}+1}) - f(i)]$$

for $i = 0i_1i_2\ldots i_ni_{n+1} \in I_{n+1}$; the domain $\mathcal{D}(\mathcal{N}_{[n]})$ of $\mathcal{N}_{[n]}$ is exactly the set of those f in $C(I_{[n]})$ such that

(19.iii) for each i in $I_{[n-1]}$, the series at (19.i) converges absolutely,

(19.iv) $$\mathcal{N}_{[n]}f \in B(I_{[n]}).$$

That the choice of parameters 'guarantees the existence' of such an $X_{[n]}$ is implicit in Sections (4i), (4j). That $\mathcal{N}_{[n]}$ is an extension of the natural generator of the chain $X_{[n]}$ described by the general form of Figure 1 follows from results in [QMP2]. That $\mathcal{N}_{[n]}$ is exactly the natural generator then follows because $\mathcal{N}_{[n]}$ satisfies the minimum principle:

$$\mathcal{N}_{[n]}f \geq 0 \quad \text{at a global minimum of} \quad f.$$

(See Theorem 5.5 of DYNKIN [1].) Of course $A_{[n]}$ is obtained by restricting the range of $\mathcal{N}_{[n]}$ to fall in $C(I_{[n]})$.

Note the intuitive idea that 'in the limit' as $n \to \infty$, (19.i) takes the form $\mathcal{N} \subset \mathcal{Q}$ while (19.ii-iv) help provide the boundary conditions.

(4h) TIME-PROJECTIVE PROPERTY

Suppose throughout (4h) that for some n, the function f in (19) depends only on the first n coordinates: that is, f is constant on $i \cup S(i)$ for each i in I_n. Then

$$\mathcal{N}_{[n]}f = 0 \quad \text{on} \quad I_{n+1},$$

$$\mathcal{N}_{[n]}f(i) = \sum_{j \neq i} q_{ij}[f(j) - f(i)] \quad \text{on} \quad I_{[n-2]},$$

and for $i = 0i_1i_2\ldots i_n \in I_n$,

$$\mathcal{N}_{[n]}f(i) = a_i[f(0i_1i_2\ldots i_{n-1}\overline{i_n + 1}) - f(i)]$$

because of (H: 5) and the consistency condition (H: 4). Thus, in an obvious sense,

$$\mathcal{N}_{[n]}f = 0 \quad \underline{\text{on}} \quad I_{n+1};$$

$$\mathcal{N}_{[n]}f = \mathcal{N}_{[n-1]}f \quad \underline{\text{on}} \quad I_{[n-1]}.$$

That these conditions correspond to the time-projective property has long been known. The reader might care to provide himself with a martingale-problem explanation.

That we can arrange the time-projective property in the sample-path sense is perhaps best seen by utilising excursion theory in the manner described in [QMP2]. We assume this done.

(4i) PROJECTIVE LIMIT

We can establish the existence of a projective limit chain X which 'time-projects' onto each $X_{[n]}$ by FREEDMAN's method. The point is that conditions $(H:1)$ and $(H:3)$ (and the fact that $\gamma \geq 1$) imply that X is irreducible, positive recurrent with totally-finite invariant measure μ satisfying

$$\mu(in)/\mu(i) < 2^{-(n+2)}.$$

Similar arguments abound in [QMP1,2].

(4j) USE OF LEMMAS 2 AND 3

For $j \in I$, define

$$\beta_j \equiv E^{01}\int_0^{T_{02}} [\gamma \circ X(s)]\chi_j \circ X(s)ds = \gamma_j E^{01}\int_0^{T_{02}} \chi_j \circ X(s)ds.$$

Then

$$\beta_j > 0 \Rightarrow j \in D_{01} \cup (D_{02}\setminus\{02\}).$$

Recall that D_i is the subtree of i with vertex i. If jn denotes a typical element of $S(j)$, then elementary calculations (performed in [QMP1]) show that

$$\beta_{jn} = \beta_j\gamma_j^{-1}\gamma_{jn}a_{jn}^{-1}\sum_{k\leq n} Q(j,jk) \leq \beta_j 2^{-(n+2)}$$

from $(H:3)$ and the fact that $\gamma_j^{-1} \leq 1$. Hence, for j in $D_{01} \cup (D_{02}\setminus\{02\})$,

$$\sum_{k\in S(j)} \beta_k \leq \tfrac{1}{2}\beta_j, \quad \text{whence} \quad \sum_{k\in D(j)} \beta_k \leq 2\beta_j.$$

Thus

$$E^{01}\int_0^{T_{02}} \gamma \circ X(s)ds \leq 2\beta_{01} + 2\sum_{n\in\mathbb{N}} \beta_{02n} \leq 2\gamma_{01}a_{01}^{-1} + 2\sum_{n\in\mathbb{N}} a_{02n}^{-1} \leq 4\rho(01,02)$$

by $(H:2)$. The same argument clearly gives for every i in I,

$$E^{in}\int_0^{T_{i\overline{n+1}}} \gamma \circ X(s)ds \leq 4\rho(in,i\overline{n+1}). \tag{20}$$

Now let $i,j \in I$ with $i > j$ in the $[0,1]$ identification. Then (20) and some obvious additive properties imply that

$$E^i\int_0^{T_j} \gamma \circ X(s)ds \leq 4\rho(i,j)$$

if i is not higher than j in the tree. If ($i > j$ in the $[0,1]$ identification and) i is higher than j in the tree, let k be the unique element level with i such that $j \in D(k)$; then

$$E^i\int_0^{T_k}\gamma\circ X(s)ds + E^j\int_0^{T_k}\gamma\circ X(s)ds \le 16\rho(i,j)$$

by simple geometry.

Since $\gamma \ge 1$, the proof of Lemma 2 applies with trivial modifications to show that the resolvent $\{R(\lambda)\}$ of X satisfies

$$R(\lambda) : B(I) \to C(E) .$$

Since $\gamma \ge v$, the proof of Lemma 3 applies with trivial modifications to show that once we have proved Theorem 2 for Q, we can deduce Theorem 2 for $\tilde{Q}$. (Condition (7) is easily verified in the present situation.)

(4k) USE OF LEMMA 1

The resolvent of X has already been shown to satisfy condition (2).

To show that condition (3) is satisfied, we must show that for each i in I there exists f^i in $B(I)$ with

$$R(1)f^i = \chi_{D(i)} \text{ on } I: \ f^i = 1 \text{ on } D(i)\setminus\{i\} .$$

Write $\chi_{D(i)}^{[n]}$ for the restriction of $\chi_{D(i)}$ to $I_{[n]}$. Then (see (19)) for $n \ge m$, $\chi_{D(i)}^{[n]} \in \mathcal{D}(\mathcal{N}_{[n]})$ and

$$R_{[n]}(1)f^i_{[n]} = \chi^{[n]}_{D(i)}, \quad \text{where } f^i_{[n]} \equiv (1-\mathcal{N}_{[n]})\chi^{[n]}_{D(i)} .$$

Note that for $n \ge m$,

$$f^i_{[n]} = f^i_{[n+1]}\,|\,I_{[n]}, \quad f^i_{[n]} = 1 \text{ on } I_{[n]}\cap(D(i)\setminus\{i\}) .$$

Set $f^i(j) \equiv \lim_n f^i_{[n]}(j)$ so that $f^i = 1$ on $D(i)\cap\{i\}$.

If we extend $R_{[n]}$ to $B(I)$ via

$$R_{[n]}(1;j,k) \equiv \delta(j,k), \quad (j,k)\in(I\times I)\setminus(I_{[n]}\times I_{[n]}),$$

then

$$R_{[n]}(1)f^i = \chi_{D(i)} \qquad (\forall n) .$$

However, it is standard (and very easy to prove from (32), page 518 of [QMP2] and SCHEFFE's Lemma) that

$$\lim_{n\to\infty}\sum_k |R_{[n]}(1;j;k) - R(1;j;k)| = 0, \ \forall j .$$

Hence condition (3) of Lemma 1 is satisfied:

$$(21) \qquad R(1)f^i = \chi_{D(i)} ;$$

that $f^i = 1$ on $D(i)\setminus\{i\}$, we already know. The conclusions of Lemma 1 therefore apply to X.

The argument of [QMP2] shows that X satisfies (KBE). All that remains is to show that X satisfies (FLK). Suppose that (FLK) fails, so that (for some initial law)

$$P\{\exists t : X_{t-}(\omega) \neq X_t(\omega) ; (X_{t-}(\omega), X_t(\omega)) \notin I \times I\} > 0 .$$

Then (by (KBE) and obvious topology) for some i,

$$P\{\exists t : X_{t-}(\omega) \in K(i)\setminus I ; X_t(\omega) \in E\setminus K(i)\} > 0 ,$$

so that $\exists j \in D(i)\setminus\{i\}$ such that

$$P^j\{X \text{ hits } E\setminus K(i) \text{ before } i\} > 0 .$$

Conclusion (III) of Lemma 2 rules this out.

Theorem 2 is finally proved.

Note that the main point of the approximation argument leading to (21) is to show that $\chi_{D(i)} \in \mathcal{D}(N)$, whence (recall that $N \subset \mathfrak{A}$)

$$\chi_{D(i)} \circ X(t) - \int_0^t \mathfrak{A}\chi_{D(i)} \circ X(s)ds$$

is a martingale. One can use this fact to rephrase the proof of part (III) of Lemma 1.

(41) THE BOUNDARY CONDITIONS FOR A

The coup de grâce for our chain X is delivered by the very simple exact formula for its strong generator A.

For $f \in \mathcal{D}(A)$ and $i \in I$, we must have

(22.i) $$(Af)(i) = \sum_{j \neq i}{}^{\bullet}\, q_{ij}[f(j) - f(i)]$$

If $\xi = 0i_1i_2\ldots \in I_\infty$, write $\xi(n) = 0i_1i_2\ldots i_n$. Then, for $f \in \mathcal{D}(A)$, DYNKIN's formula and condition (III) of Lemma 1 imply that

(22.ii) $$(Af)(\xi) = \lim_n b_n(\xi)^{-1}[f \circ \xi - f \circ \xi(n)] ,$$

where $b_n(\xi) \equiv E^{\xi}T_{\xi(n)}$ (which may be explicitly computed without too much trouble).

It is clear that for $f \in \mathcal{D}(A)$,

(22.iii) the series defining $Af(i)$ converges absolutely for every i,

(22.iv) the limit at (22.ii) exists for each ξ in I_∞,

(22.v) $Af \in C(E)$.

Recall that we must have

(22.vi) $\mathcal{D}(A) \subset C(E)$.

Conditions (22) may be regarded as specifying a certain extension A^+ (say) of A. However, this operator A^+ satisfies the minimum principle. Since $\{P(t)\}$ is FELLER and E is compact, it therefore follows (Theorem 5.5. of DYNKIN [1] again) that $A^+ = A$. Thus

(THEOREM 3) conditions (22) exactly specify the strong generator A (and its domain).

BIBLIOGRAPHY

[1] E.B. DYNKIN. Markov processes (2 volumes), (English translation). Springer 1965.

[2] R.K. GETOOR. Markov processes: Ray processes and right processes. Lecture Notes 440. Springer 1975.

[3] D.G. KENDALL. A totally unstable denumerable Markov process. Quart. J. Math. Oxford 9(34) 1958, pp 149-160.

[4] P.A. MEYER. Démonstration probabiliste de certaines inégalités de Littlewood-Paley. Seminaire de Probabilités X. Lecture Notes 511 1976, pp 125-183.

[5] J. NEVEU Sur les états d'entrée et les états fictifs d'un processus de Markov. Ann. Inst. Henri Poincaré 17 (1962) 323-336.

[6] =[QMP1]. D. WILLIAMS. The Q-matrix problem. Séminaire de Probabilités X. Lecture Notes 511 1976 pp 216-234.

[7] =[QMP2] D. WILLIAMS, The Q-matrix problem, 2: Kolmogorov backward equations. ibid, pp 505-520.

[8] D. WILLIAMS. Some Q-matrix problems. To appear in proceedings of 1976 Amer. Math. Soc. Probability Symposium held at Urbana-Champaign.

Department of Pure Mathematics
University College
Swansea SA2 8PP
Great Britain

Université de Strasbourg
Séminaire de Probabilités 1976/77

Lois empiriques et distance de Prokhorov

par J. Bretagnolle et C. Huber

1. Introduction

Etant donnée une probabilité sur $(0,1)$, de fonction de répartition F, et $\hat{F}_n$ la fonction de répartition empirique associée à un n-échantillon $(X_1,\dots,X_n)$ d'une variable aléatoire de loi F, soit $\hat{F}_n(t) = n^{-1}\sum_{i=1}^{n} 1_{(0,t)}(X_i)$, il s'agit d'évaluer la vitesse de convergence de $\hat{F}_n$ vers F, pour la distance de Prokhorov.

Plus précisément, si π désigne cette distance, dont la définition est rappelée ci-dessous en (2.1), on cherche α tel que

$$(1.1) \qquad a \leqslant P(n^{\alpha}\pi(\hat{F}_n,F) > u) \leqslant b \qquad\qquad n \geqslant n_0$$

pour un entier positif n_0 et trois constantes positives $0 < a < b < 1$ $u > 0$. On trouve que α varie entre 1/2 et 1/3 suivant le type de la loi F, les vitesses lentes, qui correspondent aux petites valeurs de α, étant atteintes pour des lois singulières.

Au paragraphe 2, on compare les distances de Prokhorov et de Lévy π et L. On trouve que π reste toujours comprise entre L et $\sqrt{L}$. Comme on sait que la vitesse de convergence uniforme de $\hat{F}_n$ vers F est de $\alpha = \frac{1}{2}$, on en déduit facilement qu'il en va de même pour L et, par suite, que pour π, α reste compris entre 1/4 et 1/2. Au paragraphe 4 on démontre qu'α ne peut jamais descendre au dessous de 1/3 et au paragraphe 5, que tout α de $)\frac{1}{3}\ \frac{1}{2})$ est atteint.

Les démonstrations reposent sur un encadrement de la probabilité des grands écarts pour une loi multinômiale qui figure au paragraphe 3 (proposition 2). Les résultats ne sont pas de type asymptotique, les valeurs de n_0 qui figurent en (1.1) étant explicitées et petites.

2. Comparaison des distances de Prokhorov et de Lévy

Si P et Q sont deux probabilités sur (0,1) muni de la tribu $\mathcal{B}$ de ses boréliens, et F et G leurs fonctions de répartition respectives, on désignera par K, L et Π respectivement leurs distances de Kolmogorov, Lévy et Prokhorov, c'est-à-dire $K(F,G) = \sup_{t\in(0,1)} |F(t)-G(t)|$, $L(F,G) = \inf\{\varepsilon \mid F(t)\leq G(t+\varepsilon)+\varepsilon \ \forall t \in (0\ 1)\}$ e

$$(2.1) \qquad \Pi(F,G) = \inf\{\varepsilon \mid P(B) \leq Q(B^{\varepsilon})+\varepsilon \quad \forall B \in \mathcal{B}\}$$

où B^{ε} est le ε-voisinage de B dans (0,1) soit $B^{\varepsilon}=\{x\in(0,1) \mid \exists t\in B: |t-x|<\varepsilon\}$.

De ces définitions, il découle clairement que L est inférieure à K et à Π. Or on sait que la vitesse de convergence pour la distance de Kolmogorov est de $\alpha=\frac{1}{2}$ ([1] p.104):

$$(2.2) \qquad P(n^{\frac{1}{2}}K(\hat{F}_n,F)>u) \xrightarrow[n\to\infty]{} 2\sum_{k=1}^{\infty}(-1)^{k+1}\, e^{-2k^2u^2} \qquad u>0$$

Par suite, la distance de Lévy va au moins à la vitesse $\alpha=1/2$, et, en général, va exactement à cette vitesse; en particulier dans les cas suivants:

a) S'il existe un imtervalle non vide I de)0,1(chargé par F et tel que, pour un $\varepsilon>0$, F admette, sur I^{ε}, une densité f majorée, par rapport à la mesure de Lebesgue, on a un résultat analogue à (2.2) en y remplaçant $K(\hat{F}_n,F)$ par $\sup_{t\in I}|\hat{F}_n(t)-F(t)|$. Soit M le majorant de f sur I^{ε}.
Dès que n est assez grand pour que $n^{-\frac{1}{2}}u$ soit inférieur à ε, l'évènement $\{\sup_{t\in I}|F(t)-\hat{F}_n(t)| > un^{-\frac{1}{2}}\}$ entraîne l'existence d'un t tel que l'on ait $\hat{F}_n(t) > F(t+\frac{un^{-\frac{1}{2}}}{M+1}) + \frac{un^{-\frac{1}{2}}}{M+1}$ ou bien $\hat{F}_n(t) < F(t-\frac{un^{-\frac{1}{2}}}{M+1}) - \frac{un^{-\frac{1}{2}}}{M+1}$, ce qui prouve que $L(\hat{F}_n,F)$ est de l'ordre de $K(\hat{F}_n,F)$.

b) De même, si F a pour support un ensemble fini de points: L'écart minimal entre deux points chargés est, pour n assez grand, supérieur à $un^{-\frac{1}{2}}$ et alors $K(\hat{F}_n,F) > un^{-\frac{1}{2}}$ entraîne la même inégalité pour L.

Proposition 1

Soient deux probabilités sur (0,1).leurs distances de Prokhorov et de Lévy, π et L ,satisfont toujours

(2.3) $$\pi^2 \leqslant L \leqslant \pi$$

De plus,si l'une des deux probabilités admet une densité minorée,par rapport à la mesure de Lebesgue

(2.4) $$\pi = O(L)$$

démonstration

Soient P et Q deux probabilités sur$((0,1),\mathcal{B})$,de fonctions de répartition respectives F et G.Supposons que $\pi(F,G)$ soit supérieur à ε.Alors il existe un borélien B tel que Q(B) soit supérieur à $P(B^{\varepsilon}) + \varepsilon$.Comme B^{ε} est un ouvert,c'est une réunion d'intervalles ouverts disjoints $)a_j,b_j($,de longueur supérieure ou égale à 2ε ,en nombre $J \leqslant 1/2\varepsilon$ .Comme $\pi \geqslant L$, $G(a_j+\varepsilon) \geqslant G(a_j+L) \geqslant F(a_j) - L$ et $G(b_j-L) \leqslant F(b_j) + L$ de sorte que

(2.5) $$\varepsilon \leqslant Q(B)-P(B^{\varepsilon}) = \sum_{j=1}^{J}(G(b_j-\varepsilon)-G(a_j+\varepsilon)-F(b_j)+F(a_j)) \leqslant 2LJ \leqslant \frac{L}{\varepsilon}$$

ce qui donne la première partie de la proposition.

Supposons maintenant que P admette une densité f minorée par m strictement positif.Alors,reprenant la formulation précédente, $G(a_j+\varepsilon) \geqslant F(a_j+\varepsilon-L)-L \geqslant F(a_j)+m(\varepsilon-L)-L$,de sorte que la contribution d'un intervalle $)a_jb_j($ dans la somme qui apparaît en (2.5) ne peut être positive que si $L(m+1)-m\varepsilon > 0$,ce qui exige $L(m+1)/m \geqslant \pi$ et démontre la deuxième partie de la proposition.

Remarque 1

Si le support des lois est un compact de longueur d,l'inégalité devient,d'après la démonstration

(2.6) $$\pi^2 \leqslant dL \leqslant d\pi$$

Remarque 2

Il y a effectivement des cas où la distance de Lévy est de l'ordre du carré de la distance de Prokhorov :

Soit m un entier, P la probabilité $P = \frac{1}{m}\sum_{i=1}^{m} \delta_{\frac{i}{m}}$ et Q la probabilité $Q = \frac{1}{2m^2}\delta_{\frac{1}{2m}} + \sum_{i=1}^{m}\left(\frac{1}{m}\left(1-\frac{1}{m}\right)\delta_{\frac{i}{m}} + \frac{1}{m^2}\delta_{\frac{2i+1}{2m}}\right)$.

Alors $L(P,Q) = \frac{1}{2m^2}$ et $\pi(P,Q) = \frac{1}{2m}$, comme on le voit en prenant pour B l'ensemble des m points $(2i+1)/2m$, $i=0,1,..,m-1$.

Remarque 3

De cette proposition, on peut déduire que si F admet une densité qui est à la fois majorée et minorée, la vitesse de convergence de $\hat{F}_n$ vers F en distance de Prokhorov est de $\alpha = \frac{1}{2}$.

Pour obtenir des résultats dans le cas général, on procède comme il est indiqué au début du paragraphe suivant.

3. Grands écarts pour une loi multinômiale

Soit P une probabilité sur $((0,1),\mathcal{B})$ de fonction de répartition F, $(I_j)_{j=1,..,m}$ une partition de (0,1) en intervalles de longueurs respectives $u_j, u_j \leq u$, $P(I_j)=p_j$, $j=1,2,..,m$, et A l'évènement

$$A = \{\pi(\hat{F}_n,F) > u\} \tag{3.1}$$

A entraîne l'existence d'un sous ensemble I de $\{1,2,..,n\}$ tel que $\hat{F}_n(\bigcup_{i\in I}\{X_i\}) > F(\bigcup_{i\in I}]X_i-u, X_i+u[) + u$. Par suite, si J est l'ensemble des indices des I_j qui contiennent au moins l'un des X_i, $i\in I$, et I' l'ensemble des indices des X_i qui appartiennent à un I_j, $j\in J$, on a

$$\hat{F}_n(\bigcup_{I'}\{X_i\}) \geq \hat{F}_n(\bigcup_{I}\{X_i\}) \geq F(\bigcup_{I}]X_i-u,X_i+u[) + u$$

$$\geq \sum_j F(I_j) + u$$

Notant Y_j le nombre des observations qui tombent dans I_j, on voit que A est inclus dans l'évènement $B=\{\sum(Y_j - np_j)^+ \geq nu\}$, et, comme $2\sum_j (Y_j - np_j)^+ = \sum_j |Y_j - np_j|$, on a la majoration de P(A)

$$(3.2) \qquad \text{Si } u > u_j \text{ , } j=1,..,m \qquad P(A) \leqslant P(\sum_{j=1}^{m} |Y_j - np_j| \geqslant 2nu)$$

D'autre part, si F charge m intervalles I_j, j=1,..,m, séparés par des intervalles non chargés de longueurs respectives v_j , $v_j > u$, j=1,..,m-1, l'évènement A contient l'évènement B défini ci-dessus. Donc

$$(3.3) \qquad \text{Si } u < v_j \text{ , } j=1,..,m-1 \qquad P(A) \geqslant P(\sum_{j=1}^{m} |Y_j - np_j| \geqslant 2nu)$$

On est donc amené à évaluer $P(\sum_{j=1}^{m} |Y_j - np_j| \geqslant 2nu)$, pour une variable $Y = (Y_1,..,Y_m)$, multinômiale.

<u>Proposition 2</u>

Soit $Y = (Y_1,..,Y_m)$, $m > 1$, une variable multinômiale de paramètres n et $p_j, p_j > 0$, j=1,2,..,m, $\sum_j p_j = 1$. Alors

$$(3.4) \qquad P(\sum_{j=1}^{m} |Y_j - np_j| \geqslant 2nu) \leqslant 2^m e^{-2nu^2} \qquad u \in)0,1)$$

$$(3.5) \qquad \text{Si } p_j = m^{-1}, j=1,2,..,m \text{ et si } nm^{-1} > 1$$

$$P(\sum_{j=1}^{m} |Y_j - np_j| \geqslant \frac{u}{4}\sqrt{nm}) \geqslant 2^{-3}(1-u)^2 \qquad u \in)0,1)$$

<u>démonstration</u>

On démontrera successivement la majoration puis la minoration en adoptant la notation

$$(3.6) \qquad Z = \sum_{j=1}^{m} (Y_j - np_j)^+ \quad ; \quad S = \sum_{j=1}^{m} |Y_j - np_j| = 2Z$$

<u>a) majoration</u>

On obtient (3.4) en majorant la transformée de Laplace de Z :

$$(3.7) \qquad E(e^{sZ}) \leqslant 2^m e^{\frac{ns^2}{8}}$$

Pour démontrer (3.7), remarquons que $\exp(a^+) \leqslant 1 + \exp(a)$ pour tout a réel, et que, par suite, $E(\exp(sZ)) \leqslant E(\prod_{j=1}^{m}(1+\exp(s(Y_j-np_j))))$ qui s'écrit, en développant et en sommant sur les 2^m choix de $b_j = 0$ ou 1, soit $b = (b_1,..,b_m) \in \{0,1\}^m$,

$$\sum_b E(\exp(s\sum_j b_j(Y_j-np_j))) \overset{\text{déf.}}{=} \sum_b B(b)$$

où $B(b)$ est, pour b fixé, la transformée de Laplace au point s d'une variable binômiale centrée de paramètres n et $p = \sum_{j=1}^{m} p_j b_j$, soit $B(b) = (pe^{sq}+qe^{-sp})^n = (f(p,s))^n$, par définition de la fonction f. Il en résulte que

$$E(\exp(sZ)) \leqslant 2^m(\sup_{p\in(0,1)} f(p,s))^n$$

On obtient, en dérivant par rapport à p, le maximum de f en p à s fixé, qui vaut

$$g(s) = \frac{1}{s}(e^s-1).\exp(\frac{s}{e^s-1} - 1)$$

et est atteint au point $p(s) = \frac{1}{s} - \frac{1}{e^s-1}$, qui est toujours compris entre 0 et 1 ($p(s) \geqslant 0$ car $e^s-1 \geqslant s$, et $p(s) \leqslant 1$, c'est évident lorsque $s \geqslant 1$, et c'est dû à ce que $1-s \leqslant e^{-s}$, lorsque $s\in[0,1)$).

Comme la fonction f est invariante par la transformation $(p,s) \longmapsto (1-p,-s)$, $g(s) = g(-s)$ et par suite, si $h = \mathrm{Log}\, g$, c'est à dire $h(s) = s(e^s-1)^{-1} -1 + \mathrm{Log}(s^{-1}(e^s-1))$, on a
$h(s) = \frac{1}{2}(h(s) + h(-s)) = \frac{1}{2}s.\mathrm{sh}(s).(\mathrm{ch}(s) - 1)^{-1} - 1 +$
$+ \frac{1}{2}\mathrm{Log}\,(2s^{-2}(\mathrm{ch}(s)-1))$.

Par dérivation de h et développement en série entière, on vérifie que $4h'(s) \leqslant s$; donc, comme $g(0) = 1$, on obtient la majoration $g(s) \leqslant \exp(s^2/8)$, ce qui prouve (3.7).

Optimisant en s l'inégalité, valable pour tout s réel, $P(Z \geqslant nu).\exp(snu) \leqslant E(\exp(sZ)) \leqslant 2^m \exp(ns^2/8)$, on obtient, pour $s = 4u$,

$$P(Z > nu) \leqslant 2^m e^{-2nu^2}$$

La majoration (3.4) en résulte puisque $S = 2Z$.

b) minoration

Pour tout $0 < a < b$, $ES \leq a\,P(S \leq a) + bP(a < S \leq b) + \int_{s>b} s\,dP(s)$.

Donc

$$(3.8)\qquad P(S > a) \geq \left(ES - a - \frac{1}{b}E(S^2) \right) \frac{1}{b}$$

Comme (Nous allons le montrer) $E(S^2)$ est de l'ordre de $(ES)^2$ uniformément en m, on obtiendra un minorant en choisissant a et b de l'ordre de ES.

Montrons que $E(S^2)$ est de l'ordre de $(ES)^2$:

On sait déjà que $ES \leq (E(S^2))^{\frac{1}{2}}$ (croissance des moments). Reste à montrer que pour un $c > 0$, $ES \geq c(E(S^2))^{\frac{1}{2}}$. Or $ES = m\,E|Y-np|$, où Y, sans indice, est une variable binômiale de paramètres n et p, et $E(S^2) \leq m^2\,E((Y-np)^2)$. Si $U = |Y-np|$, il suffit donc de prouver que $EU \geq c\,(E(U^2))^{\frac{1}{2}}$ et, pour cela, que $E(U^2) \geq c\,(E(U^4))^{\frac{1}{2}}$, car non seulement les moments vont en croissant, mais ils croissent de plus en plus vite; plus précisément, la fonction $\alpha \mapsto \mathrm{Log}(E(X^{1/\alpha})^{\alpha})$ est convexe, pour toute variable aléatoire X.

Posons $A = 1/\alpha$. On a besoin de $A = 1, 2, 4$, soit $\alpha = 1, \frac{1}{2}, \frac{1}{4}$.
Or $\frac{1}{2} = \frac{1}{3}.1 + \frac{2}{3}.\frac{1}{4}$. Donc

$$\mathrm{Log}((E(U^2))^{\frac{1}{2}}) \leq \frac{1}{3}\mathrm{Log}\,EU + \frac{2}{3}\,\mathrm{Log}\,((E(U^4))^{1/4})$$

inégalité qui s'écrit aussi

$$(3.9)\qquad \frac{E(U^2)}{(E\,U)^2} \leq \frac{E(U^4)}{(E(U^2))^2}$$

Si B est une variable de Bernoulli de paramètre p, $E((Y-np)^4) =$
$= n\,E((B-np)^4) + 3\,n(n-1)\,(E(B-p)^2))^2 = npq(p^3+q^3) + 3n(n-1)p^2q^2$
quantité qui est inférieure ou égale à $(npq)^2(3 + \frac{1}{npq})$. Comme $B((Y-np)^2) = npq$, on en déduit que

$$E((Y-np)^4) \leq (3 + \frac{1}{npq})\,(E((Y-np)^2))^2$$

Utilisant (3.9) et $U = |Y-np|$, on a $E(U) \geqslant (3+\frac{1}{npq})^{-\frac{1}{2}}(E(U^2))^{\frac{1}{2}}$ et par conséquent la même inégalité où S remplace U. Reportant dans (3.8) où on fait $a = u.E(S)$,u dans)0,1(, et $b = v\, E(S)$ et optimisant en v, on obtient $v = 2(3 + \frac{1}{npq})(1-u)^{-1}$, soit

$$(3.10) \qquad P\left(S \geqslant \frac{u(nm)^{\frac{1}{2}}}{2(3+2mn^{-1})}\right) \geqslant \frac{(1-u)^2}{4(3+2m\,n^{-1})}$$

ce qui donne bien la minoration (3.5) lorsque nm^{-1} est supérieur à 1.

4. Vitesse minimale de convergence: $\alpha = 1/3$

Des inégalités (3.2) et (3.4), il résulte que pour toute fonction de répartition F, on a

$$(4.1) \qquad P(\pi(\hat{F}_n, F) \geqslant \frac{c}{m}) \leqslant 2^m\, e^{-2nc^2m^{-2}} \qquad c \geqslant 1, m \in \mathbb{N}$$

Pour éliminer la contrainte "m entier", remarquons que si $m \leqslant v < m+1$, $P(\pi(\hat{F}_n, F) \geqslant cv^{-1}) \leqslant P(\pi(\hat{F}_n, F) \geqslant c(m+1)^{-1}) \leqslant$ $\leqslant 2^{m+1}\exp(-2nc^2(m+1)^{-2}) \leqslant 2^{v+1}\exp(-2nc^2(v+1)^{-2})$, ce qui permet de remplacer (4.1) par

$$(4.2) \qquad P(\pi(\hat{F}_n, F) \geqslant \frac{c}{v}) \leqslant 2^{v+1}\, e^{-2nc^2(v+1)^{-2}} \qquad c \geqslant 1, v > 0$$

Appelons $\exp(f(c,v))$ le second membre de (4.2).
Soit B un réel positif quelconque.
Choisissons $v+1 = n^{1/3}(2c^2(\mathrm{Log}\ 2)^{-1})^{1/3} - B$, soit $v = n^{1/3}Ac^{2/3} - B'$ en notant

$$(4.3) \qquad A = \left(\frac{2}{\mathrm{Log} 2}\right)^{1/3} \quad ; \quad B' = B+1$$

Alors, $f(c,v)$ est inférieur à $-2B\ \mathrm{Log}\ 2$.

Pour optimiser l'inégalité (4.2), minimisons $\frac{c}{v}$ en c sous les contraintes $c \geqslant 1$ et $v > 0$, qui sont vérifiées pour tout $n \geqslant 1$ dès que

$$(4.4) \qquad c \geqslant \max\left(1,\ (B'A^{-1})^{3/2}\right)$$

Or c/v vaut $g(c) = \frac{c}{An^{1/3}c^{2/3}} \cdot \frac{1}{1-B'(An^{1/3}c^{2/3})^{-1}}$ qui reste

inférieur à 2xpremier facteur dès que c est supérieur ou égal à $(2B'A^{-1})^{3/2}$ .Donc, àcondition de choisir

$$(4.5) \qquad c = c_o = \max(1,\ (2B'A^{-1})^{3/2})$$

on obtient

$$(4.6) \qquad P(n^{1/3}\pi(\hat{F}_n,F) \geqslant 2A^{-1}c_o^{1/3}) \leqslant 2^{-2B} \qquad n \geqslant 1, B > 0$$

On en déduit le théorème

<u>Théorème 1</u>

Soit $\mathcal{F}$ l'ensemble de toutes les fonctions de répartition sur (0,1) , F un élément de $\mathcal{F}$ et $\hat{F}_n$ la fonction de répartition empirique d'ordre n correspondante. Alors il existe une constante positive C telle que

$$(4.7) \qquad \bigvee_{F \in \mathcal{F}} P(n^{1/3}\pi(\hat{F}_n,F) \geqslant u) \leqslant C\, e^{-2^{-3}u^3} \qquad n \geqslant 1, u \geqslant 4$$

5. Lois singulières

On a vu que les vitesses de convergence se situent entre 1/3 et 1/2 et que la vitesse 1/2 est atteinte sur une grande classe de fonctions de répartition. Nous allons, dans ce paragraphe, construire des fonctions de répartition pour lesquelles α est dans)1/3,1/2(.

Soit, pour un t de $)0,\frac{1}{2}($, la probabilité singulière F, ou F_t, sur (0,1), qui, pour tout entier k, charge également $m = 2^k$ intervalles de longueur commune t^k, séparés par des intervalles égaux de longueur $(1-2t)t^{k-1}$.

D'après (3.3) et (3.5), dès que $2^{-3}u(mn^{-1})^{\frac{1}{2}}$ est inférieur à $(1-2t)t^{k-1}$ et nm^{-1} est supérieur à 1, $P(\pi(\widehat{F}_n, F) \geq 2^{-3}u(mn^{-1})^{\frac{1}{2}}) \geq 2^{-3}(1-u)^2$, pour tout u de)0,1(.

Optimisant en l'entier k sous les contraintes $n2^{-k} > 1$ et $2^{-3}un^{-\frac{1}{2}}2^{k/2} < (1-2t)t^{k-1}$, qui se résument en

$$(5.1) \qquad k < \min\left(\frac{\text{Log } n}{\text{Log } 2}, \frac{\text{Log } n + 2\text{Log } 8(1-2t) - 2\text{Log}(ut)}{\text{Log } 2 - 2 \text{ Log } t}\right)$$

Choisissant u égal à $((1-2t)t^{-1} \wedge 1) = u(t)$, la condition (5.1) est réalisée pour

$$(5.2) \qquad k = \frac{\text{Log } n}{\text{Log } 2 - 2\text{Log } t}$$

Pour cette valeur de k, on obtient

$$(5.3) \qquad P\left(n^{\frac{1}{2}\left(1-\frac{\text{Log } 2}{\text{Log}2-2\text{Log}t}\right)}\pi(\widehat{F}_n, F_t) \geq \frac{u(t)}{4}\right) \geq 2^{-3}(1-u(t))^2$$

Pour chaque t de $)0,\frac{1}{2}($, la vitesse de convergence est donc supérieure à $\alpha(t) = \frac{1}{2}(1-\text{Log}2(\text{Log}2-2\text{Log}t)^{-1})$. Or $\alpha(t)$ décroît de $\frac{1}{2}$ à 1/3 quand t croît de 0 à $\frac{1}{2}$ (exclus).
On démontre, de la même manière qu'au paragraphe 4, que la probabilité qui figure au premier membre de (5.3) est majorée, ce qui prouve que la vitesse de convergence de $\widehat{F}_n$ vers F_t est effectivement $\alpha(t)$.

Université de Strasbourg
Séminaire de Probabilités 1976/77

Estimation des densités : Risque minimax

J. Bretagnolle , C. Huber

1. Introduction

Etant donnée une variable aléatoire X_1 à valeurs dans l'espace mesuré $(A,\mathcal{A},\mu)$, μ positive et σ-finie, et de loi de probabilité $f.\mu$, on veut estimer f grâce à l'observation d'un n-échantillon $X = (X_1,..,X_n)$ de la variable X_1. Un estimateur $\hat{f}_n$ est une application mesurable de $(A^n,\mathcal{A}^{\otimes n})x(A,\mathcal{A})$ dans $\mathbb{R}$ (ou $\mathbb{R}^+$) muni de la tribu $\mathcal{B}$ (ou $\mathcal{B}^+$) de ses boréliens : $\hat{f}_n(X_1,..,X_n,\cdot)$ estime $f(\cdot)$ et peut aussi être considéré comme une application de $(A^n,\mathcal{A}^{\otimes n})$ dans l'ensemble $\mathcal{L}^o$ des applications mesurables de $(A,\mathcal{A})$ dans $(\mathbb{R},\mathcal{B})$ ou dans $(\mathbb{R}^+,\mathcal{B}^+)$.

Le risque d'un estimateur $\hat{f}_n$ au point f, soit $R(\hat{f}_n,f)$ est défini comme $R(\hat{f}_n,f) = E_{f^{\otimes n}} D(\hat{f}_n,f)$, où D est une application de $\mathcal{L}^o x \mathcal{L}^o$ dans $\mathbb{R}^+$ telle que, pour une fonction positive φ , φoD possède à peu près les propriétés d'une distance (Voir les définitions (2.1) et (2.2)).

L'objet de cette étude est d'évaluer le risque minimax lorsqu'on sait, a priori, que f appartient à un sous ensemble F de $\mathcal{L}^o$, c'est à dire que l'on détermine des constantes réelles positives c,d, et u, qui ne dépendent que de la caractérisation de F, et telles que l'on ait simultanément

(1.1) $$\inf_{\hat{f}_n} \sup_{f\in F} R(\hat{f}_n,f) \geq c\, n^{-u}$$

(1.2) Pour un $\hat{f}_n$ au moins

$$\sup_{f\in F} R(\hat{f}_n,f) \leq d\, n^{-u}$$

Au paragraphe 2,on établit une inégalité de base,fondée sur l'information de Kullback,qui permet d'obtenir les résultats de type (1.1).Le paragraphe 3 donne ces résultats pour le risque correspondant à la p-norme des densités sur $\mathbb{R}$,et les résultats de type (1.2),dans ce même cas,font l'objet du paragraphe 4;on compare les évaluations de c et d au paragraphe 5.Au paragraphe 6 figurent les résultats analogues pour la distance de Hellinger.Ces résultats ne sont pas asymptotiques,mais valables pour tout n.

Les mêmes méthodes permettent d'obtenir les résultats analogues en dimension ^{k}.Cela fait l'objet d'une remarque à la fin du paragraphe 3.

Par souci de clarté dans la présentation des énoncés et démonstrations,les calculs de constantes n'ont pas toujours été reproduits.

Cette étude nous a été suggérée par les travaux de Farrell et Wahba (2,6) qui ont obtenu les résultats correspondants pour l'étude locale.Par ailleurs,des résultats du type (1.2) se trouvent dans Nadaraya (5) pour la norme 2,dans Abou-Jaoudé (1) pour la norme 1.Ce dernier obtient un encadrement du risque pour l'estimateur à noyau uniforme,et il est à notre connaissance le premier qui ait employé une jauge du type $\|f^{(\nu)}\|_p \ \|f\|_\alpha^\beta$ (Voir §3).

En ce qui concerne la distance de Hellinger,Le Cam a démontré des résultats analogues dans le cas où F est indexé par un paramètre de dimension finie (3).

Au moment où nous achevons la rédaction de ce travail, nous prenons connaissance de résultats de même nature dans Terry G. Meyer (4).

2. Inégalité fondamentale

Les notations étant celles de l'introduction, définissons le risque d'un estimateur $\hat{f}_n$ à partir d'une fonctionnelle D qui satisfera dans la suite les propriétés résumées dans la

Définition 2.1 : D est une application de $\mathcal{L}^0 \times \mathcal{L}^0$ (ou de $A \times A$, A partie de $\mathcal{L}^0$) dans $\mathbb{R}^+$, qui est

symétrique: Pour tout couple g,h, $D(g,h) = D(h,g)$.

sur-additive: Pour toute partition A_j de A, tout couple g,h ,

$$D(g,h) \geqslant \sum_j D(\, g.1_{A_j},\, h.1_{A_j}) \quad .$$

φ-distance: Il existe une fonction de $\mathbb{R}^+$ dans $\mathbb{R}^+$, croissante, continue et nulle en 0, prolongée par parité, telle que pour tout triplet f,g,h, on ait la φ-inégalité triangulaire:

$$\varphi(\, D(f,h)\,) + \varphi(\, D(g,h)\,) \geqslant \varphi(\, D(f,g)\,) \,.$$

Exemples: $D(g,h) = \|g-h\|_p^p = \int |g-h|^p \, d\mu$ est de ce type pour tout $p > 0$, en posant $\varphi(u) = u^{(1/p)\wedge 1}$. Egalement, quand g et h sont positives, leur distance de Hellinger $d_H(g,h) = \frac{1}{2}\int (g^{\frac{1}{2}} - h^{\frac{1}{2}})^2 d\mu$ pour $\varphi(u) = u^{\frac{1}{2}}$. Enfin, pour g et h γ fois dérivables, $\| g^{(\gamma)} - h^{(\gamma)} \|_p^p$.

Définition 2.2 : Le risque de l'estimateur $\hat{f}_n$ au point f, densité de Probabilité sur (A , $\mathcal{A}$, μ) est

$$(2.2) \qquad R(\hat{f}_n, f) = \int_{A^n} D(\, \hat{f}_n(x_1,\dots,x_n,.), f(.)\,) \prod_{i=1}^n f(x_i) d\mu(x_i) \,.$$

Soient maintenant P et Q deux Probabilités sur un même espace, Q absolument continue par rapport à P; on note E_P, E_Q les espérances relatives à P et Q, on pose $X = \frac{dQ}{dP}$; leur information relative (de Kullback) est

(2.3) $I(Q,P) = E_P(-\mathrm{Log}X) = \int -\mathrm{Log}(\frac{dQ}{dP}) \, dP$

Lemme 2.1 Soient U et V deux v.a.r. définies sur le même espace, de lois respectives P et Q; si, pour une fonction φ nulle en 0, croissante continue de $\mathbb{R}^+$ dans $\mathbb{R}^+$, pour un réel positif d

$\varphi(U) + \varphi(V) \geq \varphi(d)$, on a, φ^{-1} étant la réciproque de φ.

(2.4) $\mathrm{Max}(E_P(U) , E_Q(V)) \geq \frac{1}{4} \varphi^{-1}(\frac{1}{2}\varphi(d)).\exp(-I(Q,P)).$

démonstration: Pour tout évènement B, $Q(B)=P(B)+ E_P(1_B(X-1))$,

soit $|Q(B) - P(B)| \leq \frac{1}{2} \|X-1\|_1$ (pour la P-mesure).

Soit alors u défini par $\varphi(u) = \frac{1}{2}\varphi(d)$; d'après la φ-inégalité triangulaire, $V \geq u.(1 - 1_{U>u})$, et donc

$E_Q(V) \geq u.(1 - P(U>u) - \frac{1}{2}\|X-1\|_1)$. Mais $E_P(U) \geq u.P(U>u)$.

Le minimax de ces deux expressions, linéaires en $P(U>u)$, vaut $\frac{1}{2}u.(1 - \frac{1}{2}\|X-1\|_1)$. Si maintenant on pose $Y = (X-1)^+$, $X=1+Y-Z$, on a $E_P(Y)= E_P(Z) = \frac{1}{2}\| X-1 \|_1$. Comme $\mathrm{Log}X = \mathrm{Log}(1+U)+\mathrm{Log}(1-V)$, l'inégalité de Jensen donne $-I(Q,P) \leq \mathrm{Log}(1-(E_PU)^2)$, soit

$\frac{1}{2}\|X-1\|_1 \leq (1 - \exp(-I(Q,P)))^{\frac{1}{2}}$. La formule (2.4) résulte alors de ce que $1 - (1-x)^{\frac{1}{2}} \geq \frac{1}{2}x$ pour x compris entre 0 et 1 .

Dans le cas où P et Q sont les n-puissances tensorielles de Probabilités p et q, avec $\frac{dq}{dp} = 1 + Z$, on a $I(Q,P) = nI(q,p)$. Si on suppose que $|Z|\leq\frac{1}{2}$, comme alors $|\mathrm{Log}(1+Z)-Z| \leq Z^2$, on a

(2.5) $\exp(- I(Q,P)) \geq \exp(- n \int Z^2 dp)$.

Proposition 1 : Soit $(A , \mathcal{O}\!\!\iota , \mu)$ un espace mesuré, avec μ positive et σ-finie, D comme dans (2.1), R le risque associé. Choisissons $\underline{f}$ densité de référence, A_j partition de A, Z_j des v.a.r. de support A_j, bornées en valeur absolue par $\frac{1}{2}$, et telles que $\int Z_j.\underline{f}.d\mu = 0$. Soit Θ l'ensemble de densités de Probabilité $\Theta = \left\{ g \mid g = \underline{f}.(1 + \sum b_j.Z_j) ; b_j = 0 \text{ ou } 1 \right\}$. Alors, si

(2.6) $D_j = \varphi^{-1}(\frac{1}{2} \varphi(D(\underline{f}.1_{A_j} , \underline{f}.(1+Z_j).1_{A_j})))$, on a

(2.7) $\bigwedge_{\hat{f}_n} \bigvee_{g \in \Theta} R_g(\hat{f}_n) \geq \frac{1}{4} \sum D_j . \exp(-n \int Z_j^2.\underline{f}.d\mu).$

Commentaire: Dans le cas où φ^{-1} est à croissance modérée (il existe K tel que $\varphi^{-1}(2x) \leq K\varphi^{-1}(x)$), on remplacera D_j par $K^{-1}.D(\underline{f}1_{A_j}, \underline{f}(1+Z_j)1_{A_j})$

Démonstration: Soit $b = (b_j)$ variant dans un espace produit $B = \prod B_j$. Notons $B^j = \prod_{i \neq j} B_i$, d'élément générique b^j. Alors, si $R(b) \geq \sum R_j(b)$, on a $\bigvee_{b \in B} R(b) \geq \sum \bigwedge_{b^j \in B^j} \bigvee_{b_j \in B_j} R_j(b)$.

Fixons maintenant $\hat{f}_n$, notons g_j la restriction de g à A_j, $g^j = g - g_j$. Ces deux fonctions ne dépendent de b que par b_j, respectivement b^j. Appliquons la sur-additivité de D, en posant $R_j(b) = E_g(D(\hat{f}_n 1_{A_j}, g_j))$ En vertu de la remarque précédente, on obtient comme minorant de (2.7) : $\sum \bigwedge_{g^j} \bigvee_{g_j} E_g(D(\hat{f}_n 1_{A_j}, g_j))$. Pour j et g^j fixés, appliquons la φ-inégalité triangulaire entre $\hat{f}_n 1_{A_j}$, $\underline{f}1_{A_j}$ et $\underline{f}(1+Z_j)1_{A_j}$ puis l'inégalité (2.4) du lemme précisée en (2.5). Il vient alors $\bigvee_{g_j} R_j(b) \geq 2^{-2}.D_j.\exp(-n \int Z_j^2. \underline{f}.d\mu)$ qui ne dépend plus de g^j ni de $\hat{f}_n$, d'où le résultat.

3. Risque minimax pour la norme p sur $\mathbb{R}$

Dans ce paragraphe, $(A,\mathcal{A},\mu)$ est $(\mathbb{R},\mathcal{B},dx)$, $D(f,g) = \int |f-g|^p dx$, qui répond à la définition (2.1) pour tout p positif en prenant $\varphi(x) = x^{\frac{1}{p}\wedge 1}$ et F est l'ensemble des densités de probabilité de classe C^ν, ν entier supérieur ou égal à 1, et telles que, pour un réel positif r, $\rho(f) \leqslant r$, où ρ est la jauge

$$(3.1) \qquad \rho(f) = \left(\|f\|_{\frac{p}{2}}^{\nu} \cdot \|f^{(\nu)}\|_p \right)^{\frac{p}{2\nu+1}}$$

en notant $D(f,g) = \|f-g\|_p^p$ même si p n'est pas supérieur à 1. Le risque au point f d'un estimateur $\hat{f}_n$ est donc dans toute la suite $R(\hat{f}_n,f) = E_{f^{\otimes n}}(\|\hat{f}_n-f\|_p^p)$, p positif.

On construit dans ce cadre un ensemble Θ de densités tel que celui de la poposition 1 :
Ayant choisi une densité de probabilité auxiliaire θ, de classe $C^{\nu-1}$ et de support contenu dans $(0,\frac{1}{2})$, on définit les fonctions

$$\underline{f} = 1_{(0,1)} * \theta$$

$$(3.2) \qquad Z(x) = \underline{f}(3x) - \underline{f}(3(x-\tfrac{1}{2})) \qquad x \in \mathbb{R}$$

$$Z_j = u.Z\circ\psi_j \qquad j=1,2,..,J$$

où u est un réel positif fixé inférieur à $\frac{1}{2}$ et ψ_j la bijection naturelle de $(0,1)$, support de Z, sur A_j, $j^{\text{ème}}$ intervalle de la partition de $(\frac{1}{2},1)$ en J+1 intervalles disjoints, les J premiers de longueur d, le dernier de longueur moindre, éventuellement nulle, de sorte que 4Jd est compris entre 1 et 2. L'ensemble qui en résulte

$$(3.3) \qquad \Theta = \left\{ g = \underline{f}(1 + \sum_j b_j Z_j) \mid b_j \in \{0,1\} \right\}$$

est un ensemble de densités de probabilité de classe C^ν, de norme infinie inférieure à 1 puisque $\|\underline{f}\|_\infty = \|Z\|_\infty = 1$,et de support contenu dans $(0, \frac{3}{2})$.Appliquant à Θ la proposition 1 et tenant compte de ce que $\|f\|_2^2 \leqslant 1$ et $\|f\|_q^q$ reste compris entre $\frac{1}{2}$ et 3/2 pour tout q positif (car $\underline{f}$ vaut 1 sur $(\frac{1}{2},1)$),on trouve

$$(3.4) \qquad \bigwedge_{\hat{f}_n} \bigvee_{g\in\Theta} E_g \|\hat{f}_n - g\|_p^p \geqslant 2^{-(p+7)} u^p \exp(-\tfrac{2}{3} ndu^2)$$

Majorons la jauge de l'élément générique de Θ :Puisque $g \leqslant (1+u)\underline{f}$ et que $f^{(\nu)}$ et les $(f.Z_j)^{(\nu)}$ sont à supports disjoints,on a

$$\rho(g) \leqslant \rho(\underline{f})(1+u)^{\frac{\nu p}{2\nu+1}} \left(1 + \tfrac{2}{3}Jd(\tfrac{3}{d})^{\nu p} u^p\right)^{\frac{1}{2\nu+1}}$$

où $Jd \leqslant \frac{1}{2}$.

Pour stabiliser la jauge de Θ quand n croît,lions u et d par

$$(3.5) \qquad u = (\tfrac{d}{3})^{\nu} (3M)^{\frac{1}{p}} \qquad M \text{ fixé } \geqslant 1$$

obtenant ainsi

$$(3.6) \qquad \rho(g) \leqslant \rho(\underline{f}) (1+u)^{\frac{\nu p}{2\nu+1}} (2M)^{\frac{1}{2\nu+1}}$$

Le minorant de la formule (3.4) prend alors la forme $Ax^X\exp(-Bx^Y)$ où $A = (3M).2^{-p-7}$, $X = \nu p$, $Y = 2\nu+1$, $B = (3M)^{2/p}.2n$ et $x = d/3$.

<u>Lemme 3.1</u>

Le maximum de la fonction $x \longmapsto x^X\exp(-Bx^Y)$,où X,Y et B sont des constantes positives,s'obtient en $x_o = (X/BY)^{1/Y}$, et vaut,en posant y=X/Y, $B^{-y}y^y\exp(-y)$.

Pour chaque n,on choisit,en fonction de M, la famille Θ qui maximise le minorant de (3.4),et qui,d'après le lemme,correspond à $d=3x_o$ et $u=(3M)^{1/p}x_o$,valeurs qui,toutes les deux,tendent vers 0 quand n croît.Par suite,les contraintes $u \leqslant \frac{1}{2}$ et $d \leqslant \frac{1}{2}$ sont asymptotiquement vérifiées.

Notons

$$(3.7) \qquad r_o = \rho(\underline{f})$$

Pour tout r supérieur à $r_o.2^{1/(2\nu+1)}$, on peut, en choisissant un M tel que $(2M)^{1/(2\nu+1)}$ soit inférieur à r/r_o, avoir une suite de tels $\Theta = \Theta(n)$ qui, asymptotiquement, ont une jauge inférieure ou égale à r, ($(1+u)^{\nu p/(2\nu+1)} \xrightarrow[n\to\infty]{} 0$) ; d'où, en remarquant que $3.2^{1/(2\nu+1)}$ est inférieur à 4, le résultat asymptotique suivant

Proposition 2

Soit F l'ensemble des densités de probabilité par rapport à la mesure de Lebesgue sur $\mathbb{R}$, qui sont de classe C^{ν}, $\nu \geqslant 1$, et qui vérifient $\rho(f) \leqslant r$, où ρ est la jauge définie en (3.1) et r un nombre supérieur à $2^{1/(2\nu+1)}.r_o$, r_o défini en (3.7). Alors, pour tout p positif, notant

$$y = \frac{\nu p}{2\nu+1}$$

$$(3.8) \qquad \underline{\lim}_n \inf_{\hat{f}_n} \sup_{f\in F} \quad E_f(\|\hat{f}_n - f\|_p^p) \quad \geqslant \quad \frac{r}{r_o}.y^y.e^{-y}.2^{-9-p}$$

Remarque

On peut transformer ce résultat en minoration non asymptotique, c'est à dire valable pour tout entier n supérieur ou égal à 1, si l'on multiplie le membre de gauche par $3^{-y}.2^{y-p}.6^{-\nu p}$:

En effet, les contraintes $2u \leqslant 1$, $6x \leqslant 1$ se traduisent par $x \leqslant x_1$, où $x_1 = \frac{1}{6} \wedge 2^{-1/\nu}(3M)^{-\nu/p}$. Si x_1 est supérieur ou égal à x_o, la minoration précédente est correcte, une fois multipliée par $(1+u)^{-y}$, soit, a fortiori, par $3^{-y}2^y$. Si x_1 est inférieur strictement à x_o, en prenant x_1 comme valeur, comme $\exp(-\frac{2}{3}ndu^2)$ est, en x_1, supérieur ou égal à e^{-y}, on obtient un minorant en multipliant encore par $2^{-p}6^{-\nu p}$, puisque l'inf de trois réels positifs est certainement supérieur à leur produit dès que deux d'entre eux sont moindres que 1.

Deux cas se séparent :

Si $p \neq 1$ en utilisant l'homogénéité $(p-1)$ de la norme et de la jauge pour la transformation $h(.) \longrightarrow \frac{1}{a} h(\frac{\cdot}{a})$, $a > 0$ fixé, toute densité a une a-homothétique de jauge r_0 et le résultat prend la forme du théorème 1 ci-dessous.

Si $p = 1$ on ne peut plus utiliser le raisonnement précédent car la norme et la jauge sont maintenant invariantes par changement d'échelle. Mais, dans ce cas, on se convainct aisément que la jauge est minorée par un réel strictement positif, sur l'ensemble des densités de probabilité. Le théorème 1 bis ne donne de résultats que pour les densités suffisamment éloignées de la densité minimale (au point de vue de la jauge).

Théorème 1

Soit p positif différent de 1, ν entier positif non nul, F l'ensemble des densités de probabilité par rapport à la mesure de Lebesgue sur $\mathbb{R}$, qui sont de classe C^ν et telles que $\rho(f) \leqslant r$, où r est positif et ρ est la jauge $\rho(f) = (\int f^{p/2})^{2\nu/2\nu+1} . (\int (f^{(\nu)})^p)^{1/(2\nu+1)}$.
Alors il existe une constante $C = C(\nu, p)$ telle que

(3.9)
$$\underline{\lim}_{n}\, n^{\nu p/(2\nu+1)} \inf_{\hat{f}_n} \sup_{f \in F} E_f \|\hat{f}_n - f\|_p^p \geqslant C.r$$

La constante C vaut

(3.10)
$$C(\nu,p) = 2^{-9-2p} . \left(\frac{\nu p}{2\nu+1}\right)^{\frac{\nu p}{2\nu+1}} . e^{\frac{-\nu p}{2\nu+1}} . \|\theta^{(\nu-1)}\|_p^{\frac{-p}{2\nu+1}}$$

où on peut prendre pour θ n'importe quelle densité de probabilité auxiliaire de support contenu dans $(0, \frac{1}{2})$ et de classe $C^{\nu-1}$.

Théorème 1 bis

Dans le cas où $p = 1$, on a les mêmes conclusions pourvu que l'on se restreigne aux valeurs de r supérieures à r_0, défini en (3.7) et (3.2).

Remarque

On obtient le résultat en dimension k en se fondant sur le même principe : $\|f^{(\nu)}\|_p^p$ est maintenant remplacé par $\int_{\mathbb{R}^k} \sum_{i=1}^{k} \left(\frac{\partial^\nu f}{\partial x_i^\nu}\right)^p \prod_{i=1}^{k} dx_i$.

On prend pour densité de base $\underline{f}$ une densité de classe C^∞_ν, uniforme sur le cube $(\frac{1}{2},1)^k$,et on obtient Θ en remplaçant $\underline{f}$, sur les J^k cubes $Q_j = \{ x_i \in A_{j_i} \mid j_i \in \{1,2,..,J\}, i = 1,..,k \}$, par

$\underline{f}\ (1 + b_j\ Z_j)$, où les Z_j sont les perturbations produits de celles qui sont utilisées sur $\mathbb{R}$.

On a alors pour une constante C qui dépend de k, ν, p mais non du majorant r de la jauge,

$$(3.11) \qquad \underline{\lim}_n\ n^{\frac{\nu p}{2\nu+k}} \inf_{\hat{f}_n} \sup_{f \in F} E_f \|f_n - f\|_p^p \geqslant C.r$$

Ce résultat admet comme la proposition 2 (Voir la remarque qui la suit), une version non asymptotique.

4. Vitesse atteinte par les estimateurs à noyau

Ce paragraphe contient des résultats bien connus, mais, comme nous voulons les comparer à ceux du paragraphe précédent, nous avons préféré en donner une démonstration unitaire.

Soit η un noyau, alors η_Δ sera défini par $\eta_\Delta(x)=\Delta^{-1}\eta(\Delta^{-1}x)$.

L'estimateur à noyau correspondant à η et de pas Δ est ainsi défini à partir de l'échantillon (X) :

(4.1) $\hat{f}_n(x) = \frac{1}{n}\sum_{i=1}^{n} \eta_\Delta(x - X_i)$. On pose

(4.2) $\bar{f}(x) = E_f(\hat{f}_n)(x) = f * \eta_\Delta$.

On sait bien que dans le cas où on veut utiliser au mieux la γ-dérivabilité de f, quand γ est strictement supérieur à 2, on ne peut assurer la positivité du noyau (noyaux de Parzen).

Si $\gamma = 1, 2$, on demande à η d'être pair, borné, d'intégrale 1, et enfin $\int x^2|\eta(x)|\,dx < \infty$. On peut ajouter $\eta \geq 0$; par exemple $\eta(x)=1_{|x|\leq\frac{1}{2}}$

Sinon, pour tout autre γ, on utilise un noyau, pair, borné, avec $\int\eta(x)dx = 1$, $\int x^j\eta(x)dx = 0$ ($1 \leq j < \gamma$), enfin $\| x^\gamma\eta\|_1 = \int |x|^\gamma |\eta(x)|\, dx$ fini .

(par exemple, $\eta(x) = (2\pi)^{-\frac{1}{2}}\tilde{f}(x)\exp(-\frac{3}{4}ix)$, où $\tilde{f}$ est la transformée de Fourier de f définie dans la formule (3.2))

Démontrons d'abord deux lemmes:

Lemme 4.1 Avec les hypothèses et notations précédentes, on a

(4.3) $\|\bar{f}_\Delta - f\|_p \leq \frac{\Delta^\gamma}{\gamma!}\|x^\gamma\eta\|_1\,\|f^{(\gamma)}\|_p$

démonstration: Par homogénéité, il suffit de prouver le résultat pour $\Delta = 1$. Ecrivant alors la formule de Taylor:

$$f(x+t)-f(x) = \sum_{j=1}^{\gamma-1} \frac{t^j}{j!} f^{(j)}(x) + \int_x^{x+t} \frac{(x+t-u)^{\gamma-1}}{(\gamma-1)!} f^{(\gamma)}(u)du,$$

il vient en intégrant : $(\bar{f}_1-f)(x) = f^{(\gamma)} * \phi\,(x)$, où le noyau pair ϕ défini pour $y>0$ par. $\phi(y) = \int_y^{\infty} \frac{(s-y)^{\gamma-1}}{(\gamma-1)!} \eta(s)ds$, a une 1-norme majorée par $(\gamma!)^{-1} \| x^{\gamma} \eta \|_1$. Le résultat découle alors de l'inégalité $\| f^{(\gamma)} * \phi \|_p \leq \| f^{(\gamma)} \|_p . \| \phi \|_1$.

<u>Lemme 4.2</u> (inégalité de Khintchine) : Soient Y_i des v.a.r. de même distribution, indépendantes, centrées et bornées par 1 en valeur absolue. On a alors

(4.4) $E\left| \sum_{i=1}^{n} Y_i \right|^p \leq \left\{ nE(|Y|) \right\}^{\frac{1}{2}p}$ pour $0 < p \leq 2$.

(4.5) $E\left| \sum_{i=1}^{n} Y_i \right|^p \leq C_p \left[\{nE(|Y|)\} \vee \{nE(|Y|)\}^{\frac{1}{2}p} \right]$ pour $2 < p$.

On peut prendre pour C_p: $2^{k+1}(k!)^2$ si $2k-2 < p \leq 2k$.

<u>Démonstration</u>: Soit S_n la somme des Y_i. Pour $0 < p \leq 2$, on utilise l'inégalité $\|S_n\|_p \leq \|S_n\|_2 \leq [nE(|Y|)]^{\frac{1}{2}}$, car $|Y| \leq 1$.

sinon: une construction élémentaire dans le carré $[0, 1] \times [0, 1]$ muni de la mesure de Lebesgue montre que toute Y satisfaisant les conditions du lemme peut s'interpréter comme $E^{\mathcal{B}}(\mathcal{E}.1_B)$ où: $\mathcal{E}$ est un signe ($P(\mathcal{E}=1) = P(\mathcal{E}=-1) = \frac{1}{2}$) , <u>indépendant</u> de l'indicatrice 1_B, avec $E\,Y = P(B)$, et $\mathcal{B}$ σ-algèbre. L'inégalité de Jensen montrequ'alors, pour toute ϕ convexe, $E(\phi(S_n)) \leq E(\phi(\sum \mathcal{E}_i 1_{B_i}))$.

On est donc ramené au cas où $Y = \mathcal{E} 1_B$. Dans ce cas, si $p = 2k$,

$$E(S_n)^{2k} \leq 2^{k+1}. k!\, E\left(\sum 1_{B_i}\right)^k \quad \text{(Formule de Khintchine)}$$

Une majoration des moments factoriels $E(Z(Z-1)..(Z-j+1))$ de la binomiale $X = B(n, E|Y|)$ donne alors le résultat.

Enfin, si $2k-2 < p \leq 2k$, on utilise alternativement les inégalités $\|S_n\|_p \leq \|S_n\|_{2k}$, quand $nE(|Y|) > 1$, et $\|S_n\|_p^p \leq \|S_n\|_{2k}^{2k}$, quand $nE(|Y|) \leq 1$, puisqu'on s'est placé dans le cas où S_n est une entier relatif.

Corollaire du Lemme 4.2 Sous les mêmes hypothèses sur les Y_i, plus $E|Y_1| \leq \frac{1}{2}$, soit $\phi_p(u) = \sup_{nE(|Y|) \leq u} E\left|\sum_{i=1}^{n} Y_i\right|^p$. Alors

Pour $p > 2$, à tout $\varepsilon > 0$ on peut associer M tel que

$$(4.6) \quad \phi_p(u) \leq M.|u| + |u|^{\frac{1}{2}p}\left(\frac{\Gamma(\frac{1}{2}(p+1))}{\Gamma(\frac{1}{2})} + \varepsilon\right).$$

Démonstration: Il suffit de remarquer que, le sup étant obtenu sur les Y du type $\varepsilon 1_B$, quand $nP(B)$ tend vers l'infini, on peut remplacer le C_p du lemme 4.2, asymptotiquement, par $\Gamma(\frac{1}{2}(p+1)) / \Gamma(\frac{1}{2})$, en vertu du théorème de limite centrale. La majoration du Lemme 4.2 est convexe, on peut donc la majorer au début par une fonction du type $M.|u|$.

Pour simplifier l'énoncé qui suit, faisons sur la densité f l'

$$(4.7) \quad \text{Hypothèse } H_p : \quad \lim_{\Delta \to 0} \int (f * |\eta_\Delta|)^{\frac{1}{2}p}(x)dx \leq \|\eta\|_1^{\frac{1}{2}p} \int f^{\frac{1}{2}p}(x)dx \quad (p < 2)$$

Cette propriété sera en particulier vérifiée si f est à support compact, et par extension si elle est monotone à l'infini.

D'après l'inégalité de Jensen, elle l'est bien sûr automatiquement pour $p \geq 2$, puisque $|\eta_\Delta| / \|\eta\|_1$ est un noyau positif et d'intégrale 1.

Théorème 2: Soit p un réel positif, γ un entier strictement positif.

Dans le cas $p<2$, on suppose que f satisfait (H_p). Il existe alors une suite d'estimateurs à noyaux $\hat{f}_n$, ne dépendant que des nombres $\|f^{(\gamma)}\|_p^p$ et $\int f^{\frac{1}{2}p}dx$, et une constante $D(\gamma,p)$ ne dépendant que de p et γ tels que

(4.8) $$\overline{\lim_n}\; n^{\gamma p/(2\gamma+1)} E_f \|\hat{f}_n - f\|_p^p \leq D(\gamma,p).\, \rho(f) \quad \text{où}$$

(3.4) $$\rho(f) = \left\{\int f^{\frac{1}{2}p}dx\right\}^{2\gamma/(2\gamma+1)} .\, \|f^{(\gamma)}\|_p^{p/(2\gamma+1)}$$

Pour le choix des $\hat{f}_n$ et une majoration de $D(\gamma,p)$, voir la remarque qui suit la démonstration.

Démonstration: Traitons d'abord le cas $p>2$. η et Δ étant choisis,

$$E_f\|\hat{f}_n - f\|_p^p \leq 2^{p-1}\left\{\|f-\bar{f}_\Delta\|_p^p + E_f\|\hat{f}_n - \bar{f}_\Delta\|_p^p\right\} = 2^{p-1}(B+A).$$

- B est majoré, d'après le lemme 2, par $\left\{\frac{\Delta^\gamma}{\gamma!}\|x^\gamma \eta\|_1 \; \|f^{(\gamma)}\|_p\right\}^p$.

- Si l'on pose $Y_i(x) = (2\|\eta_\Delta\|_\infty)^{-1}.(\eta_\Delta(x-X_i) - f*\eta_\Delta(x))$, on peut appliquer le lemme 3 avec $E\,|Y|\,(x) \leq (2\|\eta\|_\infty)^{-1}.\,\Delta.f*|\eta_\Delta|\,(x)$.

A est donc majoré par

$$2^p\,\|\eta\|_\infty^{\;p}\,(n\Delta)^{-p}\int \phi_p\left(\frac{n\Delta}{2\|\eta\|_\infty} f*|\eta_\Delta|\right)(x)\,dx.$$

D'après le corollaire de ce lemme,

$$(2\|\eta\|_\infty)^{-p}(n\Delta)^{\frac{1}{2}p}B \leq \frac{M}{2\|\eta\|_\infty}(n\Delta)^{1-\frac{1}{2}p}\int f*|\eta_\Delta|\,dx$$
$$+\left(\frac{\Gamma(\frac{1}{2}(p+1))}{\Gamma(\frac{1}{2})} + \varepsilon\right).(2\|\eta\|_\infty)^{-\frac{1}{2}p}\int (f*|\eta_\Delta|)^{\frac{1}{2}p}dx.$$

Il en résulte que

$$\overline{\lim_n}\,(n\Delta)^{\frac{1}{2}p}\,B \leq \frac{\Gamma(\frac{1}{2}(p+1))}{\Gamma(\frac{1}{2})}\,(2\|\eta\|_1\|\eta\|_\infty)^{\frac{1}{2}p}.\int f^{\frac{1}{2}p}(x)\,dx\,.$$

En égalant asymptotiquement les deux termes, il vient

$$\overline{\lim_{n}}\; n^{\gamma p/(2\gamma+1)}\; E_f \|\hat{f}_n - f\|_p^p \leqslant$$

$$\leqslant\; 2^p.\rho(f) \left\{\frac{\Gamma(\frac{1}{2}(p+1))}{\Gamma(\frac{1}{2})}\right\}^{2\gamma/(2\gamma+1)} \left\{2\|\eta\|_1\|\eta\|_\infty\right\}^{\gamma p/(2\gamma+1)} \left\|\frac{x^\gamma \eta}{\gamma!}\right\|_1^{p/(2\gamma+1)}$$

Dans le cas p $\leqslant 2$, on obtient le même résultat en utilisant l'hypothèse (H_p) à celà près que le quotient des deux fonctions Γ est remplacé par 1.

<u>Remarques</u>: On a une expression explicite de

$$D(\gamma, p) = 2^p.\left\{(2\|\eta\|_1\|\eta\|_\infty)^{\gamma p}\left(\left\|\frac{x^\gamma \eta}{\gamma!}\right\|_1\right)^p\left(\frac{\Gamma(\frac{1}{2}(p+1))}{\Gamma(\frac{1}{2})}\right)^{2\gamma}\right\}^{1/(2\gamma+1)}$$

et le pas optimal Δ_n est déterminé par

$$n.\Delta_n^{2\gamma+1} = \left\{\left\|\frac{x^\gamma \eta}{\gamma!}\right\|_1 \|f^{(\gamma)}\|_p\right\}^{-2}\left\{\frac{\Gamma(\frac{1}{2}(p+1))}{\Gamma(\frac{1}{2})}\,(2\|\eta\|_1\|\eta\|_\infty)^{\frac{1}{2}p}.\int f^{\frac{1}{2}p}\right\}^{2/p},$$

du moins pour $p > 2$. Pour $p \leqslant 2$, remplacer le quotient des fonctions Γ par 1

On peut obtenir également une égalité non asymptotique, c'est-à-dire valable pour tout n, en remplaçant le quotient des fonctions Γ par la constante C_p, dans le cas $p > 2$. Dans l'autre cas, il faudra faire entrer dans le majorant la quantité $\int (f * |\eta_\Delta|)^{\frac{1}{2}p} dx$.

5. Comparaison des résultats des paragraphes 3 et 4:

Les théorèmes 1 et 2 signifient que les estimateurs à noyaux sont optimaux du point de vue de l'ordre en n et ρ sur les espaces $\mathbb{L}_p^{(\gamma)}$ (à la restriction près de la remarque qui suit). Dans ce paragraphe, on étudie le comportement relatif des constantes $C(\gamma, p)$ et $D(\gamma, p)$ comme fonctions de γ et p.

Remarque: L'estimateur optimal à noyau fait intervenir séparément les deux facteurs composant la jauge. D'une part, on peut aisément adapter la démonstration du théorème 1 pour séparer ces deux facteurs (du moins pour $p \neq 1$), d'autre part, par adaptativité (comme dans Nadaraya (3) par exemple), on peut certainement construire une suite d'estimateurs ayant la même vitesse asymptotique sous le seul renseignement que la jauge est finie.

Proposition 3: Il existe une constante C (ne dépendant ni de γ ni de p) telle que

$$\frac{D(\gamma, p)}{C(\gamma, p)} \leq (C \cdot \gamma)^{\frac{1}{2}p} \qquad (p \geq 1, \gamma \geq 1). \tag{5.1}$$

Commentaire: 1. En réalité, on devrait prendre pour risque effectif la quantité $\left(E_f \| \hat{f}_n - f \|_p^p \right)^{1/p}$, auquel cas la Proposition 3 signifie que le rapport des vitesses est en $\gamma^{\frac{1}{2}}$.

2. On verra que la démonstration permet de déduire une majoration similaire non asymptotique du rapport des vitesses.

Démonstration: On utilise ici un noyau θ dont on suppose qu'il appartient à $\mathcal{E}^{(\gamma-1)}$, et η est choisi comme dans le paragraphe 4, en fonction de $\underline{f} = 1_{[0,1]} * \theta$. On va effectuer sur $\underline{f}$ une translation de $-3/4$, ce qui ne change évidemment rien aux résultats des théorèmes 1 et 2.

Posons $\gamma = j+k+1$ (j, k entiers positifs, avec en fait j = k si γ est impair, j = k+1 sinon). On peut remarquer que les fonctions auxiliaires $\underline{f}$ et η n'interviennent dans le rapport étudié que par l'intermédiaire de

$$(\|\eta\|_1 \|\eta\|_\infty)^{p/(2\gamma+1)} \left(\left\|\frac{x^\gamma \eta}{\gamma !}\right\|_1 \|f^{(\gamma)}\|_p \right)^{p/(2\gamma+1)} .$$

Soit $\Phi_j(x) = \frac{(2j+1)!}{2^{2j+1}(j!)^2} (1-x^2)^j . 1_{|x| \leq 1}$ $(j \geq 0)$. Ce sont des densités de Probabilité, $\int \Phi_j^2 \, dx \leq \frac{1}{2}$, enfin

$$\|\Phi_j^{(j)}\|_2 = \frac{(2j+1)!}{j!} 2^{-j-1} \sqrt{\frac{2}{2j+1}}$$

(en effet, $\Phi_j^{(j)}$ est proportionnelle au $j^{\text{ième}}$ polynôme de Legendre, ce qui permet de donner une expression explicite de sa norme quadratique). On pose $\varphi_j = 8\,\Phi_j(8x)$, et $\theta = \varphi_j * \varphi_k$ satisfait alors les conditions imposées, d'où, pour $p \geq 1$

$$\|\theta^{(\gamma-1)}\|_p \leq 2^{-2/p} \|\varphi_j^{(j)}\|_2 \|\varphi_k^{(k)}\|_2 ,$$ en vertu de l'inégalité

$$\|f * g\|_p \leq \|f\|_t \|g\|_t , \quad \text{si} \quad 1/p = 2/t - 1 ,$$ et du fait

que $\varphi_j^{(j)}$ et $\varphi_k^{(k)}$ étant à support compact, on peut comparer leur 2-norme à leur t-norme .(Pour $p < 1$, on obtient la majoration

$$\|\theta^{(\gamma-1)}\|_p \leq 2^{-1-1/p} \|\varphi_j^{(j)}\|_2 \|\varphi_k^{(k)}\|_2,$$ en passant par la 1- norme.) De même, $\|x^\gamma \eta\|_1 = (2\pi)^{-\frac{1}{2}} \| 2\sin(\frac{1}{2}x)\, x^j \varphi_j x^k \varphi_k \|_1$ $\leq 2(2\pi)^{\frac{1}{2}} \|\varphi_j^{(j)}\|_2 \|\varphi_k^{(k)}\|_2$, et $\|\eta\|_\infty = (2\pi)^{-\frac{1}{2}}$. Il suffit de reporter ces évaluations dans le rapport étudié pour obtenir le résultat.

<u>Commentaire</u>: Il est bien sûr possible de donner une majoration explicite de la constante C, ainsi que des constantes $C(\gamma,p)$ et $D(\gamma,p)$.

6. Application à la distance de Hellinger

Dans ce paragraphe, nous prenons $(A, \mathcal{A}, \mu) = (\mathbb{R}, \mathcal{B}, dx)$. La fonctionnelle étudiée est la distance de Hellinger

$D(f,g) = \frac{1}{2}\int (\sqrt{f} - \sqrt{g})^2 \, dx$, qui possède les propriétés (2.1), avec $\varphi(x) = \sqrt{x}$, et F est l'ensemble des densités de Probabilité de classe $\mathcal{C}^{\nu}$, avec $\nu = 1$ ou 2 , enfin telles que leur jauge $\rho_1(f)$ soit finie, ou ici

$$(6.1) \quad \rho_1(f) = \| f \|_{\alpha}^{\frac{\alpha(p(\nu+1)-1)}{p(\nu+1)-\alpha}} \; \| f^{(\nu)} \|_{p}^{\frac{p(1-\alpha)}{p(\nu+1)-\alpha}}$$

Remarques:

1. $\nu = 1$ ou 2 : La distance de Hellinger n'étant définie que pour les fonctions positives, on est limité aux estimateurs positifs. Celà nous impose donc, pour les estimateurs de Parzen, $\nu = 1$ ou 2. Cependant, le résultat de minoration est valable pour ν quelconque.

2. Jauge : Dans le cas précédent de la p-norme, au lieu de prendre une jauge générale (la seule limitation étant le degré d'homogénéité), nous avons choisi directement la jauge qui donne l'ordre maximum en n. Ici, il correspond à $\alpha = 0$ et vaut $\frac{\nu}{\nu+1}$. Il n'y a rien d'étonnant à ce que cet ordre(mais non les constantes bien sûr) ne dépende pas de p, puisque dans le cas $\alpha = 0$, une densité de jauge finie est à support compact.

Nous choisissons comme famille de densités la famille

$$(6.2)\quad \Theta_1 = (1 - K.a)\underline{f} + a.\sum_{k=1}^{K} \Theta(\,.\, - 3k)$$

(somme disjointe de translatées des familles Θ introduites au paragraphe 3) où on choisit $u = \frac{1}{2}$, les autres paramètres satisfaisant : J et K entiers positifs. A, d réels positifs.

$\frac{1}{4} \leqslant J.d \leqslant \frac{1}{2}$. $K.a \leqslant 1$. Nous allons les lier, de façon à contrôler la jauge, par, M étant choisi supérieur à 1,

$$K.a^{\alpha} = \left(\frac{2}{3}\right)^{\alpha} \quad \text{et} \quad K.a^{p} = 2^{p}\left(\frac{d}{3}\right)^{\gamma p} M^{(p(\gamma+1)-\alpha)/(1-\alpha)}$$

Dans ces conditions, on a asymptotiquement pour toute g de Θ_1 (on vérifiera à la fin du calcul que la valeur choisie de a tend vers 0 avec 1/n)

$$\rho_1(g) \leqslant 2\,M\,\rho_1(\underline{f})$$

Sur cette famille, la Proposition 1 donne comme minorant du risque, compte-tenu de l'inégalité $(\sqrt{1+u} - 1)^2 \geqslant 0{,}2.\, u^2$, pour $u \leqslant \frac{1}{2}$,

$$2^{-12}.\,K\,.\,a\,.\,\exp\left(-\frac{n}{12}\,.\,a\,.\,d\right).$$

On pose maintenant , comme précédemment, d = 3x, on applique le Lemme 3.1 en tenant compte des liaisons. Il vient, de la même manière que dans les démonstrations de la Proposition 2

<u>Proposition 4</u>: Soit p un réel supérieur ou égal à 1, α réel compris entre 0 et 1. Il existe deux constantes C et r_o, telles que, si $r \geqslant r_o$

$$(6.3)\quad \liminf_n \; n^{\frac{\gamma\, p(1-\alpha)}{p(\gamma+1)-\alpha}} \bigwedge_{\hat{f}_n} \bigvee_{\rho_1(h)\leqslant r} E_f\, d_H^2(\hat{f}_n, f) \geqslant C.r.$$

<u>Remarques</u> 1. Comme précédemment, on pourra prendre pour valeur de r_o, $\rho_1(\underline{f})$ multipliée par une puissance convenable de 2.

2. La distance de Hellinger, comme la 1-norme, étant invariante par changement d'échelle, les normes ρ_1 sont minorées sur l'ensemble des densités de Probabilité.

3. De même que dans les résultats précédents, on peut expliciter sans peine une formule non asymptotique.

Passons maintenant à la <u>majoration</u>: nous limitant à $\gamma = 1$ ou 2, nous prenons pour η le <u>noyau uniforme</u> $\eta(x) = 1_{|x| \leq \frac{1}{2}}$, et la formule (4.3) devient

$$\|\bar{f}_\Delta - f\|_p \leq \left(\tfrac{1}{2}\Delta\right)^\gamma \cdot \left\|\frac{f^{(\gamma)}}{(\gamma+1)!}\right\|_p \quad .$$

Nous majorons $E_f\left(d_H^2(\hat{f}_n, f) \right)$ par $A + B$ (aléa et biais) où

$$(6.4)\quad A : \mathbb{E}\left(\|\sqrt{\hat{f}_n} - \sqrt{\bar{f}_\Delta}\|_2^2 \right) \leq (n\Delta)^{\alpha-1} \|2\,\bar{f}_\Delta\|_\alpha^\alpha \quad (0 \leq \alpha \leq 1)$$

en effet, $(\sqrt{a} - \sqrt{b})^2 \leq b^{-1}(a-b)^2 \wedge (a+b)$, si $0 \leq a, b$.

Or $n.\Delta \hat{f}_n = \sum \Delta\, \eta_\Delta(x - X_i) = S_n$ est une variable de loi binomiale pour tout x, puisque somme d'indicatrices. $E\left(\sqrt{\hat{f}_n} - \sqrt{\bar{f}}\right)^2$ est donc majoré par $(n\Delta)^{-1} \wedge (2n\Delta \bar{f}_\Delta) \leq (n\Delta)^{\alpha-1}(2\,\bar{f}_\Delta)^\alpha$.

$$(6.5)\quad B = \|\sqrt{\bar{f}_\Delta} - \sqrt{f}\|_2^2 \leq \|\bar{f}_\Delta - f\|_p^{(1-\alpha)/(p-\alpha)} \, \|\bar{f} + f\|_\alpha^{\alpha(p-1)/(p-\alpha)}$$

en effet, $(\sqrt{a} - \sqrt{b})^2 \leq (a-b)^q (a+b)^{1-q}$ $(0 \leq q \leq 2)$, on appliquera l'inégalité de Hölder d'exposants conjugués q/p et $(p-q)/p$, après avoir choisi $q/p = (1-\alpha)/(p-\alpha)$.

On reporte maintenant dans (6.5) l'inégalité (4.3), on égale enfin les deux majorations obtenues, ce qui détermine Δ.

<u>Proposition 5</u>: Soit p supérieur à 1, α compris entre 0 et 1, γ = 1 ou 2. On suppose de plus que la densité f satisfait l'hypothèse $(H_{2\alpha})$ ((4.7)). Il existe alors une suite d'estimateurs à noyaux, ne dépendant que des nombres $\|f^{(\gamma)}\|_p$ et $\|f\|_\alpha$, tels que

$$(6.6)\quad \limsup_n n^{\frac{\gamma p(1-\alpha)}{p(\gamma+1)-\alpha}} E_f(d_H^2(\hat{f}_n,f)) \leq 4\, \rho_1(f) \quad .$$

<u>Remarque</u>: Comme d'habitude, on peut modifier la constante pour avoir un résultat non asymptotique.

J. Bretagnolle Université Paris 13
L.A. n°224 du C.N.R.S.

C. Huber Université Paris 13
E.R.A. n°532 du C.N.R.S.

Références

(1) Abou-Jaoudé (1977) Thèse, Université de Paris.

(2) Farrell R.H. (1972) "On best obtainable asymptotic rates of convergence in estimation of a density function at a point." A.M.S. 43, 170-180.

(3) Le Cam L. (1975) "On local and global properties in the theory of asymptotic normality of experiments". Stochastic Processes and related topics, Vol.1 A.P. New york.

(4) Meyer Terry G. (1977) "Bounds for estimation of density functions and their derivatives" A.S. 5, n°1, 136-142.

(5) Nadaraya E.A. (1974) "On the integral mean square error of some non parametric estimates for the density function" Theor. of prob. and its applications 19, 133-141.

(6) Wahba Grace (1975) "Optimal convergence properties of variable knot, kernel, and orthogonal series methods for density estimation" A.S. 3, n°1, 15-29.

Université de Strasbourg
Séminaire de Probabilités 1976/77

LES RALENTISSEMENTS EN THEORIE GENERALE DES PROCESSUS

par Christophe Stricker

Ce travail s'inspire d'un article de P.A.Meyer [2], qui montre que tout processus de Markov droit peut être transformé par ralentissement en un processus de Hunt, c'est à dire un processus droit dont la famille de tribus naturelle est quasi-continue à gauche. Notre but sera de prouver un résultat analogue en théorie générale des processus, autrement dit de supprimer les temps de discontinuité d'une filtration au moyen d'un ralentissement convenable.

Une première rédaction de ce travail a été considérablement modifiée à la suite de discussions avec P.A.Meyer. C'est en particulier à la suite de ces discussions que nous avons été amenés à séparer les deux étapes d'"enrichissement" et de "ralentissement", qui se présentaient ensemble dans le cas markovien.

Voici le résultat final :

THEOREME. Soit $(\Omega,\underline{\underline{F}},P)$ un espace probabilisé complet muni d'une filtration $(\underline{\underline{F}}_t)$ satisfaisant aux conditions habituelles. On suppose que $L^1(\underline{\underline{F}}_\infty)$ est séparable, et que $\underline{\underline{F}}$ est assez riche pour qu'il existe une v.a. diffuse indépendante de $\underline{\underline{F}}_\infty$. Il existe alors sur Ω

1) Une filtration $(\underline{\underline{H}}_t)$, satisfaisant aux conditions habituelles et quasi-continue à gauche,

2) Un changement de temps (σ_t) de cette famille tel que $\sigma_0=0$, $\sigma_t-\sigma_s \geq t-s$ pour $s\leq t$ (σ est une accélération du temps),

Tels que la famille de tribus $\underline{\underline{G}}_t = \underline{\underline{H}}_{\sigma_t}$ contienne $\underline{\underline{F}}_t$, et que pour toute v.a. $Y\in L^1(\underline{\underline{F}}_\infty)$ on ait $E[Y|\underline{\underline{F}}_t]=E[Y|\underline{\underline{G}}_t]=Z_{\sigma_t}$, où $Z_s=E[Y|\underline{\underline{H}}_s]$.

L'énoncé est présenté ici sous la forme qui semble la plus utile, mais la démonstration ne procède pas dans cet ordre. Elle est assez pénible, bien que le principe en soit très simple : on commence par isoler les temps de discontinuité de la famille $(\underline{\underline{F}}_t)$, sous forme d'une suite de temps prévisibles disjoints T_n . En chacun des T_n , on adjoint une variable aléatoire S_n indépendante de $\underline{\underline{F}}_\infty$, les S_n étant en outre indépendantes entre elles. Cette opération étant faite, on a "enrichi" $(\underline{\underline{F}}_t)$, et l'on vérifie que les martingales/$(\underline{\underline{F}}_t)$ sont restées des martingales pour la nouvelle famille. Puis on décide à chacun des instants T_n d'immobiliser le déroulement du temps pour une durée égale à S_n, ce qui a pour effet de faire disparaître la discontinuité prévisible en cet instant ; la famille ainsi "ralentie" est la famille $(\underline{\underline{H}}_t)$ de l'énoncé, et l'accélération σ est le changement de temps inverse du ralentissement. La difficulté consiste à écrire proprement cette "immobilisation du temps" , et en particulier à veiller (l'ensemble des instants T_n pouvant être partout dense) à ce que le temps continue tout de même à s'écouler.

PREMIERE ETAPE . ISOLEMENT DES TEMPS D'ARRET T_n.

L'espace $L^1(\underline{\underline{F}}_\infty)$ étant séparable, nous choisissons une suite de v.a. M^i dense dans cet espace, et nous construisons les martingales continues à droite $M^i_t = E[M^i|\underline{\underline{F}}_t]$. Nous énumérons tous les sauts de la martingale (M^i_t) en une suite de temps d'arrêt U_{ij} .

D'après [D], III.39-41 (p. 57), chaque U_{ij} se décompose en une partie accessible V_{ij} et une partie totalement inaccessible, qui ne nous intéresse pas. Nous pouvons recouvrir le graphe de V_{ij} au moyen d'une suite de graphes de temps d'arrêt prévisibles W_{ijk} . L'ensemble aléatoire prévisible $D=\cup_{ijk}[\![W_{ijk}]\!]$ peut alors se représenter comme réunion dénombrable de graphes prévisibles disjoints $[\![T_n]\!]$. Les T_n constituent la suite cherchée :

LEMME 1. <u>Si</u> S <u>est un temps d'arrêt prévisible dont le graphe ne rencontre pas</u> D, <u>on a</u> $\underline{\underline{F}}_S=\underline{\underline{F}}_{S-}$.

DEMONSTRATION. Il suffit de vérifier que toute martingale $M_t=E[M_\infty|\underline{\underline{F}}_t]$ est continue à l'instant S. D'après l'inégalité de Doob

$$\lambda P\{\ \sup_t\ |M_t-M^i_t|\ \geqq \lambda\ \}\ \leqq\ E[\,|M^i-M_\infty|\,]$$

et la densité de l'ensemble des M^i dans L^1, il suffit de vérifier que toute martingale (M^i_t) est continue à l'instant S. Or $[\![S]\!]$ ne rencontre pas la réunion des graphes des sauts totalement inaccessibles de M^i, puisque S est prévisible, ni la réunion des graphes des sauts accessibles de M^i, puisque celle-ci est contenue dans D. ▯

SECONDE ETAPE. CONSTRUCTION DE $(\underline{\underline{G}}_t)$ PAR ENRICHISSEMENT DE $(\underline{\underline{F}}_t)$.

Puisque Ω contient une tribu indépendante de $\underline{\underline{F}}_\infty$, et sur laquelle la loi induite par P est sans atomes, Ω contient en fait toute une suite de v.a. S_n , indépendantes entre elles et indépendantes de $\underline{\underline{F}}_\infty$, admettant chacune une loi diffuse. L'enrichissement de la famille consiste à ajouter à ce que l'on sait la connaissance de la valeur $S_n(\omega)$, à partir de l'instant $T_n(\omega)$. La loi de la v.a. S_n importe peu, car le remplacement de S_n par $\varphi\circ S_n$, où φ est une bijection de $\mathbb{R}$ sur $\mathbb{R}$, ne changerait rien aux tribus ainsi construites.

DEFINITION. La tribu $\underline{\underline{G}}_t^k$ est engendrée par $\underline{\underline{F}}_t$ et par les v.a. $S_n I_{\{T_n \leq s\}}$ pour $0 \leq s \leq t$, $n \leq k$. [Voir la Note en dernière page, après la bibliographie].

Ces tribus croissent manifestement avec t et avec k, et contiennent $\underline{\underline{F}}_t$. En particulier, $\underline{\underline{F}}_0$ contenant tous les ensembles P-négligeables, il en est de même de $\underline{\underline{G}}_0^k$.

Nous commençons par étudier le pas élémentaire, c'est à dire la formation de $\underline{\underline{G}}_t^0$ par adjonction de S_0 à l'instant T_0 . Ensuite, on procèdera par récurrence, $\underline{\underline{G}}_t^k$ remplaçant $\underline{\underline{F}}_t$ et $\underline{\underline{G}}_t^{k+1}$ remplaçant $\underline{\underline{G}}_t^0$. Nous écrivons S,T au lieu de S_0,T_0 et $\underline{\underline{G}}_t$ au lieu de $\underline{\underline{G}}_t^0$ (ne pas confondre ces notations abrégées avec les tribus définitives $\underline{\underline{G}}_t$, qui seront introduites plus loin).

LEMME 2. Une v.a. Y est mesurable/$\underline{\underline{G}}_t$ si et seulement si elle peut s'écrire $UI_{\{t<T\}}+VI_{\{t\geq T\}}$, où U est mesurable/$\underline{\underline{F}}_t$ et V mesurable/$\underline{\underline{T}}(S)\vee\underline{\underline{F}}_t$.

DEMONSTRATION. Les v.a. de la forme indiquée sont manifestement les fonctions mesurables par rapport à une tribu $\underline{\underline{G}}_t^\circ$, qui contient $\underline{\underline{F}}_t$ (prendre U=V $\underline{\underline{F}}_t$-mesurable). Montrons que $\underline{\underline{G}}_t^\circ \subset \underline{\underline{G}}_t$. Si U est mes/$\underline{\underline{F}}_t$, $UI_{\{t<T\}}$ l'est aussi, et donc est mes/$\underline{\underline{G}}_t$. Pour vérifier que $VI_{\{t\geq T\}}$ est mes/$\underline{\underline{G}}_t$ lorsque V est mes/$\underline{\underline{T}}(S)\vee\underline{\underline{F}}_t$, il suffit de considérer séparément le cas où V est mes/$\underline{\underline{F}}_t$, qui se traite comme celui de $UI_{\{t<T\}}$ ci-dessus, et le cas où V=a(S), a étant borélienne sur $\mathbb{R}$. Or T est un temps d'arrêt de $(\underline{\underline{G}}_t)$, S est $\underline{\underline{G}}_T$-mesurable (c'est le saut en T du processus adapté $SI_{\{s\geq T\}}$) donc $a(S)I_{\{T\leq t\}}$ est mes/$\underline{\underline{G}}_t$.

Pour montrer qu'on a inversement $\underline{\underline{G}}_t \subset \underline{\underline{G}}_t^\circ$, il suffit de vérifier que pour tout $s\leq t$ la v.a. $SI_{\{s\geq T\}}$ est mes/$\underline{\underline{G}}_t^\circ$. Ou encore, comme elle s'écrit $VI_{\{t\geq T\}}$ avec $V=SI_{\{s\geq T\}}$, que $SI_{\{s\geq T\}}$ est mes/$\underline{\underline{T}}(S)\vee\underline{\underline{F}}_t$. Or c'est évident, car S est mes/$\underline{\underline{T}}(S)$ et $I_{\{s\geq T\}}$ est mes/$\underline{\underline{F}}_s$. ▯

LEMME 3. Soit $Y\in L^1(\underline{\underline{F}}_\infty)$, et soit Y_t la martingale continue à droite $E[Y|\underline{\underline{F}}_t]$. Soit c une fonction borélienne bornée sur $\mathbb{R}$ et soit $\gamma=E[c(S)]$. Alors on a

$$E[c(S)Y|\underline{\underline{G}}_t] = \gamma Y_t I_{\{t<T\}} + c(S)Y_t I_{\{t\geq T\}} .$$

(S et $\underline{\underline{F}}_\infty$ étant indépendantes, il suffit en fait que c(S) soit intégrable)

DEMONSTRATION. Notons Z_t le second membre, qui est mes/$\underline{\underline{G}}_t$. Il nous suffit de vérifier que si U est une v.a. bornée mes/$\underline{\underline{F}}_t$, si V est une v.a. bornée mes/$\underline{\underline{T}}(S)\vee\underline{\underline{F}}_t$, on a

$$E[c(S)YUI_{\{t<T\}}] = E[\gamma Y_t UI_{\{t<T\}}] ,$$
$$E[c(S)YVI_{\{t\geq T\}}] = E[c(S)Y_t VI_{\{t\geq T\}}]$$

La première égalité est conséquence de l'indépendance de S et de $\underline{\underline{F}}_\infty$, qui permet de remplacer c(S) par γ du côté gauche. Pour la seconde, il suffit de traiter le cas où V est de la forme a(S)W, avec W mes/$\underline{\underline{F}}_t$, et c'est alors le même raisonnement. ▯

COROLLAIRE. <u>La famille de tribus</u> $(\underline{\underline{G}}_t)$ <u>est continue à droite</u>.

DEMONSTRATION. La martingale Z_t ci-dessus est continue à droite, donc on a aussi $Z_t=E[c(S)Y|\underline{\underline{G}}_{t+}]$. Par un raisonnement de classes monotones, on en déduit que l'ensemble des v.a. $Z\in L^1(\underline{\underline{G}}_\infty)$ telles que $E[Z|\underline{\underline{G}}_t] = E[Z_t|\underline{\underline{G}}_{t+}]$ p.s. est $L^1(\underline{\underline{G}}_\infty)$ tout entier. Mais alors, prenant Z mes/$\underline{\underline{G}}_{t+}$, on voit que tout élément de $\underline{\underline{G}}_{t+}$ est égal p.s. à un élément de $\underline{\underline{G}}_t$. Comme $\underline{\underline{G}}_t$ contient tous les ensembles P-négligeables, on a $\underline{\underline{G}}_t=\underline{\underline{G}}_{t+}$. ▯

LEMME 4. a) <u>Toute martingale</u>/$(\underline{\underline{F}}_t)$ <u>est encore une martingale</u>/$(\underline{\underline{G}}_t)$.
b) <u>Tout temps d'arrêt</u> R <u>de</u> $(\underline{\underline{F}}_t)$, <u>totalement inaccessible</u>/$(\underline{\underline{F}}_t)$, <u>est encore totalement inaccessible</u>/$(\underline{\underline{G}}_t)$.
c) <u>Soit</u> (M_t) <u>une martingale uniformément intégrable</u>/$(\underline{\underline{G}}_t)$, <u>et soit</u> R <u>un temps d'arrêt de</u> $(\underline{\underline{G}}_t)$, <u>accessible et</u> >0, <u>tel que</u> $M_R \neq M_{R-}$ <u>p.s. sur</u> $\{R<\infty\}$. <u>Alors on a</u> $[\![R]\!] \subset D = \bigcup_n [\![T_n]\!]$ (autrement dit, D contient encore tous les temps de discontinuité pour la famille $(\underline{\underline{G}}_t)$).

DEMONSTRATION. a) résulte aussitôt du lemme 3. Pour b), nous posons $A_t = I_{\{t\geq R\}}$, processus croissant intégrable dont le compensateur prévisible (B_t) par rapport à $(\underline{\underline{F}}_t)$ est continu (puisque R est totalement inaccessible). Le processus A-B est une martingale/$(\underline{\underline{F}}_t)$, donc une martingale /$(\underline{\underline{G}}_t)$, donc B est aussi le compensateur prévisible de A pour $(\underline{\underline{G}}_t)$. Comme B est continu, R est totalement inaccessible/$(\underline{\underline{G}}_t)$.

Passons à c). Avec les notations du lemme 3, supposons d'abord que (M_t) soit de la forme $E[Yc(S)|\underline{\underline{G}}_t]$. Alors les sauts de (M_t) sont T et les sauts de (Y_t). Nous pouvons donc les énumérer en une suite U_i de temps d'arrêt de $(\underline{\underline{F}}_t)$, que nous décomposons par rapport à $(\underline{\underline{F}}_t)$ en leurs parties accessibles V_i et totalement inaccessibles W_i . D'après b), les W_i

sont encore totalement inaccessibles $/(\underline{\underline{G}}_t)$, et l'on a donc $[\![R]\!] \subset \bigcup_i [\![V_i]\!]$, ensemble contenu dans D puisque la réunion des graphes de sauts accessibles de (Y_t) l'est, et que $[\![T]\!] \subset D$.

c) s'étend alors à une combinaison linéaire de martingales du type précédent. Pour passer au cas général, nous approchons (M_t) par de telles combinaisons linéaires (M_t^n), de telle sorte que $E[|M_\infty - M_\infty^n|] \leqq 2^{-n}$. D'après l'inégalité de Doob, les trajectoires $M^n_\cdot(\omega)$ convergent p.s. vers $M_\cdot(\omega)$, uniformément sur $[0,\infty]$. On applique alors le résultat précédent à R_A , où $A \in \underline{\underline{G}}_R$ est l'ensemble $\{M_R^n \neq M_{R-}^n\}$, et on fait tendre n vers l'infini. □

Après ce pas élémentaire, nous revenons aux vraies notations : S_0, T_0 , $\underline{\underline{G}}_t^0$, et nous raisonnons par récurrence, comme nous l'avons dit au début. Nous posons $\underline{\underline{G}}_t = \bigvee_k \underline{\underline{G}}_t^k$. Le lemme 4 nous donne aussitôt les résultats suivants :

- Toute martingale/$(\underline{\underline{G}}_t^k)$ est une martingale/$(\underline{\underline{G}}_t^{k+1})$, donc aussi une martingale/$(\underline{\underline{G}}_t^{k+m})$ pour tout m, et finalement une martingale/$(\underline{\underline{G}}_t)$. En particulier, <u>toute martingale</u>/$(\underline{\underline{F}}_t)$ <u>est une martingale</u>/$(\underline{\underline{G}}_t)$.

- La famille $(\underline{\underline{G}}_t^k)$ est continue à droite. Donc si H appartient à $L^1(\underline{\underline{G}}_\infty^k)$, et si (H_t) désigne une version continue à droite de $E[H|\underline{\underline{G}}_t^k]$, (H_t) est aussi une martingale/$(\underline{\underline{G}}_t)$. Mais alors, comme dans le corollaire du lemme 3, on voit que <u>la famille</u> $(\underline{\underline{G}}_t)$ <u>est continue à droite</u>.

- Comme dans le lemme 4, on voit que <u>si R est un temps d'arrêt de</u> $(\underline{\underline{F}}_t)$, <u>totalement inaccessible</u>/$(\underline{\underline{F}}_t)$, R <u>est totalement inaccessible</u>/$(\underline{\underline{G}}_t)$.

- Enfin, le lemme 4 c) s'étend sans modification à la grande famille $(\underline{\underline{G}}_t)$. Il suffit dans la démonstration de remplacer la v.a. Yc(S) par une v.a. de la forme $Yc_0(S_0)\dots c_k(S_k)$ avec $Y \in L^1(\underline{\underline{F}}_\infty)$ et des c_i boréliennes bornées sur $\mathbb{R}$. Il en résulte que $D = \bigcup_n [\![T_n]\!]$ <u>contient encore tous les graphes des sauts accessibles des martingales</u>/$(\underline{\underline{G}}_t)$.

TROISIEME ETAPE : CONSTRUCTION DE $(\underline{\underline{H}}_t)$ PAR RALENTISSEMENT DE $(\underline{\underline{G}}_t)$

Nous supposons maintenant, pour fixer les idées, que les v.a. S_n sont positives et admettent une même loi exponentielle de paramètre 1 . Nous considérons le processus croissant adapté à $(\underline{\underline{G}}_t)$

(1) $$\sigma_t = t + \Sigma_n f_n S_n I_{\{T_n \leq t\}} \qquad (\text{ on posera } f_n S_n = R_n)$$

où f_n est, pour chaque n, une v.a. $\underline{\underline{F}}_{T_n}$-mesurable strictement positive, et le choix des f_n est fait de telle sorte que $\sigma_t < +\infty$ p.s. pour t fini. Dans la situation où nous sommes, on a $E[S_n]=1$ pour tout n, et il suffit de prendre $f_n = 2^{-n}$. Dans la situation "markovienne" du travail de Meyer [2], f_n est de la forme $g \circ X_{T_n-}$, où g est une fonction convenablement choisie sur l'espace d'états du processus de Markov X. Comme (σ_t) est un processus fini et strictement croissant ($\sigma_t - \sigma_s \geq t-s$ pour $s \leq t$), nul pour t=0, tendant vers $+\infty$ avec t, le processus

(2) $$\tau_t = \inf \{ s : \sigma_s > t \}$$

est continu, fini, nul en 0 .

Etant donné un processus (X_t), càdlàg. et adapté à $(\underline{\underline{G}}_t)$, nous définissons son <u>ralenti</u> (X^*_t) de la manière suivante. Nous regardons d'abord le processus càdlàg. $Y_t = X_{\tau_t}$. Celui ci est constant sur chacun des intervalles de constance de τ , $I_n = [\sigma_{T_n-}, \sigma_{T_n}]$, avec la valeur X_{T_n} , et la limite à gauche X_{T_n-} au point σ_{T_n-} : le saut de Y a donc lieu à l'extrémité <u>gauche</u> de I_n . Pour construire le vrai processus ralenti X^*, nous modifions Y en lui donnant la valeur X_{T_n-} sur tout l'intervalle $[\sigma_{T_n-}, \sigma_{T_n}[$, de sorte que le saut est transporté à l'extrémité <u>droite</u> de l'intervalle. C'est là le point essentiel, car nous prouverons que l'extrémité gauche de l'intervalle est un temps accessible, tandis que l'extrémité droite est un temps totalement inaccessible, et nous ferons disparaître ainsi les discontinuités accessibles des martingales.

Au lieu de passer directement de X_t à X^*_t , nous construirons par récurrence une suite de processus ralentis intermédiaires. Il nous faut pour cela quelques notations. Nous posons

(3) $$\sigma^i_t = t + \Sigma_{n \leq i} R_n I_{\{T_n \leq t\}}$$

et nous désignons par τ^i_t l'inverse continu de σ^i_t (cf. (2)), par Y^i_t le processus $X_{\tau^i_t}$ et par X^i_t le ralenti correspondant. On a $\sigma^i_t \uparrow \sigma_t$, $\tau^i_t \downarrow \tau_t$, donc $Y_t^i \to Y_t$. Pour X_t^i c'est un peu plus délicat, et nous l'énonçons sous forme de lemme.

LEMME 5 . On a $\lim_{i\to\infty} X_t^i = X_t^*$.

DEMONSTRATION. Si t n'est pas un point de croissance à droite de $\tau_.$, il existe $n\in\mathbb{N}$ tel que $t\in[\sigma_{T_n-}, \sigma_{T_n}[$. Soit $\alpha = \sigma_{T_n} - t$; comme $\sigma_{T_n}^i$ tend en croissant vers σ_{T_n} , il existe i_0 tel que pour tout $i\geqq i_0$ on ait $\sigma_{T_n}^i > t+\frac{\alpha}{2}$, donc $T_n = \tau^i_{\sigma^i_{T_n}} \geqq \tau^i_{t+\alpha/2} \geqq \tau_{t+\alpha/2} \geqq \tau_t = T_n$. Donc t n'est pas un point de croissance à droite de $\tau^i_.$, et l'intervalle de constance de τ^i contenant t est $[\sigma^i_{T_n-}, \sigma^i_{T_n}]$, donc $X_t^i = X_{T_n-} = X_t^*$ pour $i\geqq i_0$.

Si t est un point de croissance à droite de $\tau_.$ nous avons $X_t^* = Y_t = X_{\tau_t}$. D'autre part nous avons $X_t^i = X_u$ ou X_{u-} , où u est un point de l'intervalle $[\tau_t, \tau_t^i]$. Il en résulte que $X_t^i \to X_t$. □

Comment passe t'on à présent de X^i à X^{i+1} ? Par ralentissement de X^i en un seul instant $\sigma^i_{T_{i+1}}$, la longueur du ralentissement étant R_{i+1}.

LEMME 6 . Posons

$$(4)\quad \hat{X}_t^i = X_t^i I_{\{t<\sigma^i_{T_{i+1}}\}} + X_{T_{i+1}-} I_{\{\sigma^i_{T_{i+1}} \leq t < \sigma^i_{T_{i+1}} + R_{i+1}\}} + X^i_{t-\sigma^i_{T_{i+1}}} I_{\{t \geqq \sigma^i_{T_{i+1}} + R_{i+1}\}}$$

alors $\hat{X}^i = X^{i+1}$.

DEMONSTRATION. Sur l'ensemble $\{t<\sigma^i_{T_{i+1}}\}$, nous avons $\tau_t^i < T_{i+1}$ (σ^i étant **continu** au point T_{i+1} , le contraire entraînerait $t \leqq \sigma^i_{\tau^i_t -} < \sigma^i_{T_{i+1}-} = \sigma^i_{T_{i+1}}$, la fonction σ^i_{u-} étant strictement croissante). Mais **on a**

$\sigma_u^{i+1} = \sigma_u^i + R_{i+1} I_{\{T_{i+1}\leqq u\}}$, donc les deux processus τ_u^{i+1}, τ_u^i sont égaux sur l'intervalle $[0, \sigma^i_{T_{i+1}}[= [0, \sigma^{i+1}_{T_{i+1}-}[$, et les deux processus ralentis X_t^i et X_t^{i+1} sont égaux sur cet intervalle.

Ils ont aussi la même limite à gauche $X_{T_{i+1}-}$ au point $\sigma^i_{T_{i+1}} = \sigma^{i+1}_{T_{i+1}-}$, et l'égalité de X^{i+1} et de $\hat{X}^i$ se prolonge à l'intervalle de constance $[\sigma^i_{T_{i+1}}, \sigma^i_{T_{i+1}} + R_i[$.

Enfin, si $u \geqq \sigma^i_{T_{i+1}} + R_{i+1}$, on a $\tau_u^{i+1} \geqq T_{i+1}$ et $\tau_u^{i+1} = \tau^i_{u-R_{i+1}}$, donc $X_{\tau^i_{u-R_{i+1}}} = X_{\tau^{i+1}_u}$. Après modification sur les intervalles de constance, on voit que la trajectoire $X^{i+1}_.$ à partir de $\sigma^i_{T_{i+1}} + R_{i+1} = \sigma^{i+1}_{T_{i+1}}$ s'obtient par décalage de la trajectoire $X^i_.$ à partir de $\sigma^i_{T_{i+1}}$, et c'est bien l'égalité $X^{i+1} = \hat{X}^i$ sur le dernier ensemble.

On peut en fait dire un peu mieux : introduisons les processus croissants

(5) $\hat{\sigma}_t^k = t + \Sigma_{i>k} R_i I_{\{\sigma^k_{T_i} \leqq t\}}$

alors on a $\sigma_u = \hat{\sigma}^k_{(\sigma^k_u)}$ et $X^k_u = X^*_{\hat{\sigma}^k_u}$, de sorte que le processus X^k (qui est un "ralenti" de X) apparaît comme un "accéléré" de X^*. Plus généralement, si $k<\ell$ le ralenti X^k de X apparaît aussi comme un accéléré de X^ℓ :

(6) $X^k_u = X_{\hat{\sigma}^{k\ell}_u}$ avec $\hat{\sigma}^{k\ell}_t = t + \Sigma_{\ell \geqq i>k} R_i I_{\{\sigma^k_{T_i} \leqq t\}}$

Nous n'insisterons pas sur ces propriétés purement algébriques des ralentissements et accélérations. Nous retenons que le passage de X_t à X^*_t peut se ramener à une suite de ralentissements successifs : d'abord en T_0 de R_0 , puis en $\sigma^0_{T_1}$ de R_1 , puis en $\sigma^1_{T_2}$ de R_2 ... Nous allons étudier en détail le premier ralentissement, et ensuite nous aurons une récurrence facile compte tenu des lemmes 5 et 6.

<u>Notations simplifiées pour l'étape élémentaire</u> . Nous écrivons T pour T_0 , S pour S_0, R pour $R_0 = f_0 S_0$; rappelons que S est $\underline{\underline{G}}_T$-mesurable, donc R possède la même propriété. Nous posons au lieu de σ^0_t , τ^0_t

(7) $\sigma_t = t+RI_{\{t \geqq T\}}$, $\tau_t = tI_{\{t<T\}} + TI_{\{T \leqq t \leqq T+R\}} + (t-R)I_{\{t \geqq T+R\}}$

Si (X_t) est un processus càdlàg., nous notons son ralenti $(\overline{X}_t)$ (au lieu de (X^0_t)), soit

(8) $\overline{X}_t = X_t I_{\{t<T\}} + X_{T-} I_{\{T \leqq t<T+R\}} + X_{t-R} I_{\{t \geqq T+R\}}$

Si U est un temps d'arrêt de $(\underline{\underline{G}}_t)$, nous notons $\overline{U}$ la v.a.

(9) $\overline{U} = \sigma_U = UI_{\{U<T\}} + (U+R)I_{\{U \geqq T\}}$

(le processus $I_{[\![\overline{U},\infty[\![}$ est le ralenti de $I_{[\![U,\infty[\![}$).

Enfin, une définition importante : nous désignons par $\underline{\underline{H}}_t$ (vraie notation $\underline{\underline{H}}^0_t$) la tribu engendrée par les variables aléatoires de l'une des formes suivantes

(10) $LI_{\{t<T\}}$ (L mes/$\underline{\underline{G}}_t$) , $MI_{\{T \leqq t<T+R\}}$ (M mes/$\underline{\underline{G}}_{T-}$)

$NI_{\{T+R \leqq t\}}$ (N mes/$\underline{\underline{G}}_{T \vee (t-R)}$)

Il faut rappeler ici que $T \vee (t-R) = T+(t-R-T)^+$ est une v.a. $\underline{\underline{G}}_T$-mesurable et $\geqq T$, donc un temps d'arrêt de $(\underline{\underline{G}}_t)$.

LEMME 7. <u>La famille</u> $(\underline{\underline{H}}_t)$ <u>est croissante</u>. <u>On a</u> $\underline{\underline{H}}_t \subset \underline{\underline{G}}_{\tau_t} \subset \underline{\underline{G}}_t$.

<u>Pour tout processus</u> (X_s), <u>càdlàg. et adapté à</u> $(\underline{\underline{G}}_s)$, <u>le ralenti</u> $(\overline{X}_s)$

<u>est adapté à</u> $(\underline{\underline{H}}_s)$, <u>et la tribu</u> $\underline{\underline{H}}_t$ <u>est engendrée par les v.a.</u> $\overline{X}_t$ <u>ainsi obtenues</u>.

DEMONSTRATION. Nous commençons par la seconde partie de l'énoncé. Il est évident sur (8) et la définition (10) de $\underline{\underline{H}}_t$ que $\overline{X}_t$ est $\underline{\underline{H}}_t$-mesurable. D'autre part, si l'on prend $X_s=LI_{\{s\geq t\}}$ avec L mes/$\underline{\underline{F}}_t$, on a $\overline{X}_t=LI_{\{t<T\}}$. Si l'on prend $X_s=NI_{\{s\geq T\vee(t-R)\}}$ avec N mes/$\underline{\underline{G}}_{T\vee(t-R)}$, on a $\overline{X}_t=NI_{\{t\geq T+R\}}$. Enfin soit (T_n) une suite annonçant le temps d'arrêt T (prévisible/$(\underline{\underline{G}}_s)$ et >0) et soit M mes/$\underline{\underline{G}}_{T_k}$. Pour n>k, soit $X^n_s = MI_{]\!]T_n,T[\![}(s)$. Alors $\overline{X}^n_t = MI_{\{T_n<t<T\}}+MI_{\{T\leq t<T+R\}}$, qui converge lorsque $n\to\infty$ vers $MI_{\{T\leq t<T+R\}}$ On en déduit que la tribu engendrée par toutes les v.a. $\overline{X}_t$ associées aux processus adaptés X contient $\underline{\underline{H}}_t$ et, vu le début, qu'elle est égale à $\underline{\underline{H}}_t$.

Soit X un processus càdlàg. adapté à $(\underline{\underline{G}}_u)$, et soit Y le processus

$$Y_u = X_u \text{ si } u<\tau_s \;,\quad Y_u=X_{\tau_s} \text{ si } u\geq\tau_s \;,\; \tau_s\neq T \qquad Y_u=X_{\tau_s-} \text{ si } u\geq\tau_s \;,\; \tau_s=T \qquad \Big|\text{ où } s<t \text{ est fixé}$$

τ_s est un temps d'arrêt de $(\underline{\underline{G}}_u)$, et il est facile de voir que Y est càdlàg. adapté à $(\underline{\underline{G}}_u)$, que $\overline{Y}_s=\overline{X}_s$, et que le processus $\overline{Y}$ est arrêté à s. On a par conséquent $\overline{Y}_s=\overline{Y}_t$, et $\overline{Y}_s$ est mes/$\underline{\underline{H}}_t$. Mais par ailleurs $\overline{Y}_s=\overline{X}_s$, et les v.a. de la forme $\overline{X}_s$ engendrent $\underline{\underline{H}}_s$, d'où l'inclusion $\underline{\underline{H}}_s \subset \underline{\underline{H}}_t$.

L'inclusion $\underline{\underline{G}}_{\tau_t} \subset \underline{\underline{G}}_t$ vient de ce que τ_t est un temps d'arrêt $\leq t$. D'autre part, si X est un processus càdlàg. adapté à $(\underline{\underline{G}}_u)$, on a

$$\overline{X}_t = X_{\tau_t}I_{\{\tau_t\neq T\}} + X_{\tau_t-}I_{\{\tau_t=T\}}$$

donc $\overline{X}_t$ est mes/$\underline{\underline{G}}_{\tau_t}$, ce qui prouve que $\underline{\underline{H}}_t \subset \underline{\underline{G}}_{\tau_t}$. ▯

Avant d'énoncer le lemme 8 (qui est le résultat principal sur les martingales) , nous remarquons que $\underline{\underline{G}}_\infty$ peut s'écrire $\underline{\underline{A}}_0\vee\underline{\underline{B}}_0$ où $\underline{\underline{A}}_0$ et $\underline{\underline{B}}_0$ sont deux tribus indépendantes, la première engendrée par $\underline{\underline{F}}_\infty$ et toutes les S_i sauf S_0 , et la seconde engendrée par $S_0=S$.

LEMME 8 . <u>Soit une v.a. de la forme</u> Yc(S), <u>où</u> Y <u>est</u> $\underline{\underline{A}}_0$<u>-mesurable bornée</u>, <u>et</u> c <u>est borélienne bornée sur</u> $\mathbb{R}$. <u>Soit</u> $Y_t=E[Y|\underline{\underline{G}}_t]$ <u>et soit</u> $\gamma=E[c(S)]$. <u>On a</u> (<u>en rappelant que</u> R=fS)

$$(11)\quad E[Yc(S)|\underline{\underline{H}}_t] = Y_t\gamma I_{\{t<T\}} + Y_{t-R}c(S)I_{\{t\geq T+R\}} + Y_{T-}I_{\{T\leq t<T+R\}} \int_{\frac{t-T}{f}}^{\infty} c(x)e^{-x}dx \Big/ \int_{\frac{t-T}{f}}^{\infty} e^{-x}dx$$

DEMONSTRATION. On remarque que le second membre de (11) est adapté à $(\underline{\underline{H}}_u)$ puisque T est prévisible/$(\underline{\underline{G}}_u)$. En notant que $\underline{\underline{G}}_\infty$ est engendrée par les tribus indépendantes $\underline{\underline{A}}_0$ et $\underline{\underline{B}}_0$, on vérifie alors (11) sur les générateurs (10) de $\underline{\underline{H}}_t$. ▯

COROLLAIRE A. <u>La famille</u> $(\underline{\underline{H}}_t)$ <u>est continue à droite</u>.

DEMONSTRATION. Voir le corollaire analogue suivant le lemme 3.

Le corollaire suivant est placé ici, parce qu'il est plus facile à penser après le corollaire A, sachant que $(\underline{\underline{H}}_t)$ satisfait aux conditions habituelles, qu'on n'a plus à distinguer entre temps d'arrêt stricts et larges, etc.

COROLLAIRE B. <u>Si</u> U <u>est un temps d'arrêt de</u> $(\underline{\underline{G}}_t)$, $\overline{U}$ (cf. (9)) <u>est un temps d'arrêt de</u> $(\underline{\underline{H}}_t)$.

DEMONSTRATION. C'est un cas particulier du lemme 7 : $I_{[\![U,\infty[\![}$ étant cadlàg. adapté à $(\underline{\underline{G}}_t)$, son ralenti $I_{[\![\overline{U},\infty[\![}$ est adapté à $(\underline{\underline{H}}_t)$.

Noter que si U est prévisible/$(\underline{\underline{G}}_t)$, annoncé par une suite (U_n), <u>et si</u> $[\![U]\!]$ <u>et</u> $[\![T]\!]$ <u>sont disjoints</u> , alors $\overline{U}$ est annoncé par $(\overline{U}_n)$, et donc prévisible/$(\underline{\underline{H}}_t)$.

Noter aussi que T est un temps prévisible/$(\underline{\underline{H}}_t)$: si des U_n annoncent T par rapport à $(\underline{\underline{G}}_t)$, on a $\overline{U}_n=U_n$ et ces t.a. annoncent T par rapport à $(\underline{\underline{H}}_t)$. En revanche :

COROLLAIRE C. T+R <u>est un temps d'arrêt totalement inaccessible</u> $(\underline{\underline{H}}_t)$.

DEMONSTRATION. Nous appliquons (11) au calcul de la martingale $M_t=E[S|\underline{\underline{H}}_t]$

$$M_t = I_{\{t<T\}} + (1+\frac{t-T}{f})I_{\{T\leq t<T+R\}} + SI_{\{t\geq T+R\}}$$

Donc M est continue sauf à l'instant T+R, où le saut de M est égal à -1. Cela entraîne que T+R est totalement inaccessible.

COROLLAIRE D. <u>Si</u> (Y_t) <u>est une martingale uniformément intégrable</u>/$(\underline{\underline{F}}_t)$, <u>ou plus généralement si</u> $Y_t=E[Y|\underline{\underline{G}}_t]$ <u>où</u> Y <u>est mes/</u>$\underline{\underline{A}}_0$, <u>le processus ralenti</u> $(\overline{Y}_t)$ <u>est une martingale</u>/$(\underline{\underline{H}}_t)$.

DEMONSTRATION. C'est (11) lorsque c=1. Rappelons que $E[Y|\underline{\underline{G}}_t]=E[Y|\underline{\underline{F}}_t]$ si Y est mes/$\underline{\underline{F}}_\infty$.

COROLLAIRE E. <u>Soit</u> U <u>un temps d'arrêt totalement inaccessible</u>/$(\underline{\underline{F}}_t)$. <u>Alors</u> $\overline{U}$ <u>est totalement inaccessible</u>/$(\underline{\underline{H}}_t)$.

DEMONSTRATION. Soit $A_t=I_{\{t\geq U\}}$, et soit (B_t) son compensateur prévisible /$(\underline{\underline{F}}_t)$, qui est continu ; A-B est une martingale/$(\underline{\underline{F}}_t)$, donc $\overline{A}-\overline{B}$ est une martingale /$(\underline{\underline{H}}_t)$: le compensateur de $\overline{A}_t=I_{\{t\geq\overline{U}\}}$ est donc $\overline{B}$, qui est continu, et $\overline{U}$ est totalement inaccessible.

COROLLAIRE F . Pour toute martingale $M_t=E[Z|\underline{\underline{H}}_t]$, avec $Z\in L^1(\underline{\underline{G}}_\infty)$, le processus (M_{σ_t}) est une version de la martingale $\mathbb{E}[Z|\underline{\underline{G}}_t]$.

DEMONSTRATION. Par un argument de classes monotones, on se ramène au cas où $Z=Yc(S)$, Y étant $\underline{\underline{A}}_0$-mesurable et bornée, c borélienne bornée sur $\mathbb{R}$. La martingale (M_t) nous est alors donnée par (11). D'autre part on a $\sigma_t=t$ pour $\sigma_t<T$, $\sigma_t=t+R$ pour $\sigma_t\geq T+R$, et on n'a $T\leq\sigma_t<T+R$ pour aucun t. Par conséquent

$$M_{\sigma_t} = \gamma Y_t I_{\{t<T\}} + Y_t c(S) I_{\{t\geq T\}}$$

et l'on retrouve l'expression du lemme 3, qui doit être interprétée en vraie notation comme $E[Yc(S)|\underline{\underline{G}}_t^0]$, mais qui vaut aussi $E[Yc(S)|\underline{\underline{G}}_t]$ d'après le lemme 4, et la fin de la première construction. ▯

RALENTISSEMENT FINAL

Nous revenons aux notations autour des lemmes 5 et 6 : étant donné un processus càdlàg. X adapté à $(\underline{\underline{G}}_t)$, il admet des ralentis X^i (ralentissement associé à (σ_t^i), formule (3)) et X^* (ralentissement associé à (σ_t), formule (1)). Nous noterons aussi $Y\longmapsto Y^{*k}$ le ralentissement associé à $(\hat{\sigma}_t^k)$, formule (5)), qui permet de passer de X^k à X^*.

Le lemme 6 nous dit que l'on passe de X^i à X^{i+1} par une étape élémentaire de ralentissement de R_{i+1} à l'instant $\sigma^i_{T_{i+1}}$. Définissons $\underline{\underline{H}}_t^{i+1}$ comme la tribu engendrée par les v.a. X_t^{i+1}, X parcourant l'ensemble des processus càdlàg. adaptés à $(\underline{\underline{G}}_t)$; le lemme 7 et une récurrence immédiate nous disent que

$$\underline{\underline{G}}_t \supset \underline{\underline{H}}_t^0 \supset \underline{\underline{H}}_t^1 \ldots \quad \text{et nous poserons} \quad \underline{\underline{H}}_t = \bigcap_i \underline{\underline{H}}_t^i$$

Toutes les familles $(\underline{\underline{H}}_t^i)$ satisfaisant aux conditions habituelles, il en est de même de $(\underline{\underline{H}}_t)$.

LEMME 9. Si X est càdlàg. adapté à $(\underline{\underline{G}}_t)$, X^* est adapté à $(\underline{\underline{H}}_t)$.

DEMONSTRATION. Pour tout i, X^i est adapté à $(\underline{\underline{H}}_t^i)$ (récurrence sur le lemme 7), donc X^{i+k} est adapté à $(\underline{\underline{H}}_t^i)$ puisque les filtrations décroissent, donc (lemme 6) X^* est adapté à $(\underline{\underline{H}}_t^i)$ pour tout i, et finalement à $(\underline{\underline{H}}_t)$. ▯

Si U est un temps d'arrêt de $(\underline{\underline{G}}_t)$, nous notons U^* le temps d'arrêt de $(\underline{\underline{H}}_t)$ tel que $I_{[\![U^*,\infty[\![}$ soit le ralenti de $I_{[\![U,\infty[\![}$ ($U^*=\sigma_U$ si U T_i pour tout i ; $U^*=\sigma_U+R_i$ si $U=T_i$)

Nous allons maintenant nous servir du lemme 8 pour calculer des martingales de la forme $E[Z|\underline{\underline{H}}_t]$ où

(12) $\quad Z = Yc_0(S_0)\ldots c_k(S_k)$ (Y $\underline{\underline{F}}_\infty$-mes. bornée, $c_0,\ldots,c_k$ bornées sur $\mathbb{R}$)

notre but est de démontrer :

LEMME 10. 1) <u>Les sauts de la martingale</u> $Z_t=E[Z|\underline{\underline{H}}_t]$ <u>sont totalement inaccessibles</u>/$(\underline{\underline{H}}_t)$.

2) <u>Si</u> $c_0=\ldots=c_k=1$, <u>i.e. si</u> $Z=Y$ $\underline{\underline{F}}_\infty$ <u>-mesurable, et si</u> $Y_t=E[Y|\underline{\underline{F}}_t]$, <u>la martingale</u> (Z_t) <u>est le processus ralenti</u> (Y_t^*).

3) <u>Dans tous les cas, le processus</u> (Z_{σ_t}) <u>est une version de la martingale</u> $E[Z|\underline{\underline{G}}_t]$.

DEMONSTRATION. Plutôt que de travailler avec des notations compliquées, nous allons traiter le cas particulier où k=1, $Z=Yc_0(S_0)c_1(S_1)$.

Nous introduisons d'abord la martingale $Y_t=E[Y|\underline{\underline{F}}_t]=E[Y|\underline{\underline{G}}_t]$ (lemme 4, et conclusions de l'étape des ralentissements). Nous savons que les sauts de Y_t sont de deux sortes : 1) des sauts totalement inaccessibles $/(\underline{\underline{G}}_t)$, 2) des sauts portés par les graphes $[\![T_i]\!]$.

Nous ralentissons maintenant pour passer de $(\underline{\underline{G}}_t)$ à $(\underline{\underline{H}}_t^0)$, et nous calculons au moyen du lemme (8) la martingale

$$Y_t' = E[Yc_0(S_0)|\underline{\underline{H}}_t^0]$$

Si $c_0=1$, Y_t' est simplement le processus ralenti Y_t^0 associé à Y_t (corollaire D).

Les sauts de Y' sont de trois types : 1) Ceux qui proviennent des sauts totalement inaccessibles de (Y_t) ; ils sont restés totalement inaccessibles par rapport à $(\underline{\underline{H}}_t^0)$ (corollaire E). 2) Le saut à l'instant T_0+R_0 , provenant à la fois du saut de Y en T_0 et du terme $c_0(S_0)$. Il est totalement inaccessible/$(\underline{\underline{H}}_t^0)$ (corollaire C). 3) Les sauts aux instants $\sigma^0_{T_i}$, $i\neq 0$, provenant des sauts de (Y_t) aux instants T_i, $i\neq 0$.

Nouveau ralentissement pour passer de $(\underline{\underline{H}}_t^0)$ à $(\underline{\underline{H}}_t^1)$, et cette fois nous voulons calculer

$$Y_t'' = E[Yc_0(S_0)c_1(S_1)|\underline{\underline{H}}_t^1]$$

Si $c_1=1$, Y_t'' est simplement le ralenti associé à Y_t' , et si $c_0=c_1=1$, Y_t'' est le ralenti Y_t^1 associé à Y_t .

Nous appliquons le lemme 8, $(\underline{\underline{H}}_t^0)$ jouant le rôle précédemment dévolu à $(\underline{\underline{G}}_t)$, et $Yc_0(S_0)$ le rôle de Y, (Y_t') celui de (Y_t). Nous voyons que les sauts de Y" sont de trois types : 1) ceux qui proviennent des sauts totalement inaccessibles de (Y_t'), y compris le saut du type 2) de l'étape précédente ; ils sont totalement inaccessibles/$(\underline{\underline{H}}_t^1)$. 2) Le saut à l'instant $\sigma^0_{T_1}+R_1$, provenant à la fois du saut de Y en T_1 et du terme $c_1(S_1)$. Il est totalement inaccessible /$(\underline{\underline{H}}_t^1)$ (corollaire C). 3) Les sauts aux instants $\sigma^1_{T_i}$, $i\neq 0,1$, provenant des sauts de (Y_t) aux instants T_i, $i\neq 0,1$.

Nouveau ralentissement pour passer de $(\underline{\underline{H}}_t^1)$ à $(\underline{\underline{H}}_t^2)$, cette fois sans facteur $c_2(S_2)$, de sorte que la nouvelle martingale vaut simplement

$$Y_t''' = E[Z|\underline{\underline{H}}_t^1]$$

et s'obtient par ralentissement de Y_t'' . Il en sera désormais de même à chaque ralentissement. Les sauts de cette martingale sont de trois sortes 1) Ceux qui proviennent des sauts totalement inaccessibles de l'étape précédente, et ils le restent. 2) Le saut à l'instant $\sigma^1_{T_2}+R_2$, qui est totalement inaccessible $/(\underline{\underline{H}}_t^2)$ (corollaire C). 3) Les sauts aux instants $\sigma^2_{T_i}$, $i\neq 0,1,2$.

Et nous poursuivons : les martingales $E[Z|\underline{\underline{H}}_t^k]$ se construisent par ralentissement successif, et à chaque étape un saut accessible devient totalement inaccessible par ralentissement. D'après la théorie des martingales, $E[Z|\underline{\underline{H}}_t^k]$ converge p.s. vers $E[Z|\underline{\underline{H}}_t]$. D'après le lemme 5, $E[Z|\underline{\underline{H}}_t^{1+k}]$ étant le k-ième ralenti de Y", il y a convergence p.s. vers $(Y'')^{*1}$, le ralenti final de Y". En particulier, si tous les c_i sont égaux à 1, ce ralenti est égal à (Y_t^*), et nous avons montré l'assertion 2) du lemme 10.

Nous venons d'écrire que la martingale $Z_t=E[Z|\underline{\underline{H}}_t]$ est le ralenti $(Y'')^{*1}$ associé à Y". Pour calculer le processus accéléré Z_{σ_t} , nous pouvons procéder en deux étapes : former $Z_{\hat{\sigma}_t^1}$, ce qui (accélération d'un ralenti) nous donne à nouveau Y" . Puis former $Y''_{\sigma_t^1}$, et le corollaire F nous montre que nous retombons alors sur $E[Y''_\infty|\underline{\underline{G}}_t] = E[Z|\underline{\underline{G}}_t]$. Nous avons montré l'assertion 3) du lemme 10.

Reste l'assertion 1). Il s'agit de montrer que l'inaccessibilité totale obtenue aux étapes partielles est préservée dans le ralentissement final.

1) Si U est un temps totalement inaccessible$/(\underline{\underline{F}}_t)$, le temps d'arrêt U^* qui lui correspond dans la famille $(\underline{\underline{H}}_t)$ est totalement inaccessible. En effet, il existe une martingale $Y_t=E[Y|\underline{\underline{F}}_t]=E[Y|\underline{\underline{G}}_t]$ continue partout, à l'exception d'un saut unité à l'instant U ; la martingale ralentie Y_t^* possède la même propriété relativement à U^*.

2) De même, le temps d'arrêt $V=T_0+R_0$ de la famille $(\underline{\underline{H}}_t^0)$ était totalement inaccessible, et le temps d'arrêt V^{*0} qui lui correspond dans le ralentissement final l'est aussi. En effet (corollaire C) la martingale $Y_t'=E[S_0|\underline{\underline{H}}_t^0]$ est continue partout, à l'exception d'un saut unité à l'instant V ; nous avons vu que la martingale $E[S_0|\underline{\underline{H}}_t]$ s'obtient par ralentissement de Y_t' , elle possède donc la même propriété relativement à V^{*1}. Et on procède de même pour les temps d'arrêt $\sigma^i_{T_{i+1}}+R_{i+1}$ de $(\underline{\underline{H}}_t^{i+1})$.

Reprenant alors la construction de Z_t donnée ci-dessus, on voit que (Z_{σ}) ne possède plus de sauts accessibles. ▯

Nous pouvons enfin démontrer l'énoncé de la page 1 :

LEMME 11. 1) <u>La famille de tribus</u> ($\underline{\underline{H}}_t$) <u>est quasi-continue à gauche</u>.

2) σ_t <u>est un temps d'arrêt de</u> ($\underline{\underline{H}}_t$) <u>et on a</u> $\underline{\underline{G}}_t=\underline{\underline{H}}_{\sigma_t}$.

DEMONSTRATION. Les martingales (Z_t) du lemme 10 n'ont pas de sauts accessibles. Par un raisonnement de classes monotones (cf. la démonstration du lemme 4, c)), il en est de même pour toutes les martingales $E[Z|\underline{\underline{H}}_t]$, $Z\in L^1(\underline{\underline{G}}_\infty)$, et la filtration ($\underline{\underline{H}}_t$) est donc quasi-continue à gauche.

Le processus croissant (τ_t) est le processus ralenti du processus càdlàg. adapté à($\underline{\underline{G}}_t$) $X_t=t$. D'après le lemme 9, (τ_t) est un processus croissant adapté à ($\underline{\underline{H}}_t$), donc ($\sigma_t$) est un changement de temps de ($\underline{\underline{H}}_t$).

Nous avons vu que les martingales (Z_t) du lemme 10 satisfont à la relation $E[Z|\underline{\underline{G}}_t]=Z_{\sigma_t}$. Cela s'étend par classes monotones à toutes les martingales $Z_t=E[Z|\underline{\underline{H}}_t]$, $Z\in L^1(\underline{\underline{G}}_\infty)$. D'autre part, sachant que σ_t est un temps d'arrêt, nous pouvons écrire cela $E[Z|\underline{\underline{G}}_t]=E[Z|\underline{\underline{H}}_{\sigma_t}]$. Ces deux tribus contenant les ensembles de mesure nulle, elles sont alors égales. ▯

REMARQUE. La partie 2 du lemme 10 donne un renseignement important, qui ne figure pas dans l'énoncé du théorème, p.1 . Si Y appartient à $L^1(\underline{\underline{F}}_\infty)$, considérons les deux martingales

$$Y_t = E[Y|\underline{\underline{F}}_t] = E[Y|\underline{\underline{G}}_t] \quad \text{et} \quad Z_t = E[Y|\underline{\underline{H}}_t]$$

Le théorème nous dit que $Y_t=Z_{\sigma_t}$, permettant de construire (Y_t) à partir de (Z_t). Mais nous savons en fait que $Z_t=Y_t^*$, qui nous donne la construction inverse, par ralentissement.

REFERENCES

[D] DELLACHERIE, C. Capacités et processus stochastiques. Springer-Verlag, Heidelberg 1972.

[1] DELLACHERIE, C. et STRICKER, C. : Changements de temps et intégrales stochastiques. Séminaire de Probabilités XI, Université de Strasbourg. Springer-Verlag 1977.

[2] MEYER, P.A. : Renaissances, recollements, mélanges, ralentissements de processus de Markov. Ann. Inst. Fourier 25, 465-498 (1975).

NOTE. C. DELLACHERIE nous a signalé une légère erreur dans les démonstrations précédentes : revenant à la définition des $\underline{\underline{G}}_t^k$, on constate que ces tribus ne contiennent pas les variables $S_n I_{\{T_n=\infty\}}$ ($n\leq k$). Il faut donc, ou décider que $\underline{\underline{G}}_\infty^k$ est engendrée par $\underline{\underline{G}}_{\infty-}^k$ et ces v.a., d'où quelques détails à modifier, ou se ramener au cas où les T_n sont finis (au prix de ralentissements inutiles). Nous remercions DELLACHERIE pour cette correction.

COMPORTEMENT "NON-TANGENTIEL" ET COMPORTEMENT "BROWNIEN" DES FONCTIONS HARMONIQUES DANS UN DEMI-ESPACE. DEMONSTRATION PROBABILISTE D'UN THEOREME DE CALDERON ET STEIN.

par Jean BROSSARD

En 1950 Calderon ([1] et [2]) et en 1961 Stein ([1]) démontraient que pour une fonction u harmonique dans un demi-espace $\Pi = \mathbb{R}^{\nu} \times \mathbb{R}_{+}^{*}$, les trois conditions suivantes étaient équivalentes en presque tout point ϑ de la frontière :

- u admet une limite "non-tangentielle" en ϑ
- u est bornée "non-tangentiellement" au voisinage de ϑ
- le gradient de u, ∇u, est de carré intégrable "non-tangentiellement" au voisinage de ϑ, pour la mesure $y^{1-\nu} dx\, dy$ (où dx désigne la mesure de Lebesgue de $\mathbb{R}^{\nu}$ et dy celle de $\mathbb{R}_{+}^{*}$.

Mon but est ici, de montrer ce théorème par des méthodes probabilistes. Pour cela, je vais m'appuyer sur le résultat suivant : si X_t désigne la position de la particule brownienne à l'instant t, les propriétés suivantes sont presque sûrement équivalentes :

- $u(X_t)$ admet une limite quand t tend vers τ (temps de sortie de Π)
- $u(X_t)$ est bornée sur $[0, \tau[$
- $\int_0^{\tau} \|\nabla u(X_t)\|^2 dt$ est fini.

Dans le cas $\nu = 1$, c'est-à-dire dans le cas du demi-plan, il est connu (Brelot et Doob [1], Doob [1]) que l'existence d'une limite non-tangentielle pour u équivaut presque partout à l'existence d'une limite sur les trajectoires browniennes. Cependant, ce résultat n'est plus valable dès que la dimension de l'espace est supérieure à 2 $(\nu > 1)$, comme l'a montré un contre-exemple de Burkholder et Gundy ([1]) : on peut trouver dans $\mathbb{R}^2 \times \mathbb{R}_+^*$ une fonction harmonique ayant presque-sûrement des limites sur les trajectoires browniennes, mais n'ayant nulle part de limite non-tangentielle. Malgré cela, je vais montrer que le théorème de Calderson et Stein sur le "comportement non-tangentiel de u (th. I) peut se déduire du théorème analogue sur le "comportement brownien" de u (th. I^*).

1. LE THEOREME DE CALDERON ET STEIN ET SON ANALOGUE PROBABILISTE.

Introduisons tout d'abord quelques notations. Quand on notera un point de $\Pi = \mathbb{R}^\nu \times \mathbb{R}_+^*$ sous la forme (x,y) , x représentera la coordonnée dans $\mathbb{R}^\nu$ et y la coordonnée dans $\mathbb{R}_+^*$. Si ϑ est un point de $\mathbb{R}^\nu$ (identifié à la frontière de Π), et a un nombre strictement positif, on notera $\Gamma_a(\vartheta)$ le cône tronqué défini par :

$$\Gamma_a(\vartheta) = \{(x,y) \in \Pi \mid \|x-\vartheta\| < ay < a\} .$$

A la fonction u , on peut associer les deux fonctions de $\mathbb{R}^\nu$ définies par :

$$N_a(\vartheta) = \sup_{z \in \Gamma_a(\vartheta)} |u(z)|$$

$$A_a(\vartheta) = \left[\int_{\Gamma_a(\vartheta)} \|\nabla u(x,y)\|^2 y^{1-\nu} dx\, dy\right]^{1/2} .$$

On appelle $\mathcal{L}_a$ l'ensemble des points ϑ de $\mathbb{R}^\nu$ pour lesquels $u(z)$ admet une limite quand z tend vers ϑ dans $\Gamma_a(\vartheta)$. On appelle $\mathcal{N}_a$ (resp. $\mathcal{A}_a$) l'ensemble des points où N_a (resp. A_a) est finie. Avec ces notations, le théorème de Calderon et Stein s'énonce :

THEOREME I. - Les ensembles $\mathcal{L}_a$, $\mathcal{N}_a$, $\mathcal{A}_a$ ne diffèrent que par des ensembles de mesure de Lebesgue nulle et sont indépendants de a (à des ensembles de mesure nulle près).

Introduisons maintenant des notations analogues à celles d'analyse pour énoncer le théorème probabiliste analogue au théorème de Calderon et Stein.

Si X_t est la position de la particule brownienne à un instant t strictement inférieur à τ (temps de sortie de Π), on peut considérer les deux variables aléatoires

$$N^* = \sup_{t\in[0,\tau[} u(X_t)$$

et

$$A^* = \int_0^\tau \|\nabla u(X_t)\|^2 dt \ .$$

Il est connu que $[u(X_t)]_{t<\tau}$ est un mouvement brownien stoppé à l'instant A^* et changé de temps. Les trois événements

$$\mathcal{L}^{**} = \{ u(X_t) \text{ admet une limite finie quand } t \text{ tend vers } \tau \} ,$$

$$\mathcal{N}^{**} = \{ N^* < \infty \} ,$$

$$\mathcal{A}^{**} = \{ A^* < \infty \}$$

ne diffèrent donc que par des événements P^z-négligeables (où P^z désigne la loi de probabilité du mouvement brownien dans $\mathbb{R}^{\nu+1}$ issu d'un point z de Π). [Ce résultat est aussi montré dans Brossard [1]].

C'est en fait la "forme conditionnée" de ce résultat que je vais utiliser (théorème I*). Pour cela, considérons ${}^{\vartheta}P^z$, probabilité du mouvement brownien issu de z et conditionné par sa sortie de Π en ϑ. Autrement dit, considérons le h-processus tel qu'il est défini par Doob dans [1], h étant la fonction minimale associée au point ϑ, c'est-à-dire :

$$p_{\vartheta}(x,y) = c_\nu \frac{y}{(\|x-\vartheta\|^2+y^2)^{\frac{\nu+1}{2}}} \quad \text{avec} \quad c_\nu = \frac{\Gamma(\frac{\nu+1}{2})}{\pi^{\frac{\nu+1}{2}}} \ .$$

Identifions les événements "naturels" du h-processus aux événements "naturels" du mouvement brownien tué à l'instant τ . Les propriétés suivantes découlent alors de l'article de Doob [1] :

i) si A est un événement "naturel", $\vartheta \mapsto {}^{\vartheta}P^{z}(A)$ *est une fonction borélienne dont la composée avec* X_τ *est égale à* $E^{z}[A|X_\tau]$.

ii) Si σ est un temps d'arrêt pour la famille naturelle de tribus rendue continue à droite, et si A est dans la tribu du passé de σ , alors :

$${}^{\vartheta}E^{z}[A\,;\,\sigma<\tau] = \frac{1}{p_{\vartheta}(z)}\,E^{z}[A\,;\,p_{\vartheta}(X_\sigma)\,;\,\sigma<\tau] \quad .$$

iii) Les fonctions $\vartheta \mapsto {}^{\vartheta}P^{z}(\mathfrak{L}^{**})$, $\vartheta \mapsto {}^{\vartheta}P^{z}(\eta^{**})$, $\vartheta \mapsto {}^{\vartheta}P^{z}(\mathfrak{A}^{**})$ prennent pour valeur 0 ou 1 , indépendamment de z et *sont donc les fonctions caractéristiques de trois boréliens* $\mathfrak{L}^{*}$, η^{*} , $\mathfrak{A}^{*}$ *de* $\mathbb{R}^{\nu}$. Si de plus ϑ est dans $\mathfrak{L}^{*}$, la variable aléatoire $\lim_{t\to\tau} u(X_t)$ est ${}^{\vartheta}P^{z}$-presque sûrement constante.

Ces propriétés et les remarques faites plus haut nous permettent d'énoncer le théorème I* :

THEOREME I*. - *Les ensembles* $\mathfrak{L}^{*}$, η^{*} , $\mathfrak{A}^{*}$ *ne diffèrent que par des ensembles de mesure de Lebesgue nulle*.

2. DEMONSTRATION DE LA PREMIERE PARTIE DU THEOREME I (COMPARAISON DES ENSEMBLES $\mathfrak{L}_a$ et η_a).

Dans ce paragraphe, je vais montrer que $\mathfrak{L}_a$ et η_a ne diffèrent que par un ensemble de mesure nulle et sont indépendants de a , à des ensembles de mesure nulle près.

Appelons $\mathcal{L}$ (resp. $\mathcal{N}$) l'intersection des $\mathcal{L}_a$ (resp. $\mathcal{N}_a$) quand a parcourt $\mathbb{R}_+^*$. Les inclusions de $\mathcal{L}$ dans $\mathcal{L}_a$ et de $\mathcal{L}_a$ dans $\mathcal{N}_a$ étant évidentes, il ne reste plus qu'à montrer "l'inclusion" de $\mathcal{N}_a$ dans $\mathcal{L}$. (On écrira désormais "inclusion" (ou "égalité") entre guillemets à la place de : inclusion (ou égalité) à un ensemble de mesure nulle près).

Soit $E_n = \{\vartheta \in \mathbb{R}^\nu \mid N_a(\vartheta) \leq n\}$. Comme $\mathcal{N}_a$ est la réunion des E_n, il suffit de montrer "l'inclusion" de E_n dans $\mathcal{L}$. Je vais d'abord montrer (sans faire appel à la théorie du potentiel) que E_n est inclus dans $\mathcal{N}^*$. Comme N^* est majoré par n pour les trajectoires qui restent dans $\Omega_{E_n} = \bigcup_{\vartheta \in E_n} \Gamma_a(\vartheta)$, et comme ${}^\vartheta P^z[N^* < \infty]$ vaut 0 ou 1 (propriété i), § 1), c'est une conséquence immédiate de la proposition suivante :

PROPOSITION 1. - <u>Soit</u> E <u>un borélien de</u> $\mathbb{R}^\nu$, $\Omega_E = \bigcup_{\vartheta \in E} \Gamma_a(\vartheta)$ <u>et</u> σ <u>le temps de sortie de</u> Ω_E.

<u>Pour presque tout point</u> ϑ <u>de</u> E <u>et tout</u> z <u>dans</u> $\Gamma_a(\vartheta)$, ${}^\vartheta P^z[\sigma = \tau]$ <u>est strictement positif.</u>

Cette proposition sera démontrée au paragraphe 4. Achevons de montrer "l'inclusion" de E_n dans $\mathcal{L}$. Presque tout point ϑ de E_n est dans $\mathcal{N}^*$ d'après ce qu'on vient de voir, donc dans $\mathcal{L}^*$ d'après le théorème I*. Et donc quand t tend vers τ, $u(X_t)$ admet une limite ${}^\vartheta P^z$-presque-sûrement constante de valeur notée $u(\vartheta)$. La proposition 1 implique : $|u(\vartheta)| \leq n$.

Soit v la fonction harmonique bornée dans Π définie par :

$$v(z) = E^z[u(X_\tau) ; X_\tau \in E_n] .$$

Je vais montrer que pour presque tout ϑ de E_n, pour tout nombre b strictement positif, $u(z) - v(z)$ tend vers 0 quand z tend vers ϑ dans $\Gamma_b(\vartheta)$. Ceci montrera que pour presque tout ϑ de E_n et tout $b > 0$, $u(z)$ admet une limite finie quand z tend vers ϑ dans $\Gamma_b(\vartheta)$, puisque tel est le cas de $v(z)$. Ceci achèvera donc de montrer "l'inclusion" de E_n dans $\mathfrak{L}$.

Soit σ le temps de sortie de Ω_{E_n} . Comme E_n est fermé, si $\sigma = \tau$, X_σ est dans E_n et donc :

$$u(z) - v(z) = E^z[u(X_\sigma) - v(X_\sigma)] = E^z[u(X_\sigma) - v(X_\sigma) \; ; \; \sigma \neq \tau]$$

puisque u et v ont même valeur sur E_n . Et donc si z est dans Ω_{E_n} :

$$|u(z) - v(z)| \leq 2n P^z[\sigma \neq \tau] \quad .$$

Il suffit maintenant de montrer que $P^z[\sigma \neq \tau]$ tend vers 0 quand z tend vers ϑ dans $\Gamma_b(\vartheta)$ (cela montrera en effet, que si z est suffisamment proche de ϑ dans $\Gamma_b(\vartheta)$, il est dans Ω_{E_n} et donc que la majoration de $|u(z) - v(z)|$ est valable). Reprenons ici une idée de Calderon : posons

$$\Lambda_1 = \{(x,y) \in \Pi - \Omega_{E_n} \mid y < 1\} \quad \text{et} \quad \Lambda_2 = \{(x,y) \in \Pi - \Omega_{E_n} \mid y \geq 1\} \ .$$

Alors :

$$P^z[\sigma \neq \tau] = P^z[X_\sigma \in \Lambda_1] + P^z[X_\sigma \in \Lambda_2] \quad .$$

Le deuxième terme tend vers 0 , car il est majoré par la P^z-probabilité que la particule sorte de la bande $\{(x,y) \in \Pi \mid 0 < y < 1\}$ par l'hyperplan $y = 1$ et que cette probabilité est égale à l'ordonnée de z . Pour majorer le premier terme, utilisons le fait que si $z' = (x',y')$ est un point de Π , et $B_{z'}$ la boule de $\mathbb{R}^\nu$ de centre x' et de rayon ay' , alors $P^{z'}[X_\tau \in B_{z'}]$ est une constante C indépendante de z' . Si de plus z' est dans Λ_1 , $B_{z'}$ est incluse dans E_n^c et donc $P^{z'}[X_\tau \notin E_n] \geq C$. La propriété de Markov forte, permet d'écrire :

$$\begin{aligned} P^z[X_\tau \notin E_n] &\geq P^z\left[X_\sigma \in \Lambda_1 \; ; \; P^{X_\sigma}[X_\tau \notin E_n]\right] \\ &\geq C.P^z[X_\sigma \in \Lambda_1] \quad . \end{aligned}$$

Pour presque tout ϑ de E_n et tout $b > 0$, le membre de gauche tend vers 0 quand z tend vers ϑ dans $\Gamma_b(\vartheta)$. Il en est donc de même de $P^z[X_\sigma \in \Lambda_1]$, ce qui achève la démonstration.

En conclusion, nous avons montré dans ce paragraphe (en admettant provisoirement la proposition 1) que les ensembles $\mathcal{L}_a$, $\mathcal{N}_a$, $\mathcal{L}$ étaient "égaux". Ceci montre bien la partie (due à Calderon) du théorème I relative aux ensembles $\mathcal{L}_a$ et $\mathcal{N}_a$.

3. DEMONSTRATION DE LA DEUXIEME PARTIE DU THEOREME I ("EGALITE" DE $\mathcal{N}_a$ ET $\mathcal{A}_a$).

Pour achever la démonstration du théorème I, il ne reste plus qu'à montrer que $\mathcal{A}_a$ et $\mathcal{N}_a$ ne diffèrent que par un ensemble de mesure nulle. Comme on a vu que $\mathcal{N}_a$ ne dépendait pas de a , à un ensemble de mesure nulle près (§ 2), il suffit de montrer les "inclusions" de $\mathcal{A}_a$ dans $\mathcal{N}_{\frac{a}{2}}$ et de $\mathcal{N}_{2a}$ dans $\mathcal{A}_a$ (propositions 2 et 3).

PROPOSITION 2. - _A un ensemble de mesure nulle près,_ $\mathcal{A}_a$ _est inclus dans_ $\mathcal{N}_{\frac{a}{2}}$.

Pour démontrer cette proposition, nous allons d'abord montrer "l'inclusion" de $\mathcal{A}_a$ dans $\mathcal{A}^*$. Cela s'appuie sur le lemme simple suivant :

LEMME 1. - _Soit_ E _un borélien de_ $\mathbb{R}^\nu$ _et_ $\Omega_E = \bigcup_{\vartheta\in E} \Gamma_a(\vartheta)$. _Alors_ :

$$\int_E A_a^2(\vartheta)d\vartheta = k_\nu a^\nu \int_{\Omega_E} y\varphi_E(x,y)\|\nabla u(x,y)\|^2 dx\,dy$$

_où_ $\varphi_E(x,y)$ _désigne la moyenne de la fonction caractéristique de_ E _sur la boule_ $B_{x,ay}$ _de centre_ x _et de rayon_ ay , _et_ k_ν _le volume de la boule unité de_ $\mathbb{R}^\nu$.

Je ne démontrerai pas ce lemme qui est une simple application du théorème de Fubini (cf. Stein [1]).

Considérons maintenant $E_p = \{\vartheta \in \mathbb{R}^\nu \mid \|\vartheta\| \le p \;;\; A_a^2(\vartheta) \le p\}$ et $E_{p,n} = \left\{\vartheta \in E_p \mid \forall y \le \frac{1}{n} \;,\; \varphi_{E_p}(x,y) \ge \frac{1}{2}\right\}$ (où φ_{E_p} est la fonction définie dans le lemme 1). Presque tout point ϑ de E_p est point de densité de E_p, c'est-à-dire que $\varphi_{E_p}(\vartheta, y)$ tend vers 1 quand y tend vers 0. $E_p - \bigcup_{n\in\mathbb{N}} E_{p,n}$ est donc un ensemble de mesure nulle. Il suffit donc de montrer que pour tout couple (p,n), $E_{p,n}$ est "inclus" dans $\mathcal{Q}^*$. Remarquons que $E_{p,n}$ est compact. Notons $\Omega_{E_p} = \bigcup_{\vartheta\in E_p} \Gamma_a(\vartheta)$ et définissons $\Omega_{E_{p,n}}$ de façon identique. Soit σ le temps de sortie de $\Omega_{E_{p,n}}$.

■ Majorons $E^{z_o}[A^*_\sigma]$ pour $z_o = (x_o, y_o)$ fixé dans Π (on pose $A^*_\sigma = \int_0^\sigma \|\nabla u(X_t)\|^2 dt$) :

$$E^{z_o}[A^*_\sigma] = E^{z_o}\left[\int_0^\sigma \|\nabla u(X_t)\|^2 dt\right] \le E^{z_o}\left[\int_0^\tau \|\nabla u(X_s)\|^2 \chi_{\Omega_{E_{p,n}}}(X_s)\, ds\right].$$

Cette dernière quantité est (à une constante multiplicative près) la valeur en z_o du potentiel de Green de la fonction $\|\nabla u\|^2 \chi_{\Omega_{E_{p,n}}}$, c'est-à-dire :

$$\int_{\Omega_{E_{p,n}}} h_{z_o}(x,y) \|\nabla u(x,y)\|^2 dx\, dy$$

où $h_z(z')$ désigne la fonction de Green de Π. (cf. par exemple Dynkin [1] vol. II).

Cette intégrale se décompose en la somme de l'intégrale sur $\Lambda = \left\{(x,y) \in \Omega_{E_{p,n}} \mid y \le \min(\frac{1}{n}, \frac{y_o}{2})\right\}$ et de l'intégrale sur $\Omega_{E_{p,n}} - \Lambda$. Cette dernière est finie car $\Omega_{E_{p,n}} - \Lambda$ est relativement compact et la fonction à intégrer localement intégrable. D'autre part, comme :

$$h_{z_o}(z) = \begin{cases} \log \dfrac{r_2}{r_1} & \text{si } \nu = 1 \\[2ex] \dfrac{1}{r_1^{\nu-1}} - \dfrac{1}{r_2^{\nu-1}} & \text{si } \nu > 1 \end{cases}$$

(où r_1 et r_2 désignent les distances de z à z_o et au symétrique de z_o par rapport à la frontière de Π), il est facile de voir que sur Λ, $h_{z_o}(x,y)$ est majoré par une fonction du type ky. Et donc à une constante multiplicative près, $\int_\Lambda h_{z_o}(x,y)\|\nabla u(x,y)\|^2 dx\,dy$ est majoré par :

$$\int_{\Lambda} y\|\nabla u(x,y)\|^2 dx\,dy$$

et donc par :

$$2\int_{\Omega_{E_p}} y\varphi_{E_p}(x,y)\|\nabla u(x,y)\|^2 dx\,dy$$

puisque sur Λ , $\varphi_{E_p}(x,y) \geq \frac{1}{2}$ et que Λ est inclus dans Ω_{E_p} . Cette dernière intégrale est finie d'après le lemme 1 et la définition de E_p . Ceci achève de montrer que $E^{z_o}[A^*_\sigma]$ est fini pour tout z_o de Π .

▪ De ce qui précède, on peut déduire que A^*_σ est fini P^z-presque sûrement pour tout z de Π , et donc en "conditionnant" ce résultat, que pour presque tout ϑ de $E_{p,n}$, pour tout z à coordonnées rationnelles, A^*_σ est fini ${}^{\vartheta}P^z$-presque sûrement. En utilisant la proposition 1 , et le fait que ${}^{\vartheta}P^z[A^*_\tau < \infty]$ vaut 0 ou 1 indépendamment de z , on en déduit que presque tout point de $E_{p,n}$ est dans $\mathfrak{a}^*$. Ceci achève donc de montrer "l'inclusion" de $\mathfrak{a}_a$ dans $\mathfrak{a}^*$.

Avant de terminer la démonstration de la proposition 2, montrons le lemme suivant (dû à Stein).

LEMME 2. - <u>Soit</u> $\Gamma'_{\frac{a}{2}}(\vartheta) = \{(x,y) \in \Pi \mid \|x-\vartheta\| < \frac{a}{2}y < \frac{a}{4}\}$. <u>Il existe une constante</u> C <u>telle que pour tout</u> ϑ :

$$\sup_{(x,y)\in\Gamma'_{\frac{a}{2}}(\vartheta)} y\|\nabla u(x,y)\| \leq C A_a(\vartheta) .$$

<u>Démonstration</u> : soit (x,y) un point de $\Gamma'_{\frac{a}{2}}(\vartheta)$ et B la boule de centre (x,y) tangente à la frontière de $\Gamma_a(\vartheta)$. Si (x',y') est dans B , et si r est le rayon de B , y' , y et r sont des grandeurs comparables (leurs rapports deux à deux sont majorés par une constante ne dépendant que de a). Cette remarque jointe à la sous-harmonicité de $\|\nabla u\|^2$ conduit à :

$$y^2\|\nabla u(x,y)\|^2 \le y^2 \frac{1}{|B|}\int_B \|\nabla u(x',y')\|^2 dx'dy'$$
$$\le C\int_B y'^{1-\nu}\|\nabla u(x',y')\|^2 dx'dy'$$
$$\le C A_a^2(\vartheta)$$

ce qui est le résultat cherché.

Démonstration de la proposition 2 :

Comme $\mathfrak{a}_a$ est "inclus" dans $\mathfrak{a}^*$ (et donc dans η^*, d'après le théorème I*), il suffit de montrer que tout point ϑ de $\mathfrak{a}_a \cap \eta^*$ est dans $\eta_{\frac{a}{2}}$. Soit donc ϑ un tel point et z_o le point $(\vartheta,1)$. Soit, pour y strictement inférieur à $\frac{1}{2}$, S_y l'ensemble des points de $\Gamma'_{\frac{a}{2}}(\vartheta)$ d'ordonnée y. D'après le lemme 2, pour tout couple (z_1,z_2) de points de S_y :

$$|u(z_1)-u(z_2)| \le \operatorname{diam}(S_y)\cdot \sup_{z\in S_y}\|\nabla u(z)\|$$
$$\le C\frac{a}{2}y\cdot\frac{A_a(\vartheta)}{y} = C'\frac{a}{2}A_a(\vartheta)\ .$$

Mais d'autre part, si τ_y désigne le temps de sortie de $\Pi_y = \{(x',y')\in\Pi \mid y'>y\}$, on a :

$$^{\vartheta}P^{z_o}\left[X_{\tau_y}\in S_y\right] = \frac{1}{p_\vartheta(z_o)}E^{z_o}\left[p_\vartheta\left(X_{\tau_y}\right);\ X_{\tau_y}\in S_y\right]$$
$$= \frac{1}{p_\vartheta(z_o)}\int_{B_{\vartheta,\frac{ay}{2}}} p_\vartheta(x',y)\ \frac{C_\nu(1-y)}{\left[(1-y)^2+\|x'-\vartheta\|^2\right]^{\frac{\nu+1}{2}}}dx'$$

où $B_{\vartheta,\frac{ay}{2}}$ désigne la boule de $\mathbb{R}^\nu$ de centre ϑ et de rayon $\frac{ay}{2}$.

En tenant compte du fait que y est dans $]0,\frac{1}{2}]$, et que $z_o = (\vartheta,1)$:

$$^{\vartheta}P^{z_0}\left[X_{\tau_y} \in S_y\right] \geq \frac{1}{2} \int_{B_{\vartheta, \frac{ay}{2}}} p_{\vartheta}(x',y) \frac{dx'}{\left[1+\frac{a^2y^2}{4}\right]^{\frac{\nu+1}{2}}}$$

$$\geq \frac{1}{2}\left[\frac{1}{1+\frac{a^2}{16}}\right]^{\frac{\nu+1}{2}} \int_{B_{\vartheta, \frac{ay}{2}}} p_{\vartheta}(x',y)dx' .$$

Cette dernière intégrale vaut $\int_{B_{0,\frac{a}{2}}} p_0(x',1)dx'$ et ne dépend donc que de a . $^{\vartheta}P^{z_0}\left[X_{\tau_y} \in S_y\right]$ est donc minorée indépendamment de y par une constante $C(a)$ strictement positive.

Comme ϑ est dans η^* , on peut trouver un nombre M tel que :

$$^{\vartheta}P^{z_0}[u^*_\tau \geq M] \leq \frac{C(a)}{2}$$

et donc tel que pour tout $y \leq \frac{1}{2}$:

$$^{\vartheta}P^{z_0}\left[\left|u\left(X_{\tau_y}\right)\right| < M \text{ et } X_{\tau_y} \in S_y\right] \geq \frac{C(a)}{2} .$$

Pour tout $y < \frac{1}{2}$, on peut donc trouver un point z_1 dans S_y tel que $|u(z_1)| < M$. Et donc puisque sur S_y l'oscillation de u est majorée par $C\frac{a}{2}A_a(\vartheta)$, pour tout z de $\Gamma'_{\frac{a}{2}}(\vartheta)$ on a :

$$|u(z)| \leq M + \frac{a}{2} C A_a(\vartheta) .$$

Ceci montre que ϑ est dans $\eta_{\frac{a}{2}}$.

PROPOSITION 3. - <u>A un ensemble de mesure nulle près,</u> η_{2a} <u>est inclus dans</u> $\mathcal{a}_a$.

<u>Démonstration</u> : soit $E_n = \{\vartheta | N_{2a}(\vartheta) \leq n\}$ et $\Omega_{E_n} = \bigcup_{\vartheta \in E_n} \Gamma_{2a}(\vartheta)$.

Notons σ le temps de sortie de Ω_{E_n} . Comme nous l'avons déjà remarqué dans le paragraphe 1, $u(X_\sigma)$ a un sens (presque-sûrement). De plus, on doit avoir pour tout z de Ω_{E_n} :

$$u^2(z) = E^z[u^2(X_\sigma) - A^*_\sigma] .$$

D'où :

$$E^z[A^*_\sigma] \leq E^z[u^2(X_\sigma)] \leq n^2 .$$

On en déduit que pour presque tout ϑ, ${}^\vartheta E^z[A^*_\sigma]$ est fini pour tout z à coordonnées rationnelles.

Mais d'autre part, d'après le théorème de Fubini et la définition de ${}^\vartheta P^z$, comme σ est inférieur ou égal à z :

$$\begin{aligned}
{}^\vartheta E^z[A^*_\sigma] &= \int_0^{+\infty} {}^\vartheta E^z[\|\nabla u(X_s)\|^2 ; s<\sigma]\, ds \\
&= \int_0^{+\infty} {}^\vartheta E^z[\|\nabla u(X_s)\|^2 ; s<\tau ; s<\sigma]\, ds \\
&= \frac{1}{p_\vartheta(z)} \int_0^{+\infty} E^z[\|\nabla u(X_s)\|^2 p_\vartheta(X_s) ; s<\sigma]\, ds \\
&= \frac{1}{p_\vartheta(z)} E^z\left[\int_0^\sigma p_\vartheta(X_s)\|\nabla u(X_s)\|^2 ds\right] \\
&= \frac{k_\nu}{p_\vartheta(z)} \int_{\Omega_{E_n}} g_z(x,y) p_\vartheta(x,y) \|\nabla u(x,y)\|^2 dxdy
\end{aligned}$$

où $g_z(z')$ désigne la fonction de Green de Ω_{E_n} [cf. par exemple Dynkin [1] vol. II].

Et donc, pour presque tout ϑ de E et tout z à coordonnées rationnelles, dans Ω_{E_n} :

$$\int_{\Gamma_a(\vartheta)} g_z(x,y) p_\vartheta(x,y) \|\nabla u(x,y)\|^2 dxdy < +\infty .$$

Mais si (x,y) est dans $\Gamma_a(\vartheta)$:

$$p_\vartheta(x,y) = \frac{C_\nu y}{[y^2 + \|x-\vartheta\|^2]^{\frac{\nu+1}{2}}} \geq \frac{C_\nu}{(1+a^2)^{\frac{\nu+1}{2}}} \frac{1}{y^\nu} .$$

Et donc,

$$\int_{\Gamma_a(\vartheta)} \frac{g_z(x,y)}{y} y^{1-\nu} \|\nabla u(x,y)\|^2 dxdy < +\infty .$$

Pour achever la démonstration, il suffit de montrer que pour presque tout ϑ, pour tout z dans $\Gamma_a(\vartheta)$, $\frac{g_z(x,y)}{y}$ admet une limite strictement positive quand (x,y) tend vers $(\vartheta,0)$ dans $\Gamma_a(\vartheta)$. C'est l'objet de la proposition suivante :

PROPOSITION 4. - <u>Soit</u> E <u>un fermé de</u> $\mathbb{R}^\nu$ <u>et</u> $\Omega_E = \bigcup_{\vartheta\in E} \Gamma_{2a}(\vartheta)$. <u>Si</u> $g_z(z')$ <u>désigne la fonction de Green de</u> Ω_E, <u>pour presque tout</u> ϑ <u>de</u> E, <u>pour tout</u> z_o <u>dans</u> $\Gamma_a(\vartheta)$, $\frac{g_{z_o}(x,y)}{y}$ <u>admet une limite strictement positive quand</u> (x,y) <u>tend vers</u> $(\vartheta,0)$ <u>dans</u> $\Gamma_a(\vartheta)$.

Cette proposition est une conséquence de la proposition 1 et elle sera démontrée dans le paragraphe suivant.

4. DEMONSTRATION DES PROPOSITIONS 1 ET 4.

Démonstrons d'abord la proposition 1. Soit E un borélien de $\mathbb{R}^\nu$, $\Omega_E = \bigcup_{\vartheta\in E} \Gamma_a(\vartheta)$ et σ le temps de sortie de Ω_E. On veut montrer que pour presque tout ϑ de E et tout z dans $\Gamma_a(\vartheta)$, ${}^{\vartheta}P^z[\sigma=\tau]$ est strictement positif. Pour cela, considérons la fonction

$$z \longmapsto \varphi(z) = p_\vartheta(z)\ {}^{\vartheta}P^z[\sigma=\tau] .$$

D'après la propriété ii) du mouvement brownien conditionné (rappelée au paragraphe 1), $\varphi(z)$ vaut :

$$\varphi(z) = p_\vartheta(z)\left(1 - {}^{\vartheta}P^z[\sigma<\tau]\right) = p_\vartheta(z) - E^z[p_\vartheta(X_\sigma) : \sigma<\tau]$$

φ est donc harmonique et positive dans Ω_E donc dans $\Gamma_a(\vartheta)$. Si elle s'annule en un point z_o de $\Gamma_a(\vartheta)$, elle est nulle pour tout z dans $\Gamma_a(\vartheta)$. Il suffit donc de démontrer la proposition suivante :

PROPOSITION 5. - Sous les mêmes hypothèses que la proposition 1, Pour presque tout ϑ de K, quel que soit le nombre b strictement positif, ${}^{\vartheta}P^{z}[\sigma<\tau]$ tend vers 0 quand z tend vers $(\vartheta,0)$ dans $\Gamma_b(\vartheta)$.

Démonstration : soit B la boule de $\mathbb{R}^{\nu}$ centrée en ϑ, de rayon r et B' la boule centrée en ϑ de rayon $\frac{r}{2}$. Notons Λ_1 la partie de la frontière de Ω_E située dans Π au-dessus de B' et à une hauteur strictement inférieure à 1, c'est-à-dire :

$$\Lambda_1 = \{(x,y)\in\Pi \mid x\in B' \text{ et } y=\frac{1}{a}\,d(x,E)<1\}\ .$$

Notons Λ_2 l'ensemble $\Pi\cap(\delta\Omega_E-\Lambda_1)$. Si z est un point d'adhérence de Ω_E dans Π, on a :

$$\begin{aligned}{}^{\vartheta}P^{z}[\sigma<\tau] &= \frac{1}{p_{\vartheta}(z)}E^{z}[p_{\vartheta}(X_\sigma)\ ;\ \sigma<\tau]\\ &= \frac{1}{p_{\vartheta}(z)}E^{z}[p_{\vartheta}(X_\sigma)\ ;\ X_\sigma\in\Lambda_1] + \frac{1}{p_{\vartheta}(z)}E^{z}[p_{\vartheta}(X_\sigma)\ ;\ X_\sigma\in\Lambda_2]\ .\end{aligned}$$

Le deuxième terme tend vers 0 quand z tend vers $(\vartheta,0)$ dans $\Gamma_b(\vartheta)$ car $p_{\vartheta}(z)$ devient infini et p_{ϑ} est bornée sur Λ_2.

Majorons maintenant le premier terme. Soit (x,y) un point de Λ_1, soit x' un point tel que $\|x-x'\|<\frac{ay}{2}$ et soit $y'=\frac{1}{a}d(x',E)$. Comme $y=\frac{1}{a}d(x,E)$, on doit avoir :

$$\frac{y}{2}\le y'\le\frac{3y}{2}\qquad\text{et}\qquad \|x'-\vartheta\|\le\|x-\vartheta\|+\frac{1}{2}\,d(x,E)\le\frac{3}{2}\,\|x-\vartheta\|\ .$$

D'où l'on déduit :

$$\frac{p_{\vartheta}(x',y')}{p_{\vartheta}(x,y)} = \frac{y'}{y}\left[\frac{\|x-\vartheta\|^2+y^2}{\|x'-\vartheta\|^2+y'^2}\right]^{\frac{\nu+1}{2}} \ge \frac{1}{2}\left(\frac{2}{3}\right)^{\nu+1}\ .$$

Si l'on appelle ϖ_{ϑ} la fonction définie dans $\mathbb{R}-\{\vartheta\}$ par

$$\varphi_\vartheta(x') = p_\vartheta\left(x', \frac{1}{a}d(x',E)\right) = \frac{\frac{1}{a}d(x',E)}{\left([\frac{1}{a}d(x',E)]^2 + \|x'-\vartheta\|^2\right)^{\frac{\nu+1}{2}}}$$

on obtient :

$$\int_{\|x-x'\|<\frac{ay}{2}} \varphi_\vartheta(x')p_{x'}(x,y)dx' \geq \frac{1}{2}\left(\frac{2}{3}\right)^{\nu+1} \int_{\|x-x'\|<\frac{ay}{2}} p_{x'}(x,y)dx' .$$

Cette dernière intégrale a une valeur $C(a)$ ne dépendant que de a puisqu'elle vaut :

$$\int_{\|x'\|<\frac{a}{2}} p_{x'}(0,1)dx' .$$

D'autre part, comme x est dans B' et que $y = \frac{1}{a}d(x,\mathbf{E})$ est inférieur à $\frac{1}{a}\|x-\vartheta\|$ donc à $\frac{1}{a}r$, la boule de centre x et de rayon $\frac{ay}{2}$ est incluse dans B . En combinant ces résultats, nous obtenons donc :

$$\begin{aligned} p_\vartheta(x,y) &\leq \frac{2}{C(2a)}\left(\frac{3}{2}\right)^{\nu+1} \int_{\|x-x'\|<\frac{a}{2}} \varphi_\vartheta(x')p_{x'}(x,y)dx' \\ &\leq \frac{2}{C(a)}\left(\frac{3}{2}\right)^{\nu+1} \int_B \varphi_\vartheta(x')p_{x'}(x,y)dx' \quad ; \end{aligned}$$

ce qui peut s'écrire :

$$p_\vartheta(x,y) \leq \frac{2}{C(a)}\left(\frac{3}{2}\right)^{\nu+1} E^{(x,y)}[\varphi_\vartheta(X_\tau) \; ; \; X_\tau \in B]$$

(inégalité valable pour tout point (x,y) de Λ_1).

Appliquons ce résultat, et la propriété de Markov forte pour majorer le premier terme de l'expression de ${}^\vartheta P^z[\sigma < \tau]$:

$$\begin{aligned} \frac{1}{p_\vartheta(z)} E^z[p_\vartheta(X_\sigma) \; ; \; X_\sigma \in \Lambda_1] &\leq \frac{2}{C(a)}\left(\frac{3}{2}\right)^{\nu+1} \frac{1}{p_\vartheta(z)} E^z\left[E^{X_\sigma}[\varphi_\vartheta(X_\tau) \; ; \; X_\tau \in B]\right] \\ &\leq \frac{2}{C(a)}\left(\frac{3}{2}\right)^{\nu+1} \frac{1}{p_\vartheta(z)} E^z[\varphi_\vartheta(X_\tau) \; ; \; X_\tau \in B] \\ &\leq \frac{2}{C(a)}\left(\frac{3}{2}\right)^{\nu+1} \int_B \varphi_\vartheta(x') \frac{p_{x'}(z)}{p_\vartheta(z)} dx' . \end{aligned}$$

Mais si $z = (x_o, y_o)$ est dans $\Gamma_b(\vartheta)$:

$$\frac{p_{x'}(z)}{p_{\vartheta}(z)} = \left[\frac{\|x_o-\vartheta\|^2 + y_o^2}{\|x_o-x'\|^2 + y_o^2}\right]^{\frac{\nu+1}{2}} \leq \left[1 + \frac{\|x_o-\vartheta\|^2}{y_o^2}\right]^{\frac{\nu+1}{2}} \leq (1+b^2)^{\frac{\nu+1}{2}} .$$

Et donc :

$$(*) \qquad \frac{1}{p_{\vartheta}(z)} E^z[p_{\vartheta}(X_\sigma) ; X_\sigma \in \Lambda_1] \leq \frac{2}{C(a)}(\tfrac{3}{2})^{\nu+1}(1+b^2)^{\frac{\nu+1}{2}} \int_B \varphi_{\vartheta}(x')dx'$$

(inégalité valable si z est dans $\Gamma_b(\vartheta)$ et dans $\Omega_E \cup \Lambda_1$).

Supposons que ϑ a été choisi de telle sorte que φ_{ϑ} soit localement intégrable. Si z est dans Λ_1 , le premier membre de l'inégalité (*) vaut 1 . Si B a été choisie assez petite pour que le deuxième membre soit strictement inférieur à 1 , nous en déduisons que $\Gamma_b(\vartheta) \cap \Lambda_1$ est vide et donc que l'intersection de $\Gamma_b(\vartheta)$ avec un voisinage convenable de $(\vartheta, 0)$ est entièrement incluse dans Ω_E . L'inégalité écrite ci-dessus est donc valable pour tout point z de $\Gamma_b(\vartheta)$ suffisamment proche de $(\vartheta, 0)$.

En tenant compte du fait que le deuxième terme de l'expression de ${}^{\vartheta}P^z[\sigma < \tau]$ tend vers 0 , nous obtenons donc que, si ϑ a été choisi dans E de telle sorte que φ_{ϑ} soit localement intégrable, on a pour tout b :

$$\limsup_{\substack{z \to (\vartheta, 0) \\ z \in \Gamma_b(\vartheta)}} {}^{\vartheta}P^z[\sigma < \tau] \leq \frac{2}{C(a)}(\tfrac{3}{2})^{\nu+1}(1+b^2)^{\frac{\nu+1}{2}} \int_B \varphi_{\vartheta}(x')dx'$$

et donc :

$$\lim_{\substack{z \to \vartheta \\ z \in \Gamma_b(\vartheta)}} {}^{\vartheta}P^z[\sigma < \tau] = 0$$

puisque $\int_B \varphi_{\vartheta}(x')dx'$ peut être rendu arbitrairement petit par un choix convenable de B .

Il ne reste plus qu'à montrer que pour presque tout ϑ de E , φ_{ϑ} est localement intégrable. Il suffit pour cela de montrer que, si B_n est la boule de $\mathbb{R}^{\nu}$ de rayon n , pour tout entier n , pour presque tout

ϑ de E :

$$\int_{B_n} \varphi_\vartheta(x)dx < +\infty$$

ou encore

$$\int_{B_n-\bar{E}} \varphi_\vartheta(x)dx < +\infty$$

(puisque sur $\bar{E}$ (adhérence de E), φ_ϑ est nulle). Mais d'après le théorème de Fubini :

$$\int_E \left(\int_{B_n-\bar{E}} \varphi_\vartheta(x)dx\right)d\vartheta = \int_{B_n-\bar{E}} \left(\int_E \varphi_\vartheta(x)d\vartheta\right)dx .$$

Mais si x est dans $B_n - \bar{E}$, $\int_E \varphi_\vartheta(x)d\vartheta$ est la valeur au point $(x,d(x,E))$ de la fonction harmonique bornée dans Π ayant pour valeurs au bord 1 sur E et 0 sur $\mathbb{R}^\nu - E$ et donc $\int_E \varphi_\vartheta(x)d\vartheta \leq 1$ pour tout x de $B_n - \bar{E}$.

Donc :

$$\int_E \left[\int_{B_n-\bar{E}} \varphi_\vartheta(x)dx\right]d\vartheta \leq \int_{B_n} dx < +\infty .$$

Ceci achève la démonstration de la proposition 5 et donc aussi celle de la proposition 1.

Passons maintenant à la démonstration de la proposition 4.

Soit E un borélien de $\mathbb{R}^\nu$ et $\Omega_E = \bigcup_{\vartheta\in E} \Gamma_{2a}(\vartheta)$. Notons τ le temps de sortie de Ω_E . Si $h_z(z')$ désigne la fonction de Green de Π , la fonction de Green de Ω_E $g_z(z')$ a pour expression :

$$g_z(z') = h_z(z') - E^z\left[h_{X_\sigma}(z')\right] .$$

Plaçons nous uniquement dans le cas $\nu > 1$ (le cas $\nu = 1$ se traite de façon analogue).

Soit $z_1 = (x_1, y_1)$ et $z = (x,y)$ deux points de Π . Notons $r_1 = \|z - z_1\|$ et $r_2 = \|z - \bar{z}_1\|$ où $\bar{z}_1$ désigne le symétrique de z , par rapport à la frontière de Π . Avec ces notations :

$$h_{z_1}(z) = \frac{1}{r_1^{\nu-1}} - \frac{1}{r_2^{\nu-1}} = (r_2^2 - r_1^2)\left[\frac{1}{r_1+r_2}\sum_{i=1}^{\nu-1}\frac{1}{r_1^i r_2^{\nu-i}}\right]$$

$$= 4y_1 y\left[\frac{1}{r_1+r_2}\sum_{i=1}^{\nu-1}\frac{1}{r_1^i r_2^{\nu-i}}\right]$$

z_1 étant fixé, quand z tend vers $(\vartheta,0)$, r_1 et r_2 tendent vers $\|z_1-(\vartheta,0)\|$ et donc :

$$\lim_{z\to(\vartheta,0)} \frac{h_{z_1}(z)}{y} = \frac{2y_1(\nu-1)}{[y_1^2+\|x_1-\vartheta\|^2]^{\frac{\nu+1}{2}}} = \frac{2(\nu-1)}{C_\nu} p_\vartheta(z_1) .$$

De ce résultat et de l'expression de $g_{z_o}(z)$, sous réserve de légitimité du passage à la limite, nous déduisons :

$$\lim_{\substack{z\to(\vartheta,0)\\ z\in\Gamma_a(\vartheta)}} \frac{g_{z_o}(z)}{y} = \frac{2(\nu-1)}{C_\nu}[p_\vartheta(z_o) - E^{z_o}[p_\vartheta(X_\sigma)]]$$

$$= \frac{2(\nu-1)}{C_\nu} p_\vartheta(z_o)[1 - {}^\vartheta P^{z_o}(\sigma<\tau)]$$

$$= \frac{2(\nu-1)}{C_\nu} p_\vartheta(z_o)\,{}^\vartheta P^{z_o}(\sigma=\tau)$$

expression qui est strictement positive pour presque tout ϑ de E et tout z_o dans $\Gamma_a(\vartheta)$ d'après la proposition 1.

Il ne reste donc plus qu'à légitimer le passage à la limite sous l'espérance. Soit $z_1 = (x_1,y_1)$ dans le complémentaire de $\Gamma_{2a}(\vartheta)$ et z dans $\Gamma_a(\vartheta)$ d'ordonnée inférieure à $\frac{1}{2}$. Il existe alors une constante k ne dépendant que de a telle que $\|z_1 - z\| \geq k\|z_1 - (\vartheta,0)\|$. En effet, cela est évident si y_1 est supérieur ou égal à 1 (car l'ordonnée de z est inférieure à $\frac{1}{2}$) et si $y_1 < 1$, on a :

$$\|z_1 - z\| \geq \|z_1 - (\vartheta,0)\|\sin\alpha$$

où α désigne l'angle entre $[z_1 - (\vartheta,0)]$ et $[z-(\vartheta,0)]$. Comme z est dans $\Gamma_a(\vartheta)$ et z_1 hors de $\Gamma_{2a}(\vartheta)$ et d'ordonnée inférieure à 1, α est minoré par $\operatorname{Arctg} 2a - \operatorname{Arctg} a$.

En reprenant les notations antérieures, cela s'écrit $r_1 \geq k\|z_1-(\vartheta,0)\|$ et comme $r_2 \geq r_1$, on a la majoration :

$$\frac{h_{z_1}(z)}{y} \leq \frac{2(\nu-1)y_1}{r_1^{\nu+1}} \leq \frac{2(\nu-1)}{k^{\nu+1}} \frac{y_1}{\|z_1-(\vartheta,0)\|^{\nu+1}} = \frac{2(\nu-1)}{C_\nu k^{\nu+1}} p_\vartheta(z_1)$$

$\frac{h_{X_\sigma}}{y}$ tend donc vers $\frac{2(\nu-1)}{C_\nu} p_\vartheta(X_\sigma)$ en étant majoré par $\frac{2(\nu-1)}{C_\nu k^{\nu+1}} p_\vartheta(X_\sigma)$ qui est P^{z_o}-intégrable, ce qui justifie le passage à la limite.

Remarque : On a vu dans la démonstration de la proposition 5 que pour presque tout ϑ de E, quel que soit $b > 0$, l'intersection de $\Gamma_b(\vartheta)$ avec un voisinage convenable de $(\vartheta,0)$ est entièrement incluse dans Ω_E. Cette observation et une très légère modification de la démonstration de la proposition 4 permettent de montrer que pour presque tout ϑ de E, pour tout b, $\frac{g_{z_o}(x,y)}{y}$ tend vers une limite strictement positive quand (x,y) tend vers $(\vartheta,0)$ dans $\Gamma_b(\vartheta)$.

BIBLIOGRAPHIE

J.M. BRELOT et L. DOOB [1] : "Limites angulaires et limites fines". Annales de l'Institut Fourier 13 (1963) pp. 395-415.

J. BROSSARD [1] : "Utilisation du mouvement brownien à l'étude du comportement à la frontière des fonctions harmoniques dans un demi-espace". Thèse dactylographiée. Université Scientifique et Médicale de Grenoble.

D.L. BURKHOLDER et R.F. GUNDY [1] : "Boundary behaviour of harmonic functions in a half-space and brownian motion". Annales de l'Institut Fourier 23 (1973) pp. 195-212.

A.P. CALDERON [1] : "On the behaviour of harmonic functions near the boundary". Transactions of the American Mathematical Society 68 (1950) pp. 47-54.

A.P. CALDERON [2] : "On a theorem of Marcinkiewicz and Zygmund". Transactions of the American Mathematical Society 68 (1950) pp. 55-61.

L. DOOB [1] : "Conditionnal brownian motion and the boundary limits of harmonic functions". Bulletin de la Société Mathématique de France 85 (1957), pp. 431-468.

E.B. DYNKIN [1] : "Markov Processes" (volumes I et II). Academic Press Inc., New-York, 1965.

E.M. STEIN [1] : "On the theory of harmonic functions of several variables II". Acta Mathematica 106 (1961) pp. 137-174.

-:-:-:-

Laboratoire de Mathématiques Pures - Institut Fourier
dépendant de l'Université Scientifique et Médicale de Grenoble
associé au C.N.R.S.
B.P. 116
38402 ST MARTIN D'HERES (France)

Homogeneous Potentials

by

R. K. Getoor*

The purpose of this note is a tentative study of supermartingales within the framework of Knight's prediction process as developed by Meyer [4] and Meyer and Yor [5] in the Seminar X. If Y is a homogeneous process which has a certain property relative to a fixed measure μ, then one might hope that, because of the homogeneity of Y, at least in some cases, this property would "propagate" along the prediction process. In Section 1 we show that the property of being a right continuous supermartingale (subject to secondary hypotheses) does, indeed, propagate along the prediction process. In particular, if Y is a μ potential, the predictable increasing process A which generates Y behaves nicely under shifts. See (2.3). In Section 3 we show that the regularity of Y also propagates.

Conceptually one may derive these facts by representing $Y_t = g(Z_t^{\mu})$ where Z_t^{μ} is the prediction process and g is excessive for this process, and then applying standard facts for Markov processes. However, it seems to be difficult to carry out the details of this approach. In the present note we attack the problem directly, and confine ourselves to some remarks about the connection with Markov processes in Section 4.

*This research was supported, in part, by NSF Grant MCS76-80623.

1. Homogeneous Supermartingales.

We assume that the reader is familiar with the papers of Meyer [4] and Meyer and Yor [5] on prediction processes. We adopt the definitions and notations of Meyer and Yor [5] without special mention except to recall the following: E is a Polish space and Ω is the space of all cadlag functions from $\mathbb{R}^+$ to $E \cup \{\partial\}$ where ∂ is an absorbing point. Also $M = M_1 \cup \{0\}$ where M_1 is the space of all probability measures on $(\Omega, \underline{\underline{F}}^0)$. Moreover Ω may be given a compact metrizable topology for which $\underline{\underline{F}}^0$ is the Borel field, and if M is given the weak topology of measures (i.e. the topology of weak (étroite) convergence on Ω), then M is a compact metrizable space and its Borel field $\underline{\underline{M}}$ is generated by the maps $\mu \to \mu(A)$ with $A \in \underline{\underline{F}}^0$. Finally $\underline{\underline{P}}$ and $\underline{\underline{O}}$ denote the predictable and optional σ-algebras over the filtration $(\Omega, \underline{\underline{F}}^0_{t+}, \underline{\underline{F}}^0)$. We adopt the convention that a stopping time is an $(\underline{\underline{F}}^0_{t+})$ stopping time unless explicitly stated otherwise. Although we shall try to give explicit references to [4] or [5] as needed, the reader of this paper should be familiar with the basic notation of [4] and [5].

A process $Y = (Y_t)$ is called homogeneous provided $Y_t \circ \theta_s = Y_{t+s}$ identically for $t,s \geq 0$. If Y is homogeneous, then $Y_t = Y_0 \circ \theta_t$ for all $t \geq 0$. (These are essentially the algebraically copredictable processes of Azéma.)

(1.1) Proposition. *Let $\mu \in M_1$ and let Y be a bounded, homogeneous, optional process. Suppose that (i) $t \to Y_t$ is μ almost surely right continuous on $[0, \infty[$, and (ii) Y is a supermartingale over $(\Omega, \underline{\underline{F}}^0_{t+}, \underline{\underline{F}}^0, \mu)$. Then there exists a set $\Omega_0 \in \underline{\underline{F}}^0$ with $\mu(\Omega_0) = 0$ such that if $\omega \notin \Omega_0$ and $r \geq 0$, then $\lambda = Z^\mu_r(\omega) \in M_1$ and properties (i) and (ii) hold with μ replaced by λ.*

Proof. First of all there exists a set $\Omega_1 \in \underline{\underline{F}}^0$ with $\mu(\Omega_1) = 0$ such that if $\omega \notin \Omega_1$ and $r \geq 0$, then $Z^\mu_r(\omega) \in M_1$. This follows from Lemma 2 of [4].

It is well known that (i) and (ii) imply that $t \to Y_t$ is, in fact, cadlag on $[0, \infty[$ almost surely μ. Let

$$A = \{\omega: t \to Y_t(\omega) \text{ is cadlag}\}.$$

By (18-b) page 145 of [2], $A \in \underline{\underline{F}}^0$. Therefore the process $(t, \omega) \to Z_t^{\mu}(\omega, A^c)$ is optional. If R is a stopping time, then $\int \mu(d\omega) Z_R^{\mu}(\omega, A^c) = \mu(\theta_R^{-1} A^c)$. But $\theta_R^{-1} A^c$ is the set of those ω such that $t \to Y_t(\theta_R \omega) = Y_{t+R}(\omega)$ is not cadlag. Hence $\mu(\theta_R^{-1} A^c) = 0$ and so $(t, \omega) \to Z_t^{\mu}(\omega, A^c)$ is μ evanescent. Therefore there exists $\Omega_2 \in \underline{\underline{F}}^0$ with $\mu(\Omega_2) = 0$ such that if $\omega \notin \Omega_2$ and $r \geq 0$, $t \to Y_t(\cdot)$ is cadlag $Z_r^{\mu}(\omega)$ almost surely.

Next fix t and s in $\mathbb{R}^+$. Let $F(\lambda, w)$ be the indicator of $\{(\lambda, w): Z_s^{\lambda}(w, Y_t) > Y_s(w)\}$. Then F is $\underline{\underline{M}} \times \underline{\underline{F}}^0$ measurable, and so $((r, \omega), w) \to F(Z_r^{\mu}(\omega), w)$ is $\underline{\underline{O}} \times \underline{\underline{F}}^0$ measurable. Therefore

$$G(r, \omega) = \int Z_r^{\mu}(\omega, dw) F(Z_r^{\mu}(\omega), w) \tag{1.2}$$

is optional. If R is a stopping time, then using Lemma 4 and Theorem 2 of [5],

$$\int \mu(d\omega) G(R(\omega), \omega) = \int \mu(d\omega) F(Z_R^{\mu}(\omega), \theta_R \omega)$$

$$= \mu\{\omega: Z_s^{Z_R^{\mu}(\omega)}(\theta_R \omega, Y_t) > Y_s(\theta_R \omega)\} = \mu[Z_{s+R}^{\mu}(\cdot, Y_t) > Y_{s+R}] .$$

But μ almost surely

$$Z_{s+R}^{\mu}(\cdot, Y_t) = \mu[Y_t \circ \theta_{s+R} | \underline{\underline{F}}^0_{(s+R)+}] = \mu[Y_{t+s+R} | \underline{\underline{F}}^0_{(s+R)+}] \leq Y_{s+R} ,$$

and consequently the process $G(r, \omega)$ is μ evanescent. Therefore there exists $\Omega_{t,s} \in \underline{\underline{F}}^0$ with $\mu(\Omega_{t,s}) = 0$ and such that if $\omega \notin \Omega_{t,s}$ and $r \geq 0$, then letting $\lambda = Z_r^{\mu}(\omega)$ one has almost surely λ

(1.3) $$\lambda[Y_{t+s} | \underline{\underline{F}}^0_{s+}] = Z^\lambda_s(\cdot, Y_t) \le Y_s .$$

(1.4) Remark. So far we have not used the fact that Y is bounded and everything we have done is valid if, for example, $Y \ge 0$ rather than bounded.

Now let $\Omega_0 = \Omega_1 \cup \Omega_2 \cup \bigcup_{t,s \in Q^+} \Omega_{t,s}$ where Q^+ denotes the nonnegative rationals. Then $\mu(\Omega_0) = 0$. Let $\omega \notin \Omega_0$ and $r \ge 0$, and set $\lambda = Z^\mu_r(\omega)$. Then $\lambda \in M_1$ and $t \to Y_t$ is cadlag almost surely λ. Given $t, s \in \mathbb{R}^+$ choose sequences of rationals (t_n) and (s_n) decreasing strictly to t and s. Then from (1.3) one has λ almost surely

(1.5) $$\lambda[Y_{t_n+s_n} | \underline{\underline{F}}^0_{s_n+}] \le Y_{s_n} .$$

But $Y_{s_n} \to Y_s$ almost surely λ, and writing the leftside of (1.5) as

$$\lambda[Y_{t_n+s_n} - Y_{t+s} | \underline{\underline{F}}^0_{s_n+}] + \lambda[Y_{t+s} | \underline{\underline{F}}^0_{s_n+}]$$

it follows easily that the leftside of (1.5) approaches $\lambda[Y_{t+s} | \underline{\underline{F}}^0_{s+}]$ in $L^1(\lambda)$. Thus Y_t is a supermartingale over $(\Omega, \underline{\underline{F}}^0_{t+}, \lambda)$, completing the proof of (1.1).

(1.6) Corollary. *Suppose, in addition to the hypotheses of (1.1), that Y is a μ potential; that is, $Y \ge 0$ and $\mu(Y_t) \to 0$ as $t \to \infty$. Then Ω_0 may be chosen so that Y is a λ potential for $\lambda = Z^\mu_r(\omega)$ when $\omega \notin \Omega_0$ and $r \ge 0$.*

Proof. Let Ω^* be the exceptional set Ω_0 in (1.1). If $\omega \notin \Omega^*$ and $r \ge 0$, then $Z^\mu_r(\omega, Y_t)$ decreases as t increases since (Y_t) is a supermartingale with respect to $Z^\mu_r(\omega, \cdot)$. Let $G_r(\omega) = \liminf_{n\to\infty} Z^\mu_r(\omega, Y_n)$. Then G is optional.

If R is a stopping time,

$$\mu(G_R) \le \liminf_n \mu(Y_{n+R}) = 0 ,$$

and so G is μ-evanescent. Thus if $\Lambda^* \in \underline{\underline{F}}^0$ is such that $\mu(\Lambda^*) = 0$ and $G_r(\omega) = 0$ for all $r \ge 0$ and $\omega \notin \Lambda^*$, then $\Omega_0 = \Omega^* \cup \Lambda^*$ satisfies the conditions of (1.6).

(1.7) Remark. Proposition 1.1 remains valid if we suppose $Y \ge 0$ rather than bounded. To see this let $Y_t^n = Y_t \wedge n$. Then by (1.1) and (1.4) we may choose $\Omega_0 \in \underline{\underline{F}}^0$ with $\mu(\Omega_0) = 0$ such that if $\lambda = Z_r^\mu(\omega)$ with $\omega \notin \Omega_0$ and $r \ge 0$, then $t \to Y_t$ is cadlag almost surely λ and each Y^n is a supermartingale with respect to λ. Clearly this implies $\lambda[Y_{t+s}|\underline{\underline{F}}^0_{s+}] \le Y_s$, and so Y is a λ supermartingale provided $\lambda(Y_t) < \infty$ for all t. For this it suffices that $\lambda(Y_0) < \infty$. But by a now familiar argument $\{(r, \omega): Z_r^\mu(\omega, Y_0) \ne Y_r(\omega)\}$ is μ evanenscent. Thus we may modify Ω_0 so that $Z_r^\mu(\omega, Y_0) = Y_r(\omega) < \infty$ if $\omega \notin \Omega_0$ and $r \ge 0$. This establishes the above assertion.

(1.8) Remark. Suppose $Y \ge 0$ and class (D) relative to μ rather than bounded. One would like to be able to choose the exceptional set Ω_0 so that Y is class (D) relative to all $\lambda = Z_r^\mu(\omega)$; $\omega \notin \Omega_0$, $r \ge 0$. Let $R_n = \inf\{t: Y_t > n\}$. Then R_n is an $(\underline{\underline{F}}_t^\lambda)$ stopping time for each $\lambda \in M_1$, and if (Y_t) is a λ supermartingale, then Y is of class (D) relative to λ provided $\lambda(Y_{R_n}) \to 0$ as $n \to \infty$. See VI-T20 of [3]. Suppose that $t \to Y_t(\omega)$ is right continuous for each $\omega \in \Omega$. Under this assumption each R_n is an $(\underline{\underline{F}}^0_{t+})$ stopping time. If $\omega \notin \Omega_0$ and $r \ge 0$, then $Z_r^\mu(\omega, Y_{R_n})$ decreases with n. Since R_n is $\underline{\underline{F}}^0$ measurable $(r, \omega) \to Z_r^\mu(\omega, R_n)$ is optional, and hence so is $G_r(\omega) = \liminf_n Z_r^\mu(\omega, Y_{R_n})$. But for any stopping time R one has $R + R_n \circ \theta_R \ge R_n$, and so

$$\mu(G_R) \le \liminf \mu(Y_{R+R_n \circ \theta_R}) \le \liminf \mu(Y_{R_n}) = 0.$$

Therefore, in this case, G is μ evanescent, and hence we may modify Ω_0 so that Y is of class (D) relative to all $\lambda = Z_r^{\mu}(\omega)$; $\omega \notin \Omega_0$, $r \geq 0$. However, if Y is only μ almost surely right continuous, then R_n, although an $(\underline{\underline{F}}_t^*)$ stopping time, need not be $\underline{\underline{F}}^0$ measurable, and so the process G defined above may not be optional. It is still the case that $\mu(G_R) = 0$ for all stopping times R (Lemma 4 of [5]), but without knowing that G is, at least, μ indistinguishable from an optional process I do not see how to draw the desired conclusion from this fact.

2. The Generating Increasing Predictable Process.

In this section we fix $\mu \in M_1$ and suppose that Y satisfies the hypotheses of (1.1) and, in addition, is a μ potential — we shall simply call such a process a bounded, homogeneous, μ potential in the sequel. Let Ω_0 be the exceptional set in Corollary 1.6. Since $\Omega_0 \in \underline{\underline{F}}^0$, $\mathbb{R}^+ \times (\Omega - \Omega_0)$ is a Borel subset of the Polish space $\mathbb{R}^+ \times \Omega$. Let M_p be the image of $\mathbb{R}^+ \times (\Omega - \Omega_0)$ in M under the map $(t, \omega) \to Z_t^{\mu}(\omega)$. Since this map is Borel (i.e. $\underline{\underline{B}}(\mathbb{R}^+) \times \underline{\underline{F}}^0$ measurable), M_p is analytic in M. Finally we add the single point μ to M_p if it is not already there. Thus M_p is an analytic subset of M such that for each $\lambda \in M_p$, Y is a λ potential and $Z_t^{\mu}(\omega) \in M_p$ for all $t \geq 0$ and $\omega \notin \Omega_0$. (The "p" in M_p is for potential.) If $\underline{\underline{M}}_p$ is the Borel σ-algebra of the subspace M_p of M, then $\underline{\underline{M}}_p$ is just the trace of $\underline{\underline{M}}$ on M_p.

If we imitate the construction of the predictable increasing process generating a class (D) potential in Dellacherie (V-T49 in [1]), keeping track at each stage of the dependence on λ, one obtains the following result.

(2.1) __Proposition.__ __There exists a positive function__ $A_t^{\lambda}(\omega)$ __defined on__ $M_p \times \mathbb{R}^+ \times \Omega$ __such that:__

(i) For each $(\lambda, \omega) \in M_p \times \Omega$, $A_0^\lambda(\omega) = 0$ and $t \to A_t^\lambda(\omega)$ is right continuous and increasing. For each $\lambda \in M_p$, (A_t^λ) is adapted to $(\underline{\underline{F}}_{t+}^0)$.

(ii) $(\lambda, t, \omega) \to A_t^\lambda(\omega)$ is $\underline{\underline{M}}_p \times \underline{\underline{B}}(\mathbb{R}^+) \times \underline{\underline{F}}^0$ measurable and $(\lambda, \omega) \to A_t^\lambda(\omega)$ is $\underline{\underline{M}}_p \times \underline{\underline{F}}_{t+\varepsilon}^0$ measurable for each $\varepsilon > 0$.

(iii) For each $\lambda \in M_p$, A^λ is λ indistinguishable from the right continuous predictable (relative to the filtration $(\underline{\underline{F}}_t^\lambda)$) process generating Y with respect to λ.

It follows from (2.1-iii) that $Y_t = \lambda[A_\infty^\lambda - A_t^\lambda | \underline{\underline{F}}_{t+}^0]$ almost surely λ. The next result shows the behavior of A_t^λ under shifts and reflects the fact that Y is homogeneous.

(2.3) Proposition. Let T be a stopping time. Then the processes $t \to A_{t+T}^\mu(\omega) - A_T^\mu(\omega)$ and $t \to A_t^{Z_T^\mu(\omega)}(\theta_T\omega)$ are μ indistinguishable.

Proof. For each $\lambda \in M_p$ and $h > 0$, $Z_t^\lambda(\cdot, Y_h)$ is an optional version of the supermartingale $\lambda[Y_{t+h} | \underline{\underline{F}}_{t+}^0]$. Introduce the approximate Laplacians (see V-53 of [1]),

(2.4) $$A_t^{\lambda,h} = \frac{1}{h} \int_0^t [Y_s - Z_s^\lambda(\cdot, Y_h)]ds .$$

Let T be a stopping time. Then (T-54 of [1]),

(2.5) $$A_T^{\lambda,h} \to A_T^\lambda \quad \text{in} \quad \sigma(L^1(\lambda), L^\infty(\lambda)) \quad \text{as} \quad h \to 0 .$$

Clearly $A_t^{\lambda,h}$ is $\underline{\underline{F}}_{t+}^0$ measurable, and so $A_t^{\lambda,h} \circ \theta_T$ is $\underline{\underline{F}}_{(t+T)+}^0$ measurable.

Also $A_T^{\lambda,h}$ is $\underline{\underline{F}}_{T+}^0$ measurable. Now fix t and T and let F be a bounded $\underline{\underline{F}}^0$ measurable function. Then

$$(2.6) \qquad J(h) = \mu[(A_{t+T}^{\mu,h} - A_T^{\mu,h})F] = \mu\{(A_{t+T}^{\mu,h} - A_T^{\mu,h})\mu[F\,|\underline{\underline{F}}_{(t+T)+}^0]\}.$$

Let U be a bounded $\underline{\underline{F}}_{(t+T)+}^0$ measurable version of $\mu(F\,|\underline{\underline{F}}_{(t+T)+}^0)$; for example, $U = K_{t+T}^{\mu}(\cdot,\ F)$. Then by Theorem 1 of [5] there exists a bounded function $\overline{U}(\omega,\ w)$ on $\Omega \times \Omega$ such that (i) $\overline{U}$ is $\underline{\underline{F}}_{T-}^0 \times \underline{\underline{F}}^0$ measurable, (ii) for each ω, $\overline{U}(\omega,\ \cdot)$ is $\underline{\underline{F}}_{t+}^0$ measurable, and (iii) $U(\omega) = \overline{U}(\omega,\ \theta_T\omega)$ identically. Therefore

$$J(h) = \int \mu(d\omega)[A_{t+T}^{\mu,h}(\omega) - A_T^{\mu,h}(\omega)]\overline{U}(\omega,\ \theta_T\omega)\ ,$$

while from (2.4)

$$(2.7) \qquad A_{t+T}^{\mu,h} - A_T^{\mu,h} = \frac{1}{h}\int_0^t [Y_{s+T} - Z_{s+T}^{\mu}(\cdot,\ Y_n)]ds$$

$$= \frac{1}{h}\int_0^t [Y_s \circ \theta_T - Z_s^{Z_T^{\mu}}(\theta_T\cdot,\ h)]ds$$

where the last equality holds μ almost surely because of Theorem 2 in [5]. But the last integral in (2.7) is just $A_t^{Z_T^{\mu}(\omega),h}(\theta_T\omega)$, and so conditioning with respect to $\underline{\underline{F}}_{T+}^0$ we may write

$$(2.8) \qquad J(h) = \int \mu(d\omega) \int Z_T^{\mu}(\omega,\ dw)A_t^{Z_T^{\mu}(\omega),h}(w)\overline{U}(\omega,\ w)\ .$$

Now μ almost surely $Z_T^{\mu}(\omega) \in M_p$ and so by (2.5) the integral over w

in (2.8) approaches

$$\int Z_T^\mu(\omega, dw)A_t^{Z_T^\mu(\omega)}(w)\overline{U}(\omega, w)$$

as $h \to 0$ almost surely μ in ω. Majorize the integral over w in (2.8) by ($\|\overline{U}\| = \sup \overline{U}$)

$$\|\overline{U}\| \int Z_T^\mu(\omega, dw)A_\infty^{Z_T^\mu(\omega),h}(w) \le \|\overline{U}\| Z_T^\mu(\omega, Y_0) ,$$

since the potential generated by $A^{\lambda,h}$ is dominated by that generated by A^λ for each $\lambda \in M_p$. But $Z_T^\mu(\cdot, Y_0)$ is μ integrable and hence from (2.8)

$$(2.9)\quad J(h) \to \int \mu(d\omega) \int Z_T^\mu(\omega, dw)A_t^{Z_T^\mu(\omega)}(w)\overline{U}(\omega, w) = \int \mu(d\omega)A_t^{Z_T^\mu(\omega)}(\theta_T\omega)U(\omega)$$

as $h \to 0$.

For each $\epsilon > 0$, $(\lambda, \omega) \to A_t^\lambda(\omega)$ is $\underline{\underline{M}}_p \times \underline{\underline{F}}_{t+\epsilon}^0$ measurable and so $(\lambda, \omega) \to A_t^\lambda(\theta_T\omega)$ is $\underline{\underline{M}}_p \times \underline{\underline{F}}_{(t+T+\epsilon)+}^0$ measurable. Hence $\omega \to A_t^{Z_T^\mu(\omega)}(\theta_T\omega)$ is $\underline{\underline{F}}_{t+T+\epsilon}^\mu$ for each $\epsilon > 0$ and consequently it is $\underline{\underline{F}}_{t+T}^\mu$ measurable. Therefore, recalling the definition of U, we obtain from (2.9)

$$\lim_{h\to 0} J(h) = \int \mu(d\omega)A_t^{Z_T^\mu(\omega)}(\theta_T\omega)F(\omega) .$$

On the other hand from the first equality in (2.6) and (2.5) we obtain

$$\lim_{h\to 0} J(h) = \int \mu(d\omega)[A_{t+T}^\mu(\omega) - A_T^\mu(\omega)]F(\omega) .$$

Since F was an arbitrary bounded $\underline{\underline{F}}^0$ measurable function this gives

$$A^{\mu}_{t+T}(\omega) - A^{\mu}_{T}(\omega) = A_t^{Z^{\mu}_T(\omega)}(\omega)$$

almost surely μ. But $Z^{\mu}_T(\omega) \in M_p$ almost surely μ and so both sides are right continuous in t almost surely μ. This completes the proof of (2.3).

(2.10) Remark. In this section we have made no explicit use of the boundedness of Y. Thus in light of (1.8) the results of this section are valid if we replace the assumption that Y is bounded by the assumption that Y is a class (D) relative to μ and that $t \to Y_t(\omega)$ is right continuous for each $\omega \in \Omega$.

3. Regularity.

In this section we suppose that Y is a bounded, homogeneous, μ potential and that Y is μ regular. The fact that Y is μ regular is equivalent to the statement that $t \to A^{\mu}_t$ is continuous μ almost surely. Let Ω_0, M_p, and A^{λ}_t be as in Section 2. We shall show that we can modify Ω_0 and M_p so that Y is λ regular for each $\lambda \in M_p$.

To this end first note that $\underline{\underline{M}}_p \times \underline{\underline{F}}^0$ is the trace of $\underline{\underline{M}} \times \underline{\underline{F}}^0$ on $M_p \times \Omega$. Let

$$D = \{(\lambda, \omega) \in M_p \times \Omega\colon t \to A^{\lambda}_t(\omega) \text{ is not continuous}\} .$$

In light of (2.1-ii), $G = 1_D$ is $\underline{\underline{M}}_p \times \underline{\underline{F}}^0$ measurable, and hence there exists a $G^*\colon M \times \Omega \to [0, 1]$ which is $\underline{\underline{M}} \times \underline{\underline{F}}^0$ measurable and such that G is the restriction of G^* to $M_p \times \Omega$. Then $G(Z^{\mu}_t(\omega), \omega)$ and $G^*(Z^{\mu}_t(\omega), \omega)$ are μ indistinguishable since μ almost surely for all $t \geq 0$, $Z^{\mu}_t(\omega) \in M_p$. Consequently

$$H_t(\omega) = \int Z^{\mu}_t(\omega, dw) G(Z^{\mu}_t(\omega), w) \tag{3.1}$$

is μ indistinguishable from an optional process (i.e. $\underline{\underline{O}}^{\mu}$ measurable), because if one replaces G by G^* in (3.1) the corresponding process is optional. If T is a stopping time, then using Lemma 4 of [5] we have

$$\mu(H_T) = \int \mu(d\omega)G(Z_T^{\mu}(\omega), \theta_T\omega)$$

$$= \mu\{\omega: t \to A_t^{Z_T^{\mu}(\omega)}(\theta_T\omega) \text{ is not continuous}\}$$

$$= \mu\{\omega: t \to A_{t+T}^{\mu}(\omega) - A_T^{\mu}(\omega) \text{ is not continuous}\},$$

where the last equality follows from (2.3). But the last displayed probability is zero since Y is μ regular, and so H is μ evanescent. Therefore we may modify Ω_0 and correspondingly M_p so that Y is a λ regular potential for all $\lambda \in M_p$ and such that Ω_0 and M_p still have the properties set forth in the first paragraph of Section 2.

If one carefully imitates the corresponding arguments in the case of a continuous additive functional of a Markov process one can prove the following result.

(3.2) Proposition. *For $\lambda \in M_p$ let $T^{\lambda} = \inf\{t: A_t^{\lambda} > 0\}$. Let $F = \{\lambda \in M_p: \lambda(T^{\lambda} = 0) = 1\}$ and $D^{\lambda} = \inf\{t > 0: Z_t^{\lambda} \in F\}$. Then μ almost surely $T^{\mu} = D^{\mu}$ and the support of the measure dA_t^{μ} on $\mathbb{R}^+$ is the closure in $\mathbb{R}^+$ of $\{t: Z_t^{\mu} \in F\}$.*

4. Concluding Remarks.

For each $\mu \in M_1$, the process $(Z_t^{\mu}, \underline{\underline{F}}_{t+}^0, \mu)$ is strong Markov with state space M and semigroup

$$(4.1)\qquad J_t g(\lambda) = \lambda[g(Z_t^\lambda)] \ .$$

Here $g: M \to \mathbb{R}$ is $\underline{\underline{M}}$ measurable and bounded or positive. See Theorem 3 of [4] and Theorem 2 of [5]. Suppose Y is a bounded, homogeneous, optional process. Define $g: M \to \mathbb{R}$ by $g(\lambda) = \lambda(Y_0)$. Then for each $\lambda \in M_1$,

$$(4.2)\qquad g(Z_t^\lambda) = Z_t^\lambda(\cdot, Y_0) = \lambda[Y_t \,|\underline{\underline{F}}_{t+}^0] = Y_t$$

almost surely λ. Since (4.2) is valid with t replaced by a stopping time T and both sides of (4.2) are optional, it follows that Y_t and $g(Z_t^\lambda)$ are λ indistinguishable. Now fix μ in M_1 and suppose that Y is a bounded, homogeneous, μ potential. If $\lambda \in M_p$, then using (4.2)

$$(4.3)\qquad J_t g(\lambda) = \lambda[g(Z_t^\lambda)] = \lambda(Y_t) \leq \lambda(Y_0) = g(\lambda)$$

since Y is a λ potential. Clearly $J_t g(\lambda) \to g(\lambda)$ as $t \to 0$ when $\lambda \in M_p$, and so g is excessive for the semigroup (J_t) – except that we have $J_t g \leq g$ and $J_t g \to g$ only on M_p. Since Y_t is μ indistinguishable from $g(Z_t^\mu)$, the results in the earlier sections just mirror the well known facts concerning excessive functions of a Markov process.

This becomes even clearer if we introduce the space $\tilde{\Omega} = M \times \Omega$ and define

$$Z_t(\tilde{\omega}) = Z_t(\lambda, \omega) = Z_t^\lambda(\omega)$$

$$\tilde{\theta}_t(\tilde{\omega}) = \tilde{\theta}_t(\lambda, \omega) = (Z_t^\lambda(\omega), \theta_t\omega) \ .$$

It is immediate that for each $\lambda \in M_1$ the process (Z_t) is Markov with respect to the law $\epsilon_\lambda \times \lambda$ on $\tilde{\Omega}$ and has semigroup (J_t). Now Lemma 7 of [4] becomes

(4.4) $$Z_s \circ \tilde{\theta}_t = Z_{t+s} ,$$

and, in the context of (2.3), writing $A_t(\tilde{\omega}) = A_t(\lambda, \omega) = A_t^{\lambda}(\omega)$ we have

(4.5) $$A_{t+s} = A_t + A_s \circ \tilde{\theta}_t .$$

Thus A is an "additive functional" for the process Z. Unfortunately (4.4) and (4.5) are not identities. For each λ and t they are identities in s up to λ indistinguishability. It is not clear to me that the exceptional set can be chosen independent of t let alone λ.

This suggests that, perhaps, the theory of Markov processes should be re-worked in enough generality to cover situations of this type. On the other hand, most likely, it is simpler to use ad hoc methods as in this note.

References

1. C. Dellacherie, Capacités et Processus Stochastiques. Springer-Verlag. Heidelberg (1972).
2. C. Dellacherie et P. A. Meyer, Probabilités et Potentiel, Second ed. Hermann. Paris (1975)
3. P. A. Meyer, Probability and Potentials. Ginn (Blaisdell). Boston (1966).
4. P. A. Meyer, La théorie de la prédiction de F. Knight. Springer Lecture Notes in Math. Vol. 511, 86-103 (1976).
5. P. A. Meyer et M. Yor, Sur la théorie de la prédiction, et le problème de decomposition des tribus $\mathcal{F}^0_{t+}$. Springer Lecture Notes in Math. Vol. 511, 104-117 (1976).

Université de Strasbourg
Séminaire de Probabilités 1976/77

CONVERGENCE FAIBLE ET COMPACITE DES TEMPS D'ARRET D'APRES BAXTER ET CHACON

par P.A.Meyer

J.R.Baxter et R.V.Chacon viennent d'écrire un article, intitulé "Compactness of stopping times", qui contient deux résultats d'un très grand intérêt. Le premier est un théorème de compacité de l'ensemble des temps d'arrêt "randomisés" (je les appellerai ici "temps d'arrêt flous" afin de ne pas écrire franglais, même si je le parle) pour une topologie parfaitement raisonnable. Le second concerne les passages à la limite, dans cette topologie, sur les processus quasicontinus à gauche. Par rapport au travail original de Chacon et Baxter, cet exposé lève les restrictions de séparabilité, et remplace la quasicontinuité à gauche par une condition plus faible de <<régularité>>.

NOTATIONS. VARIABLES ALEATOIRES ET TEMPS D'ARRET FLOUS

Nous considérons un espace probabilisé filtré $(\Omega,\underline{\underline{F}},P\ ;\ (\underline{\underline{F}}_t)_{t\geq 0})$ satisfaisant aux conditions habituelles.

Nous appelons <u>variable aléatoire floue</u> (randomized r.v.) sur $(\Omega,\underline{\underline{F}},P)$ toute mesure de probabilité μ sur $[0,\infty]\times\Omega$ muni de $\underline{\underline{B}}([0,\infty])\times\underline{\underline{F}}$, dont la projection sur Ω est égale à P. Ainsi, si X est un processus mesurable borné admettant pour ensemble des temps $[0,\infty]$, nous savons calculer l'intégrale $\mu(X)=\int X_s(\omega)\mu(ds,d\omega)$. Par exemple, toute v.a. S sur Ω, à valeurs dans $[0,\infty]$, détermine une v.a. floue μ_S par

$$\mu_S(X) = E[X_S]$$

Comment construit on toutes les v.a. floues ? D'après le théorème de désintégration des mesures , il existe un processus croissant (A_t), tel que $A_{0-}=0$, pouvant présenter un saut à l'infini, et tel que

(1) $\mu(X) = E[\int_{[0,\infty]} X_s dA_s]$ pour tout processus positif X

Ce processus est unique (à ensemble évanescent près) si l'on en prend comme d'habitude la version continue à droite. Le fait que la projection de μ sur Ω est exactement P signifie que $A_\infty=1$ p.s., et la tradition - que nous suivrons ici - est d'utiliser plutôt le processus <u>décroissant</u> $M_t=1-A_t$, tel que $M_{0-}=1$, $M_\infty=0$, de sorte que $\mu(X)=E[-\int X_s dM_s]$.

On dit qu'une v.a. floue est un <u>temps d'arrêt flou</u> si M_t est $\underline{\underline{F}}_t$-mesurable pour tout t.

On peut interpréter les v.a. floues et t.a. flous comme de véritables v.a. ou t.a. de la manière suivante. Soit $\overline{\Omega}=[0,1]\times\Omega$, muni des tribus $\overline{\underline{\underline{F}}}^o = \underline{\underline{B}}([0,1])\times\underline{\underline{F}}$, $\overline{\underline{\underline{F}}}^o_t=\underline{\underline{B}}([0,1])\times\underline{\underline{F}}_t$, et de la loi $\overline{P}=\lambda\otimes P$, où λ est la mesure de Lebesgue. Après complétion et adjonction de tous les ensembles de mesure nulle aux $\overline{\underline{\underline{F}}}^o_t$, nous avons une nouvelle famille $(\overline{\underline{\underline{F}}}_t)$, qui satisfait aux conditions habituelles - mais nous ne démontrons pas ici ce petit résultat, car nous n'en aurons pas besoin.

Nous convenons d'identifier toute v.a. $H(\omega)$ sur Ω à la v.a. $(u,\omega)\mapsto H(\omega)$ sur $\overline{\Omega}$, que nous désignons par la même lettre. Alors $\underline{\underline{F}},\underline{\underline{F}}_t$ apparaissent comme des sous-tribus de $\overline{\underline{\underline{F}}},\overline{\underline{\underline{F}}}_t$.

Soit μ une v.a. floue, et soit (M_t) le processus décroissant associé Introduisons la v.a. sur $\overline{\Omega}$

(2) $\quad S(\overline{\omega}) = S(u,\omega) = \inf\{ s : M_s(\omega)\leq u \}$

Noter que $S(.,\omega)$ est une fonction décroissante et continue à droite, et que $\quad M_t(\omega) = \inf\{ u : S(u,\omega)\leq t\}$

$$(t<S(u ,\omega)) \iff (M_t(\omega)>u)$$

L'ensemble $\{(u,\omega) : S(u,\omega)\neq S(u-,\omega)\}$ est à coupes dénombrables au dessus de ω, donc (Fubini) négligeable pour $\overline{P}$. Nous avons donc

$$\overline{P}\{S(u,\omega)>t\,|\,\underline{\underline{F}}\} = \overline{P}\{S(u-,\omega)>t\,|\,\underline{\underline{F}}\}=\overline{P}\{u<M_t(\omega)\,|\,\underline{\underline{F}}\}=M_t(\omega)$$

et il en résulte que pour tout processus X sur Ω, mesurable et borné

(3) $\quad \mu(X) = \overline{E}[X_S]$

Si μ est un t.a. flou, l'ensemble $\{(u,\omega) : S(u,\omega)>t\}=\{(u,\omega) : M_t(\omega)>u\}$ est $\overline{\underline{\underline{F}}}^o_t$-mesurable, donc S est un t.a. de la famille $(\overline{\underline{\underline{F}}}^o_t)$, et a fortiori de la famille $(\overline{\underline{\underline{F}}}_t)$.

Inversement, soit $\Sigma(\overline{\omega})$ une v.a. réelle $\overline{\underline{\underline{F}}}$-mesurable à valeurs dans $[0,\infty]$; définissons un processus (M_t) sur Ω par $M_{0-}=1$, $M_\infty=0$, et pour $0\leq t<\infty$

(4) $\quad M_t = \overline{P}\{\Sigma>t\,|\,\underline{\underline{F}}\}$ (version décroissante et continue à dr.)

Si Σ est un t.a. de la famille $(\overline{\underline{\underline{F}}}_t)$, $I_{\{\Sigma>t\}}$ est $\overline{\underline{\underline{F}}}_t$-mesurable. Soit $H(\omega)$ une v.a. bornée orthogonale à $\underline{\underline{F}}_t$ sur Ω ; H est alors orthogonale à $\overline{\underline{\underline{F}}}_t$ sur $\overline{\Omega}$ et nous avons

$$E[HM_t] = \overline{E}[HI_{\{\Sigma>t\}}]=0$$

Par conséquent M_t est $\underline{\underline{F}}_t$-mesurable. Lorsqu'on part de Σ, que l'on construit (M_t) par (4), puis S par (2), on ne retombe pas sur Σ en général : S est une sorte de "réarrangement décroissant" de Σ. Cependant, si $\Sigma(.,\omega)$ est décroissante et continue à droite, le raisonnement fait plus haut montre que M est la fonction inverse de Σ, et l'on a $\Sigma=S$ p.s.

Il y a donc bijection entre les v.a.floues (les t.a. flous) sur Ω, les processus décroissants (décroissants adaptés) sur Ω, compris entre

0 et 1 et continus à droite, et finalement les fonctions $\Sigma(u,\omega)$ (les t.a.) sur $[0,1]\times\Omega$, décroissantes et continues à droite en u. Bien entendu, lorsqu'il est question de bijections, il faut identifier les processus indistinguables ou les v.a. égales $\bar{P}$-p.s..

Dans cette correspondance, une vraie v.a. $S(\omega)$ est associée au processus décroissant $M_t(\omega)=I_{\{t\geq S(\omega)\}}$, et à la v.a. $S(u,\omega)=S(\omega)$.

L'ensemble des (classes de) v.a. $S(u,\omega)$, décroissantes et continues à droite en u, est muni d'une relation d'ordre naturelle (la relation $S\leq T$ se lit simplement $M_t\leq N_t$ sur les processus décroissants associés). Il est stable pour les inf finis, les sup et les sommes dénombrables, ce qui permet si on le désire - mais nous ne donnerons pas de détails ici - de définir l'inf d'une famille finie de v.a. floues, le sup d'une famille dénombrable ou le sup essentiel d'une famille quelconque de v.a. floues (on peut aussi définir les inf dénombrables ou essentiels, au prix d'une régularisation de la limite).

TOPOLOGIE FAIBLE ET COMPACITE

Nous appellerons <u>processus continus</u> les processus mesurables bruts (i.e. non nécessairement adaptés) $X=(X_t)_{0\leq t\leq +\infty}$, dont toutes les trajectoires $X_{\cdot}(\omega)$ sont continues bornées sur $[0,\infty]$. De même, nous appellerons <u>processus càdlàg.</u> les processus $X=(X_t)_{0\leq t\leq +\infty}$ dont toutes les trajectoires sont càdlàg. bornées sur $[0,\infty]$. Le processus X est dit <u>borné</u> s'il est uniformément borné sur $[0,\infty]\times\Omega$ entier. Nous posons comme d'habitude $X^*(\omega) = \sup_t|X_t|$.

Rappelons un théorème établi dans le séminaire X, p.383 .

THEOREME 1. <u>Soit $\underline{\underline{D}}$ l'espace des processus càdlàg. bruts bornés, et soit H une forme linéaire sur $\underline{\underline{D}}$, telle que $|H(X)|\leq E[X^*]$ pour tout $X\in\underline{\underline{D}}$. Il existe alors deux processus (A_t) et (B_t) non adaptés, à variation intégrable, tels que</u>

$$A_{0-} = B_{0-}=0 \ ; \ A_\infty=A_{\infty-} \ ; \ B_0=B_{0-} \ ; \ \int_0^\infty|dA_s|+\int_0^\infty|dB_s| \leq 1$$

<u>et</u>

$$(5) \qquad H(X) = E[\int_{[0,\infty[} X_s dA_s + \int_{]0,\infty]} X_{s-}dB_s] \quad \text{pour } X\in\underline{\underline{D}} .$$

Noter que si $H(1)=1$, les deux processus sont nécessairement croissants et l'on a $A_\infty+B_\infty=1$ p.s..

Soit $\underline{\underline{C}}\subset\underline{\underline{D}}$ l'espace des processus bruts <u>continus</u> bornés, et soit H une forme linéaire sur $\underline{\underline{C}}$ telle que $|H(X)|\leq E[X^*]$, $H(1)=1$. Prolongeons la (th. de Hahn-Banach) en une forme sur $\underline{\underline{D}}$ possédant les mêmes propriétés . Revenant à $X\in\underline{\underline{C}}$, on a $X_s=X_{s-}$, et on obtient simplement :

THEOREME 2. <u>Toute forme linéaire</u> H <u>sur</u> $\underline{\underline{C}}$, <u>telle que</u> $|H(X)|\leq E[X^*]$ <u>et</u> $H(1)=1$, <u>s'écrit de manière unique</u>

(6) $$H(X) = \mu(X)$$

où μ *est une v.a. floue.*

L'unicité résulte aussitôt de ce que les processus X de la forme $X_t(\omega)=a(\omega)f(t)$, a bornée, $f\in\underline{\underline{C}}[0,\infty]$, appartiennent à l'espace $\underline{\underline{C}}$ et engendrent toute la tribu par classes monotones.

Nous posons donc la définition suivante :

DEFINITION. *La topologie faible sur l'ensemble des v.a. floues est la topologie la moins fine rendant continues les applications* $\mu\mapsto\mu(X)$, $X\in\underline{\underline{C}}$.

Nous avons aussitôt le théorème suivant :

THEOREME 3. *L'ensemble de toutes les v.a. floues et l'ensemble des t.a. flous sont compacts.*

La première assertion résulte du th.2. Pour la seconde, nous vérifions que l'ensemble des t.a. flous est fermé pour la topologie faible. Or soit μ une v.a. floue, et soit (M_t) le processus décroissant associé. Pour vérifier que (M_t) est $(\underline{\underline{F}}_t)$-adapté , il nous suffit de vérifier que $\mu(X)=0$ pour tout processus $X\in\underline{\underline{C}}$ de la forme

$X_s(\omega)=a(\omega)b(s)$ où a est bornée, orthogonale à $\underline{\underline{F}}_t$
b est continue, à support dans $[0,t[$

et cette propriété passe à la limite faible.

Ce théorème ne servirait à rien si l'on n'avait pas un résultat d'extraction dénombrable. Le voici.

THEOREME 4. *Si la tribu* $\underline{\underline{F}}$ *est séparable mod.P (ou encore , si* $L^1(\underline{\underline{F}})$ *est séparable), la topologie faible est métrisable. Dans tous les cas, de toute suite de v.a. floues on peut extraire une suite faiblement convergente.*

DEMONSTRATION. Si la tribu $\underline{\underline{F}}$ est séparable mod.P, ou ce qui revient au même si $L^1(\underline{\underline{F}})$ est séparable, nous pouvons trouver une algèbre de Boole dénombrable $\underline{\underline{A}}$ engendrant $\underline{\underline{F}}$ mod.P. D'autre part, soit $\underline{\underline{J}}$ un ensemble dénombrable dense dans $\underline{\underline{C}}([0,\infty])$. Soit $\underline{\underline{X}}$ l'ensemble des processus $X_t(\omega) =I_A(\omega)f(t)$, où A parcourt $\underline{\underline{A}}$ et f parcourt $\underline{\underline{J}}$. Les fonctions continues $\mu\mapsto\mu(X)$ pour $X\in\underline{\underline{X}}$,en infinité dénombrable, séparent les points de l'espace des v.a. floues, et celui-ci est donc compact métrisable.

Soit μ_n une suite de v.a. floues, et soient (M^n_t) les processus décroissants correspondants. Soit $\underline{\underline{G}}$ une sous-tribu séparable de $\underline{\underline{F}}$, telle que toutes les v.a. M^n_t ($n\in\mathbb{N}$, t rationnel) soient $\underline{\underline{G}}$-mesurables.Pour tout processus continu X borné, soit $\overline{X}$ une projection bien-mesurable de X sur la famille de tribus constante et égale à $\underline{\underline{G}}$; $\overline{X}$ est indistinguable d'un processus continu borné, nous le choisissons effectivement continu et borné partout. Nous avons alors $\mu_n(X)=\mu_n(\bar{X})$ pour tout $X\in\underline{\underline{C}}$. La tribu $\underline{\underline{G}}$ étant séparable, nous pouvons trouver une sous-suite n_k telle que $\mu_{n_k}(\bar{X})$ converge pour tout $X\in\underline{\underline{C}}$. Mais alors $\mu_{n_k}(X)$ converge pour tout $X\in\underline{\underline{C}}$ et nous avons gagné.

PROCESSUS CÀDLÀG. REGULIERS

La convergence faible d'une suite (μ_n) de t.a. flous vers un t.a. flou μ entraîne la convergence de $\mu_n(X)$ vers $\mu(X)$ pour quantité de processus bornés non continus. C'est peut être là le point le plus remarquable du travail de Baxter et Chacon.

DEFINITION. Soit $X=(X_t)_{0\leq t\leq +\infty}$ un processus càdlàg. borné (non nécessairement adapté). Nous dirons que X est régulier si

Pour tout t.a. prévisible (ordinaire) T on a $E[X_T-X_{T-}|\underline{\underline{F}}_{T-}]=0$ p.s.

Exemples : les martingales ou les surmartingales régulières ; les processus quasi-continus à gauche ; les projections optionnelles de processus continus. La condition de régularité équivaut à la suivante :

Pour toute suite (T_n) de t.a. (ordinaires) telle que $T_n\uparrow T$, on a $E[X_{T_n}]\rightarrow E[X_T]$

THEOREME 3. Soit (μ_n) une suite de t.a. flous qui converge faiblement vers μ. Alors $\mu_n(X)\rightarrow\mu(X)$ pour tout processus X càdlàg. régulier borné.

DEMONSTRATION. Il nous suffit de prouver que pour tout ultrafiltre $\underline{u}$ sur $\mathbb{N}$, qui converge vers +oo , on a $\lim_{\underline{u}}\mu_n(X)=\mu(X)$.

Considérons la forme linéaire $\lim_{\underline{u}}\mu_n(X)$ pour $X\in\underline{\underline{D}}$, que nous noterons $H(X)$. Comme elle satisfait á $|H(X)|\leq E[X^*]$, $H(1)=1$, il existe deux processus croissants intégrables (A_t) et (B_t), satisfaisant aux conditions du théorème 1 , tels que

$$\text{pour } X\in\underline{\underline{D}}\text{ , } H(X) = E[\textstyle\int X_s dA_s + \int X_{s-}dB_s]$$

Soient respectivement A^o et B^p la projection duale optionnelle de A et la projection duale prévisible de B , et soit λ la mesure bornée sur $[0,\infty]\times\Omega$

$$\lambda(X) = E[\textstyle\int X_s(dA^o_s+dB^p_s)]$$

Noter qu'on n'a pas a priori $A^o_\infty+B^p_\infty=1$, de sorte que λ n'est pas une v.a. floue.

Comme les μ_n sont des t.a. flous, les processus décroissants associés étant adaptés, nous avons pour tout $X\in\underline{\underline{D}}$, de projection optionnelle X^o

$$\mu_n(X)=\mu_n(X^o) \quad \text{et de même } \mu(X)=\mu(X^o), \quad \lambda(X)=\lambda(X^o).$$

Ensuite, soit $X\in\underline{\underline{D}}$, càdlàg. régulier. Nous avons

$$\mu_n(X) = \mu_n(X^o) \underset{\underline{u}}{\longrightarrow} E[\textstyle\int X^o_s dA_s+\int X^o_{s-}dB_s] = E[\int X^o_s dA^o_s + \int X^o_{s-}dB^p_s]$$

Le processus X^o est càdlàg. régulier, donc sa projection prévisible est le processus X^o_{s-} , et comme B^p est prévisible

$$E[\int X^o_{s-}dB^p_s] = E[\int X^o_s dB^p_s]$$

Ainsi

$$\mu_n(X) \underset{\underline{u}}{\longrightarrow} E[\int X^o_s(dA^o_s+dB^p_s)] = \lambda(X^o)=\lambda(X)$$

lorsque X est càdlàg régulier. En particulier, lorsque X est continu $\mu_n(X) \underset{\underline{u}}{\longrightarrow} \lambda(X)$ et $\lambda(X)= \lim_n \mu_n(X)=\mu(X)$. Cela entraîne que $\lambda=\mu$ et le théorème est établi.

EXTENSION AUX PROCESSUS CROISSANTS INTEGRABLES

Nous avons employé le langage des v.a. floues, mais le théorème suivant se démontre à peu près de la même manière :

THEOREME 6. Soit (A^n_t) une suite de processus croissants adaptés, telle que les v.a. A^n_∞ soient uniformément intégrables. Il existe alors un processus croissant intégrable (A_t) et une suite $(n_k)\uparrow+\infty$ tels que l'on ait, pour tout processus X càdlàg. régulier borné

(7) $$\lim_k E[\int X_s dA^{n_k}_s] = E[\int X_s dA_s]$$

(Noter que X doit être càdlàg. sur $[0,\infty]$, et que A^n,A peuvent présenter des sauts en 0 et à l'infini).

Sous cette forme, on reconnaît le vieil argument de convergence faible qui intervient dans la théorie de la décomposition des surmartingales. Ce qui est nouveau, c'est qu'on ne procède pas par limite faible pour t fixe et régularisation, mais directement par convergence faible sur $\underline{\underline{C}}$, et qu'on obtient la convergence sur une classe de processus bien plus riche qu'autrefois.

D'autre part, soit X un processus càdlàg. régulier sur $[0,\infty[$, borné, ne possédant pas nécessairement de limite à gauche à l'infini. Soit X^N le processus $(X_{t\wedge N})$, qui est càdlàg. régulier sur $[0,\infty]$. La formule (7) nous donne - en supposant, pour la simplicité des notations, que la suite (A^k_t) toute entière converge vers (A_t)

$$\lim_k E[\int X^N_s dA^k_s] = E[\int X^N_s dA_s]$$

On peut en déduire le même résultat sur X lui même si l'on sait que

$$E[A^k_\infty -A^k_N] \underset{N\to\infty}{\longrightarrow} 0 \quad \text{uniformément en k}$$

ce qui a lieu par exemple si les potentiels $E[A^k_\infty-A^k_t|\underline{\underline{F}}_t]$ sont majorés par un même potentiel (ξ_t) [si les (A^k_t) sont prévisibles, et (ξ_t) appartient à la classe (D), cela entraîne aussi l'intégrabilité uniforme des v.a. A^k_∞ , qui figure dans nos hypothèses ci-dessus]

Baxter et Chacon étudient aussi des propriétés de convergence sur des processus X bornés, quasi-continus à gauche jusqu'à un certain temps d'arrêt fixé ζ, par analogie avec les "processus standard" de la théorie des processus de Markov[1].

UNE APPLICATION A LA THEORIE DU POTENTIEL

Considérons un semi-groupe droit (P_t) sur un espace d'états E, et le processus de Markov (Y_t) correspondant. Nous supposons que le noyau potentiel U est propre.

Soit λ une loi de probabilité sur E. Rappelons qu'une mesure positive μ est une <u>balayée</u> de λ si $\mu(f)\leq\lambda(f)$ pour toute fonction excessive f, ce qui revient - le noyau U étant propre - à écrire que $\mu U\leq\lambda U$. La théorie de Skorokhod pour les processus de Markov nous dit que

(μ est une balayée de λ) <=> (il existe un temps d'arrêt flou T tel que $\mu = \lambda P_T$)

en convenant que $f(Y_t)=f(\partial)=0$ si $t\geq\zeta$ pour toute f sur E. D'autre part, soit f=Ug un potentiel borné. Le processus $X_t=f\circ Y_t$ est càdlàg. régulier borné. Le théorème de compacité de Baxter-Chacon entraîne donc

PROPOSITION. <u>De toute suite</u> (μ_n) <u>de balayées de</u> λ <u>on peut extraire une suite</u> (μ_{n_k}) <u>qui converge vers une balayée</u> μ <u>de</u> λ <u>au sens suivant</u>

1) <u>Pour tout potentiel borné</u> Ug , $<\mu_{n_k},Ug> \rightarrow <\mu,Ug>$

2) <u>Pour toute fonction excessive</u> f, $<\mu,f> \leq \liminf_k <\mu_{n_k},f>$.

La propriété 2) est une conséquence immédiate de 1), puisque toute fonction excessive est limite d'une suite croissante de potentiels bornés. Noter que plus généralement, si f est un potentiel de la classe (D) borné <u>régulier</u> (potentiel d'une fonctionnelle additive continue), on a encore $\mu(f) = \lim_k \mu_{n_k}(f)$.

Cette notion de limite n'est pas très satisfaisante, car on a ignoré ce qui se passe à l'instant ζ,en convenant que $f(\partial)=0$ pour toute f sur E. La théorie de la compactification de Martin permet de "subdiviser le point ∂ " en ajoutant une frontière, et en redéfinissant le processus (Y_t) pour $t\geq\zeta$ - et en particulier pour $t=+\infty$ - de manière que le nombre des processus $(f\circ Y_t)$ réguliers sur $[0,\infty]$ augmente. Dans ce cas, la topologie peut être améliorée, il n'y a plus de perte de masse à l'infini, mais la mesure limite μ est portée par l'espace de Martin et non par E en général.

1. Une version paléolithique des résultats de compacité de Baxter-Chacon se trouve dans les Annales de l'Institut Fourier, tome XII, 1962, p. 195 -212 (avec pas mal d'erreurs), pour le cas des fonctionnelles additives.

AUTRES RESULTATS DE CONVERGENCE

Nous revenons à la situation du début : une suite (μ_n) de v.a. floues qui converge faiblement vers une v.a. floue μ. Cette convergence est tout à fait analogue à la convergence étroite des mesures de probabilité, et nous nous proposons ici de suivre cette analogie.

THEOREME 7. Soit X un processus mesurable positif, dont presque toutes les trajectoires sont s.c.i. sur $[0,\infty]$. On a alors

$$\mu(X) \leqq \liminf_n \mu_n(X)$$

DEMONSTRATION. Soit X^p le processus

$$X^p = \sum_{k=1}^n 2^{-p} I_{\{X>k2^{-p}\}}$$

On a $X^p \uparrow X$ lorsque $p\to\infty$, donc il suffit d'établir le résultat pour chaque X^p. Comme X^p est une somme finie d'indicatrices d'ouverts aléatoires (non adaptés), il suffit de l'établir pour une telle indicatrice I_H. On peut alors représenter H comme une réunion d'intervalles stochastiques $]\!]S_n,T_n[\![$ (où les S_n et les T_n sont des v.a. positives, non des temps d'arrêt en général), et il suffit de traiter le cas d'un intervalle $]\!]S,T[\![$. Or il est immédiat de représenter $I_{]\!]S,T[\![}$ comme limite d'une suite croissante de processus (non adaptés) à trajectoires continues.

COROLLAIRE. Soit X un processus mesurable borné. Si l'ensemble des (t,ω) tels que $X_.(\omega)$ ne soit pas continue en t est μ-négligeable, on a $\mu(X) = \lim_n \mu_n(X)$.

DEMONSTRATION. Supposons X compris entre 0 et 1, et définissons les deux processus (mesurables : cf. Probabilités et potentiels, p.225)

$$\overline{X}_t = \limsup_{s\to t} X_s \ , \quad \underline{X}_t = \liminf_{s\to t} X_s \quad ; \ \underline{X}\leqq X\leqq\overline{X} .$$

D'après le théorème précédent appliqué à $\underline{X}$ et à $1-\overline{X}$, nous avons

$$\mu(\underline{X}) \leqq \liminf_n \mu_n(\underline{X}) \leqq \liminf_n \mu_n(X)$$

$$\mu(\overline{X}) \geqq \limsup_n \mu_n(\overline{X}) \geqq \limsup_n \mu_n(X)$$

L'hypothèse sur X revient à dire que $\mu(\overline{X})=\mu(\underline{X})=\mu(X)$. D'où aussitôt la propriété cherchée.

REMARQUE. Comme dans Probabilités et Potentiels p.115 (th. III.58), on peut démontrer le théorème plus fort suivant : si les μ_n et μ sont portés par un ensemble aléatoire A, et si X est continu sur A et borné, alors $\mu_n(X)\to\mu(X)$.

REMARQUE. Le corollaire permet d'éclaircir un peu, en la rendant plus élémentaire, la convergence introduite par Baxter-Chacon. Introduisons les processus décroissants (M_t^n), (M_t) associés à μ_n et à μ , et <u>choisissons un</u> t <u>tel que</u> $P\{M_t \neq M_{t-}\}=0$. Soit aussi $A \in \underline{\underline{F}}$. Le processus

$$X_s(\omega) = I_A(\omega) I_{]t,\infty]}(s)$$

a un ensemble de points de discontinuité μ-négligeable, et on a par conséquent

$$\int_A M_t^n P = \mu_n(X) \to \mu(X) = \int_A M_t P$$

Autrement dit, $M_t^n \to M_t$ pour la topologie faible de L^1. Il est peut être intéressant de noter aussi que, si T est un t.a. totalement inaccessible, le processus

$$X_s(\omega) = I_A(\omega) I_{\{s>T\}}$$

est quasi-continu à gauche, et que (si les μ_n sont des t.a. flous) on a donc $\lim_n M_T^n = M_T$ pour la topologie faible de L^1.

TEMPS D'ARRET FLOUS ET PROCESSUS NON BORNES

Cette section a été rajoutée en Novembre 1977, sur la suggestion de C. Dellacherie. Celui-ci a en effet exposé au séminaire une démonstration d'un remarquable théorème de Bismut (énoncé plus loin) qui repose sur une extension du th.5 à des processus non bornés.

Soit X un processus mesurable, indexé par $[0,\infty]$. Nous poserons

(8) $$\|X\|_1 = \sup_T E[|X_T|]$$

T parcourant l'ensemble de tous les temps d'arrêt (ordinaires). Si Φ est une fonction convexe croissante nulle en 0, telle que $\lim_t \Phi(t)/t = +\infty$ lorsque $t \to \infty$ (fonction d'Orlicz), on pose pour toute v.a. Z

$$\|Z\|_\Phi = \inf \{ t : E[\Phi(|Z|/t)] \leq 1 \}$$

et pour tout processus X comme ci-dessus

(9) $$\|X\|_\Phi = \sup_T \|X_T\|_\Phi$$

D'après le lemme de La Vallée-Poussin, un processus X appartient à la classe (D) si et seulement s'il existe une fonction d'Orlicz Φ telle que $\|X\|_\Phi < \infty$.

Soient maintenant μ un temps d'arrêt flou, (M_t) le processus décroissant adapté associé à μ ; nous posons $S_u = \inf \{ t : M_t < u \}$ et, pour tout processus X comme ci-dessus

(10) $$X_\mu = -\int_{[0,\infty]} X_s dM_s = \int_0^1 X_{S_u} du$$

Nous notons les propriétés immédiates suivantes . D'abord

$$E[|X_\mu|] \leq \int_0^1 E[|X_{S_u}|] du \leq \|X\|_1$$

On peut donc définir $\mu(X) = E[X_\mu]$ pour tout processus X tel que $\|X\|_1 < \infty$, prolongeant ainsi la définition donnée plus haut pour les processus bornés. Puis, soit Φ une fonction d'Orlicz ; on a par convexité $\Phi(X_\mu) \leqq \int_0^1 \Phi(X_{S_u})du$, et donc

$$\|X_\mu\|_\Phi \leqq \|X\|_\Phi$$

Il en résulte que si X appartient à la classe (D), toutes les v.a. X_μ correspondant aux temps d'arrêt flous sont uniformément intégrables, comme c'était le cas pour les temps d'arrêt non flous (cela peut se voir aussi en remarquant que les X_μ appartiennent à l'enveloppe convexe fermée des X_T dans L^1). Enfin, notons le lemme suivant :

LEMME. Soit (X^n) une suite de processus, dominés en valeur absolue par un processus Y de la classe (D), et tels que $(X^n)^*$ converge simplement vers 0 . Alors $\mu(X^n) \to 0$ uniformément sur l'ensemble des t.a. flous.

DEMONSTRATION. On peut supposer les X^n positifs et écrire

$$\mu(X^n) = \int_0^1 E[X^n_{S_u}]du \leqq \int_0^1 E[X^n_{S_u} \wedge c]du + \int_0^1 E[X^n_{S_u} I_{\{X^n_{S_u} > c\}}]du$$

$$\leqq E[(X^n)^* \wedge c] + \sup_T E[Y_T I_{\{Y_T > c\}}]$$

et la conclusion est immédiate.

Maintenant, nous étendons le théorème 5 . Pour un processus X de la classe (D), la définition de la régularité s'étend sans modification (si T est un temps prévisible, annoncé par une suite T_n , les v.a. X_{T_n} convergent vers X_{T-} , X étant toujours supposé càdlàg. jusqu'à l'infini ; l'intégrabilité uniforme s'étend donc aux v.a. X_{T-}). Noter que le théorème s'applique en particulier aux processus continus de la classe (D), non nécessairement adaptés.

THEOREME 8. Soit (μ_n) une suite[1] de t.a. flous qui converge faiblement vers μ. Alors $\mu_n(X) \to \mu(X)$ pour tout processus X càdlàg. régulier de la classe (D).

DEMONSTRATION. Soit $\underline{\underline{R}}$ l'ensemble des processus càdlàg. (non nécessairement adaptés) de la classe (D) ; $\underline{\underline{R}}$ est un espace vectoriel réticulé, contenant tous les processus càdlàg. bornés, et en particulier les constantes. Soit $\underline{u}$ un ultrafiltre sur $\mathbb{N}$; posons pour tout $X \in \underline{\underline{R}}$

$$H(X) = \lim_{\underline{u}} \mu_n(X) .$$

H(X) est fini : pour le voir, on peut considérer par exemple une fonction d'Orlicz Φ telle que $\|X\|_\Phi < \infty$, et remarquer que $|\mu_n(X)| \leqq \|X\|_\Phi$ pour tout n . Tout revient, comme dans la démonstration du théorème 5, à démontrer que H admet pour $X \in \underline{\underline{R}}$ une représentation

$$H(X) = E[\int X_s dA_s + \int X_{s-} dB_s] .$$

Il suffit pour cela (séminaire X, p.383) de montrer que si des $X^n \in \underline{\underline{R}}$ positifs tendent en décroissant vers 0, de telle manière que $(X^n)^* \to 0$ simplement, alors $H(X^n) \to 0$. Mais ceci résulte aussitôt du lemme ci-dessus.

1. Nous nous limitons aux suites uniquement pour la simplicité.

Mais le théorème 8 ne suffit pas pour atteindre le théorème de Bismut. Il faut sortir un peu des temps d'arrêt flous. Soit $\underline{\underline{C}}$ l'espace des processus[1] X (bruts) continus, tels que $E[X^*]<\infty$, avec la norme $\|X\|=E[X^*]$. Le dual $\underline{\underline{M}}$ de $\underline{\underline{C}}$ s'identifie à l'espace des mesures sur $\overline{\mathbb{R}}_+\times\Omega$ de la forme

$$\mu(X) = E[\int_{[0,\infty]} X_s dA_s]$$

où (A_t) est un processus à variation intégrable (brut), pouvant présenter un saut en 0 et un saut à l'infini, tel que $\int_{[0,\infty]} |dA_s| \in L^\infty$, muni de la norme $\|\mu\| = \| \int |dA_s| \|_\infty$. Nous désignons par $\underline{\underline{M}}_a$ le sous-espace fermé de $\underline{\underline{M}}$ constitué par les μ dont le processus associé A est adapté (ce qui revient à dire que $\mu(X)=\mu(X^o)$ pour tout processus borné X). Voici la version du théorème 8 qui nous est nécessaire :

THEOREME 8'. Soient (μ_n) une suite[2] d'éléments de la boule unité de $\underline{\underline{M}}$, et $\mu\in\underline{\underline{M}}$; les propriétés suivantes sont équivalentes

1) $\mu_n(X) \to \mu(X)$ pour tout X continu borné (brut).

2) $\mu_n(X) \to \mu(X)$ pour tout $X\in\underline{\underline{C}}$ (i.e. $\mu_n\to\mu$ pour $\sigma(\underline{\underline{M}},\underline{\underline{C}})$).

De plus, si les μ_n appartiennent à $\underline{\underline{M}}_a$, il en est de même de μ, et les propriétés ci-dessus équivalent encore à

3) $\mu_n(X) \to \mu(X)$ pour tout X càdlàg, régulier (brut) de la classe (D).

La démonstration est la même que celle des théorèmes 5 et 8, il faut seulement remplacer l'ensemble des t.a. flous par la boule unité de $\underline{\underline{M}}_a$, i.e. étendre le lemme de la page précédente à la boule unité. C'est immédiat, car un élément de la boule unité est différence de deux éléments positifs.

Il nous reste à énoncer le théorème de Bismut, dont nous espérons rendre compte dans le prochain volume : Tout processus optionnel càdlàg. de la classe (D) régulier est projection optionnelle d'un processus brut X, continu et tel que $E[X^*]<\infty$. C'est vraiment un résultat remarquable.

UN EXEMPLE DE CONVERGENCE FAIBLE

Pour conclure cet exposé, nous voudrions donner (d'après Chacon-Baxter) un exemple de temps d'arrêt ordinaires convergeant vers un temps d'arrêt flou.

Soit (B_t) un mouvement brownien plan issu de 0, et soit pour $0<r\leqq 1$ $U_r = \inf\{t : |B_t|=r\}$. Puis soit pour $s\in[0,r]$

$$V_{r,s} = \inf\{ t\geqq U_r : |B_t|=s \text{ ou } |B_t|=1 \}$$

On a $V_{r,s} \leqq U_1$, donc les $V_{r,s}$ forment un ensemble relativement compact pour la topologie faible. Lorsque s varie de 0 à r, $P\{|B_{V_{r,s}}|=s\}$ varie

1. Toujours indexés par $[0,\infty]$. 2. Extension immédiate aux filtres.

de 0 à 1. Choisissons donc $s=s(r)$ tel que cette probabilité soit égale à 1/2 et posons $W_r=V_{r,s(r)}$. Nous avons

$$W_r \leqq U_1 \qquad P\{|B_{W_r}|\leqq r\} \geqq 1/2 \quad , \ P\{|B_{W_r}|=1\} \geqq 1/2$$

Toute valeur d'adhérence faible W des W_r lorsque $r \to 0$ doit satisfaire à

$$W \leqq U_1 \ , \ P\{|B_W|=0\} \geqq 1/2 \ , \ P\{|B_W|=1\} \geqq 1/2$$

Mais ceci est impossible pour un temps d'arrêt non flou. En effet, $\{0\}$ est polaire, donc $(|B_W|=0) \Rightarrow (W=0)$ p.s.. D'après la loi de tout ou rien , pour un temps d'arrêt non flou $P\{W=0\}>0 \Rightarrow P\{W=0\}=1$, et cela contredit la dernière propriété.

Références

[1]. J.R. Baxter et R.V. Chacon. Compactness of stopping times. Z.f.W. 40, 1977, p.169-182.

APPENDICE : PROCESSUS QUASI-CONTINUS A GAUCHE

Je voudrais exposer ici une très jolie caractérisation des processus càdlàg. quasi-continus à gauche, qui figure dans le travail de Baxter et Chacon, mais que nous n'avons pas utilisée dans l'exposé lui même puisque nous avons remplacé la quasi-continuité à gauche par la " régularité" .

Soit X un processus càdlàg. sur $[0,\infty]$ - il est indifférent que X soit adapté. Nous dirons que X est quasi-continu à gauche si

Pour toute suite (T_n) de t.a. telle que $T_n \uparrow T$ on a $X_{T_n} \to X_T$ p.s.

(ou, ce qui revient au même, en P.). Le théorème de Baxter-Chacon dit alors :

X est uniformément continu en probabilité sur les t.a.: pour la distance usuelle d définissant la convergence en P. des v.a. réelles, on a la propriété suivante, où S et T désignent des t.a.

$$\forall\, a>0 \ \exists\, b>0 \ : (d(S,T)<b) \Rightarrow (d(X_S,X_T)<a)$$

Inversement, il est clair que cette propriété entraîne la quasi-continuité à gauche.

Voici une démonstration rapide de ce résultat, qui utilise un peu plus de "théorie générale des processus" que celle de Baxter-Chacon. Nous pouvons nous ramener au cas où X est compris entre 0 et 1. Quitte à ramener l'intervalle $[0,\infty]$ sur $[0,1]$, puis à prolonger le processus par la v.a. X_1 sur $[1,\infty[$, nous pouvons supposer que X est arrêté à l'instant 1. Si $s<t$, nous notons $Y_{st}(\omega)$ l'oscillation de $X_{\cdot}(\omega)$ sur

l'intervalle $]s,t]$ (aucune difficulté de mesurabilité puisque X est càdlàg.). En particulier, posons pour m entier

$$Y_t^m = Y_{t,t+1/m}$$

On vérifie aussitôt que c'est un processus càdlàg.. D'autre part, $Y^m \downarrow 0$ lorsque $m \to \infty$.

Soit Z^m la projection optionnelle de Y^m . Comme Y^m est càdlàg., Z^m l'est aussi ; comme $Y^m \downarrow 0$, on a $Z^m \downarrow 0$. La quasi-continuité à gauche de X va entraîner le lemme suivant, qui est très proche du lemme de Shur sur les fonctions excessives régulières (Prob. et Pot. 1e éd. th. VII.36).

LEMME. Soit $R_m = \inf \{ t : Z_t^m \geqq a \}$. Alors $P\{R_m < \infty\} \to 0$ lorsque $m \to \infty$.

En d'autres termes , $Z_.^m$ converge p.s. vers 0 uniformément. Il en résulte que $\sup_S E[Z_S^m] = \sup_S E[Y_S^m] \to 0$ lorsque $m \to \infty$, S parcourant l'ensemble de tous les t.a..

DEMONSTRATION. Nous remarquons que R_m croît avec m ; soit R sa limite. On a $Z_{R_m}^m \geqq a$ sur $\{R_m<\infty\}$, donc $E[Y_{R_m}^m I_{\{R_m<\infty\}}]=E[Z_{R_m}^m I_{\{R_m<\infty\}}] \geqq aP\{R_m<\infty\}$. D'autre part $Y_{R_m}^m \leqq Y_{R_m,R} + Y_R^m$; $Y_{R_m,R}$ tend vers 0 d'après la régularité de X, le second terme aussi tend vers 0. Tout étant borné $E[Y_{R_m}^m] \to 0$ et le lemme est établi.

Démontrons le théorème. Etant donnée la situation à laquelle nous nous sommes ramenés, nous pouvons raisonner sur des t.a. ≤ 1 et prendre comme distances $d(S,T)=E[|S-T|]$ et $d(X_S,X_T)=E[|X_S-X_T|]$. Supposons que l'énoncé soit faux. Il existe alors des (S_n,T_n) tels que $E[|S_n-T_n|] \to 0$ et $E[|X_{S_n}-X_{T_n}|]$ reste $\geqq a > 0$. Quitte à remplacer S_n, T_n par $S_n \wedge T_n$ et $S_n \vee T_n$ nous pouvons supposer $S_n \leqq T_n$. Nous avons alors

$$E[|X_{S_n}-X_{T_n}|] \leqq 2P\{T_n \geqq S_n + 1/m\} + E[Y_{S_n}^m]$$

Nous majorons le dernier terme par $\sup_S E[Y_S^m]$, majoré par a/3 pour m assez grand d'après le lemme. Puis m étant ainsi choisi on a $2P\{\dots\} \leqq a/3$ pour n assez grand et on a obtenu une contradiction.

On peut commenter ainsi ce résultat : si X est un processus càdlàg. régulier, l'application $T \mapsto E[X_T]$ est continue pour la topologie de Chacon-Baxter sur l'ensemble des temps d'arrêt (flous, et a fortiori non flous), d'après le théorème 5 si X est borné, ou le théorème 8 si X appartient à la classe (D). On trouvera plus loin une note de Dellacherie montrant que, pour les t.a. non flous, cela revient à une continuité pour la convergence en probabilité. Si maintenant on remplace l'application $T \mapsto E[X_T]$ par $T \mapsto X_T$, le résultat analogue caractérise, non plus les processus réguliers, mais les processus quasi-continus à gauche (et n'exige plus de restriction d'intégrabilité).

Université de Strasbourg
Institut de Mathématique
Séminaire de Probabilités 1976/77

CONVERGENCE EN PROBABILITE ET TOPOLOGIE DE BAXTER-CHACON

par C. Dellacherie

Comme il s'agit d'une brève remarque, nous renvoyons le lecteur à l'exposé de Meyer, dans ce volume, pour les définitions, notations, etc. Nous allons montrer ici que

<u>sur l'ensemble des v.a. positives</u> (finies ou non) <u>non floues, la topologie de Baxter-Chacon coïncide avec celle de la convergence en probabilité.</u>

Pour montrer que la convergence en probabilité définit une topologie plus fine que celle de Baxter-Chacon, il suffit de montrer que toute application de la forme $S \to E[X_S]$, où $(X_t)_{0 \leq t \leq \infty}$ est un processus continu et borné, est continue pour la topologie de la convergence en probabilité. Cette dernière étant métrisable, il suffit de vérifier la continuité pour les suites. Raisonnons par l'absurde : supposons que l'on puisse trouver (T_n) convergeant en probabilité vers T, avec $|E[X_{T_n}]-E[X_T]| \geq \varepsilon > 0$ pour tout n. On obtient alors une contradiction en extrayant de (T_n) une sous-suite convergeant p.s. vers T, et en appliquant le théorème de convergence dominée.

Pour montrer que la topologie de Baxter-Chacon est plus fine que celle de la convergence en probabilité on peut, quitte à ramener $[0,\infty]$ sur $[0,1]$ par un homéomorphisme, se ramener à ne regarder que des v.a. positives ≤ 1. Soit alors (T_i) une famille filtrée convergeant vers T pour la topologie de Baxter et Chacon : nous allons voir que (T_i) converge aussi vers T dans L^2. On a

$$E[(T-T_i)^2] = E[T^2] - 2E[TT_i] + E[T_i^2] \text{ pour tout } i$$

Mais $E[T_i^2] = E[X_{T_i}]$ où (X_t) est le processus continu et borné défini par $X_t = \inf(t^2,1)^i$, et $E[TT_i] = E[X_{T_i}]$ où, cette fois, (X_t) est le processus continu et borné défini par $X_t(\omega) = \inf(\ T(\omega)t, 1)$. Donc $E[T_i^2]$ converge vers $E[T^2]$ et $E[TT_i]$ aussi. D'où la conclusion.

Tout ceci s'étendrait, avec des modifications évidentes, au cas de variables (floues ou non floues) non nécessairement positives.

Université de Strasbourg
Séminaire de Probabilités 1976/77

CONSTRUCTION D'UN PROCESSUS PREVISIBLE AYANT UNE VALEUR DONNEE EN UN TEMPS D'ARRET

par C.Dellacherie et P.A.Meyer

Cette note est consacrée à une "petite remarque évidente" de théorie générale des processus, que nous n'avons vu écrite nulle part, bien qu'elle soit implicite, par exemple, dans Weil [3] et dans d'autres travaux de conditionnement par rapport au passé strict. Il s'agit de répondre aux questions suivantes, où T désigne un temps d'arrêt ;

a) Soit X mesurable par rapport à $\underline{\underline{F}}_{T-}$. On sait (voir [1], IV.67) qu'il existe un processus prévisible (Z_t) tel que $X=Z_T$. Mais existe t'il un procédé permettant d'<u>écrire</u> un tel processus ?

b) Lorsque T n'est pas prévisible, peut on "calculer" des espérances conditionnelles du type $E[Y|\underline{\underline{F}}_{T-}]$?

Nous désignons par $(\Omega,\underline{\underline{F}},P)$ un espace probabilisé muni d'une filtration $(\underline{\underline{F}}_t)$ qui satisfait aux conditions habituelles. Il est commode de se donner une tribu supplémentaire $\underline{\underline{F}}_{0-} \subset \underline{\underline{F}}_0$, contenant tous les ensembles P-négligeables, et de poser $\underline{\underline{F}}_t=\underline{\underline{F}}_{0-}$ pour $t<0$; ainsi l'instant 0 perd son rôle spécial. Soient T un temps d'arrêt (T peut prendre les valeurs 0 et $+\infty$ avec probabilité positive) et X une v.a. intégrable ; nous introduisons les deux processus à variation intégrable suivants, définis pour $-\infty<t\leqq+\infty$, nuls pour $t<0$, pouvant présenter un saut en 0 et un saut à l'infini

(1) $$A_t = I_{\{t\geqq T\}} \quad , \quad B_t = XI_{\{t\geqq T\}}$$

et nous désignons par $\tilde{A}$, $\tilde{B}$ leurs projections duales prévisibles. On dit parfois que B est <u>innovant</u> si $\tilde{B}=0$, ce qui revient à dire que $E[B_\infty-B_t|\underline{\underline{F}}_t]=0$ pour tout t, ou encore, lorsque X est $\underline{\underline{F}}_T$-mesurable, que B est une martingale.

La remarque suivante figure dans un travail tout récent de Le Jan :

LEMME. B <u>est innovant si et seulement si</u> $E[X|\underline{\underline{F}}_{T-}]=0$.

DEMONSTRATION. Soit $A\in\underline{\underline{F}}_t$; on a $E[(B_\infty-B_t)I_A]=E[XI_{\{t<T\}\cap A}]$, et les ensembles de la forme $\{t<T\}\cap A$ ($t\in\mathbb{R}$, $A\in\underline{\underline{F}}_t$) forment une famille stable par intersection qui engendre $\underline{\underline{F}}_{T-}$. On applique alors le théorème I.21 de [1], en prenant pour $\underline{\underline{H}}$ l'espace des v.a. $\underline{\underline{F}}_{T-}$-mesurables bornées U telles que $E[UX]=0$.

Considérons les mesures bornées sur $(\mathbb{R}\cup\{+\infty\})\times\Omega$

$$\alpha(U) = E[\int_{[0,\infty]} U_s dA_s] \quad , \quad \beta(U) = E[\int_{[0,\infty]} U_s dB_s]$$

On a manifestement $\beta \ll \alpha$, et la même propriété a lieu a fortiori sur la tribu prévisible. Il existe donc, d'après le théorème de Radon-Nikodym, un processus prévisible $(Z_t)_{0\leq t\leq +\infty}$, unique à équivalence près par rapport à α, α-intégrable, et tel que $\beta = Z\cdot\alpha$ sur la tribu prévisible $\mathcal{P}$. Autrement dit,

(3) $\qquad E[|Z_T|] < \infty \quad , \quad \tilde{B}_t = \int_{[0,\infty]} Z_s d\tilde{A}_s$

Mais la relation $\beta = Z\cdot\alpha$ sur la tribu prévisible signifie que $B-Z\cdot A$ est innovant. Ce processus s'écrivant $(X-Z_T)I_{\{t\geq T\}}$, le lemme précédent nous dit que $Z_T = E[X|\underline{\underline{F}}_{T-}]$.

Inversement, si Z est un processus prévisible tel que $Z_T = E[X|\underline{\underline{F}}_{T-}]$, $|Z|$ est α-intégrable, $B-Z\cdot A$ est innovant d'après le lemme, donc Z est densité de β/α sur la tribu prévisible, et il en résulte que Z est connu p.p. relativement à la mesure aléatoire $d\tilde{A}$.

La réponse aux questions a) et b) est donc

(4) $\qquad E[X|\underline{\underline{F}}_{T-}] = Z_T \qquad$ où (Z_t) est version prévisible de $\dfrac{d\tilde{B}}{d\tilde{A}}$

Les résultats de "conditionnement par rapport au passé strict" entrent maintenant dans le schéma suivant : on s'intéresse au cas où X est $\underline{\underline{F}}_T$-mesurable, et où l'on a une représentation de la forme

(5) $\qquad \tilde{B}_t = \int_0^t n_s(\omega, X)ds$

$(s,\omega) \mapsto n_s(\omega,.)$ étant un noyau de $[0,\infty]\times\Omega$ muni de la tribu prévisible, dans $(\Omega, \underline{\underline{F}}_T)$ - noyau non nécessairement borné. Dans ce cas, la formule (4) s'écrit

(6) $\qquad Z_t(\omega) = \dfrac{n_t(\omega,X)}{n_t(\omega,1)} \qquad$ et en particulier $\quad E[X|\underline{\underline{F}}_{T-}] = \dfrac{n_T(X)}{n_T(1)}$

REMARQUE. On peut se demander si la v.a. X "contrôle" l'ensemble du processus prévisible (Z_t). Or on a, le processus $(|Z_t|^p)$ étant prévisible

$$E[\int_{[0,\infty]} |Z_t|^p d\tilde{A}_t] = E[\int_{[0,\infty]} |Z_t|^p dA_t] = E[|Z_T|^p] \leq E[|X|^p] \quad .$$

REFERENCES

[1] C. Dellacherie et P.A. Meyer. Probabilités et Potentiels A. 2e éd. Hermann, Paris 1976.

[2] Y. Le Jan. Martingales et changement de temps, martingales de sauts. A paraître aux C.R. Acad. Sc. Paris (1977).

[3] M. Weil. Conditionnement par rapport au passé strict. C.R.A.S. Paris t. 270, p. 1523-1525 (1970).

Université de Strasbourg
Séminaire de Probabilités 1977/78

On the Sojourn Times of Killed Brownian Motion

By Frank B. Knight

Introduction

The sojourn (or occupation) times of the standard Brownian motion $B(t)$ have long been investigated using the method of M. Kac and its variants. For $B(t)$ killed at a point $\alpha > 0$, for example, the total sojourn in an interval has a distribution whose Laplace transform is available but somewhat complicated. Thus, for $a < b < 0$ and $B(0) = 0$, it is given by

$$(0.1) \qquad \frac{1 - b\sqrt{2\lambda}\,\tanh\,(b - a)\sqrt{2\lambda}}{1 + (\alpha - b)\sqrt{2\lambda}\,\tanh\,(b - a)\sqrt{2\lambda}} ,$$

a result which is obtained below as Example 2.4, but can also be obtained by Kac's method as in [2, 2.b].

In the present paper, such problems are treated by utilizing the local time method of [3] and [4]. Perhaps the most significant advantage of this method is its adaptability to the multivariate case. However, even for the case of a single M-dependent boundary (where $M(t) = \max_{0 \leq s \leq t} B(s)$) it seems to be the more natural approach. It turns out that for a fairly wide class of such boundaries the Laplace transforms of the sojourn times can be given explicitly in simple form. While these results, again, can probably also be obtained by combining Kac's method with a suitable limit procedure, it seems better to use Brownian local times. Then, in the multivariate cases, the Markov property of the local time circumvents complications which can easily become prohibitive.

Our main result is to obtain, in the case of a single boundary, expressions which are completely general, insofar as they apply to all measurable boundary functions $f\ (M(t))$. Analogous expressions can be obtained when we have several such boundaries, and seek the joint Laplace transforms of the sojourn times in the several bounded intervals. The formulas become longer to state, and we limit our treatment to two such boundaries. But even in the case of constant boundaries the formulas, although presumably known, do not seem to be in the literature.

In Section 1 we deal with a single boundary, where our method requires only relatively simple information. Some of the preliminaries can also be obtained by Kac's method, but we proceed here without this additional prerequisite. We include a zero-one law and an absorbtion probability formula which are easy consequences, as well as four explicit examples in which the transforms are elementary functions.

In Section 2 we present the cases of two and three bounded intervals, which require two formulas from [4]. As a check on these results, we rederive the stopped Brownian formula of H. M. Taylor [5] and D. Williams [6] by our method. We also give some results for constant boundaries, and one further example. Finally, we specialize to the case of one interior boundary point with two killing points, and extend the Taylor formula to encompass two sojourn intervals.

Except in a couple of instances we have made no attempt to invert the transforms or to obtain further information from them. Nor have we sought to extend the method to more than two boundaries. Such matters can perhaps be dealt with better when (and if) the need arises.

Section 1. A Semi-infinite Boundary.

The problem described in the introduction has a "disguised form" which is treated first. We write P^x or E^x for the process $B(t)$, $B(0) = x$, but simply P and E when $x = 0$. Let $s^+(t,x) = s^+(t, x, w) = \frac{1}{2}\frac{d}{dx}\int_0^t I_{(0,x)}(|B(t)|)\,dt$ denote the local time at x of the reflected Brownian motion $|B|$, and set $s^+(t, 0) = s^+(t)$ [2, 2.2]. For $\alpha \geq 0$, let $T^+(\alpha) = \inf\left\{t : s^+(t) > \alpha\right\}$ be the right-continuous inverse local time. By a well-known result of P. Levy we have the P - equivalence $(M(t) - B(t), M(t)) \equiv (|B(t)|, s^+(t))$, so that in particular $T^+(\alpha)$ is a stable process of exponent $\frac{1}{2}$, equivalent to the inverse maximum $M^{-1}(t)$.

Lemma 1.1. For $x > 0$ and $\lambda > 0$,

$$E^x \exp - \lambda \int_0^{T^+(0)} I_{(x,\infty)}(|B(t)|)\,dt = (1 + x\sqrt{2\lambda})^{-1}.$$

Remark: By use of tables, this is the transform of

$$(2x^2\pi y)^{-\frac{1}{2}} - (x^3\sqrt{2\pi})^{-1}\left(\exp - \frac{y}{2x^2}\right)\int_0^{\sqrt{y}} \exp - \frac{z^2}{2x^2}\,dz, \quad 0 < y.$$

Proof. Although this result is quite certainly known, we will use a method which introduces the sequel. We note first that $T^+(0)$ is equal P^x - a.s. to the passage time to 0. Now for P^x, the process $s^+(T^+(0), y)$ is a Markov process in the parameter $y \geq 0$ with continuous trajectories. In fact, in $0 \leq y \leq x$ it is the diffusion with generator $z\frac{d^2}{dz^2} + \frac{d}{dz}$, while in (x, ∞) it is the diffusion with generator $z\frac{d^2}{dz^2}$, in accordance with [3, Theorem 2.2].* In particular, if $s^+(T^+(0), x) = \beta$ is given $(\beta > 0)$ then

$$\int_0^{T^+(0)} I_{(x,\infty)}(|B(t)|)\,dt = 2\int_x^\infty s^+(T^+(0), y)\,dy,$$

* In the introduction to [3] the factor 4 should be 2, and in Theorem 2.2, line 2, $T(x_0, \alpha_0)$ should be as in line 14.

which is P^x-independent of $T^+(0)$ and has the same distribution as $2\int_0^\infty s^+(T^+(\beta), y)\, dy$ for P. Setting $s(t, y) = \frac{1}{2}\frac{d}{dy}\int_0^t I_{(-\infty, y)}(B(s))\, ds$ (the local time of $B(t)$) and $T(\beta) = \inf\left\{t : s(t, 0) > \beta\right\}$, this is P-equivalent to $2\int_0^\infty s(T(\beta), y)\, dy$. To see this, we recall [2, 2.11] that a process equivalent to $|B|$ may be constructed from B by deleting the set $\left\{ t : B(t) < 0 \right\}$ and telescoping the remainder of the time axis to restore the continuum. But since we have

$$T(\beta) = 2\int_0^\infty s(T(\beta), y)dy + 2\int_{-\infty}^0 s\,(T(\beta), y)dy,$$

where the two terms on the right are independent and identically distributed, their Laplace transform is ([2, p. 26])

$$\begin{aligned}(E\exp - \lambda\, T(\beta))^{\frac{1}{2}} &= (E\exp - \lambda T^+(2\beta))^{\frac{1}{2}}\\ &= (E\exp - \lambda M^{-1}(2\beta)^{\frac{1}{2}}\\ &= \exp - \beta\sqrt{2\lambda}.\end{aligned}$$

But, finally, the distribution of $s^+(T^+(0), x)$ for P^x is the same as that of $s\,(T\,(0), x)$ for P^x, which is known to be exponential, with density $x^{-1}\exp - \beta x^{-1}$ [3, p.74]. Thus, the transform of the Lemma is given by

$$\begin{aligned}E^x\exp - 2\lambda\int_x^\infty s^+(T^+(0), \beta)\, d\beta &= \int_0^\infty x^{-1}\exp - \beta\,(x^{-1} + \sqrt{2\lambda})\, d\beta\\ &= (1 + x\sqrt{2\lambda})^{-1}.\end{aligned}$$

Using this result, we next establish

Lemma 1.2 . $E\exp -\lambda\int_0^{T^+(\alpha)} I_{(a,\infty)}(|B(t)|)dt = \exp - \alpha\sqrt{2\lambda}\,(1 + a\sqrt{2\lambda})^{-1}$.

Remark. This transform can be inverted explicitely in terms of the Bessel function I_1 by using [1, Chap.XIII. 11, Exercise 13] to introduce $\sqrt{\lambda}$. The result is complicated.

<u>Proof</u>. Since $B(T^+(\frac{k\alpha}{n})) = 0$ a.s., the sojourn times

$\int_{T^+(\frac{(k-1)\alpha}{n})}^{T^+(\frac{k\alpha}{n})} I_{(a,\infty)}(|B(t)|)\, dt$ are independent and identically distributed $1 \leq k \leq n$. With probability one, there is for large n at most one return from a to 0 in each such interval. Finally we have $P\left\{ \max_{0 \leq t \leq T^+(\alpha)} |B(t)| < a \right\} = \exp - \alpha a^{-1}$, since $s^+(T^+(\alpha), y)$ for P is the diffusion with generator $z \frac{d^2}{dz^2}$ and initial value α, which is killed before $y = a$ with probability $\exp - \alpha a^{-1}$ [3, Corollary 1.2]. Combining these observations with Lemma 1.1, the desired transform can be written as

$$\lim_{n \to \infty} \left[(1 - \exp - \alpha(na)^{-1})\, (1 + a\sqrt{2\lambda})^{-1} + \exp - \alpha(na)^{-1} \right]^n$$

$$= \lim_{n \to \infty} \left[\alpha(na)^{-1}\, ((1 + a\sqrt{2\lambda})^{-1} - 1) + 1 \right]^n$$

$$= \lim_{n \to \infty} \left[1 - n^{-1}\, \alpha\sqrt{2\lambda}(1 + a\sqrt{2\lambda})^{-1} \right]^n$$

$$= \exp - \alpha\sqrt{2\lambda}\, (1 + a\sqrt{2\lambda})^{-1}, \text{ as asserted.}$$

<u>Theorem 1.1.</u> For Borel measurable $f(x) \geq 0$,

$$E \exp - \lambda \int_0^{T^+(\alpha)} I_{(f(s^+(t)),\, \infty)}\, (|B(t)|)\, dt$$

$$= \exp - \sqrt{2\lambda} \int_0^{\alpha} (1 + \sqrt{2\lambda}\, f(x))^{-1}\, dx \ ;\ \lambda > 0,\ \alpha > 0.$$

<u>Proof</u>. Suppose first that for constants c_k,

$f(x) = c_k$ for $(k - 1)\, an^{-1} < x \leq kan^{-1}$, $1 \leq k \leq n$.

Then since $T^{+}(kan^{-1})$ is a stopping time with $P\left\{ B(T^{+}(kan^{-1})) = 0 \right\} = 1$, and $s^{+}(t)$ is a strong additive functional of $B^{+}(t)$, the strong Markov property yields

$$E \exp - \lambda \int_0^{T^{+}(\alpha)} I_{(f(s+(t)),\, \infty)} (|B(t)|)\, dt$$

$$= \prod_{k=1}^{n} E \exp - \lambda \int_0^{T^{+}(\alpha n^{-1})} I_{(c_k, \infty)} (|B(t)|)\, dt$$

$$= \prod_{k=1}^{n} \exp - \alpha n^{-1} \sqrt{2\lambda}\, (1 + c_k \sqrt{2\lambda})^{-1}$$

$$= \exp - \sqrt{2\lambda} \int_0^{\alpha} (1 + f(x) \sqrt{2\lambda})^{-1}\, dx.$$

For the general case, we need only remark that, by the monotone convergence theorem, passage to monotone limits in f is justified on both sides of the equation. Hence the assertion is valid for the monotone bounded closure of the non-negative step functions. Since this clearly contains the indicator functions of disjoint finite unions of intervals, it also contains the Borel indicators. But it is not hard to see that the closure is likewise closed under linear combination with non-negative coefficients. Hence it contains the non-negative Borel simple functions, and the assertion follows.

Remark. For given $\alpha > 0$, we note that the theorem involves $f(x)$ only for $0 < x < \alpha$.

We now obtain the main result for single boundaries as

Corollary 1.1. For any continuous $g(x) \leq x$, we have for $\alpha > 0$, $\lambda > 0$

$$E \exp - \lambda \int_0^{M^{-1}(\alpha)} I_{(-\infty,\, g(M(t)))} (B(t))dt$$

$$= \exp - \sqrt{2\lambda} \int_0^{\alpha} (1 + \sqrt{2\lambda}\, (x - g\, (x))^{-1}\, dx,$$

where $M^{-1}(\alpha)$ is a.s. equal to the first passage time to α.

Proof. We have

$$\exp - \lambda \int_0^{M^{-1}(\alpha)} I_{(-\infty,\ g(M(t)))}(B(t))\,dt$$

$$= \exp - \lambda \int_0^{M^{-1}(\alpha)} I_{(M(t) - g(M(t)),\ \infty)}(M(t) - B(t))\,dt.$$

Now, Lévy's equivalence $(M - B, M) \equiv (|B|, s^+)$ reduces Corollary 1.1 to Theorem 1.1.

Let us state three simple examples.

Example 1.1. Letting $g(x) = x$ for $0 < x < c$ and $= c$ for $c < x < \alpha$,

$$E \exp - \lambda \int_0^{M^{-1}(\alpha)} I_{(-\infty,\ c)}(B(t))\,dt$$

$$= \begin{cases} (\exp - \sqrt{2\lambda}\ c)(1 + (\alpha - c)\sqrt{2\lambda})^{-1} & \text{if } 0 < c < \alpha, \\ (1 + \sqrt{2\lambda}\ c)(1 + \sqrt{2\lambda}\ (\alpha + c))^{-1} & \text{if } c < 0. \end{cases}$$

Example 1.2. For $c_1 \leq 1$ and $c_2 \geq 0$,

$$E \exp - \lambda \int_0^{M^{-1}(\alpha)} I_{(-\infty,\ c_1 M(t) - c_2)}(B(t))\,dt$$

$$= (1 + \alpha\sqrt{2\lambda}(1 - c_1)(1 + \sqrt{2\lambda}\ c_2)^{-1})^{-(1-c_1)^{-1}}.$$

Example 1.3. For $0 < c \leq 1$ and $\alpha \leq 1$,

$$E \exp - \lambda \int_0^{M^{-1}(\alpha)} I_{(-\infty,\ cM^2(t))}(B(t))\,dt$$

$$= \left| \frac{4c^2\gamma\alpha + (1 - 4c^2\gamma^2 - 2c\alpha)}{4c^2\gamma\alpha - (1 - 4c^2\gamma^2 - 2c\alpha)} \right|^{\frac{1}{2c\alpha}}, \text{ where}$$

$\gamma = \left(\dfrac{c\sqrt{2\lambda} + 4c^2}{4c^3\sqrt{2\lambda}} \right)^{\frac{1}{2}}$. In particular, for $c = \alpha = 1$ this reduces to $\left(\dfrac{2\gamma - 1}{2\gamma + 1} \right)$, where $\gamma = \left(\dfrac{\sqrt{2\lambda} + 4}{4\sqrt{2\lambda}} \right)^{\frac{1}{2}}$

One general consequence of Corollary 1.1 which seems of interest is the following:

Corollary 1.2. For $g(x) \leq x$, $P\left\{\int_0^\infty I_{(-\infty,\ g(M(t)))}(B(t))dt < \infty\right\} = 1$ or 0 according as $\int_0^\infty \left(\frac{1}{1 + x - g(x)}\right) dx < \infty$ or $= \infty$.

Proof. Since the finiteness of total sojourn is a tail event of $B(t)$, and $B(t)$ satisfies the $0 - 1$ Law as $t \to \infty$ (by use of the equivalence $B(t) \equiv t\, B(\frac{1}{t})$, for instance), we conclude that the probability in Corollary 1.2 is always zero or one. Then the assertion fol ows from Corollary 1.1 by letting $\alpha \to \infty$ and $\lambda \to 0$. By applying this criterion, we obtain easily

Example 1.4. The total sojourn in $(-\infty, -M(t)|\log M(t)|^c)$ is a.s. finite for $c > 1$, infinite for $0 \leq c \leq 1$.

Another general result, even more easily derived, is

Corollary 1.3. For fixed $\alpha > 0$, and Borel measurable $g(x) \leq x$, $0 < x < \alpha$,

$$P\left\{ B(t) \geq g(M(t)),\ 0 < t < M^{-1}(\alpha) \right\} = \exp - \int_0^\alpha (x - g(x))^{-1} dx.$$

Proof. Let $\lambda \to \infty$ in Corollary 1.1.

Section 2. Two and Three Intervals.

Continuing the notation of Section 1, let

$$X(a) = \int_0^{T^+(\alpha)} I_{(o,\ a)}(|B(t)|)\, dt = 2\int_0^a s^+ (T^+(\alpha),\ y)\, dy,$$

and similarly $Y(a) = 2\int_a^\infty s^+(T^+(\alpha),\ y)\, dy$.

The counterpart of Lemma 1.2 for the two intervals (o, a) and (a, ∞) is given by

Lemma 2.1. $E \exp - (\lambda X(a) + \mu Y(a))$

$$= \exp - \left\{ \alpha \sqrt{2\lambda} \left(\frac{\sqrt{\lambda} \tanh a\sqrt{2\lambda} + \sqrt{\mu}}{\sqrt{\mu} \tanh a\sqrt{2\lambda} + \sqrt{\lambda}} \right) \right\}.$$

Proof. The Laplace Transform in λ of the density of $X(a)$, conditional upon $2s^+ (T^+(\alpha), a) = \beta > 0$, is given by [4, Theorem 2.2] in the form (after trivial adjustment)

$$\left(\frac{\lambda\alpha}{\beta}\right)^{\frac{1}{2}} \frac{\operatorname{cosech} a\sqrt{2\lambda} \quad J_1 \left(2i\sqrt{\lambda\alpha\beta} \quad \operatorname{cosech} a\sqrt{2\lambda}\right)}{ip_0 \ (a;2\alpha,\beta) \exp\left((2\alpha+\beta)\sqrt{\frac{\lambda}{2}} \quad \operatorname{cotanh} a\sqrt{2\lambda}\right)},$$

where $p_0(a;\, 2\alpha, \beta)$ is the density of $2s^+(T^+(\alpha), a)$. When $\beta > 0$ is given, $X(a)$ and $Y(a)$ are independent and the latter has transform $\exp - \beta \sqrt{\frac{\mu}{2}}$, as seen in the proof of Lemma 1.1. Finally, we have
$P\left\{ s^+(T^+(\alpha), a) = 0 \right\} = \exp - \alpha a^{-1}$, and conditional upon this event, $Y(a) = 0$ a.s. and $X(a)$ has transform $\exp \ (\alpha a^{-1} - \sqrt{2\lambda} \ \operatorname{cotanh} \ a\sqrt{2\lambda})$, as given by [4, Theorem 2.1]. Combining these observations, and integrating term by term the series obtained by cancelling p_0 and substituting

$$J_1(x) = \sum_{j=0}^{\infty} \frac{(-1)^j}{j!(j+1)!} (x/2)^{1+2j}, \text{ we have}$$

$$\text{(2.1)} \quad E \exp - (\lambda X(a) + \mu Y(a)) = \exp - \alpha\sqrt{2\lambda} \quad \operatorname{cotanh} a\sqrt{2\lambda}$$

$$+ \int_0^{\infty} \left(\frac{\lambda\alpha}{\beta}\right)^{\frac{1}{2}} \frac{\operatorname{cosech} a\sqrt{2\lambda} \ J_1(2i\sqrt{\lambda\alpha\beta} \ \operatorname{cosech} a\sqrt{2\lambda}) \exp -\beta\sqrt{\frac{\mu}{2}}}{i \exp((2\alpha+\beta)\sqrt{\frac{\lambda}{2}} \quad \operatorname{cotanh} a\sqrt{2\lambda})} \, d\beta$$

$$= (\exp - \alpha\sqrt{2\lambda} \ \operatorname{cotanh} a\sqrt{2\lambda}) \left(\frac{\exp \sqrt{2} \ \alpha\lambda \ \operatorname{cosech}^2 a\sqrt{2\lambda}}{\sqrt{\mu} + \sqrt{\lambda} \quad \operatorname{cotanh} a\sqrt{2\lambda}} \right).$$

This reduces easily to the assertion of the Lemma.

It now follows exactly as in the proof of Theorem 1.1 and Corollary 1.1 that we have

Theorem 2.1. For Borel measurable $f(x) \geq 0$,

$$E \exp - \left(\lambda \int_0^{T^+(\alpha)} I_{(0,\ f(s^+(t)))}(|B(t)|)\,dt + \mu \int_0^{T^+(\alpha)} I_{(f(s^+(t)),\ \infty)}(|B(t)|)\,dt\right)$$

$$= \exp - \sqrt{2\lambda} \int_0^{\alpha} \frac{\sqrt{\lambda}\tanh\sqrt{2\lambda}\ f(x) + \sqrt{\mu}}{\sqrt{\mu}\tanh\sqrt{2\lambda}\ f(x) + \sqrt{\lambda}}\,dx\ ;\ \lambda,\ \mu > 0.$$

Corollary 2.1. For Borel measurable $g(x) \leq x$,

$$E \exp - \left(\lambda \int_0^{M^{-1}(\alpha)} I_{(g(M(t)),\alpha)}(B(t))\,dt + \mu \int_0^{M^{-1}(\alpha)} I_{(-\infty, g(M(t)))}(B(t))\,dt\right)$$

$$= \exp - \sqrt{2\lambda} \int_0^{\alpha} \frac{\sqrt{\lambda}\tanh\sqrt{2\lambda}\ (x - g(x)) + \sqrt{\mu}}{\sqrt{\mu}\tanh\sqrt{2\lambda}\ (x - g(x)) + \sqrt{\lambda}}\,dx.$$

As a first example, we can treat the case of a constant boundary.

Example 2.1. For $g(x) = c \leq 0$ in Corollary 2.1, we obtain by direct integration (setting $y = \exp\sqrt{2\lambda}\ (x - c))$ the expression

$$\frac{\sqrt{\lambda}\cosh c\sqrt{2\lambda} - \sqrt{\mu}\ \sinh c\sqrt{2\lambda}}{\sqrt{\lambda}\cosh(\alpha - c)\sqrt{2\lambda} + \sqrt{\mu}\ \sinh(\alpha - c)\sqrt{2\lambda}}$$

To obtain the formula of Taylor [5], we need to apply the following extension of Corollary 1.3:

Corollary 2.2. $E\left[\exp - \lambda M^{-1}(\alpha);\ B(t) \geq g(M(t)),\ 0 < t < M^{-1}(\alpha)\right]$

$$= \exp - \sqrt{2\lambda} \int_0^{\alpha} \operatorname{cotanh}\sqrt{2\lambda}\ (x - g(x))\,dx.$$

Proof. We first replace μ by $\lambda + \mu$ in Corollary 2.1, and then let $\mu \to \infty$.

Example 2.2. (Taylor [5], Williams [6]). For $c > 0$, let $T_c = \inf\{t: M(t) - B(t) > c\}$. Then $E \exp - (\lambda T_c + \nu M(T_c))$

$$= \delta\,[\,\delta \cosh \delta_c + \nu \sinh \delta c]^{-1}; \quad \delta = \sqrt{2\lambda},\ \nu > -\delta \operatorname{cotanh} \delta c.$$

Remark: This is the expression (1.5) from [6]. As noticed there, the general case of [5] follows from this by using the Cameron-Martin formula.

Proof. We first invert this transform in ν with λ fixed, to write equivalently

$$(2.2) \quad E\left[\exp - \lambda T_c;\ M(T_c) > \alpha\right]$$

$$= (\cosh \delta c)^{-1} \exp - (\alpha\delta \operatorname{cotanh} c\,\delta)$$

$$= E\left[\exp - \lambda T_c;\ M(t) - B(t) \le c,\ 0 < t < T^{+}(\alpha)\right].$$

Now since $M^{-1}(\alpha)$ is a stopping time with $\alpha = B(M^{-1}(\alpha))$, it is seen that the last expression in (2.2) becomes

$$(2.3) \quad E\left[\exp - \lambda M^{-1}(\alpha);\ M(t) - B(t) \le c,\ 0 < t < M^{-1}(\alpha)\right]$$

$$\cdot\ E\,(\exp - \lambda T_c).$$

Substituting $g(x) = x - c$ in Corollary 2.2, the first term of (2.3) is $\exp - \alpha\,\delta \operatorname{cotanh} c\,\delta$. The second factor is well-known to be $(\cosh \delta\, c)^{-1}$ (see for example [2, Section 2.6, Problem 2]), hence the derivation is complete.

Example 2.3. For $0 < \gamma < 1$ and $c, \alpha < 0$,

$$E\left[\exp - \lambda M^{-1}(\alpha);\ B(t) > \gamma M(t) - c,\ 0 < t < M^{-1}(\alpha)\right]$$

$$= \left(\frac{\sinh \sqrt{2\lambda}\ c}{\sinh \sqrt{2\lambda}\ (c + (1-\gamma)\alpha)}\right)^{\frac{1}{1-\gamma}}$$

Proof. By Corollary 2.2 with $g(x) = \gamma x - c$.

We proceed next to the case of two boundaries and three bounded intervals. Except for an inevitable increase of complexity, this reduces directly to the former situation. For $0 < a < b$, we set

$$X = X(a,b) = 2\int_0^a s^+(T^+(\alpha),\ y)\, dy,$$

$$Y = 2\int_a^b s^+(T^+(\alpha),\ y)\, dy,\ \text{and}$$

$$Z = 2\int_b^\infty s^+(T^+(\alpha),\ y)\, dy.$$

Now by the Markov property of $s^+(T^+(\alpha),\ y)$, we have from Lemma 2.1,

$$\begin{aligned} E \exp - (\lambda X + \mu Y + \nu Z) &= E\left[(\exp -\lambda X)(E(\exp - (\mu Y + \nu Z) \mid s^+(T^+(\alpha),a))\right] \\ &= E \exp - \left\{\lambda X + s^+(T^+(\alpha),a)\sqrt{2\mu}\left(\frac{\sqrt{\mu}\tanh (b-a)\sqrt{2\mu} + \sqrt{\nu}}{\sqrt{\nu}\tanh (b-a)\sqrt{2\mu} + \sqrt{\mu}}\right)\right\} \end{aligned}$$

This simply has the effect of replacing the factor $\exp - \beta\sqrt{\frac{\mu}{2}}$ in the integrand of (2.1) by

$\exp - \beta\sqrt{\frac{\mu}{2}}\left(\frac{\sqrt{\mu}\tanh (b-a)\sqrt{2\mu} + \sqrt{\nu}}{\sqrt{\nu}\tanh (b-a)\sqrt{2\mu} + \sqrt{\mu}}\right)$, or in other words of substituting a different value of μ in the right side of Lemma 2.1

In short, we have

<u>Lemma 2.2</u>

$$E \exp - (\lambda X + \mu Y + \nu Z) = \exp - \left\{\alpha\sqrt{2\lambda}\left(\frac{\sqrt{\lambda}\tanh a\sqrt{2\lambda} + \sqrt{\zeta}}{\sqrt{\zeta}\tanh a\sqrt{2\lambda} + \sqrt{\lambda}}\right)\right\},$$

where $\sqrt{\zeta} = \sqrt{\mu}\left(\frac{\sqrt{\mu}\tanh (b-a)\sqrt{2\mu} + \sqrt{\nu}}{\sqrt{\nu}\tanh (b-a)\sqrt{2\mu} + \sqrt{\mu}}\right)$.

As before, we have immediately

<u>Theorem 2.2.</u> For Borel measurable $f_2(x) \geq f_1(x) \geq 0$,

$$\begin{aligned} E \exp - \Big(\lambda \int_0^{T^+(\alpha)} I_{(0,f_1(s^+(t))}|B(t)|\,dt + \mu\int_0^{T^+(\alpha)} I_{(f_1(s^+(t)),f_2(s^+(t))}\\ |B(t)|\,dt + \nu\int_0^{T^+(\alpha)} I_{(f_2(s^+(t)),\infty)}\,|B(t)|\,dt\Big) \\ = \exp - \sqrt{2\lambda}\int_0^\alpha \frac{\sqrt{\lambda}\tanh\sqrt{2\lambda}\, f_1(x) + \sqrt{\zeta(x)}}{\sqrt{\zeta(x)}\tanh\sqrt{2\lambda}\, f_1(x) + \sqrt{\lambda}}\,dx, \quad \text{where} \end{aligned}$$

$$\sqrt{\zeta(x)} = \sqrt{\mu}\left(\frac{\sqrt{\mu}\ \tanh\ (f_2(x) - f_1(x))\sqrt{2\mu} + \sqrt{\nu}}{\sqrt{\nu}\ \tanh\ (f_2(x) - f_1(x))\sqrt{2\mu} + \sqrt{\mu}}\right).$$

Similarly, we have

Corollary 2.3. For Borel measurable $g_2(x) \le g_1(x) \le x$,

$$E\exp -\left(\lambda\int_0^{M^{-1}(\alpha)} I_{(g_1(M(t)),\alpha)}(B(t))\,dt + \mu\int_0^{M^{-1}(\alpha)} I_{(g_2(M(t)),\ g_1(M(t)))}(B(t))\,dt + \nu\int_0^{M^{-1}(\alpha)} I_{(-\infty,g_2(M(t)))}(B(t))\,dt\right)$$

$$= \exp - \sqrt{2\lambda}\int_0^{\alpha} \frac{\sqrt{\lambda}\ \tanh\sqrt{2\lambda}\ (x - g_1(x)) + \sqrt{\zeta(x)}}{\sqrt{\zeta(x)}\ \tanh\sqrt{2\lambda}\ (x - g_1(x) + \sqrt{\lambda}}\,dx\ ,$$

where $\sqrt{\zeta(x)} = \sqrt{\mu}\left(\frac{\sqrt{\mu}\ \tanh\ (g_1(x) - g_2(x))\sqrt{2\mu} + \sqrt{\nu}}{\sqrt{\nu}\ \tanh\ (g_1(x) - g_2(x))\sqrt{2\mu} + \sqrt{\mu}}\right)$.

As a first example, we can obtain the result quoted in the introduction.

Example 2.4.

$$E\exp - \lambda\int_0^{M^{-1}(\alpha)} I_{(a,b)}(B(t))dt = \frac{1 - b\sqrt{2\lambda}\ \tanh\ (b - a)\sqrt{2\lambda}}{1 + (\alpha - b)\sqrt{2\lambda}\ \tanh\ (b - a)\sqrt{2\lambda}};$$

$a < b < 0$.

Proof. In Corollary 2.3, we let $\lambda = \nu \to 0$, and then replace μ by λ. With $g_2(x) = a$ and $g_1(x) = b$, we are left with

$$\exp - \int_0^{\alpha} \frac{\sqrt{2\lambda}\ \tanh\ (b - a)\sqrt{2\lambda}}{(\sqrt{2\lambda}\ \tanh\ (b - a)\sqrt{2\lambda})(x - b) + 1}\,dx,$$ which is

integrated by an exponential substitution to give the result.

For a second example, we observe that if we let $v \to \infty$ in Corollary 2.3 with $g_2(x) = -\beta < 0$, we obtain the joint Laplace Transform in (λ, μ) of the sojourn times in $(g_1(M(t)),\alpha)$ and $(-\beta, g_1(M(t)))$ for the Brownian motion killed at both α and $-\beta$, over the set where this killing occurs at α. In this way we can obtain, for instance,

Example 2.5. For $T(\alpha,\beta) = \inf\{t:B(t) = \alpha \text{ or } -\beta\}$, $-\beta < 0 < \alpha$,

$$E \exp - \left(\lambda \int_0^{T(\alpha,\beta)} I_{(0,\alpha)}(B(t))dt + \mu \int_0^{T(\alpha,\beta)} I_{(-\beta,0)}(B(t))dt\right)$$

$$= I(\alpha,\beta,\lambda,\mu) + I(\beta,\alpha,\mu,\lambda) \text{ where}$$

$$I(\alpha,\beta,\lambda,\mu) = \sqrt{\lambda}\,(\sqrt{\lambda}\cosh \alpha\sqrt{2\lambda} + \sqrt{\mu}\sinh \alpha\sqrt{2\lambda}\,\mathrm{cotanh}\,\beta\sqrt{2\mu})^{-1}.$$

Proof. We set $g_1(x) = 0$, $g_2(x) = -\beta$, and let $v \to \infty$ in Corollary 2.3 to obtain

$$\exp - \sqrt{2\lambda}\int_0^{\alpha} \frac{\sqrt{\lambda}\tanh\sqrt{2\lambda}\,x + \sqrt{\zeta}}{\sqrt{\zeta}\tanh\sqrt{2\lambda}\,x + \sqrt{\lambda}}\,dx, \text{ where } \sqrt{\zeta} = \sqrt{\mu}\,\mathrm{cotanh}\,(\beta\sqrt{2\mu}).$$

The integral is evaluated by setting $c = 0$ and replacing $\sqrt{\mu}$ by $\sqrt{\zeta}$ in Example 2.1. This yields $I(\alpha,\beta,\lambda,\mu)$ for the contribution over the set where $B(t)$ reaches α before $-\beta$. The other term is obtained by the obvious symmetry.

As a last example, we extend the formula of H. M. Taylor (Example 2.2) to the joint sojourn times within two intervals of $M(t)$, for the process killed when $M(t) - B(t)$ reaches c. It is thought, with reference to the stock market application of [5], that this might have a bearing on the question of when to "sell early."

Example 2.6. In the notation of Example 2.2, for $0 < a < c$ we have

$$(2.4)\quad E\exp -\left(\lambda\int_0^{T_c} I_{(M(t)-a,\,M(t))}(B(t))dt\right.$$

$$\left. + \mu\int_0^{T_c} I_{(M(t)-c,\,M(t)-a)}(B(t))dt + \nu M(T_c)\right)$$

$$= \sqrt{2\lambda\mu}\Big[\sqrt{2\lambda}\,(\sqrt{\lambda}\sinh a\sqrt{2\lambda}\sinh (c-a)\sqrt{2\mu}$$

$$+ \sqrt{\mu}\cosh a\sqrt{2\lambda}\cosh (c-a)\sqrt{2\mu})$$

$$+ \nu\,(\sqrt{\lambda}\cosh a\sqrt{2\lambda}\sinh (c-a)\sqrt{2\mu}$$

$$+ \sqrt{\mu}\sinh a\sqrt{2\lambda}\cosh (c-a)\sqrt{2\mu})\Big]^{-1}.$$

Proof. We proceed as in Example 2.2 to obtain the inversion of the transform in ν, integrated from α to ∞. The same argument as there shows that this factors into

$$A\cdot E\Big[\exp -\Big(\lambda\int_0^{M^{-1}(\alpha)} I_{(M(t)-a,\,M(t))}(B(t))dt$$

$$+ \mu\int_0^{M^{-1}(\alpha)} I_{(M(t)-c,\,M(t)-a)}(B(t))\Big)\,;$$

$$M(t)-B(t)\le c,\; 0<t<T^+(\alpha)\Big],$$

where A is (2.4) with $\nu = 0$. Now the last factor is obtained from Corollary 2.3 by setting $g_1(x) = x - a$, $g_2(x) = x - c$, and letting $\nu \to \infty$. Since $\lim_{\nu\to\infty} \zeta(x) = \mu \operatorname{cotanh}^2 (c-a)\sqrt{2\mu}$, this leads to the expression

$$\exp -\alpha\sqrt{2\lambda}\left(\frac{\sqrt{\lambda}\tanh a\sqrt{2\lambda} + \sqrt{\mu}\operatorname{cotanh}(c-a)\sqrt{2\mu}}{\sqrt{\mu}\operatorname{cotanh}(c-a)\sqrt{2\mu}\tanh a\sqrt{2\lambda} + \sqrt{\lambda}}\right).$$

Since A does not involve α, we can introduce the transform variable ν of (2.4) by differentiating the above and then forming the transform in v. This leads to an expression with denominator given by the bracket on the right of (2.4), and numerator

$$(2.5)\quad \sqrt{2\lambda}\ (\sqrt{\lambda}\ \sinh a\sqrt{2\lambda}\ \sinh (c-a)\sqrt{2\mu} + \sqrt{\mu}\ \cosh a\sqrt{2\lambda}\ \cosh (c-a)\sqrt{2\mu}).$$

Turning to the factor A, by Lévy's equivalence $M - B \equiv |B|$ we have

$$A = E\exp -\left(\lambda\int_0^{T(-c,c)} I_{(0,a)}|B(t)|dt + \mu\int_0^{T(-c,c)} I_{(a,c)}|B(t)|dt\right),$$

with $T(-c,c)$ as in Example 2.5. Letting $A(x)$ denote the same expression with E^x in place of E $(A = A(0))$, we can easily compute $A(x)$ by the method of [2, 2.6]. We write $A(x) = 1 - F(x)$, where F is the continuously differentiable solution on $(0,c)$ of

$$\left(\frac{1}{2}\frac{d^2}{dx^2} - f_1\right) F = -f \quad ; \quad f(x) = \lambda\, I_{(0,a)}(x) + \mu\, I_{(a,c)}(x),$$

with $F(0) = 0$ and $F(c) = 0$. Then we set

$$F = \begin{cases} 1 + c_1 \cosh a\sqrt{2\lambda}\ x & \text{for } 0 \le x < a \\ 1 + c_2 \sinh (c-x)\sqrt{2\mu} + c_3 \cosh (c-x)\sqrt{2\mu} & \text{for } a \le x \le c. \end{cases}$$

From $F(c) = 0$ we have $c_3 = -1$, whence using continuity of F' at $x = a$ to eliminate c_2 we obtain finally

$$c_1 = -\sqrt{\mu}\ (\sqrt{\lambda}\ \sinh a\sqrt{2\lambda}\ \sinh (c-a)\sqrt{2\mu} + \sqrt{\mu}\ \cosh a\sqrt{2\lambda}\ \cosh(b-a)\sqrt{2\mu}).$$

Evaluating $A(0)$ and multiplying by (2.5) now completes the proof.

Addendum

An interesting application of Example 1.2 was brought to my attention by Professor D.L. Burkholder. In Theorem 5.2 of [7], he showed the existence of constants $\beta_p > 0$, $0 < p < 1$, such that if

$$\tau = \inf\{t: B(t) < c_1 M(t) - c_2\},$$

$c_1 < 1$, $c_2 > 0$, then $E\,\tau^{p/2}$ is finite or infinite according as $c_1 > -\beta_p$ or $c_1 \le -\beta_p$. Using Example 1.2 we will show that $\beta_p = p^{-1}-1$. First we let $\lambda \to \infty$ to obtain

$$P\{B(t) \ge c_1 M(t) - c_2,\ 0 \le t < M^{-1}(\alpha)\}$$
$$= (1 + \alpha \frac{(1-c_1)}{c_2})^{-(1-c_1)^{-1}}$$
$$= P\{M(\tau) \ge \alpha\}.$$

Differentiating yields the density of $M(\tau)$ to be $c_2^{(1-c_1)^{-1}}(c_2 + (1-c_1)\alpha)^{-(2-c_1)(1-c_1)^{-1}}$. Now it is shown in [7] that there are constants c_p and C_p such that, for $0 < p < 1$, $c_p E\,\tau^{p/2} \le EM^p(\tau) \le C_p E\tau^{p/2}$. Since $EM^p(\tau) < \infty$ if and only if $p - (2-c_1)(1-c_1)^{-1} < -1$, or $c_1 > 1-p^{-1}$, the same applies to $E\,\tau^{p/2}$.

REFERENCES

1. W. Feller, An introduction to probability theory and its applications, Vol. II, 2nd corrected printing, Wiley, New York, 1966.

2. K. Ito and H. P. McKean, Jr., Diffusion processes and their sample paths, Springer, Berlin, 1965.

3. F. B. Knight, Random walks and a sojourn density process of Brownian motion, Trans. Amer. Math. Soc. 109 (1963), 56-86.

4. F. B. Knight, Brownian local times and taboo processes, Trans. Amer. Math. Soc. 143 (1969). 173-185

5. H. M. Taylor, A stopped Brownian motion formula, Ann. Probability 3(1975), 234-246.

6. D. Williams, On a stopped Brownian motion formula of H. M. Taylor, Seminaire de Probabilities X, Strasbourg, (1976), 235-239, Lecture Notes in Math. 511, Springer, Berlin, 1976.

7. D.L. Burkholder, One-sided maximal functions and H^p. Journal of functional analysis 18(1975), 429-454.

Department of Mathematics
University of Illinois

Université de Strasbourg
Séminaire de Probabilités 1977/78

Some remarks on Malliavin's comparison lemma and related topics

by

J.C. Taylor

Introduction. Let M be a connected non-compact C^3-manifold and let L be a strictly elliptic second order differential operator on M with locally Lipschitz coefficients. If $K \subset M$ is compact with non-void interior let e_K denote its equilibrium potential. If h is a non-degenerate C^3-function on $M\setminus K$ valued in $]1, +\infty[$ the comparison lemma in question gives upper and lower estimates for $e_K(y)$ of the form $c\, a(h(y))$, where a is the equilibrium potential for $]1, +\infty]$ corresponding to appropriate diffusions on $\mathbb{R}$ that are explicitly described in terms of h and the operator L.

A purely analytic (and short) proof of these estimates (for locally Hölder continuous coefficients) due to Azencott (and inspired by [6] and [11]) appears as part of the proof of proposition 5.2 in [2]. However, Malliavin [7] obtains these estimates by comparing the trajectories of various diffusions and this article, which presents Malliavin's ideas (and additional remarks), can be viewed as an illustration of the use of various probabilistic techniques.

In particular it is remarked that the functoriality of diffusions follows immediately once they are defined as solutions to the martingale problem.

1°. The diffusion associated with L. For simplicity (and also because [1] is not generally available) it will be assumed $L1=0$. An exposition of Azencott's arguments for this case is given in [12] (the general situation being considered in [1]).

Let M be a connected manifold of class C^2.

If (U,ϕ) is a chart of M and $u \in C^2(M)$ then

$$(Lu)\circ\phi^{-1}(x) = \frac{1}{2}\sum_{i,j=1}^{n} a_{ij}(x)\frac{\partial^2 v}{\partial x_i \partial x_j} + \sum_{i=1}^{n} b_i(x)\frac{\partial v}{\partial x_i}$$

where $v\circ\phi = u$. The coefficients are assumed to be locally Hölder continuous and the matrix $(a_{ij}(x))$ to be positive definite.

Denote by $\Omega(M)$ the set of continuous functions $\omega : \mathbb{R}^+ \to M \cup \{\partial\}$ (the one-point compactification of M) that are absorbed by ∂ i.e. $\omega(t) = \partial$ implies $\omega(t+s) = \partial$ for all $s > 0$. Let $X_t : \Omega(M) \to M \cup \{\partial\}$ be the canonical coordinate maps $X_t(\omega) = \omega(t)$ and let $\underline{\underline{F}}_t = \sigma\{X_s \mid 0 \le s \le t\}$. Define $\delta(\omega) = \inf\{t \mid X_t(\omega) = \delta\}$.

Let $X(M) = (\Omega(M), \underline{\underline{F}}_t, X_t, \zeta)$.

Definition 1. A probability P on $(\Omega(M), \underline{\underline{F}}_\infty)$ is said to be a solution of the (x,L)-martingale problem if

(1) for all $f \in C_c^2(M)$, i.e. twice continuously differentiable and with compact support,

$$C_t^f = f\circ X_t - f\circ X_0 - \int_0^t Lf\circ X_s ds$$

is a martingale with respect to $(\Omega(M), \underline{\underline{F}}_t, P)$; and

(2) $P\{X_0 = x\} = 1$.

Theorem 2. (Azencott; cf [12]).

For all $x \in M$ there is one and only one solution P^x to the (x,L)-martingale problem.

Definition 3. $(\Omega(M), \underline{\underline{F}}_t, X_t, P^x)_{x\in M} = (X(M), P^x)_{x\in M}$ is called the diffusion associated with L.

It turns out (see [12]) that because of the above uniqueness the process $(X(M), P^x)_{x\in M}$ satisfies the strong Markov property. In [2] Azencott characterizes its transition semigroup as the minimal sub-Markovian semigroup (P_t) such that for all $f \in C_c^2(M)$

(a) $(\frac{\partial}{\partial t} - L)P_t f = 0$, and

(b) $\lim_{t\to 0} P_t f(x) = f(x)$ for all $x \in M$.

The functoriality of the diffusion.

Consider M_1, M_2 two connected C^2-manifolds and let $\psi : M_1 \to M_2$ be a proper map of class C^2. Let L_1, L_2 be two strictly elliptic operators on the corresponding manifolds for which $L_1 1$ and $L_2 1$ are both zero and such that, for all $f \in C_c^2(M_2)$

$$L_1(f\circ\psi) = (L_2 f)\circ\psi .$$

Let $(P^x)_{x\in M_1}$ and $(Q^y)_{y\in M_2}$ be the families of probabilities that define the corresponding diffusions.

Proposition 4. The canonical map $\Omega(\psi) : (M_1) \to \Omega(M_2)$ induced by ψ sends P^x to $Q^{\psi(x)}$ for all $x \in M_1$. In other words, the diffusion associated to L is a covariant functor on the obvious category.

Proof: The formula $X_t^2 \circ \Omega(\psi) = \psi \circ X_t^1$ for all $t > 0$ determines $\Omega(\psi)$. Let $x\in M_1$ and let $Q = \Omega(\psi)_* P^x$ be the image of P^x under $\Omega(\psi)$. It is then easy to see that Q is a solution of the $(\psi(x), L_2)$-martingale problem.

Remarks. 1. The result is not new. It is merely another way of showing the functoriality of the semigroup with infinitesimal generator L which can be realised as the transition semigroup of a strong Markov process.

2. Use of [1] rather than [12] allows one to drop the condition that $L_i 1 = 0$.

3. A particular case of this situation is known as the theorem of Eells-Malliavin (see [8] p.168).

4. Let $M_1 = \mathbb{R}^n\backslash\{0\}$, $M_2 = \mathbb{R}^+$ and $\psi(x) = \|x\|$. If $L_1 = \Delta$ and $L_2 g = g'' + \frac{(n-1)}{\|x\|} g'$ then the image of Brownian motion on M_1 under ψ is the appropriate Bessel process on $\mathbb{R}^+$ (pointed out by J. Faraut).

5. The properness of ψ is used twice. First, to define $\Omega(\psi)$ and secondly to ensure that for all $f \in C_c^2(M_2)$ $(foX_t^2 - foX_0^2 - \int_0^t L_2\, foX_s^2 ds)o\Omega(\psi)$ is integrable (because it is exactly $(fo\psi)oX_t^1 - (fo\psi)oX_0^1 - \int_0^t L_1(fo\psi)oX_s^1 ds$!) . The arguments given on p.109 of [12] suggest that the first use is not essential and consequently the result is probably true as long as the integrability is preserved. The case of a fibration with non-compact fibre is perhaps worth considering

3°. <u>The associated increasing process.</u>

Let M and L be as in 1° and for $f \in C^2(M)$ let $C_t = C_t^f = foX_t - foX_0 - \int_0^t LfoX_s ds$. Then for all $x \in M$, (C_t) is a local martingale on $(\Omega(M), \underline{\underline{F}}_t, \zeta, P^x)$ in the sense that there is an increasing sequence (T_n) of stopping times $T_n < \zeta$ such that $(C_t^{T_n})$ is a uniformly integrable martingale for all n . Consequently it is natural to determine the increasing process associated with (C_t^2) up to ζ (i.e. to compute $< C,C >_t$) .

<u>Theorem 5.</u> Let $f \in C^2(M)$. Then, for each x , $< C,C >_t = \int_0^t \|\nabla f\|^2 oX_s ds$ on $[0,\zeta)$ where $\|\nabla f\|^2 = Lf^2 - 2fLf$, which in local coordinates (U,ϕ) is $\Sigma a_{ij}(x) \frac{\partial g}{\partial x_i}\frac{\partial g}{\partial x_i}$ with $go\phi = f$ (the square of the length of the intrinsic gradient of f associated with L) .

Proof: Before giving a complete proof of this result the special case of $M = \mathbb{R}^n$ will be discussed and then an easy "proof" will be given which unfortunately contains a flaw .

<u>1) $M = \mathbb{R}^n$</u> . If σ is a positive square root of a then the solution P^y of the (y,L) -martingale problem can be constructed via the unique solution of the stochastic integral equation

$$Y_t = y + \int_0^t \sigma(Y_s)dB_s + \int_0^t b(Y_s)d_s$$

where (B_s) is Brownian motion on $\mathbb{R}^n$ and $b(x) = (b_1(x),\ldots,b_n(x_1))$ (see Girsanov [5] theorem 3).

For $f \in C^2(M)$ Ito's lemma states that

$$foY_t = f(y) + \sum_{i=1}^n \int_0^t \frac{\partial f}{\partial y_i}(Y_s)dY_s^i + \frac{1}{2}\sum_{i,j=1}^n \int_0^t \frac{\partial^2 f}{\partial y_i \partial y_i}(Y_s)d < Y^{ic}, Y^{jc} >_s =$$

$$= f(y) + \sum_{i=1}^n \int_0^t \sum_{j=1}^n \frac{\partial f}{\partial y_i}(Y_s)\sigma_{ij}(Y_s)dB_s^j + \sum_{i=1}^n \int_0^t b_i(Y_s)\frac{\partial f}{\partial y_i}(Y_s)ds$$

$$+ \frac{1}{2}\sum_{i,j=1}^n \int_0^t a_{ij}(Y_s)\frac{\partial^2 f}{\partial y_i \partial y_j}(Y_s)ds$$

where Y_t^i and B_t^i denote the i -coordinate of the vector Y_t (resp. B_t) and $Y_t^{ic} = \int_0^t \sum_{j=1}^n \sigma_{ij}(Y_s)dB_s^j$

Consequently

$C_t^f = foY_t - foY_o - \int_0^t LfoY_s ds = \sum_{j=1}^n \int_0^t (\text{grad } f.\sigma)_j oY_s dB_s^j$ and hence $< C^f, C^f >_t =$

$= \int_0^t \|\text{grad } f.\sigma\|^2 oY_s ds = \int_0^t \|\nabla f\|^2 oY_s ds$.

<u>Remark</u>. This shows that the result holds in general up to the exit time from a coordinate neighbourhood of x and so we could hope to prove it in general by patching things together with stopping times.

2) <u>An incomplete proof for general M</u> .

In the second article in [9] on the Littlewood-Paley inequalities MEYER defines a weak-type of infinitesimal generator A for the transition semigroup (P_t) of a "right" process. Specifically, $f \in D(A)$ and $Af = g$ if

1) f is bounded and universally measurable on the state space E ;

2) g is universally measurable on E and $U_p|g|$ is bounded for all $p > 0$ (where (U_p) is the associated resolvent) ; and

3) for all $p > 0$, $f = U_p(pf - g)$.

In the present context it is clear that, for each $f \in C_c^2(M)$, $P_t f - P_s f =$

$\int_s^t P_u Lf du$ and so $\frac{\partial}{\partial t} P_t f(x) = P_t Lf(x)$. Hence, $U_p Lf = \int_0^\infty e^{-pt}(\frac{\partial}{\partial t} P_t f)dt = -f + pU pf$

which implies $f \in D(A)$ and $Af = Lf$. Now providing $D(A)$ is an algebra the computation of $< C^f, C^f > t$ as $Af^2 - fAf$ given in [9] p. 145 is applicable. However, it is not known whether $D(A)$ is an algebra and consequently the proof is incomplete.

The fact that $C_c^2(M)$ is an algebra does however play a key role in the following proof.

3) <u>A martingale proof</u> (suggested by both MEYER and YOR , details due to YOR, c.f. article by YOR in this volume).

First of all note that it suffices to prove the result for $f \in C_c^2(M)$ since the general result is obtained by using a sequence (T_n) of stopping times $T_n < \zeta$ that increase to ζ .

If $f \in C_c^2(M)$ then as noted above $f \in D(A)$ and so (C_t^f) is a martingale that is locally square integrable (MEYER [10] p. 143).

If $J_t = (C_t^f)^2$ and $\Gamma_t = foX_0 + \int_0^t LfoX_s ds$ then

$J_t = f^2 oX_t + \Gamma_t^2 - 2(foX_t)\Gamma_t = f^2 oX_t + \Gamma_t^2 - 2\{C_t^f + \Gamma_t\}\Gamma_t = f^2 oX_t - 2C_t^f\Gamma_t - \Gamma_t^2$.

Set $Q_t \equiv R_t$ if $(Q_t - R_t)$ is a local martingale. Then, since $f^2 \in C^2(M)$, $f^2 oX_t \equiv \int_0^t Lf^2 oX_s ds$, $C_t^f \Gamma_t \equiv \int_0^t C_s^f d\Gamma_s$ (see MEYER [10] theorem 38 p. 315) and $\Gamma_t^2 - \Gamma_0^2 = 2\int_0^t \Gamma_s d\Gamma_s$. It then follows that

$$J_t \equiv \int_0^t Lf^2 oX_s ds - 2\int_0^t \{C_s^f + \Gamma_s\} d\Gamma_s$$
$$= \int_0^t \{Lf^2 - 2fLf\} oX_s ds .$$

Consequently, $< C^f, C^f >_t - \int_0^t \{Lf^2 - 2fLf\} oX_s ds$ is a local martingale that is previsible and of bounded variation. Hence, it is constant. Since it vanishes at zero this completes the proof.

4. The corresponding time change

Let $f \in C^2(M)$ and consider the additive functional $A_t = \int_0^t \|\nabla f\|^2 oX_s ds$ ($= < C^f, C^f >_t$ where $C_t^f = foX_t - foX_0 - \int_0^t LfoX_s ds$) defined for all $t > 0$ (note that $\|\nabla f\|^2(\delta) = 0$ by convention). Set $\sigma = \sup A_t$ and denote by T_s the stopping time equal to $\inf\{t < \zeta | A_t > s\}$ with the convention that $\inf \phi = \zeta$. Then $A_{T_s} = s \wedge \sigma$, for all $s \geq 0$.

As is shown in the appendix, the random variable $M_s = C_{T_s}^f$ is defined for all $s > 0$ (not only on $\{s<\sigma\}$) by a limit argument and satisfies

$$foX_{T_s} = foX_{T_0} + M_s + \int_0^{T_s} LfoX_u du ,$$

where foX_{T_s} is defined appropriately if $\sigma \leq s$ (note that $T_s = \zeta$ if $\sigma \leq s$).

If $\|\nabla f\|^2(u) > 0$ for all x, i.e. if f is non-degenerate, then

$\int_0^{T_s} LfoX_u du = \int_0^s (aoX_{T_v}) dv$ where $a = (Lf)/\|\nabla f\|^2$, providing $s \leq \sigma$. Consequently, for $s \leq \sigma$, if $Y_s = foX_{T_s}$, $Y_s = Y_0 + M_s + \int_0^s (aoX_{T_v}) dv$. MALLIAVIN [7] remarks that (M_s) is a Brownian motion. As shown in the appendix, this is so up to the $(\underline{F}_{T_s})_s$ -stopping time σ. In other words, (M_s) is a stopped Brownian motion.

5°. The comparison lemma.

Let $K \subset M$ be compact with non-void interior and consider the equilibrium potential e_K of K on $M\backslash K$ i.e. $e_K(x) = E^x[T<\zeta]$ where T is the hitting time of K. It suffices to study e_K on a connected component of $M\backslash K$ and so to simplify notation it will be assumed that $M\backslash K$ is connected.

Denote by f a non-degenerate proper C^3 -function defined on a neighbourhood of $(\overset{\circ}{K})^c$ with values in $\mathbb{R}^+$. Then $f(M\backslash K)$ is an interval I with end points $a<b$ and it will be assumed that as $x \to \partial$ in M $f(x)$ converges to b. Replacing f by $\frac{1}{b-f}$ if $b<\infty$ it is clear that one can assume $b = +\infty$. To simplify matters it will be assumed that $\partial K = \{f = 1\}$.

Let u be a C^2 -function on I. Then $L(uof) = \frac{1}{2}\|\nabla f\|^2(u''of) + Lf(u'of) = \frac{1}{2}\|\nabla f\|^2\{u''of + a(uof)\}$ where $a = \frac{Lf}{\|\nabla f\|^2}$ as can be seen by a computation in local coordinates. Consequently, the differential operator L modulo $\|\nabla f\|^2$ factors through f if and only if a is constant on the level hypersurfaces of f. In this case the "radial" behaviour of the diffusion associated with L on $M\backslash K$ can be reduced to that of a 1 -dimensional diffusion on $\mathbb{R}$. However, when this is not so estimates are obtained for the behaviour of e_K on $M\backslash K$ by studying two diffusions on $\mathbb{R}$.

Let $a^+(r) = \max\{Lf(x)/\|\nabla f\|^2(x) \mid f(x) = r\}$ and $a^-(r) = \min\{Lf(x)/\|\nabla f\|^2(x) \mid f(x) = r\}$. These two functions can be extended from $[1,\infty)$ to all of $\mathbb{R}$ so as to be Hölder-continuous functions on $\mathbb{R}$ since $f \in C^3$. The two diffusions in question are determined by the differential operators $D^+ = \frac{1}{2}\frac{d^2}{dr^2} + a^+\frac{d}{dr}$ and $D^- = \frac{1}{2}\frac{d^2}{dr^2} + a^-\frac{d}{dr}$.

Fix $x \in M\backslash K$ and hence $f(x) = r \in \mathbb{R}$. Let $U = \{1<f\}$ and let T be the hitting time of U^c for the diffusion on M. The strictly increasing process $(A_{t\wedge T})$, $A_t = \int_0^t \|\nabla f\|^2 oX_s ds$ determines a time change (T_s) such that if $Y_t = foX_{T_t}$ and $M_t = C^f_{t\wedge T}$ then:

(1) $Y_t = Y_0 + M_t + \int_0^t aoX_{T_v} dv$; and

(2) (M_t) is a Brownian motion stopped at $\sigma^T = \sup_t A_{t\wedge T}$.

Let α denote either a^+ or a^- and let (U_t) be the solution of the stochastic integral equation

$$U_t = r + \int_0^t (1oU_s) dM_s + \int_0^t \alpha oU_s ds ,$$

for the existence and uniqueness, see [5]).

When $\alpha = a^\pm$ let $U_t^\pm$ denote the corresponding solution.

<u>Proposition 6.</u> (Comparison Lemma).

The following results hold:

(1) $U_t^- \le Y_t \le U_t^+$ for all $t < \sigma^T$

(2) $foX_T = \infty \Rightarrow U^+_{S^+} = \infty$

(3) $foX_T = 1 \Rightarrow U^-_{S^-} = 1$, where $S^\pm$ are the exit times from $(1,\infty)$ of the processes $(U_t^\pm)$.

Proof: (MALLIAVIN [7]). To prove (1) first replace a^+ by $a^+ + \varepsilon$ and let $(U_t^{+\varepsilon})$ be the corresponding solution. Then the following modification of a lemma due to SKOROKHOD ([13] p.125) shows that $Y_t \le U_t^{+\varepsilon}$ for all $t > 0$. Let $G_t = U_t^{+\varepsilon} - Y_t$ and $k_t = a^+ oU_t^{+\varepsilon} - aoX_{T_t}$. Then $G_t = \varepsilon t + \int_0^t k_s ds$ P^x-a.s. since $P^x\{X_0 = x\} = 1$ implies $Y_0 = r$ P^x-a.s. Let $S = \inf\{t \mid 0<t<\sigma^T, G_t \le 0\}$. Then S is an $(\underline{\underline{F}}_{T_s})$ stopping time and $S > 0$ P^x-a.s.. This follows since k_t is continuous in t, $k_0 = a^+(r) - a(x) \geqslant 0$ and so $k_t(\omega) > -\varepsilon$ for $0 \leqslant t < \delta(\omega)$. If $t' = S(\omega) < \infty$ then $G_S(\omega) = 0$, $k_S(\omega) = a^+(f(X_{T_{t'}}(\omega))) - a(X_{T_{t'}}(\omega)) \geqslant 0$. Since $k_t(\omega) > -\varepsilon$ if $S(\omega) - \delta_1(\omega) < t \leqslant S(\omega)$ it follows that for such t, $0 < G_t(\omega) - G_S(\omega) \leqslant \varepsilon(t - S(\omega)) - \varepsilon(t - S(\omega)) = 0$. Consequently, $S(\omega) = +\infty$ P^x-a.s. i.e. $G_t > 0$ on $\{t<\sigma^T\}$.

Similarly, replacing a^- by $a^- - \varepsilon$ it follows that $U_t^{-\varepsilon} \leqslant Y_t$ for all $t \geqslant 0$.

To complete the proof of (1) it therefore suffices to show that $\lim_{\varepsilon \downarrow 0} U_t^{\pm\varepsilon} = U_t^{\pm}$. In view of Girsanov's result on uniqueness [5], this follows from YAMADA [14] (Theorem 1.2).

The remaining statements (2) and (3) are immediate consequences of (1) since δ (the lifetime of the diffusion on $M \setminus K$) can be viewed as the entrance time of $K \cup \{\delta\}$ when starting from $x \in M \setminus K$.

°. Extension of the stopped Brownian motion (M_t).

If the martingale (M_t) on $(\Omega(M), \underline{\underline{F}}_{T_t}, P^x)$ was in fact a Brownian motion then the solution (U_t) of the stochastic integral equation

$$U_t = r + M_t + \int_0^t \alpha o U_s ds$$

would describe the diffusion on $\mathbb{R}$ starting from r that corresponds to the infinitesimal generator $\frac{1}{2}\frac{d^2}{dr^2} + \alpha\frac{d}{dr}$.

Then the comparison lemma could be directly applied to show that $P^x\{U_{S-}^- = 1\} \leq e_K(x)$ and $1 - e_K(x) \leq P^x\{U_{S+}^+ = +\infty\} = 1 - P^x\{U_{S+}^+ = 1\}$ where $e_K(x) = P^x\{foX_T = 1\}$ and $T = T_{U^c}$. Hence, $P^x\{U_{S+}^+ = 1\} \leq e_K(x) \leq P^x\{U_{S-}^- = 1\}$, where the times $S^{\pm}$ now refer to exit from $(1, +\infty)$.

Therefore, in some way (U_t) has to be extended so as to describe the diffusion on $\mathbb{R}$. Malliavin does this by tacking onto the trajectories $t \rightsquigarrow U_t(\omega)$ the trajectories of the diffusion on $\mathbb{R}$ that start from $U_\sigma(\omega)$. As he points out "this identification is not completely straightforward and a little additional construction seems to be needed [7]".

Rather than follow this route I propose to outline results of DAMBIS [3] which immediately permit (M_t) to be "extended" so as to give a Brownian motion (a trick used in [3]) on a larger probability space. This will then quickly give the desired extension of the process (U_t).

Let $(\Omega, \underline{\underline{F}}_t, \underline{\underline{F}}, P)$ satisfy "les hypothèses droites". Denote by (X_t) and (Y_t) two right continuous martingales on this space and let T be a stopping time. Set $Z_t = X_{t\wedge T} + Y_t - Y_{t\wedge T}$.

Theorem 7. (DAMBIS [3]) (Z_t) is a right continuous martingale. Furthermore, if (X_t) and (Y_t) are square integrable with (A_t) and (B_t) the corresponding associated increasing processes, (Z_t) is square integrable and the increasing process (C_t) associated with (Z_t) is given by the formula

$$C_t = A_{t\wedge T} + B_t - B_{t\wedge T}.$$

Corollary 7. Let (M_t) be a Brownian motion on $(\Omega, \underline{\underline{G}}_t, \underline{\underline{G}}, P)$ stopped at the stopping time T. Then there exists (i) a Brownian motion $(\overline{\Omega}, \overline{\underline{\underline{F}}}_t, \overline{\underline{\underline{F}}}, \overline{B}_t, \overline{P})$, (ii) an $(\overline{\underline{\underline{F}}}_t)$-stopping time $\overline{T}$, and (iii) a map $\pi: \overline{\Omega} \to \Omega$ such that:

(1) $T o \pi = \overline{T}$;

(2) $M_t o \pi = \overline{B}_{t\wedge T}$; and

(3) $\pi_* \overline{P} = P$ on $\underline{\underline{G}}$.

Proof: (DAMBIS) Let (B_t) be a Brownian motion on $(\Lambda, \underline{\underline{H}}_t, \underline{\underline{H}}, Q)$.
Let $\bar{\Omega} = \Omega \times \Lambda$, $\bar{\underline{\underline{F}}}_t = \underline{\underline{G}}_t \otimes \underline{\underline{H}}_t$, $\bar{\underline{\underline{F}}} = \underline{\underline{G}} \otimes \underline{\underline{H}}$ and $\bar{P} = P \otimes Q$. Define $\tilde{M}_t = M_t o\pi$ where $\pi(\omega,\lambda) = \omega$ and $\tilde{B}_t = B_t o\rho$ where $\rho(\omega,\lambda) = \lambda$. Then $(\tilde{M}_t)$ and $(\tilde{B}_t)$ are continuous martingales on $(\bar{\Omega}, \bar{\underline{\underline{F}}}_t, \bar{\underline{\underline{F}}}, \bar{P})$. Furthermore $(\tilde{M}_t)$ stops at $\bar{T} = To\pi$, which is an $(\bar{\underline{\underline{F}}}_t)$ -stopping time.

Define $\bar{B}_t = \tilde{M}_t + \tilde{B}_t - \tilde{B}_{t\wedge\bar{T}}$. Then $(\bar{B}_t)$ is a square integrable continuous martingale whose associated increasing process is $\bar{T}\wedge t + t - \bar{T}\wedge t = t$.

Proposition 8. Let (V_t) be the solution of the stochastic integral equation on $\bar{\Omega}$

$$(*) \quad V_t = r + \bar{B}_t + \int_0^t \alpha o V_s ds .$$

Let (U_t) be the solution of the stochastic integral equation on Ω

$$U_t = r + M_t + \int_0^t \alpha o U_s ds .$$

Then $U_t o\pi = V_{t\wedge\bar{T}}$.

Proof: $(V_{t\wedge\bar{T}})$ is the solution of the stochastic integral equation

$V_t = r + \bar{B}_{t\wedge\bar{T}} + \int_0^{t\wedge\bar{T}} \alpha o V_s ds$. Since $(U_t o\pi)$ solves the same equation the result follows.

Let $S^{\pm}$ be as in the statement of proposition 6. Let $R^{\pm}$ be the exit times from $(1, +\infty)$ for the diffusion on $\mathbb{R}$ with differential generator $D^{\pm}$. Since these diffusions when started from r can be realized by $V^{\pm}$ (solutions of equation $(*)$ with $\alpha = a^{\pm}$) $\pi^{-1}\{U^+_{S^+} = \infty\} \subset \{V^+_{R^+} = \infty\}$ and $\pi^{-1}\{U^-_{S^-} = 1\} \subset \{V^-_{R^-} = 1\}$. Consequently, the previous corollary (3) and the comparison lemma imply the following result.

Corollary 9.

$$P^x\{f(X_T) = \infty\} \leq \bar{P}^x\{V^+_{R^+} = \infty\} \text{ and}$$

$$P^x\{f(X_T) = 1\} \leq \bar{P}^x\{V^-_{Q^-} = 1\} .$$

Finally, in view of the equations $(*)$ with $\alpha = a^{\pm}$ it follows that $\bar{P}^x\{V^+_{R^+} = \infty\} = 1 - h^+(r)$ and $\bar{P}^x\{V^-_{R^-} = 1\} = h^-(r)$ where $h^{\pm}$ are the solutions of the Dirichlet problem for $D^{\pm}$ on $(1,\infty)$ with boundary value $1_{\{1\}}$. Hence, this yields.

Corollary 8. $h^+(r) \leq e_K(x) \leq h^-(r)$.

Appendix. The definition and properties of (M_s)

1. Let $C^f_t = C_t = foX_t - foX_0 - \int_0^t LfoX_u du$. Then, for all x, (C_t) is a local martingale on $(\Omega, \underline{\underline{F}}, \underline{\underline{F}}_t, P^x)$. Let (T_n) be a sequence of stopping times $T_n < \zeta$ that reduces (C_t) ([10] p.292) and the local martingale $(C^2_t - A_t)_t$, where $A_t = \int_0^f \|\nabla f\|^2 oX_s ds$.

2. Fix $s = a$ and consider $(C_{t\wedge T_a})_t$ with associated increasing process $(A_{t\wedge T_a})_t$. Then (T_n) reduces the local martingale $(C^2_{t\wedge T_a} - A_{t\wedge T_a})_t$.

Lemma . For all $a,b \geq 0$ $(C_{T_a \wedge T_n \wedge b})_n$ is a uniformly integrable martingale on $(\Omega, \underline{\underline{F}}, \underline{\underline{F}}_{T_n}, P^x)$.

Proof: $E[C^2_{T_a \wedge T_n \wedge b}] = E[A_{T_a \wedge T_n \wedge b}] \leq a$ and so, if $X_t = C_{T_a \wedge T_{(n+1)} \wedge t \wedge b}$, (X_t) is a uniformly integrable martingale relative to $(\underline{\underline{F}}_t)$. Hence, $E[X_{T_{(n+1)}} | \underline{\underline{F}}_{T_n}] = X_{T_n}$. The uniform integrability follows from the first inequality.

Define $C_{T_a \wedge t}$ to be $\lim_{n \to \infty} C_{T_a \wedge T_n \wedge t}$. Then $C_{T_a \wedge t}$ agrees with its usual value for $t < \zeta$ and if $T_a \wedge t \geq \zeta$ its value is given by this limit rather than by $C_\zeta = -f \circ X_0 - \int_0^\zeta Lf \circ X_u du$.

Lemma . $(C_{T_a \wedge t})_t$ is a uniformly integrable martingale on $(\Omega, \underline{\underline{F}}, \underline{\underline{F}}_t, P^x)$.

Proof: Let $t_1 < t_2$ and $\Lambda \in \underline{\underline{F}}_{t_1}$. Then $E[1_\Lambda C_{T_a \wedge T_n \wedge t_1}] = E[1_\Lambda C_{T_a \wedge T_n \wedge t_2}]$ and uniform integrability implies $E[1_\Lambda C_{T_a \wedge t_1}] = E[1_\Lambda C_{T_a \wedge t_2}]$.

Furthermore, $E[C^2_{T_a \wedge T_n \wedge t}] \leq a \ \forall n,t$ implies $E[C^2_{T_a \wedge t}] \leq a$ and so $(C_{T_a \wedge t})_t$ is uniformly integrable.

Corollary (c.f. DAMBIS [3] lemma 6). $(C_{T_a})_a$ is a martingale on $(\Omega, \underline{\underline{F}}, \underline{\underline{F}}_{T_a}, P^x)$.

Proof: If $a < b$ then $E[C_{T_a \wedge T_b} | \underline{\underline{F}}_{T_a}] = C_{T_a}$.

Lemma . $(C^2_{T_a} - \sigma \wedge a)_a$ is a martingale on $(\Omega, \underline{\underline{F}}, \underline{\underline{F}}_{T_a}, P^x)$.

Proof: For each n , $(C^2_{T_a \wedge T_n \wedge t} - A_{T_a \wedge T_n \wedge t})_t$ is a martingale. Since $C^2_{T_a \wedge T_n \wedge t} \to C^2_{T_a \wedge t}$ in L^1 (by theorem 4.15 (iii) in [4]) and $A_{T_a \wedge T_n \wedge t} \to A_{T_a \wedge t}$ monotonically as $n \to \infty$ it follows that $(C^2_{T_a \wedge t}) - A_{T_a \wedge t})_t$ is also a martingale. By repeating the argument it follows that $C^2_{T_a} - A_{T_a})_a$ is a martingale where $C_{T_a} = \lim_{t \to \infty} C_{T_a \wedge t}$. Note that $A_{T_a} = \sigma \wedge a$.

Finally, the following result concludes the proof that (C_{T_a}) is a Brownian motion stopped at σ .

Proposition $a \rightsquigarrow C_{T_a}$ is continuous a.s.

Proof: It is obvious on $[0, \sigma)$. If $a = \sigma(\omega)$ then $T_a(\omega) = \zeta(\omega)$ and $C_{T_a}(\omega)$ is defined by a limit from the left. For $a > \sigma(\omega)$, $T_a(\omega) = \zeta(\omega)$ and so the result follows.

Bibliography

[1] AZENCOTT, R. Methods of localization and diffusions on manifolds. Unpublished manuscript.

[2] AZENCOTT, R. Behaviour of diffusion semi-groups at infinity, *Ball. Soc. Math.* France 102 (1974), 193-240.

[3] DAMBIS, K.E. On the decomposition of continuous submartingales, *Theory Prob. and Appl.* 10 (1965), 401-410.

[4] DOOB, J.L. Stochastic processes, *John Wiley & Sons Inc.*, New York, London, Sydney, 1953.

[5] GIRSANOV, I.V. On Ito's stochastic integral, *Soviet Math.* 2 (1961), 506-509 [*Dokl. Akad. Nauk SSR* 138 (1961), 18-21].

[6] KHAS'MINSKII, R.S. Ergodic properties of recurrent diffusion processes, *Theory Prob. and Appl.* 5 (1960), 179-196.

[7] MALLIAVIN, P. Asymptotic of the Green's function of a Riemannian manifold and Ito's stochastic integrals, *Proc. Nat. Acad. Sci.* U.S.A. 71 (1974), 381-383.

[8] MALLIAVIN, M.P. and MALLIAVIN, P. Factorisation et lois limites de la diffusion horizontale au-dessus d'un espace riemannien symétrique, *in Springer Lecture Notes* 404, *Springer-Verlag*, Berlin, Heidelberg, New York, 1974.

[9] MEYER, P.A.,. Démonstration probabiliste de certaines inégalités de LITTLEWOOD-PALEY, *in Seminaire de probabilités X*, *Springer Lecture Notes* 511, *Springer-Verlag*, Berlin, Heidelberg, New York, 1976.

[10] MEYER, P.A. Un cours sur les intégrales stochastiques, Ibid.

[11] MEYERS, N. and SERRIN, J. The exterior Dirichlet problem for second order elliptic partial differential equations, *J. Math. and Mech.* 9 (1960), 513-538.

[12] PRIOURRET, P Processus de diffusion et equations différentielles stochastiques, in *Springer Lecture Notes* 390, *Springer-Verlag*, Berlin, Heidelberg, New York, 1973.

[13] SKOROHOD, A.V. Studies in the theory of random processes, Addison-Wesley, *Reading Mass.*, 1965.

[14] YAMADA, T. On a comparison theorem for solutions of stochastic differential equations and its applications, *J. Math. Kyoto Univ.*, 13 (1973), 497-512.

Department of Mathematics,
McGill University,
805 Sherbrooke St. W.,
Montreal, Quebec.
H3X 2G4

TEMPS D'ARRET OPTIMAUX ET THEORIE GENERALE

par M.A. Maingueneau

Introduction

L'objet de cet exposé est l'étude des temps d'arrêt optimaux dans le cadre de la théorie générale des processus. Le problème est classique. Il se formule de la manière suivante : on définit sur un espace de probabilité $(\Omega,\underline{\underline{F}},(\underline{\underline{F}}_t)_{t\in\mathbb{R}_+},P)$ satisfaisant aux conditions habituelles un processus de gain $(Y_t)_{t\in\mathbb{R}_+}$ optionnel. On cherche à maximiser $E[Y_T]$ lorsque T décrit la classe $\underline{\underline{T}}$ de tous les temps d'arrêt. Un temps d'arrêt T^* vérifiant $E[Y_{T^*}] = \sup_{T\in\underline{\underline{T}}} E[Y_T]$ est dit <u>optimal</u>.

L'outil essentiel est l'<u>enveloppe de Snell</u> $(Z_t)_{t\in\mathbb{R}_+}$ de Y définie par Mertens [4], c'est à dire la plus petite surmartingale forte qui majore Y. La théorie de Mertens est brièvement rappelée au début de l'exposé.

Dans ce cadre, Bismut et Skalli [2] ont montré que si $E[Y_{T_n}]$ tend vers $E[Y_T]$ pour toute suite monotone de temps d'arrêt T_n tendant vers un temps d'arrêt T, l'ensemble des temps d'arrêt optimaux admet un plus petit élément, qui est le début de l'ensemble $\{Y=Z\}$. Nous retrouvons ce résultat par une méthode qui s'applique à des processus plus généraux : on suppose simplement que Y est limité à droite et à gauche et raisonnablement intégrable, et l'on applique à l'enveloppe de Snell des méthodes analogues à celles employées pour les réduites en théorie du potentiel. On obtient ainsi un théorème d'existence et un encadrement des temps d'arrêt optimaux. De plus, on obtient une expression explicite de l'enveloppe de Snell.

Par ailleurs, dans un travail à paraître, J.M. Bismut considère un certain ensemble $\underline{\underline{M}}$ de formes linéaires continues positives sur l'espace des processus limités à droite et à gauche convenablement intégrables. Ayant démontré que $\underline{\underline{M}}$ est faiblement compact, il en déduit l'existence d'une forme optimale. Nous étendons aux formes optimales les encadrements établis plus haut pour les temps d'arrêt optimaux.

Enfin, un dernier paragraphe étudie le cas des processus de Markov.

A. Hypothèses et notations.

On désigne par Y un processus optionnel positif, défini pour $0 \leq t \leq \infty$, admettant des limites à droite et à gauche (y compris une limite à gauche à l'infini), et appartenant à la classe (D) : les variables aléatoires Y_T ($T \in \underline{\underline{T}}$) sont uniformément intégrables. On notera Y^+ (resp. Y^-) le processus des limites à droite (resp. à gauche) de Y. Il est commode de poser pour $t<0$ $\underline{\underline{F}}_t = \underline{\underline{F}}_0$, $Y_t = Y_0$ (et donc $Y_0^- = Y_0$), afin que 0 ne joue pas de rôle particulier, et de convenir aussi que $Y^+_\infty = Y_\infty$.

Lorsqu'on travaille, en théorie générale des processus, sur l'ensemble de temps $[0,\infty]$, il est d'usage d'introduire un "deuxième infini" permettant aux temps d'arrêt de s'évanouir. Cela revient dans notre problème d'optimisation à remplacer

$$\sup E[Y_T] \ (T \in \underline{\underline{T}}) \quad \text{par} \quad \sup E[Y_T 1_A] \ (T \in \underline{\underline{T}} \ , \ A \in \underline{\underline{F}}_T)$$

Il est inutile de le faire ici, car Y est un processus <u>positif</u>, et ces deux quantités sont donc égales.

Nous éviterons des difficultés mineures en supposant que le processus Y est <u>strictement</u> positif : cela ne restreint pas la généralité, car on ne change pas le problème d'arrêt optimal en remplaçant Y par $Y+\varepsilon$ ($\varepsilon>0$).

B. Enveloppe de Snell.

Nous rappelons d'abord certains résultats dus à Mertens [4]. Introduisons le << gain optimal conditionnel à l'instant T >>

$$(1) \qquad Z(T) = \underset{S \in \underline{\underline{T}}, S \geq T}{\text{sup ess}} E[Y_S | \underline{\underline{F}}_T]$$

Nous remarquons que l'ensemble des variables aléatoires au second membre est filtrant croissant. En effet, si S_1 et S_2 sont deux temps d'arrêt $\geq T$ on a

$$E[Y_{S_1} | \underline{\underline{F}}_T] \vee E[Y_{S_2} | \underline{\underline{F}}_T] = E[Y_R | \underline{\underline{F}}_T] \quad \text{où } R = \begin{cases} S_1 & \text{si } E[Y_{S_1} | \underline{\underline{F}}_T] \geq E[Y_{S_2} | \underline{\underline{F}}_T] \\ S_2 & \text{dans le cas contraire} \end{cases}$$

On a par conséquent, pour tout $A \in \underline{\underline{F}}_T$

$$(2) \qquad \int_A Z(T) dP = \sup_{S \geq T} \int_A Y_S dP$$

On en déduit en particulier, comme Y appartient à la classe (D), que les variables aléatoires Z(T) ($T \in \underline{\underline{T}}$) sont uniformément intégrables.

Il est très facile de vérifier que, si $S \leq T$

$$(3) \qquad Z(S) \geq E[Z(T) | \underline{\underline{F}}(S)] \quad \text{p.s.} \ .$$

Posons aussi

$$(4) \qquad X(T) = \underset{S \in \underline{\underline{T}}, \ S > T}{\text{sup ess}} E[Y_S | \underline{\underline{F}}_T]$$

où "S>T" signifie "$S\geqq T$ et S>T sur $\{T<\infty\}$". On a pour tout temps d'arrêt $S\geqq T$

$$E[Y_S|\underline{\underline{F}}_T] \leqq Y_T \vee E[Y_R|\underline{\underline{F}}_T] \quad \text{où } R=S_{\{S>T\}}$$

et par conséquent $Z(T)=Y_T\vee X(T)$ p.s.. Si l'on désigne par (X_t) une version continue à droite de la surmartingale $X(t)$ $(t\in\overline{\mathbb{R}}_+)$, il est facile de voir que $X(T)=X_T$ p.s. pour tout $T\in\underline{\underline{T}}$. Par conséquent, si l'on pose $Z=Y\vee X$, on a $Z(T)=Z_T$ p.s. pour tout T. Le processus Z est optionnel. D'après (3) c'est une surmartingale forte, qui majore Y par construction. On vérifie aussitôt sur (1) que Z est (aux ensembles évanescents près) la plus petite surmartingale forte majorant Y. On appelle Z l'enveloppe de Snell de Y.

On sait que les surmartingales fortes ont des trajectoires pourvues de limites à droite et à gauche (dans le cas qui nous intéresse, c'est d'ailleurs évident sur l'expression $Z=Y\vee X$), d'où l'existence des processus Z^+,Z^-. On a d'autre part $Z^+=X$, de sorte que la définition de Z nous donne

(5) $$Z = Y\vee Z^+$$

Enfin, rappelons la décomposition de Mertens d'une surmartingale forte de la classe (D) (ce qui est le cas pour Z), reprise par Meyer dans [ ]. On peut écrire de manière unique

(6) $$Z = M - B - A^-$$

où : M est une martingale continue à droite uniformément intégrable,
B est un processus croissant prévisible c.à.d. purement discontinu,
A est un processus croissant c.à.d. adapté

A et B étant nuls en 0 tous deux. On peut écrire explicitement les sauts de A et B :

$$\Delta A = Z - Z^+ \quad , \quad \Delta B = Z^- - Z^p$$

où Z^p est la projection prévisible de Z.

Nous pouvons établir la propriété supplémentaire suivante :

(7) $$Z^- = Y^-\vee Z^- = Y^-\vee Z^p$$

Démonstration. La première égalité est une conséquence immédiate de (5), en prenant des limites à gauche ; comme $Z^-\geq Z^p$, elle entraîne $Z^-\geqq Y^-\vee Z^p$. Pour établir l'égalité de droite, il suffit de vérifier l'égalité p.s. en tout temps prévisible T, puisque les deux côtés sont des processus prévisibles. Il suffit encore de vérifier que $E[Z_T^-]\leqq E[Y_T^-\vee Z^p]$.

Soit (T_n) une suite annonçant T. Pour tout n, choisissons un temps d'arrêt $S_n\geqq T_n$ tel que $E[Y_{S_n}] \geqq E[Z_{T_n}]-\varepsilon$, et écrivons

$$E[Y_{S_n}] = E[Y_{S_n}1_{\{S_n<T\}}+Y_{S_n}1_{\{S_n\geqq T\}}] \leqq E[Y_{S_n}1_{\{S_n<T\}}+Z_T 1_{\{S_n\geqq T\}}]$$
$$= E[Y_{S_n}1_{\{S_n<T\}}+Z_T^p 1_{\{S_n\geqq T\}}]$$

car $\{S_n\geqq T\}=\bigcap_m\{S_n\geqq T_m\}$ appartient à $\underline{\underline{F}}_{T-}$. On a

$$\limsup_{n\to\infty} Y_{S_n}1_{\{S_n<T\}}+Z_T^p 1_{\{S_n\geqq T\}} \leqq Y_T^- \vee Z_T^p$$

d'où, par un lemme de Fatou en lim sup (justifiable par l'intégrabilité uniforme des Y_{S_n})

$$\limsup_{n\to\infty} E[Y_{S_n}] \leqq E[Y_T^-\vee Z_T^p]$$

et enfin $E[Z_T^-]-\varepsilon \leqq E[Y_T^-\vee Z_T^p]$, l'inégalité cherchée.

Remarque. On peut donner à (7) l'interprétation suivante : si T est prévisible, on a p.s.

(8) $$Z_T^- = \operatorname{ess\,sup}_{S\geqq T,\ S\in\underline{\underline{T}}_p} E[Y_S^-|\underline{\underline{F}}_{T-}]$$

où $\underline{\underline{T}}_p$ est la classe des temps d'arrêt prévisibles.

Le critère d'optimalité suivant met immédiatement en évidence le rôle joué par l'enveloppe de Snell :

Théorème 1. Une condition nécessaire et suffisante pour qu'un temps d'arrêt T soit optimal est que l'on ait $Y_T=Z_T$ p.s., et que $Z_{t\wedge T}$ soit une martingale.

Démonstration. La surmartingale forte Z appartenant à la classe (D), $Z_{t\wedge T}$ est une martingale si et seulement si $E[Z_T]=E[Z_0]$. D'autre part, on a pour tout temps d'arrêt T

$$Y_T\leqq Z_T \quad , \quad E[Z_T]\leqq E[Z_0] = \sup_{S\in\underline{\underline{T}}} E[Y_S].$$

Ainsi (T optimal) <=> ($E[Y_T]=E[Z_0]$) <=> ($E[Y_T]=E[Z_T]=E[Z_0]$) <=> ($Y_T=Z_T$ p.s. et $E[Z_T]=E[Z_0]$).

C. Bornes inférieures pour les temps d'arrêt optimaux.

Le théorème qui va suivre est à la base de ce travail.

Théorème 2. Soit $\lambda\in[0,1[$. On pose $J^\lambda=\{(\omega,t)\ |Y_t(\omega)>\lambda Z_t(\omega)\}$ et

(9) $$D_t^\lambda(\omega) = \inf\{\ s\geqq t\ |\ (\omega,s)\in J^\lambda\ \} \quad (\text{ on écrit } D_0^\lambda=D^\lambda\ )$$

Alors pour tout temps d'arrêt T, on a

(10) $$Z_T = E[Z_{D_T^\lambda}|\underline{\underline{F}}_T] \text{ p.s. },$$

ou, ce qui est équivalent : $A_T^- = A^-_{D_T^\lambda}$, $B_T=B_{D_T^\lambda}$ p.s.

Démonstration. Soit $\overline{Z}$ l'enveloppe de Snell du processus $Z1_{J^\lambda}$. Elle vérifie l'inégalité

$$Y \leqq \lambda Z + (1-\lambda)\overline{Z}$$

En effet, sur J^λ on a $\overline{Z} \geqq Z1_{J^\lambda} = Z$, donc $\lambda Z+(1-\lambda)\overline{Z} \geq \lambda Z+(1-\lambda)Z = Z \geqq Y$, et sur $(J^\lambda)^c$ on a $Y \leqq \lambda Z \leqq \lambda Z+(1-\lambda)\overline{Z}$.

Par suite, la surmartingale forte $\lambda Z+(1-\lambda)\overline{Z}$ majore Y, donc aussi Z. On en déduit $\overline{Z} \geqq Z$. L'inégalité inverse étant évidente, on a $\overline{Z}=Z$.

On a donc pour tout temps d'arrêt T

$$Z_T=\overline{Z}_T= \text{ess sup}_{S\geqq T} E[Z_S 1_{J^\lambda}(S)|\underline{\underline{F}}_T] \leqq E[Z_{D_T^\lambda}|\underline{\underline{F}}_T] \leqq Z_T$$

car le temps d'arrêt $S_{\{S\in J^\lambda\}}$ majore D_T^λ et Z est une surmartingale.

Théorème 3. On a $\lambda Z_{D_T^\lambda} \leqq Y_{D_T^\lambda} \vee Y^+_{D_T^\lambda}$.

Démonstration. On a $D_T^\lambda = \inf\{ s\geqq T \mid Y_s > \lambda Z_s\}$. Plaçons nous d'abord sur $\{D_T^\lambda<\infty\}$; alors ou bien $Y_{D_T^\lambda} > \lambda Z_{D_T^\lambda}$, ou bien $Y^+_{D_T^\lambda} \geqq \lambda Z^+_{D_T^\lambda}$. Mais $Z=Y\vee Z^+$; alors

- sur $\{Z=Z^+\}$ on a $Y_{D_T^\lambda} \vee Y^+_{D_T^\lambda} \geqq \lambda Z$
- sur $\{Z=Y\}$ on a $\lambda Z_{D_T^\lambda} \leqq Z_{D_T^\lambda} = Y_{D_T^\lambda} \leqq Y_{D_T^\lambda} \vee Y^+_{D_T^\lambda}$.

A l'infini, on a toujours $Z_\infty = Y_\infty$ (cf. (1)) et l'inégalité est évidente.

Soit $\varepsilon>0$. Un temps d'arrêt T est dit ε-optimal si $E[Y_T] \geqq E[Z_0]-\varepsilon$. On obtient un critère simple d'existence de temps ε-optimaux :

Corollaire. Si $Y \geqq Y^+$, D^λ est ε-optimal pour λ assez voisin de 1.

Démonstration. Si $Y \geqq Y^+$, le théorème 3 nous donne $\lambda E[Z_{D_0^\lambda}] \leqq E[Y_{D_0^\lambda}]$. Le théorème 2 nous permet de remplacer $E[Z_{D_0^\lambda}]$ par $E[Z_0]$, autrement dit on a $E[Y_{D^\lambda}] \geqq \lambda E[Z_0]$.

Remarque. On peut énoncer un résultat analogue en toute généralité, grâce à une notion introduite tout récemment par J.M. Bismut. Appelons système d'arrêt un quadruplet $\tau=(T,U,V,W)$, où T est un temps d'arrêt ordinaire, et U,V,W sont des éléments de $\underline{\underline{F}}_T$ formant une partition de Ω, telle que

- $U\cap\{T=0\}=\emptyset$, et le temps d'arrêt T_U est prévisible (donc $U\in\underline{\underline{F}}_{T-}$),
- $W\cap\{T=\infty\}=\emptyset$

Si X est un processus càdlàg, on pose alors

$$X_\tau = X^-_T 1_U + X_T 1_V + X^+_T 1_W$$

Soient $\tau=(T,U,V,W)$ et $\tau'=(T',U',V',W')$; on écrira $\tau\leqq\tau'$ pour exprimer que $T\leqq T'$ et sur $\{T=T'\}$ on a $U'\subset U$, $V'\subset U\cup V$

Il est très facile de voir que, si M est une martingale uniformément intégrable et τ est un système d'arrêt, on a $E[M_\tau]=E[M_0]$; on déduit de là et de la décomposition de Mertens que si Z est une surmartingale forte de la classe (D), on a aussi $E[Z_\tau]\leqq E[Z_0]$ (et cela s'étend aussitôt aux surmartingales fortes positives quelconques). Il en résulte en particulier que l'on a (en revenant aux enveloppes de Snell)

$$E[Y_\tau] \leqq E[Z_\tau] \leqq E[Z_0]$$

On dit que τ est optimal (resp. ε-optimal) si $E[Y_\tau]=E[Z_0]$ (resp. $E[Y_\tau] \geq E[Z_0]-\varepsilon$). Le théorème 3 nous dit alors, sans aucune hypothèse du type $Y\geqq Y^+$, que le système d'arrêt

$$\delta^\lambda = (D^\lambda \ , \ \emptyset \ , \ \{Y_{D^\lambda}\geqq Y^+_{D^\lambda}\} \ , \{Y_{D^\lambda}<Y^+_{D^\lambda}\})$$

est ε-optimal pour λ suffisamment voisin de 1.

Nous allons maintenant faire tendre λ vers 1. Il faut pour cela introduire de nouvelles notations. Nous remarquons que J^λ décroît lorsque λ croît, donc D^λ croît. Nous posons

(11) $\lim_{\lambda\to 1} D^\lambda_T = D_T$ (nous écrivons D au lieu de D_0)

et $H^-_T = \{ \omega : D^\lambda_T(\omega)<D_T(\omega) \text{ pour tout } \lambda \}$ (et $H^-_0 = H^-$)

(12) $H_T = (H^-_T)^c\cap\{Z_{D_T}=Y_{D_T}\}$ $(H_0=H)$

$H^+_T = (H^-_T)^c\cap\{Z_{D_T}>Y_{D_T}\}$ $(H^+_0=H^+)$

Le temps d'arrêt $(D_T)_{H^-_T}$ est prévisible, annoncé par la suite de t.a. $(D^\lambda_T)_{\{D^\lambda_T<D_T\}}$. Il en résulte que $\delta_T = (D_T,H^-_T,H_T,H^+_T)$ est un système d'arrêt.

<u>Théorème 4</u>. 1) <u>On a</u> $Z_T = E[Y^-_{D_T}1_{H^-_T}+Y_{D_T}1_{H_T} + Y^+_{D_T}1_{H^+_T} \mid \underline{\underline{F}}_T]$ <u>p.s.</u> .

2) <u>En particulier, le système d'arrêt</u> $\delta=(D,H^-,H,H^+)$ <u>est optimal, et l'on a</u> $\delta\leq\tau$ <u>pour tout système d'arrêt optimal</u> τ.

3) D <u>est le début de chacun des ensembles</u>

$$\{Y = Z \text{ ou } Y^-=Z^-\} \ \underline{\text{et}} \ \{Y=Z \text{ ou } Y^-=Z^- \text{ ou } Y^+=Z^+\} .$$

<u>Démonstration</u>. 1) Du fait que Z est une surmartingale forte, Z_T majore le second membre (noter que l'on a $T<D_T$ sur H^-_T). Il suffit donc de montrer que $E[Z_T]$ est majorée par l'espérance du côté droit. On écrit le théorème 2, puis le théorème 3 :

$$\lambda E[Z_T] = \lambda E[Z_{D^\lambda_T}] \leqq E[Y_{D^\lambda_T}\vee Y^+_{D^\lambda_T}1_{\{D^\lambda_T<D_T\}} + Y_{D_T}\vee Y^+_{D_T}1_{\{D^\lambda_T=D_T\}}]$$

Faisons tendre λ vers 1, il vient

$$E[Z_T] \leqq E[Y^-_{D_T}1_{H^-_T} + Y_{D_T}\vee Y^+_{D_T}1_{(H^-_T)^c}]$$

qui est la relation cherchée.

2) Soit $\tau=(T,U,V,W)$ un système d'arrêt optimal. On a

$$E[Z_0]=E[Y_T^- 1_U+Y_T 1_V+Y_T^+ 1_W] \leqq E[Z_T^- 1_U+Z_T 1_V+Z_T^+ 1_W] \leqq E[Z_0]$$

Sur U, on a $Y_T^-=Z_T^-$ p.s., donc $D_0^\lambda<T$ pour tout λ (c'est ici qu'intervient la stricte positivité de Z ; cf. la fin des "hypothèses et notations"). Donc sur U on a $D\leq T$, et $U\cap\{D=T\}\subset H^-$.
Sur V, on a $Y_T=Z_T$, donc $D_0^\lambda\leqq T$ pour tout λ, et $D\leqq T$. De plus, si $\omega\in V$ et $D(\omega)=T(\omega)$ on a $Z_D(\omega)=Y_D(\omega)$, donc $\omega\in H^-\cup H$ (cf. (12).
Sur W enfin, on a $Y_T^+=Z_T^+$, donc $D_0^\lambda\leqq T$ pour tout λ. Ces trois propriétés ensemble expriment que $\delta\leqq\tau$.

Nous avons vu que le graphe de T passe dans l'ensemble

$$J''=\{Y^-=Z^- \text{ ou } Y=Z \text{ ou } Y^+=Z^+\}$$

qui contient l'ensemble $J'=\{Y^-=Z^- \text{ ou } Y=Z\}$. Cela s'applique en particulier à $\tau=\delta$, et on a donc

$$\text{début}(J'') \leqq D$$

Mais d'autre part on a $D^\lambda \leqq$ début(J'') pour $\lambda<1$, donc $D=$début(J''), et $D\leqq$début(J'). Mais d'autre part comme $D=\lim_{\lambda\to 1} D^\lambda$ on a $Y_D=Z_D$ ou $Y_D^-=Z_D^-$, donc début$(J')=D$, et 3) est établi.

<u>Corollaire</u>. <u>Si l'on a</u> $Y\geqq Y^+$, $Y^p\geqq Y^-$, D <u>est un temps d'arrêt optimal</u>, <u>et c'est le plus petit temps d'arrêt optimal</u>.

<u>Démonstration</u>. Sous ces hypothèses, on a en effet

$$E[Y_D^- 1_{H^-} +Y_D 1_H+Y_D^+ 1_{H^+}] \leqq E[Y_D^p 1_{H^-} + Y_D 1_H + Y_D 1_{H^+}] = E[Y_D]$$

et D est donc optimal. Le reste est évident.

<u>Remarque</u>. La condition $Y^p\geqq Y^-$ équivaut à : pour toute suite croissante de temps d'arrêt $T_n\uparrow T$, telle que $T_n<T$ pour tout n, on a $E[Y_T] \geqq \lim_n E[Y_{T_n}]$. De même, la condition $Y\geqq Y^+$ équivaut à : pour toute suite décroissante de temps d'arrêt $T_n\downarrow T$, on a $E[Y_T] \geqq \lim_n E[Y_{T_n}]$. Cela permet de faire la comparaison avec l'"hypothèse 1" de Bismut et Skalli, [2] p. 302.

D. <u>Bornes supérieures pour les temps d'arrêt optimaux</u>.

Nous reprenons la décomposition de Mertens (6) de la surmartingale forte Z,

$$Z_t = M_t - B_t - A_t^-$$

et nous introduisons les notations suivantes :

$$S = \inf\{ t>0 : A_t^-+B_t>0 \}$$

(13)

$$K^-= \{B_S>0\}$$

$$K = \{B_S=0 \text{ et } Y_S>Y_S^+\}$$

$$K^+= \{B_S=0 \text{ et } Y_S\leqq Y_S^+\}$$

Les trois ensembles $\underline{\underline{F}}_S$-mesurables K^-,K,K^+ forment une partition de Ω. D'autre part, le graphe de S_{K^-} est l'ensemble prévisible

$$\{(\omega,t) \mid A_t^-(\omega)+B_t^-(\omega)=0,\ B_t(\omega)>0\}$$

et S_{K^-} est donc un temps prévisible. Ainsi

(14) $$\sigma = (S,K^-,K,K^+)$$

est un système d'arrêt.

La méthode qui nous conduit à l'énoncé suivant se prêterait à un calcul explicite de l'enveloppe de Snell à un instant T quelconque, à la manière du théorème 4, 1). Mais nous ne donnerons pas les détails.

<u>Théorème 5</u>. <u>Le système d'arrêt</u> σ <u>est optimal, et l'on a</u> $\tau \leqq \sigma$ <u>pour tout système d'arrêt optimal</u> τ.

<u>Démonstration.</u> Il s'agit de démontrer que $E[Z_0]=E[Y_S^- 1_{K^-} + Y_S 1_K + Y_S^+ 1_{K^+}]$.

Or :

- Sur K^-, on a $Y_S^-=Z_S^-$. En effet, S_{K^-} est prévisible, donc $Z_S^-=Z_S^p+\Delta B_S$ sur K^- ; or $\Delta B_S>0$ sur K^- d'après (13), donc $Z_S^->Z_S^p$. D'après (7), $Z_S^-=Y_S^- \vee Z_S^p$, donc $Z_S^-=Y_S^-$ sur K^-.

- Sur $K\cup K^+$, on a $A_S^-=0$, $B_S=0$; d'après le théorème 2, cela entraîne $A^-_{D_S^\lambda}=0$, $B_{D_S^\lambda} = 0$, donc $D_S^\lambda=S$ pour tout $\lambda<1$. D'après le théorème 3 on a (toujours sur $K\cup K^+$) $\lambda Z_S = \lambda Z_{D_S^\lambda} \leqq Y_{D_S^\lambda} \vee Y^+_{D_S^\lambda} = Y_S \vee Y_S^+$, donc $Z_S \leqq Y_S \vee Y_S^+$, et enfin $Z_S=Y_S \vee Y_S^+$ sur $K\cup K^+$.

La formule à établir est donc $E[Z_0]=E[Z_S^- 1_{K^-} + Z_S I_{K\cup K^+}]$. Or le côté droit vaut d'après la décomposition de Mertens

$$E[M_S^- 1_{K^-} + M_S 1_{K\cup K^+}] - E[(A_S^-+B_S^-)1_{K^-} + (A_S^-+B_S)1_{K\cup K^+}] = E[M_S]-0$$

$$= E[M_0] = E[Z_0].$$

Ainsi, σ est optimal. Soit $\tau=(T,U,V,W)$ un second système d'arrêt optimal. Nous avons comme dans la démonstration du théorème 4

$$E[Z_0] = E[Z_T^- 1_U + Z_T 1_V + Z_T^+ 1_W] \quad ; \ Y_T^-=Z_T^- \text{ sur } U \ , \ Y_T=Z_T \text{ sur } V,\ Y_T^+=Z_T^+ \text{ sur } W$$

Ecrivons la décomposition de Mertens

$$E[Z_T^- 1_U+Z_T 1_V+Z_T^+ 1_W] = E[M_T^- 1_U+M_T 1_V+M_T^+ 1_W]-E[(A_T^-+B_T^-)1_U+(A_T^-+B_T)1_V+(A_T+B_T)1_W]$$

et comme $E[M_T^- 1_U+M_T 1_V+M_T^+ 1_W]=E[M_0]=E[Z_0]$, le dernier terme est nul. La condition $A_T^-+B_T = 0$ p.s. entraîne $T \leqq \sup\{t : A_t^-+B_t=0\}=S$. Soit $\omega\in\{T=S\}\cap K^-$; on a $B_T(\omega)=B_S(\omega)>0$, donc la nullité du dernier terme exige $\omega\in U$. De même, soit $\omega\in\{T=S\}\cap K$; on a $Y_T(\omega)=Y_S(\omega)>Y_S^+(\omega)=Y_T^+(\omega)$, et l'optimalité de τ exige que ω soit attribué à V. On a donc bien prouvé que $\tau \leqq \sigma$.

Corollaire. Si l'on a $Y \geqq Y^+$, $Z^- = Z^p$, S est un temps d'arrêt optimal, et c'est le plus grand temps d'arrêt optimal.

Démonstration. Si $Y \geqq Y^+$ on a $E[Y_S^- 1_{K^-} + Y_S 1_K + Y_S^+ 1_{K^+}] \leqq E[Y_S^- 1_{K^-} + Y_S 1_{K \cup K^+}]$. Si $Z^- = Z^p$ on a $B=0$, donc $K^- = \emptyset$. Le reste est évident.

Remarque. Ces hypothèses sont plus faibles que celles du corollaire du théorème 4 : $Y \geqq Y^+$, $Y^p \geqq Y^-$, qui entraînaient l'optimalité de D. En effet $(Y^p \geqq Y^-) \Rightarrow (Z^p \geqq Y^-) \Rightarrow (Y^- \vee Z^p = Z^p) \Rightarrow (Z^- = Z^p)$ d'après (7).

E. Formes optimales.

Soit $\underline{\underline{H}}$ l'espace des processus optionnels X, définis pour $0 \leqq t \leqq \infty$, admettant des limites à droite et à gauche (y compris une limite à gauche à l'infini) et tels que $E[\sup_t |X_t|] < +\infty$. Nous désignerons par $\underline{\underline{M}}$ l'ensemble des formes linéaires positives μ sur $\underline{\underline{H}}$ du type suivant

$$(15) \qquad \mu(X) = E\left[\int_{]0,\infty]} X_s^- dI_s + \int_{[0,\infty]} X_s dJ_s + \int_{[0,\infty[} X_s^+ dK_s\right]$$

où I est un processus croissant prévisible ne chargeant pas 0, J et K deux processus croissants adaptés, et K ne charge pas $+\infty$, et où l'on a

$$I_\infty + J_\infty + K_\infty = 1$$

Par exemple, si τ est un système d'arrêt, la forme $\mu_\tau : X \mapsto E[X_\tau]$ est du type (15). Les éléments de $\underline{\underline{M}}$ apparaissent comme des "systèmes d'arrêt flous", de la même manière que les "temps d'arrêt flous" sont associés aux temps d'arrêt ordinaires ([5]). ~~et~~ l'on peut conjecturer que les formes μ_τ sont les points extrémaux de $\underline{\underline{M}}$.

On peut montrer que les processus croissants I,J,K associés à μ sont uniquement déterminés par μ, si l'on impose à I et K d'être purement discontinus.

J.M. Bismut a démontré que $\underline{\underline{M}}$ est compact pour la topologie faible déterminée sur $\underline{\underline{M}}$ par les éléments de $\underline{\underline{H}}$, résultat analogue au théorème de Baxter-Chacon sur les temps d'arrêt flous. D'autre part, si μ appartient à $\underline{\underline{M}}$, $\mu(X)$ a un sens pour un processus optionnel X de la classe (D), et l'on a $\mu(X) = E[X_\infty]$ pour toute martingale uniformément intégrable X. Il en résulte sans peine que l'on a $\mu(Z) \leqq E[Z_0]$ pour toute surmartingale forte (positive) Z.

Revenons alors au problème d'arrêt optimal. On a évidemment

$$E[Z_0] \geqq \sup_{\mu \in \underline{\underline{M}}} \mu(Z) \geqq \sup_{\mu \in \underline{\underline{M}}} \mu(Y) \geqq \sup_{T \in \underline{\underline{T}}} E[Y_T] = E[Z_0].$$

On dira qu'une forme μ est optimale si $\mu(Y) = E[Z_0]$.

On peut définir sur $\underline{\underline{M}}$ un ordre analogue à l'ordre du balayage en théorie du potentiel. Si μ et $\hat{\mu}$ sont des éléments de $\underline{\underline{M}}$, associés respectivement à des processus croissants (uniques) (I,J,K), $(\hat{I},\hat{J},\hat{K})$, il est naturel de dire que $\mu \dashv \hat{\mu}$ (μ est antérieure à $\hat{\mu}$) si

$$\mu(Z) \geqq \hat{\mu}(Z) \text{ pour toute surmartingale forte positive } Z$$

et l'on peut montrer que cette relation équivaut à

$$\hat{I}+\hat{J}^{-}+\hat{K} \leqq I+J^{-}+K \quad \text{et} \quad \hat{I}+\hat{J}^{-}+\hat{K}^{-} \leqq I+J^{-}+K^{-}$$

Dans ces conditions, on peut étendre aux formes optimales les encadrements indiqués plus haut pour les systèmes d'arrêt optimaux, avec en principe la même démonstration (nous ne donnerons pas les détails). Si δ et σ désignent respectivement le plus petit (théorème 4) et le plus grand (théorème 5) système d'arrêt optimal, on a encore

(16) $$\mu_\delta \dashv \lambda \dashv \mu_\sigma \text{ pour toute forme optimale } \lambda \in \underline{\underline{M}} \text{ .}$$

F. Application aux processus de Markov.

Nous n'allons pas chercher ici à faire une théorie détaillée, afin de ne pas accabler le lecteur sous les hypothèses. Le problème d'arrêt optimal prend ici la forme particulière suivante. On se donne un semi-groupe de Markov (P_t) sur un espace d'états E, et une probabilité initiale λ. On construit une réalisation (X_t) des processus de Markov gouvernés à (P_t), et l'on cherche des temps d'arrêt T maximisant

(17) $$E_\lambda[e^{-pT} g \circ X_T]$$

où p est un nombre $\geqq 0$, et g est une fonction positive sur l'espace d'états. Cela revient formellement à appliquer la théorie générale de l'arrêt optimal au processus

$$Y_t = e^{-pt} g \circ X_t \quad \text{avec } Y_\infty = 0$$

Pour que cette étude entre dans l'étude des paragraphes antérieurs, il faut que Y soit un processus optionnel (ce sera le cas lorsque g sera mesurable par rapport à la tribu engendrée sur E par les fonctions excessives) et pourvu de limites à droite et à gauche (ce sera le cas lorsque g sera, par exemple, une différence de fonctions surmédianes).

Le point important, en théorie des processus de Markov, est l'existence d'une théorie analytique des réduites, développée récemment par Mokobodzki. Si g est mesurable par rapport à la tribu engendrée sur E par les fonctions 1-excessives, il existe toujours une plus petite fonction $q \geqq g$, mesurable par rapport à la même tribu, et fortement p-surmédiane. Le processus

(18) $$Z_t = e^{-pt} q_0 X_t$$

est alors l'enveloppe de Snell de (Y_t), <u>quelle que soit la probabilité initiale</u> λ . La décomposition de Mertens de (Z_t) se fait de même au moyen de fonctionnelles additives A et B indépendantes de la probabilité initiale, et les systèmes d'arrêt optimaux que l'on a construits sont eux mêmes indépendants de la probabilité initiale. On pourra consulter [2].

BIBLIOGRAPHIE

[1] J.M. BISMUT. Dualité convexe, temps d'arrêt optimal et contrôle stochastique. Z. Wahr. verw. Geb. 38, 169-198 (1977).

[2] J.M. BISMUT et B. SKALLI. Temps d'arrêt optimal, théorie générale des processus et processus de Markov. Z. Wahr. verw. Geb. 39, 301-314 (1977).

[3] J.M. BISMUT. Temps d'arrêt optimal, quasi-temps d'arrêt et retournement du temps. A paraître.

[4] J.F. MERTENS . Théorie des processus stochastiques généraux . Application aux surmartingales. Z. Wahr. verw. Geb. 22, 45-68 (1972).

[5] P.A. MEYER. Temps d'arrêt flous d'après Baxter-Chacòn. A paraître (dans ce volume).

M. P.A. Meyer nous a signalé que la méthode de démonstration du théorème 2 est presque identique à une méthode utilisée par Mokobodzki, figurant dans

[6] D. HEATH. Skorokhod stopping via potential theory. Séminaire de Probabilités VIII, Lecture Notes in M. 381, p. 152 (Springer-Verlag 1974).

M.A. Maingueneau
Département de Mathématiques
Faculté des Sciences
Route de Laval
72- Le Mans

Université de Strasbourg
Séminaire de Probabilités 1976/77

QUELQUES REMARQUES SUR UN ARTICLE DE M.D. DONSKER ET S.R.S. VARADHAN

par Jean Saint Raymond

Dans l'article [2], Donsker et Varadhan se placent alternativement dans les deux situations suivantes :

A. $\mathfrak{X}$ est un espace polonais, $\pi(x,dy)$ une probabilité de transition de Feller[1] sur $\mathfrak{X}$, π le noyau associé ($\pi u(x) = \int u(y)\pi(x,dy)$), $(\Omega,\underline{\underline{F}},(\underline{\underline{F}}_n),X_n)$ une chaîne de Markov dont $\mathfrak{X}$ est l'espace d'états et dont π engendre le semi-groupe de transition. On note $N_n(\omega)$ la mesure sur $\mathfrak{X}$ définie par

$$< N_n(\omega),f > = \frac{1}{n} \sum_{i=0}^{n-1} f\circ X_n(\omega)$$

que l'on considère comme un élément de l'espace $\underline{\underline{M}}(\mathfrak{X})$ des mesures de probabilité sur $\mathfrak{X}$, muni de la topologie étroite.

Pour tout x de $\mathfrak{X}$ et tout $n \geqq 1$, la loi P^x induit par N_n une loi de probabilité $Q_{n,x}$ sur $\underline{\underline{M}}(\mathfrak{X})$, image de P^x par $\omega \mapsto N_n(\omega)$.

B. $\mathfrak{X}$ est un espace polonais, $(P_t)_{t\in\mathbb{R}_+}$ un semi-groupe de Feller sur $\mathfrak{X}$, L le générateur infinitésimal du semi-groupe (P_t), $\underline{\underline{D}}$ le domaine de L dans l'espace $\underline{\underline{C}}_b(\mathfrak{X})$ des fonctions continues bornées sur $\mathfrak{X}$, $(\Omega,\underline{\underline{F}},(\underline{\underline{F}}_t),X_t)$ un processus de Markov (mesurable[2]) dont $\mathfrak{X}$ est l'espace d'états et (P_t) le semi-groupe de transition. Pour $t>0$ et $\omega\in\Omega$, on note $N_t(\omega)$ la mesure définie par

$$< N_t(\omega),f > = \frac{1}{t}\int_0^t f\circ X_t(\omega)$$

qui appartient à $\underline{\underline{M}}(\mathfrak{X})$ comme ci-dessus.

Pour tout x de $\mathfrak{X}$ et tout $t>0$, la loi P^x sur Ω induit par N_t une loi de probabilité $Q_{t,x}$ sur $\underline{\underline{M}}(\mathfrak{X})$.

L'objet de l'article [2] est d'étudier le comportement asymptotique des lois $Q_{n,x}$ (resp. $Q_{t,x}$) quand n (resp. t) tend vers l'infini. Plus précisément, on veut montrer, sous certaines conditions restrictives, que si Φ est une fonction bornée étroitement continue sur $\underline{\underline{M}}(\mathfrak{X})$, on a

---

1. π (ou plus bas P_t) applique dans lui même l'espace $\underline{\underline{C}}_b(\mathfrak{X})$ des fonctions continues bornées sur $\mathfrak{X}$.
2. $\mathfrak{X}$ n'étant pas localement compact, le caractère fellérien de (P_t) n'entraîne pas l'existence de versions continues à droite.

dans le cas A

$$\lim_{n\to\infty} \frac{1}{n} \log \langle Q_{n,x}, e^{-n\Phi}\rangle = - \inf_{\mu\in\underline{\underline{M}}(\mathfrak{X})} (I(\mu) + \Phi(\mu))$$

avec $I(\mu) = \sup_{u\in\underline{\underline{U}}} \int \log \frac{u}{\pi u}(x)\, \mu(dx)$,

et $\underline{\underline{U}} = \{ u\in\underline{\underline{C}}_b(\mathfrak{X}) \mid u>0 \text{ et } \log u \text{ borné} \}$

dans le cas B

$$\lim_{t\to\infty} \frac{1}{t} \log \langle Q_{t,x}, e^{-t\Phi}\rangle = - \inf_{\mu\in\underline{\underline{M}}(\mathfrak{X})} (I(\mu) + \Phi(\mu))$$

avec $I(\mu) = \sup_{u\in\underline{\underline{D}}^+} \int \frac{-Lu}{u}(x)\mu(dx)$

Ces égalités sont obtenues par découpage de $\underline{\underline{M}}(\mathfrak{X})$ à partir des inégalités suivantes

dans le cas A

(1) Pour C fermé de $\underline{\underline{M}}(\mathfrak{X})$ $\overline{\lim}_{n\to\infty} \frac{1}{n}\log Q_{n,x}(C) \leqq - \inf_{\mu\in C} I(\mu)$

(2) Pour G ouvert de $\underline{\underline{M}}(\mathfrak{X})$ $\underline{\lim}_{n\to\infty} \frac{1}{n}\log Q_{n,x}(G) \geqq - \inf_{\mu\in G} I(\mu)$

dans le cas B

(3) Pour C fermé de $\underline{\underline{M}}(\mathfrak{X})$ $\overline{\lim}_{t\to\infty} \frac{1}{t}\log Q_{t,x}(C) \leqq - \inf_{\mu\in C} I(\mu)$

(4) Pour G ouvert de $M(\mathfrak{X})$ $\underline{\lim}_{t\to\infty} \frac{1}{t}\log Q_{t,x}(G) \geqq - \inf_{\mu\in G} I(\mu)$

Le but de ce travail est de simplifier quelques unes des démonstrations de Donsker et Varadhan, ce qui permet d'obtenir les formules (1) et (3) sous des hypothèses plus générales que dans [2], mais peut être moins aisées à utiliser, et une construction plus courte du processus ergodique qui est l'outil essentiel dans la démonstration des formules (2) et (4). Cette construction repose en fait sur les mêmes idées que dans [2].

On simplifie aussi le système d'hypothèses sous lequel est obtenue (4) en montrant que l'une des hypothèses (hypothèse (H_3)) est entraînée par le fait que le semi-groupe est fellérien. et qu'une autre (hypothèse (H_2)) est vérifiée dès que la topologie de $\mathfrak{X}$ est définie par le sous-espace B_{oo} de $\underline{\underline{C}}_b(\mathfrak{X})$. On a ajouté enfin un théorème de régularité sur les trajectoires des éléments de B_o .

I. Bornes supérieures dans les cas A et B

Soit Y un espace compact métrisable contenant $\mathfrak{X}$ comme sous-espace dense. Si f est une fonction sur $\mathfrak{X}$ à valeurs dans $\overline{\mathbb{R}}$, on désigne par $f^{\vee}$ la fonction sur Y définie par

$$f^{\vee}(y) = \liminf_{x \to y,\, x \in \mathfrak{X}} f(x)$$

La fonction $f^{\vee}$ est s.c.i. de Y dans $\overline{\mathbb{R}}$ et prolonge f si f est continue (ou même seulement s.c.i.) sur $\mathfrak{X}$.

On définit $\underline{\underline{U}}$ comme l'ensemble des $f \in \underline{\underline{C}}_b(\mathfrak{X})$ strictement positives à logarithme borné, et $\underline{\underline{D}}^+ = \underline{\underline{D}} \cap \underline{\underline{U}}$.

Dans le cas A , $\underline{\underline{V}}$ est l'ensemble des $v \in \underline{\underline{C}}(Y)$ tels que la fonction φ_v définie sur $\mathfrak{X}$ par

$$\varphi_v(x) = \sup_n E^x[\exp(\sum_{i=0}^{n-1} v \circ X_i)]$$

soit localement bornée (E^x désignant comme d'habitude l'espérance pour la mesure P^x).

Dans le cas B, $\underline{\underline{V}}$ est l'ensemble des $v \in \underline{\underline{C}}(Y)$ tels que la fonction φ_v définie sur $\mathfrak{X}$ par

$$\varphi_v(x) = \sup_t E^x[\exp(\int_0^t v \circ X_s ds)]$$

soit localement bornée.

Dans les deux cas on pose, pour $\mu \in \underline{\underline{M}}(Y)$

$$J(\mu) = \sup_{v \in \underline{\underline{V}}} < \mu, v > \qquad \text{(on a } 0 \in \underline{\underline{V}}, \text{ donc } J(\mu) \geqq 0 \text{)}$$

Lemme 1. $\underline{\underline{V}}$ est une partie convexe de $\underline{\underline{C}}(Y)$.

En effet, il résulte de la convexité de la fonction exponentielle que l'on a, pour $v, w \in \underline{\underline{V}}$ et $t \in [0,1]$

$$\varphi_{tv+(1-t)w} \leqq t\varphi_v + (1-t)\varphi_w$$

d'où le résultat.

Lemme 2. La fonction J est convexe et s.c.i. sur $\underline{\underline{M}}(Y)$.

En effet, J est l'enveloppe supérieure des fonctions affines continues $\mu \mapsto <\mu, v>$ sur $\underline{\underline{M}}(Y)$, v parcourant $\underline{\underline{V}}$.

Lemme 3. Si μ est portée par $\mathfrak{X}$, on a $I(\mu) \leqq J(\mu)$.

Dans le cas A. Soit $u \in \underline{\underline{U}}$. On démontre par récurrence sur n que

$$u(x) = E^x[\, u \circ X_n \exp(\sum_{i=0}^{n-1} \log \frac{u}{\Pi u} \circ X_i)]$$

Il en résulte que pour toute $v \in \underline{\underline{C}}(Y)$, inférieure à $(\log \frac{u}{\Pi u})^{\vee}$, on a

$$\varphi_v(x) \leqq u(x)/\alpha \quad \text{où} \quad \alpha = \inf_{x \in \mathfrak{X}} u(x)$$

donc que $v \in \underline{\underline{V}}$. La fonction $\log \frac{u}{\Pi u} = h$ étant continue, $h^{\vee}$ prolonge h et l'on a si μ est portée par $\mathfrak{X}$

$$\int_{\mathfrak{X}} h(x)\mu(dx) = \int_Y h^\vee(y)\mu(dy) = \sup_{v\in\underline{\underline{C}}(Y),\, v\leq h^\vee} \int v(y)\mu(dy)$$
$$\leq \sup_{v\in\underline{\underline{V}}} \int v(y)\mu(dy) = J(\mu)$$

Donc $I(\mu)\leq J(\mu)$.

Dans le cas B. Soit $u\in\underline{\underline{D}}^+=\underline{\underline{D}}\cap\underline{\underline{U}}$. On a l'égalité

(5) $$u(x) = E^x[u\circ X_t \exp (\int_0^t - \frac{Lu}{u}\circ X_s ds)]$$

Cette formule est prouvée dans [2] à partir de la formule de Feynman-Kac et de l'unicité de la solution d'une équation fonctionnelle. On peut aussi la montrer directement comme plus loin au lemme 7.

Il résulte de la formule (5) que si l'on désigne à nouveau par α la borne inférieure de u, par h la fonction $-Lu/u$, on a pour toute $v\in\underline{\underline{C}}(Y)$ inférieure à $h^\vee$

$$\varphi_v(x) \leq u(x)/\alpha$$

et donc $v\in\underline{\underline{V}}$. La même chaîne d'inégalités que plus haut montre alors que $\int_{\mathfrak{X}} h(x)\mu(dx) \leq \sup_{v\in\underline{\underline{V}}} \int_Y v(y)\mu(dy)$ si μ est portée par $\mathfrak{X}$, autrement dit, que $I(\mu)\leq J(\mu)$.

Théorème 4. Pour tout fermé Γ de $\underline{\underline{M}}(Y)$ on a

(6) Dans le cas A . $\overline{\lim}_{n\to\infty} \frac{1}{n}\log Q_{n,x}(\Gamma) \leq - \inf_{\mu\in\Gamma} J(\mu)$

(7) Dans le cas B . $\overline{\lim}_{t\to\infty} \frac{1}{t}\log Q_{t,x}(\Gamma) \leq - \inf_{\mu\in\Gamma} J(\mu)$

Soit $a < \inf_{\mu\in\Gamma} J(\mu)$. La semi-continuité de J entraîne l'existence d'un voisinage U de Γ dans $\underline{\underline{M}}(Y)$ tel que

$$a \leq \inf_{\mu\in U} J(\mu)$$

La compacité de Γ et la convexité locale de $\underline{\underline{M}}(Y)$ fournissent alors une suite finie $(\Gamma_1,\Gamma_2,\dots,\Gamma_m)$ de parties convexes compactes de $\underline{\underline{M}}(Y)$ telles que

$$\Gamma \subset \bigcup_{j=1}^{m} \Gamma_j \subset U$$

On a alors $Q_{n,x}(\Gamma) \leq m.\sup_j Q_{n,x}(\Gamma_j)$, donc

$$\overline{\lim}_{n\to\infty} \frac{1}{n}\log Q_{n,x}(\Gamma) \leq \sup_j [\ \overline{\lim}_{n\to\infty} \frac{1}{n}\log Q_{n,x}(\Gamma_j)]$$

et d'autre part $-\inf_{\mu\in\Gamma_j} J(\mu) \geq -\inf_{\mu\in U} J(\mu) \geq -a$. Il nous suffit donc de prouver (6) pour chacun des Γ_j , autrement dit on peut se ramener au cas où Γ est compact convexe. Soit $v\in\underline{\underline{V}}$; on a pour tout (n,x)

$$\varphi_v(x) \geq E^x[\ \exp(\sum_0^{n-1} v\circ X_i)] = < Q_{n,x},\ e^{n<\cdot,v>} > \geq$$

$$\geq Q_{n,x}(\Gamma)\ \exp(n.\inf_{\mu\in\Gamma} <\mu,v>\ )$$

donc

$$\frac{1}{n}\log Q_{n,x}(\Gamma) \leq \frac{1}{n}\log \varphi_v(x) - \inf_{\mu\in\Gamma} <\mu,v>$$

Nous avons donc, uniformément sur tout compact de $\mathfrak{X}$ (puisque φ_v est borné sur tout compact de $\mathfrak{X}$)

$$\overline{\lim}_{n\to\infty} \frac{1}{n}\log Q_{n,x}(\Gamma) \leq - \inf_{\mu\in\Gamma} <\mu,v>$$

donc (en perdant peut être l'uniformité)

$$\overline{\lim}_{n\to\infty} \frac{1}{n}\log Q_{n,x}(\Gamma) \leq - \sup_{v\in\underline{\underline{V}}} \inf_{\mu\in\Gamma} < \mu,v >$$

$\underline{\underline{V}}$ étant convexe, Γ convexe compact, on peut intervertir le sup et l' inf grâce à un théorème de minimax, et en déduire la formule (6).

La démonstration de (7) est exactement la même.

Théorème 5. *Sous l'hypothèse*

(H_*) $\quad J(\mu) = +\infty$ *pour toute* $\mu\in\underline{\underline{M}}(Y)$ *qui charge* $Y\setminus\mathfrak{X}$

on a pour tout fermé C *de* $\underline{\underline{M}}(\mathfrak{X})$

Dans le cas A . $\qquad \overline{\lim}_{n\to\infty} \frac{1}{n} \log Q_{n,x}(C) \leq - \inf_{\mu\in C} I(\mu)$

Dans le cas B . $\qquad \overline{\lim}_{n\to\infty} \frac{1}{t} \log Q_{t,x}(C) \leq - \inf_{\mu\in C} I(\mu)$

Démonstration. Si l'on prend $\Gamma=\overline{C}$, on a $C=\Gamma\cap\underline{\underline{M}}(\mathfrak{X})$, donc $Q_{n,x}(C)=Q_{n,x}(\Gamma)$ (resp. $Q_{t,x}(C)=Q_{t,x}(\Gamma)$). On a d'après le lemme 3 et l'hypothèse H_*

$$\inf_{\mu\in C} I(\mu) \leq \inf_{\mu\in C} J(\mu) \leq \inf_{\mu\in\Gamma} J(\mu)$$

Les inégalités ci-dessus (c'est à dire les inégalités (1) et (3)) résultent alors des inégalités (6) et (7).

Les hypothèses (H^*) de [2] sont rappelées au cours de la démonstration.

Lemme 6. Les hypothèses (H^*) *de* [2] *entraînent* (H_*), *donc les inégalités* (1) *et* (3).

Dans le cas A, l'hypothèse H^* signifie qu'il existe $u \geq 1$ telle que πu soit localement borné et que, pour tout $\sigma>0$, $\{ x \mid \frac{u}{\pi u}(x) \leq \sigma \}$ soit compact. On voit comme dans le lemme 3 que pour toute $v\in\underline{\underline{C}}(Y)$ inférieure à h^V , où $h = \frac{u}{\pi u}$, on a pour tout x et tout n

$$u(x) \geq E^x[\ u\circ X_n \exp(\sum_0^{n-1} v\circ X_i)] \geq E^x[\exp(\sum_0^{n-1} v\circ X_i)]$$

donc en appliquant π

$$e^{v(x)}\pi u(x) \geq e^{v(x)}E^x[\exp(\sum_1^n v\circ X_i)] = E^x[\exp(\sum_0^n v\circ X_i)]$$

et finalement $\varphi_v(x) \leq \pi u(x) e^{v(x)}$, donc $v \in \underline{\underline{V}}$. D'où comme dans le lemme 3 $J(\mu) \geq \int_Y h^\vee(y)\mu(dy)$, ce qui entraîne $J(\mu)=+\infty$ si $\mu(Y\backslash\mathfrak{X})>0$ puisque $h^\vee= +\infty$ sur $Y\backslash\mathfrak{X}$.

De même, dans le cas B l'hypothèse (H^*) s'énonce ainsi : il existe une suite (u_n) dans $\underline{\underline{D}}$ telle que $u_n \geq 1$, que $\sup_n u_n(x)$ soit borné sur tout compact, que $\sup_{n,x} \frac{Lu_n}{u_n}(x) < \infty$ et que la fonction définie par

$$h = \lim_{n\to\infty} - \frac{Lu_n}{u_n}$$

existe et soit telle que $\{ x \mid h(x) \leq \sigma \}$ soit compact pour tout σ (en particulier, h est s.c.i. sur $\mathfrak{X}$). Il résulte de la formule (5) que si $v \in \underline{\underline{C}}(Y)$ est inférieure à $h^\vee$, on a

$$\varphi_v(x) \leq \sup_n u_n(x)$$

donc que $v \in \underline{\underline{V}}$ et par suite que

$$J(\mu) \geq \sup_{\substack{v \leq h^\vee \\ v \in \underline{\underline{C}}(Y)}} \int v d\mu = \int h^\vee d\mu$$

et ceci entraîne que $J(\mu)=+\infty$ si μ charge $Y\backslash\mathfrak{X}$, puisque $h^\vee = +\infty$ sur $Y\backslash\mathfrak{X}$.

<u>Lemme 7</u>. <u>Pour</u> $x \in \mathfrak{X}$, $u \in \underline{\underline{D}}^+$ <u>et</u> $t \geq 0$, <u>on a</u>

$$(5) \qquad u(x) = E^x[\, u \circ X_t \exp(- \int_0^t \frac{Lu}{u} \circ X_s \, ds) \,] .$$

<u>Démonstration</u>. Désignons par $\psi(x,t)$ le second membre de (5). On a

$$\psi(x,t+h) = E^x[\, u \circ X_{t+h} \exp(-\int_0^t \frac{Lu}{u} \circ X_s ds) \exp(-\int_t^{t+h} \frac{Lu}{u} \circ X_s ds) \,]$$

Rappelons que Lu, u et $1/u$ sont bornées. Si nous pouvons montrer que

$$(*) \qquad \exp(-\int_t^{t+h} \frac{Lu}{u} \circ X_s \, ds) = \frac{u}{P_h u} \circ X_t + h\varepsilon(h) \qquad (0<h<1)$$

où $\varepsilon(h)$ désigne une fonction sur Ω qui tend vers 0 lorsque $h \to 0$ en restant bornée, P^x-p.s. pour tout x, nous aurons par convergence dominée

$$\psi(x,t+h) = E^x[u \circ X_{t+h} \exp(-\int_0^t \ldots) \frac{u}{P_h u} \circ X_t \,] + o(h) = \psi(x,t) + o(h)$$

puisque (P_s) est le semi-groupe de transition du processus (X_t), donc $\frac{\partial \psi}{\partial t} = 0$ et $\psi(x,t) = \psi(x,0) = u(x)$, ce qui achèvera la démonstration.

Démontrons (*). D'une part, puisque $u \in \underline{\underline{D}}$, on a $u \in B_0$ et $Lu \in B_0$, où B_0 désigne l'ensemble des $f \in \underline{\underline{C}}_b(\mathfrak{X})$ tels que $\lim_{h\to 0} \|P_h f - f\| = 0$. Il en résulte, d'après le théorème 13 ci-dessous, que les processus $(u \circ X_s)$ et $(Lu \circ X_s)$ admettent des modifications continues à droite (w_s) et (z_s), donc que presque sûrement pour toute loi initiale

$$\frac{1}{h}\int_t^{t+h} \frac{Lu}{u}\circ X_s \, ds = \frac{1}{h}\int_t^{t+h} \frac{z_s}{w_s}\, ds \to \frac{z_t}{w_t} = \frac{Lu}{u}\circ X_t$$

le côté gauche restant, par ailleurs, borné. On peut donc écrire

$$\exp(-\int_t^{t+h}\ldots) = \exp(\,-h\frac{Lu}{u}\circ X_t + h\varepsilon(h))$$
$$= 1-h\frac{Lu}{u}\circ X_t + h\varepsilon(h)$$

où la fonction $\varepsilon(h)$ varie de place en place, mais tend vers 0 en restant bornée lorsque $h\to 0$. D'autre part, on a

$$\frac{1}{h}(P_h u - u) = \frac{1}{h}\int_0^h P_s Lu \, ds = Lu + \varepsilon(h)$$

et par conséquent

$$\frac{P_h u}{u} = 1+ h\frac{Lu}{u} + h\varepsilon(h)\ , \qquad \frac{u}{P_h u} = 1-h\frac{Lu}{u} + h\varepsilon(h)$$

et finalement $\exp(-\int_t^{t+h}\ldots) = \frac{u}{P_h u}\circ X_t + h\varepsilon(h)$, la formule cherchée.

II . Construction du processus ergodique $\mathbb{P}$.

La démonstration des inégalités (2) et (4) est beaucoup plus difficile que celle de (1) et (3). Au lieu d'avoir deux démonstrations parallèles pour les cas A et B, on procède par réduction du cas continu au cas discret. Dans ce dernier cas, l'étape essentielle est la construction d'un certain processus ergodique, que l'on va présenter ici avec une démonstration un peu moins générale, mais plus simple que dans [2].

Définissons, comme dans [2], $\underline{\underline{U}}_1$ (resp. $\underline{\underline{U}}_2$) comme l'ensemble des fonctions boréliennes strictement positives sur $\mathfrak{X}$ (resp. $\mathfrak{X}\times\mathfrak{X}$) dont le logarithme est borné, posons pour $\mu\in\underline{\underline{M}}(\mathfrak{X})$, qui reste fixée ci-dessous

$$I(\mu) = \sup_{u\in\underline{\underline{U}}_1} \int \log \frac{u}{\pi u}(x)\ \mu(dx)$$

Définissons la mesure α sur $\mathfrak{X}\times\mathfrak{X}$ par

$$\alpha(dx,dy) = \mu(dx)\pi(x,dy)$$

Et enfin, pour $\lambda\in\underline{\underline{M}}(\mathfrak{X}\times\mathfrak{X})$

(*) $$\mathbb{I}(\lambda) = \sup_{u\in\underline{\underline{U}}_2} \left[\ \int\log u(x,y)\ \lambda(dx,dy) - \log\int u(x,y)\alpha(dx,dy)\right]$$

On démontre dans [1] que $\mathbb{I}(\lambda)$ vaut $+\infty$ si λ n'est pas absolument continue par rapport à α , et vaut dans le cas contraire

$$\int(\log \frac{d\lambda}{d\alpha})d\lambda = \int \frac{d\lambda}{d\alpha}(\log \frac{d\lambda}{d\alpha}\ )d\alpha$$

Nous désignerons par λ^1 et λ^2 les projections de λ, et par $\underline{\underline{M}}_\mu$ l'ensemble des mesures λ sur $\mathfrak{X}\times\mathfrak{X}$ telles que $\lambda^1=\lambda^2=\mu$

<u>Lemme 8</u>. <u>On a</u> $I(\mu) = \inf_{\lambda\in\underline{\underline{M}}_\mu} \mathbb{I}(\lambda)$.

On voit d'abord, comme dans [2], que si $g \in \underline{\underline{U}}_1$ et dans (*)

$$u(x,y) = \frac{g(y)}{\pi g(x)} \in \underline{\underline{U}}_2$$

on a pour tout λ dans $\underline{\underline{M}}_\mu$

$$\bar{I}(\lambda) \geqq \int \log g(y).\lambda^2(dy) - \int \log \pi g(x).\lambda^1(dx) - \log[\int \frac{g(y)}{\pi g(x)} \pi(x,dy)\mu(dx)]$$

$$\geqq \int \log \frac{g(y)}{\pi g(x)} \mu(dx)$$

d'où $\bar{I}(\lambda) \geq I(\mu)$ et enfin $I(\mu) \leqq \inf_{\lambda \in \underline{\underline{M}}_\mu} \bar{I}(\lambda)$.

Inversement, supposons $I(\mu) < \inf_{\lambda \in \underline{\underline{M}}_\mu} \bar{I}(\lambda)$, et montrons que cela conduit à une contradiction.

L'énoncé du lemme ne dépendant que de la structure borélienne de X, qui est standard, on peut supposer X compact métrisable. $\bar{I}(\lambda)$ peut alors être calculé en prenant la borne supérieure sur $\underline{\underline{U}}_2 \cap \underline{\underline{C}}(\mathfrak{X}\times\mathfrak{X})$, et $\bar{I}$ est donc convexe s.c.i. sur le convexe compact $\underline{\underline{M}}(\mathfrak{X}\times\mathfrak{X})$. Si j est tel que $I(\mu)<j<\inf_{\lambda \in \underline{\underline{M}}_\mu} \bar{I}(\lambda)$, l'ensemble

$$\Lambda = \{ \lambda \in \underline{\underline{M}}(\mathfrak{X}\times\mathfrak{X}) \mid \bar{I}(\lambda) \leqq j \}$$

est un convexe compact disjoint de $\underline{\underline{M}}_\mu$, et si p désigne l'application affine continue de $\underline{\underline{M}}(\mathfrak{X}\times\mathfrak{X})$ dans $\underline{\underline{M}}(\mathfrak{X})\times\underline{\underline{M}}(\mathfrak{X})$ qui à une mesure associe ses deux projections, $p(\Lambda)$ est un convexe compact qui ne contient pas (μ,μ). Il existe donc, d'après le théorème de Hahn-Banach, deux fonctions u_1 et v continues sur $\mathfrak{X}$ telles que

$$\begin{cases} <\mu,u_1> - <\mu,v> \leqq 0 \\ <\lambda^1,u_1> - <\lambda^2,v> \geqq 1 \text{ si } \lambda\in\Lambda \end{cases}$$

La constante $<\mu,v-u_1>$ est positive. Posant $u=u_1+<\mu,v-u_1>$ on a

$$(8) \qquad <\mu,u> = <\mu,v>$$

$$(9) \qquad <\lambda^1,u> - <\lambda^2,v> \geqq 1 \quad \text{si } \lambda\in\Lambda \ .$$

Si l'on pose alors $M(\theta) = \int e^{\theta[u(x)-v(y)]}\alpha(dx,dy)$, $\log M$ est une fonction différentiable et convexe s'annulant en 0. Soit maintenant $\eta>0$. On va montrer l'existence d'un $\theta_0 \in \mathbb{R}$ tel que $\log M(\theta_0) \leqq -j+\eta$. Prenant alors $f(y) = e^{-\theta_0 v(y)}$ et $g(x)=e^{-\theta_0 u(x)}$ on aura, en utilisant la définition de $I(\mu)$, la formule (8) et l'inégalité de Jensen

$$-I(\mu) \leqq \int \log \frac{\pi f(x)}{f(x)} \mu(dx) = \int \log \frac{\pi f(x)}{g(x)}\mu(dx) \leqq \log \int \frac{\pi f(x)}{g(x)} \mu(dx)$$

$$\leqq \log \int \frac{f(y)}{g(x)} \pi(x,dy)\mu(dx) = \log M(\theta_0) \leqq \eta - j$$

d'où la contradiction cherchée si $0<\eta<j-I(\mu)$.

L'existence de θ_0 est immédiate si $\gamma = \inf_\theta \log M(\theta) = -\infty$. Si $\gamma > -\infty$, nous allons construire θ_0 tel que $|\frac{M'}{M}(\theta_0)|<1$ et $\theta_0 . |\frac{M'}{M}(\theta_0)| \leqq \eta$, après quoi nous montrerons qu'il répond à la question.

Si M' s'annule en x, il suffit de prendre $\theta_0 = x$. Si M' ne s'annule pas, il reste de signe constant, et on a $\log M(\theta) < 0$ si $\theta M'(0)<0$, d'où $\gamma < 0$. En choisissant $\eta < -\gamma$, il existe un θ_0 tel que la tangente en θ_0 à la courbe $y=\log M(\theta)$ passe par le point $(\theta_1, \gamma+\eta)$, où $|\theta_1|>\eta$ et $\theta_1 M'(0) > 0$, et que $\log M(\theta_0) < \gamma+\eta$. On a alors $\theta_0 - \theta_1 < 0$ puisque $\log M(\theta_0)<0$,

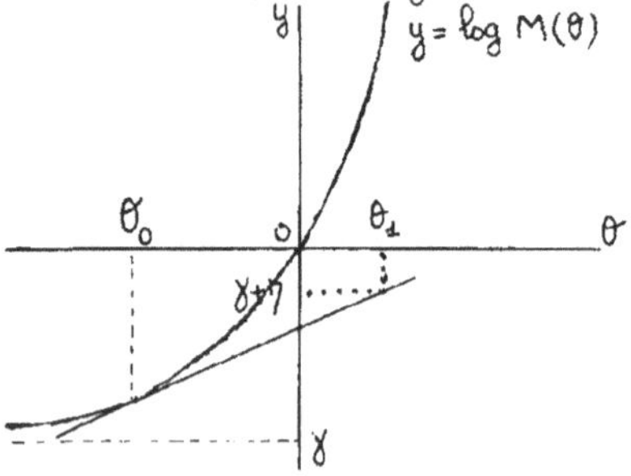

et

$$\eta \geqq (\gamma-\eta) - \log M(\theta_0) = (\theta_1-\theta_0)\frac{M'}{M}(\theta_0) > 0$$

d'où

$$(|\theta_1|+|\theta_0|)|\frac{M'}{M}(\theta_0)| \leqq \eta$$

et

$$\begin{cases} |\theta_0||\frac{M'}{M}(\theta_0)| \leqq \eta \\ |\frac{M'}{M}(\theta_0)| \leqq \frac{\eta}{|\theta_1|} < 1 \end{cases}$$

les conditions cherchées. Il nous reste à vérifier que $\log M(\theta_0) \leqq -j+\eta$, ou encore à trouver une mesure $\lambda_0 \in \underline{\underline{M}}(\mathfrak{X}\times\mathfrak{X})$ telle que $\bar{I}(\lambda_0) \leqq \eta - \log M(\theta_0)$ et que $j \leqq \bar{I}(\lambda_0)$, autrement dit que $\lambda_0 \notin \Lambda$. Nous prendrons

$$\lambda_0(dx,dy) = \frac{1}{M(\theta_0)} e^{\theta_0[u(x)-v(y)]}\alpha(dx,dy)$$

de sorte que

$$\int(u(x)-v(y))\lambda_0(dx,dy) = \frac{M'}{M}(\theta_0) < 1$$

et que $\lambda_0 \notin \Lambda$ d'après (9). On a aussi

$$\bar{I}(\lambda_0) = \int \log\left(\frac{d\lambda_0}{d\alpha}\right) d\lambda_0 = \theta_0\frac{M'}{M}(\theta_0) - \log M(\theta_0) \leqq \eta - \log M(\theta_0) .$$

Cela achève la démonstration du lemme 8. La démonstration a une autre conséquence : puisque $\bar{I}$ est s.c.i. et que $\underline{\underline{M}}_\mu$ est compact, il existe une mesure $\bar{\lambda}$ dans $\underline{\underline{M}}_\mu$ telle que $\bar{I}(\bar{\lambda}) = I(\mu)$. Puisque $\bar{\lambda} \in \underline{\underline{M}}_\mu$, on trouve par désintégration une probabilité de transition $\bar{\pi}(x,dy)$ telle que

$$\bar{\lambda}(dx,dy) = \mu(dx)\bar{\pi}(x,dy)$$

et l'on a, puisque $\bar{\lambda}^2 = \mu$, que μ est invariante par $\bar{\pi}$.

<u>Lemme</u> 9. <u>Il existe deux fonctions mesurables positives</u> a <u>et</u> b <u>telles que</u>

$$\bar{\lambda}(dx,dy) = a(x)b(y)\alpha(dx,dy) .$$

Il existe, pour tout $n\in\mathbb{N}$, une f_n positive dans $\underline{\underline{C}}(\mathfrak{X})$ telle que

$$\int \log\left(\frac{f_n(x)}{\pi f_n(x)}\right)\mu(dx) \geqq I(\mu)-2^{-n} = \bar{I}(\bar{\lambda})-2^{-n} .$$

Si l'on pose alors $\nu_n(dx,dy) = \frac{f_n(y)}{\pi f_n(x)}\alpha(dx,dy) \in \underline{\underline{M}}(\mathfrak{X}\times\mathfrak{X})$, on a $\bar{\lambda}\ll\alpha\approx\nu_n$, donc avec $\varphi_n = \frac{d\bar{\lambda}}{d\nu_n}$

$$\int\varphi_n\log(\varphi_n)d\nu_n = \int\log(\frac{d\bar{\lambda}}{d\nu_n})d\bar{\lambda} = \int\log(\frac{d\bar{\lambda}}{d\alpha})d\bar{\lambda} - \int\log(\frac{d\nu_n}{d\alpha})d\bar{\lambda}$$
$$= \bar{I}(\bar{\lambda}) - \int\log(\frac{f_n(x)}{\pi f_n(x)})\,\mu(dx) \leqq 2^{-n}$$

Il existe une constante $c>0$ telle que pour tout $t\geqq 0$ on ait

$$t\log t - (t-1) \geqq c\,\frac{(t-1)^2}{1+t}$$

On en tire

$$c\int\frac{(\varphi_n-1)^2}{1+\varphi_n}d\nu_n \leqq \int\varphi_n\log(\varphi_n)d\nu_n - \int\frac{d\bar{\lambda}}{d\nu_n}d\nu_n + 1 \leqq 2^{-n}-1+1 = 2^{-n}$$

et par l'inégalité de Schwarz appliquée à $|\varphi_n-1|/\sqrt{1+\varphi_n}$ et $\sqrt{1+\varphi_n}$

$$\|\bar{\lambda}-\nu_n\|^2 = [\int|\varphi_n-1|d\nu_n]^2 \leqq [\int\frac{(\varphi_n-1)^2}{1+\varphi_n}d\nu_n][\int(1+\varphi_n)d\nu_n] \leqq 2^{-n}\times(1+1) = 2^{1-n}$$

D'où $\|\frac{d\bar{\lambda}}{d\alpha} - \frac{d\nu_n}{d\alpha}\|_{L^1(\alpha)} \longrightarrow 0$. Il en résulte que $\frac{d\bar{\lambda}}{d\alpha}$ est adhérent dans $L^1(\alpha)$ à l'ensemble Δ des éléments $\theta(x,y)$ qui vérifient pour $\alpha\times\alpha$ presque tout (x,y,x',y')

$$\theta(x,y)\theta(x',y') = \theta(x,y')\theta(x',y)$$

Or cet ensemble est fermé dans $L^1(\alpha)$, et on conclut en remarquant que si $\theta\in\Delta$ n'est pas nul, il existe au moins un (x',y') tel que l'on ait pour α-presque tout (x,y)

$$\theta(x,y) = \frac{\theta(x,y')\theta(x',y)}{\theta(x',y')}$$

<u>Théorème 10. S'il existe une mesure</u> β <u>sur</u> $\mathfrak{X}$ <u>telle que, pour tout</u> x <u>de</u> $\mathfrak{X}$, $\pi(x,dy)$ <u>soit équivalente à</u> $\beta(dy)$, <u>et si</u> $I(\mu)<+\infty$, <u>il existe une fonction mesurable positive</u> h <u>sur</u> $\mathfrak{X}\times\mathfrak{X}$ <u>et une chaîne de Markov stationnaire et ergodique de loi initiale</u> μ <u>et de probabilité de transition</u> $\bar{\pi}(x,dy)$, <u>avec</u>

$$\bar{\pi}(x,dy) = h(x,y)\pi(x,dy)\ ;\ \int\log h(x,y)\mu(dx)\bar{\pi}(x,dy) = I(\mu).$$

Cet énoncé est un peu moins général que celui du théorème 2.6 de [2], mais suffit partout après dans la suite de l'article. La démonstration qui suit est essentiellement celle de [2].

Puisque $\bar{\lambda} \ll \alpha \approx \mu\times\beta$, on a $\mu=\bar{\lambda}^2\ll \beta$. Si $\bar{\pi}(x,dy)$ est la probabilité de transition construite juste avant le lemme 9, nous savons que μ est invariante par $\bar{\pi}$. Nous savons aussi que $h(x,y)=\frac{d\bar{\lambda}}{d\alpha} = a(x)b(y)$, et que $\alpha(dx,dy) = \mu(dx)\pi(x,dy)$. Comme $\bar{\pi}$ n'est définie qu'à un ensemble μ-négligeable près, nous pouvons prendre pour tout x

$$\bar{\pi}(x,dy) = h(x,y)\pi(x,dy).$$

Soit (X_n) le processus de Markov admettant la probabilité de transition $\overline{\pi}$ et la loi initiale invariante μ. Si ce processus n'est pas ergodique, il existe une partie A de $\mathfrak{X}$ telle que $0<\mu(A)<1$ et

$$X_0 \in A \Rightarrow X_n \in A \text{ pour tout } n \text{ , } \quad X_0 \in A^c \Rightarrow X_n \in A^c \text{ pour tout } n.$$

Comme $\overline{\lambda}$ est la loi du couple (X_0,X_1), on a alors

$$\overline{\lambda}(A\times A^c)=\overline{\lambda}(A^c\times A)=0$$

et nous allons montrer que cela entraîne $\mu(A)=0$ ou 1, d'où la conclusion. Posons $E=\{x \mid a(x)>0\}$ et $F=\{y\mid b(y)>0\}$; les relations précédentes entraînent

$$\alpha[(A\cap E)\times(A^c\cap F)] = \alpha[(A^c\cap E)\times(A\cap F)]=0$$

et, puisque $\alpha\approx\mu\times\beta$

$$\mu(A\cap E)\beta(A^c\cap F) = \mu(A^c\cap E)\beta(A\cap F) = 0$$

De plus, $\overline{\lambda}(E^c\times\mathfrak{X}) = 1-\mu(E) = \int_{E^c\times\mathfrak{X}} a(x)b(y)\alpha(dx,dy)=0$

et $\qquad \overline{\lambda}(\mathfrak{X}\times F^c) = 1-\mu(F) = \int_{\mathfrak{X}\times F^c} a(x)b(y)\alpha(dx,dy)=0$

Donc $\mu(E)=\mu(F)=1$, et $\beta(F)\neq 0$ puisque $\mu<<\beta$. Il en résulte que l'on a, soit $\beta(A^c\cap F)\neq 0$ soit $\beta(A\cap F)\neq 0$, donc soit $\mu(A)=\mu(A\cap E)=0$, soit $\mu(A^c)=\mu(A^c\cap E)=0$. On en conclut que $\mu(A)=0$ ou 1 et la démonstration est finie.

III. Remarque sur l'hypothèse (H_3).

On note B_0 le centre fortement continu du semi-groupe, c'est à dire l'ensemble des $f\in\underline{\underline{C}}_b(\mathfrak{X})$ telles que $\lim_{h\to 0}\|P_hf-f\| = 0$. On rappelle que (P_t) est un semi-groupe de Feller, c'est à dire markovien et vérifiant

$$\forall t\geq 0 \quad \forall f\in\underline{\underline{C}}_b(\mathfrak{X}) \qquad P_tf \in \underline{\underline{C}}_b(\mathfrak{X})$$

$$\forall x\in\mathfrak{X} \quad \forall f\in\underline{\underline{C}}_b(\mathfrak{X}) \qquad f(x) = \lim_{t\to 0} P_tf(x)$$

Nous allons démontrer que ces propriétés entraînent l'hypothèse (H_3) de [2], p.445 , c'est à dire

Pour toute mesure $\mu\in\underline{\underline{M}}(\mathfrak{X})$ et toute f mesurable bornée, il existe des $f_n\in B_0$ telles que $\|f_n\|\leq\|f\|$ et $\lim_n f_n=f$ μ-p.p..

<u>Démonstration</u>. Soit U_p l'opérateur $\int_0^\infty e^{-pt}P_tdt$ de la résolvante $(p>0)$
Notons les faits suivants, bien connus :

- Si g est mesurable bornée, on a $U_pg\in B_0$.
- Si g est continue bornée, $pU_pg \to g$ lorsque $p\to\infty$ en restant majoré par $\|g\|$, donc $pU_pg\to g$ dans $L^1(\mu)$.

Soit alors f μ-mesurable bornée. Il existe pour tout n une $g_n\in\underline{\underline{C}}_b(\mathfrak{X})$ telle que

$$\|g_n\| \leq \|f\| \quad , \int |f-f_n| d\mu \leq 2^{-n}$$

Soit $f_n = p_n U_{p_n} g_n$, où p_n est choisi assez grand pour que $\int |g_n - f_n| d\mu \leq 2^{-n}$. On a alors

$$f_n \in B_o \ , \quad \|f_n\| \leq \|f\| \quad , \quad \Sigma_n \int |f-f_n| d\mu \leq 2\Sigma_n 2^{-n} < +\infty$$

et cette dernière propriété entraîne que $f_n \to f$ μ-presque partout.

IV. Remarque sur B_{oo} et sur l'hypothèse (H_2).

On note B_{oo} le sous-espace de $\underline{\underline{C}}_b(\mathfrak{X})$ formé des fonctions f telles que

$$\lim_{t \to 0} \sup_{x \in \mathfrak{X}} \int |f(y)-f(x)| P_t(x,dy) = 0$$

où $P_t(x,dy)$ est la probabilité de transition qui correspond au semi-groupe. On remarque dans [2] que B_{oo} est un sous-espace vectoriel fermé de B_o , et que si f et f^2 sont dans B_o , alors f est dans B_{oo} . Cette propriété résulte immédiatement de l'inégalité de Schwarz. On peut en fait prouver le résultat plus fort :

<u>Proposition 11</u> . <u>Si</u> $f \in B_{oo}$ <u>et si</u> $g \in B_o$, <u>le produit</u> fg <u>est dans</u> B_o . B_{oo} <u>est la plus grande sous-algèbre de</u> $\underline{\underline{C}}_b(\mathfrak{X})$ <u>contenue dans</u> B_o, <u>et l'on a</u>

(10) $\qquad f \in B_{oo} \iff (f \in B_o$ <u>et</u> $f^2 \in B_o)$.

<u>Démonstration</u> : On écrit

$$|(P_t fg - fg)(x)| = |\int (fg(y)-fg(x)) P_t(x,dy)|$$
$$\leq |\int (f(y)-f(x)) g(y) P_t(x,dy)| + |f(x)| \cdot |\int (g(y)-g(x)) P_t(x,dy)|$$
$$\leq \|g\| \int |f(y)-f(x)| P_t(x,dy) + \|f\| \, \|P_t g - g\|$$

Il en résulte que si $f \in B_{oo}$, $g \in B_o$, alors fg appartient à B_o .

L'implication $\Rightarrow$ de (10) est alors immédiate en prenant f=g ; l'implication $\Leftarrow$ de (10) est établie dans [2], et il en résulte, comme $fg = \frac{1}{2}((f+g)^2 - f^2 - g^2)$, que B_{oo} est une sous-algèbre de $\underline{\underline{C}}_b(\mathfrak{X})$ contenue dans B_o, la plus grande d'après (10).

On va montrer que si B_{oo} définit la topologie de $\mathfrak{X}$, l'hypothèse (H_2) de [2] est vérifiée . Explicitement

<u>Théorème 12</u>. <u>Si</u> B_{oo} <u>définit la topologie de</u> $\mathfrak{X}$, <u>la topologie étroite sur</u> $\underline{\underline{M}}(\mathfrak{X})$ <u>coïncide avec la topologie</u> $\sigma(\underline{\underline{M}}(\mathfrak{X}), B_{oo})$ <u>de la convergence sur</u> B_{oo}.

<u>Démonstration</u> . Puisque B_{oo} définit la topologie de $\mathfrak{X}$, $\mathfrak{X}$ est un sous-espace du spectre $\mathfrak{S}$ de l'algèbre B_{oo} . L'espace $\mathfrak{S}$ est une compactification de $\mathfrak{X}$, et $\overline{B_{oo}}$ s'identifie à l'espace des fonctions continues sur $\mathfrak{S}$. La topologie $\sigma(\underline{\underline{M}}(\mathfrak{X}), B_{oo})$ est donc la topologie induite sur $\underline{\underline{M}}(\mathfrak{X})$ par la

topologie étroite de $\underline{\underline{M}}(\mathfrak{S})$. Il est alors bien connu que cette topologie coïncide avec la topologie étroite de $\underline{\underline{M}}(\mathfrak{X})$ (Bourbaki, Intégr. chap.IX, §5, n°3, prop.8).

V. Continuité à droite sur les trajectoires.

Il est aisé de voir que si $\mathfrak{X}$ n'est pas localement compact, il peut se faire que le processus associé à un semi-groupe de Feller n'admette pas de modification continue à droite. Il suffit pour cela de restreindre l'espace d'états du mouvement brownien sur $\mathbb{R}$ à l'espace polonais $\mathbb{R}\setminus\mathbb{Q}$ qui porte les probabilités de transition, alors que presque toute trajectoire traverse $\mathbb{Q}$ sur tout intervalle de temps de longueur non nulle.

Néanmoins, une transposition de la démonstration de P.A.Meyer (cf. [3]) permet de prouver :

<u>Théorème 13</u> . <u>Si</u> $f \in B_0$, <u>le processus</u> $(f \circ X_t)$ <u>admet une modification continue à droite</u>.

En ajoutant une constante à f , on peut supposer $f \geq 0$. Pour tout $p>0$, le processus $(e^{-ps} U_p f \circ X_s)$, où U_p est l'opérateur $\int_0^\infty e^{-pt} P_t dt$ de la résolvante, est une surmartingale, donc possède presque sûrement des limites à droite suivant $\mathbb{Q}$ en tout $s \geq 0$.

Comme $f \in B_0$, $pU_p f$ converge uniformément vers f sur $\mathfrak{X}$ lorsque $p \to \infty$. Le processus $(f \circ X_t)$ a donc aussi presque sûrement des limites à droite suivant Q en tout $t \geq 0$. En définissant, pour presque tout $\omega \in \Omega$, le processus (g_t) par

$$g_t(\omega) = \lim_{s \to t_+ ,\ s \in \mathbb{Q}} f \circ X_s(\omega)$$

on obtient un processus continu à droite, et il reste à montrer que pour toute loi initiale μ et tout t, on a $g_t = f \circ X_t$ presque sûrement pour P^μ. Or on a , les espérances E étant relatives à la loi P^μ

$$E[g_t^2] = \lim_{s \to t_+, s \in Q} E[f^2 \circ X_s] = \lim_{h \to 0} E[P_h f^2 \circ X_t] = E[f^2 \circ X_t]$$

puisque $P_h f^2 \to f^2$ simplement. De même

$$E[f \circ X_t . g_t] = \lim_{s \to t_+, s \in Q} E[f \circ X_t . f \circ X_s] = \lim_{h \to 0} [f \circ X_t . P_h g \circ X_s]$$
$$= E[f^2 \circ X_t]$$

et enfin

$$E[(f \circ X_t - g_t)^2] = E[f^2 \circ X_t] - 2E[f \circ X_t . g_t] + E[g_t^2] = 0 .$$

REFERENCES

[1] M.D. Donsker et S.R.S. Varadhan - Asymptotic Evaluations... I . Comm. Pure Appl. Math. 28, 1975, p.1-47.

[2] M.D. Donsker et S.R.S. Varadhan - Asymptotic Evaluations... III. Comm. Pure Appl. Math. 29, 1976, p. 389-461.

[3] P.A. Meyer. Processus de Markov. Lect. Notes in M. 26, 1967. Springer-Verlag.

J. Saint Raymond
Université Paris VI
Mathématiques, Tour 46
4 Place Jussieu
75230 Paris Cedex 05

Université de Strasbourg
Séminaire de Probabilités 1977/78

SUR L'EXTENSION D'UN THEOREME DE DOOB A UN NOYAU σ-FINI

par Marc YOR et P.A. MEYER, d'après G. MOKOBODZKI

1. Soient $(X,\underline{\underline{X}})$ et $(Y,\underline{\underline{Y}})$ deux espaces mesurables. La tribu $\underline{\underline{Y}}$ est supposée séparable. On désigne par P une probabilité sur $(Y,\underline{\underline{Y}})$, et par μ un noyau de X dans Y, de base P. Autrement dit, μ est une application $x \mapsto \mu^x$ de X dans l'ensemble des mesures positives sur $(Y,\underline{\underline{Y}})$, telle que

(1) Pour tout $x \in X$, μ^x est absolument continue par rapport à P.

(2) Pour tout $A \in \underline{\underline{Y}}$, l'application $x \mapsto \mu^x(A)$ est $\underline{\underline{X}}$-mesurable.

Nous supposerons dans toute la suite que les mesures μ^x sont σ-finies sur $(Y,\underline{\underline{Y}})$, et nous nous posons le problème de la validité du "théorème de Doob" :

Problème . Existe t'il une fonction positive $g(x,y)$, $\underline{\underline{X}}\otimes\underline{\underline{Y}}$-mesurable, telle que l'on ait pour tout $x \in X$

$$\frac{d\mu^x}{dP} = g(x,.) \quad \text{P-p.s. ?}$$

Il est bien connu que ce problème admet une réponse positive lorsque les mesures μ^x sont bornées : c'est là le théorème de Doob proprement dit, l'une des premières applications de la théorie des martingales. Rappelons rapidement comment on démontre cela. On représente $\underline{\underline{Y}}$ comme $\bigvee_n \underline{\underline{Y}}_n$, où $(\underline{\underline{Y}}_n)$ est une suite de sous-tribus de $\underline{\underline{Y}}$ engendrées par des partitions finies de plus en plus fines. On peut calculer explicitement

$$\frac{d\mu^x}{dP}\Big|_{\underline{\underline{Y}}_n} = g_n(x,.)$$

et vérifier que $g_n(.,.)$ est $\underline{\underline{X}}\otimes\underline{\underline{Y}}_n$-mesurable. D'après le théorème de convergence des martingales, on peut alors prendre

$$g(x,y) = \liminf_{n\to\infty} g_n(x,y)$$

Mais ce raisonnement est entièrement en défaut lorsque les mesures μ^x ne sont pas bornées. En effet, il existe alors des exemples où l'on a , pour un certain x, $g_n(x,.)=+\infty$ identiquement, et la fonction $g(x,.)$ n'est donc pas une densité de la mesure σ-finie μ^x (un tel exemple figure dans [N], remarque suivant le corollaire II.2.12, au bas de la page 31). Il y a cependant un cas où l'extension est triviale : celui où le noyau μ est propre. Il existe alors une fonction $u(y)$ partout >0 sur Y telle que $\mu^x(u)< \infty$ pour tout x, et l'on peut poser alors $\nu^x(dy)=u(y)\mu^x(dy)$, choisir une version mesurable h(x,.) de la densité $d\nu^x/dP$, puis poser enfin

$$g(x,y) = \frac{1}{u(y)} h(x,y) .$$

Nous nous intéressons ici au cas général. Il semble y avoir une méthode d'attaque évidente. Puisque la mesure μ^x est σ-finie et absolument continue, on a

$$\mu^x = \lim_{n\to\infty} \mu^x \wedge (nP)$$

et on est amené au lemme suivant :

Lemme 1. Les conditions suivantes sont équivalentes

a) Pour tout n, $x \mapsto \mu_n^x = \mu^x \wedge (nP)$ est un noyau.

b) μ vérifie le théorème de Doob.

Démonstration. a)=>b). Le théorème de Doob étant vrai dans le cas borné, soit $g_n(x,y)$ une fonction $\underline{\underline{X}}\otimes\underline{\underline{Y}}$-mesurable telle que $g_n(x,.)$ soit densité de μ_n^x pour tout x. Alors $g(x,y) = \sup_n g_n(x,y)$ est mesurable, et g(x,.) est densité de μ^x pour tout x.

b)=>a). Soit g(x,y) une fonction $\underline{\underline{X}}\otimes\underline{\underline{Y}}$-mesurable telle que g(x,.) soit densité de μ^x pour tout x. Alors pour tout $A \in \underline{\underline{Y}}$ on a

$$\mu_n^x(A) = \int_A g(x,y) \wedge n \, dP(y)$$

et il est évident que μ_n est un noyau.

2. On va maintenant regarder les choses de manière plus approfondie, et il nous faut pour cela quelques notations.

Nous désignons par $\bar{F}$ l'ensemble de toutes les classes de variables aléatoires positives, finies ou non, sur $(Y,\underline{\underline{Y}})$, par F l'ensemble des classes de v.a. finies et positives, par F_b enfin l'ensemble des classes intégrables et positives ($F_b = L_+^1(\underline{\underline{Y}},P)$).

Il est bien connu que $\bar{F}$ est un espace polonais pour la topologie de la convergence en probabilité. Nous désignerons par Π la tribu borélienne correspondante sur $\bar{F}$, et aussi la tribu induite sur F ou F_b, le contexte se chargeant d'indiquer sur quel espace on se trouve.

Il y a une autre tribu intéressante sur $\bar{F}$, c'est la tribu engendrée par les applications $f \mapsto \int_A f dP$, où A parcourt $\underline{\underline{Y}}$. Nous la désignerons par $\underline{\underline{T}}$, et nous noterons de même par $\underline{\underline{T}}$ les tribus induites sur F, F_b.

On a $\underline{\underline{T}} \subset \Pi$. En effet, l'application $f \mapsto \int_A f \, dP = \sup_n \int_A f \wedge n \, dP$ est s.c.i., donc borélienne, pour la convergence en probabilité. Cela nous autorise à appeler $\underline{\underline{T}}$ la tribu faible, Π la tribu forte, sur $\bar{F}$, F ou F_b.

Une application mesurable de $(X,\underline{\underline{X}})$ dans $(F,\underline{\underline{T}})$ est exactement ce que nous avons appelé un noyau (à mesures σ-finies, de base P) ; il nous arrivera de préciser en disant : noyau faible. Nous appellerons noyau fort une application mesurable de $(X,\underline{\underline{X}})$ dans (F,Π).

La proposition suivante nous indique quelle est la propriété de F_b qui "fait marcher" le théorème de Doob, et où se trouve le problème dans le cas général.

Proposition 1. a) Sur F_b , les tribus Π et T sont égales.

b) Un noyau μ satisfait au théorème de Doob si et seulement s'il est fort.

Démonstration. Il y a bien des manières de prouver a). L'argument suivant est rapide : on sait que sur un espace de Banach séparable, tel que $L^1(\underline{\underline{Y}},P)$, la tribu borélienne de la topologie de la norme coincide avec celle de la topologie faible. Cette égalité s'induit sur $F_b=L^1_+$. Or sur F_b la tribu faible est $\underline{\underline{T}}$, tandis que Π est intermédiaire entre les deux tribus précédentes.

Si μ est un noyau fort, $x\mapsto \mu^x\wedge(nP)$ est un noyau fort, car $f\mapsto f\wedge n$ est une application continue de F dans F. Donc μ satisfait au théorème de Doob d'après le lemme 1.

Inversement, supposons que g(x,y) soit une fonction $\underline{\underline{X}}\otimes\underline{\underline{Y}}$-mesurable positive, et que $\mu^x= g(x,.)P$ pour tout x. Soit B la boule de centre $h\in F$ et de rayon a dans F

$$B = \{ f\in F : E[|f-h|\wedge 1]<a \}$$

Pour montrer que l'image réciproque de B par μ est $\underline{\underline{X}}$-mesurable, il suffit de vérifier que la fonction

$$x\longmapsto \int_Y |g(x,y)-h(y)|\wedge 1 \; dP(y)$$

est mesurable, ce qui est évident. Donc μ est $(\underline{\underline{X}}/\Pi)$-mesurable.

3. Nous passons maintenant aux choses nouvelles, c'est à dire à l'existence de noyaux qui ne satisfont pas au théorème de Doob. Il suffit de démontrer pour cela que les tribus $\underline{\underline{T}}$ et Π ne sont pas identiques en général, ce qui résulte du théorème suivant :

Proposition 2. Si l'espace probabilisé $(Y,\underline{\underline{Y}},P)$ est sans atomes, la tribu $\underline{\underline{T}}$ n'est pas séparable. En particulier, on a $\underline{\underline{T}}\neq\Pi$.

On déduit de là que T=Π dans le seul cas où l'espace probabilisé est purement atomique.

Pour démontrer cette proposition, nous rappelons quelques résultats très élémentaires de théorie de la mesure. D'abord, l'absence d'atomes s'énonce ainsi :

(*) Pour tout $C\in\underline{\underline{Y}}$ non négligeable, il existe $C'\in\underline{\underline{Y}}$, $C'\subset C$ tel que $0<P(C')<P(C)$.

On construit alors immédiatement une suite décroissante $C'_n \subset C$, avec $P(C'_{n+1})<P(C'_n)$ pour tout n. Considérant les ensembles $C'_n\setminus C'_{n+1}$, on voit que :

($\ast$) Pour tout $C\in\underline{\underline{Y}}$ non négligeable et tout $\varepsilon>0$, il existe $C_\varepsilon\in\underline{\underline{Y}}$, $C_\varepsilon\subset C$ tel que $0<P(C_\varepsilon)<\varepsilon$.

Au moyen de ces résultats, nous démontrons le lemme suivant (une démonstration très simple peut se déduire aussi de la note de Dellacherie sur le lemme de Borel-Cantelli, dans ce volume)

Lemme 2. Supposons $(Y,\underline{\underline{Y}},P)$ sans atomes. Soit $(C_n)_{n>0}$ une suite d'éléments de $\underline{\underline{Y}}$ non négligeables. Il existe alors $g\in F$ telle que

$$\int_{C_n} g\, dP = +\infty \text{ pour tout } n .$$

Démonstration. 1) Nous traitons le cas d'un seul $C\in\underline{\underline{Y}}$ non négligeable. D'après (*) nous choisissons une suite décroissante (C'_k) d'éléments de $\underline{\underline{Y}}$ tels que $C'_0\subset C$, $P(C'_k)>P(C'_{k+1})>0$ pour tout k, et nous prenons g de la forme

$$g = \Sigma_k\, a_k 1_{C'_k\setminus C'_{k+1}}$$

où les a_k sont des constantes >0 choisies de sorte que $\int_C g dP = +\infty$.

2) Donnons nous une fonction $u\in F$, un ensemble C comme ci-dessus, un nombre $\varepsilon>0$, et montrons qu'il existe $v\in F$ telle que

$$\int_C v\, dP = +\infty \;,\; v\geqq u \text{ partout} \;,\; P\{v\geqq u+\varepsilon\} \leqq \varepsilon .$$

A cet effet, nous choisissons d'après ($\ast$) un $C_\varepsilon\subset C$, $C_\varepsilon\in\underline{\underline{Y}}$ tel que $0<P(C_\varepsilon)<\varepsilon$, puis d'après 1) une fonction $g\in F$ telle que $\int_{C_\varepsilon} g\, dP = +\infty$. Nous prenons alors $v=u$ sur $Y\setminus C_\varepsilon$, $v=g\vee u$ sur C_ε .

3) Démontrons enfin l'énoncé. Nous construisons par récurrence une suite $(g_n)_{n\geqq 0}$ d'éléments de F tels que

- $g_0=1$
- $\int_{C_{n+1}} g_{n+1}\, dP = +\infty$, $g_{n+1}\geqq g_n$, $P\{g_{n+1}\geqq g_n+2^{-n}\} \leqq 2^{-n}$

ce qui est possible d'après 2). Nous posons $g=\lim_n g_n$; la dernière condition assure que $g\in F$, et g satisfait à l'énoncé.

Démonstration de la proposition 2. Supposons $\underline{\underline{T}}$ séparable, et déduisons en une contradiction. $\underline{\underline{T}}$ étant séparable et engendrée par les applications $f\longmapsto \int_C f\, dP$, il existe une suite (C_n) d'éléments de $\underline{\underline{Y}}$, que l'on peut évidemment supposer non négligeables, tels que les applications $f \mapsto \int_{C_n} f\,dP$ engendrent $\underline{\underline{T}}$. Alors la relation

$$(f \in F,\ \bar{f} \in F,\ \forall n \int_{C_n} f dP = \int_{C_n} \bar{f} dP\ )\ \text{entraîne}\ (\ \forall A \in \underline{\underline{Y}}\ ,\ \int_A f dP = \int_A \bar{f} dP\ ).$$

Soit g la fonction construite dans le lemme 2. Prenant $f=g$, $\bar{f}=g+1$, on voit que $\int_A g\,dP = \int_A (g+1)dP$ pour tout $A \in \underline{\underline{Y}}$. Prenant $A=\{g \leq n\}$, on voit que $P(A)=0$, d'où $g=0$, ce qui est absurde.

4. Faisons une courte digression. Ce que la démonstration précédente montre, en fait, c'est que les applications $f \mapsto \int_A f dP$ ($A \in \underline{\underline{Y}}$) séparent les points de F, mais qu'il n'existe aucune sous-famille dénombrable séparant les points de F. Il ne faut pas s'en étonner : la tribu Π est en effet une tribu de Blackwell sur F, comme on va le voir dans un instant. S'il existait une tribu séparable $\underline{\underline{T}}' \subset \underline{\underline{T}}$ séparant les points de F, on aurait $\underline{\underline{T}}'=\underline{\underline{T}}=\Pi$ d'après le théorème de Blackwell.

<u>Lemme 3</u>. F <u>est borélien dans</u> $\bar{F}$.
<u>Démonstration</u>. Pour toute $f \in \bar{F}$ posons $k_n(f) = \int_Y (\frac{f}{1+f})^n dP$. Les fonctions k_n sont continues sur F, et tendent en décroissant vers la fonction $k(f)= P\{f=+\infty\}$. L'ensemble $F=\{f : k(f)=0\}$ est donc l'intersection des ensembles $\{ f : k(f)< 1/m \}$, qui sont ouverts puisque $k=\inf_n k_n$ est s.c.s.. Donc F est un G_δ dans $\bar{F}$, et en particulier F est polonais.

[Ce blanc est dû à C. Dellacherie, qui a trouvé la démonstration très simple ci-dessus, au lieu d'une démonstration compliquée de P.A. Meyer prouvant seulement que F était analytique dans $\bar{F}$].

5. Il semble difficile de reconnaître a priori si un noyau est un noyau fort. Aussi est il intéressant d'étudier des variantes de cette condition, peut être plus faciles à vérifier. Désignons par E l'image de $\underline{\underline{Y}}$ par l'application $A \mapsto I_A$ de $\underline{\underline{Y}}$ dans $L^\infty(\underline{\underline{Y}},P)$, et par $\underline{\underline{E}}$ la tribu induite par L^∞ .

<u>Définition</u>. <u>Un noyau</u> μ <u>de</u> X <u>dans</u> Y (<u>de base</u> P, <u>à mesures</u> σ<u>-finies</u>), <u>est dit</u> mesurable <u>si l'application</u> $(x,A) \mapsto \mu^x(A)$ <u>est</u> $\underline{\underline{X}} \otimes \underline{\underline{E}}$<u>-mesurable</u>.

Lemme 4. Tout noyau fort est mesurable.

Démonstration. Nous savons que, si μ est un noyau fort, il satisfait au théorème de Doob. Or soit $g(x,y)$ une fonction positive $\underline{\underline{X}}\otimes\underline{\underline{Y}}$-mesurable. L'application

$$(x,A) \mapsto \int_A g(x,y)\, dP(y)$$

est $\underline{\underline{X}}\otimes\underline{\underline{E}}$-mesurable. On se ramène en effet, par troncation, au cas où g est bornée ; puis, par classes monotones, au cas où $g(x,y)=u(x)v(y)$ ($u\in b(\underline{\underline{X}})$, $v\in b(\underline{\underline{Y}})$), et le résultat est alors évident.

Inversement, un noyau mesurable est "presque" un noyau fort : il devient fort au prix d'un léger élargissement de la tribu $\underline{\underline{X}}$.

Proposition 3. Soit μ un noyau mesurable de $(X,\underline{\underline{X}})$ dans $(Y,\underline{\underline{Y}})$, et soit $\hat{\underline{\underline{X}}}$ la tribu engendrée par les ensembles $\underline{\underline{X}}$-analytiques. Alors μ est un noyau fort de $(X,\hat{\underline{\underline{X}}})$ dans $(Y,\underline{\underline{Y}})$.

Corollaire. Il existe une fonction $g(x,y)$ $\hat{\underline{\underline{X}}}\otimes\underline{\underline{Y}}$-mesurable et positive, telle que $g(x,.)$ soit une densité de μ^x pour tout $x\in X$.

Démonstration. Il nous suffit de démontrer que pour tout n, la fonction $x\mapsto \mu^x\wedge(nP)$ est un noyau de $(X,\hat{\underline{\underline{X}}})$ dans $(Y,\underline{\underline{Y}})$, ou encore, que pour tout $A\in\underline{\underline{Y}}$, la fonction

$$x \mapsto nP(A) - < (nP-\mu^x)^+, 1_A > = nP(A) - \sup_{B\subset A} [nP(B)-\mu^x(B)]$$

est $\hat{\underline{\underline{X}}}$-mesurable. Or soit la fonction $\underline{\underline{X}}\otimes\underline{\underline{E}}$-mesurable sur $X\otimes E$

$$j(x,B) = nP(B) - \mu^x(B)$$

et soit $h(x) = \sup_{B\subset A} j(x,B)$. L'ensemble $\{x \mid h(x)>a\}$ est la projection sur X de l'ensemble

$$G = \{(x,B) : j(x,B)>a , B\subset A \}$$

Or l'ensemble des $B\in E$ tels que $B\subset A$ est fermé dans E , donc G est borélien, et sa projection sur X est analytique, et enfin $\hat{\underline{\underline{X}}}$-mesurable.

Remarque. La démonstration permet de prouver un peu mieux : si μ est un noyau mesurable, les fonctions $(x,A)\mapsto(\mu^x\wedge(nP))(A)$ sont $\underline{\underline{X}}\otimes\underline{\underline{E}}$-coanalytiques au sens de [PP], III.61.

6. Nous avons vu plus haut qu'il existe des noyaux faibles qui ne sont pas forts. Le modèle de ces noyaux s'obtient en prenant $(X,\underline{\underline{X}})=(F,\underline{\underline{T}})$, μ étant l'application identique de F sur F. Ce même modèle montre qu'il existe des noyaux faibles qui ne sont pas pas mesurables. En effet, que signifierait la mesurabilité de ce noyau ? Que l'application $(f,A)\mapsto\int_A f dP$ de $F\times E$ dans $\overline{\mathbb{R}}_+$ est $\underline{\underline{T}}\otimes\underline{\underline{E}}$-mesurable. Or si elle l'était, elle le serait

encore par rapport à la tribu sur $F\times E$ engendrée par une suite de rectangles $A_n \times B_n$ ($A_n \in \underline{\underline{T}}$, $B_n \in \underline{\underline{E}}$), et par conséquent par rapport à $\underline{\underline{S}} \otimes \underline{\underline{E}}$, où $\underline{\underline{S}}$ est la tribu séparable engendrée par les A_n. Mais alors $\underline{\underline{T}}$ serait égale à $\underline{\underline{S}}$, et donc séparable, ce qui est faux (proposition 2).

REFERENCES

[N] : J. Neveu , **Martingales** à temps discret, Masson, Paris, 1972.

[PP] : C. Dellacherie et P.A. Meyer, Probabilités et Potentiel A, Hermann, Paris 1975.

L'article de G. Mokobodzki paraîtra sans doute au Séminaire d'Initiation à l'analyse (G. Choquet), ou au Séminaire de Théorie du Potentiel IV (Lecture Notes in M. Springer-Verlag).

Université de Strasbourg
Séminaire de Probabilités

DOMINATION d'UNE MESURE PAR UNE CAPACITE.

(Un analogue du théorème de Lebesgue-Nikodym).

Par Gabriel MOKOBODZKI

Soient $(X,\mathcal{B})$ un espace mesurable, μ une mesure $\geqslant 0$, $\mu \neq 0$ bornée sur $(X,\mathcal{B})$, $\mathcal{C}$ une application croissante de $\mathcal{B}$ dans $\mathbb{R}^+$ vérifiant les propriétés suivantes :

1) $\mathcal{C}(\bigcup_n A_n) \leqslant \sum_n \mathcal{C}(A_n)$, $\mathcal{C}(\emptyset) = \emptyset$

pour toute suite $(A_n) \subset \mathcal{B}$.

2) Si $A_{n+1} \supset A_n$, $\mathcal{C}(\bigcup_n A_n) = \sup \mathcal{C}(A_n)$

On suppose que μ est dominée par $\mathcal{C}$ au sens suivant :

$(\mathcal{C}(A) = 0) \Longrightarrow (\mu(A) = 0) \qquad A \in \mathcal{B}$.

On a alors le théorème suivant :

<u>THEOREME</u> : Il existe une suite $(A_n) \subset \mathcal{B}$ et une suite $(k_n) \subset \mathbb{R}^+$ telles que

$\mu\left(\complement \bigcup_n A_n\right) = 0$ et $\mu(A_n \cap A) \leqslant k_n \mathcal{C}(A_n \cap A) \quad \forall A \in \mathcal{B}$.

Le théorème résultera de plusieurs lemmes.

<u>LEMME 1</u> : $\forall \varepsilon > 0$, $\exists \eta > 0$ tel que, pour $A \in \mathcal{B}$ $\mathcal{C}(A) < \eta \Longrightarrow \mu(A) < \varepsilon$.

<u>Démonstration</u> : On écarte d'abord le cas, où il existe $\alpha > 0$ tel que $\mathcal{C}(A) \geqslant \alpha \quad \forall A \neq \emptyset$, auquel cas le théorème est vérifié.

Si le lemme 1 n'est pas vrai, il existe $\varepsilon > 0$ et une suite $(A_n) \subset \mathcal{B}$ telle que

$$\mathcal{C}(A_n) \leqslant \frac{1}{2^n} \text{ et } \mu(A_n) > \varepsilon.$$

Si $B = \limsup A_n = \bigcap_m (\bigcup_{n \geqslant m} A_n)$ alors $\mathcal{C}(B) = 0$ et $\mu(B) \geqslant \varepsilon$, contrairement à l'hypothèse faite sur μ et $\mathcal{C}$.

<u>LEMME 2</u> : Pour tout $A \in \mathcal{B}$, tel que $\mu(A) > 0$, il existe $A' \subset A$, $A' \in \mathcal{B}$ et il existe n tel que $\mu(A') > 0$

et $\mu(A' \cap H) \leqslant n\, \mathcal{C}(A' \cap H) \quad \forall H \in \mathcal{B}$.

Démonstration : Faisons encore un raisonnement par l'absurde. Si le Lemme 2 était faux, pour tout entier n il existerait une famille maximale, au plus dénombrable, $(A_p^n) \subset \mathcal{B}$ telle que

$$\mu(A_p^n) \geqslant 2^n \mathscr{C}(A_p^n) > 0 \text{ et } A_p^n \cap A_p^n = \emptyset \quad \text{si } p \neq q \quad \text{et}$$

$$\mu(\bigcup_p A_p^n) = \mu(X) = \mu(B_n) \text{ où } B_n = \bigcup_p A_n^p$$

On a alors :

$$2^n \mathscr{C}(B_n) \leqslant 2^n \sum_p \mathscr{C}(A_p^n) \leqslant \sum_p \mu(A_p^n) = \mu(X)$$

Si l'on pose $D = \limsup B_n = \bigcap_m \left(\bigcap_{n \geqslant m} B_n \right)$

on aura $\mathscr{C}(D) = 0$ et $\mu(D) = \mu(X) \neq 0$, en contradiction avec l'hypothèse faite sur μ et C.

DEMONSTRATION DU THEOREME .

Pour tout borélien $A \in \mathcal{B}$ tel que $\mu(A) > 0$, il existe $A' \in \mathcal{B}$, $A' \subset A$, $\mu(A') > 0$ et il existe n tel que $\mu(A' \cap H) \leqslant n\, \mathscr{C}(A' \cap H) \quad \forall H \in \mathcal{B}$.

Soit alors (A'_p) une famille maximale, forcément dénombrable, d'ensembles $A' \in \mathcal{B}$, chacun vérifiant, pour un entier n_p convenable,

$$\mu(A'_p \cap H) \leqslant n_p\, \mathscr{C}(A'_p \cap H) \quad \forall H \in \mathcal{B} \quad \text{et} \quad \mu(A'_p) > 0.$$

D'après le lemme 2, on a nécessairement $\mu(\bigcup_p A'_p) = \mu(X)$

COROLLAIRE 1: Il existe une mesure μ' équivalente à μ telle que

$\mu'(A) \leqslant \mathscr{C}(A)$ pour tout $A \in \mathcal{B}$.

Démonstration : Reprenons la famille (A'_p) ci-dessus et posons

$$\mu' = \sum_p \frac{1}{n_p \cdot 2^p} \mu|_{A'_p}, \text{ on a alors } \mu'(A) \leqslant \mathscr{C}(A) \quad \forall A \in \mathcal{B}.$$

Laboratoire de Théorie du Potentiel
Equipe de Recherche Associée au CNRS n°294
Université P. et M. Curie
4 Place Jussieu, 75005 Paris

UNIVERSITE DE STRASBOURG
SEMINAIRE DE PROBABILITES 1977/78

Ensembles à coupes dénombrables et capacités dominées par une mesure

par *Gabriel MOKOBODZKI*

Introduction et position du problème.

Soient X et Y deux espaces compacts métrisables, F un ensemble analytique de $X \times Y$, μ une mesure de Radon ≥ 0 sur Y. On désigne par P_X, P_Y respectivement les projections sur X et Y.

Si μ^* désigne la mesure extérieure associée à μ, on définit une fonction d'ensemble $\mathcal{C} = \mathcal{C}_\mu$ sur X en posant

$$\mathcal{C}(A) = \mu^*(P_Y(F \cap P_X^{-1}(A)))$$

Pour tout $y \in Y$, on appelle coupe de F au-dessus de y parallèle à X, l'ensemble $C_y(F) = (\{y\} \times X) \cap F$. Les problèmes suivants ont été posés par Horowitz et m'ont été transmis par Dellacherie.

Problème 1. On suppose qu'il existe une mesure $\lambda \geq 0$ sur X telle que $\mathcal{C}$ soit dominée par λ, i.e. que, pour K compact de X, on ait $\mathcal{C}(K) = 0$ si $\lambda(K) = 0$. Peut-on affirmer que, pour μ-presque tout $y \in Y$, la coupe $C_y(F)$ est dénombrable ?

Problème 2. On suppose qu'il existe une mesure $\lambda \geq 0$ sur X telle que $\mathcal{C}$ soit absolument continue par rapport à λ, i.e. que, pour tout $\varepsilon > 0$, il existe un $\alpha > 0$ tel que, pour K compact de X, on ait $\mathcal{C}(K) \leq \varepsilon$ si $\lambda(K) \leq \alpha$. Peut-on affirmer que, pour μ-presque tout $y \in Y$, la coupe $C_y(F)$ est finie ?

Le présent travail fournira une réponse positive à ces questions. On trouvera, en appendice, des commentaires de Dellacherie sur l'histoire de ces problèmes, qui peuvent être lus dès maintenant.

Voici la forme sous laquelle nous allons attaquer ces problèmes. Désignons par $G(\mu,F)$ l'ensemble des mesures $\sigma \geqslant 0$ sur $X \times Y$, portées par F, dont la projection $P_Y(\sigma)$ sur Y est majorée par μ. Nous verrons bientôt que, pour tout compact A de X (et, plus généralement, pour toute partie analytique A de X), on a alors

$$\mathcal{C}(A) = \sup_{\sigma \in G(\mu,F)} \sigma(P_X^{-1}(A))$$

Par conséquent, $\mathcal{C}$ est dominée par λ si, pour tout $\sigma \in G(\mu,F)$, $P_X(\sigma)$ est absolument continue par rapport à λ, et $\mathcal{C}$ est absolument continue par rapport à λ ssi l'absolue continuité des $P_X(\sigma)$ est uniforme en σ. On remarquera que, si F, analytique a toutes ses coupes parallèles à X dénombrables, alors, d'après un théorème de Lusin, il existe une suite (f_n) de fonctions boréliennes de Y dans X telle que F soit contenu dans la réunion des graphes des f_n. Dans ces conditions, il est facile de voir que, si on pose $\lambda = \sum 2^{-n} f_n(\mu)$, alor les $P_X(\sigma)$, pour $\sigma \in G(\mu,F)$, sont absolument continues par rapport à λ et que cette absolue continuité est uniforme si les coupes de F sont finies. On se propose donc, ici, d'étudier la réciproque.

Enfin, lorsque F est un <u>fermé</u> de $X \times Y$, la fonction d'ensemble $\mathcal{C}$ est une capacité de Choquet, alternée d'ordre infini, et la réponse positive au problème 1 permet de préciser le théorème de représentation des capacités alternées d'ordre infini (cf. [2]).

Ce travail est divisé en quatre parties. Après avoir rappelé ou montré des résultats de théorie de la mesure dans la première, nous résolvons un cas particulier du problème 1 dans la seconde et le cas général dans la troisième. Le problème 2 est résolu dans la dernière.

§ 1. Quelques résultats de la théorie de la mesure

Toutes les fonctions considérées sont réelles.

Soient X et Y des espaces compacts métrisables. On appelle bi-mesure sur $X \times Y$ une application bilinéaire b de $\mathcal{C}(X) \times \mathcal{C}(Y)$ qui est positive sur $\mathcal{C}^+(X) \times \mathcal{C}^+(Y)$.

Proposition 1.

Soit b *une bi-mesure sur* $X \times Y$. *Il existe une mesure de Radon* θ *et une seule sur* $X \times Y$ *telle que l'on ait* $\int h(x)\ f(y)\ d\theta(x,y) = b(h,f)$ *pour tout* $(h,g) \in \mathcal{C}(X) \times \mathcal{C}(Y)$.

Démonstration. L'unicité de θ résulte de la densité de $\mathcal{C}(X) \otimes \mathcal{C}(Y)$ dans $\mathcal{C}(X \times Y)$ muni de la convergence uniforme - cf. Bourbaki [4]. Considérons l'ensemble K des bi-mesures sur $X \times Y$ telles que $b(1,1) = 1$. En munissant K de la topologie de la convergence simple sur $\mathcal{C}(X) \times \mathcal{C}(Y)$, K devient un ensemble convexe compact.

On vérifie facilement que pour tout point extrémal b de K il existe un couple $(x,y) \in X \times Y$ et un seul tel que

$$b(h,f) = h(x)\ f(y) \qquad \text{pour tous} \quad (h,f) \in \mathcal{C}(X) \times \mathcal{C}(Y) .$$

Désignons par $\mathcal{E}(K)$ l'ensemble des points extrémaux de K . On a une application canonique $J : \mathcal{M}^1(X \times Y) \rightarrow K$ définie par

$$J(\mu)\ (h,f) = \int h(x)\ f(y)\ d\mu(x,y) .$$

L'application J est continue, affine et j est un homéomorphisme de $\mathcal{E}(\mathcal{M}^1(X \times Y))$ sur $\mathcal{E}(K)$.

D'après le théorème de représentation intégrale de Choquet [ ] tout point b de K est barycentre d'une mesure de probabilité μ_b portée par $\mathcal{E}(K)$, par suite J est une surjection de $\mathcal{M}^1(X \times Y)$ sur K , ce qui démontre le théorème. [l'idée de cette démonstration est due à Choquet]

Définition.

Soit θ *une mesure de Radon sur* $X \times Y$. *On appelle désintégration de* θ *relativement à la projection* P_Y *sur* Y, *une application* $\gamma : Y \to \mathcal{M}^1(X \times Y)$ *vérifiant les conditions suivantes :*

a) γ *est une application* ν*-mesurable de* Y *dans* $\mathcal{M}^1(X \times Y)$ *muni de la topologie vague, où* $\nu = P_Y(\theta)$

b) pour toute $f \in \mathcal{C}(X \times Y)$ *on a*

$$\int f \, d\theta = \int (f(x,y) \; d\theta_Y(x)) \, d\nu(y)$$

et si $f = g \circ P_Y$ *où* $g \in \mathcal{C}(Y)$, *on a*

$$g(y) = \int (g \circ P_Y(x,y) d\theta_y(x) \qquad \nu \text{ presque partout sur } Y .$$

Comme $\mathcal{C}(Y)$ *est séparable, on en déduit que pour* μ*-presque tout* y, θ_Y *est portée par* $\{y\} \times X$.

De même, si la mesure θ *est portée par un ensemble* E *analytique dans* $X \times Y$, *on a*

$$\int 1_{\complement E} \, d\theta = 0 = \int (\int 1_{\complement E}(x,y) \; d\theta_Y(x)) d\nu(y)$$

de sorte que pour ν*-presque tout* $y \in Y$, θ_Y est portée par E.

(Pour toutes ces questions voir Bourbaki. Théorie de la mesure).

On se place maintenant sur X compact métrisable et $\mathcal{K}(X)$ désigne l'espace des compacts de X muni de la topologie de Haussdorf. La topologie de $\mathcal{K}(X)$ peut être définie de la façon suivante

Soit $f \in \mathcal{C}(X)$. Pour $K \in \mathcal{K}(X)$, on pose

$$\tilde{f}(K) = \sup_{x \in K} f(x) \quad .$$

La topologie de Haussdorf sur $\mathcal{K}(X)$ est alors la moins fine rendant continue toutes les applications $\tilde{f}$, f parcourant $\mathcal{C}(X)$ ou f parcourant une partie dénombrable dense de $\mathcal{C}(X)$, puisque $\mathcal{C}(X)$ est séparable.

Soit Z un espace topologique. Une application $\varphi : Z \to \mathcal{K}(X)$ est <u>semi-continue inférieurement</u> (resp. supérieurement) si pour tout $f \in \mathcal{C}(X)$, $\tilde{f} \circ \varphi$ est semi-continue inférieurement (resp supérieurement). (Ces définitions coincident avec celles données habituellement pour les fonctions multivoques voir par exemple Berge [1]) .

<u>Lemme</u>

L'application $S : \alpha \to S\alpha$ *qui a une mesure* ≥ 0 *sur* X *fait correspondre son support , est semi-continue inférieurement de* $\mathcal{M}_b^1(X)$ *muni de la topologie vague dans* $\mathcal{K}(X)$ *muni de la topologie de Haussdorf.*

La démonstration est laissée au lecteur.

<u>Lemme</u>

Soit Z *un espace compact,* φ *une application semi-continue supérieurement de* Z *dans* $\mathcal{K}(X)$. *L'ensemble* $\bar{\varphi}(Z) = \bigcup_{z \in Z} \varphi(z)$ *est alors compact dans* X .

<u>Définition.</u>

Nous dirons qu'une mesure $\theta \in \mathcal{M}_b^+(X \times Y)$ *possède une désintégration régulière (relativement à* P_Y*) s'il existe une désintégration* $\gamma : Y \mapsto \theta_y$ *possédant les propriétés suivantes*

a) Si $Z = P_Y(S\,\theta)$ *alors* $\gamma_{|Z}$ *est continue de* Z *dans* $\mathcal{M}_b^1(X \times Y)$.

b) pour tout $y \in Z$, $S\,\theta_y$ *est portée par* $S\,\theta \cap (\{y\} \times X)$

c) l'application $y \mapsto S\theta_y$ *est continue de* Z *dans* $\mathcal{K}(X \times Y)$ *et* $\gamma(Z) = \bigcup_{z \in Z} S\theta_y = S\theta$

Si θ *possède une désintégration régulière, celle-ci est définie de façon unique sur* $Z = P_Y(S\theta)$.

Théorème 2.

Soit X , Y *des espaces compacts métrisables,* θ *une mesure* ≥ 0 *sur* $X \times Y$. *La mesure* θ *est somme d'une suite* $(\theta_n) \subset \mathcal{M}^+(X \times Y)$, *chaque* θ_n *possédant une désintégration régulière par rapport à la projection sur* Y .

Démonstration. Soit $\gamma : y \mapsto \theta_y$ une désintégration de θ vérifiant la condition b) de la définition ci-dessus. En utilisant la propriété de mesurabilité au sens de Lusin pour les applications $\gamma : y \mapsto \theta_y$ et $y \mapsto S(\theta_y)$, on peut trouver une suite (H_n) de compacts deux à deux disjoints de $Z = S\nu$ où $\nu = P_Y(\theta)$ telle que sur chaque H_n les applications $y \mapsto \theta_y$ et $y \mapsto S(\theta_y)$ soient continues avec $\nu(\bigcup_n H_n) = \nu(Y)$

Les mesures $\theta_n = \int_{H_n} \theta_y \, d\nu(y)$ répondent aux conditions cherchées.

(utiliser les lemmes 2 et 3).

Les mesures possédant une désintégration régulière jouissent d'une importante propriété de densité.

Soient $\theta \in \mathcal{M}^+(X \times Y)$, $\mu = P_Y(\theta)$, $E = S_\theta$

On définit $G(\mu,E) = \{\sigma \in \mathcal{M}^+(E) \,|\, P_Y(\sigma) \leq \mu\}$.

$$B(\theta,\mu,E) = \{g.\theta \mid g \in L^1_+(\theta) \ , \ g.\theta \in G(\mu,E)\}$$

Proposition 3.

Si θ *possède une désintégration régulière par rapport à la projection sur* Y, *alors* $B(\theta,\mu,E)$ *est dense dans* $G(\mu,E)$ *pour la topologie vague.*

Démonstration. Soit σ un élément extrémal de $G(\mu,E)$. Il existe alors (voir [3]) une application mesurable f de $P_Y(S\sigma)$ dans E qui est une section de P_Y , et une mesure $\mu' \leq \mu$, $\mu' \geq 0$ telles que $\sigma = f(\mu')$. Là encore on peut se ramener au cas où l'application f est continue, c'est-à-dire quand σ possède une désintégration régulière. Posons $Z = P_Y(S_\sigma)$. Soit d une distance sur $X \times Y$ compatible avec la topologie de $X \times Y$. Pour tout $\varepsilon > 0$, considérons le "voisinage tubulaire" du graphe de f :

$$V_\varepsilon = \bigcup_{y \in Z} B_\varepsilon(f(y)) \cap C_y \qquad \text{où} \qquad B_\varepsilon(\cdot)$$

désigne la boule fermée de rayon ε centrée en un point. On remarque que $\theta_y(B_\varepsilon(f(y)))$ est strictement positif pour tout $y \in Z$, puisque $f(y) \in S\theta_y$.

Posons
$$\theta_y^\varepsilon = \theta_y(B_\varepsilon(f(y)))^{-1} \cdot \theta_{y|B_\varepsilon(f(y))}$$

et
$$\theta^\varepsilon = \int \theta_y^\varepsilon \, d\mu'(y)$$

La mesure θ^ε est évidemment portée par V_ε qui est fermé dans $Z \times X$, $P_Y(\theta^\varepsilon) = P_Y(\sigma) = \mu'$ et comme f est continue sur Z, $\sigma = f(\mu') = \lim \theta^\varepsilon$

L'ensemble des éléments extrémaux de $G(\mu,E)$ possédant une désintégration régulière est dense dans l'ensemble des points extrémaux de $G(\mu,E)$ par suite on a bien

$$G(\mu,E) = \overline{B(\theta,\mu,E)} \quad .$$

Soient maintenant σ une mesure $\geqslant 0$ sur $X \times Y$, $y \longmapsto \theta_y$ une désintégration de σ par rapport à la projection sur Y, et $\nu = P_Y(\sigma)$.

Définition.

On dira que σ *est à coupes diffuses si pour* ν*-presque tout* y, *la mesure* θ_y *est diffuse. Cette notion ne dépend pas de la désintégration* $y \longmapsto \theta_y$ *considérée.*

Les propositions et corollaire suivants sont extraits de Probabilité et potentiel, Nouvelle édition, par P.A. Meyer et C. Dellacherie.

Proposition 4.

Soient μ *une mesure sur* Y , F *un ensemble analytique de* $X \times Y$ *dont la projection* $P_Y(F)$ *porte* μ . *Si l'ensemble* $B = \{y \subset Y \mid C_Y(F)$ *non dénombrable*$\}$ *n'est pas* μ*-négligeable, il existe une mesure non nulle* $\sigma \in G(\mu,F)$ *à coupes diffuses, telle que* $P_Y(\sigma) \leqslant \mu$

Démonstration. Il revient au même de dire qu'un ensemble analytique B de X est non dénombrable ou de dire qu'il porte une mesure diffuse non nulle.

Soit Z un compact métrisable.

L'ensemble $D^1(Z) \subset \mathcal{M}^1(Z)$ des mesures diffuses sur Z est borélien dans $\mathcal{M}^1(Z)$ muni de la topologie vague

Dans $Y \times \mathcal{M}^1(X)$ considérons l'ensemble $D(F)$ des couples (y,α) tels que α est diffuse et α est portée par $Cy(F)$. On vérifie sans peine que $D(F)$ est analytique dans $Y \times \mathcal{M}^1(Y)$; l'hypothèse faite dans la proposition signifie que l'ensemble analytique $P_Y(D(F))$ n'est pas μ-négligeable.

Sur $Y \times \mathcal{M}^1(X)$, considérons la capacité U définie par $U(A) = \mu^*(P_Y(A))$. L'ensemble $D(F)$ est capacitable, il existe donc une suite (K_n) de compacts de $D(F)$ telle que $P_Y(\bigcup_n K_n)$ soit de μ-mesure positive.

Posons $H = \bigcup_n P_Y(K_n)$. Il existe alors une section borélienne γ de P_Y définie sur H et à valeurs dans $\bigcup_n K_n$.

En résumé, il existe un borélien $H \subset Y$, avec $\mu(H) > 0$, une application borélienne γ : $y \to \alpha_y$ de Y dans $\mathcal{M}^1(X)$ telle que pour tout $y \in H$, α_y est une mesure diffuse portée par $Cy(F)$.

La mesure $\sigma = \int_H \varepsilon_y \otimes \alpha_y \, d\mu(y)$ répond aux conditions cherchées.

Corollaire 5.

Soit F *un ensemble analytique dans* $X \times Y$.

a) *L'ensemble* $B(F) = \{y \in Y \mid C_Y(F)$ *est non dénombrable}* *est analytique*

b) *pour que* $B(F)$ *soit* μ*-négligeable, il faut et il suffit que pour tout compact* $K \subset F$, $B(K)$ *soit* μ*-négligeable.*

Démonstration. Pour la partie a) se rapporter à la démonstration précédente.

Démontrons b) Supposons que $\mu(B(F)) > 0$. Il existe alors une mesure non nulle σ à coupes diffuses, $\sigma \in G(\mu,F)$. Soit K un compact de F tel que $\sigma(K) > 0$. La mesure $\sigma_{|K}$ est encore à coupes diffuses, par suite $\mu(B(K)) > 0$.

Nous terminons cette première partie en fixant notre cadre pour toute la suite. X et Y sont des espaces compacts métrisables, F une partie analytique de $X \times Y$, et μ une mesure $\geqslant 0$ sur Y telle que $\mu(1) = 1$ (pour fixer les idées). Si ν est une mesure $\geqslant 0$ sur Y , et si E est une partie analytique de $X \times Y$, nous désignerons par $G(\nu,E)$ l'ensemble des mesures $\sigma \geqslant 0$ sur $X \times Y$, portées par E , dont la projection $P_Y(\sigma)$ est majorée par ν . On définit enfin une fonction d'ensemble $\mathcal{C}$ sur X en posant, pour toute partie A de $X \times Y$,

$$\mathcal{C}(A) = \mu^{\star}(P_Y(F \cap P_X^{-1}(A))$$

Proposition 6.

Pour toute partie analytique A *de* X , *on a*

$$\mathcal{C}(A) = \sup_{\sigma \in G(\mu,F)} \sigma(P_X^{-1}(A))$$

Démonstration. Soient $\sigma \in G(\mu,F)$ et θ une désintégration de σ par rapport à P_Y. On a alors, pour A analytique dans X,

$$\sigma(P_X^{-1}(A)) \leq \int_{F \cap P_X^{-1}(A)} d\theta_y(x)\ d\mu(x) \leq \mathscr{C}(A)$$

Soient d'autre part A analytique dans X et g une application μ-mesurable de Y dans X telle que, pour tout $y \in P_Y(F \cap P_X^{-1}(A))$, on ait $(g(y),y) \in F \cap P_X^{-1}(A)$ (cf. [3]). Si σ est la restriction à $F \cap P_X^{-1}(A)$ de l'image de μ par l'application $y \mapsto (g(y),y)$, on a alors $\sigma \in G(\mu,F)$ et $\mathscr{C}(A) = \sigma(P_X^{-1}(A))$.

Finalemant, on suppose que $\mathscr{C}$ est dominée par une mesure, i.e. que : Il existe une mesure $\lambda \geq 0$ sur X telle que pour toute $\sigma \in G(\mu,F)$, $P_X(\sigma)$ soit absolument continue par rapport à λ.

§ 2. Solution du problème dans un cas particulier

On fait dans ce paragraphe, l'hypothèse plus forte suivante

(H_1) Il existe une mesure $\lambda \geq 0$ sur X telle que pour toute

$$\sigma \in G(\mu,F) \quad , \quad P_X(\sigma) \leq \lambda$$

On supposera de plus que F est un ensemble fermé.

Théorème 7.

Il existe une mesure θ *sur* $X \times Y$ *qui majore toutes les mesures* $\sigma \in G(\mu,F)$.

Démonstration. On définit un opérateur de $\mathscr{C}^+(Y)$ dans $\mathscr{M}^+(X)$ en posant $T(f) = \sup\{P_X(\sigma) \mid \sigma \in G(f.\mu,F)\}$

Cet opérateur est positivement homogène et vérifie

$$T(f_1 + f_2) \leq T(f_1) + T(f_2) \quad \text{pour tous } f_1, f_2 \in \mathscr{C}^+(Y) .$$

Montrons que T est en fait additif.

Soient $\sigma_1, \sigma_2, \ldots, \sigma_p \in G(f_1.\mu, F)$, $\eta_1, \ldots, \eta_q \in G(f_2.\mu, F)$.

Posons $\alpha_i = P_X(\sigma_i)$, $\beta_j = P_X(\eta_j)$. Comme dans tout espace vectoriel réticulé, on a l'identité,

$\sup_i(\alpha_i) + \sup_\gamma(\beta_\gamma) = \sup_{i,\gamma} (\alpha_i + \beta_\gamma)$, ce qui montre que

$$T(f_1) + T(f_2) \leqslant T(f_1+f_2)$$

On prolonge alors l'opérateur T par linéarité à $\mathscr{C}(Y)$ tout entier.

A l'aide de T, on définit naturellement une bi-mesure b sur $\mathscr{C}(Y) \times \mathscr{C}(X)$ en posant pour $f \in \mathscr{C}(Y)$, $g \in \mathscr{C}(X)$

$$b(f,g) = \langle T(f), g \rangle .$$

On sait qu'il existe alors une mesure $\theta \geqslant 0$ sur $X \times Y$ et une seule telle que

$$b(f,g) = \int f(y)g(x)\, d\theta(x,y) \quad \text{pour} \quad (f,g) \in \mathscr{C}(X) \times \mathscr{C}(Y) .$$

On a toujours $T(1) \leqslant \lambda$ et si $\nu = P_Y(\theta)$, ν est absolument continue par rapport à μ.

Corollaire.8.

Soit f *une densité de* $\nu = P_Y(\theta)$ *par rapport à* μ *et soit* n *un entier majorant* $\lambda(1)$. *Alors pour* μ*-presque tout* $y \in Y$, $\text{card } (C_y(F)) \leqslant n.f(y)$.

Démonstration. Considérons une désintégration de θ par rapport à la projection sur Y $\theta = \int^{*} \theta_y \, d\nu(y)$ telle que pour tout $y \in P_Y(F)$, θ_y soit portée par $C_y(F)$.

Pour tout $p \in N$, l'ensemble E_p des compacts de X ayant au plus p points est une partie fermée de l'espace $\mathscr{K}(X)$ des compacts de X.

L'application $y \longmapsto P_X[C_y(F)]$ est borélienne de Y dans $\mathscr{K}(X)$. Il en résulte que pour tout $p \in N$,

$$Y_p = \{y \mid \text{card } C_y(F) \geqslant p+1\} \text{ est analytique dans } Y .$$

Plaçons-nous dans un compact $K \subset Y$ tel que $nf(y) \leq p$ pour tout $y \in K$, avec $\mu(K) > 0$.

On a alors

$$\theta' = \theta_{|p_Y^{-1}(K)} \in p.\ G(\mu,F)$$

Supposons que $\mu(Y_p \cap K) > 0$. On peut alors trouver un ensemble borélien $Z \subset K$, portant $\mu_{|Y_p \cap K}$ et $(p+1)$ applications boréliennes $f_1, \ldots, f_{p+1}$ de Z dans F qui soient des sections de p_Y qui donnent des images de Z deux à deux disjointes dans F.

Par hypothèse $\theta_y(1) = 1$, pour tout $y \in Z$, il existe au moins un indice $k \leq p+1$ tel que $\theta_y(\{f_k(y)\}) \leq \frac{1}{p+1}$. Les applications $\gamma_k : y \longmapsto \theta_y(\{f_k(y)\})$ sont μ-mesurables, il en résulte, si $\mu(Y_p \cap K) > 0$, que l'un au moins des ensembles $A_k = \{\gamma_k \leq \frac{1}{p+1}\}$ est de μ-mesure positive. Supposons que $\mu(A_1) > 0$ et posons $\sigma = f_1(\mu_{|A_1})$. Par construction $\sigma \in G(\mu,F)$, on doit donc avoir $\sigma \leq \theta$. Considérons la mesure $\theta' = \int \theta_y \, d\mu(y)$. Comme on a $n.f \leq p$ sur K, on a $\theta_{|p_Y^{-1}(K)} \leq p\theta'$, d'où l'on tire $\sigma \leq p.\theta'$.

La relation $\sigma \leq p\theta'$ équivaut alors à

$$\varepsilon_{f_1(y)} \leq p\ \theta_y \qquad \mu \text{ presque partout sur } A_1 ,$$

c'est-à-dire $\theta_y(\{f_1(y)\}) \geq \frac{1}{p}$ μ.p.p sur A_1 en contradiction avec l'hypothèse faite sur A_1. On doit donc supposer que $\mu(Y_p \cap K) = 0$, autrement dit $\mathrm{card}(C_y(F)) \leq p$ μ.p.p sur K. En faisant varier p et K on obtient la démonstration du théorème.

§ 3. Solution du problème dans le cas général.

On suppose que $F \subset X \times Y$ est fermé et que $\mathcal{C}$ est dominée par λ. On ne fait plus l'hypothèse (H_1), mais on va montrer que toute mesure $\sigma \in G(\mu,F)$ est portée par la réunion d'une suite (K_n) de compacts de F

telle que pour chaque K_n , le système (X,Y,μ,K_n) vérifie l'hypothèse (H_1). Il s'ensuit que $G(\mu,F)$ ne contient aucune mesure à coupes diffuses et en vertu du théorème de section n° 4 , § 1 , ceci implique que μ-presque toute coupe $Cy(F)$ est dénombrable.

Pour une mesure de Radon $\theta \in \mathcal{M}^+(X \times Y)$ on a défini un ensemble de mesures $B(\theta,\nu,E)$ où $\nu = P_Y(\theta)$ $E = S_\theta$ en posant

$$B(\theta,\nu,E) = \{g.\theta \mid g \in L^1(\theta),\ g.\theta \in G(\nu,E)\}$$

Pour une mesure $\theta \in \mathcal{M}_b^+(X \times Y)$, nous définissons une nouvelle condition

(H_2) Il existe une mesure $\alpha \geq 0$ sur X tel que pour toute $\sigma \in B(\theta,\nu,E)$, $P_X(\sigma) \leq \alpha$.

<u>Théorème</u> 9.

Soit $\sigma \in G(\mu,F)$, $\sigma \neq 0$. *La mesure* σ *est alors somme d'une suite de mesure* σ_n *vérifiant la condition* (H_2).

<u>Démonstration</u>. Il revient au même de démontrer que pour toute $\sigma \in G(\mu,F)$, $\sigma \neq 0$, il existe $\sigma' \neq 0$ vérifiant (H_2) avec $0 \leq \sigma' \leq \sigma$. Un artifice classique permet alors de démontrer le théorème.

Supposons pour simplifier que $P_Y(\sigma) = \mu$ et que $\mu(1) = 1$. Fixons un entier $p \in N$. Soit $\sigma' \leq \sigma$, $\sigma' \neq 0$. Si σ' ne vérifie pas (H_2) , il existe un compact $K \subset X$, avec $\lambda(K) > 0$ et une mesure $\sigma'' \in B(\sigma',P_Y(\sigma'), S\sigma')$ telle que $P_X(\sigma'') \geq p.\lambda_{|K}$. La mesure $P_X(\sigma'')$ étant absolument continue par rapport à λ ceci implique d'ailleurs $\lambda(K) \neq 0$.

Notons plus simplement $B(\sigma')$ au lieu de $B(\sigma',P_Y(\sigma'), S\sigma')$. Faisons provisoirement l'hypothèse qu'aucune mesure $\sigma' \neq 0$, $\sigma' \in B(\sigma)$, ne vérifie (H_2).

Considérons alors des familles $= ((\sigma_i,K_i))_{i \in I}$ où $\sigma_i \in B(\sigma)$ $\sigma_i \neq 0$, K_i est un compact de X portant $P_X(\sigma_i)$ et

a) $K_i \cap K_j = \emptyset$ si $i \neq j$.

b) $P_X(\sigma_i) \geqslant p.\lambda_{|K_i}$

c) $\sum P_Y(\sigma_i) \leqslant \mu$.

L'ensemble $\mathcal{C}$ de ces familles n'est pas vide. Ordonnons $\mathcal{C}$ de la façon suivante :

si $\mathcal{P} = ((\sigma_i, K_i))_{i \in I}$, $\mathcal{P}' = ((\sigma'_j , K'_j))_{j \in J}$ sont des éléments de $\mathcal{C}$, on dira que $\mathcal{P}$ est plus grand que $\mathcal{P}'$ s'il existe une application injective φ de J dans I telle que $K_{\varphi(j)} = K'_j$ et $\sigma_{\varphi(j)} \geqslant \sigma'_j$

L'ensemble $\mathcal{C}$ ainsi ordonné est inductif. Pour tout élément de $\mathcal{C}$, et en particulier tout élément maximal $\mathcal{P} = (\sigma_n, K_n))_{n \in I}$ de $\mathcal{C}$, l'ensemble d'indices I est au plus dénombrable.

Montrons que $\mu = \sum P_Y(\sigma_n)$. Posons $\nu = \mu - \sum P_Y(\sigma_n)$

La mesure ν s'écrit $\nu = g.\mu$ avec $0 \leqslant g \leqslant 1$. Posons $\theta = (g \circ P_Y).\sigma$.

La famille $\mathcal{P}$ étant maximale $P_X(\theta)$ est portée par $A = \bigcup_n K_n$. Soit θ_n la restriction de θ à $K_n \times Y$ et posons $\sigma'_n = \sigma_n + \theta_n$.

La famille $\mathcal{P}' = ((\sigma'_n , K_n))_{n \in I}$ majore $\mathcal{P}$, donc lui est égale, par suite $\theta = 0$ et $\mu = \sum P_Y(\sigma_n)$.

Montrons alors que $\lambda(\bigcup_n K_n) \leqslant \frac{1}{p}$.

En effet soit $\sigma' = \sum \sigma_n$; par hypothèse $P_X(\sigma_n) \geqslant p.\lambda_{|K_n}$ pour tout n , par suite pour $A = \bigcup_n K_n$, $P_X(\sigma') \geqslant p.\lambda_{|A}$ et comme $\sigma'(1) = \mu(1) = 1$ on a bien $\lambda(A) \leqslant \frac{1}{p}$. Pour q assez grand , $\sum_{n \leqslant q} \sigma_n(1) \geqslant \sigma(1) - \frac{1}{p}$.

Nous avons ainsi démontré le lemme suivant :

<u>Lemme</u> 10. *Soit* $\sigma \in G(\mu,F)$, $\sigma \neq 0$. *Si toute* $\sigma' \in B(\sigma)$, $\sigma' \neq 0$ *ne vérifie pas* (H_2) *alors il existe un compact* $K \subset X$, *il existe* $\sigma' \in B(\sigma)$ *tels que* $\sigma'(1) \geqslant \sigma(1) - \frac{1}{p}$, σ' *est portée par* $K \times Y$ *et* $\lambda(K) \leqslant \frac{1}{p}$.

Sous les hypothèses du lemme ci-dessus, nous pourrions alors construire par récurrence une suite $((\sigma_n, K_n))$ telle que

a) $\sigma_n \in B(\sigma)$, K_n est un compact de X portant $P_X(\sigma_n)$

b) $\sigma_n(1) > \frac{1}{2}$ et $\lambda(K_n) \leq 4^{-n}$

c) $K_{n+1} \subset K_n$ pour tout n .

Rappelons que pour la capacité $\mathcal{C}$ associée au schéma (X,Y,F,μ), on a pour un compact K de X

$$\mathcal{C}(K) = \sup_{\sigma \in G(\mu,F)} \sigma(P_X^{-1}(K))$$

En particulier, on a $\mathcal{C}(K_n) \geq \frac{1}{2}$ pour tout n . Prenons alors $K = \bigcap_n K_n$; on aurait $\lambda(K) = 0$ et $\mathcal{C}(K) \geq \frac{1}{2}$ ce qui est en contradiction avec les hypothèses faites. On doit donc en conclure que pour toute $\sigma \in G(\mu,F)$, $\sigma \neq 0$, il existe $\sigma' \neq 0$, $0 \leq \sigma' \leq \sigma$, vérifiant (H_2) ce qui démontre le théorème.

Proposition 11.

Soient $\sigma \in \mathcal{M}^+(X \times Y)$, $\nu = P_Y(\sigma)$, $E = S\sigma$. *Si la mesure* σ *vérifie la condition* (H_2) *et si* σ *possède une désintégration régulière alors le système* (X,Y,E,ν) *vérifie l'hypothèse* (H_1).

Démonstration. Lorsque σ possède une désintégration régulière, l'ensemble $B(\sigma,\mu,E) = \{g.\sigma | g \in L^1 + (\sigma) , g.\sigma \in G(\nu,E)\}$ est dense dans $G(\nu,E)$.

Sous l'hypothèse (H_2) , il existe une mesure $\alpha \geq 0$ sur X qui majore toutes les projections sur X d'éléments de $B(\sigma,\mu,E)$, par suite α majore $P_X(G(\nu,E))$.

En rapprochant les théorèmes 2 , § 1 , le corollaire 8 , § 2 , le théorème 9 et la proposition 11 , ci-dessus, on peut énoncer le

Théorème 12. *Soit* $\sigma \in G(\mu,F)$. *Il existe une suite* (F_n) *de compacts de* F, *dont la réunion porte* σ, *et telle que pour tout* n, $\sup_{y \in Y} \operatorname{card} C_y(F_n)$ *est fini.*

En tenant compte de la proposition 4 et du corollaire 5, § 1, on en déduit le corollaire suivant :

Corollaire 13. *Soit* F *un ensemble analytique dans* $X \times Y$ *telle que la fonction d'ensemble* $\mathcal{C}$ *sur* X *associée au système* (X,Y,F,μ) *par la relation* $\mathcal{C}(A) = \mu^*(P_Y(P_X^{-1}(A) \cap F))$ *soit dominée par une mesure* λ *sur* X. *Alors pour* μ*-presque tout* $y \in Y$, *la coupe* $C_y(F)$ *est dénombrable.*

§ 4. Solution du 2ème problème d'Horowitz.

Soit F une partie analytique de $X \times Y$; on suppose maintenant que le système (X,Y,F,μ,λ) vérifie la condition

(H_3) Pour tout $\varepsilon > 0$, il existe $\alpha > 0$ tel que, pour A compact de X, $(\lambda(A) < \alpha) \Rightarrow (\mathcal{C}(A) < \varepsilon)$.

Proposition 14.

Lorsque la condition (H_3) *est vérifiée, alors pour* μ*-presque tout* $y \in Y$, *la coupe* $C_y(F)$ *est finie.*

Démonstration. La méthode consiste à utiliser le théorème 7, § 2. Pour cela, on va montrer que ma mesure μ est somme d'une suite (μ_n), chaque μ_n vérifiant l'hypothèse (H_1) : Il existe une mesure $\lambda_n \geq 0$ sur X telle que pour tout $\sigma \in G(\mu_n,F)$, on ait $P_X(\sigma) \leq \lambda_n$.

On reprend la méthode utilisée dans la démonstration du théorème 9, § 3. On suppose que $\mu(1) = 1$ et l'on se donne $\varepsilon > 0$, $\varepsilon < 1$, et un entier p

tel que pour A compact de X,

$$(\lambda(A) \leqslant \frac{1}{p}) \Rightarrow (\mathcal{C}(A) \leqslant \varepsilon)$$

Considérons les familles $\mathcal{P} = (\sigma_i, K_i)_{i \in I}$ où $\sigma_i \in G(\mu,F)$. K_i est un compact de X portant $P_X(\sigma_i)$ et

a) les K_i sont disjoints

b) $P_X(\sigma_i) \geqslant p.\lambda|_{K_i}$ et $\sigma_i \neq 0$

c) $\sum_{i \in I} P_Y(\sigma_i) \leqslant \mu$

Pour une telle famille $\mathcal{P}$, l'ensemble d'indices I est dénombrable. Deux cas peuvent se présenter. Ou bien l'ensemble $\mathcal{E}$ des familles $\mathcal{P}$ vérifiant les conditions ci-dessus est vide et alors le système (μ,F) vérifie (H_1) ou bien $\mathcal{E}$ n'est pas vide. Dans ce dernier cas, on ordonne $\mathcal{E}$ de la façon suivante :

si $\mathcal{P} = (\sigma_i, K_i)_{i \in I}$ et $\mathcal{R} = (\sigma'_j, K'_j)_{j \in J}$ sont des éléments de $\mathcal{E}$ on dira que $\mathcal{P}$ est plus grande que $\mathcal{R}$ s'il existe une application injective φ de J dans I telle que

$$K_{\varphi(j)} = K'_j \quad \text{et} \quad \sigma_{\varphi(j)} \geqslant \sigma'_j$$

L'ensemble $\mathcal{E}$ ainsi ordonné est inductif. Soit $\mathcal{P} = (\sigma_n, K_n)_{n \in N}$ un élément maximal de $\mathcal{E}$. Posons $\mu' = \sum_n P_Y(\sigma_n)$; on vérifie facilement que $\inf(\mu-\mu', \mu') = 0$.

Posons $\mu'' = \mu - \mu'$; pour tout $\sigma \in G(\mu'',F)$ on a $P_X(\sigma) \leqslant 2p.\lambda$ puisque $\mathcal{P}$ est maximal. Montrons que l'on a toujours $\mu'' \neq 0$.

Posons $A_n = \bigcup_{r \leqslant n} K_r$. On a les inégalités

$$\lambda(A_n) \leqslant \sum_r \lambda(K_r) \leqslant \frac{1}{p} \sum_r \sigma_r(1) = \frac{1}{p}\mu'(1) \leqslant \frac{1}{p}$$

Ceci entraîne que $\mathcal{C}(A_n) < \varepsilon$ pour tout n. D'autre part on a toujours

$\sum_{r \leq n} \sigma_r(1) \leq \mathscr{C}(A_n) \leq \varepsilon$ et par suite $\mu'(1) \leq \varepsilon$, $\mu''(1) \geq 1-\varepsilon$.

En résumé, on a démontré le lemme suivant :

Lemme. *Soit* $\mu \in \mathcal{M}^+(Y)$, $\mu \neq 0$, *tel que* (μ, F, λ) *vérifie l'hypothèse* (H_3). *Il existe alors* $\mu' \neq 0$, $0 \leq \mu' \leq \mu$ *tel que* (μ', F) *vérifie* (H_1).

Il résulte classiquement de ce lemme que $\mu = \sum \mu_n$, avec pour tout n , (μ_n, F) vérifiant (H_1).

Il nous faut maintenant adapter le corollaire 8 , § 2 au cas où F est analytique pour pouvoir terminer la démonstration. Il suffit pour cela de montrer que pour tout p , l'ensemble

$Y_p = \{y \in Y \mid \text{card}.C_y(F) \geq p\}$ est analytique dans Y .

Posons $Z = X \times Y$; l'ensemble F^p est analytique dans Z^p . Considérons dans Z^p l'ensemble G_p de p-uplets $z = (z_1, \ldots, z_p)$ tels que $z_i \neq z_j$ si $i \neq j$. L'ensemble G_p est ouvert dans Z^p .

Désignons par φ l'application $\prod_{i=1}^{p} P_Y : Z^p \to Y^p$ et soient Δ la diagonale de Y^p , et J l'injection canonique de Δ dans Y .

On a alors $Y_p = J(\varphi(G_p \cap F^p) \cap \Delta)$ ce qui montre bien que Y_p est analytique.

Bibliographie.

[1] BERGE C. *Espaces topologiques* (*Dunod, Paris*).

[2] CHOQUET G. *Theory of capacities* (*Ann. Inst. Fourier Grenoble 5, 1955*).

[3] DELLACHERIE C. *Ensembles analytiques. Capacités. Mesures de Haussdorf. Lectures Notes in Maths n°295 Springer-Verlag.*

[4] BOURBAKI *Intégration.*

E.R.A. au C.N.R.S. n°294
Université P. et M.Curie
4 Place Jussieu
75005 - PARIS

APPENDICE A L'EXPOSE DE MOKOBODZKI

par C. Dellacherie

Nous supposons connu du lecteur l'introduction de l'exposé de Mokobodzki, dont nous adoptons la terminologie et les notations.

I.- LA CONDITION (N) DE LUSIN ET LES THEOREMES DE BANACH [1)]

La première rencontre historique des problèmes 1 et 2 remonte assez loin dans le contexte suivant : X et Y sont des intervalles compacts de $\mathbb{R}$ et F <u>est le graphe d'une fonction continue</u> f <u>de</u> X <u>dans</u> Y ; la mesure μ sur Y et la mesure λ sur X dominant la capacité $\underline{\underline{C}}$ étant (la restriction de) la mesure de Lebesgue, que nous noterons encore λ. Disons tout de suite, avant de donner plus de détails, que, sans être triviaux, les deux problèmes sont beaucoup plus faciles à résoudre dans le cas d'un tel graphe (même si f est seulement borélienne), et que la résolution de ces cas particuliers n'apporte guère de lumière pour l'étude de la situation générale.

D'après Lusin, on dit que la fonction continue f de X dans Y (intervalles de $\mathbb{R}$) vérifie la <u>condition</u> (N) si

$$\lambda(A) = 0 \Rightarrow \lambda[f(A)] = 0$$

Cette condition s'introduit naturellement dans l'étude de l'intégrale de Denjoy (pour tout ce §I , voir le livre de Saks "Theory of the Integral" , plus particulièrement le chapitre IX). La lettre N étant l'initiale du prénom de Lusin, Banach a introduit ensuite la <u>condition</u> (S) suivante, vérifiée ou non par notre fonction f

$$\forall \varepsilon > 0 \ \exists \delta > 0 \quad \lambda(A) < \delta \Rightarrow \lambda[f(A)] < \varepsilon$$

On reconnait en (N) et (S) respectivement les hypothèses des problèmes 1 et 2 dans le cas où F est le graphe de la fonction f . Et Banach a résolu dans ce cas ces problèmes sous la forme suivante :

1) Si f vérifie la condition (N), alors f vérifie la condition (T_2) suivante : pour presque tout y , $f^{-1}(\{y\})$ est dénombrable.

2) La fonction f vérifie la condition (S) ssi elle vérifie la condition (N) et la condition (T_1) suivante : pour presque tout y , $f^{-1}(\{y\})$ est fini.

Je n'ai pas trouvé dans Saks l'évocation de la réciproque de 1). Par ailleurs, l'extension (facile) de 1) et 2) aux fonctions Lebesgue-

---

1) Je développe ici une note historique que m'a communiquée personellement J. Horowitz.

mesurables a été notée pour la première fois par Federer et Morse, Bull. AMS 1943 (où l'on trouve aussi l'introduction, pour la première fois si je ne m'abuse, d'un théorème de section en théorie de la mesure).

II.- UN THEOREME DE TALAGRAND

La première rencontre des problèmes (en l'occurrence, du problème 1) lorsque F *n'est pas* un graphe est par contre assez récente. C'est Talagrand (C. R. Acad. Sc. Paris 280, 853 - 855 (1975)) qui a étudié et résolu le problème suivant : soit A une partie analytique de $\mathbb{R}$ telle que, pour tout ensemble N de λ-mesure nulle, l'ensemble $A+N=\{z : z=x+y\ ,\ x\in A\ ,\ y\in N\}$ soit encore de mesure nulle ; dans ces conditions, est-ce que A est forcément au plus dénombrable ? On tombe sur un cas particulier du problème 1 si on considère

$$F=\{(x,y)\in\mathbb{R}\times\mathbb{R}\ :\ x-y\in A\}$$

Mais Talagrand ne s'était pas aperçu de la formulation générale du problème, utilisant plutôt la structure de groupe topologique de $\mathbb{R}$ et le fait que λ en est la mesure de Haar (si bien qu'il a étendu son résultat à certains groupes topologiques). Notons cependant que, dans ce cadre, il existe des extensions du problème de Talagrand en des problèmes sur les produits de convolution, qui ne sont pas résolus.

III.- LA RECIPROQUE DU PROBLEME 2

Dans son introduction, Mokobodzki s'est contenté de signaler que la réciproque du problème 2 était vraie, et relativement aisée à établir. Par souci de complétude, nous donnons ici la démonstration d'Horowitz de ce fait (qui date de plusieurs années)

THEOREME.- *Soit λ une mesure sur X dominant $\underline{\underline{C}}$, et supposons que, pour μ-presque tout y, la coupe $C_y(F)$ est finie. Alors $\underline{\underline{C}}$ est absolument continue par rapport à λ.*

D/ Pour B borélien de X, posons $\Psi(B)=\int_Y \nu(y,B)\,\mu(dy)$, où $\nu(y,B)$ est le cardinal de $C_y(F\cap P_X^{-1}(B))$ - il est facile de voir que c'est une fonction mesurable en y pour B fixé. Comme $\underline{\underline{C}}$ est dominée par λ, on a $\lambda(B)=0 \Rightarrow \Psi(B)=0$. Etant donné $\varepsilon>0$, choisissons un entier N assez grand pour que l'on ait $\mu(\{y:\ \nu(y)>N\}<\varepsilon/2$, où $\nu(y)=\nu(y,X)$, ce qui est possible car les coupes $C_y(F)$ sont presque-toutes finies. Alors, pour B borélien de X, on a

$$\underline{\underline{C}}(B)\leq \mu^*[P_Y(F\cap P_X^{-1}(B))\cap\{\nu>N\}]+\mu^*[P_Y(F\cap P_X^{-1}(B))\cap\{\nu\leq N\}]$$
$$\leq (\varepsilon/2)+\mu^*[P_Y(F\cap P_X^{-1}(B))\cap\{\nu\leq N\})$$

Maintenant, on peut écrire

$$\mu^*[P_Y(\dots)\cap\{\nu\leq N\}\leq \int_Y \nu(y,B)\,1_{\{\nu\leq N\}}\,d\mu\equiv\Psi_N(B)\leq\Psi(B)$$

La mesure Ψ_N est finie et absolument continue par rapport à λ. Ainsi, il existe $\delta > 0$ tel que $\lambda(B) < \delta \Rightarrow \Psi_N(B) < \varepsilon/2$. D'où la conclusion.

IV.- UNE APPLICATION DES RESULTATS DE MOKOBODZKI

Je voudrais signaler, pour terminer, que les résultats de Mokobodzki m'ont permis de résoudre positivement "le" dernier problème sur la structure des ensembles semi-polaires - problème qui me narguait depuis huit ans (cf "une conjecture sur les ensembles semi-polaires" dans le volume VII du Séminaire, Lecture Notes N°321) : si (P_t) est un semi-groupe fortement markovien, vérifiant l'hypothèse (L), sur un espace d'états E polonais, alors une partie presque-borélienne G de E est semi-polaire ssi aucun point de G n'est régulier pour lui-même et G vérifie l'une des conditions suivantes

1) si $(B_i)_{i\in I}$ est une famille quelconque de boréliens disjoints contenus dans G , alors, pour tout $i\in I$, B_i est polaire sauf au plus pour une infinité dénombrable d'indices.

2) $(\Omega,(X_t),\dots)$ étant l'espace canonique associé à (P_t), pour presque tout $\omega\in\Omega$, l'ensemble $G\cap X(\mathbb{R}_+,\omega)$ est au plus dénombrable (où on note $X(J,\omega)$ l'image de J par l'application $t\to X_t(\omega)$).

Je projette d'écrire un article de synthèse sur la structure des ensembles semi-polaires, mais je ne sais encore s'il sera achevé à temps pour paraître dans ce volume XII du Séminaire.

Université de Strasbourg
Séminaire de Probabilités 1976/77

SUR L'EXISTENCE DE CERTAINS ESS.INF ET ESS.SUP DE FAMILLES DE PROCESSUS MESURABLES

par C. Dellacherie

On se place sous les conditions habituelles. Si X et Y sont des processus mesurables, nous dirons que X est essentiellement majoré (resp essentiellement minoré) par Y si $\{X > Y\}$ (resp $\{Y > X\}$) est évanescent. Si $(X^i)_{i\in I}$ est une famille quelconque (non vide) de processus mesurables, nous dirons qu'un processus mesurable X est égal à $\text{ess.inf}_{i\in I} X^i$ si chaque X^i majore essentiellement X et si X majore essentiellement tout processus mesurable majoré essentiellement par chacun des X^i. On définit de même la notion de $\text{ess.sup}_{i\in I} X^i$.

Il est clair, qu'en général, une famille non dénombrable de processus mesurables n'admet ni ess.sup ni ess.inf : c'est déjà "largement" le cas lorsque Ω est réduit à un point ! Nous allons cependant démontrer l'existence de ess.inf dans certains cas particuliers (qui, bien entendu équivaut à l'existence de certains ess.sup)

THEOREME 1.- Soit $(X^i)_{i\in I}$ une famille non vide de processus mesurables vérifiant la condition suivante : pour tout $i\in I$ et tout $\omega\in\Omega$, la trajectoire $t \to X^i_t(\omega)$ est une fonction s.c.s. pour la topologie droite ou la topologie gauche. Alors, il existe une partie dénombrable J de I telle que $\inf_{j\in J} X^j = \text{ess.inf}_{i\in I} X^i$.

D/ a) Traitons d'abord le cas particulier où chaque X^i est l'indicatrice d'un ensemble H^i. Nous démontrons d'abord l'existence d'une partie dénombrable J' de I telle que $\inf_{j\in J'} \overline{H}^j = \text{ess.inf}_{i\in I} \overline{H}^i$,où $\overline{H}^i = \{(t,\omega) : t\in\overline{H}^i(\omega)\}$.[1] Pour ce faire, définissons, pour tout $r\in\mathbb{Q}_+$ et tout $i\in I$, une v.a. T^i_r en posant $T^i_r(\omega) = \inf\{t \geq r : t\in H^i(\omega)\}$. Pour i fixé, $\overline{H}$ est alors l'adhérence (coupe par coupe) de la réunion des graphes des T^i_r. Choisissons alors une partie dénombrable J' de I telle que, pour chaque r, on ait $\sup_{j\in J'} T^j_r = \text{ess.sup}_{i\in I} T^i_r$, où ici ess.sup est un ess.sup "ordinaire" , pris relativement à la mesure de probabilité P. Il est alors clair que $\inf_{j\in J'} \overline{H}^j = \text{ess.inf}_{i\in I} \overline{H}^i$.

---

1) $\overline{H}^i$ est mesurable d'après IV-89 du livre rose (i.e. la nouvelle édition de "Probabilités et Potentiels")

Appelons K ce fermé aléatoire mesurable. Maintenant, pour chaque i, $(\overline{H}^i - H^i)(\omega)$ est, pour tout ω, contenu dans l'ensemble des points isolés à droite ou à gauche de $\overline{H}^i(\omega)$, et donc $K - H^i$ est, à un ensemble évanescent près, contenu dans l'ensemble aléatoire L des points de K isolés à droite ou à gauche. Or L est la réunion d'une suite de graphes de v.a. (L_n) (cf IV-89 et n^os suivants du livre rose). Désignons par ε_{L_n} la mesure sur $\mathbb{R}_+ \times \Omega$ valant $E[Z_{L_n} . 1_{\{L_n < \infty\}}]$ sur le processus mesurable positif (Z_t), et par m la mesure bornée $\sum 2^{-n} \varepsilon_{L_n}$, et soit J" une partie dénombrable de I telle que $\inf_{j\in J''} H^j = \text{ess.inf}_{i\in I} H^i$ où ess.inf est entendu par rapport à m. Il est alors facile de vérifier que, si $J = J' \cup J''$, alors $\inf_{j\in J} H^j = \text{ess.inf}_{i\in I} H^i$, au sens voulu.

b) Passons au cas général. Pour tout $r \in \mathbb{Q}$, posons $H^{i,r} = \{X^i \geq r\}$: chaque $H^{i,r}$ est un ensemble aléatoire mesurable dont les coupes sont fermées pour la topologie droite ou gauche. Soit alors J une partie dénombrable de I telle que, pour tout r, $\inf_{j\in J} H^{j,r} = \text{ess.inf}_{i\in I} H^{i,r}$. Il est alors clair que l'on a aussi $\inf_{j\in J} X^j = \text{ess.inf}_{i\in I} X^i$.

REMARQUES.- a) Le théorème est encore vrai si on suppose seulement les trajectoires des X^i s.c.s. pour la topologie de condensation simultanée à droite et à gauche (pour cette topologie, un point x est adhérent à une partie A de $\mathbb{R}$ si tout voisinage droit et tout voisinage gauche de x coupe A suivant un ensemble non dénombrable). Il suffit de remplacer, dans la démonstration, les temps d'entrée T_r^i par les temps de pénétration correspondant (cf IV-112 du livre rose).

b) Ce théorème entraine l'existence des enveloppes de Snell. Plus généralement, comme toute surmartingale forte est s.c.s. pour la topologie droite, il entraine l'existence de l'ess.inf de toute famille de surmartingales fortes, lequel est encore une surmartingale forte puisque l'ess.inf est atteint sur une partie dénombrable d'indices.

THEOREME 2.- <u>Soit</u> $(X^i)_{i\in I}$ <u>une famille non vide de processus mesurables vérifiant les conditions suivantes</u>

a) <u>pour tout</u> $i \in I$ <u>et tout</u> $\omega \in \Omega$, <u>la trajectoire</u> $t \to X_t^i(\omega)$ <u>est une fonction s.c.i. pour la topologie droite ou gauche,</u>

b) <u>pour toute partie dénombrable</u> J <u>de</u> I, <u>il existe</u> $i \in I$ <u>tel que</u> X^i <u>soit essentiellement majoré par</u> $\inf_{j\in J} X^j$.

<u>Alors il existe</u> $i_o \in I$ <u>tel que</u> $X^{i_o} = \text{ess.inf}_{i\in I} X^i$.

<u>D</u>/ Nous ne traiterons que le cas où chaque X^i est l'indicatrice d'un ensemble H^i, le cas général s'y ramenant facilement comme plus haut. On démontre d'abord l'existence d'un indice i'_o tel que $\mathring{H}^{i'_o} = \text{ess.inf}\ \mathring{H}^i$,

où $\overset{\circ}{H}{}^i = \{(t,\omega) : t\varepsilon\overset{\circ}{H}{}^i(\omega)\}$. Pour cela, on définit, pour tout $r\varepsilon\mathbb{Q}_+$ et tout $i\varepsilon I$, une v.a. T_r^i en posant $T_r^i(\omega) = \inf\{t > r : t \notin \overset{\circ}{H}{}^i\}$. Pour i fixé, $\overset{\circ}{H}{}^i$ est égal à la réunion des intervalles $]\!]r,T_r^i[\![$ (par convention, $\overset{\circ}{H}{}^i$ est contenu dans $]0,\infty[\times\Omega$). Si J' est alors une partie dénombrable de I telle que, pour tout r, on ait $\inf_{j\varepsilon J'} T_r^i = \text{ess.inf}_{i\varepsilon I} T_r^i$, il est clair qu'on peut prendre pour i' un indice i tel que l'ensemble H^i soit essentiellement contenu dans $\inf_{j\varepsilon J'} H^j$. Ecrivons maintenant l'ouvert aléatoire mesurable $\overset{\circ}{H}{}^{i'}$ comme réunion de ses composantes connexes $]\!]U_n,V_n[\![$ (les U_n,V_n sont bien des v.a. ; il n'y a malheureusement pas de bonnes références pour çà, le livre rose, aux alentours de IV-89, ayant évité tout calcul de ce genre. Mais, çà fait partie du folklore, et c'est un bon exercice pour ceux qui ne seraient pas persuadés). Et désignons par m la mesure bornée $\sum 2^{-n}(\varepsilon_{U_n} + \varepsilon_{V_n})$ sur $\mathbb{R}_+\times\Omega$. Soit alors J" une partie dénombrable de I telle que $\inf_{j\varepsilon J''} H^j = \text{ess.inf}_{i\varepsilon I} H^i$ où l'ess.inf est pris par rapport à m , et soit i" un indice i tel que H^i soit essentiellement contenu dans $\inf_{j\varepsilon J''} H^j$. Il est alors facile de vérifier que, si i_o est un indice i tel que H^i soit contenu essentiellement dans $H^{i'}$ et dans $H^{i''}$, alors $H^{i_o} = \text{ess.inf}_{i\varepsilon I} H^i$.

Université de Strasbourg
Séminaire de Probabilités 1976/77

SUPPORTS OPTIONNELS ET PREVISIBLES D'UNE P-MESURE ET APPLICATIONS

par C. Dellacherie

On se place sous les conditions habituelles. Suivant la terminologie adoptée pour le second tome du livre rose (i.e. la nouvelle édition de "Probabilités et Potentiels"), nous appellerons P-mesure toute mesure (positive, bornée) m sur $(\mathbb{R}_+ \times \Omega, \underline{\underline{B}}(\mathbb{R}_+)\times\underline{\underline{F}})$ qui ne charge pas les ensembles évanescents. A une telle mesure est associé de manière essentiellement unique (i.e., à l'indistinguabilité près) un processus croissant[1] (A_t) tel que, pour tout processus mesurable positif (X_t),

$$m(X) = E[\int_{[0,\infty]} X_t \, dA_t]$$

On définit la projection optionnelle m^o et la projection prévisible m^p par

$$m^o(X) = m(X^o) \qquad m^p(X) = m(X^p)$$

où X^o (resp X^p) est la projection optionnelle (resp prévisible) du processus mesurable positif X ; la P-mesure m est dite optionnelle (resp prévisible) si $m = m^o$ (resp $m = m^p$). Noter que le processus croissant associé à m^o (resp m^p) n'est autre que la projection duale optionnelle (resp prévisible) de (A_t).

Avant de définir diverses notions de support pour une P-mesure, rappelons le résultat suivant, démontré dans mon exposé "Sur l'existence de certains ess.inf..." de ce volume.

THEOREME 1.- Soit $(H_i)_{i\in I}$ une famille non vide d'ensembles mesurables dont les coupes parallèles à $\mathbb{R}_+$ sont fermées pour la topologie droite[2] (resp gauche). Si $(H_i)_{i\in I}$ est stable pour les intersections dénombrables, alors il existe $j\in I$ tel que l'ensemble $(H_j - H_i)$ soit évanescent pour tout $i\in I$.

Nous dirons, par abus de langage, que cet ensemble H_j est le plus petit élément de $(H_i)_{i\in I}$: il est uniquement défini à un ensemble évanescent près.

Rappelons aussi quelques résultats sur les fermés aléatoires consignés

---

1) sous-entendu continu à droite 2) nous dirons que H_i est un fermé droit mesurable

dans les n°s IV-89 et suivants du livre rose. Si H est une partie de $\mathbb{R}_+ \times \Omega$, nous notons $\overline{H}$ (resp ${}^d\overline{H}$, ${}^g\overline{H}$) l'ensemble dont les coupes parallèles à $\mathbb{R}_+$ sont les adhérences (resp adhérences à droite, à gauche) des coupes correspondantes de H.

a) Si H est mesurable, alors $\overline{H}$, ${}^d\overline{H}$ et ${}^g\overline{H}$ sont mesurables

b) Si H est optionnel, alors $\overline{H}$ et ${}^g\overline{H}$ sont optionnels, mais, en général, ${}^d\overline{H}$ est seulement progressif

c) Si H est prévisible, alors ${}^g\overline{H}$ est prévisible.

De plus, si H est mesurable, $\{\overline{H} - {}^d\overline{H}\}$ et $\{\overline{H} - {}^g\overline{H}\}$ sont égaux à la réunion d'une suite de graphes de v.a., qu'on peut choisir optionnelles (resp prévisibles) si l'ensemble en question est optionnel (resp prévisible).

Venons en à la définition de différents supports pour une P-mesure m. Nous appellerons <u>support</u> de m (resp <u>support droit</u>, <u>support gauche</u>, <u>support précisé</u>) le plus petit fermé mesurable portant m (resp le plus petit fermé droit mesurable, le plus petit fermé gauche mesurable, l'intersection des deux précédents) que nous noterons S(m) (resp $S^d(m)$, $S^g(m)$, $S'(m)$). Si (A_t) est le processus croissant associé à m, il est facile de voir qu'on a les égalités

$S(m) = \{$points de croissance de $(A_t)\}$

$S^d(m) = \{$points de croissance à droite + instants de saut de $(A_t)\}$

$S^g(m) = \{$points de croissance à gauche de $(A_t)\}$

D'autre part, on a aussi les égalités

$$\overline{S'} = S \quad , \quad {}^d\overline{S'} = S^d \quad , \quad {}^g\overline{S'} = S^g \quad , \quad S = S^d \cup S^g$$

Maintenant, nous définissons la notion de <u>support optionnel</u> de m (resp <u>support optionnel droit</u>, <u>gauche</u>, <u>précisé</u>) en remplaçant, dans la définition ci-dessus, "mesurable" par "optionnel", et de même les notions <u>prévisibles</u> correspondantes. Nous noterons, par exemple, $S_o^g(m)$ le support optionnel gauche de m et $S_p'(m)$ le support prévisible précisé de m. Notre but est d'étudier les rapports entre les supports optionnels (resp prévisibles) de m et les supports de m^o (resp m^p). Voici d'abord quelques relations simples entre les divers supports de la P-mesure m

$$S \subset S_o \subset S_p \quad , \quad S^d \subset S_o^d \subset S_p^d \quad , \quad S^g \subset S_o^g \subset S_p^g \quad , \quad S' \subset S_o' \subset S_p'$$

$$\overline{S_o'} = S_o \quad , \quad {}^d\overline{S_o'} = S_o^d \quad , \quad {}^g\overline{S_o'} = S_o^g \quad , \quad S_o = S_o^d \cup S_o^g$$

$$\overline{S_p'} \subset S_p \quad , \quad {}^d\overline{S_p'} \subset S_p^d \quad , \quad {}^g\overline{S_p'} = S_p^g$$

La seule relation non triviale est la deuxième égalité de la deuxième ligne. Pour montrer que ${}^d\overline{S_o'} = S_o^d$, il suffit de montrer que ${}^d\overline{S_o'}$, que l'on sait progressif, est bien optionnel. Or $({}^d\overline{S_o'} - S_o')$ est contenu dans $(\overline{S_o^d} - S_o^d) \cup (\overline{S_o^g} - S_o^g)$ et donc dans la réunion d'une suite de graphes de t.d'a. ; comme il est progressif, il est lui-même égal à une telle réunion, si bien que ${}^{d}\overline{S}'_{o}$ est optionnel. La même démonstration montre que ${}^{d}\overline{S}'_{p}$ est aussi optionnel ; mais comme, en général, il n'est pas prévisible, on a seulement l'inclusion ${}^{d}\overline{S}'_{p} \subset S^{d}_{p}$ (la différence peut être grande : ainsi, si $(\underline{\underline{F}}_t)$ est la filtration d'un processus de Poisson, si T désigne le temps du 1er saut et si $(A_t) = ((t-T)^+)$, $S^g_p =]\!]T,\infty[\![$ tandis que $S^d_p = [\![0,\infty[\![$).

THEOREME 2.- <u>Soient</u> m <u>une</u> P-<u>mesure et</u> m^o <u>sa projection optionnelle</u>. <u>On a les relations suivantes entre les supports de</u> m^o <u>et les supports optionnels de</u> m :

a) $S(m^o)$ <u>est optionnel et</u> $S(m^o) = S_o(m)$

b) $S^d(m^o)$ <u>est progressif</u>, $S^d(m^o) \subset S^d_o(m)$ <u>et</u> $S^d_o(m)$ <u>est le plus petit fermé droit optionnel contenant</u> $S^d(m^o)$. <u>L'ensemble</u> $(S^d_o(m) - S^d(m^o))$ <u>est un ensemble progressif</u>, <u>de projection optionnelle nulle</u>, <u>égal à la réunion d'une suite de graphes de v.a.</u>[1]

c) $S^g(m^o)$ <u>est optionnel et</u> $S^g(m^o) = S^g_o(m)$

<u>D</u>/ Les ensembles optionnels portant m étant les mêmes que ceux portant m^o, il suffit, pour démontrer a) et c), de prouver que $S^g(m^o)$ est optionnel. Soit $({}^oA_t)$ le processus croissant, optionnel, associé à m^o et, pour $r \in \mathbb{Q}_+$ et $n \in \mathbb{N}$, soit T^n_r le t.d'a. défini par

$$T^n_r(\omega) = \inf\{t > r : {}^oA_t(\omega) \geq {}^oA_r(\omega) + \frac{1}{n}\}$$

Alors, $S^g(m^o)$ est égal à l'adhérence gauche de l'ensemble optionnel $(\{0\} \times \{{}^oA_0 > 0\}) \cup (\bigcup_{r,n} [\![T^n_r]\!])$ et est donc optionnel (remarquer qu'il est prévisible si le processus croissant est prévisible, le début d'un fermé droit prévisible étant prévisible). De même, $S^d(m^o)$ est progressif puisque c'est l'adhérence droite de l'ensemble optionnel H égal à $(\{0\} \times \{{}^oA_0 > 0\}) \cup (\bigcup_r [\![T_r]\!])$ où $T_r(\omega) = \inf\{t > r : {}^oA_t(\omega) > {}^oA_r(\omega)\}$. Comme $\overline{H} = S(m^o)$, l'ensemble progressif $(S^d_o(m) - S^d(m^o))$, contenu dans $(\overline{H} - {}^d\overline{H})$, est la réunion d'une suite de graphes de v.a.. Enfin, si cet ensemble progressif contient un graphe de t.d'a. T, pour $\omega \in \{T < \infty\}$, $T(\omega)$ ne peut être une extrémité gauche d'intervalle contigu à $S^d(m^o)(\omega)$ et donc le début U de $]\!]T,\infty[\![\cap S^d(m^o)$ est $> T$ sur $\{T < \infty\}$; comme $m^o([\![T,U[\![) = 0$, on a aussi $m([\![T,U[\![) = 0$ si bien que $(S^d_o(m) - [\![T,U[\![)$ est un fermé droit optionnel portant m : on en déduit que $[\![T]\!]$ est évanescent.

Nous laissons au lecteur le soin de démontrer le théorème suivant, sur les supports prévisibles : ici, seul le support gauche est "correct"

THEOREME 3.- <u>Soient</u> m <u>une</u> P-<u>mesure et</u> m^p <u>sa projection prévisible</u>. <u>On a les relations suivantes entre les supports de</u> m^p <u>et les supports prévisibles de</u> m :

----

1) il est probable que $S^d(m^o)$ est le plus petit fermé droit progressif portant m.

a) $S(m^p)$ <u>est optionnel</u>, $S(m^p) \subset S_p(m)$ <u>et</u> $S_p(m)$ <u>est le plus petit fermé prévisible contenant</u> $S(m^p)$

b) $S^d(m^p)$ <u>est progressif</u>, $S^d(m^p) \subset S^d_p(m)$ <u>et</u> $S^d_p(m)$ <u>est le plus petit fermé droit prévisible contenant</u> $S^d(m^p)$

c) $S^g(m^p)$ <u>est prévisible et</u> $S^g(m^p) = S^g_p(m)$.

REMARQUES.- 1) La majeure part des théorèmes 2 et 3 fait partie du "folklore". Une étude précise de $S^g_p(m)$ quand le processus croissant associé est de la forme $A_t = 1_{\{L \leq t\}}$, où L est la fin d'un ensemble prévisible, a été faite par Azéma (cf l'exposé de Meyer dans le volume VII)

2) On peut avoir, pour une P-mesure prévisible m , $S^d(m)$ progressif, non optionnel : c'est le cas de la P-mesure associée au temps local en 0 d'un mouvement brownien issu de 0 (on retrouve alors, dans l'ensemble $(S^d_p(m) - S^d(m))$, l'exemple classique de progressif non optionnel).

3) Le théorème 1 permet aussi de définir le plus petit fermé (droit ou gauche) optionnel ou prévisible contenant un ensemble mesurable H . Mais cela peut se faire aussi en termes de P-mesures car il existe toujours une P-mesure m vérifiant les conditions suivantes : m est à la fois portée par H et par une réunion dénombrable de graphes de v.a., et H est contenu dans le support précisé de m (c'est un bon exercice sur le théorème de section). C'est d'ailleurs, finalement, la démarche adoptée pour démontrer le théorème 1.

A première vue, il semble que la situation est meilleure du côté optionnel que du côté prévisible. Mais, il n'en est rien, pour la raison suivante : à cause de la génération de la tribu optionnelle, et aussi du théorème de Mertens qui assure que la projection optionnelle d'un processus mesurable s.c.s. pour la topologie droite est encore s.c.s. pour la topologie droite, on est souvent amené, dans le cas optionnel, à considérer des fermés droits mesurables, et le b) du théorème 2 ne nous assure pas d'égalité, tandis que, dans le cas prévisible et pour des raisons analogues, ce sont souvent des fermés gauches mesurables qu'on est amené à considérer, et le c) du théorème 3 nous assure une égalité. Nous verrons un exemple frappant, à propos de variables honnêtes, après deux applications intéressantes des théorèmes précédents à l'étude des projections optionnelle et prévisible .

Les applications tournent autour du problème suivant : soit N un ensemble mesurable, de projection optionnelle (resp prévisible) nulle (d'après le théorème de section, cela équivaut au fait que $m^o(N) = 0$ (resp $m^p(N) = 0$) pour toute P-mesure m) ; quand peut-on affirmer que N est évanescent (d'après le théorème de section pour une filtration triviale, cela équivaut au fait que $m(N) = 0$ pour toute P-mesure m) ?

THEOREME 4.- *Soit* H *un fermé gauche mesurable et soit* M *un ensemble prévisible* (*resp optionnel*) *tel que* $N = M - H$ *ait une projection prévisible* (*resp optionnelle*) *nulle*. *Alors* N *est évanescent*, *et donc* M *est inclus dans* H (*à un ensemble évanescent près*).

D/ Nous ne traiterons que le cas prévisible. Supposons que N n'est pas évanescent. Alors, d'après le théorème de section "grossier" , il existe une v.a. L , de graphe inclus dans N , telle que $P\{L<\infty\} > 0$. Considérons la P-mesure m , non nulle, telle que $A_t = 1_{\{L\leq t\}}$; on a alors $m(H) = 0$ et $m^p(N) = 0$. Comme m et donc m^p est portée par l'ensemble prévisible M , on en déduit que m^p est portée par H . Mais H est un fermé gauche mesurable, et donc $S^g(m^p)$ est inclus dans H : alors, $S^g(m)$ est aussi inclus dans H puisque l'on a $S^g(m) \subset S^g_p(m) = S^g(m^p)$, d'où une contradiction puisque $m(H) = 0$.

COROLLAIRE.- *Soit* H *un fermé gauche mesurable*, *et soit* Y (*resp* X) *sa projection prévisible* (*resp optionnelle*). *Alors* $\{Y=1\}$ *et* $\{X=1\}$ *sont contenus dans* H .

D/ Nous nous contentons de regarder le cas de Y . L'indicatrice de $\{Y=1\} - H$ s'écrit $1_{\{Y=1\}} - 1_{\{Y=1\}}.1_H$. Comme Y est prévisible et compris entre 0 et 1 , il est clair que $\{Y=1\} - H$ a une projection prévisible nulle.

REMARQUES.- 1) On voit aisément, à l'aide du théorème de section, que $\{Y=1\}$ (resp $\{X=1\}$) est le plus grand ensemble prévisible (resp optionnel) contenu dans H .

2) Etant donnée l'analogie d'une projection avec une espérance conditionnelle, on pourrait espérer que le résultat vaut pour une plus large classe que celle des fermés gauches. Or, voici un exemple d'ouvert optionnel H tel que $\{Y=1\}$ ne soit pas contenu dans H : prendre pour H le complémentaire du graphe d'un t.d'a. totalement inaccessible non p.s. infini ; la projection prévisible de H est alors tout $\mathbb{R}_+ \times \Omega$.

Naturellement, ce qui a été dit pour les fermés gauches vaut pour les fermés. Passons aux fermés droits ; on se limite ici au cas optionnel.

THEOREME 5.- *Soit* H *un fermé droit mesurable et soit* M *un ensemble optionnel tel que* $N = M - H$ *ait une projection optionnelle nulle*. *Alors* N *est contenu dans un ensemble progressif*, *de projection optionnelle nulle*, *égal à la réunion d'une suite de graphes de v.a.* .

D/ D'abord, d'après le théorème 4 appliqué à $\overline{H}$, N est inclus dans $\overline{H} - H$ et est donc la réunion d'une suite de graphes de v.a. (L_n). Soit m la P-mesure telle que $A_t = \sum 2^{-n}.1_{\{L_n\leq t\}}$: on a $m(H) = 0$ et $m^o(N) = 0$. Comme m^o est portée par l'ensemble optionnel M , on en déduit que m^o est portée par H. Mais H est un fermé droit mesurable, et contient donc $S^d(m^o)$. Par ailleurs, on a $N \subset S^d(m) \subset S^d_o(m)$ et donc, finalement, N est contenu dans $(S^d_o(m) - S^d(m^o))$. D'où la conclusion.

COROLLAIRE.- Soit H un fermé droit mesurable, et soit X sa projection optionnelle. Alors $\{X=1\} - H$ est contenu dans un ensemble progressif, de projection optionnelle nulle, égal à la réunion d'une suite de graphes de v.a. .

EXEMPLE.- Montrons, que, en général, on ne peut espérer mieux. Considérons un mouvement brownien (B_t) issu de 0, la filtration $(\underline{\underline{F}}_t)$ étant la filtration naturelle augmentée. Définissons une v.a. L par

$$L(\omega) = \sup\{t \leq 1 : B_t(\omega) = 0\}$$

Il est clair que l'on a $0 < L < 1$ p.s. . Prenons pour H l'intervalle stochastique grossier $[\![0,L[\![$. Il est bien connu que la projection optionnelle (qui est égale ici à la projection prévisible) de $[\![0,L[\![\cap \{B_{\cdot}=0\}$ est égale à $[\![0,1]\!] \cap \{B_{\cdot}=0\}$ et donc la projection optionnelle de $[\![0,L[\![$ vaut 1 sur le graphe de L.

Nous donnons maintenant une application de ce qui précède aux variables "honnêtes" . Il s'agit, en fait, d'un appendice à l'exposé de Meyer et moi (de ce volume) sur le grossissement des tribus, d'après Yor, auquel je renvoie pour plus de détails.

On se donne une variable honnête L . On sait alors que, si $(\underline{\underline{G}}_t)$ est la plus petite filtration contenant $(\underline{\underline{F}}_t)$ pour laquelle L est un t.d'a., alors une v.a. Z est $\underline{\underline{G}}_t$-mesurable ssi elle s'écrit

(1) $\quad Z = A.1_{\{t<L\}} + B.1_{\{L\leq t\}}$ où A,B sont des v.a. $\underline{\underline{F}}_t$-mesurables

et qu'elle est $\underline{\underline{G}}_{t-}$-mesurable ssi elle s'écrit

(2) $\quad Z = A.1_{\{t\leq L\}} + B.1_{\{L<t\}}$ où A,B sont des v.a. $\underline{\underline{F}}_{t-}$-mesurables

On se demande alors si les représentations (1),(2) s'étendent aux processus optionnels et prévisibles par rapport à $(\underline{\underline{G}}_t)$, i.e. si un processus X est $(\underline{\underline{G}}_t)$-optionnel ssi il s'écrit

(1') $\quad X = U.1_{[\![0,L[\![} + V.1_{[\![L,\infty[\![}$ où U,V sont $(\underline{\underline{F}}_t)$-optionnels

et est $(\underline{\underline{G}}_t)$-prévisible ssi il s'écrit

(2') $\quad X = U.1_{[\![0,L]\!]} + V.1_{]\!]L,\infty[\![}$ où U,V sont $(\underline{\underline{F}}_t)$-prévisibles

Il est immédiat que tout processus de la forme (2) (resp (2')) est $(\underline{\underline{G}}_t)$-optionnel (resp $(\underline{\underline{G}}_t)$-prévisible). La réciproque pour (2') est établie, élémentairement, dans l'exposé précité. Nous allons la redémontrer "savamment" ici, et montrer aussi que la réciproque de (2) est fausse en général : pour X optionnel par rapport à $(\underline{\underline{G}}_t)$, on aura seulement la représentation avec U optionnel par rapport à $(\underline{\underline{F}}_t)$ et V progressif par rapport à $(\underline{\underline{F}}_t)$.

Nous notons $(\ldots)^o$ (resp $(\ldots)^p$) la projection optionnelle (resp prévisible) par rapport à $(\underline{\underline{F}}_t)$.

<u>Lemme</u>.- 1) $(1_{[\![0,L]\!]})^p$ <u>(resp</u> $(1_{]\!]L,\infty[\![})^p$) <u>ne s'annule pas sur</u> $[\![0,L]\!]$ (<u>resp sur</u> $]\!]L,\infty[\![$)

2) $(1_{[\![0,L[\![})^o$ <u>(resp</u> $(1_{]\!]L,\infty[\![})^o$) <u>ne s'annule pas sur</u> $[\![0,L[\![$ (<u>resp sur</u> $]\!]L,\infty[\![$).

<u>d/</u> Nous nous contentons de regarder le cas optionnel. Il est clair que $(1_{[\![0,L[\![})^o$ (resp $(1_{]\!]L,\infty[\![})^o$) s'annule là où $(1_{[\![L,\infty[\![})^o$ (resp $(1_{[\![0,L]\!]})^o$) est égal à 1. D'où la conclusion grâce au corollaire du théorème 4.

THEOREME 6.- a) <u>Un processus</u> X <u>est</u> $(\underline{\underline{G}}_t)$-<u>prévisible ssi on a</u>

$$X = U.1_{[\![0,L]\!]} + V.1_{]\!]L,\infty[\![}$$

<u>où</u> $U = (X.1_{[\![0,L]\!]})^p/(1_{[\![0,L]\!]})^p$ <u>et</u> $V = (X.1_{]\!]L,\infty[\![})^p/(1_{]\!]L,\infty[\![})^p$

b) <u>Un processus</u> X <u>est</u> $(\underline{\underline{G}}_t)$-<u>optionnel ssi on a</u>

$$X = U.1_{[\![0,L[\![} + V.1_{[\![L]\!]} + W.1_{]\!]L,\infty[\![}$$

<u>où</u> $U = (X.1_{[\![0,L[\![})^o/(1_{[\![0,L[\![})^o$, $W = (X.1_{]\!]L,\infty[\![})^o/(1_{]\!]L,\infty[\![})^o$ <u>et</u> V <u>est un processus progressif par rapport à</u> $(\underline{\underline{F}}_t)$.

<u>D/</u> Nous nous contentons de regarder le cas optionnel. La condition suffisante est immédiate. Pour démontrer la condition nécessaire, il suffit, d'après le théorème des classes monotones, de considérer le cas où X est continu à droite. Alors, d'après le théorème de Mertens, U est continu à droite sur $[\![0,L[\![$ et W est continu à droite sur $]\!]L,\infty[\![$ si bien qu'il suffit de vérifier que, pour chaque t, on a p.s. $X_t.1_{\{t<L\}} = U_t.1_{\{t<L\}}$ et $X_t.1_{\{L<t\}} = W_t.1_{\{L<t\}}$. Or, d'après (1), on sait qu'il existe, pour t fixé, des v.a. A et B, $\underline{\underline{F}}_t$-mesurables, avec

$$X_t = A.1_{\{t<L\}} + B.1_{\{t=L\}} + B.1_{\{L<t\}}$$

En multipliant les deux membres par $1_{\{t<L\}}$ (resp $1_{\{L<t\}}$) et en conditionnant les deux membres par rapport à $\underline{\underline{F}}_t$, on trouve l'égalité voulue. Il nous reste à montrer que, sur $[\![L]\!]$, X est égal à un processus $(\underline{\underline{F}}_t)$-progressif V. D'abord, il n'y a aucune difficulté sur $\{L=0\}$, tout élément de $\underline{\underline{G}}_0$ étant de la forme $A\cap\{L=0\}$ avec $A\in\underline{\underline{F}}_0$, si bien que l'on peut supposer $L>0$ (en fait, le "canular" progressif-non optionnel ne peut arriver que sur la partie du graphe de L qui est essentiellement disjointe de tout graphe de t.d'a. de $(\underline{\underline{F}}_t)$: cela résulte aisément du corollaire du théorème 5). Pour $\varepsilon>0$, soit $L^\varepsilon = (L-\varepsilon)^+$: L^ε est une variable honnête pour la filtration $(\underline{\underline{F}}_t^\varepsilon) = (\underline{\underline{F}}_{t+\varepsilon})$ et $L_\varepsilon = L.1_{\{L>\varepsilon\}} + \infty.1_{\{L\leq\varepsilon\}}$ est un t.d'a. de la filtration $(\underline{\underline{G}}_t^\varepsilon)$ associée à L^ε. Par conséquent, d'après ce qui précède, il existe un processus $(\underline{\underline{F}}_t^\varepsilon)$-optionnel W^ε tel que $X.1_{]\!]L_\varepsilon,\infty[\![} = W^\varepsilon.1_{]\!]L_\varepsilon,\infty[\![}$. Alors, $V = \liminf_n W^{1/n}$ est un processus $(\underline{\underline{F}}_t)$-progressif (cf livre rose IV-14) et $X.1_{[\![L]\!]} = V.1_{[\![L]\!]}$.

Il ne nous reste plus qu'à montrer, par un exemple, qu'on ne peut en général avoir mieux que la représentation b) pour un processus $(\underline{\underline{G}}_t)$-optionnel. L'exemple qui suit a été construit avec l'aide de Emery.

EXEMPLE.- On revient au mouvement brownien (B_t) issu de 0 , et on note encore L la fin de l'ensemble prévisible $[\![0,1]\!] \cap \{B_{\cdot} = 0\}$: L est une variable honnête, et on a déjà vu que $(1_{[\![L,\infty[\![})^o$ s'annule sur tout $[\![L]\!]$. Désignons par Z la v.a. égale au signe de B_1 : comme, pour $t \in]L(\omega),1]$, on a $B_t(\omega) = B_1(\omega) \neq 0$ si ω n'appartient pas à l'ensemble négligeable $\{B_1=0\}$, il est clair que Z est une v.a. $\underline{\underline{G}}_L$-mesurable (on a $\underline{\underline{G}}_{L+} = \underline{\underline{G}}_L$ puisque $(\underline{\underline{G}}_t)$ vérifie les conditions habituelles), et on a évidemment $P(Z=+1) = P(Z=-1) = 1/2$, $P(Z=0) = 0$. D'autre part, tout processus $(\underline{\underline{F}}_t)$-optionnel est, dans le cas du brownien, $(\underline{\underline{F}}_t)$-prévisible, et la tribu $\underline{\underline{F}}_t$ est engendrée par les ensembles négligeables et la tribu $\underline{\underline{F}}^o_{t-}$ engendrée par B_s pour $s<t$ (on a oublié de le dire : évidemment, il est sous-entendu qu'on a construit le brownien sur l'espace canonique Ω des applications continue de $\mathbb{R}_+$ dans $\mathbb{R}$). Dans ces conditions, il est bien connu que tout processus $(\underline{\underline{F}}_t)$-prévisible est indistinguable d'un processus ("algébriquement")$(\underline{\underline{F}}^o_t)$-prévisible (cf le livre rose IV-78 et IV-97). Or, si (V_t) est un processus $(\underline{\underline{F}}^o_t)$-prévisible, la valeur de $V_{L(\omega)}(\omega)$ est uniquement déterminée par la restriction de $t \to V_t(\omega)$ à l'intervalle $[0,L(\omega)[$: il est alors clair qu'on ne peut avoir $Z = V_L$ p.s. , et donc le processus $(\underline{\underline{G}}_t)$-optionnel $Z.1_{[\![L]\!]}$ n'admet pas de "représentation $(\underline{\underline{F}}_t)$-optionnelle".

REMARQUE.- Je voudrais, pour terminer, ramasser en quelques mots la "philosophie du canular", implicite dans la démonstration du théorème 6. Si Z est une v.a. ≥ 0 , il y a (au moins) deux manières raisonnables d'associer une tribu type "$\underline{\underline{F}}_Z$" à Z : on peut définir la tribu ${}^o\underline{\underline{F}}_Z$ par

$$A \in {}^o\underline{\underline{F}}_Z \Leftrightarrow \exists X \text{ processus } (\underline{\underline{F}}_t)\text{-optionnel t.q. } 1_A = X_Z \text{ sur } \{Z<\infty\}$$

et la tribu ${}^\pi\underline{\underline{F}}_Z$ par

$$A \in {}^\pi\underline{\underline{F}}_Z \Leftrightarrow \exists X \text{ processus } (\underline{\underline{F}}_t)\text{-progressif t.q. } 1_A = X_Z \text{ sur } \{Z<\infty\}$$

Bien entendu, ${}^o\underline{\underline{F}}_Z$ est une sous-tribu de ${}^\pi\underline{\underline{F}}_Z$, qui coincide avec ${}^\pi\underline{\underline{F}}_Z$ lorsque Z est un $(\underline{\underline{F}}_t)$-t.d'a., mais en est distincte en général. Et nous avaons montré que, si L est une variable $(\underline{\underline{F}}_t)$-honnête, alors on a

$$\underline{\underline{G}}_L = {}^\pi\underline{\underline{F}}_L \ , \neq {}^o\underline{\underline{F}}_L \text{ en général}$$

Par contre, on ne connait qu'une manière raisonnable de définir une tribu type "$\underline{\underline{F}}_{Z-}$" , c'est de définir $\underline{\underline{F}}_{Z-}$ par

$$A \in \underline{\underline{F}}_{Z-} \Leftrightarrow \exists X \text{ processus } (\underline{\underline{F}}_t)\text{-prévisible t.q. } 1_A = X_Z \text{ sur } \{Z<\infty\}$$

et, si L est une variable honnête, on a montré que $\underline{\underline{G}}_{L-} = \underline{\underline{F}}_{L-}$.

Université de Strasbourg
Séminaire de Probabilités 1976/77

ERRATUM ET ADDENDUM À "Les dérivations en théorie descriptive des ensembles et le théorème de la borne"

par C. Dellacherie

Dans l'exemple probabiliste, à la page 42, il manque une hypothèse essentielle sur S pour que $\underline{\theta}_S$ soit une dérivation, à savoir :

$$(\circ) \qquad \forall \omega \in \Omega \quad \forall t \in [0,\infty] \quad S(\omega) \leq t + S(\theta_t(\omega))$$

propriété vérifiée, par exemple, si S est un temps terminal. Si S , coanalytique, ne vérifie pas cette condition, $S' = \inf_{t \geq 0} t + S \circ \theta_t$, qui est plus petit que S , la vérifie, et est encore coanalytique. Le t.d'a. S_n défini à la ligne 14 ne vérifie pas la condition (°), mais ce n'est pas grave car l'on a $S_n \geq S'_n \geq S_{2n} \geq \ldots$, si bien que l'on peut retrouver le résultat de bornitude de Hillard à l'aide du th.4.

Par ailleurs, dans l'appendice, j'ai complètement loupé la bonne présentation du théorème fondamental pour des probabilistes, quoiqu'elle soit implicite dans l'association d'un arbre à une relation. Je me contente de reprendre ici l'énoncé du théorème.

Soit E un ensemble et posons $\Omega = E^{\mathbb{N}}$. Disons que T, fonction de Ω dans $\mathbb{N} \cup \{\infty\}$, est un <u>temps d'arrêt</u> si elle vérifie le test de Galmarino :

$$\forall \omega \in \Omega \; \forall w \in \Omega \quad T(\omega) > n \text{ et } \omega|n = w|n \Rightarrow T(w) > n$$

où $\omega|n$ est la suite finie des n premiers éléments de ω. Définissons le <u>dérivé</u> T' du t.d'a. T par $T' = \inf \{S : S \geq T-1 \text{ et } S \text{ est un t.d'a.}\}$, puis la suite transfinie des dérivés successifs (T^i) du t.d'a. T par $T^1 = T'$, $T^{i+1} = (T^i)'$, $T^j = \inf_{i<j} T^i$ si j est limite. Lorsque E est dénombrable et muni de la topologie discrète, il est facile de voir que T , temps d'arrêt, est une fonction continue pour la topologie produit sur Ω , et que l'on a "T est fini ssi $\exists i$ ordinal dénombrable tel que $T^i \equiv 1$" (cf "Ensembles analytiques et temps d'arrêt" in Sém. IX).

Le théorème fondamental est équivalent au résultat suivant

THEOREME.- <u>Soit</u> E <u>un espace souslinien et munissons</u> Ω <u>de la topologie produit</u>. <u>Si</u> T <u>est un t.d'a. analytique sur</u> Ω (<u>i.e.</u> $\{T > n\}$ <u>est analytique pour tout</u> n), <u>alors</u> T <u>est fini ssi il existe un ordinal dénombrable</u> i <u>tel que</u> T^i <u>vaille identiquement</u> 1 .

Université de Strasbourg
Séminaire de Probabilités

EXEMPLES DE NORMES EN THEORIE DESCRIPTIVE DES ENSEMBLES

par
Gérard HILLARD

Dans cet exposé on donne, aux chapitres I et III, deux exemples d'applications i définies sur un espace métrisable compact E et à valeurs dans le segment d'ordinaux $[0,\aleph_1]$, $\aleph_1$ désignant le premier ordinal non dénombrable, qui sont des <u>normes coanalytiques</u> i.e. les ensembles :

$$\{(x,x')\in E\times E \mid i(x)<\aleph_1 \quad \text{et} \quad i(x)\leq i(x')\}$$

et

$$\{(x,x')\in E\times E \mid i(x)<\aleph_1 \quad \text{et} \quad i(x)<i(x')\}$$

sont coanalytiques et, au chapitre II, deux exemples d'applications i définies sur un espace polonais E' et à valeurs dans $[0,\aleph_1]$ vérifiant le théorème de la borne suivant :

si A <u>est un ensemble analytique inclus dans l'ensemble</u> $\{x\in E' \mid i(x)<\aleph_1\}$ <u>alors</u> $\sup_{x\in A} i(x)<\aleph_1$.

et qui sont utilisées pour démontrer deux théorèmes connus.

La norme du chapitre I est associée à la dérivation classique de Cantor : K étant un compact d'un espace métrisable compact E , $i(K)$ est égal à $\aleph_1$ si K est non dénombrable, $i(K)$ est le plus petit ordinal dénombrable i tel que le dérivé d'ordre i de K soit vide.

On montre que i est une norme coanalytique sur l'espace $\mathcal{K}(E)$ des compacts de E muni de la topologie de Hausdorff et on en déduit que i vérifie le théorème de la borne cité plus haut.

La norme du chapitre III est associée aux oscillations des fonctions continues à droite de $[0,1]$ dans un espace métrique compact E qui constituent un espace fonctionnel important en théorie des processus stochastiques. On plonge cet espace sur une partie coanalytique de l'espace métrisable compact $E^{\mathbb{Q}\cap[0,1]}$

et on montre que cette partie n'est pas borélienne et que la norme i associée est coanalytique. On en déduit que i vérifie le théorème de la borne.

L'exemple type pour lequel on a une norme coanalytique est celui des temps d'arrêt sur $\mathbb{N}^{\mathbb{N}}$ détaillé dans [3] par C. Dellacherie et P.A. Meyer.

Dans le chapitre II, on utilise l'extension, brièvement rappelée à la fin du chapitre I, due à C. Dellacherie [2], de la validité du théorème de la borne à la norme associée à une dérivation analytique générale, norme qui n'est pas nécessairement coanalytique.

Simple dans sa démonstration (s'appuyant sur un théorème de logiciens ; cf. [2]), cette extension donne au moins deux belles applications qui constituent le chapitre II : on peut simplifier les démonstrations des théorèmes de Lusin sur les analytiques à coupes dénombrables et Saint-Raymond sur les boréliens (lusiniens) à coupes réunions dénombrables de compacts, suivant une même méthode.

CHAPITRE I

Dérivation de Cantor et norme coanalytique associée

I. DEFINITION ET PROPRIETES.

Soit X l'espace topologique métrisable compact $[0,1]^{\mathbb{N}}$, muni d'une distance d compatible avec sa topologie, $\mathcal{K}(X)$ l'espace topologique des compacts de X avec la topologie de Hausdorff (ou exponentielle), muni de l'ordre de l'inclusion.

On appelle dérivation de Cantor l'application δ de $\mathcal{K}(X)$ dans $\mathcal{K}(X)$ définie par :

$\delta(F)$ est l'ensemble des points non isolés de F, pour tout élément F de $\mathcal{K}(X)$. $\delta(F)$ est effectivement un élément de $\mathcal{K}(X)$ car c'est un fermé de F.

THEOREME 1. L'application δ est croissante et borélienne.

Démonstration : Le premier point est simple.

Pour montrer que δ est borélienne, il suffit de montrer que l'ensemble :

$$\mathcal{Q} = \{F \in \mathcal{K}(X) \mid \delta(F) \cap \mathcal{U} \neq \emptyset\} ,$$

où $\mathcal{U}$ est un ouvert de X, est borélien.

La condition $\delta(F) \cap \mathcal{U} \neq \emptyset$ est équivalente à : $F \cap \mathcal{U}$ est infini, ou : $\overline{F \cap \mathcal{U}}$ est infini. L'ensemble des compacts infinis étant borélien dans $\mathcal{K}(X)$, il suffit de montrer que l'application $F \in \mathcal{K}(X) \to \overline{F \cap \mathcal{U}} \in \mathcal{K}(X)$ est borélienne, donc que l'ensemble $\{F \in \mathcal{K}(X) \mid \overline{F \cap \mathcal{U}} \cap \mathcal{U}' \neq \emptyset\}$, où $\mathcal{U}'$ est un ouvert de X, est borélien.

Or la condition $\overline{F \cap \mathcal{U}} \cap \mathcal{U}' \neq \emptyset$ est équivalente à $F \cap \mathcal{U} \cap \mathcal{U}' \neq \emptyset$ qui est borélienne en F ; le théorème est donc démontré. ∎

Un élément F de $\mathcal{K}(X)$ est dit parfait si $\delta(F) = F$.

THEOREME 2. Un élément F de $\mathcal{K}(X)$ contient un parfait non vide si et seulement si F n'est pas dénombrable.

<u>Démonstration</u> : Il résulte du théorème de Baire que tout parfait non vide est non dénombrable. La condition nécessaire du théorème est donc démontrée.

Supposons maintenant que tout parfait de F soit vide. L'ensemble N des points x de F tel que tout voisinage $\mathcal{V}$ de x coupe F suivant un ensemble non dénombrable (l'ensemble des points de condensation de F) étant un parfait, on a $N = \emptyset$. Tout point x de F admet donc un voisinage $\mathcal{V}'$ ouvert dans F tel que $\mathcal{V}'$ est dénombrable, et F est inclus dans une réunion finie de tels ouverts $\mathcal{V}'$ car compact. F est donc dénombrable et la condition suffisante du théorème est démontrée. ∎

Soit $\mathbb{C}$ l'ensemble $\{F \in \mathcal{K}(X) | F$ n'est pas dénombrable$\}$.

THEOREME 3 (Hurewicz). $\mathbb{C}$ <u>est analytique et n'est pas borélien.</u>

<u>Démonstration</u> (Kuratowski et Szpilrajn) : Montrons d'abord que $\mathbb{C}$ est analytique.

D'après le théorème 2, on a :

$$F \in \mathbb{C} \Leftrightarrow \exists F' , F' \neq \emptyset \text{ et } F' \subset F \text{ et } \delta(F') = F' .$$

Donc $\mathbb{C}$ est la projection en F de l'ensemble :

$$\{(F,F') \in \mathcal{K}(X) \times \mathcal{K}(X) | F' \neq \emptyset \text{ et } F' \subset F \text{ et } \delta(F') = F'\}$$

qui est borélien d'après le théorème 1. Donc $\mathbb{C}$ est analytique.

Montrons maintenant que $\mathbb{C}$ n'est pas borélien.

Soit A un ensemble analytique, non borélien de $[0,1]$. Soit f une application continue de $\mathbb{N}^{\mathbb{N}}$ sur A . On peut supposer que l'image réciproque de tout point de A par f est non dénombrable car il existe une application continue de $\mathbb{N}^{\mathbb{N}}$ sur $\mathbb{N}^{\mathbb{N}}$ telle que l'image réciproque de tout point de $\mathbb{N}^{\mathbb{N}}$ par cette application soit non dénombrable (par exemple, à la suite ω , on associe la suite ω' des termes de rang pair de ω).

Plongeons $\mathbb{N}^{\mathbb{N}}$ dans $[0,1]$ en identifiant $\mathbb{N}^{\mathbb{N}}$ à l'ensemble I_r des irrationnels de $[0,1]$. Le graphe H de f est alors un fermé de $I_r \times [0,1]$ et un sous-ensemble de $[0,1] \times [0,1]$.

Soit $\overline{H}$ l'adhérence de H dans $[0,1]\times[0,1]$ et $\overline{H}(x) = \overline{H}\cap[0,1]\times\{x\}$ pour tout x dans $[0,1]$.

On a $x\notin A \Leftrightarrow \overline{H}(x)$ est dénombrable ; en effet, on peut facilement voir que dans ce cas la première projection de $\overline{H}(x)$ sur $[0,1]$ est incluse dans les rationnels.

Raisonnons maintenant par l'absurde.

Supposons que $\mathcal{C}$ est borélien ; alors l'ensemble $\mathcal{C}'$ des compacts non dénombrables de $\overline{H}$ qui se projettent suivant la seconde projection en un point est aussi borélien. Or A est l'image réciproque de $\mathcal{C}'$ par l'application $x\in[0,1]\to\overline{H}(x)\in\mathcal{K}([0,1]\times[0,1])$, où $\mathcal{K}([0,1]\times[0,1])$ désigne l'espace des compacts de $[0,1]\times[0,1]$ muni de la topologie de Hausdorff, et cette application est borélienne d'après [1]. Donc A est borélien et on obtient une contradiction. ∎

II. DEFINITION D'UN INDICE SUR $\mathcal{K}(X)$.

Soit I le segment d'ordinaux $[0,\aleph_1]$ où $\aleph_1$ désigne le premier ordinal non dénombrable.

Définissons maintenant pour tout F dans $\mathcal{K}(X)$ et tout α dans I le "dérivé d'ordre α de F", élément de $\mathcal{K}(X)$, noté F^α, par induction transfinie de la façon suivante :

$$F^0 = F \; ; \; F^{\alpha+1} = \delta(F^\alpha) \quad \text{et} \quad F^\gamma = \bigcap_{\alpha<\gamma} F^\alpha$$

si γ est un ordinal de seconde espèce.

Soit i la fonction de $\mathcal{K}(X)$ dans I définie de la façon suivante (i est une "fonction indice") :

$$\begin{cases} \text{si } F^{\aleph_1} \neq \emptyset \text{ alors } i(F) = \aleph_1 \\ \text{si } F^{\aleph_1} = \emptyset \text{ alors il existe un ordinal dénombrable } \alpha \text{ tel que} \\ \quad F^\alpha = \emptyset \text{ et alors :} \\ \qquad i(F) = \inf\{\alpha\in I \mid F^\alpha = \emptyset\} < \aleph_1 . \end{cases}$$

Soit j la fonction de $\mathcal{K}(X) \times X$ dans I définie de la façon suivante :

$$\begin{cases} \text{si } x \in F^{\aleph_1} \text{ alors } j(F,x) = \aleph_1 \\ \text{si } x \notin F^{\aleph_1} \text{ il existe un ordinal dénombrable } \alpha \text{ tel que} \\ \quad x \notin F^{\alpha} \text{ et alors :} \\ \qquad j(F,x) = \inf\{\alpha \in I \mid x \notin F^{\alpha}\} < \aleph_1 . \end{cases}$$

Si $0 < i(F) < \aleph_1$, $i(F)$ n'est pas de seconde espèce car F^{α} est compact pour tout α ; donc $i(F)-1$ existe et $F^{i(F)-1}$ est fini car $\delta(F^{i(F)-1}) = F^{i(F)} = \emptyset$. Soit $n(F)$ le nombre de points de $F^{i(F)-1}$ si $0 < i(F) < \aleph_1$.

La topologie sur X étant à base dénombrable, toute suite transfinie décroissante de fermés de X est stationnaire à partir d'un ordinal dénombrable, par conséquent $F^{\aleph_1}$ est parfait. On a donc :

$$F^{\aleph_1} \neq \emptyset \Leftrightarrow F \text{ contient un parfait non vide.}$$

D'autre part, $i(F) = \aleph_1 \Leftrightarrow F^{\aleph_1} \neq \emptyset$; d'après le théorème 2, on a donc :

$$\underline{i(F) = \aleph_1 \Leftrightarrow F \text{ n'est pas dénombrable.}}$$

Si $i(F) < \aleph_1$, alors F est métrisable dénombrable et donc tout point de F admet un voisinage ouvert et fermé dans F.

Avant de démontrer le théorème principal de ce chapitre, montrons le lemme suivant :

LEMME 1. _Si_ $i(F) < \aleph_1$, _alors pour tout_ x _dans_ F _et tout ouvert compact_ $\mathcal{V}$ _de_ F _contenant_ x :

$$j(F,x) = j(\mathcal{V},x) .$$

_Si_ $x \in F^{i(F)-1}$, _alors_ $i(\mathcal{V}) = j(F,x) = i(F)$.

Démonstration : δ étant croissante, on a $j(\mathcal{V},x) \leq j(F,x)$. Montrons donc $j(\mathcal{V},x) \geq j(F,x)$ i.e. pour tout ordinal α, $x \in F^{\alpha} \Rightarrow x \in \mathcal{V}^{\alpha}$, par induction transfinie sur α.

Si $\alpha = 0$, l'implication ci-dessus est vraie.

Supposons l'implication vraie pour tout $\alpha < \beta$, β étant un ordinal non nul et montrons la pour $\alpha = \beta$.

Si β est de première espèce et $x \in F^{\beta}$, il existe une suite injective $\{x_n\}_{n \in \mathbb{N}}$ de $F^{\beta-1}$ convergente vers x .

Pour n assez grand, $x_n \in \mathcal{V}$ et d'après l'hypothèse d'induction, $x_n \in \mathcal{V}^{\beta-1}$, donc $x \in \mathcal{V}^{\beta}$.

Si β est de seconde espèce l'implication est claire.

Si $x \in F^{i(F)-1}$ alors $j(F,x) \geq i(F)$. Comme $j(F,x) \leq i(F)$, on a $j(F,x) = i(F)$.

Or $j(F,x) = j(\mathcal{V},x)$ d'après ce qui précède, donc $j(\mathcal{V},x) = i(F)$. Comme $i(\mathcal{V}) \geq j(\mathcal{V},x)$, on a $i(\mathcal{V}) \geq i(F)$ donc $i(\mathcal{V}) = i(F)$ car δ est croissante. Le lemme est donc démontré. ■

Soit $\mathcal{C}(X,X)$ l'espace topologique des applications continues de X dans X muni de la topologie de la convergence uniforme.

Le théorème suivant est une extension d'un théorème de Mazurkiewicz et Sierpinski (cf. [4]) sur la topologie des ensembles dénombrables.

THEOREME 4. $i(F) \leq i(G)$ et $[i(F) = i(G) < \aleph_1 \Rightarrow n(F) \leq n(G)]$ <u>si et seulement si</u> $\exists f$, $F \xrightarrow{\subset f} G$ <u>ou</u> $i(G) = \aleph_1$, <u>où</u> $F \xrightarrow{\subset f} G$ <u>signifie</u> $f \in \mathcal{C}(X,X)$ <u>et</u> f <u>est bijective de</u> F <u>sur une partie de</u> G .

<u>Démonstration</u> : Démontrons d'abord la condition suffisante. Si $i(G) = \aleph_1$, alors $i(F) \leq i(G)$.

Si f est un élément de $\mathcal{C}(X,X)$ et est bijective de F sur une partie de G , $f/_F$ est un homéomorphisme de F sur $f(F)$ car F est compact.

Donc les dérivées de même ordre de F et $f(F)$ sont homéomorphes et $i(F) = i(f(F)) \leq i(G)$.

Si $i(F) = i(G) < \aleph_1$, alors $i(f(F)) = i(G) < \aleph_1$ donc $G^{i(G)-1} = G^{i(f(F))-1} \supset f(F)^{i(f(F))-1}$ et le nombre de points de $G^{i(G)-1}$ majore celui de $f(F)^{i(f(F))-1}$ qui est celui de $F^{i(F)-1}$; donc $n(F) \leq n(G)$.

La condition suffisante est donc démontrée.

Démontrons maintenant la condition nécessaire par induction transfinie sur $(i(F),i(G))$.

Explicitons l'hypothèse d'induction transfinie :

si $(i(F'),i(G'))$ est strictement inférieur à $(i(F),i(G))$ suivant l'ordre lexicographique sur $I \times I$, alors $[i(F') \leq i(G')$ et $[i(F') = i(G') < \aleph_1 \Rightarrow n(F') \leq n(G')]] \Rightarrow \exists f$, $F' \xrightarrow{\subset f} G'$ ou $i(G') = \aleph_1$.

Le cas $i(F) = i(G) = 1$ est simple car F et G sont finis dans ce cas.

Avant d'utiliser l'hypothèse d'induction, on simplifie la condition :

(1) $$i(F) \leq i(G) \text{ et } [i(F) = i(G) < \aleph_1 \Rightarrow n(F) \leq n(G)]$$

en se ramenant à des cas plus simples que le cas général.

On peut supposer $i(G) < \aleph_1$ (i.e. F et G sont dénombrables).

Montrons qu'on peut supposer aussi :

$$n(F) = n(G) = 1 \text{ et } i(F) = i(G) .$$

Tout point de F a un système fondamental de voisinages ouverts et fermés dans F car F est métrisable dénombrable ; il existe donc une partition de F en $n(F)$ ouverts compacts de F contenant chacun un point de $F^{i(F)-1}$ et un seul.

Soit $\{\mathcal{U}_p\}_{1 \leq p \leq n(F)}$ la suite finie de ces fermés.

Pour p fixé, si x_p est l'unique point de $\mathcal{U}_p \cap F^{i(F)-1}$ on a, d'après le lemme 1 :

$$j(\mathcal{U}_p, x_p) = j(F, x_p) = i(F) = i(\mathcal{U}_p) .$$

Comme $j(\mathcal{U}_p, x_p) = i(\mathcal{U}_p)$, on a $x_p \in \mathcal{U}_p^{i(\mathcal{U}_p)-1}$ et donc $\{x_p\} = \mathcal{U}_p^{i(\mathcal{U}_p)-1}$ car $i(\mathcal{U}_p) = i(F)$.

D'où $i(\mathcal{U}_p) = i(F)$ et $n(\mathcal{U}_p) = 1$.

D'autre part, d'après (1) : $i(F) \leq i(G)$, donc $G^{i(F)-1} \neq \emptyset$.

Donc $G^{i(F)-1} - G^{i(F)}$ a $n(G)$ points si $i(F) = i(G)$ et dans ce cas $n(F) \leq n(G)$ d'après (1), et une infinité de points si $i(F) < i(G)$.

Donc $G^{i(F)-1} - G^{i(F)}$ a toujours au moins $n(F)$ points.

Soit $\{y_p\}_{1 \leq p \leq n(F)}$ une suite de points distincts de $G^{i(F)-1} - G^{i(F)}$.

Pour p fixé, il existe un ouvert compact $\mathcal{V}_p$ de G tel que :

$$y_p \in \mathcal{V}_p \quad \text{et} \quad \mathcal{V}_p \cap G^{i(F)} = \emptyset ,$$

car $y_p \notin G^{i(F)}$ et G est normal et métrisable dénombrable.

$\mathcal{V}_p$ ne contient que des points isolés de $G^{i(F)-1}$ car $\mathcal{V}_p \cap G^{i(F)} = \emptyset$; on peut donc supposer que y_p est le seul point commun à $\mathcal{V}_p$ et $G^{i(F)-1}$ et que les $\mathcal{V}_p$ sont disjoints.

Montrons alors $i(\mathcal{V}_p) = i(F)$ et $n(\mathcal{V}_p) = 1$. On a :

$$j(\mathcal{V}_p, y_p) = j(G, y_p)$$

d'après le lemme 1 et :

$$j(G, y_p) = i(F) \quad \text{car} \quad y_p \in G^{i(F)-1} - G^{i(F)} .$$

Donc $j(\mathcal{V}_p, y_p) = i(F)$ et comme $i(\mathcal{V}_p) \geq j(\mathcal{V}_p, y_p)$ on a $i(\mathcal{V}_p) \geq i(F)$. Mais $\mathcal{V}_p \cap G^{i(F)} = \emptyset$, donc $i(\mathcal{V}_p) \leq i(F)$. On a donc $i(\mathcal{V}_p) = i(F)$.

Puisque $i(\mathcal{V}_p) = j(\mathcal{V}_p, y_p)$, on a $y_p \in \mathcal{V}_p^{i(\mathcal{V}_p)-1}$ et donc $\{y_p\} = \mathcal{V}_p^{i(\mathcal{V}_p)-1}$ car $i(\mathcal{V}_p) = i(F)$.

On a donc $n(\mathcal{V}_p) = 1$.

On obtient finalement :

$$i(\mathcal{U}_p) = i(F) = i(\mathcal{V}_p) \quad \text{et} \quad n(\mathcal{U}_p) = 1 = n(\mathcal{V}_p) .$$

Donc si on suppose démontrée la condition nécessaire $(1) \Rightarrow \exists f, F \overset{f}{\hookrightarrow} G$ dans le cas $i(F) = i(G) < \aleph_1$ et $n(F) = n(G) = 1$, on a :

$$\exists f_p : \mathcal{U}_p \overset{f_p}{\hookrightarrow} \mathcal{V}_p .$$

Soit f la fonction définie sur F par $f/\mathcal{U}_p = f_p/\mathcal{U}_p$. Les $\mathcal{U}_p$ formant une partition d'ouverts de F, f est continue sur F et bijective de F sur une partie de G .

Soit $\bar{f}$ un élément de $C(X,X)$ qui prolonge f sur X (Théorème de Tietze) ; alors :

$$F \overset{\bar{f}}{\hookrightarrow} G .$$

On peut donc supposer $\underline{i(F) = i(G) < \aleph_1}$ et $\underline{n(F) = n(G) = 1}$.

Soit $F^{i(F)-1} = \{x\}$ et $G^{i(G)-1} = \{y\}$.

On va écrire (comme dans [4]) $F - \{x\}$ comme réunion d'une suite $\{F_n\}_{n \in \mathbb{N}}$ d'ouverts compacts disjoints de F et $G - \{y\}$ comme réunion d'une suite $\{G_n\}_{n \in \mathbb{N}}$ d'ouverts compacts disjoints de G telles que, pour tout n :

$$i(F_n) < i(F) \ , \ i(G_n) < i(G) \quad \text{et} \quad i(F_n) \leq i(G_n)$$

et $d_o(F_n)_{n \to \infty} \to 0$, $d_o(G_n)_{n \to \infty} \to 0$, où d_o est l'application diamètre sur $K(X)$, et appliquer l'hypothèse d'induction transfinie.

Distinguons deux cas :

Premier cas :

$\underline{i(F) - 1 \text{ est de seconde espèce.}}$

Soit $\{\mathcal{U}_n\}_{n \in \mathbb{N}}$ une suite décroissante de voisinages ouverts et compacts de x dans F telle que $d_o(\mathcal{U}_n) < \frac{1}{n}$ si $n \neq 0$ et $\mathcal{U}_0 = F$.

Pour tout n , il existe un ordinal α_n tel que $\alpha_n < i(F) - 1$ et $\mathcal{U}_n \supset F^{\alpha_n}$ car $\mathcal{U}_n$ contient $\{x\} = \bigcap_{\alpha < i(F)-1} F^{\alpha}$ et F est compact.

Puisque $i(F) - 1$ est de seconde espèce, on peut supposer la suite $\{\alpha_n\}_{n \in \mathbb{N}}$ strictement croissante et $\alpha_0 = 0$.

Pour n fixé, soit x_n tel que :

$$j(F, x_n) = \alpha_n + 1 \quad \text{i.e.} \quad x_n \in F^{\alpha_n} - F^{\alpha_n + 1} .$$

Comme $x_n \notin F^{\alpha_n + 1}$, il existe un ouvert compact $\mathcal{U}'_n$ de F tel que :

$$F^{\alpha_n + 1} \subset \mathcal{U}'_n \quad \text{et} \quad x_n \notin \mathcal{U}'_n .$$

On peut supposer $\mathcal{U}'_n \subset \mathcal{U}_n$ puisque $F^{\alpha_n+1} \subset \mathcal{U}_n$ et les $\mathcal{U}'_n$ décroissants car les F^{α_n+1} sont décroissants.

Posons $\mathcal{V}_o = \mathcal{U}'^{c}_o \cap F$ et $\mathcal{V}_{n+1} = \mathcal{U}'_n - \mathcal{U}'_{n+1}$.

Montrons que $i(\mathcal{V}_n) = \alpha_n+1$.

Pour cela, montrons d'abord $x_n \in \mathcal{V}_n$. On a $x_{n+1} \in F^{\alpha_n+1} \subset \mathcal{U}'_n$ donc $x_{n+1} \in \mathcal{U}'_n$ et $x_{n+1} \notin \mathcal{U}'_{n+1}$, donc $x_{n+1} \in \mathcal{V}_{n+1}$ et enfin $x_o \notin \mathcal{U}'_o$ donc $x_o \in \mathcal{V}_o$. On a donc $x_n \in \mathcal{V}_n$.

Montrons maintenant $i(\mathcal{V}_n) = \alpha_n + 1$.

Comme $x_n \in \mathcal{V}_n$, on a :

$$j(\mathcal{V}_n, x_n) = j(F, x_n) = \alpha_n+1 ,$$

d'après le lemme 1 ($\mathcal{V}_n$ est ouvert fermé de F).

Donc $i(\mathcal{V}_n) \geq j(\mathcal{V}_n, x_n) = \alpha_n+1$. D'autre part $\mathcal{V}_n \cap \mathcal{U}'_n = \emptyset$; comme $F^{\alpha_n+1} \subset \mathcal{U}'_n$, on a $\mathcal{V}_n \cap F^{\alpha_n+1} = \emptyset$.

Donc $\mathcal{V}_n^{\alpha_n+1} \subset \mathcal{V}_n \cap F^{\alpha_n+1} = \emptyset$, et $i(\mathcal{V}_n) \leq \alpha_n+1$.

On obtient donc l'égalité $i(\mathcal{V}_n) = \alpha_n+1$. On a alors :

$$\begin{cases} F - \{x\} = \bigcup\limits_n \mathcal{V}_n \quad (\text{car } \{x\} = \bigcap\limits_n \mathcal{U}'_n) \\ \mathcal{V}_n \cap \mathcal{V}_m = \emptyset \text{ si } n \neq m \text{ et :} \\ i(\mathcal{V}_n) = \alpha_n+1 < i(F)-1 . \end{cases}$$

De même, on trouve une suite $\{\mathcal{V}'_n\}_{n \in \mathbb{N}}$ d'ouverts compacts de G telle que :

$$\begin{cases} G - \{y\} = \bigcup\limits_n \mathcal{V}'_n \\ \mathcal{V}'_n \cap \mathcal{V}'_m = \emptyset \text{ si } n \neq m \text{ et :} \\ \alpha_n+2 \leq i(\mathcal{V}'_n) < i(G)-1 . \end{cases}$$

Utilisant maintenant l'hypothèse d'induction transfinie, on en déduit :

$$\exists f_n , \mathcal{V}_n \xrightarrow{f_n} \mathcal{V}'_n .$$

Soit f la fonction définie sur F par :

$$f/\mathcal{V}_n = f_n/\mathcal{V}_n \quad \text{et} \quad f(x) = y \; .$$

Alors f est bijective de F sur $f(F) \subset G$ et continue sur chaque $\mathcal{V}_n$ donc continue sur $F - \{x\}$ car $\mathcal{V}_n$ est ouvert dans F.

Voyons si f est continue en x.

Considérons une suite injective $\{x_n\}_{n \in \mathbb{N}}$ de F convergente vers x. Si une sous-suite de la suite $\{f(x_n)\}_{n \in \mathbb{N}}$ convergeait vers un point autre que y, ce point serait dans un $\mathcal{V}'_n$ et donc tous les points de la sous-suite à partir d'un rang m aussi ; il en serait donc de même de la suite $\{x_n\}_{n \in \mathbb{N}}$ et de l'ouvert $\mathcal{V}_n$ et ceci est impossible.

Donc la suite $\{f(x_n)\}_{n \in \mathbb{N}}$ converge vers $y = f(x)$ et f est continue en x.

Soit $\bar{f}$ un élément de $C(X, X)$ prolongeant f sur X ; on a

$$F \overset{\bar{f}}{\hookrightarrow} G$$

Donc $\exists f$, $F \overset{f}{\hookrightarrow} G$.

<u>Deuxième cas</u> :

<u>$i(F) - 1$ est de première espèce.</u>

On peut supposer aussi $i(F) \neq 1$ car sinon on est dans le cas simple où F n'a qu'un nombre fini de points.

Alors $F^{i(F)-2}$ est constitué des points d'une suite injective $\{x_n\}_{n \in \mathbb{N}}$ convergente vers x.

Soit $\{\mathcal{U}_n\}_{n \in \mathbb{N}}$ une suite décroissante de voisinages ouverts et compacts de x dans F telle que $d_0(\mathcal{U}_n) < \frac{1}{n}$ si $n \neq 0$.

Pour n fixé, les ouverts de F : $\mathcal{U}_n - \mathcal{U}_{n+1}$ et $\mathcal{U}_0^c \cap F$ ne contiennent pas plus d'un nombre fini de points de la suite $\{x_n\}_{n \in \mathbb{N}}$. Il existe donc une suite décroissante $\{\mathcal{U}'_n\}_{n \in \mathbb{N}}$ d'ouverts compacts dans F contenant x telle que $\mathcal{U}'^c_0 \cap F$ et $\mathcal{U}'_n - \mathcal{U}'_{n+1}$ contiennent un point de la suite $\{x_n\}_{n \in \mathbb{N}}$ et un seul, et

$d_o(\mathcal{U}'_n) < \varepsilon_n$, où $\{\varepsilon_n\}_{n\in\mathbb{N}}$ est une suite décroissante de réels tendant vers 0.

Soit $\mathcal{V}_{n+1} = \mathcal{U}'_n - \mathcal{U}'_{n+1}$ et $\mathcal{V}_o = \mathcal{U}'^{\,c}_o \cap F$.

Montrons que $i(\mathcal{V}_n) = i(F)-1$.

Soit x'_n l'unique point de $\mathcal{V}_n \cap F^{i(F)-2}$. On a :

$$j(F,x'_n) = i(F)-1 \quad \text{car} \quad x'_n \in F^{i(F)-2} - F^{i(F)-1}$$

et $i(\mathcal{V}_n) \geq j(\mathcal{V}_n, x'_n) = j(F,x'_n)$ (lemme 1).

Donc $i(\mathcal{V}_n) \geq i(F)-1$ et d'autre part $i(\mathcal{V}_n) < i(F)$ car si on avait $i(\mathcal{V}_n) = i(F)$, $\mathcal{V}_n$ contiendrait une infinité de points de $F^{i(F)-2}$ et donc x, ce qui est exclus.

On a alors $i(\mathcal{V}_n) = i(F)-1$, et :

$$\begin{cases} F - \{x\} = \bigcup\limits_n \mathcal{V}_n \\ \mathcal{V}_n \cap \mathcal{V}_m = \emptyset \quad \text{si} \quad n \neq m \\ i(\mathcal{V}_n) = i(F)-1 . \end{cases}$$

On obtient en outre $n(\mathcal{V}_n) = 1$ comme dans le premier cas en montrant $\{x'_n\} = \mathcal{V}_n^{i(\mathcal{V}_n)-1}$. On obtient de même l'existence d'une suite $\{\mathcal{V}'_n\}_{n\in\mathbb{N}}$ d'ouverts compacts de G telle que :

$$\begin{cases} G - \{y\} = \bigcup\limits_n \mathcal{V}'_n \\ \mathcal{V}'_n \cap \mathcal{V}'_m = \emptyset \quad \text{si} \quad n \neq m \\ i(\mathcal{V}'_n) = i(G)-1 \\ n(\mathcal{V}'_n) = 1 . \end{cases}$$

Utilisant l'hypothèse d'induction transfinie, on obtient :

$$\exists\, f_n , \; \mathcal{V}_n \overset{f_n}{\hookrightarrow} \mathcal{V}'_n$$

et on peut alors visiblement conclure comme dans le premier cas :

$$\exists f : F \overset{f}{\hookrightarrow} G .$$

Le théorème est donc démontré. ∎

III. ANALYCITE DE L'INDICE i .

Montrons maintenant le lemme suivant :

LEMME 2. L'ensemble $\mathfrak{G} = \{(F,G) \in \mathcal{K}(X) \times \mathcal{K}(X) \mid \exists f ,\ F \overset{f}{\hookrightarrow} G\}$ est souslinien pour la topologie produit sur $\mathcal{K}(X) \times \mathcal{K}(X)$.

Démonstration : Si $f/_F$ est un homéomorphisme de F sur $f(F)$ alors $(f/_F)^{-1}$ existe et est prolongeable en une application g , élément de $\mathcal{C}(X,X)$. Donc si I est l'application identité de X :

$$\exists f ,\ F \overset{f}{\hookrightarrow} G \Leftrightarrow \exists f ,\ \exists g ,\ f(F) \subset G \text{ et } g\circ f/_F = I/_F .$$

Pour h dans $\mathcal{C}(X,X)$, soit $I_h = \{x \in X \mid h(x) = x\}$.

Alors $\exists f ,\ F \overset{f}{\hookrightarrow} G \Leftrightarrow \exists f ,\ \exists g ,\ f(F) \subset G$ et $F \subset I_{g\circ f}$. $\mathfrak{G}$ est la projection en f et g de :

$$\mathfrak{B} = \{(F,G,f,g) \in \mathcal{K}(X) \times \mathcal{K}(X) \times \mathcal{C}(X,X) \times \mathcal{C}(X,X) \mid f(F) \subset G \text{ et } F \subset I_{g\circ f}\} .$$

X étant complet, $\mathcal{C}(X,X)$ est complet. X étant compact, $\mathcal{C}(X,X)$ est séparable, donc polonais.

Il suffit donc de montrer que $\mathfrak{B}$ est souslinien.

Montrons que $\mathfrak{B}$ est borélien. L'ensemble $\{(F,F') \in \mathcal{K}(X) \times \mathcal{K}(X) \mid F \subset F'\}$ étant compact, il suffit de montrer que les applications :

$$(f,F) \in \mathcal{C}(X,X) \times \mathcal{K}(X) \to f(F) \in \mathcal{K}(X)$$

et $(f,g) \in \mathcal{C}(X,X) \times \mathcal{C}(X,X) \to I_{g\circ f} \in \mathcal{K}(X)$ sont boréliennes.

Les applications :

$$f \in \mathcal{C}(X,X) \to f(F) \in \mathcal{K}(X) \quad (F \text{ fixé})$$

et

$$F \in \mathcal{K}(X) \to f(F) \in \mathcal{K}(X) \qquad (f \text{ fixé})$$

sont continues.

Donc l'application :

$$(f,F) \in \mathcal{C}(X,X) \times \mathcal{K}(X) \to f(F) \in \mathcal{K}(X)$$

est borélienne. De même, l'application

$$(f,g) \in \mathcal{C}(X,X) \times \mathcal{C}(X,X) \to g \circ f \in \mathcal{C}(X,X)$$

est borélienne car ses applications partielles sont continues.

Montrons que l'application :

$$h \in \mathcal{C}(X,X) \to I_h \in \mathcal{K}(X)$$

est borélienne.

L'application :

$$h \in \mathcal{C}(X,X) \to \bar{h} \in \mathcal{C}(X,X^2)$$

où $\bar{h} = (h,I)$ et $\mathcal{C}(X,X^2)$ est l'espace topologique des applications continues de X dans X^2, est continue, et $I_h = \bar{h}^{-1}(\Delta)$ où Δ est la diagonale de $X \times X$.

Pour montrer le lemme, il suffit donc de montrer que l'ensemble :

$$\mathcal{B} = \{\ell \in \mathcal{C}(X,X^2) \mid \ell^{-1}(\Delta) \cap \mathcal{U} \neq \emptyset\} ,$$

où $\mathcal{U}$ est un ouvert de X, est borélien.

$\mathcal{U}$ est réunion dénombrable de compacts :

$$\mathcal{U} = \bigcup_n K_n ,$$

où K_n est compact pour tout n. Comme :

$$\ell^{-1}(\Delta) \cap \mathcal{U} \neq \emptyset \Leftrightarrow \exists\, n ,\ \ell^{-1}(\Delta) \cap K_n \neq \emptyset \Leftrightarrow \exists\, n ,\ \Delta \cap \ell(K_n) \neq \emptyset$$

et que l'application $\ell \in \mathcal{C}(X,X^2) \to \ell(K_n) \in \mathcal{K}(X \times X)$ est continue, $\mathcal{B}$ est borélien car l'ensemble $\{F \in \mathcal{K}(X \times X) | F \cap \Delta \neq \emptyset\}$ est compact.

Donc $\mathcal{B}$ est borélien et le lemme est démontré. ■

Montrons maintenant le théorème suivant :

THEOREME 5. <u>L'ensemble</u> $\mathcal{E} = \{(F,G) \in \mathcal{K}(X) \times \mathcal{K}(X) | i(F) \leq i(G)\}$ <u>est souslinien.</u>

<u>Démonstration</u> : On sait que l'ensemble $\mathcal{C} = \{G \in \mathcal{K}(X) | i(G) = \aleph_1\}$ est souslinien d'après le théorème 3.

Donc l'ensemble $\{(F,G) \in \mathcal{K}(X) \times \mathcal{K}(X) | \exists f , F \overset{f}{\hookrightarrow} G \text{ où } i(G) = \aleph_1\}$ est souslinien d'après le lemme 2.

D'après le théorème 4, l'ensemble :

$$\mathcal{G}' = \{(F,G) \in \mathcal{K}(X) \times \mathcal{K}(X) | i(F) \leq i(G) \text{ et } [i(F) = i(G) < \aleph_1 \Rightarrow n(F) \leq n(G)]\}$$

est souslinien.

On a vu que si $i(G) < \aleph_1$, alors il existe une partition de F en $n(F)$ ouverts fermés F_p de F $(1 \leq p \leq n(F))$ telle que $i(F_p) = i(F)$ et $n(F_p) = 1$.

Donc $i(F) \leq i(G) \Rightarrow (F_p,G) \in \mathcal{G}'$ pour tout p, si $i(G) < \aleph_1$. Donc aussi :

$$i(F) \leq i(G) \Rightarrow \exists_n , \exists F_1, \ldots, \exists F_n , F = \bigcup_{1 \leq p \leq n} F_p \text{ et } (F_p,G) \in \mathcal{G}'$$

pour tout p et $F_p \cap F_q = \emptyset$ si $p \neq q$.

Montrons l'implication réciproque de l'implication ci-dessus.

Si $F = \bigcup_{1 \leq p \leq n} F_p$ et $F_p \cap F_q = \emptyset$ si $p \neq q$, on a $i(F) = \sup_{1 \leq p \leq n} i(F_p)$ car les F_p sont ouverts dans F ; donc $i(F) \leq i(G)$ si $(F_p,G) \in \mathcal{G}'$ pour tout p.

On a donc :

$$i(F) \leq i(G) \Leftrightarrow \exists n , \exists F_1, \ldots, \exists F_n , F = \bigcup_{1 \leq p \leq n} F_p \text{ et } (F_p,G) \in \mathcal{G}'$$

pour tout p et $F_p \cap F_q = \emptyset$ si $p \neq q$.

Comme les opérations intersection et réunion dans $\mathcal{K}(X)$ sont boréliennes, on voit que $\mathcal{E}$ est souslinien comme réunion dénombrable de projections d'ensembles sousliniens et le théorème est démontré. ■

COROLLAIRE. <u>Soit</u> $\mathcal{S}$ <u>un sous-ensemble de</u> $\mathcal{K}(X)$ <u>dont tous les éléments sont des compacts dénombrables. Si</u> $\mathcal{S}$ <u>est souslinien, alors il existe un ordinal dnéombrable</u> α <u>tel que</u> $\forall F$, $F \in \mathcal{S} \Rightarrow i(F) \leq \alpha$ ($\mathcal{S}$ <u>est dit borné pour</u> i <u>s'il vérifie cette condition</u>).

<u>Démonstration</u> : Raisonnons par l'absurde.

Supposons $\mathcal{S}$ non borné pour i . On a alors $F \in \mathcal{C}^c \Leftrightarrow \exists G$, $G \in \mathcal{S}$ et $i(F) \leq i(G)$ où $\mathcal{C}$ est l'ensemble des compacts non dénombrables.

D'après le théorème 5, $\mathcal{C}^c$ est souslinien tandis que d'après le théorème 3, $\mathcal{C}^c$ n'est pas souslinien.

D'où une contradiction. ∎

Démontrons maintenant que i est une norme coanalytique.

THEOREME 6. i <u>est une norme coanalytique i.e. les relations sur</u> $\mathcal{K}(X)$:

$$\begin{cases} F \in \mathcal{C}^c \ \underline{\text{et}} \ i(F) \leq i(G) & (1) \\ F \in \mathcal{C}^c \ \underline{\text{et}} \ i(F) < i(G) & (2) \end{cases}$$

<u>sont coanalytiques</u>.

<u>Démonstration</u> : Montrons d'abord que la relation (2) est coanalytique, c'est-à-dire que la relation de préordre sur $\mathcal{K}(X)$:

$$i(F) \leq i(G) ,$$

est analytique.

L'ensemble $\{(F,G) \in \mathcal{K}(X) \times \mathcal{K}(X) \mid i(F) \leq i(G)\}$ est souslinien d'après le théorème 5. Donc la relation (2) est coanalytique.

Montrons maintenant que la relation (1) est coanalytique, c'est-à-dire que la relation sur $\mathcal{K}(X)$:

$$i(F) < i(G) \ \text{ ou } \ G \in \mathcal{C} ,$$

est analytique.

Or $i(F) < i(G)$ ou $G \in \mathcal{C} \Leftrightarrow i(F)+1 \leq i(G) < \aleph_1$ ou $G \in \mathcal{C}$.

Comme la relation (2) est coanalytique, il suffit de construire une application borélienne φ de $\mathcal{K}(X)$ dans $\mathcal{K}(X)$ telle que :

$$i(\varphi(F)) = i(F)+1 \quad \text{si} \quad i(F) < \aleph_1 .$$

Soit x un point quelconque de X et, pour tout n, $\mathcal{U}_n$ la boule ouverte de centre x et de rayon $\frac{1}{n}$.

Pour n fixé, soit $\mathcal{V}_n = \mathcal{U}_n - \mathcal{U}_{n+1}$.

Soit f_n un homéomorphisme de X sur une partie de $\mathring{\mathcal{V}}_n$; d'après le théorème 4, on a $i(f_n(F)) = i(F)$.

Montrons que l'ensemble $\varphi(F) = (\bigcup_n f_n(F)) \cup \{x\}$ est fermé.

Soit $\{y_n\}_{n \in \mathbb{N}}$ une suite injective de points de cet ensemble convergente vers un point y. Si une infinité de points y_n se trouve dans un $f_n(F)$ alors $y \in f_n(F) \subset \mathring{\mathcal{V}}_n$. On peut donc supposer $y_n \in f_n(F)$; mais dans ce cas $d(y_n, x) < \frac{1}{n}$, donc $x = y$.

Montrons que φ est borélienne. L'ensemble $\{F \in \mathcal{K}(X) \mid (\bigcup_n f_n(F)) \cup \{x\} \cap \mathcal{U} \neq \emptyset\}$ où $\mathcal{U}$ est un ouvert de X est égal à l'ensemble $\{F \in \mathcal{K}(X) \mid \exists\, n, f_n(F) \cap \mathcal{U} \neq 0\}$. Il suffit donc de montrer que l'ensemble :

$$\{F \in \mathcal{K}(X) \mid f_n(F) \cap \mathcal{U} \neq \emptyset\}$$

est borélien, pour n fixé ; l'application $F \in \mathcal{K}(X) \to f_n(F) \in \mathcal{K}(X)$ étant continue, cet ensemble est borélien, donc φ est borélienne.

On voit enfin de façon simple que :

$$\text{si} \quad i(F) < \aleph_1 \quad \text{alors} \quad \varphi(F)^{i(F)} = \{x\} \quad \text{et donc} \quad i(\varphi(F)) = i(F)+1 .$$

Le théorème est donc démontré. ∎

Remarque : Il est possible d'établir les théorèmes 4 et 5 et le corollaire dans le cas où F est un fermé de l'espace métrisable compact de Cantor $\{0,1\}^{\mathbb{N}}$ et G un fermé d'un espace polonais, mais il n'est pas possible, par contre, de les établir dans le cas où F et G sont des fermés d'un même espace polonais.

Pour terminer ce chapitre, on va donner la notion de dérivation définie par C. Dellacherie dans [2] et qui généralise celle de Cantor (nous l'utiliserons au Chapitre II).

Soit E un espace polonais (ou souslinien) muni d'une relation d'ordre analytique $\leq$ telle qu'il existe un plus petit élément noté ϕ et que toute suite décroissante ait une borne inférieure. Une application δ de E dans E est une dérivation si :

$$\delta(x) \leq x \quad \text{pour tout} \quad x \text{ , et} \quad x \leq y \Rightarrow \delta(x) \leq \delta(y) \quad \text{pour tout} \quad x \quad \text{et} \quad y \text{ .}$$

Une dérivation δ est analytique si :
la relation d'ordre R définie par :

$$xRy \Leftrightarrow y \neq \phi \quad \text{et} \quad y \leq \delta(x) \text{ ,}$$

est analytique.

On définit alors pour tout x la suite transfinie $(x^i)_{i \in I}$ des dérivés de x de la façon suivante :

$$x^o = x \quad \text{et} \quad x^j = \inf_{i<j} (\delta(x^i)) \text{ .}$$

On définit aussi l'indice $j(x)$ de x de la façon suivante :

$$j(x) = \begin{cases} \inf\{i \in I \mid x^i = \phi\} & \text{si} \quad \{i \in I \mid x^i = \phi\} \neq \phi \\ \aleph_1 & \text{sinon.} \end{cases}$$

pour tout x .

On a alors le théorème suivant (cf. [2]) :

THEOREME. <u>Si</u> A <u>est un ensemble analytique inclus dans l'ensemble</u> $\{x \in E \mid j(x) < \aleph_1\}$ <u>alors</u> $\sup_{x \in A} j(x) < \aleph_1$.

CHAPITRE II

Les théorèmes de Lusin et Saint-Raymond

Le corollaire du théorème 5 du Chapitre I, une fois établi dans le cas des espaces polonais, permet de démontrer le théorème de Lusin sur les lusiniens à coupes dénombrables ; le théorème de la borne permet en plus d'établir les deux théorèmes de Lusin et Saint-Raymond déjà cités. C'est ce que nous allons montrer.

I. THEOREME DE LUSIN.

Notations :

Soit E et F deux espaces métrisables compacts et H un sous-ensemble de $E \times F$.

Soit π_1 la projection de $E \times F$ sur E et π_2 la projection de $E \times F$ sur F. On appellera coupe de H suivant un élément y de F l'ensemble $\pi_1(H \cap E \times \{y\})$ et section de H par y l'ensemble $H \cap E \times \{y\}$.

Rappelons le théorème suivant de Novikov que nous utiliserons plusieurs fois :

THEOREME (Novikov). Soit $\{A_n\}_{n \in \mathbb{N}}$ une suite de sous-ensembles analytiques de E telle que $\bigcap_n A_n = \emptyset$. Alors il existe une suite $\{B_n\}_{n \in \mathbb{N}}$ de sous-ensembles boréliens de E telle que $\bigcap_n B_n = \emptyset$ et $A_n \subset B_n$ pour tout n.

Enonçons et montrons le théorème de Lusin.

THEOREME. Si H est analytique à coupes dénombrables, alors H est réunion dénombrable de graphes analytiques (analytiques dont les coupes non vides sont réduites à un point).

Démonstration : Il existe un espace métrisable compact G et un espace polonais H' de $E \times F \times G$ tel que H soit l'image de H' par la projection π de $E \times F \times G$

sur $E \times F$.

Chaque section de H' suivant un y dans F (l'ensemble $H' \cap E \times \{y\} \times G$) est un fermé de H' donc un espace polonais. La section de H suivant y en est l'image par π et, si elle n'est pas vide, est réunion des points d'une suite $\{x_n\}_{n \in \mathbb{N}}$. Soit π_y la restriction de π à $H' \cap E \times \{y\} \times G \neq \phi$. On a $H' \cap E \times \{y\} \times G = \bigcup_n \pi_y^{-1}(x_n)$; comme $H' \cap E \times \{y\} \times G$ est un espace de Baire, un des fermés $\pi_y^{-1}(x_n)$ est d'intérieur non vide et donc il existe un ouvert $\mathcal{U}$ non vide de $H' \cap E \times \{y\} \times G$ tel que $\pi(\mathcal{U})$ soit réduit à un point.

A partir de ce fait, nous allons définir une dérivation δ sur les fermés de H' . On aura :

$$\delta(P) = P - (\underset{\overline{\pi(\mathcal{U})} \in \mathcal{K}_1}{\bigcup} \mathcal{U})$$

si P est un fermé de H' , où $\mathcal{K}_1$ désigne l'ensemble des compacts de $E \times F$ réduits à un point et $\mathcal{U}$ un ouvert de P (l'écriture $\overline{\pi(\mathcal{U})}$ plutôt que $\pi(\mathcal{U})$ est pour la commodité de la démonstration).

Soit $\mathfrak{F}(H')$ l'espace des fermés de H' muni de la topologie d'Effros adaptée convenable. $\mathfrak{F}(H')$ est polonais.

Montrons que l'ensemble :

$$\mathcal{G} = \{(P,P') \in \mathfrak{F}(H') \times \mathfrak{F}(H') \mid P' \subset \delta(P)\}$$

est souslinien.

Soit $\{\mathcal{U}_n\}_{n \in \mathbb{N}}$ une base d'ouverts pour la topologie de $E \times F \times G$. On a l'équivalence :

$$z \in P - \delta(P) \Leftrightarrow z \in P \text{ et } \exists\, n,\, z \in \mathcal{U}_n \text{ et } \overline{\pi(\mathcal{U}_n \cap P)} \in \mathcal{K}_1 .$$

On a donc :

$$\delta(P) = \{z \in E \times F \times G \mid z \in P \text{ et } \forall\, n,\, z \in \mathcal{U}_n \Rightarrow \overline{\pi(\mathcal{U}_n \cap P)} \notin \mathcal{K}_1\} .$$

La relation $P' \subset \delta(P)$ est équivalente à :

$$\forall\, n\ [\mathcal{U}_n \cap P' \neq \phi \Rightarrow \mathcal{U}_n \cap \delta(P) \neq \phi]$$

donc à :

$$\forall n\ [\mathcal{U}_n \cap P' \neq \emptyset \Rightarrow \{\exists z\,,\ z \in \mathcal{U}_n \text{ et } z \in P \text{ et } \forall m\ [z \in \mathcal{U}_m \Rightarrow \overline{\pi(\mathcal{U}_m \cap P)} \notin \mathcal{H}_1]\}]\ .$$

L'ensemble :

$$\{P' \in \mathfrak{F}(H') \mid P' \cap \mathcal{U}_n \neq \emptyset\} = \{P' \in \mathfrak{F}(H') \mid \bar{P}' \cap \mathcal{U}_n \neq \emptyset\}$$

est ouvert pour n fixé ($\bar{P}'$ désigne ici l'adhérence de P' dans $E \times F \times G$).

L'ensemble :

$$\{(z,P) \in (E \times F \times G) \times \mathfrak{F}(H') \mid z \in P\} = \{(z,P) \in (E \times F \times G) \times \mathfrak{F}(H') \mid z \in H' \text{ et } z \in \bar{P}\}$$

est borélien. On a $\overline{\pi(\mathcal{U}_m \cap P)} = \pi(\overline{\mathcal{U}_m \cap P})$ par compacité, pour tout m .

L'application :

$$P \in \mathfrak{F}(H') \to \overline{P \cap \mathcal{U}_m} \in \mathcal{K}(E \times F \times G)$$

est borélienne pour m fixé, car :

$$\overline{P \cap \mathcal{U}_m} \cap \mathcal{U} \neq \emptyset \Leftrightarrow \bar{P} \cap \mathcal{U}_m \cap \mathcal{U} \neq \emptyset\ .$$

Enfin $\mathcal{H}_1$ est un fermé de $\mathcal{K}(E \times F)$ et l'application $K \in \mathcal{K}(E \times F \times G) \to \pi(K) \in \mathcal{K}(E \times F)$ est continue.

On voit donc que $\mathcal{G}$ est souslinien, c'est-à-dire : δ est une dérivation analytique.

L'ensemble des sections de H' est un sous-ensemble de l'ensemble $\mathcal{S}$ des fermés de H' qui se projettent sur F en un point ; $\mathcal{S} = \{P \in \mathfrak{F}(H') \mid \overline{\pi_2(\pi(P))}$ est réduit à un point$\}$.

On vérifie aisément que $\mathcal{S}$ est borélien ; d'autre part, tout élément P de $\mathcal{S}$ est tel que $i(P) < \aleph_1$ si i est l'indice attaché à la dérivation δ (défini à la fin du chapitre I), puisque $P \in \mathcal{S} \Rightarrow P$ est inclus dans une section de H' et $i(H' \cap E \times \{y\} \times G) < \aleph_1$ pour tout y , car $H \cap E \times \{y\}$ est dénombrable pour tout y .

Utilisant le théorème de la borne, on en déduit :

$$\sup_{P \in \mathcal{S}} i(P) < \aleph_1\ .$$

Donc $\sup_y i(H' \cap E \times \{y\} \times G) < \aleph_1$.

Si L est un sous-ensemble de H' à sections fermées dans H' , désignons par $\delta'(L)$ le sous-ensemble de L défini par :

la section de $\delta'(L)$ suivant tout y dans F est le dérivé de la section de L suivant y , i.e. :

$$\delta'(L) \cap E \times \{y\} \times G = \delta(L \cap E \times \{y\} \times G)$$

pour tout y . Pour tout ordinal α on définit un ensemble H'^{α} par induction transfinie de la façon suivante :

$$H'^{0} = H' \ ; \ H'^{\alpha+1} = \delta'(H'^{\alpha}) \quad \text{et} \quad H'^{\gamma} = \bigcap_{\alpha<\gamma} H'^{\alpha}$$

si γ est un ordinal de seconde espèce.

D'après ce qui précède, on a :

$$\left\{ \begin{array}{l} H'^{\alpha_0} = \emptyset \quad \text{si} \quad \alpha_0 = \sup_y i(H' \cap E \times \{y\} \times G) \\ \\ \text{et} \quad \alpha_0 \quad \text{est dénombrable.} \end{array} \right.$$

On définit aussi pour tout α un ensemble $\mathcal{S}^{\alpha}$ par induction transfinie de la façon suivante :

$$\mathcal{S}^{0} = \mathcal{S} \ ; \ \mathcal{S}^{\alpha+1} = \{P' \in \mathcal{F}(H') \mid \exists\, P ,\, P \in \mathcal{S}^{\alpha} \ \text{ et } \ P' \subset \delta(P)\}$$

et $\mathcal{S}^{\gamma} = \bigcap_{\alpha<\gamma} \mathcal{S}^{\alpha}$ si γ est un ordinal de seconde espèce.

On vérifie facilement que pour α fixé, $\mathcal{S}^{\alpha}$ est l'ensemble des fermés de H' inclus dans une section de H'^{α} .

On vérifie aussi que $\mathcal{S}^{\alpha}$ est souslinien, car δ est analytique.

Enfin H'^{α} est souslinien, car on a l'équivalence suivante :

$$(x,y,z) \in H'^{\alpha} \Leftrightarrow \exists\, F ,\, F \in \mathcal{S}^{\alpha} \ \text{ et } \ (x,y,z) \in F \ .$$

La fin de la démonstration s'inspire de J. Saint-Raymond [5].

Pour α fixé, on a :

$$H'^{\alpha} - H'^{\alpha+1} = \{(x,y,z) \in E \times F \times G \mid (x,y,z) \in H'^{\alpha}$$

$$\text{et } \exists\, n,\ (x,y,z) \in \mathcal{U}_n \text{ et } \pi(\overline{\mathcal{U}_n \cap H'^{\alpha} \cap E \times \{y\} \times G}) \in \mathcal{H}_1\} .$$

Posons, pour n fixé :

$$C^n_\alpha = \{(x,y,z) \in E \times F \times G \mid (x,y,z) \in \mathcal{U}_n \cap H' \text{ et } \pi(\overline{\mathcal{U}_n \cap H'^{\alpha} \cap E \times \{y\} \times G}) \in \mathcal{H}_1\} .$$

C^n_α est coanalytique car :

$$\pi(\overline{\mathcal{U}_n \cap H'^{\alpha} \cap E \times \{y\} \times G}) \notin \mathcal{H}_1$$

$$\Leftrightarrow \exists\, P,\ P \in \mathcal{S}^{\alpha} \text{ et } \pi(\overline{P \cap \mathcal{U}_n}) \notin \mathcal{H}_1 \text{ et } \pi_2(\pi(\bar{P})) = \{y\} .$$

D'autre part, on a :

$$H'^{\alpha} - H'^{\alpha+1} \subset \bigcup_n C^n_\alpha \subset H' \text{ et } \pi(C^n_\alpha \cap H'^{\alpha}) \text{ est un graphe.}$$

Montrons alors le résultat suivant : si B est un borélien contenant $H'^{\alpha+1}$, alors $\pi(H'^{\alpha} \setminus B)$ est réunion dénombrable de graphes analytiques.

Posons $A_\alpha = H'^{\alpha} \setminus B$. On a alors :

$$A_\alpha \subset H'^{\alpha} - H'^{\alpha+1}$$

car $H'^{\alpha+1} \subset B$ et donc $A_\alpha \subset \bigcup_n C^n_\alpha$.

D'après le théorème de Novikov, on peut facilement voir qu'il existe un borélien B_α et des boréliens B^n_α tels que :

$$A_\alpha \subset B_\alpha ,\ B^n_\alpha \subset C^n_\alpha \text{ pour tout } n \text{ et } B_\alpha \subset \bigcup_n B^n_\alpha .$$

Comme $A_\alpha \subset H'^{\alpha}$, on a $A_\alpha \subset \bigcup_n (B^n_\alpha \cap H'^{\alpha})$. $\pi(A_\alpha)$ est un ensemble analytique inclus dans l'ensemble $\bigcup_n \pi(B^n_\alpha \cap H'^{\alpha})$. Pour tout n , $\pi(B^n_\alpha \cap H'^{\alpha})$ est un graphe, car $\pi(C^n_\alpha \cap H'^{\alpha})$ est un graphe.

Donc $\pi(A_\alpha) = \pi(H'^{\alpha} \setminus B)$ est réunion dénombrable de graphes analytiques.

Montrons maintenant le dernier résultat dont nous aurons besoin et qui est le suivant : si B est un borélien de H' contenant H'^{α} alors $\pi(H'-B)$ est réunion dénombrable de graphes analytiques, pour tout α.

Montrons le par induction transfinie sur α. Le résultat est vrai si $\alpha=0$. Supposons le vrai pour α, et montrons le pour $\alpha+1$.

Si $B \supset H'^{\alpha+1}$ alors, d'après le résultat précédent, $\pi(H'^{\alpha}\setminus B)$ est réunion dénombrable de graphes analytiques. Un graphe analytique étant contenu dans un graphe borélien, $\pi(H'^{\alpha}\setminus B)$ est contenu dans une réunion dénombrable B_1 de graphes boréliens.

Donc $\pi^{-1}(B_1) \cap H'$ est un borélien B' contenant $H'^{\alpha}\setminus B$; utilisant l'hypothèse d'induction transfinie, on en déduit :

$\pi(H'-(B \cup B'))$ est réunion dénombrable de graphes analytiques puisque $B \cup B'$ contient H'^{α}.

Donc $\pi(H'-B)$ est réunion dénombrable de graphes analytiques car $\pi(H'-B) \subset \pi(H'-(B \cup B')) \cup B_1$.

Supposons maintenant le résultat vrai pour tout $\alpha<\gamma$, γ étant un ordinal de seconde espèce et montrons le pour γ.

Si $B \supset H'^{\gamma}$ alors $\bigcap_{\alpha<\gamma} (H'^{\alpha}\setminus B) = \emptyset$. Il existe alors, d'après le théorème de Novikov, des boréliens B_{α} $(\alpha<\gamma)$ tels que :

$$\bigcap_{\alpha<\gamma} B_{\alpha} = \emptyset \quad \text{et} \quad H'^{\alpha}\setminus B \subset B_{\alpha} \quad \text{pour} \quad \alpha<\gamma .$$

On a donc $H'^{\alpha} \subset B \cup B_{\alpha}$, pour $\alpha<\gamma$ et d'après l'hypothèse d'induction transfinie $\pi(H'-(B \cup B_{\alpha}))$ est réunion dénombrable de graphes analytiques, pour $\alpha<\gamma$.

Enfin, on a $\pi(H'-B) = \bigcup_{\alpha<\gamma} \pi(H'-(B \cup B_{\alpha}))$ puisque $\bigcap_{\alpha<\gamma} B_{\alpha} = \emptyset$.
Le résultat est donc démontré.

On peut maintenant conclure en utilisant ce dernier résultat et le théorème de la borne.

D'après le théorème de Novikov, il existe des boréliens D_{α} de H' tels que $\bigcap_{\alpha \le \alpha_0} D_{\alpha} = \emptyset$ et $H'^{\alpha} \subset D_{\alpha}$ pour $\alpha \le \alpha_0$ car $\bigcap_{\alpha \le \alpha_0} H'^{\alpha} = \emptyset$.

On a donc $\pi(H') = \bigcup_{\alpha \leq \alpha_0} \pi(H' - D_\alpha)$ et $\pi(H' - D_\alpha)$ est réunion dénombrable de graphes analytiques pour $\alpha \leq \alpha_0$, d'après le dernier résultat. Le théorème est donc démontré. ■

II. THEOREME DE SAINT-RAYMOND.

Prenons les mêmes notations que pour le théorème de Lusin.

Enonçons et montrons le théorème de Saint-Raymond.

THEOREME. Si H est un borélien dont les coupes sont réunions dénombrables de compacts, alors H est réunion dénombrable de boréliens à coupes compactes.

Démonstration : On utilise à nouveau le théorème de Baire pour la définition d'une dérivation : pour tout y dans F la section de H' suivant y est un espace polonais donc de Baire et la section de H suivant y en est l'image par π et est réunion dénombrable de compacts. Il existe donc un ouvert $\mathcal{U}$ non vide de $H' \cap E \times \{y\} \times G$ si $H \cap E \times \{y\} \neq \phi$ tel que $\overline{\pi(\mathcal{U})} \subset H \cap E \times \{y\}$.

La dérivation δ est définie dans ce cas par $\delta(P) = P - (\bigcup_{\overline{\pi(\mathcal{U})} \subset H} \mathcal{U})$, où $\mathcal{U}$ est un ouvert de P.

Montrons que δ est une dérivation analytique. En comparant à la démonstration du théorème de Lusin, on voit que la condition $\overline{\pi(\mathcal{U}_m \cap P)} \not\subset H_1$ est remplacée par la condition $\overline{\pi(\mathcal{U}_m \cap P)} \not\subset H$. Or, cette dernière condition est souslinienne car équivalente à :

$$\exists\ (x,y,z)\ ,\ (x,y,z) \in \overline{\mathcal{U}_m \cap P} \quad \text{et} \quad (x,y) \notin H\ ,$$

puisque $\overline{\pi(\mathcal{U}_m \cap P)} = \pi(\overline{\mathcal{U}_m \cap P})$ par compacité (ici intervient en particulier le fait que H est borélien).

Soit encore i l'indice associé à δ ; on a $i(H' \cap E \times \{y\} \times G) < \aleph_1$ pour tout y.

Donc d'après le théorème de la borne de C. Dellacherie $\sup_{P \in \mathcal{S}} i(P) < \aleph_1$ et aussi $\sup_y i(H' \cap E \times \{y\} \times G) < \aleph_1$.

De façon similaire à la démonstration du théorème de Lusin, on pose :

$$C_\alpha^n = \{(x,y,z) \in E \times F \times G \mid (x,y,z) \in \mathcal{U}_n \cap H' \text{ et } \overline{\pi(\mathcal{U}_n \cap H'^\alpha \cap E \times \{y\} \times G)} \subset H\} .$$

On a encore :

$$H'^\alpha - H'^{\alpha+1} \subset \bigcup_n C_\alpha^n \subset H' ,$$

C_α^n est coanalytique.

Etablissons les deux résultats suivants :

si B est un borélien contenant $H'^{\alpha+1}$ alors $\pi(H'^\alpha \setminus B)$ est inclus dans une réunion dénombrable de boréliens de H à coupes compactes,

si B est un borélien de H' contenant H'^α alors $\pi(H'-B)$ est contenu dans une réunion dénombrable de boréliens de H à coupes compactes.

Le deuxième résultat se démontre, une fois le premier démontré comme le résultat semblable énoncé dans la démonstration du théorème de Lusin. Il suffit donc de démontrer le premier résultat pour terminer la démonstration du théorème.

Or $\pi(C_\alpha^n \cap H'^\alpha)$ est un ensemble dont chaque section a son adhérence dans H ; on a donc :

si B est un borélien contenant $H'^{\alpha+1}$ alors $\pi(H'^\alpha \setminus B)$ est un analytique inclus dans une réunion dénombrable d'analytiques dont les sections ont leurs adhérences dans H (comme dans la démonstration du théorème de Lusin).

On voit donc qu'il suffit de montrer le résultat suivant (établi dans la démonstration de Saint-Raymond) :

si A est un ensemble analytique dont chaque section a son adhérence dans H , alors A est contenu dans un borélien de H à coupes compactes.

Soit A' l'ensemble défini par : chaque section de A' est l'adhérence d'une section de A .

Soit, pour k fixé, $\{\mathcal{U}_n^k\}_{n \in \mathbb{N}}$ une base dénombrable d'ouverts de E , de diamètre inférieur à $\frac{1}{k}$.

L'ensemble $A^k = \bigcup_n (\mathcal{U}_n^k \times \pi[(\mathcal{U}_n^k \times F) \cap A])$ est analytique. Or $A' = \bigcap_k A^k$; donc A' est analytique.

A' est analytique à coupes compactes ; si $\{\mathcal{U}_n\}_{n\in\mathbb{N}}$ est une base dénombrable d'ouverts de E, posons :

$$C_n = \{y \mid A'^c(y) \supset \mathcal{U}_n\}$$

où $A'^c(y)$ est la coupe de A'^c suivant y, pour n fixé.

On a $A'^c = \bigcup_n \mathcal{U}_n \times C_n$, donc $A' = \bigcap_n ((\mathcal{U}_n^c \times F) \cup (E \times C_n^c))$.
Or $C_n^c = \pi_2(A' \cap (\mathcal{U}_n \times F))$, donc A' s'écrit :

$$A' = \bigcap_n A_n$$

où A_n est réunion finie d'ensembles de la forme $K \times A''$, K étant compact dans E et A'' analytique dans F.

On a donc $\bigcap_n A_n \subset H$; d'après le théorème de Novikov, on en déduit qu'il existe des boréliens B_n tels que $\bigcap_n B_n \subset H$ et $A_n \subset B_n$, pour tout n.

Pour n fixé, A_n est réunion finie de rectangles de la forme $K \times A''$; donc chacun de ces rectangles est inclus dans B_n.

Montrons qu'un tel rectangle est contenu dans un borélien de B_n à coupes compactes ; le résultat en découlera, puisqu'alors A_n sera inclus dans un borélien de B_n à coupes compactes et donc $A' = \bigcap_n A_n$ sera inclus dans un borélien de H à coupes compactes et A aussi.

On a $K \times A'' \subset B_n$, donc $A'' \subset \{y \mid K \times \{y\} \subset B_n\}$. On vérifie que l'ensemble $\{y \mid K \times \{y\} \subset B_n\}$ est coanalytique ; A'' étant analytique, on a, d'après une forme du théorème de Novikov :

il existe un borélien B tel que $A'' \subset B \subset \{y \mid K \times \{y\} \subset B_n\}$ donc tel que $K \times A'' \subset K \times B \subset B_n$.

Le théorème est donc démontré. ■

CHAPITRE III

Oscillations des applications continues à droite sur $[0,1]$ à valeurs dans un espace métrique compact et norme coanalytique associée

I. DEFINITIONS ET NOTATIONS.

Soit E un espace métrique compact muni d'une distance d majorée par 1, ayant au moins deux points et Ω l'ensemble des applications continues à droite de $[0,1]$ dans E.

Pour tout réel t de $[0,1]$, si X_t est l'application coordonnée d'indice t sur $E^{[0,1]}$, on notera de même sa restriction à Ω.

Soit $\mathcal{F}^o$ la tribu sur Ω engendrée par les applications coordonnées.

Grâce à la continuité à droite, on peut identifier tout élément ω de Ω à sa restriction à $\mathbb{Q}\cap[0,1]$.

On peut donc identifier Ω à un sous-espace de $E^{\mathbb{Q}\cap[0,1]}$ qui est un espace métrisable compact, et on sait que $\mathcal{F}^o$ est la trace de la tribu borélienne de $E^{\mathbb{Q}\cap[0,1]}$ sur Ω.

Soit encore I le segment d'ordinaux $[0,\aleph_1]$.

Pour tout réel ε strictement positif et tout ordinal α de I, définissons une application T^ε_α de Ω dans $[0,1]$ par induction transfinie de la façon suivante :

$$T^\varepsilon_o = 0 \;;\; T^\varepsilon_{\alpha+1}(\omega) = \begin{cases} \text{la borne inférieure, si elle existe,} \\ \text{de l'ensemble :} \\ \{t\in[0,1] \mid t > T^\varepsilon_\alpha(\omega) \text{ et } d(X_{T^\varepsilon_\alpha(\omega)}(\omega), X_t(\omega)) > \varepsilon\} \\ 1 \quad \text{sinon} \end{cases}$$

pour tout ω dans Ω et $T^\varepsilon_\gamma = \sup_{\alpha<\gamma} T^\varepsilon_\alpha$ si γ est un ordinal de I de seconde espèce.

Grâce à la continuité à droite, on a :

$$T^{\varepsilon}_{\alpha+1}(\omega) > T^{\varepsilon}_{\alpha}(\omega)$$

pour tout ε et tout α , si $T^{\varepsilon}_{\alpha}(\omega) < 1$.

Il existe donc pour tout ω dans Ω et tout ε un ordinal dénombrable $j^{\varepsilon}(\omega)$ tel que $T^{\varepsilon}_{j^{\varepsilon}(\omega)}(\omega) = 1$.

II. EXISTENCE D'UNE NORME COANALYTIQUE.

Montrons maintenant le lemme suivant.

LEMME 1. Ω n'est pas souslinien.

Démonstration : Raisonnons par l'absurde.

Soit a et b deux points distincts de E , si E a au moins deux points.

Si Ω est souslinien, alors :

$$\Omega' = \{\omega \in \Omega \mid \forall\ t\ ,\ t \in \mathbb{Q} \cap [0,1] \Rightarrow X_t(\omega) = a \ \text{ ou } \ X_t(\omega) = b\}$$

est souslinien.

On peut donc supposer $E = \{0,1\}$ et $d(0,1) = 1$. Si $\omega \in \Omega$, alors $\bigcup_{\alpha < \aleph_1} T^{\frac{1}{2}}_{\alpha}(\omega)$ est un compact de $[0,1]$.

Soit F l'application définie sur Ω à valeurs dans l'espace topologique $\mathcal{K}([0,1])$ des compacts de $[0,1]$ muni de la topologie exponentielle, par :

$$F(\omega) = \bigcup_{\alpha < \aleph_1} T^{\frac{1}{2}}_{\alpha}(\omega) ,$$

pour tout ω dans Ω .

Pour tout ω dans Ω , $F(\omega)$ est un compact K de $[0,1]$, contenant 0 et 1 , tel que pour tout point x différent de 1 de K , il existe un réel a de $[0,1]$ tel que :

$$x < a \ \text{ et } \ ]x,a[\cap K = \emptyset \ ;$$

soit $\mathcal{G}$ l'ensemble des compacts de $[0,1]$ qui sont de cette forme.

Tout élément K de $\mathcal{G}$ est image par F d'un élément ω de Ω.

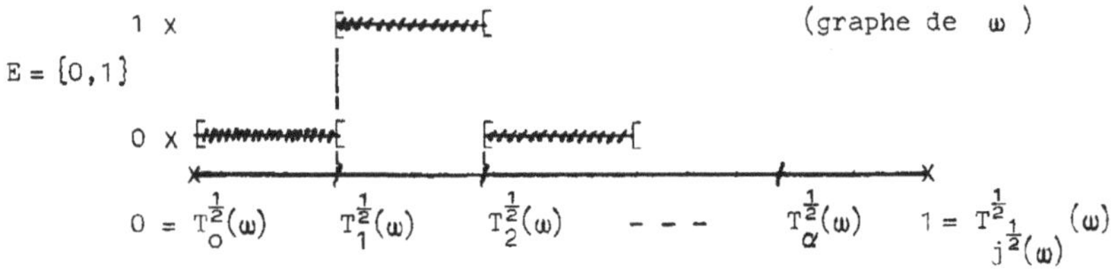

Donc F est surjective de Ω sur $\mathcal{G}$.

Montrons que F est borélienne. On a :

$$F(\omega) \cap]a,b[\cap [0,1] \neq \emptyset \Leftrightarrow \exists\, t\,,\ \exists\, t'\,,\ t \in \mathbb{Q} \cap [0,1]\ ,\ t' \in \mathbb{Q} \cap [0,1]$$

$a < t < b$, $a < t' < b$ et $X_t(\omega) \neq X_{t'}(\omega)$ (a et b sont réels), car ω est continue à droite.

On voit donc que F est borélienne car les applications coordonnées X_t sont continues.

Donc $\mathcal{G}$ est souslinien et donc $\mathcal{G}$ est borné pour l'indice i défini dans le chapitre I, d'après le corollaire du théorème 5 (ou le théorème de la borne) ; mais $\mathcal{G}$ contient évidemment des éléments d'indice, relativement à i , arbitrairement grands.

D'où une contradiction et le lemme est démontré. ■

Pour tout réel ε strictement positif, étendons la définition de j^ε à $E^{\mathbb{Q} \cap [0,1]}$ en posant $j^\varepsilon(\omega) = \aleph_1$ si $\omega \notin \Omega$.

Posons aussi :

$$j(\omega) = \inf\{i \in I \mid j^\varepsilon(\omega) < i \ \text{ pour tout } \varepsilon\}\ ,$$

pour tout ω.

Montrons le lemme suivant :

LEMME 2. *Si* $\frac{1}{n} < \frac{\varepsilon}{2}$ *alors* $T_\alpha^{\frac{1}{n}} \le T_\alpha^\varepsilon$ *pour tout* α *et* $j(\omega) = \sup_{n>0} (j^{\frac{1}{n}}(\omega)+1)$, *pour tout* ω .

Démonstration : Montrons l'inégalité par induction transfinie sur α .

Pour $\alpha = 0$, on a $T_\alpha^{\frac{1}{n}} \le T_\alpha^\varepsilon$. Soit β un ordinal non nul tel que $T_\alpha^{\frac{1}{n}} \le T_\alpha^\varepsilon$ pour tout $\alpha < \beta$.

Si β est de seconde espèce, on voit que $T_\beta^{\frac{1}{n}} \le T_\beta^\varepsilon$. Il suffit donc de montrer que si $T_\alpha^{\frac{1}{n}} \le T_\alpha^\varepsilon$, alors $T_{\alpha+1}^{\frac{1}{n}} \le T_{\alpha+1}^\varepsilon$.

Raisonnons par l'absurde et supposons :

$$T_\alpha^{\frac{1}{n}}(\omega) \le T_\alpha^\varepsilon(\omega) < T_{\alpha+1}^\varepsilon(\omega) < T_{\alpha+1}^{\frac{1}{n}}(\omega)$$

pour un ω dans Ω (car si $T_\alpha^\varepsilon(\omega) = T_{\alpha+1}^\varepsilon(\omega)$ alors $T_\alpha^\varepsilon(\omega) = 1$).

On a donc :

$$\begin{cases} d(\omega(T_\alpha^{\frac{1}{n}}(\omega)),\omega(T_\alpha^\varepsilon(\omega))) \le \frac{1}{n} \quad \text{et} \\ d(\omega(T_\alpha^{\frac{1}{n}}(\omega)),\omega(T_{\alpha+1}^\varepsilon(\omega))) \le \frac{1}{n} \, . \end{cases}$$

Utilisant l'inégalité du triangle, on obtient :

$$d(\omega(T_\alpha^\varepsilon(\omega)),\omega(T_{\alpha+1}^\varepsilon(\omega))) \le \frac{2}{n} < \varepsilon \, .$$

Mais ceci est impossible car $d(\omega(T_\alpha^\varepsilon(\omega)),\omega(T_{\alpha+1}^\varepsilon(\omega))) \ge \varepsilon$.

Donc l'inégalité est démontrée.

On en déduit aussitôt $j(\omega) = \sup_{n>0} (j^{\frac{1}{n}}(\omega)+1)$ pour tout ω . □

Soit F^ε la fonction de Ω dans G définie, pour tout ε strictement positif, par $F^\varepsilon(\omega) = \bigcup_{\alpha<\aleph_1} T_\alpha^\varepsilon(\omega)$, pour tout ω . Soit j' la fonction de G dans I , définie de la façon suivante :

tout élément K de G est isomorphe (pour les structures d'ordre) à un segment $[0,\alpha]$ d'ordinaux de I ; on pose alors $j'(K) = \alpha$.

Montrons maintenant le théorème suivant.

THEOREME 1. L'ensemble $\{(\omega,\omega') \in E^{\mathbb{Q}\cap[0,1]} \times E^{\mathbb{Q}\cap[0,1]} \mid j(\omega) \leq j(\omega')\}$ est analytique.

Démonstration : D'après le lemme 2, on a :

$$j(\omega) \leq j(\omega') \Leftrightarrow \forall\, n\,,\ \exists\, \varepsilon\,,\ \varepsilon > 0 \ \text{ et } \ j^{\frac{1}{n}}(\omega) \leq j^{\varepsilon}(\omega')\ .$$

Soit $\mathcal{C}([0,1],[0,1])$ l'espace des fonctions continues de $[0,1]$ dans $[0,1]$ muni de la topologie de la convergence uniforme et f un élément de $\mathcal{C}([0,1],[0,1])$.

Montrons l'équivalence suivante :

$$(1) \qquad \forall\, n\,,\ \exists\, \varepsilon\,,\ \varepsilon > 0 \ \text{ et } \ \omega' \in \Omega \ \text{ et } \ j^{\frac{1}{n}}(\omega) \leq j^{\varepsilon}(\omega')$$

$$\Leftrightarrow \forall\, n\,,\ \exists\, \varepsilon\,,\ \exists\, f\,,\ \varepsilon > 0 \ \text{ et } \ \omega' \in \Omega$$

et f est croissante telle que :

$$[\exists\, t_1\,,\ \exists\, t_2\,,\ t_1 < t_2 \ \text{ et } \ t_1 \in \mathbb{Q}\cap[0,1] \ \text{ et } \ t_2 \in \mathbb{Q}\cap[0,1]$$

$$\text{et } \ d(\omega(t_1),\omega(t_2)) > \tfrac{1}{n}] \Rightarrow \exists\, t'_1\,,\ \exists\, t'_2\,,\ t'_1 \in \mathbb{Q}\cap[0,1] \ \text{ et } \ t'_2 \in \mathbb{Q}\cap[0,1]$$

$$\text{et } \ t_1 < f(t'_1) < f(t'_2) < t_2 \ \text{ et } \ d(\omega'(t'_1),\omega'(t'_2)) > \varepsilon\ .$$

Démontrons d'abord la condition nécessaire de (1). Fixons n et ε tels que :

$$j^{\frac{1}{4n}}(\omega) \leq j^{\varepsilon}(\omega')\ ,$$

et définissons une fonction f continue sur $[0,1]$ de la façon suivante :

$$f(T^{\varepsilon}_{\alpha}(\omega')) = T^{\frac{1}{4n}}_{\alpha}(\omega)$$

pour $\alpha \leq j^{\frac{1}{4n}}(\omega)$ et f est linéaire croissante sur les intervalles $[T^{\varepsilon}_{\alpha}(\omega'),T^{\varepsilon}_{\alpha+1}(\omega')]$ pour $\alpha < j^{\frac{1}{4n}}(\omega)$, et constante à partir de $T^{\varepsilon}_{j^{\frac{1}{4n}}(\omega)}(\omega')$.

Ceci est possible car :

$$j^{\frac{1}{4n}}(\omega) \leq j^{\varepsilon}(\omega') \Rightarrow T^{\varepsilon}_{\alpha}(\omega') < T^{\varepsilon}_{\alpha+1}(\omega')$$

pour $\alpha < j^{\frac{1}{4n}}(\omega)$.

Montrons que s'il existe deux rationnels t_1 et t_2 de $[0,1]$ tels que :

$$t_1 < t_2 \quad \text{et} \quad d(\omega(t_1),\omega(t_2)) > \frac{1}{n} ,$$

alors il existe nécessairement un ordinal α tel que :

$$\alpha \leq j^{\frac{1}{4n}}(\omega) \quad \text{et} \quad t_1 < T^{\frac{1}{4n}}_{\alpha}(\omega) < t_2 .$$

Soit $T^{\frac{1}{4n}}_{\beta}(\omega)$ le plus grand élément de $F^{\frac{1}{4n}}(\omega)$ inférieur ou égal à t_1 .
Alors $t_1 < T^{\frac{1}{4n}}_{\beta+1}(\omega) < t_2$, sinon on aurait $t_1 < t_2 \leq T^{\frac{1}{4n}}_{\beta+1}(\omega)$ et donc :

$$\begin{cases} d(\omega(T^{\frac{1}{4n}}_{\beta}(\omega)),\omega(t_1)) \leq \frac{1}{4n} \quad \text{et} \\ d(\omega(T^{\frac{1}{4n}}_{\beta}(\omega)),\omega(t_2)) \leq \frac{1}{4n} \end{cases}$$

ce qui est impossible d'après l'inégalité du triangle car $d(\omega(t_1),\omega(t_2)) > \frac{1}{n}$.

D'autre part $\beta+1 \leq j^{\frac{1}{4n}}(\omega)$ car $T^{\frac{1}{4n}}_{\beta}(\omega) < T^{\frac{1}{4n}}_{\beta+1}(\omega)$.

Il existe donc un ordinal α tel que :

$$\alpha \leq j^{\frac{1}{4n}}(\omega) \quad \text{et} \quad t_1 < T^{\frac{1}{4n}}_{\alpha}(\omega) < t_2 .$$

On voit alors, comme précédemment, qu'il existe un ordinal β tel que :

$$\alpha \neq \beta \ , \ \beta \leq j^{\frac{1}{4n}}(\omega) \quad \text{et} \quad t_1 < T^{\frac{1}{4n}}_{\beta}(\omega) < t_2 ,$$

car :

$$\begin{cases} d(\omega(t_1),\omega(T^{\frac{1}{4n}}_{\alpha}(\omega))) > \frac{1}{2n} \quad \text{ou} \\ d(\omega(t_2),\omega(T^{\frac{1}{4n}}_{\alpha}(\omega))) > \frac{1}{2n} \end{cases}$$

d'après l'inégalité du triangle.

Finalement, il existe deux ordinaux α et β tels que :

$$t_1 < T_\alpha^{\frac{1}{4n}}(\omega) < T_\beta^{\frac{1}{4n}}(\omega) < t_2 \quad \text{et} \quad \alpha < \beta \leq j^{\frac{1}{4n}}(\omega)$$

qu'on peut supposer consécutifs.

Il existe alors d'après la construction de f deux réels t_1' et t_2' tels que :

$$t_1 < f(t_1') < f(t_2') < t_2 \quad \text{et} \quad d(\omega'(t_1'),\omega'(t_2')) \geq \varepsilon \ .$$

On voit donc qu'il existe deux rationnels t_1'' et t_2'' tels que, par exemple :

$$t_1 < f(t_1'') < f(t_2'') < t_2 \quad \text{et} \quad d(\omega'(t_1''),\omega'(t_2'')) > \frac{\varepsilon}{2} \ ,$$

car f et ω' sont continues à droite.

La condition nécessaire est donc démontrée.

Démontrons maintenant la condition suffisante de (1). Prenons pour hypothèse le membre de droite de (1).

Montrons d'abord $\omega \in \Omega$, en raisonnant par l'absurde.

Si $\omega \notin \Omega$, ω n'est pas prolongeable en une application continue à droite sur $[0,1]$. Il existe alors un réel t, deux suites $\{t_n\}_{n\in\mathbb{N}}$ et $\{t_n'\}_{n\in\mathbb{N}}$ de rationnels convergentes vers t et un entier n tels que :

$$\begin{cases} d(\omega(t_m),\omega(t_m')) > \frac{1}{n} \quad \text{et} \\ t_{m+1} < t_{m+1}' < t_m < t_m' \ , \end{cases}$$

pour tout m.

Pour m fixé, d'après l'hypothèse faite, il existe deux rationnels s_m et s_m' tels que :

$$\begin{cases} t_m < f(s_m) < f(s_m') < t_m' \quad \text{et} \\ d(\omega'(s_m),\omega'(s_m')) > \varepsilon \ . \end{cases}$$

Il existe alors, comme précédemment, un ordinal α tel que :

$$\alpha \leq j^{\frac{\varepsilon}{2}}(\omega') \quad \text{et} \quad s_m < T_\alpha^{\frac{\varepsilon}{2}}(\omega') < s'_m .$$

Donc il existe un réel u_m tel que :

$$s_m < u_m < s'_m \quad \text{et} \quad u_m \in F^{\frac{\varepsilon}{2}}(\omega') .$$

On a donc $t_m < f(u_m) < t'_m$ car f est croissante.

La suite $\{f(u_m)\}_{m \in \mathbb{N}}$ est alors strictement décroissante et la suite $\{u_m\}_{m \in \mathbb{N}}$ aussi. Mais ceci est impossible car $F^{\frac{\varepsilon}{2}}(\omega')$ ne peut contenir une suite strictement décroissante (ω' est dans Ω).

Donc $\omega \in \Omega$ et pour tout n : $j^{\frac{1}{n}}(\omega) = j'(F^{\frac{1}{n}}(\omega))$.

Puisque $\omega \in \Omega$, on peut construire assez facilement un compact K de $[0,1]$ tel que pour n fixé :

$K \in \mathcal{G}$, tout point isolé de K est rationnel, entre (au sens large) deux points consécutifs de $F^{\frac{1}{n}}(\omega)$ se trouve un point de K et pour deux points consécutifs t et t' de K , on a $d(\omega(t),\omega(t')) > \frac{1}{n}$ (l'intérêt de la construction de K est dans le fait que tout point isolé de K est rationnel).

Comme entre deux points de $F^{\frac{1}{n}}(\omega)$ se trouve un point de K , on a :

$$j'(K) \geq j'(F^{\frac{1}{n}}(\omega)) = j^{\frac{1}{n}}(\omega) .$$

Soient t et t' deux points consécutifs de K $(t < t')$. On a :

$$d(\omega(t),\omega(t')) > \frac{1}{n}$$

et t' est rationnel car isolé dans K . Il existe un rationnel t'' tel que :

$$t \leq t'' < t' \quad \text{et} \quad d(\omega(t''),\omega(t')) > \frac{1}{n}$$

car ω est continue à droite.

D'après l'hypothèse, il existe un réel ε strictement positif et deux points s et s' tels que :

$$t'' < f(s) < f(s') < t' \quad \text{et} \quad d(\omega'(s),\omega'(s')) > \varepsilon .$$

On en déduit, comme précédemment, qu'il existe un réel u tel que :

$$t < f(u) < t' \quad \text{et} \quad u \in F^{\frac{\varepsilon}{2}}(\omega') .$$

Donc entre deux points consécutifs de K, il existe un point du compact $f(F^{\frac{\varepsilon}{2}}(\omega'))$ qui est dans G.

On a donc $j'(f(F^{\frac{\varepsilon}{2}}(\omega')) \geq j'(K)$ et donc $j'(f(F^{\frac{\varepsilon}{2}}(\omega'))) \geq j^{\frac{1}{n}}(\omega)$, d'après ce qui précède.

Comme f est croissante, on a :

$$j'(f(F^{\frac{\varepsilon}{2}}(\omega'))) \leq j'(F^{\frac{\varepsilon}{2}}(\omega')) = j^{\frac{\varepsilon}{2}}(\omega') ,$$

donc :

$$j^{\frac{1}{n}}(\omega) \leq j^{\frac{\varepsilon}{2}}(\omega') .$$

La condition suffisante de (1) est donc démontrée.

D'après (1), on a :

$$j(\omega) \leq j(\omega') \Leftrightarrow \omega' \notin \Omega$$

ou $\forall n , \exists \varepsilon , \exists f , \varepsilon > 0$ et f est croissante telle que :

$$[\exists t_1 , \exists t_2 , t_1 < t_2 \quad \text{et} \quad t_1 \in \mathbb{Q} \cap [0,1] \quad \text{et} \quad t_2 \in \mathbb{Q} \cap [0,1]$$

$$\text{et} \quad d(\omega(t_1),\omega(t_2)) > \tfrac{1}{n}] \Rightarrow \exists t_1' , \exists t_2' , t_1' \in \mathbb{Q} \cap [0,1] \quad \text{et} \quad t_2' \in \mathbb{Q} \cap [0,1]$$

$$\text{et} \quad t_1 < f(t_1') < f(t_2') < t_2 \quad \text{et} \quad d(\omega'(t_1'),\omega'(t_2')) > \varepsilon .$$

Le membre de droite de l'équivalence ci-dessus représente visiblement une condition souslinienne, l'application X_t étant continue pour tout t, et donc aussi le membre de gauche. Le théorème est donc démontré. ■

COROLLAIRE. Soit $\mathcal{S}$ un sous-ensemble de Ω. Si $\mathcal{S}$ est souslinien, alors il existe un ordinal dénombrable α tel que $\forall\, \omega, \omega \in \mathcal{S} \Rightarrow j(\omega) \leq \alpha$ ($\mathcal{S}$ est dit borné pour j s'il vérifie cette condition).

Démonstration : Raisonnons par l'absurde.

Supposons $\mathcal{S}$ non borné pour j. On a alors :

$$\omega \in \Omega \Leftrightarrow \exists\, \omega', \omega' \in \mathcal{S} \text{ et } j(\omega) \leq j(\omega') .$$

D'après le théorème 1, Ω est souslinien tandis que d'après le lemme 1, Ω n'est pas souslinien.

D'où une contradiction. ∎

Montrons maintenant que j est une norme coanalytique.

THEOREME 2. j est une norme coanalytique, c'est-à-dire : les ensembles $\{(\omega,\omega') \in E^{\mathbb{Q}\cap[0,1]} \times E^{\mathbb{Q}\cap[0,1]} \mid j(\omega) \leq j(\omega')\}$ et $\{(\omega,\omega') \in E^{\mathbb{Q}\cap[0,1]} \times E^{\mathbb{Q}\cap[0,1]} \mid j(\omega) < j(\omega') \text{ ou } \omega' \notin \Omega\}$ sont analytiques.

Démonstration : L'ensemble $\{(\omega,\omega') \in E^{\mathbb{Q}\cap[0,1]} \times E^{\mathbb{Q}\cap[0,1]} \mid j(\omega) \leq j(\omega')\}$ est analytique d'après le théorème 1.

La condition $\omega' \notin \Omega$ ou $j(\omega) < j(\omega')$ est équivalente à :

$$\omega' \notin \Omega \text{ ou } \exists\, n, \forall\, m, j^{\frac{1}{m}}(\omega) < j^{\frac{1}{n}}(\omega') . \tag{1}$$

Soit $E' = E \cup \{\infty\}$ l'espace obtenu à partir de E en ajoutant à E un point isolé ∞ tel que $d'(\infty,x) = 2$ pour tout x dans E, où d' est la distance obtenue à partir de d.

Soit φ l'application définie sur $E^{\mathbb{Q}\cap[0,1]}$ et à valeurs dans $E'^{\mathbb{Q}\cap[0,1]}$ par :

$$\varphi(\omega)(t) = \omega(2t) \quad \text{si} \quad t \in [0,\tfrac{1}{2}[$$

$$\varphi(\omega)(t) = \infty \qquad \text{si} \quad t \in [\tfrac{1}{2},1] .$$

Il est clair que φ est continue.

Soit, pour tout ε strictement positif, j'^{ε} l'indice sur $E'^{\mathbb{Q}\cap[0,1]}$ défini de façon analogue à j^{ε}. On a alors :

$$j'^{\frac{1}{m}}(\varphi(\omega)) = j^{\frac{1}{m}}(\omega)+1 \quad \text{si} \quad \omega\in\Omega ,$$

pour tout m.

(1) est donc équivalent à :

$$\omega'\notin\Omega \quad \text{ou} \quad \exists\, n\,,\,\forall\, m\,,\; j'^{\frac{1}{m}}(\varphi(\omega)) \leq j^{\frac{1}{n}}(\omega') .$$

Si on considère $\omega'\in E'^{\mathbb{Q}\cap[0,1]}$, alors (1) devient :

$$\omega'\notin\Omega \quad \text{ou} \quad \exists\, n\,,\,\forall\, m\,,\; j'^{\frac{1}{m}}(\varphi(\omega)) \leq j'^{\frac{1}{n}}(\omega') \quad \text{et} \quad \omega'\in E^{\mathbb{Q}\cap[0,1]} .$$

Il suffit donc de montrer que la condition :

$$\omega'\notin\Omega \quad \text{ou} \quad \exists\, n\,,\,\forall\, m\,,\; j'^{\frac{1}{m}}(\omega) \leq j'^{\frac{1}{n}}(\omega') ,$$

où ω et ω' sont dans $E'^{\mathbb{Q}\cap[0,1]}$, est analytique, ce qui peut être fait en reprenant la démonstration du théorème 1.

Donc j est une norme coanalytique. ■

BIBLIOGRAPHIE

[1] C. DELLACHERIE — Ensembles analytiques : théorèmes de séparation et applications.
Séminaire de Probabilités IX, Université de Strasbourg, Lecture Notes in Math., Springer, vol. 465 (1973/74), p. 336-372.

[2] C. DELLACHERIE — Les dérivations en théorie descriptive des ensembles et le théorème de la borne.
Séminaire de Probabilités XI, Université de Strasbourg, Lecture Notes in Math., Springer, vol. 581 (1976/77), p. 34-46.

[3] C. DELLACHERIE, P.A. MEYER — Ensembles analytiques et temps d'arrêt.
Séminaire de Probabilités IX, Université de Strasbourg, Lecture Notes in Math., Springer, vol. 465, (1973/74), p. 373-389.

[4] S. MAZURKIEWICZ, W. SIERPINSKI — Contribution à la topologie des ensembles dénombrables.
Fund. Math., t. 1-3 (1920/22), p. 17-27.

[5] J. SAINT-RAYMOND — Boréliens à coupes K_σ.
Bulletin Société Mathématique de France, tome 104, Année 1976, Fasicule 4, p. 389-406.

Université de Strasbourg
Séminaire de Probabilités 1976/77

DEUX PROPRIETES DES ENSEMBLES MINCES (ABSTRAITS)

par C. Dellacherie et G. Mokobodzki

Il ne s'agit pas, à proprement parler, d'un article écrit en commun, mais de deux courtes notes écrites séparément sur le même sujet, et accolées. En particulier, le dactylographe (qui est aussi le premier auteur) a scrupuleusement respecté le manuscrit du second auteur, d'où des redondances possibles.

I.- UN THEOREME GENERAL D'EXISTENCE DE "ESS SUP" et "ESS INF".

Soit $(\Omega,\underline{\underline{F}})$ un espace mesurable et soit $\underline{\underline{H}}$ un sous-pavage de $\underline{\underline{F}}$ (i.e. $\underline{\underline{H}}$ est une partie de $\underline{\underline{F}}$ telle que $\emptyset\in\underline{\underline{H}}$). Nous dirons qu'une partie A de Ω est <u>$\underline{\underline{H}}$-mince</u> si, pour toute famille $(B_i)_{i\in I}$ d'éléments disjoints de $\underline{\underline{F}}$ contenus dans A, on a $B_i\in\underline{\underline{H}}$ sauf pour au plus une infinité dénombrable d'indices.

On a, dans ce contexte très général (noter qu'on ne requiert aucune stabilité pour $\underline{\underline{H}}$), le théorème suivant d'existence d'un "ess sup" :

THEOREME.- <u>Soit</u> M <u>une partie $\underline{\underline{H}}$-mince de</u> Ω <u>et soit</u> $(B_i)_{i\in I}$ <u>une famille d'éléments de $\underline{\underline{F}}$ contenus dans</u> M. <u>Il existe alors une partie dénombrable</u> J <u>de l'ensemble d'indices</u> I <u>telle que</u>, <u>pour tout</u> $i\in I$, <u>l'ensemble</u>

$$B_i - (\bigcup_{j\in J} B_j)$$

<u>appartienne à</u> $\underline{\underline{H}}$.

<u>D</u>/ Nous allons tout simplement (et tout bêtement, car on n'y comprend rien !) recopier la démonstration du théorème II.10 de "Capacités et Processus stochastiques" (où $\underline{\underline{H}}$ était la horde des ensembles négligeables pour une bonne capacité). Supposons qu'il existe une famille $(B_i)_{i\in I}$ d'éléments de $\underline{\underline{F}}$ contenus dans M telle que, pour toute partie dénombrable J de I, il existe un indice i_J tel que $B_{i_J} - (\bigcup_{j\in J} B_j)$ n'appartienne pas à $\underline{\underline{H}}$. Désignons alors par Φ l'ensemble des familles $(F_t)_{t\in T}$ d'éléments disjoints de $\underline{\underline{F}}$ contenus dans M, vérifiant la condition suivante : T est un ensemble d'indices ; pour tout $t\in T$, F_t n'appartient pas à $\underline{\underline{H}}$ et est de la forme $B_{i_t} - (\bigcup_{j\in J_t} B_j)$, où $i_t\in I$ et J_t est

une partie dénombrable de I. L'ensemble Φ n'est pas vide, et est inductif pour la relation d'inclusion. Soit $(F_s)_{s\in S}$ un élément maximal : nous allons montrer que S n'est pas dénombrable, si bien que M ne sera pas $\underline{\underline{H}}$-mince, contrairement à notre hypothèse. Nous raisonnons par l'absurde : si S est dénombrable, il existe $i\in I$ tel que $B_i - (\bigcup_{s\in S} B_{i_s})$ n'appartienne pas à $\underline{\underline{H}}$; comme il est disjoint de tous les F_s, il peut être adjoint à la famille (F_s), laquelle est maximale.... C'est fini.

REMARQUES.- 1) Si, de plus, M appartient à $\underline{\underline{F}}$, on a l'existence d'un "ess inf" par passage au complémentaire relativement à M.

2) Il est clair que l'énoncé fournit en fait une propriété caractéristique des parties $\underline{\underline{H}}$-minces.

3) Si $\underline{\underline{H}}$ est la classe des ensembles négligeables pour une probabilité sur $\underline{\underline{F}}$, on retombe sur les notions classiques de "ess sup" et "ess inf", et on constate que, finalement, elles ont peu de choses à voir avec la théorie de la mesure.

4) Plus généralement, le théorème, écrit dans le langage abstrait des σ-algèbres de Boole (ce qui est évidemment possible), entraine que toute σ-algèbre de Boole, dont toute antichaine est dénombrable, est une algèbre de Boole complète (résultat bien connu, par exemple, des logiciens).

II.- INTERSECTION DE HORDES ET ENSEMBLES MINCES

Dans un article paru au Séminaire de Probabilités n°III de Strasbourg, Dellacherie a montré qu'à tout ensemble mince A était associée une mesure bornée m_A ne chargeant pas les polaires et telle que

$$(B\subset A \text{ et } m_A(B)=0) \Rightarrow B \text{ polaire}$$

La démonstration de Dellacherie est de portée très générale et utilise assez peu de théorie du potentiel, en fait uniquement la propriété : un ensemble B est polaire si et seulement s'il est de mesure nulle pour les mesures ne chargeant pas les ensembles polaires. On propose ici une formulation abstraite du résultat de Dellacherie qui parait bien adaptée au problème.

Notations, définitions : Soit $(X,\underline{\underline{B}})$ un espace mesurable ; une partie $\underline{\underline{H}}$ de $\underline{\underline{B}}$ est dite une horde si elle vérifie les propriétés suivantes

a) $\underline{\underline{H}}$ est stable par réunion dénombrable

b) $\underline{\underline{H}}$ est héréditaire : si $B,A\in\underline{\underline{B}}$ et $A\in\underline{\underline{H}}$, alors $(B\subset A)\Rightarrow(B\in\underline{\underline{H}})$.

L'intersection d'une famille quelconque de hordes est une horde. Un ensemble A est mince par rapport à une horde $\underline{\underline{H}}$ si, pour toute famille $(B_i)_{i\in I}$ d'ensembles mesurables disjoints contenus dans A, on a $B_i\in\underline{\underline{H}}$ sauf au plus pour une infinité dénombrable d'indices.

Voici la nouvelle version du théorème de Dellacherie

THEOREME.- <u>Soit</u> $(\underline{\underline{H}}_r)_{r\in I}$ <u>une famille de hordes sur</u> $(X,\underline{\underline{B}})$ <u>stable par intersection dénombrable</u>. <u>On pose</u> $\underline{\underline{H}} = \bigcap_{r\in I} \underline{\underline{H}}_r$. <u>Si</u> $A\in\underline{\underline{B}}$ <u>est mince par rapport à la horde</u> $\underline{\underline{H}}$, <u>il existe</u> $r\in I$ <u>tel que, sur</u> A, <u>les hordes</u> $\underline{\underline{H}}$ <u>et</u> $\underline{\underline{H}}_r$ <u>coincident</u>.

Nous aurons besoin du lemme suivant, où $\underline{\underline{H}}_{|E}$ désigne, pour une horde $\underline{\underline{H}}$, la famille $\underline{\underline{H}}\cap\underline{\underline{P}}(E)$. Tous les ensembles considérés sont mesurables.

LEMME.- <u>Soient</u> $\underline{\underline{H}}_1$ <u>et</u> $\underline{\underline{H}}_2$ <u>deux hordes sur</u> $(X,\underline{\underline{B}})$. <u>Si</u> A <u>est mince pour</u> $\underline{\underline{H}}_1$, <u>il existe</u> $B\subset A$ <u>tel que</u> $(A-B)\in\underline{\underline{H}}_2$ <u>et que</u> $\underline{\underline{H}}_{2|B}\subset\underline{\underline{H}}_{1|B}$. <u>En particulier, si</u> $\underline{\underline{H}}_1\subset\underline{\underline{H}}_2$ <u>et si</u> $A\notin\underline{\underline{H}}_2$, <u>il existe</u> $B\notin\underline{\underline{H}}_2$, $B\subset A$, <u>tel que</u> $\underline{\underline{H}}_{2|B} = \underline{\underline{H}}_{1|B}$.

<u>Démonstration</u> : Soit $(A_i)_{i\in J}$ une famille maximale d'éléments disjoints de $\underline{\underline{H}}_{2|A}$ telle que, pour tout $i\in J$, $A_i\notin\underline{\underline{H}}_1$. La famille (A_i) est au plus dénombrable. Posons $B = (\bigcup_i A_i)^c$. Pour tout $C\in\underline{\underline{H}}_{2|B}$, on doit avoir $C\in\underline{\underline{H}}_1$, par maximalité, autrement dit $\underline{\underline{H}}_{2|B}\subset\underline{\underline{H}}_{1|B}$.

<u>Démonstration du théorème</u> :

Considérons une nouvelle famille $\overline{\underline{\underline{H}}}$ sur $(X,\underline{\underline{B}})$:

$$\overline{\underline{\underline{H}}} = \{B\in\underline{\underline{B}} : \exists r\in I \text{ tel que } \underline{\underline{H}}_{|B} = \underline{\underline{H}}_{r|B}\}$$

La famille $(\underline{\underline{H}}_r)$ étant stable par intersection dénombrable, la famille $\overline{\underline{\underline{H}}}$ est encore une horde, et $\underline{\underline{H}}\subset\overline{\underline{\underline{H}}}$. Si A est mince pour $\underline{\underline{H}}$, il existe $B\subset A$ tel que $(A-B)\in\overline{\underline{\underline{H}}}$ et que $\overline{\underline{\underline{H}}}_{|B} = \underline{\underline{H}}_{|B}$. Montrons que l'on a nécessairement $B\in\underline{\underline{H}}$. Sinon, il existerait $\underline{\underline{H}}_r$ tel que $B\notin\underline{\underline{H}}_r$ et, comme B est mince pour $\underline{\underline{H}}$, il existerait $C\subset B$ tel que $(B-C)\in\underline{\underline{H}}_r$, $C\notin\underline{\underline{H}}_r$ et $\underline{\underline{H}}_{r|C} = \underline{\underline{H}}_{|C}$. Mais ceci implique $C\in\overline{\underline{\underline{H}}}$, par définition, et comme $\overline{\underline{\underline{H}}}_{|B} = \underline{\underline{H}}_{|B}$, ceci entraine que $C\in\underline{\underline{H}}\subset\underline{\underline{H}}_r$, ce qui est contradictoire. Par suite, on a $B\in\underline{\underline{H}}$ et donc $A = (A-B)\cup B$ est dans $\overline{\underline{\underline{H}}}$, ce qui démontre le théorème.

Incidemment, nous avons montré que la famille des ensembles minces pour la horde $\underline{\underline{H}}$ est une horde, mais ceci est vrai de façon générale et se démontre de façon élémentaire. Soit $\underline{\underline{H}}$ une horde sur $(X,\underline{\underline{B}})$ et soit $\underline{\underline{P}}\subset\underline{\underline{B}}$ une famille d'ensembles disjoints. Si $\underline{\underline{P}} = (A_i)_{i\in I}$, on définit une horde $\underline{\underline{H}}_P$ en posant

$$\underline{\underline{H}}_P = \{A\in\overline{\underline{\underline{B}}} : A\cap A_i\in\underline{\underline{H}} \text{ sauf pour un ensemble dénombrable d'indices}\}$$

La horde $\overline{\underline{\underline{H}}}$ des ensembles minces est alors l'intersection des hordes $\underline{\underline{H}}_P$, $\underline{\underline{P}}$ parcourant l'ensemble des familles d'ensembles disjoints.

REGULARITE ET PROPRIETES LIMITES DES FONCTIONS ALEATOIRES

par Constantin NANOPOULOS et Photis NOBELIS

Une grande partie de la Théorie moderne du Calcul des Probabilités est consacrée à l'analyse aléatoire. Très rapidement avec le développement des outils appropriés, les chercheurs se sont intéressés à la régularité des trajectoires des fonctions aléatoires et plus particulièrement à la majoration et la continuité de celles-ci. Dans cette direction d'étude, le problème essentiel est de trouver des conditions suffisantes et éventuellement nécessaires pour qu'une fonction aléatoire ait presque sûrement ses trajectoires majorées ou continues. Durant ces vingt dernières années, deux familles de fonctions aléatoires ont attiré les efforts des Probabilistes : les fonctions aléatoires gaussiennes d'une part et, d'autre part, les fonctions aléatoires dont les lois ou les moments des accroissements se comportent de manière régulière.

L'étude des fonctions aléatoires gaussiennes trouve son origine dans celle du mouvement Brownien. Les premiers résultats, où l'utilisation du caractère gaussien est apparue, concernent les fonctions aléatoires définies sur $[0,1]^n$ et sont basés sur des découpages de plus en plus fins de cet ensemble (X. Fernique [8]). La méthode de l'ε - entropie, introduite par R.M. Dudley ([4]), a permis de généraliser les résultats précédents en faisant intervenir la structure topologique induite par la fonction aléatoire gaussienne sur l'ensemble où elle est définie. Par la suite, A. Garsia, E. Rodemich et H. Rumsey ([14]) ont obtenu des conditions suffisantes de continuité basées sur la convergence uniforme d'un développement orthogonal des fonctions aléatoires gaussiennes définies sur $[0,1]$. C. Preston ([25]) a généralisé ces résultats. En 1975 X. Fernique ([11]) a introduit dans l'étude des fonctions aléatoires gaussiennes, la méthode des mesures majorantes dont les outils essentiels sont les fonctions de Young et les espaces d'Orlicz. Nous reviendrons par la suite sur cette méthode qui est l'objet essentiel de notre travail.

L'étude des fonctions aléatoires à accroissements réguliers a débuté par les travaux de A. Kolmogorov et par ceux de M. Loève ([22]). Par la suite, plusieurs auteurs ont travaillé dans cette direction. Citons par exemple J. Delporte, P. Bernard ([1]), A. Garsia et E. Rodemich ([13]), R.M. Dudley ([5]) et M.C. Hahn ([16]). Les hypothèses portent essentiellement sur la régularité des moments des accroissements. Les conditions suffisantes sont basées sur des approximations des accroissements sur des intervalles de plus en plus fins.

Dans notre travail, nous montrons que la méthode des mesures majorantes est générale et permet de mettre en évidence les similitudes qui existent dans les différentes méthodes d'étude des trajectoires de fonctions aléatoires. Elle est basée sur une représentation par une intégrale dans des espaces d'Orlicz, d'une approximation de la fonction aléatoire étudiée.

Dans la première partie, nous exposons brièvement les notions et les résultats essentiels sur les fonctions de Young et les espaces d'Orlicz que nous utilisons par la suite.

Le premier chapitre est consacré à la présentation de la méthode des mesures majorantes dans toute sa généralité. Nous l'appliquons d'abord aux fonctions numériques pour aborder ensuite les fonctions aléatoires. Sous certaines hypothèses d'appartenance à un espace d'Orlicz, nous obtenons une conditions suffisante pour qu'une fonction aléatoire ait presque sûrement ses trajectoires majorées, à savoir l'existence d'une mesure de probabilité μ , telle que :

$$\sup_{t \in T} \int_0^{\delta(T)} \Phi^{-1}\left(\frac{1}{\mu^2(B_\delta(t,u))}\right) du < \infty ,$$

où Φ est une fonction de Young et δ un écart, liés tous deux à la fonction aléatoire étudiée. Pour la continuité des trajectoires, la condition suffisante que nous obtenons s'écrit :

$$\lim_{\varepsilon \downarrow 0} \sup_{t \in T} \int_0^{\varepsilon} \Phi^{-1}\left(\frac{1}{\mu^2(B_\delta(t,u))}\right) du = 0 .$$

Toutes les hypothèses que nous faisons, sont naturelles. La mesure μ est une mesure majorante. La suite de notre travail montre l'efficacité de cette méthode.

Les deux parties suivantes sont des applications directes. Dans un premier temps, nous étudions la famille de fonctions aléatoires associées à des fonctions de Young de type exponentiel. Nous obtenons des généralisations des résultats de X. Fernique ([11],[12]), de R.M. Dudley ([5]) et de N.C. Jain et M.B. Marcus ([19]). Nous montrons également que la méthode d'Orlicz, introduite par X. Fernique ([10]), qui est plus générale que celle des mesures majorantes, tout en reposant sur les mêmes principes, peut être étendue à cette famille de fonctions aléatoires. Dans un second temps, nous montrons que la méthode des mesures majorantes nous permet de retrouver, dans une de ces applications, des conditions suffisantes de continuité pour des fonctions aléatoires dont le moment d'ordre r des accroissements est régulier, conditions qui avaient été établies par des démarches totalement différentes.

La quatrième partie est consacrée à la nécessité des conditions. Nous montrons, avec une démarche analogue à celle du cas gaussien (X. Fernique [12]), que pour des familles particulières de fonctions aléatoires, les conditions suffisantes de majoration obtenues par la méthode d'Orlicz, sont également nécessaires.

Enfin, notre travail se termine par l'application de la méthode des mesures majorantes au Théorème Central Limite. La majoration uniforme des moments des accroissements d'une fonction aléatoire que la méthode nous a fournie dans le cadre de la continuité, nous permet d'obtenir deux résultats originaux : condition suffisante pour qu'une fonction aléatoire, associée à une fonction de Young de type exponentiel ou de type puissance, satisfasse à la propriété du Théorème Central Limite. Dans le deuxième cas, nous obtenons ainsi une extension d'un résultat de M.G. Hahn ([16]). -

TABLE DES MATIERES

O. FONCTIONS DE YOUNG ET ESPACES D'ORLICZ.

Cette partie est consacrée à la présentation de l'outil mathématique que nous utiliserons tout au long de notre travail, à savoir les espaces d'Orlicz associés aux fonctions de Young et à leurs conjuguées. La plupart des résultats que nous énonçons se trouvent dans l'ouvrage de M.A. Krasnoselsky et Y.B. Rutitsky ([21]) et dans l'appendice de l'ouvrage de J. Neveu ([23]).

O.1. Fonctions de Young.

Une fonction Φ définie sur R, est appelée fonction de Young si elle est continue, paire, convexe et vérifie :

$$\lim_{x\to 0} \frac{\Phi(x)}{x} = 0 , \quad \lim_{x\to\infty} \frac{\Phi(x)}{x} = \infty .$$

Du fait de ses propriétés de dérivation, une fonction de Young Φ peut s'écrire :

$$\Phi(x) = \int_0^{|x|} \varphi(t)dt ,$$

où $\varphi : R_+ \to R_+$ est continue à droite, croissante, s'annule à l'origine et tend vers l'infini avec t.

A chaque fonction de Young Φ on peut associer une autre fonction de Young Ψ, appelée conjuguée de Φ et définie par

$$\Psi(y) = \sup_{x\geq 0} (x|y| - \Phi(x)) .$$

Les deux exemples principaux de fonctions de Young que nous utiliserons dans notre travail sont les suivants :

i) On pose, pour tout $\alpha > 0$:

$$\Phi_\alpha(x) = \int_0^{|x|} (e^{t^\alpha} - 1)dt ;$$

c'est une fonction de Young ; on montre que sa conjuguée vérifie

$$\Psi_\alpha(x) = \int_0^{|x|} (\log(1+t))^{1/\alpha} dt .$$

Pour tout $x \geq 0$, on a les évaluations suivantes :

$$\frac{x}{2}(e^{(\frac{x}{2})^\alpha} -1) \leq \Phi_\alpha(x) \leq x(e^{x^\alpha} -1) ,$$

et

$$\frac{\alpha}{\alpha+1} x(\log(1+x))^{1/\alpha} \leq \Psi_\alpha(x) \leq x(\log(1+x))^{1/\alpha} .$$

On sera amené à utiliser des fonctions de Young de type exponentiel ayant, à l'infini, le même comportement que les précédentes ; on pose

$$\Phi_{\alpha,1}(x) = e^{|x|^\alpha} - \sum_{n\alpha \leq 1} \frac{|x|^{n\alpha}}{n!} ,$$

pour $\alpha > 0$.

ii) Pour tout $r > 1$, la fonction

$$\Phi_r(x) = \frac{|x|^r}{r} ,$$

est une fonction de Young et sa conjuguée est du même type, à savoir $\Psi_r(x) = \Phi_{r'}(x)$ où r' est le nombre réel conjugué de r.-

Une fonction de Young Φ et sa conjuguée Ψ vérifient, pour tout $x \geq 0$ et $y \geq 0$ l'inégalité suivante, appelée inégalité de Young :

$$xy \leq \Phi(x)+\Psi(y) .$$

Dans le cas des fonctions de type exponentiel nous utiliserons une inégalité différente, mais plus efficace. Pour $\alpha > 0$ et pour tout $x \geq 0$ et $y \geq 0$, on montre que :

$$xy \leq 2[y(\log(1+y))^{1/\alpha} + \Phi_\alpha(x)] ,$$

et

(0.1.1)
$$xy \leq y(2\log(1+y))^{1/\alpha} + C(\alpha)\Phi_{\alpha,1}(x) ,$$

où

$$C(\alpha) = 2^{[\frac{1}{\alpha}]+1}([\tfrac{1}{\alpha}]+1)! ,$$

avec $[t]$ désignant la partie entière de t .

On dit qu'une fonction de Young Φ vérifie la condition (Δ_2) , s'il existe une constante $K>0$ et $x_0 \geq 0$, tels que, pour tout $x \geq x_0$, on ait :

$$\Phi(2x) \leq K\Phi(x) .$$

Les fonctions vérifiant cette condition sont d'un intérêt particulier. Dans ([21]) sont donnés plusieurs critères de vérification de la condition (Δ_2) par une fonction de Young ou par sa conjuguée.-

0.2. Classes et espaces d'Orlicz.

Soient (T,d) un espace métrique séparable , $\mathcal{T}$ la tribu engendrée par les d-boules ouvertes de T et μ une mesure de probabilité sur $(T,\mathcal{T})$. On appelle classe d'Orlicz sur T associée à la fonction de Young Φ , l'ensemble, que l'on note $L_\Phi(T,\mu)$, des fonctions f définies sur T , telles que :

$$\int_T \Phi(f(t)d\mu(t) < \infty .$$

Une propriété caractéristique des classes d'Orlicz est que l'espace des fonctions μ-intégrables sur T , noté $L^1(T,\mu)$, est la réunion, sur toutes les fonctions de Young Φ , de toutes les classes d'Orlicz $L_\Phi(T,\mu)$.

Certaines classes $L_\Phi(T,\mu)$ sont des sous-espaces vectoriels de $\mathbb{R}^T$; c'est le cas si et seulement si Φ vérifie la condition (Δ_2) .

Si Ψ est la fonction conjuguée de Φ , on appelle espace d'Orlicz sur T associé à la fonction de Young Φ l'ensemble, que l'on note $L^{\Phi}(T,\mu)$, des fonctions f, définies sur T, telles que pour tout $g \in L_{\Psi}(T,\mu)$, on a :

$$\int_T f(t)g(t)d\mu(t) < \infty .$$

Tout espace d'Orlicz est un sous-espace vectoriel de $\mathbb{R}^T$; il contient la classe d'Orlicz correspondante et il y a égalité si et seulement si Φ vérifie la condition (Δ_2). Une autre différence est que deux fonctions de Young définissent la même classe d'Orlicz si et seulement si elles sont égales ; par contre il suffit qu'elles soient équivalentes à l'infini pour qu'elles définissent le même espace d'Orlicz.

Tout espace d'Orlicz est muni de deux normes équivalentes ; la première, appelée norme d'Orlicz, est définie par :

$$\|f\|_{\Phi,\mu} = \sup\{|\int_T f(t)g(t)d\mu(t)| : \int_T \Psi(g(t))d\mu(t) \leq 1\} ,$$

et la seconde, appelée norme de Luxemburg, est définie par

$$\text{(0.2.1)} \qquad \|f\|_{(\Phi),\mu} = \inf\{\alpha > 0 : \int_T \Phi(\frac{f(t)}{\alpha})d\mu(t) \leq 1\} .$$

L'espace $L^{\Phi}(T,\mu)$ muni de l'une de ces deux normes est un espace de Banach. De la définition de la norme de Luxemburg on déduit qu'une condition nécessaire et suffisante pour que $f \in L^{\Phi}(T,\mu)$ est qu'il existe une constante $\beta > 0$ telle que :

$$\int_T \Phi(\beta f(t))d\mu(t) < \infty .$$

Les résultats précédents, appliqués aux fonctions de Young de type exponentiel, nous donnent :

$$L^{\Phi_\alpha}(T,\mu) = L^{\Phi_{\alpha,1}}(T,\mu) ,$$

et

$$\frac{1}{2e}\|f\|_{(\Phi_{\alpha,1}),\mu} \leq \|f\|_{(\Phi_\alpha),\mu} \leq C(\alpha)\|f\|_{(\Phi_{\alpha,1}),\mu} .$$

Certaines formes linéaires, définies sur $L^{\Phi}(T,\mu)$ ou sur $L^{\Psi}(T,\mu)$, peuvent être majorées à partir des normes précédentes ; en effet, pour tout élément f de $L^{\Phi}(T,\mu)$ et tout élément g de $L^{\Psi}(T,\mu)$, on a les inégalités, appelées inégalités de Hölder généralisées,

$$\left|\int f(t)g(t)d\mu(t)\right| \leq \|f\|_{\Phi,\mu}\|g\|_{(\Psi),\mu} ,$$

$$\left|\int f(t)g(t)d\mu(t)\right| \leq \|f\|_{(\Phi),\mu}\|g\|_{\Psi,\mu} .$$

Nous utiliserons souvent les normes de fonctions indicatrices. Voici quelques-unes de leurs propriétés :

pour tout élément f de $L^{\Phi}(T,\mu)$ on a :

$$A,B \in \mathcal{T},\ A\subset B \Rightarrow \|I_A f\|_{(\Phi),\mu} \leq \|I_B f\|_{(\Phi),\mu} \leq \|f\|_{(\Phi),\mu} ,$$

pour toute constante $\beta>0$, telle que $\Phi(\beta f)$ soit μ-intégrable, il existe un nombre réel $\eta>0$, tel que :

(0.2.2) $$A\in\mathcal{T},\ \mu(A)\leq\eta \Rightarrow \|I_A f\|_{(\Phi),\mu} \leq \frac{1}{\beta} ,$$

pour tout $A\in\mathcal{T}$, tel que $\mu(A)>0$, on a :

$$\|I_A\|_{\Phi,\mu} = \mu(A)\Psi^{-1}\left(\frac{1}{\mu(A)}\right) ,$$

et

$$\|I_A\|_{(\Phi),\mu} = \frac{1}{\Phi^{-1}\left(\frac{1}{\mu(A)}\right)} .$$

Enfin pour les fonctions de Young de type exponentiel nous avons l'évaluation suivante des normes d'Orlicz de leurs conjuguées : pour toute fonction f on a :

$$\frac{1}{2(1+3.2^{1/\alpha})}\|f\|_{\Psi_\alpha,\mu} \leq \int_T |f|\left(\log\left(1+\frac{|f|}{\int_T |f|d\mu}\right)\right)^{1/\alpha} d\mu \leq K(\alpha)\|f\|_{\Psi_\alpha,\mu} ,$$

avec $$K(\alpha) = \exp(1 + \frac{1}{\alpha}\log\frac{2}{\alpha e}) \ , \quad \text{et}$$

$$(0.2.3) \quad \frac{1}{(1+3C(\alpha)2^{1/\alpha})}\|f\|_{\Psi_{\alpha,1},\mu} \leq \int_T |f|\left(\log\left(1+\frac{|f|}{\int_T |f|d\mu}\right)\right)^{1/\alpha} d\mu \leq \|f\|_{\Psi_{\alpha,1},\mu} .-$$

0.3. Dualité des espaces d'Orlicz.

Notons E^{Φ} la fermeture de l'ensemble des fonctions bornées de $L^{\Phi}(T,\mu)$. Du théorème de Lusin nous déduisons que E^{Φ} est également la fermeture de l'ensemble des fonctions continues de $L^{\Phi}(T,\mu)$; donc E^{Φ} est séparable. Le résultat le plus important est que pour toute forme linéaire ℓ , définie sur E^{Φ} , continue, il existe un élément g de $L^{\Psi}(T,\mu)$, tel que pour tout $f \in E^{\Phi}$, on a

$$\ell(f) = \int_T f(t)g(t)d\mu(t) \ ;$$

c'est-à-dire que le dual topologique de E^{Φ} est $L^{\Psi}(T,\mu)$.

Un cas particulier intéressant est celui où Φ vérifie la condition (Δ_2) ; en effet celle-ci est une condition nécessaire et suffisante pour que $E^{\Phi} = L^{\Phi}(T,\mu)$ et on a alors les propriétés précédentes pour $L^{\Phi}(T,\mu)$. C'est le cas, par exemple, pour les espaces $L^{\Psi_\alpha}(T,\mu), \alpha > 0$.-

I. MAJORATION ET CONTINUITE DES FONCTIONS ALEATOIRES REELLES. METHODE DES MESURES MAJORANTES.

Cette première partie de notre travail, comme nous l'avons annoncé dans l'introduction, est consacrée à la présentation dans son cadre le plus général de la méthode des mesures majorantes. Elle est divisée en deux parties. Dans le premier paragraphe nous juxtaposons les théorèmes de A. Garsia et de C. Preston. Ensuite nous développons la méthode de mesures majorantes et nous montrons ses similitudes et ses différences avec les deux premiers résultats. Dans le deuxième paragraphe nous abordons l'étude de la régularité des trajectoires de fonctions aléatoires réelles. La méthode nous donne des conditions suffisantes pour que celles-ci aient presque sûrement leurs trajectoires majorées ou continues. Nous discutons en détail des hypothèses que nous faisons et nous montrons que malgré le formalisme des espaces d'Orlicz elles sont naturelles.

Une partie des paragraphes est consacrée à l'étude des fonctions de Young de type puissance qui nous donnent par des calculs plus précis, dans certains cas, des conditions plus faibles.

1.1. Majoration et continuité de fonctions réelles. Méthode des mesures majorantes.

Les résultats généraux sur la majoration et la continuité des trajectoires de fonctions aléatoires réelles, que nous obtiendrons dans le deuxième paragraphe de ce chapitre, sont des applications de résultats concernant les fonctions réelles, que nous allons établir dans ce paragraphe.
La méthode des mesures majorantes nous permettra d'améliorer le résultat de C. Preston ([24]).

Dans un premier temps nous rappellerons le théorème de A. Garsia, E. Rodemich et H. Rumsey ([14]), qui concerne des fonctions définies sur [0,1].

Ensuite nous nous placerons dans un espace métrique quelconque et nous donnerons le théorème de C. Preston où apparaissent dans l'étude de la continuité, les espaces d'Orlicz associés à des fonctions de Young.

La suite du paragraphe sera consacrée à la méthode des mesures majorantes. Nous énoncerons le résultat de majoration et celui de continuité dans le cadre le plus général possible. Nous en déduirons des corollaires qui améliorent sensiblement le résultat de C. Preston. Nous verrons que les résultats finaux dépendent essentiellement de la fonction de Young utilisée et la méthode des mesures majorantes n'étant pas tout à fait unitaire, nous mettrons en évidence certaines classes de fonctions, les fonctions puissances, où les conditions optimales s'obtiennent de manière différente. Mais l'idée de la méthode est toujours la même : par une décomposition "standard" nous obtiendrons une représentation intégrale dans des espaces d'Orlicz et nous utiliserons l'inégalité de Hölder généralisée.

Le premier résultat qui a utilisé justement la technique de représentation par une intégrale est celui de A. Garsia, E. Rodemich et H. Rumsey ([14]). Le voici :

THEOREME 1.1.1. - Soit f une fonction définie et continue sur $[0,1]$, muni de la distance usuelle. Soit Φ une fonction définie sur R, positive, paire, croissante sur R_+ et tendant vers l'infini avec x. Pour tout x supérieur à $\Phi(0)$ on pose :

$$\Phi^{-1}(x) = \sup\{y : \Phi(y) \leq x\} .$$

Soit de plus ρ une fonction définie sur $[-1,1]$, positive, paire, croissante sur $[0,1]$, continue et s'annulant à l'origine. On suppose que :

$$B = \iint_{[0,1]^2} \Phi\left(\frac{f(x)-f(y)}{\rho(x-y)}\right)dxdy < \infty .$$

Dans ces conditions pour tout couple $(s,t) \in [0,1]^2$, on a :

$$|f(s)-f(t)| \leq 8 \int_0^{|s-t|} \Phi^{-1}\left(\frac{4B}{x^2}\right) d\rho(x) .$$

La démonstration est basée sur un découpage de $[0,1]$ par rapport à la distance usuelle, à partir d'un $t_o \in]0,1[$ fixé. On construit deux suites de nombres décroissant vers 0 , $(t_n ; n \in \mathbb{N})$ et $(d_n ; n \in \mathbb{N})$, telles que :

$$|f(t_o)-f(0)| \leq 4 \sum_{n=1}^{\infty} [\rho(d_{n-1})-\rho(d_n)]\Phi^{-1}\left(\frac{4B}{d_{n-1}^2}\right) .$$

Cette même inégalité appliquée à $f(1-t)$, nous permet de majorer $|f(0)-f(1)|$. On obtient le résultat en calculant cette dernière expression pour la fonction

$$\bar{f}(t') = f(s+t'(t-s)) ,$$

$t' \in [0,1]$ avec ,

$$\bar{\rho}(u) = \rho(u|s-t|) .$$

C'est cette technique de découpage qui est également à la base du résultat de C. Preston et de celui obtenu par les mesures majorantes. C. Preston ([24]) a généralisé le théorème précédent à une certaine classe de fonctions définies sur un espace métrique quelconque. Mais il a exigé en revanche que Φ soit plus régulière. En fait nous introduisons à partir de maintenant les notions et le langage des fonctions de Young et des espaces d'Orlicz. Les principaux résultats que nous utiliserons ont été rappelés dans le chapitre 0.

Dans toute la suite (T,d) sera un espace métrique séparable, $\mathcal{J}$ la tribu engendrée par les d-boules ouvertes de T et μ une mesure de probabilité sur $(T,\mathcal{J})$ telle que pour tout $t \in T$ et tout $r \in R_+^*$ on a :

$$\mu(B_d(t,r)) > 0 ,$$

où $B_d(t,r)$ désigne la d-boule ouverte de centre t et de rayon r. On suppose donc que le support de μ est T tout entier. On désignera par δ un écart défini sur T et d-continu. Pour toute fonction f définie sur T on notera :

$$\tilde{f}_{\rho,\delta}(u,v) = \frac{f(u)-f(v)}{\rho(\delta(u,v))}\, I(u,v)_{\{(s,t)\,:\,\delta(s,t)\neq 0\}} ,$$

où ρ sera toujours une fonction définie sur R_+, positive, croissante, s'annulant et continue à l'origine. Si aucune confusion n'est à craindre les indices seront omis.

C. Preston ([24]) a démontré le théorème suivant :

THEOREME 1.1.2. - Soit f une fonction définie sur T et vérifiant les deux hypothèses suivantes :

i) Il existe Φ et μ, définies comme ci-dessus, telles que

$$\tilde{f}_{\rho,d} \in L^{\Phi}(T\times T\,,\,\mu\otimes\mu)$$

ii) On a :

$$\int_0^1 \Phi^{-1}\left[\frac{1}{(\inf_{t\in T}\mu(B(t,\frac{u}{2})))^2}\right] d\rho(2u) < \infty .$$

Dans ces conditions, il existe une fonction f_0 définie sur T, continue et μ presque partout égale à f, telle que pour tout couple $(s,t)\in T\times T$ on a :

$$|f_0(s)-f_0(t)| \leq 10\|\tilde{f}_{\rho,d}\|_{(\Phi),\mu\otimes\mu} \int_0^{\frac{d(s,t)}{2}} \Phi^{-1}\left(\frac{1}{(\inf_{u\in T}\mu(B(u,v)))^2}\right) d\rho(2v) .$$

Remarquons que d'après l'hypothèse i) la norme de Luxemburg de $\tilde{f}$, que l'on a notée $\|\tilde{f}_{\rho;d}\|_{(\Phi),\mu\otimes\mu}$ (0.2.1) , est finie.

Si l'hypothèse intégrale est vérifiée alors la continuité de f_o est immédiate à partir de l'inégalité.

Nous verrons par la suite que le résultat de continuité obtenu par la méthode des mesures majorantes, est vérifié sous des hypothèses moins fortes que celles du théorème de C. Preston. En particulier nous l'énoncerons pour un écart δ d-continu quelconque, lié ou non à la fonction f. Ceci nous permettra un choix plus vaste dans l'étude des fonctions aléatoires.

Nous introduisons les notations suivantes, que nous garderons tout au long de notre travail. Pour une fonction de Young donnée Φ, on notera Ψ sa conjuguée. Soient une fonction f définie sur T et mesurable, une partie non négligeable S de $\mathfrak{T}$ et a un nombre réel strictement positif. Pour tout $t \in T$ et tout entier naturel n on pose :

$$\mu_n(t;S,\delta,a) = \mu(B_n(t,S,\delta,a)) = \mu(B_\delta(t,\frac{a}{2^n}) \cap S) ,$$

$$f_n(t;S,\delta,a) = \frac{1}{\mu_n(t;S,\delta,a)} \int_{B_n(t,S,\delta,a)} f(u)d\mu(u) ;$$

et si I_A désigne l'indicatrice de l'ensemble A, pour tout entier n supérieur à 1, on notera

$$g_n(u,v;t,S,\delta,a) = \frac{1}{\mu_n(t,S,\delta,a)\mu_{n-1}(t,S,\delta,a)} I_{B_n(t,S,\delta,a)\times B_n(t,S,\delta,a)}(u,v)$$

et

$$\bar{g}_n(u,v;t,S,\delta,a) = g_n(u,v;t,S,\delta,a) - g_n(v,u;t,S,\delta,a) .$$

On se placera toujours dans le cas où toutes ces quantités ont un sens. S'il n'y a pas de confusion possible les "variables" t,S,δ ou a seront omises pour alléger l'écriture.

La méthode des mesures majorantes, que nous allons exposer en détails dans le cadre de fonctions, est basée sur la proposition suivante :

PROPOSITION 1.1.3. - Soient f une fonction définie sur T, mesurable et $S \in \mathcal{T}$ une partie non négligeable telle que $\delta(S)$, son δ-diamètre, soit fini. On suppose qu'il existe une fonction de Young Φ et une mesure de probabilité μ sur $(T,\mathcal{T})$ telles que les propriétés suivantes soient vérifiées :

i) La restriction de $\tilde{f}_{\rho,\delta}$ à $S \times S$ est un élément de $L^{\Phi}(T \times T, \mu \otimes \mu)$.

ii) Pour tout $t \in S$ on a :

$$\lim_{n \to \infty} f_n(t;S,\delta,\delta(S)) = f_o(t) .$$

iii) La suite de terme général $\sum_{k=1}^{n} \rho(\delta(u,v))g_k(u,v;t,S,\delta,\delta(S))$ est bornée, uniformément en t, dans $L^{\Psi}(T \times T, \mu \otimes \mu)$.

Dans ces conditions pour tout $t \in S$ on a :

$$|f_o(t) - \frac{1}{\mu(S)} \int_S f(u)d\mu(u)| \leq \tfrac{1}{2} \|\tilde{f}_{\rho,\delta} I_{S \times S}\|_{(\Phi),\mu\otimes\mu} \sup_{s \in S} \| \sum_{k=1}^{\infty} \rho \bar{g}_k(\cdot;s,S,\delta,\delta(S))\|_{\Psi,\mu\otimes\mu} .$$

Démonstration : Malgré la complexité des notations, cell-ci est simple. L'outil essentiel est l'inégalité de Hölder généralisée. Nous allons obtenir une représentation intégrale de f_n à un facteur de centrage près. En effet, en effectuant la somme au deuxième membre de l'égalité qui suit, le choix des rayons des boules nous donne :

$$2(f_n(t) - \frac{1}{\mu(S)} \int_S f(u)d\mu(u)) = \iint_{S \times S} (f(u)-f(v))(\sum_{k=1}^{n} \bar{g}_k(u,v))d\mu\otimes\mu(u,v) .$$

Les supports des fonctions $\bar{g}_k$ étant inclus dans le complémentaire de l'ensemble $\{(u,v) : \delta(u,v) = 0\}$, on retrouve $\tilde{f}_{\rho,\delta}$ en introduisant le facteur $\rho(\delta(u,v))$.

Remarquons que si δ est une distance on peut se contenter des fonctions g_k et dans ce cas on n'a pas le coefficient 2 . Les conditions i) et iii) nous permettent d'appliquer l'inégalité de Hölder et d'obtenir le second membre de l'inégalité. L'hypothèse ii) nous donne, en faisant tendre n vers l'infini, le résultat annoncé.-

L'importance de cette proposition est capitale. Tout notre travail s'articule autour de celle-ci et dans la plupart des résultats que nous allons présenter c'est cette majoration que nous utiliserons. Les hypothèses peuvent paraître lourdes ; nous allons les commenter. La propriété i) est fondamentale ; dans le cas des fonctions elle est très forte ; par contre pour les fonctions aléatoires elle devient naturelle ; en effet, nous choisirons un écart δ lié à celles-ci de telle sorte que la propriété i) soit toujours vérifiée. La deuxième hypothèse est technique, nous la supprimerons de deux manières, soit en renforçant la condition iii) et alors on aura l'existence de f_o , soit dans le cas des fonctions aléatoires par le choix de l'écart δ qui nous donnera une convergence presque sûre en tout point vers la fonction étudiée.
Enfin la dernière condition paraît difficile à vérifier ; en fait nous allons en donner une écriture intégrale, à l'aide de Φ^{-1} , du type de celles de A. Garsia et C. Preston. Nous verrons également que pour certaines classes de fonctions de Young, les fonctions puissances, nous pourrons calculer directement la norme d'Orlicz de la série, les majorations seront alors, dans certains cas, plus fines.

COROLLAIRE 1.1.4. - Avec les mêmes notations que celles de la proposition précédente, on suppose qu'il existe une fonction de Young Φ et une mesure de probabilité μ sur $(T,\mathcal{T})$ telles que les propriétés suivantes soient vérifiées :

i) La restriction de $\tilde{f}_{\rho,\delta}$ à $S\times S$ est un élément de $L^{\Phi}(T\times T, \mu\otimes\mu)$.

ii) Pour tout $t\in S$ on a :

$$\lim_{n\to\infty} f_n(t;S,\delta,\delta(S)) = f_o(t)$$

iii) On a :

$$\sup_{s\in S}\int_0^{\frac{\delta(S)}{2}} \frac{\rho(6u)}{u}\,\Phi^{-1}\Big(\frac{1}{\mu^2(B_\delta(s,u)\cap S)}\Big)\,du < \infty .$$

Dans ces conditions pour tout $t \in S$ on a la majoration :

$$|f_o(t)-\frac{1}{\mu(S)}\int_S f(u)d\mu(u)| \le 2\|\tilde{f}_{\rho,\delta} I_{S\times S}\|_{(\Phi),\mu\otimes\mu}\sup_{s\in S}\int_0^{\frac{\delta(S)}{2}} \frac{\rho(6u)}{u}\,\Phi^{-1}\Big(\frac{1}{\mu^2(B_S(s,u)\cap S)}\Big)du.$$

Démonstration : Il suffit de montrer que l'intégrale de iii) est quatre fois plus grande que la norme d'Orlicz de la série de la proposition précédente. De l'inégalité triangulaire sur les normes on déduit :

$$B = \|\sum_{k\ge 1}\rho\,\bar{g}_k\|_{\Psi,\mu\otimes\mu} \le \sum_{k\ge 1}\frac{1}{\mu_k\mu_{k-1}}\|(I_{B_k\times B_{k-1}}-I_{B_{k-1}\times B_k})\rho\|_{\Psi,\mu\otimes\mu} .$$

Dans les ensembles de variations des couples (u,v), en utilisant la croissance de ρ et la définition des rayons, on a :

$$\rho(\delta(u,v)) \le \rho(\delta(u,t)+\delta(v,t)) ,$$

$$\le \rho\Big(\frac{\delta(S)}{2^k}+\frac{\delta(S)}{2^{k-1}}\Big) ,$$

$$\le \rho\Big(3\,\frac{\delta(S)}{2^k}\Big) = \rho\Big(6\,\frac{\delta(S)}{2^{k+1}}\Big) .$$

D'autre part d'après l'évaluation de la norme d'Orlicz d'une indicatrice et la croissance de $x\Phi^{-1}(\frac{1}{x})$ on a :

$$\|I_{B_k\times B_{k-1}}-I_{B_{k-1}\times B_k}\|_{\Psi,\mu\otimes\mu} = 2(\mu_k\mu_{k-1}-\mu_k^2)\,\Phi^{-1}\Big(\frac{1}{\mu_k\mu_{k-1}-\mu_k^2}\Big) ,$$

$$\le 2\mu_k\mu_{k-1}\,\Phi^{-1}\Big(\frac{1}{\mu_k\mu_{k-1}}\Big) .$$

Remarquons que le dernier terme est la norme d'Orlicz de $I_{B_k \times B_{k-1}}$. En reportant on a

$$B \le 2 \sum_{k \ge 1} \rho(6 \frac{\delta(S)}{2^{k+1}}) \Phi^{-1}(\frac{1}{\mu_k \mu_{k-1}}) ,$$

$$\le 4 \sum_{k \ge 1} \rho(6 \frac{\delta(S)}{2^{k+1}}) \Phi^{-1}(\frac{1}{\mu_k^2}) \frac{2^k}{\delta(S)} (\frac{\delta(S)}{2^k} - \frac{\delta(S)}{2^{k+1}}) ,$$

$$\le 4 \int_0^{\frac{\delta(S)}{2}} \frac{\rho(6u)}{u} \Phi^{-1}(\frac{1}{\mu^2(B_\delta(t,u) \cap S)}) \, du .$$

Ceci nous donne le résultat annoncé.

Le corollaire 1.1.4. justifie le nom de mesure majorante. De manière précise on a :

DEFINITION 1.1.5. - Soient (T,d) un espace métrique séparable, $\mathfrak{T}$ la tribu engendrée par les d-boules ouvertes de T et δ un écart sur T, d-continu. Si Φ est une fonction de Young, on dira qu'une mesure de probabilité μ sur $(T,\mathfrak{T})$ est une Φ-mesure majorante par rapport à δ si :

$$\sup_{t \in T} \int_0^{\frac{\delta(T)}{2}} \Phi^{-1}(\frac{1}{\mu^2(B_\delta(t,u))}) \, du < \infty .$$

Les calculs qui ont été faits dans la démonstration du corollaire 1.1.4. ne sont pas toujours les plus efficaces. Nous avons en effet utilisé brutalement l'inégalité triangulaire pour nous ramener au calcul de la norme d'Orlicz de fonctions indicatrices, calcul que nous savons faire de manière générale.
La majoration que nous avons obtenue est néanmoins très précise pour des fonctions de Young à croissance rapide, par exemple, comme nous le verrons par la suite, pour la famille de fonctions de Young de type exponentiel. Par contre pour certaines fonctions de Young, à croissance "lente", ce n'est pas toujours le cas. Pour une famille entre elles, les fonctions puissances :

$$\Phi_r(x) = \frac{|x|^r}{r} \quad (r > 1) \ ,$$

nous pouvons calculer directement la norme d'une somme de fonctions à supports disjoints. En effet, comme nous l'avons vu dans le chapitre 0 , pour Φ_r les espaces d'Orlicz sont les espaces usuels L^r et les normes d'Orlicz et de Luxemburg sont, à des constantes multiplicatives près, les normes usuelles.
Le corollaire 1.1.4, avec ces considérations, devient :

COROLLAIRE 1.1.6. - Soit f une fonction définie sur T , mesurable et $S \in \mathcal{J}$ une partie non négligeable telle que $\delta(S)$, son δ-diamètre, soit fini. On suppose qu'il existe un réel $r > 1$ et une mesure de probabilité μ sur $(T, \mathcal{J})$, tels que les propriétés suivantes soient vérifiées :

i) La restriction $\widetilde{f}_{\rho,\delta}$ à $S \times S$ soit un élément de $L^r(T \times T, \mu \otimes \mu)$.

ii) Pour tout $t \in S$ on a :

$$\lim_{n \to \infty} f_n(t; S, \delta, \delta(S)) = f_o(t)$$

iii) On a :

$$\sup_{t \in S} \int_o^{\frac{\delta(S)}{2}} \frac{\rho^{\frac{r}{r-1}}(6u)}{u \, \mu^{2/r-1}(B_\delta(t,u) \cap S)} du < \infty \ .$$

Dans ces conditions pour tout $t \in S$ on a la majoration :

$$|f_o(t) - \frac{1}{\mu(S)} \int_S f(u) d\mu(u)| \le (r 2^{r-2})^{\frac{1}{r}} \|\widetilde{f}_{\rho,\delta} I_{S \times S}\|_{(r),\mu\otimes\mu} \left[\sup_{s \in S} \int_o^{\frac{\delta(S)}{2}} \frac{\rho^{r/r-1}(6u)}{u \, \mu^{2/r-1}(B_\delta(s,u) \cap S)} du\right]^{\frac{r-1}{r}} .$$

Démonstration : Il suffit de majorer la norme de la série (1.1.3 iii)) par l'intégrale (1.1.6 iii)). Si r' désigne le nombre conjugué de r , comme nous l'avons vu dans le chapitre 0, $\Psi_r(x) = \frac{|x|^{r'}}{r'}$ et on a :

$$\|\sum_{k\geq 1} \rho\bar{g}_k\|_{r',\mu\otimes\mu} = r^{1/r}\left[\iint_{T\times T} (\sum_{k\geq 1} \rho\bar{g}_k)^{r'} d\mu\otimes\mu\right]^{1/r'} .$$

Les fonctions $\bar{g}_k$ étant à support disjoints, l'intégrale double du second membre est égale à

$$\sum_{k\geq 1} \iint_{T\times T} \rho^{r'}\bar{g}_k^{r'} d\mu\otimes\mu .$$

La conclusion se fait par des majorations identiques à celles de la démonstration du corollaire 1.1.4, en remarquant que

$$\iint_{T\times T} |I_{B_k\times B_{k-1}} - I_{B_{k-1}\times B_k}|^{r'} d\mu\otimes\mu = 2(\mu_k\mu_{k-1}-\mu_k^2) ,$$

et en remplaçant r' par sa valeur. -

Notons que dans ce cas particulier, l'utilisation des fonctions $\bar{g}_k$ est indispensable, même dans le cas où δ est une distance. Elles sont en effet à supports disjoints, ce qui n'est pas le cas des g_k .

Remarquons que la condition iii) du corollaire 1.1.4. s'écrit, pour les fonctions puissances :

$$\sup_{t\in S} \int_0^{\frac{\delta(S)}{2}} \frac{\rho(6u)}{u\,\mu^{2/r}(B_\delta(t,u)\cap S)} du < \infty .$$

Comme r est strictement plus grand que 1, on a :

$$\frac{1}{\mu^{2/r}(B_\delta(t,u)\cap S)} \leq \frac{1}{\mu^{2/r-1}(B_\delta(t,u)\cap S)} ;$$

par contre si ρ est plus petit que 1, on a :

$$\rho^{\frac{r}{r-1}}(6u) \leq \rho(6u) .$$

Autrement dit les conditions intégrales, que nous obtenons dans les deux corollaires pour les fonctions puissances, sont difficilement comparables. Leur efficacité dépend du choix de ρ , de μ et de r . Nous verrons que pour une famille de fonctions aléatoires particulières c'est la condition du corollaire 1.1.6. qui sera la plus faible.

La proposition 1.1.3. et les corollaires précédents vont nous permettre d'obtenir un résultat général de continuité. Nous en déduirons une amélioration du théorème 1.1.2. de C. Preston. Ce résultat général, en renforçant la condition iii) sur la série nous permet d'obtenir l'existence et la continuité de f_o . Dans le cas où δ est une distance elle nous donnera également l'égalité de f_o avec f μ-presque partout.

PROPOSITION 1.1.7. - Soit f une fonction définie sur T , mesurable. On suppose qu'il existe une fonction de Young Φ et une mesure de probabilité μ sur $(T,\mathfrak{T})$ telles que les propriétés suivantes soient vérifiées :

i) La fonction $\widetilde{f}_{\rho,\delta}$ est un élément de $L^{\Phi}(T\times T, \mu\otimes\mu)$.

ii) Si Ψ désigne la conjuguée de Φ , on a :

$$\lim_{\varepsilon\to o}\ \sup_{t\in T}\left\|\sum_{k=1}^{\infty}\rho(\delta)g_k(.;t,T,\delta,\varepsilon)\right\|_{\Psi,\mu\otimes\mu} = 0 .$$

Il existe alors une fonction f_o définie sur T , continue telle que pour tout $t\in T$ on a :

$$\lim_{n\to\infty} f_n(t;T,\delta,\varepsilon) = f_o(t) .$$

De plus pour tout s et t dans T on a la majoration :

$$|f_o(s)-f_o(t)|\le\|\widetilde{f}_{\rho,\delta}\|_{(\Phi),\mu\otimes\mu}\ \sup_{u\in T}\left\|\sum_{k=1}^{\infty}\rho(\delta)\bar{g}_k(;u,T,\delta,\delta(s,t))\right\|_{\Psi,\mu\otimes\mu} .$$

Démonstration : Démontrons l'existence de f_o. D'après un calcul analogue à celui de la proposition 1.1.3. nous avons la représentation intégrale :

$$2(f_m(t)-f_n(t)) = \iint \tilde{f}_{\rho,\delta}(u,v)\Big(\sum_{k=n+1}^{m} \rho(\delta(u,v))\bar{g}_k(u,v;t,T,\delta,\varepsilon)\Big)d\mu\otimes\mu(u,v) ,$$

où on a pris $m \geq n$. En appliquant l'inégalité de Hölder généralisée, la condition ii) nous donne l'existence pour tout $\eta > 0$, d'un entier $p = p(\varepsilon,\eta)$, tel que si m et n sont supérieurs à p, on a, pour tout $t \in T$:

$$|f_m(t)-f_n(t)| \leq \tfrac{1}{2}\eta \, \|\tilde{f}_{\rho,\delta}\|_{(\Phi),\mu\otimes\mu} .$$

La suite $(f_n; n \in \mathbb{N})$ est donc une suite de Cauchy sur T pour la norme uniforme, elle a une limite f_o.

Il ne nous reste plus qu'à montrer que f_o vérifie l'inégalité annoncée ; sa continuité en résultera, soient donc s et t fixés, on pose

$$A = B_\delta\Big(s,\frac{\delta(s,t)}{2}\Big) \cup B_\delta\Big(t,\frac{\delta(s,t)}{2}\Big) ,$$

$$\varepsilon = \delta(s,t) .$$

En prenant comme premier rayon $r_o = \delta(A)$ et $r_n = \frac{\varepsilon}{2^n}$, l'application de la proposition 1.1.3. pour $S = A$, nous donne

$$\Big|f_o(s) - \frac{1}{\mu(A)}\int_A f(u)d\mu(u)\Big| \leq \tfrac{1}{2}\|\tilde{f}_{\rho,\delta}I_{A\times A}\|_{(\Phi),\mu\otimes\mu} \sup_{u\in T}\Big\|\sum_{k\geq 1}\rho\bar{g}_k(\cdot;u,A,\delta,\varepsilon)\Big\|_{\Psi,\mu\otimes\mu} .$$

Cette même inégalité en t et le choix de A et des rayons nous donnent le résultat annoncé.-

Remarquons que l'on a majoré brutalement $\|\tilde{f}_{\rho,\delta}I_{A\times A}\|_{(\Phi),\mu\otimes\mu}$ par $\|\tilde{f}_{\rho,\delta}\|_{(\Phi),\mu\otimes\mu}$.

En se restreignant au couple (s,t) tel que $\delta(s,t) < \eta$ alors la norme de $\tilde{f}_{\rho,\delta}I_{A\times A}$ est majorée par celle de

$$\tilde{f}_{\rho,\delta} I_{\{(u,v):\delta(u,v)<2\eta\}} ,$$

en vertu d'un résultat du paragraphe 0.2. Cette remarque sera utilisée dans l'étude des fonctions aléatoires. Tous les résultats de continuité des trajectoires, que nous obtiendrons seront des applications de la proposition précédente.

Comme pour les majorations, la condition ii) peut s'exprimer plus agréablement sous forme intégrale à l'aide de Φ^{-1}. Nous avons le corollaire :

COROLLAIRE 1.1.8. - Soit f une fonction définie sur T, mesurable. On suppose qu'il existe une fonction de Young Φ et une mesure de probabilité μ sur $(T,\mathcal{T})$ telles que les propriétés suivantes soient vérifiées :

i) La fonction $\tilde{f}_{\rho,\delta}$ est un élément de $L^{\Phi}(T\times T, \mu\otimes\mu)$.

ii) On a :

$$\lim_{\varepsilon\to o} \sup_{t\in T} \int_o^{\varepsilon} \frac{\rho(6u)}{u} \Phi^{-1}\left(\frac{1}{\mu^2(B_\delta(t,u))}\right) du = 0 .$$

Il existe alors une fonction f_o, définie sur T, continue telle que :

$$\lim_{n\to\infty} f_n(t;T,\delta,\varepsilon) = f_o(t) ;$$

De plus pour tout s et $t\in T$ on a la majoration

$$|f_o(s)-f_o(t)| \leq 4\|\tilde{f}_{\rho,\delta}\|_{(\Phi),\mu\otimes\mu} \sup_{v\in T} \int_o^{\frac{\delta(s,t)}{2}} \frac{\rho(6u)}{u} \Phi^{-1}\left(\frac{1}{\mu^2(B_\delta(v,u))}\right) du .$$

La démonstration est une application directe du corollaire 1.1.4. et de la proposition 1.1.7.

Nous étudions maintenant les relations entre f et f_o. Un cas particulier où les calculs sont agréables est celui où δ est une distance ; nous avons l'énoncé suivant :

PROPOSITION 1.1.9. - Soit f une fonction définie sur T, mesurable. On suppose qu'il existe une fonction de Young Φ et une mesure de probabilité μ sur $(T,\mathcal{T})$ telles que les propriétés suivantes soient vérifiées :

i) La fonction $\tilde{f}_{\rho,\delta}$ est un élément de $L^{\Phi}(T\times T, \mu\otimes\mu)$.

ii) Si Ψ désigne la conjuguée de Φ on a :

$$\lim_{\varepsilon\to o}\ \sup_{t\in T} \left\| \sum_{k\geq 1} \rho\left(\frac{\varepsilon}{2^k}\right) g_k(\,;t,T,\delta,\varepsilon)\right\|_{\Psi,\mu\otimes\mu} = 0 .$$

Il existe alors une fonction f_o, définie sur T, continue et μ-presque partout égale à f, telle que pour tout s et $t\in T$ on ait :

$$|f_o(s)-f_o(t)| \leq \|\tilde{f}_{\rho,\delta}\|_{(\Phi),\mu\otimes\mu} \sup_{u\in T} \left\| \sum_{k\geq 1} \rho(\delta)\bar{g}_k(\,;u,T,\delta,\delta(s,t))\right\|_{\Psi,\mu\otimes\mu} .$$

Démonstration : En appliquant la proposition 1.1.7, il suffit de montrer que la limite f_o de la suite f_n est μ-presque partout égale à f. Par définition de la norme de Luxemburg, il existe une partie $N\in\mathcal{T}$ négligeable telle que pour tout $t\notin N$ on a :

$$\|\tilde{f}_{\rho,\delta}(t,.)\|_{(\Phi),\mu} < \infty .$$

On se fixe $t\notin N$. Un calcul simple nous donne :

$$(f_n(t)-f(t)) = \int_T (f(u)-f(t)) I_{B_n(t)}(u)\, \frac{d\mu(u)}{\mu_n(t)} .$$

En introduisant le facteur $\rho(\delta(t,u))$, l'inégalité de Hölder généralisée donne :

$$|f_n(t)-f(t)| \le \|\widetilde{F}_{\rho,\delta}(t,.)\|_{(\Phi),\mu} \|\rho(\delta(t,.))\frac{I_{B_n}(t)}{\mu_n(t)}\|_{\Psi,\mu},$$

$$\le \frac{1}{\Phi^{-1}(1)} \|\widetilde{F}_{\rho,\delta}(t,.)\|_{(\Phi),\mu} \|\rho(\frac{\varepsilon}{2^n})\, g_n(;t,T,\delta,\varepsilon)\|_{\Psi,\mu\otimes\mu}.$$

La condition ii) nous donne, en faisant tendre n vers l'infini, le résultat.-

Cette proposition est l'amélioration du résultat de C. Preston. De manière analogue à celle du corollaire 1.1.8. nous obtenons une représentation intégrale de la série à l'aide de Φ^{-1}. La condition de continuité s'écrit alors

$$\lim_{\varepsilon\to o}\ \sup_{t\in T} \int_o^\varepsilon \frac{\rho(6u)}{u}\, \Phi^{-1}\Big(\frac{1}{\mu^2(B(t,u))}\Big)\, du = 0 .$$

Dans le cas particulier des fonctions de Young de type puissance, les résultats de continuité s'énoncent :

COROLLAIRE 1.1.10. - Soit f une fonction définie sur T et mesurable. On suppose qu'il existe un réel $r>1$, et une mesure de probabilité μ sur $(T,\mathcal{J})$, tels que les propriétés suivantes soient vérifiées :

i) La fonction $\widetilde{F}_{\rho,\delta}$ est un élément de $L^r(T\times T,\mu\otimes\mu)$.

ii) On a :

$$\lim_{\varepsilon\to o}\ \sup_{t\in T} \int_o^\varepsilon \frac{\rho^{r/r-1}(6u)}{u\mu^{2/r-1}(B_d(t,u))}\, du = 0 .$$

Il existe alors une fonction f_o, définie sur T, continue et μ-presque partout égale à f, telle que pour tout $s,t\in T$ on ait :

$$|f_o(s)-f_o(t)| \le 6\ \|\widetilde{F}_{\rho,d}\|_{(r),\mu\otimes\mu}\Big[\sup_{v\in T}\int_o^{\frac{d(s,t)}{2}} \frac{\rho^{\frac{r}{r-1}}(6u)}{u\mu^{2/r-1}(B_d(v,u))}\, du\Big]^{\frac{r-1}{r}} .$$

Pour la démonstration il suffit d'appliquer la technique du corollaire 1.1.6. à la proposition 1.1.9.

Ce dernier résultat termine l'étude des fonctions. Nous allons à présent appliquer ces corollaires à l'étude de majoration et de continuité des trajectoires de fonctions aléatoires.

1.2. Majoration et continuité des trajectoires de fonctions aléatoires. Méthode des mesures majorantes.

Ce paragraphe est consacré à l'étude de la régularité des trajectoires de fonctions aléatoires. Nous allons établir, sous des hypothèses assez générales, des conditions suffisantes pour que les trajectoires de telles fonctions soient majorées ou continues presque sûrement. La méthode que nous utilisons est celle des mesures majorantes. Ce paragraphe et les chapitres suivants nous permettent de montrer que cette méthode, qui a été introduite par X. Fernique ([11]) dans l'étude des trajectoires des processus gaussiens, peut être étendue à l'étude de famille quelconque de fonctions aléatoires.

Les principaux résultats de ce paragraphe seront obtenus à l'aide des corollaires 1.1.4. et 1.1.8. Nous les appliquerons à une suite de fonctions aléatoires qui convergera vers la fonction étudiée ; nous éviterons ainsi le développement de Karhunen-Loève qui a été utilisé par A. Garsia, E. Rodemich et H. Rumsey ([14]) et C. Preston ([25]) dans l'application de leurs théorème respectif (1.1.1. et 1.1.2) à l'étude des processus gaussiens.

Dans un premier temps nous donnons quelques résultats techniques ; en particulier une proposition où nous étudions le comportement de la norme de Luxemburg des accroissements normalisés d'une fonction aléatoire. Dans la suite nous présentons les théorèmes de majorations et de continuité pour conclure ce paragraphe avec quelques corollaires immédiats.

La méthode des mesures majorantes que nous présentons est à rapprocher avec la technique de P. Boulicaut ([3]). En effet il a utilisé également le formalisme des fonctions de Young et des espaces d'Orlicz pour l'étude de la continuité des trajectoires de fonctions aléatoires. Mais quoique les résultats auxquels nous aboutissons sont similaires, les démarches sont totalement différentes et les hypothèses de départ plus faibles comme nous le verrons.

Nous commençons par définir les différentes quantités que nous utiliserons. Comme précédemment (T,d) désignera un espace métrique séparable et $(\Omega,\mathcal{C},P)$ un espace d'épreuves. On se donne

$$X = \{X(\omega,t);\omega\in\Omega,\ t\in T\}\ ,$$

une fonction aléatoire réelle. Soit $r\geq 1$ et supposons

$$\delta(s,t) = (E|X(s)-X(t)|^r)^{1/r}\ ,$$

fini pour tout couple $(s,t)\in T\times T$, δ est donc un écart que l'on exigera d-continu sur T . Cette hypothèse implique que X est continu en probabilité. On supposera X séparable et $\mathcal{C}\otimes\mathcal{T}$-mesurable. Comme dans le paragraphe 1.1. on note

$$\tilde{X}_{Id,\delta}(\omega,s,t) = \tilde{X}_\delta(\omega,s,t) = \frac{X(\omega,s)-X(\omega,t)}{\delta(s,t)}\ I_{\{(u,v):\delta(u,v)\neq 0\}}(s,t)\ .$$

Les résultats que nous obtiendrons se généralisent aisément à $\tilde{X}_{\rho,\delta}$. Si aucune confusion n'est à craindre les indices seront omis.

Nous donnons en premier lieu un lemme de "dérivation" de X par rapport à des boules ouvertes.

LEMME 1.2.1. - <u>Soient</u> X <u>une fonction aléatoire définie sur un espace métrique séparable</u> (T,d) , $(\Omega,\mathcal{C},P)$ <u>un espace d'épreuves et</u> μ <u>une mesure de probabilité sur</u> $(T,\mathcal{T})$; <u>soit de plus</u> $r = (r_n;n\in\mathbb{N})$ <u>le terme général d'une série à termes positifs, convergente, on pose :</u>

$$X_n(t) = X_n(t;T,\delta,r) = \frac{1}{\mu_n(t;T,\delta,r)} \int_{B_n(t,T,\delta,r)} X(u)d\mu(u) .$$

Dans ces conditions pour tout $t \in T$, $X_n(t)$ converge presque sûrement vers $X(t)$ quand n tend vers l'infini.

Démonstration : La définition de X_n, la mesurabilité de X, le théorème de Fubini et l'inégalité de Hölder, nous donnent, par définition de δ :

$$E|X_n(t)-X(t)| \leq E(\frac{1}{\mu_n(t)} \int_{B_n(t)} |X(u)-X(t)|d\mu(u)) ,$$

$$\leq \frac{1}{\mu_n(t)} \int_{B_n(t)} \delta(u,t)d\mu(u) ,$$

$$\leq r_n ,$$

qui est le terme général d'une série convergente ; le lemme est démontré.-

Grâce à ce lemme on pourra appliquer la méthode des mesures majorantes sans hypothèses de convergence.

Nous formulons à présent les deux hypothèses générales qui concernent l'appartenance de $\widetilde{X}_\delta$ à des espaces d'Orlicz et que nous ferons constamment dans ce paragraphe.

On notera (H_1) et (H_2) les propriétés suivantes :

(H_1) : Il existe une mesure de probabilité μ sur $(T,\mathcal{J})$ et une fonction de Young Φ telles que

$$\widetilde{X}_\delta \in L^\Phi(T \times T, \mu \otimes \mu) ,$$

P - presque sûrement.

(H_2) : Il existe une mesure de probabilité μ sur $(T,\mathcal{J})$ et une fonction de Young Φ telles que :

$$\widetilde{X}_\delta \in L^\Phi(\Omega\times T\times T\, ,\, P\otimes\mu\otimes\mu)\ .$$

Ces deux hypothèses appellent quelques commentaires :

REMARQUES 1.2.2 : a) C'est l'hypothèse (H_2) que l'on peut vérifier en pratique ; en effet, d'après le paragraphe 0.2. elle est équivalente à l'existence d'une mesure de probabilité μ sur $(T,\mathcal{T})$, d'une fonction de Young Φ et d'une constante $\beta>0$ telles que :

$$\iint_{T\times T} E(\Phi(\beta\widetilde{X}_\delta))d\mu\otimes\mu<\infty\ .$$

b) D'après ce qui précède, si l'hypothèse (H_2) est vérifiée, il existe alors une mesure de probabilité μ sur $(T,\mathcal{T})$, une fonction de Young Φ et une constante strictement positive β , telles que pour P-presque tout $\omega\in\Omega$ on a :

$$\iint_{T\times T} \Phi(\beta\widetilde{X}_\delta(\omega,.))d\mu\otimes\mu<\infty\ ;$$

C'est l'hypothèse (H_1) . Par contre, si cette dernière est vérifiée, nous pourrons alors trouver, pour P-presque tout $\omega\in\Omega$, une constante $\beta=\beta(\omega)$, strictement positive, qui n'est pas forcément une variable aléatoire, telle que

$$\iint_{T\times T} \Phi(\beta(\omega)\widetilde{X}_\delta(\omega,.))d\mu\otimes\mu<\infty\ .$$

Ceci n'entraîne évidemment pas l'hypothèse (H_2) . Dans la suite nous montrerons que parmi toutes les "constantes" $\beta(\omega)$, il en existe une qui est une variable aléatoire.

c) Remarquons que l'hypothèse de P. Boulicaut ([3]), pour tout couple $(s,t)\in T\times T$

$$\|X(s)-X(t)\|_{(\Phi),P}\le\rho(d(s,t))\ ,$$

entraîne l'hypothèse (H_2) pour $\widetilde{X}_{\rho,\delta}$; en effet elle est équivalente à

$$E(\Phi(\widetilde{X}_{\rho,d})) \leq 1 .$$

Par contre, la réciproque n'est pas vraie. Donc tous nos résultats concernant $\widetilde{X}_{\rho,d}$ seront appliquables à une famillé plus vaste de fonctions aléatoires.

En fait l'hypothèse qui est essentielle est que

$$\delta(s,t) = (E|X(s)-X(t)|^r)^{1/r} ,$$

définisse bien un écart. Ceci suffit pour que l'hypothèse (H_2) reste vérifiée. C'est net si $r > 1$ $(\Phi(x) = \frac{|x|^r}{r})$, c'est vrai aussi si $r = 1$ d'après les propriétés des fonctions intégrables.

De deux espaces d'Orlicz contenant $\widetilde{X}_\delta$ on aura avantage à choisir celui qui est le plus petit ; c'est-à-dire celui qui est défini par la fonction de Young, la plus grande au sens de la relation d'ordre partiel définie par M.A. Krasnoselsky et Y.B. Rutitsky ([21]) à savoir

$$\Phi_1 < \Phi_2 \Leftrightarrow (\exists\, x_o , \exists\, K : x \geq x_o \Rightarrow \Phi_1(x) \leq \Phi_2(Kx)) .$$

Les conditions de majoration et de continuité s'exprimant à l'aide de Φ^{-1} , comme nous l'avons vu dans le premier paragraphe, nous obtiendrons alors les conditions les plus faibles.

Nous allons à présent étudier le comportement de la norme de Luxemburg de $\widetilde{X}_\delta$ sous les différentes hypothèses.

PROPOSITION 1.2.4. - <u>Soient</u> X <u>une fonction aléatoire définie sur un espace métrique séparable</u> (T,d) <u>et</u> δ <u>l'écart d'ordre</u> 1 <u>induit par</u> X <u>sur</u> T . <u>On a les propriétés suivantes</u> :

i) <u>Sous l'hypothèse</u> (H_1) <u>la quantité</u> $\|\widetilde{X}_\delta(\omega,.)\|_{(\Phi),\mu\otimes\mu}$ <u>définit une variable aléatoire.</u>

ii) <u>Sous l'hypothèse</u> (H_2) <u>il existe une constante</u> $\beta = \beta_X$ <u>strictement positive telle que :</u>

$$x > \beta \Rightarrow P(\|\widetilde{X}_\delta\|_{(\Phi),\mu\otimes\mu} > x) \leq \frac{\beta}{x} .$$

iii) <u>Sous l'hypothèse</u> (H_2) , <u>pour tout</u> $\varepsilon > 0$ <u>il existe une variable aléatoire</u> $\eta = \eta(\omega)$ <u>presque sûrement strictement positive telle que :</u>

$$A \in \mathfrak{T},\ \mu(A) < \eta(\omega) \Rightarrow \|\widetilde{X}_\delta(\omega,.)I_{A\times A}\|_{(\Phi),\mu\otimes\mu} \leq \beta(1+\varepsilon)$$

<u>où la constante</u> β <u>est la mêmc qu'en ii).</u>

<u>Démonstration</u> : i) Pour toute constante $\gamma > 0$, par définition de la norme de Luxemburg, on a :

$$\{\omega : \|\widetilde{X}(\omega,.)\|_{(\Phi),\mu\otimes\mu} \leq \gamma\} = \{\omega : \iint_{T\times T} \Phi(\frac{\widetilde{X}(\omega,.)}{\gamma}) d\mu\otimes\mu \leq 1\} .$$

Les hypothèses de mesurabilité de X entraînent la mesurabilité du second ensemble et de là le résultat.

ii) D'après l'hypothèse (H_2) , il existe une constante

$$\beta = \|\widetilde{X}_\delta\|_{(\Phi),P\otimes\mu\otimes\mu} ,$$

telle que :

$$\iint_{T\times T} E\Phi(\frac{\widetilde{X}}{\beta}) d\mu\otimes\mu \leq 1 .$$

Pour tout $x \geq \beta$, l'inégalité de Čebičev, la mesurabilité de X et la convexité de Φ nous donnent

$$\begin{aligned} P(\|\widetilde{X}_\delta\|_{(\Phi),\mu\otimes\mu} > x) &\leq P(\iint_{T\times T} \Phi(\frac{\widetilde{X}_\delta}{x})\, d\mu\otimes\mu > 1) ,\\ &\leq E \iint_{T\times T} \Phi(\frac{\widetilde{X}_\delta}{x})\, d\mu\otimes\mu ,\\ &\leq \frac{\beta}{x} . \end{aligned}$$

C'est le résultat.-

iii) Le nombre β étant la même constante que précédemment, pour tout $\varepsilon > 0$, on pose $\gamma = \frac{1}{(1+\varepsilon)\beta}$; alors $\Phi(\gamma \widetilde{X}_\delta)$ est P-presque sûrement $\mu \otimes \mu$-intégrable. L'application de la propriété 0.2.2. nous donne le résultat annoncé.-

On remarquera que le résultat ii) ci-dessus n'est pas très efficace ; il ne nous assure même pas de l'intégrabilité de $\|\widetilde{X}\|_{(\Phi),\mu\otimes\mu}$. En fait, dans la plupart des applications que nous verrons, nous obtiendrons des majorations beaucoup plus précises qui nous permettront de vérifier au moins l'intégrabilité de la norme de $\widetilde{X}$.

Nous en venons à présent aux deux résultats principaux de ce paragraphe. Le premier théorème nous donne une condition suffisante pour qu'une fonction aléatoire ait presque sûrement ses trajectoires majorées :

THEOREME 1.2.5. - Soient (T,d) un espace métrique séparable et $(\Omega,\mathcal{C},P)$ un espace d'épreuves. Soit X une fonction aléatoire réelle définie sur T, vérifiant l'hypothèse (H_1) et telle que l'écart d'ordre 1 induit par X sur T est bien défini. De plus on suppose que le δ-diamètre, $\delta(T)$, de T, est fini et que :

$$\sup_{t\in T} \int_0^{\delta(T)} \Phi^{-1}\left(\frac{1}{\mu^2(B_\delta(t,u))}\right) du < \infty ,$$

où Φ et μ sont déterminées par (H_1). Dans ces conditions il existe une partie négligeable N de Ω telle que pour tout $\omega \notin N$ et tout $t \in T$ on ait :

$$|X(\omega,t) - \int_T X(\omega,s)d\mu(s)| \leq 6\|\widetilde{X}_\delta(\omega,.)\|_{(\Phi),\mu\otimes\mu} \sup_{s\in T} \int_0^{\frac{\delta(T)}{2}} \Phi^{-1}\left(\frac{1}{\mu^2(B_\delta(s,u))}\right) du .$$

Démonstration : Nous allons appliquer le corollaire 1.1.4. pour $\rho = Id$ et $S = T$. Pour tout $t \in T$ et tout entier n, positif, comme dans le paragraphe 1.1. et le lemme 1.2.1, nous posons :

$$X_n(t) = X_n(t;T,\delta,\delta(T)) = \frac{1}{\mu_n(t,T,\delta,\delta(T))}\int_{B_n(t,T,\delta,\delta(T))} X(u)d\mu(u) \ ,$$

où μ est la mesure de probabilité déterminée par (H_1). Nous allons vérifier les hypothèses du corollaire 1.1.4. La condition i) est valable pour tout ω en dehors d'une partie négligeable N_o et ceci en vertu de (H_1). Pour la condition ii) il suffit d'appliquer le lemme 1.2.1 ; en effet comme la série de terme général $\frac{\delta(T)}{2^n}$ est convergente, pour tout $t \in T$, $X_n(t)$ converge presque sûrement vers $X(t)$ quand n tend vers l'infini. Soit, pour t fixé, N_t l'ensemble de divergence, qui est négligeable. La troisème condition est satisfaite par hypothèse. L'application du corollaire, nous donne pour tout $t \in T$, l'existence d'une partie négligeable N_t de Ω telle que pour tout $\omega \notin N_o \cup N_t$, on a :

$$|X(\omega,t)-\int_T X(\omega,u)d\mu(u)| \leq 6\|\widetilde{X}_\delta(\omega,.)\|_{(\Phi),\mu\otimes\mu} \sup_{s\in T}\int_o^{\frac{\delta(T)}{2}} \Phi^{-1}\left(\frac{1}{\mu^2(B(s,v))}\right) dv \ .$$

Soit $(t_n \ ; n \in \mathbb{N})$ une suite dense dans T ; la continuité en probabilité de X entraîne que cette suite est séparante. Soit N_1 la partie négligeable de Ω associé à la séparabilité de X pour cette suite. Pour tout $\omega \notin N_1$ et tout $t \in T$ on a :

$$|X(\omega,t)-\int_T X(\omega,u)d\mu(u)| \leq \limsup_{t_n \to t} |X(\omega,t_n)-\int_T X(\omega,u)d\mu(u)| \ .$$

En posant $N = N_o \cup N_1 \cup (\bigcup_{n\in\mathbb{N}} N_{t_n})$, pour tout $\omega \notin N$, qui est une partie négligeable de Ω, et tout $t \in T$, nous en déduisons la majoration annoncée.-

Remarquons que l'hypothèse que nous avons faite sur le δ-diamètre de T n'est pas une hypothèse artificielle : c'est une condition nécessaire pour que $E(\sup_{t\in T}|X(t)|)$ soit fini.

Le théorème précédent se généralise aisément, toujours en utilisant le corollaire 1.1.4, à une partie quelconque mesurable S de Ω et à une fonction ρ vérifiant les hypothèses de régularité adéquates. Notons également que dans le cas des fonctions de Young de type puissance, nous obtenons aisément un résultat de majoration analogue au corollaire 1.1.6, pour les fonctions aléatoires.

Comme dans le cas des fonctions réelles, le théorème précédent justifie le nom de mesure majorante. De manière précise nous posons :

DEFINITION 1.2.6. - Soient (T,d) un espace métrique séparable et $(\Omega,\mathcal{C},P)$ un espace d'épreuves. Soit X une fonction aléatoire réelle telle que l'écart d'ordre 1, δ, induit sur T par X est bien défini. On dira qu'une mesure de probabilité μ sur $(T,\mathcal{J})$ est une Φ-mesure majorante pour X par rapport à δ, si les deux conditions suivantes sont vérifiées :

i) $\widetilde{X}_\delta \in L^\Phi(T\times T, \mu\otimes\mu)$ P-presque sûrement

ii) $\sup\limits_{t\in T} \int_0^{\frac{\delta(T)}{2}} \Phi^{-1}\left(\frac{1}{\mu^2(B_\delta(t,u))}\right) du < \infty .$

Dans la plupart des cas où nous appliquerons la méthode, la première condition sera vérifiée pour toute mesure de probabilité μ. Donc une Φ-mesure majorante pour une fonction aléatoire sera une Φ-mesure majorante sur T par rapport à l'écart δ au sens de la définition 1.1.5.

Nous en venons à présent au deuxième résultat important de ce paragraphe à savoir un théorème de continuité. Nous allons obtenir, comme dans le paragraphe 1.1, une majoration des accroissements d'une fonction aléatoire.

THEOREME 1.2.7. - Soient (T,d) un espace métrique séparable et $(\Omega,\mathcal{C},P)$ un espace d'épreuves. Soit X une fonction aléatoire réelle, définie sur T et telle que l'écart d'ordre 1 induit sur T par X soit bien défini. On suppose qu'il existe sur $(T,\mathcal{J})$ une mesure de probabilité μ qui est une Φ-mesure majorante pour X par rapport à δ , et pour tout ε strictement positif on définit la variable aléatoire

$$Y_{\varepsilon}(\omega) = \|\widetilde{X}_{\delta}(\omega,.) I_{\{(u,v):\delta(u,v)<2\varepsilon\}}\|_{(\Phi),\mu\otimes\mu} .$$

Dans ces conditions il existe une variable aléatoire Y'_{ε} de même loi que Y_{ε} telle que pour tout ε strictement positif on ait :

$$\delta(s,t)<\varepsilon \Rightarrow |X(\omega,s)-X(\omega,t)| \leq 12\, Y'_{\varepsilon}(\omega) \sup_{u\in T} \int_{0}^{\frac{\delta(s,t)}{2}} \Phi^{-1}\left(\frac{1}{\mu^{2}(B_{\delta}(u,v))}\right)dv .$$

Démonstration : Remarquons tout d'abord qu'en vertu de la proposition 1.2.4. i), Y_{ε} est bien une variable aléatoire qui est majorée par $\|\widetilde{X}(\omega,.)\|_{(\Phi),\mu\otimes\mu}$. La démonstration est immédiate à partir de la proposition 1.1.7. et du théorème précédent, en remarquant que si

$$A = B(s,\frac{\delta(s,t)}{2}) \cup B(t,\frac{\delta(s,t)}{2}) ,$$

alors

$$A \times A \subset \{(u,v) : \delta(u,v) < 2\varepsilon\} ,$$

dès que $\delta(s,t)$ est plus petit que ε . Pour avoir le résultat annoncé il reste à poser $Y'_{\varepsilon} = Y_{\varepsilon}$ en dehors du négligeable associé à la séparabilité de X et à la convergence presque sûre de X_n , et $Y_{\varepsilon} = +\infty$ sur ce dernier.-

Les différents choix de Φ et μ étant illimités, les théorèmes 1.2.5. et 1.2.7 ont un champ très vaste d'applications. Nous en verrons quelques-unes dans les chapitres suivants. En fait le reste de notre travail est consacré à la mise en oeuvre de la méthode des mesures majorantes pour des fonctions aléatoires particulières. Nous allons conclure ce paragraphe par un corollaire qui nous donne une condition suffisante de continuité, condition que nous utiliserons par la suite.

COROLLAIRE 1.2.8. - Soient (T,d) un espace métrique séparable et $(\Omega,\mathcal{G},P)$ un espace d'épreuves. Soient X une fonction aléatoire, définie sur T, et μ une Φ-mesure majorante pour X par rapport à δ. On suppose de plus que X vérifie l'hypothèse (H_2). Une condition suffisante pour que X ait ses trajectoires presque sûrement continues est que :

$$\lim_{\varepsilon\to 0} \sup_{t\in T} \int_0^{\varepsilon} \Phi^{-1}\left(\frac{1}{\mu^2(B_\delta(t,u))}\right)du = 0 .$$

Dans ces conditions on a les propriétés suivantes :

i) Il existe une variable aléatoire Y positive telle que pour tout $s,t\in T$ on ait :

$$|X(\omega,s)-X(\omega,t)| \leq 12\, Y(\omega) \sup_{u\in T} \int_0^{\frac{\delta(s,t)}{2}} \Phi^{-1}\left(\frac{1}{\mu^2(B_\delta(u,v))}\right) dv .$$

ii) Il existe une variable aléatoire $\varepsilon=\varepsilon(\omega)$, presque sûrement strictement positive et une constante α_X, positive, telle que :

$$\delta(s,t)<\varepsilon(\omega) \Rightarrow |X(\omega,s)-X(\omega,t)|\leq 12\,\alpha_X \sup_{u\in T} \int_0^{\frac{\delta(s,t)}{2}} \Phi^{-1}\left(\frac{1}{\mu^2(B_\delta(u,v))}\right)dv .$$

Démonstration : Comme δ est d-continu, il suffit de montrer la δ-continuité des trajectoires de X. Le fait que la condition est suffisante découle immédiatement du théorème 1.2.7. où nous avons majoré les accroissements de X. La propriété i) est la conclusion de ce théorème où nous avons majoré Y_ε par $\|\widetilde{X}(\omega,.)\|_{(\Phi),\mu\otimes\mu}$. Pour montrer la propriété ii), remarquons que quand ε tend vers 0 la quantité

$$\mu\otimes\mu(\{(u,v) : 0<\delta(u,v)<\varepsilon\})$$

tend également vers 0. X vérifiant l'hypothèse (H_2), la proposition 1.2.4. iii) nous donne le résultat annoncé.-

Les résultats précédents se généralisent aisément au cas où ρ n'est pas réduit à l'identité. Notons également que pour les fonctions de Young de type puissance, on obtient les conditions qui découlent du corollaire 1.1.10. Dans ce cas particulier on sait de plus que la variable aléatoire $Y(\omega)$ est intégrable à l'ordre r ; ceci se déduit de la forme particulière de la norme de Luxemburg dans ce cas.

Dans la cinquième partie nous verrons également que la condition suffisante de continuité est également suffisante, dans certains cas, pour la propriété du théorème central limite.-

II. FONCTIONS ALEATOIRES ASSOCIEES A DES FONCTIONS DE YOUNG DE TYPE EXPONENTIEL.

Dans cette deuxième partie de notre travail, nous étudions la régularité des trajectoires de fonctions aléatoires dont les accroissements, réduits par l'écart d'ordre deux, sont des éléments d'un espace $L^{\Phi_\alpha}(T,\mu)$. Dans un premier temps, nous appliquons la méthode des mesures majorantes, pour aborder ensuite une méthode plus générale : la méthode d'Orlicz. Nous terminons enfin par quelques exemples.

2.1. Méthode des mesures majorantes.

L'application des résultats généraux de la partie précédente aux fonctions aléatoires associées à une fonction Φ_α , constitue une généralisation des résultats obtenus par X. Fernique ([11],[12]) sur les fonctions aléatoires gaussiennes.

Dans la suite nous aurons besoin du lemme technique suivant :

LEMME 2.1.1. - Soient (T,d) un espace métrique séparable et μ une mesure de probabilité sur $(T,\mathcal{T})$. Pour toute fonction $f\in L^{\Phi_\alpha}(T,\mu)$ et pour tout nombre réel $a\geq \|f\|_{(\Phi_\alpha,1),\mu}$, on a :

$$\int_T \exp\left(\frac{1}{2}\left|\frac{f(t)}{a}\right|^\alpha\right)d\mu(t)\leq\sqrt{e}+C(\alpha) .$$

Pour la démonstration, on utilise essentiellement la définition de la norme de Luxemburg et l'inégalité

$$x(e^{\frac{x^\alpha}{2}}-1)\leq C(\alpha)\Phi_{\alpha,1}(x) ,$$

pour tout $x\geq 0$, avec $C(\alpha) = ([\frac{1}{\alpha}]+1)!2^{[\frac{1}{\alpha}]+1}$.

Le premier résultat que nous énonçons est consacré à l'évaluation de la loi de probabilité de la norme de Luxemburg d'une fonction aléatoire à trajectoires dans un espace L^{Φ_α}. C'est l'application de la proposition générale 1.2.4. aux fonctions de Young Φ_α.

PROPOSITION 2.1.2. - Soient (T,d) un espace métrique séparable et $(\Omega,\mathcal{G},P)$ un espace d'épreuves. Soit X une fonction aléatoire réelle, définie sur T, telle qu'il existe une constante $a>0$ et un nombre réel $\alpha>0$, tels que pour tout t, $t\in T$, on ait :

$$E(\Phi_{\alpha,1}(\frac{X(t)}{a}))\le 1 .$$

Dans ces conditions, pour toute mesure de probabilité μ sur $(T,\mathcal{J})$ on a les propriétés suivantes :

i) Les trajectoires de X appartiennent P-presque sûrement à l'espace d'Orlicz $L^{\Phi_\alpha}(T,\mu)$.

ii) Pour tout $x>a2^{1/\alpha}$ on a :

$$P(\|X\|_{(\Phi_{\alpha,1}),\mu}>x)\le (C(\alpha)+\sqrt{e})2^{-\frac{x^\alpha}{2a^\alpha}} ,$$

et il existe une constante C positive telle que :

$$E(\|X\|_{(\Phi_{\alpha,1}),\mu})\le C .$$

iii) Pour tout $\varepsilon>0$, il existe une variable aléatoire $\eta=\eta(\omega)$ presque sûrement strictement positive telle que :

$$A\in\mathcal{J},\ \mu(A)<\eta(\omega) \Rightarrow \|X(\omega)I_A\|_{(\Phi_{\alpha,1}),\mu}\le(1+\varepsilon)a .$$

Démonstration : i) le résultat est immédiat à partir de la norme de Luxemburg.

ii) La définition de cette norme, l'application de l'inégalité de Čebičev, de celle de Jensen à la fonction x^p et enfin la mesurabilité de X et le théorème de Fubini, nous donnent :

$$P(\|X\|_{(\Phi_{\alpha,1}),\mu} > x) \leq P(\int_T \Phi_{\alpha,1}(\frac{X}{x})d\mu > 1) ,$$

$$\leq P(\int_T \exp(|\frac{X}{x}|^{\alpha})d\mu > 2) ,$$

$$\leq 2^{-p} \int_T E(\exp p\,|\frac{X}{x}|^{\alpha})\, d\mu .$$

Choisissons $p = x^{\alpha}/2a^{\alpha}$, $p > 1$; d'où $x > a2^{1/\alpha}$. Du lemme 2.1.1. on déduit alors

$$P(\|X\|_{(\Phi_{\alpha,1}),\mu} > x) \leq (C(\alpha) + \sqrt{e})2^{-\frac{x^{\alpha}}{2a^{\alpha}}} ;$$

c'est le premier résultat. Une égalité classique d'intégration nous donne ensuite :

$$E(\|X\|_{(\Phi_{\alpha,1}),\mu}) = \int_0^{+\infty} P(\|X\|_{(\Phi_{\alpha,1}),\mu} > x)dx ,$$

$$\leq a2^{1/\alpha} + (C(\alpha) + \sqrt{e}) \int_0^{+\infty} 2^{-\frac{x^{\alpha}}{2a^{\alpha}}} dx ;$$

par un changement de variable, on déduit immédiatement le deuxième résultat avec

$$C = a2^{1/\alpha} + a(C(\alpha) + \sqrt{e})(\frac{2}{\log 2})^{1/\alpha} \Gamma(\frac{1}{\alpha}) .$$

Notons qu'un calcul analogue, nous donnerait une majoration de $E(\|X\|^r_{(\Phi_{\alpha,1}),\mu})$ pour tout $r > 0$.

iii) Le résultat se déduit de la proposition 1.2.4. iii).-

Nous abordons à présent les résultats de majoration des trajectoires de fonctions aléatoires associées à des fonctions Φ_α . Comme pour l'étude des processus gaussiens, l'écart que nous utiliserons sera :

$$\delta^2(s,t) = E|X(s)-X(t)|^2 ,$$

que nous supposerons toujours d-continu. Dans ces conditions on pourra appliquer le lemme 1.2.1. : pour toute suite de nombres réels $r = (r_n ; n \in \mathbb{N})$, strictement positifs, tels que la série $\sum_n r_n$ converge,

$$X_n(t) = X_n(t;T,\delta,r) = \frac{1}{\mu_n(t,T,\delta,r)} \int_{B_n(t,T,\delta,r)} X(u)d\mu(u)$$

converge, pour tout $t \in T$, presque sûrement vers $X(t)$. Comme dans la partie I on note

$$\tilde{X}_{Id,\delta}(s,t) = \tilde{X}_\delta(s,t) = \frac{X(s)-X(t)}{\delta(s,t)} I_{\{(u,v):\delta(u,v)\neq o\}}(s,t) .$$

S'il n'y a pas de confusion possible nous omettrons les indices. L'hypothèse générale que nous ferons constamment sur $\tilde{X}_\delta$ est la suivante :

(H) <u>Il existe deux nombres réels,</u> α <u>et</u> a , <u>strictement positifs, tels que pour tout</u> $s,t \in T$ <u>on ait</u> :

$$E(\Phi_{\alpha,1}(\frac{\tilde{X}_\delta(s,t)}{a})) \leq 1 .$$

Cette hypothèse implique (H_2) ; nous savons (proposition 2.1.2.) évaluer la loi de $\|\tilde{X}_\delta\|_{(\Phi_{\alpha,1}),\mu\otimes\mu}$.

Sous ces hypothèses nous avons le théorème de majoration suivant :

THEOREME 2.1.3. - <u>Soient</u> (T,d) <u>un espace métrique séparable et</u> $(\Omega,\mathcal{G},P)$ <u>un espace d'épreuves. Soit</u> X <u>une fonction aléatoire réelle définie sur</u> T <u>et vérifiant l'hypothèse</u> (H) . <u>De plus on suppose que le</u> δ <u>-diamètre</u> $\delta(T)$ <u>de</u> T <u>est fini</u>

et qu'il existe une mesure de probabilité μ sur $(T,\mathcal{J})$ telle que :

$$\sup_{t\in T}\int_0^{\delta(T)}\left(\log\left(1+\frac{1}{\mu(B_\delta(t,u))}\right)\right)^{1/\alpha}du<\infty ,$$

où α est déterminé par l'hypothèse (H) . Dans ces conditions il existe une partie négligeable N de Ω et une constante C , positive, telles que pour tout $\omega\notin N$ et tout $t\in T$ on ait :

$$|X(\omega,t)-\int_T X(\omega,s)d\mu(s)|\leq C\|\widetilde{X}_\delta(\omega,.)\|_{(\Phi_{\alpha,1}),\mu\otimes\mu}\sup_{u\in T}\int_0^{\frac{\delta(T)}{2}}\left(\log\left(1+\frac{1}{\mu^2(B_\delta(u,v))}\right)\right)^{1/\alpha}dv .$$

Démonstration : En appliquant la technique de la démonstration du corollaire 1.1.4, pour tout entier k , l'inégalité (0.2.3) nous donne :

$$\left\|\frac{I_{B_k\times B_{k-1}}}{\mu_k\mu_{k-1}}\right\|_{\Psi_{\alpha,1},\mu\otimes\mu}\leq(1+3C(\alpha)2^{1/\alpha})\iint_{T\times T}\frac{I_{B_k\times B_{k-1}}}{\mu_k\mu_{k-1}}\left(\log\left(1+\frac{I_{B_k\times B_{k-1}}}{\mu_k\mu_{k-1}}\right)\right)^{1/\alpha}d\mu\otimes\mu ,$$

$$\leq(1+3C(\alpha)2^{1/\alpha})\left(\log\left(1+\frac{1}{\mu_k^2}\right)\right)^{1/\alpha} .$$

La suite de la démonstration est identique à celle du corollaire 1.1.4. La conclusion s'établit en utilisant la séparabilité de X , comme dans le théorème 1.2.5. avec

$$C=6(1+3C(\alpha)2^{1/\alpha}) .-$$

Notons que la conclusion du théorème serait encore vérifiée si nous avions seulement supposé que X vérifie l'hypothèse (H_1) , mais alors nous ne pourrions évaluer la loi de $\|\widetilde{X}_\delta\|_{(\Phi_{\alpha,1}),\mu\otimes\mu}$ de manière aussi précise que sous l'hypothèse (H) .

D'après la définition 1.2.6, une mesure de probabilité μ sur $(T,\mathcal{J})$ sera appelée une <u>mesure majorante</u> pour une fonction aléatoire X , qui vérifie l'hypothèse (H) , si

$$\sup_{t\in T}\int_0^{\delta(T)}\left(\log\left(1+\frac{1}{\mu(B_\delta(t,u))}\right)\right)^{1/\alpha}du<\infty .$$

Remarquons que cette fonction de μ est semi-continue inférieurement. Si T est compact alors l'ensemble des mesures de probabilité sur $(T,\mathcal{T})$ l'est également ; dans ce cas, il existe des mesures de probabilité μ_o telles que la fonction précédente soit minimale. On dira alors que μ_o est une meilleure mesure majorante.

Notons également que la fonction $(\log(1+\frac{1}{x}))^{1/\alpha}$ étant convexe pour $x\in\,]0,1]$, si X est une fonction aléatoire définie sur $[0,1]$, vérifiant l'hypothèse (H) , stationnaire et périodique de période 1 , alors, l'ensemble des mesures majorantes étant fermé, la mesure de Lebesgue sur $[0,1]$ est une meilleure mesure majorante.

Le théorème 2.1.3. nous permet d'obtenir une condition suffisante de majoration. On a :

COROLLAIRE 2.1.4. - Soient (T,d) un espace métrique séparable et $(\Omega,\mathcal{a},P)$ un espace d'épreuves. Soit X une fonction aléatoire définie sur T , vérifiant l'hypothèse (H) et telle qu'il existe une mesure de probabilité μ sur $(T,\mathcal{T})$ telle que :

$$\iint_{T\times T} E(X(t)X(s))d\mu(t)d\mu(s) = 0 .$$

Une condition suffisante pour que X ait presque sûrement ses trajectoires majorées est que μ soit une mesure majorante pour X ; il existe alors une constante C , positive, telle que :

$$E(\sup_{t\in T}|X(t)|)\le C\sup_{s\in T}\int_0^{\frac{\delta(T)}{2}}\left(\log\left(1+\frac{1}{\mu^2(B_\delta(s,u))}\right)\right)^{1/\alpha}du .$$

Démonstration : L'hypothèse que l'on a faite sur la covariance de X implique que le terme de centrage $\int_T X(s)d\mu(s)$ est nul. On obtient le résultat annoncé à l'aide du théorème 2.1.3. et de la proposition 2.1.2. ii) avec

$$C = 6(1+3C(\alpha)2^{1/\alpha})[a2^{1/\alpha}+(C(\alpha)+\sqrt{e})a(\frac{2}{\log 2})^{1/\alpha}\Gamma(\frac{1}{\alpha})] . -$$

Nous abordons à présent la deuxième partie de ce paragraphe où nous étudions la continuité des trajectoires des fonctions aléatoires vérifiant (H) . Le théorème que nous allons présenter fournit une majoration des accroissements de X .

THEOREME 2.1.5. - Soient (T,d) un espace métrique séparable et $(\Omega,\mathcal{G},P)$ un espace d'épreuves. Soit X une fonction aléatoire réelle définie sur T , vérifiant l'hypothèse (H) et admettant une mesure majorante μ sur $(T,\mathcal{T})$, par rapport à δ . Pour tout $\varepsilon>0$ on définit la variable aléatoire :

$$Y_\varepsilon(\omega) = \|\tilde{X}_\delta(\omega,.)I_{\{(u,v):\delta(u,v)<2\varepsilon\}}\|_{(\Phi_{\alpha,1}),\mu\otimes\mu} .$$

Dans ces conditions, il existe une partie négligeable N de Ω et une constante C , positive, telles que pour tout $\omega\notin N$ et pour tout $\varepsilon>0$, on ait :

$$\delta(s,t)<\varepsilon \Rightarrow |X(\omega,s)-X(\omega,t)| \le C\, Y_\varepsilon(\omega) \sup_{u\in T} \int_0^{\frac{\delta(s,t)}{2}} (\log(1+\frac{1}{\mu^2(B_\delta(u,v))}))^{1/\alpha}dv .$$

Démonstration : Elle est identique à celle du théorème 1.2.7 ; pour l'évaluation des normes d'Orlicz des indicatrices, on utilise la majoration

$$\frac{1}{\mu_k\mu_{k-1}}\|I_{B_k\times B_{k-1}}-I_{B_{k-1}\times B_k}\|_{\Psi_{\alpha,1},\mu\otimes\mu} \le 2(1+3C(\alpha)2^{1/\alpha})(\log(1+\frac{1}{\mu_k^2}))^{1/\alpha} ,$$

qui nous donne le résultat avec $C = 12(1+3C(\alpha)2^{1/\alpha})$. -

Cette majoration des accroissements nous donne une condition suffisante de continuité :

COROLLAIRE 2.1.6. - Soient (T,d) un espace métrique séparable et $(\Omega,\mathcal{G},P)$ un espace d'épreuves. Soit X une fonction aléatoire réelle, définie sur T, vérifiant l'hypothèse (H) et admettant une mesure majorante μ sur $(T,\mathcal{T})$ par rapport à δ, que l'on suppose d-continu. Une condition suffisante pour que X ait presque sûrement ses trajectoires continues est que :

$$\lim_{\varepsilon \downarrow 0} \sup_{t\in T} \int_0^{\varepsilon} \left(\log\left(1+\frac{1}{\mu(B_\delta(t,u))}\right)\right)^{1/\alpha} du = 0 .$$

Dans ces conditions on a les propriétés suivantes :

i) Il existe une variable aléatoire $Y(\omega)$ et une constante C, positives, telles que pour tout s et t de T, on ait :

$$|X(\omega,s)-X(\omega,t)| \leq C\, Y(\omega) \sup_{u\in T} \int_0^{\frac{\delta(s,t)}{2}} \left(\log\left(1+\frac{1}{\mu^2(B_\delta(u,v))}\right)\right)^{1/\alpha} dv .$$

ii) Il existe une variable aléatoire $\varepsilon = \varepsilon(\omega)$, presque sûrement strictement positive et une constante C, positive, telles que :

$$\delta(s,t) < \varepsilon(\omega) \Rightarrow |X(\omega,s)-X(\omega,t)| \leq C \sup_{u\in T} \int_0^{\frac{\delta(s,t)}{2}} \left(\log\left(1+\frac{1}{\mu^2(B_\delta(u,v))}\right)\right)^{1/\alpha} dv .$$

Démonstration : L'écart δ étant d-continu, il suffit d'établir la δ-continuité des trajectoires de X. Le fait que la condition est suffisante, est une conséquence immédiate de la majoration des accroissements de X, obtenue au théorème précédent. La première propriété découle de celui-ci en posant :

$$Y(\omega) = \begin{cases} \|\bar{X}_\delta(\omega,.)\|_{(\Phi_{\alpha,1}),\mu\otimes\mu} & \text{si } \omega \notin N , \\ +\infty \text{ sinon ,} & \end{cases}$$

et $C = 12(1+3C(\alpha)2^{1/\alpha})$. Pour montrer la seconde, il suffit, comme dans le cas général (corollaire 1.2.8), de remarquer que quand ε tend vers 0 , la quantité

$$\mu\otimes\mu\{(u,v): 0<\delta(u,v)<2\varepsilon\} ,$$

tend vers 0 . D'après la proposition 2.1.2. iii), on en déduit que la variable $Y_\varepsilon(\omega)$ du théorème 2.1.5, satisfait à :

$$\lim_{\varepsilon\to 0} Y_\varepsilon(\omega) \leq a ,$$

P-presque sûrement, a étant déterminé par l'hypothèse (H) . On a le résultat avec $C = 12a(1+3C(\alpha)2^{1/\alpha})$. -

Pour les deux résultats que nous allons énoncer, on se place dans le cas où la mesure d'une boule ne dépend pas du centre de celle-ci. Dans le premier nous obtenons une condition suffisante de continuité faisant intervenir la structure topologique de T , induite par δ , et plus particulièrement l'exposant d'entropie de T .

COROLLAIRE 2.1.7. - <u>Soit</u> X <u>une fonction aléatoire réelle définie sur un espace métrique séparable</u> (T,d) <u>et sur un espace d'épreuves</u> $(\Omega,\mathcal{C},P)$, <u>vérifiant l'hypothèse</u> (H) . <u>Pour tout</u> $h>0$, <u>on note</u> $N(h)$ <u>le nombre minimal de</u> δ-<u>boules ouvertes de rayon</u> h <u>recouvrant</u> T . <u>Une condition suffisante pour que</u> X <u>ait presque sûrement ses trajectoires continues, est que la série de terme général</u> $\frac{1}{2^n}(\log N(\frac{1}{2^n}))^{1/\alpha}$ <u>soit convergente. Dans ces conditions on a les propriétés</u> :

i) <u>Il existe une variable aléatoire</u> $Y(\omega)$ <u>et une constante</u> C , <u>positives, telles que pour tout</u> s <u>et</u> t <u>de</u> T <u>on ait</u> :

$$|X(\omega,s)-X(\omega,t)| \leq C\, Y(\omega) \int_0^{\frac{\delta(s,t)}{4}} \left(\log\left(1+\frac{N^2(u)}{u^2}\right)\right)^{1/\alpha} du .$$

ii) Il existe une variable aléatoire $\varepsilon = \varepsilon(\omega)$, presque sûrement strictement positive, et une constante C , positive, telles que :

$$\delta(s,t) < \varepsilon(\omega) \Rightarrow |X(\omega,s)-X(\omega,t)| \leq C \int_0^{\frac{\delta(s,t)}{4}} \left(\log\left(1+\frac{N^2(u)}{u^2}\right)\right)^{1/\alpha} du .$$

En particulier la condition suffisante est vérifiée dès que l'exposant d'entropie de T est strictement inférieur à α .

Démonstration : C'est une conséquence du corollaire 2.1.6, que l'on applique à une mesure adaptée. Pour tout entier n , on note S_n l'ensemble des points s de T tels que la famille des boules ouvertes centrées en ces points et de rayon $\frac{1}{2^n}$ forme un recouvrement minimal de T . Avec les notations de l'énoncé nous avons :

$$\mathrm{Card}(S_n) = N\left(\frac{1}{2^n}\right) .$$

On pose

$$\mu = \sum_{n \in \mathbb{N}} \frac{1}{2^n} \sum_{s \in S_n} \frac{\varepsilon_s}{N\left(\frac{1}{2^n}\right)} ,$$

où ε_s est la mesure de probabilité ponctuelle au point s ; on vérifie que

$$\sup_{t \in T} \int_0^{1/2^n} \left(\log\left(1+\frac{1}{\mu(B_\delta(t,u))}\right)\right)^{1/\alpha} du \leq \sum_{k \geq n+1} \frac{1}{2^k}\left(\log\left(1+2^k N\left(\frac{1}{2^k}\right)\right)\right)^{1/\alpha} .$$

Le corollaire 2.1.6. nous montre alors que puisque le terme de droite est le reste d'une série convergente, X a presque sûrement ses trajectoires continues. D'autre part comme

$$\sup_{u \in T} \int_0^{\frac{\delta(s,t)}{2}} \left(\log\left(1+\frac{1}{\mu^2(B_\delta(u,v))}\right)\right)^{1/\alpha} dv \leq 2 \int_0^{\frac{\delta(s,t)}{4}} \left(\log\left(1+\frac{N^2(v)}{v^2}\right)\right)^{1/\alpha} dv ,$$

ce même corollaire nous donne les deux propriétés.

Par ailleurs, en notant $r(T)$ l'exposant d'entropie de T, on a

$$r(T) = \limsup_{\varepsilon \to 0} \frac{\log\log N(\varepsilon)}{\log \frac{1}{\varepsilon}} .$$

Si $r(T) < \alpha$, la série de terme général $\frac{1}{2^m}(\log N(\frac{1}{2^m}))^{1/\alpha}$, se majore par une série géométrique convergente. D'où la condition suffisante.-

Le second résultat que nous donnons concerne des fonction aléatoires définies sur $[0,1]^n$ et dont l'écart d'ordre deux est majoré par une fonction. On a :

COROLLAIRE 2.1.8 : Sur $[0,1]^n$, muni de la distance usuelle $d(s,t) = \|s-t\|$ et de la mesure de Lebesgue, on considère une fonction aléatoire X vérifiant l'hypothèse (H) et telle que pour tout s et $t \in [0,1]^n$, on ait :

$$\delta^2(s,t) = E|X(s)-X(t)|^2 \leq f^2(\|s-t\|) ,$$

où f est une fonction définie sur R_+, positive, strictement croissante et continue. Une condition suffisante pour que X ait presque sûrement ses trajectoires continues est que

$$\int^{\infty} f(e^{-x^\alpha})dx < \infty ,$$

où α est déterminé par l'hypothèse (H). Dans ces conditions il existe une variable aléatoire $\varepsilon = \varepsilon(\omega)$, presque sûrement strictement positive, et une constante C, positives, telles que

$$\delta(s,t) < \varepsilon(\omega) \Rightarrow |X(\omega,s)-X(\omega,t)| < C\, n^{1/\alpha}\Big[f(\|s-t\|)\big(\log\frac{1}{\|s-t\|}\big)^{1/\alpha} + \int_{(\log\frac{1}{\|s-t\|})^{1/\alpha}}^{\infty} f(e^{-x^\alpha})dx\Big].$$

Démonstration : C'est une conséquence du corollaire 2.1.6. ii). En effet, si

λ désigne la mesure de Lebesgue sur $[0,1]^n$ et f^{-1} la fonction inverse de f, pour tout $u \in]0,f(\frac{1}{2})[$ et tout $t \in [0,1]^n$, on a :

$$\lambda(B_\delta(t,u)) \geq (2f^{-1}(u))^n ,$$

d'où on déduit pour tout $\varepsilon \in]0,f(\frac{1}{2})[$

$$\sup_{t \in [0,1]^n} \int_0^\varepsilon (\log(1+\frac{1}{\lambda^2(B_\delta(t,u))}))^{1/\alpha} du \leq$$

$$\leq (2n \frac{\log 3}{\log 2})^{1/\alpha} \left[\varepsilon(\log \frac{1}{f^{-1}(\varepsilon)})^{1/\alpha} + \int_{(\log\frac{1}{\varepsilon})^{1/\alpha}}^\infty f(e^{-x^\alpha})dx\right] .$$

Ceci nous donne la suffisance de la condition. Pour le deuxième résultat il suffit de reporter la majoration précédente dans celle du corollaire 2.1.6. ii) et on obtient

$$C = 12a(1+3C(\alpha)2^{1/\alpha})(2 \frac{\log 3}{\log 2})^{1/\alpha} . -$$

Nous concluons ce paragraphe par un résultat qui nous sera très utile dans la cinquième partie de notre travail où nous étudions les fonctions aléatoires vérifiant l'hypothèse (H) pour lesquelles nous avons la propriété du théorème central limite.

COROLLAIRE 2.1.9 : Soient (T,d) un espace métrique séparable et $(\Omega,\mathcal{C},P)$ un espace d'épreuves. Soit X une fonction aléatoire définie sur T, telle qu'il existe deux nombres réels a et α strictement positifs tels que pour tout s et t de T on ait :

$$E(\Phi_{\alpha,1}(\frac{\tilde{X}_{Id,\delta}(s,t)}{a})) \leq 1 .$$

On suppose de plus que X admet une mesure majorante μ sur $(T,\mathcal{J})$, par rapport à δ. Dans ces conditions il existe une constante C positive telle que pour tout $\varepsilon > 0$ on ait :

$$E(\sup_{\delta(s,t)<\varepsilon} |X(s)-X(t)|) \leq C \sup_{u\in T} \int_0^{\frac{\varepsilon}{2}} (\log(1+\frac{1}{\mu^2(B_\delta(u,v))}))^{1/\alpha} dv .$$

La démonstration est immédiate à partir du théorème 2.1.5. et de la proposition 2.1.2. ii). On obtient :

$$C = 12(1+3C(\alpha)2^{1/\alpha})[a2^{1/\alpha}+(C(\alpha)+\sqrt{e})(\frac{2}{\log 2})^{1/\alpha} a\Gamma(\frac{1}{\alpha})] . -$$

2.2. Méthode d'Orlicz.

Cette méthode nous fournit des conditions suffisantes de majoration et de continuité des trajectoires de fonctions aléatoires associées aux fonctions $\Phi_{\alpha,1}$ et qui admettent des représentations intégrales dans des espaces d'Orlicz.

Nous commençons par un lemme technique et un exemple.

LEMME 2.2.1. - i) Sur un espace d'épreuves $(\Omega,\mathcal{G},P)$ on considère une variable aléatoire réelle λ , dont la loi est absolument continue par rapport à la mesure de Lebesgue, de densité $(\alpha/\sqrt{2\pi})|x|^{\frac{\alpha}{2}-1}\exp(-2|x|^\alpha)$, où α est nombre réel strictement positif. Dans ces conditions on a :

$$E(\lambda) = 0 , E(\lambda^2) = \frac{\Gamma(\frac{2}{\alpha}+\frac{1}{2})}{\sqrt{\pi}2^{2/\alpha}} , E(e^{|\lambda|^\alpha}) = \sqrt{2} .$$

ii) On pose $\nu = \sigma\lambda/(E(\lambda^2))^{1/2}$ et on suppose que

$$\sigma \leq \frac{3}{\sqrt{\pi}} \frac{\Gamma(\frac{2}{\alpha}+\frac{1}{2})}{2^{2/\alpha}+1} ;$$

alors $E(\Phi_{\alpha,1}(\nu)) \leq 1$. -

Exemple 2.2.2. - Considérons une suite de variables aléatoires indépendantes $(\lambda_n ; n \in \mathbb{N})$, avec, pour tout $n \in \mathbb{N}$, $\lambda_n = \sigma_n \lambda/(E(\lambda^2))$ où λ est la variable aléatoire du lemme précédent. On se donne également une suite numérique double $(a_{n,m} ; n,m \in \mathbb{N})$. Nous nous proposons d'examiner sous quelles conditions sur les écarts-type, on peut majorer la fonction aléatoire :

$$X_n(\omega) = \sum_{m \in \mathbb{N}} a_{n,m} \lambda_m(\omega) , \; n \in [1,N] .$$

Soit $(k_m ; m \in \mathbb{N})$ une suite de nombres réels strictement positifs de somme 1. L'application de l'inégalité (0.1.1) nous donne :

$$|X_n(\omega)| \leq 2^{1/\alpha} \sum_{m \in \mathbb{N}} |a_{n,m}| \left(\log\left(1+ \frac{|a_{n,m}|}{k_m}\right)\right)^{1/\alpha} + C(\alpha) \sum_{m \in \mathbb{N}} k_m \Phi_{\alpha,1}(\lambda_m(\omega)) .$$

D'après le lemme 2.2.1. ii), si pour tout entier m, σ_m est inférieur à

$\frac{3}{\sqrt{\pi}} \; \frac{\Gamma(\frac{2}{\alpha} + \frac{1}{2})}{2^{2/\alpha+1}}$ alors

$$E(\sup_{n \in \mathbb{N}} |X_n|) \leq 2^{1/\alpha} \sup_{n \in \mathbb{N}} \sum_{m \in \mathbb{N}} |a_{n,m}| \left(\log\left(1+\frac{|a_{n,m}|}{k_m}\right)\right)^{1/\alpha} + C(\alpha) .$$

Supposons que l'on connaisse la mesure de probabilité μ, sur $[1,N]$, répartissant le maximum de $|X_n|$, c'est-à-dire que

$$\mu(\{n\}) = P(\sup|X| = |X_n|) .$$

Dans ces conditions nous pouvons modifier le résultat précédent ; en effet, nous en déduisons

$$E(\sup|X|) \leq C(\alpha)+2^{1/\alpha} \int_{[1,N]} d\mu(n) \sum_{m \in \mathbb{N}} |a_{n,m}| \left(\log\left(1+ \frac{|a_{n,m}|}{k_m}\right)\right)^{1/\alpha} .$$

Par passage à la limite sur $\mathbb{N}$, en désignant par $\tau(\mu)$ l'ensemble des variables aléatoires à valeurs dans $\mathbb{N}$ de loi μ , nous avons :

i) Une condition suffisante pour que $E(\sup_{n\in\mathbb{N}}|X_n|)$ soit fini est :

$$\sup_{n\in\mathbb{N}}\sum_{m\in\mathbb{N}}|a_{n,m}|\left(\log\left(1+\frac{|a_{n,m}|}{k_m}\right)\right)^{1/\alpha}<\infty .$$

ii) Une condition suffisante pour que $E(\sup_{\tau\in\tau(\mu)}|X\circ\tau|)$ soit fini est :

$$\int_{\mathbb{N}}d\mu(n)\sum_{m\in\mathbb{N}}|a_{n,m}|\left(\log\left(1+\frac{|a_{n,m}|}{k_m}\right)\right)^{1/\alpha}<\infty .$$

iii) Une condition suffisante pour que $E(\sup_{n\in\mathbb{N}}|X_n|)$ soit fini est :

$$\sup_{\mu}\int_{\mathbb{N}}d\mu(n)\sum_{m\in\mathbb{N}}|a_{n,m}|\left(\log\left(1+\frac{|a_{n,m}|}{k_m}\right)\right)^{1/\alpha}<\infty . -$$

Dans tous les cas nous avons une majoration explicite. Remarquons que la condition i) est du type "mesure majorante". Par contre, dans ii) et iii) on voit apparaître une nouvelle expression. C'est ce type de majoration que nous fournit la méthode d'Orlicz. Nous énonçons les résultats généraux.

THEOREME 2.2.3. - Soient S un espace métrisable, $\mathcal{S}$ la tribu engendrée par les boules de S et μ une mesure de probabilité sur $(S,\mathcal{S})$. Soient $(\Omega,\mathcal{C},P)$ un espace d'épreuves et Y une fonction aléatoire réelle, définie sur $\Omega\times S$, $\mathcal{C}\otimes\mathcal{S}$ - mesurable et telle qu'il existe deux nombres réels strictement positifs α et a , vérifiant pour tout $s\in S$:

$$E\left(\Phi_{\alpha,1}\left(\frac{Y(s)}{a}\right)\right)\leq 1 .$$

Soient de plus T un ensemble et f une fonction définie sur $S\times T$.

Pour tout $t \in T$, on note f_t l'application de S dans $\mathbb{R}$ qui à s associe $f(s,t)$ et que l'on suppose $\mathcal{S}$-mesurable.

i) Si l'application $t \mapsto f_t$, de T dans $(L^{\Phi_\alpha}(S,\mu))^*$ est bornée, alors la fonction aléatoire définie sur T par :

$$X(\omega,t) = \int_S Y(\omega,s)f(s,t)d\mu(s) \ ,$$

a, presque sûrement, ses trajectoires majorées.

ii) Si T est un espace topologique et si l'application $t \mapsto f_t$, de T dans $(L^{\Phi_\alpha}(S,\mu))^*$ est faiblement continue, alors X a, presque sûrement, ses trajectoires continues.

iii) Soit π une mesure de probabilité sur $(T,\mathcal{T})$ et supposons que l'application $(s,t) \mapsto f(s,t)$, élément de $(L^{\Phi_\alpha}(S \times T, \mu \otimes \pi))^*$ est telle que :

$$\iint_{S \times T} |f(s,t)|(\log(1+|f(s,t)|))^{1/\alpha} d\mu(s)d\mu(t) < \infty \ .$$

Soit de plus $\tau : \Omega \to T$, une application mesurable, de loi π. Dans ces conditions, l'application $\omega \mapsto X(\omega,\tau(\omega))$ est majorée par une variable aléatoire intégrable et son espérance est inférieure à :

$$a(1+3C(\alpha)2^{1/\alpha}) \iint_{S \times T} |f(s,t)|(\log(1+ \frac{|f(s,t)|}{\iint |f| d\mu \otimes \pi}))^{1/\alpha} d\mu(s)d\pi(t) \ .$$

Démonstration : i) D'après les hypothèses que l'on a faites sur Y ; il existe une partie négligeable N de Ω, telle que pour tout $\omega \notin N$, $Y(\omega,.) \in L^{\Phi_\alpha}(S,\mu)$. Remarquons que les hypothèses de mesurabilité entraînent que la fonction aléatoire X est bien définie. Si $\| \ \|^*$ désigne la norme dans $(L^{\Phi_\alpha}(S,\mu))^*$, alors pour tout $\omega \notin N$ on a :

$$|X(\omega,t)| \leq \|Y(\omega,.)\|_{(\Phi_{\alpha,1}),\mu} \|f_t\|^* \ .$$

Comme la famille $(f_t ; t \in T)$ est bornée, nous en déduisons, pour tout $\omega \notin N$:

$$\sup_{t \in T} |X(\omega,t)| \leq \|Y(\omega,.)\|_{(\Phi_{\alpha,1}),\mu} \sup_{t \in T} \|f_t\|^* .$$

C'est le résultat. Remarquons que si on ne fait pas d'hypothèses supplémentaires, le membre de gauche n'est pas forcément une variable aléatoire.

ii) Avec les mêmes notations qu'en i), soit $\omega \notin N$ fixé, donc $Y(\omega,.) \in L^{\Phi_\alpha}(S,\mu)$. Pour simplifier les choses, supposons T métrisable ; alors pour tout $t_0 \in T$ fixé et tout $\varepsilon > 0$, il existe un nombre réel $\eta > 0$ tel que, par hypothèse

$$d(t,t_0) < \eta \Rightarrow | < Y(\omega,.) ; f_t > - < Y(\omega,.) ; f_{t_0} > | < \varepsilon ;$$

nous avons le résultat.

iii) D'après le théorème de Fubini et les hypothèses de mesurabilité, pour π - presque tout $t \in T$, $f_t \in (L^{\Phi_\alpha}(S,\mu))^*$. Donc pour P - presque tout ω et π - presque tout t,

$$X(\omega,t) = \int_S Y(\omega,s) f(s,t) d\mu(s) ,$$

a bien un sens. La variable τ étant de loi π, nous en déduisons que, pour P - presque tout ω,

$$X(\omega,\tau(\omega)) = \int_S Y(\omega,s) f(s,\tau(\omega)) d\mu(s) ,$$

est bien définie. Remarquons que par composition l'application $Y(\omega,s)f(s,\tau(\omega))$ est $\mathcal{G} \otimes \mathcal{S}$ - mesurable. D'où, en prenant l'espérance du module et en majorant par les normes, on a :

$$E(|X \circ \tau|) \leq \|Y\|_{(\Phi_{\alpha,1}),P \otimes \mu} \|f\|^*_{P \otimes \mu} .$$

Par définition de la norme de Luxemburg et d'après l'hypothèse sur Y, de l'inégalité (0.2.3) et du théorème du transfert, on a :

$$E|X\circ\tau| \le a(1+3C(\alpha)2^{1/\alpha}) \iint_{S\times T} |f(s,t)|\left(\log\left(1+\frac{|f(s,t)|}{\iint|f|d\mu d\pi}\right)\right)^{1/\alpha} d\mu(s)d\pi(t) .$$

C'est le résultat annoncé.-

Nous allons donner quelques exemples d'application de ce théorème.

EXEMPLE 2.2.4. - Soit $(X_i; i\in\mathbb{N})$ une suite de variables aléatoires indépendantes telles que $X_i = \sigma_i\lambda_i$, pour tout $i\in\mathbb{N}$, où $(\sigma_i; i\in\mathbb{N})$ est une suite de nombres réels strictement positifs et $(\lambda_i; i\in\mathbb{N})$ une suite de copies indépendantes de la variable λ du lemme 2.2.1. Soient de plus $\mu = (\mu_i; i\in\mathbb{N})$ une mesure de probabilité sur $\mathbb{N}$ telle que la série $\sum_{i\in\mathbb{N}} \sigma_i\mu_i$ converge et τ une variable aléatoire à valeurs dans $\mathbb{N}$ de loi μ . Dans ces conditions si $\tau(\mu)$ désigne l'ensemble des variables aléatoires de loi μ , on a :

$$\sup_{\tau\in\tau(\mu)} E|X\circ\tau| \le (1+3C(\alpha)2^{1/\alpha}) \sum_{i\in\mathbb{N}} \sigma_i\mu_i\left(\log\left(1+\frac{1}{\mu_i}\right)\right)^{1/\alpha} .$$

Démonstration : Pour pouvoir appliquer le théorème précédent, il nous faut définir Y , la fonction f et la mesure de probabilité π . On pose :

$$C = \sum_{\ell\in\mathbb{N}} \mu_\ell\sigma_\ell , \quad \pi = \frac{1}{C}\sum_{k\in\mathbb{N}} \mu_k\sigma_k\varepsilon_k ,$$

où ε_k est la mesure de probabilité concentrée au point k ; pour tous les entiers k et ℓ , on note

$$Y_k = \frac{X_k}{\sigma_k} , \quad f(k,\ell) = \frac{C}{\mu_k}\delta_{k\ell} ,$$

où $\delta_{k\ell}$ est le symbole de Kronecker. Comme $Y_k = \lambda_k$, d'après le lemme 2.2.1. i) $E(\Phi_{\alpha,1}(Y_k))$ est inférieur à 1 pour tout k et par conséquent $a = 1$. D'autre part

$$\int Y_k f(k,\ell)d\pi(k) = X_\ell ;$$

on a donc une représentation intégrale du type recherché. Comme

$$\iint f(k,\ell)d\mu(\ell)d\pi(k) = C ,$$

on obtient le résultat annoncé à l'aide du théorème 2.2.3. iii).-

EXEMPLE 2.2.5. - Soient μ une mesure de probabilité sur $\mathbb{R}$ de médiane nulle, et λ une variable aléatoire de densité $(\frac{\alpha}{\sqrt{2\pi}})|x|^{\frac{\alpha}{2}-1}\exp(-2|x|^{\alpha})$ avec α un nombre réel strictement positif. On pose

$$X(\omega,t) = t\lambda(\omega) ,$$

$$G(t) = \begin{cases} \mu\{s : s \geq t\} & \text{si } t > 0 , \\ \mu\{s : s \leq t\} & \text{sinon.} \end{cases}$$

Dans ces conditions, si $\tau(\mu)$ désigne l'ensemble des variables aléatoires de loi μ, on a :

$$\sup_{\tau \in \tau(\mu)} E|X \circ \tau| \leq (1+3C(\alpha)2^{1/\alpha}) \int_{\mathbb{R}} G(t)(\log(1+\frac{1}{G(t)}))^{1/\alpha} dt .$$

Démonstration : On suppose que l'intégrale du second membre est finie. On pose

$$C = \int_{\mathbb{R}} G(t)dt ;$$

cette quantité est majorée par $(\log 2)^{-1/\alpha}$ fois l'intégrale de l'énoncé. Donc C est fini. Si C est nul, alors $G(t)$ est presque partout nulle ; c'est-à-dire que μ est concentrée en 0. Le résultat est alors immédiat. Supposons C non nul et posons :

$$d\pi(s) = \frac{G(s)}{C} ds ,$$

$$f(s,t) = \frac{t}{|t|} I_{[o,t]}(s) \frac{C}{G(s)} ;$$

la mesure π est bien une mesure de probabilité. Une intégration par parties nous donne :

$$\iint_{R\times R} |f(s,t)|d\mu(t)d\pi(s) = C .$$

D'autre part d'un calcul simple on obtient :

$$\int_R \lambda(\omega)f(s,t)d\pi(s) = X(\omega,t) ;$$

Comme, d'après le lemme 2.2.1. i), $E(\Phi_{\alpha,1}(\lambda)) \leq 1$, l'application du théorème 2.2.3. iii) nous donne l'inégalité annoncée. -

Pour $\alpha = 2$, on retrouve le résultat connu (X. Fernique ([12])) dans le cadre gaussien. On peut généraliser l'exemple précédent.

EXEMPLE 2.2.6. - <u>Soient</u> g <u>une fonction sur un ensemble</u> T , μ <u>une mesure de probabilité sur</u> (T,g) <u>et</u> λ <u>une variable aléatoire de densité</u>

$$\frac{\alpha}{\sqrt{2\pi}}|x|^{\frac{\alpha}{2}-1}\exp(-2|x|^{\alpha}) ,$$

<u>où</u> α <u>est un nombre réel strictement positif. On pose</u>

$$X(\omega,t) = g(t)\lambda(\omega) ,$$

$$G(t) = \mu\otimes\mu\{(u,v):|g(u)-g(v)|>|t|\} .$$

<u>Si</u> $\tau(\mu)$ <u>désigne l'ensemble des variables aléatoires de loi</u> μ , <u>on a</u> :

$$\sup_{\tau\in\tau(\mu)} E|X\circ\tau| \leq \tfrac{1}{2}(1+3C(\alpha)2^{1/\alpha})\int_R G(t)(\log(1+\frac{2}{G(t)}))^{1/\alpha}dt .$$

<u>Démonstration</u> : Soient $\tau,\sigma\in\tau(\mu)$ indépendantes et indépendantes de X , on a :

$$\sup_{\tau\in\tau(\mu)} E(X\circ\tau) \leq \sup_{\sigma,\tau\in\tau(\mu)} E(X\circ\tau-X\circ\sigma) \leq 2 \sup_{\tau\in\tau(\mu)} E(X\circ\tau) .$$

Il suffit, à présent, d'appliquer le résultat précédent à $Y(\omega,t) = t\lambda(\omega)$ avec comme mesure, la mesure symétrique, image de $\mu\otimes\mu$ par l'application $(u,v)\mapsto g(u)-g(v)$. La majoration de l'exemple 2.2.5. nous donne le résultat. -

Dans le résultat qui suit, nous allons utiliser la représentation intégrale que nous fournit la méthode des mesures majorantes.

THEOREME 2.2.7. - Soient (T,d) un espace métrique et $(\Omega,\mathcal{A},P)$ un espace d'épreuves. Soit X une fonction aléatoire définie sur T , centrée et vérifiant l'hypothèse (H) c'est-à-dire qu'il existe deux nombres réels α et a strictement positifs tels que pour tout $s,t\in T$ on ait :

$$E\left(\Phi_{\alpha,1}\left(\frac{\tilde{X}_{Id,\delta}(s,t)}{a}\right)\right)\leq 1 .$$

On suppose de plus que le δ-diamètre de $T,\delta(T)$, est fini. Alors une condition suffisante pour que X ait presque sûrement ses trajectoires majorées est que :

$$\sup_{\mu\in\mathcal{M}_+^1(T)}\int_T d\mu(t)\int_0^{\frac{\delta(T)}{2}}\left(\log\left(1+\frac{1}{\mu^2(B_\delta(t,u))}\right)\right)^{1/\alpha}du<\infty ,$$

où $\mathcal{M}_+^1(T)$ désigne l'ensemble des mesures de probabilité sur $(T,\mathcal{T})$. On a alors

$$E(\sup_{t\in T}X(t))\leq 6a(1+3C(\alpha)2^{1/\alpha})\sup_{\mu\in\mathcal{M}_+^1(T)}\int_T d\mu(t)\int_0^{\frac{\delta(T)}{2}}\left(\log\left(1+\frac{1}{\mu^2(B_\delta(t,u))}\right)\right)^{1/\alpha}du .$$

Démonstration : Dans un premier temps, supposons que T soit fini. Avec les mêmes notations que celles des paragraphes précédents, pour tout $t\in T$ et pour tout entier n , on a :

$$X_n(t)-\int_T X(s)d\mu(s)=\frac{1}{2}\iint_{T\times T}\tilde{X}_\delta(u,v)\left(\sum_{k=1}^{n}\delta(u,v)\bar{g}_k(u,v;t)\right)d\mu(u)d\mu(v) .$$

Comme T est fini, il existe un entier n tel que pour tout $t\in T$, $X_n(t)=X(t)$.

Soit $\tau(\omega)$ l'indice du maximum de X sur T et choisissons comme mesure μ la loi de τ. L'application du théorème 2.2.3. iii) et le fait que X soit centré, nous donnent :

$$E(\max_T X) \leq 6a \sum_{k=1}^{n} \left(\frac{\delta(T)}{2^k} - \frac{\delta(T)}{2^{k+1}}\right) \left\| \frac{I_{B_k \times B_{k-1}}}{\mu_k \mu_{k-1}} \right\|^*_{\mu \otimes \mu \otimes \mu},$$

où la troisième intégration porte sur le centre t des boules B_k. Comme

$$\iiint_{T \times T \times T} I_{B_k(t) \times B_{k-1}(t)}(u,v) \frac{d\mu(u)\, d\mu(v)}{\mu_k(t)\mu_{k-1}(t)} d\mu(t) = 1,$$

l'inégalité (0.1.1) nous donne :

$$E(\max_T X) \leq 6a(1+3C(\alpha)2^{1/\alpha}) \int_T d\mu(t) \sum_{k=1}^{\infty} \left(\frac{\delta(T)}{2^k} - \frac{\delta(T)}{2^{k+1}}\right)\left(\log\left(1+\frac{1}{\mu_k^2(t)}\right)\right)^{1/\alpha},$$

d'où la conclusion dans le cas où T est fini. Si T est quelconque, pour toute partie finie T_o de T, le raisonnement précédent nous donne :

$$E\left(\sup_{t \in T_o} X(t)\right) \leq C \sup_{\mu \in \mathcal{M}_+^1(T)} \int_T d\mu(t) \int_o^{\frac{\delta(T)}{2}} \left(\log\left(1+\frac{1}{\mu^2(B_\delta(t,u))}\right)\right)^{1/\alpha} du ;$$

en particulier si T_o est un sous-ensemble d'une suite séparante pour X. La séparabilité de X nous donne le résultat sur T entier. -

De la majoration du théorème précédent on peut déduire une condition suffisante de majoration, du type "maxi-min", à savoir :

$$\sup_{\mu \in \mathcal{M}_+^1(T)} \inf_{\pi \in \mathcal{M}_+^1(T)} \int_T d\mu(t) \int_o^{\frac{\delta(T)}{2}} \left(\log\left(1+\frac{1}{\pi^2(B_\delta(t,u))}\right)\right)^{1/\alpha} du < \infty .$$

Ce résultat termine le paragraphe consacré à la méthode d'Orlicz, méthode qui est plus générale que celle des mesures majorantes, mais qui est plus difficilement applicable en pratique, la difficulté majeure étant dans la recherche d'une représentation par une intégrale.

Nous verrons (IV) que dans certains cas on peut obtenir des minorations faisant intervenir les mêmes termes des résultats précédents. On en déduira des conditions nécessaires et suffisantes. -

2.3. Applications.

Dans ce dernier paragraphe nous allons donner trois applications des résultats obtenus dans les deux paragraphes précédents. Les deux premières concernent les processus gaussiens d'une part et les processus à accroissements sous-gaussiens, d'autre part. Ces deux familles de processus vérifient l'hypothèse (H) pour $\alpha = 2$. Nous retrouverons ainsi les résultats de X. Fernique ([10],[11]) sur les processus gaussiens où, pour la première fois, les méthodes des mesures majorantes et d'Orlicz ont été utilisées. Pour les processus à accroissements sous-gaussiens, nous retrouverons les résultats de N.C. Jain et M.B. Marcus ([19]) et la condition de mesures majorantes établie par B. Heinkel ([17]). Dans la troisième application, nous étudierons une famille de fonctions aléatoires associées à l'espace L^{Φ_1}. Les résultats généraux, pour $\alpha = 1$, seront dans certains cas proches de la notion d'entropie.

<u>Exemple 1 : fonctions aléatoires gaussiennes</u> : Pour $\alpha = 2$, la fonction de Young s'écrit $\Phi_{2,1}(x) = e^{x^2} - 1$. Les résultats obtenus par la méthode des mesures majorantes, nous donnent, dans le cas gaussien :

THEOREME 2.3.1. - <u>Soient</u> (T,d) <u>un espace métrique séparable et</u> $(\Omega,\mathfrak{G},P)$ <u>un espace d'épreuves. Soit</u> X <u>une fonction aléatoire gaussienne définie sur</u> $\Omega \times T$. <u>On suppose que le</u> δ<u>-diamètre</u>, $\delta(T)$, <u>de</u> T <u>est fini. On a alors les propriétés suivantes</u> :

i) S'il existe une mesure de probabilité μ sur $(T,\mathcal{T})$ telle que

$$\iint_{T\times T} E(X(s)X(t))d\mu(s)d\mu(t) = 0 ,$$

une condition suffisante pour que X ait presque sûrement ses trajectoires majorées, est que

$$\sup_{t\in T}\int_0^{\frac{\delta(T)}{2}}\sqrt{\log\frac{1}{\mu(B_\delta(t,u))}}\,du<\infty ;$$

il existe alors une variable aléatoire $Y(\omega)$, positive, telle que pour tout $t\in T$, on ait :

$$|X(\omega,t)|\leq 57\,Y(\omega)\sup_{s\in T}\int_0^{\frac{\delta(T)}{2}}\sqrt{\log(1+\frac{1}{\mu^2(B_\delta(s,u))})}\,du .$$

ii) Une condition suffisante pour que X ait presque sûrement ses trajectoires continues est qu'il existe une mesure de probabilité μ sur $(T,\mathcal{T})$ telle que :

$$\lim_{\varepsilon\downarrow 0}\sup_{t\in T}\int_0^{\varepsilon}\sqrt{\log\frac{1}{\mu(B_\delta(t,u))}}\,du = 0 ;$$

il existe alors une variable aléatoire $Y(\omega)$, positive, telle que pour tout s et $t\in T$, on ait :

$$|X(\omega,s)-X(\omega,t)|\leq 114\,Y(\omega)\sup_{u\in T}\int_0^{\frac{\delta(s,t)}{2}}\sqrt{\log(1+\frac{1}{\mu^2(B_\delta(u,v))})}\,dv .$$

On montre aisément que si une fonction aléatoire gaussienne a sa covariance majorée par 1, alors pour tout a supérieur à $\sqrt{\frac{8}{3}}$ et tout $t\in T$ on a :

$$E(\Phi_{2,1}(\frac{X(t)}{a}))\leq 1 .$$

Donc toute fonction aléatoire gaussienne vérifie l'hypothèse (H) avec $\alpha = 2$. Le théorème précédent est une conséquence directe des corollaires 2.1.4. et 2.1.6. Notons que la variable aléatoire Y est la même dans les deux propriétés et qu'elle est égale, en dehors d'un négligeable, à la norme de Luxemburg de $\tilde{X}_\delta$ par rapport à $\Phi_{2,1}$. De la proposition 2.1.2., on sait que pour tout x supérieur à $\sqrt{\frac{16}{3}}$, on a

$$P(Y>x) \leq 4\,e^{-x^2 \frac{3\log 2}{16}} \;,\; E(Y) \leq 22 \;.$$

Remarquons également que la méthode générale que nous avons développée, allège la preuve du résultat de continuité par rapport à la démonstration originale ([11]) où la représentation intégrale se faisait dans l'espace d'Orlicz $L^{\Phi_2}(T^4,\mu^{\otimes 4})$ en utilisant $\tilde{\tilde{X}}$.

L'application du corollaire 2.1.7. nous permet de retrouver la condition de R.M. Dudley ([4]) sur l'exposant d'entropie. Le corollaire 2.1.8. est, dans le cas gaussien, la condition de continuité de X. Fernique ([8]). La démonstration originale de ce résultat est basée sur des découpages de plus en plus fin de [0,1]. Nous retrouvons ici la même démonstration que dans ([11]). Notons que l'on peut, toujours par la méthode des mesures majorantes, alléger les hypothèses sur f , en considérant $\tilde{X}_{f,d}$.

Enfin, la méthode d'Orlicz et plus particulièrement le théorème 2.2.7. nous fournit une condition suffisante de majoration qui s'écrit :

$$\sup_{\mu \in \mathcal{M}^1_+(T)} \int_T d\mu(t) \int_0^{\frac{\delta(T)}{2}} \sqrt{\log \frac{1}{\mu(B_\delta(t,u))}}\, du < \infty \;.$$

X. Fernique a montré ([12]) que cette condition était également nécessaire pour une très large famille de fonctions aléatoires gaussiennes. –

Exemple 2 : fonctions aléatoires à accroissemenrs sous-gaussiens.

DEFINITION 2.3.2. - Soit X une fonction aléatoire réelle sur un espace métrique (T,d). Soit δ l'écart induit sur T par la covariance de X. On dit que X est à accroissements sous-gaussiens si pour tout nombre réel λ et tout couple $(s,t)\in T\times T$, on a :

$$E(\exp \lambda(X(s)-X(t))) \leq \exp \frac{\lambda^2\delta^2(s,t)}{2} .$$

Une telle fonction aléatoire vérifie l'hypothèse (H) ; en effet, on montre que pour tout nombre réel a supérieur à $\frac{5}{2}$ et pour tout couple $(s,t)\in T\times T$ on a :

$$E(\Phi_{2,1}(\frac{\tilde{X}_{Id,\delta}(s,t)}{a})) \leq 1 .$$

Comme c'est la même fonction de Young qui intervient, le théorème 2.3.1. est encore vrai si X est à accroissements sous-gaussiens. En particulier, nous avons une condition suffisante de majoration des trajectoires, condition originale, à savoir :

$$\sup_{t\in T} \int_0^{\frac{\delta(T)}{2}} \sqrt{\log \frac{1}{\mu(B_\delta(t,u))}}\, du < \infty .$$

La condition suffisante de continuité est celle établie par B. Heinkel ([17]) ; en particulier elle est satisfaite, dans le cadre du corollaire 2.1.7, si l'exposant d'entropie de T est strictement inférieur à 2.

Le corollaire 2.1.8. nous donne, dans le cadre de cette famille, une généralisation du résultat de N.C. Jain et M.B. Marcus ([19]). Il avait été établi pour des fonctions aléatoires du type :

$$X(\omega,t) = \sum_n \varphi_n(t)\lambda_n(\omega) ,$$

où les λ_n sont indépendantes et sous-gaussiennes. La méthode des mesures majorantes nous permet, avec exactement les mêmes hypothèses que dans ([19]) et en utilisant $\widetilde{X}_{f,d}$, de l'étendre à toute fonction aléatoire à accroissements sous-gaussiens.

Notons enfin que la condition suffisante de majoration obtenue par la méthode d'Orlicz est identique à celle du cas gaussien. -

Pour terminer l'étude de cet exemple, nous donnons un résultat qui nous permettra, dans la cinquième partie de notre travail, d'obtenir une condition suffisante pour qu'une suite de fonctions aléatoires à accroissements sous-gaussiens, indépendantes et isonomes, satisfasse la propriété du théorème central limite dans $C(T)$.

PROPOSITION 2.3.3. - Soient (T,d) un espace métrique séparable et $(\Omega,\mathcal{C},P)$ un espace d'épreuves. Soit X une fonction aléatoire, définie sur T , à accroissements sous-gaussiens et admettant une mesure majorante μ sur $(T,\mathcal{T})$ par rapport à δ . Dans ces conditions, il existe une constante C telle que pour tout $\varepsilon > 0$, on ait :

$$E\left(\sup_{\delta(s,t)<\varepsilon} |X(s)-X(t)|\right) \leq C \sup_{u\in T} \int_0^{\varepsilon/2} \sqrt{\log\left(1+\frac{1}{\mu^2(B_\delta(u,v))}\right)}\, dv .$$

La démonstration est immédiate à partir du corollaire 2.1.9. avec $C = 3529$. -

Exemple 3 : Séries aléatoires de type exponentiel. - Ce troisième exemple illustre le cas où $\alpha = 1$; par définition des fonctions de Young $\Phi_{\alpha,1}$, on a alors :

$$\Phi_1(x) = \Phi_{1,1}(x) = e^{|x|}-|x|-1 .$$

Considérons une suite de variables aléatoires $(\lambda_n ; n\in\mathbb{N})$ indépendantes et de même loi de densité $(1/\sqrt{2})\exp(-\sqrt{2}|x|)$, et une suite de fonctions $(\varphi_n(t) ; n\in\mathbb{N})$ définies sur T et telles que $\sum_n \varphi_n^2(t)$ converge uniformément.

DEFINITION 2.3.4. - *Soient* (T,d) *un espace métrique séparable et* $(\Omega,\mathcal{A},P)$ *un espace d'épreuves. On dit qu'une fonction aléatoire* X , *définie sur* T , *est une série aléatoire de type exponentiel si elle s'écrit :*

$$X(\omega,t) = \sum_n \varphi_n(t)\lambda_n(\omega) ,$$

où les suites $(\lambda_n ; n \in \mathbb{N})$ *et* $(\varphi_n(t) ; n \in \mathbb{N})$ *vérifient les conditions ci-dessus.*

Comme nous le verrons par la suite (Remarque 4.1.11), une telle série aléatoire vérifie l'hypothèse (H) avec $\alpha = 1$; plus précisément pour tout nombre réel a supérieur à 3 et tout $s,t \in T$, on a

$$E(\Phi_1(\frac{\tilde{X}_\delta(s,t)}{a})) \leq 1 .$$

La méthode de mesure majorante nous donne l'énoncé suivant :

THEOREME 2.3.5. - *Soient* (T,d) *un espace métrique séparable et* $(\Omega,\mathcal{A},P)$ *un espace d'épreuves. Soit* X *une série aléatoire de type exponentiel définie sur* $\Omega \times T$. *On suppose que le* δ*-diamètre,* $\delta(T)$, *de* T *est fini. On a alors les propriétés suivantes :*

i) *S'il existe une mesure de probabilité* μ *sur* $(T,\mathcal{T})$ *telle que*

$$\iint_{T\times T} E(X(s)X(t))d\mu(s)d\mu(t) = 0 ,$$

une condition suffisante pour que X *ait presque sûrement ses trajectoires majorées est que* μ *soit une mesure majorante et il existe alors une variable aléatoire* $Y(\omega)$, *positive, telle que pour tout* $t \in T$, *on ait*

$$|X(\omega,t)| \leq 294\, Y(\omega) \sup_{s\in T} \int_0^{\frac{\delta(T)}{2}} \log(1+ \frac{1}{\mu^2(B_\delta(s,u))})du .$$

ii) *Une condition suffisante pour que* X *ait presque sûrement ses* trajectoires continues est qu'il existe une mesure de probabilité μ sur $(T,\mathcal{T})$ telle que :

$$\lim_{\varepsilon \downarrow 0} \sup_{t\in T} \int_0^{\varepsilon} \log \frac{1}{\mu(B_\delta(t,u))} du = 0$$

il existe alors une variable aléatoire $Y(\omega)$, positive, telle que, pour tout $s,t \in T$, on ait :

$$|X(\omega,s)-X(\omega,t)| \le 588\, Y(\omega) \sup_{u\in T} \int_0^{\frac{\delta(s,t)}{2}} \log(1+\frac{1}{\mu^2(B_\delta(u,v))})\, dv .$$

La variable aléatoire Y est la même dans les deux cas ; elle est égale, en dehors d'un négligeable, à la norme de Luxemburg de $\widetilde{X}_\delta$; et, d'après la proposition 2.1.2, on sait que pour tout x supérieur à 6 on a :

$$P(Y>x) \le 10e^{-x\frac{\log 2}{6}} , E(Y) \le 90 .$$

Les corollaires 2.1.7. et 2.1.8. nous donnent, pour des séries aléatoires de type exponentiel, deux conditions suffisantes de continuité, avec dans chaque cas $\alpha = 1$. De même la condition suffisante de majoration obtenue par la méthode d'Orlicz s'écrit aisément dans ce cas.

Dans la quatrième partie de notre travail nous reviendrons plus longuement sur ces séries aléatoires. En particulier nous montrerons que la condition d'Orlicz est, dans certains cas, nécessaire.

Nous terminons ce paragraphe avec un résultat que nous utiliserons dans la partie consacrée au théorème central limite.

PROPOSITION 2.3.6. - Soient (T,d) un espace métrique séparable et $(\Omega,\mathcal{Q},P)$ un espace d'épreuves. Soit X une série aléatoire de type exponentiel, définie sur T et admettant une mesure majorante μ sur $(T,\mathcal{T})$. Dans ces conditions, il existe une constante C, positive, telle que, pour tout $\varepsilon > 0$ on ait :

$$E\Big(\sup_{\delta(s,t)<\varepsilon}|X(s)-X(t)|\Big)\le C\sup_{u\in T}\int_0^{\varepsilon/2}\log\Big(1+\frac{1}{\mu^2(B_\delta(u,v))}\Big)dv .$$

C'est une conséquence du corollaire 2.1.9. avec $\alpha = 1$ et $C = 9312$. -

III. FONCTIONS ALEATOIRES ASSOCIEES A DES FONCTIONS DE YOUNG DE TYPE PUISSANCE.

Dans cette partie nous étudions les fonctions aléatoires définies sur $[0,1]$, dont le moment d'ordre p des accroissements est majoré par une fonction régulière. La mesure majorante que nous utiliserons est celle de Lebesgue. Nous travaillerons uniquement avec la distance usuelle sur $[0,1]$ et pour pouvoir appliquer la technique d'Orlicz on exigera que p soit strictement supérieur à 1 .

Dans un premier temps, nous donnons un résultat qui est une conséquence du corollaire 1.1.10. Nous retrouvons ainsi le résultat de M.G. Hahn ([16]) qui avait été établi par des méthodes totalement différentes. Nous donnons ensuite une majoration que nous utiliserons dans la cinquième partie consacrée au théorème central limite.

Enfin nous appliquerons le résultat principal dans certains exemples et nous montrerons que la condition suffisante de continuité que nous avons obtenue est du même type que celles qui sont associées à des fonctions de Young de type exponentiel.

Sur $[0,1]$ muni de la distance usuelle, de la tribu des boréliens $\mathcal{B}$ et de la mesure de Lebesgue λ et sur un espace d'épreuves $(\Omega,\mathcal{G},P)$, on considère une fonction aléatoire réelle X . On supposera toujours que X est continue en probabilité et on utilisera une version de X séparable et $\mathcal{G}\otimes\mathcal{B}$-mesurable.
Le résultat essentiel de cette partie est le théorème suivant dû à M.G. Hahn ([16]) :

THEOREME 3.1.1. - Soient $(\Omega,\mathcal{G},P)$ un espace d'épreuves et X une fonction aléatoire définie sur $[0,1]\times\Omega$ telle qu'il existe un nombre réel $p>1$ et une fonction f croissante, s'annulant et continue à l'origine et telle que pour tout s et $t\in[0,1]$ on ait :

(3.1.1.) $$E(|X(s)-X(t)|^p) \le f^p(|s-t|) .$$

Une condition suffisante pour que X ait presque sûrement ses trajectoires continues est que

$$\int_0 \frac{f(u)}{u^{1+\frac{1}{p}}} du < \infty ,$$

et dans ces conditions il existe une variable aléatoire Y positive, possédant un moment fini d'ordre p , telle que pour tout s et t de [0,1] on ait :

$$|X(\omega,s)-X(\omega,t)| \le 2.3^{\frac{p+1}{p-1}} Y(\omega)[F(3|s-t|)]^{\frac{p-1}{p}} ,$$

avec

$$F(x) = \int_0^x \frac{f(u)}{u^{1+\frac{1}{p}}} du ,$$

et

$$E(Y^p) \le \frac{2}{p} F(1) .$$

Si f s'annule sur un intervalle du type $[0,\varepsilon]$, $\varepsilon > 0$, alors X est presque sûrement constante. On montre qu'il en est de même dans le cas où $p = 1$ et où l'inégalité 3.1.1. est vérifiée. Donc on peut supposer, sans restreindre la généralité, que le seul point où f s'annule est l'origine.

Démonstration : Pour $p > 1$, la fonction $\Phi_p(x) = \frac{|x|^p}{p}$ est une fonction de Young. Nous allons appliquer les résultats particuliers aux fonctions puissances que nous avons obtenues dans le premier chapitre et plus précisément le corollaire 1.1.10. Si r_o est un nombre réel strictement positif et si on pose, avec les mêmes notations que celles du paragraphe 1.2,

$$X_n(t) = \frac{1}{\lambda_n} \int_{B(t,\frac{r_o}{2^n})} X(u) du ,$$

on vérifie alors aisément que pour tout $t \in [0,1]$, $X_n(t)$ converge presque sûrement vers $X(t)$. Si N_t désigne l'ensemble de divergence, il suffit de montrer la majoration du théorème pour s et t fixés et $\omega \notin N_t \cup N_s$; on aura alors la relation sur tout $[0,1]^2$ et pour tout $\omega \in \Omega$ en utilisant la séparabilité de X , comme dans le théorème 1.2.5, et en posant $Y(\omega) = +\infty$ sur le négligeable de Ω déterminé par celle-ci, comme dans le corollaire 2.1.6. Fixons-nous donc un couple (s,t) et un élément $\omega \notin N_t \cup N_s$. On pose pour tout u strictement positif :

$$\varphi(u) = u^{\frac{1+p}{p^2}} f^{-1/p}(u) .$$

Dans ces conditions la fonction

$$\rho(u) = f(u)\varphi(u) = u^{\frac{1+p}{p^2}} f^{1-\frac{1}{p}}(u) ,$$

est de même nature que f , c'est-à-dire croissante, continue en 0 et s'annulant uniquement à l'origine. Vérifions les hypothèses du corollaire 1.1.10. On rappelle que

$$\tilde{X}_{\rho,d}(s,t) = \frac{X(s)-X(t)}{\rho(|s-t|)} I_{\{(u,v):u\neq v\}}(s,t) .$$

a) Montrons que la condition i) est vérifiée, à savoir $\tilde{X}_{\rho,d} \in L^p([0,1]^2, \lambda\otimes\lambda)$ P-presque sûrement. En effet

$$\iint_{[0,1]} E(|\tilde{X}_{\rho,d}(s,t)|^p) ds dt \le 2\int_0^1 \frac{f(u)}{u^{1+1/p}} du < \infty .$$

On pose

$$Y(\omega) = \|\tilde{X}_{\rho,d}(\omega,.)\|_{(\Phi_p),\lambda\otimes\lambda} .$$

Nous étudierons cette variable aléatoire par la suite.

b) Montrons que la condition ii) est vérifiée. On a, par définition de la fonction ρ

$$\int_o^{\varepsilon} \frac{\rho^{p/p-1}(6u)}{u\lambda^{2/p-1}(B_d(t,u))}\, du \leq 3^{2/p-1} \int_o^{6\varepsilon} \frac{f(u)}{u^{1+1/p}}\, du \,,$$

et ceci pour tout $t \in [0,1]$. Quand ε tend vers 0, cette dernière intégrale, par hypothèse, tend vers 0.

c) Nous pouvons donc appliquer le corollaire 1.1.10. Nous en déduisons

$$|X(\omega,s)-X(\omega,t)| \leq (p4^{p-1})^{1/p}\, 3^{2/p-1}\, Y(\omega)(F(3|s-t|))^{\frac{p-1}{p}} \,,$$

d'où, en majorant le coefficient, la relation annoncée.

d) Pour terminer, calculons le moment d'ordre p de Y. Par définition de la norme de Luxemburg, on a :

$$Y(\omega) = \left[\frac{1}{p} \iint_{[0,1]^2} \left|\frac{X(\omega,s)-X(\omega,t)}{\rho(|s-t|)}\right|^p dsdt\right]^{1/p}.$$

La mesurabilité de X et le théorème de Fubini nous donnent :

$$E(Y^p) \leq \frac{1}{p} \iint_{[0,1]^2} \frac{1}{\varphi^p(|s-t|)}\, dsdt \leq \frac{2}{p}\, F(1)\,.$$

Ceci achève la démonstration du théorème. -

Nous allons faire quelques remarques concernant la démonstration et les résultats de ce théorème.

REMARQUES 3.1.2. i) : Le choix de la fonction φ n'est pas arbitraire ; en effet, pour toute fonction φ positive, nous avons à l'aide de l'inégalité de Hölder :

$$\int_0^1 \frac{f(u)}{u^{1+1/p}}\,du \le \left[\int_0^1 \frac{du}{\varphi^p(u)}\right]^{1/p} \left[\int_0^1 \frac{f^{p/p-1}(u)\,\varphi^{p/p-1}(u)}{u^{\frac{p+1}{p-1}}}\,du\right]^{\frac{p-1}{p}} .$$

Si la première intégrale du deuxième membre est finie, on a l'appartenance de $\tilde{X}_{f.\varphi,d}$ à l'espace d'Orlicz L^p ; si la deuxième est également finie, on a la continuité. Nous avons choisi la meilleure fonction φ , celle pour laquelle les trois intégrales sont égales. -

ii) Le théorème 3.1.1. constitue, comme nous l'avons dit, le résultat de M.G. Hahn ([16]). Notons cependant qu'il avait été établi par des découpages de $[0,1]$. On remarquera que le module de continuité que nous obtenons par la méthode des mesures majorantes est plus agréable à manipuler en pratique que celui de M.G. Hahn qui est défini par des opérations sur des séries. -

Une conséquence directe du théorème précédent est le résultat suivant que nous utiliserons dans la cinquième partie de notre travail :

COROLLAIRE 3.1.3. - Sous les mêmes hypothèses et avec les mêmes notations que celles du théorème 3.1.1, pour tout ε strictement positif on a :

$$[E(\sup_{|s-t|<\varepsilon} |X(s)-X(t)|^p)]^{1/p} \le \frac{4.3^{\frac{p+1}{p-1}}}{p^{1/p}}\, F(1)^{1/p}\, F(3\varepsilon)^{\frac{p-1}{p}} .$$

Nous allons donner quelques applications, avec des choix particuliers de la fonction f .

Soit X une fonction aléatoire sur $[0,1]$ telle qu'il existe $p>1$ tel que pour tout s et t de $[0,1]$ on ait :

$$E(|X(s)-X(t)|^p) \le |s-t|^{1+r}$$

alors une condition suffisante pour que X ait presque sûrement ses trajectoires continues est que r soit strictement positif. En effet

$$\int_0^x \frac{f(u)}{u^{1+\frac{1}{p}}}\, du = \int_0^x u^{\frac{r}{p}-1}\, du = \frac{p}{r}\, x^{\frac{r}{p}} .$$

On retrouve ainsi, partiellement le résultat de Kolmogorov ([22]). Dans ces conditions il existe une variable aléatoire Y, possédant un moment d'ordre p fini, et une constante C, telles que pour tout $s,t \in [0,1]$ on ait :

$$|X(s)-X(t)| \le C\, Y |s-t|^{\frac{r}{p}\frac{p-1}{p}} . -$$

Un autre cas qui a été fréquemment étudié est celui où la fonction aléatoire X est telle qu'il existe $p>1$ et un nombre réel r tels que pour tout $s,t \in [0,1]$ on ait :

$$E(|X(s)-X(t)|^p) \le \frac{|s-t|}{\left(\log \frac{1}{|s-t|}\right)^r} .$$

En appliquant le théorème 3.1.1. nous en déduisons qu'une condition suffisante pour que X ait presque sûrement ses trajectoires continues est que $r>p$. En effet dans ce cas

$$\int_0^x \frac{f(u)}{u^{1+\frac{1}{p}}}\, du = \frac{p}{r-p}\, \frac{1}{\left(\log \frac{1}{x}\right)^{\frac{r-p}{p}}} .$$

Dans ces conditions on a l'existence d'une variable aléatoire Y, possédant un moment d'ordre p fini, et une constante C telles que pour tout $s,t \in [0,1]$ on ait :

$$|X(s)-X(t)| \le C\, Y \frac{1}{\left(\log \frac{1}{|s-t|}\right)^{\frac{r-p}{p}}} .$$

Notons que les résultats antérieurs de M. Loève ([22]) et de P. Bernard ([1]) qui sont un peu plus faibles, ont été obtenus par des méthodes totalement différentes. A.M. Garsia et Rodemich ([13]) ont obtenu la même condition suffisante par une méthode identique à celle du théorème 1.1.1, donc très proche de la méthode des mesures majorantes. Ils ont conjecturé que cette condition est également nécessaire. Certains contre-exemples de R.M. Dudley ([5]) et de M.G. Hahn ([16]) infirment cette conjecture.

Nous terminons cette partie par une remarque qui montre que malgré le fait qu'à partir d'un certain moment nous avons suivi une démarche différente pour les fonctions de Young de type puissance, les conclusions auxquelles nous aboutissons sont très semblables. En effet par un changement de variable on a l'équivalence :

$$\int_{o} \frac{f(u)}{u^{1+\frac{1}{p}}}\, du < \infty \Leftrightarrow \int^{\infty} f(u^{-p})\, du < \infty \, .$$

Rappelons qu'au chapitre précédent, pour les fonctions Φ_α , nous avions obtenu la condition

$$\int^{\infty} f(e^{-x^{\alpha}})\, dx < \infty \, .$$

Autrement dit, cette condition, établie en 1964 par X. Fernique pour les processus gaussiens $(\alpha = 2)$, est très générale et convient à une très large famille de fonctions aléatoires. C'est la méthode des mesures majorantes qui a permis, dans une de ses applications, d'établir ce fait. -

IV. REGULARITE DES TRAJECTOIRES DES SERIES ALEATOIRES DE TYPE EXPONENTIEL.

Cette quatrième partie de notre travail est consacrée à l'étude de la régularité des trajectoires de certaines fonctions aléatoires de type exponentiel. Comme à la fin du paragraphe 2.3, un espace métrique (T,d) et un espace d'épreuves $(\Omega,\mathcal{Q},P)$ étant donnés, nous appelons série aléatoire de type exponentiel sur T, la série

$$X(\omega,t) = \sum_{n\in\mathbb{N}} a_n(t)\lambda_n(\omega) ,$$

où $(a_n;n\in\mathbb{N})$ est une suite de fonctions définies sur T et $(\lambda_n;n\in\mathbb{N})$ une suite de variables aléatoirs réelles, indépendantes et de même loi de densité $\frac{\sqrt{2}}{2}\exp(-\sqrt{2}|x|)$ par rapport à la mesure de Lebesgue.

Dans un premier temps nous établissons des lois "0-1" et des résultats d'intégrabilité pour ces fonctions aléatoires. Ces derniers nous permettent d'introduire de manière naturelle la fonction de Young $\Phi_{1,1}(x) = e^{|x|}-|x|-1$ pour l'étude de la majoration et de la continuité des trajectoires de séries aléatoires de type exponentiel. Nous en déduisons qu'une telle fonction aléatoire vérifie l'hypothèse (H) du paragraphe 2.1 ; c'est-à-dire que pour tout s,t de T, $\tilde{X}_\delta$ est un élément de l'espace d'Orlicz $L^{\Phi_1}(\Omega,P)$, où δ est l'écart d'ordre deux induit par X sur T. Les résultats des paragraphes 2.1. et 2.2. sont donc applicables à ces fonctions aléatoires (avec $\alpha = 1$).

Le deuxième paragraphe est consacré à l'étude des processus composés, de type exponentiel. Dans certains cas, nous montrons que pour de tels processus, la condition suffisante de majoration obtenue par la méthode d'Orlicz, est également nécessaire. En particulier la condition du théorème 2.2.7 avec $\alpha = 1$, est nécessaire et suffisante pour des séries de type exponentiel définies sur une limite projective d'ensembles. -

4.1. Lois "0-1" et intégrabilité des séries aléatoires de type exponentiel.

Etant donnés un espace d'épreuves $(\Omega,\mathcal{G},P)$, un espace métrisable T et N une pseudo-semi-norme sur R^T , $\mathcal{B}_{R^T}$ - mesurable, nous allons énoncer pour une série aléatoire de type exponentiel

$$X(\omega,t) = \sum_{n\in\mathbb{N}} a_n(t)\lambda_n(\omega) ,$$

définie sur $\Omega\times T$, des résultats du type lois "0-1" , à savoir

$$P(N(X)<\infty) = 0 \quad \text{ou} \quad P(N(X)<\infty) = 1 ,$$

$$P(N(X)=0) = 0 \quad \text{ou} \quad P(N(X)=0) = 1 .$$

De plus, nous obtiendrons un résultat d'intégrabilité : $N(X)$ est presque sûrement finie si et seulement s'il existe une constante $\beta>0$ telle que :

$$E(e^{\beta N(X)}) < \infty .$$

Ces conclusions seront appliquées, pour X séparable, à la pseudo-semi-norme

$$N(X) = \sup_{t\in T} |X(\omega,t)| .$$

On remarquera que ce qui précède justifie le choix de la fonction de Young $\Phi_{1,1}(x) = e^{|x|}-|x|-1$ pour l'étude des séries aléatoires de type exponentiel par les méthodes d'Orlicz et des mesures majorantes. Nous concluerons ce paragraphe, par le calcul de la norme de Luxemburg d'une série aléatoire de type exponentiel, sous certaines hypothèses.

Nous commençons par quelques résultats simples qui seront utilisés par la suite.

LEMME 4.1.1. - *Sur un espace d'épreuves* $(\Omega, \mathcal{G}, P)$ *on considère la variable aléatoire réelle* λ *de densité* $\frac{a}{2}e^{-a|x|}$. *Dans ces conditions on a les résultats suivants :*

$$E(\lambda) = 0\ ,\ E(|\lambda|) = \frac{1}{a} \quad \text{et} \quad E(\lambda^2) = \frac{2}{a^2}\ .$$

Pour tout $k \in [0, |a|[$ *on a :*

$$E(e^{k|\lambda|}) = \frac{a}{a-k}\ ,\ E(e^{k\lambda}) = E(e^{-k\lambda}) = \frac{a^2}{a^2-k^2}\ .$$

Par la suite, nous aurons à manipuler fréquemment la fonction convexe $e^{|x|}-1$, qui majore la fonction de Young $\Phi_{1,1}(x) = e^{|x|}-|x|-1$. En particulier pour le calcul de la norme de Luxemburg de certaines fonctions nous utiliserons la majoration suivante :

LEMME 4.1.2. - *Pour tout nombre réel* x *et tout* $k > 1$, *nous avons l'inégalité*

$$e^{|x|} \le \frac{1}{C(k)}(e^{kx} + e^{-kx})\ ,$$

avec

$$C(k) = \left(\frac{k+1}{k-1}\right)^{\frac{k-1}{2k}} + \left(\frac{k-1}{k+1}\right)^{\frac{k+1}{2k}}\ .$$

Remarquons que pour $k = 2$, $C(2)$ est strictement supérieur à 1,75. Ceci nous permettra de majorer la norme de Luxemburg de certaines séries aléatoires de type exponentiel.

Nous allons à présent donner deux lemmes qui nous permettront de représenter les variables et les fonctions de type exponentiel à l'aide de variables et de fonctions aléatoires gaussiennes et donc de les analyser à partir de l'analyse des fonctions gaussiennes.

LEMME 4.1.3. - *Soient* $(\Omega_1, \mathcal{G}_1, P_1), (\Omega_2, \mathcal{G}_2, P_2)$ *deux espaces d'épreuves et*

$\lambda(\omega_1), \lambda'(\omega_1), \mu(\omega_2)$ et $\mu'(\omega_2)$ des variables aléatoires gaussiennes, centrées, réduites et indépendantes. Dans ces conditions la variable aléatoire,

$$X(\omega_1,\omega_2) = \lambda(\omega_1)\mu(\omega_2)+\lambda'(\omega_1)\mu'(\omega_2) ,$$

définie sur l'espace d'épreuve $(\Omega_1 \times \Omega_2, \mathcal{G}_1 \otimes \mathcal{G}_2, P_1 \otimes P_2)$ a comme densité $\frac{1}{2}e^{-|x|}$.

De ce lemme nous déduisons le résultat suivant :

LEMME 4.1.4. - Soient T un espace métrisable et $(\Omega,\mathcal{G},P)$ un espace d'épreuves. Etant donnée sur T la suite des fonctions $(a_n(t); n \in \mathbb{N})$, on définit sur $\Omega \times T$ la série aléatoire $X(\omega,t) = \sum_{n \in \mathbb{N}} a_n(t)\ell_n(\omega)$ où $(\ell_n; n \in \mathbb{N})$ est une suite de variables aléatoires indépendantes de même loi de densité $(\frac{1}{\sqrt{2}})\exp(-\sqrt{2}|x|)$.

Sur des copies $(\Omega_1,\mathcal{G}_1,P_1)$ et $(\Omega_2,\mathcal{G}_2,P_2)$ de $(\Omega,\mathcal{G},P)$ on considère les suites de variables gaussiennes, centrées, réduites et indépendantes $(\lambda_n(\omega_1); n \in \mathbb{N})$, $(\lambda'_n(\omega_1); n \in \mathbb{N})$, $(\mu_n(\omega_2); n \in \mathbb{N})$ et $(\mu'_n(\omega_2); n \in \mathbb{N})$. Dans ces conditions $X(\omega,t)$ est de même loi que la série aléatoire:

$$X(\omega_1,\omega_2,t) = \sum_{n \in \mathbb{N}} \frac{a_n(t)}{\sqrt{2}} (\lambda_n(\omega_1)\mu_n(\omega_2)+\lambda'_n(\omega_1)\mu'_n(\omega_2)) .$$

THEOREME 4.1.5. - Soient T un espace métrisable et $(\Omega,\mathcal{G},P)$ un espace d'épreuves. Soient de plus N une pseudo-semi-norme sur $\mathbb{R}^T$, $\mathcal{B}_{\mathbb{R}^T}$-mesurable, et X une série aléatoire réelle de type exponentiel définie sur $\Omega \times T$. Dans ces conditions on a les propriétés suivantes :

i) $P(N(X)<\infty) = 0$ ou $P(N(X)<\infty) = 1$,

ii) $P(N(X)=0) = 0$ ou $P(N(X)=0) = 1$.

Démonstration : i) Nous noterons $X(\omega_1,\omega_2,t)$ la série aléatoire de type exponentiel de même loi que X , obtenue à l'aide du Lemme 4.1.4. Dans ces conditions nous avons :

$$P(N(X)<\infty) = P_1 \otimes P_2(N(X)<\infty) .$$

Supposons que $P(N(X)<\infty)$ soit strictement positive ; nous allons montrer que :

$$P_1 \otimes P_2(N(X)<\infty) = 1 .$$

Pour tout $\omega_1 \in \Omega_1$, nous définissons une pseudo-semi-norme N' sur l'ensemble des doubles suites de fonctions $(f,g) = (f_n(t),g_n(t);n\in \mathbb{N})$ en posant :

$$N'(f,g) = N(\sum_{n\in\mathbb{N}} [f_n(t)\lambda_n(\omega_1)+g_n(t)\lambda_n'(\omega_1)]) .$$

L'expression $(\mu,\mu') = (\frac{a_n(t)}{\sqrt{2}}\,\mu_n,\frac{a_n(t)}{\sqrt{2}}\,\mu_n';n\in\mathbb{N})$ définit sur $\mathbb{N}$ une fonction aléatoire gaussienne qui vérifie une loi "0-1" (voir par exemple théorème 1.2.1. dans [11]) , à savoir

$$P_2(N'(\mu,\mu')<\infty) = 0 \quad \text{ou} \quad P_2(N'(\mu,\mu')<\infty) = 1 .$$

Soit $A_1 = \{\omega_1 \in \Omega_1 : P_2(N'(\mu,\mu')<\infty) = 1\}$. Par intégration sur les marges et d'après l'hypothèse, nous obtenons :

$$P(N(X)<\infty) = P_1(A_1)>0 .$$

Mais de l'intégrabilité des processus gaussiens (X. Fernique [9]) nous déduisons l'équivalence

$$P_2(N'(\mu,\mu')<\infty) = 1 \Leftrightarrow E_2(N'(\mu,\mu'))<\infty ;$$

donc

$$P_1(A_1) = P_1(E_2[N(X)]<\infty) .$$

Nous définissons une pseudo-semi-norme sur l'ensemble des doubles suites numériques, $(f,g) = (f_n, g_n ; n \in \mathbb{N})$, en posant :

$$M(f,g) = E_2[N(\sum_{n \in \mathbb{N}} \frac{a_n(t)}{\sqrt{2}}(f_n \mu_n + g_n \mu_n'))] .$$

Soit $(\lambda, \lambda') = (\lambda_n(\omega_1), \lambda_n'(\omega_1) ; n \in \mathbb{N})$; c'est une fonction aléatoire gaussienne, l'application de la même loi "0-1" que ci-dessus, nous donne :

$$P_1(M(\lambda,\lambda') < \infty) = 0 \quad \text{ou} \quad P_1(M(\lambda,\lambda') < \infty) = 1 .$$

Mais

$$P_1(M(\lambda,\lambda') < \infty) = P_1(E_2 N(X) < \infty) = P_1(A_1) = P(N(X) < \infty) > 0 ;$$

d'où

$$P(N(X) < \infty) = 1 \quad \text{et la conclusion.}$$

ii) La démonstration se fait de manière identique à la précédente, en utilisant la même représentation du processus par des variables gaussiennes et par exemple le théorème 1.2.1. dans [11]. -

Dans la démonstration du théorème d'intégrabilité nous utiliserons l'inégalité suivante :

LEMME 2.1.6. ([10]). - Soit la fonction de Young $\Phi_{2,1}(x) = e^{x^2} - 1$. Pour toute fonction $f \in L^{\Phi_{2,1}}(T,\mu)$ on a l'inégalité :

$$\sup_{p \geq 1} \left(\frac{1}{p!}\right)^{1/2p} \|f\|_{L^{2p}(T,\mu)} \leq \|f\|_{(\Phi_{2,1}),\mu} .$$

Démonstration : Par définition de la norme de Luxemburg de f nous avons, au cas où elle n'est pas nulle :

$$\int_T \Phi\left(\frac{f(t)}{\|f\|_{(\Phi_{2,1}),\mu}}\right)d\mu(t) = \sum_{p\geq 1} \frac{1}{p!}\left(\frac{\|f\|_{L^{2p}}}{\|f\|_{(\Phi_{2,1}),\mu}}\right)^{2p} \leq 1 ,$$

donc chacun des termes de la série est inférieur à 1 d'où la conclusion. -

Nous donnons à présent le théorème d'intégrabilité pour les séries de type exponentiel, intégrabilité analogue à celle du cas gaussien, mais qui fait intervenir la fonction exponentielle.

THEOREME 4.1.7. - Soient T un espace métrisable et $(\Omega,\mathcal{G},P)$ un espace d'épreuves. Soient de plus N une pseudo-semi-norme sur R^T, $\mathcal{B}_{R^T}$ - mesurable et X une série aléatoire réelle de type exponentiel définie sur $\Omega \times T$. Dans ces conditions les propriétés suivantes sont équivalentes :

i) $P(N(X)<\infty) = 1$,

ii) il existe une constante $b>0$ telle que :

$$E[\exp bN(X)] < \infty .$$

Démonstration : Supposons que $N(X)$ soit presque sûrement finie. Da la représentation de la série par des varaibles gaussiennes (lemme 4.1.4) et de la démarche suivie dans la démonstration du théorème 4.1.5, avec les mêmes notations, nous déduisons l'existence d'un sous-ensemble Ω' de Ω_1, de P_1 - probabilité 1 et tel que pour tout $\omega_1 \in \Omega'$ nous avons

$$P_2(N(X)<\infty) = 1 .$$

L'application qui, à toute double suite de fonctions $(f_n(t),g_n(t);n\in\mathbb{N})$, définies sur T, associe la quantité :

$$N\left(\sum_{n\in\mathbb{N}} \lambda_n(\omega_1)f_n(t)+\lambda'_n(\omega)g_n(t)\right) ,$$

est une pseudo-semi-norme. La fonction aléatoire gaussienne

$$\left(\frac{a_n(t)}{\sqrt{2}}\,\mu_n\,,\,\frac{a_n(t)}{\sqrt{2}}\,\mu'_n;n\in\mathbb{N}\right)$$

étant donnée sur Ω_2 , l'application du théorème d'intégrabilité des vecteurs gaussiens, établi par X. Fernique ([9]), implique l'existence, pour tout $\omega_1\in\Omega'$, d'une constante a strictement positive, telle que :

$$E_2(\exp N^2(X)/_{a^2})<\infty .$$

En posant $\Phi_{2,1}(x)=e^{x^2}-1$, nous en déduisons :

$$\forall\,\omega_1\in\Omega'\,,\,\alpha(\omega_1)=\|N(X)\|_{(\Phi_{2,1}),P_2}<\infty .$$

En appliquant le lemme 4.1.6, nous obtenons

$$\forall\,p\geq 1\,,\,\left(\frac{1}{p!}\right)^{1/2p}(E_2N^{2p}(X))^{1/2p}\leq\alpha(\omega_1) .$$

L'application qui à toute double suite numérique $(f_n,g_n;n\in\mathbb{N})$ associe la quantité :

$$\|N(\sum_{n\in\mathbb{N}}\frac{a_n(t)}{\sqrt{2}}(f_n\mu_n+g_n\mu'_n))\|_{(\Phi_{2,1}),P_2},$$

est une semi-norme ; ceci se déduit aisément des propriétés de norme de $\|\cdot\|_{(\Phi_{2,1}),P_2}$, de pseudo-semi-norme de N et de l'intégrabilité des vecteurs gaussiens.

Le processus gaussien $(\lambda_n,\lambda'_n;\,n\in\mathbb{N})$ étant donné sur Ω_1 , en utilisant le même résultat que précédemment, nous obtenons une constante $b>0$ telle que :

$$\int_{\Omega_1}\exp(b\alpha^2(\omega_1))dP_1(\omega_1)<\infty .$$

De cette relation et de l'inégalité précédente, nous déduisons

$$E_1 E_2 [\sum_{p \geq o} \frac{1}{(2p)!} b^{p/2} N^{2p}(X)] \leq E_1(\exp b\alpha^2) < \infty ;$$

ceci signifie $E(\mathrm{ch}\, bN(X))$ et donc $E(\exp bN(X))$ sont finies, ce qui est la condition b).

La réciproque est immédiate. -

De ce théorème nous déduisons le résultat suivant :

COROLLAIRE 4.1.8. - Soient T un espace métrisable et $(\Omega, \mathcal{G}, P)$ un espace d'épreuves. Soient de plus N une pseudo-semi-norme sur $\mathbb{R}^T$, $\mathcal{B}_{\mathbb{R}^T}$-mesurable, et X une série aléatoire réelle de type exponentiel, définie sur $\Omega \times T$. Dans ces conditions les propriétés suivantes sont équivalentes :

i) $P(N(X) < \infty) = 1$

ii) $E[N(X)] < \infty$.

On en déduit, comme dans le cas gaussien.

COROLLAIRE 4.1.9. - Soient T un espace métrisable et $(\Omega, \mathcal{G}, P)$ un espace d'épreuves. Soit de plus X une série aléatoire réelle, définie sur $\Omega \times T$, séparable et de type exponentiel. Dans ces conditions les propriétés suivantes sont équivalentes :

i) $P(\sup_{t \in T} |X(t)| < \infty) > 0$,

ii) $P(\sup_{t \in T} |X(t)| < \infty) = 1$,

iii) $E \sup_{t \in T} |X(t)| < \infty$,

iv) il existe une constante $b > 0$ telle que,

$$E(\exp(\beta \sup_{t \in T} |X(t)|)) < \infty .$$

Il apparaît à présent que la fonction de Young la plus naturelle pour l'étude de la majoration d'une fonction aléatoire de type exponentiel, est la fonction $\Phi_{1,1}(x) = e^{|x|}-|x|-1$. Donc, dans la méthode d'Orlicz et dans celle des mesures majorantes, l'espace d'Orlicz qui interviendra sera l'espace associé à $\Phi_{1,1}$ muni de la norme de Luxemburg. Nous terminons ce paragraphe par un exemple de calcul de la $\Phi_{1,1}$-norme de Luxemburg d'une série de type exponentiel. Pour un tel processus, défini sur T, l'indépendance de la suite $(\lambda_n; n \in \mathbb{N})$ et l'application du lemme 4.1.1. nous donnent :

$$\Gamma_X(s,t) = E(X(s)X(t)) = \sum_{n\in\mathbb{N}} a_n(s)a_n(t) ,$$

$$\delta^2(s,t) = E(X(s)-X(t))^2 = \sum_{n\in\mathbb{N}} (a_n(s)-a_n(t))^2 .$$

PROPOSITION 4.1.10. - Soient T un espace métrisable, $\mathcal{T}$ la tribu engendrée par les boules de T et μ une mesure de probabilité sur $(T,\mathcal{T})$. Soient de plus $(\Omega,\mathcal{G},P)$ un espace d'épreuves et $X(\omega,t)$ une série aléatoire de type exponentiel, définie sur $\Omega\times T$, que l'on supposera $\mathcal{G}\otimes\mathcal{T}$-mesurable. Une condition suffisante pour que $\|X\|_{(\Phi_{1,1}),P\otimes\mu}$ soit fini, est que :

$$\forall\, t\in T,\ \sum_{n\in\mathbb{N}} a_n^2(t) \leq 1 ,$$

et dans ce cas,

$$\|X\|_{(\Phi_{1,1}),P\otimes\mu} \leq 3 .$$

Démonstration : L'application des Lemmes 4.1.1. et 4.1.2, du théorème de Fubini sous l'hypothèse de mesurabilité et de l'inégalité :

$$\forall\, x,y\in [0,1[\, ,\ 1-(x+y) \leq (1-x)(1-y) ,$$

nous donnent :

$$E\left(\int_T \exp \frac{|X(t)|}{a}\, d\mu(t)\right) \le \frac{2}{C(k)} \int_T \frac{d\mu(t)}{1-\frac{k^2}{2a^2} \sum_{n\in\mathbb{N}} a_n^2(t)} ,$$

$$\le \frac{2}{C(k)\left(1-\frac{k^2}{2a^2}\right)} .$$

D'après la remarque qui suit le lemme 4.1.2. pour tout $a \ge 3$, en prenant $k = 2$, on a :

$$E \int_T \exp \frac{|X|}{a}\, d\mu \le \frac{2}{C(2)\left(1-\frac{2}{a^2}\right)} \le 2 ;$$

Comme $\Phi_{1,1}(x)$ est majorée par $e^{|x|}-1$, on a le résultat annoncé par définition de la norme de Luxemburg.-

Remarquons que l'hypothèse de la proposition 4.1.10. est vérifiée dès que la covariance de X est majorée par 1. Nous en déduisons que si X est une série aléatoire de type exponentiel, comme $\widetilde{X}_\delta$ est une série aléatoire de type exponentiel de covariance majorée par 1, X vérifie l'hypothèse (H) pour $\alpha = 1$ et $a = 3$; c'est-à-dire pour tout couple (s,t) de $T \times T$ on a

$$E\left(\Phi_{1,1}\left(\frac{\widetilde{X}_\delta(s,t)}{3}\right)\right) \le 1 .$$

L'application des résultats que nous avons obtenus dans la deuxième partie, nous donne des conditions suffisantes de majoration et de continuité des trajectoires de X. Ces conditions font intervenir la fonction $\mathrm{Log}(1+\frac{1}{x})$. Nous allons voir dans la suite que dans certains cas ces conditions sont nécessaires.

4.2. Minoration de certains processus composés de type exponentiel.

Rappelons qu'avec la méthode d'Orlicz, nous avons montré (théorème 2.2.3.) que si une série aléatoire de type exponentiel X admet une représentation de type intégrale :

$$X(\omega,t) = \int_S Y(\omega,s)f(s,t)d\mu(s) \ ,$$

où Y est une série aléatoire de type exponentiel et f une fonction définie sur $S \times T$, toutes deux vérifiant certaines hypothèses, alors τ étant une variable aléatoire sur T de loi π , la variable aléatoire $X(\omega,\tau(\omega))$ a une espérance majorée par :

$$\iint_{S \times T} |f(s,t)| \operatorname{Log}\left(1+ \frac{|f(s,t)|}{\iint_{S\times T} |f(s,t)|d\mu(s)d\pi(t)}\right)d\mu(s)d\pi(t) \ .$$

Dans la première partie de ce paragraphe, nous allons donner des exemples de processus de type exponentiel tels que l'espérance de la variable aléatoire $X \circ \tau$ soit minorée par une quantité analogue à la précédente. Dans la seconde partie, nous obtenons des minorations de processus de type exponentiel définis sur des limites projectives d'ensembles, minorations faisant intervenir l'expression

$$\sup_{\mu \in \mathcal{M}_+^1(T)} \int_T d\mu(t) \int_0^{\frac{D}{2}} \operatorname{Log} \frac{1}{\mu(B(t,u))} du \ ,$$

la même que dans la majoration obtenue dans la méthode des mesures majorantes.

Nous ne pourrons pas obtenir des résultats plus généraux que les précédents, une inégalité de comparaison de deux séries de type exponentiel, analogue à celle de Slépian pour les processus gaussiens, nous faisant défaut.

Tous les exemples que nous allons présenter sont analogues à ceux que X. Fernique ([12]) a présenté dans le cas de processus gaussiens composés, notre but étant de montrer que la technique de minoration, ainsi introduite est une technique générale et liée à la méthode d'Orlicz. Il resterait à étudier leur relations.

LEMME 4.2.1. - <u>Pour toute fonction</u> f <u>comprise entre</u> 0 <u>et</u> $\frac{1}{2}$, <u>on a l'équivalence</u> :

$$\int_{\mathbb{R}} f(t)\log\frac{1}{f(t)}\,dt<\infty \Leftrightarrow \int_{\mathbb{R}} f(t)\log\left(1+\frac{1}{f(t)}\right)dt<\infty \ .$$

PROPOSITION 4.2.2. - <u>Soient</u> μ <u>une mesure de probabilité sur</u> $\mathbb{R}$, <u>de médiane nulle et</u> $\lambda(\omega)$ <u>une variable aléatoire de densité</u> $(\frac{1}{\sqrt{2}})\exp(-\sqrt{2}|x|)$. <u>On pose</u> :

$$X(\omega,t) = t\lambda(\omega) \ ,$$

$$G(t) = \begin{cases} \mu(\{s : s \geq t\}) & \underline{\text{si}} \quad t \geq 0 \ , \\ \mu(\{s : s \leq t\}) & \underline{\text{si}} \quad t < 0 \ . \end{cases}$$

<u>Dans ces conditions, si</u> $\tau(\mu)$ <u>désigne l'ensemble des variables aléatoires réelles de loi</u> μ , <u>on a</u> :

$$\frac{\sqrt{2}}{2}\int_{\mathbb{R}} G(t)\log\frac{1}{G(t)}\,dt \leq \sup_{\tau\in\tau(\mu)} E(X\circ\tau) \ .$$

<u>Démonstration</u> : On notera $F(t)$ la fonction complémentaire de la fonction de répartition de la mesure μ , c'est-à-dire :

$$G(t) = F(t) \quad \text{si} \quad t \geq 0 \ ,$$

$$G(t) = 1-F(t) \quad \text{sinon.}$$

On pose également :

$$\Phi(t) = P(\lambda > t) = \frac{1}{2}\,e^{-\sqrt{2}t} \quad \text{si} \quad t \geq 0 \ ,$$

$$\Phi(t) = 1-\frac{1}{2}\,e^{\sqrt{2}t} \qquad \text{si} \quad t < 0 \ .$$

D'où nous déduisons :

$$\Phi^{-1}(u) = \frac{1}{\sqrt{2}} \operatorname{Log} \frac{1}{2u} \qquad \text{si} \quad 0 < u \leq \frac{1}{2} ,$$

$$\Phi^{-1}(u) = \frac{1}{\sqrt{2}} \operatorname{Log} 2(1-u) \quad \text{si} \quad \frac{1}{2} < u < 1 .$$

Soit

$$\tau(\omega) = \sup\{t \in \mathbb{R} : \Phi\circ\lambda \leq F(t)\}$$

donc

$$P(\tau > t) = P(\Phi\circ\lambda \leq F(t)) = F(t) ;$$

la variable aléatoire $\tau(\omega)$, que nous venons de définir, appartient, par conséquent, à l'ensemble $\tau(\mu)$. Nous allons montrer que $E(X\circ\tau)$, qui est fini par hypothèse est minoré par la quantité adéquate.

Un calcul simple nous donne :

$$\int_0^{+\infty} t\Phi^{-1}(F(t))d\mu(t) = \int_0^{+\infty} \frac{t}{\sqrt{2}} \operatorname{Log} 2F(t)dF(t) \geq \frac{\sqrt{2}}{2} \int_0^{+\infty} F(t)\operatorname{Log} \frac{1}{F(t)}\, dt ,$$

$$\int_{-\infty}^{0} t\Phi^{-1}(F(t))d\mu(t) = \int_{-\infty}^{0} \frac{t}{\sqrt{2}} \operatorname{Log} 2(1-F(t)d(1-F(t)) \geq \frac{\sqrt{2}}{2} \int_{-\infty}^{0} (1-F(t))\operatorname{Log} \frac{1}{1-F(t)}\, dt ,$$

en faisant une intégration par parties. Comme

$$E(X\circ\tau) = E(\tau\lambda) = \int_{\mathbb{R}} t\Phi^{-1}(F(t))d\mu(t)$$

nous obtenons la minoration. -

COROLLAIRE 4.2.3. - <u>Avec les mêmes hypothèses et les mêmes notations que celles de la proposition précédente, une condition nécessaire et suffisante pour que</u> $\sup_{\tau \in \tau(\mu)} E(|X\circ\tau|)$ <u>soit fini est que</u> :

$$\int_{\mathbb{R}} G(t) \log \frac{1}{G(t)}\, dt < \infty .$$

Démonstration : La nécessité de la condition découle de la minoration précédente. Une méthode analogue à celle de l'exemple 2.2.9, avec $\alpha = 1$, nous donne la majoration :

$$\sup_{\tau \in \tau(\mu)} E(|X \circ \tau|) \leq 6\sqrt{2} \int_{\mathbb{R}} G(t) \mathrm{Log}(1+ \frac{1}{G(t)}) dt \ ;$$

Le lemme 4.2.1. implique alors la suffisance de la condition. -

L'exemple qui suit concerne une suite de variables aléatoires de type exponentiel, on va obtenir une majoration analogue à celle de la proposition 2.2.4.

PROPOSITION 4.2.4. - Soient $(X_n ; n \in \mathbb{N})$ une suite de variables aléatoires réelles, indépendantes, de type exponentiel, $(\mu_n ; n \in \mathbb{N})$ une mesure de probabilité sur $\mathbb{N}$; on note p l'indice de la médiane de μ . Dans ces conditions, si $\tau(\mu)$ désigne l'ensemble des variables aléatoires de loi μ , on a :

$$\frac{1}{9\sqrt{2}} \sum_{k \in \mathbb{N}} \mu_k \sigma_k (\log \frac{1}{\mu_k} - 1) \leq \sup_{\tau \in \tau(\mu)} E(X \circ \tau),$$

où $(\sigma_n ; n \in \mathbb{N})$ désigne la suite des écarts-type associés.

Démonstration : a) Pour montrer la minoration, nous allons construire, comme dans [12], deux variables aléatoires τ et τ' , de loi μ , puis en minorant $\frac{1}{2}(E(X \circ \tau) + E(X \circ \tau'))$, nous obtiendrons le résultat. Avec les mêmes notations que celles de la démonstration de la proposition 4.2.2, nous définissons les deux suites :

$$(M_k ; k \in \mathbb{N}) \text{ et } (M'_k ; k \in \mathbb{N}) \text{ par:}$$

$$\Phi(\frac{M_k}{\sigma_k}) = \frac{\mu_k}{\sum_{j \geq k} \mu_j} , \ \Phi(\frac{M'_k}{\sigma_k}) = \frac{\mu_k}{\sum_{j \leq k} \mu_j} \ ;$$

Alors si nous posons :

$$\tau(\omega) = k \quad \text{si} \quad \omega \in A_k = \{\omega : \forall\, j < k, X_j(\omega) < M_j, X_k(\omega) \geq M_k\}$$

$$\tau'(\omega) = k \quad \text{si} \quad \omega \in A'_k = \{\omega : \forall\, j > k, X_j(\omega) < M'_j, X_k(\omega) \geq M'_k\} \;;$$

les variables aléatoires τ et τ', par définition des M_k et M'_k, sont toutes deux de loi μ. Par un calcul simple, en utilisant l'indépendance des X_i, nous obtenons :

$$E(X \circ \tau) = \sum_{k \in \mathbb{N}} E(X_k I_{\tau = k}) = \sum_{k \in \mathbb{N}} E(X_k I_{X_k \geq M_k}) P(X_i < M_i, \forall\, i < k) \;,$$

$$= \sum_{k \in \mathbb{N}} \Big(\sum_{j \geq k} \mu_j\Big) \int_{M_k}^{+\infty} \frac{x}{\sigma_k\sqrt{2}}\, e^{-\frac{\sqrt{2}}{\sigma_k}|x|}\, dx \;.$$

De même

$$E(X \circ \tau') = \sum_{k \in \mathbb{N}} \Big(\sum_{j \leq k} \mu_j\Big) \int_{M_k}^{+\infty} \frac{x}{\sigma_k\sqrt{2}}\, e^{-\frac{\sqrt{2}}{\sigma_k}|x|}\, dx \;.$$

Si $k < p$ nous avons

$$\mu_k \leq \sum_{j < p} \mu_j \leq \frac{1}{2} \leq \sum_{j \geq p} \mu_j \leq \sum_{j \geq k} \mu_j \;,$$

d'où

$$\Phi\Big(\frac{M_k}{\sigma_k}\Big) \leq \frac{1}{2} \;, \; M_k \geq 0 \;.$$

De même si $k > p$ on obtient le fait que $M'_k \geq 0$. Nous en déduisons :

$$\int_{M_k}^{+\infty} \frac{x}{\sigma_k\sqrt{2}}\, e^{-\frac{\sqrt{2}}{\sigma_k}x}\, dx = \frac{1}{2}\, e^{-\frac{\sqrt{2}}{\sigma_k}M_k} \Big[M_k + \frac{\sigma_k}{\sqrt{2}}\Big] \;,$$

et

$$\int_{M'_k}^{+\infty} \frac{x}{\sigma_k\sqrt{2}} e^{-\frac{\sqrt{2}}{\sigma_k}x} dx = \frac{1}{2} e^{-\frac{\sqrt{2}}{\sigma_k}M'_k}\left[M'_k + \frac{\sigma_k}{\sqrt{2}}\right] .$$

En minorant $E(X\circ\tau)$ et $E(X\circ\tau')$ par une partie de la somme et en utilisant la définition de $\Phi(\frac{M_k}{\sigma_k})$ et $\Phi(\frac{M'_k}{\sigma_k})$ nous obtenons :

$$\sup_{\tau\in\mathcal{T}(\mu)} E(X\circ\tau) \geq \frac{1}{2}(E(X\circ\tau)+E(X\circ\tau')) \geq \frac{1}{2\sqrt{2}} \sum_{k\in\mathbb{N}-\{p\}} \mu_k\sigma_k \operatorname{Log}\frac{e}{4\mu_k} .$$

Mais $\frac{1}{\mu_k} \geq 2$ d'où

$$\frac{e}{4\mu_k^{1-\frac{1}{3}}} \geq \frac{e}{4}\, 2^{1-\frac{1}{3}} > 1 ,$$

et

$$\frac{e}{4\mu_k} \geq \frac{1}{\mu_k^{1/3}} .$$

En définitive

$$\sup_{\tau\in\mathcal{T}(\mu)} E(X\circ\tau) \geq \frac{1}{6\sqrt{2}} \sum_{k\in\mathbb{N}-\{p\}} \mu_k\sigma_k \operatorname{Log}\frac{1}{\mu_k} .$$

Si pour tout $n\in\mathbb{N}$, μ_n est inférieur à $\frac{1}{2}$, il existe alors une troisième variable aléatoire τ'', de loi μ dont l'indice de la médiane est différent de p. Pour un calcul analogue au précédent nous obtenons dans ce cas :

$$\begin{aligned}\sup_{\tau\in\mathcal{T}(\mu)} E(X\circ\tau) &\geq \frac{1}{3}(E(X\circ\tau)+E(X\circ\tau')+E(X\circ\tau'')) ,\\ &\geq \frac{1}{3\sqrt{2}} \sum_{k\in\mathbb{N}} \mu_k\sigma_k \operatorname{Log}\frac{e}{4\mu_k} ,\\ &\geq \frac{1}{9\sqrt{2}} \sum_{k\in\mathbb{N}} \mu_k\sigma_k \operatorname{Log}\frac{1}{\mu_k} .\end{aligned}$$

Si, par contre, il existe n_o tel que μ_{n_o} soit supérieur à $\frac{1}{2}$, alors

$$\mu_{n_o}\sigma_n \operatorname{Log} \frac{1}{\mu_{n_o}} \leq \mu_{n_o}\sigma_{n_o} \operatorname{Log}2 \leq \mu_{n_o}\sigma_{n_o} .$$

En conclusion, dans tous les cas possibles, nous avons la minoration

$$\frac{1}{9\sqrt{2}} \sum_{k \in \mathbb{N}} \mu_k\sigma_k(\log \frac{1}{\mu_k} -1) \leq \sup_{\tau \in \tau(\mu)} E(X\circ \tau) ;$$

c'est le résultat annoncé. -

COROLLAIRE 4.2.5. - <u>Avec les mêmes hypothèses et les mêmes notations que celles de la proposition</u> 4.2.4, <u>une condition nécessaire et suffisante pour que</u> $\sup_{\tau \in \tau(\mu)} E(|X\circ \tau|)$ <u>soit fini est que</u>

$$\sum_{k \in \mathbb{N}} \mu_k\sigma_k \operatorname{Log} \frac{1}{\mu_k} < \infty .$$

<u>Démonstration</u> : L'application de l'exemple 2.2.4, avec $\alpha = 1$, nous donne

$$\sup_{\tau \in \tau(\mu)} E|X\circ \tau| \leq \sum_{k \in \mathbb{N}} \mu_k\sigma_k \log (1+ \frac{1}{\mu_k}) .$$

Donc la condition est suffisante. La minoration précédente implique la nécessité de la condition. -

Nous terminons ce paragraphe par l'étude de séries aléatoires de type exponentiel définies sur des limites projectives d'ensembles.

Soient $(S_n ; n \in \mathbb{N})$ une suite d'ensembles finis et $(\pi_n^m ; m \geq n , m,n \in \mathbb{N})$ une suite d'applications avec, pour $m \geq n$, π_n^m une application de S_m sur S_n . Nous supposons que ces deux suites vérifient les propriétés suivantes :

i) Pour tous les entiers k , m et n , les relations $k \geq m \geq n$ entraînent $\pi_n^k = \pi_n^m \circ \pi_m^k$.

ii) Pour tout entier n, π_n^n est l'application identité de S_n.

Soit T la limite projective de la famille $(S_n ; n \in \mathbb{N})$ pour la famille $(\pi_n^m ; m \geq n , m,n \in \mathbb{N})$, muni de la topologie correspondante ; on note

$$T = S_\infty = \varprojlim (S_n ; \pi_n^m) ;$$

donc T est l'ensemble des éléments t du produit des S_n qui, pour tout couple d'entiers (m,n), vérifient la relation :

$$\pi_n(t) = \pi_n^m \circ \pi_m(t) ,$$

où pour tout $n \in \mathbb{N}$, π_n désigne la projection de T sur S_n. Posons $S = \sum_{n \in \mathbb{N}} S_n$ et considérons $\Lambda = (\lambda(s) ; s \in S)$ une suite de variables aléatoires réelles, indépendantes et de densité $\frac{\sqrt{2}}{2} \exp(-\sqrt{2}|x|)$. Nous nous proposons d'étudier les séries aléatoires de type exponentiel définies sur T par :

$$X(t) = C(q) \sum_{n \in \mathbb{N}} \frac{1}{q^n} \lambda \circ \pi_n(t) ,$$

avec $q > 1$ et $C^2(q) = (q^2-1)/2$. Comme dans les paragraphes précédents, X induit un écart δ sur T :

$$\delta^2(t,t') = E[|X(t)-X(t')|^2] .$$

Pour tout couple $(t,t') \in T \times T$, les projections de t et t' étant différentes à partir d'un certain rang, on pose :

$$n(t,t') = \sup\{n \in \mathbb{N} : \pi_n(t) = \pi_n(t')\} ;$$

on a alors

$$\delta(t,t') = \frac{1}{q^{n(t,t')}} .$$

On en déduit que δ est en fait une distance ; en effet, si $\delta(t,t') = 0$, alors pour tout entier n, $\pi_n(t) = \pi_n(t')$, dont $t = t'$. Remarquons que le δ-diamètre de T est 1 et que δ définit sur T une structure q-ultramétrique, c'est-à-dire que pour tout entier n , deux boules de rayon $\frac{1}{q^n}$ sont, soit disjointes, soit confondues. Donc tous les points de la boule $B(t, \frac{1}{q^n})$ sont projetés par π_n sur l'image de t dans S_n. Comme S_n est fini, T est compact. On pourra ainsi assimiler chaque point de S_n à une boule de rayon $\frac{1}{q^n}$ de T et ceci pour tout $n \in \mathbb{N}$.

Nous avons le résultat suivant :

THEOREME 4.2.6. - Avec les mêmes notations que précédemment, si la série aléatoire de type exponentiel

$$X(t) = \sqrt{\frac{q^2-1}{2}} \sum_{n \in \mathbb{N}} \frac{1}{q^n} \lambda(\pi_n(t)) ,$$

est mesurable et séparable, alors une condition nécessaire et suffisante pour qu'elle ait presque sûrement ses trajectoires majorées est que :

$$\Delta(T) = \sup_{\mu \in \mathcal{M}_+^1(T)} \int_T d\mu(t) \int_0^1 \log \frac{1}{\mu(B_\delta(t,u))} du < \infty ;$$

on a alors :

$$\frac{\sqrt{q^2-1}}{18} (\Delta(T) - \frac{q}{q-1}) \leq E(\sup_{t \in T} X(t)) \leq 36(1+2\Delta(T)) .$$

Démonstration : i) Le fait que la condition est suffisante, est une conséquence immédiate du théorème 2.2.7.

ii) Montrons que la condition est nécessaire. Soit μ une mesure de probabilité sur (T,δ). Pour obtenir le résultat, il suffit de minorer $E(X \circ \tau)$, τ désignant une certaine variable aléatoire à valeurs dans T de loi μ , par

$$\int_T d\mu(t) \int_0^1 \log \frac{1}{\mu(B_\delta(t,u))} du .$$

Soit, pour tout $n \in \mathbb{N}, \mu_n$ la mesure de probabilité sur S_n , image de μ par π_n . Dans toute la suite, nous considérons, pour tout $n \in \mathbb{N}$, uniquement les points de s de S_n de μ_n - masse strictement positive. On remarquera que μ_n est également l'image de μ_{n+1} par π_n^{n+1} . Pour $s \in S_n$, on définit une mesure de probabilité sur $(\pi_n^{n+1})^{-1}(s)$ en posant :

$$\mu_{n,s}(t) = \frac{\mu_{n+1}(t)}{\mu_n(s)} .$$

Pour tout $n \in \mathbb{N}$ et tout $s \in S_n$, on considère une famille de variables aléatoires $\tau_{n,s}$ indépendantes et mesurables par rapport à la famille $(\lambda(s), s \in S_n)$, à valeurs dans $(\pi_n^{n+1})^{-1}(s)$ et de loi $\mu_{n,s}$ respectivement. Les S_n étant finis, l'application de la proposition 4.2.4. nous donne, par définition de la famille Λ :

$$\forall n \in \mathbb{N} , \forall s \in S_n , E(\lambda \circ \tau_{n,s}) \geq \frac{1}{9\sqrt{2}} \Big[\Big(\sum_{t \in (\pi_n^{n+1})^{-1}(s)} \mu_{n,s}(t) \log \frac{1}{\mu_{n,s}(t)} \Big) - 1 \Big] .$$

Soit τ une variable aléatoire sur T définie par :

$$\tau(\omega) = t \Leftrightarrow \forall n \in \mathbb{N}, \tau_{n,\pi_n(t)}(\omega) = \pi_{n+1}(t) .$$

Cette variable aléatoire est de loi μ ; en effet, pour tout A mesurable de T , on a :

$$\{\omega : \tau(\omega) \in A\} = \bigcap_{n \in \mathbb{N}} \{\omega : \tau_{n,\pi_n(A)}(\omega) \in \pi_{n+1}(A)\} ;$$

de l'indépendance des $\tau_{n,s}$, on déduit pour tout entier k :

$$P\Big(\bigcap_{n\le k}\{\tau_{n,\pi_n(A)}\in\pi_{n+1}(A)\}\Big) = \prod_{n\le k}\frac{\mu_{n+1}(\pi_{n+1}(A))}{\mu_n(\pi_n(A))} = \mu_{k+1}(\pi_{k+1}(A)) ,$$

qui tend vers $\mu(A)$ quand $k\to\infty$. Par définition de la série X, on a

$$E(X\circ\tau) = C(q)\sum_{n\in\mathbb{N}}\frac{1}{q^n}E(\lambda(\pi_n(\tau))) .$$

Mais

$$E(\lambda(\pi_n(\tau))) = \sum_{s\in S_n} E(\lambda(s)I_{\{\pi_n(\tau)=s\}}) ,$$

$$= \sum_{s\in S_n}\ \sum_{t\in(\pi_n^{n+1})^{-1}(s)} E(\lambda(t)I_{\{\pi_{n+1}(\tau)=t\}}) .$$

Comme

$$\{\pi_{n+1}(\tau)=t\} = \bigcap_{k\le n}\{\tau_{k,\pi_k^{n+1}(t)} = \pi_{k+1}^{n+1}(t)\} ,$$

de l'indépendance on obtient :

$$E(\lambda(\pi_n(\tau))) = \sum_{s\in S_n}\ \sum_{t\in(\pi_n^{n+1})^{-1}(s)} P\Big(\bigcap_{k\le n-1}\{\tau_{k,\pi_k^{n+1}(t)} = \pi_{k+1}^{n+1}(t)\}\Big)E\big[\lambda(t)I_{\{\tau_{n,s}=t\}}\big] ,$$

$$= \sum_{s\in S_n}\mu_n(s)E(\lambda\circ\tau_{n,s}) ,$$

quantité que l'on a minorée précédemment. D'où en reportant dans $E(X\circ\tau)$, en utilisant les propriétés de la fonction Log et par un réarrangement de la série on obtient :

$$E(X\circ\tau) \ge \frac{C(q)}{9\sqrt{2}}\Big[\sum_{n\ge 1}\Big(\frac{1}{q^{n-1}}-\frac{1}{q^n}\Big)\Big(\sum_{s\in S_n}\mu_n(s)\log\frac{1}{\mu_n(s)}\Big)-\frac{q}{q-1}\Big] .$$

Comme T est muni d'une structure q-ultramétrique, il existe une famille de points de T, $(t_s ; s \in S_n)$, telle que tous les points de la boule $B(t_s, \frac{1}{q^n})$ soient projetés sur s. Donc $(B(t_s, \frac{1}{q^n}) ; s \in S_n)$ forme une partition finie de T et $\mu_n(s) = \mu(B(t_s, \frac{1}{q^n}))$. D'où

$$E(X \circ \tau) \geq \frac{C(q)}{9\sqrt{2}} \left[\int_T d\mu(t) \sum_{n \geq 1} \log \frac{1}{\mu(B(t, \frac{1}{q^n}))} \int_{\frac{1}{q^n}}^{\frac{1}{q^{n-1}}} du - \frac{q}{q-1}\right].$$

On en déduit aisément la minoration annoncée et de là la nécessité de la condition $\Delta(T) < \infty$. -

En fait X. Fernique a prouvé que ce genre de minorations ne sont pas seulement vraies pour des processus gaussiens et ceux du type exponentiel, mais pour tous ceux dont la fonction de répartition des variables aléatoires qui les engendrent vérifie une propriété du type logarithmique.

Ces exemples de minorations achèvent la deuxième partie de notre travail consacrée aux séries aléatoires de type exponentiel.

V. THEOREME CENTRAL LIMITE.

Dans cette partie nous allons d'une part exposer le problème du Théorème Central Limite (en abrégé TCL) pour des fonctions aléatoires et, d'autre part, présenter quelques résultats obtenus dans les diverses directions d'études de ce problème. Vu le rôle fondamental du TCL pour les variables aléatoires en Probabilité et en Statistiques, il est naturel d'étudier ce problème pour les fonctions aléatoires.

Etant donné qu'une fonction aléatoire est une variable aléatoire dans un espace fonctionnel approprié, on peut poser le problème du TCL en termes de variables aléatoires à valeurs dans un espace de Banach. Le problème du TCL dans un tel espace se présente de la façon suivante : soit E un espace de Banach, soit $(X_n ; n \in \mathbb{N})$ une suite de variables aléatoires indépendantes isonomes, définies sur le même espace d'épreuves $(\Omega, \mathcal{G}, P)$ et à valeurs dans E, de plus on suppose que les X_n sont centrées et de variance finie. Nous dirons que la suite $(X_n ; n \in \mathbb{N})$ vérifie la propriété du TCL si les lois $\mathcal{L}(\frac{X_1 + \ldots + X_n}{\sqrt{n}})$ convergent étroitement vers une mesure de probabilité γ_X sur E, lorsque n tend vers l'infini. Du TCL dans $\mathbb{R}$, il résulte que γ_X est nécessairement gaussienne.

Dans le cas des variables aléatoires réelles, une condition nécessaire et suffisante pour qu'une suite $(X_n ; n \in \mathbb{N})$ vérifie la propriété du TCL est $E(X) = 0$ et $E(|X|^2) < \infty$; mais dans le cadre d'espaces plus généraux, cette condition n'est ni nécessaire ni suffisante ([18]).

La recherche de solutions au problème du TCL s'est faite dans deux directions. La première est la caractérisation des espaces de Banach E dans lesquels toute variable aléatoire centrée et de variance finie vérifie la propriété du TCL ; une telle caractérisation est donnée par J. Hoffmann-Jørgensen et

G. Pisier ([18]), à savoir que E est de type 2. La deuxième direction consiste à chercher des conditions nécessaires et suffisantes pour qu'une fonction aléatoire satisfasse au TCL. Sous cette forme, le problème est directement lié à l'étude de la régularité des trajectoires des fonctions aléatoires ; par conséquent, le développement de méthodes pour cette étude a fourni des outils puissants pour résoudre le problème du TCL ; c'est dans cette direction que notre étude se fera. Dans ce domaine, notons les travaux de R.M. Dudley et V. Strassen ([7]) et de E. Giné ([15]) qui ont conduit au résultat de N. Jain et M. Marcus ([20]), que nous énoncerons et qui concerne les variables aléatoires à valeurs dans $C(T)$, où (T,d) est un espace métrique compact. Ce résultat est directement lié aux méthodes de J. Hoffmann-Jørgensen et G. Pisier, comme Zinn ([26]) l'a montré.

Le premier paragraphe est consacré à la présentation du problème du TCL, à l'énoncé du résultat de N. Jain et M. Marcus et enfin à quelques lemmes techniques. Dans le second, nous donnerons deux résultats originaux obtenus par la méthode des mesures majorantes. -

5.1. La propriété du Théorème Central Limite.

5.1. a) Présentation du problème.

Nous présentons ici le problème du TCL dans un espace de Banach particulier, que nous utiliserons par la suite.

Soient (T,d) un espace métrique compact et $C(T)$ l'espace des fonctions réelles, définies sur T, continues, muni de la norme de la convergence uniforme. Nous considérons les variables aléatoires X définies sur un espace d'épreuves $(\Omega,\mathcal{G},P)$ et à valeurs dans $C(T)$, vérifiant :

(h_1) Pour tout $t\in T$, $E(X(t)) = 0$,

(h_2) $\sup_{t\in T} E(X^2(t)) < \infty$.

Soient X une telle variable aléatoire et $(X_n; n \in \mathbb{N})$ une suite de copies indépendantes de X . Posons, pour tout $n \in \mathbb{N}$,

$$S_n = X_1+X_2+\dots+X_n ,$$

et désignons par μ_n la loi de $\frac{S_n}{\sqrt{n}}$.

DEFINITION 5.1.1. - <u>On dit qu'une suite de mesures de probabilité</u> $(\mu_n; n \in \mathbb{N})$ <u>converge étroitement vers une mesure de probabilité</u> μ <u>si pour toute fonction</u> f <u>définie sur</u> T , <u>continue et bornée on a :</u>

$$\lim_{n\to\infty} \int_T f d\mu_n = \int_T f d\mu .$$

A partir de la notion de convergence étroite, on définit la propriété du TCL.

DEFINITION 5.1.2. - <u>On dit qu'une variable aléatoire</u> X <u>à valeurs dans</u> C(T) <u>vérifie la propriété du Théorème Central Limite si la suite</u> $(\mu_n; n \in \mathbb{N})$ <u>des lois des</u> $\frac{S_n}{\sqrt{n}}$ <u>converge étroitement.</u>

Montrer qu'une variable aléatoire à valeurs dans C(T) vérifie la propriété du TCL , c'est établir une propriété de compacité ; en effet dire que la suite de mesures de probabilité $(\mu_n; n \in \mathbb{N})$ converge étroitement est équivalent, d'après P. Billingsley ([2]) et le TCL en dimension finie, à dire que :

a) Les marges de dimension finie sont étroitement convergentes,

b) La suite $(\mu_n; n \in \mathbb{N})$ est tendue.

La propriété b) signifie que la suite $(\mu_n; n \in \mathbb{N})$ satisfait à la condition de Prohorov, à savoir :

pour tout $\varepsilon > 0$, il existe un compact K de C(T) tel que pour tout entier n , on ait

$$\mu_n(K) > 1-\varepsilon \; .$$

Dans la pratique, pour vérifier cette condition il nous suffira de montrer que

$$\forall\, \varepsilon>0 \;,\; \forall\, \eta>0 \;,\; \exists\, n_o \in \mathbb{N} \;,\; \exists\, \delta>0 \;:$$

$$n \geq n_o \Rightarrow \mu_n(x : \sup_{d(s,t)<\delta} |x(s)-x(t)| \geq \varepsilon) \leq \eta \; .$$

Si la condition a) est vérifiée, les marges finies des μ_n convergent vers celles d'une mesure cylindrique gaussienne sur $C(T)$. Si, de plus, on a la propriété précédente, alors les μ_n convergent étroitement vers une mesure de probabilité induite sur $C(T)$ par une variable aléatoire définie sur $(\Omega,\mathcal{G},P)$, à valeurs dans $C(T)$ et de même covariance que X.

En conclusion, sous les hypothèses (h_1) et (h_2) et d'après le TCL en dimension finie, il suffira, pour avoir la propriété du TCL dans $C(T)$, de montrer que les sommes $(\frac{S_n}{\sqrt{n}}, n \in \mathbb{N})$ sont uniformément équicontinues en probabilité.

5.1. b) Une condition suffisante.

Nous allons énoncer le résultat de N. Jain et M. Marcus ([20]) qui donne une condition suffisante pour qu'une fonction aléatoire uniformément majorée satisfasse à la propriété du TCL.

Soient (T,d) un espace métrique et δ un écart sur T, d-continu. Comme dans le corollaire 2.1.7, on note $N_\delta(\varepsilon)$ le nombre minimal de δ-boules de rayon ε recouvrant T. Nous avons :

THEOREME 5.1.3. ([20]) : Soit X une variable aléatoire définie sur un espace d'épreuves $(\Omega,\mathcal{G},P)$, à valeurs dans $C(T)$ et vérifiant les conditions (h_1) et (h_2). On suppose de plus qu'il existe une variable aléatoire réelle M telle que $E(M^2) = 1$ et un écart δ sur T, d-continu, tels que pour tout $s,t \in T$ et tout $\omega \in \Omega$, on ait :

(1) $$|X(s,\omega)-X(t,\omega)| \leq M(\omega)\delta(s,t) .$$

Une condition suffisante pour que X vérifie la propriété du TCL est que

(2) $$\int_0 \sqrt{\log N_\delta(u)}\, du < \infty .$$

La démonstration est basée sur la technique de "recouvrement" introduite par R.M. Dudley ([6]). Notons que la condition (2) est équivalente à

$$\sum_n \frac{1}{2^n} \sqrt{\log N_\delta(\frac{1}{2^n})} < \infty .$$

D'après le corollaire 2.1.7, une fonction aléatoire gaussienne définie sur T , centrée, à covariance continue et vérifiant la condition (2) pour l'écart induit sur T par la covariance, est presque sûrement à trajectoires continues ; une telle fonction aléatoire peut donc être considérée comme une variable aléatoire à valeurs dans $C(T)$ qui évidemment vérifie la propriété du TCL. Mais ce fait ne peut être déduit du théorème 5.1.3. En fait, il existe des processus gaussiens définis sur T vérifiant la condition (2) pour l'écart défini à partir de la covariance et pour lesquels tout écart δ satisfaisant à (1) est tel que :

$$\int_0 \sqrt{\log N_\delta(u)}\, du = \infty .$$

Notons également que B. Heinkel ([17]) a obtenu une condition suffisante plus générale du type "mesures majorantes", à savoir

$$\lim_{\varepsilon \to 0} \sup_{t \in T} \int_0^\varepsilon \sqrt{\log \frac{1}{\mu(B_\delta(t,u))}}\, du = 0 .$$

5.1. c) Lemmes techniques.

Nous allons présenter quelques lemmes que nous utiliserons dans le deuxième paragraphe. Le premier, qui est dû à N. Jain et M. Marcus ([20]), est très important ; il nous permet en effet de nous restreindre uniquement aux variables symétriques.

LEMME DE SYMETRISATION. - Soit $(Z_n; n \in \mathbb{N})$ une suite de variables aléatoires définies sur un espace d'épreuves $(\Omega, \mathcal{G}, P)$ et à valeurs dans $C(T)$. On suppose qu'il existe une mesure de probabilité μ sur $(C(T), \mathcal{B})$ telle que les marges finies des lois de $(Z_n; n \in \mathbb{N})$ convergent vers celles de μ, et que la suite $(Z_n; n \in \mathbb{N})$ satisfait à :

i) Pour tout $t \in T$ et tout $n \in \mathbb{N}$, $E(Z_n(t)) = 0$.

ii) $\forall \varepsilon > 0$, $\forall \eta > 0$, $\exists \delta > 0 : d(s,t) < \delta \Rightarrow \sup_{n \in \mathbb{N}} P(|Z_n(s) - Z_n(t)| \geq \varepsilon) \leq \eta$.

Notons μ_n et μ'_n les lois de Z_n et $-Z_n$. Dans ces conditions, si la suite $(\mu_n * \mu'_n; n \in \mathbb{N})$ est tendue, alors la suite $(\mu_n; n \in \mathbb{N})$ converge étroitement vers μ.

Démonstration : On rappelle que le produit de convolution de deux mesures μ et ν est défini par :

$$\forall A \in \mathcal{B}, \mu * \nu(A) = \int \mu(A-x)d\nu(x) .$$

La démonstration se fait en deux étapes.

1ère étape : Montrons qu'il existe une suite de mesures de Dirac $(\delta_{x_n}; n \in \mathbb{N})$ sur $C(T)$, telle que la suite $(\alpha_n = \mu_n * \delta_{x_n}; n \in \mathbb{N})$ soit tendue. En effet, par hypothèse, pour tout $\ell \in \mathbb{N}$, il existe un compact K_ℓ de $C(T)$ tel que :

$$\forall n \in \mathbb{N}, \mu_n * \mu'_n(K_\ell) > 1 - \frac{1}{\ell^2} .$$

Soit c une constante positive telle que la série $\sum_{\ell \in \mathbb{N}} \frac{c}{\ell^{3/2}}$ soit inférieure à $1/2$ et posons :

$$A_{n_\ell} = \{x : \mu_n(K_\ell - x) > 1 - \frac{1}{c\sqrt{\ell}}\}, \; F_n = \bigcap_{\ell \in \mathbb{N}} A_{n_\ell} ;$$

un calcul simple nous donne :

$$\forall\, n \in \mathbb{N}\ ,\ \mu'_n(F_n^c) \le \frac{1}{2}\ .$$

Donc F_n n'est pas vide. Soit $x_n \in F_n$ et posons $\alpha_n = \mu_n * \delta_{x_n}$ pour tout $n \in \mathbb{N}$; alors pour tous les entiers n et ℓ on a :

$$\alpha_n(K_\ell) = \mu_n(K_\ell - x_n) > 1 - \frac{1}{c\sqrt{\ell}}\ ,$$

la suite $(\alpha_n ; n \in \mathbb{N})$ est donc tendue. Soit une sous-suite $(\alpha_{n_k} ; k \in \mathbb{N})$ qui converge étroitement vers une mesure α . Mais les marges finies de $(\mu_{n_k} ; k \in \mathbb{N})$ et $(\alpha_{n_k} ; k \in \mathbb{N})$ convergent vers celles de μ et α respectivement ; donc pour tout $t \in T$, la suite $(x_{n_k}(t) ; k \in \mathbb{N})$ converge vers une limite $x(t)$. Comme μ et α sont définies sur $(C(T), \mathcal{B})$ et leurs marges finies d'indice t diffèrent de $\delta_{x(t)}$, x est un élément de $C(T)$.

<u>2ème étape</u> : Montrons que $\|x_{n_k} - x\| \to 0$, quand $k \to \infty$. Pour simplifier l'écriture, supposons que $x = 0$ et que $(\alpha_n ; n \in \mathbb{N})$ converge elle-même étroitement ; raisonnons par l'absurde : soit une constante $\theta > 0$, une suite $(n_k ; k \in \mathbb{N})$ et une suite $(t_{n_k} ; k \in \mathbb{N})$ de T , telles que

$$\forall\, k \in \mathbb{N}, |x_{n_k}(t_{n_k})| \ge \theta\ .$$

Comme T est compact, soit s_o un point d'accumulation de $(t_{n_k} ; k \in \mathbb{N})$. On construit une sous-suite $S = (s_k ; k \in \mathbb{N})$ de $(t_{n_k} ; k \in \mathbb{N})$, telle que pour tout $k \in \mathbb{N}$ on ait :

$$\delta_k = d(s_k, s_o) = \frac{1}{2} \min_{j \le k} (\min(d(s_{j-1}, s_j) ; d(s_{j-1}, s_o)))\ ,$$

$$\sup_{n \in \mathbb{N}} P(\ |Z_n(s_k) - Z_n(s_o)| \ge \frac{1}{2^k}\ ) \le \frac{1}{2^k}\ ;$$

la suite $(\delta_k, k \in \mathbb{N})$ étant décroissante, on a :

$$P\Big(\sup_{\substack{d(s,t)<\delta_k \\ s,t\in S}} |Z_n(s)-Z_n(t)| > \frac{1}{2^{k+1}}\Big) \leq \frac{1}{2^{k+1}} .$$

Donc la suite $(\mu_n; n \in \mathbb{N})$ est tendue sur $C(S)$. D'après l'hypothèse sur les marges finies, $(\mu_n; n \in \mathbb{N})$ converge étroitement vers μ sur $C(S)$; de même $(\alpha_n; n \in \mathbb{N})$ converge étroitement vers μ sur $C(S)$. D'où l'existence d'une constante $\gamma > 0$ telle que pour tout $n \in \mathbb{N}$, on ait

$$P\Big(\sup_{\substack{d(s,t)\leq\gamma \\ s,t\in S}} |Z_n(s)-Z_n(t)| < \frac{\theta}{4}\Big) \geq \frac{3}{4} ,$$

$$P\Big(\sup_{\substack{d(s,t)\leq\gamma \\ s,t\in S}} |Z_n(s)-Z_n(t)+x_n(s)-x_n(t)| < \frac{\theta}{4}\Big) \geq \frac{3}{4} .$$

On en déduit

$$\forall\, n \in \mathbb{N} \quad \sup_{\substack{d(s,t)\leq\gamma \\ s,t\in S}} |x_n(s)-x_n(t)| < \frac{\theta}{2} .$$

Mais pour tout $s \in T$ et tout $k \in \mathbb{N}$, on a

$$x_n(s) \to 0 \ , \ (n \to \infty) \ , \ |x_{n_k}(t_{n_k})| \geq \theta \ ;$$

on en déduit

$$\exists\, n_k : \sup_{\substack{d(s,t)\leq\gamma \\ s,t\in S}} |x_{n_k}(s)-x_{n_k}(t)| \geq \frac{3\theta}{4} .$$

D'où la contradiction. Donc $\|x_{n_k}-x\| \to 0 (k\to\infty)$. Ceci implique que $(\mu_{n_k}; k \in \mathbb{N})$ converge étroitement vers μ. Donc la suite $(\mu_n; n \in \mathbb{N})$ est relativement compacte et de ce fait tendue. De l'hypothèse sur les marges finies, on déduit la convergence étroite de $(\mu_n; n \in \mathbb{N})$ vers μ. C'est le résultat annoncé. -

Le deuxième lemme nous fournit une inégalité sur des variables aléatoires de Rademacher. Une variable aléatoire ε est dite de Rademacher si elle prend les valeurs 1 et -1 avec une probabilité de $\frac{1}{2}$. Nous avons :

LEMME 5.1.4. - Soient $(\varepsilon_k; k = 1,\ldots,n)$ une suite de variables aléatoires de Rademacher, indépendantes et $(a_k; k = 1,\ldots,n)$ une suite de nombres réels. Pour tout réel α positif, on a l'inégalité :

$$E\left(\exp \alpha \frac{\sum_{k=1}^{n} a_k \varepsilon_k}{\sqrt{\sum_{k=1}^{n} a_k^2}}\right) \leq e^{\alpha^2/2} .$$

La démonstration est basée sur l'inégalité

$$e^{-\alpha} + e^{\alpha} \leq 2e^{\alpha^2/2} .$$

Remarquons que l'on a une inégalité analogue avec les valeurs absolues ; il y a alors un facteur deux au membre de droite.

Nous allons conclure ce paragraphe par un lemme qui nous permettra de passer d'une famille de variables de Rademacher à une famille de variables gaussiennes. De manière précise on a :

LEMME 5.1.5. - Soit $(\lambda_k; k = 1,\ldots,n)$ une suite de variables aléatoires gaussiennes, centrées, réduites, indépendantes et définies sur un espace d'épreuves $(\Omega, \mathcal{C}, P)$. Soient $(\varepsilon_k; k = 1,\ldots,n)$ une suite de variables aléatoires de Rademacher, indépendantes, définies sur un espace d'épreuves $(\Omega', \mathcal{C}', P')$ et $(x_k; k = 1,\ldots,n)$ une suite de nombres réels. Dans ces conditions, pour tout $p \geq 1$ on a :

$$\sqrt{\frac{2}{\pi}}\left(\int\left|\sum_{k=1}^{n} x_k\varepsilon_k(\omega')\right|^p dP'(\omega')\right)^{1/p} \leq \left(\int\left|\sum_{k=1}^{n} x_k\lambda_k(\omega)\right|^p dP(\omega)\right)^{1/p} .$$

Démonstration : Soit $\omega' \in \Omega'$ fixé, on a :

$$\left|\int\left(\sum_{k=1}^{n} \varepsilon_k(\omega')|\lambda_k(\omega)|x_k\right)dP(\omega)\right| \leq \int\left|\sum_{k=1}^{n} \varepsilon_k(\omega')|\lambda_k(\omega)|x_k\right|dP(\omega) ;$$

en appliquant l'inégalité de Hölder et en intégrant par rapport à P' , on en déduit :

$$\sqrt{\frac{2}{\pi}}\left(\int\left|\sum_{k=1}^{n} \varepsilon_k(\omega')x_k\right|^p dP'(\omega')\right)^{1/p} \leq \left(\int\left(\int\left|\sum_{k=1}^{n} \varepsilon_k(\omega')|\lambda_k(\omega)|x_k\right|^p dP(\omega)\right)dP'(\omega')\right)^{1/p} .$$

La variable aléatoire $\sum_{k=1}^{n} x_k\varepsilon_k|\lambda_k|$ définie sur $(\Omega' \times \Omega, \mathcal{G}\otimes\mathcal{G}')$ est gaussienne centrée, de variance $\sum_{k=1}^{n} x_k^2$; elle est donc de même loi que la variable aléatoire $\sum_{k=1}^{n} x_k\lambda_k$ définie sur $(\Omega,\mathcal{G})$, d'où l'on obtient l'inégalité annoncée.

5.2. Méthode des mesures majorantes et Théorème Central limite.

Dans ce paragraphe nous présentons certains résultats nouveaux obtenus par la méthode des mesures majorantes. L'utilisation de cette méthode nous permet d'obtenir des conditions suffisantes pour que certaines variables aléatoires à valeurs dans $C(T)$ vérifient la propriété du TCL.

Nous considérons deux cas, le premier concerne les fonctions aléatoires associées à des fonctions de Young de type exponentiel et le second celles associées à des fonctions puissance.

5.2. a) Fonctions aléatoires associées aux fonctions Φ_α .

Considérons (T,d) un espace métrique compact, $(\Omega,\mathcal{G},P)$ un espace d'épreuves et X une fonction aléatoire réelle définie sur T vérifiant les hypothèses suivantes ;

(h_1) Pour tout $t \in T$, $EX(t) = 0$

(h_2) $\sup_{t \in T} E(X^2(t)) < +\infty$.

Nous rappelons qu'on désigne par $\Phi_{\alpha,1}$ la fonction $e^{|x|^{\alpha}} - \sum_{n\alpha \leq 1} \frac{|x|^{n\alpha}}{n!}$ et par (H) l'hypothèse :

Il existe des constantes α et a strictement positives telles que pour tout $s,t \in T$ on a

$$E(\Phi_{\alpha,1}(\frac{\tilde{X}(s,t)}{a})) \leq 1 .$$

Nous avons le résultat suivant :

PROPOSITION 5.2.1. - Si X est une fonction aléatoire réelle, symétrique, vérifiant l'hypothèse (H), alors il existe des constantes β et b strictement positives ne dépendant que de α et a telles que pour tout $s,t \in T$ et tout $n \in \mathbb{N}$ on ait :

$$E(\Phi_{\beta,1}(\frac{\tilde{S}_n(s,t)}{b\sqrt{n}})) \leq 1 .$$

Démonstration : D'après la définition de la fonction $\Phi_{\beta,1}(x)$ on a

$$E(\Phi_{\beta,1}(\frac{\tilde{S}_n}{\sqrt{n}})) = \sum_{\substack{p\beta > 1 \\ p \in \mathbb{N}}} E(|\frac{\tilde{S}_n}{\sqrt{n}}|^{p\beta})\frac{1}{p!\,b^{p\beta}} .$$

Considérons une famille de variables de Rademacher, indépendantes $\{\varepsilon_k, k=1,\dots,n\}$, en utilisant une formule classique d'intégration et la symétrie des X_i, on a

$$E\left|\frac{\tilde{S}_n}{\sqrt{n}}\right|^{p\beta} = E\int dP(\varepsilon)\left|\sum_{k=1}^{n}\varepsilon_k\frac{\tilde{X}_k}{\sqrt{n}}\right|^{p\beta},$$

$$= E\int_0^{+\infty} P\left(\frac{\left|\sum_{k=1}^{n}\varepsilon_k\frac{\tilde{X}_k}{\sqrt{n}}\right|}{\left(\sum_{k=1}^{n}\frac{|\tilde{X}_k|^2}{n}\right)^{1/2}} > \frac{u^{1/p\beta}}{\left(\sum_{k=1}^{n}\frac{|\tilde{X}_k|^2}{n}\right)^{1/2}}\right)du .$$

En appliquant le lemme 5.1.4. on obtient :

$$E\left|\frac{\tilde{S}_n}{\sqrt{n}}\right|^{p\beta} \leq 2E\left(\int_0^{+\infty}\exp\left\{-\frac{u^{2/p\beta}}{2\left(\sum_{k=1}^{n}\frac{|\tilde{X}_k|^2}{n}\right)}\right\}du\right),$$

$$\leq 2^{\frac{p\beta}{2}+1}\,\Gamma\left(\frac{p\beta}{2}+1\right)E\left(\sum_{k=1}^{n}\frac{|\tilde{X}_k|^2}{n}\right)^{\frac{p\beta}{2}};$$

d'où en reportant

$$E\left(\Phi_{\beta,1}\left(\frac{\tilde{S}_n}{b\sqrt{n}}\right)\right) \leq \sum_{1<p\beta\leq 2}\frac{2^{\frac{p\beta}{2}+1}\,\Gamma\left(\frac{p\beta}{2}+1\right)}{p!\,b^{p\beta}}\,E\left(\sum_{k=1}^{n}\frac{|\tilde{X}_k|^2}{n}\right)^{\frac{p\beta}{2}} +$$

$$+\sum_{p\beta>2}\frac{2^{\frac{p\beta}{2}+1}\,\Gamma\left(\frac{p\beta}{2}+1\right)}{p!\,b^{p\beta}}\,E\left(\sum_{k=1}^{n}\frac{|\tilde{X}_k|^2}{n}\right)^{\frac{p\beta}{2}} .$$

Remarquons que :

.) Si $1<p\beta\leq 2$, de la concavité de la fonction $x^{\frac{p\beta}{2}}$ on déduit,

$$E\left(\sum_{k=1}^{n}\frac{|\tilde{X}_k|^2}{n}\right)^{\frac{p\beta}{2}} \leq \left(E|\tilde{X}|^2\right)^{\frac{p\beta}{2}} .$$

..) Si $p\beta > 2$, en utilisant la convexité de la fonction $x^{\frac{p\beta}{2}}$ on a :

$$E\left(\sum_{k=1}^{n} \frac{|\tilde{X}_k|^2}{n}\right)^{\frac{p\beta}{2}} \leq E|\tilde{X}|^{p\beta} .$$

On en déduit la majoration :

$$E(\Phi_{\beta,1}(\frac{\tilde{S}_n}{b\sqrt{n}})) \leq \sum_{1 < p\beta \leq 2} \frac{2^{\frac{p\beta}{2}+1}\,\Gamma(\frac{p\beta}{2}+1)}{p!\,b^{p\beta}}(E|\tilde{X}|^2)^{p\beta/2} +$$

$$+ \sum_{p\beta > 2} \frac{2^{\frac{p\beta}{2}+1}\,\Gamma(\frac{p\beta}{2}+1)}{p!\,b^{p\beta}} E|\tilde{X}|^{p\beta} .$$

Pour $p\beta > 2$ et pour tout nombre réel u positif on a l'inégalité :

$$u^{p\beta} \leq (\frac{p\beta}{\alpha})^{\frac{p\beta}{\alpha}} e^{-\frac{p\beta}{\alpha}} e^{u^{\alpha}} ;$$

de celle-ci et de l'hypothèse (H) , on obtient :

$$E(\Phi_{\beta,1}(\frac{\tilde{S}_n}{b\sqrt{n}})) \leq \sum_{1 < p\beta \leq 2} \frac{2^{\frac{p\beta}{2}+}\,\Gamma(\frac{p\beta}{2}+1)}{p!\,b^{p\beta}}(E|\tilde{X}|^2)^{\frac{p\beta}{2}} +$$

$$+ \sum_{p\beta > 2} \frac{1}{p!}(\frac{a}{b})^{p\beta} (\frac{p\beta}{\alpha})^{\frac{p\beta}{\alpha}} 2^{\frac{p\beta}{2}+1}\,\Gamma(\frac{p\beta}{2}+1) e^{-\frac{p\beta}{\alpha}} .$$

La proposition sera démontrée si on peut choisir β et b tels que les deux termes du second membre soient inférieurs à $\frac{1}{2}$. Si on désigne par u_p le terme général de la seconde série, il apparaît à partir de la formule de Stirling et en posant $\beta = \frac{2\alpha}{2+\alpha}$,

$$u_p \leq K(2(\frac{a}{b})^{\beta})^p ,$$

où K une constante numérique. Donc pour b supérieur à $\frac{a}{2^{1/\beta}}$, la deuxième série est convergente et on peut choisir b assez grand pour que sa somme soit majorée par $1/2$. D'autre part

$$\sum_{p=[\frac{1}{\beta}]+1}^{[\frac{2}{\beta}]} \frac{2^{\frac{p\beta}{2}+1}\Gamma(\frac{p\beta}{2}+1)}{p!\,b^{p\beta}}(E(|\tilde{X}|)^2)^{\frac{p\beta}{2}} \leq$$

$$\leq ([\tfrac{2}{\beta}]-[\tfrac{1}{\beta}]-1)\frac{2^{[\frac{2}{\beta}]\frac{\beta}{2}+1}\Gamma([\frac{2}{\beta}]\frac{\beta}{2}+1)}{([\frac{1}{\beta}]+1)!\,b^{([\frac{1}{\beta}]+1)\beta}}\sup\left((E|\tilde{X}|^2)^{[\frac{2}{\beta}]\frac{\beta}{2}},(E|\tilde{X}|^2)^{([\frac{1}{\beta}]+1)\frac{\beta}{2}}\right).$$

Donc pour le même β, comme $E|\tilde{X}|^2 \leq 1$, on peut choisir b assez grand pour que ce terme soit majoré par $1/2$. La démonstration est achevée. -

Nous en venons à présent au TCL pour des fonctions aléatoires associées à des fonctions de Young de type exponentiel.

THEOREME 5.2.2. - Soient (T,d) un espace métrique compact, $(\Omega,\mathcal{A},P)$ un espace d'épreuves et X une fonction aléatoire réelle définie sur $\Omega\times T$ et vérifiant les hypothèses $(h_1),(h_2)$ et (H). Une condition suffisante pour que X satisfasse la propriété du TCL dans $C(T)$ est qu'il existe une mesure de probabilité μ sur $(T,\mathcal{T})$ telle que :

$$\lim_{\varepsilon\downarrow 0}\sup_{t\in T}\int_0^{\varepsilon}\left(\log\frac{1}{\mu(B_\delta(t,u))}\right)^{\frac{1}{\alpha}+\frac{1}{2}}du = 0,$$

où α est déterminé par l'hypothèse (H).

Démonstration : Soit $(X_n ; n\in\mathbb{N})$ une suite de fonctions aléatoires, indépendantes et de même loi que X. On pose, pour tout entier n

$$S_n = \sum_{i=1}^{n} X_i .$$

D'après le TCL en dimension finie, les marges finies des lois des $\frac{S_n}{\sqrt{n}}$ convergent étroitement vers celles d'une mesure de probabilité gaussienne sur $C(T)$ et celle-ci est la mesure de probabilité induite sur $C(T)$ par le processus gaussien de même covariance que X qui existe d'après les hypothèses.

Supposons, dans un premier temps, que X soit symétrique. D'après le paragraphe 5.1. a), pour établir le résultat dans ce cas, il suffit de prouver que la suite $(\frac{S_n}{\sqrt{n}} ; n \in \mathbb{N})$ est tendue et pour cela il suffit de montrer :

$$\forall \varepsilon > 0 \ , \ \forall \eta > 0 \ \exists \ \delta_o > 0 :$$

$$\forall n \in \mathbb{N} \ P(\sup_{\delta(s,t) < \delta_o} |\frac{S_n(s)}{\sqrt{n}} - \frac{S_n(t)}{\sqrt{n}}| > \varepsilon) < \eta .$$

D'après la proposition 5.2.1. et le corollaire 2.1.9, il existe une constante C positive telle que pour tout $\delta_o > 0$ et tout $n \in \mathbb{N}$, on ait :

$$E(\sup_{\delta(s,t) < \delta_o} |\frac{S_n(s)}{\sqrt{n}} - \frac{S_n(t)}{\sqrt{n}}|) \leq C \sup_{u \in T} \int_o^{\frac{\delta_o}{2}} (\log(1 + \frac{1}{\mu^2(B_\delta(u,v))}))^{\frac{1}{\alpha} + \frac{1}{2}} dv .$$

L'hypothèse du théorème et l'inégalité de Čebičev nous donnent le résultat dans le cas symétrique. Pour le cas général nous allons appliquer le lemme de symétrisation. Soit $(X'_n ; n \in \mathbb{N})$ une suite de fonctions aléatoires de même loi que X, indépendantes et indépendantes de la suite $(X_n ; n \in \mathbb{N})$. Désignons par $(P_n ; n \in \mathbb{N})$ et $(P'_n ; n \in \mathbb{N})$ les lois de $(\frac{S_n}{\sqrt{n}} ; n \in \mathbb{N})$ et $(-\frac{S'_n}{\sqrt{n}} ; n \in \mathbb{N})$. D'après le TCL en dimension finie, les marges finies des P_n convergent étroitement vers celles d'une mesure de Probabilité gaussienne sur $C(T)$. Les $\frac{S_n}{\sqrt{n}}$ vérifiant l'hypothèse (h_1) et de l'inégalité de Čebičev on a :

$$\sup_{n \in \mathbb{N}} P\left(\left|\frac{S_n(s)}{\sqrt{n}} - \frac{S_n(t)}{\sqrt{n}}\right| > \varepsilon\right) \leq \frac{\delta^2(s,t)}{\varepsilon^2} .$$

D'après les calculs dans le cas symétrique, la suite $(P_n * P'_n ; n \in \mathbb{N})$ est tendue ; en effet, ce sont les lois de $(\frac{S_n - S'_n}{\sqrt{n}} ; n \in \mathbb{N})$ qui sont symétriques. Donc on peut appliquer le lemme de symétrisation ; celui-ci nous donne le résultat général. -

REMARQUES 5.2.3. i) : L'exposant $\frac{1}{\alpha} + \frac{1}{2}$ n'est pas seulement le résultat d'un calcul, mais il est naturel. De l'hypothèse du théorème 5.2.2. on a

$$\lim_{\varepsilon \downarrow 0} \sup_{t \in T} \int_0^{\varepsilon} \left(\log\left(1 + \frac{1}{\mu^2(B_\delta(t,u))}\right)\right)^{\frac{1}{\alpha}} du = 0 ,$$

donc X a presque sûrement ses trajectoires dans $C(T)$, d'après le corollaire 2.1.6. On a également :

$$\lim_{\varepsilon \downarrow 0} \sup_{t \in T} \int_0^{\varepsilon} \sqrt{\log\left(1 + \frac{1}{\mu^2(B_\delta(t,u))}\right)}\, du = 0 ,$$

donc, d'après le théorème 2.3.1. ii), la fonction aléatoire gaussienne de même covariance que X , a presque sûrement ses trajectoires dans $C(T)$. Enfin la condition avec l'exposant en entier, nous permet d'avoir l'équicontinuité en probabilité et de là la convergence étroite. -

ii) On remarquera que pour montrer l'équitension de la suite $(\frac{S_n}{\sqrt{n}} ; n \in \mathbb{N})$ par la méthode des mesures majorantes, on est amené à utiliser une propriété des moments et non des probabilités. -

iii) Dans certains cas particuliers, on peut avoir le TCL sous des conditions plus faibles :

<u>Exemple 1</u> : Séries aléatoires de type exponentiel (2.3.4).

Si X est une série aléatoire de type exponentiel vérifiant les hypothèses

(h_1) et (h_2) , une condition suffisante pour qu'elle satisfasse la propriété du TCL est qu'il existe une mesure μ sur $(T,\mathcal{T})$ telle que :

$$\lim_{\varepsilon \downarrow o} \sup_{t \in T} \int_o^{\varepsilon} \log \frac{1}{\mu(B_\delta(t,u))} du = 0 .$$

En effet, dans ce cas $\frac{S_n}{\sqrt{n}}$ est encore une série aléatoire de type exponentiel et il suffit d'appliquer la proposition 2.3.6, alors que l'application du Théorème général exigerait un exposant égal à $^3/_2$.

Exemple 2 : Fonctions aléatoires à accroissements sous-gaussiens (2.3.2).

Si X est à accroissements sous-gaussiens et vérifie les hypothèses (h_1) et (h_2) , alors une condition suffisante pour qu'elle satisfasse la propriété du TCL, est que

$$\lim_{\varepsilon \downarrow o} \sup_{t \in T} \int_o^{\varepsilon} \sqrt{\log \frac{1}{\mu(B_\delta(t,u))}} du = 0 .$$

En effet, $\frac{S_n}{\sqrt{n}}$ est encore à accroissements sous-gaussiens ; on applique alors la proposition 2.3.3. Le théorème général exigerait un exposant égal à 1. -

Ces remarques terminent la partie consacrée aux fonctions aléatoires associées aux fonctions Φ_α . -

5.2. b) Fonctions aléatoires associées aux fonctions puissances.

Dans cette dernière partie, nous montrons que la condition suffisante de continuité pour une fonction aléatoire, associée à fonction de Young de type puissance, est également suffisante pour la propriété du TCL. Le résultat que nous obtenons, généralise celui de M.G. Hahn ([16]) qui traite le cas $r = 2$. Nous avons :

THEOREME 5.2.4. - Soit $[0,1]$ muni de la distance usuelle et de la mesure de Lebesgue. Soient $(\Omega,\mathcal{G},P)$ un espace d'épreuves et X une fonction aléatoire *définie sur* $\Omega\times[0,1]$, *vérifiant les hypothèses* (h_1) *et* (h_2) . *On suppose qu'il existe un nombre réel* $r\geq 2$ *et une fonction* f *définie sur* $[0,1]$, *positive, croissante dans un voisinage de l'origine, continue et s'annulant à l'origine, tels que pour tout* $s,t\in[0,1]$ *on ait :*

$$E(|X(s)-X(t)|^r)\leq f^r(|s-t|) \ .$$

Une condition suffisante pour que X *vérifie la propriété du TCL dans* $C([0,1])$, *est que*

$$\int_0 \frac{f(u)}{u^{1+1/r}}\,du<\infty \ .$$

Démonstration : Soit $(X_n\ ;\ n\in\mathbb{N})$ une suite de fonctions aléatoires indépendantes de même loi que X. Le TCL en dimension finie nous permet d'affirmer que les marges finies des $\mathcal{L}(\frac{S_n}{\sqrt{n}})$ convergent vers celles d'une mesure de probabilité gaussienne induite sur $C([0,1])$ par la fonction aléatoire gaussienne de même covariance que X ; les hypothèses du théorème et le corollaire 2.1.8. nous assurent de l'existence de celle-ci. Supposons, dans un premier temps, que X est symétrique. D'après le paragraphe 5.1. a), il suffit de montrer que :

$$\forall\ \varepsilon>0\ ,\ \forall\ \eta>0\ ,\ \exists\ n_0\in\mathbb{N}\ ,\ \exists\ \delta_0>0\ :$$

$$n\geq n_0 \Rightarrow P\Big(\sup_{|s-t|<\delta}\Big|\frac{S_n(s)}{\sqrt{n}}-\frac{S_n(t)}{\sqrt{n}}\Big|\geq\varepsilon\Big)\leq\eta \ .$$

Considérons un autre espace d'épreuves sur lequel nous définissons une suite de variables aléatoires de Rademacher indépendantes $(\varepsilon_n, n\in\mathbb{N})$. Par symétrie on sait que les suites $(\varepsilon_n X_n\ ;\ n\in\mathbb{N})$ et $(X_n\ ;\ n\in\mathbb{N})$ ont même loi.

On pose, pour $n\in\mathbb{N}$,

$$Z_n(\omega,\omega',t)=\frac{1}{\sqrt{n}}\sum_{k=1}^{n}X_k(\omega,t)\varepsilon_k(\omega') \ .$$

D'après le lemme 5.1.5, pour tout $s,t \in [0,1]$, on a :

$$E(|Z_n(s)-Z_n(t)|^r) \leq (\frac{\pi}{2})^{r/2} \int dP(\omega) \int dP'(\omega') \left| \sum_{k=1}^{n} \frac{(X_k(\omega,s)-X_k(\omega,t))}{\sqrt{n}} \lambda_k(\omega') \right|^r ,$$

où $(\lambda_n ; n \in \mathbb{N})$ est une suite de variables gaussiennes, indépendantes, centrées et réduites. D'où

$$E(|Z_n(s)-(Z_n(t)|^r) \leq (\frac{\pi}{2})^{r/2} \Gamma(\frac{r}{2}+1) E\left[\left(\frac{\sum_{k=1}^{n} (X_k(s)-X_k(t))^2}{n} \right)^{r/2} \right] .$$

Posons $p = \frac{r}{2}$ et $q = \frac{r}{r-2}$ si $r > 2$, et $q = +\infty$ si $r = 2$; l'application de l'inégalité de Hölder nous donne :

$$E(|Z_n(s)-Z_n(t)|^r) \leq (\frac{\pi}{2})^{r/2} \Gamma(\frac{r}{2}+1) \frac{n^{\frac{r-2}{2}}}{n^{r/2}} E\left(\sum_{k=1}^{n} |X_k(s)-X_k(t)|^r \right) ,$$

les variables X_k étant de même loi que X , nous en déduisons

$$E(|Z_n(s)-Z_n(t)|^r) \leq (\frac{\pi}{2})^{r/2} \Gamma(\frac{r}{2}+1) f^r(|s-t|) .$$

Le théorème 3.1.1, nous assure de la continuité de presque toutes les trajectoires de $\frac{S_n}{\sqrt{n}}$. D'après le corollaire 3.1.3, il existe une constante C , positive, telle que

$$E\left(\sup_{|s-t|<\delta} \left| \frac{S_n(t)}{\sqrt{n}} - \frac{S_n(t)}{\sqrt{n}} \right|^r \right) \leq C\, F(1)\, F(3\delta)^{r-1} ,$$

avec

$$F(x) = \int_0^x \frac{f(u)}{u^{1+\frac{1}{r}}} du .$$

L'inégalité de Čebičev et l'hypothèse sur l'intégrale, nous permettent de conclure dans le cas symétrique. Pour le cas général, il suffit de remarquer, toujours à l'aide de l'inégalité de Čebičev, que, pour tout $n \in \mathbb{N}$ et tout $s,t \in [0,1]$,

$$P\left(\left|\frac{S_n(s)}{\sqrt{n}} - \frac{S_n(t)}{\sqrt{n}}\right| > \varepsilon\right) \leq \frac{1}{\varepsilon^2} f^2(|s-t|) ,$$

et d'appliquer alors le lemme de symétrisation ; on a alors le résultat annoncé. -

Pour conclure cette partie, remarquons, comme dans le théorème 5.2.2, que c'est une propriété sur les moments que nous avons utilisée, et non sur les probabilités. -

CONCLUSION

Notre travail, loin d'être exhaustif, constitue les premiers pas dans la mise en oeuvre de la méthode des mesures majorantes dans toute sa généralité. En effet, plusieurs questions se posent de manière naturelle et leurs réponses permettront un progrès dans l'étude de la régularité des trajectoires des fonctions aléatoires réelles.

La première question qui est, à notre avis, fondamentale, a trait à l'unité de la méthode. Il est apparu, en ce qui concerne la représentation par une intégrale de la condition suffisante, deux démarches distinctes ; l'une, qui est générale, plus particulièrement adaptée aux fonctions de Young à croissance rapide (type exponentiel), l'autre, qui est plus efficace, dans certains cas, pour les fonctions à croissance lente (type puissance). Il serait utile d'approfondir l'étude et de justifier cette différence autrement que par les calculs. En particulier, il faudrait pouvoir déterminer quels choix de ρ et μ (corollaire 1.1.6.) accordent une plus grande efficacité à la deuxième démarche.

La deuxième question, qui est très générale, consiste en l'étude des mesures majorantes. A partir de leur existence, peut-on en construire une explicitement, et qui soit basée sur l'écart induit par la fonction aléatoire ? Nous avons vu que dans certains cas (corollaire 2.1.7, théorème 3.1.1.) cela était possible. Le problème reste ouvert dans le cas général. A partir d'une solution, il serait intéressant de pouvoir déterminer une meilleure mesure majorante. Enfin une question qui se pose de manière naturelle est de préciser quelles sont les mesures majorantes qui satisfont à la condition de continuité. Remarquons qu'une généralisation de la méthode d'Orlicz permettrait d'étendre les résultats précédents, mais il semblerait que ceci ne soit pas possible pour des fonctions de Young à croissance trop lente.

Un troisième groupe de problèmes ouverts concerne la recherche des cas dans lesquels les conditions suffisantes sont également nécessaires. Dans un premier temps, il faudrait chercher à généraliser les minorations que nous avons pour les processus gaussiens (X. Fernique [12]) et pour les séries aléatoires de type exponentiel (chapitre IV), définis sur des limites projectives d'ensembles. Puis, en approchant une fonction aléatoire par des fonctions aléatoires du type ultramétrique, on obtiendrait des conditions nécessaires. Notons également, dans le même ordre d'idées, le problème, qui est ouvert, de la construction d'une fonction aléatoire à trajectoires majorées ou continues qui n'admette pas de mesure majorante. L'étude d'une telle fonction nous apporterait des renseignements précieux sur la nature profonde de la méthode.

Enfin, la dernière question découle du cinquième chapitre. Peut-on avoir une condition suffisante générale, du type mesures majorantes, pour qu'une fonction aléatoire satisfasse au théorème central limite dans $C(T)$? On pourrait aborder également le problème de la nécessité des conditions. Pour terminer, remarquons qu'il serait intéressant d'étendre les résultats précédents aux fonctions aléatoires à trajectoires dans $D(T)$, espace des fonctions définies sur T et ayant des discontinuités de première espèce. -

REFERENCES

[1] BERNARD P. Quelques propriétés des trajectoires des fonctions aléatoires stables sur R^k. Ann. Inst. H. Poincaré Sec. B,6,2, (1970) pp. 131-151.

[2] BILLINGSLEY P. Convergence of probability measures. Wiley (1968).

[3] BOULICAUT P. Fonctions de Young et fonctions aléatoires à trajectoires continues. C.R. Acad. Sci. Paris, Sér. A, 278 (1974), pp. 447-450.

[4] DUDLEY R.M. The sizes of compact subsets of Hilbert space and continuity of gaussian processes. J. Functional Anal., 1, 3, (1967), pp. 290-330.

[5] DUDLEY R.M. Sample functions of the gaussian process. Ann. of Probability, 1, (1973), pp. 66-103.

[6] DUDLEY R.M. Metric entropy and the central limit theorem in $C(S)$. Ann. Inst. Fourier, 24, 2, (1974), pp. 48-60.

[7] DUDLEY R.M. et STRASSEN V. The central limit theorem and the ε-entropie. Lect. Notes Math., 89, (1969), pp. 224-231.

[8] FERNIQUE X. Continuité des processus gaussiens. C.R. Acad. Sci. Paris, Sér. A-B, 258, (1964), pp. 6058-6060.

[9] FERNIQUE X. Intégrabilité des vecteurs gaussiens. C.R. Acad. Sci. Paris, Sér. A, 270, (1970), pp. 1698-1699.

[10] FERNIQUE X. Régularité de Processus gaussiens. Invent. Math., 12, (1971), pp. 303-320.

[11] FERNIQUE X. Régularité des trajectoires des fonctions aléatoires gaussiennes. Ecole d'Eté de Probabilité de St Flour (1974). Lect. Notes Math., 480, (1975), pp. 1-96.

[12] FERNIQUE X. Evaluation de processus gaussiens composés. Lect. Notes Math., 526, (1976), pp. 67-83.

[13] GARSIA A. et RODEMICH E. Monotonicity of certain functionals under rearrangement. Ann. Inst. Fourier, 24, 2, (1974), pp. 67-117.

[14] GARSIA A., RODEMICH E. et RUMSEY H. A real variable lemma and the continuity of paths of gaussian processes. Indiana Univ. Math. J, 20, (1971), pp. 565-578.

[15] GINÉ E. On the central limit theorem for sample continuous processes. Ann. of Probability, 2, (1974), pp. 629-641.

[16] HAHN M.G. Conditions for sample-continuity and central limit theorem. (1976) à paraître dans Ann. of Probability.

[17] HEINKEL B. Méthode des mesures majorantes et le théorème central limite dans C(S). (1976) à paraître dans Z. Wahrscheinlichkeitstheorie Verw. Gebiete.

[18] HOFFMANN-JØRGENSEN J. et PISIER G. The strong law of large numbers and the central limit theorem in Banach spaces. Ann. of Probability, 4, (1976), pp. 587-599.

[19] JAIN N.C. et MARCUS M.B. Sufficient conditions for the continuity of stationary gaussian processes and applications to random series. Ann. Inst. Fourier, 24, 2, (1974), pp. 117-141.

[20] JAIN N.C. et MARCUS M.B. Central limit theorem for C(S)-valued random variables. J. of Functional Anal., 19, (1975), pp. 216-231.

[21] KRASNOSELSKY M.A. et RUTITSKY Y.B. Convex functions and Orlicz spaces. Dehli Publ. Hindustan Corp. (1962).

[22] LOÈVE M. Probability theory. Van Nostrand, 3ème ed., (1963).

[23] NEVEU J. Martingales à temps discret. Dunod (1972).

[24] PRESTON C. Banach spaces arising from some integral inequalities. Indiana Univ. Math. J., 20, (1971), pp. 997-1015.

[25] PRESTON C. Continuity properties of some gaussian processes. Ann. Math. Stat., 43, (1972), pp. 285-292.

[26] ZINN J. A note on the central limit theorem. (1976) à paraître.

Mai 1977.

CARACTERISATION DE PROCESSUS A TRAJECTOIRES MAJOREES OU CONTINUES

par

X. FERNIQUE

0. INTRODUCTION.

Nous avons présenté précédemment [1] une méthode d'étude des trajectoires de fonctions aléatoires gaussiennes stationnaires caractérisant leur continuité. Nous nous proposons ici de montrer que des techniques voisines permettent d'étudier la régularité des trajectoires de certaines fonctions aléatoires non gaussiennes ou gaussiennes non stationnaires. Les résultats obtenus utilisent les mêmes expressions que dans le cas gaussien stationnaire ; même s'ils sont partiels, ils laissent espérer l'existence de critères simples dans des cas très généraux. La rédaction présentée ici développe et précise mon exposé à la 2me Conférence Internationale de Vilnius (juillet 1977).

La première partie de cette étude évalue en les majorant et les minorant les sommes de certaines séries aléatoires de type particulier, gaussiennes ou non ; elle généralise et précise des résultats précédents ([2],[3]) . La seconde partie caractérise la régularité des trajectoires de certains processus gaussiens et en particulier des processus non stationnaires sur R liés à une distance croissante.

1. EVALUATION DE CERTAINS TYPES DE PROCESSUS.

1.0 Construction de processus, notations.

Soit $(S_n, n \in \mathbb{N})$ une suite d'ensembles finis liés par une suite

$(\pi_n^m : S_m \to S_n, m \geq n, m \in \mathbb{N}, n \in \mathbb{N})$ d'applications des S_m sur les S_n ; on suppose :

$$n \le m \le k \Rightarrow \pi_n^k = \pi_n^m \circ \pi_m^k ,$$

$$\forall\, n \in \mathbb{N} ,\ \forall\, s \in S_n ,\ \pi_n^n(s) = s .$$

On note T la limite projective de la famille (S_n, π_n^m) ; muni de sa topologie et de sa métrique naturelles, T est un espace compact ultramétrique ; pour tout entier n , on note π_n la projection de T sur S_n . Soient de plus $(a_n, n \in \mathbb{N})$ une suite de nombres positifs et $\Lambda = (\lambda(s), s \in \sum_{n=0}^{\infty} S_n)$ une suite de v.a. indépendantes isonomes ; on se propose d'évaluer la régularité des trajectoires du processus X défini sur T par :

(1.0.1) $$X(t) = \sum_{n=0}^{\infty} a_n\, \lambda \circ \pi_n(t) .$$

On supposera que la loi commune des λ est centrée symétrique et a une fonction de répartition continue et strictement croissante ; on supposera aussi que la série Σa_n est convergente de sorte que pour $t \in T$, la série (1.0.1) soit p.s. convergente. D'après ces hypothèses, il existe deux fonctions strictement décroissantes M et Φ sur $]0,1[$ telles que :

(1.0.2) $$P\{\lambda \ge M(\mu)\} = \mu ,\ \Phi(\mu) = \frac{1}{\mu}\, E\{\lambda I_{\lambda \ge M(\mu)}\} .$$

On remarquera que la fonction $\mu\Phi(\mu)$ est croissante sur $]0,\frac{1}{2}]$.
On notera $\mathcal{M}(T)$ l'ensemble des probabilités sur T ; pour tout $\mu \in \mathcal{M}(T)$ et tout $n \in \mathbb{N}$, on notera μ_n la probabilité sur S_n image de μ par π_n .

1.1. Majoration de processus

THEOREME 1.1. - Pour que le processus X sur T ait p.s. des trajectoires majorées, il suffit qu'il existe une mesure de probabilité μ sur T telle que

(1.1.1) $$\sup_{t\in T}\sum_{n=o}^{\infty} a_n\,\Phi\circ\mu_n\{\pi_n(t)\}<\infty\ ;$$

on a alors :

(1.1.2) $$E\{\sup_T X\}\le \sup_{t\in T}\sum_{n=o}^{\infty} a_n\{2\Phi\circ\mu_n\{\pi_n(t)\}+\Phi(\tfrac{1}{2})\}\ .$$

Il suffit aussi que l'on ait :

(1.1.3) $$\sup_{m\in\mathcal{M}(T)}\int dm(t)\Big\{\sum_{n=o}^{\infty} a_n\,\Phi\circ m_n\{\pi_n(t)\}\Big\}<\infty\ ;$$

on a alors :

(1.1.4) $$E\Big\{\sup_T X\Big\}\le \sup_{m\in\mathcal{M}(T)}\int dm(t)\Big\{\sum_{n=o}^{\infty} a_n\,\Phi\circ m_n\{\pi_n(t)\}\Big\}\ .$$

Démonstration : (a) Notons d'abord que pour que les trajectoires de X soient p.s. majorées, il suffit qu'il existe un nombre E tel que pour toute application mesurable $\tau:\omega\to\tau(\omega)$ de l'espace d'épreuves Ω dans T, on ait :

(1.1.5) $$E\{X\circ\tau\}\le E\ ,$$

on aura alors aussi :

$$E\{\sup_T X\}\le E\ .$$

Dans ces conditions, le théorème sera prouvé si nous montrons que le premier membre de (1.1.5) est majoré par le premier membre de (1.1.3) et si nous montrons aussi que pour tout élément μ de $\mathcal{M}(T)$ le premier membre de (1.1.3) est majoré par le second membre de (1.1.2).

(b) Soit τ une application mesurable de Ω dans T et m sa loi qui est une probabilité sur T, on a :

$$E\{X\circ\tau\} = \sum_{n=o}^{\infty} a_n \sum_{s\in S_n} E\{\lambda(s)I_{\pi_n\circ\tau=s}\}\ ;$$

la liaison entre m et τ impliquant l'inégalité :

(1.1.6) $$E\{\lambda(s)I_{\pi_n\circ\tau = s}\} \leq m_n\{s\}\Phi\circ m_n\{s\} ,$$

on obtient donc :

(1.1.7) $$E\{X\circ\tau\} \leq \int dm(t)\{\sum_{n=o}^{\infty} a_n\ \Phi\circ m_n\{\pi_n(t)\}\} .$$

(c) Soit alors μ une mesure de probabilité (vérifiant 1.1.1) ; les sens de variations de Φ et de $x\Phi$ (cf (1.0)) permettent de majorer le terme de droite de (1.1.6) par $\mu_n\{s\}\Phi\circ\mu_n\{s\}$ si $m_n\{s\}\leq\mu_n\{s\}\leq\frac{1}{2}$ et aussi par $m_n\{s\}\Phi\circ\mu_n\{s\}$ si $\mu_n\{s\}\leq m_n\{s\}$. Notant que pour tout entier n, il existe au plus un élément s de S_n tel que $\mu_n\{s\}$ soit supérieur à $\frac{1}{2}$, on en déduit :

$$E\{X\circ\tau\} \leq \sum_{n=o}^{\infty} a_n\Big[\Phi(\tfrac{1}{2})+\sum_{s\in S_n}(m_n\{s\}+\mu_n\{s\})\Phi\circ\mu_n\{s\}\Big] ,$$

(1.1.8) $$E\{X\circ\tau\} \leq \int(dm(t)+d\mu(t))\Big(\sum_{n=o}^{\infty} a_n\Big[\tfrac{1}{2}\Phi\,(\tfrac{1}{2})+\Phi\circ\mu_n\{\pi_n(t)\}\Big]\Big) .$$

La conclusion du théorème résulte alors de (1.1.7) et (1.1.8).

1.2. Minorations de processus.

Les propriétés présentées dans ce paragraphe nécessitent que X satisfasse aux hypothèses suivantes :

(1.2.1) $$\forall\, n\in\mathbb{N} ,\ a_n = \frac{C}{q^n} ,\ q>1 ,$$

(1.2.2) $$0<\alpha<\beta<1 \Rightarrow \Phi(\tfrac{\alpha}{\beta}) \geq \Phi(\alpha)-\Phi(\beta) .$$

La seconde hypothèse signifie que $\Phi(e^{-x})$ est sous-linéaire ; elle exige que $E\{\exp(\alpha|\lambda|)\}$ soit fini pour α positif assez petit ; elle est réalisée si λ a une loi exponentielle ou gaussienne.

THEOREME 1.2. - Sous les hypothèses (1.2.1) et (1.2.2), si le processus X a presque sûrement des trajectoires majorées, on a :

$$(1.2.3) \qquad \sup_{m \in \mathcal{M}(T)} \int dm(t) \{ \sum_{n=0}^{\infty} a_n \Phi \circ m_n\{\pi_n(t)\}\} \leq \frac{2q}{q-1} E\{\sup_T X\} < \infty .$$

De plus, il existe une mesure de probabilité μ sur T telle que :

$$(1.2.4) \qquad \begin{aligned} &\forall n \in \mathbb{N},\ \forall t \in T,\ \mu_n\{\pi_n(t)\} > 0 , \\ &\sup_{t \in T} \sum_{n=0}^{\infty} a_n \Phi \circ \mu_n\{\pi_n(t)\} \leq \frac{2q}{q-1} E\{\sup_T X\} < \infty . \end{aligned}$$

Démonstration : (a) Remarquons d'abord que les théorèmes d'intégrabilité des séries de v.a. indépendantes garantissent sous les hypothèses indiquées l'intégrabilité de $\sup_T X$, les deuxièmes membres de (1.2.3) et (1.2.4) sont donc bien finis. Notons aussi que l'hypothèse 1.2.2 implique l'intégrabilité de Φ sur $]0,1[$.

(b) Soient S un ensemble fini, m une probabilité sur S, $\{\lambda(s), s \in S\}$ une famille de v.a. indépendantes centrées symétriques de même loi ; on sait alors [2] construire une application $\tau_m : \omega \to \tau_m(\omega)$ de l'espace d'épreuves dans S, de loi m, $\{\lambda(s), s \in S\}$-mesurable, telle que :

$$(1.2.5) \qquad E\{\lambda \circ \tau_m\} \geq \frac{1}{2} \sum_{s \in S} m\{s\} \Phi \circ m\{s\} .$$

(c) Soit m une probabilité sur T ; supposons pour alléger que pour tout entier n et tout élément s de S_n, $m_n\{s\}$ soit strictement positif, sinon on devrait restreindre l'étude au support T_m de m dans T. Pour tout entier k et tout élément s de S_k, nous notons $m(k,s)$ la probabilité sur $(\pi_k^{k+1})^{-1}(s)$ définie par :

$$m(k,s)\{t\} = \frac{m_{k+1}(t)}{m_k(s)} ,$$

et nous lui associons l'application $\tau_{m(k,s)}$ définie en (b).

Nous construisons une application τ de l'espace d'épreuves dans T en posant :

$$\tau(\omega) = t \rightleftarrows \forall\, k \in \mathbb{N}\,,\ \tau_{m(k,\pi_k(t))} = \pi_{k+1}(t)\ .$$

En utilisant les indépendances et (1.2.5), nous obtenons :

$$E\{X \circ \tau\} \geq \frac{1}{2} \sum_{k=0}^{\infty} \frac{C}{q^k} \sum_{s \in S_k} m_k(s)\, \Phi\left[\frac{m_k(s)}{m_{k-1}(\pi_{k-1}(s))}\right],$$

l'hypothèse (1.2.2) implique alors :

(1.2.6) $$E\{X \circ \tau\} \geq \frac{C}{2}\left(1-\frac{1}{q}\right) \sum_{k=0}^{\infty} \frac{1}{q^k} \sum_{s \in S_k} m_k(s)\, \Phi \circ m_k(s)\ .$$

Ceci démontre le résultat (1.2.4).

(d) L'hypothèse (1.2.2) montre aussi qu'on peut définir une fonction θ sur $[0,1]$ en posant :

$$\theta(0) = 0\ ,\ \theta(x) = \int_0^x \Phi(u)\, du\ ,$$

cette fonction θ vérifiant (1.2.2) l'inégalité :

$$\theta(x) \leq x[\Phi(x) + \int_0^1 \Phi(u)\, du]\ ,$$

si bien que de l'inégalité (1.2.6), on déduit :

$$\frac{q}{q-1}\left[\frac{2}{C} E\{X \circ \tau\} + \int_0^1 \Phi(u) du\right] \geq \sum_{k=0}^{\infty} \frac{1}{q^k} \sum_{s \in S_k} \theta \circ m_k(s)\ .$$

Pour tout entier n, la somme $\sum_{k=0}^{n} \frac{1}{q^k} \sum_{s \in S_k} \theta \circ m_k(s)$ définit une fonction continue de $m \in \mathcal{M}(T)$ compact ; il existe donc un ensemble $A(n)$ de probabilités sur T où cette fonction est maximale. Un calcul de dérivation, simple puisqu'il opère sur des sommes finies, montre que $A(n)$ est l'ensemble des probabilités m pour lesquelles $\sum_{k=0}^{n} \frac{1}{q^k} \Phi \circ m_k \circ \pi_k(s)$ est indépendant de s et donc égal à son intégrale ; on a alors :

$$\forall\, m \in A(n)\,,\ E[X \circ \tau] \geq \frac{C}{2}\left(1-\frac{1}{q}\right) \sup_{t\in T} \sum_{k=0}^{n} \frac{1}{q^k} \Phi \circ m_k \circ \pi_k(t)\,.$$

Puisque l'ensemble $\mathcal{M}(T)$ est compact, on peut construire une suite extraite des $\{A(n), n \in \mathbb{N}\}$ convergeant vers une probabilité μ ; cette mesure vérifie les propriétés (1.2.4).

1.3. Caractérisation de la régularité de certains processus.

Soit (X,T) un processus construit suivant le schéma (1.0) et vérifiant (1.2.1) et (1.2.2) ; les théorèmes (1.1) et (1.2) permettent de caractériser la régularité de ses trajectoires.

THEOREME 1.3.1. (majoration des trajectoires). - Pour que X ait p.s. ses trajectoires majorées, il faut et il suffit que l'une des deux conditions suivantes soit réalisée :

(a) $$\sup_{\mu \in \mathcal{M}(T)} \int d\mu(t) \sum_{k=0}^{\infty} \frac{1}{q^k} \Phi \circ \mu_k \circ \pi_k(t) < \infty\,,$$

(b) $$\exists\, \mu \in \mathcal{M}(T) : \sup_{t \in T} \sum_{k=0}^{\infty} \frac{1}{q^k} \Phi \circ \mu_k \circ \pi_k(t) < \infty.$$

THEOREME 1.3.2. (Continuité locale des trajectoires). - Soit t_o un élément de T ; pour que X ait presque sûrement ses trajectoires continues en t_o, il faut et il suffit que l'une des deux conditions suivantes soit réalisée :

(a) $$\lim_{n\to\infty} \sup_{\mu \in \mathcal{M}(T)} \int_{\{\pi_n(t)=\pi_n(t_o)\}} d\mu(t) \sum_{k=n}^{\infty} \frac{1}{q^k} \Phi\left[\frac{\mu_k \circ \pi_k(t)}{\mu_n \circ \pi_n(t_o)}\right] = 0$$

(b) $\exists\, \mu \in \mathcal{M}(T) : \lim_{n\to\infty} \sup_{\pi_n(t)=\pi_n(t_o)} \sum_{k=n+1}^{\infty} \frac{1}{q^k}\, \Phi \circ \mu_k \circ \pi_k(t) = 0$.

THEOREME 1.3.3. <u>(Continuité globale des trajectoires)</u>. - <u>Pour que X ait presque sûrement ses trajectoires continues sur T , il faut et il suffit qu'en tout point de T , X ait presque sûrement ses trajectoires continues ; il faut et il suffit aussi qu'il existe une probabilité μ sur T telle que</u> :

$$\lim_{n\to\infty} \sup_{t\in T} \sum_{k=n}^{\infty} \frac{1}{q^k}\, \Phi \circ \mu_k \circ \pi_k(t) = 0 .$$

Nous omettons les démonstrations des théorèmes (1.3.1) et (1.3.3) ; nous démontrons le théorème (1.3.2) en utilisant les notations mises en évidence dans la démonstration du théorème (1.2).

(a) Supposons les trajectoires de X presque sûrement continues en t_o ; le théorème de convergence monotone et le centrage de $X(t_o)$ montrent que pour tout $\varepsilon > 0$, il existe un entier n tel que :

$$E\{\sup_{\pi_n(t)=\pi_n(t_o)} X(t)\} \le \frac{\varepsilon}{2}\frac{C}{2}\left(1 - \frac{1}{q}\right) ;$$

le résultat (a) se déduit alors immédiatement de l'application du théorème 1.2 à la restriction de X à l'ensemble $\{t : \pi_n(t) = \pi_n(t_o)\}$ qui a la même structure que X sur T ; nous constatons en effet que pour toute probabilité m sur T , on a :

$$\int_{\{\pi_n(t)=\pi_n(t_o)\}} dm(s) \sum_{k=n}^{\infty} \frac{1}{q^k}\, \Phi\left[\frac{m_k \circ \pi_k(t)}{m_n \circ \pi_n(t_o)}\right] \le \frac{\varepsilon}{2} .$$

(b) Appliquons cette formule aux différents ensembles $A(p), p \ge n$, puis par passage à la limite à la probabilité μ construite à l'alinéa (d) de la démonstration du théorème 1.2 ; nous obtenons :

$$\pi_n(t) = \pi_n(t_o) \Rightarrow \sum_{n+1}^{\infty} \frac{1}{q^k}\{\Phi \circ \mu_k \circ \pi_k(t) - \Phi \circ \mu_n \circ \pi_n(t_o)\} \le \frac{\varepsilon}{2} .$$

Par ailleurs, il existe un entier n_1 tel que :

$$\forall\, n > n_1 \;,\; \frac{1}{q^n}\, \Phi \circ \mu_n \circ \pi_n(t_o) \leq \frac{\varepsilon}{2}(q-1)\,.$$

On en déduit le résultat (b).

(c) Les preuves réciproques sont immédiates à partir du théorème 1.1.

1.4. Quelques remarques.

1.4.1. Comme dans le cas gaussien, aux processus (X,T) considérés ci-dessus, on peut associer les écarts d_X définis sur $T \times T$ par :

$$d_X^2(s,t) = E\{|X(s)-X(t)|^2\}\,.$$

L'écart d_X sera en fait une distance et on pourra, vu le caractère ultramétrique de T la caractériser par :

$$d_X^2(s,t) = \frac{C^2 E\{\lambda^2\}}{q^2-1} \cdot \frac{1}{q^{2n}} \rightleftarrows \pi_n(s) = \pi_n(t), \pi_{n+1}(s) \neq \pi_{n+1}(t)\,.$$

Les conditions énoncées dans les différents théorèmes peuvent alors s'exprimer à partir d'intégrales sur la fonction d_X ; la condition (1.3.1 (b)) s'écrit par exemple

$$(1.4.1) \qquad \exists\, \mu \in \mathcal{M}(T) : \sup_{t \in T} \int_0^\infty \Phi \circ \mu\{d(s,t) < u\}\, du < \infty$$

la condition étant significative au voisinage de $u = 0$. Sous cette forme, on constate bien la parenté du résultat avec celui qui concerne les processus gaussiens stationnaires.

1.4.2. Soit S un sous-ensemble mesurable de T ; pour que les trajectoires de X soient presque sûrement régulières sur S (majorées ou continues), il faut et il suffit qu'elles aient la même régularité sur la fermeture $\bar{S}$ de S dans T ; comme la restriction de X à $\bar{S}$ a la même structure que X sur T , on pourra caractériser cette régularité à partir des différents théorèmes (1.3) en utilisant les probabilités sur $\bar{S}$; les conditions (1.3.1.b), (1.3.2.b), (1.3.3.b) ne pourront en général se traduire à partir des seules probabilités portées par S au contraire des conditions (a).

1.4.3. Si la loi commune des λ est gaussienne centrée réduite, la relation (1.4.1) prend la forme équivalente :

(1.4.3) $$\exists\, \mu \in \mathcal{M}(T) : \sup_{t \in T} \int_0^\infty \sqrt{\log \frac{1}{\mu\{d(s,t) < u\}}}\, du < \infty .$$

Soient alors $(T_n, n \in \mathbb{N})$ une suite d'ensembles finis de cardinaux respectifs $(L_n, n \in \mathbb{N})$ et pour tout entier n, un élément particulier t_n de T_n. On peut construire sur $T = \sum_1^\infty T_n$ à partir d'un processus gaussien normal Λ sur T un processus gaussien du type (1,0) en posant :

$$\forall\, n \in \mathbb{N},\ \forall\, t \in \sum_1^n T_k,\ \pi_n(t) = t ,$$

$$\forall\, t \in \sum_{n+1}^\infty T_k,\ \pi_n(t) = t_n ,$$

$$X(t) = \sum_{n=1}^\infty \frac{1}{2^n} \lambda \circ \pi_n(t) .$$

On vérifie facilement ([1], th. 2.1.2) que pour que X soit p.s. majoré, il faut et il suffit que $\sup_n \sup_{t \in T_n} \frac{1}{2^n} \lambda(t)$ le soit ; ceci est réalisé si et seulement si $\sup_n \frac{1}{2^n} \sqrt{\log L_n}$ est fini ; on construit d'ailleurs facilement dans ce cas une mesure μ sur T vérifiant (1.3.1.b) ; il n'est donc pas nécessaire que la série $\sum_n \frac{1}{2^n} \sqrt{\log L_n}$ soit convergente comme pourrait le laisser croire une extrapolation hâtive des conditions obtenues pour les processus gaussiens stationnaires à partir des cardinaux des recouvrements de T .

2. ETUDE DE CERTAINS PROCESSUS GAUSSIENS.

Nous avons signalé ci-dessus (1.4.3) que les résultats du paragraphe 1 s'appliquent quand la loi commune des λ est gaussienne. Le théorème de comparaison ([1], th. 2.1.2) permet de déformer ces processus gaussiens sans modifier la régularité des trajectoires, le comportement asymptotique de Φ permettant d'ailleurs (1.4.3) d'écrire les conditions sous forme plus concrète. Dans ce cas, on pourra écrire des conditions équivalentes à partir de représentations intégrales du processus ([1] th. 5.2.1 et th. 6.1.1).

2.1. Soient X un processus gaussien sur un ensemble T et d l'écart associé ; on suppose que T est d-séparable et d-quasi-compact et on note D son d-diamètre ; on suppose de plus que pour tout entier n positif il existe une famille finie S_n de parties de T de d-diamètres inférieurs ou égaux à $\frac{\delta}{2^n}$ et de distances mutuelles supérieures ou égales à $\rho\frac{\delta}{2^n}$ $(\delta>0, \rho>0)$, ces parties recouvrant T ; notons π_n l'application de T dans S_n qui à un élément de T associe la partie qui le contient ; le théorème de comparaison montre que pour qu'il existe une version de X à trajectoires régulières (pour l'écart d), il faut et il suffit que le processus Y défini sur T à partir d'une famille gaussienne normale par :

$$Y(t) = \sum_{n=o}^{\infty} \frac{1}{2^n} \lambda \circ \pi_n(t)$$

possède les mêmes propriétés de régularité (pour l'écart d_Y) ; les écarts d_Y et d_X sont en effet équivalents sur T ; ceci signifie :

THEOREME 2.1.1. - Pour qu'un processus gaussien X satisfaisant aux conditions ci-dessus ait une version à trajectoires majorées (resp. d-continues), il faut et il suffit qu'il existe une mesure de probabilité μ sur (T,d) telle que

(2.1.1) $$\sup_{t\in T}\int_0^\infty \sqrt{\log\frac{1}{\mu\{d(s,t)<u\}}}\,du<\infty$$

(resp. (2.1.1') $$\lim_{\varepsilon\to 0}\sup_{t\in T}\int_0^\varepsilon \sqrt{\log\frac{1}{\mu\{d(s,t)<u\}}}\,du=0) .$$

2.2. La situation décrite en (2.1) semble artificielle. Nous allons pourtant en déduire des résultats nouveaux caractérisant la régularité des trajectoires de certains processus gaussiens satisfaisant à des hypothèses plus naturelles que nous énonçons et analysons ci-dessous.

2.2.1. Soient $T = [0,1]$ et X un processus gaussien sur T définissant un écart $d_X = d$ croissant au sens suivant :

$$0\le s\le s'\le t'\le t \Rightarrow d_X(s,t)\ge d_X(s',t') \ ;$$

c'est le cas par exemple si X peut se représenter à partir d'une suite normale $(\lambda_n, n\in\mathbb{N})$ et d'une suite $(f_n, n\in\mathbb{N})$ de fonctions croissantes sous la forme :

$$X(t) = \sum_{n=0}^{\infty} \lambda_n f_n(t) .$$

Pour étudier la régularité des trajectoires de X, il est raisonnable de supposer qu'il existe une version de X d-séparable ; il faut et il suffit pour cela ([1], th. 3.2.2) que $([0,1],d)$ soit lui-même séparable.

LEMME 2.2.1.a. - <u>Pour que</u> $([0,1],d)$ <u>soit séparable, il faut et il suffit que l'ensemble</u> $\{t\in[0,1] : \limsup_{s\to t} d(s,t)>0\}$ <u>soit au plus dénombrable.</u>

Pour étudier la régularité des trajectoires de X sur $[0,1]$, nous étudierons celle des trajectoires de $\hat{X}$ prolongement de X au complété $\widehat{([0,1],d)}$ de $([0,1],d)$; on sait en effet que pour qu'il existe une version de X à trajectoires majorées ou continues sur $([0,1],d)$, il faut et il suffit que $\hat{X}$ possède les mêmes propriétés sur $\widehat{([0,1],d)}$. Nous utiliserons une construction de ce complété : pour tout élément t de $[0,1]$, nous posons $t^- = \lim_{s\uparrow t} s$,

$t^+ = \lim_{s \downarrow t} s$, nous confondons ces éléments avec t si $\limsup_{s \to t} d(s,t) = 0$; dans le cas contraire, nous les munissons du système de distance associé à leur construction ; on aura par exemple :

$$\forall (s,t) \in [0,1] \times [0,1] , \; d(s^-,t^+) = \lim_{\substack{u \uparrow s \\ v \downarrow t}} d(u,v) .$$

Lemme 2.2.1.b. - *L'espace* $[0,1] \cup \{s^-, s \in [0,1]\} \cup \{s^+, s \in [0,1]\}$ *muni de la distance associée est un espace complet* U ; *on obtient une représentation du complété* $\hat{T}$ *de* $([0,1],d)$ *en ôtant de* U *les points isolés de ses deux dernières composantes.*

THEOREME 2.2.2. - *Supposons les hypothèses 2.2.1. réalisées ; dans ces conditions, pour qu'il existe une version de* X *à trajectoires majorées, il faut et il suffit qu'il existe une probabilité* $\hat{\mu}$ *sur* $\hat{T}$ *telle que* :

$$\sup_{t \in T} \int_0^\infty \sqrt{\log \frac{1}{\hat{\mu}\{s \in \hat{T}, d(s,t) < u\}}}\, du < \infty .$$

De plus pour qu'il existe une version de X *à trajectoires* d*-continues, il faut et il suffit qu'il existe une probabilité* $\hat{\mu}$ *sur* $\hat{T}$ *telle que* :

$$\lim_{\varepsilon \to 0} \sup_{t \in T} \int_0^\varepsilon \sqrt{\log \frac{1}{\hat{\mu}\{s \in \hat{T}, d(s,t) < u\}}}\, du = 0 .$$

2.2.3. *Démonstration du théorème* : (a) la suffisance des conditions indiquées est classique, il nous suffit de prouver leur nécessité. S'il existe une version à trajectoires majorées, l'espace $([0,1],d)$ est pré-quasi-compact ; la distance étant croissante, on peut alors pour tout entier n construire une famille finie $(J_k^n, k \le k(n))$ d'intervalles successifs recouvrant $[0,1]$ dont le d-diamètre soit inférieur ou égal à $\frac{1}{2^n}$ et dont les d-distances mutuelles soient supérieures ou égales à $\frac{1}{2^n}$ s'ils ne sont pas conjoints. Nous posons :

$$T_n = \bigcup_{k \in 2\mathbb{N}} J_k^n , \; T'_n = T \setminus T_n .$$

Soit $(\lambda_n, n \in \mathbb{N})$ une suite gaussienne normale indépendante de X ; on construit un processus auxiliaire Y sur T en posant :

$$Y(t) = X(t) + \Sigma\{\frac{1}{2^n}\lambda_n, t \in T_n\} .$$

Puisque les séries du dernier terme sont extraites d'une série p.s. absolument convergente, les trajectoires de Y sont majorées si et seulement si celles de X le sont ; de même les trajectoires de X sont d_X-continues si et seulement si celles de Y sont d_Y-continues.

(b) Soit $\hat{T}_Y$ le complété de T pour d_Y ; notons $\hat{Y}$ le prolongement de Y à $\hat{T}_Y$ et $\hat{d}_Y$ l'écart associé ; le processus $\hat{Y}$ a la même régularité que Y ; la construction de Y montre que $(\hat{T}_Y, \hat{d}_Y)$ vérifie les hypothèses (2.1) ; la régularité de $\hat{Y}$ est donc caractérisée par le théorème (2.1.1) : il existe une probabilité $\hat{\mu}_Y$ sur $\hat{T}_Y$, vérifiant la relation (2.1.1) si les trajectoires sont p.s. majorées et la relation (2.1.1') si elles sont p.s. $\hat{d}_Y$-continues, ces relations étant appliquées à $(\hat{T}_Y, \hat{d}_Y)$.

(c) Puisque d_Y est supérieure à d, il existe une application continue φ de $(\hat{T}_Y, \hat{d}_Y)$ dans le complété $\hat{T}$ de $([0,1],d)$ coïncidant avec l'application identique sur $[0,1]$ vérifiant de plus :

$$\forall\ (u,v) \in (\hat{T}_Y, \hat{d}_Y)\ ,\ \hat{d}_Y(u,v) \geq d(\varphi(u),\varphi(v))\ ,$$

notons $\hat{\mu}$ l'image de $\hat{\mu}_Y$ par φ ; c'est une probabilité sur $\hat{T}$ qui vérifie les propriétés annoncées.

2.2.4. Remarques. (a) Les lemmes (2.2.1) montrent que les probabilités $\hat{\mu}$ sur $\hat{T}$ se décomposent à partir d'une probabilité μ sur $[0,1]$ pour la tribu engendrée par les intervalles et d'une probabilité discrète portée par les t^-, t^+ . Dans le cas où d est continue pour la topologie usuelle, les probabilités $\hat{\mu}$ sur $\hat{T}$ sont des probabilités usuelles sur $[0,1]$; on notera de plus dans ce cas qu'il n'y a pas à distinguer entre l'existence de versions à trajectoires d-continues ou à trajectoires continues pour la topologie usuelle, ceci résulte de l'existence de versions d-séparées et d-séparables ([1] th. 3.2.2).

(b) Le théorème met en évidence une classe de processus gaussiens non stationnaires dont la régularité des trajectoires est déterminée par les mêmes critères que dans le cas stationnaire ; faute de contre-exemple, on peut conjecturer que c'est le cas général.

(c) Le schéma de démonstration du théorème (2.2.2) a un champ d'application très général qu'on peut décrire comme suit : Soit X un processus gaussien sur un ensemble T ; pour tout $\delta > 0$, soit $C(\delta)$ une partition de T par des ensembles de d_X-diamètre inférieur ou égal à δ ; on décompose $C(\delta)$ en sous-ensembles $(C_i(\delta), i \in I_\delta)$ de sorte que deux parties de T différentes appartenant à la même famille aient une d_X-distance supérieure ou égale à δ ; on pose :

$$\forall\, i \in I_\delta \quad T_i = \cup\{c : c \in C_i(\delta)\} ;$$

à partir d'une famille gaussienne normale Λ, on définit un processus auxiliaire Z sur T en posant :

$$Z(t) = \sum_{n=0}^{\infty} \frac{1}{2^n} \{\lambda_i, i \in I_{1/2^n}, t \in T_i\} .$$

Alors si Z est régulier, la régularité de X est caractérisée comme en (2.2.2).

REFERENCES.

[1] X. FERNIQUE , régularité des trajectoires des fonctions aléatoires gaussiennes, Lecture notes in Mathematics, 480, 1975, p. 1-96.

[2] X. FERNIQUE , évaluation de processus gaussiens composés, Lecture notes in Mathematics, 526, 1976, p. 64-84.

[3] C. NANOPOULOS, P. NOBELIS Etude de la régularité des fonctions aléatoires et de leurs propriétés limites, preprint.

INSTITUT DE RECHERCHE MATHEMATIQUE AVANCEE
Laboratoire Associé au C.N.R.S.
Université Louis Pasteur
7, rue René Descartes
67084 STRASBOURG CEDEX

Université de Strasbourg
Séminaire de Probabilités 1977

THEORIE UNIFIEE DES CAPACITES ET DES ENSEMBLES ANALYTIQUES

par C. Dellacherie

La philosophie de cet exposé peut s'exprimer en les termes vigoureux suivants

THEOREME.- Ensembles analytiques et capacités sont comme cul et chemise.

COROLLAIRE.- Les premiers pas de la théorie des ensembles analytiques (définition, stabilité, capacitabilité, séparation) sont triviaux.

Mais, si le théorème se trouve déjà énoncé dans l'introduction de Dellacherie (1972), il m'a fallu six ans pour trouver le corollaire... Il s'agit, en fait, de l'aboutissement d'un travail de recherche collectif, jalonné par

a) la réduction, initiée par Sion (1963), du théorème classique de séparation, au théorème de capacitabilité (cf Dellacherie (1971) et (1976a)),

b) l'invariance de l'analycité par les capacités fonctionnelles, due à Mokobodzki (1966) (cf Dellacherie (1972) et (1976a)),

c) la réduction, initiée par Mokobodzki (1976) et St-Raymond (1976), du théorème de séparation de Novikov à un théorème de capacitabilité (cf Dellacherie (1976b)),

d) l'extension, sans emploi de la théorie de l'indice, du théorème de séparation de Novikov aux schémas de Souslin, due à St-Pierre (1977),

e) la constatation que d) se ramène au théorème de capacitabilité évoqué en c).

Voilà, en gros, ce que l'on va faire. On va définir une classe, très simple, de fonctions d'ensembles (à une infinité dénombrable au plus d'arguments) et à valeur ensemble (arguments et valeurs sont découpés dans des espaces métrisables compacts "ambiants" , pour fixer les idées), ayant les propriétés suivantes

1) la classe de ces fonctions d'ensembles (qui seront appelées

<u>opérations analytiques</u>) est stable par composition, et comprend toutes les opérations usuelles n'utilisant pas la complémentation (réunion, intersection, opération de Souslin, images directe et inverse par une "bonne" fonction,etc) ;

2) on obtient tous les ensembles analytiques en appliquant les opérations analytiques aux arguments ouverts, et on ne sort pas de la classe des ensembles analytiques si les arguments sont analytiques ;

3) si I est une opération analytique, on a un théorème d'approximation par l'intérieur : pour $A_1,.,A_n,.$ (1) analytiques, on a

$$I(A_1,.,A_n,...) = \sup I(K_1,.,K_n,...) \quad (\sup = \text{réunion})$$

où K_i parcourt les compacts contenus dans A_i ;

4) si I est une opération analytique, on a un théorème d'approximation par l'extérieur : pour $A_1,.,A_n,...$ analytiques, on a

$$I(A_1,.,A_n,...) = \inf I(B_1,.,B_n,...) \quad (\inf = \text{intersection})$$

où B_i parcourt les boréliens contenant A_i .

On verra que 2) contient les définitions et propriétés usuelles des ensembles analytiques, que 3) contient le théorème de capacitabilité et 4) le théorème de séparation. On verra aussi que 3) n'est pas bien difficile à établir, et que 4) et la seconde partie de 2) sont des conséquences simples de 3). Quant à la première partie de 2), elle nous servira, dans cet exposé, à <u>définir</u> les ensembles analytiques. Mais, comme nous n'établirons l'équivalence de cette définition avec les définitions usuelles qu'après avoir établi 3), nous serons amenés, provisoirement, à appeler ensembles <u>analitiques</u> les ensembles que nous définirons à l'aide des opérations analytiques.

Encore quelques mots avant de rentrer dans le vif du sujet. Afin de disposer d'un cadre agréable tant pour la terminologie que pour la présentation des exemples, nous nous confinons, dans le corps de cet exposé, dans la catégorie des espaces métrisables compacts. On trouvera, dans les appendices, les modifications à apporter pour pouvoir atteindre tant la théorie abstraite que la théorie topologique "non classique" des ensembles analytiques. Enfin, par souci de complétude, nous avons aussi exposé, dans un appendice, quelques conséquences <u>simples et importantes</u> de la théorie des ensembles analytiques pour les probabilistes (il s'agit là d'un "repiquage" de certaines parties du livre rose - i.e. la nouvelle édition de "Probabilités et Potentiel") : on y trouvera en particulier une démonstration élémentaire du théorème sur les images injectives de boréliens, et une méthode pour traduire certains problèmes abstraits en langage topologique.

---

(1) Pour des raisons typographiques évidentes, nous contractons souvent "..." en "." (qui <u>ne</u> désigne donc <u>pas</u> une variable muette).

I. NOTATIONS

Les lettres E et F (avec ou sans indices) désignent des espaces métrisables compacts. Quand on parle d'un ensemble X, il est sous-entendu que c'est une partie d'un espace métrisable compact ; la lettre A sera réservée aux ensembles analitiques (quand ils seront définis), la lettre B aux boréliens, la lettre K aux compacts et la lettre U aux ouverts.

L'ensemble des parties de E est noté $\underline{\underline{P}}(E)$, celui des fonctions de E dans $\overline{\mathbb{R}}_+$ est noté $\Phi(E)$. On confondra généralement une partie X de E avec sa fonction indicatrice 1_X ; en particulier, la réunion est notée "sup" et l'intersection "inf" (y compris dans l'écriture des schémas de Souslin). Au passage, que le lecteur qui ne connait pas (ou n'aime pas) les schémas de Souslin ne s'effraie pas : ils n'interviendront que dans des remarques pour "connaisseurs". En fait, nous ne supposons rien de connu du lecteur en ce qui concerne les ensembles analytiques, hors quelques remarques pour initiés.

II. DEFINITIONS PROVISOIRES ET EXEMPLES

Dans toute la suite, nous désignons par $\underline{\underline{I}}$ un ensemble fini ou infini dénombrable d'indices i, que nous identifierons souvent avec (un segment initial de) $\mathbb{N}$. Le plus souvent, $\mathbb{N} = 1,2,\dots$, mais il est parfois pratique de prendre $\mathbb{N} = 0,1,2,\dots$.

1.- Multicapacité :

Une <u>multicapacité sur</u> $\prod E_i$ est une fonction I de $\prod \underline{\underline{P}}(E_i)$ dans $\overline{\mathbb{R}}_+$ vérifiant les conditions suivantes

1) elle est <u>globalement croissante</u> :

$$X_1 \subseteq Y_1 , \dots , X_n \subseteq Y_n , \dots \Rightarrow I(X_1,\dots,X_n,\dots) \leq I(Y_1,\dots,Y_n,\dots)$$

2) elle est <u>séparément montante</u> :

si tous les arguments X_n sont fixés, sauf pour n=i, et si $X_i^k \uparrow X_i$ (i.e. si $(X_i^k)_{k\in\mathbb{N}}$ est une suite croissante de réunion X_i), alors on a

$$I(X_1,\dots,X_{i-1},X_i^k,X_{i+1},\dots) \uparrow I(X_1,\dots,X_{i-1},X_i,X_{i+1},\dots)$$

3) elle est <u>globalement descendante sur les compacts</u> :

si les arguments X_n^k sont compacts et si $X_n^k \downarrow X_n$ pour tout n, alors on a

$$I(X_1^k,\dots,X_n^k,\dots) \downarrow I(X_1,\dots,X_n,\dots)$$

Etant donnée 1), la condition 3) est équivalente aux conditions

3a) elle est séparément descendante sur les compacts

3b) $I(K_1,\dots,K_n,E_{n+1},\dots,E_{n+p},\dots) \downarrow I(K_1,\dots,K_n,K_{n+1},\dots,K_{n+p},\dots)$

<u>Exemples</u> : Je n'ai pas l'intention de multiplier ici les exemples. On se contentera de donner un exemple de multicapacité à un argument (on retrouve alors la notion de capacité de Choquet ; bien entendu,

dans ce cas - et, plus généralement, dans le cas d'un nombre <u>fini</u> d'arguments - , il n'y a pas lieu de distinguer "séparément" et "globalement"), et un exemple de multicapacité à une infinité (dénombrable) d'arguments (là, le "séparément" de 2) sera crucial) :

a) Si f est une application continue de E dans F et si m est une mesure de Radon ≥ 0 sur F , la fonction $I(X) = m^*[f(X)]$, où m^* est la mesure extérieure associée à m , est une capacité sur E .

b) Si on prend tous les E_i égaux à E et si on pose $I(X_1,.,X_n,...) = 0$ ou 1 suivant que les X_n ont une intersection vide ou non, on définit ainsi une multicapacité I sur $\prod E_i$.

2.- Opération analytique

Une <u>opération analytique sur</u> $\prod E_i$, <u>à valeurs dans</u> F , est une application I de $\prod \underline{\underline{P}}(E_i)$ dans $\underline{\underline{P}}(F)$ vérifiant les conditions suivantes

1) elle est <u>globalement croissante</u> :

$$X_1 \subseteq Y_1 , . , X_n \subseteq Y_n , ... \Rightarrow I(X_1,.,X_n,...) \subseteq I(Y_1,.,Y_n,...)$$

2) elle est <u>séparément montante</u> :

si tous les arguments X_n sont fixés, sauf pour n=i, et si $X_i^k \uparrow X_i$, on a

$$I(X_1,.,X_{i-1},X_i^k,X_{i+1},...) \uparrow I(X_1,.,X_{i-1},X_i,X_{i+1},...)$$

3) elle est à <u>valeur compact sur les compacts</u>, et <u>globalement descendante sur les compacts</u> : si les arguments X_n^k sont compacts et si $X_n^k \downarrow X_n$ pour tout n , alors $I(X_1,.,X_n,...)$ est compact et on a

$$I(X_1^k,.,X_n^k,...) \downarrow I(X_1,.,X_n,...)$$

<u>Exemples</u> : Encore une fois, nous ne donnerons que quelques exemples (plus nombreux cependant) : ceux qui nous seront indispensables pour la suite. Nous en donnerons d'autres en appendice

a) à un argument : image directe, ou inverse, par une application continue (en particulier, projection) ;

b) à deux arguments : on prend $E_1 = E$, $E_2 = ExF$ et on désigne par π la projection de ExF sur F . On pose

$$I(X_1,X_2) = \pi[(X_1 x F) \cap X_2]$$

L'opération analytique I ainsi définie (qui est en fait la composée de trois opérations élémentaires) permet d'atteindre l'image directe par une application f de E dans F , et l'image réciproque par une application f de F dans E : en effet, si X_2 est le graphe de l'application f , alors $I(X_1,X_2)$ est égal à $f(X_1)$ dans le premier cas, et à $f^{-1}(X_1)$ dans le second. Noter que, si f est borélienne, alors X_2 est borélien.

c) à une infinité d'arguments :

$$I(X_1,.,X_n,...) = \prod X_i$$

d) à une infinité d'arguments, avec $E_i = F$ pour tout i :

$$I(X_1,.,X_n,...) = \inf_i X_i$$

(Dans cet exemple, et le précédent, le "séparément" de 2) est crucial)

e) voyons le cas de la réunion. Il est clair qu'une réunion, à un nombre fini d'arguments, est une opération analytique. Cependant, une réunion infinie dénombrable n'en est pas une, à cause des deux clauses de 3). Il n'en reste pas moins que l'on peut atteindre une réunion infinie dénombrable à l'aide d'une opération analytique comme suit. On prend $E_n = F$ pour $n \geq 1$ et on pose $E_0 = \overline{\mathbb{N}}$ (compactifié d'Alexandrov de $\mathbb{N} = 1,2,\ldots$). On pose alors

$$I(X_0, X_1, .., X_n, \ldots) = \begin{cases} \sup_{i \in X_0} X_i & \text{si } \infty \notin X_0 \\ E & \text{si } \infty \in X_0 \end{cases}$$

On définit bien ainsi une opération analytique I sur $\overline{\mathbb{N}} \times \prod_{i \geq 1} E_i$ (les compacts de E_0 ne contenant pas ∞ étant finis) à valeur dans F, et on a

$$I(\mathbb{N}, X_1, .., X_n, \ldots) = \sup_{i \geq 1} X_i$$

Noter que $\mathbb{N}$ est un ouvert de E_0.

f) (pour connaisseurs) on peut aussi atteindre les schémas de Souslin à l'aide des opérations analytiques. Notre ensemble d'indices $\underline{\underline{I}}$ est cette fois l'ensemble dénombrable S des suites finies d'éléments de $\overline{\mathbb{N}}$. On prend $E_s = F$ pour tout $s \in S$, on adjoint à S un élément noté 0 et on prend $E_0 = \overline{\mathbb{N}}^{\mathbb{N}}$. Posons alors, si X_0 est contenu dans $\mathbb{N}^{\mathbb{N}}$,

$$I(X_0, .., X_s, \ldots) = \sup_{\sigma \in X_0} \inf_{s \dashv \sigma} X_s$$

où "$s \dashv \sigma$" signifie que la suite infinie σ commence par la suite finie s, et, de manière générale, posons

$$I(X_0, .., X_s, \ldots) = \sup_{\sigma \in X_0} \inf_{s \dashv \sigma} Y_s$$

où $Y_s = X_s$ si $\infty \notin s$ et $Y_s = F$ si $\infty \in s$. Nous montrerons en appendice que l'on définit bien ainsi une opération analytique I sur $\overline{\mathbb{N}}^{\mathbb{N}} \times \prod_{s \in S} E_s$, à valeur dans F, et il est clair que le noyau du schéma de Souslin $s \to X_s$, $s \not\ni \infty$, est égal à $I(\mathbb{N}^{\mathbb{N}}, .., X_s, \ldots)$. Noter que $\mathbb{N}^{\mathbb{N}}$ est une intersection dénombrable d'ouverts, et donc un borélien, de E_0.

III. CRITIQUE DES DEFINITIONS PROVISOIRES

Le lecteur se sera aperçu que les définitions de "multicapacité" et de "opération analytique" sont très voisines. Manifestement, une seule définition devrait pouvoir chapeauter le tout, et, de plus, englober des exemples familiers en analyse (comme celui de noyau fellerien en théorie de la mesure) qui sont exclus de la classe des opérations analytiques parce que à valeur fonction.

Ceci dit, si on admet des opérations analytiques à valeurs dans $\Phi(F)$ au lieu de seulement $\underline{\underline{P}}(F)$ (les fonctions semi-continues supérieurement - en abrégé s.c.s. - jouant le rôle des compacts), on est coincé pour définir en général la composition d'opérations analytiques.

La solution consiste à permettre aux arguments et aux valeurs d'être des fonctions (sous-entendu : à valeurs dans $\overline{\mathbb{R}}_+$), les multicapacités étant alors à valeurs dans les fonctions constantes (dont le domaine de définition importe peu). Il reste que, pour pouvoir toujours composer nos opérations, il faut savoir les étendre aux fonctions quand elles ne sont a priori définies que sur les ensembles.

Voici, une fois pour toutes, comment on peut construire un "bon" prolongement ("bon" se référant aux conditions 1),2) et 3) du §II). Soit I une application de $\prod \underline{\underline{P}}(E_i)$ dans $\Phi(F)$ - en particulier, I peut être à valeurs dans $\underline{\underline{P}}(F) \subseteq \Phi(F)$. On prolonge I à $\prod \Phi(E_i)$ en posant

$$I(f_1,..,f_n,...) = -\mathrm{Log}\left[\int_0^1 . \int_0^1 ... \exp[-I(\{f_1 \geq t_1\},..,\{f_n \geq t_n\},...)]\, dt_1.dt_n...\right]$$

Bien entendu, ce n'est pas la seule extension possible : par exemple, si I , à un argument, est une mesure, l'intégrale supérieure est un plus beau prolongement. Par ailleurs, la présence des fonctions Log et exp a pour seul but d'assurer les conditions d'application du théorème de convergence dominée de Lebesgue. Noter aussi que si I est séparément croissante (ce qui sera le cas par la suite), on peut remplacer un nombre fini des accolades $\{f_i \geq t_i\}$ par $\{f_i > t_i\}$ sans changer la valeur de $I(f_1,..,f_n,...)$, ce qui permet d'assurer la conservation de la propriété éventuelle de montée séparée de I .

IV. THEORIE UNIFIEE DES CAPACITES ET DES ENSEMBLES ANALYTIQUES

Voici finalement la définition chapeautant les deux définitions du §II , à condition d'identifier les réels aux fonctions constantes et d'avoir prolongé les opérations sur les ensembles en des opérations sur les fonctions à l'aide du procédé indiqué au §III.

DEFINITION 1.- <u>Un</u> multinoyau capacitaire de F dans $\prod E_i$ <u>est une application</u> I <u>de</u> $\prod \Phi(E_i)$ <u>dans</u> $\Phi(F)$ <u>vérifiant les conditions suivantes</u>

1) <u>elle est globalement croissante</u> ;
2) <u>elle est séparément montante</u> ;
3) <u>elle est à valeur s.c.s. si ses arguments sont s.c.s., et elle est globalement descendante sur les fonctions s.c.s.</u> .

REMARQUES. a) On entend par fonction s.c.s., soit la fonction constante égale à $+\infty$, soit une fonction s.c.s. <u>finie</u> (et donc bornée puisque les espaces ambiants sont compacts).

b) La terminologie "multinoyau <u>de</u> F <u>dans</u> $\prod E_i$" paraphrase la terminologie habituelle adoptée pour les noyaux en théorie de la mesure. Remarquer que, pour $y \in F$ fixé, la fonction $(X_1,..,X_n,.) \to I(X_1,..,X_n,.)(y)$ évaluant la valeur de $I(X_1,..,X_n,...)$ au point y est une multicapacité : on peut donc considérer le multinoyau capacitaire I comme une application de F dans l'ensemble des multicapacités sur $\prod E_i$.

Dans ce qui suit, pour rester lisible, nous appellerons le plus souvent nos arguments et valeurs "ensembles" et nous les noterons avec de belles capitales, même si çà peut être des fonctions. Nous dirons par ailleurs "multinoyau" pour "multinoyau capacitaire" (et il nous arrivera sans doute de dire tout bonnement "opération analytique").

Voici, pour commencer, une belle trivialité éminemment importante (elle équivaut, pour nous, à l'idempotence de l'opération de Souslin).

THEOREME 1.- Soit I un multinoyau de F dans $\prod_i E_i$ et, pour tout i, soit J_i un multinoyau de E_i dans $\prod_j E_j^i$ (j parcourant un ensemble d'indices $\underline{\underline{J}}^i$ au plus infini dénombrable). Alors l'application J de $\prod_{i,j} \Phi(E_j^i)$ dans $\Phi(F)$ obtenue par composition de I et des J_i, i.e. définie par

$$J(\ldots,X_j^i,\ldots) = I[J_1(X_1^1,.,X_j^1,.),\ldots,J_i(X_1^i,.,X_j^i,.),\ldots] ,$$

est un multinoyau de F dans $\prod_{i,j} E_j^i$.

Attention ! On ne peut "identifier" une infinité d'arguments, à cause de la montée séparée : ainsi, si $I(X_1,.,X_n,\ldots)$ est une opération analytique à une infinité d'arguments pris dans un même espace, l'application $J(X) = I(X,.,X,\ldots)$ peut ne pas être une opération analytique.

Nous arrivons maintenant à la définition de nos ensembles analytiques. Elle découle naturellement de la question suivante : soit I une opération analytique ; on sait que $I(X_1,.,X_n,\ldots)$ est compact si tous les X_n le sont et aussi, grâce à la montée séparée, que c'est un $\underline{\underline{K}}_\sigma$ (i.e. une réunion dénombrable de compacts) si les X_n sont compacts sauf un nombre fini d'entre eux qui sont seulement des $\underline{\underline{K}}_\sigma$; mais, que peut on dire de $I(X_1,.,X_n,\ldots)$ si tous les X_n sont seulement des $\underline{\underline{K}}_\sigma$, et en particulier des ouverts ? Comme la montée est seulement séparée, on ne sait que dire a priori, et on pose donc une définition...

DEFINITION 2.- Un ensemble A est dit analitique s'il existe un multinoyau I et des ouverts $U_1,.,U_n,\ldots$ tels que $A = I(U_1,.,U_n,\ldots)$.

Il faut bien entendu lire cette définition comme suit : une partie A de l'espace métrisable compact F est dite analitique s'il existe une famille dénombrable (E_i) d'espaces métrisables compacts, un multinoyau capacitaire I de F dans $\prod E_i$ et, pour chaque i, un ouvert U_i de E_i tels que l'on ait $A = I(U_1,.,U_n,\ldots)$.

Etant donné le théorème 1, on a immédiatement le résultat suivant

THEOREME 2.- Soit I un multinoyau et soient $A_1,.,A_n\ldots$ des arguments pour I. Si les A_i sont analitiques, alors $I(A_1,.,A_n,\ldots)$ est encore analitique.

Passant en revue les exemples d'opérations analytiques du §II, on obtient alors les propriétés de stabilité habituelles :

COROLLAIRE.- 1) Les ensembles analitiques forment une classe stable pour les réunions et intersections dénombrables, les produits dénombrables, et l'opération de Souslin.

2) Les boréliens sont analitiques.

3) Les ensembles analitiques forment une classe stable pour les images directes et réciproques par des fonctions boréliennes.

D/ Remarquons d'abord qu'un compact K est analitique (prendre l'opération analytique $I(X_1,.,X_n,...)$ constante égale à K), ainsi qu'un ouvert U (prendre l'opération analytique $I(X_1,.,X_n,...) = X_1$, i.e. l'identité). Ceci dit, le 1) résulte immédiatement du théorème appliqué aux exemples c),d),e) et f) du §II (pour f), il faut savoir qu'un $\underline{\underline{G}}_\delta$ est analitique, ce qui résulte de la stabilité pour les intersections dénombrables) ; le 2) du fait que la classe des boréliens est le stabilisé de la classe des compacts pour les réunions et intersections dénombrables. Une fois que l'on sait que les boréliens sont analitiques, le 3) résulte aussi immédiatement du théorème appliqué à l'exemple b) du §II.

REMARQUES. a) En particulier, si I est un multinoyau et si $A_1,.,A_n...$ sont des arguments $\underline{\underline{K}}_\sigma$, alors $I(A_1,.,A_n,...)$ est analitique. On aurait pu prendre cela comme définition des ensembles analitiques, et il nous faudra agir ainsi, dans l'appendice, quand les espaces ambiants seront seulement séparés (les ouverts ne sont plus alors forcément des $\underline{\underline{K}}_\sigma$, ni même, en fin de compte, des analitiques).

b) Comme, classiquement, tout ensemble analytique est image directe d'un $\underline{\underline{K}}_{\sigma\delta}$ (et même d'un $\underline{\underline{G}}_\delta$) par une application continue (ou encore, le noyau d'un schéma de Souslin sur les compacts), on voit que tout ensemble analytique est analitique. Nous verrons la réciproque juste après avoir établi le théorème de capacitabilité.

c) Lorsqu'on sait qu'il existe des ensembles analytiques (et donc analitiques) non boréliens, on voit combien est grande la distance entre la montée séparée et la montée globale. Meyer m'a fait, à ce sujet, la remarque instructive suivante : de même que Lebesgue, supposant érronément que l'image directe par une fonction continue commutait avec les intersections dénombrables décroissantes, avait "râté" la notion d'ensemble analytique, j'avais râté , de mon côté, pendant six ans, la bonne notion de multicapacité, d'abord en ne pensant pas à y mettre une <u>infinité</u> de variables, ensuite en m'acharnant (y compris avec, comme Lebesgue, des démonstrations fausses) à avoir une montée globale. Au passage, il est amusant de constater que j'ai encore fait, involontairement, cette erreur dans la première version de cet exposé : elle y est subtilement glissée à l'occasion de la définition du prolongement du §III ; en effet, dans la belle formule en question, il y avait des "$\{f_n > t_n\}$" au lieu de "$\{f_n \geq t_n\}$" !

Voici maintenant le théorème de capacitabilité

THEOREME 3.- <u>Soient</u> I <u>un multinoyau et</u> $A_1,..,A_n,...$ <u>des arguments pour</u> I. <u>Si les</u> A_i <u>sont analitiques, alors on a</u>

$$I(A_1,..,A_n,...) = \sup I(K_1,..,K_n,...)$$

<u>où</u> K_i <u>parcourt les compacts contenus dans</u> A_i .

<u>D/</u> Fixons $y \in F$ et considérons la multicapacité I_y sur $\prod E_i$ qui associe à $X_1,..,X_n,...$ la valeur de $I(X_1,..,X_n,...)$ au point y. Soit $t \in \mathbb{R}_+$ tel que $I_y(A_1,..,A_n,...) > t$: nous devons montrer qu'il existe alors, pour tout i, un compact K_i inclus dans A_i tel que $I_y(K_1,..,K_n,...) \geq t$. La démonstration va se faire en deux étapes.

a) On suppose d'abord que les A_i sont des $\underline{\underline{K}}_\sigma$. Il existe alors, pour chaque i, une suite croissante de compacts $(K_i^p)_{p\in\mathbb{N}}$, de réunion égale à A_i. Comme I_y monte séparément, il existe alors un entier p_1 tel que

$$I_y(K_1^{p_1}, A_2,..,A_n,...) > t$$

En raisonnant par récurrence, il est alors facile de voir qu'il existe pour tout i un entier p_i tel que l'on ait, pour tout n,

$$I_y(K_1^{p_1}, K_2^{p_2},..,K_n^{p_n}, A_{n+1},..,A_{n+k},...)) > t$$

Mais, comme la montée n'est que séparée, on ne peut pas, s'il y a une infinité d'indices, remplacer simultanément tous les A_i par les $K_i^{p_i}$. Cependant, comme I_y est globalement croissante, on a, pour tout n,

$$I_y(K_1^{p_1}, K_2^{p_2},..,K_n^{p_n}, E_{n+1},..,E_{n+k},...)) > t$$

et, comme I_y est globalement descendante sur les compacts, on peut effectivement conclure que l'on a bien

$$I_y(K_1^{p_1}, K_2^{p_2},..,K_n^{p_n}, K_{n+1}^{p_{n+1}}, .., K_{n+k}^{p_{n+k}}, ...) \geq t$$

D'où le théorème lorsque les arguments sont des $\underline{\underline{K}}_\sigma$.

b) Passons maintenant au cas général. Par définition, il existe, pour tout i, un multinoyau J_i et des ouverts U_j^i tels que l'on ait

$$A_i = J_i(U_1^i,..,U_j^i,...)$$

Désignons par J le multinoyau obtenu par composition de I avec les J_i. En appliquant a) au multinoyau J et aux ouverts U_j^i, on a

$$\begin{aligned} I(A_1,..,A_n,...) &= J(...,U_j^i,...) \\ &= \sup J(...,K_j^i,...)\ ,\ K_j^i \text{ compact dans } U_j^i \\ &= \sup I(...,J_i(.,K_j^i,.),...) \end{aligned}$$

Comme $J_i(.,K_j^i,.)$ est un compact contenu dans A_i si, pour tout j, K_j^i est un compact contenu dans U_j^i, on obtient bien l'approximation désirée.

REMARQUES. a) La démonstration paraphrase évidemment la démonstration classique du théorème de capacitabilité de Choquet. Remarquer cependant que l'on a gagné un cran dans la première étape : on y a considéré des $\underline{\underline{K}}_\sigma$, et non des $\underline{\underline{K}}_{\sigma\delta}$; bien entendu, l'opération "δ" est cachée dans la suite infinie d'indices.

b) Démontrons maintenant que tout ensemble analitique est analytique (pour connaisseurs). Soit $A = I(U_1,..,U_n,...)$ un ensemble analitique, et représentons l'ouvert U_i comme réunion d'une suite croissante de compacts $(K_i^p)_{p\in\mathbb{N}}$. On a vu, au cours de la première étape de la démonstration du théorème, que l'on a alors

$$A = \sup_\sigma \inf_n I(K_1^{\sigma_1}, K_2^{\sigma_2},..,K_n^{\sigma_n}, E_{n+1},..,E_{n+k},...)$$

où σ parcourt l'ensemble des suites d'entiers indexées par $\underline{\underline{I}}$ et où σ_i désigne le i-ème terme de la suite σ. Si l'on pose, pour tout σ, n ,

$$K_{\sigma|n} = I(K_1^{\sigma_1}, K_2^{\sigma_2},..,K_n^{\sigma_n}, E_{n+1},..,E_{n+k},...)$$

on a alors

$$A = \sup_\sigma \inf_n K_{\sigma|n}$$

et donc une représentation de A comme noyau d'un schéma de Souslin sur les compacts. Par conséquent A est analytique. Mais, on a mieux : ce schéma de Souslin n'est pas n'importe quel schéma ; c'est un schéma <u>privilégié</u> selon la terminologie de Mokobodzki (1966), ou un schéma de Mokobodzki selon celle de Dellacherie (1972). On entend par là que, si J est une capacité (et, plus généralement, un noyau capacitaire, i.e. un multinoyau à un argument), on a

$$J(A) = J(\sup_\sigma \inf_n K_{\sigma|n}) = \sup_\sigma \inf_n J(K_{\sigma|n})$$

Cela résulte tout simplement du même argument - la première étape de la démonstration du théorème - appliqué à la composée de J avec I .

Le théorème de capacitabilité est un théorème d'approximation par l'intérieur, par des compacts. Nous allons voir maintenant un théorème d'approximation par l'extérieur, par des boréliens. Seulement des boréliens ? Eh oui, dans le cas général, on n'a pas mieux(1), mais ce n'est déjà pas si mal : on en déduira immédiatement le premier théorème de séparation, dans toute sa force ; et les initiés savent que ce dernier est un des théorèmes les plus importants de la théorie des ensembles analytiques.

THEOREME 4.- <u>Soient</u> I <u>un multinoyau et</u> $A_1,..,A_n,...$ <u>des arguments pour</u> I. <u>Si les</u> A_i <u>sont analytiques</u>(2), <u>alors on a</u>

$$I(A_1,..,A_n,...) = \inf I(B_1,..,B_n,...)$$

<u>où</u> B_i <u>parcourt les boréliens contenant</u> A_i.

<u>De plus</u>, <u>si</u> I <u>est une multicapacité</u>, <u>l'inf est atteint</u>.

<u>D</u>/ Quitte à fixer $y\in F$ et à regarder la valeur de $I(A_1,..,A_n,...)$ en y ,

---

(1) On sait que, pour une capacité alternée d'ordre 2 , on a une approximation extérieure par des ouverts.

(2) On peut maintenant rétablir l'orthographie traditionnelle.

on peut supposer que I est une multicapacité. Posons alors, pour toute suite $X_1,..,X_n,...$ d'arguments pour I ,

$$J(X_1,..,X_n,...) = \inf I(B_1,..,B_n,...)$$

où B_i parcourt les boréliens contenant X_i . Nous allons montrer que l'application J ainsi définie est elle aussi une multicapacité. Comme I et J coincident si les arguments sont boréliens, et, en particulier, compacts, il résultera alors du théorème précédent que I et J coincident pour des arguments analytiques : d'où la première partie du théorème. Par ailleurs, comme la classe des boréliens est stable pour les intersections dénombrables, et que I est croissante, il est clair que l'inf, dans la définition de J est atteint (d'où la seconde partie du théorème). La croissance et la descente de J sur les compacts sont triviales. Il reste, pour montrer que J est une multicapacité, à vérifier la montée séparée. Supposons par exemple $X_2,..,X_n,...$ fixés et soit $X_1^k \uparrow X_1$. Soient, pour tout k , $Y_1^k,Y_2^k,..,Y_n^k,...$ des boréliens tels que Y_1^k contienne X_1^k , que Y_i^k contienne X_i pour $i\geq 2$ et que l'on ait

$$J(X_1^k,X_2,..,X_n,...) = I(Y_1^k,Y_2^k,..,Y_n^k,...)$$

Quitte à remplacer, pour $i \geq 2$, le borélien Y_i^k par $\inf_k Y_i^k$, on peut supposer que, pour $i\geq 2$, les Y_i^k ne dépendent pas de k , et donc on peut supprimer l'indice k pour $i\geq 2$. D'autre part, pour k fixé, on peut remplacer Y_1^k par $\inf_{p\geq k} Y_1^p$, et donc supposer que $(Y_1^k)_{k\in\mathbb{N}}$ est une suite croissante. Désignant alors par Y_1 la réunion de cette suite, on a

$$J(X_1^k,X_2,..,X_n,.) = I(Y_1^k,Y_2,..,Y_n,.) \uparrow I(Y_1,Y_2,..,Y_n,.) = J(X_1,X_2,..,X_n,.)$$

et c'est fini.

REMARQUE. La même méthode permet de prolonger un "multinoyau" défini seulement lorsque ses arguments sont boréliens, en un "vrai" multinoyau.

COROLLAIRE.- <u>Soient</u> I <u>un multinoyau et</u> $A_1,..,A_n...$ <u>des arguments pour</u> I. <u>Si les</u> A_i <u>sont analytiques, et si on a</u>

$$I(A_1,..,A_n,...) = \emptyset \quad (\text{ou } 0)$$

<u>alors il existe, pour tout</u> i , <u>un borélien</u> B_i <u>contenant</u> A_i <u>tel que</u>

$$I(B_1,..,B_n,...) = \emptyset$$

<u>D</u>/ Soit J la capacité (à un argument) sur F valant 0 ou 1 suivant que l'argument est vide ou non. Appliquons le théorème à la multicapacité obtenue en composant J avec I : c'est fini.

REMARQUES. a) Appliquons le corollaire à l'exemple b) de multicapacité du §II : $I(X_1,..,X_n,.) = 0$ ou 1 suivant que $\inf_n X_n = \emptyset$ ou non. On obtient le théorème de séparation de Novikov.

b) Plus généralement, appliquons le à l'exemple f) d'opération analytique du §II (celui fournissant l'opération de Souslin). On obtient le théorème de séparation de St-Pierre (1977), déjà démontré en fait par Liapunov (1939) qui utilise cependant la théorie de l'indice.

A P P E N D I C E

I. OPERATION DE SOUSLIN ET OPERATION ANALYTIQUE

Nous démontrons ici que l'exemple f) du §II est bien une opération analytique. Rappelons que, S désignant l'ensemble des suites finies d'éléments de $\overline{\mathbb{N}}$, on prend $E_s = F$ pour tout $s \in S$, on ajoute "0" à S et on prend $E_0 = \overline{\mathbb{N}}^{\mathbb{N}}$. Finalement, on pose

$$I(X_0,..,X_s,...) = \sup_{\sigma\in X_0} \inf_{s \dashv \sigma} Y_s$$

où $Y_s = X_s$ si $\infty \notin s$ et $Y_s = F$ si $\infty \in s$. Il est clair que l'opération I ainsi définie est globalement croissante, et séparément montante (en effet, "inf" est séparément montante et "sup" l'est globalement). Il reste à vérifier que I est à valeur compact sur les compacts, et globalement descendante sur les compacts. Soient donc $K_0^p \downarrow K_0$ et, pour tout s, $K_s^p \downarrow K_s$. Désignons par $|s|$ la longueur de la suite finie s et définissons, pour tout $n,p \in \mathbb{N}$, une application $f_{n,p}$ de E_0 dans $\underline{\underline{K}}(F)$, ensemble des compacts de F, par

$$f_{n,p}(\sigma) = \inf_{s\dashv\sigma,\ |s|\leq n} L_s^p$$

où $L_s^p = K_s^p$ si $\infty \notin s$ et $L_s^p = F$ si $\infty \in s$. Comme $f_{n,p}(\sigma)$ ne dépend que des n premières coordonnées de σ, il est clair que $f_{n,p}$ est une application continue de E_0 dans $\underline{\underline{K}}(F)$ muni de la topologie (métrisable compacte) de Hausdorff. En particulier, $f_{n,p}(K_0^p)$ est un compact de $\underline{\underline{K}}(F)$ pour tout n,p, et donc

$$H_n^p = \{y\in F : \exists\sigma\in K_0^p \quad y\in f_{n,p}(\sigma)\} = \sup_{\sigma\in K_0^p} \inf_{s\dashv\sigma,\ |s|\leq n} L_s^p$$

est un compact de F. Nous allons montrer que

$$I(K_0^p,..,K_s^p,...) = \inf_n H_n^p$$

et que

$$I(K_0,..,K_s,...) = \inf_p \inf_n H_n^p$$

D'abord, il est clair que les premiers membres sont inclus dans les seconds. Par ailleurs, la première égalité est en fait conséquence de la seconde appliquée à $K_i^p = K_i$ pour tout p. Il nous suffit donc de vérifier que tout y appartenant à $\inf_p \inf_n H_n^p$ (que nous supposons non vide) appartient à $I(K_0,..,K_s,...)$. Or soit, pour tout n,p,

$$G_n^p = \{\sigma\in K_0^p : y\in f_{n,p}(\sigma)\}$$

Comme $f_{n,p}$ est une application continue, G_n^p est un compact de E_0, contenu dans K_0^p, et non vide puisque $y\in H_n^p$. Comme G_n^p décroît si p ou n croît, on en déduit que $\inf_p \inf_n G_n^p$ est non vide. Soit alors σ un de ses éléments : on a $\sigma\in K_0$, et $y\in f_{n,p}(\sigma)$ pour tout n,p. D'où, en appliquant encore une fois la propriété de Borel-Lebesgue,

$$y\in \inf_{s\dashv\sigma} \inf_p L_s^p$$

si bien que y appartient à $I(K_0,..,K_s,...)$.

REMARQUE. On sait qu'un schéma de Souslin peut aussi s'écrire comme schéma de projection : si on pose $Z_s = Y_s \times I_s$ où $I_s = \{\sigma : s \dashv \sigma\}$, et $Y_s = X_s$ si $\omega \notin s$ et $Y_s = F$ si $\omega \in s$, alors le noyau $\sup_{\sigma \in \mathbb{N}^{\mathbb{N}}} \inf_{s \dashv \sigma} X_s$ est égal à la projection sur F de l'ensemble

$$Z = \inf_n \sup_{|s| \leq n, \omega \notin s} Z_s = \sup_{\sigma \in \mathbb{N}^{\mathbb{N}}} ((\inf_{s \dashv \sigma} X_s) \times 1_{\{\sigma\}})$$

Cela permet d'obtenir l'opération I comme composée d'opérations analytiques élémentaires. Cette voie, moins naturelle, est cependant plus aisée, et permet d'atteindre sans peine l'opération de Souslin par une opération analytique dans le cas abstrait.

II. ENSEMBLES ANALYTIQUES : CAS ABSTRAIT

Le lecteur attentif se sera aperçu, qu'en dehors des exemples du §II et des corollaires du §IV, nous n'avons pas utilisé la compacité, ni même sérieusement la topologie, dans le corps de l'exposé. En fait, l'essentiel de ce qui y a été fait peut s'écrire dans le langage des espaces pavés. Nous indiquons ici, rapidement, comment cela se peut.

D'abord, pour des raisons de commodité, nous restreignons le sens du mot pavage par rapport au "livre rose" : un <u>pavage</u> $\underline{\underline{E}}$ sur un ensemble E sera pour nous une classe de parties de E, contenant la partie vide, et stable pour les réunions finies et les intersections dénombrables. Un <u>espace pavé</u> est alors un couple $(E, \underline{\underline{E}})$ où E est un ensemble et $\underline{\underline{E}}$ un pavage sur E. Nous désignons par $\Phi(E)$ l'ensemble des fonctions de E dans $\overline{\mathbb{R}}_+$; si $(E, \underline{\underline{E}})$ est un espace pavé, nous dirons qu'un élément f de $\Phi(E)$ est une <u>$\underline{\underline{E}}$-fonction</u> si elle est constante, égale à $+\infty$, ou si elle est bornée et telle que, pour tout $t > 0$, $\{f \geq t\}$ appartient à $\underline{\underline{E}}$. Noter que les $\underline{\underline{E}}$-fonctions à valeurs dans $\{0,1\}$ sont les (indicatrices des) éléments de $\underline{\underline{E}}$.

<u>Dans ce paragraphe de l'appendice</u>, nous ne considérons que des espaces pavés tels que l'<u>espace entier appartienne au pavage</u>. Nous verrons comment oter cette hypothèse au §IV de cet appendice. Par ailleurs, le lecteur qui aimerait manipuler des espaces "plus concrets" pourra penser au cas où $\underline{\underline{E}}$ est le pavage des parties fermées d'un espace topologique E, et même d'un espace métrisable séparable E (on reviendra là-dessus au §VI de cet appendice).

DEFINITION.- <u>Un</u> multinoyau capacitaire <u>de</u> $(F, \underline{\underline{F}})$ <u>dans</u> $\prod(E_i, \underline{\underline{E}}_i)$ <u>est une application</u> I <u>de</u> $\prod \Phi(E_i)$ <u>dans</u> $\Phi(F)$ <u>vérifiant les conditions</u>

1) <u>elle est globalement croissante</u> ;
2) <u>elle est séparément montante</u> ;
3) <u>elle est à valeurs dans les $\underline{\underline{F}}$-fonctions sur les $\underline{\underline{E}}_i$-fonctions, et elle est globalement descendante sur les $\underline{\underline{E}}_i$-fonctions</u>.

On dira que I est une <u>multicapacité</u> [resp une <u>opération analytique</u>] si I est à valeurs dans les fonctions constantes [resp à valeur (indicatrice d')ensemble si ses arguments sont des (indicatrices d')ensembles].

On a alors, tout aussi trivialement, le <u>théorème de composition</u> (théorème 1 du §IV). Puis, la définition de nos ensembles analytiques :

DEFINITION.- <u>Une partie</u> A <u>d'un espace pavé</u> $(F,\underline{\underline{F}})$ <u>est</u> $\underline{\underline{F}}$-<u>analitique si elle peut s'écrire</u> $A = I(H_1,..,H_n,...)$ <u>où</u> I <u>est un multinoyau de</u> $(F,\underline{\underline{F}})$ <u>dans un produit d'espaces pavés</u> $\prod(E_i,\underline{\underline{E}}_i)$ <u>et où</u> H_i <u>est la réunion d'une suite d'éléments du pavage</u> $\underline{\underline{E}}_i$.

On a alors le <u>théorème d'invariance</u> (théorème 2 du §IV), le <u>théorème de capacitabilité</u> (théorème 3 , les éléments des pavages respectifs jouant le rôle des compacts), et le <u>théorème d'approximation extérieure</u> (théorème 4 , le rôle des boréliens étant joué par les éléments des stabilisés pour les réunions et intersections dénombrables, des pavages respectifs).

Avant de voir ce que deviennent ici les corollaires aux théorèmes 2 et 4 du §IV , voyons quelques exemples de multinoyaux capacitaires dans ce cadre abstrait (on reprend en fait des exemples vus dans le corps de l'exposé).

<u>Exemples</u> :

0) Soit $(E,\underline{\underline{E}})$ un espace pavé, et soit I la fonction sur $\underline{\underline{P}}(E)$ valant 0 ou 1 suivant que son argument est vide ou non. Il est clair que I est croissante, montante, mais non toujours descendante sur les éléments de $\underline{\underline{E}}$. Si elle est descendante sur les éléments de $\underline{\underline{E}}$, c'est une $\underline{\underline{E}}$-capacité, et on dit que le pavage $\underline{\underline{E}}$ est <u>semi-compact</u>. Si $(E,\underline{\underline{E}})$ est un espace pavé semi-compact, et si on prend $(E_i,\underline{\underline{E}}_i) = (E,\underline{\underline{E}})$ pour tout i , alors on définit une multicapacité J sur $\prod(E_i,\underline{\underline{E}}_i)$ en posant $J(X_1,..,X_n,...) = 0$ ou 1 suivant que $\inf_n X_n$ est vide ou non.

1) Soient $(E,\underline{\underline{E}})$ et $(F,\underline{\underline{F}})$ deux espaces pavés, et soit f une application de E dans F telle que $f^{-1}(\underline{\underline{F}})$ soit inclus dans $\underline{\underline{E}}$ (nous dirons, pour abréger, que f est un <u>morphisme gauche</u>). Alors l'image réciproque par f est une opération analytique.

2) Soient $(E,\underline{\underline{E}})$ et $(F,\underline{\underline{F}})$ deux espaces pavés et soit f une application de E dans F telle que $f(\underline{\underline{E}})$ soit inclus dans $\underline{\underline{F}}$ et que, pour tout $y \in F$, la trace de $\underline{\underline{E}}$ sur $f^{-1}(\{y\})$ soit un pavage semi-compact sur $f^{-1}(\{y\})$ (nous dirons, pour abréger, que f est un <u>morphisme droit</u>). On vérifie alors aisément que l'image directe par f est une opération analytique. Un cas particulier important : $(E,\underline{\underline{E}})$ est de la forme $(K \times F, \underline{\underline{K}} \times \underline{\underline{F}})$ où $(K,\underline{\underline{K}})$ est un espace pavé semi-compact et $\underline{\underline{K}} \times \underline{\underline{F}}$ est le pavage sur $K \times F$ engendré par les rectangles $M \times N$ avec $M \in \underline{\underline{K}}$, $N \in \underline{\underline{F}}$; f est

la projection de $K \times F$ sur F.

3) l'intersection dénombrable, dans $(E,\underline{\underline{E}})$, est une opération analytique.

4) la réunion dénombrable dans $(E,\underline{\underline{E}})$ est atteinte, comme dans l'exemple e) du §II, par une opération analytique, $\mathbb{N}$ étant muni du pavage constitué par ses parties compactes.

5) enfin, l'opération de Souslin est atteinte, comme dans l'exemple f) du §II, par une opération analytique, $\mathbb{N}^{\mathbb{N}}$ étant muni du pavage constitué par ses parties compactes. La démonstration a été esquissée dans la remarque du §I de l'appendice.

On a alors le théorème de stabilité suivant, conséquence immédiate du théorème d'invariance appliqué aux exemples.

THEOREME.- 1) *La classe des parties analitiques de* $(E,\underline{\underline{E}})$ *est stable pour les réunions et intersections dénombrables, et, plus généralement, pour l'opération de Souslin.*

2) *Les éléments du stabilisé de* $\underline{\underline{E}}$ *pour les réunions et intersections dénombrables sont des parties analitiques de* $(E,\underline{\underline{E}})$.

3) *Si* f *est un morphisme gauche* (*resp droit*) *de* $(E,\underline{\underline{E}})$ *dans* $(F,\underline{\underline{F}})$, *et si* A *est* $\underline{\underline{F}}$*-analitique* (*resp* $\underline{\underline{E}}$*-analitique*), *alors* $f^{-1}(A)$ *est* $\underline{\underline{E}}$*-analitique* (*resp* $f(A)$ *est* $\underline{\underline{F}}$*-analitique*).

Il résulte de ce théorème, et du théorème de capacitabilité (cf plus précisément la remarque b) suivant le théorème 3 du §IV), qu'une partie A de $(E,\underline{\underline{E}})$ est $\underline{\underline{E}}$-analitique ssi elle est $\underline{\underline{E}}$-analytique au sens du livre rose. Aussi rétablirons nous l'orthographe habituelle après la remarque suivante, pour laquelle l'emploi de deux orthographes sera encore utile.

REMARQUE. Soit $(E,\underline{\underline{E}})$ un espace pavé et soit $\underline{\underline{A}}(\underline{\underline{E}})$ le pavage sur E constitué par les parties $\underline{\underline{E}}$-analitiques. Il n'est pas évident, a priori, qu'une partie $\underline{\underline{A}}(\underline{\underline{E}})$-analitique est $\underline{\underline{E}}$-analitique, mais c'est bien le cas car $\underline{\underline{A}}(\underline{\underline{E}})$ est aussi le pavage des parties $\underline{\underline{E}}$-analytiques, et on sait que toute partie $\underline{\underline{A}}(\underline{\underline{E}})$-analytique est $\underline{\underline{E}}$-analytique.

Voici enfin le théorème de séparation, qui se démontre comme le corollaire du théorème 4 du §IV

THEOREME.- *Soit* I *une opération analytique de* $\prod(E_i,\underline{\underline{E}}_i)$ *dans un espace pavé* semi-compact $(F,\underline{\underline{F}})$. *Si* A_i *est* $\underline{\underline{E}}_i$*-analytique pour tout* i *et si on a*

$$I(A_1,..,A_n,...) = \emptyset$$

alors il existe, pour tout i, *un élément* B_i *du stabilisé de* $\underline{\underline{E}}_i$ *pour les réunions et intersections dénombrables tel que* B_i *contienne* A_i *et que*

$$I(B_1,..,B_n,...) = \emptyset$$

Nous dirons encore quelques mots sur la théorie abstraite plus loin.

III. ENSEMBLES ANALYTIQUES : CAS TOPOLOGIQUE "NON CLASSIQUE"

Nous montrons ici, rapidement, comment retrouver les ensembles analytiques au sens de Choquet-Sion-Frolik à l'aide des opérations analytiques. Il faut modifier un peu les définitions, en suivant d'ailleurs les idées de Sion (1963) sur les capacités.

On suppose ici les espaces ambiants E,F (avec ou sans indices) seulement séparés. A part cela, nous conservons les notations du corps de l'exposé. Enfin, pour rester lisible, nous nous contenterons d'écrire la nouvelle définition des opérations analytiques. Le lecteur n'aura aucun mal à trouver la bonne définition des multicapacités, ni même celle, générale, d'un multinoyau capacitaire : on doit, dans ce cas, remplacer les compacts par les fonctions (à valeurs dans $\overline{\mathbb{R}}_+$) s.c.s. à support compact (finies, ou $\equiv +\infty$), et remplacer les ouverts par les fonctions s.c.i. .

DEFINITION.- Une opération analytique sur $\prod E_i$, à valeurs dans F, est une application I de $\prod \underline{\underline{P}}(E_i)$ dans $\underline{\underline{P}}(F)$ vérifiant les conditions

1) elle est globalement croissante ;
2) elle est séparément montante ;
3) elle est à valeur compact sur les compacts, et continue à droite sur les compacts : pour tout ouvert V contenant $I(K_1,..,K_n,...)$, il existe, pour tout i, un ouvert U_i de E_i, contenant K_i, tel que U_i soit égal à E_i sauf pour un nombre fini d'indices i, et que $I(U_1,..,U_n,...)$ soit contenu dans V.

REMARQUES. a) La propriété de continuité à droite sur les compacts est plus forte que la propriété de descente globale sur les compacts. Elle lui est équivalente si les espaces E_i sont métrisables compacts.

b) On prendra bien garde, dans la définition de la continuité à droite, de ne pas se contenter d'écrire, juste à la fin, "... et que, pour tout compact L_i inclus dans U_i, $I(L_1,..,L_n,...)$ soit contenu dans V." Cela ne suffirait pas en général.

On a alors, presque aussi trivialement, le théorème de composition (théorème 1 du §IV). Par ailleurs, les exemples de multicapacités et d'opérations analytiques donnés au §II (du corps de l'exposé) sont encore valables ici (sauf l'image réciproque par une fonction continue : il faut prendre ici une fonction propre). Puis, la définition de nos ensembles analytiques

DEFINITION.- Un ensemble A est dit analitique s'il existe une opération analytique I et des arguments $\underline{\underline{K}}_\sigma$ $H_1,..,H_n,...$ tels que l'on ait

$$A = I(H_1,..,H_n,...)$$

On a alors le théorème d'invariance (théorème 2 du §IV), et son corollaire, le théorème de stabilité, légèrement modifié :

THEOREME.- 1) Les ensembles analitiques forment une classe stable pour les réunions, intersections, produits dénombrables, et pour l'opération de Souslin.

2) Les éléments du stabilisé de la classe des compacts pour les réunions et intersections dénombrables sont analitiques.

3) Les ensembles analitiques forment une classe stable pour les images directes par une fonction continue, les images réciproques par une fonction propre, et pour les images directes et réciproques par une fonction dont le graphe est analitique.

On a aussi le théorème de capacitabilité (théorème 3 du §IV), en modifiant légèrement la démonstration de la première étape : après avoir défini la suite $(K_n^{p_n})$ comme dans la démonstration du théorème 3, on raisonne comme suit. Si on avait

$$I_y(K_1^{p_1}, K_2^{p_2}, .., K_n^{p_n}, K_{n+1}^{p_{n+1}}, .., K_{n+k}^{p_{n+k}}, ...) < t$$

alors, à cause de la continuité à droite, on aurait

$$I_y(K_1^{p_1}, K_2^{p_2}, .., K_n^{p_n}, E_{n+1}, .., E_{n+k}, ...) < t$$

pour n suffisamment grand, et donc, à cause de la croissance globale,

$$I_y(K_1^{p_1}, K_2^{p_2}, .., K_n^{p_n}, A_{n+1}, .., A_{n+k}, ...) < t$$

d'où la conclusion. Noter que l'on n'a pas utilisé ici la continuité à droite dans toute sa force : elle l'est dans la démonstration du théorème de composition, et donc, finalement, dans la deuxième étape de la démonstration du théorème de capacitabilité.

Enfin, le théorème d'approximation extérieure (théorème 4 du §IV) et son corollaire, le théorème de séparation, sont encore vrais, avec la même démonstration (avec, cependant, "analitique" au lieu de "analytique" pour le moment). On peut même y remplacer les boréliens par toute classe contenant les compacts et les ouverts, et stable pour les réunions de suites croissantes et les intersections dénombrables.

Ils nous reste à rétablir l'orthographe, i.e. à montrer que notre définition définit les mêmes ensembles que l'une des définitions équivalentes connues des ensembles analytiques (cf Jayne (1976)). Nous choisissons celle de Frolik : un ensemble $A \in \underline{\underline{P}}(F)$ est analytique ssi il existe une application f de $\mathbb{N}^{\mathbb{N}}$ dans l'ensemble $\underline{\underline{K}}(F)$ des compacts de F, s.c.s. (i.e. : pour tout ouvert V contenant $f(\sigma)$, il existe un voisinage U de σ tel que $f(\tau)$ soit contenu dans V pour tout $\tau \in U$), telle que l'on ait $A = \sup_\sigma f(\sigma)$, σ parcourant $\mathbb{N}^{\mathbb{N}}$.

THEOREME.- Un ensemble est analitique ssi il est analytique.

D/ Comme $\mathbb{N}^{\mathbb{N}}$ est analitique, pour démontrer que analytique $\Rightarrow$ analitique, il suffit de vérifier que l'application I de $\underline{\underline{P}}(\mathbb{N}^{\mathbb{N}})$ dans $\underline{\underline{P}}(F)$ définie par $I(X) = \sup_{\sigma \in X} f(\sigma)$ est une opération analytique, ce qui n'est pas bien difficile. Réciproquement, soit A analitique : $A = I(H_1,..,H_n,...)$ où I est une opération analytique et les H_i sont des $\underline{\underline{K}}_\sigma$. Ecrivons chaque H_i comme réunion d'une suite croissante $(K_i^p)_{p \in \mathbb{N}}$ de compacts et définissons une application f de $\mathbb{N}^{\mathbb{N}}$ dans $\underline{\underline{K}}(F)$ en posant

$$f(\sigma) = I(K_1^{\sigma_1},..,K_n^{\sigma_n},...)$$

où σ_n est le n-ième terme de la suite infinie σ. On vérifie sans peine que f est une fonction s.c.s., et il résulte de la première étape de la démonstration du théorème de capacitabilité que $A = \sup_\sigma f(\sigma)$.

REMARQUE. Ici encore, on n'obtient pas n'importe quelle fonction s.c.s. mais une fonction <u>privilégiée</u> en ce sens que, si J est une capacité sur F (ou, plus généralement un noyau capacitaire à valeur dans F), alors $J(A) = J(\sup_\sigma f(\sigma)) = \sup_\sigma J(f(\sigma))$. C'est la même démonstration, appliquée à la composée de J avec I.

IV. RETOUR AU CAS ABSTRAIT

La théorie abstraite du §II de l'appendice et la théorie topologique du §III de l'appendice chapeautent toutes deux, de manière distincte, la théorie topologique du corps de l'exposé. Nous allons esquisser maintenant une théorie abstraite chapeautant à la fois les §II et §III de cet appendice.

On appelle ici <u>espace pavé</u> $(E,\underline{\underline{E}}^f,\underline{\underline{E}}^g)$ la donnée d'un ensemble E, d'un pavage $\underline{\underline{E}}^f$ sur E (i.e. une partie de $\underline{\underline{P}}(E)$ contenant la partie vide et stable pour les réunions finies et les intersections dénombrables), et d'une partie $\underline{\underline{E}}^g$ de $\underline{\underline{P}}(E)$ contenant l'ensemble E. On pourra penser au cas où E est un espace topologique, $\underline{\underline{E}}^f$ l'ensemble de ses fermés ou de ses compacts, et $\underline{\underline{E}}^g$ l'ensemble de ses ouverts.

Encore une fois, nous nous contenterons de définir les opérations analytiques. Les multicapacités se définissent de manière analogue, et aussi les multinoyaux capacitaires à condition d'avoir judicieusement défini les analogues des fonctions s.c.i. et s.c.s. - nous laissons cela au lecteur.

DEFINITION.- <u>Une</u> opération analytique <u>de</u> $\prod(E_i,\underline{\underline{E}}_i^f,\underline{\underline{E}}_i^g)$ <u>dans</u> $(F,\underline{\underline{F}}^f,\underline{\underline{F}}^g)$ <u>est une application</u> I <u>de</u> $\prod\underline{\underline{P}}(E_i)$ <u>dans</u> $\underline{\underline{P}}(F)$ <u>vérifiant les conditions</u>

1) <u>elle est globalement croissante</u> ;
2) <u>elle est séparément montante</u> ;

3a) <u>elle est à valeur dans le pavage</u> $\underline{\underline{F}}^f$ <u>si ses arguments sont pris dans les pavages</u> $\underline{\underline{E}}_i^f$, <u>et elle est globalement descendante sur les éléments des pavages</u> $\underline{\underline{E}}_i^f$;

3b) <u>Soit</u> $X_i \in \underline{\underline{E}}_i^f$ <u>pour tout</u> i , <u>et soit</u> $y \notin I(X_1,..,X_n,...)$. <u>Alors</u>, <u>pour tout</u> $V \in \underline{\underline{F}}^g$ <u>contenant</u> $I(X_1,..,X_n,...)$, <u>tel que</u> $y \notin V$, <u>il existe</u>, <u>pour tout</u> i , <u>un élément</u> Y_i <u>de</u> $\underline{\underline{E}}_i^g$ <u>contenant</u> X_i <u>tel que</u> $Y_i = E_i$ <u>sauf pour un nombre fini d'indices</u> i , <u>et que</u> $I(Y_1,..,Y_n,...)$ <u>soit contenu dans</u> V .

On retrouve la théorie du §II de l'appendice en se limitant aux espaces pavés $(E,\underline{\underline{E}}^f,\underline{\underline{E}}^g)$ tels que $E \in \underline{\underline{E}}^f$ et $\underline{\underline{E}}^g = \{E\}$ (auquel cas 3b) est vide), et la théorie du §III de l'appendice en se limitant aux espaces pavés $(E,\underline{\underline{E}}^f,\underline{\underline{E}}^g)$ où E est un espace topologique séparé, $\underline{\underline{E}}^f$ l'ensemble de ses compacts, et $\underline{\underline{E}}^g$ l'ensemble de ses ouverts (auquel cas la descente globale dans 3a) est conséquence de 3b)).

On peut faire, dans ce cadre général, la plupart des choses que l'on a faites antérieurement. Mais il n'est pas sûr que cela soit très intéressant...

V. SUR LES MULTINOYAUX A UN NOMBRE FINI D'ARGUMENTS

Nous nous replaçons dans le cadre du corps de l'exposé (espaces ambiants métrisables compacts), et nous reprenons ici quelques passages de Dellacherie (1976a)) - qui sera désigné par (°) dans ce paragraphe-, sans succomber à la tentation de tout réécrire...

1. <u>Multinoyaux et capacités</u>

Soit I un multinoyau capacitaire à n arguments de F dans $E_1 \times \dots \times E_n$. Pour fixer les idées, nous prendrons des ensembles comme arguments et des fonctions comme valeurs. Nous allons montrer comment on peut essentiellement étendre I en un noyau de F dans $E = E_1 \times \dots \times E_n$, et même en une capacité sur $F \times E$.

On commence par définir une application J de $\underline{\underline{P}}(E)$ dans $\Phi(F)$ par $J(X) = \inf I(X_1,\dots,X_n)$, l'inf étant pris sur l'ensemble des n-uples $(X_1,\dots,X_n) \in \prod \underline{\underline{P}}(E_i)$ tels que X soit inclus dans $X_1 \times \dots \times X_n$. On montre aisément que J est un noyau de F dans E (cf la démonstration du théorème 4 du §IV) et que l'on a $J(X_1 \times \dots \times X_n) = I(X_1,\dots,X_n)$ au moins si aucun des X_i n'est vide. Noter, au passage, que si on pose $J°(X) = \inf I(B_1,\dots,B_n)$, l'inf étant pris sur l'ensemble des n-uples de boréliens $(B_1,\dots,B_n)$ tels que X soit inclus dans $X_1 \times \dots \times X_n$, on aurait obtenu un autre noyau J° de F dans E <u>tel que</u> $J(A) = J°(A)$ <u>pour toute partie analytique</u> A <u>de</u> E car J et J° coincident sur les compacts (cf les théorèmes 3 et 4 du §IV).

Regardons maintenant le noyau capacitaire J de F dans E . Par analogie avec l'écriture des noyaux en théorie de la mesure, nous noterons $J(y,X)$ la valeur de la fonction $J(X)$ en $y \in F$. La fonction $(y,X) \to J(y,X)$ a les propriétés suivantes

1) pour $y \in F$ fixé, $X \to J(y,X)$ est une capacité sur E ;

2) pour $K \in \underline{\underline{K}}(E)$ fixé, $y \to J(y,K)$ est une fonction s.c.s. sur F ; propriétés qui caractérisent en fait les noyaux capacitaires. Par ailleurs, on a un peu mieux que 2) : la fonction $(y,K) \to J(y,K)$ est s.c.s. sur $F \times \underline{\underline{K}}(E)$, $\underline{\underline{K}}(E)$ étant muni de la topologie de Hausdorff (cf théorème 9 de (°)). Définissons maintenant une fonction H sur $\underline{\underline{P}}(F) \times \underline{\underline{P}}(E)$ en posant $H(Y,X) = \sup_{y \in Y} J(y,X)$ (avec $\sup_{\emptyset} = 0$). On a $J(y,X) = H(\{y\},X)$ et il résulte du lemme de Dini-Cartan que H est une bicapacité sur $F \times E$ (cf la démonstration du théorème 4 de (°)). Appliquons enfin à H le procédé utilisé pour obtenir J à partir de I : on obtient finalement une capacité C sur $F \times E$ telle que $H(Y,X) = C(Y \times X)$ au moins si Y et X sont non vides.

Par conséquent, on a, comme annoncé, pratiquement étendu le multinoyau I de F dans $E = E_1 \times \ldots \times E_n$ en une capacité sur $F \times E$. Cela est impossible dans le cas d'un multinoyau à une <u>infinité</u> d'arguments (d'où les six ans pour démontrer le corollaire de l'introduction...).

Il est important aussi, pour les applications, de savoir qu'une capacité I sur un espace E peut s'étendre en un noyau capacitaire J d'un espace F dans $E \times F$ de la manière suivante : pour $H \in \underline{\underline{P}}(E \times F)$, on pose $J(y,H) = I(H(y))$, où $H(y)$ est la coupe de H selon y (cf corollaire du théorème 11 de (°)). Il résulte alors du théorème 2 du §IV que, si H est une partie analytique de $E \times F$, alors la fonction $y \to I(H(y))$ est une fonction analytique sur F (cf théorème 13 de (°)).

2. <u>Exemples</u>

a) Soit $F = \underline{\underline{M}}^+(E)$ l'ensemble des mesures de Radon ≥ 0 sur E, muni de la topologie de la convergence vague : c'est un espace métrisable compact. Et la fonction $(m,X) \to m^*(X)$ sur $F \times \underline{\underline{P}}(E)$ définit un noyau capacitaire I de F dans E. Si on applique le théorème de séparation (corollaire du théorème 4 du §IV) à la bicapacité $J(Y,X) = \sup_{m \in Y} m^*(X)$, on obtient alors le résultat suivant : si A (resp A') est une partie analytique de E (resp $\underline{\underline{M}}^+(E)$) telles que $m(A) = 0$ pour tout $m \in A'$, alors il existe un borélien B (resp B') de E (resp $\underline{\underline{M}}^+(E)$), contenant A (resp A') et tel que l'on ait encore $m(B) = 0$ pour tout $m \in B'$ (cf théorème 1 de (°)). Noter (pour connaisseurs) que, d'après le théorème de la borne, on peut toujours prendre pour borélien B (resp B') le complémentaire d'un "constituant" du complémentaire de A (resp A').

b) Le noyau de l'exemple précédent est un cas particulier de noyau fellerien en théorie de la mesure, i.e. de fonction $(y,f) \to V(y,f)$ sur $F \times \Phi(E)$ (ici, F est un espace métrisable compact quelconque) vérifiant les conditions :

i) pour $y\varepsilon F$ fixé, $f \to V(y,f)$ est l'intégrale supérieure associée à une mesure de Radon ≥ 0 sur E ;

ii) pour $f\varepsilon\Phi(E)$ continue fixée, $y \to V(y,f)$ est continue sur F. Tout noyau fellerien est évidemment un noyau capacitaire. A priori, la théorie des noyaux capacitaires semble trop restreinte pour inclure celle des noyaux boréliens en théorie de la mesure (où, à la place de ii), on suppose seulement que $y \to V(y,f)$ est borélienne sur F pour f continue fixée sur E). Nous verrons cependant que l'on peut atteindre les noyaux-mesures boréliens à l'aide des noyaux capacitaires.

c) Soit R une relation d'équivalence sur E, dont le graphe est compact dans ExE. Alors l'application qui à $X\varepsilon\underline{\underline{P}}(E)$ associe son saturé pour R est une opération analytique.

d) Prenons pour E un convexe compact de $\mathbb{R}^n$. L'application qui à $X\varepsilon\underline{\underline{P}}(E)$ associe son enveloppe convexe est une opération analytique.

e) Les deux opérations précédentes sont des cas particuliers de <u>noyau enveloppant</u>. On appelle ainsi un noyau V de E dans lui-même tel que $X \subseteq V(X) = V(V(X))$. Pour un tel noyau, on a le résultat suivant (cf théorème 16 de (°)) : la classe des boréliens saturés (i.e. tels que $B = V(B)$) est égale au stabilisé de la classe des compacts saturés pour les limites de suites croissantes et les intersections dénombrables ; si A et A' sont des analytiques disjoints, et si A est saturé, il existe un borélien saturé contenant A et disjoint de A'. Si on applique cela à l'exemple d), on retrouve en particulier le résultat suivant de Preiss : la classe des convexes boréliens de $\mathbb{R}^n$ est égale au stabilisé de la classe des convexes compacts pour les limites de suites croissantes et les intersections dénombrables.

3. <u>Noyaux-calibres</u>

La notion suivante, très simple, permet, comme on le verra par des exemples, d'étendre le champ d'applications de la théorie des noyaux capacitaires.

DEFINITION.- <u>Un</u> noyau-calibre <u>de</u> F <u>dans</u> E <u>est une application croissante</u> J <u>de</u> $\underline{\underline{P}}(E)$ <u>dans</u> $\Phi(F)$ <u>vérifiant la condition suivante : il existe un espace auxiliaire</u> E', <u>un binoyau capacitaire</u> I <u>de</u> F <u>dans</u> ExE', <u>et une partie analytique</u> A' <u>de</u> E' <u>tels que l'on ait</u>

$$J(A) = I(A,A')$$

<u>pour toute partie analytique</u> A <u>de</u> E.

On note $J(y,X)$ la valeur de $J(X)$ en $y\varepsilon F$, pour $X\varepsilon\underline{\underline{P}}(E)$.

REMARQUES. a) On dira, à l'occasion des exemples, pourquoi on ne demande l'égalité $J(A) = I(A,A')$ que pour A analytique.

b) Pour rester lisible, nous continuons à prendre des ensembles comme arguments. Mais, en fait, on a besoin de pouvoir prendre des fonctions comme arguments pour pouvoir composer les noyaux. Le procédé d'extension vu au §III est encore ici précieux.

c) Lorsque J est à valeurs dans les fonctions constantes, identifiées aux réels ≥ 0 , on dit tout simplement que J est un calibre.

d) On définirait de même la notion de multinoyau-calibre à un nombre fini d'arguments. Mais elle se ramène pratiquement à celle de noyau-calibre grâce à un procédé analogue à celui vu à propos des multinoyaux capacitaires. La notion de multinoyau-calibre à une infinité d'arguments n'a pas été explorée. On en connait pourtant un bel exemple : celui des schémas de Souslin (cf l'exemple f) du §II).

On a une autre représentation commode des noyaux-calibres (cf définition 5 et théorème 18 de (°)) :

THEOREME.- Une application croissante J de $\underline{\underline{P}}(E)$ dans $\Phi(F)$ est un noyau-calibre ssi elle vérifie la condition suivante : il existe un espace auxiliaire F', un noyau-capacitaire V de FxF' dans E et une partie analytique A' de F' tels que l'on ait

$$J(y,A) = \sup_{z\in A'} V((y,z),A)$$

pour toute partie analytique A de E.

En jouant sur les deux définitions possibles, on peut alors démontrer (ce n'est plus trivial ici) le théorème de composition : le composé de deux noyaux-calibres est encore un noyau calibre (cf théorème 19 de (°)). Et, vu la définition, il est clair qu'on a pour les noyaux-calibres, les analogues des théorèmes 2 , 3 et 4 du §IV : théorèmes d'invariance, de capacitabilité, d'approximation extérieure. Et aussi le corollaire de ce dernier : théorème de séparation.

Ce qui, par contre, n'est pas toujours facile, c'est de démontrer qu'une application de $\underline{\underline{P}}(E)$ dans $\Phi(F)$ est effectivement un noyau-calibre. Voyons quelques exemples.

EXEMPLES. a) Reprenons l'exemple a) de noyau capacitaire. On a posé $F = \underline{\underline{M}}^+(E)$ et on considére le noyau capacitaire $(m,X) \to m^*(X)$. Soit A' une partie analytique de F et posons $J(X) = \sup_{m\in A'} m^*(X)$: la fonction J ainsi définie est un calibre sur E. Il se trouve que, souvent, une classe $\underline{\underline{N}}$ d'ensembles "négligeables" (i.e. $\underline{\underline{N}}$ est héréditaire et stable pour les réunions dénombrables) est la classe des ensembles de calibre nul pour un calibre de ce type.

b) Voici un exemple d'une telle classe $\underline{\underline{N}}$. Supposons E non dénombrable, et prenons pour $\underline{\underline{N}}$ la classe des parties (finies ou) dénombrables de E. On peut alors montrer (cf exemple 2) après la définition 5 de (°)) que la fonction J sur $\underline{\underline{P}}(E)$ définie par $J(X) = 0$ ou 1 suivant que X est dénombrable ou non, est un calibre du type précédent, l'ensemble analytique A' étant l'ensemble D des mesures diffuses sur E. Deux remarques à cette occasion : $\underline{\underline{N}}$ n'est pas la classe des ensembles de capacité nulle pour une certaine capacité (l'ensemble des compacts de capacité nulle est un $\underline{\underline{G}}_\delta$ dans $\underline{\underline{K}}(E)$ alors que l'ensemble des compacts dénombrables est coanalytique, non borélien) ; d'autre part, il n'est pas vrai, en général, que $J(X) = \sup_{m\in D} m^*(X)$ quand X n'est pas analytique : d'où le subtil distinguo dans la définition d'un noyau-calibre.

c) Tout noyau-mesure borélien V de F dans E est un noyau-calibre (cf exemple 3) après la définition 5 de (°)). On déduit alors du théorème de séparation le résultat suivant (théorème 5 de (°)) : si A est une partie analytique de E telle que $V(y,A) = 0$ pour tout $y\in F$, alors il existe un borélien B contenant A tel que $V(y,B) = 0$ pour tout $y\in F$.

d) Un dernier exemple, pour initiés. Prenons pour E un compact de $\mathbb{R}^n$ (pour simplifier). Soit d'autre part h une fonction croissante et continue de $\mathbb{R}_+$ dans $\mathbb{R}_+$ et désignons par m^h la mesure de Hausdorff associée à la fonction déterminante h. On peut montrer que m^h est un calibre (et même le sup d'une suite croissante de capacités ; cf Dellacherie (1972)), ainsi que la fonction J^h telle que $J^h(X) = 0$ ou 1 suivant que $m^h|_X$ est σ-finie ou non (communication personnelle de l'auteur ; la notion de calibre présentée dans Dellacherie (1972) est plus faible que celle introduite ici).

VI AUTOUR DU THEOREME DE SEPARATION

On reprend ici, essentiellement, des passages du livre rose, présentés un peu différemment. Quand on voit paraitre assez souvent des articles, de bonne facture, dans lesquels on étend assez laborieusement un théorème classique en "situation topologique" en un théorème en "situation abstraite", on se dit qu'il ne faut pas se lasser de populariser des "ficelles de métier" triviales, mais importantes...

Voici la première, qui date d'une cinquantaine d'années (du temps où Marczewski s'appelait encore Szpilrajn)

1. L'indicatrice de Marczewski

D'abord, quelques rappels de terminologie. Un espace mesurable $(\Omega,\underline{\underline{F}})$ est dit <u>séparé</u> si ses <u>atomes</u> (i.e. les classes d'équivalence pour la relation d'équivalence $\forall A\in\underline{\underline{F}}$ $\omega\in A \Leftrightarrow w\in A$) sont réduits aux points ; il est dit <u>séparable</u> (ce qui n'a rien à voir avec "séparé" !) s'il existe une suite (G_n) d'éléments de $\underline{\underline{F}}$ engendrant la tribu $\underline{\underline{F}}$.

Soit $(\Omega,\underline{\underline{F}})$ un espace séparable, non séparé, et soit (G_n) une suite engendrant $\underline{\underline{F}}$. La relation d'équivalence R définissant les atomes étant équivalente à la relation $\forall n\ \omega\varepsilon G_n \Leftrightarrow w\varepsilon G_n$, les atomes de $\underline{\underline{F}}$ appartiennent alors à la tribu $\underline{\underline{F}}$. Désignons par $\bar{\Omega}$ le quotient Ω/R, que nous munissons de la tribu constituée par les $\bar{A} = A/R$ quand A décrit $\underline{\underline{F}}$ (les éléments de $\underline{\underline{F}}$ sont saturés pour R) : un moment de réflexion convainc que, du point de vue de la structure mesurable, il n'y a pratiquement aucune différence entre $(\Omega,\underline{\underline{F}})$ et <u>son séparé</u> $(\bar{\Omega},\bar{\underline{\underline{F}}})$, qui est encore séparable. En pariculier, nous confondrons toute v.a. sur Ω (i.e. toute fonction $\underline{\underline{F}}$-mesurable) avec la v.a. qu'elle induit sur $\bar{\Omega}$.

Le théorème suivant, qui permet de ramener de nombreux problèmes sur un espace "abstrait" $(\Omega,\underline{\underline{F}})$ au cas où Ω est une partie de $[0,1]$ muni de sa tribu borélienne (même, comme nous le verrons, si $\underline{\underline{F}}$ n'est ni séparée, ni séparable), devrait figurer depuis longtemps dans tout "bon" livre de théorie de la mesure.

THEOREME.- <u>Soit</u> $(\Omega,\underline{\underline{F}})$ <u>un espace mesurable séparable</u>, <u>et soit</u> (G_n) <u>une suite engendrant</u> $\underline{\underline{F}}$. <u>Posons</u>, <u>pour tout</u> $\omega\varepsilon\Omega$,

$$\Psi(\omega) = \sum 2.3^{-n}\, 1_{G_n}(\omega)$$

<u>La fonction</u> Ψ <u>ainsi définie de</u> Ω <u>dans</u> $[0,1]$ (<u>et même dans l'ensemble triadique de Cantor</u>), <u>appelée</u> indicatrice de Marczewski <u>de</u> (G_n), <u>a les propriétés suivantes</u> : <u>si</u> $X = \Psi(\Omega)$, <u>de tribu borélienne</u> $\underline{\underline{B}}(X)$, <u>on a</u>

1) <u>pour tout</u> $B\varepsilon\underline{\underline{B}}(X)$, $\Psi^{-1}(B)$ <u>appartient à</u> $\underline{\underline{F}}$;
2) <u>pour tout</u> $x\varepsilon X$, $\Psi^{-1}(\{x\})$ <u>est un atome de</u> $\underline{\underline{F}}$;
3) <u>pour tout</u> $A\varepsilon\underline{\underline{F}}$, $\Psi(A)$ <u>appartient</u> à $\underline{\underline{B}}(X)$.

<u>Autrement dit</u>, Ψ <u>est un isomorphisme</u> (<u>d'espaces mesurables</u>) <u>de</u> $(\bar{\Omega},\bar{\underline{\underline{F}}})$ <u>sur</u> $(X,\underline{\underline{B}}(X))$.

<u>D/</u> Il est clair que Ψ est une bijection mesurable de $\bar{\Omega}$ sur X. Pour démontrer 3), il suffit de prouver que la tribu engendrée par Ψ, qui est une sous-tribu de $\underline{\underline{F}}$, est en fait égale à $\underline{\underline{F}}$. Et cela résulte du fait que, pour tout n, le générateur G_n est égal à $\Psi^{-1}(B_n)$, où B_n est l'ensemble des $x\varepsilon[0,1]$ dont le n-ième terme du développement en base 3 est un 2.

2. <u>Espaces de Blackwell</u>

Voici une définition "abstraite", très utile en probabilités

DEFINITION.- <u>Un espace mesurable séparable</u> $(\Omega,\underline{\underline{F}})$ <u>est dit</u> de Blackwell <u>si</u>, <u>pour toute v.a.</u> f <u>sur</u> Ω, $f(\Omega)$ <u>est une partie analytique de</u> $\mathbb{R}$.

L'indicatrice de Marczewski permet de ramener immédiatement ce type d'espace mesurable abstrait à un type d'espace mesurable topologique familier : $(\Omega,\underline{\underline{F}})$, séparable, est de Blackwell ssi $(\bar{\Omega},\bar{\underline{\underline{F}}})$ est isomorphe à un espace $(X,\underline{\underline{B}}(X))$, <u>où</u> X <u>est une partie analytique de</u> $[0,1]$. La condition suffisante résulte du théorème suivant :

THEOREME.- Soit Y une partie analytique d'un espace métrisable compact E et soit f une v.a. sur $(Y,\underline{\underline{B}}(Y))$. Alors, il existe une fonction borélienne f° sur E telle que $f = f^\circ_{|Y}$, et f(A) est une partie analytique de $\mathbb{R}$ pour tout $A \in \underline{\underline{B}}(Y)$.

D/ Pour l'existence de f°, seule l'égalité $\underline{\underline{B}}(Y) = \underline{\underline{B}}(E)_{|Y}$ intervient : on construit aisément f° en approchant f par des fonctions étagées (c'est aussi un cas particulier d'un théorème bien connu de Doob : comme $\underline{\underline{B}}(Y)$ est la tribu engendrée par l'injection de Y dans $(E,\underline{\underline{B}}(E))$, toute v.a. sur $(Y,\underline{\underline{B}}(Y))$ se "factorise" en passant par E). D'autre part, $A \in \underline{\underline{B}}(Y)$ est analytique dans E, puisque Y est analytique, et donc $f(A) = f^\circ(A)$ est analytique dans $\mathbb{R}$.

Du théorème de séparation résulte le théorème de Blackwell, qui fournit un outil précieux aux probabilistes :

THEOREME.- Soit $(\Omega,\underline{\underline{F}})$ un espace de Blackwell, et soit $\underline{\underline{G}}$ une sous-tribu séparable de $\underline{\underline{F}}$. Pour qu'une v.a. f soit $\underline{\underline{G}}$-mesurable, il faut et il suffit que f soit constante sur chaque atome de $\underline{\underline{G}}$.

D/ La condition nécessaire est triviale. Pour démontrer la suffisance, il suffit de montrer que la tribu engendrée par f est contenue dans $\underline{\underline{G}}$, et donc de considérer le cas où f est l'indicatrice de $A \in \underline{\underline{F}}$. Désignons par Φ une indicatrice de Marczewski pour $\underline{\underline{G}}$. Comme A est,par hypothèse, saturé pour la relation d'équivalence définissant les atomes de $\underline{\underline{G}}$, $\Phi(A)$ et $\Phi(A^c)$ sont des parties disjointes de [0,1], et analytiques puisque Φ est un isomorphisme de $(\bar{\Omega},\bar{\underline{\underline{G}}})$ sur $(\Phi(\Omega),\underline{\underline{B}}(\Phi(\Omega)))$. Séparons $\Phi(A)$ et $\Phi(A^c)$ par des boréliens disjoints B et B' de [0,1] : alors $\Phi^{-1}(B)$ et $\Phi^{-1}(B')$ sont des éléments disjoints de $\underline{\underline{G}}$, séparant A et A^c. On a donc, obligatoirement, $A = \Phi^{-1}(B)$ et $A' = \Phi^{-1}(B')$.

COROLLAIRE.- Soient $(\Omega,\underline{\underline{F}})$ et $(W,\underline{\underline{G}})$ deux espaces mesurables séparables et séparés. Si $(\Omega,\underline{\underline{F}})$ est un espace de Blackwell, et si f est une bijection mesurable de Ω sur W, alors f est un isomorphisme de $(\Omega,\underline{\underline{F}})$ sur $(W,\underline{\underline{G}})$.

D/ La tribu $f^{-1}(\underline{\underline{G}})$ est une sous-tribu séparable de $\underline{\underline{F}}$, ayant les mêmes atomes que $\underline{\underline{F}}$ (en fait, les points de Ω). En appliquant le théorème aux indicatrices des éléments de $\underline{\underline{F}}$, on obtient $\underline{\underline{F}} = f^{-1}(\underline{\underline{G}})$: il est alors clair que f est un isomorphisme.

3. Le théorème de Souslin-Lusin

Nous démontrons ici, élémentairement à partir du corollaire précédent, une version abstraite du célèbre théorème sur les images injectives des boréliens (théorème attribué parfois, érronément, à Kuratowski : voir à ce sujet ses notes p 396 et 398 de l'édition de 1958 du premier volume de son traité de topologie).

THEOREME.- Soit $(\Omega,\underline{\underline{F}})$ un espace mesurable isomorphe à un espace $(X,\underline{\underline{B}}(X))$, où X est un borélien d'un espace métrisable compact E. Soient d'autre part $(W,\underline{\underline{G}})$ un espace mesurable, séparable et séparé, et f une application mesurable de Ω dans X. Si f est injective, alors $f(A)$ est un élément de $\underline{\underline{G}}$ pour tout $A \in \underline{\underline{F}}$.

D/ Notons d'abord que $(\Omega,\underline{\underline{F}})$ est un espace de Blackwell séparé, d'un type particulier (X est borélien, et non seulement analytique) ; par ailleurs, quitte à plonger l'espace métrisable compact E dans $[0,1]^{\mathbb{N}}$, on peut supposer que $E = [0,1]^{\mathbb{N}}$. Ceci dit, grâce à l'indicatrice de Marczewski, on peut supposer que W est une partie de $[0,1]$ et que $\underline{\underline{G}}$ est égale à $\underline{\underline{B}}(W)$. Posons $Y = f(\Omega)$: comme $(\Omega,\underline{\underline{F}})$ est un espace de Blackwell, Y est une partie analytique de $[0,1]$, et il résulte du corollaire précédent que f est un isomorphisme de $(\Omega,\underline{\underline{F}})$ sur $(Y,\underline{\underline{B}}(Y))$. Comme Y est une partie de W, il nous suffit, pour conclure, de montrer que Y est une partie borélienne de $[0,1]$. Or, soit f° une fonction borélienne de $[0,1]^{\mathbb{N}}$ dans $[0,1]$ telle que $f = f^\circ|_\Omega$, et soit g° une application borélienne de $[0,1]$ dans $[0,1]^{\mathbb{N}}$ telle que $f^{-1} = g^\circ|_Y$. Posons $\Omega^\circ = \{x \in [0,1]^{\mathbb{N}} : g^\circ(f^\circ(x)) = x\}$ et $Y^\circ = \{y \in [0,1] : f^\circ(g^\circ(y)) = y\}$: Ω° est un borélien de $[0,1]^{\mathbb{N}}$ contenant Ω, et Y° un borélien de $[0,1]$ contenant Y. Maintenant, $(\Omega^\circ,\underline{\underline{B}}(\Omega^\circ))$ et $(Y^\circ,\underline{\underline{B}}(Y^\circ))$ sont isomorphes, $f^\circ|_{\Omega^\circ}$ et $g^\circ|_{Y^\circ}$ formant un couple d'isomorphismes réciproques ; comme Ω est un borélien de $[0,1]^{\mathbb{N}}$, et donc de Ω°, on en déduit que $Y = f^\circ(\Omega)$ est un borélien de Y°, et finalement de $[0,1]$.

4. Situation abstraite et situation topologique (pour initiés)

Nous avons vu que l'indicatrice de Marczewski permet, pratiquement, de considérer que tout espace mesurable séparable $(\Omega,\underline{\underline{F}})$ est de la forme $(X,\underline{\underline{B}}(X))$, où X est un espace métrisable séparable (que l'on peut supposer plongé dans $[0,1]$, et même dans l'espace de Cantor). Nous voulons persuader ici le lecteur que l'on a encore mieux : pour tout ce qui touche à la théorie abstraite des ensembles analytiques, la situation "Soit $(X,\underline{\underline{X}})$ un espace pavé tel que le complémentaire de tout élément de $\underline{\underline{X}}$ soit $\underline{\underline{X}}$-analytique..." se ramène pratiquement à celle-ci : "Soit X un espace métrisable séparable, muni du pavage $\underline{\underline{B}}(X)$ de ses parties boréliennes" ; du moins, je ne connais pas une seule exception à ce principe "philosophique". Noter que nous n'énoncerons pas, à ce sujet, de théorème analogue à celui de Marczewski : il s'agit, pour nous, d'un principe heuristique, que nous développerons et illustrerons ci-dessous. Mais, il est bien possible que se cache là-dessous un "vrai" théorème, de nature logique, et, plus précisément, ayant à voir avec la théorie des modèles.

Un peu de terminologie pour commencer. Soit $(X,\underline{\underline{X}})$ un espace pavé (au sens du §II de l'appendice). Une partie de X est dite $\underline{\underline{X}}$-<u>coanalytique</u> si son complémentaire est $\underline{\underline{X}}$-analytique, et $\underline{\underline{X}}$-<u>bianalytique</u> si elle est à la fois $\underline{\underline{X}}$-analytique et $\underline{\underline{X}}$-coanalytique ; les parties $\underline{\underline{X}}$-bianalytiques forment une tribu, notée $\underline{\underline{Ba}}[(X,\underline{\underline{X}})]$, qui contient $\underline{\underline{X}}$ ssi tout élément de $\underline{\underline{X}}$ est $\underline{\underline{X}}$-coanalytique. Nous omettrons bien entendu le préfixe $\underline{\underline{X}}$- s'il n'y a pas de confusion possible. En particulier, tout espace métrisable séparable X sera implicitement muni du pavage $\underline{\underline{B}}(X)$: une partie A de X est alors dite analytique si elle est $\underline{\underline{B}}(X)$-analytique (attention ! A peut ne pas être analytique au sens "absolu" du §III de l'appendice). Notez au passage que, si $(X,\underline{\underline{X}})$ est un espace pavé semi-compact, ou si $\underline{\underline{X}}$ est une tribu et $(X,\underline{\underline{X}})$ un espace de Blackwell, alors, à cause du théorème de séparation, toute partie bianalytique appartient au stabilisé de $\underline{\underline{X}}$ pour les réunions et intersections dénombrables (et donc à $\underline{\underline{X}}$ si $\underline{\underline{X}}$ est une tribu). Mais, en général, pour X métrisable séparable, la tribu $\underline{\underline{Ba}}(X)$ est strictement plus grande que la tribu $\underline{\underline{B}}(X)$: il existe des exemples classiques avec X partie coanalytique de $[0,1]$.

Nous continuons par un exemple tournant autour des premier et deuxième théorèmes de séparation. Nous écrivons d'abord huit énoncés, classiques, puis discutons leurs interrelations. Dans leur indexation, la lettre $\underline{\underline{A}}$ rappelle "abstrait", la lettre $\underline{\underline{M}}$ rappelle "métrisable séparable", et la lettre $\underline{\underline{K}}$ rappelle "métrisable compact" .

($\underline{\underline{A}}$) (<u>Théorème de réduction</u>). Soit $(X,\underline{\underline{X}})$ un espace pavé tel que tout élément de $\underline{\underline{X}}$ soit coanalytique. Si (C_n) est une suite de parties coanalytiques, il existe une suite (D_n) de parties coanalytiques, deux à deux disjointes, telles que $D_n \subseteq C_n$ et $\bigcup_n D_n = \bigcup_n C_n$.

($\bar{\underline{\underline{A}}}$) (<u>Deuxième théorème de séparation</u>). Sous la même hypothèse, si (A_n) est une suite de parties analytiques telle que $\bigcap_n A_n = \emptyset$, alors il existe une suite (B_n) de parties bianalytiques telles que $A_n \subseteq B_n$ et $\bigcap_n B_n = \emptyset$.

($\underline{\underline{M}}$) Même énoncé que ($\underline{\underline{A}}$), avec X métrisable séparable et $\underline{\underline{X}} = \underline{\underline{B}}(X)$.

($\bar{\underline{\underline{M}}}$) Même énoncé que ($\bar{\underline{\underline{A}}}$), avec X métrisable séparable et $\underline{\underline{X}} = \underline{\underline{B}}(X)$.

($\underline{\underline{K}}$) Même énoncé que ($\underline{\underline{M}}$), avec, cette fois, X métrisable compact.

($\bar{\underline{\underline{K}}}$) Même énoncé que ($\bar{\underline{\underline{M}}}$), avec, cette fois, X métrisable compact (auquel cas, les parties bianalytiques sont boréliennes : c'est le premier théorème de séparation, celui que nous avons démontré tout à la fin du §IV du corps de l'exposé, à la remarque a)).

On établit aisément les faits suivants (nous le ferons pour ceux qui ne sont pas immédiats) :

a) $(\underline{\underline{\bar A}})$ (resp $(\underline{\underline{\bar M}})$ est une particularisation de $(\underline{\underline{A}})$ (resp $(\underline{\underline{M}})$), et lui est en fait équivalent ;

b) $(\underline{\underline{M}})$ (ou $(\underline{\underline{\bar M}})$) est une particularisation de $(\underline{\underline{A}})$ (ou $(\underline{\underline{\bar A}})$), et lui est en fait équivalent ;

c) $(\underline{\underline{K}})$ est une particularisation de $(\underline{\underline{M}})$, et lui est en fait équivalent ;

d) $(\underline{\underline{\bar K}})$ est une particularisation de $(\underline{\underline{K}})$, MAIS (i) il semble exclu que l'on puisse ramener "élémentairement" $(\underline{\underline{K}})$ à $(\underline{\underline{\bar K}})$, (ii) il ne semble pas non plus, dans l'autre sens, que l'identité ici des bianalytiques et des boréliens résulte "élémentairement" de l'énoncé de $(\underline{\underline{K}})$ (quoique elle résulte aisément du "halo" de la démonstration classique de $(\underline{\underline{K}})$).

Nous commenterons a),b),c) et d) plus loin, et démontrons maintenant les implications "élémentaires" $(\underline{\underline{K}}) \Rightarrow (\underline{\underline{\bar M}}) \Rightarrow (\underline{\underline{M}}) \Rightarrow (\underline{\underline{A}})$, les autres étant alors triviales.

$(\underline{\underline{K}}) \Rightarrow (\underline{\underline{\bar M}})$: Soit (A_n) une suite de parties analytiques d'un espace métrisable séparable X, telle que $\bigcap_n A_n = \emptyset$. Plongeons X dans un espace métrisable compact E (par exemple, $E = [0,1]^{\mathbb{N}}$) : comme $\underline{\underline{B}}(X) = \underline{\underline{B}}(E)_{|X}$, il est facile de voir que toute partie analytique de X est la trace sur X d'une partie analytique de E. Désignons alors, pour tout n, par A'_n une partie analytique de E telle que $A_n = X \cap A'_n$, et par C'_n le complémentaire de A'_n dans E. D'après $(\underline{\underline{K}})$, il existe une suite (D'_n) de parties coanalytiques disjointes de E telle que $D'_n \subseteq C'_n$ et $\bigcup_n D'_n = \bigcup_n C'_n$. Posons alors, pour tout n, $B_n = X - D'_n$: B_n est analytique dans X, contient A_n, et on a $\bigcap_n B_n = \emptyset$. Par ailleurs, les ensembles $X - B_n$ forment une partition dénombrable de X en parties coanalytiques de X ; la classe des parties coanalytiques étant stable pour les réunions dénombrables, on en déduit que les $X - B_n$ sont aussi analytiques dans X : d'où, finalement, les B_n sont bianalytiques dans X.

$(\underline{\underline{\bar M}}) \Rightarrow (\underline{\underline{M}})$: Soit (C_n) une suite de parties coanalytiques de l'espace métrisable séparable X et posons $Y = \bigcup_n C_n$. Les ensembles $A_n = (X - C_n) \cap Y$ forment une suite de parties analytiques de l'espace métrisable séparable Y telle que $\bigcap_n A_n = \emptyset$. D'après $(\underline{\underline{\bar M}})$, il existe une suite (B_n) de parties bianalytiques de Y telle que $A_n \subseteq B_n$ et $\bigcap_n B_n = \emptyset$. Comme Y est une partie coanalytique de X, les ensembles B_n et $(Y - B_n)$ sont coanalytiques dans X. Alors, les ensembles $D_1 = (Y - B_1)$, $D_2 = (Y - B_2) \cap B_1, \ldots$, $D_n = (Y - B_n) \cap (\bigcup_{m<n} B_m), \ldots$ forment une suite de parties coanalytiques disjointes de X telle que $D_n \subseteq C_n$ et $\bigcup_n D_n = \bigcup_n C_n$.

$(\underline{\underline{M}}) \Rightarrow (\underline{\underline{A}})$: Soit (C_n) une suite de parties $\underline{\underline{X}}$-coanalytiques de l'espace pavé $(X, \underline{\underline{X}})$ tel que les éléments de $\underline{\underline{X}}$ soient $\underline{\underline{X}}$-coanalytiques. D'abord, quitte à remplacer $\underline{\underline{X}}$ par $\underline{\underline{Ba}}[(X, \underline{\underline{X}})]$ - ce qui ne change pas la classe des parties analytiques -, on peut supposer que $\underline{\underline{X}}$ est une tribu. Ensuite, si l'on définit les parties $\underline{\underline{X}}$-analytiques à l'aide des schémas de projection, ou des schémas de Souslin, on voit immédiatement qu'il existe un sous-pavage $\underline{\underline{X}}'$ de $\underline{\underline{X}}$, engendré par un sous-ensemble dénombrable de $\underline{\underline{X}}$, tel que les C_n soient encore $\underline{\underline{X}}'$-coanalytiques : quitte à remplacer $\underline{\underline{X}}$ par la tribu engendrée par $\underline{\underline{X}}'$, on peut donc supposer que $\underline{\underline{X}}$ est une tribu séparable. Mais alors, l'indicatrice de Marczewski permet de se ramener au cas où X est un espace métrisable séparable et $\underline{\underline{X}}$ sa tribu borélienne.

Nous commentons maintenant a),b),c) et d) sous la forme d'un énoncé de principes heuristiques, que nous illustrerons encore par deux exemples. On entend ci-après, par résultat, un théorème portant sur les parties analytiques de $(X,\underline{\underline{X}})$ ou de $(X\times E,\underline{\underline{X}}\otimes\underline{\underline{K}}(E))$, où $\underline{\underline{X}}$ est contenu dans $\underline{\underline{Ba}}[(X,\underline{\underline{X}})]$, où E est un espace métrisable compact et où $\underline{\underline{X}}\otimes\underline{\underline{K}}(E)$ est le pavage engendré par les rectangles M×N avec $M\in\underline{\underline{X}}$, $N\in\underline{\underline{K}}(E)$. Noter que la projection π de X×E sur X est alors un noyau capacitaire.

Principe (A-M) : Tout résultat ($\underline{\underline{A}}$) valant pour $(X,\underline{\underline{X}})$ équivaut à sa restriction ($\underline{\underline{M}}$) au cas où X est métrisable séparable (et $\underline{\underline{X}}=\underline{\underline{B}}(X)$).

Principe (M-K) : Pour tout résultat ($\underline{\underline{\bar{M}}}$) valant pour X métrisable séparable, il existe un résultat ($\underline{\underline{M}}$) plus fort, équivalent à sa restriction ($\underline{\underline{K}}$) au cas où X est métrisable compact.

Principe ($\bar{K}$-$\bar{M}$) : Tout résultat ($\underline{\underline{\bar{K}}}$) valant pour X métrisable compact est encore vrai pour X seulement métrisable séparable, à condition de remplacer "borélien" par "bianalytique" (extension ($\underline{\underline{\bar{M}}}$) de ($\underline{\underline{\bar{K}}}$)). Mais, assez souvent, la démonstration de ($\underline{\underline{\bar{M}}}$) est plus complexe que celle de ($\underline{\underline{\bar{K}}}$), et fait intervenir la théorie de l'indice (qui ne semble pas avoir de rapports étroits avec la théorie des capacités).

Nous tempérons le "Mais" du dernier principe par un nouveau principe, bien commode pour les probabilistes, qui courcircuite tous les principes précédents (encore que le principe (A-M) soit en général utilisé comme intermédiaire dans son application)

Principe (A-K) : Tout résultat ($\underline{\underline{A}}$) valant lorsque $\underline{\underline{X}}$ est une tribu complète pour une probabilité se déduit assez facilement de sa restriction au cas où X est métrisable compact et $\underline{\underline{X}}$ une complétée de $\underline{\underline{B}}(X)$, et trivialement si $\underline{\underline{X}}$ est la complétée d'une tribu de Blackwell.

Enfin, à cet arsenal de principes, s'ajoute le théorème suivant (que j'attribue à Kuratowski) : tous les espaces mesurables de la forme $(X,\underline{\underline{B}}(X))$, où X est une partie borélienne non dénombrable d'un espace métrisable compact, sont isomorphes. Si bien que, très souvent, on peut supposer que X , ou E , ou les deux, sont égaux à [0,1] , ou à tout autre espace remarquable, dont on pourra profiter de la structure plus riche (par exemple, de la relation d'ordre).

Venons en aux deux exemples promis. Nous commençons par le plus sophistiqué des deux, qui tourne autour du théorème de Souslin-Lusin (énoncé $(\overline{\underline{\underline{K}}})$) et du théorème sur l'ensemble d'unicité de Lusin (un peu plus faible que l'énoncé $(\overline{\underline{\underline{M}}})$). Les hypothèses et notations sont celles adoptées pour les principes ; en particulier, X est métrisable compact dans un énoncé de type K , est métrisable séparable dans un énoncé de type M.

$(\overline{\underline{\underline{K}}})$ Soit G un borélien de XxE tel que, pour tout $x\in X$, la coupe G(x) comporte au plus un point. Alors $\pi(G)$ est borélien dans X .

$(\underline{\underline{K}})$ Soit A une partie analytique de XxE . Il existe une partie analytique H de XxE telle que H(x) soit fermée, non vide, pour tout $x\in X$, et que H(x) soit l'adhérence de A(x) pour tout $x\in\pi(A)$.

$(\overline{\underline{\underline{M}}})$ Même énoncé que $(\overline{\underline{\underline{K}}})$, avec "bianalytique" à la place de "borélien".

$(\underline{\underline{M}})$ Même énoncé que $(\underline{\underline{K}})$.

$(\underline{\underline{A}})$ Même énoncé que $(\underline{\underline{M}})$, mais pour un espace pavé $(X,\underline{\underline{X}})$.

L'énoncé $(\overline{\underline{\underline{K}}})$ est un cas particulier du théorème de Souslin-Lusin (considérer la restriction de π à $(G,\underline{\underline{B}}(G))$, et lui est (trivialement) équivalent. L'énoncé $(\overline{\underline{\underline{M}}})$, en conservant "G borélien" (mais avec la conclusion "$\pi(G)$ bianalytique") est (élémentairement) équivalent au théorème sur l'ensemble d'unicité de Lusin qui dit ceci : si B est un borélien de XxE , avec X métrisable compact, alors l'ensemble des $x\in X$ tels que B(x) comporte exactement un point est coanalytique dans X . Pour plus de détails, et pour la démonstration de $(\underline{\underline{K}})$, je renvoie à mon exposé "Ensembles analytiques : théorèmes de séparation et applications" du volume IX du séminaire. Nous nous contentons ici de prouver les implications élémentaires, mais non triviales, $(\underline{\underline{K}})\Rightarrow(\underline{\underline{M}})\Rightarrow(\underline{\underline{A}})$ et $(\underline{\underline{M}})\Rightarrow(\overline{\underline{\underline{M}}})$

$(\underline{\underline{K}})\Rightarrow(\underline{\underline{M}})$: Soit A une partie analytique de XxE , où X est métrisable séparable. Plongeons X dans un espace métrisable compact F et soit A' une partie analytique de FxE telle que $A = A'\cap(X\times E)$. Soit alors H' une partie analytique de FxE , à coupes fermées, telle que $\pi(H') = F$ et que $H'(x) = \overline{A}'(x)$ pour tout $x\in\pi(A')$: il ne reste plus qu'à poser , pour conclure, $H = H'\cap(X\times E)$.

$(\underline{\underline{M}})\Rightarrow(\underline{\underline{A}})$: La démonstration est analogue à celle déjà vue. Soit A une partie $\underline{\underline{X}}\times\underline{\underline{K}}(E)$-analytique de XxE . D'abord, quitte à remplacer $\underline{\underline{X}}$ par $\underline{\underline{Ba}}[(X,\underline{\underline{X}})]$ - ce qui ne change pas les parties analytiques de X , ni celles de XxE - on peut supposer que $\underline{\underline{X}}$ est une tribu. Ensuite, on voit aisément, en définissant A par un schéma de projection ou un schéma de

Souslin, que A est encore $\underline{\underline{Y}}\times\underline{\underline{K}}(E)$-analytique, où $\underline{\underline{Y}}$ est une sous-tribu séparable de $\underline{\underline{X}}$. Et on conclut grâce à l'indicatrice de Marczewski.

$(\underline{\underline{M}}) \Rightarrow (\overline{\underline{\underline{M}}})$: Soit G une partie bianalytique de XxE, où X est métrisable séparable, telle que G(x) comporte au plus un point pour tout $x \in X$. D'abord, $\pi(G)$ est une partie analytique de X puisque E est métrisable compact, et donc π un noyau capacitaire. Plongeons d'autre part X dans un espace métrisable compact F et soit A (resp C) une partie analytique (resp coanalytique) de FxE telles que $G = A \cap (X \times E) = C \cap (X \times E)$. Soit maintenant H une partie analytique de FxE, à coupes fermées, telle que $\pi(H) = F$ et que $H(x) = \overline{A}(x)$ pour tout $x \in \pi(A)$. Alors, $\pi(H - C)$ est une partie analytique de F et donc $\pi(G) = X - \pi(H - C)$ est une partie coanalytique de X. D'où $\pi(G)$ est bianalytique dans X.

Je termine par l'exemple avec lequel j'ai commencé à apprendre, il y a dix ans, la théorie des ensembles analytiques. Nous utiliserons ici le "grand" théorème de Lusin : si A, analytique dans XxE, où X est métrisable compact, a toutes ses coupes A(x) (au plus) dénombrables, il existe une suite (f_n) d'applications boréliennes de X dans E telle que A soit contenu dans la réunion des graphes des f_n.

Nous allons, pour illustrer le principe (A-K), démontrer ceci

THEOREME.- Soit $(\Omega,\underline{\underline{F}},P)$ un espace probabilisé complet et soit A une partie $\underline{\underline{F}}\times\underline{\underline{K}}(E)$-analytique de $\Omega \times E$, où E est métrisable compact. Si, pour presque tout $\omega \in \Omega$, la coupe $A(\omega)$ est dénombrable, alors il existe une suite (f_n) d'applications mesurables de Ω dans E telle que A soit contenu dans la réunion G des graphes des f_n, à un ensemble évanescent près (i.e. $\pi(A \Delta G)$ est P-négligeable).

D/ Supposons que $\underline{\underline{F}}$ soit la complétée d'une tribu $\underline{\underline{F}}^{\circ}$(sans exclure le cas où $\underline{\underline{F}} = \underline{\underline{F}}^{\circ}$). Alors, si l'on définit A par schéma de projection ou schéma de Souslin, on voit immédiatement que A est égal, à un ensemble évanescent près, à une partie $\underline{\underline{F}}^{\circ}\times\underline{\underline{K}}(E)$-analytique, dont toutes les coupes sont dénombrables. On peut donc supposer que A est $\underline{\underline{F}}^{\circ}\times\underline{\underline{K}}(E)$-analytique, et a toutes ses coupes dénombrables. Ensuite, grâce au principe (A-M), on peut supposer que Ω est un espace métrisable séparable, que A est $\underline{\underline{B}}(\Omega)\times\underline{\underline{K}}(E)$-analytique, que $\underline{\underline{F}}$ est la complétée de $\underline{\underline{B}}(\Omega)$ et que $\underline{\underline{F}}^{\circ}$ est égale à $\underline{\underline{B}}(\Omega)$ si elle est séparable. Plongeons maintenant Ω dans un espace métrisable compact F et désignons par $\overline{P}$ l'image de P par l'injection de Ω dans F. Soit d'autre part A' une partie analytique de FxE telle que $A = A' \cap (\Omega \times E)$ et désignons par D l'ensemble des $x \in F$ tels que A'(x) soit dénombrable : D contient Ω. Supposons que l'on ait trouvé une partie Ω' de F, $\overline{P}$-mesurable, coincée entre Ω et D. Alors, il existe une suite (K_n) de compacts disjoints de F, contenus dans Ω', tels que Ω' soit $\overline{P}$-p.s. égal à la réunion des K_n, et le théorème est conséquence immédiate du théorème de Lusin appliqué aux espaces $K_n \times E$ et aux ensembles $A_n = A' \cap (K_n \times E)$. Maintenant, si $\underline{\underline{F}}^\circ$ est une tribu de Blackwell, Ω est analytique dans F et on peut prendre $\Omega' = \Omega$. Dans le cas général, on peut prendre $\Omega' = D$ car D est une partie coanalytique de F d'après un théorème de Mazurkiewicz-Sierpinski.

REMARQUE. Il existe un dernier principe : démontrer directement un résultat où $(X,\underline{\underline{X}}) = (\Omega,\underline{\underline{F}})$, $\underline{\underline{F}}$ tribu complète pour une probabilité, est plus simple que de démontrer le résultat analogue, sans mesure, dans le cas où X est métrisable compact et $\underline{\underline{X}} = \underline{\underline{B}}(X)$. Voir par exemple la démonstration directe du théorème précédent dans le livre rose.

BIBLIOGRAPHIE

DELLACHERIE (1971) : Une démonstration du théorème de séparation des ensembles analytiques (Séminaire de Probabilités V, p 82-85 Lecture Notes Springer n°191, 1971)

(1972) : Ensembles analytiques, capacités, mesures de Hausdorff (Lecture Notes Springer n°295, 1972)

(1976a) : Sur la construction des noyaux boréliens (Séminaire de Probabilités X, p 545-577, Lecture Notes Springer n°511, 1976)

(1976b) : Compléments aux exposés sur les ensembles analytiques (Ibid, p 579-593)

JAYNE (1976) : Structure of analytic Hausdorff spaces (Mathematika 23 p 208-211, 1976)

LIAPUNOV (1939) : Séparabilité multiple pour le cas de l'opération (A) (Izvestia Akad Nauk SSSR 1939, p 539-552)

(1946) : Séparabilité multiple pour les cas des opérations δs (C.R. Acad Sc URSS 53, p 395-398, 1946)

MOKOBODZKI (1966) : Capacités fonctionnelles (Séminaire Choquet, Inst Poincaré, Paris 6e année, 6 pages, 1966/67)

(1976) : Démonstration élémentaire d'un théorème de Novikov (Séminaire de Probabilités X, p 539-543, Lecture Notes Springer n°511, 1976)

SAINT-PIERRE (1977) : Séparation simultanée d'un ensemble analytique de suites d'ensembles $\underline{\underline{F}}$-sousliniens (C.R. Acad Sc Paris, t 285, série A, p 933-936, 1977)

SAINT-RAYMOND (1976) : Boréliens à coupes $\underline{\underline{K}}_\sigma$ (Bull Sc Math France, t 104, p 389-400, 1976)

SION (1963) : On capacitability and measurability (Ann Inst Fourier, t 13, p 88-99, 1963)

Université de Strasbourg
Séminaire de Probabilités 1976/77

CORRECTIONS AU VOLUME XI (ET AUTRES) DU SEMINAIRE

Correction to << Pedagogic Notes On the Barrier Theorem >>

Murali Rao pointed out to me that the result in (12) in the note is incorrect because it is possible to exit from D without exiting from its closure. Proposition 4 there is saved by the Remark at the end of the note, but that is not new even pedagogically. (K.L. Chung)

Correction à << Retour sur la représentation de BMO >>

Le théorème suivant est énoncé p. 476 : soit une martingale L telle que $\|L\|_{BMO} \leqq 1$; L admet alors une représentation $\sum_n \lambda_n J_n \cdot M_n$, où les J_n sont prévisibles bornés par 1 en valeur absolue, les M_n sont des martingales bornées par 1 en valeur absolue, et $\sum_n |\lambda_n| \leq c$, une constante universelle.

Il est possible que ce théorème soit vrai, mais Yor m'a fait remarquer que la démonstration est insuffisante : pour appliquer le lemme, il faudrait savoir que l'enveloppe convexe fermée <u>dans BMO</u> de l'ensemble des J.M du type ci-dessus contient un multiple de la boule unité de BMO . Or le résultat établi à ce sujet dans le séminaire X affirmait seulement cela pour l'enveloppe convexe fermée dans $\underline{\underline{H}}^2$.

Par ailleurs, dans l'énoncé du lemme, il faut ajouter <u>fermée</u> après <u>enveloppe convexe</u>.

Correction à << Caractérisation de BMO par un opérateur maximal >>

Au bas de la page 470, dernière ligne du texte, le cas p=1 n'est pas évident, et en fait je ne sais démontrer la partie 2 de l'énoncé que pour $1<p<\infty$. (P.A.Meyer)

Correction au Séminaire X, p.406

Dans le travail de M. Pratelli sur la dualité des espaces h^p, p.406 ligne 8, le temps d'arrêt S_j n'est pas prévisible. Mais par hypothèse si l'on pose $A_t^n = \langle M^n - M^{n+1}, M^n - M^{n+1} \rangle_t^{p/2}$ on a $\Sigma_n E[A_\infty^n] < \infty$ (il faudrait un exposant p au lieu de p/2 à la ligne 5), donc la somme $A_t = \Sigma_n A_t^n$ est un processus croissant prévisible et continu à droite, et il suffit de prendre $S_j = \inf\{ t : A_t \geq j^{p/2} \}$ pour obtenir un temps prévisible qui rend les mêmes services que celui du texte. (D. Lépingle).

Correction au Séminaire XI << Sur un théorème de C. Stricker >>

P.486 du volume XI, le théorème de Doob sur l'existence de densités dépendant mesurablement d'un paramètre est utilisé (sans mention explicite : lignes 9-10 à partir du bas) pour des mesures σ-finies. Yor m'a fait remarquer que ce théorème n'est établi que pour des mesures bornées dépendant mesurablement d'un paramètre, et en fait Mokobodzki a donné un contre-exemple à sa validité pour les mesures σ-finies.

La démonstration peut se corriger suivant les lignes suivantes. Au lieu de montrer que les mesures σ-finies sur $\underline{\underline{F}}^{o}_{\infty-}$

$$\mu_{\iota}(B) = E^{1}_{\iota}[I_B.\int_0^{\infty} |dA^{\iota}_s|]$$

dépendent mesurablement du paramètre ι par la méthode indiquée (ce qui est vrai, mais ne suffit pas à entraîner l'existence d'une version de la variation totale $\int_0^{\infty} |dA^{\iota}_s|$ dépendant mesurablement de ι), on change un peu les lois P^{1}_{ι}, en rendant intégrable, non seulement $[X,X]_{\infty}$ mais X^* ; alors A^{ι}_t est intégrable pour $0\leqq t\leqq\infty$. Ensuite on vérifie que la mesure signée et bornée

$$\lambda^{\iota}_t(B) = E^{1}_{\iota}[I_B.A^{\iota}_t]$$

dépend mesurablement du paramètre ι, ce qui est plus simple que le raisonnement figurant dans l'article. Le théorème de Doob s'appliquant aux mesures bornées, il en résulte que l'on peut construire une version de la densité A^{ι}_t dépendant mesurablement du paramètre ι . Il ne reste plus qu'à noter que l'on a p.s. pour toute loi P^{1}_{ι}

$$\int_0^{\infty} |dA^{\iota}_s| = \liminf_n \sum_k |A^{\iota}_{(k+1)2^{-n}} - A^{\iota}_{k2^{-n}}|$$

et nous sommes parvenus au même point que plus haut, en évitant l'emploi incorrect du théorème de Doob.

Il est inutile de donner plus de détails, Stricker et Yor venant de reprendre l'ensemble de la question dans un article sur le calcul stochastique dépendant d'un paramètre. Ils y montrent aussi comment on peut se passer des limites médiales. (P.A.Meyer)

Correction au Séminaire VII, "Un crible généralisé"

Le résultat démontré dans cet exposé n'est pas nouveau : Novikov l'avait déjà établi, en toute généralité. Voir à ce sujet l'article de Vaught R. (Fund Math 82, p 269-294, 1974), et aussi celui de Burgess J. et Miller D. (Fund Math 90, p 53-74), qui contiennent aussi quantité de choses (nouvelles) intéressantes.

Correction au volume X du Séminaire : Inégalités de Littlewood-Paley

D'une lettre de M. Silverstein :

<< Theorem 3 on page 180 is surely false at least for $1<p<2$. Otherwise if you applied it to the symmetric stable process of index 2α, $0<\alpha<1$, it would give a stronger result than the one stated in problem 6.13 a) on page 163 of Stein's book "singular integrals etc . " . I believe that the error occurs on page 177. Theorem 1' seems to be false which means that also Theorem 2' on p. 179 is false. >>

(Je n'ai pas eu le temps d'y réfléchir, mais je préfère signaler le plus tôt possible la présence d'une erreur. De toute façon, la démonstration du théorème 1' telle qu'elle est, est fausse, même si ce n'est pas de là que vient l'erreur principale. Je me réjouis beaucoup que ces exposés aient eu au moins un lecteur ! (P.A. Meyer) .

Université de Strasbourg
Séminaire de Probabilités 1976/77

QUELQUES APPLICATIONS DU LEMME DE BOREL-CANTELLI A LA THEORIE DES SEMIMARTINGALES

par C. Dellacherie

En nous plaçant sous les conditions habituelles, nous allons tirer quelques conséquences intéressantes, relatives aux "localisations", du théorème suivant

THEOREME 1.- Soit (f_n) une suite de v.a. ≥ 0 finies p.s.. Il existe

a) une suite (c_n) de réels >0 telle que la v.a. $f = \sum c_n f_n$ soit finie presque-sûrement,

b) une partition dénombrable, mesurable, (A^k) de Ω telle que, pour tout k et tout n, la v.a. $f_n . 1_{A^k}$ appartienne à L_∞,

c) une mesure de probabilité Q équivalente à P telle que, pour tout n, la v.a. f_n appartienne à $L_1(Q)$.

D/ Il est clair que a) entraine b) et c). Démontrons a). Choisissons des réels $a_n \geq 0$ (finis) tels que $\sum P[f_n > a_n] < \infty$. D'après le lemme de Borel-Cantelli, on a alors $P[\lim\sup_n \{f_n > a_n\}] = 0$ si bien que, pour presque tout ω, il existe un entier $N(\omega)$ tel que $f_n(\omega) \leq a_n$ pour $n \geq N(\omega)$. Par conséquent, si on pose $c_n = (2^n . a_n)^{-1}$, $f = \sum c_n f_n$ est p.s. finie.

Le corollaire simple suivant est, à mon avis, surprenant

COROLLAIRE.- Soit (m_n) une suite de mesures positives σ-finies sur un espace mesurable $(W, \underline{\underline{A}})$. Il existe

a) une suite (c_n) de réels >0 telle que la mesure $m = \sum c_n m_n$ soit une mesure σ-finie,

b) une partition dénombrable, mesurable, (A^k) de W telle que, pour tout k et tout n, on ait $m_n(A^k) < \infty$,

c) une v.a. $g > 0$ qui appartient à $L_1(m_n)$ pour tout n.

D/ Il est clair que a) entraine b) et c). Par ailleurs, soit, pour tout n, P_n une mesure de probabilité équivalente à m_n et posons $P = \sum 2^{-n} P_n$. Désignons par f_n une densité de m_n par rapport à P : f_n est ≥ 0 et finie P-p.s.. Alors, si (c_n) est une suite de réels >0 telle que $\sum f_n$ soit finie P-p.s., la mesure $m = \sum c_n m_n$ est σ-finie.

REMARQUE.- Je ne prétends pas que le théorème et son corollaire sont originaux, mais je regrette qu'ils ne soient pas "classiques" (j'ai oublié, en fait, où je les ai appris). Par ailleurs, il est aisé de voir que, au point a) du théorème, on ne peut se débarrasser de l'ensemble exceptionnel (prendre $\Omega = \mathbb{N}^{\mathbb{N}}$ et f_n = la n-ième coordonnée).

Le théorème suivant précise le corollaire dans le cadre des P-mesures localement intégrables sur $\mathbb{R}_+ \times \Omega$

THEOREME 2.- Soit $({}^k A)$ une suite de processus croissants adaptés, nuls en 0, et localement intégrables. Il existe une suite croissante (T_n) de t.d'a. prévisibles tendant vers l'infini telle que l'on ait, pour tout n et tout k, $E[{}^k A_{T_n}] < \infty$.

D/ Comme ${}^k A$ est localement intégrable, il possède une projection duale prévisible ${}^k B$. Fixons $s \in \mathbb{N}$ et choisissons une suite (c_k) de réels >0 (dépendant de s) telle que $\sum c_k {}^k B_s$ soit p.s. finie. Considérons le processus croissant prévisible $C_t = \sum c_k {}^k B_{s \wedge t}$ et soit S^p le début de l'ensemble prévisible fermé à droite $\{(t,\omega) : C_t(\omega) \geq p\}$: S^p est un t.d'a. prévisible et nous désignons par (S^p_q) une suite de t.d'a. prévisibles qui l'annonce. On a alors $C_{S^p_q} \leq p$ et donc, si (R_n) est une énumération des t.d'a. $S^p_q \wedge s$ lorsque p, q et s parcourent $\mathbb{N}$, on a $E[{}^k A_{R_n}] = E[{}^k B_{R_n}] < \infty$. Il ne reste plus qu'à poser $T_n = \sup_{i \leq n} R_i$ pour obtenir une suite (T_n) ayant les propriétés requises.

Voici une application assez surprenante de ce dernier résultat

THEOREME 3.- Soit $({}^k M)$ une suite de martingales locales nulles en 0. Il existe une suite croissante (T_n) de t.d'a. prévisibles tendant vers l'infini telle que, pour tout n et tout k, le processus arrêté ${}^k M^{T_n}$ soit une martingale appartenant à H_1.

D/ Cela résulte immédiatement du théorème 2 et du résultat classique suivant (cf le cours de Meyer dans le vol. X) : si M est une martingale locale nulle en 0, alors $[M,M]^{1/2}$ est un processus croissant localement intégrable, et, si T est un t.d'a., le processus M^T est une martingale appartenant à H_1 ssi $[M,M]_T^{1/2}$ est une v.a. intégrable.

On est souvent amené, en théorie des intégrales stochastiques, à écrire qu'un processus continu à gauche est localement borné. Ici encore on a une "localisation uniforme" pour les suites :

THEOREME 4.- Soit $({}^k Y)$ une suite de processus prévisibles continus à gauche. Il existe une suite croissante (T_n) de t.d'a. tendant vers l'infini telle que, pour tout n et tout k, le processus arrêté ${}^k Y^{T_n}$ soit borné.

D/ Soit ${}^kY^+_t = \sup_{s<t} |{}^kY_s|$ (je n'ai pas de "star" sur mon clavier) : ${}^kY^+$ est un processus continu à gauche, adapté, et à trajectoires croissantes. Pour $s\in\mathbb{N}$, choisissons une suite (c_k) de réels >0 telle que $\sum c_k\, {}^kY^+_s < \infty$ p.s., et désignons par S^p le début de $\{\sum c_k\, {}^kY^+_{s\wedge t} \geq p\}$: cet ensemble aléatoire n'étant pas fermé à droite, S^p n'est pas forcément prévisible, mais, comme ${}^kY^+$ est continu à gauche, on est assuré que $\sum c_k\, {}^kY^+_{s\wedge S^p}$ est $\leq p$. Il n'y a plus qu'à réarranger les $S^p\wedge s$ en une seule suite (S_n) quand p et s parcourt $\mathbb{N}$ et à poser $T_n = \sup_{i\leq n} S_n$.

Le dernier résultat que nous allons donner, et qui repose aussi sur des résultats de Stricker, est sans doute le plus surprenant (même pour une suite réduite à un élément !)

THEOREME 5.- Soit $({}^kX)$ une suite de semimartingales. Il existe une mesure de probabilité Q équivalente à P telle que, sous Q, les semimartingales ${}^kX$ soient spéciales et que, si ${}^kX = {}^kM + {}^kA$ est la décomposition canonique de ${}^kX$ sous Q, alors on ait, pour tout k : ${}^kM$ est une martingale de carré intégrable au sens large (i.e. ${}^kM_t \in L_2(Q)$ pour tout t) et ${}^kA$ est un processus prévisible à variation intégrable au sens large (i.e. $\int_{[0,t]} |d\,{}^kA_s| \in L_1(Q)$ pour tout t).

D/ Nous nous contentons d'écrire la démonstration pour une suite réduite à un élément X, le cas d'une "vraie" suite s'y ramenant par un raisonnement analogue à ceux rencontrés plus haut. Rappelons que X, semimartingale sous P, est encore une semimartingale sous toute probabilité équivalente à P (et même seulement absolûment continue). Ceci dit, quitte à remplacer P par une probabilité équivalente, on peut supposer que, pour tout t (fini), $[X,X]_t$ appartient à $L_1(P)$ (appliquer le point c) du théorème 1) à la suite des $[X,X]_n$, n parcourant $\mathbb{N}$). Dans ces conditions, on sait que X est une semimartingale spéciale ; soit $X = N + B$ sa décomposition canonique (sous P) en une martingale locale N et un processus prévisible à variation finie B. Nous allons paraphraser maintenant la démonstration du premier théorème de l'exposé de Meyer "Sur un théorème de C. Stricker", paru dans le vol. XI.
En tout t.d'a. prévisible borné S, on a $|\Delta X_S| \in L_1(P)$, $\Delta B_S = E[\Delta X_S | \underline{\underline{F}}_{S-}]$ et donc $E[\Delta B_S^2] \leq E[\Delta X_S^2]$, si bien que, en sommant sur des t.d'a. prévisibles, bornés par t+1, à graphes disjoints, et épuisant les sauts de B sur $[\![0,t]\!]$, on a $E[[B,B]_t] \leq E[[X,X]_t] < \infty$. Comme $[N,N]$ est majoré par $2([X,X] + [B,B])$, nous avons aussi $E[[N,N]_t] < \infty$, si bien que N est une martingale de carré intégrable au sens large. Nous choisissons maintenant une mesure de probabilité Q équivalente à P telle que, pour tout n, $\int_{[0,n]} |dB_s|$ appartienne à $L_1(Q)$; nous désignons par Z la densité de Q par rapport à Z, qui est >0 P-p.s., et que nous supposons

bornée, ce qui est possible (quitte, évidemment, à changer la mesure Q), et par (Z_t) la martingale continue à droite, bornée et positive $E_P[Z|\underline{F}_t]$ Le théorème de Girsanov nous dit alors que X est encore une semimartingale spéciale sous Q , admettant la décomposition canonique

$$X_t = M_t + A_t = (N_t - \int_{[0,t]} \frac{d\langle N,Z\rangle_s}{Z_{s-}}) + (\int_{[0,t]} \frac{d\langle N,Z\rangle_s}{Z_{s-}} + B_t)$$

Et nous avons

$$E_Q[\int_{[0,t]} |dB_s|] < \infty$$

d'après le choix de Z , et

$$E_Q[\int_{[0,t]} |\frac{d\langle N,Z\rangle_s}{Z_{s-}}|] = E_P[\int_{[0,t]} \frac{Z}{Z_{s-}} |d\langle N,Z\rangle_s|]$$
$$= E_P[\int_{[0,t]} |d\langle N,Z\rangle_s|] \leq \|N_t\|_{L_2(P)} \|Z_t\|_{L_2(P)}$$

la deuxième égalité résulte du fait que $t \to \int_{[0,t]} |d\langle Z,N\rangle_s|$ est prévisible et que la projection prévisible de $t \to Z/Z_{t-}$ est égale à 1 ; l'inégalité est simplement l'inégalité classique de Kunita-Watanabé. On sait donc que (A_t) est un processus prévisible à variation intégrable au sens large sous Q , et il reste à montrer que (M_t) est une martingale de carré intégrable au sens large sous Q . Mais cela résulte tout simplement de la première partie de la démonstration, en y remplaçant P par Q ! (le point d'exclamation provient du fait que, dans l'exposé précité de Meyer, Meyer conclut savamment que (M_t) appartient (seulement) à H_1 sous Q - dans son exposé $[X,X]_\infty$ est p.s. fini).

REMARQUE.- Dans son cours sur les intégrales stochastiques, p 277 du vol. X , Meyer commence par établir la formule du changement de variable pour les semimartingales somme d'une martingale de carré intégrable et d'un processus à variation intégrable. On voit que, quitte à changer de probabilité, on n'est pas bien loin du cas général...

Université de Strasbourg
Séminaire de Probabilités 1976/77

QUELQUES EXEMPLES FAMILIERS, EN PROBABILITES, D'ENSEMBLES ANALYTIQUES, NON BORELIENS

par C. Dellacherie

On va montrer ici, pour répondre à des demandes (indépendantes) de K.L. Chung et D. Williams, que des êtres que l'on rencontre quotidiennement, en théorie des processus stochastiques, fournissent des exemples naturels d'ensembles analytiques non boréliens.

Nous allons en fait présenter d'abord trois exemples, sans démonstration, puis exposer une méthode générale pour démontrer qu'un ensemble analytique n'est pas borélien, et, enfin, revenir à nos exemples pour montrer que cette méthode leur est applicable.

I.- TROIS EXEMPLES

a) <u>L'ensemble des temps d'arrêt non finis</u> (temps discret) :

Soient E un ensemble infini dénombrable, Ω l'ensemble des applications de $\mathbb{N} = 1,2,\dots$ dans E, et $(X_n)_{n\in\mathbb{N}}$ les applications coordonnées sur $\Omega = E^{\mathbb{N}}$: $(\Omega,(X_n),\dots)$ est l'espace canonique pour décrire, en temps discret, les processus à valeurs dans E. Nous munissons E de la topologie discrète et Ω de la topologie produit : Ω est un espace polonais, homéomorphe à $\mathbb{N}^{\mathbb{N}}$, et les suites $\omega\in\Omega$ constantes à partir d'un certain rang forment une partie dénombrable dense dans Ω.

Soit T une application de Ω dans $\overline{\mathbb{N}} = \mathbb{N}\cup\{+\infty\}$; on sait que T est un t.d'a. de la filtration naturelle de (X_n) ssi T vérifie le test de Galmarino :

$$\forall\omega,w\in\Omega \quad \forall n\in\mathbb{N} \quad T(\omega)>n \text{ et } w|n = \omega|n \Rightarrow T(w)>n \qquad (°)$$

où $\omega|n$ désigne la suite finie des n premiers termes de ω. Désignons par $\underline{\underline{T}}$ l'ensemble de tous les t.d'a., et munissons le de la topologie de la convergence simple sur Ω. Il n'est pas difficile de voir que $\underline{\underline{T}}$ est alors un espace compact métrisable : en effet, la convergence simple conserve la propriété (°) - d'où la compacité -, et $T\in\underline{\underline{T}}$ est uniquement déterminé par sa restriction aux suites ω constantes à partir d'un certain rang - d'où la métrisabilité -.

Considérons le sous-espace $\underline{\underline{P}} = \{T\varepsilon\underline{\underline{T}} : \exists\omega\ T(\omega) = +\infty\}$: $\underline{\underline{P}}$ <u>est une partie analytique</u>, <u>non borélienne</u>, <u>de</u> $\underline{\underline{T}}$. En fait, $\underline{\underline{P}}$ est une sorte d'ensemble analytique universel, dont l'étude revient à celle de la notion de schéma de Souslin (cf l'exposé "Ensembles analytiques et temps d'arrêt" de Meyer et moi, dans le volume IX).

b) <u>L'ensemble des applications continues à droite</u> (temps continu) :

Soient E un espace polonais, comportant au moins deux points, Ω l'ensemble des applications continues à droite de $\mathbb{R}_+$ dans E, et (X_t) les applications coordonnées sur Ω : $(\Omega,(X_t),\ldots)$ est l'espace canonique pour décrire, en temps continu, les "bons" processus à valeurs dans E.

Soit $W = E^{\mathbb{Q}_+}$, muni de la topologie produit : c'est un espace polonais. Et, si l'on identifie $\omega\varepsilon\Omega$ à sa restriction à $\mathbb{Q}_+$, on peut considérer Ω comme une partie de W ; la trace sur Ω de la tribu borélienne $\underline{\underline{B}}(W)$ de W est alors égale à la tribu $\underline{\underline{F}}^\circ$ engendrée par les X_t sur Ω.

Disons qu'une partie de W est coanalytique si son complémentaire est analytique : Ω <u>est une partie coanalytique</u>, <u>non borélienne</u>, <u>de</u> W. (Ma référence la plus ancienne : Hoffmann-Jørgensen, "The theory of analytic sets", Lecture Notes N°10 de l'Université de Aarhus).

c) <u>Le temps d'entrée dans un fermé du processus càdlàg canonique</u> :

On désigne toujours par E un espace polonais mais, cette fois, Ω est l'ensemble des applications continues à droite et pourvues de limites à gauche de $\mathbb{R}_+$ dans E ; (X_t) désigne les applications coordonnées. On plonge, comme ci-dessus, Ω dans $W = E^{\mathbb{Q}_+}$: on a $\underline{\underline{F}}^\circ = \underline{\underline{B}}(W)_{|\Omega}$. Et, à cause de l'existence des limites à gauche, il est vrai, cette fois, que Ω est une partie borélienne de W. Par conséquent, les parties $\underline{\underline{F}}^\circ$-analytiques de Ω sont exactement les parties analytiques de W qui sont contenues dans Ω.

Soient F un fermé de E et T_F son temps d'entrée. On sait que T_F est un t.d'a. de $(\underline{\underline{F}}_t)$, où $(\underline{\underline{F}}_t)$ est la filtration augmentée habituelle de la filtration naturelle $(\underline{\underline{F}}_t^\circ)$ de (X_t). Mais, est-ce que T_F est un t.d'a. de $(\underline{\underline{F}}_{t+}^\circ)$? Nullement, sauf si F est ouvert ! Nous montrerons, au §III, que, si F est une partie fermée non ouverte de E, alors, pour tout $t>0$, $\{T_F < t\}$ <u>est</u> $\underline{\underline{F}}^\circ$<u>-analytique</u>, <u>mais n'appartient pas à</u> $\underline{\underline{F}}^\circ$.

Nous passons maintenant à l'exposé de la méthode générale promise. En fait, pour ne pas être trop abstrait, nous commençons par étudier plus en détails l'exemple a), ce qui nous permettra d'illustrer ensuite notre discours sur les "dérivations". Pour les démonstrations des résultats généraux du §II, je renverrai à mon exposé "Les dérivations en théorie descriptive des ensembles et le théorème de la borne" paru dans le volume XI (voir aussi "Erratum et addendum..." dans ce volume).

II.- DERIVATIONS ET THEOREME DE LA BORNE

Reprenons l'espace métrisable compact $\underline{\underline{T}}$ des t.d'a. sur $\Omega = \mathbb{N}^{\mathbb{N}}$, muni de sa structure d'ordre (partiel) habituel : $S \leq T$ ssi $\forall\omega\ S(\omega) \leq T(\omega)$. Noter que $\leq$ est un ordre compact (i.e. le graphe de $\leq$ dans $\underline{\underline{T}} \times \underline{\underline{T}}$ est compact) et que $(\underline{\underline{T}}, \leq)$ est une lattice complète (en fait, $\underline{\underline{T}}$ est stable pour les sup et inf de familles quelconques) ; nous noterons ϕ le plus petit élément, i.e. le t.d'a. identiquement égal à 1 .

Considérons maintenant l'opération de <u>dérivation</u> sur $\underline{\underline{T}}$, i.e. l'application notée d ou ' de $\underline{\underline{T}}$ dans $\underline{\underline{T}}$ définie par

$$d(T) = T' = \inf \{S \varepsilon \underline{\underline{T}} : S \geq T-1\}$$

On vérifie sans peine que l'on a

$$T'(\omega) > n \iff \exists w\ \omega|n = w|n \text{ et } T(w) > n+1$$

soit encore, si $\omega^{n,k}$ désigne la suite w telle que $w|n = \omega|n$ et que $X_m(w) = k$ pour $m > n$,

$$T'(\omega) > n \iff \exists k\ T(\omega^{n,k}) > n+1$$

On en déduit que d est une application borélienne de $\underline{\underline{T}}$ dans $\underline{\underline{T}}$ (elle est, en fait, de 1ère classe de Baire).D'autre part, vis à vis de $\leq$, d a les propriétés suivantes

$$\forall T\ \ d(T) \leq T \qquad \forall S,T\ \ S \leq T \Rightarrow d(S) \leq d(T)$$

Nous dirons que T est <u>parfait</u> si $d(T) = T$.

Soit maintenant I l'ensemble des ordinaux dénombrables et définissons, pour $T\varepsilon\underline{\underline{T}}$, la <u>suite transfinie des dérivés successifs</u> $(T^i)_{i\varepsilon I}$ de T , par récurrence transfinie, comme suit

$$T^0 = T$$

$$T^j = \inf_{i<j} d(T^i) \quad (\text{si } j \text{ est de 1ère espèce, } T^j = d(T^{j-1}))$$

et associons à T son <u>indice</u> j(T) défini par

$$j(T) = \inf \{i\varepsilon I : T^i = \phi\} \quad \text{si } \{\ldots\} \text{ n'est pas vide}$$
$$= \text{aleph}_1 \quad \text{si } \{\ldots\} \text{ est vide}$$

Noter que, comme un t.d'a. est bien défini par sa restriction à l'ensemble dénombrable des suites ω constantes à partir d'un certain rang, il existe en fait un ordinal dénombrable i tel que $T^j = T^i$ pour tout $j > i$: si i(T) est le plus petit ordinal vérifiant cette propriété, $S = T^{i(T)}$ est le plus grand t.d'a. parfait majoré par T , et on a $j(T) = i(T)$ si $S = \phi$ et $j(T) = \text{aleph}_1$ sinon. Il est alors facile de voir que l'on a $j(T) < \text{aleph}_1$ ssi T est un t.d'a. fini ; il n'est pas difficile non plus de montrer, même si cela surprend le novice, que, pour tout $i\varepsilon I$, il existe un t.d'a. fini T tel que $j(T) = i$: en particulier, on est assuré que $\sup_{T \text{ fini}} j(T) = \text{aleph}_1$ (nous identifions aleph_1 avec le premier ordinal non dénombrable).

Posons, finalement,

$$C = \{T\varepsilon\underline{\underline{T}} : j(T) = \text{aleph}_1\} \qquad D = \{T\varepsilon\underline{\underline{T}} : j(T) < \text{aleph}_1\}$$

D'après ce qui précède, C est l'ensemble des t.d'a. non finis, qui avait été noté $\underline{\underline{P}}$ dans le §I. On a les résultats suivants, qui découleront d'un théorème général sur les dérivations :

a) C est analytique, D est coanalytique

b) $T \varepsilon C$ ssi il existe $S \neq \phi$ parfait tel que $S \leq T$

c) si A est une partie analytique de $\underline{\underline{T}}$ contenue dans D, alors

$$\sup_{T\varepsilon A} j(T) < \text{aleph}_1 .$$

d) en particulier,

$$\sup_{T\varepsilon D} j(T) = \text{aleph}_1 \Rightarrow D \text{ (et donc C) n'est pas borélien}$$

Nous passons maintenant à l'étude des dérivations dans un contexte très large, mais sans chercher la plus grande généralité.

On se donne d'abord un espace métrisable séparable X, plongé dans un espace polonais $\hat{X}$ (si X est polonais, on prend $X = \hat{X}$). Suivant la terminologie du livre rose (i.e. la nouvelle édition de "Probabilités et Potentiel"), nous dirons qu'une partie A de X est analytique[1] si elle est $\underline{\underline{B}}(X)$-analytique ; comme $\underline{\underline{B}}(X)$ est la trace sur X de $\underline{\underline{B}}(\hat{X})$, A est analytique dans X ssi c'est la trace sur X d'une partie analytique $\hat{A}$ de $\hat{X}$. Ceci dit, on suppose X muni d'un ordre partiel $\leq$ vérifiant les conditions suivantes

1) il existe un plus petit élément pour $\leq$, noté ϕ

2) toute famille (non vide) filtrante décroissante d'éléments de X admet une borne inférieure

3) il existe une relation analytique $\dashv$ sur $\hat{X}$ telle que pour $x, y \varepsilon \hat{X}$,

$$x \dashv y \text{ et } y \varepsilon X \Leftrightarrow x \varepsilon X \text{ et } y \varepsilon X \text{ et } x \leq y$$

Cela implique que $\leq$ est un ordre analytique sur X.

On se donne ensuite une dérivation analytique d sur X, i.e. une application d de X dans X vérifiant les propriétés

1) $\forall x \;\; d(x) \leq x \qquad \forall x,y \;\; x \leq y \Rightarrow d(x) \leq d(y)$

2) la relation $x \leq d(y)$ est analytique sur X (c'est le cas si d est une application borélienne de X dans X)

On dit que x est parfait si $d(x) = x$.

A tout $x\varepsilon X$ on peut alors, comme dans le cas particulier des t.d'a., associer la suite transfinie $(x^i)_{i\varepsilon I}$ des dérivés successifs de x, puis

----

1) Dans notre terminologie, qui n'est pas celle de Choquet etc, le fait pour A d'être analytique dépend du "contexte" X et n'est pas une notion absolue ; suivant la terminologie de Bourbaki, la notion absolue correspondante est celle de partie souslinienne (par exemple, une partie analytique de $\hat{X}$, polonais, est souslinienne). C'est en partie pour ne pas avoir à entrer dans ces subtiles distinctions de vocabulaire que nous avons distingué, dès l'abord, un bon plongement de X.

l'<u>indice</u> $j(x)$ de x ; enfin, comme ci-dessus, on définit deux parties disjointes et complémentaires C et D de X par

$$C = \{x \in X : j(x) = \aleph_1\} \qquad D = \{x \in X : j(x) < \aleph_1\}$$

mais on n'a plus, en général, de caractérisation "naturelle" de C et D ne faisant pas appel à la dérivation d.

Cependant, dans ce cadre général, on a les mêmes résultats que ceux annoncés plus haut (sauf qu'il n'est pas exclu que $\sup_{x\in D} j(x) < \aleph_1$) :

THEOREME.- <u>Si</u> d <u>est une dérivation analytique sur</u> $(\hat{X}, \leq)$, <u>alors</u>

a) C <u>est analytique</u>, D <u>est coanalytique</u>, <u>dans</u> X

b) $x \in C$ <u>ssi il existe</u> $y \neq \phi$ <u>parfait tel que</u> $y \leq x$

c) $j(.)$ <u>vérifie le</u> théorème de la borne : <u>si</u> $\hat{A}$ <u>est une partie analytique de</u> $\hat{X}$ <u>contenue dans</u> D, <u>alors</u>

$$\sup_{x \in \hat{A}} j(x) < \aleph_1$$

d) <u>en particulier</u>,

$$\sup_{x \in D} j(x) = \aleph_1 \Rightarrow D \text{ n'est pas borélien dans } \hat{X}$$

REMARQUE.- Si X est l'ensemble des compacts de $[0,1]$ muni de la topologie de Hausdorff, si $\leq$ est la relation d'inclusion et si d est la dérivation classique de Cantor, on retrouve en b) un théorème de Cantor et en d) un théorème d'Hurewicz (on sait, d'après Cantor, que l'on a dans ce cas $\sup_{x\in D} j(x) = \aleph_1$, et que D est l'ensemble des compacts dénombrables).

Je ne puis m'empêcher de dire quelques mots sur la démonstration de ce théorème car elle s'écrit bien dans le langage probabiliste. Considérons l'espace polonais $W = \hat{X}^{\mathbb{N}}$ et l'application S de W dans $\overline{\mathbb{N}}$ définie comme suit : on désigne par (X_n) les applications coordonnées sur W, par $\dashv$ la relation analytique sur $\hat{X}$ associée à $\leq$ au point 3) ci-dessus et par R une relation analytique sur $\hat{X}$ telle que sa restriction à X soit égale à la relation associée à d (i.e., pour $x, y \in X$, on a $x R y$ ssi on a $x \leq d(y)$) ; on note $\not\dashv$ (resp $\not R$) la négation de $\dashv$ (resp de R) ; finalement, on pose

$$S(w) = 1 + \inf\{n \geq 2 : X_n(w) = \phi \text{ ou } X_n(w) \not\dashv X_1(w) \text{ ou } X_n(w) \not R X_{n+1}(w)\}$$

On vérifie sans peine que, pour tout n, $\{S > n\}$ est une partie analytique de W - nous dirons que S est une <u>fonction analytique</u> sur W -, et que S vérifie le test de Galmarino (°) :

$$\forall w, w' \in W \quad \forall n \in \mathbb{N} \quad S(w) > n \text{ et } w|n = w'|n \Rightarrow S(w') > n$$

Disons qu'une application T de W dans $\overline{\mathbb{N}}$ est un t.d'a. si elle vérifie le test (°). Lorsque $\hat{X}$ est dénombrable, muni de la topologie discrète, la condition (°) entraine que T est une fonction continue, mais ce n'est pas le cas en général : T peut être alors très loin d'être mesurable (prendre une partie H quelconque de $\hat{X}$ et poser $T(w) = 1$ si $X_1(w) \in H$ et

$T(w) = 2$ si $X_1(w) \notin H$). Cela n'empêche que l'on peut définir, comme dans le cas où $\overset{\frown}{X} = \mathbb{N}$, le dérivé T' de T et la suite transfinie $(T^i)_{i\epsilon I}$ des dérivés successifs de T, et finalement l'indice j(T) de T. Maintenant, si T n'est pas fini, il est facile de voir que l'on a toujours j(T) égal à $aleph_1$, mais, en général, la réciproque est fausse si $\overset{\frown}{X}$ n'est pas dénombrable. On a cependant le théorème important suivant, dégagé par les logiciens des travaux classiques russo-polonais (et écrit dans un autre langage : celui des relations bien fondées) :

THEOREME.- <u>Soit</u> T <u>un t.d'a.</u> analytique <u>sur</u> W. <u>Alors</u> T <u>est fini ssi l'indice</u> j(T) <u>est</u> $<$ $aleph_1$.

Revenons maintenant à notre t.d'a. analytique S associé à la dérivation d et voyons, rapidement, comment le théorème 2 permet de démontrer le point c) du théorème 1 (qui en est la partie cruciale). Soit $\overset{\frown}{A}$ une partie analytique de $\overset{\frown}{X}$ contenue dans D et posons

$$S_{\overset{\frown}{A}}(w) = S(w) \quad \text{si } w \in \overset{\frown}{A} \qquad S_{\overset{\frown}{A}}(w) = 1 \quad \text{si } w \notin \overset{\frown}{A}$$

On définit ainsi un t.d'a. analytique $S_{\overset{\frown}{A}}$ sur W, et il n'est pas difficile de voir que $S_{\overset{\frown}{A}}$ est fini. On sait alors, d'après le théorème 2, que son indice $j(S_{\overset{\frown}{A}})$ est $<$ $aleph_1$, et il n'est pas difficile, non plus, de vérifier que $\sup_{x \epsilon \overset{\frown}{A}} j(x)$ est majoré par $j(S_{\overset{\frown}{A}}) + 1$.

III.- RETOUR AUX EXEMPLES

Nous ne revenons pas sur l'exemple a), dont il a été abondamment question au cours du §II. Pour les exemples b) et c), il nous faut introduire un ordre et des dérivations adéquates. Au lieu de traiter chaque exemple séparément, nous allons montrer comment, d'une manière générale, on peut construire des dérivations relatives aux divers espaces "canoniques" considérés en théorie des processus stochastiques en temps continu. Nous reprenons, en fait, l'exemple probabiliste de l'exposé "Les dérivations en théorie descriptive..." , p 41 du vol. XI, en en améliorant la présentation et la correction mathématique...

Soit E un espace polonais auquel on adjoint un point isolé δ. Nous désignons par Ω l'ensemble des trajectoires continues à droite, à durée de vie, dans l'espace d'états E : on a $\omega \epsilon \Omega$ ssi ω est une application continue à droite de $\mathbb{T} = [0,\infty]$ dans $E' = E \cup \{\delta\}$ telle que $\omega(\infty) = \delta$ et que $\omega(t) = \delta$ si on a $\omega(s) = \delta$ pour un $s < t$; nous désignerons par $[\delta]$ l'application constante égale à δ. On définit, comme d'habitude, pour $t \epsilon \mathbb{T}$, les applications coordonnées (X_t) par $X_t(\omega) = \omega(t)$ et les opérateurs de translations (θ_t) par $X_s(\theta_t(\omega)) = X_{t+s}(\omega)$ en convenant que $t + \infty = \infty$. Enfin, on munit Ω de la tribu $\underline{\underline{F}}^\circ$ engendrée par les X_t, E' étant muni de sa tribu borélienne $\underline{\underline{B}}(E')$, et de la filtration naturelle $(\underline{\underline{F}}^\circ_t)$ associée à (X_t) : en particulier, les applications $(t,\omega)\to X_t(\omega)$ et $\to\theta_t(\omega)$ sont mesurables pour les tribus $\underline{\underline{B}}(\mathbb{T})\times\underline{\underline{F}}^\circ$ et $\underline{\underline{B}}(E')$. On considère d'autre part l'ensemble $W = E'^{\mathbb{Q}_+}$ que l'on munit de la topologie polonaise produit, et, identifiant $\omega\in\Omega$ à sa restriction à $\mathbb{Q}_+$, on plonge Ω dans W : il est alors facile de voir que $\underline{\underline{F}}^\circ$ est égale à la trace de $\underline{\underline{B}}(W)$ sur Ω.

Montrons, rapidement, que Ω est au moins coanalytique dans W (pour plus de détails, voir IV-18 et 19 du livre rose ; on pourrait aussi attendre, pour établir ce fait, d'avoir défini un ordre analytique sur $\mathbb{T}\times W'$, où W' est une partie coanalytique de W contenant Ω, et une dérivation analytique d sur $\mathbb{T}\times W'$ telle que $\Omega = D$, puis conclure par le point a) du théorème 1. Mais cela compliquerait la définition de l'ordre et des dérivations de ne pas savoir, a priori, que Ω est coanalytique). Disons qu'une fonction S de W dans $\mathbb{T}$ est <u>coanalytique</u> si, pour tout $t\in\mathbb{T}$, $\{S\geq t\}$ est coanalytique (soit, si $\{S<t\}$ est analytique) ; pour vérifier que S est coanalytique, il suffit évidemment de considérer les t rationnels, et on peut remplacer "$\geq$" par "$>$". Noter, d'autre part, que tout début d'une partie borélienne (et même analytique) de $\mathbb{T}\times W$ est une fonction coanalytique. Ceci dit, Ω est coanalytique parce que l'on a $\Omega = \{S=\infty\}$, où S est le début de la partie borélienne H de $\mathbb{T}\times W$

$$H = \{(t,w) : \exists r,s\in\mathbb{Q}_+\ r<s \text{ et } w(r)\neq\delta \text{ et } w(s)=\delta, \text{ ou } \exists(r_n)\subset\mathbb{Q}_+$$
$$r_n\downarrow t \text{ et } \lim_n w(r_n) \text{ n'existe pas ou est } \neq w(t) \text{ si } t\in\mathbb{Q}_+\}$$

Nous définissons maintenant un ordre (partiel) $\leq$ sur $\mathbb{T}\times\Omega$ en posant

$$(t,\omega)\leq(s,w) \quad\text{ssi}\quad s\leq t \text{ et } \omega=\theta_{t-s}(w)$$

où $\theta_{t-s}(w)=[\delta]$ si $t=\infty$; la transitivité de $\leq$ est assurée par la propriété de semi-groupe de (θ_t). On vérifie sans peine que $(\infty,[\delta])$ est le plus petit élément pour cet ordre, et que toute famille (non vide) filtrante décroissante d'éléments de $\mathbb{T}\times\Omega$ admet une borne inférieure (si $(t_j,\omega_j)_{j\in J}$ est une telle famille, sa borne inférieure est égale à (t,ω) où $t=\sup_{j\in J} t_j$ et où ω est égal à $\theta_{t-t_1}(\omega_1)$, où (t_1,ω_1) est un élément choisi de la famille). Nous allons montrer d'autre part qu'il existe une relation analytique $\dashv$ sur $\mathbb{T}\times W$ vérifiant, pour $\omega,w\in W$,

$$(t,\omega)\dashv(s,w) \text{ et } w\in\Omega \iff \omega\in\Omega \text{ et } w\in\Omega \text{ et } (t,\omega)\leq(s,w)$$

Nous remarquons d'abord que, $(t,\omega)\to\theta_t(\omega)$ étant une application mesurable de $(\mathbb{T}\times\Omega,\underline{\underline{B}}(\mathbb{T})\times\underline{\underline{F}}^\circ)$ dans lui-même, c'est aussi une application mesurable de $(\mathbb{T}\times\Omega,\underline{\underline{B}}(\mathbb{T})\times\underline{\underline{F}}^\circ)$ dans $(\mathbb{T}\times W,\underline{\underline{B}}(\mathbb{T}\times W))$ car $\underline{\underline{F}}^\circ=\underline{\underline{B}}(W)_{|\Omega}$ et $\underline{\underline{B}}(\mathbb{T})\times\underline{\underline{B}}(W)=\underline{\underline{B}}(\mathbb{T}\times W)$. Alors, d'après un théorème classique de Doob (cf I-18 ou III-18 du livre rose), $\mathbb{T}\times W$ étant polonais, il existe une application borélienne $(t,w)\to\phi_t(w)$ de $\mathbb{T}\times W$ dans lui-même telle que sa restriction à $\mathbb{T}\times\Omega$ soit égale à $(t,w)\to\theta_t(w)$. Posons alors, pour $\omega,w\in W$,

$$(t,\omega)\dashv(s,w) \quad\text{ssi}\quad w\notin\Omega \text{ ou } [s\leq t \text{ et } \omega=\phi_{t-s}(w)]$$

Il est facile de vérifier que $\dashv$ a les propriétés voulues.

Maintenant que nous avons un ordre adéquat sur $\mathbb{T}\times\Omega$, passons aux dérivations. Nous allons donner un procédé assez général pour construire des dérivations analytiques sur $\mathbb{T}\times\Omega$. Nous nous donnons une fonction T de Ω dans $\mathbb{T}$ vérifiant les conditions suivantes

1) T est <u>coanalytique</u> sur Ω (i.e. $\{T \geq t\}$ est coanalytique dans Ω pour tout t)

2) T est <u>surterminal</u> sur Ω, i.e., pour tout $\omega\varepsilon\Omega$ et tout $t\varepsilon\mathbb{T}$, on a

$$T(\omega) \leq t + T(\theta_t(\omega))$$

Par exemple, pour toute partie borélienne (et même analytique) A de E, les temps d'entrée

$$D_A(\omega) = \inf\{t \geq 0 : X_t(\omega)\varepsilon A\} \qquad T_A(\omega) = \inf\{t > 0 : X_t(\omega)\varepsilon A\}$$

sont des fonctions coanalytiques surterminales. Noter aussi que, si $T°$ est une fonction coanalytique sur Ω, alors la fonction T définie par

$$T(\omega) = \inf_{t\varepsilon\mathbb{T}} (t + T°(\theta_t(\omega)))$$

est à la fois coanalytique et surterminale. Ceci dit, soit donc T une fonction coanalytique surterminale sur Ω et voyons comment lui associer une dérivation analytique sur $\mathbb{T}\times\Omega$, notée $\underline{\theta}_T$. On pose pour cela

$$\underline{\theta}_T(t,\omega) = (t + T(\omega), \theta_{T(\omega)}(\omega))$$

pour tout $(t,\omega)\varepsilon\mathbb{T}\times\Omega$. Il est clair que l'on a $\underline{\theta}_T(t,\omega) \leq (t,\omega)$; la surterminalité de T ("oubliée" dans l'exposé du vol. XI précité...) assure que l'on a $(t,\omega) \leq (s,w) \Rightarrow \underline{\theta}_T(t,\omega) \leq \underline{\theta}_T(s,w)$: c'est un calcul standard bien ennuyeux à écrire. Il reste à vérifier que la relation sur $\mathbb{T}\times\Omega$ $(t,\omega) \leq \underline{\theta}_T(s,w)$ est analytique, ce qui résulte des équivalences

$$(t,\omega) \leq \underline{\theta}_T(s,w) \Leftrightarrow (t,\omega) \leq (s+T(w),\theta_T(w)) \Leftrightarrow s+T(w) \leq t \text{ et } \omega = \theta_{t-s}(w)$$

Par ailleurs, si l'on définit, comme à l'accoutumée, la suite transfinie des itérés successifs $(T^i)_{i\varepsilon I}$ de T par

$$T^0 = 0 \qquad T^1 = T$$
$$T^{i+1} = T^i + T\circ\theta_{T^i}$$
$$T^j = \sup_{i<j} T^i \text{ si j est un ordinal de 2ème espèce}$$

alors, tout simplement, le i-ème dérivé de (t,ω) se trouve être égal à $(t + T^i(\omega), \theta_{T^i}(\omega))$. Donc, si nous identifions Ω à $\{0\}\times\Omega$, ce qui nous permet de plonger Ω dans $\mathbb{T}\times\Omega$, on voit que $\{\omega\varepsilon\Omega : \exists i\varepsilon I\ T^i(\omega) = \infty\} = D\cap\Omega$, où, comme précédemment, D est l'ensemble des points d'indice < aleph$_1$ pour la dérivation considérée.

Nous avons désormais tout ce qu'il faut (et même un peu plus...) pour traiter convenablement nos deux exemples restant du §I. Nous faisons cependant, auparavant, une petite récapitulation de la première partie de ce §III en espérant que cela aidera le lecteur à s'y retrouver. Nous reprenons essentiellement les définitions et notations, mais avec des omissions pour être bref.

Récapitulation

1) Ω est l'ensemble des applications continues à droite, à durée de vie, de $\mathbb{T} = [0,\infty]$ dans l'espace polonais $E \cup \{\delta\}$. Il est plongé dans l'espace polonais $W = (E\cup\{\delta\})^{\mathbb{Q}_+}$, dont il est une partie coanalytique.

2) $\mathbb{T} \times \Omega$ est muni de la relation d'ordre $\leq$ définie par

$$(t,\omega) \leq (s,w) \text{ ssi } s \leq t \text{ et } \omega = \theta_{t-s}(w)$$

Cet ordre est adéquat pour la théorie des dérivations.

3) Si T désigne une fonction coanalytique et surterminale de Ω dans $\mathbb{T}$ (i.e., on a $\{T < t\}$ analytique et $T \leq t + T\circ\theta_t$ pour tout t), on définit une dérivation analytique $\underline{\theta}_T$ sur $(\mathbb{T}\times\Omega\,,\leq)$ par

$$\underline{\theta}_T(t,\omega) = (t + T(\omega)\,,\,\theta_T(\omega))$$

De plus, si (T^i) désigne la suite transfinie des itérés successifs de T, le i-ème dérivé de (t,ω) pour $\underline{\theta}_T$ est égal à $(t + T^i(\omega)\,,\,\theta_{T^i}(\omega))$. En particulier, si Ω est identifié à $\{0\}\times\Omega$, on a l'égalité

$$\{\omega : j(\omega) < \text{aleph}_1\} = \{\omega : \exists i\ T^i(\omega) = \infty\}$$

et l'indice $j(\omega)$ est alors égal au plus petit $i \in I$ tel que $T^i(\omega) = \infty$.

3 THEOREME.- <u>Si</u> E <u>comporte au moins deux points</u>, <u>alors</u> Ω <u>est une partie coanalytique</u> non borélienne <u>de l'espace polonais</u> W.

<u>D/</u> Soit (f_n) une suite de fonctions continues de $E\cup\{\delta\}$ dans $[0,1]$, séparant les points. Posons, pour tout $\omega\in\Omega$ et tout $m,n\in\mathbb{N}$,

$$T_{m,n}(\omega) = \inf\{t>0 : \overline{\lim}_{s\uparrow\uparrow t} f_n(X_s(\omega)) - \underline{\lim}_{s\uparrow\uparrow t} f_n(X_s(\omega)) > 1/m\}$$

Comme ω est une application continue à droite, on peut astreindre s à être rationnel si bien que $\{(t,\omega) : \overline{\lim} \ldots\}$ est une partie borélienne de $\mathbb{T}\times\Omega$ (cf IV-17 du livre rose). Par conséquent, $T_{m,n}$ est une fonction coanalytique, et c'est aussi un temps terminal. D'autre part, ω étant une application continue à droite, on a, pour tout $i\in I$,

$$T^i_{m,n}(\omega) < T^{i+1}_{m,n}(\omega) \text{ si } T^i_{m,n}(\omega) < \infty$$

Toute suite transfinie croissante de réels étant constante à partir d'un certain ordinal dénombrable, on en déduit que l'indice $j_{m,n}(\omega)$ associé à $T_{m,n}$ est $<$ aleph$_1$ pour tout $\omega\in\Omega$. Par ailleurs, si $\underline{0}$ et $\underline{1}$ sont deux points distincts de E, il existe deux entiers m et n tels que $|f_n(\underline{1}) - f_n(\underline{0})| > 1/m$, et il est alors facile de construire pour tout $i \geq 1$, par récurrence transfinie, une fonction $\omega\in\Omega$, à valeurs dans $\{\underline{0},\underline{1}\}$, telle que $j_{m,n}(\omega) = i$ (nous expliciterons une telle construction au cours de la démonstration du théorème suivant). Il résulte alors du théorème de la borne que Ω ne peut être borélien dans W.

Nous passons maintenant à l'étude des temps d'entrée dans les fermés. D'abord quelques considérations d'ordre général. Pour toute partie borélienne (ou plus généralement analytique) A de E, posons

$$D_A(\omega) = \inf\{t\geq 0 : X_t(\omega)\in A\} \qquad T_A(\omega) = \inf\{t>0 : X_t(\omega)\in A\}$$

D_A et T_A sont des fonctions coanalytiques et aussi des temps terminaux. Lorsque A est un ouvert de E, on peut astreindre t à être rationnel dans les définitions ci-dessus, si bien que D_A et T_A sont alors des fonctions boréliennes et des t.d'a. de $(\underline{\underline{F}}^\circ_{t+})$. Si A est un fermé de E et si U_n est une suite décroissante d'ouverts tels que $A = \bigcap_n U_n = \bigcap_n \overline{U}_n$, posons

$$Z_A = \lim_n \uparrow D_{U_n} \qquad S_A = \lim_n \uparrow T_{U_n}$$

Il est facile de voir que Z_A et S_A ne dépendent pas de la suite (U_n) considérée ; nous nous contentons d'écrire cela pour $\omega\in\Omega$ pourvue de limites à gauche sur $]0,\infty[$, pour retrouver des choses familières faciles à écrire : on a alors

$$Z_A(\omega) = \inf\{t\geq 0 : X_{t-}(\omega) \text{ ou } X_t(\omega)\in A\}$$
$$S_A(\omega) = \inf\{t>0 : X_{t-}(\omega) \text{ ou } X_t(\omega)\in A\}$$

Toujours est-il que Z_A et S_A sont à la fois des fonctions boréliennes, des temps terminaux et des t.d'a. de $(\underline{\underline{F}}^\circ_{t+})$; en fait, Z_A est même un t.d'a. de $(\underline{\underline{F}}^\circ_t)$ car on a

$$\{Z_A \leq t\} \text{ ssi } \forall m\ \exists n\ \{D_{U_n} < t - \tfrac{1}{m}\} \text{ ou } \{X_t \in A\}$$

Nous nous contenterons par la suite d'étudier en détail les temps Z_A et D_A, et traiterons le cas des temps S_A et T_A dans une remarque.

Nous notons maintenant F notre fermé de E et nous comparons Z_F et D_F. On a évidemment $Z_F \leq D_F$. D'autre part, si (Z_F^i) est la suite transfinie des itérés successifs de Z_F, il n'est pas difficile de voir que, pour tout $\omega\in\Omega$, il existe $i(\omega)\in I$ tel que $Z_F^i(\omega) = Z_F^{i(\omega)}(\omega)$ pour tout $i \geq i(\omega)$, et que, si $i_F(\omega)$ est le plus petit ordinal dénombrable ayant cette propriété, alors on a

$$i_F(\omega) = \inf\{i\in I : Z_F^i(\omega) = D_F(\omega)\}$$

Bien entendu, si $\sup_{\omega\in\Omega} i_F(\omega) < \text{aleph}_1$, alors D_F est une fonction borélienne sur Ω et en fait un t.d'a. de $(\underline{\underline{F}}^\circ_t)$ (il est facile de voir, par récurrence transfinie, que Z_F^i est une fonction borélienne pour tout $i\in I$). Et c'est évidemment le cas si E est discret (ce qui implique que E est dénombrable puisqu'il est polonais) car alors $D_F = Z_F$. Par contre, on a

THEOREME.- Soit Ω' le sous-ensemble de Ω constitué par les ω pourvues de limites à gauche sur $]0,\zeta(\omega)[$, où $\zeta = Z_{\{\delta\}}$ est la durée de vie, et soit F une partie fermée non ouverte de E. Alors, Ω' est une partie borélienne de W (et donc de Ω), et, pour tout $t\in]0,\infty]$, l'ensemble $\{\omega\in\Omega' : D_F(\omega) < t\}$ est une partie analytique non borélienne de Ω' (et donc de Ω, et de W). En particulier, D_F n'est pas une fonction borélienne sur Ω (ou Ω').

D/Le fait que l'ensemble des trajectoires càdlàg (avec considération ou non d'une durée de vie) est un borélien de W résulte des n°s IV-18 et 19 du livre rose. Ceci dit, on sait que D_F est une fonction coanalytique sur Ω et donc sur Ω'. Nous nous contentons de montrer que

$D^F = \{\omega\in\Omega' : D_F(\omega) < \infty\}$, qui est coanalytique dans Ω', n'y est pas borélien. Le cas des ensembles $D^F_t = \{\omega\in\Omega' : D_F(\omega) < t\}$, avec $t>0$, se traite de la même manière en remplaçant Ω' par $\Omega'_t = \Omega\cap\{\zeta \leq t\}$. Nous commençons par restreindre notre ordre $\leq$ sur $\mathbb{T}\times\Omega$ à $\mathbb{T}\times\Omega'$: comme Ω' est stable pour les opérateurs de translation, il est clair que $(\mathbb{T}\times\Omega', \leq)$ est adéquat pour la théorie des dérivations. Considérons alors la restriction de Z_F à Ω', que nous notons T pour soulager le dactylographe : il est clair que la restriction à $\mathbb{T}\times\Omega'$ de la dérivation associée à Z_F est une dérivation analytique $\underline{\theta}_T$ sur $\mathbb{T}\times\Omega'$. Nous remarquons maintenant que, si on identifie Ω' à $\{0\}\times\Omega'$, on a $D^F = \{\omega\in\Omega' : j(\omega) < \text{aleph}_1\}$ où $j(.)$ est l'indice associé à $\underline{\theta}_T$. D'après le théorème de la borne, toute partie analytique de Ω' étant une partie analytique de W, nous saurons que D^F n'est pas borélien dans W si l'on a $\sup_{\omega\in D^F} j(\omega) = \text{aleph}_1$. Nous allons démontrer un peu mieux : F étant un fermé non ouvert de E, il existe, pour tout $i\geq 1$, un élément ω_i de D^F tel que $j(\omega_i) = i$. Nous choisissons une suite (x_n) d'éléments de $E-F$ convergeant vers un élément x de F et nous désignons par ω_1 l'élément de D^F tel que $X_s(\omega_1) = x_n$ pour tout $s\in[n-1,n[$: on a $j(\omega_1) = 1$ et $\lim_{s\uparrow\uparrow\infty} X_s(\omega_1) = x$. Maintenant, pour $j>1$, soit $(t_i)_{i<j}$ une suite transfinie strictement croissante de réels telle que $t_0 = 0$ et que $t = \sup_{i<j} t_i$, qui est fini si j est de 1ère espèce, soit égal à ∞ si j est de 2ème espèce (pour le lecteur qui ne connaitrait pas bien les ordinaux, montrer l'existence d'une telle suite est un excellent exercice), et désignons par ω_j l'élément de D^F défini par $X_s(\omega_j) = X_{\pi^i(s)}(\omega_1)$ pour $s\in[t_i,t_{i+1}[$ (avec $t_{i+1} = \infty$ si $i+1 = j$) où π^i est une bijection croissante de $[t_i,t_{i+1}[$ sur $[0,\infty[$. Alors, on a $T^i(\omega_j)$ égal à t_i pour tout $i<j$ et donc $j(\omega_j) = j$.

REMARQUES.- 1) Il est clair que l'on peut, dans l'énoncé du théorème, remplacer Ω' par toute partie borélienne de W, stable pour les opérateurs de translation, et contenant les trajectoires càdlàg à valeurs dans $\bigcup_n\{x_n\}$, où (x_n) est une suite de points de $E-F$ convergeant vers un point de F.

2) Bien entendu, les théorèmes 3 et 4 sont encore valables si on ne considère pas de durée de vie : ζ ne joue aucun rôle dans tout cela.

3) Le même résultat vaut pour le temps d'entrée T_F car l'ensemble $H = \{D_F = 0\}\cap\{T_F > 0\}$ est un borélien de Ω. En effet, on a $\omega\in H$ ssi

$$X_n(\omega)\in F \text{ et } \exists n\ \forall r\in\mathbb{Q}_+\ 0 < r < \tfrac{1}{n} \Rightarrow Z_F(\theta_r(\omega)) > 1/n$$

4) Si, au lieu d'itérer transfiniment Z_F, on itère transfiniment S_F, on trouve in fine, au lieu de D_F, le t.d'a. R_F défini par

$$R_F(\omega) = \inf\{t\geq 0 : \forall\varepsilon>0\ \exists s\ t<s<t+\varepsilon \text{ et } X_s(\omega)\in F\}$$

i.e. une espèce de temps d'entrée dans les points réguliers de F. Et le même résultat vaut pour R_F, avec la même démonstration.

Université de Strasbourg
Séminaire de Probabilités 1976/77

INEGALITES DE NORMES POUR LES INTEGRALES STOCHASTIQUES

par P.A. Meyer

Cette note est inspirée par un travail d'Emery sur les équations différentielles stochastiques, dans lequel l'inégalité

$$\|X_{-}\cdot M\|_{\underline{\underline{S}}^p} \leq c_p \|X\|_{\underline{\underline{S}}^p} \|M\|_{\underline{\underline{H}}^\infty} \quad (1\leq p<\infty)$$

qui est un cas particulier de l'inégalité (8) ci-dessous, joue un rôle fondamental. Le but de la note est la recherche systématique d'inégalités de ce genre. On y montre que l'espace $\underline{\underline{H}}^\infty$ (analogue à L^∞) peut y être remplacé par un espace un peu plus gros (analogue à $\underline{\underline{BMO}}$) que nous noterons $\underline{\underline{H}}^\omega$ à défaut de meilleure notation[1]; on y étend les inégalités aux intégrales optionnelles, et on y donne enfin d'amusantes (et faciles) variantes de l'inégalité de Fefferman.

DEFINITIONS : NORMES $\underline{\underline{S}}^p$ ET $\underline{\underline{H}}^p$

Nous considérons un espace $(\Omega,\underline{\underline{F}},P,(\underline{\underline{F}}_t))$ satisfaisant aux conditions habituelles. Soit X un processus optionnel ; nous supposerons X défini pour $t\in\mathbb{R}$, constant pour $t<0$ (la v.a. $X_t=X_{0-}$ pour $t<0$ étant $\underline{\underline{F}}_0$-mesurable) et nous poserons comme d'habitude

(1) $$X^*_{t-} = \sup_{s<t} |X_s| \quad , \quad X^*_t = \lim_{s\downarrow\downarrow t} X^*_s \quad , \quad X^*=X^*_\infty = X^*_{\infty-}$$

et nous désignerons[2] par $\|X\|_{\underline{\underline{S}}^p}$ la norme $\|X^*\|_{L^p}$, $\underline{\underline{S}}^p$ lui même étant pour $1\leq p\leq\infty$ l'espace des processus X tels que $\|X\|_{\underline{\underline{S}}^p}<\infty$.

Si A est un processus à variation finie (pouvant présenter un saut en 0 ; on convient que $A_{0-}=0$), nous poserons[3] pour $1\leq p\leq\infty$

(2) $$\|A\|_{\underline{\underline{V}}^p} = \| \int_{0-}^\infty |dA_s| \|_{L^p}$$

et nous définirons $\|A\|_{\underline{\underline{V}}^\omega}$ comme la plus petite constante $c\leq+\infty$ telle que

---

1. ω était la notation de Cantor pour le "premier nombre après l'infini" d'où la notation classique $\underline{\underline{C}}^\omega$ pour l'espace des fonctions analytiques. Ici la notation est moins satisfaisante, car on a $\underline{\underline{C}}^\omega\subset\underline{\underline{C}}^\infty$, mais $\underline{\underline{H}}^\omega\supset\underline{\underline{H}}^\infty$.
2. $\underline{\underline{S}}$ signifie "sup" . 3. $\underline{\underline{V}}$ signifie "variation".

(3) $\forall T$ t.a. $E[\int_{T-}^{\infty}|dA_s|\,|\underline{\underline{F}}_T] \leq c$ p.s.

Il est clair que la norme $\underline{\underline{V}}^p$ est plus forte que la norme $\underline{\underline{S}}^p$ pour $1\leq p\leq\infty$.
Un théorème célèbre de Burkholder-Davis et Gundy affirme que si $\tilde{A}$ est la compensatrice (projection duale) prévisible de A, on a

(4) $\|\tilde{A}\|_{\underline{\underline{V}}^p} \leq c_p\|A\|_{\underline{\underline{V}}^p}$ ($1\leq p<\infty$, faux pour $p=\infty$, vrai pour $p=\omega$)

(séminaire X, p. 347, n° 25 a)). Ici, comme dans toute la suite, c_p désigne une constante qui dépend de p seulement, mais peut varier de place en place.

Rappelons la définition des espaces $\underline{\underline{H}}^p$ de martingales. Si N est une martingale, on a coutume de poser

(5) $\|N\|_{\underline{\underline{H}}^p} = \|[N,N]_\infty^{1/2}\|_{L^p}$ ($1\leq p\leq\infty$)

$\underline{\underline{H}}^p$ étant l'espace des martingales (locales) N telles que $\|N\|_{\underline{\underline{H}}^p}<\infty$.
Il est bien connu (Burkholder, Davis et Gundy) que pour $1\leq p<\infty$ les normes $\underline{\underline{H}}^p$ et $\underline{\underline{S}}^p$ sont équivalentes pour les martingales. Nous désignerons par $\|N\|_{\underline{\underline{H}}^\omega}$ la plus petite constante $c\leq+\infty$ telle que

(6) $\forall$ T t.a. $E[\,([N,N]_\infty-[N,N]_{T-})^{1/2}|\underline{\underline{F}}_T\,] \leq c$ p.s.

Cette définition peut paraître bizarre : on montre en effet sans peine (cf. séminaire IX, p. 218-220) que la norme $\underline{\underline{H}}^\omega$ est équivalente à la norme $\underline{\underline{BMO}}$. Mais avec la définition (6) nous ferons un petit bénéfice tout à l'heure.

DEFINITION. <u>Soit</u> M <u>une semimartingale admettant une décomposition</u> M=N+A (N martingale locale, A à variation finie). <u>Pour</u> $1\leq p<\infty$, <u>posons</u>

$$j_p(N,A) = \|[N,N]_\infty^{1/2}+\int_{0-}^{\infty}|dA_s|\,\|_{L^p}$$

<u>et pour</u> $p=\omega$, <u>soit</u> $j_\omega(N,A)$ <u>la plus petite constante</u> c <u>telle que</u>

$$\forall\ T \text{ t.a. } E[([N,N]_\infty-[N,N]_{T-})^{1/2}+\int_{T-}^{\infty}|dA_s|\ |\underline{\underline{F}}_T] \leq c \text{ p.s.}$$

<u>Nous poserons alors</u>

(7) $\|M\|_{\underline{\underline{H}}^p} = \inf_{M=N+A} j_p(N,A)$ ($1\leq p\leq\infty$ <u>ou</u> $p=\omega$).

On dit que M appartient à $\underline{\underline{H}}^p$ si $\|M\|_{\underline{\underline{H}}^p}<\infty$. La notation employée semble incohérente : en effet, soit M une martingale, et soit m sa norme $\underline{\underline{H}}^p$ en tant que martingale (5) ; elle est égale à $j_p(M,0)$, et la norme $\underline{\underline{H}}^p$ de M en tant que semimartingale, que nous noterons m', est a priori <u>plus petite</u> que m . Heureusement, il n'en est rien. Si M=N+A est une décomposition de M, on a

$$[M,M]_{\infty}^{1/2} \leqq [N,N]_{\infty}^{1/2} + [A,A]_{\infty}^{1/2} \leqq [N,N]_{\infty}^{1/2} + \int_{0-}^{\infty} |dA_s|$$

et en prenant la norme dans L^p on voit que $m \leqq j_p(N,A)$. De même pour $p=\omega$ en écrivant l'inégalité analogue pour $([M,M]_{T-}^{\infty})^{1/2}$. C'est la raison de la bizarre définition (6) !

Plus généralement, toute martingale appartenant à $\underline{\underline{H}}^p$ admet une décomposition <u>canonique</u> $M=\overline{N}+\overline{A}$ ($\overline{N}$ martingale locale, $\overline{A}$ prévisible nul en 0). On a $j_p(\overline{N},\overline{A}) \geqq \|M\|_{\underline{\underline{H}}^p}$. Inversement, si $M=N+A$ est une décomposition de M, on a

$$\overline{A} = \widetilde{A}-A_0 \quad , \quad \overline{N}=N+A_0+\overset{c}{A} \qquad (\overset{c}{A} = A-\widetilde{A})$$

Donc d'après (6), <u>en exceptant le cas</u> $p=+\infty$, $\|\overline{A}\|_{\underline{\underline{V}}^p} \leqq c_p\|A\|_{V^p} \leqq c_p j_p(N,A)$ puis (comme $[\overset{c}{A},\overset{c}{A}]_s^t \leqq \int_s^t |d\overset{c}{A}_s| \leqq \int_s^t (|dA_s|+|d\widetilde{A}_s|)$) $\|\overline{N}\|_{\underline{\underline{H}}^p} \leqq c_p j_p(N,A)$, et finalement $j_p(\overline{N},\overline{A}) \leqq c_p j_p(N,A)$. Finalement, on obtient une norme équivalente en considérant la norme $j_p(\overline{N},\overline{A})$ pour la seule décomposition canonique, à condition d'excepter $\underline{\underline{H}}^{\infty}$ (qui joue le rôle principal dans le travail d'Emery ...).

Noter que la norme $\underline{\underline{H}}^p$ est plus forte que la norme $\underline{\underline{S}}^p$, pour $1 \leqq p < \infty$.

LES INEGALITES : PREMIERE ETAPE

L'inégalité suivante figure dans le travail d'Emery . Elle est très utile malgré son caractère élémentaire .

LEMME 1. <u>Si</u> $1 \leqq p \leqq \infty$, $1 \leqq q \leqq \infty$, $\frac{1}{p}+\frac{1}{q}=\frac{1}{r}$, <u>et si</u> X <u>est prévisible</u>, <u>on a</u>

(8) $$\|X \cdot M\|_{\underline{\underline{H}}^r} \leqq \|X\|_{\underline{\underline{S}}^p}\|M\|_{\underline{\underline{H}}^q}$$

<u>et par conséquent</u>, <u>si</u> $r<\infty$

(8') $$\|X \cdot M\|_{\underline{\underline{S}}^r} \leqq c_r\|X\|_{\underline{\underline{S}}^p}\|M\|_{\underline{\underline{H}}^q}$$

DEMONSTRATION. (8') résulte aussitôt de (8), la norme $\underline{\underline{S}}^r$ étant moins forte que la norme $\underline{\underline{H}}^r$, sauf pour $r=\infty$.

Soit $m > \|M\|_{\underline{\underline{H}}^q}$ et soit $M=N+A$ une décomposition telle que $j_p(N,A) \leqq m$. Alors $X \cdot M$ admet la décomposition $X \cdot N+X \cdot A$, et on a

$$\left(\int_{0-}^{\infty} X_s^2 d[N,N]_s\right)^{1/2} + \int_{0-}^{\infty} |X_s dA_s| \leqq X^*\left([N,N]_{\infty}^{1/2} + \int_{0-}^{\infty} |dA_s|\right)$$

Après quoi on applique Hölder ($\|UV\|_{L^r} \leqq \|U\|_{L^p}\|V\|_{L^q}$) .

REMARQUE. Dans quel cas peut on donner un sens à (8) pour X optionnel ? Nous pouvons toujours interpréter $X\cdot A$ comme intégrale de Stieltjes, $X\cdot N$ comme intégrale optionnelle, mais la somme $X\cdot N+X\cdot A$ dépend de la décomposition choisie, et ne peut être notée $X\cdot M$. Cette réserve étant faite, nous avons d'après Pratelli (séminaire X, p.352, n°38) <u>si $r<\infty$</u>

$$\|X\cdot N\|_{\underline{\underline{H}}^r} \leq c_r \|(\int_0^\infty X_s^2 d[N,N]_s)^{1/2}\|_{L^r} \leq c_r \|X^*[N,N]_\infty^{1/2}\|_{L^r} \leq c_r \|X\|_{\underline{\underline{S}}^p} \|N\|_{\underline{\underline{H}}^q}$$

La majoration pour $X\cdot A$ marche sans modification. D'où finalement

(9) $$j_r(X\cdot N, X\cdot A) \leq c_r \|X\|_{\underline{\underline{S}}^p}\, j_q(N,A) \quad (1\leq p\leq\infty\ ,\ 1\leq q\leq\infty\ ,\ r<\infty)$$

Il y a un cas où l'on peut donner un sens raisonnable à $X\cdot M$, c'est celui où la famille $(\underline{\underline{F}}_t)$ est quasi-continue à gauche. On définit alors $X\cdot M = X\cdot\overline{N}+X\cdot\overline{A}$ relativement à la décomposition canonique $M=\overline{N}+\overline{A}$ de M. Dans ce cas on a une formule analogue à (8) pour X optionnel et $r<\infty$, avec une constante c_r au second membre.

LES INEGALITES : SECONDE ETAPE

Nous arrivons à la partie essentielle de cette note : que se passe t'il dans (8) pour $q=\omega$? La réponse est simple.

THEOREME 1. <u>On a pour</u> $1\leq p<\infty$, <u>si</u> X <u>est prévisible</u>

(11) $$\|X\cdot M\|_{\underline{\underline{H}}^p} \leq c_p \|X\|_{\underline{\underline{S}}^p} \|M\|_{\underline{\underline{H}}^\omega}$$

REMARQUE. Si X est optionnel , et M admet la décomposition N+A, on a de même

(11') $$j_p(X\cdot N,\ X\cdot A) \leq c_p \|X\|_{\underline{\underline{S}}^p}\, j_\omega(N,A)$$

Pour la démonstration, nous décomposons M en N+A, où N appartient à $\underline{\underline{BMO}}$ et A à $\underline{\underline{V}}^\omega$, et nous étudions séparément X• et X• . Pour étudier le premier processus, il nous faut un calcul :

LEMME 2. <u>On a pour tout t.a.</u> T (<u>que</u> X <u>soit prévisible ou non</u>)

(12) $$E[\int_{T-}^\infty |X_s||dA_s|\,|\underline{\underline{F}}_T] \leq \|A\|_{\underline{\underline{V}}^\omega} E[X_\infty^*\,|\underline{\underline{F}}_T]$$

COROLLAIRE. <u>On a pour</u> $1\leq p<\infty$

(13) $$\|X\cdot A\|_{\underline{\underline{V}}^p} \leq c_p \|X\|_{\underline{\underline{S}}^p} \|A\|_{\underline{\underline{V}}^\omega} .$$

DEMONSTRATION. Lorsque p=1, le corollaire se déduit de (12) en prenant T=0 et en intégrant. Lorsque p>1, il résulte de (12) et du lemme de Garsia (séminaire IX p. 216, lemme 2 et sa variante). Démontrons (12) en posant $B_t=\int_{0-}^t |dA_s|$, $m=\|A\|_{\underline{\underline{V}}^\omega}$. Nous avons

$$E[\int_{T-}^{\infty} |X_{s-}dA_s| \,|\underline{\underline{F}}_T] \leq E[\int_{T-}^{\infty} X_s^* \, dB_s|\underline{\underline{F}}_T]$$
$$= E[\int_{T-}^{\infty}(B_{\infty}-B_{s-})dX_s^* + X_{T-}^*(B_{\infty}-B_{T-})|\underline{\underline{F}}_T]$$
$$\leq mE[(X_{\infty}^*-X_{T-}^*)+X_{T-}^*|\underline{\underline{F}}_T] = mE[X_{\infty}^*|\underline{\underline{F}}_T]$$

Pour passer de l'avant dernière ligne à la dernière, on utilise le fait que le processus croissant (X_t^*) est optionnel, ce qui permet de remplacer le processus $(B_{\infty}-B_{s-})$ par sa projection optionnelle, bornée par m.

Nous passons aux martingales. Soit N appartenant à $\underline{\underline{H}}^{\omega} = \underline{\underline{BMO}}$. Notre problème consiste à établir que

(14) $$\|X\cdot N\|_{\underline{\underline{H}}^p} \leq c_p\|X\|_{\underline{\underline{S}}^p}\|N\|_{\underline{\underline{BMO}}} \qquad (1\leq p<\infty)$$

après quoi le théorème 1 résulte du rapprochement de (13) et (14). On peut se borner à établir (14) lorsque X est <u>borné</u>.

Soit p' l'exposant conjugué de p si $1<p<\infty$, et $p'=\omega$ si $p=1$. La martingale $X\cdot N$ appartient à $\underline{\underline{BMO}} \subset \underline{\underline{H}}^p$, et nous avons donc

$$\|X\cdot N\|_{H^p} \leq c_p \sup_L E[\int_{0-}^{\infty} d[X\cdot N,L]_s]$$

L parcourant la boule unité de $\underline{\underline{H}}^{p'}$. Pour finir, il nous suffit de prouver que

(15) si $\|N\|_{\underline{\underline{BMO}}} \leq 1$, $\|L\|_{\underline{\underline{H}}^{p'}} \leq 1$, $E[\int_{0-}^{\infty} d[X\cdot N,L]_s] \leq c_p\|X\|_{\underline{\underline{S}}^p}$

pour tout processus borné X. Nous distinguons maintenant deux cas :

a) $1<p<\infty$. Nous écrivons cette espérance $E[\int d[N,X\cdot L]_s]$. D'après le lemme 1, nous avons

(16) $$\|X\cdot L\|_{\underline{\underline{H}}^1} \leq c\|X\|_{\underline{\underline{S}}^p}\|L\|_{\underline{\underline{H}}^{p'}} \leq c\|X\|_{\underline{\underline{S}}^p}$$

et (15) se réduit à l'inégalité de Fefferman, puisque $\|N\|_{\underline{\underline{BMO}}} \leq 1$.

b) Si p=1, nous écrivons l'espérance (15) sous la forme $E[\int_{0-}^{\infty} X_s \, d[L,N]_s]$, et nous remarquons que

(17) $$|d[L,N]_s| \leq \frac{1}{2}(d[L,L]_s + d[N,N]_s)$$

engendre un potentiel gauche borné. Puis nous appliquons (13) pour p=1.

Compte tenu de (9), cette démonstration s'applique aussi bien au cas où X est optionnel.

L'inégalité (11) est probablement le résultat de théorie des martingales qui ressemble le plus aux inégalités de Calderon-Zygmund.

SUR L'INEGALITE DE FEFFERMAN

L'énoncé suivant étend dans deux directions l'inégalité de Fefferman (sans être plus profond ! c'en est une conséquence facile) : remplacement des martingales par des semimartingales, remplacement de $\underline{\underline{H}}^1$ par $\underline{\underline{H}}^p$

THEOREME 2. <u>Soient</u> U <u>et</u> V <u>deux semimartingales</u>. <u>On a pour</u> $1 \leq p < \infty$

(17) $$\|[U,V]\|_{\underline{\underline{V}}^p} = \|\int_{0-}^{\infty} |d[U,V]_s|\,\|_{L^p} \leq c_p \|U\|_{\underline{\underline{H}}^p} \|V\|_{\underline{\underline{H}}^\omega}$$

DEMONSTRATION. Nous écrivons U=M+A, V=N+B, où A et B sont prévisibles.

1) $$\|\int_{0-}^{\infty} |d[U,B]_s|\,\|_{L^p} = \|\sum_s |\Delta U_s \Delta B_s|\,\|_{L^p} = \|\Delta U \cdot B\|_{\underline{\underline{V}}^p} \leq c_p \|\Delta U\|_{\underline{\underline{S}}^p} \|B\|_{\underline{\underline{V}}^\omega} \quad (13)$$
$$\leq c_p \|U\|_{\underline{\underline{H}}^p} \|V\|_{\underline{\underline{H}}^\omega} .$$

2) $$\|\int_{0-}^{\infty} |d[A,N]_s|\,\|_p = \|\sum_s |\Delta A_s \Delta N_s|\,\|_{L^p} \leq c\|N\|_{\underline{\underline{BMO}}} \|\sum_s |\Delta A_s|\,\|_{L^p}$$
car N a des sauts bornés par $c\|N\|_{\underline{\underline{BMO}}}$
$$\leq c\|N\|_{\underline{\underline{BMO}}} \|A\|_{\underline{\underline{V}}^p} \leq c_p \|U\|_{\underline{\underline{H}}^p} \|V\|_{\underline{\underline{H}}^\omega} .$$

3) Reste le cas le plus important, la majoration de $\int |d[M,N]_s|$. Il s'agit de démontrer que pour toute v.a. $Z \in L^{p'}$ (où p' est l'exposant conjugué de p, qui est >1 puisque $p<\infty$, et qui peut être supposé fini, le cas p=1 étant l'inégalité de Fefferman usuelle) on a

$$E[Z\int_{0-}^{\infty} |d[M,N]_s|] \leq c_p \|Z\|_{L^{p'}} \|M\|_{\underline{\underline{H}}^p} \|N\|_{\underline{\underline{BMO}}}$$ (il suffit de traiter le cas où Z est borné)

Soit (H_t) un processus optionnel à valeurs dans $[-1,1]$, densité de $|d[M,N]|_s$ par rapport à $d[M,N]_s$; le côté gauche s'écrit

$$E[Z\int_{0-}^{\infty} H_s d[M,N]_s] = E[\int_{0-}^{\infty} X_s d[M,N]_s] = E[\int_{0-}^{\infty} d[X\cdot M,N]_s]$$

où (X_s) est le processus $H_s E[Z|\underline{\underline{F}}_s]$. Il n'y a aucune difficulté quant à l'existence de ces diverses intégrales, puisque la v.a. Z et le processus X sont bornés. Nous avons d'après (9)

$$\|X\cdot M\|_{\underline{\underline{H}}^1} \leq c_p \|X\|_{\underline{\underline{S}}^{p'}} \|M\|_{\underline{\underline{H}}^p} \leq c_p \|Z\|_{L^{p'}} \|M\|_{\underline{\underline{H}}^p}$$

d'après l'inégalité de Doob, puisque p'>1 . Et finalement, nous majorons $E[\int d[X\cdot M,N]_s]$ par l'inégalité de Fefferman ordinaire. Le théorème est établi.

REMARQUE. (17) vaut aussi pour $p=\omega$. D'après l'inégalité $2|d[U,V]| \leq d[U,U]+d[V,V]$, il suffit de montrer que [U,U] engendre un potentiel gauche borné. On écrit U=M+A , $[U,U] \leq 2([M,M]+[A,A])$, avec $M \in \underline{\underline{BMO}}$, et $A \in \underline{\underline{V}}^\omega$. Puis $E[[A,A]_{T-}^{\infty}|\underline{\underline{F}}_T] \leq E[(\int_{T-}^{\infty}|dA_s|)^2|\underline{\underline{F}}_T] \leq 2c^2$ si le potentiel de $\int|dA|$ est $\leq c$.

Université de Strasbourg
Séminaire de Probabilités 1976/77

LA FORMULE D'ITO POUR LE MOUVEMENT BROWNIEN D'APRES G. BROSAMLER

par P.A.Meyer

Soit (X_t) le mouvement brownien dans $\mathbb{R}^n$, et soit f une fonction deux fois continûment différentiable. Nous avons alors la formule d'Ito

(1) $$f(X_t) = f(X_0) + \int_0^t \operatorname{grad} f(X_s)dX_s + \frac{1}{2}\int_0^t \Delta f(X_s)ds$$

que l'on peut généraliser dans deux directions : soit en l'étendant à des classes plus larges de processus, f restant de classe C^2, soit en restant sur le mouvement brownien, mais en affaiblissant les hypothèses de différentiabilité sur f. Une extension du second type, d'une grande importance, est la formule de Tanaka : lorsque n=1, c'est la formule d'Ito pour $f(x)=|x|$, qui n'est pas de classe C^2

$$|X_t| = |X_0| + \int_0^t \operatorname{sgn}(X_s)dX_s + L_t$$

où le processus à variation finie (L_t) n'est plus absolument continu (c'est un "temps local" du point 0). Il faut noter que la fonction f est de classe C^2 dans le complémentaire du fermé de mesure nulle $\{0\}$, et que sa dérivée seconde au sens des distributions est une mesure.

Il est donc tout naturel de se poser le même problème dans $\mathbb{R}^n$: étant donné un ouvert $\underline{\underline{O}}$, une fonction f dans $\underline{\underline{O}}$ de classe C^2 dans le complémentaire d'un fermé de mesure nulle (dans $\underline{\underline{O}}$), et dont le laplacien (dans $\underline{\underline{O}}$, au sens des distributions) est une mesure, peut on établir une formule de Tanaka pour f (c'est à dire, une formule d'Ito dont le dernier terme seul doit être réinterprété) ? Ce problème vient d'être résolu[1] dans un travail récent de Getoor et Sharpe, très ingénieux et intéressant, que je me proposais d'exposer à ce séminaire. Mais, après avoir tenté d'en affaiblir encore les hypothèses, je me suis rappelé que N.V. Krylov (pour des fonctions f appartenant à des espaces de Sobolev) et G. Brosamler avaient indiqué autrefois des généralisations de la formule d'Ito... et j'ai découvert que le travail de Brosamler [1, 1970] contenait en fait <u>tout</u> ce que l'on pouvait espérer démontrer en 1977. Or ce travail remarquable n'est jamais cité - sans doute parce qu'il a été publié dans un journal que les probabilistes ne lisent pas - c'est pourquoi il semble utile de le présenter ici, bien qu'il date de sept ans.

1. En fait, les conditions de Getoor et Sharpe sont un peu plus larges.

Voici l'énoncé du théorème de Brosamler :

THEOREME. Soit $\underline{\underline{O}}$ un ouvert de $\mathbb{R}^n$, soit (X_t) le mouvement brownien dans $\mathbb{R}^n$, soit ζ le temps de rencontre du complémentaire de $\underline{\underline{O}}$.

Soit f une fonction localement sommable dans $\underline{\underline{O}}$, dont le laplacien au sens des distributions est une mesure :

(2) $$\frac{1}{2}\Delta f = \mu$$

Quitte à modifier f sur un ensemble de mesure nulle, on peut supposer f définie, finie et finement continue hors d'un ensemble polaire $N\subset\underline{\underline{O}}$. Les dérivées au sens des distributions de f sont des fonctions localement sommables dans $\underline{\underline{O}}$

(3) $$D^i f = j^i \quad , \ i=1,2,\ldots n$$

et l'on a $\int_0^t j^{i2}\circ X_s ds < \infty$ p.s. pour $t<\zeta$. Si la loi initiale est portée par $\underline{\underline{O}}$ et ne charge pas N, on a pour $t<\zeta$

(4) $$f(X_t) = f(X_0) + \Sigma_1^n \int_0^t j^i(X_s)dX_s^i + A_t$$

où (A_t) est un processus adapté défini sur $[0,\zeta[$, dont les trajectoires sont nulles en 0, continues et localement à variation bornée sur $[0,\zeta[$, et qui sera décrit en détail plus loin (c'est la "fonctionnelle associée à μ") . En particulier, si $\frac{1}{2}\Delta f$ est une fonction localement sommable dans $\underline{\underline{O}}$, on a

(5) $$\int_0^t |\Delta f\circ X_s| ds < \infty \ \text{p.s.} \ (t<\zeta) \ \text{et} \ A_t = \frac{1}{2}\int_0^t \Delta f(X_s)ds.$$

Le reste de l'exposé sera consacré à la démonstration de ce théorème. Les méthodes ne sont pas celles de Brosamler : elles sont plus probabilistes, et utilisent moins de théorie du potentiel. Le lecteur trouvera certainement profit et plaisir à se reporter à l'article original.

Nous commençons par définir le processus (A_t) qui apparaît dans la formule (4), car cela n'exige que très peu de matériel. Puis nous reviendrons à la démonstration proprement dite.

LA FONCTIONNELLE ASSOCIEE A UNE MESURE σ-FINIE

Commençons par rappeler un résultat classique de théorie probabiliste du potentiel, pour lequel nous renvoyons par exemple à Blumenthal-Getoor, théorème VI.3.1, p.279

Soit μ une mesure positive dont le potentiel Newtonien $U\mu$ est borné[1] (c'est alors un potentiel de la classe (D) au sens probabiliste du terme), et soit (A_t) la fonctionnelle additive continue telle que $U\mu=E^{\cdot}[A_\infty]$

1. Nous supposons $n\geq 3$. Pour n=2 ou 1 il faudrait localiser, ce qui entraînerait de petites difficultés techniques.

Alors on a pour toute fonction borélienne positive j

(6) $$U(j\mu) = E^{\bullet}[\int_0^{\infty} j(X_s)dA_s] .^{(1)}$$

Ce théorème peut aussi se déduire de la théorie des noyaux excessifs d'Azéma [3], ou de celle des mesures de Revuz [4]. Il est valable en fait sous des hypothèses de dualité très faibles.

Au lieu de porter notre attention sur la fonctionnelle additive (A_t), nous la porterons sur la mesure aléatoire homogène dA_t , et nous écrirons $\mu \longleftrightarrow dA$. Nous nous proposons d'étendre cette correspondance à des mesures σ-finies quelconques.

Soit donc μ positive σ-finie. Nous la décomposons en μ_0 , portée par en ensemble polaire, et λ , ne chargeant pas les ensembles polaires, et nous convenons que

$$\mu_0 \longleftrightarrow dA^0 = 0$$

C'est en fait λ qui nous intéresse. Nous la décomposons en $\Sigma_n \lambda_n$, où les λ_n sont positives, bornées et à support compact, et nous posons $U\lambda_n = f_n$. Puis nous posons

$$\lambda_{nk} = \lambda_n . I_{\{k \leq f_n < k+1\}} \qquad (\lambda_n = \Sigma_k \lambda_{nk} \text{ , car } \lambda_n \text{ ne charge pas } \{f_n = +\infty\}).$$

D'après le principe classique du maximum, on a $U\lambda_{nk} \leq k+1$, et il existe donc une fonctionnelle additive continue (A_t^{nk}) telle que $\lambda_{nk} \longleftrightarrow dA^{nk}$. Et nous convenons que la mesure aléatoire homogène dA associée à λ (et à μ) est égale à $\Sigma_{nk} dA^{nk}$. Cette mesure aléatoire dépend a priori de la décomposition choisie, et peut être extrêmement grande : en particulier on peut avoir $A_t = \int_0^t dA_s = +\infty$ identiquement, de sorte que la fonctionnelle additive (A_t) ne **caractérise plus dA** .

Cependant, la propriété (6) est encore vraie après sommation : si j est borélienne positive , $U(j\lambda) = E^{\bullet}[\int_0^{\infty} j(X_s)dA_s]$, et cela entraîne <u>l'unicité</u> de dA, et le fait que $dA_{\bullet}(\omega)$ <u>est une mesure σ-finie sur</u> $\mathbb{R}_+$ pour presque tout ω . En effet, il existe j partout >0 telle que $U(j\lambda)$ soit une fonction excessive bornée, et alors si $j\lambda \longleftrightarrow dB$ (B est unique) on a $dA_s = \frac{1}{j(X_s)} dB_s$.

Puisque dA est σ-finie, nous pouvons procéder par différence, et étendre la correspondance entre mesures σ-finies et mesures aléatoires homogènes aux mesures de signe quelconque.

Revenons alors à l'énoncé du théorème : μ étant une mesure de Radon sur $\underline{\underline{O}}$ est une mesure σ-finie sur $\mathbb{R}^n$, donc il existe une mesure aléatoire homogène $dA \longleftrightarrow \mu$. Nous verrons dans un instant que $\int_0^t |dA_s| < \infty$ pour $t < \zeta$.

1. Noter aussi que si $\mu(dx) = \varphi(x)dx$, alors $A_t = \int_0^t \varphi(X_s)ds$.

PASSAGE DU LOCAL AU GLOBAL

Conformément à une méthode bien connue, nous allons ramener notre problème local à un problème global, plus facile à résoudre.

Soit V un ouvert relativement compact tel que $\overline{V} \subset \underline{\underline{O}}$, et soit ζ_V le temps de rencontre du complémentaire de V . Pour notre sécurité, soit encore W un ouvert relativement compact tel que $\overline{V}\subset W$, $\overline{W}\subset\underline{\underline{O}}$. Posons

$$\mu = I_W\mu \quad , \quad k^+ = U(\mu^+) \ , \ k^- = U(\mu^-)$$

Comme μ est une mesure de Radon dans $\underline{\underline{O}}$, μ^+,μ^- sont des mesures de Radon à support compact dans $\mathbb{R}^n$, et k^+,k^- sont des fonctions surharmoniques finies hors d'un ensemble polaire N(W) (dépendant de W) et finement continues. La fonction $k=k^+-k^-$ est donc définie hors de N(W), et finement continue hors de N(W).

Au sens des distributions nous avons $\frac{1}{2}\Delta k = -\mu$, donc $\Delta(f+k)=0$ dans W. Il est bien connu qu'une fonction harmonique au sens des distributions est égale p.p. à une fonction harmonique ordinaire : il existe donc h harmonique dans W telle que f=h-k p.p. dans W.

Soit ℓ une fonction indéfiniment dérivable à support compact dans $\mathbb{R}^n$, nulle hors de W, telle que $h=\ell$ dans V . Posons $\overline{f} = \ell-k$. Que pouvons nous dire de $\overline{f}$?

Elle est définie hors de l'ensemble polaire N(W), et finement continue dans $\mathbb{R}^n\setminus N(W)$; Elle est égale à f p.p. dans V

$\frac{1}{2}\Delta\overline{f} = \overline{\mu}$ est une mesure à support compact (bornée) dans $\mathbb{R}^n$.

Supposons le résultat établi pour $\overline{f}$, dans $\mathbb{R}^n$ tout entier : si la loi initiale ne charge pas N(W)

$$\overline{f}(X_t) = \overline{f}(X_0) + \Sigma_1^n \int_0^t D^i\overline{f}\circ X_s dX_s^i + \overline{A}_t \qquad (t<\infty)$$

Nous avons dans V $D^if=D^i\overline{f}$ p.p. ; d'autre part, $\overline{\mu}I_V=\mu I_V$, donc ces deux mesures ont même mesure aléatoire associée, ce qui signifie que $I_V\circ X_s dA_s = I_V\circ X_s d\overline{A}_s$ (et en particulier $\int_0^t I_V(X_s)|dA_s| < \infty$ p.s.). Donc la formule (4) est vraie pour $t<\zeta_V$, car alors $I_V\circ X_s = 1$ pour $s\leq t$.

Pour conclure, il ne nous reste plus qu'à représenter $\underline{\underline{O}}$ comme une réunion croissante d'ouverts V_n du type précédent, à construire des W_n associés (il n'est pas nécessaire que W_n croisse avec n), et à poser $N = \bigcup_n N(W_n)$.

RESOLUTION DU PROBLEME GLOBAL : PREMIERE ETAPE

Nous enlevons les $^-$ et revenons aux notations initiales ; seulement $\underline{\underline{O}}$ est maintenant $\mathbb{R}^n$ tout entier, et $\mu=\frac{1}{2}\Delta f$ est à support compact. Nous avons alors $f = U\mu^+ - U\mu^- + h$ p.p., où h est une fonction harmonique dans $\mathbb{R}^n$. La formule d'Ito étant bien connue pour les fonctions harmoniques (qui sont de classe C^2), il nous suffit d'établir le théorème pour $U\mu^+$ et $U\mu^-$. Autrement dit, en changeant de notations

Désormais $f=U\lambda$, où λ est une mesure positive à support compact

(Attention : $\frac{1}{2}\Delta f = -\lambda$, de sorte que A_t est la fonctionnelle associée à $-\lambda$. En particulier, si f est un potentiel de fonction positive $U\varphi$, $A_t = -\int_0^t \varphi(X_s)ds$).

Voici le premier vrai résultat :

LEMME 1. Si la loi initiale ne charge pas $N=\{f=+\infty\}$, le processus $M_t = f\circ X_t - f\circ X_0 + A_t$ est une martingale locale.

DEMONSTRATION. Nous traitons séparément les deux cas où λ ne charge pas les polaires, et où λ est portée par un ensemble polaire ; le cas général s'en déduit par addition.

1) Soit $\lambda_n = \lambda.I_{\{n\leq f<n+1\}}$ et soit $f_n=U\lambda_n$, $\lambda_n \longleftrightarrow A^n$. Comme λ ne charge pas l'ensemble polaire $\{f=+\infty\}$, on a $\lambda=\Sigma_n \lambda_n$, $f=\Sigma_n f_n$, et f_n est bornée par n+1 d'après le principe du maximum. Le processus $f_n\circ X_t + A_t^n$ est une martingale uniformément intégrable pour toute mesure P^x. Par addition, il en est de même de $f\circ X_t + A_t$ si $f(x)<\infty$, et alors ce processus est une martingale locale pour toute mesure P^α, où la loi initiale α ne charge pas $\{f=+\infty\}$.

2) Décomposons λ en une somme $\Sigma_n \lambda_n$, où chaque mesure λ_n est portée par un compact polaire K_n, et soit $f_n = U\lambda_n$. Soit aussi x tel que $f(x)<\infty$. La fonction f_n étant harmonique dans K_n^c, il résulte de la formule d'Ito classique que $(f_n\circ X_t)$ est une martingale locale pour P^x. D'autre part $(f\circ X_t)$ est une surmartingale positive pour P^x ; si l'on pose $T_k=\inf\{t : f\circ X_t>k\}$, le processus arrêté $(f\circ X_{t\wedge T_k})$ est borné[1] par k, donc chaque processus arrêté $(f_n\circ X_{t\wedge T_k})$ est une martingale locale bornée par k, donc une vraie martingale uniformément intégrable. Par sommation sur n on voit que $(f\circ X_{t\wedge T_k})$ est une martingale uniformément intégrable. Après quoi on fait tendre k vers $+\infty$, et il ne reste plus qu'à intégrer en $\alpha(dx)$.

Ce résultat étant acquis, nous appliquons un théorème marteau-pilon: toute martingale locale des tribus browniennes, nulle en 0, est une intégrale stochastique $\Sigma_1^n \int_0^t j_s^i dX_s^i$, où les (j_t^i) sont des processus prévisibles

1. Pas tout à fait : si $f(x)>k$ il est constant et égal à $f(x)$, donc la vraie borne est $k\vee f(x)$.

tels que $\int_0^t j_s^{i2}\,ds < +\infty$ p.s. - ce n'est pas un théorème difficile, d'ailleurs : pour une martingale de carré intégrable c'est un corollaire facile des théorèmes généraux de Kunita-Watanabe, et la localisation est sans difficulté, puisque toutes les martingales locales sont continues. Un regard sur la formule (4) nous montre qu'il ne nous reste plus qu'à montrer que $j_s^i = D^i f\circ X_s$ (p.s. , presque partout sur $\mathbb{R}_+$). On a

(7) $$\int_0^t j_s^i ds = \langle M, N^i\rangle_t$$

où $N_t^i = X_t^i - X_0^i$.

DIGRESSION. Il existe probablement des fonctions f , définies et finement continues hors d'un ensemble polaire N, telles que le processus $(f\circ X_t)$ soit une semimartingale pour toute loi P^x ($x\notin N$)[1], et ne possédant l'intégrabilité locale au voisinage d'aucun point. Toute semimartingale continue étant spéciale, il existe alors un processus (continu) à variation finie A_t tel que $f\circ X_t - f\circ X_0 + A_t = M_t$ soit une martingale locale (pour toute loi P^x, $x\notin N$), et le raisonnement précédent entraîne encore l'existence de processus (j_t^i) comme ci-dessus. On peut montrer mieux : que (A_t), donc aussi (M_t) et $(\langle M,N^i\rangle)_t$, est une fonctionnelle additive, et donc (théorème de Motoo) que j_s^i est de la forme $j^i\circ X_s$, où j^i est une fonction sur $\mathbb{R}^n$ définie p.p.. Les méthodes probabilistes permettent donc de dire quelque chose sur de telles fonctions f , alors que les méthodes analytiques semblent - pour l'instant - tout à fait impuissantes. On ne sait pas faire de théorie des distributions sur les ouverts fins, semble t'il ! Les j^i sont les composantes du "gradient fin" de f.

SECONDE ETAPE : IDENTIFICATION DES PROCESSUS (j_t^i)

Nous avons besoin à présent d'un résultat d'analyse :

LEMME 2. Si $f=U\lambda$ (λ à support compact), $D^i f$ est une fonction localement sommable.

DEMONSTRATION. Nous avons $f=h*\lambda$, où $h(x)=c|x|^{2-n}$ est le noyau newtonien. Or $D^i h(x) = c(2-n)x_i/|x|^{-n}$ est une fonction localement sommable, dérivée de h au sens des distributions. Et alors $D^i f = D^i h*\lambda$ est une fonction localement sommable.

COROLLAIRE. Soit $g(x)=x^i f(x)$. Alors $\frac{1}{2}\Delta g = -x^i\lambda + D^i f$ est une mesure.

COROLLAIRE. Soit $C_t = g\circ X_t - g\circ X_0 + \int_0^t X_s^i dA_s - \int_0^t D^i f\circ X_s ds$. Alors (C_t) est une martingale locale.

1. Nous ne savons pas si cette hypothèse entraîne, lorsque f est localement sommable, que Δf est une mesure. Cela semble probable.

DEMONSTRATION. Le premier corollaire est la formule $\Delta(x^i T)=x^i \Delta T +2D^i T$, valable pour toute distribution T, compte tenu du fait que $\Delta f=-2\lambda$. Pour le second, posons $\frac{1}{2}\Delta g = -\theta$, et soit (B_t) la fonctionnelle associée à θ ; le lemme 1 nous dit que $g\circ X_t - g\circ X_0 + B_t$ est une martingale locale. Or $\theta = x^i\lambda - D^i f$ et $\lambda \Longleftrightarrow dA_t$, donc (cf. la première section) $j\lambda \Longleftrightarrow j(X_t)dA_t$, et en particulier $x^i\lambda \Longleftrightarrow X_s^i dA_s$. ▯

Nous avons tout ce qu'il faut pour conclure :

$M_t = f\circ X_t - f\circ X_0 + A_t$ est une martingale locale continue

$N_t^i = X_t^i - X_0^i$ est une martingale locale continue

écrivons : $f\circ X_t = f\circ X_0 + M_t - A_t$

$X_t^i = N_t^i + X_0$

et intégrons par parties :

$$X_t^i f\circ X_t = \int_{0+}^t X_s^i d f\circ X_s + \int_{0+}^t f\circ X_s dX_s^i + < f\circ X, X^i>_t$$

au second membre, le premier terme vaut $\int_0^t -X_s^i dA_s$ + martingale locale nulle en 0 . Le second est une martingale locale nulle en 0. Le dernier vaut $f\circ X_0 X_0^i + <M,N^i>_t$, car $<A,N^i> = 0$. Ainsi

$$g\circ X_t = g\circ X_0 + <M,N^i>_t - \int_0^t f\circ X_s dA_s + \text{martingale locale nulle en } 0$$

Comparons au corollaire précédent : (B_t comme dans la démonstration)

$$g\circ X_t = g\circ X_0 - B_t + \text{martingale locale nulle en } 0$$
$$= g\circ X_0 + \int_0^t D^i f\circ X_s ds - \int_0^t f\circ X_s dA_s + \text{mart. loc. nulle en } 0$$

et l'unicité de la décomposition canonique d'une semimartingale continue nous dit que

$$< M, N^i>_t = \int_0^t D^i f\circ X_s ds$$

Compte tenu de (7), c'est le résultat cherché.

REFERENCES

G.A. BROSAMLER. Quadratic variation of potentials and harmonic functions Transactions A.M.S. 149, 1970, p.243-257.

R.M. BLUMENTHAL et R.K. GETOOR. Markov processes and potential theory. Academic Press, New York 1968.

J.AZEMA . Noyau potentiel associé à une fonction excessive. Ann. Inst. Fourier, 19, 1969, 495-526 (cf. exemple 3.4, b)).

D. REVUZ. Mesures associées aux fonctionnelles additives I. Transactions A.M.S. 148, 1970, p.501-531.

Université de Strasbourg
Séminaire de Probabilités 1977/78

SUR LE LEMME DE LA VALLEE POUSSIN ET UN THEOREME DE BISMUT

par P.A. Meyer

Nous appelons <u>fonction de Young</u> toute fonction convexe croissante F sur $\mathbb{R}_+$, telle que F(0)=0 et que $\lim_t F(t)/t = +\infty$. Nous désignons par F'=f la dérivée à droite de F, qui est une fonction croissante et continue à droite. Nous rappelons que F est dite <u>modérée</u> s'il existe un c fini tel que $F(2t) \leq cF(t)$ (ou, de manière équivalente, s'il existe un c fini tel que $f(2t) \leq cf(t)$). Si $(\Omega, \underline{\underline{F}}, P)$ est un espace probabilisé, l'espace d'Orlicz L^F est constitué des v.a. X telles que

$$\|X\|_F = \inf\{\lambda > 0 : E[F(\frac{|X|}{\lambda})] \leq 1\} < \infty$$

Lorsque F est modérée, X appartient à L^F si et seulement si $F\circ|X|$ est intégrable[1].

D'après le lemme classique de La Vallée Poussin, une partie J de $L^1(\Omega)$ est uniformément intégrable si et seulement s'il existe une fonction de Young F telle que $\sup_{X\in J} E[F(|X|)] < \infty$. Nous allons commencer par améliorer ce lemme, puis nous donnerons quelques applications nouvelles des fonctions de Young à la théorie générale des processus.

LEMME. <u>Si</u> J <u>est uniformément intégrable</u>, <u>il existe une fonction de Young</u> G <u>modérée</u>, <u>telle que les v.a</u>. $G\circ|X|$ <u>pour</u> $X\in J$ <u>soient encore uniformément intégrables</u>.

DEMONSTRATION. Nous reprenons la démonstration classique du lemme de a Vallée Poussin (Dellacherie-Meyer, Probabilités et Potentiels , 2e éd. n° II.22, p.38). A toute suite (g_n) de nombres réels tels que

(1) $\quad 0 \leq g_0 \leq g_1 \ldots \qquad \lim_n g_n = +\infty$

nous associons la fonction croissante $g = g_0 I_{[0,1[} + g_1 I_{[1,2[} + \ldots$ et la fonction de Young $G(t) = \int_0^t g(s)ds$, majorée par $g_0 I_{[0,1[} + (g_0+g_1) I_{[1,2[} + \ldots$ Nous avons alors

(2) $\quad E[G\circ|X|] \leq \sum_0^\infty g_n P\{|X| \geq n\}$

(3) $\quad \int_{\{G\circ|X|>c\}} G\circ|X| P \leq \sum_k^\infty (g_0+\ldots+g_n) P\{n \leq |X| < n+1\}$

où k est le plus petit entier n tel que $g_0+..+g_n > c$

$$= (g_0+\ldots+g_k) P\{|X| \geq k\} + \sum_{k+1}^\infty g_n P\{|X| \geq n\}$$

1. Pour tout ce qui concerne les fonctions de Young et les espaces d'Orlicz, voir Neveu, Martingales à temps discret, chap.IX (Masson, 1972).

Ces calculs étant faits, nous choisissons d'abord par le lemme de La Vallée Poussin classique une suite (f_n) comme ci-dessus telle que $\sup_{X\in J} \sum f_n P\{|X|\geq n\} \leq M < \infty$ (avec un changement de notations évident), et nous construisons aussi la suite $g_n = \sqrt{f_n}$, et la fonction de Young G correspondante. Nous allons montrer que $\int_{\{G\circ|X|>c\}} G\circ|X|P$ est arbitrairement petit pour c assez grand, uniformément en $X\in J$.

A cet effet, nous nous donnons un nombre $\varepsilon>0$, et désignons par j l'entier à partir duquel $g_n/f_n \leq \varepsilon$. L'entier k du (3) tend vers $+\infty$ avec c, nous supposons donc c assez grand pour que k>j, et nous écrivons

$$(g_0+\dots+g_k)P\{|X|\geq k\} + \sum_{k+1}^{\infty} g_n P\{|X|\geq n\}$$

$$\leq (g_0+\dots+g_j)P\{|X|\geq k\} + \varepsilon\sum_{j+1}^{k} f_n P\{|X|\geq k\} + \varepsilon\sum_{k+1}^{\infty} f_n P\{|X|\geq n\}$$

$$\leq (g_0+\dots+g_j)P\{|X|\geq k\} + \varepsilon\sum_{j+1}^{\infty} f_n P\{|X|\geq n\}$$

Il ne nous reste plus qu'à majorer le dernier terme par εM, et $P\{|X|\geq k\}$ par M/f_k .

Nous ne nous sommes pas occupés de la modération. C'est très simple : il suffit de prendre ci-dessus une suite f_n de la forme

$f_n=1$ pour n=0 , $f_n=\varphi_0$ pour n=1 , $f_n=\varphi_1$ pour $2\leq n<4$ ...

$$f_n=\varphi_k \text{ pour } 2^k\leq n<2^{k+1}$$

et d'assujettir la suite φ_k à la condition $\varphi_0=1$, $\varphi_{k+1}\leq 2\varphi_k$. Alors la fonction f satisfait à $f(2t)\leq 2f(t)$, et il en est évidemment de même de g. La fonction de Young G est donc modérée.

COROLLAIRE. <u>Si</u> J <u>est uniformément intégrable</u>, <u>il existe deux fonctions de Young modérées</u> U <u>et</u> V <u>telles que</u>

$$\sup_{X\in J} E[W\circ|X|] < \infty$$

W <u>étant la fonction de Young</u> (<u>modérée</u>) $U\circ V$.

Pour voir cela, on prend V=G dans le lemme précédent, et on applique le lemme de La Vallée Poussin classique aux v.a. uniformément intégrables $V\circ|X|$.

Nous abordons maintenant quelques applications des fonctions de Young à la théorie générale des processus. J.M. Bismut a établi tout récemment le théorème suivant

THEOREME. <u>Soit</u> X <u>un processus càdlàg. adapté de la classe (D)</u>. <u>Il existe un processus càdlàg. brut</u> Y <u>tel que</u> $Y^o=X$ <u>et</u> $E[Y^*] < \infty$.

Ici et dans toute la suite, les processus sont indexés par $[0,\infty[$, mais càdlàg. signifie qu'il existe aussi une limite à l'infini.

Nous nous proposons de préciser ce théorème de la manière suivante : puisque X appartient à la classe (D), il existe une fonction de Young

Φ telle que $\sup_T E[\Phi\circ|X_T|] \leq 1$, T parcourant l'ensemble de tous les temps d'arrêt . Nous allons montrer que, avec ces notations :

THEOREME 2. <u>Il existe une fonction de Young</u> $\overline{\Phi}$, <u>dépendant seulement de</u> Φ, <u>et un processus càdlàg. brut</u> Y <u>tel que</u> $Y^o=X$ <u>et</u> $E[\overline{\Phi}\circ Y^*]\leq 1$.

La démonstration est un mélange de la méthode de Bismut pour l'essentiel, et de la méthode du séminaire X, p.389 pour l'accessoire. Nous désignons par Ψ la fonction de Young conjuguée de Φ , et nous posons $\overline{\Psi} = \Psi\circ a$, où a est une fonction de Young telle que $\int_1^\infty dt/a(t)<\infty$ ($\overline{\Psi}$ est notée Γ dans le séminaire X) ; $\overline{\Phi}$ désignant la fonction de Young conjuguée de $\overline{\Psi}$, nous établirons que $\overline{\Phi}$ satisfait au théorème 2, avec une constante M au lieu de 1, et il nous restera à la diviser par M.

Mais il y a auparavant du chemin à faire. Nous fixerons les idées en prenant $a(t)=t^2$. Nous avons $\overline{\Psi}'(t)\geq\Psi'(t)$ pour t assez grand, donc $\overline{\Phi}'(s) \leq \Phi'(s)$ pour s assez grand (faire un dessin), et L^Φ s'injecte continûment dans $L^{\overline{\Phi}}$.

Nous définissons divers espaces :

- Espace $\underline{\underline{D}}^\Phi$, formé des processus càdlàg. bruts X tels que

$$[\![X]\!]_\Phi = \|X^*\|_{L^\Phi} < \infty$$

- Espace $\underline{\underline{M}}^{\overline{\Psi}}$ formé des couples (A,B) de processus à variation intégrable bruts, tels que $\Delta A_\infty=0$, $\Delta B_0=0$, que B soit purement de sauts, et que

$$[\![(A,B)]\!]_{\overline{\Psi}} = \| \int_{[0,\infty]} |dA_s|+|dB_s| \|_{L^{\overline{\Psi}}} < \infty$$

- Sous-espace $\underline{\underline{M}}_a^{\overline{\Psi}}$ formé des couples (A,B) tels que A soit adapté et B prévisible.
- Espace Λ^Φ formé des processus càdlàg. optionnels X tels que

$$\{\!\{X\}\!\}_\Phi = \sup_T E[\Phi\circ|X|_T] < \infty \ .$$

Nous notons les faits suivants, sans démonstration, les méthodes étant celles du séminaire X, p.380-383.

PROPRIETE 1. Si l'on met $\underline{\underline{D}}^{\overline{\Phi}}$ et $\underline{\underline{M}}^{\overline{\Psi}}$ en dualité au moyen de la forme bilinéaire

$$\beta(X\ ;\ (A,B)) = E[\int_{[0,\infty[} X_s dA_s + \int_{]0,\infty]} X_{s-}dB_s]$$

$\underline{\underline{M}}^{\overline{\Psi}}$ apparaît comme le dual de $\underline{\underline{D}}^{\overline{\Phi}}$.

PROPRIETE 2. Pour que (A,B) appartienne à $\underline{\underline{M}}_a^{\overline{\Psi}}$, il faut et il suffit que l'on ait $\beta(X\ ;\ (A,B))=\beta(X^o\ ;\ (A,B))$ pour tout processus càdlàg. borné X. En particulier, $\underline{\underline{M}}_a^{\overline{\Psi}}$ est fermé dans $\underline{\underline{M}}^{\overline{\Psi}}$ pour la topologie faible associée à la dualité précédente.

PROPRIETE 3. Considérons un X appartenant à Λ^{Φ} et un couple (A,B) appartenant à la boule unité de $\underline{\underline{M}}_a^{\Psi}$. Nous voulons majorer $|\beta(X\,;\,(A,B))|$. Quitte à remplacer A,B par $\int|dA_s|$, $\int|dB_s|$, nous ne perdons pas de généralité en supposant A,B croissants, et de même nous supposons X positif. Nous avons alors par exemple

$$E[\int X_s dA_s\,] = E[\int_0^{\infty} X_{S_t} I_{\{S_t<\infty\}} dt\,]$$ où S_t est le temps d'arrêt $\inf\{u : A_u>t\}$

$$= \int_0^{\infty} E[X_{S_t} I_{\{S_t<\infty\}}]dt$$

$$\leq \int_0^{\infty} 2\|X_{S_t}\|_{L^{\Phi}} \|I_{\{S_t<\infty\}}\|_{L^{\Psi}}\, dt \leq 2\|X\|_{\Phi}\int_0^{\infty} \|\ \|_{L^{\Psi}}\, dt$$

Maintenant, comme dans le séminaire X, p.390, nous avons (en notant que $\{S_t<\infty\}=\{A_{\infty}>t\}$

$$\|I_{\{A_{\infty}>t\}}\|_{L^{\Psi}} = \frac{1}{\Psi^{-1}\left(\frac{1}{P\{A_{\infty}>t\}}\right)}$$

Mais $E[\overline{\Psi}\circ A_{\infty}]\leq 1$, donc $P\{A_{\infty}>t\}\leq \frac{1}{\overline{\Psi}(t)}$, d'où l'on déduit sans peine comme dans le sém. X $\|\ \|_{L^{\Psi}} \leq 1/a(t)$. D'autre part , cette norme est aussi inférieure au plus petit λ tel que $\Psi(\frac{1}{\lambda})\leq 1$. Il reste donc

$$E[\int X_s dA_s] \leq c\|X\|_{\Phi} \qquad \text{où} \quad c = 2\int_0^{\infty} \lambda\wedge\frac{1}{a(s)}\,ds$$

On a le même résultat pour B , mais en notant que S_t est prévisible, et que l'on a $E[\Phi\circ X_{T-}]\leq\|X\|_{\Phi}$ pour T prévisible.

PROPRIETE 4. Soient des $X^n\in\Lambda^{\Phi}\downarrow 0$ tels que $X^{n*}\downarrow 0$ simplement. Alors $\beta(X^n,\,(A,B))\to 0$ <u>uniformément</u> en (A,B) appartenant à la boule unité de $\underline{\underline{M}}^{\Psi}$.

En effet, on se ramène à nouveau au cas où A et B sont croissants, et on écrit comme ci-dessus

$$E[\int X^n_s dA_s] \leq 2\int_0^{\infty} E[X^n_{S_t}]\,\lambda\wedge\frac{1}{a(t)}\,dt$$

Le résultat suit par convergence dominée.

PROPRIETE 5. Soit $X\in\Lambda^{\Phi}$; d'après la propriété 3, nous pouvons définir $\beta(X\,;\,(A,B))$ pour $(A,B)\in\underline{\underline{M}}_a^{\Psi}$. <u>Alors</u> $\beta(X,.)$ <u>est continue sur la boule unité de</u> $\underline{\underline{M}}_a^{\Psi}$ <u>munie de</u> $\sigma(\underline{\underline{M}}_a^{\Psi},\underline{\underline{D}}^{\Phi})$.

La démonstration de cette propriété est identique à celle du théorème 8-8' de l'exposé sur les temps d'arrêt flous d'après Baxter-Chacòn.

Il est alors facile de conclure : $\underline{\underline{M}}_a^{\Psi}$ étant faiblement fermé est le dual de $\underline{\underline{D}}^{\Phi}/N$, où N est l'orthogonal de $\underline{\underline{M}}_a^{\Psi}$. La propriété ci-dessus entraîne que $\beta(X,.)$ provient d'un élément de ce dual, de norme $\|\beta(X,.)\| \leq c\|X\|_{\Phi}$ (propriété 3). Donc il existe $Y\in\underline{\underline{D}}^{\Phi}$ de norme $\leq(1+\varepsilon)c\|X\|_{\Phi}$ dans la classe mod/N correspondante. La relation $\beta(X,.)=\beta(Y,.)$ sur M_a^Ψ entraîne que $X=Y^o$, et le théorème est établi.

THEOREME 3. <u>Soit</u> (X^i) <u>une famille de processus càdlàg, optionnels, appartenant uniformément à la classe (D)</u> (toutes les v.a. X_T^i sont uniformément intégrables, en i et en T). <u>Alors il existe une famille</u> (Y^i) <u>de processus càdlàg, bruts, telle que</u> $X^i=(Y^i)^o$ <u>pour tout</u> i, <u>et que les v.a.</u> $(Y^i)^*$ <u>soient uniformément intégrables</u>.

Compte tenu du lemme de La Vallée Poussin classique, c'est une forme équivalente du théorème 2. On aurait un résultat analogue pour l'autre théorème de Bismut, concernant la représentation des processus càdlàg. réguliers comme projections optionnelles de processus continus.

On aimerait savoir si tout processus optionnel X (non càdlàg.) tel que $\|X\|_\Phi < \infty$ est projection optionnelle d'un Y mesurable tel que $\|Y\|_{\overline{\Phi}} < \infty$. Ce problème paraît pour l'instant inabordable.

NOTE SUR LES EPREUVES.
Une difficulté classique de la théorie des espaces d'Orlicz a été oubliée dans cet exposé (je ne suis pas entièrement coupable : Neveu lui même l'a oubliée dans la référence en première page !). C'est la suivante : si Φ et Ψ sont deux fonctions de Young conjuguées, les propriétés que voici sont équivalentes :

- le dual de L^Φ est L^Ψ
- L^Φ est séparable
- L^∞ est dense dans L^Φ
- Φ est modérée

Lorsque Φ n'est pas modérée, L^Ψ est le dual de E^Φ, l'adhérence de L^∞ dans L^Φ . Il faut donc prendre soin, dans le texte, de modifier légérement la définition de $\underline{\underline{D}}^\Phi$, qui devient l'adhérence de l'espace des processus càdlàg bruts <u>bornés</u> pour la norme $\|\ \|_\Phi$.

Mais il est peut être plus conforme à l'esprit de cet exposé de ne rien modifier, et de supposer Φ modérée. Il faut alors vérifier que $\overline{\Phi}$ est modérée. Attention ! L'inégalité $\overline{\Phi}\leqq\Phi$ ne suffit pas pour cela . Mais on a le critère suivant : Φ est modérée ss'il existe une constante c>1 telle que $\Psi(y) \leqq \frac{1}{2c}\Psi(cy)$ au voisinage de l'infini. Or si Ψ possède cette propriété, il est clair que $\overline{\Psi}(y)=\Psi(y^2)$ la possède (pour la constante $\sqrt{c}$) , donc $\overline{\Phi}$ est modérée.

Je remercie M. Emery pour ces remarques, et j'ajoute qu'Emery vient de résoudre <u>très simplement</u> le problème «inabordable» mentionné plus haut. Les travaux de Bismut et d'Emery ont été tous deux soumis au ZfW.

Université de Strasbourg
Séminaire de Probabilités 1976/77

MARTINGALES LOCALES FONCTIONNELLES ADDITIVES (I)

par P.A. Meyer

La théorie des intégrales stochastiques provient en grande partie du célèbre article de Kunita et S. Watanabe <u>On square integrable martingales</u> (1967). On a sans doute un peu oublié que cet article se composait de deux parties. La première, sur un espace probabilisé filtré sans structure particulière, est devenue depuis lors la théorie générale des intégrales stochastiques, et s'est enrichie de la notion de martingale locale, de la théorie de $\underline{\underline{H}}^1$. La seconde était consacrée aux martingales fonctionnelles additives (de carré intégrable) d'un processus de Hunt, et elle en est restée à peu près au point où Kunita et Watanabe l'avaient laissée. C'est elle que nous reprenons ici.

Notre but principal est l'étude des espaces $\underline{\underline{H}}^p_a(\lambda)$ de martingales additives, que nous définirons dans le second exposé, et de leurs duals. Le premier exposé comporte surtout des résultats techniques. Les espaces $\underline{\underline{H}}^p_a(\lambda)$ sont des intermédiaires naturels entre l'espace $\underline{\underline{H}}^p$ des probabilistes (formés de toutes les martingales de norme-$\underline{\underline{H}}^p$ finie) et l'espace $\underline{\underline{H}}^p$ des analystes (formé uniquement des martingales associées aux fonctions harmoniques). Le résultat assez étonnant est que le dual de $\underline{\underline{H}}^1_a(\lambda)$ est un espace de martingales additives à sauts bornés, mais qui semble strictement plus gros que l'espace "$\underline{\underline{BMO}}$ additif".

On verra que la théorie de la dualité n'est pas tout à fait évidente, même dans le cas (trivial d'habitude) où $1<p<\infty$. On ne peut pas cumuler toutes les difficultés. Nous supposons donc, dans le second exposé, que le processus est "de Hunt" (i.e., que la filtration naturelle est quasi-continue à gauche), ce qui nous permet d'utiliser l'outil si commode de l'intégrale stochastique optionnelle[1].

NOTATIONS

Nous nous donnons un semi-groupe de Markov (P_t) sur un espace d'états E, sa résolvante (U_p), son noyau potentiel $U_0=U$ que nous supposons <u>propre</u> . Comme d'habitude, nous adjoignons à E un point-cimetière ∂, et nous prolongeons le semi-groupe à $\bar{E}=E\cup\{\partial\}$. Nous supposons que les hypothèses droites sont satisfaites, et nous plongeons $\bar{E}$ dans un compactifié de Ray F . L'ensemble des points de branchement est noté B.

Nous réalisons le semi-groupe (P_t) sur l'espace des trajectoires

- continues à droite et à durée de vie à valeurs dans $\bar{E}$, pour les deux topologies de $\bar{E}$ et de F,

1. Voir l'appendice de l'exposé II pour le cas général.

- admettant des limites à gauche dans $\bar{E}\cup B$, pour la topologie de F.

La possibilité d'un tel choix est établie dans Meyer-Walsh [1] : on commence par construire la réalisation canonique continue à droite du semi-groupe à valeurs dans $\bar{E}$, puis on remarque qu'elle est p.s. continue à droite dans $\bar{E}$ muni de la topologie de F, et pourvue de limites à gauche dans F. Puis on utilise le corollaire 2, p.156 de [1] pour vérifier que ces limites à gauche sont en fait dans $\bar{E}\cup B$ p.s., et enfin on se débarrasse des p.s. en jetant les mauvaises trajectoires.

En fait, nous oublierons à peu près complètement la topologie initiale de E, et même la structure borélienne initiale : le mot "fonction borélienne" se référera à la structure induite par F (une telle fonction est presque-borélienne pour la structure initiale). Nous utiliserons les notations usuelles

$$\Omega,\ \underline{\underline{F}}^{o},\ \underline{\underline{F}}^{o}_{t}\ ,\ X_t\ ,\ P^{\mu}\ \ldots\ldots$$

Nous dirons que le processus est <u>de Hunt</u> si, pour toute loi initiale μ, la famille de tribus complétée $(\underline{\underline{F}}^{\mu}_{t})$ - qui satisfait aux conditions habituelles - est quasi-continue à gauche. On sait (th.13) que cela signifie que l'ensemble B est inutile : les limites à gauche appartiennent p.s. à $\bar{E}$. Les sauts du processus X sont alors totalement inaccessibles, et X jouit de la propriété caractéristique des processus de Hunt usuels ($T_n \uparrow T \Rightarrow X_{T_n} \rightarrow X_T$ p.s. sur $\{T<\infty\}$) dans la topologie de Ray.

Rappelons que $\underline{\underline{F}} = \bigcap_{\mu} \underline{\underline{F}}^{\mu}$, et de même pour $\underline{\underline{F}}_t$. Nous avons déjà employé le mot <<p.s.>> pour signifier << P^{μ}-p.s. pour toute loi initiale μ sur $\bar{E}$ >> ; de même, les mots << évanescent>>, <<indistinguables>> seront employés pour qualifier un ensemble P^{μ}-évanescent pour toute loi P^{μ}, deux processus P^{μ}-indistinguables pour toute loi P^{μ}...

Nous utiliserons dans la suite le remarquable cours de troisième cycle <u>Fonctionnelles additives de Markov</u> de M. Sharpe (Laboratoire de Probabilités, Université Paris VI, 1973/74), qui n'est malheureusement pas publié. A la suite de Sharpe, nous dirons qu'un processus est <u>mesurable</u> (resp. <u>optionnel</u>, <u>prévisible</u>) s'il est indistinguable au sens défini plus haut d'un processus $\underline{\underline{B}}(\mathbb{R}_+)\times\underline{\underline{F}}$-mesurable, resp. optionnel, prévisible par rapport à la famille $(\underline{\underline{F}}_t)$. Ainsi, un processus Z peut être, pour toute loi initiale μ,P^{μ}-indistinguable d'un processus optionnel par rapport à $(\underline{\underline{F}}^{\mu}_{t})$ sans être optionnel au sens précédent.

Nous passons à notre objet principal :

DEFINITION. <u>Une fonctionnelle additive est un processus</u> (A_t) <u>adapté à la famille</u> $(\underline{\underline{F}}_t)$, <u>possédant les propriétés suivantes</u>

1) <u>Pour presque tout</u> ω, <u>la trajectoire</u> $A_{\bullet}(\omega)$ <u>est càdlàg., à valeurs finies, nulle en</u> 0, <u>arrêtée à l'instant</u> $\zeta(\omega)$.

2) <u>Pour tout couple</u> (s,t), <u>on a p.s.</u> $A_{s+t}= A_s+A_t\circ\theta_s$.

A priori, l'ensemble de mesure nulle en 2) dépend de (s,t). Mais Walsh a montré dans [1] pour les fonctionnelles croissantes (et la même méthode est appliquée dans Meyer [2] pour les fonctionnelles quelconques) qu'il existe toujours une version <u>parfaite</u> d'une fonctionnelle additive : une fonctionnelle (A'_t) indistinguable de (A_t) pour laquelle 2) a lieu hors d'un ensemble de mesure nulle indépendant de (s,t).

Une fonctionnelle additive est un exemple de processus optionnel au sens de Sharpe. Soit en effet H l'ensemble des $\omega\in\Omega$ tels que $A_{\cdot}(\omega)$ ne soit pas càdlàg. ; H est P^{μ}-négligeable pour toute loi initiale μ, donc appartient à $\underline{\underline{F}}_0$. Si nous posons

$$B_t(\omega)=A_t(\omega) \text{ si } \omega\notin H \quad , \; B_t(\omega)=0 \text{ si } \omega\in H$$

nous obtenons un processus adapté à $(\underline{\underline{F}}_t)$, càdlàg. , indistinguable de (A_t).

Les deux classes de fonctionnelles additives que nous rencontrerons dans la suite sont les fonctionnelles additives <u>croissantes</u> (FAC) et les fonctionnelles additives <u>martingales locales</u> (en abrégé, fonctionnelles additives martingales, ou FAM), i.e. les f.a. (A_t) telles que (A_t) soit une P^{μ}-martingale locale pour toute loi initiale μ sur E [(1)]. Nous donnerons dans l'exposé II des exemples de FAM.

FONCTIONNELLES ADDITIVES CROISSANTES

Nous nous proposons surtout ici d'étudier les FAM, mais pour cela nous avons besoin de résultats auxiliaires sur les FAC. Nous allons pour cela rappeler en partie les résultats de Sharpe.

Une notion très fructueuse introduite par Sharpe a été celle de <u>translation des processus</u> : si $Z=(Z_t)$ est un processus, $\epsilon_u Z$ est le processus

$$(\epsilon_u Z)_t = Z_{t-u}\circ\theta_u \, I_{\{t\geq u\}}$$

Si Z est mesurable, resp. optionnel, prévisible, il en est de même de $\epsilon_u Z$. Enonçons maintenant le théorème de Sharpe sur la projection prévisible (on a exactement le même énoncé pour la projection optionnelle).

THEOREME 1. <u>Soit</u> Z <u>un processus mesurable</u>, <u>positif ou borné</u>. <u>Il existe un processus prévisible</u> Z^p, <u>unique à un processus évanescent près</u>, <u>qui est pour toute loi initiale</u> μ <u>une projection prévisible de</u> Z <u>sous</u> P^{μ}. <u>De plus</u>, <u>pour</u> $u\geq 0$ <u>fixé</u>, <u>les processus</u> $(\epsilon_u Z)^p$ <u>et</u> $\epsilon_u(Z^p)$ <u>sont indistinguables</u>.

1. Nous ignorons s'il suffit que (A_t) soit une P^x-martingale locale pour tout $x\in E$.

En particulier, nous dirons qu'un processus $Z=(Z_t)_{t\geq 0}$ (resp. $(Z_t)_{t>0}$) est homogène si, pour tout u fixé, les processus $\theta_u Z$ et Z sont indistinguables sur $[u,\infty[$ (resp. sur $]u,\infty[$). Le théorème 1 entraîne que la projection prévisible d'un processus homogène est homogène.

DEMONSTRATION. Nous allons donner une démonstration différente de celle de Sharpe, reposant sur la formule magique de Dawson. En fait, nous ne donnerons qu'une esquisse, et renverrons à Meyer [2] pour les détails. Nous traiterons plutôt le cas de la projection optionnelle, qui est plus simple ([2] est plus spécialement consacré au cas prévisible).

Etant donnés $\omega, w \in \Omega$, et $t\geq 0$, nous définissons $\omega/t/w \in \Omega$ par

$$X_s(\omega/t/w) = X_s(\omega) \text{ si } s<t \text{ , } X_{s-t}(w) \text{ si } s\geq t$$

Soit b une fonction $\underline{\underline{F}}^\circ$-mesurable bornée sur Ω . Posons

$$b_t(\omega) = E^{X_t(\omega)}[b(\omega/t/.)]$$

Il n'est pas difficile de vérifier que 1) le processus (b_t) est optionnel , 2) $b_T=E^\mu[b|\underline{\underline{F}}_T^\mu]$ P^μ-p.s. pour toute loi initiale μ et tout temps d'arrêt borné T de la famille $(\underline{\underline{F}}_t^\mu)$. Il en résulte que (b_t) est projection optionnelle du processus constant $Z_t(\omega)=b(\omega)$.

On passe de là au cas où b est $\underline{\underline{F}}$-mesurable, par encadrement. Posons alors, pour tout processus Z positif ou borné, $\underline{\underline{B}}(\mathbb{R}_+)\times\underline{\underline{F}}$-mesurable

$$Z_t^o(\omega) = E^{X_t(\omega)}[Z_t(\omega/t/.)]$$

Un raisonnement de classes monotones à partir du cas où $Z_t(\omega)=a(t)b(\omega)$ montre que Z^o est projection optionnelle de Z. Le point intéressant à noter est que Z^o est donné sans aucune indétermination, par un noyau appliqué à Z, et que $(\theta_u Z)^o=\theta_u(Z^o)$ identiquement.

Si Z est seulement mesurable au sens de Sharpe, on choisit Y $\underline{\underline{B}}(\mathbb{R}_+)\times\underline{\underline{F}}$)-mesurable et indistinguable de Z ($\theta_u Y$ et $\theta_u Z$ sont alors indistinguables pour tout u fixé) et l'on pose $Z^o=Y^o$; on retrouve alors le théorème de Sharpe.

Si l'on recherche seulement la forme prévisible du théorème de Sharpe (et non une forme plus précise pour les processus $\underline{\underline{B}}(\mathbb{R}_+)\times\underline{\underline{F}}$-mesurables comme ci-dessus), on peut se ramener par classes monotones aux cas où $Z_t(\omega)=a(t)b(\omega)$, puis où $Z_t(\omega)=b(\omega)$, et l'on peut prendre alors

$$Z_0^p = b_0 \quad , \quad Z_t^p = \liminf_{s\uparrow\uparrow t} b_s \text{ si } t>0$$

Nous donnons une application de ce théorème :

COROLLAIRE. Soit Z un processus mesurable au sens de Sharpe. Supposons que, pour tout x, Z soit P^x-indistinguable d'un processus prévisible par rapport à $(\underline{\underline{F}}_t^x)$. Alors Z est prévisible au sens de Sharpe.

En effet, on peut se ramener au cas où Z est borné, $\underline{\underline{B}}(\mathbb{R}_+)\times\underline{\underline{F}}$-mesurable. Soit Y un processus prévisible par rapport à $(\underline{\underline{F}}_t)$, donc $\underline{\underline{B}}(\mathbb{R}_+)\times\underline{\underline{F}}$-mesurable, indistinguable de Z^p . Les processus Z et Y sont P^x-indistinguables pour tout x, donc P^μ-indistinguables pour toute loi initiale μ par intégration, et Z est bien prévisible au sens de Sharpe.

Passons aux projections duales. Etant donné un processus $Z \geqq 0$, et un processus croissant A (fini, nul en 0), notons $Z*A$ le processus croissant

$$(Z*A)_t = \int_0^t Z_s dA_s \qquad \text{intégrale de Stieltjes}$$

(le . sera réservé pour l'intégrale stochastique). On vérifie sans peine que $\theta_u(Z*A) = (\theta_u Z)*(\theta_u A)$.

THEOREME 2. Soit $A=(A_t)$ un processus croissant, tel que A_t soit $\underline{\underline{F}}$-mesurable pour tout t, nul en 0, et tel que la fonction $E^\cdot[A_\infty]$ soit bornée sur E . Il existe alors un processus croissant $(\tilde{A}_t)$, prévisible (au sens de Sharpe) tel que $\tilde{A}$ soit projection duale prévisible de A sous P^μ pour toute loi initiale μ. De plus, pour tout u fixé, les processus $\theta_u\tilde{A}$ et $(\theta_u A)^\sim$ sont indistinguables.

DEMONSTRATION. Pour tout processus mesurable positif Z, posons

$$R_x(Z) = E^x[\int_0^\infty Z_s^p dA_s]$$

La fonction $R_.(Z)$ est universellement mesurable sur $\bar{E}$. En particulier, posons pour $B \in \underline{\underline{F}}^\circ$

$$R_t(x,B) = R_x[[0,t]\times B]$$

Nous avons là une mesure sur $\underline{\underline{F}}^\circ$, bornée, absolument continue par rapport à P^x. Choisissons une fonction $\alpha_t(x,\omega)$, $\underline{\underline{B}}_u(\bar{E})\times\underline{\underline{F}}^\circ$-mesurable, telle que pour tout x $\alpha_t(x,.)$ soit une densité de $R_t(x,.)$ par rapport à P^x - un tel choix est possible du fait que $\underline{\underline{F}}^\circ$ est séparable. Puis posons

$$\alpha_t^1(x,\omega) = \sup_{\substack{s \text{ rationnel} \\ s<t}} \alpha_s(x,\omega) \quad , \quad \alpha_t^2(x,\omega) = \alpha_{t+}^1(x,\omega)$$

enfin, le processus (α_t^2) est croissant, mais pas nécessairement fini ni nul en 0 ; on pose donc

$$\alpha_t^3(\omega) = \alpha_t^2(\omega) \text{ si } \alpha_.^2(\omega) \text{ est finie et nulle en 0, } =0 \text{ sinon .}$$

Enfin, on pose

$$\tilde{A}_t(\omega) = \alpha_t^3(X_0(\omega),\omega)$$

$\tilde{A}_t$ est $\underline{\underline{F}}$-mesurable. Pour toute loi P^x, $\tilde{A}_t$ est une densité de $R_t(x,.)$ par rapport à P^x . En intégrant par rapport à $\mu(dx)$, on voit que $\tilde{A}$ est projection prévisible duale de A sous P^μ. En particulier, $\tilde{A}_t$ est $\underline{\underline{F}}_t^\mu$-mesurable, donc ($\mu$ étant arbitraire) $\underline{\underline{F}}_t$-mesurable. De même, le corollaire du théorème 1 entraîne que $\tilde{A}$ est prévisible (au sens de Sharpe).

[Il y a une petite subtilité de démonstration si l'on veut traiter le cas où la fonction $E^\cdot[A_\infty]$ n'est pas bornée sur $\bar{E}$, mais seulement finie : on remplacera μ par une mesure équivalente λ telle que $E^\lambda[A_\infty]<\infty$, en remarquant que $\underline{\underline{F}}_t^\mu=\underline{\underline{F}}_t^\lambda$]

Reste à voir le comportement des projections duales lors des translations. Pour vérifier que les deux processus croissants prévisibles nuls sur $[0,u[$ $\theta_u\tilde{A}=B$, $(\theta_u A)^\sim=C$ sont indistinguables, il suffit de vérifier que pour tout processus prévisible borné Z, nul sur $[0,u[$, et toute loi initiale μ

$$E^\mu[(Z*B)_\infty] = E^\mu[(Z*C)_\infty]$$

Il suffit de le faire pour des processus Z qui engendrent la trace sur $[u,\infty[$ de la tribu prévisible : Sharpe montre que l'on peut se restreindre à des processus de la forme

$$Z_t(\omega) = I_{[u,\infty[}(t)H(\omega)\theta_u Y(t,\omega)$$

où H est $\underline{\underline{F}}_u$-mesurable positive bornée, et Y est prévisible positif. Dans ce cas, d'après la propriété de Markov simple

$$E^\mu[(Z*B)_\infty] = E^\mu[H(\theta_u Y*\theta_u\tilde{A})_\infty] = E^\mu[H.(Y*\tilde{A})_\infty\circ\theta_u] = E^\lambda[(Y*\tilde{A})_\infty]$$

où λ est la mesure $\lambda(K)=E^\mu[H.I_K\circ X_u]$. Aussi $\qquad = E^\lambda[(Y*A)_\infty]$

$$E^\mu[(Z*C)_\infty] = E^\mu[(Z*\theta_u A)_\infty]=E^\mu[H(\theta_u Y*\theta_u A)_\infty]=E^\mu[H.(Y*A)_\infty\circ\theta_u]$$

cqfd. $\qquad = E^\lambda[(Y*A)_\infty]$.

REMARQUE. Lorsque A satisfait à la relation d'additivité de la définition 1 (sans être nécessairement une fonctionnelle additive : A n'est pas supposé adapté), on a $(\theta_u A)_t = (A_t-A_u)I_{\{t\geq u\}}$. Par projection prévisible duale, il vient $(\theta_u\tilde{A})_t = (\tilde{A}_t-\tilde{A}_u)I_{\{t\geq u\}}$. Autrement dit, A est une fonctionnelle additive prévisible.
Mais pour construire $\tilde{A}$ dans ce cas particulier, on n'a pas besoin du théorème 2 : $\tilde{A}$ est la fonctionnelle additive prévisible engendrant le potentiel de la classe (D) $f=E^\cdot[A_\infty]$.

REMARQUE. Au lieu de supposer que $E^\cdot[A_\infty]$ est bornée ou même finie, faisons les hypothèses suivantes

a) Le processus croissant A est localement intégrable pour toute mesure P^x,

b) On peut écrire $A=\Sigma_n B_n$, où les processus croissants B_n satisfont aux hypothèses du théorème 2.

Nous pouvons alors poser $\tilde{A} = \Sigma_n \tilde{B}_n$; la mesure aléatoire $d\tilde{A}$ est projection prévisible de dA sous P^μ pour toute loi initiale μ, et la condition a) entraîne que $\tilde{A}$ est <u>à valeurs finies</u> . La propriété relative aux translations (en particulier l'additivité de $\tilde{A}$ si A est additive) s'étend alors trivialement.

Nous allons maintenant établir un théorème important pour l'étude des FAM. Voir les remarques suivant la démonstration, pour le cas des fonctionnelles quasi-continues à gauche .

THEOREME 3. Soit A une FAC . Il existe un processus optionnel et homogène $(Z_t)_{t>0}$, >0 hors d'un ensemble évanescent et tel que la fonctionnelle additive $B=Z*A$ ait un potentiel $E^{\cdot}[B_{\infty}]$ borné.

DEMONSTRATION. 1) Traitons le cas où A est continue. Soit (Q_t) le semi-groupe déduit de (P_t) par le changement de temps (τ_t)associé à A : $Q_t(x,h) = E^x[h\circ Y_t]$, où $Y_t=X_{\tau_t}$ (avec la convention usuelle $X_{\infty} = \partial$). Le noyau potentiel V de (Q_t) est égal à U_A . D'après la transience de (P_t), il existe une fonction $k>0$ sur E (nulle en ∂) telle que $g=Uk$ soit bornée. Pour tout x et tout temps d'arrêt T tel que $P^x\{T>0\}\neq 0$, on a $P_T(x,g)<g(x)$. En particulier, la fonction $h=g-Q_1g = g-P_{\tau_1}g$ est strictement positive partout sur E. D'autre part, on a $Vh\leq g$, donc U_Ah est bornée. Le processus cherché est alors $Z_t=h\circ X_t$.

2) Traitons le cas où A est (parfaite) purement discontinue, avec des sauts compris entre a et b ($0<a<b<\infty$) .

Désignons par T_n le n-ième saut de A ($T_0=0$ par convention), posons $Y_n= X_{T_n}$, $Q(x,h)= E^x[h\circ X_{T_1}]$. Le processus (Y_n) est markovien discret, avec Q pour noyau de transition. La fonction g étant Q-excessive, $g-Qg = h$ est partout >0 sur E, et le noyau potentiel discret $V= \Sigma_n Q^n$ satisfait à $Vh\leq g$ bornée (en fait, on a même l'égalité). D'autre part on a $U_Ah \leq bVh$, et le processus cherché est encore $Z_t=h\circ X_t$.

3) Passons au cas général : nous écrivons $A = A^c + \Sigma_{n\in\mathbb{Z}} A^n$, où A^n est la somme des sauts de A compris dans l'intervalle $[2^{-n},2^{-n+1}[$. Soit h partout >0 telle que $U_Ah \leq 1$; soit h_n partout >0 telle que $U_{A^n}h_n\leq 1$. Soit C l'ensemble $\{(t,\omega): t>0 , \Delta A_t(\omega)=0\}$, et soit C_n l'ensemble $\{(t,\omega) : t>0, 2^{-n}\leq\Delta A_t(\omega)<2^{-n+1}\}$. Alors on peut prendre

$$Z_t = h\circ X_t I_C + \Sigma_n 2^{-|n|}h_n\circ X_t I_{C_n}$$

COROLLAIRE. Si A est localement intégrable pour toute loi P^x, sa compensatrice prévisible existe et est une fonctionnelle additive.

DEMONSTRATION. Nous prenons $B=Z*A$ comme ci-dessus, puis nous posons $B_n =(\frac{1}{Z}I_{\{2^{-n}\leq Z<2^{-n+1}\}})*B$. Alors $A=\Sigma_{n\in\mathbb{Z}} B_n$, et les fonctionnelles additives B_n ont un potentiel borné. On applique alors la seconde remarque suivant le théorème 2.

REMARQUE. Un théorème célèbre de Kunita-Watanabe [1], établi pour des processus de Hunt sous hypothèse (L) , puis étendu par Walsh-Weil [1] aux processus de Ray sous hypothèse (L), enfin par Benveniste [1] au cas général, affirme qu'une FAC ~~quasi-continue à gauche~~ purement discontinue A (i.e. à sauts totalement inaccessibles) admet la représentation

$$A_t = \Sigma_{0<s\leq t} I_{\{X_{s-}\in\bar{E}\}} f(X_{s-},X_s)$$

où f est une fonction positive sur $\bar{E}\times\bar{E}$, mesurable par rapport au produit de la tribu presque-borélienne par elle même, et nulle sur la diagonale. Il revient au même de dire, sous la forme de Walsh-Weil, qu'un temps terminal T totalement inaccessible est un temps d'entrée

$$T = \inf \{ t>0 : (X_{t-},X_t)\in G \}$$

où G est un ensemble presque-borélien dans $\bar{E}\times\bar{E}$, disjoint de la diagonale.

A l'aide de ce théorème, on peut montrer que lorsque A est quasi-continue à gauche, le processus Z du théorème 3 peut être pris de la forme

$$Z_t = j(X_{t-},X_t)$$

où j est une fonction presque-borélienne partout >0 sur F×F.

FONCTIONNELLES ADDITIVES MARTINGALES LOCALES

Nous nous servirons à plusieurs reprises du lemme suivant, dû à C. Doléans-Dade [1] sous une forme à peine moins bonne (convergence dans L^2 au lieu de convergence en probabilité). La forme ci-dessous a été dégagée dans les travaux de C. Stricker et M. Yor sur les intégrales stochastiques dépendant d'un paramètre.

LEMME. <u>Soit</u> (M_n) <u>une suite de fonctions</u> $\underline{\underline{F}}$<u>-mesurables sur</u> Ω, <u>qui converge en probabilité</u>/P^μ <u>pour toute loi initiale</u> μ. <u>Il existe alors une v.a.</u> $\underline{\underline{F}}$<u>-mesurable</u> M <u>telle que</u> M_n <u>converge vers</u> M <u>en probabilité pour toute loi</u> P^μ.

DEMONSTRATION. On peut utiliser les filtres rapides de Mokobodzki, mais ce n'est pas nécessaire.

On se ramène au cas où les M_n sont comprises entre -1 et 1. Etant donné $x\in E$, soit N(n,x) le plus petit entier tel que

$$p\geqq N(n,x),\ q\geqq N(n,x) \Rightarrow E^x[|M_p-M_q|] \leqq 2^{-n}$$

La suite des fonctions $K_n(x,\omega) = M_{N(n,x)}(\omega)$ est telle que pour tout x , $K_n(x,.)$ converge P^x-p.s. vers une limite en probabilité/P^x de la suite (M_n). Posons donc

$$K(x,\omega) = \liminf_n K_n(x,\omega)$$

fonction mesurable du couple (x,ω), puis

$$M(\omega) = K(X_0(\omega),\omega)$$

Alors, pour tout x, (M_n) converge dans $L^1(P^x)$ vers M. En intégrant par rapport à $\mu(dx)$, $\int\mu(dx)E^x[|M-M_n|] = E^\mu[|M-M_n|] \to 0$, et le lemme est établi.

Notre première application va consister à montrer que le crochet droit d'une FAM est une FAC. Signalons, sans donner de détails, que le corollaire du théorème 3 permet de montrer que le crochet oblique d'une martingale locale additive, localement de carré intégrable pour toute loi P^x , est également une FAC.

THEOREME 4. Soit $M=(M_t)$ une FAM. Il existe une FAC (A_t) telle que, pour toute loi μ, (A_t) soit une version du crochet $[M,M]_t$ sous P^μ.
(Une telle version est tout naturellement notée $[M,M]$).

DEMONSTRATION. Nous fixons t . Nous savons que les sommes

$$M_t^n = \sum_{i<2^n} (M_{t_{i+1}^n} - M_{t_i^n})^2 \qquad \text{où } t_i^n = i2^{-n}t$$

convergent en probabilité vers le crochet de M sous P^μ, quelle que soit la loi μ. Appliquant le lemme, nous construisons une v.a. A_t^1 $\underline{\underline{F}}$-mesurable telle que M_t^n converge vers A_t^1 en probabilité P^μ, quelle que soit μ.

On vérifie aussitôt que A_t^1 est $\underline{\underline{F}}_t$-mesurable, et que $s\leq t \Rightarrow A_s^1 \leq A_t^1$ p.s.. On peut alors régulariser A^1 en un processus croissant A, qui est une version du crochet droit pour toute loi P^μ.

Pour vérifier l'additivité, nous écrivons que (s étant fixé)

$$A_t = \lim M_t^n \quad \text{en probabilité sous } P^{\mu P_s}$$

ce qui, d'après la propriété de Markov simple, nous donne

$$A_t\circ\theta_s = \lim M_t^n\circ\theta_s \quad \text{en probabilité sous } P^\mu$$

$$= \lim \Sigma_i \, (M_{t_{i+1}^n+s} - M_{t_i^n+s})^2 \quad \text{sous } P^\mu \text{ d'après l'additivité de M}$$

Ajoutons les v.a. M_s^n , qui convergent vers A_s sous P^μ, nous obtenons une somme approximant sous P^μ le crochet $[M,M]_{t+s}$, c'est à dire A_{t+s}. Par conséquent $A_{t+s}=A_s + A_t\circ\theta_s$ P^μ-p.s., et le théorème est établi.

Nous passons maintenant à la décomposition d'une martingale locale M en sa partie continue M^c et sa partie somme compensée de sauts M^d. Nous n'avons pas essayé de tout dire dans l'énoncé : c'est la démonstration qui contient les résultats dont nous nous servirons pour traiter les intégrales stochastiques plus loin.

THEOREME 5. Soit $M=(M_t)$ une FAM. Il existe alors une FAM continue M^c qui est, pour toute loi μ, une version de la partie continue de M sous P^μ.

DEMONSTRATION. Soit $\overset{+}{M}{}_t^n = \Sigma_{s\leq t} \Delta M_s I_{\{\Delta M_s \geq 1/n\}}$; c'est une FAC localement intégrable pour toute loi P^x (du fait que $[M,M]_t^{1/2}$ est localement intégrable). D'après le corollaire du théorème 3, elle admet une compensatrice prévisible, qui est une FAC. Remplaçant M par -M , nous construisons de même $\overset{-}{M}{}^n$ et sa compensatrice prévisible. D'où par différence une fonctionnelle additive prévisible $\widetilde{M}^n$, différence de deux FAC, telle que $K^n=M^n-\widetilde{M}^n$ soit une FAM.

Pour toute loi initiale μ, K^n converge en probabilité/P^μ vers une version de la partie somme compensée de sauts de M sous P^μ. Utilisant à nouveau le lemme, nous construisons un même processus (K_t) tel que pour tout t, K_t^n converge vers K_t en probabilité/P^μ pour toute loi μ.

Pour toute loi μ, (K_t) est une modification d'un processus càdlàg. Il est alors possible de le régulariser en un processus càdlàg. , que nous noterons tout naturellement M^d, et qui est une martingale locale sous toute loi P^μ. On pose $M^c=M-M^d$.

Reste à vérifier l'additivité de M^d. Comme pour le théorème 4, le fait que K_t^n tend vers M_t^d sous $P^{\mu P_s}$ entraîne que $K_t^n \circ \theta_s = K_{t+s}^n - K_s^n$ converge vers $M_t^d \circ \theta_s$ en probabilité/P^μ , d'où la relation $M_t^d \circ \theta_s = M_{t+s}^d - M_s^d$ P^μ-p.s..

Voici le dernier théorème de cet exposé, et le plus important pour l'exposé II. Nous ne considérerons que le cas de processus optionnels bornés ; nous venons de voir le type de passage à la limite qui permet de se libérer de cette hypothèse si nécessaire.

THEOREME 6. Soit $M=(M_t)$ une FAM, et soit $Z=(Z_t)$ un processus optionnel borné. Il existe un processus càdlàg. noté $Z\cdot M$, adapté à $(\underline{\underline{F}}_t)$, qui est pour toute loi initiale μ une version de l'intégrale stochastique de Z sous P^μ. On a de plus pour tout u fixé

$$(\theta_u Z)\cdot M = \theta_u(Z\cdot M) \text{ à un processus évanescent près .}$$

COROLLAIRE. Si Z est homogène, $Z\cdot M$ est une FAM .

DEMONSTRATION. Traitons d'abord le cas où Z est prévisible borné. Lorsque Z est prévisible élémentaire, tout est évident. On étend alors tous les résultats par classes monotones, en utilisant la convergence en probabilité et le lemme comme dans les résultats antérieurs.

Passons au cas optionnel. Nous pouvons, grâce au théorème 5, séparer les cas où M est continue et où M est purement discontinue. Le premier cas est trivial, car $Z\cdot M = Z^p\cdot M$, où Z^p est la projection prévisible de Z (théorème 1), et on est donc ramené au cas prévisible. Pour traiter le cas purement discontinu, nous reprenons les notations de la démonstration du théorème 5 . Soit $A^n = Z{*}M^n$, processus à variation localement intégrable ; alors $Z\cdot M^n$ est la différence entre A^n et sa compensatrice prévisible $\widetilde{A}^n$ (théorème 2), et pour toute loi μ, $Z\cdot M^n$ converge en probabilité/P^μ vers une version de l'intégrale optionnelle de Z par rapport à M sous P^μ. On applique le lemme, etc.

BIBLIOGRAPHIE

A. BENVENISTE [1]. Noyaux de Lévy d'un processus de Hunt sans hypothèse (L). Séminaire de Probabilités VII, p. 1-24.

C. DOLEANS-DADE [1]. Intégrales stochastiques dépendant d'un paramètre. Publ. Inst. Stat. Univ. Paris 16, 1967, p. 23-34.

H. KUNITA et S. WATANABE. On square integrable martingales. Nagoya M. J, 30, 1967, p. 209-246.

P.A. MEYER [1]. La perfection en probabilité. Séminaire de Probabilités VI, p. 243-252.

P.A. MEYER [2]. Sur la démonstration de prévisibilité de Chung et Walsh. Séminaire de Probabilités IX, p. 530-533.

P.A. MEYER et J. WALSH [1]. Quelques applications des résolvantes de Ray. Invent. Math. 14, 1971, p. 143-166.

J. WALSH [1]. The perfection of multiplicative functionals. Séminaire de Probabilités VI, p. 233-242.

J. WALSH et M. WEIL [1]. Représentation des temps terminaux. Application aux systèmes de Lévy. Ann. Sci. Ec. Norm. Sup. 5, 1972, p. 121-155.

Pour tout ce qui touche aux résolvantes de Ray, on pourra consulter également l'excellente monographie

R.K. GETOOR . Markov processes : Ray resolvents and right processes. Lecture Notes in Mathematics 440, Springer 1975.

Université de Strasbourg
Séminaire de Probabilités 1976/77

MARTINGALES LOCALES FONCTIONNELLES ADDITIVES (II)

par P.A. Meyer

Cet exposé est la suite du précédent, avec la même notation. Nous faisons[1] l'hypothèse que le processus est de Hunt (quasi-continuité à gauche des tribus), mais nous nous en servirons le plus tard possible (nous l'indiquerons alors très explicitement). Les raffinements de résolvantes de Ray de l'exposé I sont inutiles ici, et nous travaillerons tout simplement sur les réalisations continues à droite canoniques à valeurs dans $\bar{E}=E\cup\{\partial\}$.

Voici quelques définitions supplémentaires dont nous aurons besoin : λ est une mesure σ-finie sur E, fixée dans tout l'exposé . Il serait très agréable de pouvoir prendre λ bornée, mais ce serait trop restrictif (en analyse, λ est le plus souvent la mesure de Lebesgue d'un $\mathbb{R}^k$). Nous supposons donc seulement que λU est σ-finie. Dans tout l'exposé, nous appelons ensembles pleins les ensembles presque-boréliens G possédant les propriétés suivantes

- G porte λ
- Pour tout $x\in G$, G^c est ε_x-polaire.

Soit A un ensemble presque-borélien, λ-négligeable et λ-polaire, et soit $B=A^c$. Alors B contient un ensemble plein. Une manière rapide de voir cela consiste à utiliser un théorème de Hunt qui affirme que, si λ' est bornée équivalente à λ, il existe f excessive telle que $<\lambda',f> <\infty$ et que $f=+\infty$ sur A . Alors l'ensemble $\{f<\infty\}$ est plein et contenu dans B.

Si G est un ensemble plein, nous pouvons considérer le processus restreint à G, et sa réalisation continue à droite canonique sur l'ensemble $\Omega_G\subset\Omega$ des applications continues à droite à durée de vie à valeurs dans G.

Nous désignons par $\underline{\underline{H}}^p(\lambda)$ l'espace usuel de toutes les martingales locales $M=(M_t)$ de la famille $(\underline{\underline{F}}_t^\lambda)$, sous la mesure P^λ , telles que

(1) $$\|M\|_{\underline{\underline{H}}^p(\lambda)} = (E^\lambda[[M,M]_\infty^{p/2}])^{2/p} < \infty$$

DEFINITION 1. L'espace $\underline{\underline{H}}_a^p(\lambda)$ ($\underline{\underline{H}}^p$ additif) est constitué par les éléments M de $\underline{\underline{H}}^p(\lambda)$ possédant la propriété suivante

> Il existe un ensemble plein G tel que $M|_{\Omega_G}$ soit une FAM du processus restreint à G.

Nous dirons que G est un ensemble plein associé à M. Pour bien comprendre

1. Un appendice a été ajouté, sur la dualité dans le cas général.

Le rôle des ensembles pleins, démontrons tout de suite que

THEOREME 1. $\underline{\underline{H}}_a^p(\lambda)$ <u>est fermé dans</u> $\underline{\underline{H}}^p(\lambda)$, <u>ou encore</u>, $\underline{\underline{H}}_a^p(\lambda)$ <u>est complet</u>.

DEMONSTRATION. Soit (M^n) une suite de Cauchy dans $\underline{\underline{H}}_a^p(\lambda)$. Une intersection dénombrable d'ensembles pleins étant pleine, nous pouvons (quitte à nous restreindre à un ensemble plein associé à toutes les M^n et à appeler E cet ensemble !) supposer que toutes les M^n sont des FAM sur E. Nous pouvons aussi, quitte à remplacer la suite (M^n) par une suite extraite, supposer que

$$\sum_n \|M^n-M^{n+1}\|_{\underline{\underline{H}}^p(\lambda)} < \infty$$

Or la fonction $g_n=E^{\bullet}[[M^n-M^{n+1},M^n-M^{n+1}]_\infty^{p/2}]$ est excessive. Comme $p\geq 1$, il en est de même de $f_n=g_n^{1/p}$ par concavité, et par conséquent de $\sum_n f_n=f$.

Soit λ' une mesure de probabilité, équivalente à λ, et majorée par un multiple de λ . Nous avons aussi $\sum_n(<\lambda',g_n>)^{1/p} < \infty$; mais $(<\lambda',g_n>)^{1/p} \geqq <\lambda',g_n^{1/p}>=<\lambda',f_n>$ (inégalité de Jensen), donc $<\lambda',f> <\infty$. Comme λ' est équivalente à λ, l'ensemble $G=\{f<\infty\}$ est plein.

Or soit $x\in G$. La relation $f(x)<\infty$ signifie que $\sum_n \|M^n-M^{n+1}\|_{\underline{\underline{H}}^p(\varepsilon_x)} < \infty$. En particulier (la norme $\underline{\underline{H}}^p(\varepsilon_x)$ étant plus forte que la norme $\underline{\underline{H}}^1(\varepsilon_x)$, équivalente à la norme $\underline{\underline{H}}^1(\varepsilon_x)$ calculée avec la fonction maximale) nous avons pour tout t

$$\sum_n E^x[|M_t^n-M_t^{n+1}|] < cf(x) < \infty$$

Soit μ une loi de probabilité sur G , et soit μ' une loi équivalente telle que $<\mu',f> < \infty$; la suite (M_t^n) converge dans $L^1(P^{\mu'})$, et donc aussi en probabilité sous P^μ.

Nous sommes alors dans une situation où l'on peut appliquer - sur G et non plus sur E - les raisonnements de l'exposé 1 : il existe une <u>même</u> fonctionnelle additive sur Ω_G , $M=(M_t)$, telle que M_t^n converge en probabilité vers M_t pour toute loi P^μ , μ portée par G. Revenant aux notations précédentes, il y convergence dans L^1 de M_t^n vers M_t sous $P^{\mu'}$, et les M^n appartiennent à $\underline{\underline{H}}^1(\mu')$, donc M est une martingale sous $P^{\mu'}$, et une martingale locale sous P^μ. Pour finir, M est une FAM sur Ω_G . Enfin, la suite (M_t^n) converge aussi en probabilité vers M sous P^λ (utiliser une mesure bornée sur G équivalente à λ), donc la limite de M^n dans $\underline{\underline{H}}^1(\lambda)$ est égale à M.

Nous allons pouvoir appliquer aux éléments de $\underline{\underline{H}}_a^p(\lambda)$ tous les résultats de l'exposé I relatifs aux FAM : il faudra seulement, chaque fois, les appliquer dans un ensemble plein G dépendant de la fonctionnelle considérée.

Le moment est venu de donner quelques exemples de FAM, et d'interpréter la norme $\underline{\underline{H}}^p$, au moins pour p=2 .

a) Soit f une fonction, mettons bornée, qui appartient au domaine du générateur infinitésimal A du semi-groupe au sens suivant : il existe une fonction bornée g telle que $f=U_p(pf-g)$ pour tout $p>0$. Alors le processus

(2) $$C_t^f = f\circ X_t - f\circ X_0 - \int_0^t g\circ X_s ds$$

est une FAM . L'application $f \mapsto \|C^f\|_{\underline{\underline{H}}^2}$ est une semi-norme sur le domaine $\underline{\underline{D}}(A)$ du générateur : dans le cas du mouvement brownien, c'est $\sqrt{< \lambda U, \operatorname{grad}^2 f >}$. Il s'agit donc d'une norme étroitement liée à la norme énergie classique (celle-ci en est un cas limite, lorsque λU tend en croissant vers la mesure de Lebesgue).

b) Soit J une fonction $\underline{\underline{F}}$-mesurable sur Ω, mettons bornée, telle que

(3) $$J\circ\theta_t = J \quad \text{p.s. sur l'ensemble } \{t<\zeta\}$$

et telle en outre que $J([\partial])=0$, où $[\partial]$ est l'unique trajectoire à durée de vie nulle. Posons $j(x)=E^x[J]$. Alors $j(\partial)=0$ et le processus

(4) $$j\circ X_t - j\circ X_0 + JI_{\{t\geq\zeta\}}$$

est une FAM. Dans le cas classique où (X_t) est le mouvement brownien dans une boule ou un demi-espace, toute fonction J satisfaisant à (3) est de la forme $h\circ X_{\zeta-}$, où h est une fonction bornée sur la frontière, et $X_{\zeta-}$ est la limite à gauche à l'instant ζ dans la topologie euclidienne (qui n'est pas la topologie de Ray considérée plus haut, mais s'interpréterait en général comme une topologie de Martin). Alors j est le prolongement harmonique dans l'ouvert de la fonction h sur la frontière, et la norme $\underline{\underline{H}}^2$ peut encore s'interpréter comme une intégrale d'énergie.

LE DUAL DE $\underline{\underline{H}}^p$: GENERALITES

Rappelons d'abord à quel point il est évident que, pour $1<p<\infty$, le dual du "gros" espace $\underline{\underline{H}}^p(\lambda)$ est $\underline{\underline{H}}^q(\lambda)$, où q désigne ici et dans toute la suite l'exposant conjugué de p : d'après les inégalités de Burkholder, la norme quadratique est équivalente à la norme maximale $\|M^*\|_{L^p(P^\lambda)}$. Comme $1<p<\infty$, l'inégalité de Doob nous dit que cette norme est elle même équivalente à $\|M_\infty\|_{L^p(P^\lambda)}$. Ainsi, $\underline{\underline{H}}^p(\lambda)$ n'est rien que $L^p(P^\lambda)$ avec une norme équivalente, et le résultat exprime simplement la dualité des espaces L^p. Ici, il nous faudra suivre un chemin plus compliqué : le seul résultat évident concerne $\underline{\underline{H}}_a^2(\lambda)$, qui est un espace de Hilbert, et donc son propre dual. Nous allons ramener tous les $\underline{\underline{H}}_a^p(\lambda)$ à $\underline{\underline{H}}_a^2(\lambda)$ par des opérateurs convenables d'intégrales stochastiques.

PREMIERE ETAPE

<u>Nous allons montrer ici que le dual de</u> $\underline{\underline{H}}_a^p(\lambda)$, <u>pour</u> $1\leq p\leq 2$, <u>est un espace de martingales locales additives</u> (en un sens à préciser).

Dans l'énoncé suivant, f est une fonction positive, et nous posons $f^* = \sup_s f\circ X_s$. L'énoncé suivant est trivial si λ est une mesure bornée (il suffit de prendre f bornée, et l'inégalité vaut pour tout p).

LEMME 1. <u>Il existe une fonction bornée de la forme</u> $f=Ug$, <u>où</u> g <u>est partout</u> >0 <u>sur</u> E, <u>telle que l'on ait</u>

(5) $$E^\lambda[f^{*p}] < \infty \quad \underline{\text{pour}}\ 1<p\leq 2$$

DEMONSTRATION. La mesure λU est σ-finie sur E. Il existe donc une fonction h sur E, partout >0, telle que $<\lambda U,h> < \infty$. D'autre part, le noyau U est propre sur E. Il existe donc une fonction j partout >0 sur E telle que Uj soit bornée. Nous posons $g=h\wedge j$, et nous montrons que $f=Ug$ répond à la question.

Pour abréger les notations, notons A_t le processus croissant continu $\int_0^t g\circ X_s ds$, et M_t la martingale $E[A_\infty|\underline{\underline{F}}_t] = f\circ X_t + A_t$. Comme $f^*\leq M^*$, d'après l'inégalité de Doob il suffit de montrer que $E^\lambda[A_\infty^p] < \infty$.

Nous écrivons les deux égalités évidentes

(6) $$A_\infty^p = p\int_0^\infty A_s^{p-1}dA_s$$

(7) $$A_\infty^p = \int_0^\infty A_\infty^{p-1}dA_s$$

D'où par différence, comme $1<p\leq 2$

$$(1-\frac{1}{p})A_\infty^p = \int_0^\infty (A_\infty^{p-1}-A_\infty^{p-1})dA_s \leq \int_0^\infty (A_\infty - A_s)^{p-1}dA_s$$

Intégrons par rapport à P^x. Il vient

$$(1-\frac{1}{p})E^x[A_\infty^p] \leq E^x[\int_0^\infty E[(A_\infty - A_s)^{p-1}|\underline{\underline{F}}_s]dA_s]$$

$$\leq E^x[\int_0^\infty E[A_\infty - A_s|\underline{\underline{F}}_s]^{p-1}dA_s] \leq c^{p-1}E^x[A_\infty]$$

où c est une borne de $f=E^\cdot[A_\infty]$. Il ne reste plus qu'à intégrer par rapport à $\lambda(dx)$.

REMARQUE. La démonstration a une portée un peu plus générale. Si A n'était pas continu, mais engendrait un potentiel gauche borné (le potentiel gauche est la projection optionnelle du processus $A_\infty - A_{t-}$), on ferait le même raisonnement en remplaçant (6) par

$$A^p_\infty \geq p\int_0^\infty A^{p-1}_{s-}\,dA_s \quad .$$

Cela s'applique en particulier au cas où A est prévisible et engendre un potentiel (ordinaire) borné.

Nous noterons f_- le processus prévisible $((f\circ X_s)_-)_{s>0}$, processus des limites à gauche de la surmartingale continue à droite $(f\circ X_s)$. Il est dominé par f^* .

LEMME 2 . Pour toute martingale locale M on a, pour $p\in[1,2]$

(8) $$\|f_-\cdot M\|_{\underline{\underline{H}}^p(\lambda)} \leq c_p\|M\|_{\underline{\underline{H}}^2(\lambda)}$$

DEMONSTRATION. Le cas p=2 est trivial, f étant bornée, mais soulignons que p=1 n'échappe pas. Nous avons

$$\|f_-\cdot M\|^p_{\underline{\underline{H}}^p} = E^\lambda[(\int f^2\circ X_{s-}\,d[M,M]_s)^{p/2}] \leq E^\lambda[\ f^{*p}\ [M,M]^{p/2}_\infty]$$

On applique Hölder avec les exposants conjugués 2/2-p et 2/p

$$\leq (E^\lambda[(f^*)^{2p/2-p}])^{(2-p)/2}\ (E^\lambda[[M,M]_\infty\ ])^{p/2}$$

C'est l'inégalité cherchée avec $c_p = \|f^*\|_{2p/2-p}$.

Considérons une forme linéaire continue Γ sur $\underline{\underline{H}}^p_a(\lambda)$ $(1\leq p\leq 2)$, de norme γ . D'après (8), nous définissons une forme linéaire continue sur $\underline{\underline{H}}^2_a(\lambda)$ en posant

(9) $$J(M) = \Gamma(f_-\cdot M)$$

En effet, il résulte du théorème 6 de l'exposé I que, si M est une FAM qui appartient à $\underline{\underline{H}}^2_a(\lambda)$, $f_-\cdot M$ est une FAM, qui appartient à $\underline{\underline{H}}^p_a(\lambda)$ d'après (8). On prolonge alors à $\underline{\underline{H}}^2_a(\lambda)$ par continuité.

$\underline{\underline{H}}^2_a(\lambda)$ est un Hilbert. Rappelons comment il est mis en dualité avec lui même, et même un peu davantage : si U et V sont deux martingales locales quelconques (non nécessairement additives) on a l'inégalité de Kunita-Watanabe

$$\int_0^\infty |d[U,V]_s| \leq (\int_0^\infty d[U,U]_s)^{1/2}(\int_0^\infty d[V,V]_s)^{1/2} \qquad \text{p.s.}$$

d'où l'on déduit , p et q étant conjugués

(10) $$E^\lambda[\int_0^\infty |d[U,V]_s|] \leq (E^\lambda[[U,U]^{p/2}_\infty])^{1/p}\ (E^\lambda[[V,V]^{q/2}_\infty])^{1/q} = \|U\|_{\underline{\underline{H}}^p}\|V\|_{\underline{\underline{H}}^q}$$

On a une majoration du même type avec au dernier membre $c\|U\|_{\underline{\underline{H}}^1}\|V\|_{\underline{\underline{BMO}}}$ (inégalité de Fefferman).

Dans ces conditions, le produit scalaire sur $\underline{\underline{H}}^2(\lambda)$ est

$$(U,V) = E^{\lambda}[\int_0^{\infty} d[U,V]_s] = E^{\lambda}[[U,V]_{\infty}] ,$$

et cela vaut en particulier pour $H^2_a(\lambda)$. Par conséquent il existe un élément L de $\underline{\underline{H}}^2_a(\lambda)$ tel que, pour tout M de $\underline{\underline{H}}^2_a(\lambda)$

(11) $$J(M) = \Gamma(f_{-}\cdot M) = E^{\lambda}[[M,L]_{\infty}]$$

L'idée de la démonstration est que, pour $K\in\underline{\underline{H}}^p_a$, on a $\Gamma(K)=E^{\lambda}[[K,N]_{\infty}]$ avec $N = \frac{1}{f} \cdot L$, mais cela exige quelques précautions. En effet, f est strictement positive sur E, mais nulle en ∂, donc le processus f_- n'est pas strictement positif en général. Le lemme suivant entraîne que ce défaut n'est pas trop grave.

LEMME 3. <u>Soit</u> (i_t) <u>l'indicatrice de l'ensemble prévisible</u> $\{f_-=0\}$. <u>Pour toute</u> FAM[1](M_t) <u>on a</u> $i\cdot M=0$.

Le même résultat vaut alors, par continuité, pour les éléments des $\underline{\underline{H}}^r_a$.

DEMONSTRATION. On a $i=I_{]\zeta,\infty[} + i_{[S]}$, où S est le temps d'arrêt $\zeta_{\{(f\circ X_\zeta)_- = 0\}}$.

$I_{]\zeta,\infty[}\cdot M=0$, car M est arrêtée à ζ . Le temps d'arrêt S est prévisible, car $I_{[S]} = 1-i-I_{]\zeta,\infty[}$ est prévisible. Soit (S_n) une suite annonçant S sous P^{λ} ; comme $X_S=\partial$, X_S est mesurable par rapport à $\bigvee_n \underline{\underline{F}}^{\lambda}_{S_n}$, et d'après un résultat classique sur les processus de Markov, cela entraîne que $\underline{\underline{F}}^{\lambda}_S = \underline{\underline{F}}^{\lambda}_{S-} = \bigvee_n \underline{\underline{F}}^{\lambda}_{S_n}$. Donc toute martingale uniformément intégrable est continue P^{λ}-p.s. à l'instant S, et le même résultat vaut pour toute martingale locale. D'autre part, il est bien connu que pour tout temps prévisible S et toute martingale locale M, $I_{[S]}\cdot M$ est le processus $\Delta M_S I_{[S,\infty[}$. Ce processus est donc nul, et le lemme est établi.

Nous posons maintenant

(12) $$h_- = \frac{1}{f_-} \quad ; \quad j^n = I_{\{f_->1/n\}} \quad , \quad h^n = h_- j^n \quad .$$

LEMME 4. <u>Soit</u> $\underline{\underline{U}}$ <u>l'ensemble des</u> $M\in\underline{\underline{H}}^p_a$ <u>tels que l'intégrale stochastique</u> $h_-\cdot M$ <u>existe et appartienne à</u> $\underline{\underline{H}}^2_a$. <u>Alors</u> $\underline{\underline{U}}$ <u>est dense dans</u> $\underline{\underline{H}}^p_a$.

DEMONSTRATION. Nous construisons pour $M\in\underline{\underline{H}}^p_a(\lambda)$ une suite d'éléments de $\underline{\underline{U}}$ qui converge vers M. Quitte à changer de notation, nous pouvons supposer que E tout entier est un ensemble plein associé à M.

D'après le théorème 3 de l'exposé I, appliqué à la FAC [M,M], il existe un processus optionnel et homogène $C=(C_t)_{t>0}$, partout > 0 et

1. Tout ceci s'étend bien entendu aux FAM sur Ω_G , où G est plein. Nous ne ferons plus ce genre de commentaires dans la suite.

borné par 1, et tel que la fonction $E^{\cdot}[\int_0^\infty C_s^2 d[M,M]_s]$ soit bornée sur E. Quitte à diminuer encore un peu C, nous pouvons supposer que le processus $|C_t \Delta M_t|$ est borné par 1. Montrons alors, en imitant le lemme 1, que l'intégrale optionnelle $V = C \cdot M$ appartient à $\underline{\underline{H}}_a^2$ (noter que c'est une FAM d'après le théorème 6 de l'exposé I, et qu'elle appartient à $\underline{\underline{H}}_a^p$). Nous posons

$$A_t = (\int_0^t C_s^2 d[M,M]_s)^{p/2}$$

Comme $C \leq 1$, nous avons $E^\lambda[A_\infty] \leq E^\lambda[[M,M]_\infty^{p/2}] < \infty$. D'autre part $E[A_\infty - A_T | \underline{\underline{F}}_T] = E^{X_T}[\int_0^\infty C_s^2 d[M,M]_s]$ est borné indépendamment du temps d'arrêt T, et comme $\Delta A_T \leq (C_T^2 \Delta M_T^2)^{p/2} \leq 1$, le potentiel gauche $j_T = E[A_\infty - A_{T-} | \underline{\underline{F}}_T]$ est borné par une constante a, indépendamment de T . Nous avons alors pour tout $r > 1$ entier

$$E^x[A_\infty^r] \leq r! \, a^{r-1} E^x[A_\infty]$$

inégalité classique. Alors en intégrant par rapport à $\lambda(dx)$ nous avons aussi $E^\lambda[A_\infty^r] < \infty$ pour tout r entier, donc pour r réel

Prenant $r = 2/p$, nous obtenons $E^\lambda[\int_0^\infty C_s^2 d[M,M]_s] < \infty$. Or cette quantité <u>majore</u> $\|C \cdot M\|_{\underline{\underline{H}}^2}$.

Maintenant, nous posons $Z^n = (nC \wedge 1) j^n$. Z^n est un processus optionnel homogène et borné , et $Z^n \uparrow j = 1 - i$ lorsque $n \to \infty$, de sorte que $Z^n \cdot M = K$ converge dans $\underline{\underline{H}}^p$ vers $(1-i) \cdot M = M$ (lemme 3). Nous avons d'autre part

$$E^\lambda[\int_0^\infty h_{s-}^2 d[K,K]_s] \leq E^\lambda[\int_0^\infty n^2 C_s^2 h_{s-}^2 j_s^n d[M,M]_s] \leq n^4 E^\lambda[\int_0^\infty C_s^2 d[M,M]_s] < \infty$$

car $h_{s-} j_s^n \leq n$. Le lemme est établi.

Passons à la caractérisation de la forme linéaire Γ . Nous avons construit plus haut le processus $L \in \underline{\underline{H}}_a^2$. <u>Supposons pour un instant</u> que l'intégrale stochastique $N = h_- \cdot L$ existe en tant que P^λ-martingale locale (en fait il nous faudra vérifier cela, par un chemin un peu détourné). Montrons que

(13) Pour $K \in \underline{\underline{U}}$, $E^\lambda[\int_0^\infty |d[K,N]_s|] \leq \gamma \|K\|_{\underline{\underline{H}}^p}$

(14) Pour $K \in \underline{\underline{U}}$, $\Gamma(K) = E^\lambda[[K,N]_\infty]$

En effet, soit $M = h_- \cdot K$, qui existe et appartient à $\underline{\underline{H}}_a^2$ par définition de $\underline{\underline{U}}$. On a $K = f_- \cdot M$ d'après le lemme 3 . Alors

$$\Gamma(K) = J(M) = E^\lambda[[M,L]_\infty] \qquad \text{avec } E^\lambda[\int_0^\infty |d[M,L]_s|] < \infty$$

Mais il s'agit ici d'i.s. prévisibles , donc

$$E^{\lambda}[\int |d[M,L]_s|] = E^{\lambda}[\int h_{s-} |d[K,L]_s|] = E^{\lambda}[\int |d[K,N]_s|]$$

ce qui donne un sens au membre de droite de (14), et le même argument consistant à faire passer h_- d'un côté de la virgule à l'autre montre que $\Gamma(K)=E^{\lambda}[[K,N]_{\infty}]$.

Reste à établir (13) (rappelons que γ est la norme de Γ). Nous utiliserons la remarque suivante : il existe un processus (ε_t) optionnel et homogène, à valeurs dans $\{-1,1\}$, donnant la densité de la fonctionnelle additive $[K,N]_s$ par rapport à sa valeur absolue $\int |d[K,N]_s|$. Posons $\bar{K}=\varepsilon \cdot K$ (intégrale optionnelle). On vérifie que $\bar{K}\in\underline{\underline{U}}$, et alors

$$E^{\lambda}[\int |d[K,N]_s|] = E^{\lambda}[\int \varepsilon_s d[K,N]_s] = E^{\lambda}[[\bar{K},N]_{\infty}] = \Gamma(\bar{K}) \leq \gamma \|\bar{K}\|_{\underline{\underline{H}}^p} \leq \gamma \|K\|_{\underline{\underline{H}}^p}$$

En fait, nous ne savons pas que N existe. Nous procédons ainsi. Nous posons $N^n=h_-j^n.L$, qui existe certainement puisque h_-j^n est borné par n, et $K^n=j^n\cdot K$, et nous posons $\Gamma_n[K]=\Gamma[K^n]$, $L^n=j^n\cdot L$. Alors pour $K\in\underline{\underline{U}}$ on a $\Gamma_n(K)=\Gamma(K^n)=E^{\lambda}[[K^n,L]_{\infty}] = E^{\lambda}[[K,L^n]_{\infty}]$; comme $h_-\cdot L^n=N^n$ existe, le raisonnement ci-dessus nous donne

(15) Pour $K\in\underline{\underline{U}}$ $\quad E^{\lambda}[|d[K,N^n]_s|] \leq \gamma \|K\|_{\underline{\underline{H}}^p}$

(16) Pour $K\in\underline{\underline{U}}$ $\quad \Gamma(K^n) = E^{\lambda}[[K,N^n]_{\infty}] = E^{\lambda}[[K^n,N^n]_{\infty}]$

Nous faisons les remarques suivantes : L est une FAM sur un ensemble Ω_G, où G est plein . Le théorème 6 de l'exposé I entraîne alors que N^n est une FAM sur Ω_G . De plus, on a $N^n=j^n\cdot N^{n+1}$, donc les processus croissants $[N^n,N^n]$ augmentent quand n croît. Si nous montrons alors que (pour $1<p\leq 2$; le cas p=1 sera étudié séparément) les normes des N^n dans $\underline{\underline{H}}^q(\lambda)$ sont uniformément bornées, les N^n formeront une suite de Cauchy dans $\underline{\underline{H}}^q$; L étant une FAM sur un ensemble Ω_G , où G est plein, le théorème 6 de l'exposé I entraîne que N^n est aussi une FAM sur Ω_G , et le théorème 1 de l'exposé II montre alors que N appartient à $\underline{\underline{H}}^q_a(\lambda)$. La dualité des $\underline{\underline{H}}^p_a(\lambda)$ est alors à la portée de la main.

SECONDE ETAPE

Les lemmes suivants constituent l'étape cruciale de la démonstration. Ils seront appliqués aux N^n , mais l'indice n est omis. Rappelons que les N^n appartiennent à $\underline{\underline{H}}^2_a(\lambda)$.

L'hypothèse de quasi-continuité à gauche est utilisée pour la première fois, de manière essentielle, dans la démonstration du lemme 5.

LEMME 5. <u>Soit</u> $N\in\underline{\underline{H}}^2_a(\lambda)$ <u>satisfaisant à</u> (13). <u>Soit</u> $(F_t)_{t>0}$ <u>un processus optionnel et homogène, et soit</u> $F^*=\sup_t |F_t|$. <u>On a alors</u>

(17) $$E^{\lambda}[\int_0^{\infty} F_s^2 \, d[N,N]_s]^{1/2} \leq \gamma(E^{\lambda}[(F^*)^{2p/2-p}])^{2-p/2p}$$

<u>Ici</u> p <u>appartient à l'intervalle</u> [1,2[, <u>et on souligne que</u> p=1 <u>est permis</u>

DEMONSTRATION. Si le second membre de (17) vaut $+\infty$, il n'y a rien à démontrer ; supposons le donc fini, et notons le c . Comme F n'intervient que par son cérré, nous pouvons supposer $F \geq 0$; remplaçant alors F par $F \wedge nf_-$ et faisant tendre n vers l'infini, nous pouvons supposer de plus que F est majoré par un multiple de f_- .

Soit M un élément de la boule unité de $\underline{\underline{H}}^2_a(\lambda)$. Appliquons l'inégalité de Hölder aux exposants conjugués $2/(2-p)$ et $2/p$

$$\|F\cdot M\|_{\underline{\underline{H}}^p} \leq (E^\lambda[(\int_0^\infty F_s^2 d[M,M]_s)^{p/2}])^{2/p} \leq (E^\lambda[(F^*)^p[M,M]_\infty^{p/2}])^{2/p}$$

(la première inégalité est en fait une égalité s'il y a quasi-continuité à gauche ; sans cette hypothèse, cf. le séminaire X p.352 th. 38).

$$\leq (E^\lambda[(F^*)^{2p/2-p}])^{(2-p)/2p} (E^\lambda[[M,M]_\infty])^{1/2} = c.1$$

D'autre part, comme F est majoré par un multiple de f_- , nous avons $F\cdot M \in \underline{\underline{U}}$, et (13) nous donne

$$E^\lambda[\int_0^\infty |d[F\cdot M,N]_s|] \leq \gamma \|F\cdot M\|_{\underline{\underline{H}}^p} \leq \gamma c$$

en particulier, en posant $K=F\cdot N$

$$|E^\lambda[[M,K]_\infty]| = |E^\lambda[\int F_s d[M,N]_s]| \leq \gamma c$$

Or $K=F.N$, N appartient à $\underline{\underline{H}}^2_a$, F est borné, donc $K \in \underline{\underline{H}}^2_a$. Faisant parcourir à N la boule unité de $\underline{\underline{H}}^2_a$, il vient

$$\|K\|_{\underline{\underline{H}}^2_a} \leq \gamma c$$

Le côté gauche est égal au premier membre de (17) si la martingale locale N est quasi-continue à gauche. Sinon, ce lemme et le reste de la démonstration s'écroulent. Voir cependant l'appendice.

Remplaçant F par $\sqrt{F}$ nous obtenons sous les memes hypothèses

Si F est optionnel, homogène et positif, on a

(18) $$E^\lambda[\int_0^\infty F_s d[N,N]_s] \leq \gamma^2 E^\lambda[(F^*)^{p/(2-p)}]^{2-p/p}$$

LEMME 6. Avec les mêmes hypothèses sur N, nous avons

(19) $$\|N\|_{\underline{\underline{H}}^q} \leq \frac{q}{2}\gamma$$

DEMONSTRATION. Nous devons rappeler d'abord quelques résultats sur les projections optionnelles, vrais sur des espaces probabilisés filtrés quelconques. Soient α et β deux exposants conjugués ($1<\alpha<\infty$) et $(Z_t)_{t>0}$ un processus mesurable, avec $Z^* = \sup_t |Z_t|$. Soit Z^o sa projection optionnelle. Le processus Z^o étant dominé par la martingale $E[Z^*|\underline{\underline{F}}_t]$, l'inégalité de Doob nous dit que

$$\|(Z^o)^*\|_{L^\alpha} \leq \beta \|Z^*\|_{L^\alpha}$$

Ce résultat vaut aussi pour la projection <u>cooptionnelle</u> $(Z_t^{\hat{o}})_{t>0}$ de (Z_t) sur notre espace Ω habituel (cf. Séminaire VIII, p. 262-287) qui n'est guère que la projection optionnelle sur la famille de tribus du processus de Markov retourné. Cette projection est un processus mesurable et homogène, dont nous prenons à nouveau la projection optionnelle $Z_t^{\hat{o}o} = U_t$, et nous avons

(20) $$\|U^*\|_{L^\alpha} \leq \beta^2 \|Z^*\|_{L^\alpha}$$

Supposons que le processus Z soit positif ; la mesure aléatoire $d[N,N]_s$ est à la fois optionnelle et cooptionnelle, donc nous avons

$$E^\lambda[\int_0^\infty Z_s d[N,N]_s\ ] = E^\lambda[\int_0^\infty U_s d[N,N]_s\ ]$$

Prenons en particulier pour (Z_t) un processus constant : $Z_t(\omega)=H(\omega)$ pour tout $t>0$; désignant toujours par (U_t) le processus $Z^{\hat{o}o}$ nous avons

$$E^\lambda[H[N,N]_\infty\ ] = E^\lambda[\int Z_s d[N,N]_s] = E^\lambda[\int U_s d[N,N]_s]$$

$$\leq \gamma^2 E^\lambda[(U^*)^{p/(2-p)}]^{(2-p)/p} = \gamma^2 \|U^*\|_{L^\alpha}$$

d'après (18), avec $\alpha=p/2-p$, dont l'exposant conjugué est $\beta=q/2$. Ainsi d'après (20)

$$E^\lambda[H[N,N]_\infty\ ] \leq \gamma^2\beta^2 \|H\|_{L^\alpha} \quad \text{pour toute v.a. } H\geq 0$$

et finalement $\|[N,N]_\infty\|_{L^\beta} \leq \gamma^2\beta^2$, qui équivaut à (19).

Nous avons tout ce qu'il nous faut pour établir le théorème principal de cet exposé.

THEOREME 2. <u>Pour</u> $1<p<\infty$, <u>le dual de</u> $\underline{\underline{H}}_a^p(\lambda)$ <u>s'identifie à</u> $\underline{\underline{H}}_a^q(\lambda)$, <u>ces deux espaces étant mis en dualité par la forme bilinéaire</u> (induite sur $\underline{\underline{H}}_a^p \times \underline{\underline{H}}_a^q$ par la forme sur $H^p \times H^q$)

$$(M,N) = E^\lambda[[M,N]_\infty\ ] = E^\lambda[M_\infty N_\infty\ ]$$

DEMONSTRATION. On sait (inégalité de Kunita-Watanabe) que cette forme bilinéaire est continue. En particulier, la norme de la forme linéaire sur $\underline{\underline{H}}_a^p$ associée à $N\in\underline{\underline{H}}_a^q$ est au plus égale à $\|N\|_{\underline{\underline{H}}^q}$.

Inversement, nous venons de voir que toute forme linéaire continue Γ sur $\underline{\underline{H}}_a^p$ $(1<p<2)$ de norme γ , satisfait à

$$\text{pour } M\in\underline{\underline{U}}\ ,\quad \Gamma(M)= (M,N)\ ,\ \text{avec } N\in\underline{\underline{H}}_a^q\ ,\ \|N\|_{\underline{\underline{H}}^q} \leq \frac{q}{2}\gamma$$

Comme N appartient à $\underline{\underline{H}}_a^q$, cette relation vraie sur le sous-espace dense $\underline{\underline{U}}$ de $\underline{\underline{H}}_a^p$ est vraie sur $\underline{\underline{H}}_a^p$ entier, et le dual de $\underline{\underline{H}}_a^p$ s'identifie à $\underline{\underline{H}}_a^q$.

Ce résultat n'a été établi que pour $1<p<2$; mais $\underline{\underline{H}}_a^p$ est un sous-espace fermé de $\underline{\underline{H}}^p$ réflexif , il est donc réflexif, et le dual de $\underline{\underline{H}}_a^q$ s'identifie à $\underline{\underline{H}}_a^p$. Le cas $p=2$ échappe à ce raisonnement, mais il est évident.

LE PROBLEME DU DUAL DE $\underline{\underline{H}}^1_a(\lambda)$

Nous supposons maintenant que p=1. Nous avons établi (à une nuance près dont nous parlerons après l'énoncé) le résultat suivant (cf. (18))

<u>Soit</u> Γ <u>une forme linéaire sur</u> $\underline{\underline{H}}^1_a(\lambda)$, <u>de norme</u> γ . <u>Il existe alors un ensemble plein</u> G, <u>et une</u> FAM N <u>sur</u> Ω_G <u>tels que pour</u> $M\in\underline{\underline{U}}$(dense dans $\underline{\underline{H}}^1_a$)

(21) $E^\lambda[\int|d[M,N]_s|] \leqq \gamma\|M\|_{\underline{\underline{H}}^1}$, $\Gamma(M) = E^\lambda[[M,N]_\infty]$

<u>et alors nous avons, pour tout processus</u> $F=(F_t)_{t>0}$, <u>optionnel</u>, <u>homogène</u>,

(22) $E^\lambda[\int_0^\infty|F_s|d[N,N]_s] \leqq \gamma^2 E^\lambda[F^*]$ $(F^* = \sup_t|F_t|)$

Seulement, à l'inverse de ce qui se passait pour p>1, nous ne saurons ni exprimer autrement la propriété (22) comme dans le lemme 6, ni montrer qu'une FAM qui satisfait à (22) définit une forme linéaire continue sur $\underline{\underline{H}}^1_a(\lambda)$. Il y aura cependant deux résultats positifs intéressants, par lesquels nous commencerons.

Quelle est la "nuance" dont il était question plus haut ? Dans l'étude de $\underline{\underline{H}}^p_a$ pour p>1, nous avons construit N par un chemin détourné, en passant par des FAM N^n qui convergeaient vers N dans $\underline{\underline{H}}^q_a$. Nous ne pouvons plus procéder ainsi, car nous ne savons plus dans quel espace faire converger les N^n. Nous construisons dons N, suivant une méthode de Chung-Walsh, par une attaque directe.

La méthode de Chung-Walsh consiste à ne pas rendre absorbant le point ∂, mais à ajouter toute une hiérarchie de points nouveaux ∂_1, ∂_2 ... le processus sautant de ∂ à ∂_1 , de ∂_1 à ∂_2... au bout d'un temps exponentiel de paramètre 1. Désignant par $\hat{E}$ l'ensemble $E\cup\{\partial,\partial_1,\partial_2,\dots\}$, la description ci-dessus permet de construire un semi-groupe $(\hat{P}_t)$ qui induit (P_t) sur E, et qui est transient sur $\hat{E}$ entier.

Appelons niveau -1 l'ensemble E, niveau 0 l'ensemble $\{\partial\}$, niveau 1 l'ensemble $\{\partial_1\}$... Munissons $\hat{E}$ de la topologie somme des différents niveaux, appelons $\hat{\Omega}$ l'ensemble des applications continues à droite de $\mathbb{R}_+$ dans $\hat{E}$ dont le niveau est une fonction croissante du temps, n'ayant que des sauts unité. Alors Ω est un sous-ensemble de $\hat{\Omega}$, formé des trajectoires qui ne dépassent jamais le niveau 0. Si nous munissons $\hat{\Omega}$ de la mesure $\hat{P}^\lambda$, il est très facile de voir que $\underline{\underline{H}}^p_a(\lambda)$ est isométrique au sous-espace de $\hat{\underline{\underline{H}}}^p_a(\lambda)$ formé des fonctionnelles arrêtées au temps $\zeta=T_{E^c}$. Une forme linéaire Γ sur $\underline{\underline{H}}^p_a(\lambda)$ se prolonge en une forme linéaire $\hat{\Gamma}$ sur $\hat{H}^p_a(\lambda)$ par la formule $\hat{\Gamma}(M)=\Gamma(M^\zeta)$ (arrêt à ζ) ; d'autre part, le nouveau semi-groupe a une durée de vie infinie et est transient sur $\hat{E}$ tout entier, et il n'y a donc aucune difficulté quant à la définition de N . Ayant défini N sur $\hat{\Omega}$, N^ζ est une FAM sur Ω qui définit la même forme linéaire sur $H^p_a(\lambda)$, et nous avons ce que nous désirons. Le lecteur préférera peut être cette méthode, même lorsque p>1.

Voici le premier résultat <<positif>>. Comme d'habitude, nous raisonnons sur E tout entier au lieu d'un ensemble plein.

THEOREME 3. Soit N une FAM satisfaisant à (22). Il existe un ensemble plein G tel que, pour toute loi μ portée par G, le processus $|\Delta N_t|$ soit borné par γ à un ensemble P^{μ}-évanescent près.

DEMONSTRATION. Nous utiliserons une version parfaite de la FAM N (exposé I). La fonction

$$a(x) = P^x\{ N_. \text{ admet un saut } >\gamma \text{ en valeur absolue } \}$$

est alors excessive . Si nous montrons que a est λ-négligeable, il nous suffira de prendre $G=\{a=0\}$ pour obtenir l'ensemble plein cherché. Tout revient donc à travailler sous la seule mesure initiale λ.

Soit un nombre $\delta>\gamma$. Le processus $\sum_{s\leq t} |\Delta N_t| I_{\{|\Delta N_t|>\delta\}} = C_t$ est une FAC, et d'après le théorème 3 de l'exposé I il existe une fonction g, partout >0 sur E, telle que la fonction $E^{\cdot}[\int_0^{\infty} g\circ X_s dC_s]$ soit bornée sur E. Soit f la fonction du lemme 1, et soit $j=f\wedge g$, fonction >0 sur E . Soit $\varepsilon>0$, et soit $F_t=I_{\{|\Delta N_t|\geqq\delta\ ,\ j(X_t)\geqq\varepsilon\}}$; on a $F^*=I_A$, où A est l'ensemble $\{ \exists t > 0 : |\Delta N_t|\geqq\delta,\ j(X_t)\geqq\varepsilon \}$, et comme $E^{\lambda}[f^{*2}]<\infty$ (lemme 1) on a $P^{\lambda}(A)<\infty$. Avec cette définition de (F_t), le côté gauche de (22) majore $\delta^2P^{\lambda}(A)$, le côté droit vaut $\gamma^2P^{\lambda}(A)$, et comme $\delta>\gamma$, $P^{\lambda}(A)<\infty$, c'est que $P^{\lambda}(A)=0$, donc N n'a pas de sauts $\geqq \delta$... Hélas, non, pas entièrement:on a seulement montré que N n'a pas de saut $\geqq\delta$ tel que $j(X_t)>0$, et cela laisse la place pour un saut $\geqq\delta$ à l'instant ζ ; mais nous connaissons le remède, qui consiste à travailler sur Ê, avec un semi-groupe transient dont la durée de vie est infinie. Le théorème 3 est établi.

THEOREME 4. Les relations (21) sont vraies, non seulement pour $M\in\underline{\underline{U}}$, mais pour $M\in\underline{\underline{H}}^1_a(\lambda)$.

DEMONSTRATION. Soit $M\in\underline{\underline{H}}^1_a(\lambda)$. Nous avons construit dans la démonstration du lemme 4 des martingales $M^n=Z^n\cdot M$ qui convergent vers M dans $\underline{\underline{H}}^1_a(\lambda)$, avec des processus $Z^n \leqq 1$ qui vont en croissant vers 1 p.p. pour le processus croissant [M,M], et tels que $M^n\in\underline{\underline{U}}$. Ecrivons (21) pour les M^n : $E^{\lambda}[\int|d[M^n,N]_s|] \leqq \gamma\|M^n\|_{\underline{\underline{H}}^1(\lambda)} \leqq \gamma\|M\|_{\underline{\underline{H}}^1(\lambda)}$

Mais le premier membre vaut $E^{\lambda}[\int Z^n_s|d[M,N]_s|]$, il tend donc vers $E^{\lambda}[\int|d[M,N]_s|]$ (car d[M,N] est absolument continu par rapport à d[M,M]), et la première des relations (21) passe à la limite.

Mais alors Γ et la forme linéaire continue $M\longmapsto E^{\lambda}[[\ ,N]_{\infty}]$ coïncident sur $\underline{\underline{U}}$, donc sur $\underline{\underline{H}}^1_a(\lambda)$ entier, et la seconde relation est vraie elle aussi.

Nous tenons nos deux résultats positifs. D'une manière imprécise, c'est à dire en oubliant le rôle des ensembles pleins, ils expriment à eux deux que <u>le dual de $\underline{\underline{H}}^1_a(\lambda)$ est un espace de FAM à sauts bornés</u>.

LE DUAL DE $\underline{\underline{H}}^1_a(\lambda)$ EST IL $\underline{\underline{BMO}}_a(\lambda)$?

Revenons pour un instant à la théorie générale des processus : la situation y est tout analogue à (22) . Le dual de $\underline{\underline{H}}^1$ y est un espace de martingales locales N telles que

(23) Pour tout processus optionnel $\underline{\underline{Z}}\geq 0$, $E[\int_0^\infty Z_s d[N,N]_s] \leq cE[Z^*]$.

Mais ici la conclusion est immédiate : prenant $Z=I_{[T,\infty[}$, où Z est un temps d'arrêt, nous en déduisons $E[[N,N]_\infty - [N,N]_{T-}] \leq cP\{T<\infty\}$, et remplaçant T par T_A ($A\in\underline{\underline{F}}_T$) $E[[N,N]_\infty - [N,N]_{T-} | \underline{\underline{F}}_T] \leq c$ p.s.. Autrement dit, N appartient à $\underline{\underline{BMO}}$. La condition (23) exprime donc entièrement la continuité de la forme linéaire $M \mapsto E[[M,N]_\infty]$ sur $\underline{\underline{H}}^1$.

D'autre part, l'appartenance à $\underline{\underline{BMO}}$ peut se déduire aussi de l'ensemble des deux conditions suivantes :

(24) a) N est à sauts bornés (donc localement de carré intégrable)

b) Pour tout processus <u>prévisible</u> $\underline{\underline{Z}}\geq 0$, $E[\int_0^\infty Z_s d[N,N]_s] \leq cE[Z^*]$.

En effet, b) permet de reprendre le raisonnement précédent avec $Z=I_{]T,\infty[}$, et il en résulte que [N,N] a un potentiel borné, ce qui, combiné avec a), entraîne l'appartenance à $\underline{\underline{BMO}}$.

Revenons maintenant aux processus de Markov ; nous avons déja démontré l'analogue de 24 a). Nous sommes donc tentés de remplacer (22) par

(25) Pour tout processus prévisible homogène $\underline{\underline{Z}}\geq 0$, $E^\lambda[\int Z_s d[N,N]_s] \leq cE[Z^*]$

(avec $c=\gamma^2$) et d'en tirer les conséquences. Noter que, N étant à sauts bornés, la FAC $\langle N,N\rangle$ existe, et que (25) peut aussi bien être énoncé pour $\langle N,N\rangle$ que pour [N,N]. Ce que nous espérons démontrer, c'est que $N\in\underline{\underline{BMO}}_a(\lambda)$, c'est à dire (compte tenu du théorème 3, qui règle la question des sauts) <u>qu'il existe un ensemble plein</u> G <u>sur lequel la fonction</u> $E^\cdot[\langle N,N\rangle_\infty]$ <u>est bornée</u>. Et malheureusement, nous n'arriverons pas à déduire cela de (25).

Pour montrer les difficultés, nous ne donnerons que plus de poids à nos raisonnements en nous plaçant sous les meilleures conditions possibles : λ bornée, et ne chargeant pas les ensembles de potentiel nul ; durée de vie finie, afin de pouvoir retourner le temps ; processus de Hunt ainsi que son dual.

On perd certainement très peu d'information en restreignant (25) aux processus Z prévisibles et <u>cooptionnels</u> . Or un théorème d'Azéma dit que (pour un processus ayant un bon dual) les processus prévisibles et co-optionnels sont de la forme $(f\circ X_{t-})_{t>0}$. On est donc ramené à la forme

(26) $E^{\lambda}[\int f\circ X_{s-}\, d\langle N,N\rangle_s] \leq c E^{\lambda}[\sup_s f\circ X_{s-}]$

Du côté gauche, on peut (si on veut) remplacer X_{s-} par X_s , car $\langle N,N\rangle$ est continue. Il suffit en fait d'écrire cela pour les ensembles , car si (26) est vraie pour les indicatrices d'ensembles, on retrouve (26) pour f quelconque en l'écrivant pour $I_{\{f>t\}}$ et en intégrant en t de 0 à $+\infty$. Autrement dit, (26) équivaut à

(27) $E^{\lambda}[\int I_A\circ X_s\, d\langle N,N\rangle_s] \leq c\langle\lambda,e'_A\rangle$ (ou $I_A\circ X_{s-}$)

où $e'_A(x) = P^x\{ \exists t>0 : X_{t-}\in A\}$. Pour un processus de Hunt, Hunt a montré que $e'_A \leq e_A = P^{\cdot}\{\exists t>0 : X_t\in A\}$. Pour un processus dont le dual est de Hunt, on a par retournement du temps que $e_A \leq e'_A$, d'où l'égalité.

Soit μ la mesure associée à la fonctionnelle $\langle N,N\rangle$; alors $U(\mu f) = U_{\langle N,N\rangle}f$ pour toute fonction positive f, et (27) s'écrit

(28) $\langle \lambda,U(\mu I_A)\rangle \leq c\langle\lambda,e_A\rangle$ pour tout A , et on rappelle[1] $\langle\lambda,U(\mu I_A)\rangle=\mu(A)$

et nous saurions démontrer que le dual de $\underline{\underline{H}}^1_a(\lambda)$ est $\underline{\underline{BMO}}_a$ si nous savions que

(29) Une mesure μ qui satisfait à (28) a un potentiel $U\mu$ borné

[Noter que si $U\mu$ est borné par c, et μ est associée à la FAC continue $\langle N,N\rangle$, alors $g=U(\mu I_A)$ satisfait à $g\leq c$, $P_A g=g$, donc $g\leq P_A c = ce_A$, et (28) est bien satisfaite]. Or je dis que si le copotentiel $\hat{U}\mu$ est borné par c, on a aussi (28). En effet, qu'est ce que cela signifie ? que la densité de Radon-Nikodym $\mu U/\lambda U$ est bornée par c, autrement dit que si f est positive, $\langle\mu,Uf\rangle \leq c\langle\lambda,Uf\rangle$, ou que si h est excessive, $\langle\mu,h\rangle$ $c\langle\lambda,h\rangle$. Mais alors , μ étant associée à une FAC continue, on a $I_A\leq e_A$ μ-p.p., donc $\langle\mu,I_A\rangle \leq c\langle\lambda,e_A\rangle$, c'est à dire (28). Tout cela peut d'ailleurs se voir en théorie d'Azéma, et en toute généralité (sans hypothèses de dualité).

Dans ces conditions (29) signifierait[2] qu'une mesure μ qui ne charge pas les semi-polaires, et a un copotentiel borné, a aussi un potentiel borné ? C'est incroyable. Mokobodzki m'a dit qu'en fait il existe des exemples de mesures satisfaisant à (28), et qui ne sont pas somme d'une mesure ayant un potentiel borné et d'une mesure ayant un copotentiel borné, mais il n'a jamais rédigé (ni expliqué) cela. En tout cas, la méthode de démonstration échoue, et je crois quant à moi que le dual de $\underline{\underline{H}}^1_a(\lambda)$ n'est pas $\underline{\underline{BMO}}_a(\lambda)$.

1. Cela exprime que le copotentiel $\hat{U}\lambda$ est égal à 1.
2. Raisonnement heuristique... μ n'est pas quelconque ici.

Evidemment, il resterait encore une possibilité : que le dual de $\underline{\underline{H}}^1_a(\lambda)$ soit $\underline{\underline{BMO}}_a(\lambda)$, mais que la propriété (22), ou (sauts bornés et (28)), ne suffise pas - contrairement à ce qui se passe en théorie générale des processus - à exprimer que $M \longmapsto E^\lambda[[M,N]_\infty]$ est continue sur $\underline{\underline{H}}^1_a(\lambda)$. J'aurais tendance à croire qu'en fait les deux difficultés sont présentes à la fois : entre les trois propriétés ($N \in \underline{\underline{BMO}}_a(\lambda)$), (N définit une forme linéaire continue sur $\underline{\underline{H}}^1_a(\lambda)$) et (22), on a des implications dans le sens $\Longrightarrow$, mais aucune implication dans le sens $\Longleftarrow$.

APPENDICE : LE DUAL DE $\underline{\underline{H}}^p_a(\lambda)$, $1<p<\infty$, SANS HYPOTHESE DE HUNT

Nous nous proposons ici de reprendre la démonstration du théorème 2 (dual de $\underline{\underline{H}}^p_a(\lambda)$, $1<p<\infty$[1]) sans exiger la quasi-continuité à gauche, ce qui exige une méthode un peu différente. Nous utiliserons la méthode du paragraphe sur le dual de $\underline{\underline{H}}^1_a(\lambda)$ pour nous simplifier la vie : rappelons qu'elle permet de se ramener à un processus sur un espace $\hat{E}$, à durée de vie infinie et transient sur l'espace entier. Il existe alors (lemme 1) une fonction $f=Ug>0$ sur $\hat{E}$, telle que le processus $f_-=(f\circ X)_-$ soit localement borné inférieurement, nous posons $h_-=1/f_-$, et nous désignons par $\underline{\underline{U}}$ (lemme 4) l'ensemble des $M\in\underline{\underline{H}}^p_a$ tels que $h_-.M$ - qui maintenant a toujours un sens - appartienne à $\underline{\underline{H}}^2_a$. Nous savons aussi ((13),(14)) qu'il existe une FAM N (sur un ensemble plein G, mais nous ferons comme si G était l'espace entier) telle que

$$\text{pour } K\in\underline{\underline{U}}\ ,\ E^\lambda[\textstyle\int|d[K,N]_s|] \leq \gamma\|K\|_{\underline{\underline{H}}^p} \quad\text{et}\quad \Gamma(K)=E^\lambda[[K,N]_\infty]$$

Il s'agit de vérifier que N appartient à $\underline{\underline{H}}^q_a(\lambda)$.

Tout d'abord, le lemme 5 marche évidemment pour les processus F homogènes et prévisibles , et la démonstration du lemme 6 entraîne (en utilisant des projections prévisibles au lieu d'optionnelles) que la partie continue N^c de N appartient à $\underline{\underline{H}}^q_a(\lambda)$. Ce sont donc les sauts qui nous intéressent.

Nous utilisons un raffinement du théorème 3 de l'exposé I : il existe un processus optionnel et homogène $(C_t)_{t>0}$, >0 sur $\mathbb{R}^*_+\times\Omega$ et tel que la fonction $E^\cdot[\int C_s d[N,N]_s]$ soit, non seulement bornée, mais majorée par un multiple de la fonction excessive $f=Ug>0$. L'existence d'un tel processus peut s'établir, soit directement, soit en appliquant le théorème 3 de l'exposé I au semi-groupe $\frac{1}{f}P_t(.,fdy)$. En particulier, la fonction $E^\cdot[\int C_s d[N,N]_s]$, majorée par un multiple de f, est λ-intégrable si f a été bien choisie.

1. Comme plus haut, on supposera $1<p<2$ (le cas général s'y ramène).

Soit H l'ensemble homogène et optionnel $\{(t,\omega) : \Delta N_t(\omega)\neq 0\}$. Nous représentons H comme réunion des ensembles homogènes et optionnels

$$H_k = \{ \tfrac{1}{k} < |\Delta N_t| < k \ , \ C_t > 1/k \ , \ f_{t-} > 1/k \}$$

et nous faisons quelques remarques : la fonctionnelle $\sum_{s\leq t} I_{H_k}(s) = J_t$ est majorée par $k^3\int_0^t C_s d[N,N]_s$, donc la fonction $E^{\cdot}[J_\infty]$ est bornée et majorée par un multiple de f. Comme les sauts de J sont bornés par 1, le potentiel gauche de J est borné, et nous avons (cf. démonstration du lemme 4) une inégalité de la forme $E^{\cdot}[J^r_\infty] \leq r!a^{r-1}E^{\cdot}[J_\infty]$ pour r entier, donc $E^\lambda[J^r_\infty] < \infty$ pour tout r.

Nous démontrons ensuite :

LEMME 7. <u>Soit</u> F <u>un processus homogène et optionnel</u>. <u>Alors</u>

(30) $$E^\lambda[\sum_s |F_s \Delta N_s|] \leq c(E^\lambda[(\sum_{s\in H} F_s^2)^{p/2}])^{1/p}$$

DEMONSTRATION. Par convergence monotone, on se ramène au cas où F est <u>borné</u> en valeur absolue. Puis, remplaçant F par FI_H , au cas où F est nul hors de H . Puis, à nouveau par convergence monotone, au cas où F est nul hors de H_k . Soit alors une constante m bornant |F) ; on a

$$\sum_s |F_s \Delta N_s| \leq mk \sum_s I_{H_k}(s) \leq mkJ_\infty$$

et le côté gauche de (30) est fini. Il suffit alors de démontrer l' inégalité analogue, mais avec la valeur absolue à l'extérieur

(31) $$|E^\lambda[\sum_s F_s \Delta N_s]| \leq c(\ldots)^{1/p}$$

car (31), appliquée à $F_s \mathrm{sgn}(\Delta N_s)$, nous donne (30). Dans ces conditions, considérons la fonctionnelle additive

$$A_t = \sum_{s\leq t} F_s$$

On a $\int_0^t |dA_s| \leq mJ_t$, donc A admet une compensatrice prévisible $\tilde{A}$, et nous pouvons considérer la FAM $M_t = A_t - \tilde{A}_t$. Comme $E^{\cdot}[\int|dM_s|]$ est bornée et λ-intégrable, la v.a. $\int|dM_s|$ appartient à tout $L^r(\lambda)$, et il en est de même de M^* . Donc M appartient à tout $\underline{\underline{H}}^r_a(\lambda)$. L'intégrale stochastique $h_-\cdot M$ est alors la compensée de h_-*A , et comme h_- est borné sur H_k le même raisonnement montre que $h_-\cdot M$ appartient à tout $\underline{\underline{H}}^r_a(\lambda)$, en particulier à $\underline{\underline{H}}^2_a$, et cela signifie que $M\in\underline{\underline{U}}$. On a donc

$$\Gamma(M) = E^\lambda[[M,N]_\infty] \ , \quad \text{et } |E^\lambda[[M,N]_\infty]| \leq \gamma \|M\|_{\underline{\underline{H}}^p}$$

Et maintenant, on établit en théorie des martingales que

(32) $$E[[M,N]_\infty] = E[\sum_s \Delta A_s \Delta N_s] = E[\sum_s F_s \Delta N_s]$$

(33) $$\|M\|_{H^p} = (E[(\sum_s \Delta M_s^2)^{p/2}])^{1/p} \leq a(E[(\sum_s F_s^2)^{p/2}])^{1/p}$$

(on dira un mot tout à la fin de l'exposé sur ces inégalités). Le lemme en résulte aussitôt.

Il reste maintenant à établir que $(\sum_s \Delta N_s^2)^{1/2}$ appartient à L^q. A cet effet, nous faisons la remarque suivante : soit Z un processus borné mesurable, mais par ailleurs quelconque, et soit $F=Z^{\hat{o}o}$ la projection optionnelle de la projection cooptionnelle de Z . Alors on a (l'hypothèse p>1 joue un rôle essentiel)

$$(34)\qquad E^\lambda[(\sum_{s\in H} F_s^2)^{p/2}] \leqq a_p E^\lambda[(\sum_{s\in H} Z_s^2)^{p/2}]$$

Pour voir cela, on réduit le cas de H à celui des H_k , puis on traite successivement le cas de la projection optionnelle et celui de la projection cooptionnelle (qui revient au précédent par retournement). Pour traiter la projection optionnelle , on représente H_k comme réunion de graphes disjoints de temps d'arrêt $T_1<T_2\ldots$ et, en posant $\underline{\underline{F}}_{T_n}=\underline{\underline{G}}_n$, à une inégalité du type

$$(35)\qquad E^\lambda[(\sum_n E[Z_n|\underline{\underline{G}}_n]^2)^{p/2}] \leqq a_p E^\lambda[(\sum_n Z_n^2)^{p/2}]$$

Cette inégalité, due à Stein , est démontrée quelque part dans les séminaires, mais je n'en ai plus la référence. Je la démontre donc aussi à la fin.

D'autre part, on a aussi $E^\lambda[\sum_s F_s I_{H_k}(s)\Delta N_s] = E^\lambda[\sum_s Z_s I_{H_k}(s)\Delta N_s]$, car la mesure aléatoire $\sum_{s\in H_k} \Delta N_s \varepsilon_s$ est à la fois optionnelle et cooptionnelle. Raisonnant comme on l'a fait sur F, on déduit de (30) et (34) que

$$E^\lambda[\sum_s |Z_s \Delta N_s|] \leqq c'(E^\lambda[(\sum_{s\in H} Z_s^2)^{p/2}])^{1/p}$$

Représentons H comme réunion d'une suite de graphes disjoints de v.a. T_n (pas nécessairement des t.a.), posons $\Delta_n = \Delta N_{T_n} I_{\{T_n<\infty\}}$. Nous déduisons de (36) que pour <u>toute</u> suite (Z_n) de v.a. réelles, nous avons

$$E^\lambda[\sum_n |Z_n \Delta_n|] \leqq c'(E^\lambda[(\sum_n Z_n^2)^{p/2}])^{1/p}$$

Mais ceci nous dit que la suite (Δ_n) définit une forme linéaire continue sur l'espace $L^p(\ell^2)$, elle appartient donc à $L^q(\ell^2)$, et le théorème est établi.

DEMONSTRATION DES INEGALITES DE MARTINGALES UTILISEES

Nous commençons par (35). Posons $E[Z_n|\underline{\underline{G}}_n]=z_n$, $U_n=Z_n^2$, $E[U_n|\underline{\underline{G}}_n]=u_n$. Si p est $\geqq 2$, nous avons d'après l'inégalité de Burkholder-Davis-Gundy

$$\| \sum_n u_n \|_{L^{p/2}} \leqq c_p \| \sum_n U_n \|_{L^{p/2}}$$

et cette inégalité est meilleure que (35), car $z_n^2 \leqq u_n$. Supposons donc p<2 . Pour être certains que tout a un sens, nous pouvons supposer que $Z_n=0$ pour n assez grand. Alors nous avons

$$\| (\sum_n z_n^2)^{1/2} \|_{L^p} = \|(z_n)_{n\in\mathbb{N}}\|_{L^p(\ell^2)} = \sup E[\sum_n z_n H_n]$$

la suite (H_n) parcourant la boule unité du dual $L^q(\ell^2)$ de $L^p(\ell^2)$. Mais posons $h_n = E[H_n | \underline{\underline{G}}_n]$; nous avons $q \geqq 2$, donc le résultat précédent entraîne que $\|h_n\|_{L^q(\ell^2)}$ reste borné par une constante a_q , et alors

$$E[\sum_n z_n H_n] = E[\sum_n z_n h_n] \leqq \|(h_n)\|_{L^q(\ell^2)} \|(z_n)\|_{L^p(\ell^2)}$$
$$\leqq a_q \|(\sum_n z_n^2)^{1/2}\|_{L^p} .$$

Passons à (33) : il s'agit de démontrer que si A est un processus à variation intégrable, M la martingale compensée de A, alors $\|M\|_{\underline{\underline{H}}^p} \leqq a \|(\sum_s \Delta A_s^2)^{1/2}\|_{L^p}$. Il suffit de traiter cela lorsque A n'a pas de partie continue, et ne saute qu'en des instants $T_1, \ldots, T_N$, où chaque temps d'arrêt T_i est soit totalement inaccessible, soit prévisible. On coupe alors en deux le processus A, pour se ramener au cas où les sauts de A sont portés, ou par des temps d'arrêt totalement inaccessibles $T_1 < T_2 \ldots < T_N$, ou par des temps prévisibles $T_1 < \ldots < T_N$. Le premier cas est trivial, car $[M,M]_\infty$ est <u>égal</u> à $\sum_s \Delta A_s^2$. Dans le second cas, on a $\Delta M_{T_i} = \Delta A_{T_i} - E[\Delta A_{T_i} | \underline{\underline{F}}_{T_i-}]^2$, donc

$$\| (\sum \Delta M_{T_i}^2)^{1/2} \|_{L^p} \leqq \|(\sum \Delta A_{T_i}^2)^{1/2}\|_{L^p} + \|(\sum E[\Delta A_{T_i} | \underline{\underline{F}}_{T_i-}]^2)^{1/2}\|_{L^p}$$

et on applique (35).

Reste (32). C'est tout simple : on se ramène à A comme ci-dessus , et par arrêt au cas où N est dans $\underline{\underline{H}}^1$ (on rappelle aussi que les sauts de A étaient bornés). La partie totalement inaccessible de A ne donne aucune difficulté, car $\Delta A_s = \Delta M_s$. Quant à la partie prévisible, on a en l'un des T_i

$$E[\Delta M_{T_i} \Delta N_{T_i}] = E[\Delta A_{T_i} \Delta N_{T_i}] - E[\Delta N_{T_i} E[\Delta A_{T_i} | \underline{\underline{F}}_{T_i-}]]$$

et la dernière espérance est nulle, car ΔN_{T_i} est orthogonale à $\underline{\underline{F}}_{T_i-}$.

Université de Strasbourg
Séminaire de Probabilités 1977/78

UN SYSTEME DE NOTATIONS POUR LES PROCESSUS DE MARKOV

(G. Letta)

Dans la suite on propose un système de notations permettant d'écrire de façon simple les relations qui interviennent le plus souvent dans l'étude des processus de Markov, et notamment celles qui expriment la propriété de Markov forte. L'idée qui est à la base de ce système est simple: elle consiste à écrire les relations fondamentales de la théorie comme des _égalités entre noyaux_, et non pas comme des égalités entre mesures ou entre fonctions (ou classes d'équivalence de fonctions) faisant intervenir des mesures initiales arbitraires ou des fonctions arbitraires définies dans l'espace des états. Les notations proposées permettent en même temps d'éviter des écritures telles que X_T ou Θ_T, qui à la rigueur n'ont un sens que pour des temps d'arrêt partout finis.

On adopte le langage de P.-A. Meyer, _Processus de Markov_, Springer Lecture Notes _26_ (1967). Sur un espace LCD E, muni de sa tribu borélienne $\underline{\underline{E}}$, on se donne un semi-groupe fellérien $(N_t)_{t\geq 0}$ de noyaux markoviens. On désigne par Ω l'espace des applications càdlàg. de $\mathbb{R}_+$ dans E, par X_t les applications coordonnées, par Θ_t les opérateurs de translation. On note en outre:

$\underline{\underline{F}}^\circ$ (resp. $\underline{\underline{F}}^\circ_t$) la tribu engendrée par les X_s (resp. par les X_s avec $s\leq t$);

Q^μ la seule loi sur $(\Omega,\underline{\underline{F}}^\circ)$ pour laquelle (X_t) est markovien, de semi-groupe (N_t) et de loi initiale μ;

$\underline{\underline{F}}^\mu$ (resp. $\underline{\underline{F}}^\mu_t$) la tribu obtenue en ajoutant à $\underline{\underline{F}}^\circ$ (resp. $\underline{\underline{F}}^\circ_t$) les ensembles extérieurement négligeables pour la loi Q^μ.

On pose enfin $\underline{\underline{F}} = \bigcap_\mu \underline{\underline{F}}^\mu$, $\underline{\underline{F}}_t = \bigcap_\mu \underline{\underline{F}}^\mu_t$ et l'on suppose que tous les temps d'arrêt sont relatifs à la filtration $(\underline{\underline{F}}_t)$, avec la convention $\underline{\underline{F}}_\infty = \underline{\underline{F}}$.

Si, à toute loi μ sur $(E,\underline{\underline{E}})$, on associe la restriction à $\underline{\underline{F}}$ de la mesure extérieure engendrée par Q^μ, on définit un noyau relatif au couple $((E,\underline{\underline{E}}),(\Omega,\underline{\underline{F}}))$. On désignera ce noyau par P.

Pour tout temps d'arrêt T, on désignera par X^T le noyau sous-markovien, relatif au couple $((E,\underline{\underline{E}}),(\Omega,\underline{\underline{F}}))$, qui à toute fonction f mesurable bornée sur $(E,\underline{\underline{E}})$ associe la variable aléatoire $X^T f$ ($\underline{\underline{F}}_T$-mesurable) ainsi définie:

$$(X^T f)(\omega)=\begin{cases} f(X_{T(\omega)}(\omega)) & \text{si } T(\omega)<+\infty, \\ 0 & \text{sinon.}\end{cases}$$

On désignera en outre par θ^T le noyau sous-markovien, relatif au couple $((\Omega,\underline{\underline{F}}),(\Omega,\underline{\underline{F}}))$, qui à toute variable aléatoire Y bornée sur $(\Omega,\underline{\underline{F}})$ associe la variable aléatoire $\theta^T Y$ définie par

$$(\theta^T Y)(\omega)=\begin{cases} Y(\theta_{T(\omega)}(\omega)) & \text{si } T(\omega)<+\infty, \\ 0 & \text{sinon.}\end{cases}$$

On a évidemment l'identité entre noyaux

(1) $$X^T = \theta^T X^0.$$

Pour tout couple (S,T) de temps d'arrêt, on posera

$$S\square T = S + \theta^S T.$$

L'opération $(S,T) \longmapsto S\square T$ est une loi de composition interne associative dans l'ensemble des temps d'arrêt. On a

$$\theta^S\theta^T=\theta^{S\square T}.$$

Il en résulte, d'après (1),

(2) $$\theta^S X^T = X^{S\square T}.$$

On remarquera que le noyau P construit ci-dessus est lié au semi-groupe (N_t) par la relation

$$PX^t=N_t.$$

Cette relation suggère d'introduire, pour tout temps d'arrêt T, le noyau N_T ainsi défini:

(3) $$N_T=PX^T.$$

Pour tout temps d'arrêt T, il existe un noyau markovien P^T, relatif au couple $((\Omega,\underline{\underline{F}}),(\Omega,\underline{\underline{F}}))$, caractérisé par les propriétés suivantes:

(a) P^T est un noyau de conditionnement par rapport à la sous-tribu $\underline{\underline{F}}_T$ de $\underline{\underline{F}}$, c'est-à-dire qu'il transforme toute variable aléatoire bornée en une variable aléatoire $\underline{\underline{F}}_T$-mesurable et que, pour tout élément A de $\underline{\underline{F}}_T$, P^T commute avec le noyau de multiplication par l'indicatrice de A;

(b) $PP^T=P$;

(c) $P\theta^T=X^TP$ (propriété de Markov forte).

Pour tout couple (S,T) de temps d'arrêt, on a $P^S X^{S\square T}=P^S\theta^S X^T=X^S P X^T=X^S N_T$, et par conséquent $N_{S\square T}=N_S N_T$. Il en résulte que, si $S\square T=T$, alors toute fonction de la forme $N_T f$ est N_S-invariante.

Vol. 489: J. Bair and R. Fourneau, Etude Géométrique des Espaces Vectoriels. Une Introduction. VII, 185 pages. 1975.

Vol. 490: The Geometry of Metric and Linear Spaces. Proceedings 1974. Edited by L. M. Kelly. X, 244 pages. 1975.

Vol. 491: K. A. Broughan, Invariants for Real-Generated Uniform Topological and Algebraic Categories. X, 197 pages. 1975.

Vol. 492: Infinitary Logic: In Memoriam Carol Karp. Edited by D. W. Kueker. VI, 206 pages. 1975.

Vol. 493: F. W. Kamber and P. Tondeur, Foliated Bundles and Characteristic Classes. XIII, 208 pages. 1975.

Vol. 494: A Cornea and G. Licea. Order and Potential Resolvent Families of Kernels. IV, 154 pages. 1975.

Vol. 495: A. Kerber, Representations of Permutation Groups II. V, 175 pages. 1975.

Vol. 496: L. H. Hodgkin and V. P. Snaith, Topics in K-Theory. Two Independent Contributions. III, 294 pages. 1975.

Vol. 497: Analyse Harmonique sur les Groupes de Lie. Proceedings 1973–75. Edité par P. Eymard et al. VI, 710 pages. 1975.

Vol. 498: Model Theory and Algebra. A Memorial Tribute to Abraham Robinson. Edited by D. H. Saracino and V. B. Weispfenning. X, 463 pages. 1975.

Vol. 499: Logic Conference, Kiel 1974. Proceedings. Edited by G. H. Müller, A. Oberschelp, and K. Potthoff. V, 651 pages 1975.

Vol. 500: Proof Theory Symposion, Kiel 1974. Proceedings. Edited by J. Diller and G. H. Müller. VIII, 383 pages. 1975.

Vol. 501: Spline Functions, Karlsruhe 1975. Proceedings. Edited by K. Böhmer, G. Meinardus, and W. Schempp. VI, 421 pages. 1976.

Vol. 502: János Galambos, Representations of Real Numbers by Infinite Series. VI, 146 pages. 1976.

Vol. 503: Applications of Methods of Functional Analysis to Problems in Mechanics. Proceedings 1975. Edited by P. Germain and B. Nayroles. XIX, 531 pages. 1976.

Vol. 504: S. Lang and H. F. Trotter, Frobenius Distributions in GL_2-Extensions. III, 274 pages. 1976.

Vol. 505: Advances in Complex Function Theory. Proceedings 1973/74. Edited by W. E. Kirwan and L. Zalcman. VIII, 203 pages. 1976.

Vol. 506: Numerical Analysis, Dundee 1975. Proceedings. Edited by G. A. Watson. X, 201 pages. 1976.

Vol. 507: M. C. Reed, Abstract Non-Linear Wave Equations. VI, 128 pages. 1976.

Vol. 508: E. Seneta, Regularly Varying Functions. V, 112 pages. 1976.

Vol. 509: D. E. Blair, Contact Manifolds in Riemannian Geometry. VI, 146 pages. 1976.

Vol. 510: V. Poènaru, Singularités C^∞ en Présence de Symétrie. V, 174 pages. 1976.

Vol. 511: Séminaire de Probabilités X. Proceedings 1974/75. Edité par P. A. Meyer. VI, 593 pages. 1976.

Vol. 512: Spaces of Analytic Functions, Kristiansand, Norway 1975. Proceedings. Edited by O. B. Bekken, B. K. Øksendal, and A. Stray. VIII, 204 pages. 1976.

Vol. 513: R. B. Warfield, Jr. Nilpotent Groups. VIII, 115 pages. 1976.

Vol. 514: Séminaire Bourbaki vol. 1974/75. Exposés 453 – 470. IV, 276 pages. 1976.

Vol. 515: Bäcklund Transformations. Nashville, Tennessee 1974. Proceedings. Edited by R. M. Miura. VIII, 295 pages. 1976.

Vol. 516: M. L. Silverstein, Boundary Theory for Symmetric Markov Processes. XVI, 314 pages. 1976.

Vol. 517: S. Glasner, Proximal Flows. VIII, 153 pages. 1976.

Vol. 518: Séminaire de Théorie du Potentiel, Proceedings Paris 1972–1974. Edité par F. Hirsch et G. Mokobodzki. VI, 275 pages. 1976.

Vol. 519: J. Schmets, Espaces de Fonctions Continues. XII, 150 pages. 1976.

Vol. 520: R. H. Farrell, Techniques of Multivariate Calculation. X, 337 pages. 1976.

Vol. 521: G. Cherlin, Model Theoretic Algebra – Selected Topics. IV, 234 pages. 1976.

Vol. 522: C. O. Bloom and N. D. Kazarinoff, Short Wave Radiation Problems in Inhomogeneous Media: Asymptotic Solutions. V. 104 pages. 1976.

Vol. 523: S. A. Albeverio and R. J. Høegh-Krohn, Mathematical Theory of Feynman Path Integrals. IV, 139 pages. 1976.

Vol. 524: Séminaire Pierre Lelong (Analyse) Année 1974/75. Edité par P. Lelong. V, 222 pages. 1976.

Vol. 525: Structural Stability, the Theory of Catastrophes, and Applications in the Sciences. Proceedings 1975. Edited by P. Hilton. VI, 408 pages. 1976.

Vol. 526: Probability in Banach Spaces. Proceedings 1975. Edited by A. Beck. VI, 290 pages. 1976.

Vol. 527: M. Denker, Ch. Grillenberger, and K. Sigmund, Ergodic Theory on Compact Spaces. IV, 360 pages. 1976.

Vol. 528: J. E. Humphreys, Ordinary and Modular Representations of Chevalley Groups. III, 127 pages. 1976.

Vol. 529: J. Grandell, Doubly Stochastic Poisson Processes. X, 234 pages. 1976.

Vol. 530: S. S. Gelbart, Weil's Representation and the Spectrum of the Metaplectic Group. VII, 140 pages. 1976.

Vol. 531: Y.-C. Wong, The Topology of Uniform Convergence on Order-Bounded Sets. VI, 163 pages. 1976.

Vol. 532: Théorie Ergodique. Proceedings 1973/1974. Edité par J.-P. Conze and M. S. Keane. VIII, 227 pages. 1976.

Vol. 533: F. R. Cohen, T. J. Lada, and J. P. May, The Homology of Iterated Loop Spaces. IX, 490 pages. 1976.

Vol. 534: C. Preston, Random Fields. V, 200 pages. 1976.

Vol. 535: Singularités d'Applications Differentiables. Plans-sur-Bex. 1975. Edité par O. Burlet et F. Ronga. V, 253 pages. 1976.

Vol. 536: W. M. Schmidt, Equations over Finite Fields. An Elementary Approach. IX, 267 pages. 1976.

Vol. 537: Set Theory and Hierarchy Theory. Bierutowice, Poland 1975. A Memorial Tribute to Andrzej Mostowski. Edited by W. Marek, M. Srebrny and A. Zarach. XIII, 345 pages. 1976.

Vol. 538: G. Fischer, Complex Analytic Geometry. VII, 201 pages. 1976.

Vol. 539: A. Badrikian, J. F. C. Kingman et J. Kuelbs, Ecole d'Eté de Probabilités de Saint Flour V-1975. Edité par P.-L. Hennequin. IX, 314 pages. 1976.

Vol. 540: Categorical Topology, Proceedings 1975. Edited by E. Binz and H. Herrlich. XV, 719 pages. 1976.

Vol. 541: Measure Theory, Oberwolfach 1975. Proceedings. Edited by A. Bellow and D. Kölzow. XIV, 430 pages. 1976.

Vol. 542: D. A. Edwards and H. M. Hastings, Čech and Steenrod Homotopy Theories with Applications to Geometric Topology. VII, 296 pages. 1976.

Vol. 543: Nonlinear Operators and the Calculus of Variations, Bruxelles 1975. Edited by J. P. Gossez, E. J. Lami Dozo, J. Mawhin, and L. Waelbroeck, VII, 237 pages. 1976.

Vol. 544: Robert P. Langlands, On the Functional Equations Satisfied by Eisenstein Series. VII, 337 pages. 1976.

Vol. 545: Noncommutative Ring Theory. Kent State 1975. Edited by J. H. Cozzens and F. L. Sandomierski. V, 212 pages. 1976.

Vol. 546: K. Mahler, Lectures on Transcendental Numbers. Edited and Completed by B. Diviš and W. J. Le Veque. XXI, 254 pages. 1976.

Vol. 547: A. Mukherjea and N. A. Tserpes, Measures on Topological Semigroups: Convolution Products and Random Walks. V, 197 pages. 1976.

Vol. 548: D. A. Hejhal, The Selberg Trace Formula for PSL $(2,\mathbb{R})$. Volume I. VI, 516 pages. 1976.

Vol. 549: Brauer Groups, Evanston 1975. Proceedings. Edited by D. Zelinsky. V, 187 pages. 1976.

Vol. 550: Proceedings of the Third Japan – USSR Symposium on Probability Theory. Edited by G. Maruyama and J. V. Prokhorov. VI, 722 pages. 1976.

551: Algebraic K-Theory, Evanston 1976. Proceedings. Edited M. R. Stein. XI, 409 pages. 1976.

. 552: C. G. Gibson, K. Wirthmüller, A. A. du Plessis and J. N. Looijenga. Topological Stability of Smooth Mappings. V, 5 pages. 1976.

ol. 553: M. Petrich, Categories of Algebraic Systems. Vector and Projective Spaces, Semigroups, Rings and Lattices. VIII, 217 pages. 1976.

Vol. 554: J. D. H. Smith, Mal'cev Varieties. VIII, 158 pages. 1976.

Vol. 555: M. Ishida, The Genus Fields of Algebraic Number Fields. VII, 116 pages. 1976.

Vol. 556: Approximation Theory. Bonn 1976. Proceedings. Edited by R. Schaback and K. Scherer. VII, 466 pages. 1976.

Vol. 557: W. Iberkleid and T. Petrie, Smooth S^1 Manifolds. III, 163 pages. 1976.

Vol. 558: B. Weisfeiler, On Construction and Identification of Graphs. XIV, 237 pages. 1976.

Vol. 559: J.-P. Caubet, Le Mouvement Brownien Relativiste. IX, 212 pages. 1976.

Vol. 560: Combinatorial Mathematics, IV, Proceedings 1975. Edited by L. R. A. Casse and W. D. Wallis. VII, 249 pages. 1976.

Vol. 561: Function Theoretic Methods for Partial Differential Equations. Darmstadt 1976. Proceedings. Edited by V. E. Meister, N. Weck and W. L. Wendland. XVIII, 520 pages. 1976.

Vol. 562: R. W. Goodman, Nilpotent Lie Groups: Structure and Applications to Analysis. X, 210 pages. 1976.

Vol. 563: Séminaire de Théorie du Potentiel. Paris, No. 2. Proceedings 1975–1976. Edited by F. Hirsch and G. Mokobodzki. VI, 292 pages. 1976.

Vol. 564: Ordinary and Partial Differential Equations, Dundee 1976. Proceedings. Edited by W. N. Everitt and B. D. Sleeman. XVIII, 551 pages. 1976.

Vol. 565: Turbulence and Navier Stokes Equations. Proceedings 1975. Edited by R. Temam. IX, 194 pages. 1976.

Vol. 566: Empirical Distributions and Processes. Oberwolfach 1976. Proceedings. Edited by P. Gaenssler and P. Révész. VII, 146 pages. 1976.

Vol. 567: Séminaire Bourbaki vol. 1975/76. Exposés 471–488. IV, 303 pages. 1977.

Vol. 568: R. E. Gaines and J. L. Mawhin, Coincidence Degree, and Nonlinear Differential Equations. V, 262 pages. 1977.

Vol. 569: Cohomologie Etale SGA 4½. Séminaire de Géométrie Algébrique du Bois-Marie. Edité par P. Deligne. V, 312 pages. 1977.

Vol. 570: Differential Geometrical Methods in Mathematical Physics, Bonn 1975. Proceedings. Edited by K. Bleuler and A. Reetz. VIII, 576 pages. 1977.

Vol. 571: Constructive Theory of Functions of Several Variables, Oberwolfach 1976. Proceedings. Edited by W. Schempp and K. Zeller. VI, 290 pages. 1977

Vol. 572: Sparse Matrix Techniques, Copenhagen 1976. Edited by V. A. Barker. V, 184 pages. 1977.

Vol. 573: Group Theory, Canberra 1975. Proceedings. Edited by R. A. Bryce, J. Cossey and M. F. Newman. VII, 146 pages. 1977.

Vol. 574: J. Moldestad, Computations in Higher Types. IV, 203 pages. 1977.

Vol. 575: K-Theory and Operator Algebras, Athens, Georgia 1975. Edited by B. B. Morrel and I. M. Singer. VI, 191 pages. 1977.

Vol. 576: V. S. Varadarajan, Harmonic Analysis on Real Reductive Groups. VI, 521 pages. 1977.

Vol. 577: J. P. May, E_∞ Ring Spaces and E_∞ Ring Spectra. IV, 268 pages. 1977.

Vol. 578: Séminaire Pierre Lelong (Analyse) Année 1975/76. Edité par P. Lelong. VI, 327 pages. 1977.

Vol. 579: Combinatoire et Représentation du Groupe Symétrique, Strasbourg 1976. Proceedings 1976. Edité par D. Foata. IV, 339 pages. 1977.

Vol. 580: C. Castaing and M. Valadier, Convex Analysis and Measurable Multifunctions. VIII, 278 pages. 1977.

Vol. 581: Séminaire de Probabilités XI, Université de Strasbourg. Proceedings 1975/1976. Edité par C. Dellacherie, P. A. Meyer et M. Weil. VI, 574 pages. 1977.

Vol. 582: J. M. G. Fell, Induced Representations and Banach *-Algebraic Bundles. IV, 349 pages. 1977.

Vol. 583: W. Hirsch, C. C. Pugh and M. Shub, Invariant Manifolds. IV, 149 pages. 1977.

Vol. 584: C. Brezinski, Accélération de la Convergence en Analyse Numérique. IV, 313 pages. 1977.

Vol. 585: T. A. Springer, Invariant Theory. VI, 112 pages. 1977.

Vol. 586: Séminaire d'Algèbre Paul Dubreil, Paris 1975–1976 (29ème Année). Edited by M. P. Malliavin. VI, 188 pages. 1977.

Vol. 587: Non-Commutative Harmonic Analysis. Proceedings 1976. Edited by J. Carmona and M. Vergne. IV, 240 pages. 1977.

Vol. 588: P. Molino, Théorie des G-Structures: Le Problème d'Equivalence. VI, 163 pages. 1977.

Vol. 589: Cohomologie l-adique et Fonctions L. Séminaire de Géométrie Algébrique du Bois-Marie 1965–66, SGA 5. Edité par L. Illusie. XII, 484 pages. 1977.

Vol. 590: H. Matsumoto, Analyse Harmonique dans les Systèmes de Tits Bornologiques de Type Affine. IV, 219 pages. 1977.

Vol. 591: G. A. Anderson, Surgery with Coefficients. VIII, 157 pages. 1977.

Vol. 592: D. Voigt, Induzierte Darstellungen in der Theorie der endlichen, algebraischen Gruppen. V, 413 Seiten. 1977.

Vol. 593: K. Barbey and H. König, Abstract Analytic Function Theory and Hardy Algebras. VIII, 260 pages. 1977.

Vol. 594: Singular Perturbations and Boundary Layer Theory, Lyon 1976. Edited by C. M. Brauner, B. Gay, and J. Mathieu. VIII, 539 pages. 1977.

Vol. 595: W. Hazod, Stetige Faltungshalbgruppen von Wahrscheinlichkeitsmaßen und erzeugende Distributionen. XIII, 157 Seiten. 1977.

Vol. 596: K. Deimling, Ordinary Differential Equations in Banach Spaces. VI, 137 pages. 1977.

Vol. 597: Geometry and Topology, Rio de Janeiro, July 1976. Proceedings. Edited by J. Palis and M. do Carmo. VI, 866 pages. 1977.

Vol. 598: J. Hoffmann-Jørgensen, T. M. Liggett et J. Neveu, Ecole d'Eté de Probabilités de Saint-Flour VI – 1976. Edité par P.-L. Hennequin. XII, 447 pages. 1977.

Vol. 599: Complex Analysis, Kentucky 1976. Proceedings. Edited by J. D. Buckholtz and T. J. Suffridge. X, 159 pages. 1977.

Vol. 600: W. Stoll, Value Distribution on Parabolic Spaces. VIII, 216 pages. 1977.

Vol. 601: Modular Functions of one Variable V, Bonn 1976. Proceedings. Edited by J.-P. Serre and D. B. Zagier. VI, 294 pages. 1977.

Vol. 602: J. P. Brezin, Harmonic Analysis on Compact Solvmanifolds. VIII, 179 pages. 1977.

Vol. 603: B. Moishezon, Complex Surfaces and Connected Sums of Complex Projective Planes. IV, 234 pages. 1977.

Vol. 604: Banach Spaces of Analytic Functions, Kent, Ohio 1976. Proceedings. Edited by J. Baker, C. Cleaver and Joseph Diestel. VI, 141 pages. 1977.

Vol. 605: Sario et al., Classification Theory of Riemannian Manifolds. XX, 498 pages. 1977.

Vol. 606: Mathematical Aspects of Finite Element Methods. Proceedings 1975. Edited by I. Galligani and E. Magenes. VI, 362 pages. 1977.

Vol. 607: M. Métivier, Reelle und Vektorwertige Quasimartingale und die Theorie der Stochastischen Integration. X, 310 Seiten. 1977.

Vol. 608: Bigard et al., Groupes et Anneaux Réticulés. XIV, 334 pages. 1977.